Hefe und Alkohol

Hefe und Alkohol

sowie andere Gärungsprodukte

Von

Dr. Hermann Kretzschmar

Beratender Chemiker, Berlin

Mit 176 Abbildungen und 3 Tafeln

Springer-Verlag

Berlin / Göttingen / Heidelberg

1955

ISBN-13: 978-3-642-49041-5   e-ISBN-13: 978-3-642-92650-1
DOI: 10.1007/978-3-642-92650-1

Alle Rechte, insbesondere das der Übersetzung in fremde Sprachen, vorbehalten.
Ohne ausdrückliche Genehmigung des Verlages ist es auch nicht gestattet,
dieses Buch oder Teile daraus auf photomechanischem Wege
(Photokopie, Mikrokopie) zu vervielfältigen.
Copyright 1955 by Springer-Verlag OHG., Berlin/Göttingen/Heidelberg.
Softcover reprint of the hardcover 1st edition 1955

Vorwort.

Die letzte umfassende Darstellung der Hefetechnik hat W. KIBY im Jahre 1912 im Handbuch der Preßhefenfabrikation gegeben. In weitem Abstand folgte dann im Jahre 1929 das Handbuch der Spiritusfabrikation von G. FOTH mit der Technologie der Alkoholerzeugung durch Gärung. Seither ist in Deutschland kein größeres Werk über „Hefe und Alkohol" mehr erschienen. Vielmehr sind die wissenschaftlichen und technischen Ergebnisse in den letzten Jahrzehnten in einer fast unübersehbaren Fülle von Einzelabhandlungen und in Berichten über Teilgebiete zur Veröffentlichung gelangt, so daß es sehr mühevoll geworden ist, sich heute einen Überblick über die gesamte Gärungstechnik zu verschaffen.

Die vorliegende Arbeit will die bestehende Lücke schließen. Dabei ergab sich bereits bei der Sichtung des seit Jahren zusammengetragenen Stoffes, daß die Darstellung nicht auf Hefe und Alkohol beschränkt werden darf, sondern daß auch den Grenzgebieten Beachtung geschenkt werden muß; denn die Entwicklungsgeschichte der Gebiete Hefe und Alkohol und ihr neuester Stand bieten Anknüpfungspunkte für weitere Forschungsarbeiten auch und gerade auf den Sondergebieten und umgekehrt.

Es kommen deshalb zur Darstellung:

die Herstellung von Preßhefe und ihre Verwendung, die Alkoholgewinnung vom einfachen Gärverfahren bis zur azeotropen Destillation, die Sulfitablaugegärung und die Holzverzuckerung, die technisch bedeutsamen Spezialgärverfahren, wie die Citronensäure-, die Essigsäure-, die Milchsäuregärung und viele andere, die Durchführung mikrobiologischer Prozesse mit besonderer Berücksichtigung der neuen Antibiotica und Therapeutica, ferner die Gewinnung von Eiweiß und Futterhefe und die moderne Schlempeverwertung, schließlich das Vitamin- und Enzymgebiet.

Nicht inbegriffen sind die Weinbereitung, das Brauereigebiet und die Käseerzeugung, weil sie außerhalb der hier behandelten Gärungsprozesse liegen.

Besonderer Wert wurde auf die Beschreibung und Abbildung der Apparaturen und deren Vervollkommnung sowie auf die Wiedergabe von Schnitten ganzer Anlagen gelegt. Viele Verfahren sind eingehend beschrieben worden, um Vergleichsmöglichkeiten für andere Anwendungsgebiete zu schaffen. indessen war es im Interesse des erstrebten Überblicks nicht die Absicht, überall alle Einzelheiten zu bringen.

Schließlich sind auch Ausbeutefragen, Energiebedarf, Kontrollvorrichtungen und Betriebsvorschriften in den Kreis der Erörterung einbezogen worden. Für Analysenvorschriften wurde eine besondere Auswahl getroffen.

Von allen Seiten des In- und Auslandes sind mir unerwartet viele wertvolle Beiträge zugegangen. Es ist mir daher nicht möglich, alle Mitarbeiter an dieser Stelle namentlich zu nennen, dies geschieht jeweils im Text. Ich möchte allen Fachkollegen und Firmen für die gewährte Hilfe verbindlichst danken.

Besonderer Dank gebührt den Herren HAYDUCK, FINK und DREWS, den früheren und dem jetzigen Leiter des Instituts für Gärungsgewerbe, Berlin, sowie deren Mitarbeitern, ferner Herrn PANKOW, Direktor der Treuhandstelle Reichspatentamt Berlin und seinen Mitarbeitern, Herrn WONNEBERGER, meinen früheren Kollegen VON LACROIX und HEIMANN und der Witwe meines Mitarbeiters BERTL für die Überlassung von Unterlagen und für wertvolle Hinweise.

Um das Korrekturenlesen hat sich Herr H. OLBRICH ebenso verdient gemacht wie um die Beschaffung zahlreicher Literaturstellen und deren Durchsicht.

Die während des Druckes notwendig gewordenen Ergänzungen sind im Nachtrag, auf S. 616, enthalten.

Das umfangreiche Sachregister hat Frau CHARLOTTE KRETZSCHMAR bearbeitet.

Dem Springer-Verlag danke ich ganz besonders für das Eingehen auf alle meine Wünsche und die übersichtliche Gestaltung des komplizierten Stoffes.

Berlin, Mai 1955.

H. Kretzschmar.

Inhaltsverzeichnis.

Seite

- **I. Geschichtliche Entwicklung der Hefetechnik** 1
- **II. Die Rohstoffe** 3
  - A. Gruppeneinteilung 3
  - B. Die hauptsächlichen Rohstoffe und Zusatzstoffe ... 4
    - a) Stärkehaltige Rohstoffe 4
    - b) Zuckerhaltige Rohstoffe 5
    - c) Andere vorbehandelte Stoffe 5
    - d) Zusatzstoffe 6
- **III. Die Gärung** 6
- **IV. Die Gewinnung von Hefe und Alkohol** 21
  - A. Das Wiener Verfahren 21
    - a) Herstellung des Hefesatzes 22
    - b) Herstellung und Vergärung der Hauptmaische 23
    - c) Gewinnung von Hefe und Alkohol 25
  - B. Das Lüftungsverfahren 26
    - a) Seine Entstehung 26
    - b) Vorbehandlung der Rohstoffe 28
      - 1. Gerste 28
      - 2. Roggen 28
      - 3. Mais 29
      - 4. Malzkeime 29
      - 5. Kartoffeln 30
      - 6. Melasse 30
      - 7. Zusammenfassung 31
    - c) Die Getreideverarbeitung 32
      - 1. Herstellung der Würze 33
      - 2. Vergärung der Würze 34
      - 3. Gewinnung von Hefe und Alkohol 37
    - d) Die kombinierte Verarbeitung von Getreide und Melasse .. 39
    - e) Die Melasseverarbeitung 41
      - 1. Schaltplan für die Herstellung von Hefe und Alkohol .. 42
      - 2. Die Vorbehandlung der Melasse 45
        - α) Das Kochen S. 46; — β) Das Klären S. 46; — γ) Das Filtrieren bzw. Separieren S. 47; — δ) Das Kühlen S. 53.
      - 3. Besondere Melassevorbereitungen 53
        Die Melasseentsalzung S. 53.
      - 4. Die Hefenährstoffe und ihre Assimilierung 54
      - 5. Die Flockenbildung der Hefe 62
      - 6. Die Hefeatmung 62
        α) Wachstum und Atmung S. 66; — β) Gärkraft und Atmung S. 67.
      - 7. Die Hefereinzucht und Stellhefegewinnung 68
        α) Die Hefearten S. 68; — β) Die Gäreigenschaften der Hefen S. 70; — γ) Die Hefereinzucht S. 75; — δ) Die lyophile Trocknung der Reinzucht S. 78; — ε) Hefereinzuchtanlage S. 81; — ζ) Gewinnung von Anstellhefe S. 82; — η) Besondere Art des Stellhefezusatzes S. 84; — ϑ) Die Standardapparatur für Versuchsgärungen S. 85.
      - 8. Gewinnung von Hefe und Alkohol 87
        α) Füllverfahren S. 87; — β) Zulaufverfahren S. 88; — γ) Das DELOFFRE-Verfahren S. 100.

Inhaltsverzeichnis.

9. Die Lüftung der Gärflüssigkeit 103
   α) Allgemeine Entwicklung S. 103; — β) Das Luftemulsionsverfahren von CLAUS S. 110; — γ) Die Feinstbelüftung nach VOGELBUSCH S. 113; δ) Belüftungsgefäß mit Rühreinrichtung S. 117; — ε) Die Luftgebläse S. 118; — ζ) Regelbarer Luftverdichter S. 121; — η) Alkoholverluste durch Lüftung der Gärflüssigkeit S. 122; — ϑ) Einfluß der Luft auf die Hefeausbeute S. 123.
10. Die Schaumbekämpfung. 124
    α) Die Ursachen für die Schaumentstehung S. 124; — β) Die Systematik der Schaumbekämpfungsmethoden S. 125; — γ) Die Verhinderung der Schaumentstehung S. 125; — δ) Die Schaumzerstörung durch Entschäumungsmittel S. 126; — ε) Die Schaumzerstörung durch mechanische Vorrichtungen S. 128; — ζ) Die Schaumzerstörung durch besondere Gesamtkonstruktion der Verhefungsanlage S. 129; — η) Zusammenfassung S. 134.
11. Das Separieren der Hefe 134
    α) Allgemeine Entwicklung S. 134; — β) Die Konzentration der Hefemilch S. 137; — γ) Besondere Abtrennung von Hefe und Mikroorganismen aus Gärflüssigkeiten S. 140.
12. Waschen von Hefe 142
13. Das Kühlen der Hefemilch 144
14. Pressen, Schneiden und Verpacken von Hefe 146
    α) Hefepressen S. 146; — β) Die Hefeentwässerung S. 148; — γ) Hefemischmaschine S. 150; — δ) Hefe-Auspreßmaschine und -Schneidevorrichtung S. 151; — ε) Die Hefeverpackung S. 155; — ζ) Kühlen der Preßhefe S. 156.
f) Die Verarbeitung anderer Rohstoffe 156
   1. Die Verarbeitung von Zuckerrohrmelasse auf Hefe und Alkohol 156
      α) Die Alkoholerzeugung S. 158; — β) Die Hefeerzeugung S. 160.
   2. Die Vergärung von Trockenfrüchten auf Hefe und Alkohol 161
      α) Die Spritverarbeitung 162; — β) Die Verhefung S. 162; — γ Die Aufbereitung von Früchten S. 163.
   3. Verarbeitung von Kartoffelpülpe auf Hefe 164
   4. Die Verarbeitung von Maniokawurzelknollen 164
   5. Die Verarbeitung von Sojabohnenmehl, Erdnußkuchenmehl und Leinkuchenmehl auf Hefe 164
   6. Die Verarbeitung von Baumwollsaatmehl auf Hefe . . . 166
   7. Die Verarbeitung von Topinamburknollen. 166
   8. Die Verarbeitung von Kok-Sagys-Pflanzenwurzeln 167
   9. Die Verarbeitung von Ölkuchen auf Hefe. 167

V. Alkoholgärverfahren. 168
A. Verarbeitung von Kartoffeln auf Alkohol 168
B. Verarbeitung von Mais auf Alkohol 169
C. Herstellung von Malzmilch für die Alkoholgewinnung 169
D. Aufbereitung von Brennereimaischen 170
E. Gärverfahren auf Alkohol 171
   a) Allgemeine Entwicklung der Hefeentnahme 171
   b) Die kontinuierlichen Gärverfahren auf Alkohol 174
      α) Nach KARSCH S. 174; — β) Nach STICH S. 176; — γ) Nach Merck und VON KEUSSLER S. 178.
   c) Raffinosevergärung auf Alkohol 180
   d) Das Molkegärverfahren auf Alkohol 181
   e) Die Kastanienvergärung auf Alkohol 183
   f) Die Vergärung von Rübensaft 184

Inhaltsverzeichnis.

	Seite
VI. Die Sulfitablaugevergärung	191
A. Allgemeines	191
B. Die Verarbeitung	192
a) Die Vorbereitung der Sulfitablauge	192
b) Sulfitlaugegärverfahren auf Preßhefe	195
c) Sulfitlaugegärverfahren auf Alkohol mit Heferückführung	197
d) Sulfitlaugegärverfahren auf Alkohol und Rückgewinnung der Chemikalien	200
e) Sulfitlaugegärverfahren auf Futterhefe	204
f) Gewinnung von Schwefelwasserstoff aus Sulfitlaugen	211
VII. Die Holzverzuckerung	212
A. Allgemeines	212
B. Die Bestandteile des Holzes	213
C. Geschichtliche Entwicklung	214
D. Die Kinetik der Celluloseverzuckerung	217
E. Die Verarbeitung	219
a) Das Rheinau-Verfahren	219
b) Das Scholler-Verfahren	224
Modifikationen des Scholler-Verfahrens	226
c) Die Nebenprodukte der Holzverzuckerung	228
d) Die Verarbeitungsprodukte des Holzzuckers	230
e) Kombinierte Erzeugung und Weiterverarbeitung	237
f) Die Wirtschaftlichkeit der Holzverzuckerung	238
F. Die Torfverzuckerung	238
VIII. Spezialgärverfahren	239
A. Gewinnung von Milchsäure	239
a) Allgemeines	239
b) Gewinnung von Milchsäure aus Molke	241
c) Milchsäurepräparat aus Molke	243
d) Gewinnung von Milchsäure und Essigsäure	243
e) Gewinnung von Milchsäure, einem Nährstoff und Calciumphytat aus Mais oder Sorghum	245
f) Gewinnung von Calciumacetat	247
B. Gewinnung von Buttersäure	247
C. Gewinnung von Nucleinsäure	248
D. Gewinnung von Guanosin und Adenosin aus Hefenucleinsäuren	250
E. Gewinnung von Mannit	251
F. Gewinnung von Butandiol(2,3) und Butanolon-(2,3)	251
G. Gewinnung von Acetylmethylcarbinol	254
H. Gewinnung von Diacetyl	254
I. Gewinnung von Glycerin	254
K. Gewinnung von Dioxyaceton durch Umwandlung von Glycerin	257
L. Gewinnung von Citronensäure (und Itaconsäure)	258
M. Gewinnung von Citronensäure und Bernsteinsäure	263
N. Gewinnung von Citronensäure, Oxalsäure und Gluconsäure	263
O. Gewinnung von Gluconsäure	263
P. Gewinnung von 2-Ketogluconsäure	264
Q. Gewinnung von 2-Keto-l-idonsäure	265
R. Gewinnung von Aceton und Butylalkohol	265
S. Gewinnung von Isopropylalkohol neben Aceton und Butylalkohol	270
T. Gewinnung von Oxyarylacetylcarbinolen	270
U. Gewinnung von Fett	271
V. Gewinnung von Vanillin	274
W Gewinnung von Essigsäure	275
a) Allgemein	275
b) Herstellung von Gärungsessig	275
1. Verfahren mit ruhenden Maischen	276
2. Die Fesselgärung	276
3. Die submerse Gärung	280

Inhaltsverzeichnis.

Seite

IX. Die Mikroorganismen 286
  A. Durchführung mikrobiologischer Prozesse. 286
    a) Allgemeine Entwicklung 286
    b) Kreislaufzerschäumung. 288
    c) Andere Apparaturen. 289
      1. Geschlossenes Kulturgefäß. 289
      2. Umwälzgefäß. 290
      3. Umlaufsprühvorrichtung. 291
      4. Belüftungsvorrichtung zum Züchten von Mikroorganismen 292
        α) Vorrichtung zum Züchten von antibiotische Substanzen bildenden Schimmelpilzen S. 293; — β) Submerse Pilzgärungen S. 295.
      5. Vorrichtung zur Schaumzüchtung 296
      6. Die Kreislaufzüchtung nach STICH. 296
      7. Belüftungs-Schleuderrad. 298
  B. Die Herstellung von Antibiotica und Therapeutica 298
    a) Penicillin. 298
    b) Erzeugung von Streptomycin 306
    c) Herstellung von Aureomycin. 307
    d) Erzeugung von Actinomycin 308
    e) Neue Antibiotica 308
    f) Gewinnung von Dextran. 309
    g) Die Trennmethoden 311
  C. Dauerkulturen. 313
    a) In Flockenform 313
    b) Halbflüssige Hefekultur 313
    c) Reinkultur-Trockenpräparat 314
  D. Nährboden für Mikroorganismen 314
    1. Kartoffelpülpe 314
    2. Molke. 315
    3. Kleie 316
    4. Reisschalen. 317
    5. Präparate von Weinhefe 317
  E. Milchsäuredauerkultur 318
  F. Züchtung von Thermobacterium mobile 319
  G. Züchtung von Bakterien für die Butylalkohol-Aceton-Gärung . . 321
  H. Buchenholzsulfitlauge zur Züchtung von Oidium lactis 322
  I. Buchenholzsulfitlauge zur Gewinnung von Pilzmycelsubstanz. . 322

X. Vitamine 323
  A. Allgemeines 323
  B. Herstellung 325
    a) Anreicherung von Aneurin 325
    b) Vitamin B_2. 326
    c) Herstellung von Vitamin B_4: 328
    d) Herstellung von Vitamin B_6: 329
    e) Die Gewinnung von Ergosterin und Zymosterin 329
    f) Herstellung von Vitamin-D-Präparaten 330
    g) Herstellung von Vitamin B_{12} 331
    h) Herstellung eines vitaminhaltigen Hefe-Leberpräparates . . . 335
    i) Herstellung von Vitamin H (Biotin) 336
    k) Gewinnung eines Wuchsstoffpräparates 336
    l) Mikrobiologische Vitaminbestimmungen 337

XI. Enzyme 341
  A. Herstellung von Diastase und Malzextrakt 341
  B. Gewinnung diastatischer Enzyme 347
  C. Herstellung von diastatischem Malzmehl 349
  D. Herstellung eines kombiniert wirkenden Enzymmalzes 349

Seite

E. Herstellung von Pilzmalz 350
F. Enzymatische Spezialverfahren 353
   a) Aufschließen von genuinen Eiweißstoffen 353
   b) Herstellung von diastasehaltigen Filtrationsenzymen 354
   c) Herstellung pflanzlicher Amylasepräparate 356
   d) Temperaturstabilisierung von Amylaselösungen 357
   e) Anreicherung von Invertase bzw. β-h-Fructosidase in Hefen. 358
   f) Herstellung eines vitaminreichen Malzpräparates 359
   g) Herstellung von Milch-Malz-Präparaten 360
   h) Herstellung eines proteolytischen Enzyms 360
   i) Herstellung von Co-Zymase 361
   k) Herstellung von Co-Carboxylase 363
   l) Herstellung von Flavinenzymen 364
   m) Herstellung von Peroxydase 366
   n) Herstellung von Cellulase und Hemicellulase........ 367
   o) Herstellung von Hexosidase 367
   p) Herstellung von Penicillinase 368

XII. **Hefebehandlung, Hefeverbesserung und Hefeanwendung** ... 369
   A. Allgemeine Behandlung..................... 369
      a) Förderung der Gärung 369
      b) Verbesserung der Triebkraft der Hefe........... 370
      c) Hefenachbehandlung.................... 372
      d) Verbesserung der Haltbarkeit der Hefe 372
      e) Strahleneinfluß auf Hefe.................. 374
      f) Druckwellenbehandlung von Hefe.............. 377
   B. Spezialhefen 377
      a) Herstellung einer Hefe zur Hefeextraktgewinnung 377
      b) Herstellung magnesiumhaltiger Hefe 378
      c) Herstellung jodhaltiger Hefe 378
      d) Herstellung fluorhaltiger Hefe 378
      e) Herstellung thyroxinhaltiger Hefe 379
      f) Anreicherung von Hefen mit Schwermetallspuren 379
      g) Herstellung enzymreicher Hefe............... 382
      h) Anreicherung von Hefe mit Vitamin B_1 383
      i) Herstellung von vitamin-D-reicher Hefe.......... 384
   C. Umwandlung von Hefen 385
      a) Umwandlung von Alkoholhefe in Preßhefe 385
      b) Verwendung von Bierhefe als Backhefe 386
      c) Die Verwertung von Bierhefe 386
      d) Entbitterung von getrockneter Bierhefe.......... 388
   D. Die Herstellung von Trockenhefe................ 388
      a) Für Triebzwecke 388
      b) Herstellung von Hefeflocken 391
   E. Herstellung von Hefeextrakt 395
   F. Herstellung von Hefenährpräparaten............... 400
   G. Hefemenge im Teig 403
   H. Hefe im Sauerteig....................... 405
   I. Hefe und Spezialbackverfahren 407
   K. Chemische Physiologie des Brotgeschmackes 410

XIII. **Gewinnung von Eiweiß und Futterhefe** 411
   A. Gewinnung von Eiweiß 411
   B. Die Pentoseverwertung..................... 414
   C. Die Aufarbeitung von Pilzmycelen für Nährzwecke 417
   D. Hefehaltige Futtermittel 418
   E. Herstellung eines Futtermittels aus Hefe und Melasse..... 419
   F. Gewinnung von Futterhefe 419
      Schaltplan der Futterhefefabrikation aus Fichtenholzablauge. . 420

	Seite
G. Verarbeitung besonderer Stoffe	421
a) Die Verarbeitung von Holzverkohlungsabwässern auf Futterhefe	421
b) Die Verarbeitung von Cellulosebegleitstoffen auf Futterhefe	422
c) Die Verarbeitung von Weichparaffinabfall auf Futterhefe	422
d) Milchsäuregärung mit entsalzter Melasse zur Futtermittelkonservierung	423
XIV. Alkoholgewinnung	425
A. Allgemeines	425
B. Die Gewinnung	432
a) Destillation und Rektifikation	432
b) Der periodisch arbeitende Blasenapparat	434
c) Der Destillierapparat mit Aldehyd- und Fuselölabscheidung	435
d) Der Destillierapparat für kontinuierlichen Betrieb	436
e) Der kontinuierlich arbeitende Rektifizierapparat	436
f) Die Vorteile der kontinuierlich betriebenen Apparate gegenüber den Blasenapparaten	437
g) Vakuum-Rektifizieranlage	439
h) Verbesserte Destillation und Rektifikation	440
i) Kontinuierliche Alkoholgewinnung aus Maische	447
k) Alkohol aus Backschwaden	452
l) Anlage zur Weinbrennerei	456
m) Anlage zur Kornbrennerei	457
n) Anlage zur Melassebrennerei	457
o) Kohlensäure-Waschkolonne	460
C. Herstellung von absolutem Alkohol	460
a) Allgemeines	460
b) Die Verfahren	461
1. Das Kalkverfahren	461
2. Die azeotropen Verfahren	463
3. Die Bedeutung der Wasserentziehungsmittel	466
4. Das Guinot-Verfahren	470
5. Die Verbesserung der Wasserentziehungsmittel	474
6. Die azeotrope Arbeitsweise	477
7. Das Merck-Verfahren	480
8. Das Drawinol-Verfahren	482
α) Die Aufarbeitung von Rohspiritus S. 483; — β) Die Aufarbeitung von vergorener Würze S. 485.	
9. Die wahlweise Herstellung von absolutem Alkohol oder Primasprit	487
10. Abscheidung von Methylalkohol aus Branntwein	489
11. Das Mariller-Verfahren	492
12. Das Hiag-Verfahren	495
α) Die Aufarbeitung von Rohspiritus S. 495; — β) Die Aufarbeitung von vergorener Würze oder Maische S. 497.	
XV. Die Alkoholverwendung	499
A. Allgemeines	499
B. Die Alkoholverwendung als Kraftstoff	499
C. Reinigung von Alkohol	500
D. Vergällungsmittel	505
XVI. Die Schlempeverwertung	505
A. Kornschlempe als Nährstoff	505
a) Allgemeines	505
b) Die kontinuierliche Schlempeverwertung	509
c) Kornschlempe zur Extraktgewinnung für Reindiastase	510

Inhaltsverzeichnis. XIII

                                                              Seite

B. Kartoffelschlempe 510
   a) Aufbereitung 510
   b) Anreicherung des Eiweißgehaltes von Brennereischlempe . . 511
C. Melasseschlempeverwertung 511
   a) Verhefung 511
   b) Schlempeeindampfung 512
   c) Melasseschlempeverarbeitung auf Kaliumcarbonat 516
   d) Melasseschlempeverarbeitung auf Glycerin 518
   e) Herstellung von Glutaminsäure aus Schlempe 520
D. Rübenschlempeverarbeitung auf Glycerin 520
E. Sulfitlaugeschlempevergärung mit Oidium lactis 521
F. Holzzuckerschlempe 522
   a) Vorbereitung zur Hefegewinnung 522
   b) Holzzuckerschlempevergärung auf Hefe 522
G. Vergärung von Melasseentzuckerungsschlempe 523
H. Kastanienschlempeverarbeitung auf Saponin 524

XVII. Ausbeuten 524
   a) Alkoholausbeute 524
   b) Die Ausbeute in Hefefabriken 526
   c) Der Wirkungsgrad 529

XVIII. Die Energieversorgung 530

XIX. Betriebsvorschriften 532
   a) Grundsätze für die Beurteilung von Hefe 532
   b) Brennrecht für Hefefabriken 532
   c) Sicherheitsvorschriften für Brennereien 533

XX. Kontrollapparate 534
   a) Luftmesser 534
   b) Zufuhrapparat für Würze 537
   c) Vorrichtung zur Regelung des p_H-Wertes 538
   d) Das Aquameter 540
   e) Der Gärungsschreiber 541

XXI. Ausgewählte Analysenvorschriften 543
  A. Melasse 543
   a) Polarisation der Melasse 543
   b) Spezifisches Gewicht der Melasse 544
   c) Vergärbarer Zucker in Melasse 544
   d) Invertzucker in Melasse 545
   e) Clerget-Zucker in Melasse 545
   f) Raffinose in Melasse 546
   g) Alkalität der Melasse 546
   h) Schweflige Säure in Melasse 547
   i) Klärbarkeit der Melasse 548
   k) Magnesiumbestimmung in Melasse 548
   l) Eisenbestimmung in Melasse 549
  B. Hefe 549
   a) Trockensubstanzbestimmung in Hefe 549
      1. Makromethode 549
      2. Mikroschnellmethode 549
      3. Bestimmung der Plastizität 549
   b) Aschebestimmung in Hefe 550
      1. Die Glühverbrennung 550
      2. Die Veraschung durch Oxydation 551
   c) Phosphorsäurebestimmung in Hefe 551
      1. Molybdänmethode 551
      2. Citratmethode 554
      3. Uranylacetatmethode 557

Seite

d) Gär- und Triebkraftbestimmung in Hefe 559
   1. Die Gärkraftprobe 559
   2. Die Triebkraftbestimmung oder Backprobe 559
   3. Die Triebkraftbestimmung nach MEISSL 560
e) Gärkraftbestimmung von Trockenhefe 561
f) Bestimmung der Selbstgärung der Hefe. 561
g) Jodzahlbestimmung in Hefe 562
h) Eiweiß- bzw. Stickstoffbestimmung in Hefe bzw. Melasse. . 562
i) Fettgehaltbestimmung in Hefe 568
k) Chlorbestimmung in Hefe 569
l) Glykogenbestimmung in Hefe 569
m) Magnesiumbestimmung in Hefe. 571
n) Eisenbestimmung in Hefe 573
o) Bleibestimmung in Hefe. 575
p) Kupferbestimmung in Hefe 576
q) Arsenbestimmung in Hefe 577
r) Kobaltbestimmung in Hefe 578
s) Manganbestimmung in Hefe 579

C. Schwefelsäure 579
   a) H_2SO_4-Gehalt nach DEHNICKE-KREIPE 579
   b) Arsenbestimmung 579

D. Superphosphat 580
   a) Phosphorsäurebestimmung 580
   b) Arsenbestimmung 580

E. Ammonverbindungen. 581
   a) Ammonsulfat 581
   b) Ammoniakwasser 581
   c) Diammonphosphat 581

F. Kalk 581

G. Gärfett 582
   a) Verseifungszahl 582
   b) Säurezahl 582

H. Bestimmung der Pentosen 583

I. Alkoholuntersuchung. 585
   a) Wasserbestimmung 585
   b) Methylalkoholbestimmung 585
   c) Trichloräthylenbestimmung. 586
      1. Qualitativ 586
      2. Quantitativ 587
   d) Benzin-Benzolbestimmung 588
   e) Säure- und Esterzahl 589
   f) Aldehydbestimmung. 589
      1. Qualitativ 589
      2. Quantitativ 589
      3. Colorimetrisch 590
   g) Fuselölbestimmung 591
      1. Qualitativ 591
      2. Quantitativ 591
      3. Colorimetrisch 591
   h) Kupferbestimmung 593
      1. Bestimmung mit Ammoniak 593
         α) Herstellung der Testlösungen S. 593; — β) Versuchsausführung S. 593; — γ) Betriebsvorschrift S. 594.
      2. Bestimmung mit Ursol 594
         α) Betriebsvorschrift S. 595; — β) Versuchsausführung S. 595.

Inhaltsverzeichnis.

i) Aminbestimmung 596
k) Alkoholbestimmung in Lösungen 597
l) Destillationsaufsatz nach BUROW 599
m) Die Beschaffenheitsbedingungen für Sprite 600
    1. Primasprit 600
    2. Sekundasprit (Sprit zu technischen Zwecken) 601
n) Geruchs- und Geschmacksbestimmung 601
o) Kraftstoffzusammensetzung 602
K. Vitamine 603
  a) Allgemeines 603
  b) Chemische Bestimmung von Vitamin D 604
    1. Sterine 604
    2. Tachysterine und Vitamin A 605
  c) Vitamin-B_{12}-Bestimmung 607

XXII. Das Betriebswasser 608
XXIII. Das Abwasser 613
  A. Die Reinigung 613
  B. Die Abwasserverwertung 615
XXIV. Nachtrag 616
  a) Die Verbesserung der Hefeentwässerung 616
  b) Der Luwesta-Extraktor 619
  c) Das lichtelektrische Colorimeter 621
  d) Werkstofftabelle 623
  e) Vorschriften der Bundesmonopolverwaltung für Branntwein zur Untersuchung von Spriten 624
  f) Alkoholbestimmung im Blut 628
    Berichtigungen 629

Patentklassenverzeichnis 630

Literaturverzeichnis 632

Sachverzeichnis 634

Tafeln (in einer Tasche am Schluß des Buches).
  Tafel I: Brotfehlertabelle für Roggen- und Mischbrot der Versuchsanstalt für Getreideverwertung, Berlin.
  Tafel II: Brotfehlertabelle für Weizenbrot der Versuchsanstalt für Getreideverwertung, Berlin.
  Tafel III: Tabelle 32. Verarbeitungsschema nach K. R. DIETRICH.

I. Geschichtliche Entwicklung der Hefetechnik.

Die Hefeerzeugung mit dem Ziel der Anwendung für Backzwecke ist aus der Bierbrauerei und der Branntweinbrennerei hervorgegangen. Heute nennt man „*Preßhefe*" eine obergärige Hefe, die durch Abschöpfen oder Absieben, durch Absetzen oder Zentrifugieren von der teilweise oder völlig vergorenen Nährlösung getrennt, mit Wasser nachgewaschen und durch Pressen oder andere Trennungsvorrichtungen bis zur festen Konsistenz entwässert wurde.

Am Ende des 18. Jahrhunderts, als flüssige Bierhefe und Sauerteig schon lange bekannt waren, wußte man bereits, daß eine obergärige, höheren Temperaturen angepaßte Hefe sich besser zum Backen eignet als die untergärige Bierhefe. So ist in Holland im Jahre 1781 eine Bäckereihefe aus Getreide in folgender Weise hergestellt worden:

Eine Maische aus Roggen- und Malzschrot von etwa 10° Balling wurde bei 18—19° C mit Hefe angestellt und einige Stunden der Ruhe überlassen. Nun wurden etwa drei Fünftel der „geruhten" Maische in zwei über dem Hauptbottich befindliche Holzbottiche gegeben. Aus den beiden Holzbottichen wurde der entstandene Hefeschaum abgeschöpft und die zurückbleibende Maische in den Hauptbottich zurücklaufen gelassen. Die abgeschöpfte Hefe wurde dann gesiebt, gewaschen und gepreßt.

Nach einer anderen Arbeitsweise brauchte man die Hefe nicht abzuschöpfen, sondern man ließ die übrige Maische unter dem Hefeschaum in den Hauptbottich zurücklaufen, so daß der Schaum wie vorstehend weiterbehandelt werden konnte.

Dieses Verfahren wurde 1810 von TEBBENHOFF in Deutschland angewendet. Er führte auch 1825 eine Hebelpresse ein.

F. W. DURSTHOFF hat 1820 in Dresden eine Kornbrennerei gegründet und dort eine bis nach Österreich hin bekannte Backhefe hergestellt. Dieses Unternehmen entwickelte sich dann von 1840 an im Besitze der Familie J. L. BRAMSCH zu hoher Blüte.

Im Jahre 1831 wurde in Wandsbek bei Hamburg die Hefefabrik von H. HELBING gegründet. Sie hat sich unter dem Sohn des Gründers, CHR. HEINRICH HELBING, bis zum Ende des Jahrhunderts zum größten deutschen Unternehmen entwickelt.

Auch in Österreich ist schon in den vierziger Jahren auf dem Gebiete der Hefeerzeugung sehr lebhaft gearbeitet worden. BURKA verschickte aus

Groß-Engersdorf bei Wien getrocknete Hefe in Paketen; GIRZEK entwickelte ein neues, dem holländischen Verfahren angepaßtes Verfahren, und FRIEDENTHAL, der Hefe in Rutzendorf im Marchfeld und in Gießmannsdorf in Schlesien fabrizierte, veranlaßte den Niederösterreichischen Gewerbeverein zur Prüfung von Preßhefe.

Bahnbrechende Arbeit leistete der ehemalige Kartoffelbrenner und Brauer AD. IGN. MAUTNER. Er ist der Begründer des „Wiener Verfahrens" und hat zusammen mit den Brüdern REININGHAUS statt Roggen den damals billigeren Mais als Rohmaterial eingeführt. J. REININGHAUS hat auch die günstigsten Bedingungen für die Verzuckerung und die Säuerung der Ansatzhefe festgestellt.

Es folgten sehr bald die Anlagen von KUFFNER und SPRINGER, auch in Paris, dann G. SINNER in Grünwinkel, WULF in Werl, HAGSPIHL in Görlitz und viele andere.

Statt des Luft- und Darrmalzes lernte man Grünmalz verarbeiten. 1860 trat überall das Kühlschiff in seiner bekannten Form in Gebrauch.

Einen wichtigen Fortschritt bedeutete die von DEHNE in Halle 1867 konstruierte Filterpresse, die den Entwässerungsvorgang der Hefe verbesserte und abkürzte. 1878 wurde von SIMMEN in München die Hefepfundmaschine und von HAGSPIHL in Görlitz die Hefesiebmaschine erfunden.

1879 erhielt RAINER in Wien ein Patent auf die Herstellung von Preßhefe ohne Alkoholgewinnung.

Damals haben die wissenschaftlich-technischen Arbeiten von MAERCKER, DELBRÜCK und HAYDUCK in dem neu gegründeten Institut für Gärungsgewerbe in Berlin die Entwicklung stark beeinflußt und gefördert, zumal es erst dieser Zeit beschieden war, das seit 200 Jahren durch LEUWENHOEK mit seiner Entdeckung der „Hefekügelchen" bekanntgewordene Mikroskop als wichtiges Forschungsinstrument der Gärungswissenschaft dienstbar zu machen. DELBRÜCK brachte Licht in das Dunkel, das bis dahin über die Milchsäurebildung geherrscht hatte, und schuf die Grundlage zur Sicherheit des Preßhefe- und Brennereibetriebes. HAYDUCK lieferte wichtige Arbeiten über die Einwirkung verschiedener Säuren auf die Hefegärung und das Hefewachstum, über den Eiweißgehalt und Eiweißbedarf der Hefe, der in Beziehung zur Gärkraft steht.

Eine entscheidende Wendung trat ein, als MARQUARDT 1879 ein Patent auf die Herstellung von Hefe aus Würze unter Einblasen von Luft in die Gärung nahm und damit eine Beobachtung wieder aufgriff, die schon PASTEUR gemacht hatte. Dieses Verfahren hat jedoch keinen Eingang in die Praxis gefunden. Das neue sogenannte „Lufthefeverfahren" oder „Lüftungsverfahren" ist vielmehr Anfang der achtziger Jahre von dem Dänen E. BRUUN entwickelt worden. Es ist durch ihn nach England und Schweden gekommen und dann von HOUMAN in Grantham weiter ausgestaltet worden. HOUMAN mischte eine heiße invertierte Rübenzuckerlösung im Läuterbottich mit Malzkeimen oder Kleie, läuterte ab zum Gärbottich, der sowohl Kühlrohre wie Rohre für die Lüftung enthielt, gab Stellhefe zur Würze und blies während der ganzen Gärdauer von 9—12 Stunden unter Regulierung der Temperatur Luft ein. Dann schleuderte er die Hefe aus der vergorenen

Würze ab. Dieses Verfahren ist dann durch WITTLER nach Deutschland gekommen, wo es durch RIESE, FRANCKE, KIBY, ZSCHEILE und andere Spezialisten vervollkommnet worden ist. Einen besonderen Anteil an der Entwicklung haben auch BRAASCH, Neumünster, durch Steigerung der Hefeausbeuten und WENDEL durch sorgfältige Beobachtung der Ernährungsbedingungen gehabt.

An der Entwicklung haben auch verschiedene Maschinenbauanstalten großen Anteil genommen. So sind die Gärbottiche zweckmäßig gestaltet und vergrößert worden. Es kamen die Kühlsysteme der Firmen *Bohm*, Berlin, Maschinenbau A.G. *Golzern-Grimma* und *Strauch & Schmidt* in Neiße O.-S. in Aufnahme.

Zur Gewinnung der Hefe aus der vergorenen Würze wurden Separatoren konstruiert, zuerst 1892 in Kopenhagen durch *Burmeister und Wains*. Sie waren für periodischen Betrieb bestimmt und sind auch in Deutschland geprüft worden. Die kontinuierliche Betriebsweise dieser Zentrifugenart gelang dann in Schweden der *Aktiebolaget Separator* mit dem System „Alfa Laval" und in Deutschland der Firma *Ramesohl & Schmidt*, Oelde-Westfalen, jetzt *Westfalia Separator A.G.*

Obwohl schon 1895 das erste Patent auf die Verwendung von Melasse als Rohmaterial in Wien H. ELION erteilt worden ist, hat diese erst im zweiten Weltkrieg Bedeutung erlangt, als gestützt auf Erfahrungen von HENNEBERG im Laboratorium (1910) im Jahre 1915 WOHL und SCHERDEL die Zugabe von anorganischen Nährstoffen in Form von Ammon- und Phosphatverbindungen zur Anwendung brachten. In diese Zeit fällt auch die Entwicklung des Zulaufverfahrens.

Die Bedeutung der Hefetechnik wird verständlich, wenn man sich vergegenwärtigt, daß z. B. in Deutschland bis zum zweiten Weltkriege in etwa 50 Fabriken ungefähr 1,25 Mill. Zentner Preßhefe und rund 300000 hl Spiritus jährlich zur Erzeugung gekommen sind.

II. Die Rohstoffe.

A. Gruppeneinteilung.

Für Gärungszwecke sind ganz verschiedene Rohstoffe anwendbar, sie müssen nur vor allem Kohlehydrate, Stickstoff und solche Salze enthalten, wie sie für das Leben der Hefezelle nötig sind.

Man kann drei Gruppen von Rohstoffen unterscheiden:

a) Stärkehaltige Rohstoffe. Gerste, Roggen, Weizen, Hafer, Mais, Darrmalz, Grünmalz, Malzkeime, Rohkartoffeln, Trockenkartoffeln, Buchweizen, Manioka, Reis.

b) Zuckerhaltige Rohstoffe. Melasse, Rohzucker, Zuckerrüben, Rübenschnitzel.

c) Andere schon vorbehandelte Stoffe. Schlempe, Sulfitablauge, Holzzuckerlösungen.

B. Die hauptsächlichen Rohstoffe und Zusatzstoffe.

Es folgt zunächst eine kurze Charakterisierung im Hinblick auf die Bedürfnisse der Preßhefeherstellung.

a) Stärkehaltige Rohstoffe.

Gerste wird im Gegensatz zur Brauerei in eiweiß*reichen* Arten verwendet, und zwar meist in Form von Malz. Auch die Malzführung ist eine andere als in der Brauerei. Dort wird Kurzmalz, hier ein enzymreiches Langmalz benutzt. Es kommen Gersten vom Hektolitergewicht 60 bis 63 in Frage mit einer Keimfähigkeit von mindestens 95%.

Roggen ist nicht nur zur Stärke-, sondern auch zur Eiweißzufuhr geeignet. Besonders vorteilhaft ist beim Wiener Verfahren mit Mischungen eiweißarmer, aber stärkereicher inländischer Sorten und eiweißreicher ausländischer Sorten gearbeitet worden. Infolge der ungünstigen Preisentwicklung ist Roggen später durch Mais und Malzkeime ersetzt worden.

Weizen ist ein sehr geeigneter Rohstoff, da er ein sehr diastasereiches Malz liefert, er ist aber zu teuer.

Hafer kann weder als Rohfrucht noch in Malzform mit Weizen verglichen werden. Wegen seiner Struktur ist Hafer mitunter als Zumischung zum Gerstenmalz verwendet worden. Insbesondere die Haferschalen eignen sich als Lockerungsmittel für den Läuterbottich.

Mais ist hinsichtlich der Qualitätsfrage genau zu prüfen. Die stärkereichsten Sorten sind Mixed-Mais und La-Plata-Mais. Auch Mais der Donauländer und Ungarns ist im Zusammenhang mit dem Wiener Verfahren viel angewendet worden.

Darrmalz und Grünmalz sind gekeimtes Getreide, dessen Eiweiß, Stärke und Cellulose durch die beim Keimen entstehenden Enzyme in wasserlösliche, der Hefe zugängliche Stoffe umgewandelt werden. Früher hat man nur Darrmalz verarbeitet, weil man noch nicht mit dem leichtverderblichen Grünmalz umzugehen verstand. Später ist man zu Grünmalz übergegangen. Maßgebend ist seine diastatische Kraft.

Malzkeime haben einen hohen Gehalt an leicht assimilierbaren Stickstoffverbindungen, sind ein gutes Lockerungsmittel für die Treber und für die Hefe ein sehr geeignetes Nährmittel. Sie werden nach Farbe und Länge der Keime und nach dem Extraktgehalt beurteilt.

Kartoffeln sind ihrer Zusammensetzung nach etwa dem Mais vergleichbar. Die Rohfrucht unterliegt aber in kurzer Zeit so starken Veränderungen, daß es Betriebsschwierigkeiten geben kann, wenn nicht beste Ware verarbeitet wird.

Es ist deshalb einfacher, Trockenkartoffeln zu verwenden, wenn der Wert der Frucht durch die Trocknung nicht gemindert ist. Die Trockenkartoffel muß von lockerer, leicht extrahierbarer Beschaffenheit sein, weil eine verklebende Oberfläche beim Dämpfen den Verarbeitungsvorgang hemmen würde.

Buchweizen ist früher zusammen mit Roggenschrot verarbeitet worden. Nur die gleichmäßig dunklen Körner sind reif und verwendbar. Er ist in der Lüneburger Heide, in Frankreich, Flandern, Schottland und in Nordamerika angebaut worden.

Maniokawurzel enthält über 70% Stärke, aber nur 2% Eiweiß. Sie ist in Frankreich als Zumaischmaterial verwendet worden.

Reis kommt in Deutschland praktisch als Maischmaterial nicht in Frage, dagegen hat Frankreich infolge der billigen Einfuhr aus seinen Kolonien Reis verarbeitet.

b) Zuckerhaltige Rohstoffe.

Melasse ist vor dem ersten Weltkrieg nur in Österreich in größeren Mengen verarbeitet worden. Sie hat sich nach 1918 wegen ihres Zuckergehaltes und Stickstoffanteils schnell in der Hefeindustrie eingeführt. Allerdings bedarf sie einer sehr sorgfältigen Vorbehandlung, ehe sie als Hefenahrung in Frage kommt. Da die Phosphorsäure durch den Kalkzusatz in der Zuckerfabrikation ausgefällt wird, muß diese ebenso wie andere Hefenährstoffe künstlich zugesetzt werden. Die Stickstoffverbindungen werden von Kulturhefe nur zum Teil assimiliert, daher hat man anfänglich Melasse nicht allein, sondern stets mit Getreide gemischt bzw. mindestens zusammen mit Malzkeimen verarbeitet. Heute ist man in der Lage, durch Zusatz von anorganischen Salzen fast jede Melasse für die Gärung verwendbar zu machen. Am wenigsten geeignet sind Raffineriemelassen. Bevorzugt werden solche Melassen, die in Farbe und Geruch normal sind, sich gut klären lassen und leicht vergärbar sind, wie durch kleine Gärversuche ermittelt werden kann. Rohmelassen sind alkalisch und enthalten etwa 1,3—2,3% Stickstoff.

Zuckerrohrmelassen haben oft sauren Charakter und bedürfen vor der Verwendung einer besonderen Behandlungsweise, da der hohe Invertzuckergehalt entsprechend berücksichtigt werden muß.

Rohzucker kann nur als Kohlenstoffquelle dienen, da die geringen Verunreinigungen als Hefenahrung nicht ausreichen, er muß also in Mischung mit anderen Stoffen angewendet werden.

Zuckerrüben und Rübenschnitzel müssen wie in Zuckerfabriken in Diffuseuren ausgelaugt werden, daher kommt ihre direkte Verarbeitung nur teilweise in Betracht.

c) Andere vorbehandelte Stoffe.

Schlempe ist die vergorene entgeistete Maische. Früher waren in den Maischen alle Hülsen und sonstigen Bestandteile der Rohstoffe enthalten. Neuerdings werden die Treber des Getreides, die Verunreinigungen der Melasse vor der Gärung entfernt und nur blanke Würzen verarbeitet. Um die Schlempenährstoffe nutzbar zu machen, wurde sie früher nach dem Verlassen des Brennapparates einer Druckkochung unterzogen, wodurch sie gut klärbar und vergärbar wurde. Heute ist vor allem die Kornschlempe ein wichtiges Nährmittel für die Biosynthese. Hierbei sind ihre getrockneten löslichen Bestandteile von besonderem Wert.

Sulfitablauge ist die bei der technischen Herstellung von Zellstoff aus Holz mittels schwefliger Säure anfallende Kochlauge. Es hat lange gedauert, bis sie für die Spiritus- und Hefeherstellung benutzbar wurde, denn ihr Gehalt an mineralischen Hefenährstoffen ist gering und die enthaltenen schwefligsauren Salze wirken gärungsstörend. Ihre Verwertung ist vor allem in Schweden gefördert worden.

Holzzuckerlösungen entstehen dadurch, daß die Cellulose des Holzes mit verdünnten oder konzentrierten Säuren verzuckert und dadurch der Gärung zugänglich gemacht wird. Heute sind neben den entstehenden Hexosen auch die Pentosen verwertbar, so daß aus Holzzuckerlösungen außer Zucker, Hefe und Alkohol auch Futtereiweiß und hochwertige Nebenprodukte gewonnen werden können.

d) Zusatzstoffe.

Außer den Rohstoffen werden Zusatzstoffe benötigt. Die wichtigsten Zusatzstoffe sind:

Zum Ansäuern Kulturmilchsäurebakterien, Schwefelsäure, Salzsäure.

Zum Abstumpfen Kalk, Kreide.

Für Nährzwecke Superphosphat, Diammonphosphat, Ammoniakwasser, Ammonsulfat, Carbamid, Asparagin.

Zur Schaumbekämpfung Gärfett.

Endlich darf nicht vergessen werden, daß als *Betriebswasser* nur solches verwendbar ist, das biologisch der Qualität eines guten Trinkwassers entspricht. Zur Hefefabrikation werden immerhin erhebliche Mengen Wasser benötigt.

III. Die Gärung.

Die von GAY-LUSSAC gefundene und von DUMAS korrigierte Gärungsgleichung

$$C_6H_{12}O_6 = 2\,CO_2 + 2\,C_2H_5OH$$

war der Anfang zur Aufklärung des chemischen Gärungsproblems. Zunächst wurde die Wirkung der Hefe eine Zeitlang verschieden aufgefaßt. LIEBIG vertrat die Ansicht, daß der Vorgang rein chemisch aufzufassen sei, und zwar als Übertragung der Bewegung von den in der Hefe in Zersetzung begriffenen Stoffen auf den gärungsfähigen Zucker. Demgegenüber nahm PASTEUR mit seiner vitalistischen Auffassung den Standpunkt ein, die Gärung sei eine physiologische Erscheinung, welche von den Lebensvorgängen der Zelle nicht zu trennen sei. Dieser Kontroverse machte dann BUCHNER mit der Entdeckung der Zymase ein Ende. Es gelang ihm, dieses in der Hefe enthaltene Enzym aus der Hefezelle nach dem Zerstören der Zellwand zu isolieren und die Zymase als Ursache der Gärung festzustellen. Danach ist also das Leben der Zelle mit der Gärung verknüpft, die Bildung der Zymase ist an ihr Wachstum gebunden, jedoch kann ihre Gärung von der Hefe getrennt als ein von ihren Lebensäußerungen lösbarer chemischer Vorgang im Sinne LIEBIGS bezeichnet werden.

Heute gilt die Hefe als wichtiges Mittel, um den biochemischen Zuckerstoffwechsel zu messen. TÖDT hat festgestellt, daß derselbe mit einem Sauer-

Die Gärung.

stoffumsatz und dadurch mit einer Änderung der Konzentration des im Wasser gelösten Sauerstoffs verbunden ist und somit den chemischen Grundvorgang aller Lebensprozesse bildet. Die Hefe ist daher der wichtigste Modellorganismus zum Studium der Atmung, denn ihr Stoffwechsel verläuft schon bei geringer Änderung der Lebensbedingungen in verschiedener Richtung, wie später noch zu berichten ist.

Zunächst gilt es, die Aufbausubstanzen der Hefe der Saccharomyces cerevisiae-Art näher zu betrachten.

Bei einem Wassergehalt von 68—75% sind in der Trockensubstanz enthalten z. B.:

Stickstoffverbindungen (Protein: Nmal 6,25; Cerevisin,
    Zymocasein, Peptone, Nucleoproteide u. a.) . . . . . . 35—65% i. M. **45%**
Stickstofffreie Substanz (Polyose, Glykogen, Trehalose,
    Hefegummi u. a.) . . . . 24—45% i. M. **40%**
Rohfett **5%**
Asche **10%**

Die Asche besteht im wesentlichen aus 50% P_2O_5, 30% K_2O, 6% MgO, 3—4% CaO, ferner SiO_2, Fe_2O_3, Sulfaten usw.

Die Elementaranalyse ergab:

44,4—46,3% Kohlenstoff,   etwa 35% Sauerstoff,
6,4— 6,9% Wasserstoff,   etwa 9% Stickstoff.

In diesen Analysenzahlen kommt nicht zum Ausdruck, welche verschiedenartigen Reaktionen in diesen einzelligen Lebewesen sich nebeneinander vollziehen können und wie vielgestaltig die Produkte ihrer Zelltätigkeit sind. Da sich die Zellforschung heute stark im Fluß befindet, ist kaum eine erschöpfende Übersicht über alle Befunde zu bringen. Zudem kann sie nur getrennt nach Stoffklassen und nach Wirkstoffen gegeben werden, wie dies LAUTENSCHLÄGER durchgeführt hat.

Es ist schon lange bekannt, daß in der Hefe eine große Anzahl von eiweißspaltenden, zuckerspaltenden und anders gerichteten Enzymen enthalten ist, deren Vorkommen in den verschiedenen Saccharomyces-Arten wechselt. So sind in der Literatur beschrieben: Saccharase, Amylase, Guanase, Trehalase, Proteasen, Peptidase, Phosphatase, Lipase, Amygdalase, Zymase und andere mehr.

Wichtig ist zunächst, daß man sich vergegenwärtigt, welche Stoffe in ausreichenden Mengen und in aufnahmefähiger Form als Hefenahrung dienen. Es sind dies:

1. Wasser; — 2. Salze; — 3. stickstofffreie Körper; — 4. stickstoffhaltige Körper; — 5. Sauerstoff.

Selbstverständlich spielt bei der Nahrungsaufnahme auch die Temperatur eine wesentliche Rolle.

Alle diese Stoffe müssen in ihrer Gesamtheit in der Züchtungsflüssigkeit vorhanden sein. Solange nun ausschließlich pflanzliche Rohstoffe für die Hefenahrung verwendet wurden, wie dies vor dem ersten Weltkriege unter Verarbeitung von Getreide, hauptsächlich Gerstenmalz, der Fall war, standen in der fertigen Nährlösung alle Grundstoffe in ausreichender Menge zur Verfügung. Mit dem Übergang bzw. der zwangsweisen Umstellung auf andere Rohstoffe trat das Gärungsproblem in ein ganz neues Stadium. Die bisherigen Kenntnisse der Lebensbedingungen und Lebensäußerungen des Hefepilzes reichten nicht mehr aus. Die Verwendung von Melasse als Hauptrohstoff war gleichbedeutend mit der Herstellung der Nährlösung auf chemischer Grundlage. Die in der Melasse fehlenden Chemikalien mußten entsprechend ergänzt werden.

Während im Gerstenmalz je 100 kg Gerste ungefähr 50 kg Zucker, 2 kg Stickstoff und 0,87 kg Phosphorsäure enthalten sind, enthält die Melasse ungefähr 48 kg Zucker, 1,5 kg Stickstoff und 0,04 kg Phosphorsäure.

Es wäre nun aber ein Fehler, wenn man die eben genannten Werte den Zahlen der Gerstenmalzanalyse annähern wollte. Maßgebend sind allein die Stoffe, die von der Hefe auch wirklich aufgenommen und verarbeitet werden können. Am günstigsten in der Ausnutzung ist der Zucker. Derselbe kann bei sachgemäßer Betriebsführung und unter der Voraussetzung, daß es sich auch um vergärbaren Zucker handelt, vollständig verwertet werden. Die Gerstenstärke ist zwar nicht restlos in gärfähigen Zucker überführbar, da ein kleiner Prozentsatz unaufgeschlossen bleibt sowie weil unvergärbare Dextrine vorhanden sind. Der Zuckergehalt der Melasse ist bereits als Durchschnittswert des tatsächlich vergärbaren Zuckers angegeben. Die Hauptaufgabe, welche der Zucker zu erfüllen hat, ist die Versorgung der Hefe mit Energie. Er ist deshalb mit der Kohle verglichen worden, deren aufgespeicherte Energie durch Verbrennung in nutzbare Arbeit umgewandelt wird. Auch der Zucker wird bei der Hefeerzeugung verbrannt, zum Teil unvollständig in Alkohol und Kohlensäure, zum Teil auch in Kohlensäure und Wasser. Er gibt gleichzeitig den Baustein für die kohlehydrathaltigen Bestandteile der Hefezellen, für das Fett sowie auch für die phosphorsäurehaltigen und stickstoffhaltigen Nährstoffe. Seine Spaltung steht in engem Zusammenhange mit der Ausbeute. Je lebhafter die Zellvermehrung vor sich geht, um so mehr wird auch Energie verbraucht.

Die Art der Zuckerverwertung hängt ab hauptsächlich von den Züchtungsbedingungen und entsprechend auch von der angewendeten Luftmenge, welche der Gärung zugeführt wird. Es ist eine feststehende Tatsache, daß, je mehr Luft zur Hefezüchtung benutzt wird und je verdünnter die Nährlösung gewählt wird, um so stärker ist die Assimilation des Zuckers und die Hefevermehrung. Daher war es in der Praxis schon lange bekannt, daß die Gärungsgleichung von Gay-Lussac bei der modernen Hefegewinnung nicht ohne weiteres zutrifft.

Effront hat dies in folgender Weise zu erklären versucht: Bei der Gärung ohne Luft wird die Gesamtheit des Kohlenstoffs des Zuckers in der Hefe wiedergefunden. Ein Teil des Zuckers, welcher zum Aufbau der Eiweißstoffe dient, unterliegt einer vorhergehenden Spaltung ohne Kohlensäurebildung. Dagegen wird bei einer Gärung mit Zuhilfenahme großer Luftmengen eine gewisse Menge des Zuckers vollständig verbrannt und der Rest in Acetaldehyd umgewandelt, welcher den Kohlenstoff für die Eiweißstoffe liefert. Der Zucker kann also in dem ersten Fall für die Zellsynthese weit besser ausgenutzt werden.

Die Gärung.

Nach NEUBERG bzw. LEBEDEW verlief die Spaltung der Hexosen, also von Zuckerarten, deren Molekül 6 Atome Kohlenstoff enthält (Glucose, Fructose, Mannose und Galaktose), in folgender Weise:

$$\underset{\text{Hexose}}{C_6H_{12}O_6} = 2\,\underset{\text{Dioxyaceton}}{CH_2OH \cdot CO \cdot CH_2 \cdot OH}.$$

$$2\,\underset{\text{Dioxyaceton}}{CH_2OH \cdot CO \cdot CH_2OH} = 2\,\underset{\text{Brenztraubensäure}}{CH_3 \cdot CO \cdot COOH} + \underset{\text{Wasserstoff}}{2\,H_2}.$$

$$2\,\underset{\text{Brenztraubensäure}}{CH_3 \cdot CO \cdot COOH} = 2\,\underset{\text{Acetaldehyd}}{CH_3 \cdot CHO} + \underset{\text{Kohlensäure}}{2\,CO_2}.$$

$$2\,\underset{\text{Acetaldehyd}}{CH_3 \cdot CHO} + \underset{\text{Wasserstoff}}{2\,H_2} = 2\,\underset{\text{Äthylalkohol}}{CH_3 \cdot CH_2 \cdot OH}.$$

Das ergibt bei der Zusammenfassung aller Stufen die Gleichung von GAY-LUSSAC:

$$\underset{\text{Traubenzucker}}{C_6H_{12}O_6} = 2\,\underset{\text{Äthylalkohol}}{CH_3 \cdot CH_2OH} + \underset{\text{Kohlensäure}}{2\,CO_2}.$$

EFFRONT schließt nun bei der Spaltung in Brenztraubensäure auf eine Zwischenreaktion des Zuckers in Brenztraubensäurealdehydhydrat von der Formel

$$C_6H_{12}O_6 = 2\,\underset{\text{Brenztraubensäurealdehydhydrat}}{CH_3 \cdot CO \cdot CH \cdot (OH)_2}.$$

Letzteres soll dann über die Bildung von Alanin zu Eiweißsubstanzen nach Art der Polypeptide polymerisieren, und zwar zum Typus

$$(C_6H_{12}O_3N_2)n \quad \text{oder} \quad (C_{12}H_{20}O_4N_3)n.$$

Allerdings gingen weder EFFRONT noch NEUBERG und LEBEDEW auf die Bindung ein, welche bei Zusatz von löslichem Phosphat zu einer Zuckerpreßsaftlösung beobachtet wurde.

HARDEN und YOUNG haben eine Bindung zwischen Phosphat und Zucker als Diphosphorsäureester angenommen nach folgender Gleichung:

$$2\,C_6H_{12}O_6 + 2\,PO_4HR_2 = 2\,CO_2 + 2\,H_2O + 2\,C_2H_6O + C_6H_{12}O_6(PO_4R_2)_2$$

und zweitens nach der Gleichung:

$$C_6H_{10}O_4(PO_4R_2)_2 + 2\,H_2O = C_6H_{12}O_6 + 2\,PO_4HR_2.$$

Sie folgerten daraus, daß sich mit abnehmender Gärung die Phosphorsäure durch Umwandlung des Phosphates in freiem Zustande anhäuft, daß aber eine Anhäufung freier Phosphorsäure unmöglich ist, solange noch eine Gärung besteht.

Bei der Beurteilung der Frage der Phosphorsäureernährung der Hefe spielt nun nicht der analytisch nachweisbare Wert die Hauptrolle, sondern der Assimilationswert. Während in 100 kg Gerste von 0,87 kg Phosphorsäure nur 0,50 kg assimiliert werden, sind in 100 kg Melasse von 0,04 kg nur 0,025 kg Phosphorsäure assimilierbar. Demgegenüber ist festzustellen, daß früher auf 100 kg Hefe nach der Getreideverarbeitung ungefähr 0,6 bis 0,8 kg Phosphorsäure berechnet auf Substanz vorhanden waren, während heute bei der Melasseverarbeitung auf 100 kg Hefe mindestens 1 kg Phosphorsäure berechnet auf Substanz entfallen. Es ist also gelungen, nicht nur die natürliche Phosphatmenge zu ersetzen, sondern diese auch noch zu erhöhen.

In welcher Weise sich die Phosphorsäuremenge im Gärprozeß ändert, darüber liegen interessante Feststellungen vor. Nach Versuchen von BERMANN und KULP tritt die Phosphorsäure während der Gärung zunächst aus der Zelle aus, verestert sich mit dem Zucker und tritt dann in Form des Esters in die Zelle ein. Dieser Vorgang wiederholt sich im Verlauf der Gärung, wobei die Phosphorsäure dann stets verestert bleibt. Es ist sogar ein Rhythmus dieser Bewegung festgestellt worden, der wohl mit dem Wechsel der Sproß- und Wuchsperioden der Hefe zusammenhängt. Demnach ist der Phosphorsäurestoffwechsel der Hefe mit ihrer Vermehrung untrennbar verbunden, um so mehr, als der Zellkern zum größten Teil aus phosphorsäurehaltigen Nucleoproteiden besteht. Wenn man während der Gärung in bestimmten Zeitabschnitten Phosphorsäurebestimmungen der Hefe ausführt, dann zeigen die Ergebnisse graphisch dargestellt eine Zickzacklinie. Die Veresterung wird gefördert, wenn nicht nur die zu assimilierende Menge an Phosphorsäure in der Nährflüssigkeit vorhanden ist, sondern darüber hinaus ein Überschuß.

Schwieriger ist die Stickstoffaufnahme der Hefe, schon deshalb, weil die Analyse über die einzelnen Stickstoffarten nicht schnell durchzuführen ist. Früher enthielt die Getreidepreßhefe auf 100 kg Hefe durchschnittlich 1,6—1,8 kg Stickstoff. Heute enthält eine aus Melasse hergestellte Hefe durchschnittlich 2—2,5 kg Stickstoff auf 100 kg Hefe. Hierbei muß berücksichtigt werden, daß der zur Nahrungsaufnahme verfügbare Stickstoff in der Gerste auf 100 kg Rohmaterial zwar 2 kg betrug, daß davon aber nur 0,6 kg assimilierbar waren, während in der Melasse von durchschnittlich 1,4 kg nur 0,4 kg Stickstoff assimilierbar sind. Vergleicht man die eben erwähnten Stickstoffzahlen mit den Assimilationswerten des Rohmaterials, so ist offensichtlich, daß bei der Melasseverarbeitung beträchtliche Mengen Stickstoff zugeführt werden müssen.

Nun können die stickstoffhaltigen Substanzen, die zur Vermehrung der Hefe dienen, aus sehr verschiedenen Quellen stammen. Lange Zeit wurde es als unmöglich angesehen, den bisher verwendeten organischen Stickstoff durch anorganische Ammonsalze, wenn auch nur teilweise, zu ersetzen. Heute ist diese Frage zwar insofern entschieden, als fast ausschließlich anorganischer Stickstoff zur Melasse zugegeben wird, welchen die Hefe glatt assimiliert, aber in welcher Weise die Nahrungsaufnahme vor sich geht, ist noch umstritten.

Sicher ist, daß die Stickstoffgabe von maßgebendem Einfluß auf die Eigenschaften der Hefe, insbesondere auf deren Triebkraft und Haltbarkeit ist.

Nach Versuchen von EHRLICH verarbeitet die Hefe nicht die ganze Aminosäure, sondern der stickstofffreie Rest wandert als unverdauliches Stoffwechselprodukt wieder in die Gärflüssigkeit zurück. Die Gleichung lautet:

$$R \cdot \underset{NH_2}{CH} \cdot COOH + H_2O = R \cdot CH_2OH + CO_2 + NH_3.$$

Die Gärung.

Leicht assimilierbar ist der in Form von NH$_2$-Gruppen vorhandene Stickstoff, welcher in Melassen verschiedener Herkunft nicht leicht zu ermitteln ist. Wenn man diesen Stickstoff durch Überdestillation mit Natronlauge und nachherige Titration bestimmt, werden dabei auch Säureamide gespalten und deren Stickstoff mitbestimmt. Der im Vergleich zum Gesamtstickstoff der Melasse erzielte niedrige Assimilationswert besagt, daß eine Anzahl Stickstoffgruppen vorhanden sind, die nicht assimiliert werden, z. B. wird Betain von der Hefe nicht aufgenommen. Außerdem sind Stickstoffgruppen vorhanden, die zwar assimilierbar, aber für die Hefe selbst nachteilig sind. Wenn trotzdem mit einem Überschuß an Stickstoffverbindungen gearbeitet wird, so geschieht dies, um die Hefe vor der Assimilation der im Überschuß vorhandenen Aminosäuren zu schützen und die Menge der Abbauprodukte entsprechend zu reduzieren. EHRLICH hat dies bereits durch Zusatz von Ammonsalzen erreicht. Die Hefe bevorzugt die leicht durch die Zellwand diffundierbaren Stickstoffverbindungen, so vor allem Monoaminosäuren, deren Säureamide, ferner auch Harnstoff und Hexonbasen. Der Abbau vollzieht sich indessen nicht regelmäßig, sondern steht mit dem Säuregrad der Gärflüssigkeit in enger Beziehung. Die Frage der Stickstoffaufnahme ist daher gleichzeitig die Frage nach dem Verlauf der Acidtätskurve. Um den schon erwähnten Überschuß an assimilierbaren Stickstoffverbindungen herzustellen, verwendet man beispielsweise auf 1000 kg Melasse 30 kg Ammonsulfat, so sind dies 6 kg Stickstoff, also mehr als dreimal soviel, als den Molekularverhältnissen entsprechen würde. Dieser Überschuß an Ammonsulfat setzt sich mit den organischen Alkalisalzen um unter Bildung von Alkalisulfat und organischen Ammonsalzen, so daß in der Nährflüssigkeit ein Gleichgewicht zwischen Ammonsulfat, Ammonsalzen organischer Säuren, Alkalisalzen organischer Säuren und Alkalisulfat entsteht, wobei trotz der Zugabe von Schwefelsäure die Möglichkeit des Vorhandenseins freier Schwefelsäure so gut wie ausgeschlossen erscheint.

Wenn man nun den Verlauf der während der Gärung festgestellten Säurekurve mit der Stickstoffaufnahme der Hefe auf Grund der Arbeiten von EHRLICH in Verbindung bringt, so ist die Stickstoffnahrung der Hefe durch die Eiweißspaltung sowohl in Form amphoterer Aminosäuren als auch in Form organischer Ammonsalze vorhanden. Würde man annehmen, daß das Ammonsulfat in die Zelle diffundiert, so hätte man innerhalb der Zelle eine Spaltung unter Freiwerden von Schwefelsäure anzunehmen, die zu einer Schädigung der Zellwand führen müßte.

Die Anfangsacidität und das Steigen derselben während der Gärung läßt sich indessen in folgender Weise erklären:

Während die Anfangsacidität von organischen Säuren herrührt, entnimmt die Hefe während der Gärung diesen Verbindungen den Stickstoff, so daß die Aminosäuren ihren amphoteren Charakter verlieren und sich in der Reaktion auch durch ansteigende Acidität als Säuren äußern. Da die so entstandenen organischen Carbonsäuren im weiteren Verlauf der Gärung der Hefe als Kohlenstoffnahrung dienen, so nimmt die Acidität dann ab, wenn die Hefe den größten Teil des Zuckers und des Stickstoffs aufgenommen hat. Ein ungespaltener Rest von Aminostickstoff bleibt indessen in der Gärflüssigkeit zurück und ist als solcher auch nachweisbar.

In der ersten Hälfte der Gärung verlaufen die Umsetzungen nach EHRLICH in folgender Weise:

$$\underset{\underset{\text{COOH}}{|}}{\text{RCH}} \cdot \text{NH}_2 + \text{H}_2\text{O} = \underset{\underset{\text{COOH}}{|}}{\text{RCH}} \cdot \text{OH} + \text{NH}_3,$$

während in der zweiten Hälfte der Vorgang folgendermaßen verläuft:

$$\underset{\underset{\text{COOH}}{|}}{\text{RCH}} \cdot \text{OH} = \text{RCH}_2\text{OH} + \text{CO}_2.$$

Dies bedeutet, daß in der zweiten Hälfte ein Abbau der Oxysäure stattfindet, indem die Carbonsäuren der Hefe als Nahrung dienen. Hervorgerufen wird dieser Abbau entweder durch enzymatische Spaltung in Alkohol und Kohlensäure oder auch durch den Assimilationsvorgang. Praktisch ist der Abbau so vollkommen, daß die Endacidität annähernd der Anfangsacidität entspricht. Wenn man nun während der Gärung nicht nur die Acidität, sondern auch die Wasserstoffionenkonzentration bestimmt, so hat POLLAK gefunden, daß die Bildungsgeschwindigkeit der organischen Säuren in der ersten Hälfte der Gärung weit größer ist als die Abbaugeschwindigkeit, während im zweiten Teil der umgekehrte Fall eintritt, so daß ein Eiweißabbau zu Säuren im letzten Teil der Gärung überhaupt nicht mehr stattfindet. Tatsächlich ist das assimilierbare Eiweiß auch in der vierten Gärstunde bereits vollkommen zu Säuren abgebaut worden.

Unter Berücksichtigung dieser Vorgänge tritt eine sogenannte Pufferwirkung der Nährflüssigkeit ein, das heißt ein Abhängigkeitsverhältnis des Wasserstoffexponenten p_H von den zugesetzten Säuren oder Alkalimengen. Beim Ansteigen der Aciditätskurve nimmt die Pufferung ab, daher ist die Hefe hier biologisch am meisten gefährdet. Sie läuft Gefahr, durch das Bombardement der Wasserstoffionen so geschwächt zu werden, daß ihre Haltbarkeit gefährdet bzw. in Frage gestellt wird.

Dagegen wird die Hefe im Maximum der Acidität durch eine außerordentliche Pufferwirkung geschützt. Demnach ist bei einer ungestörten Arbeitsweise der Schutz gegen die Wasserstoffionen unbedingt notwendig, das heißt, es müssen genügend Stoffe in der Nährflüssigkeit vorhanden sein, die entsprechend puffern. Wenn solche nicht vorhanden sind, müssen sie zugefügt werden.

Diese Frage spielt gerade bei der Melasseverarbeitung eine wichtige Rolle, während früher in der Getreidenährflüssigkeit bereits die von Natur vorhandenen Pufferstoffe enthalten waren. Dabei war die Hefe vor der Assimilation eines etwa vorhandenen Überschusses an Aminosäuren geschützt. Diese Gefahr ist bei der Melasseverarbeitung auf jeden Fall auszuschalten. Die modernen Gärverfahren tragen dem Rechnung.

Für die Vergärung stehen heute fast alle Kohlehydrate von den Monosacchariden bis zu den Polysacchariden zur Verfügung. Es sind dies:

1. von den *Monosacchariden* die *Hexosen* $C_6H_{12}O_6$, zu denen die Glucose, Fructose, Galaktose und Mannose gehören, und die *Pentosen* $C_5H_{10}O_5$ wie Arabinose und Xylose,

Die Gärung.

2. von den *Disacchariden* $C_{12}H_{22}O_{11}$ die Saccharose, Maltose, Melibiose und Lactose. Melibiose wird durch Melibiase enthaltende Hefen (z. B. untergärige Hefen) gespalten und Lactose durch solche Hefen, die Lactase besitzen (z. B. Kefirhefen).

3. von den *Trisacchariden* $C_{18}H_{32}O_{16}$ die Raffinose oder Melitriose, die durch Saccharase enthaltende Hefen in Fructose und in Melibiose (s. o.) gespalten wird.

4. von den *Polysacchariden* $(C_6H_{10}O_5)_x$ die Stärke, Dextrine, Cellulose und Hemicellulose, Glykogen u. a. Letztere müssen erst zu Mono- bzw. Zymosacchariden und Disacchariden abgebaut werden, ehe sie für Hefe vergärbar sind.

Praktische Bedeutung haben in erster Linie Glucose und Fructose, Saccharose und Maltose, Stärke und Cellulose.

Nimmt man Glucose als Ausgangsmaterial, so würden theoretisch aus: 100 g Glucose = 51,1 g Äthylalkohol und 48,9 g Kohlensäure entstehen, die aber praktisch nicht erreicht werden, weil ein Teil des Zuckers zum Aufbau der Hefe dient und außerdem in geringen Mengen Nebenprodukte gebildet werden. Letztere stammen entweder aus dem Zuckerzerfall selbst oder aus den Aminosäuren der von der Hefe vergorenen Flüssigkeit. RIPPEL-BALDES gibt die Herkunft in folgender Weise an:

aus dem Zuckerzerfall Glycerin, Acetaldehyd, Essigsäure und Milchsäure,

aus den Aminosäuren Fuselöle und Bernsteinsäure.

Er gibt das rohe Schema der bei dem Zuckerzerfall durchlaufenden Stufen wie folgt an:

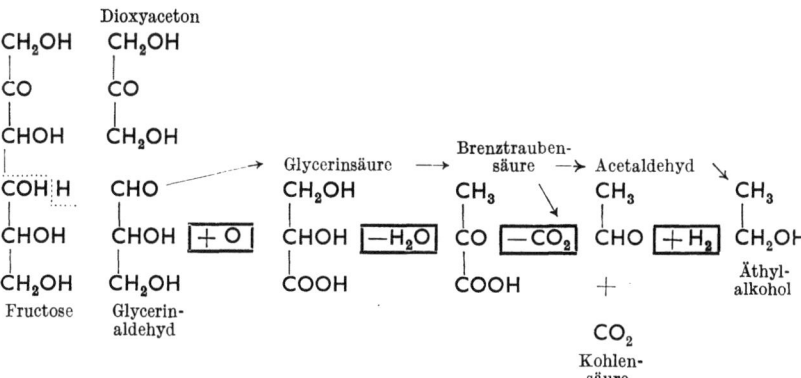

Hiernach zerfällt die Glucose zunächst in zwei Triose-Moleküle. Durch Sauerstoffaufnahme entsteht aus dem Glycerinaldehyd Glycerinsäure, aus dieser dann durch Wasserabspaltung Brenztraubensäure, und aus dieser durch Abspaltung von Kohlensäure Acetaldehyd, der schließlich zu Äthylalkohol durch Wasserstoff reduziert wird. Es ist also eine Oxydoreduktion mit einer Wasserabspaltung und einer Kohlensäureabspaltung.

Die Veresterung des Zuckers mit Phosphorsäure vollzieht sich in folgender Weise:

Glucose-1-Phosphorsäureester,
Glucose-6-Monophosphorsäureester,
Fructose-1-6-Diphosphorsäureester,
Fructose-1-6-Diphosphorsäureester,
$$\swarrow \quad \searrow$$
Dioxyacetonphosphat $\rightleftarrows$ Glycerinaldehydphosphat.

Hierbei wird angenommen, daß vom Glykogen ausgegangen wird, das mit anorganischem Phosphat unter Wirkung von Adenylsäure zu Glucose-1-Phosphorsäureester gespalten wird, eine Phosphorolyse des Glykogens in der Wirkung einer Phosphorylase, also einer Enzymwirkung. Weiterhin wirken die sich bildenden Adenosinphosphorsäuren dahin, daß sie zunächst die Glucose-1-Phosphorsäure in die Glucose-6-Phosphorsäure umwandeln und dann eine zweite Phosphorsäuregruppe hinzufügen, so daß Glucose-1-6-Diphosphorsäure entsteht, die in den entsprechenden Fructoseester umgewandelt wird.

Der Fructoseester wird dann — wie in der Formelübersicht durch Strichelung angedeutet ist — durch das Enzym Aldolase (Zymohexase) in je ein Molekül Dioxyaceton- bzw. Glycerinaldehydphosphat, also in zwei Triose-Moleküle gespalten, eine Reaktion, die umkehrbar ist. Außerdem besteht auch zwischen Dioxyaceton- und Glycerinaldehydphosphat ein reversibles enzymatisches Gleichgewicht (Isomerase), wie ebenfalls angedeutet ist.

Weiterhin greift das Co-Zymase-System ein. Die Co-Zymase ist zusammengesetzt aus 1 Molekül Adenin (als Purinbase), 1 Molekül Pyridinkern (als Amid der Nicotinsäure), ferner aus 2 Molekülen Pentosen und 2 Molekülen Phosphorsäure minus 5 Wasser und ist ein Diphosphorsäure-pyridin-nucleotid. Endlich ist Magnesium ein notwendiger Bestandteil. Das ganze System ist locker an Eiweiß gebunden und vollzieht sich in folgender Weise:

$$\begin{array}{l} \text{CHO} \\ | \\ \text{CHOH} \\ | \\ \text{CH}_2\text{O} \cdot \text{PO}_3\text{H}_2 \end{array} + \text{O} + \text{Co-Zymase} + \text{H}_2 \rightleftarrows \begin{array}{l} \text{COOH} \\ | \\ \text{CHOH} \\ | \\ \text{CH}_2\text{O} \cdot \text{PO}_3\text{H}_2 \end{array} + \text{Dihydro-Co-Zymase}$$

Phosphoglycerin-aldehyd　　　　　　　　　　3-Phosphoglycerin-säure

Die wirksame Gruppe ist der Pyridinkern, an den Wasserstoff angelagert wird, unter Verschwinden der Doppelbindung des Stickstoffs, so daß die Co-Zymase in die Dihydro-Co-Zymase übergeht, wobei oxydoreduktiv Glycerinaldehyd zu Glycerinsäure oxydiert wird.

Im weiteren Verlauf entsteht nun aus der Phosphoglycerinsäure die Phosphobrenztraubensäure durch Wasserabspaltung. Ihre Entstehung wird von dem Enzym Enolase hergeleitet, der Vorgang ist reversibel.

Die bisher die Reaktionen begleitende Phosphorsäure wird dann aus der Phosphobrenztraubensäure abgespalten. Aus der Brenztraubensäure

Die Gärung. 15

wird ferner durch Carboxylase die Kohlensäure unter Bildung von Acetaldehyd abgespalten. Er wird durch Wasserstoff zu Äthylalkohol reduziert.

Diesen Wasserstoff liefert die oben erwähnte Dihydro-Co-Zymase, die damit wieder in ihrer reaktionsfähigen Form zur Oxydation weiteren Glycerinaldehyds hergestellt ist.

Die wesentlichen Stadien des Abbaues, die zur Entstehung oxydierter Produkte, wie Kohlensäure, und reduzierter Produkte, wie Äthylalkohol, führen, sind etwa wie folgt darzustellen:

```
Co-Zymase  ←─────────────────  Dihydro-Co-Zymase
     │                                   │
     ↓                                   ↓
Glycerinsäure                       Äthylalkohol
(weiter zu Brenztraubensäure und CO₂)
```

Nun sind aber Abwandlungen möglich. So kann der Acetaldehyd leicht durch Sulfit isoliert werden, welches die reaktionsfähige Aldehydgruppe bindet und der Reduktion entzieht, den Acetaldehyd also abfängt. In diesem Falle geht der verfügbar bleibende Wasserstoff an den Glycerinaldehyd und es entsteht Glycerin an Stelle von Äthylalkohol.

Ebenfalls kann Brenztraubensäure abgefangen werden durch Zusatz von β-Naphthylamin.

Endlich kann die Alkoholgärung durch Herabsetzung der Enzymkonzentration oder auch durch Zusatz plasmolysierender Mittel auf Milchsäuregärung umgeschaltet werden, die auch durch Reduktion der Brenztraubensäure entstehen kann.

$$CH_2OH \cdot CHOH \cdot CHO (-H_2O) = CH_3 \cdot CO \cdot CHO (+H_2O)$$
Glycerinaldehyd — Methylglyoxal

$$= CH_3 \cdot CHOH \cdot COOH.$$
Milchsäure

$$CH_3 \cdot CO \cdot COOH (+H_2) = CH_3 \cdot CHOH \cdot COOH.$$
Brenztraubensäure — Milchsäure

Hiernach ergeben sich folgende Möglichkeiten:

1. $2 CH_2OH \cdot CO \cdot CH_2OH + 2 H_2 = 2 CH_2OH \cdot CHOH \cdot CH_2OH.$
Dioxyaceton — Glycerin

2. $2 C_6H_{12}O_6 = 2 C_2H_4O + 2 CO_2 + 2 C_3H_8O_3.$
Traubenzucker — Acetaldehyd geb. an Natriumsulfit — Glycerin

3. $2 C_2H_4O + H_2O = CH_3 \cdot CH_2OH + CH_3 \cdot COOH.$
Acetaldehyd — Äthylalkohol — Essigsäure

Letzteres geschieht bei Zusatz von alkalisch reagierenden Salzen.

Zusammengefaßt ergibt sich bei alkalischer Vergärung die folgende Formel:

$$2 C_6H_{12}O_6 + H_2O = 2 CO_2 + CH_3 \cdot CH_2OH + CH_3COOH + 2 C_3H_8O_3.$$
Traubenzucker — Kohlensäure — Äthylalkohol — Essigsäure — Glycerin

An Nebenprodukten sind schon die Bernsteinsäure und die Fuselöle genannt worden. Sie bilden sich z. B. aus Glutaminsäure bzw. Leucin und

Isoleucin, wie nachfolgend dargestellt wird. Bei den Fuselölen herrscht der aus dem Leucin stammende iso-Amylalkohol vor.

Die Werte der Zusammensetzung (in Gew.-%) von Fuselölen aus verschiedenen Rohstoffen wurden von A. FREY und W. HOPPE zusammengefaßt (s. Tab. 1).

Tabelle 1.

Bestandteile	Kartoffelfuselöl	Kornfuselöl	Melassefuselöl	Fuselöl aus Sulfitspiritus		Fuselöl aus Holzspiritus	
				norweg.	deutsches	BERGIUS-Verfahren	SCHOLLER-Verfahren
Amylalkohole...	68,76	79,85	76,0	59,16	53,0	74	65,0
Isobutylalkohol (bzw. n-Butanol)	24,35	15,76	(6,0)	16,9	11,83	20	15,0
n-Propylalkohol..	6,85	3,69				0,3	2,0
Isopropylalkohol.			4,0			Spuren	Spuren
Höhere Alkohole (n-Hexylalkohol)		0,15		(2,92)	(14,7)	Spuren	
Freie Säuren...	0,011	0,16	0,5	0,29		Spuren	5,0
Ester......	0,020	0,30	2,46	1,41		1	
Aldehyde....						Spuren	
Ketone.....						Spuren	2,0
Terpene u. Terpenalkohole....		0,081		8,45	13,6		10
Phenole.....				0,29			0,01
Basen......				6,69		Spuren	0,003

iso-Amylalkohol entsteht aus Leucin in folgender Weise:

$$\begin{array}{l}\mathrm{CH_3}\\ \diagdown\\ \mathrm{CH \cdot CH_2 \cdot CH(NH_2) \cdot COOH} \; (+ \mathrm{H_2O} + \mathrm{H_2\text{-Acceptor}}) \longrightarrow\\ \diagup\\ \mathrm{CH_3} \qquad \text{Leucin}\end{array}$$

$$\begin{array}{l}\mathrm{CH_3}\\ \diagdown\\ \mathrm{CH \cdot CH_2 \cdot CO \cdot COOH} + \mathrm{NH_3} + \mathrm{Acceptor \cdot H_2} \longrightarrow\\ \diagup\\ \mathrm{CH_3} \qquad \alpha\text{-Ketosäure}\end{array}$$

$$\begin{array}{l}\mathrm{CH_3}\\ \diagdown\\ \mathrm{CH \cdot CH_2 \cdot CHO} + \mathrm{CO_2} \, (+ \mathrm{H_2}) \longrightarrow\\ \diagup\\ \mathrm{CH_3} \qquad \text{Aldehyd}\end{array}$$

$$\begin{array}{l}\mathrm{CH_3}\\ \diagdown\\ \mathrm{CH \cdot CH_2 \cdot CH_2OH} \, .\\ \diagup\\ \mathrm{CH_3} \qquad \text{iso-Amylalkohol}\end{array}$$

Es tritt also unter Eintritt von Wasser eine Ammoniakabspaltung unter Bildung der betreffenden Ketosäure ein. Diese wird decarboxyliert unter Bildung des entsprechenden Aldehyds, der weiter durch Wasserstoff zu dem primären Alkohol reduziert wird. Die wirksame Gruppe der Aminosäure-oxyhydrase, die den Wasserstoff aufnimmt und weitergibt, ist ein Alloxazin-dinucleotid und enthält das Lactoflavin (Vitamin B_2). Der optisch aktive Amylalkohol entsteht aus dem Isoleucin, der Isobutylalkohol aus dem Valin und der n-Propylalkohol aus α-Aminobuttersäure. Das bei der Desaminierung der Aminosäuren anfallende Ammoniak wird zum Aufbau des Hefeeiweißes verbraucht.

Die Gärung.

In ähnlicher Weise entsteht aus Glutaminsäure die Bernsteinsäure:

$$HOOC \cdot CH_2 \cdot CH_2 \cdot CH(NH_2) \cdot COOH (+ H_2O) \longrightarrow$$
Glutaminsäure
$$HOOC \cdot CH_2 \cdot CH_2 \cdot CO \cdot COOH + NH_3 + H_2 \longrightarrow$$
α-Ketoglutarsäure
$$HOOC \cdot CH_2 \cdot CH_2 \cdot CHO + CO_2 (+ O) \longrightarrow HOOC \cdot CH_2 \cdot CH_2 \cdot COOH.$$
Bernsteinsäurealdehyd　　　　　　　　　　Bernsteinsäure

Sie entsteht also über die betreffende Ketoglutarsäure und über Bernsteinsäurealdehyd, nur erfolgt die Umwandlung des Aldehyds nicht durch Reduktion, sondern führt durch Oxydation zur Säure. Die Glutaminodehydrase enthält als wirksame Gruppe ein Pyridinnucleotid.

Stellt man die thermischen Gleichungen für die alkoholische und die völlig oxydative Spaltung des Zuckermoleküls gegenüber:

I. $C_6H_{12}O_6 = 2 C_2H_5OH + 2 CO_2 + 22$ Kal.,

II. $C_6H_{12}O_6 + 6 O_2 = 6 CO_2 + 6 H_2O + 674$ Kal.,

dann entspricht die Gleichung I etwa dem Reaktionsablauf beim alten Dickmaischverfahren, bei dem die sehr geringe Hefeaussaat nur zum Zweck der Alkoholerzeugung geschah. Dagegen hat die Gleichung II heute bei den Lüftungsverfahren mit höchsten Hefeausbeuten Geltung, wobei der größte Teil des Zuckers zum Zellaufbau benutzt wird.

EFFRONT stellte folgende Hypothese für den Aufbau der Zellsubstanz auf:

III. $2 C_6H_{12}O_6 + 4 NH_3 = C_{12}H_{20}N_4O_4 + 8 H_2O$,

IV. $3 C_6H_{12}O_6 + 3 O_2 = 6 CH_3 \cdot CHO + 6 CO_2 + 6 H_2O$.
$$\downarrow + 3 N$$
$$6 C_{12}H_{20}N_3O_4 + 2 H_2O$$

Weiterhin ermittelte EFFRONT die Werte für die beiden Extreme (Tab. 2).

Tabelle 2.

Aus 100 g Glucose	Ohne Luft	Mit Luft
Alkohol in Gramm	50	0
Hefe (Trockensubstanz) in Gramm	1,88	56
Kohlensäure in Gramm	48,1	58
In Alkohol umgewandelt	98,0	0
Zum Zellaufbau verbraucht	2,0	78,4
Zur Energiebeschaffung verbrannt	0	21,4
Gramm Glucose zur Bildung von 100 g Hefe	106,4	140

Die von EFFRONT bereits 1927 ausgeführten Berechnungen sind Gegenstand eingehender Untersuchungen gewesen, die von G. MENZINSKY 1950 übersichtlich zusammengestellt und kritisiert worden sind. Es handelt sich um die Frage der theoretischen Hefeausbeuteberechnung, zu welcher vor allem CLAASSEN, BERNHAUER, FINK und Mitarbeiter, BRAHMER und MENZINSKY Stellung genommen haben. Da eine endgültige Klärung bisher nicht erfolgt ist, wird davon Abstand genommen, auf die Einzelheiten näher einzugehen und auf die Veröffentlichungen verwiesen.

Eine Darstellung der Entwicklungsgeschichte der verschiedenartigen Reaktionen in Hefen und mit Hilfe von Mikroorganismen ist im Jahre 1936 von C. L. LAUTENSCHLÄGER gegeben worden. Er hat auch die damals bekannten Aufbausubstanzen der Hefen (Saccharomyces cerevisiae) nach Stoffklassen und Wirkstoffen zusammengestellt.

Von den Enzymen wurden, als besonders eingehend studiert und für die technischen Verfahren nutzbar gemacht, die folgenden erwähnt:

Die *Maltase* ist ein Enzym, welches die nach der Verzuckerung der Stärke durch Diastase gebildete Maltose, eine Glykosidoglykose, in Traubenzucker umwandelt. Dieses hydrolysierende Enzym läßt sich durch Wasserextraktion bei 35° C in unreinem Zustand gewinnen.

Ferner wurde als Enzymfraktion, die aus Hefe in wasserlöslicher Form erhalten werden kann, das Invertin oder die *Invertase* eingehender studiert. Diese verwandelt den Rohrzucker, die Glykosidofructose, in den Invertzucker, der aus Traubenzucker und Fructose besteht.

Für den Gärverlauf wichtig ist die in der Hefe enthaltene *Zymase*, sie bewirkt in kolloidaler Lösung die zellfreie Gärung, d. h. die Spaltung des Traubenzuckers in die beiden Endprodukte Alkohol und Kohlensäure. Anschließend ist dann auf die Arbeiten von NEUBERG und HIRSCH über die *Carboligase* und im Anschluß daran an die *Carboxylase* hingewiesen worden, die bereits im Jahre 1910 von NEUBERG aufgefunden worden ist.

Der sogenannte *Bios-Komplex* in Hefeplasmolysaten ist von den Forschern V. EASTCOTT, R. E. WILLIAMS, VON EULER, KÖGL und LASH MILLER wie folgt aufgeklärt worden:

Bios I wurde als *meso-Inosit* charakterisiert.
Bios II hat den Namen *Biotin* erhalten.
Bios III wurde als *Vitamin B_1* (antineuritisches Vitamin, Aneurin) aufgefunden.
Bios IV wurde als kristallisiertes Kupfersalz isoliert.

Biotin vermag bereits allein eine Zunahme des Hefewachstums zu bewirken. Dieser Zuwachs wird in Gegenwart von meso-Inosit und Bios III erheblich verstärkt.

Während Bios ein Wuchsstoff der Zellteilung ist, findet sich nebenher ein Wuchsstoff der Zellstreckung, das *Auxin*. Letzteres findet sich auch in den anderen Pflanzenprodukten, wie Maisöl und Malz. KÖGL hat drei Auxine unterschieden, die Auxine A und B und das Heteroauxin.

Weiterhin ist von Interesse das gelbe Atmungsenzym, welches von WARBURG und CHRISTIAN aus dem Lebedew-Saft der Unterhefe abgeschieden wurde. Der Farbstoff ist als Phosphorsäureester an Eiweiß gebunden und gehört nach Feststellung von R. KUHN, P. GYORGY und TH. WAGNER-JAUREGG zu den *Flavinen*. Er steht im engsten Zusammenhang mit dem Wachstumsvitamin B_2.

In den Eiweißstoffen der Hefen fanden sich *Peptide* neben Aminosäuren, vor allem ist die Hefe reich an *Histidin* und *Arginin*.

Von den Peptiden wurde das Tripeptid isoliert und erhielt den Namen *Glutathion*, es ist aus Glycin, Glutaminsäure und Cystein aufgebaut. Unter Abgabe von Wasserstoff an einen Acceptor kann Glutathion auf Grund

Die Gärung.

einer Sulfhydrylgruppe in die Oxydationsform, ein Disulfid, übergehen, wobei zwei Gluthationmoleküle zu einem Molekül der Disulfidform zusammentreten. In seiner Reduktionsform kommt das Glutathion als primärer Zellbestandteil vor; zu dieser Reduktionsform wird das Peptid immer rasch und mehr oder weniger vollständig reduziert, wenn seine Oxydationsform zu Zell- und Gewebssuspensionen zugefügt wird. Infolge seines leichten Pendelns zwischen Oxydationsform und Reduktionsform nimmt die Sulfhydrylform des Glutathion auch als Katalysator an Oxydationsreaktionen in der Reihe der Fette, Fettsäuren und Proteine teil.

Ferner wurde auf den *Lipoidgehalt* der Hefe hingewiesen sowie auf die Bedeutung des Ergosterins, des Telekinins und des Vitamins E, dessen Bedeutung noch unklar ist.

Anschließend wurden dann die Zusammenhänge der Hexosephosphorsäuren geschildert.

Als Aufbausubstanzen des Zellkerns wurden die Nucleoproteide, die Nucleoside sowie die Hefenucleinsäure einer näheren Würdigung unterzogen, an die sich dann die Erörterung der Bedeutung der *Co-Zymase* anschließt.

Von den biogenen Aminen sind Histamin, Pentamethylendiamin und Cholin hervorgehoben worden, die aus fast allen Hefen zu isolieren sind.

Ein dem Blutfarbstoff verwandtes Pigment aus der Porphyrin-Reihe, das *Cytochrom*, vermag wie Glutathion als Verbindungsglied zwischen zwei verschiedenen Aktivierungsmechanismen in der Zelle, dem Wasserstoff aktivierenden und dem Sauerstoff aktivierenden, zu wirken. Dieser von KEILIN schon 1925 und später festgestellte Befund wurde von H. FISCHER und HILGER erweitert. Von anderen Porphyrinen wurde kristallisiertes *Hämin* und *Koproporphyrin* gewonnen.

Der Bericht über den Stand der Vitaminforschung bedarf an dieser Stelle keiner Würdigung. Hierzu wird auf den Abschnitt „Die Vitamine" verwiesen. Dasselbe gilt für die Glyceringewinnung, siehe Abschnitt „Spezialgärverfahren", und die Herstellung von eiweißreichen Futtermitteln, siehe Abschnitt „Gewinnung von Eiweiß und Futterhefe".

Über die enzymatischen Vorgänge bei der Gärung hat neuerdings v. LACROIX die folgenden Ausführungen gemacht:

Der in der alten Gärungsgleichung sehr einfach dargestellte Vorgang der Zerlegung eines Zuckermoleküls in 2 Alkohol und 2 Kohlensäure konnte aufgelöst werden in eine komplizierte Aufeinanderfolge von enzymatisch gesteuerten Reaktionen.

Die Reaktion, welche für den Hefezuwachs von entscheidender Bedeutung ist, läßt sich durch folgende Gleichung wiedergeben:

$$\text{Glucose} + 2 \text{ Adenosindiphosphat} + \text{PO}_4$$
$$(\text{ADP})$$
$$= 2 \text{C}_2\text{H}_5\text{OH} + 2 \text{CO}_2 + 2 \text{H}_2\text{O} + 2 \text{ Adenosintriphosphat}.$$
$$(\text{ATP})$$

Im Gegensatz zur alten Gleichung sind alle Produkte, welche interessieren, in der rechten Seite der Gleichung enthalten:

Der Alkohol interessiert den Brenner, die Kohlensäure den Bäcker, und das ATP interessiert die Hefe bzw. ihren Hersteller vom Standpunkte des Zuwachses aus.

Die Hefe zerlegt den Zucker in Alkohol und Kohlensäure und gewinnt damit die Energie, welche notwendig ist, das ATP zu synthetisieren und damit sich zu vermehren. Der Einbau von anorganischem Phosphat findet gleichzeitig mit einem Oxydationsschritt statt, und das ATP entsteht durch einen Transphosphorylierungsvorgang.

Der Weg, auf dem die Hefe neue Zellsubstanz aus dem ATP aufbaut, ist aber in der Mehrzahl der Einzelreaktionen noch unbekannt. Summarisch läßt er sich etwa wie folgt wiedergeben:

$$\text{Glucose} + \text{ATP} = \text{Hefezellen} + CO_2 + H_2O + \text{ADP}.$$

Aus der Ausbeute von 5 g Hefetrockensubstanz aus 100 g vergorenem Zucker läßt sich berechnen, daß die Überführung des Kohlenstoffs aus 1 Mol Zucker in Hefe-Kohlenstoff den Aufwand von 34 Mol ATP erfordert. Der Aufbau neuer Zellsubstanz auf dem Wege des anaeroben Systems ist also energetisch ungünstig. Wächst die Hefe bei Gegenwart von viel Luftsauerstoff, so steigt die Ausbeute an Zelltrockensubstanz auf rd. 50% des vorhandenen Zuckers an. Die Hefe besitzt augenscheinlich die Möglichkeit, aus 1 Mol Zucker weit mehr als 2 Mol ATP herzustellen. Unter diesen aeroben Bedingungen spaltet die Hefe mit Hilfe des aeroben Atmungssystems jenen Zucker, der für die Energiegewinnung bestimmt ist, nicht nur bis zum Alkohol und bis zur Kohlensäure, sondern vollständig zu Kohlensäure und Wasser. Dieser Vorgang läßt sich etwa wie folgt darstellen:

$$\text{Glucose} + 30\,\text{ADP} + 6\,O_2 = 30\,\text{ATP} + 6\,CO_2 + 6\,H_2O.$$

Hierbei kann man unterstellen, daß die vollständige Oxydation 1 Mol Zucker die Synthese von etwa 30 Mol ATP möglich macht. Die Zahl 30 ist noch nicht ganz sicher, aber der wahre Wert wird nicht sehr weit davon entfernt liegen.

Damit wird klar, daß die hohe Zellausbeute eine Folge der größeren Zahl von Phosphorylierungsvorgängen ist. Das aerobe System arbeitet also energetisch sehr viel günstiger, denn die vollständige Oxydation eines Zuckermoleküls schützt mehrere andere und macht sie für den Zellaufbau verfügbar.

Der Mechanismus der vollständigen Oxydation des Zuckers ist bis jetzt nur sehr allgemein bekannt, er führt wahrscheinlich über den Tricarbonsäurezyklus und benutzt das bekannte Cytochromsystem. Unklar ist auch der Einbau des Stickstoffs während der Zellsynthese.

Man kann heute durch entsprechende Dosierung der Luft, des Zuckers, von Stickstoff und Phosphorsäure die Verhältnisse von einer reinen Gärung bis zu einer reinen Verhefung variieren. Bei der reinen Gärung erhält man aus 100 kg Zucker etwa 60 l Alkohol und 5% Zelltrockensubstanz, bezogen auf Zucker. Bei der Verhefung erhält man etwa 50% des Zuckers an Hefetrockensubstanz und keinen Alkohol. Das entspricht etwa 210—220% Frischhefe von 27% Trockensubstanz.

Die Annahme, daß das Verhältnis zwischen aerobem und anaerobem Enzymsystem ein unveränderliches ist, scheint nicht ganz sicher zu sein. Hierzu bedarf es der Beobachtung über eine längere Zeit, ob nicht durch einseitige dauernde Züchtung das anaerobe System geschwächt wird oder verlorengehen kann.

Schrifttum.

BERMANN, V., u. E. KULP: Brennerei-Ztg. **42**, 66 (1925).
BERMANN, V., u. W. POLLAK: Neuere Arbeiten auf dem Gebiete der Preßhefefabrikation. Leipzig: André 1927.
BERNHAUER, K.: Grundzüge der Chemie und Biochemie der Zuckerarten. Berlin 1933.
BRAHMER, H.: Tekn. Tidskr. **15**, 20 (1932). — Svensk Papperstidn. **11 B**, 53 (1947).
CLAASSEN, H.: Z. angew. Chem. **39**, 14, 443—447 und 880—883 (1926). — Brennerei-Ztg. **42**, 151 (1925) u. **43**, 35 (1926). — Z. Ver. dtsch. Zuckerind. **76**, 349 (1926). — Dtsch. Zuckerind. **16**, 343 (1932). — Z. Ver. dtsch. Zuckerind. **84**, 713 (1934a). — Z. Spiritusind. **57**, Nr. 27, 159 (1934b). — Biochem. Z. **275**, 5—6, 350 (1935).
EFFRONT, M. J.: Ann. Brassedist. **25**, 166, 294, 362 (1927). — Compt. Rend. **184**, 1302 (1927), ref. Brennerei-Ztg. **44**, 127 (1927).
FINK, H., u. JOS. KREBS: Biochem. Z. **299**, 1 (1938a).
FINK, H., R. LECHNER u. JOS. KREBS: Biochem. Z. **299**, 28 (1938b).
FINK, H.: Z. Spiritusind. 49, 50, 51 (1938c).
FINK, H., u. JOS. KREBS: Biochem. Z. **300**, 137 (1939).
FINK, H., u. H. MÜNDER: Wschr. Brauerei **59**, 119 u. 125 (1942).
FREY, A., u. W. HOPPE: Ullmanns Encyklopädie der technischen Chemie Bd. 3, S. 634ff. München u. Berlin: Urban & Schwarzenberg 1953.
VON LACROIX: Z. Brot u. Gebäck **1951**, 6, 83ff.
LAUTENSCHLÄGER, C. L.: Medizin und Chemie, Bd. III, 1936. Bayer, Leverkusen.
MENZINSKY, G.: Biochem. Z. **314**, 327 (1943). — Ark. Kem., Stockholm 1950, Bd. 2, Nr. 1.
RIPPEL-BALDES: Grundriß der Mikrobiologie, 2. Aufl. Berlin/Göttingen/Heidelberg: Springer 1952.
TIEDEMANN, H.: Chem. Ztg. **79**, 3—7 (1955).

IV. Die Gewinnung von Hefe und Alkohol.

A. Das Wiener Verfahren.

Wie sich schon aus dem kurzen geschichtlichen Abriß ergibt, haben die Preßhefegärverfahren seit dem Entstehen bedeutende Änderungen erfahren. Auch wenn es nicht nötig ist, die alten Arbeitsweisen im einzelnen in ihrer Entwicklung zur Darstellung zu bringen, so ist doch im Interesse des Verständnisses der modernen Verfahren eine kurze Schilderung des heute nicht mehr angewendeten sogenannten „Wiener Verfahrens" geboten.

Dieses Verfahren ist ein Abschöpfverfahren, bei dem das gesamte Rohmaterial in den Maischen bleibt, auf deren Oberfläche sich dann während der Gärung eine hefehaltige Schaumdecke bildet, die abgeschöpft wird und so die Gewinnung der Hefe gestattet.

Die einzelnen Verfahrensschritte sind von KIBY im Jahre 1912 in seinem Handbuch der Preßhefenfabrikation behandelt worden. Über den letzten Stand des Wiener Verfahrens hat BERGANDER zusammenfassend berichtet. Er unterteilt in drei Hauptabschnitte: die Herstellung des Hefesatzes, die Herstellung und Vergärung der Hauptmaische, und die Gewinnung von Hefe und Alkohol.

a) Herstellung des Hefesatzes.

Unter „Hefesatz" versteht man die Heranführung oder Züchtung einer für die jeweiligen und immer verschiedenen Betriebsverhältnisse geeigneten Heferasse. Vom Gelingen dieser Vorarbeit hängt die ganze folgende Hauptmaische ab, daher wird für die dazu erforderliche „Satzmaische" besonders gutes Rohmaterial verwendet.

Zweckmäßig werden eiweißreicher Roggen und bei niedriger Temperatur abgedarrtes Malz verwendet, und zwar auf 130 kg Korn 100 kg Malz. Die Verwendung von Grünmalz empfiehlt sich nicht, da dieses im Wassergehalt schwankt und leicht zu Konzentrationsdifferenzen führen würde, abgesehen davon, daß die Maischen aus Grünmalz zu dickbreiig sind. Auch geht die Entwicklung der Milchsäurebakterien bei Darrmalz leichter vor sich als bei Grünmalz. Die Rohmaterialien werden gereinigt, geputzt und als Schrot verwendet, wobei allerdings bei möglichst feiner Mahlung des Mehlkörpers die Hülsen, vor allem des Malzes, nur zerschlissen vorliegen dürfen, da die Hülsen zur sogenannten „Deckenbildung" auf der Maische nötig sind.

Die Herstellung des Hefesatzes besteht nun aus dem Einmaischen, der Verzuckerung, der Säuerung und Vergärung der Satzmaische. Für diese rechnet man etwa 8—10% der Schrotmenge, die man als Gesamtmaischmaterial zu nehmen beabsichtigt; also z. B. 300 kg für den Satz und 2200 kg für die Hauptmaische. Die Satzmaische muß eine hohe Konzentration zwischen 24 und 30° Balling aufweisen. Die erwähnten 300 kg Gesamtschrot bestehen aus 130 kg Malz und 170 kg Roggen, sie werden mit etwa 500 l Wasser eingemaischt. Hierzu dienen kleine runde hölzerne oder kupferne Bottiche mit Rühr-, Koch- und Kühlvorrichtung.

Man legt nun z. B. $2/5$ des Wassers mit 80—85° C vor und gibt bei laufendem Rührwerk $2/5$ des Malzschrotes in feinem Strahl zu, dann folgen die restlichen $3/5$ des Schrotmaterials. Die Endtemperatur, bei der man die Maische etwa 2 Stunden lang zugedeckt hält, soll genau $63^3/_4$° C betragen.

Der Vorteil dieser Maischmethode besteht darin, daß das vorgelegte Malz sofort verflüssigend auf den bei der hohen Temperatur von 80° C zunächst verkleisternden Roggen einwirkt und daß die Verzuckerung bereits einsetzt, ehe die letzte Malzgabe dazugekommen ist. Die Verzuckerungstemperatur von $63^3/_4$° C verhindert ein Aufkommen unerwünschter Bakterien und Säurebildner.

Am meisten verbreitet war folgende Weiterverarbeitung:

Die verzuckerte Satzmaische wird auf 55° C abgekühlt und mit einigen 100 ccm Reinkultur Bact. Delbrücki oder mit 6—10 l eines vorangegangenen bereits gesäuerten Satzes geimpft. Dabei wird darauf geachtet, daß die Säuerung bei etwa 55—58° C während einer Zeit von 36—48 Stunden vor sich geht. Bei einer solchen Arbeitsweise wird die Maische gegen Infektionen geschützt und die Eiweißstoffe zu Verbindungen abgebaut, die für die Hefe leicht assimilierbar sind.

Eine andere erprobte Säuerungsart ist die von KIBY. Die gesamte Satzmaische wird zur Säuerung geimpft, mit $63^3/_4$° C abgemaischt und in einem Raum bei 25—28° C stehengelassen. Bei 60—61° C beginnt die Milchsäure ihre Tätigkeit. Ein Sinken der Temperatur innerhalb einer Zeit von 24 Stunden unter die kritische Grenze von 50° C ist nicht zu erwarten. Bei Anwendung dieser Methode ist ein Berühren des Satzes nach dem Abmaischen und Impfen nicht mehr erforderlich, es bildet sich so ungestört eine schützende und isolierende Decke auf der Oberfläche des Satzes, die aus den mit eintrocknendem Maischextrakt (Zucker, Dextrine, Eiweißstoffe) umgebenen Hülsen besteht und schon nach 24 Stunden ziemlich fest und dick ist. Bei normalem Säuerungsverlauf bleibt diese Decke völlig glatt, da eine Gasentwicklung nicht stattfindet: $2 C_6H_{12}O_6 = 4 C_2H_4OH \cdot COOH$. Nur wilde Milchsäurebakterien und andere Schädlinge, wie Buttersäure- und Essigsäurebakterien, würden Gas entwickeln.

Der Säuregrad soll zweckmäßig 3—4° betragen, wobei unter 1° Säure jeweils 1 ccm n-Natronlauge verstanden wird, der zur Neutralisation von 20 ccm Maische dient, und zwar gegen spezielles Lackmuspapier, entsprechend einem p_H von 5,6—5,8. Bei richtig geleiteter langsamer Säuerung bedeuten hohe Säuregrade einen weitgehenden Eiweißabbau.

Schließlich verläuft *die Vergärung der Satzmaische zum Hefesatz* wie folgt:

Die Decke, deren Oberfläche als Staub- und Infektionsträger wirkt, wird sorgfältig entfernt, darauf der Satz gut durchgerührt, eine kleine Menge davon als Säureaussaat für den nächsten Ansatz entnommen und dann rasch abgekühlt und kühl aufbewahrt. Dann wird der saure Satz zweckmäßig in andere saubere Bottiche gegeben und durch mechanisch bewegte Kühler auf etwa 25° C gebracht, nachdem man schon bei 30° C etwa 4% des Satzschrotgewichtes an bester Preßhefe oder Reinzuchthefe, die vorher in Wasser aufgelöst wird, hinzugegeben hat. Dann wird die Maische sich selbst überlassen. Es tritt allmählich eine Erwärmung ein. Sobald eine Temperatur von 31—32° C erreicht ist, kühlt man auf $27^1/_2$° C wieder ab und wiederholt dies, so oft nötig, bis zur Reife des Satzes.

Die *Satzreife* wird durch den mikroskopischen Befund ermittelt. Die Sprossung der Zellen muß auf ein Minimum zurückgegangen sein, insbesondere dürfen größere Sproßverbände nicht mehr bestehen. Die Tochterzellen sollen etwa die Größe der Mutterzellen erreicht haben. Die Zeitdauer der Gärung bis zu diesem Stadium hängt natürlich von vielen Umständen beim Einmaischen, Säuern und Gären ab, von Konzentration und Säuregrad, von Temperatur und Stellhefe usw. Normalerweise wird so gearbeitet, daß die Satzreife eintritt, wenn die Hauptmaische zur Vergärung fertig ist. Sonst muß eine Zurückkühlung des Hefesatzes erfolgen, damit keine Überreife eintritt. Immerhin ist es aber bedenklicher, einen unreifen Satz weiterzuverarbeiten als einen zu reifen. Satzreife und Vergärung der Hauptmaische müssen also zeitlich aufeinander abgestimmt werden.

b) Herstellung und Vergärung der Hauptmaische.

Als Rohstoffe für die Hauptmaische des Wiener Verfahrens sind vorzugsweise Gerste als Grünmalz oder Darrmalz, Roggen und Mais verarbeitet worden. Zum Unterschied von „Kurzmalz", welches in der Brauerei verwendet wird, ist hier „Langmalz" bevorzugt, weil es des hohen Enzymgehaltes wegen eine bessere Aufschließung der sonstigen Maischmaterialien gewährleistet. Langmalz ist daran erkennbar, daß der Blattkeim eben den

Spelz durchbricht, während er beim Braumalz unsichtbar bleibt. Um die Enzyme nicht zu schwächen, kommt nur niedrig abgedarrtes Malz in Frage. An sich ist die enzymatische Kraft im Grünmalz am stärksten. Obwohl aus 100 kg Gerste nur 75—80 kg Darrmalz, aber 140—150 kg Grünmalz entstehen, ist die diastatische Kraft gleicher Gewichtsmengen die gleiche. Jedoch verdirbt Grünmalz sehr rasch und muß infolgedessen sofort weiterverarbeitet und eingemaischt werden. Auch die Zerkleinerungsmethode ist eine andere als beim Darrmalz. Falls Mais als Rohmaterial diente, so ist er stets geschroten und nur einfach aufgekocht worden, zum Unterschied von der modernen Hochdruckdämpfung.

Das entsprechend vorbehandelte Rohmaterial wurde dann in verschiedener Zusammensetzung eingemaischt. Die sogenannte „Wiener Schüttung" bestand aus 30% Mais, 35% Roggen und 35% Darrmalz, auch für die Satzmaische. Zunächst wurde Maisschrot in einem gesonderten Vormaischbottich oder Maiskocher mit der 3,5fachen Menge 50grädigem Wasser ($+ 0,04$ Vol.-% Schwefelsäure) klumpenfrei eingemaischt, auf 95° C erhitzt und bei dieser Temperatur, ohne zu rühren, mindestens 15 Minuten lang stehengelassen. Diese Maische ließ man dann unter Umrühren zu der gleichen Menge im Vormaischbottich befindlichen kalten Wassers laufen und bei einer Temperatur von 75° C 6% des Malzes einwirken. Sodann wurde auf 55° C abgekühlt und der Rest vom Roggen- und Malzschrot, immer sackweise wechselnd, eingemaischt und $1/2$ Stunde lang peptonisiert. Für die anschließende Verzuckerung wurde erneut auf $62,5$—$63^3/_4$° C erwärmt, ein Prozeß, der 1—2 Stunden Zeit erforderte.

Wenn Grünmalz statt Darrmalz verarbeitet wurde, so mußte es als Malzmilch zubereitet werden. Bei der Berechnung war zu berücksichtigen, daß 75 kg Darrmalz (aus 100 kg Gerste) durch etwa 145 kg Grünmalz vertreten werden, um den gleichen Extrakt zu erzielen, und ferner, daß dieses Grünmalz bereits etwa 45 l Wasser mitbringt.

Sofern kein Mais mitverarbeitet wurde, so bestand die Mischung aus 70% Roggen und 30% Malz.

Die fertige Maische hatte etwa 19—20° Balling und 0,3—0,4° Säure, sie ist dann im Gärbottich auf etwa 9—11° Balling verdünnt worden und erhielt einen Säuregrad von 0,5—0,7.

Schließlich bestand auch die Möglichkeit, die aus den Brennapparaten stammende Schlempe mit zu verwerten. Zu diesem Zwecke wurde sie einer Druckkochung unterzogen, um sie klärbar und vergärbar zu machen. Auf 100 kg Gesamtmaischmaterial rechnete man etwa 200 l Schlempe.

Die Vergärung fand in ovalen oder viereckigen Holzbottichen statt, die etwa 6000 l Inhalt hatten, damit sie beim Hefeabschöpfen bequem bedient werden konnten. Sie waren auch nur etwa 1,50 m tief.

Ursprünglich arbeitete man ohne Lüftung, später wurde verschiedentlich eine ganz schwache Lüftung angewendet. Ohne Lüftung bildete sich auf der im Gärbottich zur Gärung abgestellten Hauptmaische bald eine Decke aus den von der Kohlensäure an die Oberfläche getriebenen Trebern. Diese Decke wurde nach 2—3 Stunden durch den Kohlensäuredruck gesprengt und an ihre Stelle trat ein feinblasiger, durchscheinender hefehaltiger Schaum, der nach 12 Stunden Dauer auf 25—40 cm Höhe ansteigt. In dieser Zeit fand die Sprossung, das Wachstum der Hefe, statt. Beim dann folgenden längeren Halten des Schaums auf derselben Höhe ließ die Kohlensäureentwicklung nach und er wurde dichter und bildet zunehmend große trübe Blasen. Das war das Stadium des Ausreifens. Schließlich fiel der Schaum zusammen als Zeichen für die Reife der Hefe und den Zeitpunkt, daß sie abgeschöpft werden konnte.

Wenn im Wiener Verfahren schwach gelüftet wurde, dann konnte die Deckenbildung in den Stunden der Angärung vermieden werden und man erhielt gleich die Schaumbildung. Manche Betriebe haben bis zu 8 Stunden mit 2—4 cbm Luft in der Stunde, berechnet auf 100 kg Rohmaterial, gearbeitet und dadurch höhere Hefeausbeuten erzielt.

Nach Eintritt der Reife sind die Ballinggrade auf 3—4 gesunken. Nachdem die Hefe abgenommen ist, konnte die Maische noch 1—2 Tage abgären, wobei die Ballinggrade dann auf 0,9—1,7 fallen. Bei guter Gärführung stieg die Säure auf 0,7—1,0°, bei fehlerhaftem Gärverlauf höher.

c) Gewinnung von Hefe und Alkohol.

Um die Schaumdecke von der Maische leicht trennen zu können, waren am oberen Rande der Gärbottiche Vorrichtungen angebracht, die ein Ablassen des Schaumes durch eine Rinne in ein Sammelgefäß zuließen. Dabei lief er noch über einen Berieselungskühler. Weiterer Schaum wurde mit flachen Löffeln abgeschöpft oder mit Streichbrettern zusammengetrieben und ebenfalls noch gewonnen. Vom Sammelbottich wurde der Schaum dann über die sogenannte Siebmaschine geleitet, um die gröberen Teile der Treber auf einem Sieb zurückzuhalten. Die Absonderung der feineren Maischeteilchen geschah auf anderen mit Seidengaze bespannten Zylinder- oder Schüttelsieben. Danach ließ man den mit kaltem Wasser verdünnten Hefebrei in Absetzschiffen sich von der Flüssigkeit trennen, wobei das Wasser wiederholt erneuert wurde. Schließlich wurde der Brei in Rahmenfilterpressen trocken gepreßt.

Es ist verständlich, daß bei einer solchen Art der Hefegewinnung Verluste unvermeidlich sind. Anfänglich erzielte man im Wiener Verfahren nur Hefeausbeuten von 6—8%, später 10—12% und dann unter Hinzunahme von Schlempe und geringer Lüftung bis zu 20% reiner Preßhefe.

Um die niedrigen Ausbeuten auszugleichen, hat man eine lange Zeit Stärkemehl aus Kartoffelstärke in Mengen von 30—60% zugemischt, teils auf nassem Wege, indem die Stärke dem letzten Waschwasser zugegeben wurde, teils durch trockene Beimischung in besonderen Mischmaschinen. So wurden auch schlechte Hefequalitäten noch preßfähig gemacht. Diese Beimischung wurde aber in Deutschland und Österreich gesetzlich verboten.

Man hat im übrigen sehr bald erkannt, daß die richtig abgepreßte Hefe zu trocken ist. Sie ist daher ebenso, wie es heute noch geschieht, in Mischmaschinen mit Wasser angefeuchtet worden, ehe sie zum Auspfunden kam.

Die von dem Hefeschaum befreite Maische, die noch alle übrigen Hülsen und unlöslichen Bestandteile der Rohstoffe enthielt, ist in Brennapparaten entgeistet worden. Die erzielten Alkoholausbeuten betrugen etwa 28—32% des Rohmaterials.

Abschließend ist zu bemerken, daß das Wiener Verfahren zwar im Hinblick auf die Hefeerzeugung und auch auf die Alkoholgewinnung ständig vervollkommnet worden ist, daß es aber dem neu aufkommenden Lüftungsverfahren gegenüber nicht konkurrenzfähig sein konnte, wie sich aus den folgenden Ausführungen ergibt.

Schrifttum.

KIBY, W.: Handbuch der Preßhefenfabrikation. Braunschweig: Vieweg & Sohn 1912.

BERGANDER, E.: Preßhefe, in O. DAMMER: Chemische Technologie der Neuzeit, Bd. IV, herausgeg. v. F. PETERS u. H. GROSSMANN. Stuttgart: F. Enke 1933.

B. Das Lüftungsverfahren.

a) Seine Entstehung.

Die Ablösung des Wiener Verfahrens durch eine neue Arbeitsweise hängt eng mit der im Jahre 1887 eingeführten *Spirituskontingentierung* zusammen. Für die Brennereien und Hefefabriken ergab sich dadurch die Festlegung ihrer Alkoholproduktion in bestimmten Grenzen. Es wurde ein jährlich bestimmtes *Brennrecht* jeder Fabrik auferlegt, dessen Überschreitung (sogenannter Überbrand) eine Mehrbesteuerung von 20 M je Hektoliter Sprit nach sich zog. Darüber hinaus ist seit dem Jahre 1918 der erzeugte Spiritus an die damals errichtete Reichsmonopolverwaltung für Branntwein abzuführen. Diese setzt ihrerseits alljährlich die abzuarbeitende Menge des Brennrechtes und den Spirituspreis fest, so daß aus preislichen Gründen die Ablieferung von Überbrand kaum noch in Frage kommt. Außerdem wurden neue Brennrechte nicht mehr erteilt. So mußte also die Hefefabrikation eine Entwicklung nehmen, bei der eine Überproduktion von Alkohol vermieden wurde und größere Hefeausbeuten entstanden, die gleichzeitig die sehr steigende Nachfrage befriedigen konnten.

Die Beobachtung der günstigen Einwirkung von Luft auf Gärung und Hefebildung ist schon von PASTEUR zu Beginn seiner Arbeiten gemacht worden, wie eingangs erwähnt wurde. Aber erst 1879 wurde MARQUARDT ein deutsches Patent erteilt, welches diese Beobachtung wieder aufgriff. Er wollte Würze mit Hefe unter Einblasen von Luft vergären, jedoch ist sein Vorschlag nur eine Anregung ohne praktische Bedeutung geblieben. Ähnlich ist es UEKERMANN in Herford ergangen, dessen Patente die Lüftung der gärenden Flüssigkeiten in die Brauereien und Brennereien einführen sollten, doch war darin von dem Zweck, die Hefebildung zu fördern, keine Rede. Bis dann 1886 der Engländer HOUMAN in Grantham den Vorschlag machte, eine warme Zuckerlösung mit Malzkeimen oder Kleie oder beiden zugleich zusammenzubringen, um so neben Zucker noch Eiweiß in Lösung zu bekommen und die abgezogene klare Würze in einem mit Kühler versehenen Gärbottich nach Zusatz von Preßhefe unter Lüftung zu vergären. Nach 9—12stündiger Gärung schleuderte er die Hefe ab und preßte sie nach vorangegangener Waschung. Damit war das neue Lüftungsverfahren in seinen Grundzügen festgelegt und auch von praktischem Wert, denn es kam sehr bald von England nach Schweden und Dänemark und durch

RIESE nach Deutschland, der es in Königsberg bei G. A. KAHLKE zuerst einführte, zur gleichen Zeit, als das Brennrecht gesetzlich festgelegt wurde, also im Jahre 1887. Immerhin hat es nach KIBY noch bis zur Mitte der 90er Jahre gedauert, bis die Versuche zum befriedigenden Ziele führten.

Daß ein fabrikmäßiger Betrieb mit Zuckerlösungen nach HOUMANS Vorschlag nur schwer durchführbar war, sah man bald ein, denn die Melasseverwertung war damals noch nicht spruchreif. Also wandte man sich wieder den Rohstoffen zu, die im alten Wiener Verfahren als Ausgangsmaterial dienten. Doch war für ihre Verwendung von vornherein insofern ein anderer Weg gewiesen, als zur Belüftung und direkten Gewinnung der Hefe aus der Würze *nur die Vergärung reiner, treberfreier klarer Maischen* in Frage kam. Es mußten also die Rohmaterialien so verwendet werden, daß ihre Hülsen ziemlich ganz blieben und als Filtermaterial dienen konnten. Trotzdem hierzu die Verarbeitung von Malzkeimen schon von HOUMAN vorgeschlagen war, hat man sie doch lange gemieden. Die zahlreichen Mikroorganismen, welche die Malzkeime mit in die Maische brachten, konnten bei der zuerst angewandten Methode, die verzuckerten Maischen einfach im Gärbottich mit Schwefelsäure anzusäuern, nicht wirksam bekämpft werden. Außerdem war die gewonnene Hefe nicht sehr triebkräftig. HAYDUCK hatte inzwischen festgestellt, daß die Triebkraft der Hefe mit dem in der Maische gebotenen Eiweiß zusammenhängt. Am Eiweiß fehlte es aber bei der anfänglichen Arbeitsweise.

Um die Einmaischung zu verbessern, haben sich RIESE und KAHLKE damals der Milchsäuerung zugewendet. Wie so oft bei technischen Verbesserungen ist der Erfolg erst nach einer Betriebsstörung eingetreten. Während die verzuckerte Maische sonst direkt weiterverarbeitet worden war, mußte sie in einem bestimmten Falle längere Zeit stehen, ehe sie weiter verwendet werden konnte. Statt der nun erwarteten weiteren Störung durch die saure Maische trat eine ganz bedeutende Mehrausbeute an besonders triebkräftiger Hefe ein. So ist die Milchsäurebildung in das Lüftungsverfahren übernommen worden und hat lange Zeit gute Dienste geleistet.

Was nun die Form anlangt, in der die Rohstoffe zur Erzielung einer klaren Würze verwendet werden konnten, so war man bald auf dem richtigen Wege. Statt des Schrotens konnte nur noch eine Zerkleinerung in Frage kommen, welche die Hülsen unverletzt ließ, nämlich die Quetschung. Diese Überlegung führte auch sofort zur Verwendung der Gerste als Grünmalz, in welcher Form das Malz nicht nur am diastasekräftigsten ist, sondern auch mit seinen Wurzelkeimen viel Stickstoff in die Maische bringt. Als besonders wichtiger Eiweißlieferant galt der Roggen. Um ihn quetschen zu können, mußte man ihn allerdings einweichen, bis er genügend quellreif war, und danach zum Abtrocknen ausbreiten, wobei er meist schon etwas zu spitzen begann. Anfänglich wurde auch fast nur Grünmalz und Roggen im Lüftungsverfahren verarbeitet, bis die steigenden Preise für Gerste und Roggen dazu zwangen, den billigeren Mais einzuführen. Mais ist dann in manchen Verfahren bis zu 70% zur Einmaischung gelangt. Bei der Maisverarbeitung hat die Zumaischung von Malzkeimen große Bedeutung erlangt. Mais ist ein wenig sparriges Hülsenmaterial und nur schlecht zu filtrieren. Die Lockerung brachte der Zusatz von Malzkeimen, wenngleich man erst später deren Eiweißgehalt richtig einzuschätzen verstand.

Vor der späteren Verwendung von Melasse hat man auch die Kartoffel als Rohstoff benutzt, vor allem dort, wo sie frisch verarbeitet werden konnte. Die Trockenkartoffel hat in ihrer früheren Aufbereitung wegen ihrer ungleichen Zusammensetzung und der vielfach schlechten Aufschließbarkeit weniger Interesse gefunden.

Das Interesse war nun ganz auf die Erhöhung der Hefeausbeute gerichtet. Während im alten Wiener Verfahren ohne Lüftung etwa 12—14% Hefe und 30—32% Alkohol erzielt worden waren, konnten nach Kiby schon im Anfang der Lufthefearbeit 20% Hefe und 20% Alkohol gewonnen werden, ein Zeichen dafür, daß man sich der Ausnutzung der Rohstoffe im Hinblick auf die Hefevermehrung mehr als bisher zuwandte. Es soll deshalb im nachfolgenden kurz auf die Vorbehandlung der Rohstoffe eingegangen werden, wie sie zur Zeit der Einführung des Lüftungsverfahrens gehandhabt wurde.

b) Vorbehandlung der Rohstoffe.

1. Gerste.

Gerste wurde in Form von *Darrmalz* und *Grünmalz* zur Anwendung gebracht.

Darrmalz wird am besten so zerkleinert, daß die Hülsen möglichst erhalten bleiben. Ein grobes Brechen wie in der Brauerei wäre nachteilig, da in der Lufthefemaische nur mit einer Höchsttemperatur von $63^3/_4°$ C gearbeitet werden kann. Das Darrmalz wird mit Wasser fein besprengt, bis es beim Brechen keinen trockenen Mehlkörper mehr aufweist, sondern so viel Wasser aufgenommen hat, daß es sich wie Grünmalz quetschen läßt.

Grünmalz wird nach 9—11 tägiger Keimung, die bei niedriger Temperatur erfolgt, benutzt, wenn es also Stärke und Protein in bereits etwas löslicher Form enthält und eine gute diastatische Kraft besitzt. In der Mehrzahl der Betriebe wurde durchschnittlich nicht unter 40% der Maischung an Gerste als Grünmalz genommen. In vielen Betrieben wurden 75% Gerste, 10—15% Roggen und 10—15% Malzkeime eingemaischt. Bei der Maisverarbeitung entfielen nur auf alle drei Rohstoffe 30—40%. Diese Prozentzahlen galten auch für Malz aus Weizen und Hafer, soweit diese zur Anwendung gekommen sind.

2. Roggen.

Wie schon erwähnt, muß der Roggen so vorbereitet werden, daß er sich wie Grünmalz quetschen läßt. Obwohl seine Spelzen sehr dünn sind und für die Filterschichtbildung kaum in Betracht kommen, so muß doch seine Verwendung als Schrot ausscheiden, da die feinen Hülsenteilchen die Poren der Treber verstopfen und dadurch das Läutern erschweren würden. Man weicht deshalb den Roggen, je nach seiner Herkunft, seinem Trockengehalt und der Jahreszeit, 12—15 Stunden ein, gegebenenfalls unter

2—3 stündiger Lüftung. Dann wird er vorsichtig gewaschen, ohne den dünnen Spelz zu beschädigen. Er bleibt dann noch etwa 7—8 Stunden nach dem Waschen in Wasser und weitere 4 Stunden ohne Wasser stehen. Dann wird er ausgebreitet und zum Spitzen gebracht. Ihn weiter auswachsen zu lassen als bis zum beginnenden Spitzen, ist zwecklos.

3. Mais.

Der Mais wird entweder grob geschroten oder einfach im ganzen Korn in einem Henzedämpfer gedämpft. Dabei wird er anfänglich etwa 1 Stunde lang ohne Druck bei blasendem Ventil und laufendem Rührwerk gekocht, damit er völlig gleichmäßig durchweicht dem höheren Druck ausgesetzt wird. Wird der Mais etwa 1 Stunde bei 2,5 Atmosphären und schwach blasendem Ventil gedämpft, dann bei geschlossenem Abblaseventil im Dämpfer rasch auf 3,5 Atmosphären gebracht und eine halbe Stunde dort gehalten, so ist eine einwandfreie Verflüssigung beim Aufdrücken des Maises vorhanden.

Vielfach wurde auch der Mais mit *Kartoffeln* verarbeitet. Dann kann die Dämpfung von Mais und Kartoffeln in einem Dämpfer vorgenommen werden. Voraussetzung ist ein Kocher mit Rührwerk.

Wie Mais können auch *Reis* und *Manioka* vorbehandelt werden.

Die Größe des Dämpfers spielt eine große Rolle, damit nicht bei mangelndem Raum die Dämpfung mit zu wenig Wasser durchgeführt werden muß.

4. Malzkeime.

Die Malzkeime müssen vom Staub befreit und geputzt zur Anwendung kommen. Zu bevorzugen sind helle, niedrig abgedarrte Keime. Sie werden im Anfang der Maischung zugegeben. Sie haben dann Zeit, sich langsam vollzusaugen, ihre löslichen Bestandteile unmittelbar und ihre nicht sofort löslichen, aber der Verzuckerung zugänglichen Teile allmählich freizugeben. Wird Mais oder Manioka verarbeitet, so genügen 10—12% Zugabe, wenn nicht mehr als 40% Mais zur Einmaischung kommen. Andernfalls wird die Zugabe auf 15—20% erhöht, wie dies auch bei Verarbeitung von Rohkartoffeln erforderlich ist. Malzkeime soll man nicht auf Vorrat für mehrere Jahre halten, da ihr Extraktgehalt und auch die Verwertbarkeit des Stickstoffgehaltes für die Hefeernährung mit ihrem Alter abnimmt. Nach ELLRODT und KUNZ ergaben bei fast gleicher chemischer Zusammensetzung verschieden alte Malzkeime die in Tab. 3 zusammengestellten Werte.

Tabelle 3.

Malzkeime	Extrakt ° Bg	% Stickstoff		Asche %	% Phosphorsäure	
		insgesamt	löslich		insgesamt	löslich
Mehrere Jahre alt . .	29,7	4,98	1,49	7,98	1,81	1,085
Ein Jahr alt	44,1	4,78	2,06	7,08	1,69	1,581
Frisch	53,0	4 80	2,56	9,74	1,76	1,700

5. Kartoffeln.

Die möglichst ungekeimte Rohkartoffel wird im Henzedämpfer vorbereitet; ihre Verarbeitung ist auf die Zeit von etwa November bis einschließlich April beschränkt.

Die Verwendung von Trockenkartoffeln hat zur Voraussetzung, daß diese bei verhältnismäßig niedriger Temperatur getrocknet wurden und einen nahezu gleichmäßigen Wassergehalt besitzen. Auch sie müssen im Henzedämpfer für den Maischprozeß gedämpft werden.

6. Melasse.

Die Einführung der Melasse als Rohstoff für die Hefefabrikation hat große Schwierigkeiten verursacht. Die Erfahrungen, die man mit ihr bei der Verarbeitung auf Spiritus gesammelt hatte, waren nicht ohne weiteres auf die Hefefabrikation zu übertragen. Melasse ist ein Gemisch von verschiedenen Zuckerarten und anorganischen und organischen Stoffen, die aus der Rübe stammen. Letztere sind es, die die Schwervergärbarkeit neben den nicht direkt vergärbaren Zuckerarten mit verschulden. Melasse ist von der Fabrikation her alkalisch infolge der Kalkbehandlung der Rübensäfte, bei der auch die Phosphorsäure verlorengeht. Dagegen enthält sie an löslichen Proteinen viele Amide, da die meisten anderen Eiweißstoffe beim Erhitzen des Rübensaftes gerinnen und sich ausscheiden. Der Rohrzuckergehalt wird von der Hefe mit Hilfe ihres Enzymapparates verarbeitet. Der Raffinosegehalt (etwa 0,5—2%) wird von obergärigen Hefen nur zu einem Drittel vergoren (vgl. S. 13). Die Melasse muß also für die Hefegärung erst zweckentsprechend vorbereitet werden, sei es durch Verdünnung, durch Ansäuerung, Reinigung und Ergänzung der Nährsalze. Ursprünglich hat man sie mit Milchsäure angesäuert, bis dann die Schwefelsäure an ihre Stelle trat. Sie ist daher der letzte Hauptrohstoff, der für das Lüftungsverfahren zur praktischen Anwendung gelangte, sie hat auch in den Anfangszeiten kaum eine Rolle gespielt. Ihre Einführung in die Hefefabrikation fällt in die Zeit des ersten Weltkrieges und die Nachkriegsjahre. Heute ist sie überall der Hauptrohstoff geworden.

Über die Zusammensetzung der Melassen ist von H. OLBRICH nach der anglo-amerikanischen Literatur Tab. 4 aufgestellt worden.

Nach den in Deutschland bestehenden Handelsnormen für Melasse sind bestimmte Anforderungen zu stellen. Als nicht handelsüblich gelten Melassen:

1. Mit einer Dichte unter 40,5 alten Baumégraden, entsprechend 76,3 Brix- bzw. Ballinggraden. Bei geringerer Konzentration wird die Melasse als nicht unbedingt lagerfest betrachtet;
2. mit weniger als 47% Gesamtzuckergehalt;
3. mit einem p_H unter 6,8—6,9;
4. mit mehr als 0,15% SO_2 (jodometrische Ermittlung). Der Grenzwert für den normalen SO_2-Gehalt liegt bei 0,01%.

In Kaufverträgen findet sich manchmal auch die sogenannte Invertklausel, wonach bei einem Invertzuckergehalt über 0,25% ein Preisabzug

Tabelle 4.

In Prozenten	Rübenmelasse	Rohrmelasse
Wasser	16,5	20,0
Anorganische Bestandteile (Asche):		
SiO_2	0,1	0,5
K_2O	3,9	3,5
CaO	0,26	1,5
MgO	0,16	0,1
P_2O_5	0,06	0,2
Na_2O	1,3	
Fe_2O_3	0,02	0,2
Al_2O_3	0,07	
Soda und Carbonate	3,5	
Sulfate (als SO_3)	0,55	1,6
Chloride	1,6	0,4
	11,5	8,0
Organische Bestandteile:		
Zucker: Saccharose	51,0	32,0
Raffinose	1,0	—
Glucose	—	14,0
Fructose	—	16,0
bzw. Invertzucker	1,0	—
	53,0	62,0
Nichtzucker: Stickstoffhaltige Stoffe, lösliche Gummisubstanzen, freie und gebundene Säure	19,0	10,0
	100,0	100,0

festgelegt wird. Die Minderbewertung wird damit begründet, daß invertzuckerreiche Melassen in der Zuckerfabrik Veränderungen erlitten haben, die für die Hefefabrikation nachteilig sind. Der Invertzuckergehalt selbst wird ohne Nachteil verwertet.

Beim Melasseeinkauf ist es sehr vorteilhaft, neben dem Zuckergehalt auch den Stickstoffgehalt, und zwar speziell den Stickstoffassimilationsfaktor, zu berücksichtigen.

Die in der Versuchsanstalt der Hefeindustrie im Institut für Gärungsgewerbe, Berlin, untersuchten Melasseproben hatten in den Jahren 1951 und 1952 folgende Durchschnittswerte:

	Polarisierter Zuckergehalt %	Gesamtstickstoff %	Assim. Stickstoff %
1951	52,2	1,63 und 1,66	0,53 und 0,56
1952	50,8	1,67	0,64

7. Zusammenfassung.

Für die Zusammensetzung der wichtigsten Rohstoffe gibt WENDEL unter Berücksichtigung der von der Hefe assimilierten Anteile die in Tab. 5 zusammengestellten Werte an.

Tabelle 5.

Rohstoff	Zucker bzw. Stärke %	Stickstoff		Phosphorsäure (P_2O_5)		Kalium (K_2O) %	Magnesium (MgO) %
		Gesamtgehalt %	Assimilationsfaktor %	Gesamtgehalt %	Assimilationsfaktor %		
Mais	62	1,50	0,1	0,67	0,25	0,42	0,22
Roggen	60	1,80	0,45	1,05	0,50	0,7	0,25
Gerste	50	2,00	0,6	0,87	0,50	0,5	0,21
Melasse	48	1,40	0,4	0,04	0,025	5,2	0,30
Kartoffeln	18	0,35	0,1	0,17	0,08	0,6	0,06
Zuckerrüben	17	0,18	0,05	0,08	0,04	ohne Angabe	
Malzkeime	6	4,00	1,2	1,84	1,1	2,5	0,19
Lupinen	—	6,00	1,8	1,40	0,8	ohne Angabe	

Der Assimilationsfaktor gibt in dieser Tabelle die *assimilierten* Werte an. Darunter versteht man im Falle des Stickstoffes die Menge, die nach Beendigung einer Hefezüchtung — gleichgültig, wie sie ausgeführt wurde — als Zunahme des Hefestickstoffes gefunden wurde. Dieser Wert ist für den technischen Betrieb von großer Bedeutung.

Assimilierbar ist dagegen der Stickstoff, der unter optimalen Versuchsbedingungen von der Hefe aufgenommen wird, also einschließlich der Menge, die nach der Aufnahme infolge des Stoffwechsels wieder ausgeschieden wird.

Die assimilierbaren Stickstoffwerte sind größer als die assimilierten Mengen. Über eingehende Untersuchungen: Die Hefenährstoffe und ihre Assimilierung, S. 54 ff.

c) Die Getreideverarbeitung.

Die Getreideverarbeitung lehnt sich in der Vorbereitung der Rohstoffe zum Teil an das Wiener Verfahren an, zum Teil sind es neue Verfahrensschritte. Man unterscheidet:

1. Herstellung der Würze. a) Einmaischung und Verzuckerung; — b) Säuerung der Maische; — c) Läuterung der Maische zur Würze.

2. Vergärung der Würze.

3. Gewinnung von Hefe und Alkohol.

Für die Zusammensetzung der Maischsätze gibt BERGANDER typische Beispiele an (s. Tab. 6).

Tabelle 6.

Gerste als Grünmalz %	Roggen %	Mais %	Rohkartoffeln %	Malzkeime %
75	25	—	—	—
70	20	—	—	10
50	10	30	—	10
40	10	20	20	10
30	—	—	55	15

1. Herstellung der Würze.

Für die Einmaischung und Verzuckerung kommen die entsprechend vorbehandelten Rohstoffe so zur Anwendung, daß die Diastasewirkung nach dem Verzuckerungsprozeß voll erschöpft ist, weil dann gesäuert und sterilisiert wird. Die Verzuckerungszeit muß also genügend lang sein. Außerdem wurde schon im Abschnitt über die Vorbehandlung der Rohstoffe ausgeführt, daß sich die Rohstoffe in einem gut läuterfähigen Zustand befinden müssen. Grünmalz und Roggen kommen zur Schonung der Hülsen in gequetschter Form zur Anwendung, Mais und Kartoffeln werden am besten entweder getrennt oder zusammen ohne weitere Vorbehandlung im Henzedämpfer gedämpft, und die möglichst langen Malzkeime dienen nicht nur als Lockerungsmittel, sondern als wertvolles Maischmaterial, deshalb werden sie nicht erst der sauren Maische zugesetzt, sondern gleich zu Beginn mit eingemaischt.

Im übrigen verlaufen der *Maischprozeß* und die *Verzuckerung* ganz ähnlich wie beim alten Wiener Verfahren. Malz, Roggen und Keime werden bei etwa 30° C in mit Schwefelsäure schwach angesäuertem Wasser gegebenenfalls unter Zugabe von Mais und Kartoffeln eingemaischt und dann bei einer Temperatur von 58° C zu Ende gemaischt. Zur Erzielung gleicher Extraktkonzentration gilt für Mais und Rohkartoffeln das Maischverhältnis 1 : 3,5—4. Dann wird 1 Stunde peptonisiert und 4—5 Stunden lang bei 62,5° C verzuckert. Die fertige Maische soll eine Konzentration von 10° Balling haben.

Die *Säuerung*, die meist mit Milchsäurebakterien vorgenommen wird, kann entweder durch Impfen oder durch die Entwicklung der mit den Malzkeimen in die Maische eingebrachten Milchsäurebakterien vor sich gehen. Im letzteren Falle soll die Temperatur bei der Verzuckerung 60° C nicht überschreiten. Dagegen kann die Impfung bei 60—61° C erfolgen. Durch den etwa 12—16 Stunden andauernden Säuerungsprozeß wird der Säuregrad von 0,5 bis auf etwa 1—1,2 erhöht. Es werden vorzugsweise Holzbottiche dazu benutzt. Um die Säuerung zu unterbrechen und die Bakterien abzutöten, wird schließlich die saure Maische unter möglichster Schonung der Eiweißstoffe eine Stunde lang bei einer Temperatur von 68—70° C sterilisiert.

Um zur fertigen Würze zu gelangen, müssen die flüssigen Maischebestandteile von den festen durch *Läuterung* getrennt werden. Diese Trennung verläuft um so leichter und vollkommener, je besser die Rohproteine zu leicht assimilierbaren Stickstoffverbindungen abgebaut worden sind. Auf 100 kg Rohmaterial rechnet man 0,8—1 qm Läuterfläche. Die meist rechteckigen Läuterbottiche enthalten Siebböden aus Kupfer, Messing oder Bronze mit bis zu 80000 Löchern oder Schlitzen auf 1 qm Fläche.

Die Läuterung wird dadurch erleichtert, daß die trüb oder blank ablaufende Würze mit schwenkbaren Hähnen getrennt aufgefangen werden kann. Die trüb laufende Würze wird so lange in den Läuterbottich zurückbefördert, bis sie blank, d. h. frei von sichtbaren Treberteilen abläuft. Die blank abgelaufene Stammwürze wird durch Gegenstromröhrenkühler den Gärbottichen zugeführt. Dann werden die Maischbestandteile, nunmehr die Treber, mit etwa 70° C heißem Wasser ausgelaugt, bis das Absüßwasser etwa 0,3° Balling anzeigt. Diese Auslaugung kann dadurch gefördert werden, daß die Treber mehrfach aufgewühlt oder aufgeschlämmt werden. So wird ein ungleichmäßiger Ablauf verhindert.

Die abgeläuterten Treber dienen als Viehfutter.

2. Vergärung der Würze.

Das Lüftungsverfahren stellte ganz neue Aufgaben. Durch Zufuhr von Luft sollte das Wachstum der Hefe beschleunigt werden, durch die Entfernung der sich bildenden Kohlensäure und durch stete Zufuhr von Sauerstoff sollte der Atmungsprozeß angeregt und gefördert werden. Dazu mußte vor allem die Konzentration der gärenden Würze vermindert werden, um den sich bildenden Alkohol in jenen Grenzen zu halten, in denen er das Wachstum der Hefe nicht mehr schädigt. Es war schon festgestellt worden, daß bereits bei einem Alkoholgehalt von 3% eine schwach hemmende Gärwirkung eintritt, die sich bei 5% deutlich zeigt, während ein Alkoholgehalt der Würze von 8—10% das Hefewachstum unterbindet, soweit sie sich nicht langsam an diesen hohen Gehalt gewöhnt hat.

Man entschloß sich deshalb dazu, der Hefe als Zuckergehalt der Endwürze, in der sie die Hauptvermehrung finden sollte, im Höchstfalle etwa 6% anzubieten, denn die fertig geläuterten Würzen hatten meist keine 6° Balling mehr und wiesen nach der Vergärung etwa 2,0—2,5% Alkohol auf. Anfänglich hatten die Stammwürzen eine Konzentration von 13—14° Balling gehabt.

Die Luftzuführung wurde zunächst auch nur von dem Standpunkte aus betrachtet, daß es nur darauf ankomme, der Hefe die Kohlensäure wegzunehmen, wobei sie sich mit genügend Luft sättigen könne. Langsam ging man bis auf etwa 12—15 cbm Luft je 100 kg Rohmaterial und Stunde über und erzielte damit Ausbeuten von etwa 20% Hefe und 20% Alkohol. Die Hefe war von großer Haltbarkeit und Triebkraft und hatte auch bei genügender Säuerung noch die Ähnlichkeit mit der Hefe des alten Verfahrens. Doch konnte man durch Steigerung der Luftzufuhr im Rahmen der bisher üblichen Würzekonzentration keine besondere Mehrausbeute erhalten. Nur besonders gezüchtete Heferassen ergaben etwa 24—25% Ausbeute, meist aber auf Kosten ihres Aussehens und ihrer Haltbarkeit. Oft degenerierte die Hefe vorzeitig durch Flockung. Ein Abpressen war dann kaum noch möglich.

An diesem Übelstand änderten auch nichts die Erhöhung des Säuregrades und die Gärführung bei niederen Temperaturen. Man beobachtete, daß die Zymase hauptsächlich auf die Spaltung des Zuckers gerichtet ist, während die Wuchstätigkeit der Hefe an die Gabe von Eiweiß gebunden ist. Die Wuchstätigkeit spielt sich mit dem Atmungsprozeß der Hefe ab, der sich als einen Verbrennungsvorgang darstellt, wobei die hochmolekularen Eiweißstoffe in einen Eiweißrest und eine Zuckergruppe gespalten werden. Letztere wurde als der Zymase verfallend angesehen, soweit sie nicht zur Bildung neuer Hefe gebraucht wird.

Im alten Verfahren vollzog sich der Wachstumsprozeß in zwei Phasen, einmal in dem stark zucker- und damit bald alkoholhaltigen Medium des Hefegutes, das zweite Mal in der weniger zuckerreichen Hauptmaische.

Jedenfalls ließ die Vermehrung auf 12—14% ohne Lüftung der Hefe genügend Zeit, sich aus dem reichlichen Eiweißvorrat durch Atmung und Verbrennung die nötigen Bausteine zu holen. Deutete doch die hohe Ausbeute an Alkohol von 30—32% darauf hin, welche nebensächliche Rolle hier die Hefevermehrung gegenüber der Alkoholbildung spielte. Dort sind auch nur die Eiweißstoffe der Satzmaische abgebaut worden. Anders im Lüftungsverfahren, bei dem sich die Säuerung der gesamten Maische als nötig erwies, wollte man der Hefe das Eiweiß zur Bildung von 20—24% Ausbeute zur Verfügung stellen. Hier war es nicht in der am leichtesten diffundierbaren Form vorhanden. Die zuerst gewählte Endwürze von 5 bis 6° Balling lieferte vielmehr in kurzer Zeit solche Mengen von Alkohol, daß der dem Lüften entsprechende Verbrennungsprozeß zu keiner Hefeausbeutesteigerung mehr führte.

Diese Mißerfolge brachten die Erkenntnis, daß die Maischen wesentlich verdünnt werden müssen, damit einerseits die Eiweißstoffe in gut assimilierbarer Form dargeboten werden und andererseits die entstehenden Alkoholmengen so gering bleiben, daß sie den Wachstumsprozeß nicht mehr hemmen. Kiby hat z. B. mit Hefe des alten Verfahrens bei doppelter Luftgabe wie bisher so viel Alkohol herausgeblasen, daß statt 20% Hefe und 21% Alkohol etwa 24% Hefe und nur 16% Alkohol erhalten wurden. Im ersten Fall war der Alkohol in der vergorenen Würze zu 2,4% und im zweiten Fall zu 1,8% enthalten. Er zeigte damit, welche Verluste die großen Luftmengen mit sich bringen können und welche Wirkung auf die Hefeausbeute der verschiedene Alkoholgehalt ausüben kann. Die Schlüsse, die er daraus zog, sind zwar heute nicht mehr maßgebend, aber sie führten immerhin zu der Erkenntnis, daß die Zuckermengen, die aus der Eiweißspaltung stammen, bei dem durch die Luftzufuhr gesteigerten Oxydationsprozeß zur Lieferung der stickstofffreien Bausteine der Hefe nicht ausreichen, weil sie direkt zu Kohlensäure verbrannt werden.

Im Zuge dieser Beobachtungen hat man auch der *Anstelltemperatur* ein erhöhtes Interesse entgegengebracht. Je wärmer das Nährsubstrat innerhalb der für die Lebenstätigkeit der Hefe gegebenen Grenzen ist, in das sie kommt, desto mehr wird sie zur Arbeit gereizt, desto mehr nimmt sie sich der Stoffe an, die ihr am zugänglichsten sind, zunächst des Zuckers; desto mehr wird sie also Alkohol bilden, desto rascher wird sie aber auch erlahmen, weil schnell große Alkoholmengen gebildet werden. Die Anstelltemperatur beeinflußt demnach von Anfang an den Charakter der Gärung und hat auch Einfluß auf die Temperaturerhöhungen, die während der Gärung auftreten. Trotzdem wurde sehr richtig erkannt, daß die Anstelltemperatur nur bis zu einem gewissen Grade die Gärarbeit regeln kann und daß sie nur einer der Faktoren ist, die bei der Gesamtleistung eine Rolle spielen. Man wandte Temperaturen von 22,5—25° C an, um in 10 bis 12 Stunden den Gärprozeß durchzuführen. Eine Erwärmung der Endwürze bis auf 30° C wurde als Höchsttemperatur angesehen. So hat man unter diesen Verhältnissen in Würzen mit etwa 15facher Verdünnung des Rohmaterials Ausbeuten von 40% Hefe und 10—12% Alkohol erzielt.

Solche Ergebnisse waren aber nur dadurch möglich, daß man auch der *Konzentration der Endwürze*, zum Unterschied von der geläuterten Stammwürze, entsprechende Beachtung schenkte. Hat letztere eine Konzentration von etwa 11° Balling, so wird die Endwürze auf 4—4,5° Balling eingestellt. Wenn die Vergärung dann auf 1,5—1,3° Balling fortgeschritten ist bei Temperaturen, die auf 30° C ansteigen, so kühlte man auf 25° C ab und ließ die Gärung bei dieser Temperatur zu Ende gehen. Als Höchstgrenze der Verdünnung für reine Getreidemaischen und -würzen wurde die zwanzigfache Verdünnung eingehalten, weil sonst Zusätze an Säure erforderlich sind, die nicht ohne Einfluß auf die Hefe blieben.

Zur Frage der *Stellhefe* ist zu sagen, daß man ihr nach der Einführung stärkerer Belüftung etwas mehr Beachtung als früher schenkte. Einheitlichkeit der Heferasse, physiologischer Zustand der Zellen und Haltbarkeit der Stellhefe wurden genau beobachtet. Vor allem wurde auf das völlige Fehlen von Kahmhefen Wert gelegt, die bei den geringen Alkoholgehalten und den großen Luftgaben leicht die Kulturhefe überwuchern können. Auch hatte man festgestellt, daß jetzt die früher zugesetzten Mengen von 2—3% berechnet auf das Rohmaterial nicht mehr ausreichen. Auf 3000 kg Einmaischmaterial wurden nun 150—180 kg Stellhefe, also 5—6%, gerechnet. Es ist aber auch mit noch größeren Zugaben gearbeitet worden, so z. B. mit 8% bei Gärungen mit niederen Temperaturen. Über die eigentliche Entwicklung der *Reinzüchtung der Hefe* vgl. Kap. über die *Reinzucht*.

Viel Gedanken hat man sich über die *Belüftung* gemacht, ohne allerdings zu befriedigenden Ergebnissen zu kommen. Diese Frage ist lange Zeit nur empirisch behandelt worden. Während man früher bei 10facher Verdünnung, also bei 30000 l aus 3000 kg Rohstoffen, die gewohnte Ausbeute mit Luftgaben erhielt, die sich bei 15—20 cbm je 100 kg Material und Stunde bewegten (also 450—600 cbm je 3000 kg), wurden später 50—80 cbm, insgesamt also für 45000 l Würze aus 3000 kg Schüttung mindestens 1500 cbm Luft je Stunde gegeben.

KIBY hat sich etwas eingehender mit dem Belüftungsproblem befaßt. Er ging von der Gärungsgleichung aus, nach der auf etwa 51 l 100%igen Alkohol 49 kg Kohlensäure entfallen, die etwa 24500 l Kohlensäuregas entsprechen. Neben 1 l Alkohol bilden sich also etwa 470 l Kohlensäure. Nach ihm müßten nun bei 12% Alkohol aus 3000 kg Maischung mit den 360 l 100%igem Alkohol 360 · 470 = rund 170000 l oder 170 cbm Kohlensäure in der Gärzeit von etwa 10—12 Stunden gebildet werden. Durchgeblasen werden in seinem Beispiel je Stunde für 3000 kg Einmaischung 1500 cbm Luft, in den 10—12 Stunden Belüftung demnach 15000 bis 18000 cbm, mit denen die 170 cbm Kohlensäure in etwa 1,1%iger Verdünnung durchschnittlich entweichen würden, wenn die Gärung gleichmäßig fortschritte. Das trifft aber nicht zu, da während der Hauptgärung die größte Menge Kohlensäure entwickelt wird, so daß dann vielleicht je Stunde 50 cbm Kohlensäure in 1200 cbm Luft, also in etwa 3,3%iger Verdünnung, weggeblasen werden.

KIBY schloß nun daraus, daß die Kohlensäure noch in Luftverdünnungen von etwa 5—10% schädigend auf den gesteigerten Oxydationsprozeß wirkt, daß daher die Luft in solchen Mengen eingeblasen werden muß, daß sie die Kohlensäure nicht nur verdrängt, sondern auch so weit verdünnt, daß sie nicht mehr hemmend zu wirken vermag. Und er hat weiterhin gefolgert, es komme nur darauf an, die *Luft in möglichst feiner Verteilung innig mit der Hefe in der Würze in Berührung zu bringen,* eine Forderung, der man dann später sehr gründlich nachgegangen ist. Auch der Luftreinigung hat er sein Augenmerk geschenkt.

Im Zusammenhang mit der Lüftung ist auch das *Ausreifen der Hefe* untersucht worden. Man hat erkannt, daß die Ausreifung bei verminderter Temperatur (25°) und verminderter Belüftung vor sich gehen muß. Da die Hefe nach ihrem Wachstum und ihrer Vermehrung in der verbrauchten Würze keine neuen Zellen bilden kann, ist die Luftgabe in den letzten Gärstunden auf ein Drittel bis zur Hälfte reduziert worden.

Die Frage der *Schaumbeseitigung* ist durch Zugabe von kleinen Fettmengen, zum Teil durch besonders konstruierte Apparate, gelöst worden. Die Schaumbildung ist bei der Getreideverarbeitung nicht so ausgeprägt wie später bei der Melasseverarbeitung. Man konnte sie also durch gute Verzuckerung und richtige Säuerung so weit einschränken, daß nur geringe Fettmengen erforderlich waren.

Schließlich ist noch die *Schwefelsäurezugabe* zur Beseitigung der Flokkungsgefahr zu erwähnen. Je reiner die Milchsäurebildung verlaufen und je weiter damit der Eiweißabbau gediehen ist, desto geringer war die Möglichkeit der Flockung durch Bildung von Flockenmilchsäurebakterien. Wenn der Säuregrad auf 2, das Minimum, herabgemindert ist, dann wurde er auf 2,3—2,5° erhöht (s. S. 23). Dies geschah, indem man 4—7 l Schwefelsäure (66° Baumé) in Abständen mit Wasser verdünnt der gärenden Würze zugegeben hat (bei einer Endwürze von 45000 l).

Auf die früher übliche Gärungskontrolle braucht ebensowenig eingegangen zu werden wie auf die Konstruktion der Gäranlagen und ihre Ausrüstung, weil sie überholt sind.

3. Gewinnung von Hefe und Alkohol.

Die *Gewinnung der Hefe* geschah ursprünglich durch *Absetzenlassen.* Wenn die Gärung gut verlaufen ist, setzt sich die Hefe langsam gleichmäßig zu Boden. Die überstehende Flüssigkeit ist hell, aber nicht blank. Sind sogenannte Schleier vorhanden, die die Würze verschieden durchsichtig erscheinen lassen, so sind fast immer unreife Zellen darin zu finden, die auf einen Fehler in der Arbeit hindeuten. Die am nächsten liegende Möglichkeit, die Hefe zu gewinnen, war nun die, ihr in geeigneten Gefäßen Zeit zum Absitzen zu gewähren und dann die überstehende Würze abzuziehen. Dazu wählte man flache, eiserne sogenannte Kühlschiffe, deren Seitenwände 0,4—0,5 m hoch waren. Der Boden ging abgerundet in die Wände über, deren eine ein Schauglas hatte, um die sich absetzende Hefe beobachten zu können.

Die Kühlschiffe waren am Boden nach einer Ecke geneigt, um an der tiefsten Stelle mit einem Einlegerohr die Würze langsam und möglichst glatt von der Hefeschicht zu trennen, während der zurückbleibende Hefebrei durch eine besondere Leitung zu den Pressen gespült wurde. Damit sich nun die Hefe rasch und vollständig absetzen konnte, mußte sie mit der Würze zusammen auf mindestens 17,5—20° C abgekühlt werden, eine

Arbeit, die viel Zeit und große Mengen Wasser beanspruchte, zumal die Temperaturdifferenz zwischen Würze und Kühlwasser nicht groß war.

Das Absetzen benötigte mindestens 10—12 Stunden und brachte empfindliche Nachteile mit sich. Schon in der Fabrikation war man darauf angewiesen, solche Hefe zu züchten, die sich in kurzer Zeit vollständig absetzt, damit die Trennung von der Würze nach 12 Stunden möglich war. So konnte man also staubige Hefen nicht gewinnen, die sich erst nach vielen Stunden sehr unregelmäßig absetzen. Allgemein mußte die Hefe mit noch viel Würze zu den Pressen geleitet werden. Verluste sowohl an Hefe wie an Würze waren unvermeidlich, bis es dann nach 1890 gelang, eine restlose Enthefung der vergorenen Würze durch *Zentrifugieren* zu erreichen.

Nach Art der Milchzentrifugen wurden sogenannte *Separatoren* konstruiert, deren Siebtrommel in der Minute 4500 Umdrehungen machen mußte, um in der Stunde etwa 1000 l Würze verarbeiten zu können. Der Antrieb erfolgt zunächst durch Dampfturbinen, die sich aber nicht bewährten, weil bei der Gewinnung der temperaturempfindlichen Hefe eine Erwärmung des Arbeitsraumes und der Zentrifuge eintrat. Immerhin sparte man die Zeit des Absitzenlassens. Weiterhin brauchte man nicht mehr die gesamte Würze auf etwa 20° C abzukühlen, sondern konnte die vergorene 25° C warme Würze nach der Ausreifung der Hefe sofort zentrifugieren, so daß nur noch der gewonnene Hefebrei auf 15—17° C abzukühlen war. Man war auch davon unabhängig, in welcher Weise sich die Hefe absetzt.

Als es dann gelang, den Turbinenantrieb durch Schnurantrieb zu ersetzen und die Leistung der Separatoren auf 2500 l Würze in der Stunde zu erhöhen, war man in der Lage, den Inhalt eines Gärbottichs von 30000 l mit sechs Separatoren in 2 Stunden auf Hefebrei zu verarbeiten. Die Höchstleistung dieser Zentrifugen konnte lange Zeit nicht über 2800 l in der Stunde gesteigert werden. Erst später sind durch gewisse Konstruktionsverbesserungen wesentlich höhere Durchsätze erzielt worden, auf die bei der Melasseverarbeitung noch näher eingegangen wird.

Nach dem ersten Separieren erfolgte das später übliche *Nachwaschen des Hefebreies* mit Wasser und erneute Abschleuderung nur bei Hefen, die aus malz- und roggenarmen Maischen stammten, während man die Waschung von Hefen aus regulären Mais- und Roggenmaischen für unnötig und sogar schädlich hielt.

Da sich der *Preßvorgang* zur Gewinnung der trockenen Hefe aus dem Brei kaum geändert hat, seit die Rahmenfilterpressen zur Einführung kamen, wird er bei der modernen Hefegewinnung in den Einzelheiten behandelt.

Die *Gewinnung des Alkohols* durch Destillation der vergorenen Maischen und Würzen war zunächst auch eine sehr primitive. Sie geschah anfänglich in *periodisch* betriebenen Apparaten und später dann in *kontinuierlich* arbeitenden Systemen. Siehe Kap. „Alkoholgewinnung" (S. 425ff.).

Man strebte möglichst große Maischekolonnen mit einer genügenden Anzahl von Böden an, um eine sichere Entgeistung der Maische bis zum Ablauf zu erreichen. Die Höhe der Lutterkolonnen richtete sich nach der Anzahl der Siebböden, die zur völligen Befreiung des herablaufenden Lutters vom Alkohol nötig sind. Außerdem wurde der Aldehyd- und Fuselölabscheidung wachsende Beachtung geschenkt.

d) Die kombinierte Verarbeitung von Getreide und Melasse.

Bevor man in der Lage war, Hefe allein aus Melasse zu gewinnen, hat man kombiniert gearbeitet, d. h. man hat Melasse und Malzkeime zusammen eingemaischt und sie als Hefenährlösung verwendet. Zur Überleitung auf die moderne Arbeitsweise verdient es, festgehalten zu werden, in welcher Weise z. B. KIBY gearbeitet hat. Es ist ein Verfahren, welches weit verbreitet war und zu guten Ausbeuten geführt hat.

Zunächst wurden 1000 kg Melasse mit 1000 l Wasser verdünnt und mit Schwefelsäure auf 1,5° je 100 ccm angesäuert und zum Sieden erhitzt. Nach einer Kochzeit von 2—3 Stunden wurde 10—12 Stunden zur Klärung stehengelassen. Die Konzentration betrug dann etwa 25° Balling. Nun wurden weitere 1000 l Wasser in den Vormaischbottich gegeben, in welches die geklärte Melasse möglichst vollständig abgezogen wurde. Da aber ein Teil der Melasse dabei nicht gewonnen werden konnte, wurde der im Schlamm verbleibende Rest vorher durch eine entsprechende Mehrmenge von Melasse gutgebracht. Der Melasseschlamm wurde im übrigen dann auf Spiritus verarbeitet.

Die im Vormaischbottich auf etwa 60° C abgekühlte Melassewürze wurde daraufhin mit 450 kg Malzkeimen versetzt und eine Viertelstunde lang eingeteigt. Dann kam die Milchsäureaussaat hinzu. Es war eine Maische von 90 kg, bestehend aus je 15 kg Darrmalzschrot und Roggenschrot, verdünnt mit 60 l Wasser und 24 Stunden lang bei 55° C mit Milchsäurebakterien gesäuert. Es wurde nun auf 58¾° C abgekühlt, um von dieser Temperatur an in langsamer Abkühlung und öfterem Umrühren weiter säuern zu lassen. Die gesäuerte Maische hatte schließlich 8—10° Säure bei 20° Balling.

Hiernach wurde auf 75° C erhitzt, um die Maische zu sterilisieren, und geläutert. In den Läuterbottich wurde vorher heißes Wasser gegeben und mit der Läuterung erst begonnen, nachdem sich die Treber etwa ½ Stunde lang abgesetzt haben. Es wurde eine Würzemenge von 20000—22000 l dem Gärbottich zugeleitet, mit 45—60 kg Stellhefe bei einer Temperatur von 22,5° C angestellt, die langsam während der Gärung auf 30° C ansteigt und dabei durch Kühlung gehalten wird. Die Endwürze hatte 3,5—4° Balling, der Säuregrad betrug 3—4°. Während der Gärung wurde mit Schwefelsäure nachgesäuert, um möglichst eine Hefe von staubiger Beschaffenheit zu erhalten. Je nach dem Salzgehalt der Melasse schwankte die Vergärung zwischen 2—2,5° Balling. Die vergorene Würze mit der ausgereiften Hefe wurde dann separiert, 2- bis 3mal mit Wasser nachgewaschen und wiederholt separiert, bis das Waschwasser noch 1—1,5° Balling anzeigt.

Nach diesem Verfahren konnten 25% Hefe und 18% Alkohol gewonnen werden. Wenn 5—6% statt 4% Stellhefe angewendet wurden, waren Ausbeuten von 30—35% Hefe und 15—16% Alkohol zu erzielen. Die Luftmengen betrugen auf 100 kg Maischung in der Stunde mindestens 50 cbm.

Eine abgeänderte Arbeitsweise war die folgende:

4 kg Anstellhefe wurden in 2000 l Stammwürze bei 21° C Anstelltemperatur in 24 Stunden ohne Lüftung vergoren, wobei etwa 75 kg Hefe gewonnen wurden.

Mit diesen 75 kg Hefe wurde in einem Gärbottich mit etwa 40000 l Inhalt die Gesamtwürze aus 3000 kg Maischung bei 21° C vergoren, die unter schwacher Belüftung auf 30° C ansteigt. Es wurden somit 750 kg Hefe erzielt, die als sogenannte erste Generation dann weitere Verwendung fand.

Von dieser ersten Generation wurden wieder 75 kg in die Gesamtwürze von 3000 kg bei etwas stärkerer Lüftung zugegeben. Die Anstelltemperatur war die gleiche, die Gärung vollzog sich wie zuvor. Von der nun gewonnenen zweiten Generation wurde die Würze aus 3000 kg mit 275 kg Hefe bei 15° C angestellt und 24 Stunden lang unter langsamer Erwärmung der Gärflüssigkeit gelüftet. So konnten etwa 30% Hefe und 18—20% Alkohol gewonnen werden.

Schließlich ist noch ein Verfahren von MARBACH zu erwähnen, welches wohl das erste gewesen ist, um die Milchsäurebildung durch anorganische Säure zu ersetzen.

Hiernach bestand die Einmaischung aus 700 kg Melasse und 300 kg Malzkeimen. Die Melasse wurde auf 30° Balling verdünnt, angesäuert und aufgekocht. Nach 12 Stunden wurde die klare Melasse in einen zweiten Behälter abgezogen, dort mit 0,2% schwefliger Säure und 1% Zinkstaub versetzt, wieder erhitzt und mit Kalkmilch neutralisiert. Nach 2 oder 3 Stunden wurde dekantiert. Die Melasse war nunmehr glanzhell, gebleicht und sterilisiert. Die 700 kg Melasse, die bereits mit etwa 1100 l Wasser verdünnt waren, wurden nunmehr mit weiteren 1000 l Wasser im Vormaischbottich gut durchgemischt. Bei etwa 60° C erfolgte dann der Zusatz der 300 kg Malzkeime, und das Ganze wurde mit Salzsäure auf etwa 0,4% (= 11 ccm n-Natronlauge je 100 ccm) angesäuert. Das anschließende Läutern geschah, nachdem sich eine ausreichende Treberschicht gebildet hatte.

Die Gärung vollzog sich bei einer Anstelltemperatur von 22,5° C mit einer Stellhefemenge von 4—6%. Die fertig geläuterte Würze sollte bei 2,5 bis 3° Balling etwa 3—3,5° Säure aufweisen. Die Luftmenge betrug auf je 100 kg Einmaischung mindestens 50 cbm je Stunde, wie bei den anderen Verfahren.

Bei konzentrierten Würzen wurden Ausbeuten von 18—19% Hefe und 15—17% Alkohol erzielt, bei verdünnten Würzen und höherer Stellhefegabe etwa 30—35% Hefe und 13—15% Alkohol. Die Auswaschung nach der Separation brachte eine weitgehende Befreiung von der sauren Würze.

Die Arbeitsweise von MARBACH hat zweifellos viel dazu beigetragen, die bakterielle Milchsäuerung, die immerhin umständlich und empfindlich ist, zu verlassen und sich der *anorganischen Säuerung* zuzuwenden.

Aber auch die *Anwendung anorganischer Salze* ist schon in Österreich seit dem Jahre 1895 bekannt. G. FRITSCHE hatte gefunden, daß ein Zusatz von Ammonsulfat die Tätigkeit der Diastase erhöht und eine höhere Hefeausbeute zur Folge hat. Er setzte 0,5—2% des Einmaischgewichtes an schwefelsaurem Ammoniak vor dem Einmaischen dem Wasser zu, bei der Verwendung von Mais mehrere Stunden vor dem Kochen des Maises. Die gekochte Maismaische wurde auf die Verzuckerungstemperatur gebracht und mit dem ebenfalls in Wasser geweichten Roggen und Malz vermengt. Er hat aber auch mit Melassemaischen die gleichen günstigen Erfahrungen gemacht. Seine Erfahrungen sind erst viel später wieder aufgegriffen worden, ohne daß man sich des Namens G. FRITSCHE erinnerte.

e) Die Melasseverarbeitung.

Auch wenn heute die beste Verwendung der Melasse in den nach dem Lüftungsverfahren arbeitenden Preßhefefabriken stattfindet, hat es lange gedauert, bis man eine der Getreidehefe ebenbürtige Melassehefe herstellen konnte.

In den Jahren nach dem ersten Weltkrieg hat man sich intensiv mit der Melassezubereitung als Hefenährlösung beschäftigt. A. ZSCHEILE wies darauf hin, daß stark karamelisierte Melasse eine dunkle bis schwarze Hefe liefere, und daß die Ausbeuten schlecht seien. Beim Zusatz von Superphosphat entstehe eine schlecht preßbare und wenig haltbare Hefe. Auch Ammonsulfat beeinflusse die Haltbarkeit. Man dürfe nur so viel Ammonsalze verwenden, wie die Hefe zu ihrem Aufbau nötig habe. Er empfahl, die Melasse zu lüften und sorgsam zu kühlen. Großes Gewicht sei auf die rechtzeitige Beschaffung frischer Rohzuckermelasse zu legen. Das Ammonsulfat dürfe nicht zusammen mit der Melasse gekocht werden, sondern solle erst kurz vor dem Klären der verdünnten Melasselösung bei Temperaturen von 81 bis 87,5° C zugesetzt werden. W. POLLAK und M. KNOB wiesen auf die starke Reduzierbarkeit der Farbstoffe hin, weshalb Oxydationsmittel mit Ausnahme des Kaliumpermanganates versagten. Die klärende Wirkung der Schwefelsäure würde überschätzt, denn sie habe nur eine spaltende Wirkung auf die Proteine, nicht aber auf die Humine. Ammonsulfat vertiefe den Farbton. B. DREWS stellte fest, daß der Gehalt der Melassen an schwefliger Säure z. B. in der Kampagne 1930/31 zwischen 0,02 und 0,08% schwankte und daß ein so hoher Prozentsatz zu Betriebsstörungen Anlaß geben könnte. Er wies ferner nach, daß der Gehalt an schwefliger Säure nur bei einer heiß-sauren Klärung und gleichzeitiger Lüftung wesentlich gemindert werden könnte. Die Schädlichkeit des SO_2 wurde von H. CLAASSEN bestritten, aber von H. RUDOLF bestätigt.

M. GARIM und G. BENVENUTO haben die Wirkung von Entfärbungskohlen auf die Melasse untersucht und festgestellt, daß die Entfärbung zuerst schnell und dann langsam vor sich geht. Der Verfasser und später L. NICOLINI fanden, daß der Kohlezusatz die Schaumbildung bei der Gärung wesentlich vermindert.

Neben Schwefelsäure wird auch Superphosphat zur Melasseklärung angewendet. F. WAGNER hat den Verlust an wasserlöslicher Phosphorsäure bei dieser Behandlung untersucht und festgestellt, daß praktisch keine Phosphorsäure durch Unlöslichwerden verlorengeht. Nur wenn das Superphosphat Eisen- und Aluminiumverunreinigungen enthält, fallen diese Bestandteile in der Hitze als unlösliche Phosphate aus. Der Verlust beträgt nur einen geringen Teil, er hängt vom p_H-Wert und der Menge an freier Säure im Superphosphat ab.

A. WOHL hat die Melasselösung in der Kälte mit starken Mineralsäuren geklärt. Das hat den Nachteil, daß der Säureüberschuß dann wieder beseitigt werden muß.

S. BATIST und B. DREXLER haben zum Klären eine 1%ige Superphosphatlösung benutzt, mit wenig Schwefelsäure angesäuert und dann mit einer wäßrigen Ammoniaklösung alkalische Niederschläge erzeugt. Bei einer solchen Arbeitsweise entsteht wiederum ein Nachteil, indem nachträglich angesäuert werden muß und leicht neue Niederschläge auftreten, die beseitigt werden müssen. Auch R. HAMBURGER und ST. KAESZ haben kolloide bis körnige Niederschläge durch Zugabe von Alkalisilikaten und Ammoniak gebildet, um die Melasse zu reinigen.

Zur Klärung haben aber auch zahlreiche andere Methoden gedient. Da fast jede Hefefabrik ein eigenes Klärverfahren entwickelte, ist eine erschöpfende Darstellung nicht möglich. Es verdient jedoch festgehalten zu werden, daß außer Schwefelsäure und Salzsäure auch Metaphosphorsäure, Oxalsäure und andere Säuren und Alkalien verwendet worden sind.

R. KUSSEROW, Sachsenhausen, hat die Melasse auf etwa 20° Balling verdünnt, mit 0,4—0,7 l Schwefelsäure auf 100 kg Melasse berechnet und einer Auflösung von etwa 0,1 kg unterschwefligsaurem Natron einige Stunden in der Kälte stehengelassen. Dabei bildet sich zunächst freie schweflige Säure, welche auf die Melasse einwirkt, außerdem ein schlammiger Bodensatz. Die überstehende klare Flüssigkeit ist dann mit 0,1 kg Kalk, auf 100 l Wasser berechnet, versetzt und 1 Stunde stehengelassen worden. Die so in der Kälte erzielte Reinigung der Melasse ist jedoch nicht zuverlässig genug.

1. Schaltplan für die Herstellung von Hefe und Alkohol.

Im Schaltplan (Abb. 1) ist der Gang der Herstellung von Preßhefe und Alkohol in den Grundzügen festgehalten. Er wird heute je nach dem angewendeten Verfahren entsprechend modifiziert, teils vereinfacht, teils ergänzt. Es kann sich deshalb nur darum handeln, einen Gesamtüberblick zu erhalten.

Die vom Kesselwagen kommende Melasse gelangt in einen heizbaren Vorratsbehälter und von dort über eine Waage nach dem Kochbottich. Dort wird die Melasse z. B. mit Schwefelsäure nach dem Verdünnen mit Wasser angesäuert und aufgekocht. Die saure Würze gelangt von dort über eine Klärschleuder in ein Sammelgefäß und gegebenenfalls über einen Plattenkühler und eine Meßuhr in den Gärbottich.

Für die Herstellung von Stellhefe dient ein darüber angeordneter besonderer Behälter, in welchen einerseits Melassewürze und andererseits Malzkeimauszüge, die vorher gekocht und geläutert wurden, eingeführt werden können. Für Nährsalze ist ein besonderes Gefäß vorgesehen, welches sowohl den Stellhefe- wie den Hauptgärbottich mit Nährlösung versehen kann. Beide Bottiche sind mit Kühlvorrichtung und Belüftungssystemen ausgerüstet und an ein Gebläse angeschlossen, welchem ein Filter zur Reinigung der Luft zugehört. Zur Schaumbekämpfung ist für beide Bottiche außerdem eine Gärfettzugabe vorgesehen.

Aus dem Hauptgärbottich gelangt die vergorene Würze in mehrere Separatoren. In der Zeichnung sind drei hintereinandergeschaltete Separatoren aufgeführt, von denen der erste eine Trennung in Hefemilch und alkoholhaltige Würze vornimmt und die beiden letzten zum Nachwaschen der Hefemilch mit Waschwasser bestimmt sind (zwei zwischengeschaltete Waschdüsen).

Das Lüftungsverfahren: Melasseverarbeitung.

Die gewaschene Hefemilch wird über einen Kühler nach der Filterpresse geleitet. Sie fällt nach dem Preßvorgang in einen Wagen, welcher

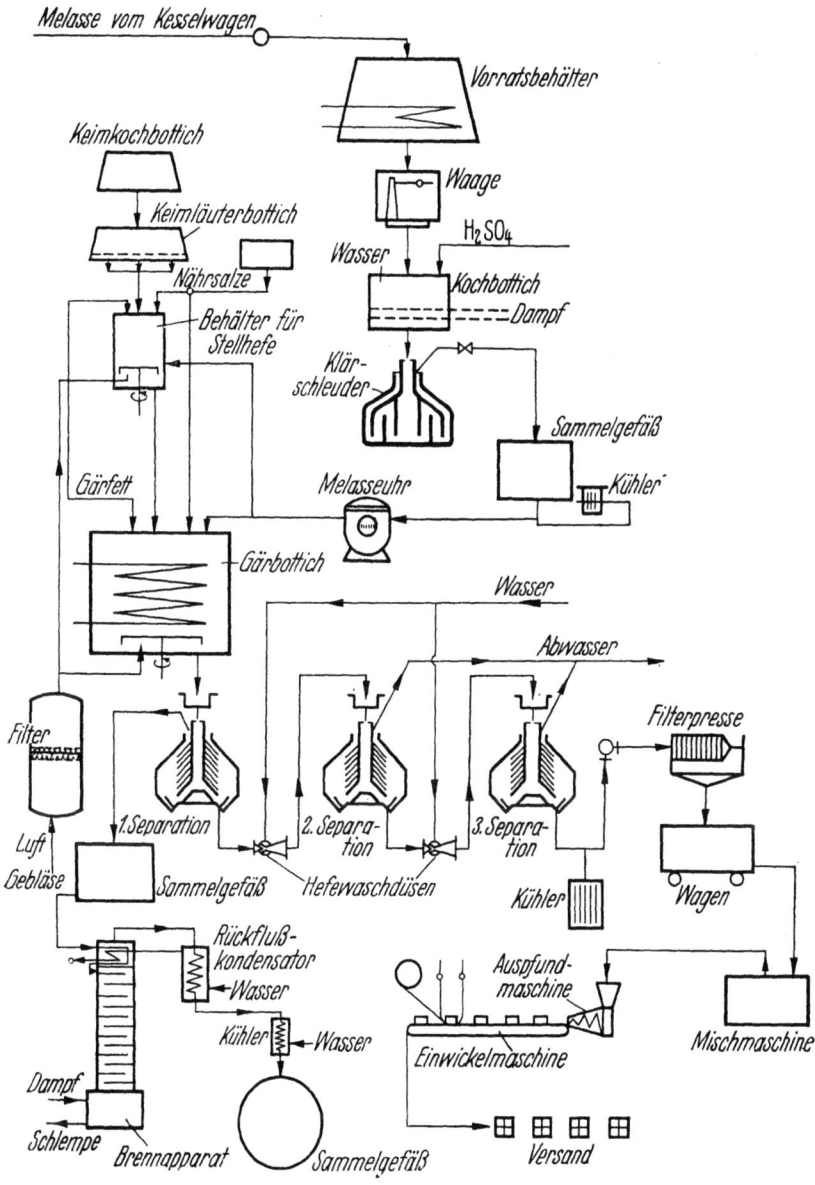

Abb. 1. Schaltplan.

zur Mischmaschine gefahren werden kann, von wo dann die Auspfundung und das Einwickeln der fertigen Ware geschieht.

Die alkoholhaltige Würze, die in einem Sammelgefäß aufbewahrt wird, wird in einem Brennapparat mit Rückflußkondensator von der Hauptmenge des Wasser befreit, und der Rohsprit gelangt über einen Kühler in ein Sammelgefäß, während die Schlempe am Fuße der Kolonne anfällt.

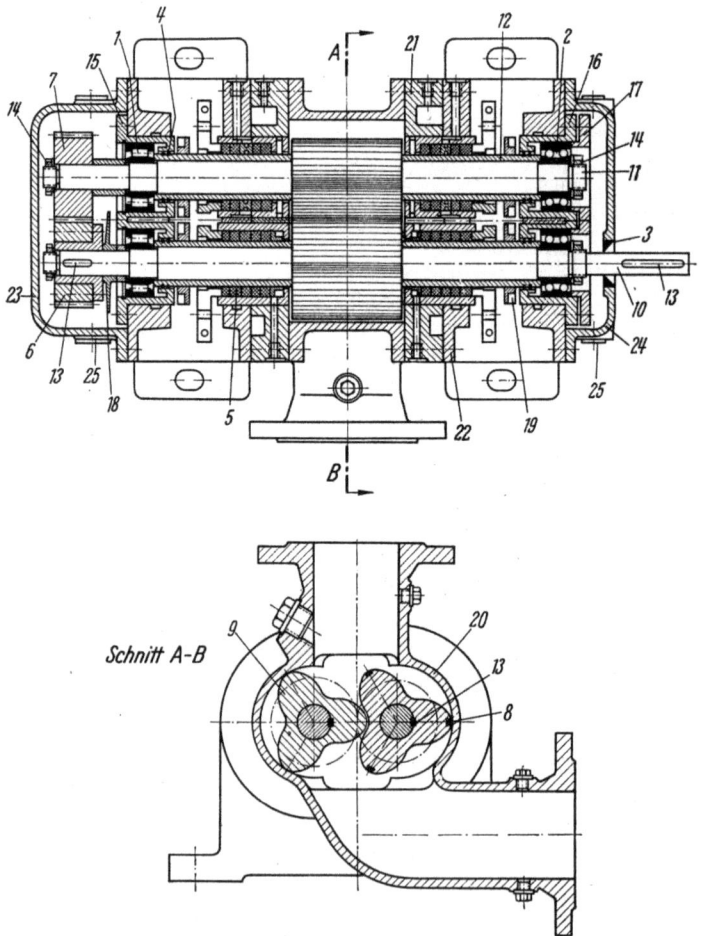

Abb. 2. Drehkolbenpumpe, Bauart: *Aerzener Maschinenfabrik GmbH*.

1 Zylinderrollenlager; — *2* Einstellager; — *3* Simmerring; — *4* Kolbenring; — *5* Stopfbuchspackung; — *6* Zahnrad, Antriebswelle; — *7* Zahnrad, Nebenwelle; — *8* Verschleißleiste (nur bei Adka); — *9* Drehkolben; — *10* Antriebswelle; — *11* Nebenwelle; — *12* Wellenhülse; — *13* Paßfeder; — *14* Nutmutter mit Sicherungsblech; — *15* Lagerbuchse; — *16* Einstellagerbuchse; — *17* Deckel für Einstellagerbuchse; — *18* Spritzscheibe; — *19* Prallscheibe; — *20* Zylinder; — *21* Zwischenplatte; — *22* Lagerplatte; — *23* Radkasten; — *24* Gehäusedeckel; — *25* Ölstandsanzeiger.

Über die Weiterbehandlung von Hefemilch bzw. Preßhefe, den Rohspiritus und die Schlempe vgl. die entsprechenden Kapitel.

Vor dem Eingehen auf die Einzelheiten ist noch festzustellen, daß sich zur Förderung der Flüssigkeiten im Betriebe sogenannte *Drehkolbenpumpen* bewährt haben, wie sie aus Abb. 2 ersichtlich sind.

Abb. 3 unterrichtet über die Leistungsfähigkeit dieser Pumpen.

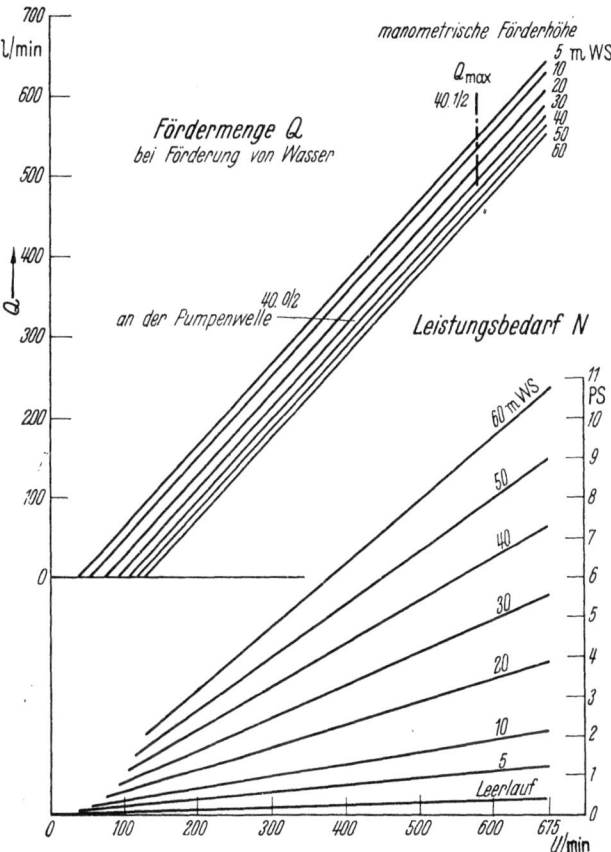

Abb. 3. Leistungsblatt der in Abb. 2 gezeigten Pumpe. Inhalt $g_0 = 1,008$ l; $- Q\,r_{10\,000} = 53$ l/min.

2. Die Vorbehandlung der Melasse.

Wegen biologischer Verunreinigungen und zur Ausscheidung von feinverteilten festen sowie kolloidalen Stoffen muß die Melasse einer technisch befriedigenden „Sterilisation" und einer Klärung unterzogen werden.

Aus den sich bietenden Möglichkeiten haben sich eine große Zahl von Klärmethoden (alkalische, neutrale und saure Klärverfahren) entwickelt, von denen aber nur wenige unter den Anforderungen des praktischen Betriebes Bedeutung erlangt haben.

Zur Sterilisation dient z. B. die Kombination von Säurezusatz und Temperatur (hohe Säuregabe — niedrige Temperatur, mäßige Säurezusätze — höhere Temperatur, keine Säure — Kochtemperatur, z. B. Durchlaufsterilisator). Zur Gerinnung, Ausflockung und Entfernung der unerwünschten Melassesubstanzen können einzeln und in Kombination folgende Methoden herangezogen werden.

Behandlung	Durchführung
Thermisch	Erhitzen hat nicht nur keimschwächende bzw. keimtötende, sondern auch ausflockende Wirkung (Koagulation).
Physiko-chemisch	p_H-Verschiebung (Säuren oder Alkalien)
Chemisch	Bildung von Gallerten oder unlöslichen Verbindungen; ausfällende Wirkung, Zusätze, z. B. von Superphosphat, Wasserglas, Tannin, Aluminiumsalzen u. a.
Mechanisch	Absitzenlassen, Zentrifugieren oder Filtration

Sterilisation und Klärung werden oft in der Hefefabrik in gemeinsamem Arbeitsgang durchgeführt. Die Wahl und Ausführung des Klärverfahrens hängt davon ab, ob eine normale oder eine schwer klärbare Melasse verarbeitet wird.

Die *Melassevorbereitung* gliedert sich in drei bis vier Arbeitsgänge:
1. das Kochen; — 2. das Klären; — 3. das Filtrieren bzw. Separieren; — 4. gegebenenfalls das Kühlen.

α) Das Kochen.

Die Melasse wird abgewogen und mit Wasser auf etwa 20—30° Balling verdünnt, mit z. B. Schwefelsäure bis zu 2,0° angesäuert und mit Nährsalzen versetzt (s. Abschn. „Nährstoffe", S. 54ff.). Früher hat man dann das Ganze mehrere Stunden aufgekocht oder wenigstens auf Temperaturen von 90—95° C gehalten, um die Melasse zu sterilisieren und mit Hilfe der Säure den Rohrzucker zu invertieren. Seit es aber durch WILLSTÄTTER bekannt ist, daß die Hefe Invertase besitzt und die Hydrolyse der Saccharose selbst durchführen kann, findet heute meist nur ein kurzes Aufwärmen statt, um die Lösung der Salze zu fördern, die Klärung zu unterstützen und die Mikroorganismen abzuschwächen. Durch langes Kochen bei zu hohen Säuregraden würden außerdem Zuckerverluste durch Karamelisierung entstehen. Die Schwefelsäure setzt aus den Salzen organische Säure in Freiheit und wird selbst abgebunden. Eine bakterielle Milchsäuerung der Melasse ist nicht üblich.

β) Das Klären.

Die Klärung ist notwendig, um die Melasse von Stoffen zu befreien, die sich sonst bei der Gärung im Gärbottich ausscheiden würden. Diese schlagen sich auf der Hefezelle nieder, verkleben die Zelloberfläche und fördern die Infektionsgefahr. Außerdem erhält die Hefe eine dunkle Farbe. Durch die Klärung werden überdies mit den voluminösen Niederschlägen gleichzeitig Bakterien mit beseitigt.

Saure Klärung. Man legt im Kochbottich angesäuertes Wasser vor, fügt z. B. Superphosphat und Ammonsulfat, berechnet auf die geplante Hefeausbeute, zu und erhitzt auf 75° C. Dann läßt man die Rohmelasse zufließen, wodurch sowohl der Säuregrad fällt, als auch beim anschließenden Aufkochen der Niederschlag entsteht, der sich dann in besonderen Klärbottichen allmählich zu Boden setzt. Wichtig ist, daß der Säuregrad der Klärung bei dem Gärprozeß nicht überschritten wird, sonst würden dann unerwünschte Nachausscheidungen entstehen, wie die *Dresdner Preßhefen- und Kornspiritusfabrik* sonst J. L. BRAMSCH schon 1921 festgestellt hat.

Alkalische Klärung. Die Rohmelasse wird auf etwa 23—25° Balling mit Wasser verdünnt und auf etwa 70° C erhitzt und angesäuert. Dann wird 1% Superphosphat zugegeben, weiter auf 85° C erhitzt und schließlich mit Kalklösung auf schwache Alkalität abgestumpft. Es fällt Kalziumphosphat aus und wirkt klärend. Dann wird mit Wasser auf 20° Balling verdünnt und der Niederschlag im Klärbottich abgeschieden, so daß die blanke Würze abgezogen werden kann.

γ) Das Filtrieren bzw. Separieren.

Die geklärte und abgesetzte Melassewürze bedarf noch einer zusätzlichen Reinigung. Früher hat man die im Klärbottich über dem Bodensatz stehende fast blanke Würze über Filterschichten geleitet, so z. B. über Malzkeime, Kies- und Sandfilter, Asbest und Zellstoff. Man hat vor allem Anschwemmfilter benutzt, die eine große Filterfläche auf kleinem Raum besitzen und leicht sauber zu halten sind.

Man hat auch den Klärvorgang mit der Filtration zusammengelegt. So hat z. B. B. DREXLER die verdünnten Melasselösungen ohne vorherige Sterilisation bei alkalischer Reaktion mit etwas Schlämmkreide und bei saurer Beschaffenheit mit Talkumpulver versetzt und den Niederschlag auf den Filtertüchern einer Filterpresse abgeschieden.

Die Fa. *Lindenmeyer & Co.* hat auf die Vorbehandlung der Melasse ganz verzichtet und sie nur wenig verdünnt auf Sterilisationstemperatur gebracht und durch ein Anschwemmfilter filtriert. Immerhin sind alle Anschwemmfilter, auch die am besten durchgebildeten, in der Handhabung etwas umständlich, weil die Filterplatten mit den Rückständen und Faserstoffen jeweils nach Benutzung gereinigt werden müssen und weil auch der Faserstoff erneuert werden muß.

Es bedeutete daher einen großen technischen Fortschritt, als es gelang, nach Art der Hefeseparatoren Klärschleudern für die Zwecke der Melassereinigung einzuführen. Die Firmen *Bergedorfer Eisenwerk A.G. Astra-Werke* und *Ramesohl & Schmidt*, jetzt *Westfalia Separator A.G.*, haben etwa zur gleichen Zeit Spezialschleudern entwickelt, die geeignet sind, alle Schmutzstoffe durch Zentrifugieren aus der Melasse zu entfernen.

Das Prinzip der neuen *Klärschleuder* wird durch Abb. 4 verdeutlicht.

Man hat sich bei der Entwicklung der neuen Schleuder auf die Erfahrungen gestützt, die man 1929/30 mit der Separierung der vorgeklärten Melasse in gewöhnlichen Hefeseparatoren gemacht hat. Nach WENDEL wurden die Teller zur Vergrößerung des Schlammraumes im Durchschnitt verkürzt, die Seitenversteifungen der Trommelhaube vergrößert und die Hefedüsen zugelötet. So hatte die Seperatortrommel nur noch eine Auslauföffnung, nämlich die sonst für die enthefte Würze bestimmte. Die zentrifugierte Melasselösung verließ zunächst schaumartig den Separator, doch verflüssigte sie sich schnell wieder. Die Würze fiel blank an, solange der freie Trommelraum nicht mit Schlamm überfüllt war. Die Leistung war also beschränkt, es konnten stündlich nicht mehr als 400 l Rohmelasse geklärt werden.

Dieser Übelstand ist mit der neuen Klärschleuder in Wegfall gekommen. Während die äußere Form nahezu erhalten blieb, wurde der Trommelraum neu gestaltet. Das Tellersystem ist durch senkrecht stehende und

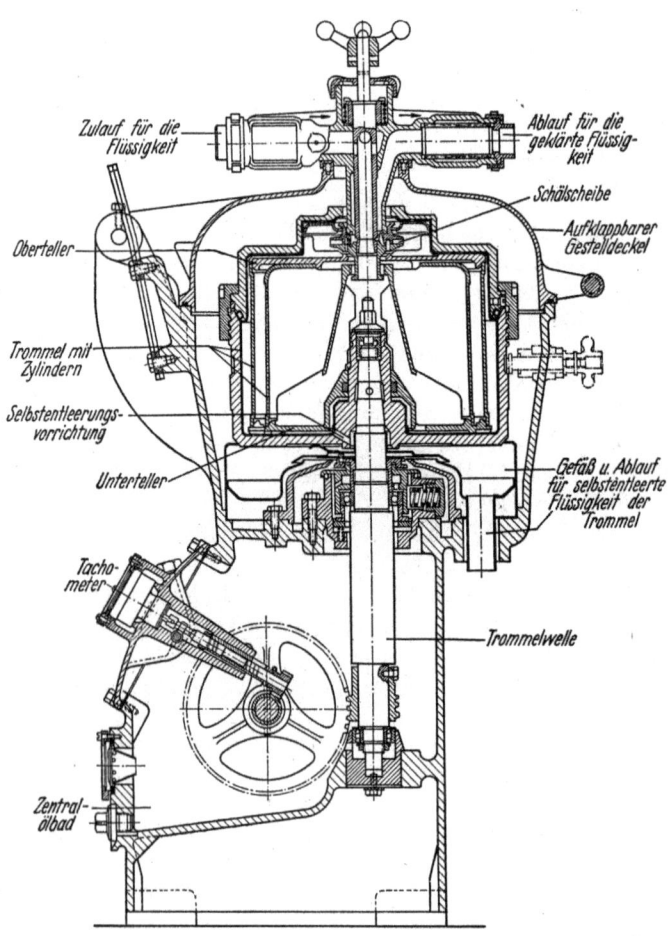

Abb. 4. Klärschleuder, System DE LAVAL.

konzentrisch um die Achse geordnete Scheidewände ersetzt worden, so daß fünf bis sechs Ringräume entstehen, die abwechselnd oben und unten durch Überlaufspalten miteinander in Verbindung stehen. H. OLBRICH gibt die dadurch zu erzielende Trennwirkung am Trommelmantel bis zum 10000fachen Betrage der Schwerkraft an, d. h., jedes Teilchen wird mit der 10000 fachen Kraft seines Gewichtes gegen den Mantel geschleudert. Auch die sehr feinen Teilchen, die nur eben von der Trennkraft erfaßt werden, und die vergleichsweise in einer Tellertrommel beim Abgleiten an den Tellerwänden zum Schlammraum hin ständig an der Hauptströmung vorbeigetragen und daher leicht zurückgerissen würden, verbleiben nach einer kurzen Wanderung durch die tragende Flüssigkeit an den Kammerwänden. Die Kammertrommeln erlauben es, praktisch den gesamten Trommelraum fast nur für die Aufnahme der Feststoffe auszunutzen. Trotz der diskontinuierlichen Arbeitsweise ist immerhin ein mehrstündiger Betrieb zu erreichen.

Das Gestell ist besonders kräftig ausgeführt, die Trommelwelle besteht aus rostfreiem Stahl und ist in Kugellagern gelagert. Die Trommel ist aus Chromstahl hergestellt und im Normalfall innen kupferbekleidet. Der Einsatz besteht aus Zylindern aus rostfreiem Stahl und Ober- und Untertellern aus verzinnter Phosphorbronze. Die Trommel ist selbstentleerend. Wird sie zum Stillstand gebracht, so fließt die darin befindliche Flüssigkeit selbsttätig in ein Gefäß im Trommelgehäuse des Gestells aus, von wo sie abgelassen wird, ohne mit dem eisernen Gestell in Berührung zu kommen. Die Trommel kann auch mit den Zu- und Ableitungen vor Beginn des Schleuderns mit Dampf sterilisiert und danach mit Wasser gekühlt werden, ohne daß eine Zerlegung und Wiederzusammensetzung nötig ist. Die Trommel kann auch ohne Zerlegung aus dem Gestell herausgenommen werden. Bei der Reinigung ist der gesamte Einsatz auf einmal herauszunehmen. Der Schlammraum hat einen Inhalt von 18 l. Die Leistung in der Stunde beträgt 800—1200 kg Rohmelasse.

Die Westfalia-Klärschleuder

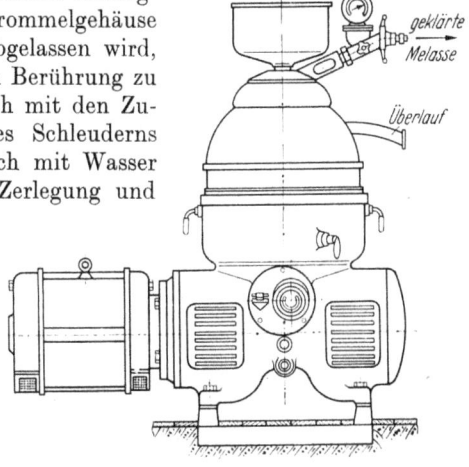

Abb. 5. Westfalia-Klärschleuder.

hat die Gestalt in Abb. 5.

Die geschlossene Bauart gewährleistet eine schaumfreie Ableitung der geklärten Melasse unter Druck. Die stündliche Leistung beträgt bis zu 1800 kg Rohmelasse.

Als einzige Vorbehandlung genügt nach OLBRICH ein bloßes Verdünnen der Rohmelasse auf 35—50° Balling. Die Melasse darf aber nicht zu weit verdünnt werden, da sonst die zum großen Teil ungelöst vorliegenden Salze, vor allem die Kalksalze, wieder gelöst und der Abtrennung entzogen werden. Besonders günstig ist eine Konzentration von 40° Balling.

Schaltplan für kontinuierliche Melasseklärung. Die Betriebsänderung, die sich durch Einführung der neuen Klärschleuder ergibt, bringt der folgende Schaltplan (Abb. 6) für die kontinuierliche Arbeitsweise zum Ausdruck. Die verdünnte Melasse gelangt aus dem Kochbottich durch umschaltbare Siebtöpfe und einen Durchflußmesser in die Klärschleuder. Sie wird dort gegebenenfalls unter weiterer Verdünnung mit Wasser in der

Weise getrennt, daß die geklärte Melasse auf der einen Seite und das Schmutzkonzentrat auf der anderen Seite zum Abfluß kommt. Das Schmutzkonzentrat kann mit Hilfe einer Umlaufpumpe über einen Durchflußmesser nach der Klärschleuder zurückgeführt werden, um möglichst viel Melasseteile daraus noch zu gewinnen.

Besondere Klärschleuderverfahren. Mit der Einführung der Klärschleuder haben sich verschiedene neue Möglichkeiten der Melassereinigung ergeben. Die *Westfalia Separator A.G.*, Oelde, hat, zum Teil mit P. STEINACKER, verschiedene Vorschläge gemacht. Sie hat z. B. vorgeschlagen, die zur Neutralisation der Gärflüssigkeit notwendige Säure zusammen mit dem Verdünnungswasser unmittelbar vor Einlauf in die Schleuder zuzusetzen. Das hat den Vorteil, daß nicht nur an Säure gespart, sondern auch eine sofortige Durchmischung stattfindet.

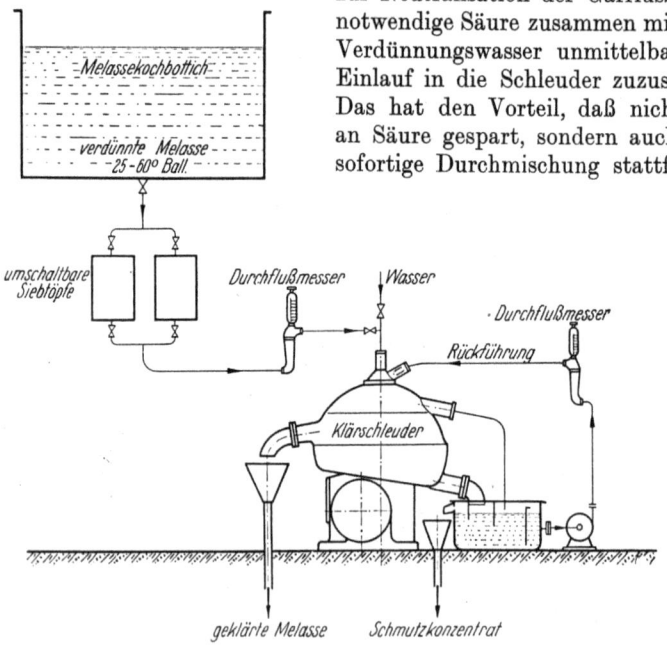

Abb. 6. Schaltplan für kontinuierliche Melasseklärung.

Weiterhin ist die handelsübliche Rohmelasse ohne irgendwelche chemische oder physikalische Vorbehandlung einfach durch Erwärmen auf Sterilisationstemperatur in kontinuierlichem Durchlauf durch einen Sterilisator betriebsfertig gemacht worden. Die Melasse wird dann mit kaltem oder warmem Wasser verdünnt und wieder kontinuierlich in der Klärschleuder von den Schmutzstoffen befreit. Es wird also die Sterilisation der Rohmelasse mit der nachfolgenden Reinigung in einem einzigen Arbeitsgang kombiniert. Hierdurch können die bisher notwendigen Verdünnungs- und Klärbottiche eingespart werden.

Man kann aber auch wie folgt arbeiten:

Zwischen Klärschleuder und Klärbottich wird ein Ausgleichsbehälter angeordnet, von dem aus die geklärte Melasse zu den Gärbottichen fließt, wie Abb. 7 zeigt.

Die Melasse wird durch die Leitungen *3* den Schleudern *4* zugeführt, während diese durch die Rohre *5* eine Wasserzuleitung erhalten. Die Wassermenge kann dabei an dem Messer *6* abgelesen werden. Die geklärte Lösung fließt durch die Leitung *7* zu den Ausgleichsbehältern ab und durch die Leitung *9* zu den Gärbottichen *10* und *11*. Der Dreiweghahn *13* verbindet entweder beide oder den einen bzw. den anderen Ausgleichsbehälter mit der Leitung *9*. Die Meßuhren *14* gestatten ein Ablesen der zugelaufenen Melassemenge. Die Leitung *15* ist als Abflußleitung der Ausgleichsbehälter für Reinigungszwecke vorgesehen.

Mit einer solchen Anordnung ist es möglich, die Klärschleuder stets voll zu belasten, weil die Schwankungen zwischen Schleuderleistung und gerade erforderlichen Bedarf durch den Flüssigkeitsstand im Ausgleichsbehälter ausgeglichen werden. Dies ist besonders vorteilhaft bei Verwendung mehrerer Schleudermaschinen, da die Regulierung der Zulaufmenge ebenso einfach ist wie bei direkter Entnahme aus einem großen Vorratsbehälter. Im übrigen wird die Schaumbildung der Melasse vermindert, denn die Luft kann sich in den Ausgleichsbehältern absondern, so daß die gereinigte Melasse praktisch schaumfrei in die Gärbottiche abfließt.

Da der Schmutzgehalt der Melasse sehr verschieden ist, hat es sich als zweckmäßig erwiesen, die auf 40—50° Balling verdünnte Melasse zunächst in einer Schleuder mit großem Schlammraum und entsprechend geringerer Umdrehungszahl der Trommel zu behan-

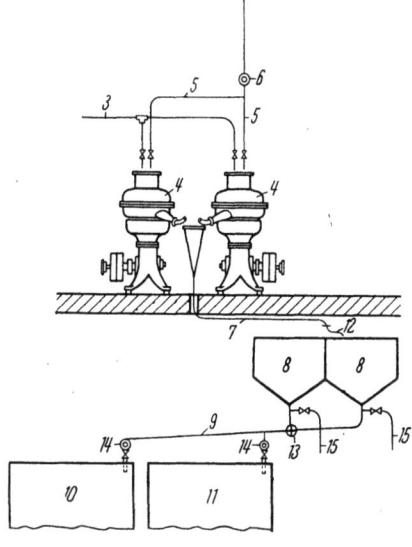

Abb. 7. Klärschleuderverfahren.

deln. Erst dann wird die Melasse auf eine Konzentration von 15—25° Balling gebracht und in einer Schleuder mit entsprechend kleinerem Schlammraum und möglichst hoher Umdrehungszahl behandelt. Bei einer solchen Arbeitsweise kann man auch die zur Klärung benutzte Superphosphatlösung, ohne sie abstehen zu lassen oder anders wie zu klären, mit der Melasse unmittelbar vermischen, weil der Schlammraum der Vorklärschleuder groß genug ist, um die ausfallenden Verunreinigungen mit aufzunehmen.

Klärung schwer klärbarer Melassen. Es gibt Melassen, die sich trotz der vorbeschriebenen chemischen und mechanischen Klärverfahren nur in unvollkommener Weise klären lassen. Sie enthalten gewisse Kolloide von pektinartigem Charakter, die als Schutzkolloid auftreten, die Fällung stören und daher den Klärprozeß behindern. Die auf bekannte Weise geklärten Würzen besitzen dann ein mattes Aussehen und zeigen bei Durchleuchtung einen Schleier. Die *Harmer K.G.*, Spillern-Niederösterreich, hat diesen Übelstand dadurch beseitigt, daß vor der zur Klärung an sich bekannten Ausfällung eines Niederschlages der Würze Wasserstoffsuperoxyd zugesetzt und die Oxydation bis zur Niederschlagsbildung aufrechterhalten wird. So wurden 2500 kg Rohrzuckermelasse mit Wasser auf 20° Balling verdünnt. Hierauf wurden 12 l technische Schwefelsäure, 25 l Perhydrol und 25 kg Superphosphat bei laufendem Rührwerk zugesetzt. Nach abgestelltem Rührwerk wurde die Lösung mit direktem Dampf auf 100° C erhitzt und nach Erreichen dieser Temperatur die Dampfzufuhr abgestellt, das Rührwerk eingeschaltet und der p_H-Wert der Lösung durch Zusatz von Ammoniakwasser auf 6,4—6,8 gebracht, wodurch die Fällungsreaktion eingeleitet wurde. Zur Begünstigung dieser Reaktion wurde nach dem Zusatz des Ammoniaks noch etwa 15 Minuten gekocht, sodann Rührwerk und Dampf abgestellt und der Bottich der Ruhe überlassen. Nach etwa 4 Stunden war die Klärung vollendet und die so erhaltene blanke Würze für die Gärung verwendbar.

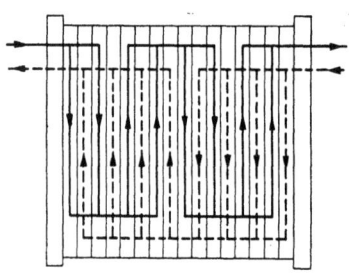

Abb. 8. Gegenstromprinzip.

Schrifttum.

WENDEL, F.: Jahresbericht des Vereins Versuchsanstalt der Hefeindustrie im Institut f. Gärungsgewerbe. Berlin 1928/29 und 1929/30.

OLBRICH, H.: Die Schleudertechnik in der Hefe- und Spiritusindustrie. Berlin: Institut für Gärungsgewerbe 1954.

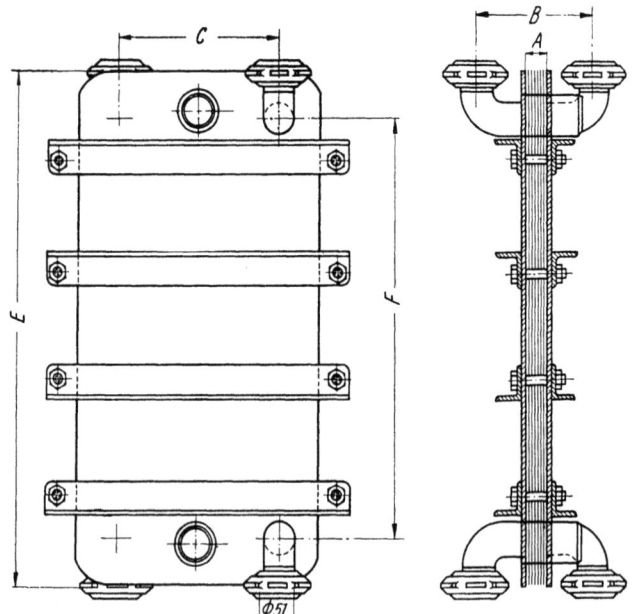

Abb. 9. Bauart: Alfa-Laval. Hitzeabnahme: 90—18° C — 2000 Liter je Stunde.

δ) Das Kühlen.

Ehe die Melassewürze nach dem Separieren oder der sonstigen Vorbehandlung dem Gärbottich zugeführt wird, kann sie im Bedarfsfalle auch noch besonders gekühlt werden. Für eine optimale Trubabscheidung hält OLBRICH die Abkühlung der Melasse *vor* dem Separieren für vorteilhafter. Dies geschieht heute nicht mehr in den bekannten Rundrohrkühlern, sondern in Plattenkühlern, die nach dem Gegenstromprinzip z. B. in der Weise der Abb. 8 arbeiten.

Je nach Quantität teilt sich die Flüssigkeit in eine kleinere und eine größere Anzahl von parallelen Strömen. In diesem Beispiel werden zwei Ströme für die eine und vier Ströme für die andere Flüssigkeit veranschaulicht.

Der Wärmeaustauscher besteht aus einer Anzahl von Austauschplatten, die aus rostfreiem Stahl bestehen und in einem Gestell vereinigt sind (Abb. 9), vgl. auch S. 144 ff.

3. Besondere Melassevorbereitungen.

Die Melasseentsalzung.

Neuerdings kann die Melasse nicht nur geklärt, sondern auch entsalzt werden. Man ist in der Zuckerindustrie schon seit langem bestrebt gewesen, aus den Rübenrohsäften soweit wie möglich die Nichtzuckerstoffe zu entfernen, weil sie die Kristallisierbarkeit des Zuckers stören. Um dies zu erreichen, hat man die Zuckersäfte mit Ionenaustauschern auf Kunstharzbasis behandelt. Dadurch ist es möglich, eine Vollentsalzung durchzuführen. Hierbei werden ionisierte Bestandteile, also Salze, ferner auch Aminosäuren und Betain durch Kationen- und Anionenaustauscher dem Dünnsaft entzogen und durch H- bzw. OH-Ionen ersetzt. Hierüber hat R. GRIESBACH ausführlich berichtet. Allerdings hat sich die Vollentsalzung wegen der wirtschaftlich schwierigen Beseitigung der anfallenden Abwässer bisher nicht durchsetzen können. Man hat deshalb die Entsalzung nur auf Dünnsäfte angewendet, um die Calciumionen aufzunehmen und die Natriumionen an die Säfte abzugeben. Man kann auf diese Weise die Verdampfapparate vor unerwünschter Krustenbildung schützen. Eine Verringerung der Melassemenge wird hierdurch aber nicht oder nur zum geringeren Teil erreicht. Dagegen treten in der chemischen Zusammensetzung der Melasse gewisse Änderungen ein.

J. WEBER und D. BECKER, Dormagen, haben über einen längeren Zeitraum die aus entsalzten Dünnsäften anfallenden Melassen auf ihre Vergärbarkeit untersucht und gefunden, daß wesentliche Unterschiede zu der bisher üblichen Melasse nicht bestehen. Der Gesamtstickstoff, berechnet auf 78° Balling, ist durch die Entkalkung der Dünnsäfte mit Basenaustauschern nicht beeinflußt worden. Die auftretenden Schwankungen sind normal und liegen im Rahmen der üblichen Werte. Auch der Prozentsatz des assimilierbaren Stickstoffs ist nicht wesentlich verändert worden. Ausbeute und Stickstoffgehalt der gewonnenen Hefe sind nicht beeinträchtigt worden.

F. Tödt hat nun gefunden, daß, bei alleinigem Kationenaustausch auf Melasse angewendet, das mengenmäßig gegenüber den anderen Kationen bei weitem vorherrschende Kalium sehr leicht durch Wasserstoffionen ersetzt wird. Und zwar geht der Vorgang um so leichter vonstatten, je schwächer die an das Kalium gebundene Säure ist. Der vor dem Austausch alkalische p_H-Wert geht um so stärker ins saure Gebiet über, je weiter der Austausch durchgeführt wird. Hierbei tritt eine so überraschende geschmackliche und andere Verbesserung der Melasse ein, daß beim Erreichen von p_H etwa 3—4 sich die Melasse in ein angenehm fruchtsauer schmeckendes Produkt verwandelt hat, welches vom Landesgesundheitsamt Berlin als brauchbares Lebensmittel anerkannt wurde. Etwa 90% des Kaliums sind dabei aus der Melasse entfernt worden.

Die gefundene Analyse war die folgende:

Spezifisches Gewicht bei 20°.	1,116 l	
Extrakt, berechnet	442,7 g/l	= 38 Gew.-%
Mineralstoffe	7,84 g/l	
Gesamtkali:		
Berechnet als Chlorid	3,19 g/l	
Kalium als KCl	2,38 g/l	
Natrium als NaCl	0,81 g/l	
Eisen	12 mg/l	
Gesamtsäure:		
Als Citronensäure berechnet	18,4 g/l	

Setzt man den Austausch noch weiter fort, so werden auch die starken Säuren mehr und mehr in Freiheit gesetzt, der Geschmack wird immer saurer und der p_H-Wert sinkt auf 2 und darunter. Je nach der gewünschten Qualität kann man also den Austausch durch Messung des p_H-Wertes kontrollieren und beenden. Es hat dies Bedeutung für eine Reihe von Anwendungsgebieten, bei denen der Säureanteil bzw. die Geschmacksrichtung eine bestimmte Grenze verlangt.

Im vorliegenden Fall müssen zur Herstellung von Hefe und Alkohol gewisse Säurereste erhalten bleiben, die für den Gärungsprozeß nicht entbehrt werden können. Als Säurereste fungieren überwiegend organische Verbindungen, welche die Hauptmenge der organischen Nichtzuckerstoffe bilden. Sie sind auch, wenn sie von Kationen befreit sind, insofern außerordentlich wertvoll, weil sie dann die natürlichen Geruchs- und Geschmacksstoffe der Zuckerrübe hervortreten lassen und die Vergärbarkeit der Hefe verbessern.

Schrifttum.

Tödt, F.: Z. Zuckerind. **1954**, Nr. 1.
Weber, J., u. D. Becker: Z. Zucker **1952**, Nr. 22, S. 508—12.
Griessbach, R.: Austauschadsorbentien in der Lebensmittelindustrie. Leipzig 1949.

4. Die Hefenährstoffe und ihre Assimilierung.

Die Vorbehandlung der Melasse für ihre Verarbeitung auf Preßhefe hängt eng zusammen mit der Frage der Zugabe zusätzlicher Nährstoffe. Die zu überwindenden Schwierigkeiten waren hier vielleicht noch größer, weil der Nährstoffzusatz auch das gewählte Gärverfahren und die Ausbeuten an Hefe und Alkohol beeinflußt. Es ist deshalb kein Wunder, wenn lange

Zeit Auswahl, Art und Weise des Zusatzes und dessen Höhe im Mittelpunkt der Erörterungen gestanden haben.

G. ELLRODT hat schon 1918 und 1919 wichtige Feststellungen über die Ergänzungsstoffe gemacht. Während bei Getreide und Malzkeimen nur etwa 25% des vorhandenen Stickstoffs der Hefeernährung dienen, werden die N-Substanzen der Melasse zu 40—50% von der Hefe ausgenutzt. Er legte auch dar, daß eine vollkommene Verwertung des Stickstoffs bei Anwendung von Ammonsalzen stattfindet, vorausgesetzt, daß die übrigen für das Hefewachstum notwendigen Stoffe in ausreichendem Maße vorhanden sind. Infolgedessen läßt sich die Hefeausbeute errechnen, bei Kenntnis des N-Gehaltes der Melasse und seiner etwa 40%igen Ausnutzung und der Annahme eines bestimmten Eiweißgehaltes der zu erzielenden Hefe. G. ELLRODT hat auch die fehlende Phosphorsäure in der Melasse durch Zusatz von Superphosphat ersetzt und eine Tabelle aufgestellt, um die Dosierung für die zur Erzielung bestimmter Hefeausbeuten notwendigen Mengen Superphosphat festzulegen.

Zur gleichen Zeit hat W. HENNEBERG beobachtet, daß bei der Aufspaltung der Ammonsalze durch Hefe zum Zwecke des Eiweißabbaues die mit Ammoniak verbundene Säure frei wird. Bei Carbonat tritt keine Giftwirkung ein. Sind es organische Säuren und können diese durch Assimilation oder Verbrennung unschädlich gemacht werden, so wirken sie nicht nachteilig. Citronensäure und oxalsaure Ammonsalze wirken besonders auf untergärigen Hefen giftig. Am unangenehmsten wirken anorganische Ammonsalze mit Ausnahme des Carbonates wegen der entstehenden freien Mineralsäuren. Er riet deshalb, bei Verwendung dieser Salze mit Schlämmkreide zu neutralisieren, um die Hefezellen nicht zu schädigen.

F. WENDEL ermittelte die Zusammenstellung der Nährlösung auf chemischer Grundlage. Die Nährlösung muß zur Erzeugung von 100 kg Preßhefe mindestens 1,6—1,8 kg Stickstoff, 0,5 kg K_2O, 0,1 kg kg MgO und 0,6—0,8 kg P_2O_5 enthalten, und zwar in einem solchen Zustande, daß sie auch von der Hefe verwertet werden können. Diese Werte treffen vor allem auf die Versandhefe allein zu. Im Beispiel eines Wochendurchschnittes aller Generationen ergeben sich auf 100 kg Hefe rd. 90 kg Zucker, 2,2 kg Stickstoff, 1,0 kg P_2O_5, außerdem 2,0 kg Schwefelsäure und 0,6 kg Gärfett. Ein Kalimangel ist bei Melassemaischen ausgeschlossen, während man mit Magnesiummangel bei bestimmten Melassen rechnen kann.

Die obengenannte Beobachtung W. HENNEBERGS hat später F. WAGNER erweitert. Die schwache Inversion der Melasse durch Mineralsäuren in Mengen, die reine Zuckerlösungen vollständig invertieren, ist darauf zurückzuführen, daß die Mineralsäure in der Melasse organische Säuren aus ihren Salzverbindungen in Freiheit setzt und selbst an deren Stelle tritt. Die freigewordenen organischen Säuren sind aber nur schwach dissoziiert und bewirken nur allmähliche und geringe Inversion. Der durch Lauge aus Melasse austreibbare Stickstoff konnte von F. WAGNER zu 97% von Hefe assimiliert werden. Der Prozentsatz dieses Stickstoffs hängt u. a. von der Behandlung der Melasse in der Zuckerfabrik und der Art des Klärprozesses in der Hefefabrik ab. Das Erwärmen der Melasse in alkalischem Zustand ist wegen des damit verbundenen Verlustes an Amidstickstoff zu vermeiden. Auch spielt der Säuregrad eine große Rolle, je höher die Säure und je länger die Kochdauer, desto mehr Aminosäuren werden aufgeschlossen.

Zur Frage des Ersatzes der Malzkeime durch Ammoniakverbindungen haben A. WOHL und S. SCHERDEL festgestellt, daß eine Verwertung des aufgenommenen Ammonstickstoffs für den Stoffwechsel der Hefe nur unter allmählicher Verkümmerung ihrer Vermehrungsfähigkeit und Gärkraft erfolgt, wenn ihr nicht zugleich ausreichende erhebliche Mengen organischer Stickstoffnahrung zur Verfügung stehen. Wird organischer und anorganischer Stickstoff in passender Mischung der Hefe dargeboten, so erweist sich die Ammoniaknahrung als vollkommen gleichwertig. Das ihnen geschützte Verfahren war lange sehr umstritten. Nach ihrem Vorschlag werden die anorganischen Nährstoffe allmählich der Würze zugeführt und die organische Stickstoffnahrung zu etwa 10—50% des N durch Ammoniakstickstoff ersetzt.

A. FERNBACH und D. TRIANDAFIL haben festgestellt, daß bei der Gärung in Gegenwart von Ammonsalzen nicht der ganze Ammonstickstoff verschwindet, sondern seine Menge in der ersten Zeit abnimmt, während sie später wieder zunimmt. Es wird also angenommen, daß die Hefe den Ammoniakstickstoff zum Teil wieder ausscheidet. Weiterhin wurde gefunden, daß KNO_3 bis zu einem Prozentsatz von 4% die Zymase aktiviert, aber darüber die proteolytischen Enzyme verzögert. Wenn man Hefe mehrere Stunden in einer etwa 1%igen Lösung von KNO_3 aufbewahrt, dann erleidet sowohl die Zymase wie die Vermehrungsfähigkeit der Hefe Schaden.

Auch der Phosphorsäurestoffwechsel der Hefe unterliegt während der Gärung Schwankungen. So haben V. BERMANN und E. KULP gefunden, daß kurze Zeit nach Beginn der Gärung die Veresterung des Zuckers mit Phosphorsäure beginnt und während der ganzen Gärung stattfindet. Zu Beginn wird die Phosphorsäure aus der Hefezelle ausgeschieden. Nach erfolgter Veresterung wird der Ester dann durch die Zellen aufgenommen. Während der Gärung wiederholt sich der Ein- und Austritt der Phosphorsäure, wobei diese stets verestert bleibt. Die Bewegung der Phosphorsäure erscheint annähernd als Wechsel jener Gärperioden, in der die Hefe sproßt, mit jenen, in denen die jungen Zellen wachsen.

Noch deutlicher sind die Schwankungen im Stickstoffgehalt. H. VON EULER und H. FINK stellten fest, daß der Gesamtstickstoff der Hefe zunimmt und in der Lösung abnimmt, wenn man Hefe in Lösungen vergärt, die neben Zucker und Nährsalzen noch wenigstens eine Aminosäure (Glykokoll, Alanin) enthalten. Die Hefe assimiliert den Stickstoff also auf Kosten der Aminosäure der umgebenden Lösung. Gärt die Hefe aber in stickstofffreien, nährsalz- und zuckerhaltigen Lösungen bei mäßiger Lüftung, so gibt sie schon in einer Periode, in welcher Erschöpfung nicht in Betracht kommt, einen kleinen Teil des Totalstickstoffs an die Lösung ab, und zwar überwiegend als Aminostickstoff. Wieviel abgegeben wird, ist bis zu einem gewissen Grade von der Aussaat abhängig. Die Hefe nimmt also bei Anwesenheit von Aminosäuren nicht nur N-Material auf, sondern gibt gleichzeitig etwas von den eigenen Eiweißkomponenten ab. Es findet ein Ersatz gewisser Eiweißbestandteile der Hefe durch andere, bzw. die Zersetzung alter Zellen und gleichzeitige Neubildung junger Zellen statt. An der Wachstumsgrenze macht sich der Austausch des Aminostickstoffs ganz besonders geltend.

Die Assimilierbarkeit des Stickstoffs beim Lüftungsverfahren ist dann vor allem von H. CLAASSEN eingehend untersucht worden. Von ihm wird als assimilierbar derjenige Stickstoff bezeichnet, der von der zu untersuchenden Hefe unter den günstigsten Bedingungen aufgenommen wird, einschließlich der Menge, die nach der Aufnahme infolge des Stoffwechsels wieder ausgeschieden wird. Tatsächlich assimiliert ist dagegen nur die Menge Stickstoff, die nach Beendigung des Versuches als Zunahme der Stickstoffmenge in der Hefe gefunden wird. Auch CLAASSEN hat gefunden, daß bei der Vergärung und dem Wachstum nach dem Lüftungsverfahren die Kulturhefe nicht nur Stickstoff aus der Nährlösung aufnimmt, sondern gleichzeitig erhebliche Mengen ausscheidet, die von ihr nicht mehr assimiliert werden können. Er berechnete, daß etwa 8% des in der Hefe enthaltenen Stickstoffs wieder ausgeschieden werden. Der Stickstoff der Ammonsalze und der Aminosäuren wird leicht und vollständig assimiliert, dagegen der Stickstoff der Amide (Asparagin) erheblich langsamer und der Stickstoff des Harnstoffs noch langsamer. Der Stickstoff des Betains und der Salpetersäure wird von Kulturhefen auch bei starker Belüftung nicht aufgenommen, wohl aber von Kahmhefen. Im Malzkeimauszug ist der Stickstoff mit mehr als 30% assimilierbar gefunden worden und wird als noch größer angenommen, wenn die im Auszug enthaltenen Amide in weiteren Vergärungen assimilierbar werden. Auf jeden Fall wird der organische Stickstoff leichter aufgenommen als Ammonstickstoff, wenngleich die von CLAASSEN gegenüber WOHL vorgebrachten Einwände gegen die Schädlichkeit der Ammonsalze praktisch überholt sind. Nur ein Übermaß derselben wirkt schädlich. Daß die Aminosäuren und deren Amide vorteilhafter als Ammoniakstickstoff sein können, ist wohl darauf zurückzuführen, daß sie als organische Stoffe für die Hefe gleichzeitig Stickstoff- und Kohlenstoffquellen sind.

Wie schon im Abschnitt über die Gärung erwähnt wurde, hat M. J. EFFRONT die besondere Rolle des Kohlenstoffs untersucht. Beim anaeroben Wachsen der Hefe unterliegt jener Teil des Zuckers, welcher zur Synthese der Eiweißstoffe dient, einer vorhergehenden Spaltung ohne Kohlensäurebildung. Die Gesamtheit des Kohlenstoffs des Zuckers, welcher zum Aufbau der Zellsubstanz dient, findet sich in der Hefe wieder. Bei starker Lüftung dagegen wird eine gewisse Menge des Zuckers vollständig verbrannt und der Rest in Acetaldehyd umgewandelt, der dann den Kohlenstoff für die Synthese der Eiweißstoffe liefert. EFFRONT schloß daraus, daß bei aerober Entwicklung der Hefe das Ergebnis für die Bildung neuer Zellsubstanz ungünstiger ist als bei anaerober Entwicklung, daß aber die Gesamtheit des Zuckers für die Zellsynthese besser ausgenutzt ist, da kein Alkohol entsteht.

Nach R. BRÜCHNER deckt die Hefe nun ihren Kohlenstoffmehrbedarf immer zum größten Teil durch stärkere Inanspruchnahme des Restkohlenstoffs der Würze, denn bei erhöhter Kohlenstoffassimilation durch die Hefe und bei gleichbleibender Belüftung sinken die Alkoholausbeuten nicht in entsprechendem Maße. Außerdem spielt der Stickstoff wegen seines Einflusses auf die energetischen Verhältnisse bei der Gärung und auf die Assimilation des Kohlenstoffs eine wichtige Rolle.

Daß der Stickstoff aber verschieden geartet ist, wurde durch einen erneuten Vergleich der Ammonsalze mit den Aminosäuren festgestellt. F. WAGNER fand, daß geringe Dosen von Hefevitaminen sowie Kompletine aus frischen Pflanzen die Ausbeute erhöhen, die bei der Vergärung von Zucker und Ammonsalzen mit Hefe erzielbar sind. Aminosäuregemische bringen bessere Resultate als Asparagin allein und erheblich höhere Ergebnisse als Ammonsalze. Schon 10% des Gesamtstickstoffbedarfes, in Form von Aminosäurestickstoff zugesetzt, verbessert die mit Ammonsalzen erzielbaren Erträgnisse ganz bedeutend. F. WAGNER führte dies darauf zurück, daß einerseits die Aminosäuren teilweise als Kohlenstoffquelle dienen und daß andererseits die Oberflächenspannung der Gärflüssigkeit durch die natürlichen Aminosäuren herabgesetzt wird, denn die Lüftung wird dadurch intensiver und übt auf die Hefe eine zu stärkerer Vermehrung führende Wirkung aus.

Neuerdings hat E. BERGANDER die verschiedenen N-haltigen Substanzen in der Reihenfolge ihrer leichteren oder schwereren Assimilierbarkeit durch Hefe in eine bestimmte Ordnung gebracht, wie Tab. 7 zeigt.

Tabelle 7.

Assimilierbarkeit von	Nach THORNE (A)	Nach CLAASSEN (B)	Nach BERGANDER und ROICK (B)
Ammoniakwasser .	} sehr gut	leicht, schnell vollständig	} voll und leicht
Ammonsulfat . . .			
Asparaginsäure . .	ausgezeichnet	—	
Asparagin	gut, u. U. sehr gut	vollständig, aber langsam	
Harnstoff	ziemlich gut	noch langsamer, aber wahrscheinlich auch vollständig	teilweise
Kaliumnitrat . . .	unbrauchbar	unbrauchbar	unbrauchbar

Hierbei ist bemerkenswert, daß sowohl die Versuchsbedingungen wie die Hefearten durchaus nicht die gleichen waren. Die Gärungen waren von verschieden langer Dauer und fanden bei völlig unterschiedlicher Belüftung statt, ferner wurden Brauerei- (A) sowie Brennerei- bzw. Backhefearten (B) verwendet. Trotzdem stimmen die Ergebnisse gut überein. BERGANDER geht dann auf die Beziehungen noch näher ein und kommt zu einer Hypothese zur Beurteilung der Assimilierbarkeit von Stickstoffverbindungen wie folgt:

I. Der Stickstoff ist vollständig und leicht assimilierbar in anorganischen und höher molekularen organischen Verbindungen, wenn die N-haltige Gruppe ein freies Wasserstoffatom vertritt.

Die niedermolekularen Aminomonocarbonsäuren sind ebenfalls vollständig, aber schwerer zu assimilieren.

II. Der Stickstoff ist nicht assimilierbar, wenn
a) die N-haltige Gruppe in anorganischen oder organischen Verbindungen an Stelle einer Hydroxylgruppe (OH$^-$) steht,
b) alle freien H-Atome des Ammoniakmoleküls (NH$_3$ oder NH$_4$OH) durch organische Radikale substituiert sind, wie z. B. in den Betainen.

Das Lüftungsverfahren: Melasseverarbeitung. — Hefenährstoffe.

Alle von BERGANDER und ROICK durchgeführten Versuche sind in synthetischen Nährlösungen der folgenden Zusammensetzung vorgenommen worden:

100,0 g Glucose
100,0 g Fructose
5,8 g KH_2PO_4
0,8 g $MgSO_4$
5—10 g Ca-Lactat zur Pufferung
0,8 g NaCl.

Dazu: von der zu prüfenden N-Verbindung jeweils so viel, wie dem N-Gehalt von 10 g Ammonsulfat entspricht.

Es wurden chemisch reine Substanzen verwendet, so daß von dieser Seite her keine „Wuchsstoffe" zugeführt wurden. Unkontrolliert in diesem Punkte war allein die benutzte Aussaathefe.

Die Eigenart der beiden Stickstoffarten hat z. B. die Fa. *Pfeiffer& Langen A.G.* dazu veranlaßt, den Zusatz der Nährlösung unterschiedlich zu gestalten. Die Menge anorganischer und organischer Stickstoffverbindungen wurde so gewählt, daß anfänglich mit Aminosäuren und erst gegen Schluß der Gärung mit Ammoniak gearbeitet wurde. Die Frage des Nährstoffzusatzes wurde also gleichzeitig eine Frage der Dosierung.

Das gilt auch für den Zusatz des notwendigen Phosphatanteils neben der Stickstoffgabe. Der Verfasser und die *Norddeutsche Hefeindustrie A.G.* haben auf eine Klärung der Melasse mit Superphosphat verzichtet und Stickstoff und Phosphorsäure in Form von Ammonphosphatverbindungen, z. B. Diammonphosphat, der geklärten Würze zugegeben.

Die Hefenährstoffe können deshalb nicht für sich allein betrachtet werden, sie erhalten ihre Bedeutung erst im Zusammenhang mit dem gewählten Gärverfahren, mit der Frage der Belüftungsart, dem Einfluß des Wassers, der Temperatur, der Pufferung und nicht zuletzt mit den biologischen Bedingungen. Dabei spielen die von O. WARBURG schon 1927 hervorgehobenen Unterschiede zwischen Atmung und Gärung der Hefe eine besonders wichtige Rolle.

V. BERMANN und W. POLLAK haben die Messung der Pufferung als ein wertvolles Mittel angesehen, um Unregelmäßigkeiten während der Gärung aufzudecken und um ein Kriterium für ihren Verlauf zu gewinnen. Nach ihnen bildet das gleichzeitige Ansteigen der Säure- und Pufferungskurve eine Gesetzmäßigkeit, die in dem natürlichen Verlauf des Lebensprozesses der Hefe begründet zu sein scheint. Das Nichtzusammenfallen der Maxima der beiden Kurven deutet auf eine Anomalie der Gärung hin und soll die Haltbarkeit der Hefe ungünstig beeinflussen. Demgegenüber hat W. STACH festgestellt, daß durch die Schwankung der Pufferung bei der Gärung verschiedener Melassen p_H-Differenzen bis zu 0,5 auftreten. Die Pufferung ist stark von dem Verdünnungsgrad der Melasse abhängig. Eine Klärung mit aktiver Kohle vermag sie nicht wesentlich zu beeinflussen. Der Maischprozeß ändert nach STACH die Pufferung nur sehr wenig. Auch bei einem Zusatz von Malzkeimauszügen, die an sich gut gepuffert sind, wird die Pufferung der Würze nur wenig verbessert, da nur ein beschränkter Zusatz möglich ist. Die Pufferung wird auch durch die Gärung normaler Melassewürzen nur unwesentlich verändert. Aus der Qualität der Hefen, die aus verschiedenen Melassen gezüchtet sind, kann man nicht auf die Pufferung dieser Melassen schließen. Sie hat auf das Aussehen der Hefe, das mikroskopische Bild, die Ausbeute und den Protein- und Kohlenstoffgehalt keinen Einfluß. Allerdings werden die Backzeit und die Haltbarkeit der Hefen mit zunehmender Verringerung der Pufferung deutlich schlechter. Bei sehr geringer Pufferung erhielt STACH Hefe von minderwertiger Beschaffenheit. Aber die Pufferdifferenzen der in der Regel verwendeten Melassenährlösungen sind zu gering, um deutliche Unterschiede in der Hefequalität zu bedingen.

V. MAREŠ hat die Pufferung als die Wirkung von Salzen organischer Säuren auf die Wasserstoffionen des Mediums und durch dieses auch auf die Lebensprozesse der in diesem Medium vegetierenden Mikroorganismen erklärt. Die Wirkung von Calciumlactat auf schwach gepufferte Maischen bei Anwendung einer Menge von 2,5—5% (auf die Melassemenge bezogen) war in einigen Fällen so stark, daß die Gärungsintensität verdoppelt wurde. Die Pufferung wird auch durch die relative Anzahl von Zellen der Organismen (Bakterien, Hefen und Schimmelpilzen) erhöht, sie wird durch Stoffe hervorgerufen, welche die genannten Organismen aus ihren Zellen ausscheiden.

Über die Zusammensetzung der Melasse ist bereits auf S. 31 berichtet worden. Von den organischen Nichtzuckerstoffen ist für die Hefeernährung besonders ein Teil der stickstoffhaltigen Substanzen von Bedeutung.

Echtes Eiweiß kommt nur in sehr geringem Maße vor, dafür aber Eiweißabbauprodukte und Betain. Das Trimethylglykokoll „Betain" findet sich zu 6—7% in der Rübenmelasse; es ist für die Hefeernährung wertlos.

$$\begin{array}{c}H\\H\end{array}\!\!>\!\!C\!-\!N\!\!<\!\!\begin{array}{c}CH_3\\CH_3\\CH_3\end{array}\rightleftarrows (CH_3)_3 N^+\!-\!CH_2\cdot COO^-$$
$$\underset{O}{\overset{\|}{C}}\!-\!O \qquad \text{Betain}$$

Nach BODENBENDER und IHLÉE liegt in der Melasse folgende Verteilung des Gesamtstickstoffes vor: 2,61% Ammonsalze, 1,62% Amide, 30,91% Aminosäuren und 64,84% Betain + Protein.

Tabelle 8. *Bestandteile von Rübenmelassen in Prozenten vom Nichtzuckergehalt.*

Substanz	56 Melassen der Kampagne 1951/52			46 Melassen der Kampagne 1952/53		
	Minimum	Im Mittel	Maximum	Minimum	Im Mittel	Maximum
Stickstoffhaltige Stoffe	7,9	24,32	39,8	15,7	21,72	29,6
Aminosäuren	3,9	6,80	13,2	4,4	8,04	15,3
Glutaminsäure....	0,6	1,20	2,0	0,6	1,51	3,0
Asparaginsäure ...	0,4	0,93	2,1	0,3	0,87	1,6
Serin.........	0,05	0,47	1,1	0	0,63	1,8
Glykokoll......	0	0,25	0,8	0,1	0,56	1,4
Alanin........	0,1	0,77	2,0	0,3	1,03	2,2
Tyrosin........	0	0,16	0,5	0	0,20	0,7
γ-Aminobuttersäure .	0,3	0,83	2,0	0,4	1,28	2,5
Valin.........	0,1	0,45	0,9	0,1	0,31	0,9
Leucin und Isoleucin .	0,9	1,60	3,1	0,3	1,57	4,4

Zu den in der Melasse vorkommenden Eiweißabbaustoffen gehören Amide, wie Asparagin und Glutamin sowie vor allem Aminosäuren, und zwar Glutaminsäure, Asparaginsäure sowie Leucein und Isoleucein. Im einzelnen geben darüber papierchromatographische Analysenreihen des *Laboratoire du Syndicat National des Fabricants de Sucre de France* Auskunft, die H. OLBRICH in Tab. 8 zusammengefaßt hat.

Nach Angaben von J. VAVRUCH sind in Rübenmelasse auch noch Arginin, Phenylalanin und Lysin, und nach H. VOGEL außerdem noch Histidin, Trimethylamin, Methylamin, Ornithin, Xanthin, Hypoxanthin, Guanin, Adenin, Carnin, Guanidin, Allantoin, Vernin und Vicin enthalten.

Die in der Melasse enthaltene Glutaminsäure befindet sich infolge der Hitzeeinwirkung und des alkalischen Mediums bei der Zuckerfabrikation im Gleichgewicht mit der Pyrrolidoncarbonsäure.

$$\underset{\text{Glutaminsäure}}{\underset{HO}{\overset{O}{\diagdown}}C\underset{NH_2}{\diagup}\overset{CH_2-CH_2}{\underset{}{|\quad\;\;|}}CH\cdot COOH} \rightleftarrows \underset{\text{Pyrrolidoncarbonsäure}}{O=C\underset{NH}{\diagup}\overset{CH_2-CH_2}{\underset{}{|\quad\;\;|}}CH\cdot COOH} + H_2O$$

Über die Stickstoffverteilung in Rübenmelasse geben E. PARISI und A. CORAZZA folgende Werte an:

Gesamt-N	= 2,1%	HNO_3-N	= 0,10%
NH_3-N	= 0,02%	Basen-N	= 0,57%
Protein-N	= 0,11%	Monoaminosäure-N	= 0,95%
Amid-N	= 0,04%	Amin-N	= 0,45%

Schließlich sei noch auf die stickstoffhaltigen Substanzen von Rohrzuckermelasse hingewiesen. Nach G. L. SPENCER und G. P. MADE sind zu rd. 3% Stickstoffsubstanzen bzw. 0,5% N in Rohrmelasse enthalten, und zwar:

0,30% Albumine, 0,02% Ammoniak,
0,30% Amide (als Asparagin), 0,30% Xanthinkörper,
1,70% Aminosäuren (als Asparaginsäure), 0,23% andere stickstoffhaltige Stoffe.
0,15% Nitrate

Schrifttum.

BERGANDER, E.: Fachzeitschrift für die gesamte Lebensmittelindustrie 1952 14ff. u. 46ff.

D'JBOURG, J., P. DEVILLERS u. R. SAUNIER: Ind. agric. aliment. 71, 9—10, 715 bis 729 (1954).

MCGINNES, R. A.: Beet-, Sugar Technology 1951.

SPENCER, G. L., u. G. P. MADE: Cane Sugar Handbook. 8. Aufl., New York: J. Wiley & Sonc. Inc. und London: Chapman & Hall 1948.

VAVRUCH, I.: Listy Cukrovarnické **67**, 151—153 (1951).

VOGEL, H.: Die Rohstoffe der Gärungsindustrie. Basel: Wepf & Co. 1949.

5. Die Flockenbildung der Hefe.

Es ist bekannt, daß ein Zusammenballen der Hefezellen zu Flocken und in Grießform das Auswaschen der der Hefe anhaftenden Würzereste erschwert und nachteilig für die Haltbarkeit werden kann. Die Ursache dazu ist umstritten. A. MALKOW, A. PETINA und N. ZETKOWA geben drei Theorien an: 1. eine biologische, welche die Verklebung der Zellen einer Infektion mit Flockenmilchsäurebakterien zuschreibt, 2. eine enzymatische, welche behauptet, daß die Hefe infolge eines Mangels an aktiven proteolytischen Enzymen flockt und deshalb das Eiweiß des Nährsubstrates nicht zu hydrolysieren vermag, und 3. eine Elektrizitätstheorie, welche die Ursache in einer Änderung der Elektrizitätsladung der Zellen sucht, da die Ausflockung beim isoelektrischen Punkt erfolge. Man hat dann gefunden, daß die Flockung der Hefe nur von der Wasserstoffionenkonzentration beeinflußt wird. Die nicht gärende Hefe agglutiniert am besten bei p_H 2,85—3,15. Die Hefe der dritten Generation flockt in einem viel breiteren p_H-Gebiet als die zweite Generation. Die Salzbestandteile der Nährmedien vergrößern oder verkleinern die p_H-Wirkung in demjenigen Gebiet, in welchem die Agglutination der Hefe am besten verläuft. Das gefundene p_H-Optimum der Agglutination soll aber ohne biologische Bedeutung sein, da der p_H-Wert der optimalen Gärung und des optimalen Wachstums der Hefe bei 4,5—5,5 liegt. A. MALKOW hat in Betriebsversuchen festgestellt, daß die Flockung mit der enzymatischen Wirksamkeit in Verbindung steht. Die Stickstoffassimilation und Gärkraft gingen bei Flockung zurück, welche durch langdauernde Gärung begünstigt und durch die eigenen Stoffwechselprodukte gefördert wird. Der Zusatz von Melassewürze, in der wilde Milchsäurebakterien gezüchtet wurden, und die nur deren Ausscheidungsprodukte enthielt, bewirkte niedrigere Gärungswerte und höhere Flockungswerte. Die durch Flockenmilchsäurebakterien hervorgerufene Flockung der Hefe beruht demnach nicht auf einem Zusammenkleben der Hefezellen durch die Milchsäurebakterien, sondern ist eine Folge der Verschlechterung der Nährlösung durch deren Ausscheidungsprodukte. Nach diesen Ergebnissen hängt die Flockenbildung also vom physiologischen Zustand der Hefe ab und kann durch eine Änderung der Nährlösung beeinflußt werden.

F. WAGNER führte die Flockung auf die Rasseeigenschaft der Hefe zurück, die sich in einer Mineralisierung der Hefe äußert und von den örtlichen Betriebsverhältnissen beeinflußt werde. Demgegenüber hob F. WENDEL hervor, daß die Rassenfrage nur eine untergeordnete Rolle spielt, daß vielmehr chemische Vorgänge die Ursache sind, die also mit der Art der Ernährung der Hefe in engster Verbindung stehen.

6. Die Hefeatmung.

Wie schon im Kap. Die Gärung (S. 6 ff) kurz erwähnt wurde, ist heute die Hefe ein wichtiges Mittel, um den biochemischen Zuckerstoffwechsel zu messen. Letzterer ist mit einem Sauerstoffumsatz und dadurch mit einer Änderung der Konzentration des im Wasser gelösten Sauerstoffs verbunden. Diese Stoffwechseleinflüsse lassen sich nun mit Hilfe elektrochemischer Sauerstoffmengen sehr einfach verfolgen, wie F. TÖDT und Mitarbeiter festgestellt haben. So kann einerseits der Sauerstoffverbrauch (Atmung) und andererseits die Sauerstoffabgabe (Assimilation und Wachstum der Pflanzen) gemessen werden. Das neue elektrochemische Meßverfahren ist aus Untersuchungen entstanden, die mehr als zwanzig Jahre zurückliegen, nachdem TÖDT gefunden hatte, daß unter gewissen Voraussetzungen zwischen der Stromlieferung galvanischer Elemente und der an die edlere Elektrode des Elements diffundierenden Sauerstoffmenge eine lineare Beziehung vorhanden ist. So kann bei konstanter Diffusion sehr einfach der wassergelöste Luftsauerstoff elektrochemisch gemessen werden. Zunächst wurde mit der Metallkombination Cadmium-Platin der Sauerstoffgehalt im Kesselspeisewasser von Hochdruckkraftwerken die Registrierung des Sauerstoffgehaltes technisch durchgeführt. Nicht so einfach ist die Messung in natürlichen Gewässern, weil dann zahlreiche Faktoren, wie Oxydbedeckung, sonstige Deckschichtenbildung, die Änderung des Salzgehaltes usw. die Stromlieferung eines solchen Sauerstoffelementes beeinflussen können.

Während der Reaktionsmechanismus des hierbei stattfindenden Vorganges der kathodischen Reduktion bzw. Depolarisation des gelösten Sauerstoffs noch ungeklärt ist, besteht Klarheit lediglich darüber, daß die für diesen Prozeß erforderlichen Elektronen durch die Auflösung des unedleren Bestandteiles des galvanischen Elements, der Anode, geliefert werden, also durch die Entstehung von positiv geladenen Metallionen aus Metallatomen.

Ein solcher Vorgang liegt auch bei der Metallkorrosion vor, wenn die Sauerstoff- bzw. Oxydhautbedeckung gewisse Teile der Metalloberfläche veredelt und sogenannte Lokalelemente gebildet werden, deren Stromfluß mit der Metallkorrosion identisch ist. So ist ein aus zwei verschieden edlen Metallen bestehendes galvanisches Element ein Modell des durch Sauerstoff verursachten Korrosionsverlaufes, wenn der Stromfluß durch keinen anderen Vorgang als nur durch Sauerstoffreduktion bewirkt wird. In diesem Falle ist ein solches Element zur elektrochemischen Sauerstoffmessung durchaus verwendbar. F. TÖDT und Mitarbeiter haben durch vielfache Versuchsreihen festgestellt, daß man den Verlauf der kathodischen Sauerstoffreduktion sehr exakt messen kann, z. B. eine Sauerstoff- bzw. Oxydmenge auf Metalloberflächen bis zu Mengen von etwa 10^{-12} Mol je Kubikzentimeter.

Ferner wurde gefunden, daß die Anfangskorrosion bis um das Hundertfache und mehr die über längere Zeiten beobachtete Korrosion übertrifft. Je nach den Versuchsbedingungen sinken die hohen Anfangswerte in mehreren Sekunden bis Minuten auf die stationären Normalwerte ab. Dadurch hat man die Möglichkeit, bei konstanten Diffusionsbedingungen den an die edlere Metalloberfläche diffundierenden und damit gelösten Sauerstoff mit großer Genauigkeit zu messen. Es muß aber ein etwaiger Sauerstoffüberschuß auf der Metalloberfläche zunächst beseitigt werden, wie dies durch schnelles Absinken der hohen Anfangsströme leicht erreicht werden kann. Schließlich müssen Nebenprozesse, wie direkte Wasserstoffentwicklung, Abscheidung von Metallen usw., welche ebenfalls einen Strom liefern, vermieden werden. Im allgemeinen ist es jedoch nicht notwendig, diese Einflüsse im einzelnen zu prüfen. Man braucht sich nur davon zu überzeugen, daß eine exakte Beziehung zwischen dem Gehalt an gelöstem Sauerstoff und abgelesener Stromstärke vorhanden ist. In diesem Falle brauchen auch die übrigen elektrochemischen Größen (Metallpotentiale, innerer Widerstand des galvanischen Elementes) nicht untersucht zu werden, denn die lineare Abhängigkeit der Sauerstoffkonzentration von der Stromstärke zeigt bei Vorhandensein einer brauchbaren Eichkurve an, daß die Elektrodenpotentiale im Sauerstoffgrenzstromgebiet liegen, und daß die übrigen Voraussetzungen für die Brauchbarkeit der Sauerstoffmessung erfüllt sind.

Das Meßprinzip ist von Tödt und Freier technisch angewendet worden (s. Abb. 10).

Die Wirkungsweise ist die folgende:

Der Stromgeber liefert ohne zusätzliche Verstärkung an das registrierende Meßgerät einen dem jeweiligen Sauerstoffgehalt des Meßgutes proportionalen elektrischen Strom, der durch den elektrochemischen Stoff-

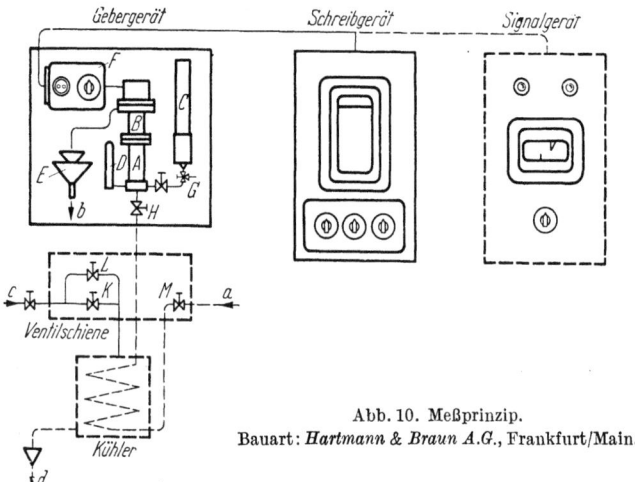

Abb. 10. Meßprinzip.
Bauart: *Hartmann & Braun A.G.*, Frankfurt/Main.

umsatz an der Meßelektrode selbst erzeugt wird. Der Zusammenhang zwischen elektrischem Strom und Sauerstoffgehalt ist eindeutig, denn zur Kontrolle der Anzeige kann betriebsmäßig eine Nacheichung durch Vergleichswasser mit bekanntem Sauerstoffgehalt vorgenommen werden.

Da bei der Messung die Eigenschaften des Meßgutes nicht verändert werden, kann es in den Kreislauf zurückgeführt werden. Es tritt bei a über das Nadelventil M in den Kühler ein. Dort wird es auf die Meßtemperatur eingestellt, die bei der Eichung der Anlage zugrunde gelegt wurde und die im allgemeinen 30° C beträgt. Anschließend wird das Meßgut über das Mischgefäß A, den Stromgeber B (Meßzelle) in den Überlaufmengenmesser E geleitet und bei b abgeführt. An die Meßzelle ist über den Schaltkasten F eine Registrieranlage und gegebenenfalls auch noch eine Signalanlage angeschlossen.

Die Durchflußmenge kann mit Hilfe des Überlaufmengenmessers B genau eingestellt werden, ebenso wie auch die Temperatur mit einem Thermometer D jederzeit ablesbar ist. Die Einstellung des Kühlwasserdurchflusses von c nach d wird mit Hilfe der Ventile K für Grobeinstellung und L für Feineinstellung vorgenommen.

An das Mischgefäß A ist über das Einstellventil G ein oben offener Behälter C mit sauerstoffgesättigtem Meßgut angeschlossen, um das Gerät nacheichen bzw. überwachen zu können.

Man findet nun, wenn die Elektrode eingesetzt ist, zunächst infolge Luftbedeckung hohe Ströme, welche so lange absinken, bis nur noch der durch Diffusion an die Elektrode gelangende Sauerstoff den elektrischen Strom unterhält. Läßt man dann die auf Sauerstoff zu prüfende Lösung in gleichmäßigem Strom an der edleren Elektrode vorbeifließen, so ist die angezeigte Stromstärke ein genaues Maß für den gelösten Sauerstoff.

Die vorgenannte Meßmethode ist nun auch zum Studium der Atmung der Hefe angewendet worden. Es war bekannt, daß eine im Lüftungsverfahren gezüchtete Hefe einen anderen Gärverlauf hat als die Bierhefe. Eine auf Gärung gezüchtete Bierhefe zeigt unter gleichen Bedingungen eine im Verhältnis zur Atmung um das Vielfache stärkere Gärung, wie WARBURG bereits 1927 festgestellt hat. Dagegen wird bei Sauerstoffzutritt die Gärung der Preßhefe zugunsten der Atmung zurückgedrängt.

TÖDT hat nun die Atmung durch Gifteinflüsse verändert. Eine 1%ige

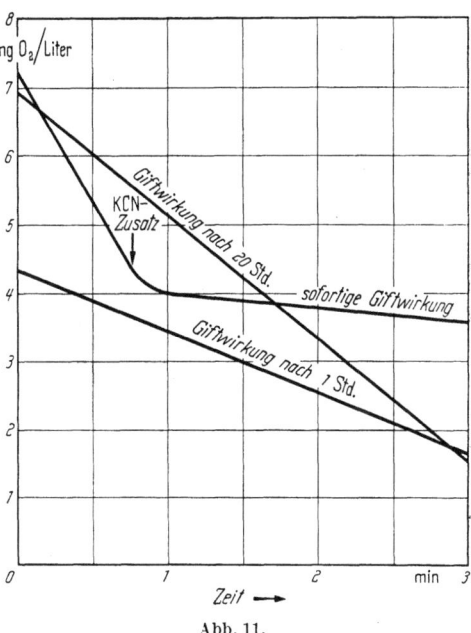

Abb. 11.

Hefeaufschwemmung veratmet unter den Versuchsbedingungen den bei Luftsättigung gelösten Sauerstoff in etwa 2 Minuten. Durch Zugabe von Cyankalium zu einer 1%igen Glucoselösung, in welcher sich 1% Hefe befand, konnte durch elektrochemische Messungen nicht nur die Anzahl an Sekunden festgestellt werden, bis die Vergiftung vollendet ist, sondern man konnte auch den zeitlichen Verlauf, also gewissermaßen die Kinetik der Giftwirkung am Galvanometer ablesen. Hierbei wurde gefunden, daß die Kinetik bei KCN einen völlig anderen Zeitverlauf besitzt als z. B. bei Narkosegiften.

In Abb. 11 ist gezeigt, daß die Giftwirkung von KCN auf Hefe allmählich wieder zurückgeht, und daß sich in diesem Falle der Organismus bis zu einem gewissen Grade wieder erholt.

Welche große Bedeutung die neue Sauerstoffmessung für das Gärungsgebiet besitzt, ist von TÖDT in Gemeinschaft mit dem Institut für Gärungsgewerbe, Berlin, festgestellt worden.

TÖDT hat zusammen mit TARNOW und LESCHBER nicht nur eine Methode entwickelt, um den Gärverlauf hinsichtlich der zu erwartenden Ausbeute besser als bisher zu kontrollieren, sondern auch Beziehungen zwischen der Atmung und Triebkraft der Hefe festzustellen.

Um zu einwandfreien Messungen zu gelangen, wurde eine Platinkathode und eine Bleianode gewählt. Letztere liefert wegen des ausreichend edlen Bleipotentials keine Wasserstoffströme, die störend wirken. Folgende Bedingungen sind eingehalten worden:

1. Das Kathodenpotential liegt im Diffusionsgrenzstromgebiet, um zu gewährleisten, daß nur ein Sauerstoffstrom infolge Reduktion fließen kann. Ist diese Bedingung erfüllt, so ergibt sich für das als Eichkurve dienende Strom-Sauerstoffgehaltdiagramm für Gebiete von 0—6 mg Sauerstoff je Liter direkte Proportionalität.

2. Die Anode ist unpolarisierbar.

3. Die Abwesenheit von Fremdionen, z. B. Kupferionen oder Carbonationen, ist gewährleistet, um Stromabweichungen durch Abscheidung zu vermeiden. Bei Luftsättigung der Lösung wird also stets der gleiche Strom erhalten. Dieser Sättigungsstrom dient gleichzeitig zur Kontrolle der Meßapparatur.

4. Die Rührgeschwindigkeit wird konstant gehalten.

5. Die Acidititätswerte der wäßrigen Lösung, in welcher die Hefezellen suspendiert sind, dürfen nur bestimmte Grenzen umfassen. Obwohl man allgemein bei p_H 4—10 messen kann, dürfen bei Hefemessungen aus biologischen Gründen nicht beliebige p_H-Werte angenommen werden. Sämtliche vergleichenden Messungen wurden in Phosphatpuffer bei p_H 5,2 durchgeführt.

6. Obwohl die für die Hefeatmung günstigste Temperatur bei 28—30° C liegt, wurden die Vergleichsmessungen aus praktischen Gründen bei einer Temperatur von 20° C durchgeführt.

Bei Einhaltung der erwähnten Bedingungen ist der Luftsättigungsstrom unabhängig von der Größe der Meßgefäße. Meßgefäß I hatte 330 ccm und Meßgefäß II 65 ccm Volumen.

Die benutzten Elektroden waren für alle Versuche die gleichen. Die Bleianode hatte 14 qcm Oberfläche, die Platinkathode 0,1 qcm Oberfläche.

Der 1%ige Phosphatpuffer mit einem Wert von p_H 2,5 wurde nach KÜSTER-THIEL (Logarithmische Rechentafel für Chemiker) hergestellt. Ihm wurde vor jeder Messung 1% Glucose zugegeben.

Es wurde nun geprüft:

α) *Wachstum und Atmung.*

Um den Wachstumsvorgang zu verfolgen, war man bisher darauf angewiesen, während der Gärung Proben zu entnehmen, daraus die Hefe abzutrennen und die Trockensubstanz zu ermitteln. Es wurde festgestellt, daß der Sauerstoffverbrauch bei einer Hefeatmung von der Zellkonzentration in der Meßlösung abhängig ist. Es zeigte sich, daß die Atmungszeit t_A der Konzentration c der Hefezellen umgekehrt proportional ist

$$t_A = \frac{\text{const}}{c}.$$

Das Lüftungsverfahren: Melasseverarbeitung. — Hefeatmung. 67

Als Atmungszeit wird hier und im folgenden der Zeitabschnitt bezeichnet, der zwischen dem Anfangswert und dem Erreichen der Stromkonstanz (Endwert) liegt.

Wenn nun der Sauerstoffverbrauch nur konzentrationsabhängig ist, mußte der Zellenzuwachs bei einer Züchtung durch erhöhten Sauerstoffverbrauch gemessen werden können. Voraussetzung dazu ist allerdings, daß die Atmungsintensität der einzelnen Hefezelle während einer Züchtung konstant bleibt. Periodische Messungen unter gleichen Bedingungen mußten durch erhöhten Sauerstoffverbrauch Schlüsse auf den jeweiligen Zuwachs zur Anfangskonzentration zulassen.

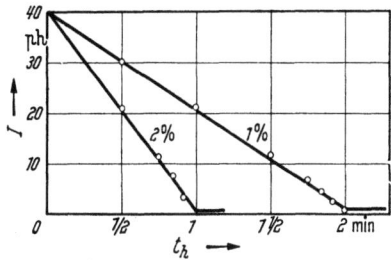
Abb. 12. Atmungskurven einer normalen Verkaufshefe (1% und 2%) in Phosphatpuffer (p_H = 5,2) bei T = 20° C mit 1% Glucose.

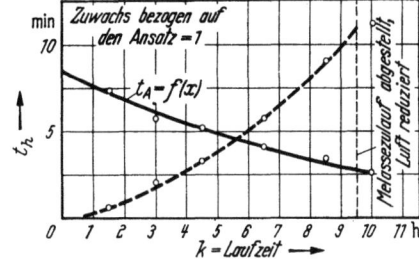
Abb. 13. Zuwachs- und Atmungszeitverlauf während einer Hefezüchtung (Betriebsversuch).

In dem abgeschlossenen Meßgefäß wurde zunächst der Atmungsverlauf einer 1%igen Hefesuspension gemessen. Die Abnahme der Sauerstoffkonzentration kann durch das Absinken des Stromes messend verfolgt werden. Nach einiger Zeit erreicht der Strom einen konstanten Wert (Ende der Atmung). Dies zeigt die Kurve in Abb. 12.

Weitere Ergebnisse über Zuwachs- und Atmungszeitverlauf zeigt Abb. 13.

Als Ergebnis der Untersuchungen wurde festgestellt, daß die Atmungsintensität der einzelnen Hefezelle während der Züchtung in jedem Stadium gleich ist. Die Atmungsintensität und damit der Sauerstoffverbrauch ist also nur von der jeweils herrschenden Zellkonzentration in der Lösung abhängig. Infolgedessen kann die elektrochemische Atmungsmessung zur Kontrolle der Zellvermehrung während der Gärung angewendet werden.

β) Gärkraft und Atmung.

In Reihenversuchen wurden Gärkraft und Atmungsintensität verglichen. Es zeigte sich, daß beim Altern der Hefe ein Zusammenhang zwischen der Gärkraftminderung und der Abnahme der Atmungsintensität besteht und daß beide parallel laufen. Es wurde gefunden, daß die Atmungszeit den Verhältniszeiten der Backversuche nahezu proportional ist. Daher kann man einerseits aus den Atmungsmessungen einer Hefe sofort Schlüsse auf ihre Gärkraft ziehen, andererseits aber auch aus Vergleichen zwischen Gärkraft und Atmung auf eine Infektion mit gärungshemmenden Fremdhefen, namentlich Torula, schließen. Allerdings wird sich ein Unterschied zwischen einer reinen und einer infizierten Hefe erst bei Anteilen von über

10% Torula bemerkbar machen, weil reine Preßhefen je nach Züchtung auch Unterschiede in der Atmungszeit aufweisen.

Der Zusammenhang zwischen Atmungszeit und Gesamttriebzeit ist aus der Kurve von Abb. 14 zu ersehen:

Die eingezeichnete Linearität beschränkt sich nur auf einen bestimmten Abschnitt der Gesamtkurve. Die streuenden Meßpunkte rühren in der Hauptsache vom Backversuch her. Die größten Fehlerquellen liegen in der nicht immer gleichmäßigen Beschaffenheit des Mehles und in der Art und Weise, wie der Teig nach Erreichen des Stäbchens in der Backform wieder zusammengedrückt wird.

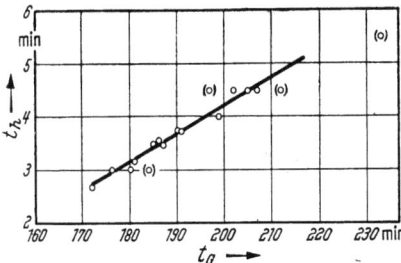
Abb. 14. Zusammenhang zwischen Atmungszeit und Gesamttriebzeit.

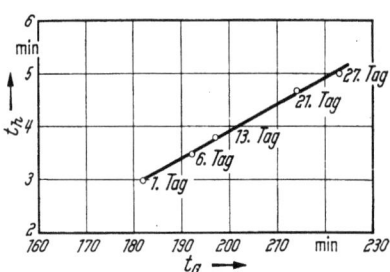
Abb. 15. Zusammenhang zwischen Atmungszeit und Gesamttriebzeit bei einer Hefe während des Alterns.

Abb. 15 gibt die Verhältnisse wieder, wie sie bei einer Hefe während des Alterns auftreten.

Der Zusammenhang zwischen Atmungszeit und Gesamttriebzeit ist aus diesem Versuch unschwer zu erkennen.

Schrifttum.

TÖDT, F., R. LESCHBER u. H. TARNOW: Branntweinwirtschaft **19** (1954).

7. Die Hefereinzucht und Stellhefegewinnung.

α) Die Hefearten.

Die *untergärigen* Hefen bilden wenig Sproßverbände, sondern kommen einzeln oder in nur kurzen Sproßgliedern vor. Sie setzen sich im allgemeinen nach der Hauptgärung rasch ab (Bierhefen) und haben in der Regel flockigen Charakter *(Bruchhefen)*. Raffinose wird vollständig vergoren.

Die *obergärigen* Hefen bilden typische Sproßverbände, gären in der Hauptsache im oberen Drittel der Gärbottiche (Brennereihefen) und setzen sich, ihres staubigen Charakters zufolge *(Staubhefen)*, nach der Gärung langsam ab. Da den obergärigen Hefen das Hefeenzym Melibiase fehlt, können sie die Raffinose nur zu $1/3$ vergären.

Unter anderen Gesichtspunkten werden *Wuchshefen* und *Gärhefen* unterschieden.

Die starke Zellvermehrung steht bei den Wuchshefen im Vordergrund. Diese Hefen werden zur biologischen Eiweißsynthese, nämlich zur Züchtung von Nähr- und Futterhefe benutzt. Es handelt sich dabei zum Teil um

Preßhefearten, aber im wesentlichen um Candidaarten, zu denen nach der neuen Systematik auch die Torulopsisarten gerechnet werden.

Hefen, die reichlich Alkohol bilden und vertragen, dienen als Gärhefen der Brennerei und Brauerei sowie zur Weinbereitung.

Der jeweilige Betriebsstandpunkt unterscheidet *Kulturhefen* und *wilde Hefen*; dabei sind natürlich gewisse Interessenüberschneidungen bei der von den einzelnen Gärungszweigen vertretenen Ansicht über die Eingruppierung vorhanden.

Für die Zwecke der Brennerei sind aus der Hefezuchtanstalt des Instituts für Gärungsgewerbe, Berlin, die Heferassen II, XII und die aus 4 Rassen bestehende Mischhefe *M* sowie die Rasse *D* bekannt. Viele Hefefabriken verfügen über betriebseigene Heferassen.

Zu den wilden Hefen, die in der Brennerei und Hefefabrik angetroffen werden können, sind zu rechnen:

a) Die Candidaarten. Dazu gehören auch die Torulopsisarten bzw. Torulahefen. Sie treten als Infektionsorganismen in Preßhefe auf und werden zur Eiweißgewinnung benutzt. Die wichtigsten Organismen sind Candida utilis (synonym: Torulopsis utilis), Candida tropicalis und Candida pseudotropicalis, ferner Candida arborea u. a.

b) Die Exiguushefen. Sie sind kleinzellig, rund und etwa halb so groß wie die Kulturhefezellen. Sie können keine Maltose vergären und sind deshalb in Brennereien, die stärkehaltige Rohstoffe verarbeiten, bei Malzverzuckerung unbekannt. Bei Pilzmalzverzuckerung, die den Stärkeabbau bis zur Glucose führt, ist das Aufkommen von Exiguushefen nicht ausgeschlossen.

c) Die Kahmhefen. Sie sind luftliebend und kommen in Kohlensäureatmosphäre nicht auf. Sie bilden auf Substratoberflächen Kahmhäute. Sie gären wenig oder gar nicht und können Alkohol und Säuren zehren. Einige Kahmhefen bilden Ester, so z. B. Hansenula, die sog. Fruchtätherhefe; diese Hefe gehört zu den sporenbildenden echten Hefen und kann sogar Nitrat assimilieren. In der Reihe der Kahmhefen gehören folgende Organismen: *Hansenula* und *Pichia* sowie einige Arten von *Candida* und *Debaryomyces*. Die früher in Preßhefefabriken häufig auftretende Kahmhefeinfektion ist durch geeignete Maßnahmen (sorgfältige Luftfiltration, reine Anstellhefe, Fernhalten von Malz- und Mehlstaub) im wesentlichen beseitigt.

d) Die Apiculatushefen. Sie haben citronenförmige Gestalt. Sie können nur gedeihen, wenn der Substratzucker aus Zymohexosen besteht. Bei der Weinbereitung wirken sie als spontane Angärungshefen mit, aber können nur bis zu 5% Alkohol bilden.

Einige Arten, die sulfat- und sulfitresistent sind, werden in warmen Ländern zur Weinbereitung herangezogen.

e) Die Spalthefen. Eigenartig ist die Vermehrungsform durch einfache Spaltung. In tropischen Gegenden finden Spalthefen zur Bereitung alkoholischer Getränke Verwendung. Bei Temperaturen von 37—38° C sind schnelle Vermehrung und rasche Alkoholbildung zu verzeichnen.

Zu den Spalthefen gehören z. B. Schizosaccharomyces octosporus, Schizosaccharomyces Pombé und die bei der Rumgärung aus Zuckerrohrmelasse vorkommende Art Schizosaccharomyces melaceï.

Die Gewinnung von Hefe und Alkohol.

β) Die Gäreigenschaften der Hefen.

Von den Kulturhefen ist es bekannt, welche Zuckerarten sie vergären können. Man weiß, daß sie alle Maltose und Saccharose vergären, neben diesen aber auch Galaktose und Glucose. Bei der Vergärung von Raffinose wurde der merkwürdige Unterschied festgestellt, daß die untergärigen Hefen die Raffinose vollständig, aber die obergärigen Hefen nur ein Drittel der Raffinose vergären.

Nun gelten dafür, welche Zuckerarten vergoren werden können, bestimmte Regeln, die von KLUYVER entdeckt wurden und von S. WINDISCH neu formuliert worden sind.

Sie besagen:

1. Wenn eine Hefe überhaupt gärt, so kann sie Dextrose vergären. Kann sie also Dextrose nicht vergären, so ist sie überhaupt nicht gärfähig.

2. Wenn eine Hefe Dextrose vergärt, so vergärt sie auch Lävulose und Mannose. Es heißt nicht, daß die 3 Zucker gleich stark vergoren werden; quantitative Unterschiede kommen vor, sind aber für die Gärungsregeln unwesentlich. Um nicht alle 3 Zucker nennen zu müssen, spricht man gewöhnlich nur von Glucose, die dasselbe wie Dextrose ist, und prüft auch nur auf Vergärung von Dextrose.

3. Keine Hefe vergärt Lactose und Maltose, sondern entweder, wenn überhaupt, den einen oder den anderen Zucker. Ausnahmen kommen nur selten außerhalb der echten Hefen vor.

Um die Vergärbarkeit zu prüfen, nimmt man einfach abgekochtes Leitungswasser mit 1% Pepton von MERCK und 2% des zu prüfenden Zuckers. Das Pepton löst sich schon unter 40° C glatt auf, ohne daß Flocken und Trübungen zurückbleiben. Nach einem Vorschlag von WINGE werden aufrecht stehende geschlossene Röhrchen verwendet, die einen seitlichen Impfstutzen tragen. In diesem Kölbchen sinkt die eingeimpfte Hefe einwandfrei zu Boden, so daß gegenüber früheren Versuchen nach der Einhorn-Methode die gebildete Kohlensäure nicht entweichen kann. Als noch besser wird von S. WINDISCH die Methode von GUERRA bezeichnet.

In kleine Reagensgläser von 10 cm Länge und 1 cm Durchmesser kommen etwa 12 Tropfen eines verflüssigten Paraffins (Schmelzpunkt 52 bis 55° C), das auch mit Wachs oder wenig Vaseline gemischt sein kann, sowie 3 ccm der zu prüfenden Zuckerlösung. Beim Sterilisieren gelangt das Paraffin an die Oberfläche und bildet beim Abkühlen einen festen pfropfenartigen Verschluß auf der Lösung. Zum Beimpfen schmilzt man den Pfropfen nur oben von der Glaswand ab, legt ihn schräg, beimpft und schmilzt das Paraffin über der Sparflamme des Bunsenbrenners ganz auf, so daß es wieder wie vorher die Lösung als Pfropfen verschließen kann. Die Lösung wird dabei nicht erwärmt. Bei einer Beobachtungsdauer bis zu 20 Tagen kann auch schwaches Gärvermögen gut erkannt werden.

Mit dieser Methode ist nun von S. WINDISCH geprüft worden, welche Zusammenstellungen von Gärfähigkeiten bekannt sind. Von den 6 Zuckerarten sind Glucose und Galaktose Monosacharide, die also nur 1 C-6-Körper haben, welcher direkt vergoren wird. Die Zucker Saccharose, Maltose

Das Lüftungsverfahren: Melasseverarbeitung. — Hefereinzucht. 71

und Lactose sind Disaccharide und werden nach Spaltung in 2 C-6-Körper vergoren. Nur bei den letzten der 6 Zucker, der Raffinose, ist es etwas komplizierter.

Die Raffinose besteht nämlich als Trisaccharid aus 3 C-6-Zuckern. Ist Raffinose vorhanden, so wird 1 C-6-Molekül, nämlich Fructose, abgespalten und vergoren. Das Disaccharid Melibiose bleibt zurück. So ist also nur ein Drittel der Raffinose vergoren worden. Wird nun aber durch ein weiteres Enzym Melibiase, die Melibiose, die nach der Abspaltung der Fructose noch übriggeblieben ist, außerdem auch gespalten, so entstehen 1 Molekül Glucose und 1 Molekül Galaktose. Werden beide vergoren, so kommt es dann zu einer vollständigen Vergärung der Raffinose. Kann dagegen die Galaktose nicht vergoren werden, so gelangen nur $^2/_3$ der Raffinose zur Vergärung.

In Tab. 9 hat S. WINDISCH die Hefen nach ihren Gäreigenschaften in Gruppen geordnet und vereinigt. Hieraus ist zu ersehen, daß in allen Fällen am Anfang Glucose verzeichnet ist, weil diese gemäß der ersten Gärungsregel von KLUYVER von allen vergoren wird. Die 1. Gruppe stellen die Hefen dar, welche nur Glucose vergären. Die 2. Gruppe vergärt nur Glucose und Galaktose, die 3. Glucose, Galaktose und Saccharose, die 4. Glucose, Galaktose, Saccharose und Maltose, die 5. außerdem noch Lactose und Raffinose $^1/_3$. Die Vertreter der 5. Gruppe befolgen also nicht die 3. Gärungsregel. Es sind nur zwei hefeähnliche Pilze bekannt, die hierher gehören. Die 6., 7. und 8. Gruppe vergären alle Zucker außer Lactose, die 6. Gruppe von Raffinose $^1/_3$, die 7. $^2/_3$, die 8. Raffinose ganz. Hierher, d. h. zur 6. und 8. Gruppe, gehören die stärksten Gärer überhaupt, darunter die Kulturhefen. Zur 7. Gruppe gehört nur eine seltene Ausnahme, denn Hefen mit so vielseitiger Gärfähigkeit pflegen auch Galaktose vergären zu können. Candida melibiosi kann es aber ausnahmsweise nicht. Zur 9. Gruppe gehören Hefen, die Glucose, Galaktose, Saccharose, Lactose und Raffinose $^1/_3$, aber keine Maltose vergären. Das sind die typischen Milchzuckerhefen, wie wir sie besonders in der Zeit der Molkeverwertung nach dem Kriege kennengelernt haben. Die 10. Gruppe vergärt alles, außer Lactose und Maltose. Hier sieht man am klarsten ausgeprägt, daß Vergärung von Raffinose, gleich, ob ganz oder nur teilweise, stets verbunden ist mit der Fähigkeit, Saccharose zu vergären. Man könnte diese Tatsache als 4. Gärungsregel bezeichnen. Die 11. Gruppe vergärt wie die 10., jedoch Raffinose ganz. Die 12. Gruppe vergärt nur Glucose, Galaktose und Maltose, die 13. außerdem Lactose. Das ist also eine ebensolche Ausnahme wie die Gruppe 5. Die 14. Gruppe vergärt Glucose, Galaktose und Lactose. Die letzten 3 Gruppen 12, 13 und 14 stellen seltenere Sonderfälle dar, sind aber doch interessant, wenn man über die Möglichkeiten der Zusammenstellung von enzymatischen Eigenschaften einen Überblick geben will.

Während in den Gruppen 2 bis 14 stets Galaktose vergoren wurde, folgen nun die Zusammenstellungen ohne Galaktose. In Gruppe 15 finden wir Gärfähigkeit gegenüber Glucose und Saccharose, in 16 Glucose, Saccharose, Maltose, in 17 Glucose, Saccharose, Maltose und Raffinose $^1/_3$, bei 18 dasselbe, aber Raffinose $^2/_3$. Die 19. Gruppe entspricht der 10. Gruppe: Hier werden Glucose, Saccharose und Raffinose $^1/_3$ vergoren, aber keine Galaktose, und in der 20. und letzten Gruppe nur Glucose und Maltose.

Tab. 9 zeigt demgemäß alle bekannten Gäreigenschaften. Dagegen sind nur wenige mögliche Kombinationen noch nicht gefunden worden. Diese Feststellungen haben heute deshalb einen besonderen Wert, weil WINGE bei Vererbungsuntersuchungen festgestellt hat, daß die gegenüber einer Zuckerart vorhandene Gärfähigkeit immer über das Unvermögen, sie zu vergären, dominant ist. Wenn man also eine Hefe, welche eine bestimmte Zuckerart vergären kann, mit einer anderen kreuzt, welche diese Fähigkeit nicht besitzt, so werden die Nachkommen der ersten Generation diesen Zucker sämtlich vergären können. Der weitere Erbgang wird allerdings dadurch erschwert, daß häufig die Gäreigenschaften nicht immer nur in einen Genpaar liegen, sondern in mehreren, die unabhängig voneinander weiter vererbt werden. Nach S. WINDISCH dürfte die Dominanz der Gäreigenschaften allein die merkwürdige Tatsache erklären können, daß es Fälle gibt, in denen entgegen der 3. Gärungsregel Maltose und Lactose zusammen vergoren werden, wenngleich dies nicht einfach ist.

Wenn man nun die Gäreigenschaften in größerem Zusammenhang des Kohlehydratstoffwechsels betrachtet, so ergibt sich, daß der Zucker unter anaeroben Bedingungen als Energiequelle dienen kann und daß er unter aeroben Bedingungen assimiliert wird. Hieraus ergibt sich als Regel, daß jeder Zucker, der vergoren wird, auch aerob assimiliert wird. So ist es zu verstehen, daß z. B. eine Hefe, welche im unbelüfteten Bottich gärt, Alkohol bildet und sich dabei nur mäßig vermehrt, daß sie aber im selben Bottich auch unter Belüftung den Zucker assimilieren, keinen Alkohol bilden bzw. den etwa gebildeten Alkohol wieder verbrauchen und sich dabei sehr stark vermehren kann. Auf diesem Prinzip beruhen alle modernen Hefezüchtungsverfahren, sowohl für Preßhefe wie auch für Futter- und Nährhefe. Wichtig werden die Eigenschaften der Assimilation von Zuckerarten nun dadurch, daß nicht jeder Zucker, der assimilierbar ist, auch vergoren wird. Es können also mehr Zuckerarten assimiliert als vergoren werden.

Wenn man nun die Vertreter der vorerwähnten 20 Gärungsgruppen darauf prüft, welchen Zucker sie assimilieren, so zeigt sich, daß bei allen dieselben Zuckerarten assimiliert wie vergoren werden können. Es entsprechen also den 20 Gärungsgruppen 20 gleiche Assimilationsgruppen.

Bei 9 von den 20 Gruppen dagegen finden wir verschiedene Möglichkeiten der Assimilation, und zwar 29. Diese 29 neuen Möglichkeiten ergeben somit Untergruppen der Gärgruppen, so daß insgesamt 40 Untergruppen mit verschiedenen Kombinationen herauskommen. 20 Untergruppen, also genau die Hälfte, stimmen mit der vorgeordneten Gruppe überein, bei den anderen 20 Untergruppen werden dagegen mehr Zuckerarten assimiliert als vergoren. So hat z. B. die 1. Gruppe, die nur Glucose vergärt, 7 Untergruppen: Die 1. assimiliert nur Glucose. Hierhin gehören eine ganze Menge Hefen, Arten der Gattungen Saccharomyces, Pichia, Hansenula, Torulopsis, Candida u. a. Die 2. Untergruppe assimiliert Glucose und Galaktose, die 3. außerdem Saccharose und Maltose. Die 4. Untergruppe assimiliert Glucose, Galaktose und Maltose, die 5. Glucose und Saccharose, die 6. Glucose, Saccharose und Maltose und die 7. nur Glucose und Maltose.

Neben diesem Verhalten gegenüber Zucker spielen noch zahlreiche andere Merkmale eine Rolle. Außerdem darf nicht vergessen werden, daß

Tabelle 9. *Die Gär- und Assimilationseigenschaften der Hefen nach Gruppen und Untergruppen eingeteilt.*

Erklärung. Die Ziffern bedeuten: 1 = Glucose, 2 = Galaktose, 3 = Saccharose, 4 = Maltose, 5 = Lactose, 6 = Raffinose $^1/_3$, 7 = Raffinose $^2/_3$ und 8 = Raffinose ganz. In den Gruppen werden die angegebenen Zuckerarten vergoren, in den Untergruppen dagegen assimiliert. Ziffern nach dem Namen der Hefe bedeuten, daß die Zuckerart in manchen Fällen nur schwach: (+) oder gar nicht: — vergoren werden kann. Ziffern in Klammern zeigen dasselbe für die Assimilation an. Häufige Gattungsnamen sind abgekürzt: S = Saccharomyces, C = Candida, Tor = Torulopsis, Trich = Trichosporon, Pi = Pichia, Hans = Hansenula, Brett = Brettanomyces.

1*	2*	3*	4*	
1.	1	a	(1):	S. pastori, S. bailii, Pi. fermentans, Hans. mrakii, Hans. minuta 1 (+), Hanseniaspora valbyensis, Nadsonia elongata, Tor. glabrata, C. krusei, Tor. inconspicua 1—
		b	(12):	S. bisporus, S. mellis (2—), S. acidifaciens (2—)
		c	(1234):	Tor. formata 1—, C. reukaufii
		d	(124):	C. brumptii 1—
		e	(13):	Hans. californica 1(+)
		f	(134):	Tor. ernobii 1(+)
		g	(14):	Tor. molischiana
2.	12	a	(12):	S. delbrückii, Pi. farinosa 1(+) 2—, C. catenulata 2(+), Trich. fermentans
		b	(1234):	Hans. silvicola, C. pulcherrima 2—
		c	(12345):	C. tenuis
3.	123		(1234):	C. parapsilosis
4.	1234		(1234):	S. italicus 3—, S. steineri, Hans. schneggii 34(+), Nadsonia fulvescens 3(+), Tor. sake 234(+)
5.	123456		(123456):	Brett. clausenii, Tor. versatilis 56(+)
6.	12346	a	(123456):	C. intermedia
		b	(12346):	S. cerevisiae (Wein-, oberg. Preß-, Brenn.-Hefe) 2 (+) —, Hans. anomala 24(+), S. willianus 2—, C. tropicalis 6—, C. pelliculosa, Trich. behrendii
7.	12347		(12347):	C. melibiosi 24—
8.	12348		(12348):	S. carlsbergensis (unterg.), S. florentinus, S. logos, S. uvarum
9.	12356	a	(123456):	Tor. sphaerica, S. lactis
		b	(12356):	C. pseudotropicalis, S. fragilis
10.	1236	a	(12346):	S. fructuum, C. guilliermondii
		b	(12356):	C. macedoniensis, S. marxianus
		c	(1236):	S. exiguus, S. chevalieri 2—, Tor. holmii
11.	1238		(1238):	S. microellipsodes
12.	124		(1234):	C. albicans, C. claussenii
13.	1245		(1245):	Tor. anomala 4(+)
14.	125		(1235):	Brett. anomalus
15.	13	a	(123):	Tor. gropengiesseri 13—, Tor. magnoliae 3(+)
		b	(1234):	C. solani 3—
		c	(12345):	Tor. candida 13—
16.	134	a	(1234):	Brett. lambicus (2[+]), Brett. bruxellensis (2—)
		b	(134):	S. heterogenicus
17.	1346	a	(123456):	Pi. polymorpha alle (+)—
		b	(12346):	S. veronae 4—, Hans. subpelliculosa 4—
		c	(1346):	S. fermentati, S. oviformis, Tor. colliculosa, S. bayanus, Tor. globosa 4(+), Nematospora coryli 346(+)
18.	1347		(1347):	S. pastorianus
19.	136	a	(12346):	Schwanniomyces occidentalis, Tor. dattila
		b	(1236):	S. elegans
		c	(1346):	C. utilis
		d	(136):	S. rosei, Hans. saturnus, Hans. suaveolens, Saccharomycodes ludwigii, Tor. lactis condensi, Tor. stellata, Tor. bacillaris
20.	14		(124):	S. rouxii, Tor. etchellsii 4(+) (24[+])

1* Nr. der Gruppe
2* vergorene Zucker
3* Bezeichnung der Untergruppe
4* assimilierte Zucker

es hefeartige Pilze gibt, die überhaupt nicht gärfähig sind. Sie gehören in die Gattungen Pichia, Lipomyces, Debaryomyces, Torulopsis, Candida, Cryptococcus, Trigonopsis, Trichosporon, Bullera, Sporobolomyces und Rhodotorula. Hier spielen die Assimilationseigenschaften eine große Rolle, weil die Gärfähigkeit fehlt.

Während die Assimilation von Zucker auch bei geringer Fähigkeit der Hefe, eine Zuckerart anzugreifen, in der Mehrzahl der Fälle sicher festgestellt werden kann, ist die Sicherheit bei der Ermittlung des Gärvermögens nicht so groß. Dazu kommt, daß man die Schwankungsbreite der speziellen Art berücksichtigen muß, und auch die Frage, inwieweit eine Anpassung an eine Zuckerart erfolgen kann. Letztere Möglichkeit wird oft überschätzt, jedoch gibt es Fälle, wo tatsächlich ein Zucker erst nach Anpassung vergoren werden kann.

Schwieriger ist die verschieden stark ausgeprägte Fähigkeit der Vergärung zu beurteilen, denn der Befund der „Gärung" kommt dadurch zustande, daß nach Ablauf enzymgesteuerter Reaktionen so viel Gärungsgase gebildet werden, daß sie nicht mehr in Lösung bleiben, sondern als freies Gas aufgefangen werden können. Irgendwo liegt also ein Schwellenwert. Über ihm wird die Gärung festgestellt, unter ihm scheint die Gärfähigkeit zu fehlen oder zumindest fraglich zu sein. Für die Gärfähigkeit müssen zwei Größen berücksichtigt werden:

Die eine ist die durchschnittliche Gärkraft einer speziellen Art, die groß oder auch klein sein kann.

Die andere ist die Variabilität bzw. Schwankungsbreite, die ebenfalls groß oder klein sein kann, und zwar bei jedem Stamm wieder anders.

Ist nun 1. die Menge des gebildeten Enzyms verhältnismäßig groß, die Schwankungsbreite der fraglichen Enzyme aber klein, so ist mit größerer Wahrscheinlichkeit die Gärfähigkeit gegenüber einer Zuckerart sicher festzustellen.

Ist 2. die gebildete Enzymmenge ebenso groß, aber die Schwankungsbreite größer, so wird die Gärfähigkeit meist gut zu erkennen sein.

Ist 3. die Gärkraft an sich klein und die Schwankungsbreite auch klein, so wird man meist eine nur geringe Gärfähigkeit feststellen können.

Ist 4. die Gärkraft klein und die Schwankungsbreite groß, so ist die Entscheidung darüber sehr schwer, ob eine Hefe eine Zuckerart vergären kann. Es gibt ungünstige Fälle, die bei einem Stamm ein positives und bei einem anderen Stamm ein negatives Ergebnis haben. Solche Pilze, die eine große Schwankungsbreite ihrer Gär- und Assimilationseigenschaften haben, sind schwer zu bestimmen, jedoch sind im allgemeinen die Schwankungen der Fähigkeiten zur Zuckerverarbeitung von Stamm zu Stamm bei den hefeartigen Pilzen nicht sehr groß. Über die Hälfte aller Fälle, deren geringe Gärfähigkeit durch Beobachtung nicht möglich ist, bezieht sich auf Galaktose. Der Rest verteilt sich ziemlich gleichmäßig auf Glucose, Saccharose und Maltose. Daß die Fähigkeit zur Lactosevergärung größeren Schwankungen unterliegt, ist bisher nicht gefunden worden. Über die Schwankungen der Gärfähigkeit gegenüber Raffinose liegen noch keine genaueren Angaben vor.

Die Frage nach der Bedeutung der Gärfähigkeit ist mit der Frage nach der Herkunft der Hefe eng verbunden. Das Vorkommen der hefeartigen

Pilze auf den verschiedenartigsten Unterlagen wie neben gärfähigen Säften, Lebensmitteln aller Art, Gebrauchsgegenständen, Pflanzenteilen, Erde usw. macht es schwer, im Einzelfall ihre eigentliche Heimat genau zu ermitteln. Erstaunlich ist es auf jeden Fall, wie stark bei vielen Hefen das Gärvermögen ist und wie verbreitet es ist. Über die Hälfte der jetzt bekannten hefeartigen Pilze sind mehr oder weniger gärfähig.

Schrifttum.

WINDISCH, S.: Z. Brauerei Nr. 68/69 vom 26. Nov. 1953.

γ) Die Hefereinzucht.

Die Hefereinzucht hat in der Preßhefeindustrie erst spät Eingang gefunden. Man hielt es zunächst für einfacher, kleine Mengen Stellhefe von Firmen zu beziehen, welche für die Lieferung besonders guter Backhefe bekannt waren, und diese dann im Betrieb weiterzuzüchten. So haben noch im Jahre 1924 die größten deutschen Fabriken ihre Stellhefe aus Wien und der Tschechoslowakei bezogen. Dort war man schon seit einiger Zeit dazu übergegangen, in eigenen Reinzuchtanlagen gute Kulturhefeansätze zu züchten, wie dies in den Gärungsinstituten auch geschah.

Selbst KIBY, der sich um die technische Verbesserung der Hefeerzeugung sehr verdient gemacht hat, unterscheidet noch die natürliche Reinzucht von der absoluten Reinzucht. Während letztere von der Isolierung einer oder mehrerer Zellen ausgeht, die für den Vermehrungsprozeß bereitgestellt werden, erreicht die von DELBRÜCK begründete natürliche Reinzucht die Fernhaltung und Beseitigung unerwünschter Gärungserreger einfach durch Anwendung z. B. von Temperaturen, die den unerwünschten Teilen nicht besonders günstig oder schädlich sind, dagegen den Teilen der gewünschten Art außerordentlich dienen, weil sie die anderen überwuchern und dann nur noch allein zu finden sind. So gestattet die „natürliche Reinkultur" z. B. aus Maischen, die eine ganze Menge von ähnlichen Pilzen enthalten, durch Einhaltung bestimmter Temperaturen und besonderer Zusätze schon das erste Mal eine der gewünschten Art sehr reiche Maische zu erhalten, die bei gleichen Versuchsbedingungen, der neuen Maische zugesetzt, die gewünschte Art schon „zur Alleinherrschaft führt". Nur die absolute Reinhaltung der Gebrauchsgefäße sei eine Hauptbedingung für das Gelingen. Allerdings mußte KIBY trotzdem feststellen, daß der Erfolg manchmal gut und manchmal schlecht war.

Ursprünglich hat man also einfach eine gärende Maische in eine frische Maische übertragen. Als dann durch HANSEN der Reinzüchtung von Brauerei- und Brennereihefe ein sichtbarer praktischer Erfolg vergönnt war, hat man auch der Preßhefereinzucht Beachtung geschenkt. Aber nur sehr zögernd, denn man bezog, wie schon erwähnt, die Stellhefe entweder bei anderen Fabriken oder bei biologischen Instituten und entschloß sich erst zuletzt, aus der für gut befundenen eigenen Betriebshefe eine eigene Reinkultur zu gewinnen. So ist auch für das neue Lüftungsverfahren häufig noch Hefe aus dem alten Wiener Verfahren als Stellhefe verwendet worden.

Es konnte natürlich nicht ausbleiben, daß auch der Preßhefereinzucht der Weg in die Praxis gelang. Insbesondere haben die biologischen Isolierungsmethoden den Anstoß gegeben, von der einzelnen obergärigen Kulturhefezelle Stellhefe heranzuziehen.

Die Methode von HANSEN war die folgende:

Auf die eine abgeflammte Seite eines Deckgläschens bringt man verflüssigte Nährgelatine und sehr wenig Hefe und mischt. Dann wird um die Höhlung eines Objektträgers ein kleiner Vaselinestreifen gezogen und der Objektträger ebenfalls abgeflammt. Darauf wird das Deckgläschen mit der Mischung von Hefe und Nährgelatine fest über die Höhlung des Objektträgers gelegt. Wenn die Gelatine erstarrt ist, sucht man sie mit dem Mikroskop ab, bis man eine für sich liegende Zelle gefunden hat, die außen markiert wird. Man läßt nun das Präparat bei Zimmerwärme stehen, bis diese Zelle zu einer sichtbaren Kolonie von Zellen angewachsen ist. Vom abgehobenen Deckgläschen wird sodann mit einem ausgeglühten Platindraht ein Teil der Kolonie entnommen und in sterile Nährwürze geimpft, die sich in einem Pasteurkolben befindet.

Diese Methode ist dann durch LINDNER in seiner sogenannten Tröpfchenbzw. Federstrichmethode vereinfacht worden. Er stellte aus steriler Würze und Hefe eine geeignete Verdünnung her und trug mit einer abgeflammten kleinen Zeichenfeder kleine Tröpfchen auf ein abgeflammtes Deckgläschen in einer ganz bestimmten Anzahl auf. Das Deckgläschen drückte man nun auf die mit Vaseline umstrichene Höhlung des Objektträgers so auf, daß zwei gegenüberliegende Ecken über den Objektträger hinausragen, um es leicht wieder abheben zu können. Dann wurde das Präparat unter dem Mikroskop auf Tröpfchen untersucht, die nur *eine* Zelle enthielten, und diese entsprechend gekennzeichnet. Man überließ dann die Zelle dem Wachstum zu kleinen Kolonien im Brutschrank bei 25° C. Dann wurde mit einem ausgeglühten Platindraht etwas Hefe entnommen und damit über eine Nährgelatineschicht in einem Reagensglas gestrichen, dessen Watteverschluß nach vorheriger Abflammung entfernt worden war. Diese Impfung ließ man angehen, bis sich auf der Gelatine deutliche größere Kolonien gebildet hatten, die besser zu beobachten und beurteilen waren, als die Zellen in den Hansenpräparaten. Ist die richtige Auswahl getroffen, dann wurde mit einer sterilen Platinöse eine Probe abgenommen und im Pasteurkolben in einer größeren Würzemenge zur Angärung gebracht.

LINDNER hat diese Methode dann weiterentwickelt, und zwar in Anlehnung an die Erfahrungen des Carlsberg Institutes. Aus dem Pasteurkolben wurde nun die sterile hefehaltige vergorene Würze in sogenannte *Carlsbergkolben* oder gleich in besondere größere *Reinzuchtapparate* übergeleitet. Nun konnte man die Überimpfung nicht nur mit Druckluft vornehmen, sondern auch die Gärung mit schwacher Lüftung betreiben, um etwa 1 kg Reinzuchthefe in steriler Würze zu gewinnen. Der Apparat konnte auch unmittelbar für den Betrieb angeschlossen werden. In diesem Falle wurde nicht das Ende der Gärung abgewartet, sondern die noch schwach gärende Würze in einen *Vorgärbottich* geleitet, um dort dann die eigentliche *Anstellhefe* zu gewinnen.

Diese Arbeitsweise ist im Prinzip auch bei den modernen Reinzuchtverfahren beibehalten worden.

Der Verfasser hat zusammen mit E. TOBIAS und E. BERTL von 1925 an systematische industrielle Reinzuchtarbeiten durchgeführt, die auf die Bedürfnisse des Betriebes abgestellt waren; auch wenn diese Arbeiten später von besseren Methoden abgelöst worden sind, sind sie doch im Rahmen der Entwicklung festzuhalten.

Als Nährboden diente Malzwürze (oder Malzextrakt) in einer Verdünnung von 8—10° Balling. Die Säure wurde für 100 ccm Würze auf 0,1 ccm n/1 Schwefelsäure eingestellt. Die Agarstreifen (25 g je Liter Würze) wurden zerkleinert in einem Fünfliterkolben mit 100 ccm Leitungswasser angefeuchtet und eine Viertelstunde weichen gelassen. Nach dieser Zeit wurde die kochende Würze darüber gegossen und etwas chemisch reines Ammonsulfat und Natriumphosphat hinzugegeben und so lange erhitzt, bis alles gelöst war. Darauf wurde heiß in Flaschen von 100 ccm Rauminhalt gefüllt, die vorher 1 Stunde lang mit Wattestopfen versehen im Trockenschrank bei 120—140° C sterilisiert worden waren. In jede Flasche wurden mit einem Trichter etwa 40 ccm Nährwürze eingefüllt. Nach dem Füllen wurde der Wattestopfen aufgesetzt und im Dampftopf in Abständen von 24 Stunden 3 mal je 1 Stunde sterilisiert.

Diese Nährböden dienten zur Aufnahme der vorher isolierten Reinkulturstämme.

Für die Weiterzüchtung der Kulturen in Freudenreichkölbchen, in Pasteurkolben und in kleine und große Carlsbergerkolben wurde eine Malzwürze vorbereitet, die mit Kulturmilchsäure auf 4,0 ccm n/1 NaOH für 100 ccm Würze angesäuert worden war und dann im sterilisierten Zustand zur Füllung der Gefäße in einer Verdünnung von 12—14° Balling aufbewahrt wurde. Alle Kolben sind mit Wattestopfen verschlossen wie oben sterilisert worden.

In den Carlsbergkolben wurde eine Mischung von 5 l Malzwürze und 8 l Melassewürze (18—20° Balling, 4,5 Säure für 100 ccm) mit 2 l Wasser verdünnt so vorgelegt, daß je Kolben etwa 7—8 l Würze zur Verfügung standen. Der große Carlsbergkolben wurde dann mit 70 l reiner sterilisierter Melasse von etwa 15° Balling und 4,5—5,0 auf 100 ccm Säure befüllt und diente als letztes Zwischengefäß vom Laboratorium zum Betrieb.

Die im Kühlraum aufbewahrten Reinkulturen wurden bei Zimmertemperatur zum Temperaturausgleich zunächst etwa 2—3 Stunden stehengelassen. Darauf wurde von einer Kultur in zwei sterilisierte Freudenreichkölbchen von einer Kultur abgeimpft und dann zum raschen Angären die Kölbchen in einem Wasserbad von 32—33° C stehengelassen und von Zeit zu Zeit umgeschüttet. Nach etwa 24 Stunden wurde der Inhalt der beiden Kölbchen in zwei mit sterilisierter Würze versehene Pasteurkolben übergeführt, deren Würze eine Temperatur von 30° C hatte und die für die Weitergärung eingehalten wurde. Nach weiteren 24 Stunden konnte eine Überleitung in die kleinen Carlsbergkolben erfolgen. Nachdem die Vergärung dort nahezu abgeschlossen war, wurde der Inhalt in den großen Carlsbergkolben gegeben, der zu seinem Abgären ungefähr 36—48 Stunden bei Zimmertemperatur brauchte.

δ) Die lyophile Trocknung der Reinzucht.

Bei der Führung von Hefestämmen auf Würze-Agar besteht schon immer die Gefahr, daß sich an der Oberfläche der Kulturen, die auf Petrischalen oder Strichkulturen angelegt sind, Sporen bilden und damit ein Teil der Hefezellen entarten kann. Selbst bei sorgfältig angelegten Reinkulturen sind in gewissen Zeiträumen Degenerationserscheinungen möglich. Infolgedessen ist man bestrebt gewesen, bessere Aufbewahrungsmethoden zu entwickeln.

L. J. WICKERHAM und A. ANDREASEN bzw. FLICKINGER haben nun im Anschluß an frühere Arbeiten von ROGERS, ELSER, W. J. THOMAS und STEFFEN nach entsprechenden Vorversuchen in den Jahren 1940—1944 eine Methode zur lyophilen Trocknung der Reinzucht ausgearbeitet, die sich praktisch bewährt hat und heute in Amerika überall Anwendung findet. Sie beruht darauf, daß eine kräftig entwickelte Hefe mit sterilem Blutserum gemischt wird und daß diese Mischung dann in sogenannten „Lyophilröhrchen" unter Vakuum getrocknet und dann auch unter Vakuum mit einem Sauerstoffgebläse verschlossen wird. Die Arbeitsweise ist im einzelnen die folgende:

Die Hefen werden von einer Agar-Kultur mit entsprechendem Nährboden entnommen. Um möglichst kräftige Hefen zu gewinnen, werden sie zweimal übergeimpft und erst benützt, wenn sie sich kräftig entwickelt haben, also in der Regel 24—48 Stunden nach der Einimpfung. Dann wird mit einer Mikropipette ungefähr 0,2—0,4 ccm unverdünntes Blutserum zugesetzt und beides gut miteinander vermischt. Die erhaltene Mischung wird hierauf mit einer Pipette aufgenommen und in die Lyophilröhrchen übertragen, die man am besten mit Glastinte beschriftet. Jedes Röhrchen wird bis zu einer Höhe von 3—4 mm gefüllt. Nach dem Abbrennen der Wattepfropfen werden diese auf eine Länge von 4—5 mm abgeschnitten und ungefähr 10 mm weit in das Röhrchen hineingedrückt. Die Röhrchen werden an ihrem oberen Ende mit einer Spur Öl benetzt und mit Gummischläuchen an den Halter des Lyophilapparates angeschlossen.

Die Gewinnung des Blutserums geschieht in folgender Weise:

Das verwendete Blut muß von einem frischgeschlachteten Rind stammen. Es wird in einer Schicht von ungefähr 10 mm in *Fernbach*flaschen ausgebreitet, und wenn es geronnen ist, über Nacht oder länger in einen Kühlschrank gebracht. Wenn das Serum sich abgeschieden hat, wird es dekantiert und zentrifugiert, um die Blutkörperchen zu entfernen. Dann wird es durch ein Seitz-EK-Filter entkeimt und in sterile Röhrchen abgefüllt. Nach dem Abflambieren des Watteverschlusses werden die Röhrchen mit Cellophan verschlossen. Das so gewonnene Serum hält sich im Kühlschrank aufbewahrt 1—2 Jahre. Die Verwendung von getrocknetem Serum, das dann in 10%iger wäßriger Lösung benutzt wird, ist nicht empfehlenswert. Die Aufgabe des Serums, die Zellen für die Behandlung vollkommen einzuhüllen und etwaige Stoffwechselprodukte, die sich möglicherweise während der Lyophilbehandlung noch bilden, aufzunehmen, wird nur durch frisches, unverdünntes Serum erreicht.

Die im Apparat befestigten Röhrchen werden zunächst einem *Gefrierprozeß* unterzogen. Zu diesem Zweck wird das Gefrierbad zu ungefähr einem

Drittel seines Volumens mit Cellulose-Methylester beschickt und zerkleinertes Trockeneis hinzugegeben, um eine Temperatur von $-40°$ C zu erhalten. Die Röhrchen werden dann, um eine möglichst vollkommene Mischung von Serum und Hefe zu erreichen, die für den Erfolg wesentlich zu sein scheint, nochmals durchgeschüttelt und in das Gefrierbad versenkt, wo ihr Inhalt in wenigen Sekunden gefroren ist. Dann wird die Vakuumpumpe eingeschaltet. Nach einigen Minuten wird nochmals Cellulose-

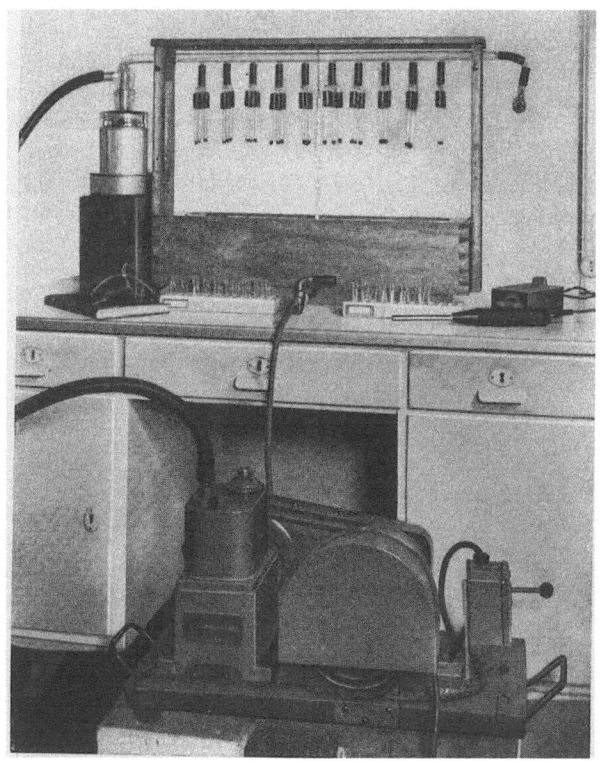

Abb. 16. Lyophile Gefriertrocknungsanlage
der Fa. *Vereinigte Mautner Markhof'sche Preßhefefabriken*, Wien.

Methylester von Raumtemperatur langsam in der Gefrierbad gegossen, bis eine Temperatur von ungefähr $-5°$ C erreicht ist. Bei dieser Temperatur erkennt man nach ungefähr 10 Minuten, daß die gefrorenen Präparate trocken sind. Bevor der ganze Inhalt trocken erscheint, muß aber darauf geachtet werden, daß die Temperatur nicht höher als auf $2-3°$ C steigt. Anschließend werden die Röhrchen noch weitere 10 Minuten im Gefrierbad gehalten und schließlich herausgenommen. Die Evakuierung wird aber bei Zimmertemperatur noch 30 Minuten fortgesetzt und die Röhrchen dann, solange die Pumpe noch läuft, mit einem Sauerstoffgebläse zugeschmolzen. Abschließend werden dann die Präparate auf ihr Vakuum geprüft und in einen Kühlschrank zur Aufbewahrung gebracht. Die Gesamtbehandlungszeit beträgt ungefähr 2 Stunden.

Ehe die so behandelte Hefe wieder in Kultur genommen werden soll, wird das betreffende Röhrchen nochmals auf sein Vakuum geprüft, in der Mitte angefeilt, mit einem im Alkohol getauchten Wattestückchen abgewaschen und abgebrochen und die Öffnung leicht abflambiert. Mit einer vorher in die zu verwendende Nährlösung eingetauchten Platinöse wird dann der Inhalt aus den Lyophilröhrchen in die Kulturgefäße übertragen und darin durch Schütteln verteilt. Außerdem wird noch eine Agarstrichkultur auf einer Petrischale angelegt und beides auf 48 Stunden in den Thermostaten gebracht. Die für die Weiterzüchtung verwendete Nährlösung bestand aus 0,3% getrocknetem Hefeextrakt, 0,5% Pepton und 1% Dextrose. Zur Herstellung eines festen Nährbodens wurden 2% Agar zugegeben. Das p_H betrug 6,8—7,0.

Abb. 17. Gefriertrocknungsanlage.
Bauart: *Leybold*, Köln.

Die *Apparatur* kann für 30 bis 60 Einzelproben gebaut werden, sie besteht im wesentlichen aus dem Gestell für die Röhrchen, dem Gefrierbad, einer Vakuumpumpe mit Manometer und einer Kondensatorflasche zur Aufnahme des bei der Trocknung abziehenden Wassers. Die Lyophilröhrchen besitzen einen Durchmesser von etwa 6 mm.

Das *Versuchsergebnis* läßt sich etwa wie folgt zusammenfassen:

1. Nach einem Verlauf von zwei Jahren waren 98% der behandelten Hefestämme noch am Leben.

2. Das Absterben in einer Agarkultur kann durch die lyophile Trocknung vermieden werden.

3. Die konservierte Hefe behält ihre Leistungsfähigkeit und beansprucht nur sehr wenig Lagerraum.

Die vorbeschriebene Apparatur ist auf ihre Brauchbarkeit von den *Vereinigte Mautner Markhof'sche Preßhefefabriken*, Wien, untersucht worden; sie ist aus Abb. 16 zu ersehen. Dieser Apparat ist in Wien unter Verwendung von Leybold-Vakuumpumpen hergestellt worden.

Zur Durchführung der lyophilen Trocknung der Reinzucht dürfte sich die Gefriertrocknungsanlage der Firma *Leybold-Hochvakuum-Anlage GmbH.*, Köln-Bayental, eignen, die in Abb. 17 gezeigt wird.

Diese Anlage kann zum Trocknen von etwa 1 l Lösung oder Substanz benutzt werden und ermöglicht Trockentemperaturen bis unter —40° C. Es gehört dazu ein Vakuumpumpsatz, eine Druck- und Temperaturmeßeinrichtung, ein Thermostat, ein Sterilisationsfilter und eine Lufttrockeneinrichtung. Zur Aufnahme der zu trocknenden Gegenstände dient eine Plexiglasglocke von etwa 30 cm Durchmesser. Hierdurch ist eine gute Beobachtung des Trockengutes während des ganzen Trockenprozesses möglich. Daneben sind die Meßinstrumente übersichtlich angeordnet, während sich alle übrigen Maschinenteile in dem pultartig ausgebildeten Schrank befinden.

Die Anlage ist zur Verwendung von Ampullen, Flaschen und Schalen geeignet.

Das zu trocknende Material wird nach dem Einfrieren auf die Platten der Gefriertrocknungsanlage gesetzt. Durch Anlegen von Vakuum setzt dann der Sublimationsprozeß ein, durch den der freiwerdende Wasserdampf an einem Eiskondensator niedergeschlagen wird. Die erforderliche Verdampfungswärme wird dem Trockengut dabei durch eine Heizvorrichtung zugeführt, die in den Platten eingebaut ist.

Ist der Hauptteil des Eises absublimiert, so wird der Eiskondensator abgeschaltet und eine Nachtrocknung mit Hilfe der eingebauten Diffusionspumpe durchgeführt. Am Ende der Nachtrocknung wird der Rezipient mit getrocknetem Stickstoff durchgespült und das Trockengut entnommen.

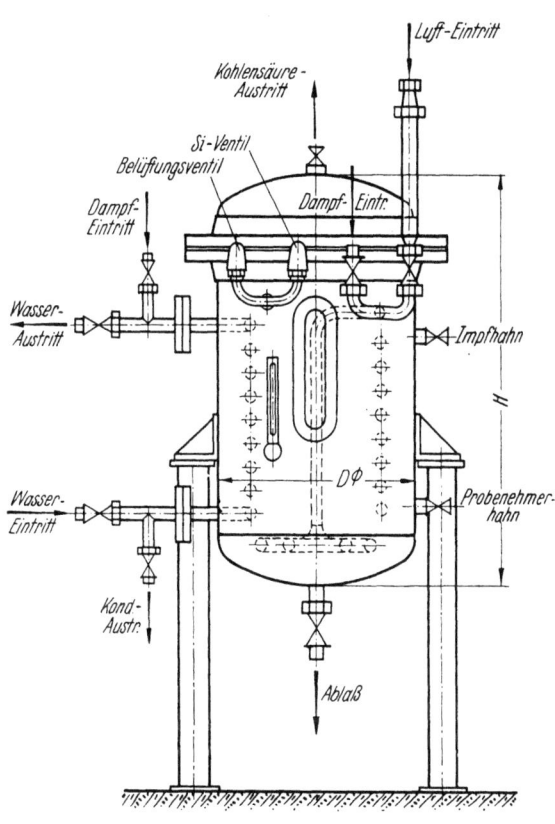

Abb. 18. Reinzuchtgefäß.
Bauart: *Strauch & Schmidt*, Hamburg.

Schrifttum.

SCHNEGG, H.: Das Lyophilverfahren nach L. u. J. Wickerham und A. Andreasen. Brauwissenschaft H. 5, Mai 1950.

WICKERHAM u. ANDREASEN: Wallerstein Laboratory Comm. **5**, 165 (1942).

WICKERHAM u. FLICKINGER: The Brewers Digest **21**, 48 (1946).

ROGERS: Infections Diseases, **14**, 100 (1914).

ELSER, W. J., R. A. THOMAS u. G. J. STEFFEN: J. Immunology **24**, 433 (1935).

LEYBOLD: Hochvakuumanlagen für Gefriertrocknung, Köln 1954, S. 3—11.

ε) Hefereinzuchtanlage.

Die zur Reinzüchtung von Hefe zur Verwendung kommenden Apparate werden meist im Verhältnis von 1:10 oder auch 1:5 gebaut. So hat das Gefäß der Abb. 18 z. B. einen Inhalt von 50 l. Daran schließen sich je nach Bedarf größere Gefäße mit 500 l und 5000 l an.

Die Gefäße können auch ohne Kühlschlangen mit Außenberieselung gebaut werden. Es ist dann am Fuß noch eine Auffangschale vorgesehen.

Abb. 19 stellt eine moderne Reinzuchtanlage dar. Die Anlage besteht aus drei Stufen. Je nach den in Frage kommenden Betriebsbedingungen wird das Verhältnis von einer Stufe zur anderen zwischen 1:5 und 1:10 gewählt. Die erste Stufe erhält meist einen Inhalt zwischen 50 und 150 l. Die Apparate werden entweder aus nichtrostendem Stahl oder aus Kupfer innen verzinnt ausgeführt. Sie sind im Innern außer mit einem gelochten Ringrohr bei kleinen Apparaten, bzw. Verteilungssystem bei größeren Appa-

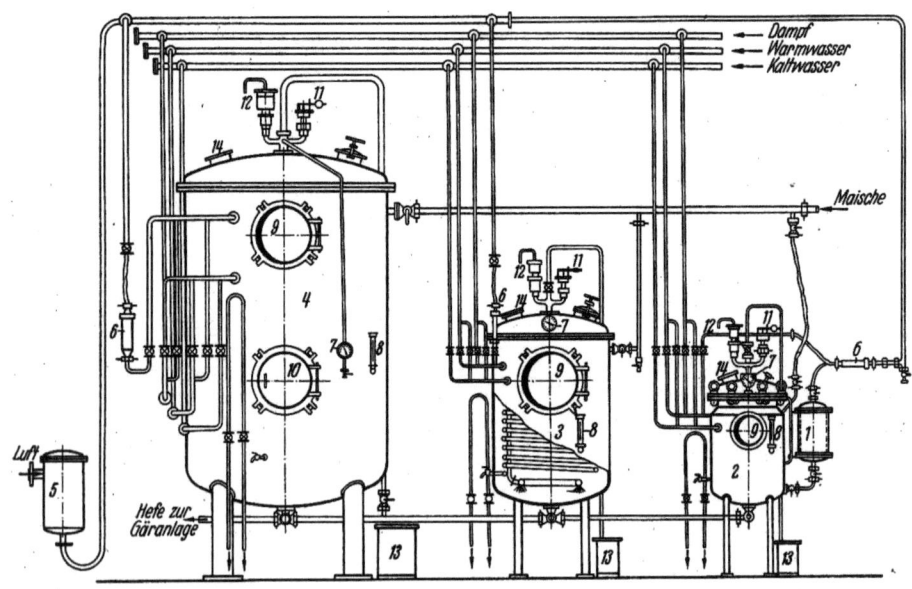

Abb. 19. Hefereinzuchtanlage. Bauart: *Gebr. Herrmann*, Köln.
1 Impfgefäß; — *2* Apparat, 1. Stufe; — *3* Apparat, 2. Stufe; — *4* Apparat, 3. Stufe; — *5* Luftfilter; — *6* Wattefilter; — *7* Manometer; — *8* Thermometer; — *9* aufklappbares Schauglas; — *10* Mannloch; — *11* Sicherheitsventil; — *12* Vakuumventil mit Filter; — *13* Flüssigkeitsverschluß; — *14* Lichtglas.

raten für die Einleitung von filtrierter Luft und von Dampf mit einer Rohrschlange ausgerüstet. Durch diese Rohrschlange kann sowohl Dampf für das Aufkochen und Sterilisieren der Nährlösung als auch Kaltwasser zum Kühlen und gegebenenfalls Warmwasser zum Erwärmen während der Gärung eingeleitet werden. Auf den Einbau dieser Rohrschlange kann in Sonderfällen verzichtet werden. Die Kühlung während der Gärung erfolgt dann durch Außenberieselung.

Abb. 20 zeigt einen geschlossenen Gärbottich, wie er im Anschluß an die Hefereinzuchtanlage für eine möglichst infektionsfreie Gärung benutzt werden kann.

ζ) Gewinnung von *Anstellhefe*.

Zum Züchten der Anstellhefe hat man früher nach Art der sogenannten Satzmaische mit Konzentrationen von 25—30° Balling gearbeitet.

G. WEISWEILER, Wien, hat nun gefunden, daß die Hefe in ihren Eigenschaften verändert wird, wenn sie einem hohen osmotischen Druck in Würzen von normalem Zuckergehalt ausgesetzt wird, deren Dichte durch Zusatz von löslichen organischen oder anorganischen Substanzen bis auf 18—50° Balling und darüber erhöht wurde. Die Erhöhung wurde von ihm insbesondere mit Magnesiumsulfat und Natriumsulfat durchgeführt, wie die folgenden Beispiele zeigen:

1. Eine Maische, bestehend aus 20 l Melasse von 13° Balling und 0,24 g Aminostickstoff in 300 ccm Würze wird durch Zugabe von $5^1/_2$ kg Natriumsulfat auf eine Konzentration von 40,8° Balling gebracht, mit 2 kg gewöhnlicher Preßhefe angestellt und während der Gärung durch fortlaufenden Zusatz von Natriumsulfat auf gleicher Konzentration gehalten. Nach etwa 18 Stunden ist die Maische vergoren und die Hefe ausgereift. Die so gewonnene Stellhefe wird unter gleichen oder ähnlichen Bedingungen in einem Ansatz vermehrt und ergibt hierbei eine sehr gärkräftige Anstellhefe, die unter dem Mikroskop einheitlich große Individuen mit überaus starker Zellwand zeigt.

2. 10 l Melasselösung von 10° Balling, enthaltend 1,3 kg Melasse, 40 g Ammonsulfat und 50 g Superphosphat, werden durch Zusatz von 3,9 kg Magnesiumsulfat auf 40° Balling gebracht, mit 100 g Preßhefe angestellt, und in 36 Stunden unter kräftiger Lüftung vergoren. Die geerntete Hefe, die eine bedeutend erhöhte Gärkraft

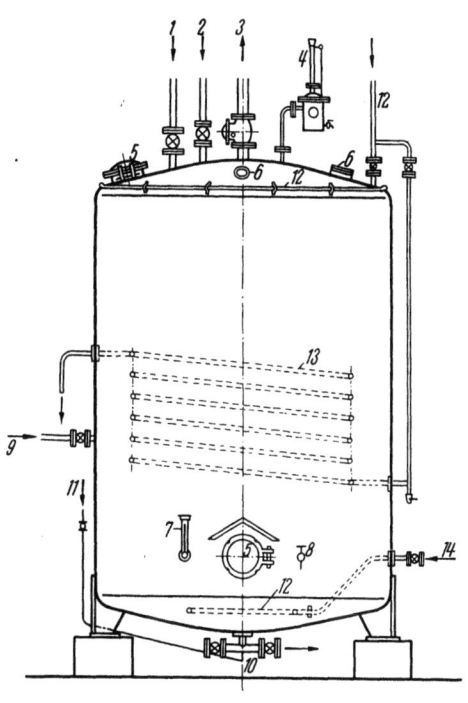

Abb. 20. Geschlossener Gärbottich. Bauart: *Gebr. Herrmann*, Köln.

An normaler Ausrüstung erhält dieser Bottich:
1 Einlaßventil für Gärlösung; — *2* Einlaßventil für Wasser; — *3* Kohlensäureableitung; — *4* Sicherheitsvorlage, zur Vermeidung von Druck und Vakuumbildung; — *5* Mannlochverschluß im Deckel und Mantel; — *6* Schauglas und Lichtglas; — *7* Thermometer; — *8* Probehahn; — *9* Anschlußleitung für die Zuführung der Stellhefe bzw. Anschluß für eine Verschneideleitung zwischen den Gärbottichen; — *10* Ablaßgarnitur für vergorene Würze und Spülwasser; — *11* Dampfanschluß zur Sterilisierung des Bottichs; — *12* Außenberieselungsvorrichtung zur Kühlung des Bottichs; — *13* In Sonderfällen eine im Innern des Bottichs eingebaute Kühlschlange. Diese Kühlschlange ist überall da notwendig, wo mit konzentrierten Würzen und hohen Betriebstemperaturen gearbeitet wird; — *14* Verteilungsrohr für Luft, durch welches gegebenenfalls auch Dampf eingeleitet werden kann.

zeigt, wird noch dreimal unter Beibehaltung derselben Magnesiumsulfatkonzentration fortgezüchtet. Bei fortschreitender Behandlung steigt auch die zunächst herabgesetzte Hefeausbeute sehr erheblich, ohne daß die Triebkraft merklich sinkt. Bei Verwendung der so gezüchteten Hefe als Anstellhefe in normalen Maischen wird die hohe Triebkraft durch mehrere Generationen erhalten, ja sogar erhöht.

Wenn man die Hefe in der Weise züchtet, daß man die ganze Saathefe auf einmal in die Nährflüssigkeit gibt, so erhält man Hefezellen gleichen Wachstumsgrades, aber verschiedenen Alters. E. STICH, Heidelberg, hat nun eine in üblicher Weise herangezüchtete Saathefe zur Erzeugung von Anstellhefe für Betriebszwecke gleichmäßig fortlaufend oder in gleichen Teilen portionsweise der Nährlösung eines weiteren Gärbottichs während ihrer Generationswechselzeit zugesetzt. Er ging von der Tatsache aus, daß bei einer Generationszeit von z. B. 3 Stunden aus einer Zelle in dieser Zeit zwei Zellen, in 6 Stunden vier Zellen, in 9 Stunden acht Zellen usw. entstehen. Es sind also in der Endmenge Zellen verschiedenen Alters vorhanden, sie haben aber, da sie sich alle in 3 Stunden immer wieder verdoppeln, während des Generationswechsels denselben Wachstumsgrad.

Es wird nun der Unterschied zwischen der alten und der neuen Arbeitsweise am folgenden Beispiel erläutert:

Vermehrt man 1 kg Anstellhefe gleichen Wachstumsgrades dadurch, daß man es innerhalb einer Generationszeit gleichmäßig in ein zweites Gärgefäß überführt (neues Verfahren), so bleibt bis zum Generationswechsel die Anzahl der Zellen erhalten, dagegen wächst ihre Masse. Die zuerst in das zweite Gärgefäß übergeführte Zellenmenge je Sekunde steht am Ende der Generationszeit vor ihrer Verdoppelung, die zuletzt eingeführte Zellenmenge erhält ihren ersten Zuwachs. Gibt man aber die Anstellhefemenge von 1 kg auf einmal zur Vermehrung in das zweite Gärgefäß (altes Verfahren), so entstehen innerhalb einer Generationszeit 2 kg mit der doppelten Zellenzahl. Bei gleichmäßiger Zufuhr innerhalb einer Generationszeit (neues Verfahren) bleibt die Zellenanzahl erhalten, der Zuwachs an Masse beträgt aber nur 0,41 kg. Nach einer Generationszeit fallen also 1,41 kg Hefe an, in denen Hefezellen aller in einer Generationswechselzeit möglichen Wachstumsgrade vorhanden sind.

Die nach der neuen Methode gewonnene Hefemenge enthält bei ihrer Weiterzüchtung, gleichgültig ob diskontinuierlich oder kontinuierlich gearbeitet wird, ständig Hefezellen aller Wachstumsgrade. Nach E. STICH sollen vor allem im Kreislaufgärverfahren konstante Verhältnisse zu erzielen sein, und zwar in bezug auf Nährstoffzufuhr, Luftzufuhr, Wärmeregulierung, Füllhöhe des Gärbottichs, Hefemenge und Alkoholkonzentration. Besonders zu regeln sei nur der p_H-Wert der Würze.

η) Besondere Art des Stellhefezusatzes.

Um Stockungen während der Gärung zu vermeiden, hat A. POLLAK, Chicago, USA, die Stellhefe in zwei Teilen zur Anwendung gebracht. Der eine Teil etwa 5%, berechnet auf das Rohmaterial, wurde sofort in den Hauptgärbottich gebracht, dagegen ein zweiter Teil in derselben bis zur doppelten Menge bei etwa 30° C während 3—6 Stunden einer Vorbehandlung mit einem Auszug aus gekeimten Cerialien unterzogen. Letzterer Anteil wurde dann einer gesonderten Vorgärung unterworfen, zu welcher etwa 10—20% des Maischmaterials benutzt wurden, sowie ein gleicher Teil von Schlempe aus einer früheren Gärung. Die sprossende Hefe wurde dann zusätzlich zur Hauptgärung hinzugegeben. An Stelle der Getreideauszüge sind auch andere Zusätze, wie z. B. plasmolysierte Hefe, benutzt worden.

Das Lüftungsverfahren: Melasseverarbeitung. — Hefereinzucht. 85

ϑ) *Die Standardapparatur für Versuchsgärungen.*

Für Versuchsgärungen, insbesondere für das Studium der biologischen Eiweißsynthese von Hefe mit verschiedenen Rohstoffen, ist von H. FINK, R. LECHNER und JOS. KREBS eine Apparatur entwickelt worden, die sich speziell für standardisierte Versuche eignet (Abb. 21).

Hiernach hat man die eigentliche Züchtungsapparatur und die vor- und nachgeschalteten Hilfsgeräte zu unterscheiden.

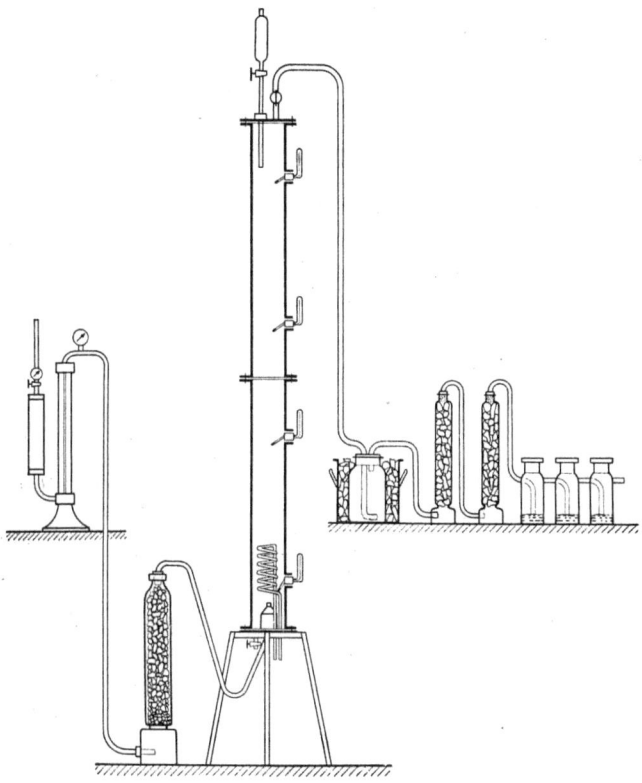

Abb. 21. Standardapparatur.

Die Züchtungsapparatur besteht aus einem oder mehreren Glaszylindern von je 100 cm Höhe und 10 cm lichtem Durchmesser, also für einen Inhalt von 8—10 l. Die Glaszylinder sind an den Enden mit geschliffenen Glaswülsten versehen, damit mehrere Zylinder übereinander gesetzt und durch geeignete Dichtungen mit Metallflanschen verbunden werden können. Man kann so eine mehrere meterhohe Apparatur bauen, die ebenso wie eine Einzelröhre durch eine Bodenplatte bzw. eine Deckplatte gasdicht verschlossen werden kann. Außerdem sind an den Glaszylindern noch 1 oder 2 Glastubusse angebracht, die zur Aufnahme von Meßinstrumenten verschiedener Art (Thermometer, registrierende Temperaturscheibe, registrierende p_H-Messungen, r_H-Messungen usw.) dienen können. Zur Belüftung dient eine sogenannte Filterkerze bzw. auch eine Siebplatte aus Metall mit bekanntem Lochdurchmesser. Durch die Bodenplatte führt eine verzinnte Metallrohrschlange zum Teil für Kühlung mit kaltem Wasser oder für Heizung mit warmem Wasser, welches in einfacher Weise durch Einschalten eines in die Wasserleitung eingebauten elektrischen Heizkörpers mit Signallampe erzeugt werden kann. Schließlich ist noch ein Hahn an der Bodenplatte zum Ablassen der Flüssigkeit sowie für Probenahmen vorhanden.

Die verzinnte Deckplatte, welche ebenfalls mittels Flanschen und Dichtung auf dem obersten Zylinder gasdicht anzubringen ist, besitzt ein Gasaustrittsrohr und einen Tubus, in den ein für den Zulauf der Nährstoffe bestimmender Tropftrichter mittels Gummistopfen oder Stopfbuchse eingesetzt werden kann. Die gelösten Nährstoffe werden mit Preßluft eingeführt, wenn der Widerstand der angeschlossenen Gaswäsche ein größerer ist. Ein dritter Tubus dient zum Eintropfen von Gärfett zur Schaumbekämpfung.

Die das Züchtungsgefäß verlassenden Gase werden einer Batterie von Absorptionsgefäßen zugeführt, in denen der Alkohol, andere flüchtige Verbindungen und die gebildete Kohlensäure aufgenommen und analytisch quantitativ bestimmt werden können. Die Gaswäsche zur Erfassung des Alkohols besteht aus einer in Eis gepackten Waschflasche für 2 l Fassung mit doppelt gebohrtem Gummistopfen. Die Gärgase treten aus einer nicht besonders feinporigen Glasfritte von Jenaer Glas aus. Nach dem Verlassen der Alkoholwäsche werden die Gärgase zwecks Trocknung durch zwei Chlorcalciumtürme und schließlich durch zwei mit 50%iger Kalilauge und einer dritten mit konzentrierter Schwefelsäure beschickten Waschflasche mit gesintertem Einsatz von Jenaer Glas geleitet. Aus der Gewichtszunahme der Waschflaschenbatterie kann auf die gebildete Kohlensäuremenge geschlossen werden.

Die Luft für die Belüftungskörper wird durch ein steriles Wattefilter, welches vorgeschaltet ist, mit einem Druck von 0,3—1 atü hindurchgeleitet. Ihre Menge wird durch Luftmesser ermittelt. Je nach der zu erzielenden Genauigkeit können geeichte Rotationsmeßuhren, Rotameter und Venturirohre mit passendem Meßbereich verwendet werden. Sofern der Kohlensäuregehalt des Gasstromes hinter dem Züchtungsgefäß gemessen werden soll, kann die Preßluft vorher auch noch zur Entfernung der Kohlensäure durch einen Turm mit schwach angefeuchtetem Natronkalk geschickt werden. Die Regulierung der Luftzufuhr ist zweckmäßig durch einen Feinregulierungshahn mit Mikrometerschraube vorzunehmen.

Der Belüftungskörper aus porösem keramischen Material bedarf einer sorgfältigen Behandlung. Die Apparatur darf grundsätzlich nur dann mit Flüssigkeit gefüllt werden, wenn zuvor die Luft angestellt worden ist. Auch nach Ablassen der Gärflüssigkeit muß noch Luft durch den Belüftungskörper strömen, um das Vollsaugen desselben zu vermeiden.

Für die Reinigung und Sterilisierung ist ein Aluminiumstutzen von gleichem Durchmesser wie die Glaszylinder, jedoch nur etwa 70 cm hoch, vorgesehen, der mittels seines umgebördelten Randes auf die Grundplatte aufgeschraubt werden kann. Derselbe wird am Ende jedes Versuches angebracht und bei noch strömender Luft erst mit kaltem und dann zweimal mit heißem Wasser gefüllt. Nach Ablassen des Waschwassers wird schließlich solange Luft durch den Belüftungskörper geblasen, bis er vollkommen trocken ist.

Die Apparatur befindet sich auf einem Ringgestell mit Dreifuß. Die Glasröhren sind außerdem mittels Schellen besonders befestigt.

Sofern eine sehr hohe Apparatur benutzt werden soll, ist eine Bedienungsbühne vorzusehen bzw. im Abstande von 1,5 und 1 m herabklappbare Podeste mit Geländer, die an der Wand anzubringen sind und mit einer Leiter bequem bestiegen werden können.

Schrifttum.

FINK, H., R. LECHNER u. JOS. KREBS: Biochem. Z. **299**, Heft 1 bis 2, S. 28 bis 31 (1938).

8. Gewinnung von Hefe und Alkohol.

Heute wird im allgemeinen nach folgendem Schema gearbeitet:

Reinkultur
|
Reinzucht
|
Vorgärung
|
Stellhefe I
|
Stellhefe II
|
Versandhefe

Über die Heranführung der Hefe vgl. den Abschn. „Reinzucht und Stellhefe".

Die Herstellung der Versandhefe hat verschiedene Entwicklungsstadien durchlaufen. Man muß unterscheiden zwischen dem älteren *Füllverfahren*, dem *Zulaufverfahren* und dem *Deloffre-Verfahren*.

α) Füllverfahren.

Typisch ist hier die Angleichung an die Arbeitsweise, wie sie bei der Herstellung der Getreidehefe zuletzt üblich war. BERGANDER hat deshalb die Herstellung einer Stellhefe I wie folgt beschrieben:

Die geklärte Melasse, welche 3—6% Superphosphat und 1—2% Ammonsulfat enthielt, wurde mit Wasser im Gärbottich auf 6,5—7° Balling verdünnt. Der Säuregrad betrug 0,25—0,3. Zum Anstellen wurde die gesamte „Vorgärung" hinzugegeben. Die Temperatur stieg langsam von 24° C bis 30° C an. Von der zweiten bis zur sechsten Gärstunde wurde je 0,2 Vol.-% Ammoniakwasser zugegeben. Es wurde schwach gelüftet. Der Säuregrad stieg nach der letzten Ammoniakgabe auf etwas über 0,3 an, fiel dann aber wieder auf den Anfangsgrad ab. Die Ballinggrade fielen bis auf etwa 2,6°. Nach einer Gärdauer von 10—11 Stunden wurde eine Ausbeute von 16—20% Hefe und 22—26% Alkohol erzielt.

Analog war die Herstellung der Versandhefe in etwas verdünnteren Nährlösungen bei stärkerer Belüftung. In jedem Falle wurde die gesamte

Nährlösung mit der gesamten Stellhefemenge zur Gärung angestellt. Nur die Zugabe des Stickstoffes erfolgte während der 10—12stündigen Gärzeit in Abständen.

Das Füllverfahren hat heute keine praktische Bedeutung mehr, deshalb braucht auf die zahlreichen Variationen nicht näher eingegangen zu werden.

β) Zulaufverfahren.

Allgemeines. Etwa seit dem Jahre 1915 hat sich das Zulaufverfahren erst zögernd, dann allgemein eingeführt. Man verdünnt die Melassewürze sehr stark zu Beginn der Hefezüchtung und läßt dann beständig Würze von höherer Konzentration langsam zufließen. Infolge des fortdauernden Verzehrens der Nährstoffe durch die Hefe ist immer nur eine solche Konzentration der Würze vorhanden, bei der die Nährstoffe und die dauernd gebildeten Umsatzstoffe am besten aufgenommen werden. Dieser Gedanke ist dem *Verein der Spiritusfabrikanten in Deutschland* in mehreren Variationen geschützt worden, und ist auch heute noch für die Herstellung der Hefe im Stufenverfahren bzw. für die kontinuierliche Hefeerzeugung von Bedeutung.

Etwa zur gleichen Zeit hat A. SCHWARZ ein Zulaufverfahren entwickelt, bei dem die zur Verarbeitung kommenden Materialien einschließlich der Anstellhefe nicht auf einmal von vornherein, sondern nach und nach während der Gärung zugesetzt werden und die zunehmende Acidität durch geeignete Neutralisationsmittel verringert wurde. Ebenso hat *M. Moskovits & Sohn* die Hefenährstoffe kontinuierlich der Gärflüssigkeit zugegeben. L. LAVEDAN hat die vergorene Würze vom oberen Teil der Gärflüssigkeit kontinuierlich abgezogen und separiert, dann aber die enthefte Würze in den Gärbottich zurückgeleitet und die Konzentration durch neue Zuckerlösung konstant gehalten.

Besonders eingehend hat die *Dansk Gaerings Industrie A.S.*, zum Teil zusammen mit S. SAK, das Zulaufverfahren weiterentwickelt. Man hat die Konzentration der Würze reguliert, man hat Hefe in verhältnismäßig dünne Würzen gesät und stärkere Würzen zulaufen lassen und auch den entstehenden Alkohol ganz oder teilweise zum Verschwinden gebracht. Man hat auch die Konzentration der Nährstoffe so gesteigert, daß beträchtliche Mengen Alkohol entstanden, der nach Wunsch von der Hefe wieder assimiliert oder auch als solcher gewonnen werden kann.

R. L. CORBY und W. H. F. BÜHRIG und die *Fleischmann Co.* haben in einem bestimmten Stadium des Prozesses nur einen Teil der erzeugten hefehaltigen Flüssigkeit abgezogen, während der verbleibende Teil verdünnt und dann wieder wie zuvor weiterbehandelt wurde, um an Gärraum und Luft zu sparen. Hierzu haben dann auch Haupt- und Hilfsgefäße gedient. In ähnlicher Weise wurde bei der *International Yeast Co. Ltd.* gearbeitet.

A. P. HARRISON hat die Gärung in einer dünnen Nährlösung begonnen und dann ohne Lüftung bis zur Ballingkonstanz weitergegoren. Alsdann wurde ein Teil der Flüssigkeit abgezogen, der Rest diente als Stellhefe für die nächste Gärung unter Verwendung frischer Nährlösung.

W. KNAPPE hat ein Stufengärverfahren entwickelt, bei dem der Hefe in ganz bestimmten Zeitabständen genau bemessene, nach und nach größer gewählte Mengen Nährlösung zugegeben werden, so daß die Hefe jedesmal nur zu einem bestimmten Wachstum, z. B. zu einer Verdoppelung, kommt. Dies ist von E. A. MEYER, A. J. C. OLSEN, *International Yeast Co. Ltd.* sowie von S. SAK variiert worden. Letzterer hat ein praktisch gleichbleibendes Verhältnis zwischen der im Gärbottich enthaltenen Hefemenge und der im Lauf einer Zeiteinheit zugesetzten Menge der Nährstoffe herbeigeführt. Er hat auch die hefehaltige Würze von Zeit zu Zeit teilweise abgezogen, zentrifugiert, vom Alkohol befreit und dann nach dem Abkühlen wieder in das Gärgefäß zurückgeleitet.

Mit der Dosierung und möglichst gleichmäßigen Zuteilung haben sich auch A. P. HARRISON, A. BOYE, M. FISCHLS Söhne und F. ROSENBERG, H. HUMMER und andere befaßt.

K. A. JACOBSEN betrieb die ununterbrochene Gewinnung von Lufthefe durch Gärung, indem der Gärflüssigkeit von Zeit zu Zeit frische Nährlösung zugesetzt wurde, während hefehaltige Würze abgezogen wird, um in einem anderen Gefäß zur Reife gebracht zu werden. Dies hat auch die *International Yeast Co. Ltd.* in verschiedenen Bottichen durchgeführt. Dabei wird die Gärflüssigkeit in drei oder mehr getrennten hintereinander wandernden Posten in verschieden aufeinanderfolgenden Wachstumsgraden gehalten, wobei in den einzelnen Bottichen die jeweils den Wachstumsgraden entsprechenden Bedingungen eingehalten werden.

E. STICH hat sich neben seiner Feinstbelüftungsmethode vor allem mit der apparativen Seite der Gärung in verschiedenen Gefäßen befaßt. Zunächst hat er den Inhalt der Bottiche derart abgestuft, daß die Hefevermehrung und die Nährstoffzuführung in bestimmten Zeiten vor sich gehen kann. Dann hat er durch hintereinandergeschaltete Kammern ständig ein Würze- und Hefequantum hindurchgeführt, derart, daß der ersten Kammer ständig eine gewisse Menge Hefe, allen Kammern gleichzeitig eine gewisse Menge Nährlösung und Luft zugeleitet wird, während das stündliche Zuwachsquantum der Einzelkammern diesen oder das Gesamtzuwachsquantum aller Kammern der letzten entnommen und in Ausreifekammern überführt wird. Die Bottiche oder Kammern wurden auch als Strömungsröhren ausgebildet.

Die weitere Entwicklung des Zulaufverfahrens hängt eng mit der Belüftungsmethode zusammen.

Die Verbesserung des Zulaufverfahrens. Wie schon erwähnt, hat S. SAK das Zulaufverfahren besonders ausgestaltet. Es erscheint notwendig, die Arbeitsweise sich zu vergegenwärtigen, welche die weitere Entwicklung maßgebend beeinflußt hat. SAK hat bereits im Jahre 1927 wie folgt gearbeitet:

Eine Gärung wird in einem Gärbottich von etwa 42000 l Inhalt durch Anwendung von 500—1000 kg Stellhefe in 20000 l Melasselösung von 1,8° Balling begonnen. Eine Stunde später beginnt dann der Zusatz von Melasselösung von 1,5° Balling, und zwar mit 11000 l auf die Stunde verteilt. Wenn entnommene Proben zeigen, daß die Würze praktisch vergoren ist, entfernt man in der Minute etwa 150 l hefehaltiger Würze, die durch Zentrifugieren in zentrifugierte Würze und zentrifugierte Hefe getrennt wird, wobei letztere zum Gärbottich zurückgeleitet wird. Man setzt so viel Melasselösung von etwa 1,5° Balling zu, daß das Volumen annähernd konstant gehalten wird. Je nachdem die Hefemenge im Gärbottich steigt, erhöht man die Menge von abgeleiteter hefehaltiger Würze und die Menge von zugeführter Nahrungsstofflösung der genannten Konzentration. Wenn die Hefemenge auf etwa 50 g Hefe je Liter Würze gestiegen ist, ist dieser Wert während des folgenden Teils der Gärung aufrechtzuerhalten.

Wenn man beabsichtigt, die Hefe ausreifen zu lassen, kann es zweckmäßig sein, die Hefemenge auf etwa 65 g je Liter ansteigen zu lassen. Nach einem solchen Ausreifen kann es mit Rücksicht auf die Fortsetzung der Gärung zweckmäßig sein, die Hefemenge wieder auf etwa 50 g je Liter gärender Würze fallenzulassen.

Die Temperatur wird während der Gärung auf etwa 30° C gehalten, die Lüftung erfolgt während der ersten Stunde mit 1200 cbm Luft, in den folgenden Stunden je 4000—5000 cbm.

Um während der ganzen Gärung oder während eines Teils derselben ein praktisch gleichbleibendes Verhältnis zwischen der im Gärbottich enthaltenen Hefemenge und der im Laufe einer Zeiteinheit zugesetzten Menge der Nährstoffe, insbesondere des Zuckers, herbeizuführen, ist wie folgt gearbeitet worden:

In einem Gärbottich mit 21 000 l Nutzvolumen werden 1400 kg Stellhefe, die mit 3000 l Wasser von 30° C aufgeschlämmt sind, mit 11500 l Wasser von 30° C gemischt. Es wird Superphosphatlösung in einer Menge, die 1,8 kg P_2O_5 entspricht, und Magnesiumsulfat in einer Menge von 1,1 kg zugegeben. Diese Mengen entsprechen 1% und 0,6% der in der ersten Stunde zuzuführenden Melassemenge; dieselben Prozentmengen dieser Chemikalien auf Melasse bezogen, werden auch in den folgenden Stunden zugesetzt. Nach Einleitung der Gärung werden 21 kg Ammonsulfat und 5,5 l Ammoniakwasser (25%ig) zugegeben sowie weitere Mengen dieser Chemikalien im Laufe der Gärung nach Bedarf.

Unter Einhaltung einer Temperatur von 30° C in der gärenden Würze und unter Lüftung mit 2300 cbm Luft je Stunde werden im Laufe 1 Stunde gleichmäßig 5000 l einer 3,6%igen Melasselösung (mit etwa 50% Zuckergehalt) zugesetzt.

Es werden jetzt je Minute 100 l gärender Würze entnommen, welche zu den Separatoren geführt und in praktisch zuckerfreie Würze und separierte Hefe getrennt wird. Die separierte Hefe wird zu einem mit Rührwerk versehenen Sammelbehälter geführt und zur gärenden Würze zurückgeführt. Von dem Augenblick an, wo die Entnahme hefehaltiger Würze anfängt, bis zu dem Augenblick, wo die separierte Hefe in die gärende Würze zurückfließt, vergehen etwa 10 Minuten.

Im Laufe des folgenden Teils der Gärung werden stündlich 5000 l einer Lösung von 180 kg Melasse außer den erwähnten Chemikalien zugeführt, und es wird mit 2300 cbm eingesaugter Luft je Stunde gelüftet. Das Volumen der in der Stunde gleichmäßig zurückgeführten separierten Hefe beträgt in der ersten Stunde 1050 l und in den folgenden Stunden 1000 l Hefemilch, die etwa 27% einer Hefe von etwa 26% Trockensubstanz enthält.

Das Volumen der gärenden Würze und die Hefemenge kann dadurch konstant gehalten werden, daß man das Verhältnis zwischen entnommener

Würze und zurückgeführter separierter Hefe genau einstellt. Es wird in Zwischenräumen von 1 Stunde nachgeprüft. 12 Stunden nach Beginn der Zurückführung wird die Hefe in bekannter Weise zum Ausreifen gebracht, separiert und gepreßt.

Herstellung von Hefe in mehreren Bottichen bzw. Kammern.
Bisher war es üblich, die Preßhefe in einem großen Gärbottich herzustellen, welcher bei dem Füllverfahren die notwendige Würze, die Nährsalze und die Stellhefe für eine ganze Herstellungsperiode enthielt. Am Ende der Gärzeit wurde dann die Hefe von der Würze getrennt. Um nun in verbesserter Weise arbeiten zu können, haben C. OLSEN und *The International Yeast Company*, London, die Gesamtmenge der jeweils zur Vergärung kommenden Flüssigkeit in drei oder mehr getrennten hintereinanderwandernden Posten in verschiedenen aufeinanderfolgenden Wachstumsgraden unter

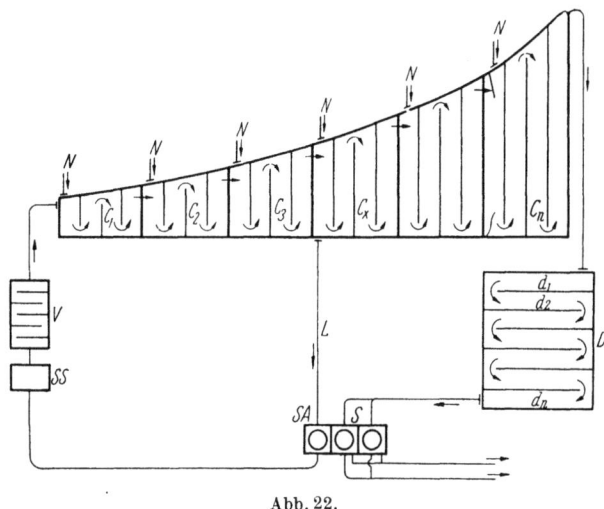

Abb. 22.

ständigem Zusetzen von Hefenahrung und Hefe gehalten. Dabei wurden in den einzelnen Bottichen die jeweils den Wachstumsgraden entsprechenden Bedingungen eingehalten.

Diese Arbeitsweise ist dann von E. STICH und der *Wirtschaftlichen Vereinigung der Deutschen Hefeindustrie*, Berlin, verbessert worden, indem die Gewinnung von Hefe und Alkohol kontinuierlich gestaltet wurde. Hierzu kann die in Abb. 22 gezeigte Apparatur dienen.

Die hintereinandergeschalteten Kammern wachsen in ihrer Größe entsprechend dem Zuwachsquantum. Aus der letzten Kammer fließen dann die Hefe und alkoholhaltige Würze in die Ausreifekammern.

Der Kammerbottich C besitzt eine Anzahl alter Kammern $C_1 - C_n$. Die Kammer C_5 ist z. B. bei fünfmaliger Vermehrung der Hefe 5mal so groß wie die Kammer C_1. Hierdurch wird erreicht, daß je Quadratmeter Grundfläche gleiche Belüftungszahlen und gleiche Hefe- und Nährstoffkonzentrationen möglich sind. Die Hefe wird in der letzten Abteilung der Kammer C_n entnommen und der Ausreifekammer D mit den Abteilungen d_1-d_n zugeführt. Von hieraus wird sie dann nach der Separatorenstation S geleitet.

Um bei dem Verfahren eine möglichst vitale Anstellhefe aus dem Vermehrungsbottich zu erhalten, kann man sie, wie es die Leitung L angibt, aus einer beliebigen Kammer C_x entnehmen, in welcher sich die Hefe zuerst um einen 3—4fachen Betrag vermehrt hat. Diese Hefe läuft dann in den Separator SA und gelangt über den Ansäurebottich SS in den Vorgärbottich V, von wo sie gegebenenfalls mit neuen Zusätzen versehen der Kammer C_1 als Anstellhefe wieder zugeführt werden kann.

Geht man z. B. von 100 kg Anstellhefe aus, so vermehrt sich diese nach 1 Stunde auf 125 kg. Diese 125 kg wachsen in der zweiten Kammer auf 155 kg und letztere in der dritten Kammer auf 190 kg und so fort. Sind 30 kg Hefe im Kubikmeter enthalten, so beträgt die Flüssigkeitsmenge in der ersten Kammer 4,15 cbm, in der zweiten etwa 5,2 cbm, in der dritten etwa 6,5 cbm und so fort. Je Kubikmeter Würze entfällt also immer die gleiche Hefemenge, und die Kammern arbeiten, bezogen auf ihre Volumeneinheit, immer mit der gleichen Luftmenge.

Noch anders haben B. V. HANSEN und die *Aktieselskabet Dansk Gaerings-Industri*, Kopenhagen, gearbeitet. Sie haben die Gärung in mindestens zwei Bottichen eingeleitet, worauf sofort oder später einmal oder wiederholt ein gegenseitiger Austausch von Hefe zwischen den Bottichen, aber ohne Austausch einer entsprechenden Würzmenge vorgenommen wurde. Es geschah dies z. B. in folgender Weise:

1200 kg Melasse werden in bekannter Weise geklärt. Die geklärte Lösung wird gegebenenfalls nach Verdünnung mit Wasser in zwei Teile geteilt. Der eine Teil, 400 kg Melasse entsprechend, wird für eine alkoholfreie Gärung nach dem Zulaufverfahren, der Rest der Melasselösung, 800 kg Melasse entsprechend, für eine alkoholgebende Gärung, die ebenfalls nach dem Zulaufverfahren geführt wird, verwendet.

Die alkoholfreie Gärung mit einer Hefegabe von 80 kg soll 14 Stunden dauern, während die alkoholgebende Gärung für eine Dauer von nur 7 Stunden mit 72 kg Stellhefe angesetzt wird. Die Temperatur der ersten beträgt 26° und wird auf 30° während der Gärung ansteigen gelassen, während die zweite Gärung während ihrer ganzen Dauer bei 30° vorgenommen wird. Die alkoholfreie Gärung wird zum Ausgangszeitpunkt in einem Gärbottich A, die alkoholgebende Gärung in einem Gärbottich B um 2 Stunden später (Zeit 2) begonnen. In beiden Bottichen wird während der Gärung gelüftet. Den Bottichen werden stündlich Proben der gärenden Würze zur Kontrolle der Gärbedingungen entnommen. Nach den Befunden der Probeentnahme werden in bekannter Weise die benötigten Chemikalienmengen zugesetzt.

Zur Zeit 3 beginnt der gegenseitige Austausch der Hefe zwischen den Gärbottichen, der für das vorliegende Verfahren kennzeichnend ist. Es wird zu diesem Zwecke aus dem Gärbottich B eine der Hälfte der in diesem Bottich befindlichen Hefe entsprechende Würzemenge ausgeschleudert. Die separierte Hefe wird dem Gärbottich A zugeführt und die Würze in den Gärbottich B zurückgegeben. Unmittelbar hiernach wird eine ebenso große Hefemenge durch Separieren aus dem Gärbottich A entnommen und die separierte Hefe dem Gärbottich B zugeführt, während die Würze zum Bottich A zurückgeführt wird. Zu den Zeiten 5 und 7 wird ein ähnlicher

Austausch der Hefemenge in den beiden Bottichen vorgenommen, und zwar so, daß jedesmal eine Hefemenge ausgetauscht wird, die der Hälfte der zu dem betreffenden Zeitpunkt im Gärbottich B befindlichen Hefemenge entspricht.

Zur Zeit 9 ist die Gärung im Gärbottich B abgeschlossen. Der ganze Inhalt des Bottichs wird dann ausgeschleudert, und die Hefe wird, gegebenenfalls nach Waschen, dem Gärbottich A zugeführt, während die Würze und unter Umständen auch das Waschwasser zum Abbrennen gehen. Nach der Abtrennung des Inhaltes des Gärbottichs B wird sofort auch vom Gärbottich A eine so große Würzemenge ausgeschleudert, daß die darin befindliche Hefemenge der aus dem Gärbottich B bei der letzten Trennung entnommenen Menge entspricht; die Würze wird zum Gärbottich A zurückgeführt. Die dem Gärbottich A zu diesem Zeitpunkt entnommene Hefemenge wird sofort oder später gewaschen und gepreßt, gegebenenfalls zusammen mit der gesamten Hefe aus dem Gärbottich A, wenn die Gärung in diesem Bottich schon abgeschlossen ist. Die alkoholfreie Gärung wird hier bis zur Zeit 14 fortgesetzt. Die dann ausgeschleuderte Hefe wird entweder für sich oder, wie schon erwähnt, zusammen mit der zur Zeit 9 entnommenen Hefemenge gewaschen und gepreßt.

Die Gesamtausbeute beträgt, nach Abzug der 152 kg Stellhefe, 726 kg Hefe mit 25% Trockensubstanz und 232 l Alkohol (100%ig). Die Durchschnittsausbeute der beiden Gärungen ist somit 60,5% Hefe und 19,3% Alkohol, die sich mit einer Ausbeute von etwa 25% Hefe und etwa 29% Alkohol in der alkoholgebenden Gärung und einer Hefeausbeute von etwa 131% in der alkoholfreien Gärung verteilt, alle drei Ausbeuten berechnet auf die für die betreffende Gärung angewendete Melassemenge. Die bei beiden Gärungen erzielte Hefe ist von besserer Qualität als eine lediglich durch Ausführung einer alkoholfreien Gärung nach dem Zulaufverfahren gewonnene. Der Vorteil des Verfahrens besteht in diesem Fall sowohl in vorteilhafterer Hefeausbeute, als auch in höherer Güte der Hefe.

Während nach dem vorgeschriebenen Beispiel nur mit einer A-Gärung und einer B-Gärung gearbeitet wurde, kann auch in mehr als zwei Bottichen gearbeitet werden.

Besondere Variationen des Zulaufverfahrens. Die *Vereinigte Mautner Markhof'sche Preßhefefabriken*, Wien, haben sich der Aufgabe unterzogen, mit sehr konzentrierten Lösungen zu arbeiten. Während normalerweise in der modernen Lufthefeindustrie mit etwa 25facher Verdünnung gearbeitet wird und die jeweilige Hefekonzentration gewöhnlich zwischen 3,2 und 3,8% schwankt, und nur ausnahmsweise bis auf etwa 5% steigt, ist nunmehr mit großen Mengen von Saathefe angestellt worden, und die hohe Hefekonzentration ist während des Gesamtverlaufes der Gärung beibehalten worden.

Als Beispiel wird ein System von drei Gärgefäßen gewählt. Das erste Gefäß wird mit einer etwa $12^1/_2$fachen verdünnten Melasselösung beschickt und mit den üblichen Zusätzen angestellt. Als Anstellhefe dient z. B. normale Preßhefe aus einer vorangehenden Operation, die vorher z. B. im Verhältnis von 5:1 mit frischer Mutterhefe (z. B. sogenannter

„vierer" Mutterhefe) vermischt worden ist. Die Menge dieser Stellhefe wird so bemessen, daß die Hefekonzentration der angestellten Lösung etwa 18% beträgt. Unmittelbar hierauf setzt die Lüftung ein. Nach etwa 2 Stunden wird ein Teil, im angenommenen Falle $^1/_6$, des Gefäßinhaltes in das zweite Gefäß herabgelassen. Gleichzeitig wird das erste Gefäß mit der gleichen Menge einer frischen, aber höher konzentrierten, etwa 16—20%igen Melasselösung auf das ursprüngliche Volumen aufgefüllt. Dieser frisch eingeführten konzentrierten Melasselösung werden vorher ebenfalls die üblichen Nährpräparate, aber auch frische Mutterhefe, zugesetzt, wobei die letztere etwa 4% der neu zugeführten Lösung beträgt. Am Ende der ersten 2 Stunden steigt die Hefekonzentration im ersten Gefäß um etwa 2,5%, sie beträgt demnach rund 20,5%. Durch die frisch eingeführte konzentrierte Melasselösung wird die Hefekonzentration im ersten Gefäß unter Miteinberechnung der dieser bereits zugesetzten Mutterhefe ungefähr auf die Anfangskonzentration von 18% herabgedrückt. Nach weiteren 2 Stunden steigt die Hefekonzentration wieder auf 20,5%; $^1/_6$ der hefehaltigen Lösung wird wieder herabgelassen und das ursprüngliche Volumen durch Zuführung frischer konzentrierter Melasselösung wiederhergestellt. Dies wird zweistündlich wiederholt.

Die vom ersten Gefäß in das zweite zweistündlich herabgelassene Lösung von 20,5% Hefekonzentration enthält noch etwa 2% vergärbarer Kohlehydrate. Die Kohlehydratreste werden von der Hefe unter Belüftung im Verlauf von 2 Stunden vollständig verarbeitet. Hierbei erfährt die Hefe eine weitere 2,5%ige Vermehrung, so daß die Hefekonzentration im zweiten Gefäß schließlich auf 23% steigt. Die unvergärbaren Bestandteile der in das erste Gefäß nach und nach eingebrachten 10—20%igen Melasselösung gelangen auf diese Weise in ihrer Gesamtheit in das zweite Gefäß. Die Zugabe der üblichen Nährpräparate in das zweite Gefäß kann unterlassen werden.

Nachdem die Hefe ihre Vermehrung unter Verarbeitung der ins zweite Gefäß gelangten Nährstoffe beendet hat, wird der Inhalt dieses Gefäßes ebenfalls zweistündlich, in das dritte Gefäß überführt, wo die Ausreifung der Hefe stattfindet. Das dritte Gefäß, im Gegensatz zu den vorangehenden, enthält keine Einrichtungen zur Belüftung; die Hefe erreicht hier ihre Ausreifung ohne äußere Beeinflussung: die Zellenverbände lösen sich voneinander, die Zellenwände werden entsprechend entwickelt, die assimilierten Stoffe im Zellplasma ordnen sich und gelangen ins Gleichgewicht usw. Nach Ablauf von 2 Stunden kann der Inhalt des dritten Gefäßes zu den Separatoren geleitet werden.

Obwohl der Hefezuwachs im Verhältnis zu der Hefekonzentration anscheinend gering ist, ist er jedoch, berechnet auf das Gewicht der verarbeiteten Masse, sehr beträchtlich und übersteigt die durchschnittlich etwa 80% betragende Ausbeute, welche bisher mit stark verdünnten Lösungen erzielt wurde. Es wird dadurch erreicht, daß man die Hefekonzentration zunächst bis zu einem Höchstwerte steigen läßt, dann etwa bis zur Hälfte durch Zuführung frischer Würze wieder herabsetzt und sie dann wieder bis zu dem gewünschten Höchstwerte steigen und unter Umständen nochmals wieder fallen läßt.

Der Vorteil dieser Arbeitsweise besteht in der guten Ausnutzung der Gefäßräume und darin, daß der Gesamtbedarf an frischer Stellhefe um etwa ein Viertel geringer ist als bei den bekannten Lufthefeverfahren.

H. KIRNBAUER, bei derselben Firma, hat Ersparnisse auf andere Weise erzielt. Er hat die Melasselösung zum Teil durch die in einem vorausgehenden Gärprozeß bei der Separation der Hefe anfallende, enthefte oder entgeistete Würze ersetzt, so daß ein gewisser Teil der Würze im Kreislauf in den Gärprozeß zurückgeführt wird. Es war ganz unerwartet, daß in dieser Weise unter Ersatz von zum Beispiel 15—30% und mehr der Melasse durch enthefte Würze eine gute Preßhefe gewonnen werden kann. Es hat sich als zweckmäßig erwiesen, eine Hefe zu verwenden, die schon im Zuge der Reinzucht und während der Stellhefegärungen an die Verarbeitung von Gemischen aus Melasse und enthefter Würze gewöhnt worden ist.

Die Mitverwendung von enthefter Würze ermöglicht eine erhebliche Verminderung des Stellhefeansatzes bei den Versandhefegärungen. Während man im allgemeinen bei der Verarbeitung von Melasse mit 20% des Melassegewichtes arbeitete, kann der Stellhefezusatz jetzt auf 10—12% bemessen werden.

Es wurde z. B. wie folgt gearbeitet: Der erste Ansatz wurde mit einem Gemisch von 200 kg Melasse und 7—10 hl enthefter Würze (bzw. Dünnschlempe) oder 30 kg Dickschlempe, der zweite Ansatz mit 800 kg Melasse und 30 hl enthefter Würze (bzw. Dünnschlempe) oder 120 kg Dickschlempe und der dritte Ansatz mit 3500 kg Melasse und 130 hl enthefter Würze (bzw. Dünnschlempe) oder 500—700 kg Dickschlempe eingemaischt. Stehen Bottiche mit entsprechend großem Inhalt zur Verfügung, so kann so vorgegangen werden, daß für die Ansätze 1—3 die gesamte Melasse im Gewicht von 4500 kg mit etwa 170 hl enthefter Würze (oder Dünnschlempe) oder 650—850 kg Dickschlempe auf die übliche Weise gekocht, geklärt und der aliquote Teil für die einzelnen Ansätze abgezogen wird. Die Hefe aus dem dritten Ansatz wird separiert, eventuell gepreßt und für die vierte Ansatzgärung in zwei Teile geteilt. Je 3000 kg Melasse werden mit 130 bis 150 hl enthefter Würze (bzw. Dünnschlempe) oder 750—1000 kg Dickschlempe gekocht und geklärt, während etwa 200—250 hl enthefter Würze separat in einem anderen Bottich oder irgendeiner dazu geeigneten Apparatur auf 85° C erhitzt und gekühlt oder heiß als Vorlage statt des Verdünnungswassers in die Gärbottiche gebracht werden, in welchen die beiden Ansätze 4 mit der zulaufenden geklärten Mischung von Melasse und Würze verheft werden. Man kann ferner enthefte oder entgeistete Würze für sich im Anfangsstadium der Gärung als Zulauf verwenden, wobei im weiteren Verlauf der Gärung dann ein Zulauf aus Melasse und Würze folgt. Statt eine Mischung von enthefter bzw. entgeisteter Würze und Melasse für den Zulauf zu verwenden, kann man die enthefte bzw. entgeistete Würze und die Melasse gesondert in den angegebenen Verhältnissen dem Gärbottichinhalt zufließen lassen. Die nach Vergärung der beiden Ansätze 4 separierte Hefe dient als Stellhefe für etwa 16 Verkaufshefegärungen, welche, wie die beiden Ansätze 4, im Zulaufverfahren durchgeführt werden, jedoch mit dem Unterschied, daß bei den Verkaufshefegärungen nur je 2000 kg Melasse mit 130—150 hl enthefter Würze gekocht und geklärt werden. Als Vorlage im Gärbottich werden wieder etwa 250 oder noch mehr der auf 85° C erhitzten und eventuell geklärten, entheften Würze an Stelle des Verdünnungswassers in die Gärbottiche gebracht.

Wenn man in dieser Weise arbeitet, ist eine erhebliche Ersparnis an Melasse zu erzielen.

E. STICH, Mannheim, suchte neuerdings das Zulaufverfahren in anderer Weise zu variieren. Bisher hat man jeweils dem Gärbottich fortlaufend so viel Nährlösung zugeführt, als Würze mit dem Zuwachs an Hefe aus dem Bottich abfließt, um konstante Verhältnisse herzustellen. Dabei ist die gleichmäßige Verteilung der Nährlösung über dem ganzen Bottichraum ebenso wichtig wie die Einhaltung bestimmter Temperaturen und die Zerstörung des anfallenden Schaumes. Insbesondere ist die Belüftung mit Rücksicht auf die Diffusion des Sauerstoffs aus den Luftbläschen in die Würze und dadurch in die Hefezellen so zu gestalten, daß eine bestimmte Bläschengröße nicht überschritten wird. Der Durchmesser der Luftbläschen ist nicht allein von dem Querschnitt der Ausströmöffnungen der Belüftungskörper, sondern auch von der Strömungsgeschwindigkeit abhängig. Größere Geschwindigkeiten in gleichen Durchgangsquerschnitten vergrößern den Bläschendurchmesser und verringern damit die Diffusionsoberfläche und die Einwirkungsmöglichkeit der Luft. Infolgedessen spielt auch die Höhe der belüfteten Würzesäule eine Rolle.

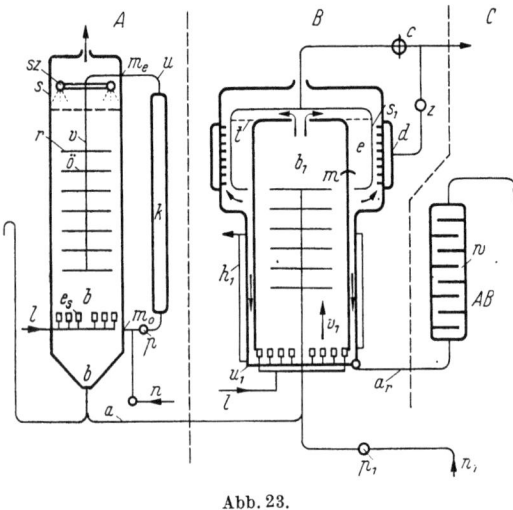

Abb. 23.

E. STICH hat nun ein Umlauf- und Gegenstromverfahren entwickelt, um nicht nur eine intensive Belüftung und Durchmischung der Würze zu erreichen, sondern auch den anfallenden Schaum dadurch zu beseitigen, daß die umlaufende Würze im Gegenstrom in besonderer Weise zerteilt wird.

Dazu dient die in Abb. 23 gezeigte Apparatur.

Im Teil A ist in die Umlaufleitung u für die Würze zwischen der am Boden des Verhefungsbottichs b befindlichen Ablaufstelle m_a und der an dessen oberen Ende befindlichen Eintrittsstelle m_e für die Würze eine Umlaufpumpe p eingeschaltet. Am oberen Ende des Bottichs b befindet sich ein Sprühsystem sz, welches die einströmende Würze gleichmäßig über den Bottichquerschnitt in Flüssigkeitsstrahlen zerteilt. Die Umlaufleitung u führt durch einen Kühler k, um die Wärme zu regulieren. Zur Aufrechterhaltung einer bestimmten Schaumdecke ist im Bottich b über der Flüssigkeit eine durchlöcherte Prallplatte s vorgesehen, so daß die eingesprühte

Das Lüftungsverfahren: Melasseverarbeitung. — Gewinnung v. Hefe u. Alkohol. 97

Würze den über diese Platte hinaufsteigenden Schaum zerstören kann. Die Belüftungseinrichtung ls ist zum Zwecke des Gegenstromverfahrens in einem gewissen Abstand vom Boden angeordnet. Zwischen dem Belüftungssystem und dem Bottichboden mündet die Umlaufleitung u, während am Boden selbst die kontinuierliche Würzeentnahme mit dem zugewachsenen Hefequantum stattfindet. Die Nährlösung n wird der Würze in der Umlaufleitung vor der Pumpe p zugegeben. Eine besondere Entlüftung der Würze ist nicht erforderlich, da im Gegenstrom gearbeitet wird.

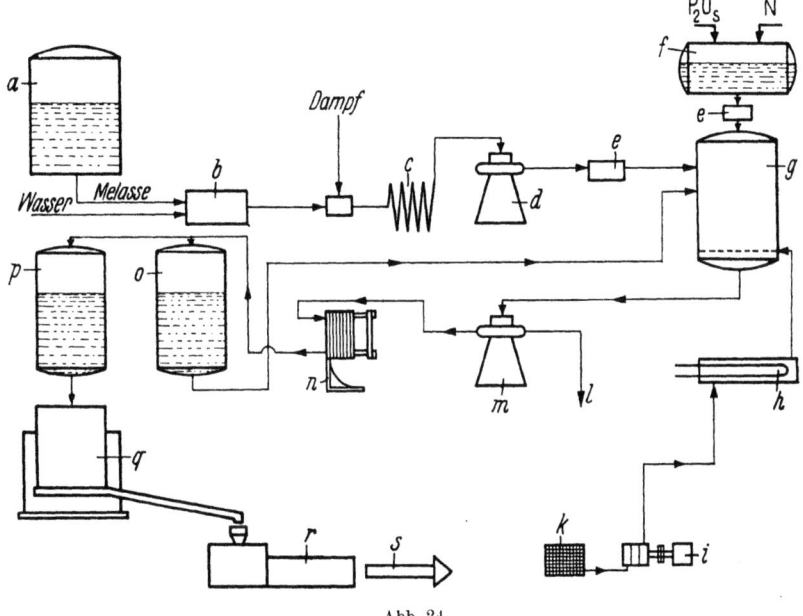

Abb. 24.

a Melassetank; — b Mischgefäß; — c Sterilisator; — d Klärschleuder; — e Meßgefäß; — f Chemikalientank; — g Gärtank; — h Luftkühler; — i Kompressor; — k Luftfilter; — l Abwasser; — m Hefeseparator; — n Plattenkühler; — o Stellhefemilchtank; — p Versandhefemilchtank; — q Drehfilter; — r Verpackungsmaschine; — s Auslieferung.

Der Verteiler v besteht aus mehreren in einer Ebene radial und in mehreren Ebenen übereinander angeordneten Rohren r mit über ihre Länge verteilten seitlichen Ausströmöffnungen $ö$.

Aus dem Bottich b fließt fortlaufend die Würze zusammen mit der neu gebildeten Hefe in den zweiten Bottich b_e im Teil B der Zeichnung, welcher als Gleichstrombottich ausgebildet ist. Die Würze wird dort dadurch in Umlauf versetzt, daß sie am oberen Ende im Überlauf entlüftet und dann außerhalb des Bottichs durch eine Umlaufleitung u_e und einen Kühler k_e wieder zum Boden des Bottichs und gegebenenfalls durch eine Pumpe p_e zum Verteiler v_e geleitet wird. In diesem Verteiler werden der Abfluß der Würze aus dem ersten Bottich b und der für den zweiten Bottich vorgesehene Nährstoffzusatz n_e vereinigt. Nach dem Kühler k_e und vor der Einmündung der Umlaufleitung u_e in den Bottich b_e befindet sich die Abflußleitung a_e, durch welche die Würze zusammen mit der Hefe in die Ausreifeapparatur AB im Teil C der Zeichnung gelangen kann.

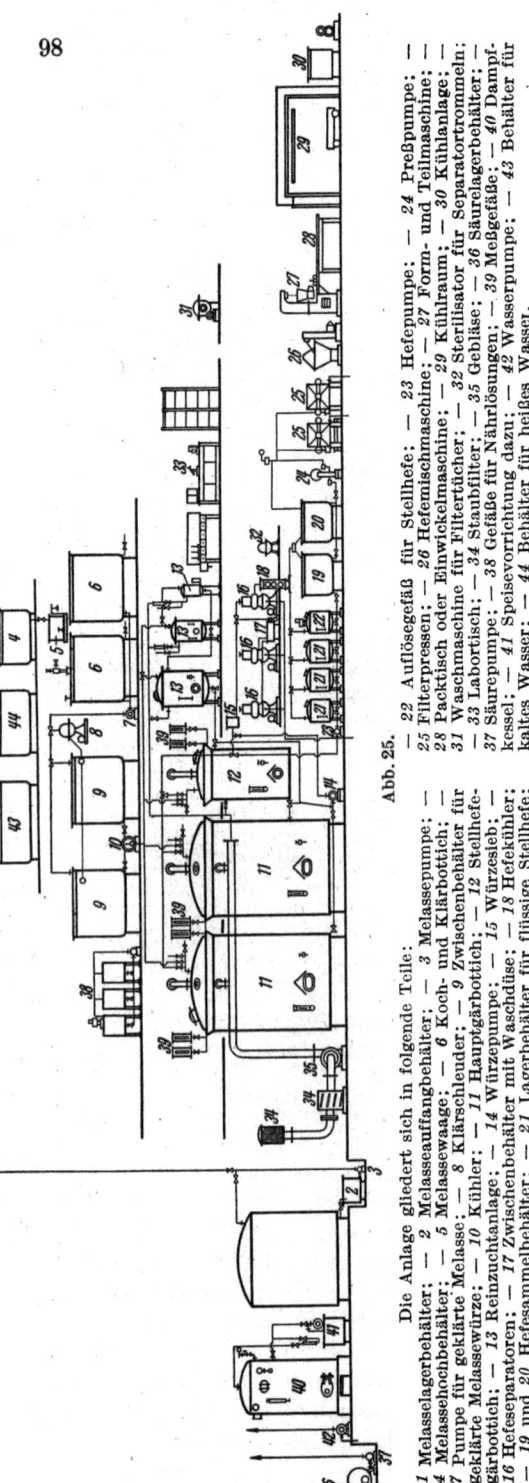

Abb. 25.

Die Anlage gliedert sich in folgende Teile:
1 Melasselagerbehälter; — 2 Melasseauffangbehälter; — 3 Melassepumpe; — 4 Melassehochbehälter; — 5 Melassewaage; — 6 Koch- und Klärbottich; — 7 Pumpe für geklärte Melasse; — 8 Klärschleuder; — 9 Zwischenbehälter für geklärte Melassewürze; — 10 Kühler; — 11 Hauptgärbottich; — 12 Stellhefegärbottich; — 13 Reinzuchtanlage; — 14 Würzepumpe; — 15 Würzesieb; — 16 Hefeseparatoren; — 17 Zwischenbehälter mit Waschdüse; — 18 Hefekühler; — 19 und 20 Hefesammelbehälter; — 21 Lagerbehälter für flüssige Stellhefe — 22 Auflösegefäß für Stellhefe; — 23 Hefepumpe; — 24 Preßpumpe; — 25 Filterpressen; — 26 Hefemischmaschine; — 27 Form- und Teilmaschine; — 28 Packtisch oder Einwickelmaschine; — 29 Kühlraum; — 30 Kühlanlage; — 31 Waschmaschine für Filtertücher; — 32 Sterilisator für Separatortrommeln — 33 Labortisch; — 34 Staubfilter; — 35 Gebläse; — 36 Säurelagerbehälter; — 37 Säurepumpe; — 38 Gefäße für Nährlösungen; — 39 Meßgefäße; — 40 Dampfkessel; — 41 Speisevorrichtung dazu; — 42 Wasserpumpe; — 43 Behälter für kaltes Wasser; — 44 Behälter für heißes Wasser.

Beim Gleichstromverfahren geschieht die Entlüftung der Würze nun in der Weise, daß die über den Bottichrand überfließende lufthaltige Würze mit geringem Unterdruck durch ein Sieb t in Tropfenform zerteilt wird und im freien Fall auf die Prallbleche m trifft, die im Entlüfter e angeordnet sind. Man kann die Schaumzerstörung auch durch Luftstrahlen erreichen, die mit Hilfe eines Düsensystems d den in einem Zwischenraum hochgesaugten Schaum an einer Prallfläche s_e zerstören. Für diesen Fall kann die Luft entweder von dem Kompressor der Belüftungseinrichtung zusätzlich geliefert werden, oder es kann die Abluft durch eine Zusatzpumpe z im Kreislauf umgepumpt werden. In beiden Fällen ist der Ventilator c zur Erzeugung des Unterdruckes für den Entlüfter e entsprechend größer zu bemessen.

In der Ausreifeapparatur AB wird die Würze nicht belüftet; sie besteht aus einem mit Zwischenböden b versehenen Behälter, die auch als Rohrsystem zum Zwecke der Kühlung der Flüssigkeit ausgebildet sein können.

Voraussetzung für die störungsfreie Durchführung dieses Gegenstromverfahrens ist, daß mit infektionsfreier Stellhefe und eben solcher Nährlösung, gegebenenfalls durch Einschaltung von Bakterienfiltern, in einer geschlossenen Apparatur bis zum Ende der Gärung gearbeitet wird.

Ein vereinfachtes *Zulaufverfahren lediglich zur Erzeugung von Hefe* hat in neuerer Zeit die *Standard Yeast Co., Ltd.*, Dovercourt, Essex, England, entwickelt. Es wurde eine Anlage geschaffen, in der bis zu 10000 t Hefe jährlich hergestellt werden können.

Die Melasse wird von einem Vorratsbehälter durch eine Verteilerpumpe geleitet, die sie mit dem erforderlichen Wasser bis zu einer Stundenleistung von 1—2 t mischt. Die Mischung gelangt dann in einen Sterilisator und kommt zwecks Entfernung von Trübstoffen zur Klärung. Dann wird die geklärte Würze automatisch auf eine bestimmte Zuckerkonzentration eingestellt und läuft dann in die Zulaufbehälter, die sich oberhalb der Gärbottiche befinden.

Die Melasse und die Lösungen von Chemikalien werden durch ein automatisches Meßsystem zu den Gärbottichen (je etwa 90000 l) geleitet, nachdem die Zuflußgeschwindigkeit vorher berechnet und an einer Meßmarke eingestellt wurde, welche die Zuflußregulatoren steuert.

Die Gärbottiche bestehen aus rostfreiem Stahl mit Mantelkühlung. Sowohl Luftzufuhr wie der Bottichboden sind besonders entwickelt worden, um das Reinigen der Luftschlange und des Bottichs zu erleichtern. Es geschieht dies durch Einführung eines rotierenden Hochdrucksprühers, wodurch die Reinigung von Hand vermieden wird.

Jeder Gärbottich ist an ein Instrumentenbrett im Kontrollraum angeschlossen, auf dem Meßgeräte, wie z. B. für den Flüssigkeitsstand, für die Luft- und Temperaturregelung, für die Kühlwasserkontrolle, den p_H-Wert, die Dosierung von Melasse, Chemikalien und Gärfett sowie für die Probenahme angeordnet sind.

Nach beendeter Gärung wird der Inhalt eines Bottichs in einer vollkommen geschlossenen Zentrifuge separiert und die Hefe gewaschen. Auch für das Klären der Melasse ist ein Separator vorgesehen.

Die zentrifugierte Hefewürze gelangt von den Separatoren zu einem Plattenkühler und wird dort bis annähernd an den Gefrierpunkt gekühlt und dann in einem Vorratsbehälter, der mit Gummi ausgekleidet ist, aufbewahrt.

Um die Hefe von der Flüssigkeit zu trennen, werden nicht nur die üblichen Filterpressen, sondern auch kontinuierliche Vakuumfilter benutzt.

Die fertige Hefe wird in einer automatischen Form-, Schneid- und Verpackungsmaschine für den Versand weiterverarbeitet. Abb. 24 gibt einen Überblick über die Anlage.

Zur Erzeugung von Hefe ohne Alkoholgewinnung hat die Firma *Gebr. Herrmann*, Köln, für eine Leistung von etwa 2000 kg Hefe am Tag das in Abb. 25 wiedergegebene Schema aufgestellt.

Schrifttum.

„Last Word" Yeast Plant, Food Engineering, December 1953.

γ) Das Deloffre-Verfahren.

Während früher der Gedanke vorherrschte, daß der Alkohol von der Hefe wenig oder gar nicht assimiliert wird, und daß daher sein Auftreten im Hinblick auf hohe Ausbeuten nicht erwünscht ist, hat die praktische Entwicklung inzwischen das Gegenteil gelehrt. Jahrelange Arbeiten über die Assimilation des Alkohols durch die Hefen, die in Australien von M. C. H. DELOFFRE in den Jahren 1941 und 1942 durchgeführt worden sind, haben ergeben, daß der Alkohol ebenso zur Ernährung der Hefe herangezogen werden kann wie der Zucker. Infolgedessen ergeben sich für die Züchtungsverfahren ganz neue Gesichtspunkte.

Um zu hohen Hefeausbeuten zu kommen und um eine triebkräftige und haltbare Hefe zu erhalten, hat man bisher die Alkoholbildung während des Gärungsprozesses teilweise oder ganz unterdrückt, weil man annahm, daß der Alkohol nicht assimiliert wird. So hat man auch bei der Züchtung von Stellhefe die Alkoholbildung zu vermeiden gesucht. Man hat ferner mehrere Generationen hintereinandergeschaltet, um die Ausbeute der letzten Stufe besonders zu erhöhen. Man hat dabei in Kauf genommen, daß die Hefe um so schwieriger rein zu halten ist, je mehr Generationen gezüchtet werden. Schließlich ist man zu immer verdünnteren Nährlösungen übergegangen.

Demgegenüber ist das von DELOFFRE entwickelte Verfahren viel einfacher. Es besteht nur aus zwei Stufen, aus der Gewinnung der Stellhefe und aus der Vergärung der Stellhefe zu Versandhefe, etwa wie folgt:

1. Die Gewinnung der Stellhefe erfolgt mit einem Minimum an Luft in einem alkoholischen Substrat.

2. Die Stellhefe und die Würze gelangen zusammen in den Gärbottich für die Versandhefe. Dort wird die Gärung in einem konzentrierten Substrat durchgeführt und dabei der Alkohol fortschreitend zur Ernährung herangezogen. Die Hefe vermehrt sich während der ganzen Gärung daher in einem sehr alkoholreichen Substrat, womit die Hefe stets genügend Nährstoffe zur Verfügung hat und sich unter Bedingungen vermehrt, wie sie bisher nicht eingehalten worden sind.

Die Gärdauer der Stellhefe, die mit sehr geringen Luftmengen hergestellt wird, beträgt je nach Bedarf 8—15 Stunden. Die benötigte Stellhefemenge beträgt nur 0,1—0,2% der Versandhefe, so daß für eine tägliche Produktion von 10 t Versandhefe nur 20 kg Stellhefe benötigt werden. Dabei ist zu beachten, daß das Zentrifugieren, Pressen und Kühlen der Stellhefe in Wegfall kommen.

Für die Erzeugung der Versandhefe ist eine Gärdauer von 12 Stunden erforderlich. Stellhefe und alkoholhaltige Würze werden zusammen in den Bottich gepumpt, so daß schon zu Beginn durch die Gegenwart des Alkohols die Hefe gegen Infektionen geschützt wird. Für die Verdünnung der Würze wird das Verhältnis 1:15 nicht überschritten. Die Luftmenge hängt von der vorhandenen Lüftungseinrichtung ab und ist geringer als beim bisherigen Zulaufverfahren.

Der Vorteil des DELOFFRE-Verfahrens besteht vor allem darin, daß die Versandhefe in einer einzigen Generation hergestellt wird und daß der assimilierte Alkohol eine antiproteolytische Wirksamkeit ausübt, so daß eine Hefe von guter Haltbarkeit entsteht. Z. B. kann in Australien die Hefe statt bisher in Kühlräumen per Schiff jetzt ohne besondere Kühlung per Bahn auf große Strecken verschickt werden, ohne daß Tagestemperaturen von 40—41° C einen nachteiligen Einfluß auf die Haltbarkeit haben.

Da Einzelheiten über die Betriebsweise von DELOFFRE in Fachzeitschriften nicht veröffentlicht worden sind, muß auf die Beispiele in der französischen Patentschrift 885 959 vom Jahre 1943 zurückgegriffen werden. Darin sind folgende *Beispiele* erwähnt:

1. Es wurden insgesamt 3900 kg verarbeitet, wovon 2268 kg auf Zuckerrübenmelasse und 1632 kg auf Getreide entfallen. Die Zuckerrübenmelasse wird in der bekannten Weise gereinigt und zubereitet sowie mit den notwendigen Mengen an Mineralsalzen versetzt. Die sterilisierte Flüssigkeit wird dann auf 30° C abgekühlt, das Volumen beträgt 210 hl. Die Vergärung erfolgt in einem geschlossenen Gärbottich vom Typ Amylo. Es werden 2,25 kg bis 4,5 kg Reinzuchthefe zum Anstellen benutzt. Die Belüftung erfolgt für je 100 hl Flüssigkeit je Stunde mit 25 cbm steriler Luft. Die Gärdauer ist mit 16—17 Stunden vorgesehen. Nach der Gärung enthält die Flüssigkeit folgende Mengen:

Je Liter 28,5 g Hefe und 3,143 Vol.-% Alkohol. Daraus sieht man, daß 87% der gesamten Zuckermenge im Gärbottich in Alkohol umgewandelt worden sind.

Die vergorene Lösung, welche die Hefe und den Alkohol enthält, wird unmittelbar in den Gärbottich gepumpt und mit Wasser auf 315 hl verdünnt.

Das Korn wird nach Verzuckerung mit Salzsäure in bekannter Weise vorbehandelt und in konzentrierter Flüssigkeit nach dem Abläutern mit Wasser auf das erforderliche Volumen verdünnt und in den Gärbottich übergeführt. Die Gärung dauert 12 Stunden.

2. Es wurden insgesamt 4082 kg Rübenmelasse verarbeitet, von denen 2722 kg, wie in Beispiel 1 beschrieben, geklärt, sterilisiert und nach Abkühlung auf 30° mit Wasser auf ein Endvolumen von 225 hl verdünnt. Der benutzte Apparat ist wieder vom Typ Amylo.

Es werden dann 4,5 kg Reinzuchthefe zugesetzt, und man läßt je Stunde etwa 25 cbm Luft je 100 hl Lösung hindurchgehen. Die Gärung ist nach 18 Stunden beendet.

Es werden erzielt 30 g Hefe je Liter und 3,66 Vol.-% Alkohol. Das bedeutet, daß 90% der gesamten Zuckermenge in Alkohol umgewandelt worden sind.

Wie in Beispiel 1 wird die Stellhefeflüssigkeit in einem weiteren Gärbottich mit Wasser verdünnt, um das Volumen auf 315 hl zu bringen.

Die restlichen 1360 kg Melasse werden in der üblichen Weise geklärt, mit Wasser verdünnt und dann in den Gärbottich gebracht. Die Zulaufgeschwindigkeit richtet sich nach der Aktivität der Zelle. Die Belüftung dauert 12 Stunden und 20 Minuten an, dann ist der Gärprozeß beendet.

Die Beispiele zeigen, daß die Menge des adsorbierten Alkohols von der zur Herstellung der Stellhefe benutzten Menge der Ausgangsstoffe und der Art der Führung des Gärprozesses abhängt. Die Resorption des Alkohols ist der enzymatischen Aktivität der Zelle proportional. Die Reaktionsgeschwindigkeit ist proportional der alkoholischen Konzentration des Substrates und verändert sich nur mit der Konzentration der Enzyme. Die umzuwandelnde Alkoholmenge ist der Enzymmenge in der Zeit proportional.

Die folgende Formel zeigt die Gärgeschwindigkeit an:
$$\frac{C_S \cdot C_E}{T}.$$

Dabei bedeuten:

C_E die Konzentration der Enzyme;
C_S den restlichen Prozentgehalt an Zucker, bezogen auf den Alkohol;
T die Zeit.

Abb. 26.

In der Praxis hat sich inzwischen gezeigt, daß bei Verwendung von 5000 kg Melasse im ganzen für die erste Stufe 3000—3200 kg Melasse und für die zweite Stufe 1800—2000 kg Melasse zweckmäßig anzuwenden sind. Wichtig ist es, in einem möglichst konstanten Verdünnungsmilieu zu arbeiten. Wie schon oben erwähnt, soll der Prozentsatz an Alkohol in der alkoholischen Phase etwa 3% betragen. Die angewendete Luftmenge für die Fertigstellung der Hefe ist nicht größer als bei den bisher üblichen Verfahren. Je nach der Qualität der Melasse können Hefeausbeuten von 100—105%, berechnet auf 27% Trockensubstanz, erzielt werden.

In Australien werden heute in fünf Fabriken etwa 83% des Gesamtverbrauchs des Landes an Hefe nach dem neuen Verfahren hergestellt. Die benötigten Arbeitskräfte und die Unkosten je Tonne Hefe sind etwa 20 bis 30% niedriger als bei den bisherigen Verfahren.

Das DELOFFRE-Verfahren hat sich seit 1950 weiterhin in folgenden Ländern eingeführt: Belgien, England, Deutschland, Frankreich, Holland, Italien, Marokko und Spanien.

Die in Livorno, Italien, errichtete Anlage wird in Abb. 26 gezeigt.

9. Die Lüftung der Gärflüssigkeit.

α) *Allgemeine Entwicklung.*

Als im ersten Weltkrieg das Verfahren von DELBRÜCK zur Massenzüchtung von Futter- oder Mineralhefe zur Entwicklung kam, wurde man auf die Wichtigkeit einer intensiven Belüftung der Gärflüssigkeit hingelenkt. Man hatte mit der Torula-utilis-Hefe im Laboratorium eine Ausnutzung des im Zucker enthaltenen Kohlenstoffs zu 75% erreicht, konnte aber in den Betrieben eine derartige Ausbeute nicht erzielen, weil das von der Preßhefeindustrie übernommene Belüftungssystem den Anforderungen für Höchstausbeuten an Hefe in keiner Weise genügte. Bereits damals schlug E. STICH vor, zur Verbesserung der Ausbeuten eine feinere Luftverteilung vorzusehen. E. STICH und L. PETER versuchten zunächst, unter Anwendung einer Rührvorrichtung und regelbaren Luftleitung die Luft in Form feiner Bläschen dicht über dem Boden des Gärgefäßes zu verteilen. Hierdurch sollte eine verminderte Aufsteigegeschwindigkeit der zugeführten Luftbläschen und damit die Aufnahme einer großen Luftmenge in der Flüssigkeit erreicht werden. Sie haben dann die gleichmäßige Verteilung der Luft durch Vermittlung eines über dem Boden des Gärbottichs angeordneten Hohlraums bewirkt, dessen obere Wandung aus porösen Stoffen, z. B. aus Hohlsteinen, bestand, die sowohl mit der Luftzuleitungskammer wie untereinander durch Metallröhren in Verbindung standen. Ein praktischer Erfolg war indessen diesen Vorrichtungen nicht beschieden. Sie waren viel zu primitiv und unausgebildet, außerdem war damals die Sauerstoffmenge unbekannt, welche die Hefe für ihre Vermehrung benötigt.

E. STICH hat dann von 1925 an die Grundlagen zur Feinstbelüftung geschaffen. Zu dieser Zeit betrugen die Hefe- und Alkoholausbeuten berechnet auf die verbrauchte Melasse im Durchschnitt 30 kg Preßhefe und 18—20 hl Alkohol, in Fabriken, die nur Hefe herstellten, etwa 70—75 kg Hefe. Bezieht man nun die Hefetrockensubstanz auf den verbrauchten Zucker, so erhält man beim Gemischtbetrieb 14—15 kg Hefetrockensubstanz und 32—35 l Alkohol als mittlere Ausbeute bzw. 33—38% Hefetrockensubstanz ohne Alkoholerzeugung. Das letztere bedeutet, daß unter Abzug der Veratmungsverluste etwa 45—50% des im Zucker enthaltenen Kohlenstoffs ausgenutzt werden, während nach dem oben genannten DELBRÜCK-Verfahren wenigstens im Laboratorium schon 75% zur Ausnutzung gekommen waren.

Durch Versuche erwarb nun E. STICH die Erkenntnis, daß, wenn man der Hefe die Nährstoffe in feinst verteilter Form zuführt, es auch erforderlich ist, ihr den für ihren Lebensprozeß notwendigen Sauerstoff mit Rücksicht auf die gleiche Diffusionsgeschwindigkeit und gemäß dem Gesetz der chemischen Massenwirkung in derselben Verteilung zuzuführen. Da aber die Menge der von der Hefe benötigten Luft bzw. des in der Luft enthaltenen Sauerstoffs zu groß ist, um in der Gärflüssigkeit gelöst zu werden — es sei denn, daß man bis zu 600 Atm. Druck anwendet —, kam STICH zu dem Ausweg, die in die Gärlösung einzuführende Luftmenge in ein proportionales Verhältnis zu der in ihr ständig wachsenden Zahl und Oberfläche der Hefezellen zu bringen. Er bildete Luftbläschen von mikroskopischen Dimen-

104 Die Gewinnung von Hefe und Alkohol.

sionen und stellte überraschend fest, daß die Luftmenge je Kilogramm gebildeter Neuhefe bis unter 0,5 cbm reduziert werden konnte. Das war der zwanzigste Teil der bisher angewendeten Luftmenge.

Sind z. B. in 1 l Gärflüssigkeit 30 g Hefe enthalten, so beträgt die Anzahl der Zellen etwa 150 Milliarden und ihre Oberfläche 23 qm, d. h., je Kubikmeter Gärflüssigkeit sind 23 qm Zelloberfläche enthalten. Durch einen Quadratmeter diffundieren sekundlich ungefähr 0,04 mg Zucker und Nähr-

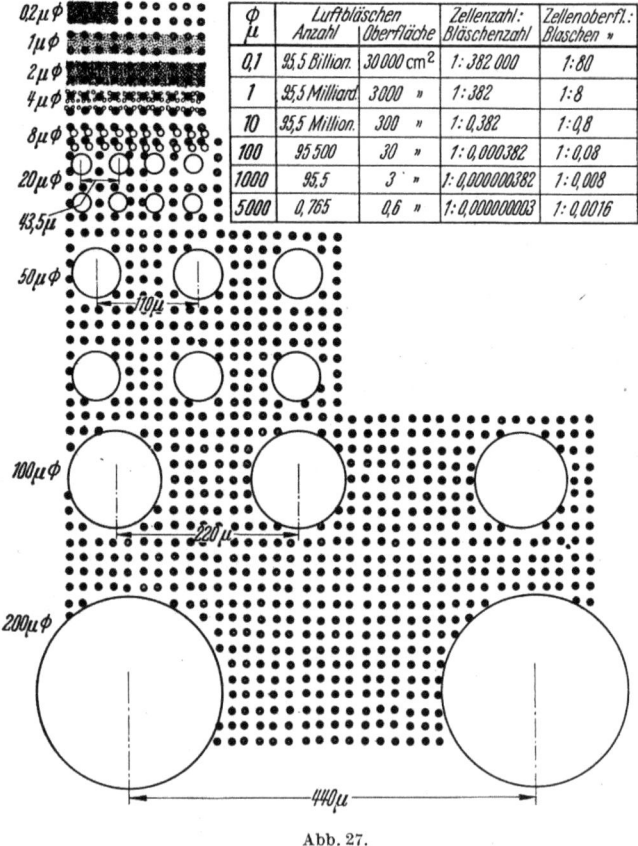

Abb. 27.

salzmoleküle in einer Größenordnung von 0,24—0,29 Millionstel Millimeter Durchmesser. Somit sind dadurch Abstand und Weglänge für die an die Hefezellen heranzubringenden Sauerstoffmoleküle gegeben und damit auch die Größenordnung für die sogenannte *dynamische Berührungsoberfläche* der Luftbläschen mit der Gärflüssigkeit bzw. den Hefezellen.

Diese Erkenntnis führte zur Einführung von Diaphragmenkörpern, um den Luftbedarf für die Zellvermehrung in der Zeiteinheit zu gewährleisten.

Das Verhältnis von Luftinhalt und Bläschenzahl für 1 cbm Flüssigkeit bei 5% Luftgehalt ergibt sich aus der schematischen Darstellung der Abb. 27.

Erst nach sehr langen Vorarbeiten gelang es, Diaphragmenkörper einzuführen, die sowohl den theoretischen Bedingungen als auch der praktischen Anwendung Genüge leisteten. Die Porosität der Körper mußte so beschaffen sein, daß die Austrittsgeschwindigkeit der Luft ein bestimmtes Maß nicht überschritt, welches als von der Auftriebsgeschwindigkeit der in der Gärflüssigkeit aufsteigenden Luftbläschen abhängig erkannt wurde. Dann mußte verhindert werden, daß bei einer Unterbrechung der Luftzufuhr die Gärflüssigkeit in die Poren eintritt und diese verunreinigt. Es wurden Belüftungskörper entwickelt, die durch Lösen einer Verschlußschraube abnehmbar sind. Auch mußte überall der gleiche Luftdruck eingestellt werden, um eine gleichmäßige Belüftung zu erreichen.

Aus der Fülle der Vorschläge STICHS seien folgende festgehalten:

Zunächst wurden Diaphragmenplatten benutzt mit einer Porenweite von $0{,}16-25\,\mu$. Sie bestanden in ihrem unteren Teil aus einer grobporigen und im oberen Teil aus einer feinporigen Masse. Dann wurden Rohre eingeführt, die mit einer Diaphragmenmasse umhüllt waren. Es wurden auch Belüftungskörper aus Hartgummi und Weichgummi oder Faserstoffen beliebiger Formgebung benutzt, ferner Rohre, die im Querschnitt verschiedene Porenweiten besitzen. Schließlich gelangten feinporöse Filterkerzen zur Anwendung, welche in Verteilerrohre eingeschraubt sind und zu deren Achse in verschiedener Winkelstellung stehen.

Die Anwendung der Feinstbelüftung führte dann im weiteren Verlauf der Versuche zu einer besonders genauen Regulierung der Luftzufuhr und zu einer damit korrespondierenden Regelung der Nährstoffzufuhr. Beide wurden der Geschwindigkeit des Zellwachstums synchron angepaßt. Annähernd 400 Versuche ergaben als Ausbeute für Hefe im Mittel 60% und für Hefe und Alkohol eine solche von 70% des zugeführten Kohlenstoffs, ein Ergebnis, welches die damals bekannten Ausbeuten um 20—30% überschritt.

STICH hat in halbtechnischen Versuchen dann mit besonders ausgebildeten Pumpen eine gleichmäßige Verteilung der Nährstoffe in der Zeiteinheit angestrebt. Nimmt man an, daß das Hefewachstum während einer Stunde einer Kurve von der Form

$$p \cdot x^t$$

folgt, wobei p die Anstellhefe, x der Vermehrungsfaktor und t die Zeit in Stunden ist, so ergibt sich nach ihm die sekundliche Vermehrung zu

$$p \cdot \frac{t}{x \cdot 3600}.$$

Benutzt man diesen Faktor x als Grundlage für die Nährstoff- und Sauerstoffzufuhr, so gelangt man zu einem Verfahren, welches sich genau dem Hefewachstum anpassen läßt, sofern man die Wachstumsgeschwindigkeit für eine bestimmte Ausbeute an Hefe und Alkohol berechnet hat.

Das Verfahren besteht nun darin, daß man für die Zufuhr Flüssigkeits- und Luftpumpen benutzt, deren Fördervolumen sich nach der vorstehend angegebenen Formel sekundlich ändert. Für die Versuche haben Pumpen gedient, bei denen die Veränderung des Fördervolumens durch kontinuierliche Veränderung des Unterstützungspunktes des Pumpenbalanciers herbeigeführt wird. So sind ganz bestimmte Ausbeuten erzielbar gewesen.

Es ist aber auch noch anders gearbeitet worden. Da sich bei der Zuführung feinster Luftbläschen in entsprechender Menge die belüftete Flüssigkeit sehr bald in einen feinblasigen stehenden Schaum verwandelt, ist eine weitere Luftzufuhr nur dazu notwendig, die sich absetzende Flüssigkeit wieder in Schaum zu verwandeln. Die Hefe wächst innerhalb der Schaumbläschen besonders schnell und stark, da sie für ihr Wachstum zu jeder Zeit Sauerstoff zur Verfügung hat. Es ist also ein Schaumgärverfahren entstanden, dem zusätzlich noch schaumerhaltende Mittel zugesetzt werden können.

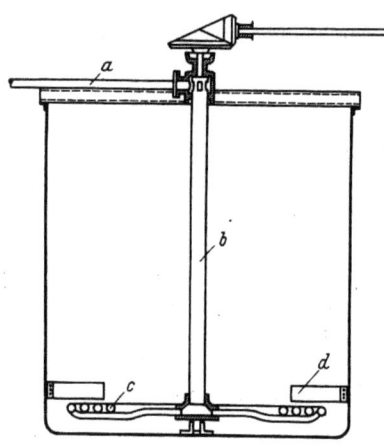

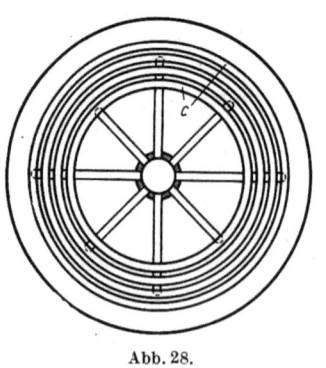

Abb. 28.

Die Veröffentlichungen STICHS 1930 in der Chemiker-Zeitung, S. 217ff. und 238ff., haben die Apparatebauanstalten dazu angeregt, die Belüftungseinrichtungen noch in anderer Weise zu verfeinern. Man setzte allgemein die Lochweiten in den kupfernen Rohrsystemen wesentlich herab, z. B. bis auf 0,2 mm Durchmesser. *O. Bohm*, Fredersdorf, verlegte außerdem die Drehachse der die Strahlrohre tragenden aufklappbaren Luftzuführrohre außerhalb der Achse der Luftzuleitung. *Strauch* und *Schmidt*, früher Neiße, jetzt Hamburg, schaltete zwischen dem Hauptluftrohr oder dem daran angeschlossenen Hilfsverteilerrohr und den in mehreren Ebenen übereinander verteilten Strahlrohren besondere Kammern als Träger ein. So wurde der Anschluß verschieden hoch liegender Strahlrohre auf einfache Weise ermöglicht.

In den heute noch verwendeten Gärbottichen mit Röhrenluftverteilern ist eine Verbesserung insofern erzielt worden, daß die einzelnen Rohre durch einen besonderen Bajonettverschluß befestigt werden können. Die *Aktiebolaget S.J.A.*, Schweden, hat Luftverteiler konstruiert, die mit Hilfe eines solchen Bajonettverschlusses leicht ausgewechselt werden können. Dadurch wird vermieden, daß sich in den Röhren oder in den Verschraubungen Infektionsherde bilden.

Die *Sinner A.G.*, Karlsruhe-Grünwinkel, suchte die Schaumgärung auf andere Weise praktisch durchzuführen. Hierzu wurde die in Abb. 28 wiedergegebene Apparatur benutzt.

In den Bottich ist ein Luftverteiler eingesetzt, z. B. ein Rohrsystem, dessen Zuleitung b die Luft zu den mit kleinen Löchern versehenen, nahe dem Boden angeordneten Rohren c führt. Dieser Verteiler b, c wird in beliebiger Weise von einem äußeren Antrieb in Drehung versetzt. Die Geschwindigkeit ist einstellbar. In der Nähe der Austrittsöffnungen der Rohre c

werden an den Innenwänden des Bottichs sogenannte Bremsplatten oder Bremsscheiben d angebracht, welche verhindern sollen, daß der Verteiler als Rührer dient, und die Sicherheit bieten, daß die den Austrittsöffnungen benachbarte Gärflüssigkeit möglichst in Ruhe oder ihre Bewegung zuverlässig unter der Geschwindigkeit des Verteilers bleibt.

Der Antrieb ist so eingerichtet, daß die Geschwindigkeit des Luftverteilers und seiner Rohre c verändert werden kann. Ebenso kann die Luft durch das Zuleitungsrohr b mit höherem oder geringerem Druck zugeführt werden.

Mit dieser Vorrichtung werden die Luftbläschen vor ihrer Entwicklung aus der Austrittsöffnung abgerissen oder abgeschert. Es bildet sich dann hintereinander eine Vielzahl kleiner Luftbläschen, die bei gleichem Druck um so kleiner sind, je schneller ihre Abscherung erfolgt. Man kann also die Geschwindigkeitsdifferenz so einstellen, daß eine Belüftung und zugleich eine Durchwirbelung bis zur mechanischen Schaumbelüftung oder Schaumgärung entsteht.

I. A. EFFRONT und A. POPPER, Seclin, haben in die Gärbottiche konische Steigrohre eingebaut (s. Abb. 29).

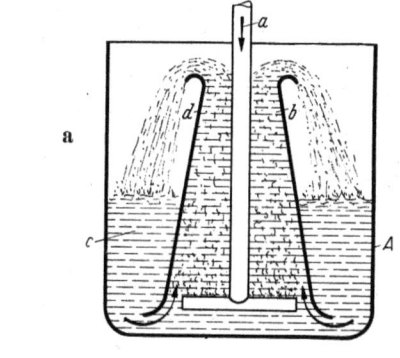

Es besteht nach Abb. 29 a eine Gärstufe aus einem Gefäß A, das die Gärflüssigkeit c enthält und in dem eine Belüftungsvorrichtung angeordnet ist. Diese besteht aus einem Steigrohr d, dessen Querschnitt

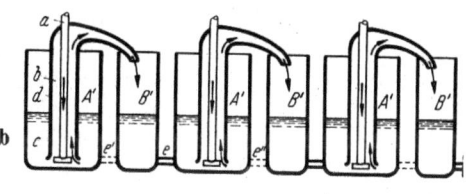

Abb. 29.

nach dem oberen Ende zu abnimmt, und aus einem Tauchrohr a, durch das in den unteren Teil des Steigrohrs Druckluft eingeführt wird. Sie steigt in der Flüssigkeitssäule b in Blasenform empor. Das Gemisch sprudelt über die Oberkante des Steigrohrs d und fällt in das Gefäß A zurück. Man kann das Gefäß A mit einem anderen Gefäß oder mit mehreren verbinden. In diesem Falle läßt man die Flüssigkeit nach Abb. 29 b mit Zwischenschaltung von unbelüfteten Ausreifegefäßen B überlaufen. Man kann die Gefäße zeitweise oder ständig durch Rohre e, e', e'' und Ventile f untereinander verbinden, damit durch Rücksaugen in das vorhergehende Gefäß die Durchlaufgeschwindigkeit der Flüssigkeit vermindert wird. So ist es möglich, die gleiche Luftmenge nacheinander durch alle Gefäße strömen zu lassen und deren Sauerstoff weitgehend zu erschöpfen. Man kann auch im Gegenstrom arbeiten.

Die *Svenska Jästfabriks Aktiebolaget*, Stockholm, hat den Gärbottich nach dem Prinzip einer Mammutpumpe gestaltet. Dabei wird die Gärflüssigkeit durch über das Niveau der unbelüfteten Flüssigkeit emporragende senkrechte Scheidewände in zwei oder mehrere Zonen unterteilt, vgl. Abb. 30.

Die Vorrichtung besteht aus einem U-Rohr, dessen beide Schenkel A und B oben mit einer Überlaufvorrichtung C verbunden sind. Durch das Rohr D, welches mit kleinen Löchern von z. B. 0,5 qmm Größe versehen ist, wird die Luft in den Schenkel A eingeführt. Nach kurzer Zeit fängt die Flüssigkeit an, über die Überlaufvorrichtung zu strömen und gelangt in den Schenkel B. Dabei werden die Luftbläschen auf der Platte E zersprengt, so daß die Luft nach oben entweichen kann. Die von Luftbläschen befreite Flüssigkeit strömt in den Schenkel B hinab, aus welchem dann eine entsprechende Flüssigkeitsmenge durch das untere Ende des U-Rohres in den Schenkel A übertritt, um das Gleichgewicht zwischen den Säulen in A und B wiederherzustellen. So entsteht ein Umlauf von A über C nach B und dann wieder nach A.

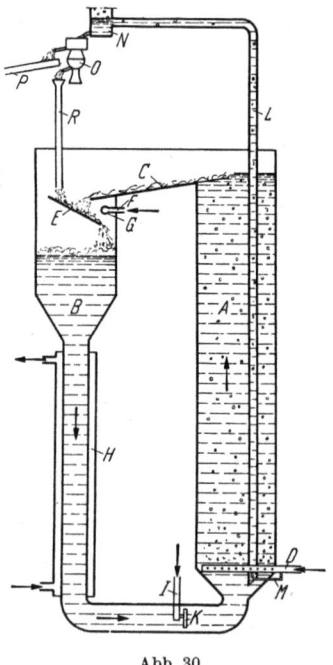

Abb. 30.

Die Umlaufgeschwindigkeit ist von der je Zeiteinheit zugeführten Luftmenge, von dem Feinverteilungsgrad derselben, von dem Höhenunterschied zwischen den Flüssigkeitsspiegeln in A und B und von dem inneren Reibungswiderstand in der Vorrichtung und in der Flüssigkeit abhängig.

Nach dem Zusatz der Stellhefe kann durch das Rohr F, das mit einer Spritzvorrichtung G versehen ist, die Nährlösung zugeführt werden, so daß im Schenkel B eine homogene Mischung eintritt. Der obere Teil des Schenkels B ist erweitert, um die Reaktionszeit für die Nährstoffe zu verlängern. Der untere engere Teil ist von einem Wassermantel H umgeben, um die Temperatur zu regeln.

In dem unteren Verbindungsrohr zwischen den Schenkeln A und B ist eine zweite Zuführvorrichtung I für Nährstoffe angebracht, welche mit einer umlaufenden Spritze K versehen ist. Wenn z. B. die Nährsalze bei F zugeführt werden, kann die Zuckerlösung bei I eingeführt werden.

Zur Entnahme ist ein dünnes Rohr L vorgesehen, das durch den Schenkel A hindurchgeht und in welches durch das vom Rohr D abgezweigte Rohr M Luft eingeführt werden kann. Die durch das Rohr L aufsteigende Flüssigkeit wird im Gasabscheider N von Gasen befreit, worauf die Flüssigkeit im Separator O von der Hefe getrennt werden kann. Die abgetrennte Flüssigkeit wird durch die Leitung P abgeleitet, während die Hefe durch das Rohr R wieder in die Flüssigkeit im Schenkel B eingeführt werden kann.

Die Vorrichtung kann mit gleichen Apparaten in offener oder geschlossener Reihe zusammengeschaltet werden.

Das Umwälzen der gärenden Flüssigkeitsmengen kann auch mit Zentrifugalpumpen vor sich gehen. So hat z. B. die *Norddeutsche Hefeindustrie*

A.G., Wandsbek, ein Verfahren entwickelt, bei dem in geschlossenen Bottichen ein zirkulierender Gasstrom angewendet wird, dessen Menge in der Zeiteinheit der beim Lufthefeverfahren üblichen entspricht. Das Gasgemisch kann der strömenden Würze vor oder hinter der Umlaufpumpe zugeführt werden. Es wurden Ausbeuten erzielt:

Umlauf	Hefe %	Alkohol %
In 15 Minuten	20	28
In 90 Sekunden	33,5	21,5
In 36 Sekunden	51,5	19

Diese Arbeitsweise geht auf Vorschläge von S. Jansen zurück.

H. und A. Braasch, Neumünster, haben festgestellt, daß man die Ausbeuten erhöhen kann, wenn man bei der Feinstbelüftung die Oberflächenspannung der Gärflüssigkeit durch Zusätze kleiner Mengen Essigsäure oder Milchsäure herabsetzt. Sie haben auch gefunden, daß sich bei starker Lüftung die Hefeentwicklung verlangsamt, daß also eine Überlüftung möglich ist. Um dem zu begegnen, haben sie der Luft kleine Mengen, etwa 1 bis 3% Kohlensäure beigemengt. Diese kann bei geschlossenen Bottichen auch aus den Gärungsgasen gewonnen werden. Schließlich muß auch erwähnt werden, daß die Feinstbelüftung mit Diaphragmenkerzen nach Stich zuerst im Betriebe von H. und A. Braasch praktische Bedeutung erlangt hat, wo sie noch heute in Betrieb ist. Soviel bekannt, ist es jedoch mit Ausnahme der Kerzenbelüftung für Versuchszwecke im Laboratorium und in halbtechnischen Apparaturen sonst zu einer nennenswerten Verwendung noch nicht gekommen.

E. Stich und die *Norddeutsche Hefeindustrie A.G.* haben gefunden, daß sich die Hefe während der ganzen Gärzeit unterschiedlich vermehrt, so in der ersten Stunde um das 1,1fache, in der zweiten Stunde um das 1,4fache der Menge der ersten Stunde, in der dritten Stunde um das 2,1fache der Menge der zweiten Stunde, in der vierten Stunde um das 1,6fache der Menge der dritten Stunde, während in den letzten Gärstunden die Vermehrungsgeschwindigkeit noch weiter abnimmt.

Zur Zeit dieser Feststellung wurden je Stunde 1 cbm je nach der Hefeausbeute 40—100 cbm Luft zugeführt, um 25—75 kg Hefe und etwa 22 l Spiritus, berechnet auf 100 kg Melasse, zu erzielen. Da nun zur vollständigen Vergärung von 1 kg Melasse die theoretische Luftzufuhr etwa 500 l Luft beträgt, war die vorgenannte Art der Vergärung sehr unvorteilhaft. Bei 20facher Verdünnung enthält 1 cbm Würze 50 kg Melasse. Die Luftzufuhr zur vollkommenen Vergärung würde etwa 25000 l Luft betragen, wenn man nur Hefe ohne Alkohol gewinnen wollte. Sollen nur 30% Hefe hergestellt werden, so stellt sich die Luftzufuhr dabei auf 7500 l insgesamt. Es würden also im ersteren Fall bei einer Gärdauer von 8 Stunden je Stunde etwa 3200 l, im zweiten Fall je Stunde 960 l Luft ausreichen, während demgegenüber in beiden Fällen das 30—40fache Luftquantum gebraucht wurde. Bei einer Gärtemperatur von 30° C und bei 1 Vol.-% Alkoholgehalt der Würze wird mit jedem Kubikmeter Luft eine Alkoholmenge von 5 ccm ausgeblasen, mithin ist der stündliche Alkoholverlust bei 40 cbm Luft je Kubikmeter

Würze etwa 1,6 l. Hat die Würze 1,5 Vol.-% Alkohol, so sind in 1 cbm enthalten 15 l Alkohol. Der Verlust beträgt also nach dem Vorstehenden etwa 10%, er würde aber nur 0,25% betragen, wenn man mit der theoretischen Luftmenge arbeiten würde. Tatsächlich kann nun der Alkoholverlust wesentlich vermindert werden.

Wenn man die Luft in sehr fein verteilter Form zuführt, kann die Alkoholausbeute sehr gesteigert werden. Sie wird entsprechend der Vermehrung der Hefe und der Wachstumszeit im Verhältnis 1 : 2 : 4 geregelt.

β) Das Luftemulsionsverfahren von Claus.

W. CLAUS und die *Zellstoffabrik Waldhof*, Mannheim-Waldhof, haben nicht nur ein Schaumzüchtungsverfahren entwickelt — s. Abschn. „Die Schaumbekämpfung" —, sondern auch ein Luftemulsionsverfahren eingeführt, um neben der Schaumbeseitigung eine möglichst wirksame Luftausnutzung in der Gärflüssigkeit zu erreichen. Dies geschieht in folgender Weise:

Die Gärflüssigkeit wird im Gärbottich durch einen mit Bodenabstand zentral angeordneten Zylindermantel in eine äußere und in eine innere Ringzone aufgeteilt („Waldhof-Bütte"). Die Flüssigkeit in der äußeren Zone wird belüftet und der aufsteigende Schaum über den Zylindermantel zum Überlaufen gebracht, wobei in der inneren Zone eine Entlüftung stattfindet. Der Kreislauf der Gärflüssigkeit erhält seinen Impuls durch eine am Boden des Gefäßes zentral angeordnete und gewissermaßen als Schleuder ausgebildete Rührvorrichtung, durch deren Umdrehungen automatisch Luft durch ein Gaszuführungsrohr, zweckmäßig durch die hohle Achse der Schleuder, angesaugt wird. Da nun Luft infolge ihres geringen spezifischen Gewichtes bei der Drehbewegung allein eine verhältnismäßig geringe Zentrifugalkraft auslöst und dementsprechend nur eine geringe Saugwirkung erzeugen kann, wird die durch die Schleuder strömende Luft im Innern derselben selbsttätig mit gewissen Mengen der zu belüftenden Flüssigkeit gemischt. Hierzu sind Ansatzrohre vorgesehen, welche auf der der Flüssigkeit sich entgegenbewegenden Seite Öffnungen besitzen, durch welche die Gärflüssigkeit in die Ansatzrohre gepreßt wird. Bei dem durch die Zentrifugalkraft bewirkten Herausschleudern reißt die Flüssigkeit auch Luft mit sich und wird in eine feinporige Luftemulsion umgewandelt. Es setzt eine aufsteigende Bewegung in der äußeren Belüftungszone der Gärflüssigkeit ein, die das Gefäß zu Beginn nur bis zu einem Drittel oder Viertel ausfüllte. Durch die selbsttätige Begasung wird bald der ganze Gefäßinhalt von Schaum eingenommen, welcher aus der äußeren Zone über den oberen Rand des Mantels in die innere Zone fließt. Dort ist ein an der Achse der Schleudervorrichtung befestigter tellerförmiger Schaumzerstörer angeordnet, durch welchen der Schaum zerschlagen werden kann. Während das Gas entweicht, fließt die Flüssigkeit innerhalb des Zylinders zum unteren Teil des Gefäßes und wird dort durch die Schleuder unter gleichzeitiger Belüftung in die äußere Ringzone gelenkt.

Hierzu dient die Apparatur der Abb. 31.

Die Gärflüssigkeit wird in den auf den Trägern *a* ruhenden Gärbottich *b* eingebracht, so daß sie etwa ein Viertel bis ein Drittel desselben ausfüllt.

Darauf wird die als Lüfter ausgebaute, zentral gelagerte Schleuder c vom Motor g aus über die Riemenscheiben f und f' in Umdrehung versetzt. Die Schleuder besteht aus einem zentralen Rohr c, welches unten in die Kammer o mündet, die ihrerseits mehrere seitliche und offene Ansatzrohre d trägt. Diese sind auf der der Flüssigkeit sich entgegenbewegenden Seite mit jeweils einer oder mehrerer Öffnungen e versehen, durch welche beim Umlauf der Schleuder Flüssigkeit in die Ansatzrohre d eingepreßt und an deren vorderen Enden wieder herausgeschleudert wird. Durch die rotierende Schleuder c wird oben in der hohlen Achse Luft eingesaugt, welche an den vorderen Enden der Ansatzrohre d in die zu belüftende Flüssigkeit austritt und diese in einen feinporigen Schaum umwandelt, der in der äußeren Zone emporsteigt. Der doppelwandige Mantel m, der mittels des durch i zuströmenden und bei k wieder abfließenden Wassers gekühlt werden kann, dient zur Regelung der Temperatur. Der emporsteigende Schaum fällt über den oberen Rand des Mantels auf die rotierende Scheibe l, wird von dieser zerschlagen und fließt im inneren Mantelraum h als Flüssigkeit wieder der im unteren Teil des Behälters b befindlichen Hauptflüssigkeitsmenge zu. Die vergorene Lösung wird durch das Ablaßventil n entfernt, worauf der Behälter wieder, z. B. durch den Trichter p, mit neuer Gärlösung beschickt werden kann.

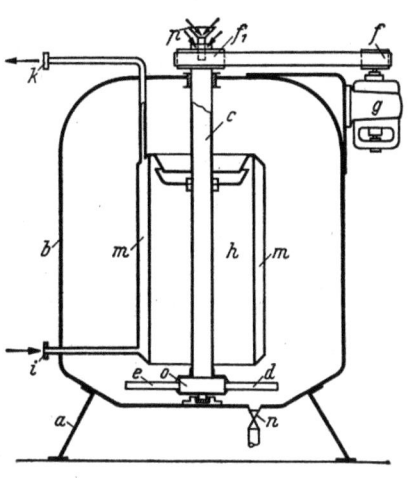

Abb. 31.

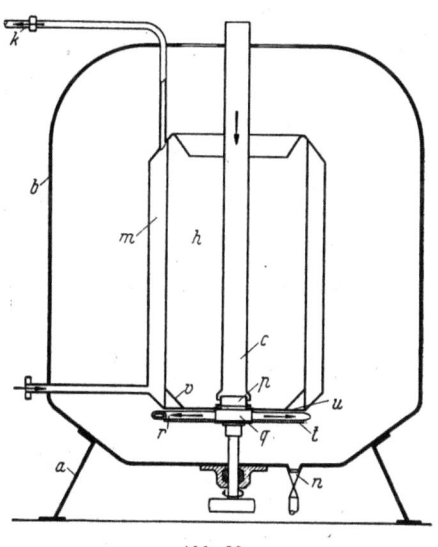

Abb. 32.

Auf die angegebene Weise werden also Luft oder Sauerstoff in beliebig feiner Verteilung der zu begasenden Flüssigkeit am Boden des Gärbottichs zugeführt, auf diese Weise daher sehr wirksam ausgenutzt.

Die Apparatur ist in neuester Zeit abgeändert und verbessert worden (s. Abb. 32).

Das auf den Stützen a ruhende Gärgefäß b ist oben offen, so daß aus der Gärflüssigkeit entweichende Gase frei abströmen können. Im Innern befindet sich ein Zylindermantel m, welcher eine oben offene, unten durch ein Schleuderrrad abgeschlossene Kammer h umschließt und oben eine freie Überlaufkante zwischen dem äußeren Ringraum und der inneren Zylinderkammer h bildet. In der Mitte wird diese von einem ortsfesten Gaszuführungsrohr c durchgriffen, an das mit Hilfe eines Übergangsstutzens p der mittlere Vorraum q eines Schleuderrades r angeschlossen ist. Das Schleuderrad besteht aus einer Mehrzahl von Belüftungsrohren r, die zweckmäßig entgegen der Drehrichtung nach hinten zurückweichen und vornehmlich bogenförmig gekrümmt sind. Die äußeren Enden der Rohre sind nach einer durch die Drehachse verlaufenden Ebene x—x (Abb. 33) abgeschnitten.

Als besonders vorteilhaft hat es sich erwiesen, den Rohrstern nach unten durch eine Platte t abzudecken, deren Größe etwa der Bodenfläche der

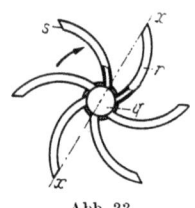
Abb. 33.

Zylinderkammer h entspricht. Diese Platte kann entweder fest mit dem Rohrstern verbunden sein, beispielsweise durch Verschweißung mit einigen oder sämtlichen Rohrarmen r. Sie kann aber auch ortsfest angeordnet sein, so daß der Rohrstern oberhalb der Platte t frei umläuft. Zur Erhöhung der Schleuderwirkung hat sich die Anordnung einer Ringscheibe u als zweckmäßig erwiesen, welche wie die Platte t ortsfest, z. B. an der Unterkante des Zylindermantels m, befestigt oder mit dem Rohrstern verbunden und mit diesem umlaufend sein kann. Die Ringscheibe bildet mit der Platte t und dem umlaufenden Rohrstern eine wirksame Schleuderpumpe.

Zur Erleichterung des Einlaufs der schäumenden Gärflüssigkeit in das Schleuderrad kann der Innenraum des Zylinders m zur Mitte hin kegelig nach unten verjüngt sein. Diese Verjüngung kann durch ein einfaches konisches Ringblech v gebildet werden, das mit der oberen Kante an der Innenwand des Zylindermantels m und mit der unteren Kante an der Ringscheibe u angeschlossen, beispielsweise angeschweißt ist.

Der Zylindermantel m kann ebenfalls zusammen mit dem Rohrstern bzw. der Abschlußplatte t umlaufen. Es ist jedoch zur Verringerung der umlaufenden Massen vorteilhafter, den Zylindermantel m ebenso wie das Zentralrohr c feststehend anzuordnen und im wesentlichen nur das Schleuderrad mit der Abdeckplatte t umlaufen zu lassen.

Beim Umlauf des Schleuderrades durch die Gärflüssigkeit, welche entweder im Innern des Rohres c oder an dessen äußerem Umfang von oben aus zugeführt wird, entsteht an den entgegen zur Drehrichtung offenen Enden s ein Kavitationseffekt. Die Kavitation wird zur Entgasung der zentralen Kammer h ausgenutzt. Gleichzeitig wird von dem Kavitationssog Luft durch die offenen Rohrenden und durch die zentrale Rohrleitung c eingesaugt. Da sich diese Luft beim Austritt durch die offenen Rohrenden noch unter hohem Vakuum befindet, erfolgt eine äußerst feine Verteilung in der Flüssigkeit. Handelt es sich um schäumende Gärflüssigkeit, so wird diese hierbei mit der eingebrachten Luft zu einer Luft-Flüssigkeitsemulsion gemischt. Diese läuft im Kreislauf im Gärgefäß um und entfernt sich jeweils aus dem Wirkungsbereich der Kavitation, wobei sich ein Lösungsgleichgewicht zwischen Flüssigkeit und den in dieser enthaltenen Gasen wiederherstellt. Dies hat zur Folge, daß z. B. bei zur Hefeerzeugung dienender Gärflüssigkeit die CO_2-Gase, welche nach oben entweichen, zum größten Teil durch Luftsauerstoff ersetzt werden, was einen ganz besonders wirksamen Effekt zur Versorgung der Hefe mit Luftsauerstoff ergibt.

Der Rohrstern wirkt vornehmlich in Verbindung mit einer unteren Abdeckplatte gleichzeitig als Schleuderpumpe und sorgt dabei für einen geregelten Umlauf des Gärgefäßinhaltes. Der mittlere Zylinderraum h dient als Saugstutzen, von dessen unterem Ende durch das Schleuderrad die Flüssigkeit bzw. die Luft-Flüssigkeitsemulsion in die äußere Ringkammer geschleudert und beim Vorbeiströmen an den offenen Rohrenden stets von neuem belüftet wird.

Bei diesen äußerst wirksamen Belüftungen bildet sich z. B. in einer ursprünglich zu etwa $1/3—1/4$ mit Gärflüssigkeit, z. B. Buchenholzsulfitablauge, gefüllten Bütte bis etwa zum oberen Rand des Mittelzylinders Schaum bzw. eine Luft-Flüssigkeitsemulsion, welche vom äußeren Ringraum mit leichtem Gefälle über die Überlaufkante des Zylindermantels m der Zylinderkammer h zufließt und einen großen Teil ihres Gasinhaltes an der Oberfläche und in der Zylinderkammer h abgibt. In dieser fließt dann das Gemisch dem Schleuderrad erneut zur Belüftung zu.

Eine weitere Wirkung wird von dem ständig umlaufenden Rohrstern noch dadurch erzeugt, daß dieser den nach unten gelangenden Schaum zerschlägt.

Bei Verhefung von Gärflüssigkeit kann auch eine ununterbrochene Hefebildung erfolgen, und zwar beispielsweise derart, daß dem Mittelzylinder dauernd frische Lauge zufließt und unten bei n stets die gleiche Menge Schlempe abgezogen wird.

γ) Die Feinstbelüftung nach Vogelbusch.

Die bisher einfachste und wohl auch wirkungsvollste Methode zur Belüftung von Gärbottichen ist die Feinstbelüftung nach W. VOGELBUSCH, Wien. Ähnlich der Arbeitsweise der *Sinner A.G.* und von CLAUS verwendet VOGELBUSCH rotierende Belüftungskörper. Hierzu dienen zwei Ausführungsformen, eine mit Antrieb von oben und eine zweite mit Antrieb von unten. Die Normalform ist in Abb. 34 wiedergegeben.

Das Gewicht der Vorrichtung Pos. *1—6* wird über den Fußflansch des Lufteintrittskörpers *3* auf den Deckel des Gärbottichs übertragen. Wird dieser letztere in Flußstahl ausgeführt, so reicht bei Bottichen bis zu mittleren Abmessungen der gewölbte Deckel von entsprechender Dicke ohne weitere Verstärkung aus. Große Gärgefäße, oder in rostfreiem Stahl ausgeführte, erhalten einen schwach kegelförmigen Deckel. Der Auflageflansch für den Lufteintrittskörper *3* wird durch radial bis zum Mantel reichende Rippen getragen. Die Ausführung von Gärbottichen bis zu 6000 mm Durchmesser und 8000—10000 mm Mantelhöhe, auch in rostfreiem Stahl, bereitet keinerlei Schwierigkeiten. Ist bei einem vorhandenen Gärbottich die Abdeckung zu schwach, so kann der Antrieb *1—3* entweder auf Träger gestellt oder in eine an der Raumdecke befestigte Eisenkonstruktion eingebaut werden.

In Abb. 35 wird der Belüftungskörper von unten angetrieben.

114 Die Gewinnung von Hefe und Alkohol.

Der Belüftungskörper 5—6 wird über das Getriebe 2 vom Motor 1 aus betätigt. Die das Getriebe 2 mit dem Bottichboden verbindende Laterne trägt zwei große Öffnungen, über welche die Stopfbüchse 7 von außen her leicht zugänglich ist. Der Hohlkörper 3 dient in diesem Falle lediglich der Luftzuführung. Das Getriebe 2 nimmt das Gewicht der Lüftungseinrichtung 4—6 auf. Der Gärbottichdeckel braucht daher nur insoweit versteift zu werden, als dies für die schwingungsfreie Lagerung des oberen Endes der Hohlwelle 4 erforderlich ist.

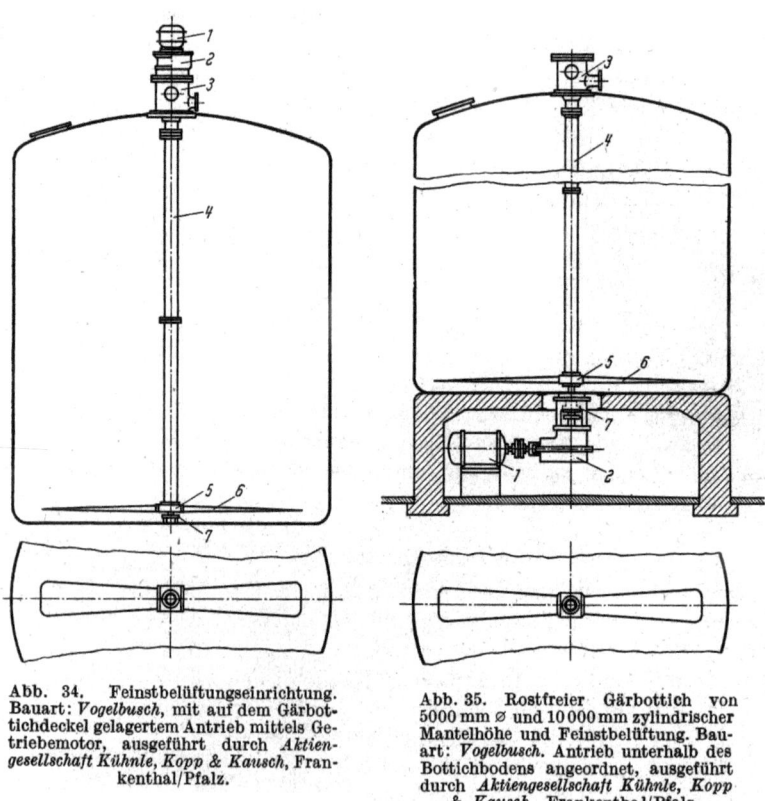

Abb. 34. Feinstbelüftungseinrichtung. Bauart: *Vogelbusch*, mit auf dem Gärbottichdeckel gelagertem Antrieb mittels Getriebemotor, ausgeführt durch *Aktiengesellschaft Kühnle, Kopp & Kausch*, Frankenthal/Pfalz.

Abb. 35. Rostfreier Gärbottich von 5000 mm ⌀ und 10000 mm zylindrischer Mantelhöhe und Feinstbelüftung. Bauart: *Vogelbusch*. Antrieb unterhalb des Bottichbodens angeordnet, ausgeführt durch *Aktiengesellschaft Kühnle, Kopp & Kausch*, Frankenthal/Pfalz.

Die Kühlung der gärenden Würze kann bei allen Bottichen, die in rostfreiem Stahl ausgeführt sind, durch eine Außenberieselung erfolgen.

Das neue System bietet gegenüber allen Belüftungssystemen mit starren Luftrohren, den sogenannten „Strahlrohr-Belüftungssystemen", große Vorteile.

An sich ist die Strahlrohrbelüftung immer eine unvollkommene Belüftungsmethode gewesen. Die starren Luftrohre sind zwar über den ganzen Bottichboden verteilt angebracht, aber trotzdem entstehen bei der Belüftung in der Gärflüssigkeit Zonen, die gleichmäßig durchlüftet sind, und solche, bei denen dies nicht der Fall ist. Die Strahlrohre werden außerdem bei der Reinigung der Bottiche leicht beschädigt. Schließlich sind die Luftaustrittsöffnungen der Rohre in ihrem Durchmesser nur schwer konstant zu halten. Da kleine Luftblasen erzielt werden sollen, ist es notwendig, die Bohrungen in den Luftrohren möglichst klein zu halten. Dies ist aber mit technischen Schwierigkeiten verbunden. Werden die Bohrungen zu klein gewählt, so ist der Bohrerverschleiß zu groß. Dasselbe trifft auch zu, wenn das Rohrmaterial zu hart ist. Deshalb kann Edelstahl nur verwendet werden, wenn eine erhebliche Verteuerung der Anlage in Kauf genommen wird. In der Regel bestehen die Rohre aus Kupfer, das sich leicht bohren läßt, aber auch schnell dem Verschleiß unterliegt. Durch die ständige Reibung beim Austreten der Luftblasen vergrößern sich die Löcher, so daß schon nach wenigen Jahren die Feinbelüftung zu einer mehr oder weniger groben Belüftung geworden ist. Schon eine Erweiterung des Lochdurchmessers von 0,5 mm auf 0,7 mm bedeutet eine 100%ige Querschnittsvergrößerung.

Alle diese Mängel treten bei der Arbeitsweise nach VOGELBUSCH nicht mehr auf. Die Luft wird dem Feinstbelüftungskörper *6* über den Lufteintrittskörper *3* durch die Hohlwelle *4* zugeführt. Da der Luftkörper eine stromlinienförmige Gestalt bei völlig glatter Oberfläche hat, gleitet er mit hoher Relativgeschwindigkeit durch die ihn umgebende Gärflüssigkeit. Der aus jeder Öffnung austretende Luftfaden wird daher durch die Gärflüssigkeit unmittelbar am Lochrande abgeschert, so daß die Luftblasen schon im Zeitpunkt ihres Entstehens weitgehend zertrümmert werden.

VOGELBUSCH hat nun gefunden, daß die eigentliche Feinstverteilung der Luft durch den Gehalt der gärenden Würze an geringen Mengen organischer Säuren hervorgerufen wird. Wenn z. B. reines Wasser von einer Härte von etwa 10° belüftet wird, dann bilden sich Blasen von 3 mm Durchmesser. Werden dem Wasser aber 0,02% Essigsäure zugesetzt, dann verschwinden diese Blasen sofort und statt dessen bilden Wasser und Luft ein emulsionsartiges Gemisch. Dieser sogenannte „Feinstbelüftungseffekt" würde indessen mit einem Strahlrohrverteiler bisher üblicher Bauart selbst dann nicht erreicht werden, wenn die Luftaustrittsöffnungen einen Durchmesser von nur 0,2 mm haben. Offensichtlich reicht dann die Säure allein zur Entspannung der Luftblasen nicht aus, sie tritt erst zusammen mit der dynamischen Wirkung des Luftflügels ein.

Die Vorteile der neuen Belüftungsart sind von K. A. THOMMEL, Weingarten, durch Vergleichsversuche bestätigt worden. Hierzu haben zwei gleiche Gärbottiche gedient, der eine mit Strahlrohrbelüftung und der andere mit dem Luftflügel nach VOGELBUSCH. Die Strahlrohrbelüftung hatte etwa 150000 Bohrungen mit 0,5 mm Durchmesser, insgesamt einen Querschnitt von 300 qm. Der Luftflügel, welcher oben und unten gelocht ist, hatte bei etwa 10000 Bohrungen einen Gesamtaustrittsquerschnitt von rund 1000 qm. Aus dem über dreimal so großen Querschnitt tritt also weniger Luft aus. Dies hat zur Folge, daß die Ausströmgeschwindigkeit wesentlich geringer ist, und daß die Luftblasen infolge des Feinstbelüftungseffektes in der Gärflüssigkeit viel langsamer hochsteigen. Lochzahl, Lochdurchmesser und Umlaufgeschwindigkeit stehen zueinander in einem bestimmten erprobten Verhältnis, um eine ganz gleichmäßige Luftverteilung zu erzielen.

Verglichen wurde der Verbrauch an Luft, an elektrischer Energie und an Gärfett, ferner die Assimilation des organischen Stickstoffs. Die Bottiche waren beide flach abgedeckt und haben je 2 Kühlregister. Es wurde mit der gleichen Melasseart und -aufbearbeitung, mit der gleichen Stellhefe und nach dem gleichen Gärschema gearbeitet, so daß also in beiden Fällen ein gleicher Zulauf und gleiche Gärbedingungen vorlagen. Die Versuche wurden im spirituslosen Verfahren durchgeführt. Der einzige Unterschied bestand in der Luftzugabe. Die günstigste Luftmenge für beide Systeme wurde sorgfältig ermittelt, es wurde versucht, in beiden Fällen mit möglichst wenig Luft auszukommen. Die untere Grenze wurde durch das Auftreten nennenswerter Mengen Alkohol bestimmt.

Bei der Durchführung der Versuche wurden sämtliche Melassewerte auf einen Zuckergehalt von 50% und die Hefewerte auf einen Trockensubstanzgehalt von 27% umgerechnet. Außer der Ausbeuteberechnung wurde auch bei jeder Gärung eine Stickstoffbilanz aufgestellt.

Aus über 60 Doppelversuchen wurden folgende Ergebnisse erzielt:

1. Bei dem Gärbottich mit VOGELBUSCH-Belüftung wurde durchweg eine Lufteinsparung von 40% erzielt. Es ist dies bedeutsam, weil der Vergleich mit einer einwandfrei arbeitenden Strahlrohrbelüftung durchgeführt worden ist.

2. Die Einsparung an Gärfett betrug etwa 20%. Diese Zahl wird als Minimum angenommen, da der Steigraum bei den Versuchen ein Viertel der gesamten Bottichhöhe betrug. Bei einer höheren Schaumdecke ist nicht mit einem schnellen Überlaufen des Bottichs zu rechnen, weil wegen der geringeren Luftmenge und der feineren Durchdringung von Luft und Würze das Gemisch nicht so schnell hochsteigt.

3. Der organische Stickstoff wird mit der neuen Feinstbelüftung besser assimiliert als bisher. Er wird auch dann bevorzugt aufgenommen, wenn ein Überschuß von anorganischem Stickstoff dargeboten wird.

Die nach 2. und 3. erzielten Ergebnisse wirkten sich auch günstig auf die Hefequalität aus, insofern, als bei der Mehrzahl der Versuchspaare die Triebkraft der mit Feinstbelüftung gezüchteten Hefe günstiger war. Die erzielten Mehrausbeuten schwankten zwischen 4,5 und 12%.

Der Energiebedarf der VOGELBUSCH-Belüftung beträgt etwa 60% einer Strahlrohrbelüftung.

Bei entsprechender Abmessung des Propellers lassen sich bei 23- bis 25facher Verdünnung auf je 100 kg verwendete Melasse mit 50% vergärbarem Zucker 25—27 kg Hefetrockensubstanz erzielen. Der Luftverbrauch kann entweder um 15—20% gesteigert oder auch auf die Hälfte des normalen Luftdurchsatzes vermindert werden. Es kann daher mit einem normalen Lüftungskörper neben Hefe bis zu einem gewissen Prozentsatz auch Alkohol gewonnen werden. Der Lüftungskörper läßt sich ohne weiteres auch für größere spezifische Luftmengen auslegen, sofern dies — etwa zwecks Steigerung der Hefeausbeute — gefordert wird. Die Hauptsache ist, daß der Lüftungskörper in jedem Falle den Verhältnissen vorher angepaßt wird.

Schrifttum.

VOGELBUSCH, W.: Z. VDI 49, 1267/70 (1939).
THOMMEL, K. A.: Branntweinwirtschaft 7, 121/25 (1954).

Das Lüftungsverfahren: Melasseverarbeitung. — Lüftung der Gärflüssigkeit. 117

δ) *Belüftungsgefäß mit Rühreinrichtung.*

Für Gärversuche, insbesondere im halbtechnischen Betriebe, hat sich ein Belüftungsgefäß bewährt, welches mit einer besonders ausgebildeten Rühreinrichtung versehen ist, die sowohl zur Belüftung wie zur Schaumbekämpfung dient. Es ist von B. LAMPE und der *Versuchs- und Lehranstalt für Spiritusfabrikation,* Berlin, entwickelt worden. (Siehe Abb. 36.)

In dem Behälter *1,* der von einem Deckel *2* abgedeckt ist, befindet sich die zu rührende und belüftende Flüssigkeit *3.* Durch den Deckel *2* ist die Achse *4* einer Rühreinrichtung zugeführt, der von außen in der dargestellten Weise eine Drehbewegung zu erteilen ist. Diese Achse ist als Hohlachse innerhalb des Bottichs *1* ausgebildet und endet in einer glockenartigen Ausbauchung oder Glocke *5.* In der Zone des größten Durchmessers der Glocke und darüber sind ein oder mehrere Lochkränze vorgesehen, deren Löcher *14* unterschiedliche Größe haben können. Die Glocke *5* ist bei *13* unten offen, damit die Flüssigkeit in dem Rührer nachsteigen kann. Der freihängend abgebildete Rührer kann auch in einem Fußlager abgestützt sein.

In einer vorbestimmten Höhe innerhalb des Bottichs *1* über dem Flüssigkeitsspiegel sind in der Hohlachse *4* ein oder mehrere Durchtrittsöffnungen *6* vorgesehen, die als Schlitze ausgebildet sind und durch Verstelleinrichtungen *7*

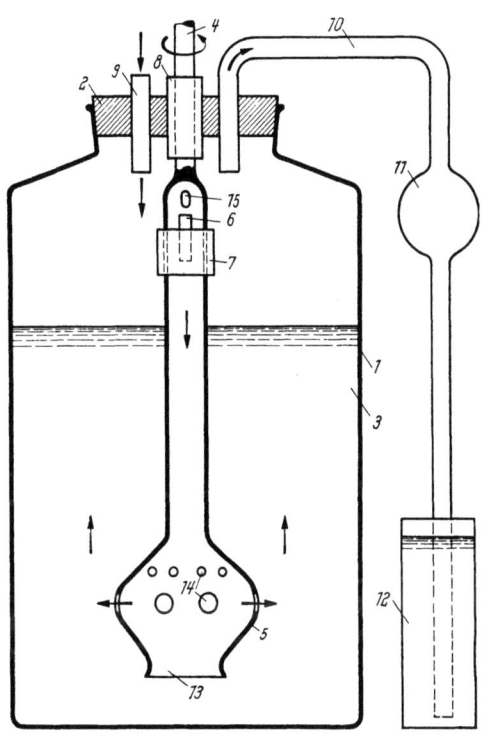

Abb. 36.

mehr oder weniger geschlossen werden können. So ist die Luftmenge regelbar.

Über der Öffnung *6,* durch welche der Schaum abgesaugt wird, können zwecks noch stärkerer Durchlüftung der Flüssigkeit Öffnungen von kleinerem Querschnitt angebracht werden, sie sind auch verstellbar zu verschließen.

Sobald die Rühreinrichtung über die Achse *4* in Drehung versetzt wird, wird die Flüssigkeit aus der Glocke *5* nach außen geschleudert, wobei sie immer von neuem von unten der Glocke zufließt. Infolge des Anpralls der Flüssigkeit gegen die Gefäßwand tritt eine aufwärts gehende Vertikalbewegung ein, wodurch der entstehende Schaum nach oben gedrückt wird. Gleichzeitig tritt aber infolge der in der Glocke wirkenden Zentrifugalkraft in der hohlen Achse *4* ein Sog nach unten ein, wodurch die im oberen Teil des Rohres befindliche Öffnung Luft angesaugt wird, die dann unten durch die Löcher der Glocke in die Flüssigkeit eintritt. Wenn nun der entstehende Schaum die obere Durchtrittsöffnung erreicht hat, wird er in die Flüssigkeit zurückgesaugt, so daß er nicht über die Ebene, in der die Öffnung liegt, hinaussteigen kann. Durch Verschiebung der Verstelleinrichtung oder Hülse 7 auf dem Schlitz 6 ist eine Dosierung der Luftzufuhr möglich.

Wenn mit geschlossenem Deckel gearbeitet werden soll, dann ist der Verschluß 2 mit drei Durchlässen versehen. Durch den mittleren Durchlaß führt eine luftdicht abschließbare Buchse 8, in der sich die Antriebsachse 4 des Rührers dreht. Durch einen zweiten Durchlaß führt ein Rohr 9, durch das die Luft einströmen kann. Die überschüssige Luft kann durch den dritten Durchlaß 10 nach außen entweichen. Das Rohr 10 ist nach unten gebogen und führt über eine kugelförmige Erweiterung 11 in ein mit Flüssigkeit gefülltes Gefäß 12. So ist es mit Hilfe dieser Apparatur möglich, vollkommen steril zu arbeiten, denn der Behälter mit seinen Einrichtungsteilen kann leicht sterilisiert werden.

Die Befüllung des Gefäßes mit dem Nährsubstrat und die Beimpfung erfolgen durch das Rohr 9. Durch Vorschalten eines Bakterienfilters vor dasselbe kann die eintretende Luft keimfrei gemacht werden. Ferner können durch das Rohr 9 auch andere Gase wie z. B. Kohlensäure, Sauerstoff, Stickstoff usw. eingeführt werden.

Es ist auch möglich, durch das Rohr 9 z. B. kohlensäurefreie Luft oder andere kohlensäurefreie Gase einzuleiten, um bei biologischen Arbeiten bilanzierte Stoffwechselversuche durchführen zu können, wobei die durch den Stoffwechsel der Mikroorganismen entstandene Kohlensäure in der Weise bestimmt werden kann, daß sie durch das Rohr 10 einem Absorptionsapparat zugeführt wird.

Der Rührer kann im übrigen auch für andere Zwecke und in offenen Gefäßen benutzt werden. Falls es sich hierbei nur um Lösungsvorgänge zur Herstellung von Emulsionen u. dgl. handelt und eine Belüftung nicht erwünscht ist, wird die über den Schlitzen befindliche Hülse oder Verstelleinrichtung so gestellt, daß die Durchtrittsöffnung der Hohlachse vollständig geschlossen ist.

Vgl. auch den Abschn. über Schaumbeseitigung, S. 124 ff.

ε) Die Luftgebläse.

Als Lufterzeuger dienen in der Gärungsindustrie verschiedene Systeme. In Abb. 37 wird zunächst ein *Turbogebläse* beschrieben, wie es als sogenanntes „Kleinspiralgebläse" von der *Demag Aktiengesellschaft* in Duisburg entwickelt worden ist.

Diese Kleinspiralgebläse sind einstufige Radialgebläse. Die Ansaugung erfolgt in achsialer Richtung. Bei Ansaugung von atmosphärischer Luft können Saugleistungen von 600 cbm/h bis 25000 cbm/h bei Enddrücken von 1 bis 7 m WS bzw. 0,1—0,7 atü erzielt werden. In der Hefeindustrie sind Saugleistungen von 500 cbm/h bis 15000 cbm/h mit Enddruck von 1,1 bis 1,7 ata angewendet worden.

Die Gebläsespirale aus dichtem Gußeisen ist mit einem einstufigen Zahnradgetriebe zusammengebaut. Das Gebläselaufrad ist auf der verlängerten

Das Lüftungsverfahren: Melasseverarbeitung. — Lüftung der Gärflüssigkeit. 119

Ritzelwelle fliegend angeordnet. Die Spirale ist vertikal, das Getriebegehäuse horizontal geteilt. Das Getriebe hat Schrägverzahnung. Sämtliche gegebenenfalls auftretenden Achsialkräfte der Rad- und Ritzelwelle werden durch die Bundlager aufgenommen. Diese dienen außerdem zur genauen Einstellung des Läufers im Gehäuse. Das vom Laufrad verdichtete Medium wird gegen den Ansaugeraum und die äußere Atmosphäre durch Labyrinthringe abgedichtet. Die Abdichtung der Ritzelwelle zwischen Getriebe- und

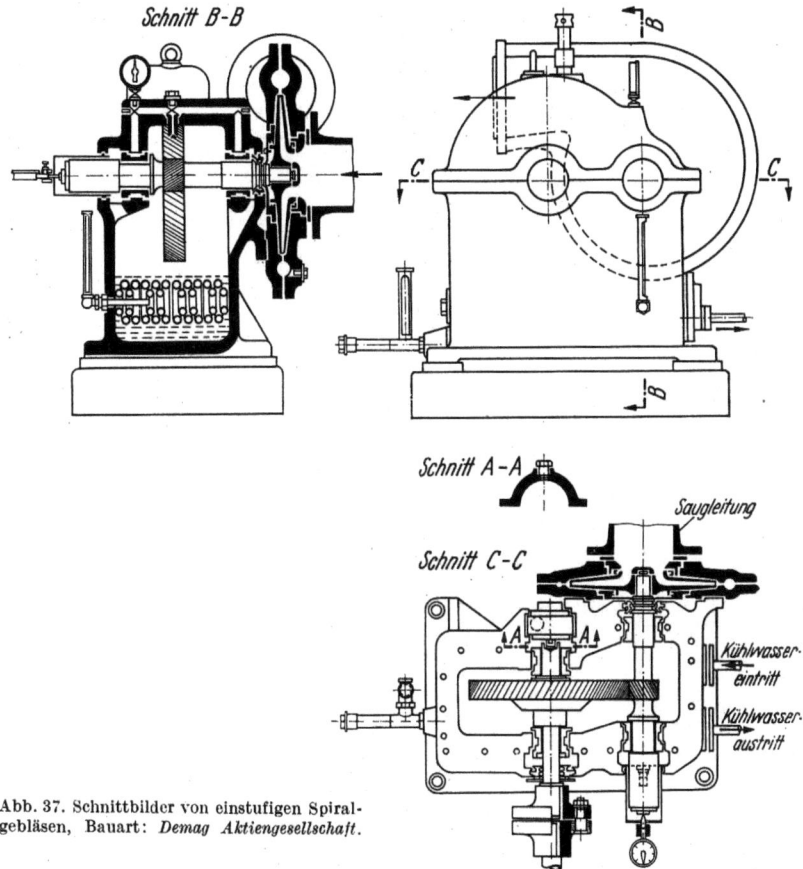

Abb. 37. Schnittbilder von einstufigen Spiralgebläsen, Bauart: *Demag Aktiengesellschaft*.

Spiralgehäuse ist mit besonderer Sorgfalt ausgebildet, so daß kein Öl in die luftführenden Teile des Gebläses gelangen kann.

Eine mit der Radwelle gekuppelte Zahnradölpumpe versorgt die Getrieberäder sowie die Gleitlager mit Drucköl. Die Kühlwasserzuführung für den Ölkühler kann durch Anschluß an eine normale Wasserleitung erfolgen. An den Ölkreislauf ist ein Manometer und ein Thermometer angeschlossen, so daß die Ölversorgung ständig überwacht werden kann.

Für direkten Antrieb können 3000 tourige Motoren dienen, für größere Leistungen auch solche mit 1500 U/min.

120   Die Gewinnung von Hefe und Alkohol.

Da das Fördermedium beim Durchgang durch das Gebläse keine geschmierten Flächen berührt, ist eine Entölung nicht erforderlich. Im Innern sind keine aufeinandergleitenden Teile vorhanden, daher ist der Wirkungsgrad sehr günstig. Der Luftstrom ist kontinuierlich, daher ist kein Ausgleichs-

Abb. 38. Kolbenkompressor, Bauart: *Aktiebolaget S.J.A.*, Schweden.

kessel angeschlossen. Der Lauf ist erschütterungsfrei, infolgedessen sind keine schweren Fundamente nötig. Da das Gebläse mit dem Getriebe organisch zusammengebaut ist, wird nur ein geringer Platzbedarf beansprucht.

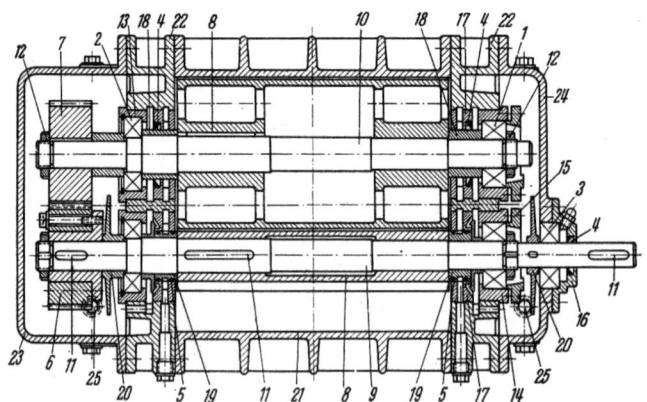

Abb. 39. Drehkolbengebläse, Bauart: *Aerzener Maschinenfabrik GmbH*.

1 Einstellager; — *2* Zylinderrollenlager; — *3* Pendelkugellager mit Spannhülse; — *4* Simmerring; — *5* Kolbenring; — *6* Zahnradantriebwelle; — *7* Zahnradnebenwelle; — *8* Drehkolben; — *9* Antriebswelle; — *10* Nebenwelle; — *11* Paßfeder; — *12* Nutmutter mit Sicherungsblech; — *13* Lagerbuchse; — *14* Einstellagerbuchse; — *15* Deckel für Einstellagerbuchse; — *16* Simmerringgehäuse; — *17* Gehäuse für Dichtring; — *18* Laufbuchse; — *19* Buchse für Kolbenring; — *20* Spritzscheibe; — *21* Zylinder; — *22* Seitenplatte; — *23* Radkasten; — *24* Gehäusedeckel; — *25* Ölstandsanzeiger.

Neben den Turbogebläsen sind auch *Kolbendruckgebläse* gebräuchlich. So ist z. B. von der *Aktiebolaget S. J. A.*, Schweden, ein Luftkompressor aus Spezialgußeisen vom Schraubentypus entwickelt worden, der eine

Kapazität bis zu 5000 cbm Luft in der Stunde aufweist (s. Abb. 38). Er ist infolge der besonderen Konstruktion seines Kolbens vom Gegendruck unabhängig, hat einen hohen Wirkungsgrad, ein geringes Gewicht und geringen Platzbedarf und kann auch in oberen Stockwerken der Fabrik zur Aufstellung gelangen.

Ein *Drehkolbengebläse*, welches vollkommen ölfreie Luft befördert und auch bei schwankenden Drücken mit fast gleichbleibendem gutem Wirkungsgrad arbeitet, ist von der *Aerzener Maschinenfabrik*, Aerzen bei Hameln, entwickelt worden (s. Abb. 39).

ζ) Regelbarer Luftverdichter.

Wenn ein oder mehrere Luftkompressoren an eine gemeinsame Druckleitung angeschlossen sind, die sich auf verschiedene Gärbottiche verteilt, muß der Druck auf das Luftnetz stets so hoch gehalten werden, daß er dem höchsten, in irgendeinem Bottich herrschenden Gegendruck entspricht. Dadurch entstehen Leergangs- und Energieverluste.

S. O. ROSENQVIST und die *Svenska Jästfabriks Aktiebolaget*, Stockholm, versuchten, diese Schwierigkeiten durch Einführung eines regelbaren Luftverdichters zu umgehen. Dieser wird durch Impulse von Vorrichtungen in der Luftleitung geregelt, um die Luftmenge im Bottich entsprechend zu regulieren. Es ist ein Regelglied vorgesehen, welches nach einem im voraus bestimmten Lüftungsschema die Kompressorvorrichtung selbsttätig auf die Abgabe von Luft in der erforderlichen Menge und mit dem gewünschten Druck einstellt. Zweckmäßig ist noch eine Meßvorrichtung vorgesehen, welche die dem Bottich zugeleitete Luftmenge anzeigt und die Impulse nach der regelnden Abmeßvorrichtung abgibt.

Der Regler erhält die Impulse von einer drehbaren Programmscheibe, sie beeinflußt den Stromanlasser und dadurch die Umdrehungszahl des den Verdichter antreibenden Motors.

Eine neben anderen Ausführungsformen ist in Abb. 40 gezeigt.

Die Gärbottiche *1*, *2* und *2'* sind durch die Hauptleitung *6* und die Verteilungsleitungen *7*, *8* und *8'* mit der Druckseite der regelbaren Verdichtervorrichtung *3*, *3'*, *4* und *4'* verbunden. *3* und *3'* sind Verdichter, welche durch die Maschinen *4* und *4'* angetrieben werden. Dabei kann der Motor *4* durch die aus den Leitungen *5* erhaltenen elektrischen Impulse die Luftabgabe des Verdichters *3* und damit der ganzen Vorrichtung regeln. In die Verteilungsleitungen sind die Meßglieder *9*, *10* und *10'* und die mit den Programmscheibengliedern *11*, *12* und *12'* zusammenwirkenden Ventile *13*, *14* und *14'* eingeschaltet.

Diese Gesamtvorrichtung mißt die für die Gärbottiche gemäß dem aufgestellten Schema bestimmten Luftmengen ab. Zwecks Regelung des Druckes der von der Verdichtervorrichtung abgegebenen Luftmenge sind die Manometer *15*, *16* und *16'* eingeschaltet, die mit ihren Relais *17*, *18*, *19*, *20* und *19'*, *20'* und den zugehörigen Schaltern die Luftabgabe von der Verdichtervorrichtung erhöhen oder vermindern können.

Die einzelnen Regelmanometer geben einen Impuls auf Erhöhung des Druckes, d. h. auf Erhöhung der Luftabgabe der Verdichtervorrichtung, auch dann ab, wenn die übrigen Manometer auf eine Verminderung der Luftabgabe eingestellt sind. Erst wenn alle in Reihe geschalteten Relais geschlossen, d. h. alle Manometer auf Verminderung der Luftabgabe eingestellt sind, wird ein Impuls zur Verminderung der Luftabgabe gegeben. Eine Erhöhung dagegen erfolgt, sobald irgendein Relais zur Erhöhung der Luftabgabe schaltet.

η) Alkoholverluste durch Lüftung der Gärflüssigkeit.

Um Alkoholverluste während der Gärung zu vermeiden, hat sich für sogenannte stille Gärungen und solche mit geringer Luftzuführung der geschlossene Gärbottich bewährt. Bei stark belüfteten Gärungen ist der mitgerissene Alkohol infolge der großen durchgeblasenen Luftmengen sehr verdünnt, so daß sich seine Gewinnung kaum lohnt.

Versuche von F. WAGNER zur Wiedergewinnung des von der Abluft mitgeführten Alkohols mit aktiver Kohle ergaben, daß der Verlust mit der Stärke der Belüftung wächst, bei niederem Alkoholgehalt aber geringer ist als bei mittlerem. Je nach Alkoholkonzentration der Maischen und Luftmenge betrug der Verlust 6,7—37% des im Betrieb gewonnenen Alkohols bei 2,5—12,5% Aldehydgehalt des adsorbierten Alkohols. Die Höhe des Verlustes hängt am stärksten von der angewandten Luftmenge ab; je größer diese ist, desto höher ist der Verlust. Dabei spielt die Größe der Luftaustrittsöffnungen nahezu keine Rolle. Die geringsten Verluste wurden mit der Feinstbelüftung nach STICH festgestellt.

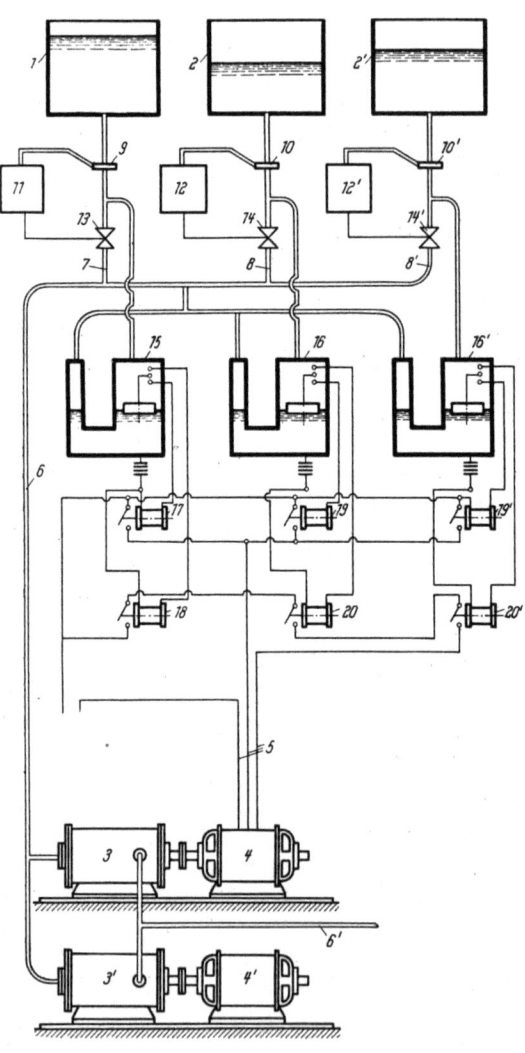

Abb. 40.

Die *Pfälzische Preßhefen- und Spritfabrik* hat den Alkohol mit einer Vorrichtung zurückgewonnen, die aus einem Rohrsystem mit Brausen bestand, deren vereinigte Streukegel die Oberfläche des Gärbottichs bedeckten.

Die *Soc. d'Exploitation de Licences de Brevets Industriels* hat die Gärungsgase in einen Absorptionsturm geleitet, in welchem der Alkohol durch entgegengesetzt zirkulierendes Wasser aufgenommen wurde. Die den Turm verlassenden Gase wurden dann noch mit Öl nachgewaschen.

ϑ) *Einfluß der Luft auf die Hefeausbeute.*

Wie schon STICH festgestellt hat, spielt der Einfluß des Luftzerteilungsgrades in der Nährflüssigkeit eine große Rolle im Hinblick auf die zu erwartende Hefeausbeute. H. FINK und M. Ross haben durch systematische Versuche erneut festgestellt, daß die Ausbeute an zugewachsener Hefe von der Luftbläschengröße im Substrat und von der durchgeleiteten Luftmenge abhängig ist. Zu den Versuchen wurden Belüftungskörper mit auswechselbaren, gelochten Metallscheiben verschiedenen Durchmesser, aber gleichen Gesamtquerschnitts (Lochzahl × Lochquerschnitt) verwendet. So konnte bei gleichmäßiger Luftdurchgangsfläche die Abhängigkeit der Porengröße bei konstanter Luftmenge bzw. die Abhängigkeit der Luftmenge bei konstanter Porengröße, bestimmt werden.

Wenn Glucose mit *Torulopsis utilis* verheft wird, dann wird bei kleinster Blasengröße und genügender Luftmenge der Hefestoffwechsel fast vollkommen auf Atmung umgesteuert mit dem Ergebnis einer größtmöglichen praktischen Ausbeute an neugebildeter Zellsubstanz. Dabei wird die sekundäre Reaktion der Alkoholbildung fast restlos ausgeschaltet.

Die Verhefung wurde unter den bekannten Standardbedingungen (s. Abschn. ,,Standardapparatur für Versuchsgärung", S. 85ff.) vorgenommen und dabei als praktisch mögliche Höchstausbeute an eiweißreicher Zellsubstanz zugrunde gelegt, daß man aus 100 g Glucose 52,5 g Hefetrockensubstanz mit 59,4% Rohprotein und 53,3 g Kohlensäure sowie 0,02 g Alkokol gewinnen kann. Hierbei sind drei Gesichtspunkte von Bedeutung:

1. Die fortlaufende ungehinderte Sauerstoffversorgung jeder Zelle im Substrat.

2. Die rasche Kohlensäureentfernung, da bereits relativ geringe Mengen das Wachstum hemmen.

3. Die Aufrechterhaltung des Schwebezustandes der Hefezellen, damit bei gleichzeitiger turbulenter Durchmischung die Hefemembran immer aufs neue mit dem Nährsubstrat in Berührung kommt.

Schließlich ist auch der Einfluß von Stoffen zu beachten, die eine Herabsetzung der Oberflächenspannung herbeiführen. Durch Zusatz von Milchsäure (z.B. 1 ccm/l) in sehr grobbelüftetes Wasser wird eine enorme Verfeinerung des Luftdisperstätsgrades in der Flüssigkeit erzielt (s. auch im Abschn. ,,Feinstbelüftung nach VOGELBUSCH" das Ergebnis bei Zusatz von Essigsäure). Trotz solcher Verfeinerungsmöglichkeit bleibt aber der Einfluß der Lochgröße im Belüftungssystem auf die Ausbeute von entscheidender Bedeutung (vgl. a. Kap. Ausbeuten, S. 524ff.).

Schrifttum.

FINK, H., u. M. Ross: Biochem. Z. **323**, 5, 389—398, 1952. — J. KREBS u. R. LECHNER: Biochem. Z. **301**, 143 (1939).

10. Die Schaumbekämpfung.

Die bei jeder technischen Hefegärung, insbesondere im Verlauf des modernen Lufthefeverfahrens entstehenden Schaummengen müssen bekämpft werden. B. DREWS, F. JUST und H. KREIPE haben in letzter Zeit die Ursachen für die Schaumentstehung und die Methoden der Schaumbeseitigung eingehend geprüft und sind zu folgenden Ergebnissen gekommen:

α) Die Ursachen für die Schaumentstehung.

Einmal sind die Nährlösungen selbst schaumfähig, zum anderen wird der Schaum durch die großen Mengen feinverteilter Luft und durch die bei der Gärung frei werdende Kohlensäure gebildet, wobei zweifellos auch die übrigen Stoffwechsel- und Ausscheidungsprodukte der Hefe eine Rolle spielen. Schließlich tragen die Hefezellen selbst mechanisch zur Schaumbildung bei.

Über die Art und Menge der schaumbegünstigenden Stoffe in den technisch verheften Substraten der Melasse- und Holzzuckerwürzen, der Zellstoffablaugen usw. ist fast nichts bekannt. Ihre Herkunft und Entstehung aus solchen kompliziert zusammengesetzten organischen Rohstoffen läßt kaum Schlüsse auf den chemischen Charakter dieser oberflächenaktiven Substanzen zu. Vermutlich sind es keine hochmolekularen kolloiden Stoffe.

Die Schaumintensität ist sehr unterschiedlich. So schäumen z. B. Nadelholzsulfitablaugen und Holzzuckerlösungen aus Nadelholz wesentlich geringer als Buchenholzsulfitablauge. Melassewürzen verhalten sich nicht immer einheitlich. In Kartoffelmaischen, die nach dem Eiweiß-Schlempeverfahren des Instituts für Gärungsgewerbe verheft werden, ist die Bildung von Schaum verhältnismäßig gering. Nährlösungen aus reinem Zucker schäumen an sich fast gar nicht. Man kann beobachten, daß bei Substraten, die relativ am meisten unverhefbare Substanz enthalten, deren Schlempen also einen erheblichen Trockensubstanzgehalt, wie Melasse und Sulfitablauge, aufweisen, ein beständigerer Schaum auftritt als bei solchen, deren Schlempen, wie Holzzuckerwürzen, sehr dünn sind. Mithin erhöht die höhere Konzentration an gelösten Stoffen die Zähigkeit der Lösung und begünstigt schon aus diesem Grunde die Schaumbeständigkeit. Die Kartoffelmaischen enthalten jedoch große Mengen fester und unlöslicher Stoffe und sind mit den geklärten Würzen nicht ohne weiteres vergleichbar. Auf jeden Fall spielt die Herkunft der Würzen eine große Rolle, wie der oben erwähnte Vergleich zwischen Nadelholz und Buchenholz bestätigt.

Die Schaumbildung wird erhöht durch die Zugabe der Stellhefe und die sich während des Hefewachstums neu bildenden stickstoffhaltigen Ausscheidungsprodukte, die nicht koagulieren. Nach NIELSEN steigt die Ausscheidung mit zunehmender Wachstumsintensität und abnehmender Konzentration an Hefewuchsstoffen. Inwieweit höher molekulare Zellinhaltsstoffe, die bei der Plasmolyse bzw. Autolyse abgestorbener Hefezellen in die Würzen gelangen, an der Neubildung schaumaktiver Stoffe beteiligt sind, ist bisher noch unklar. Es steht aber fest, daß die gesunden Hefezellen rein mechanisch die Schaumbildung erhöhen, indem sie durch eine

Art Flotationswirkung im Schaum angereichert werden und dadurch eine Verfestigung des Schaumgerüstes herbeiführen.

Der Schaum als solcher ist ein labiles Gebilde, weil der energiereichere Zustand so großer Oberflächen in den energieärmeren der Flüssigkeit überzugehen trachtet. Dem wirken die Hefezellen entgegen. Es bilden sich oft recht massive Schaumdecken oder kompakte Schaumbrocken mit relativ hohem Gehalt an Trockensubstanz, denen man am besten durch mechanische Zerstörung beizukommen sucht. Ihre Zerfallgeschwindigkeit ist sehr gering und nähert sich der Beständigkeit von festen Schäumen ähnlich eingetrocknetem Eiweißschaum. Es liegt auf der Hand, daß derartige sehr beständige Hefewürzeschäume, ganz abgesehen von der Belastigung in technischer Beziehung, für die Hefequalität nachteilig wirken können, weil die im Schaum befindlichen Hefezellen unter anderen Bedingungen leben als in der Würze. Sie entarten, plasmolysieren, sterben ab und geben schließlich einen guten Nährboden für Infektionen ab.

β) Die Systematik der Schaumbekämpfungsmethoden.

Für die Schaumbekämpfung ergeben sich folgende Möglichkeiten:
1. Die Entstehung des Schaumes wird von vornherein unterbunden.
2. Der gebildete Schaum wird zerstört, indem man seine Zerfallsgeschwindigkeit steigert.

Dies geschieht:
a) Durch Zugabe von Entschäumern, wie Gärfett u. dgl.; — b) durch mechanische Vorrichtungen im Verhefungsbottich; — c) durch spezielle Gesamtkonstruktion der Verhefungsanlage; — d) durch Kombination von a) bis c).

Obgleich nun der erste Weg als der einfachere erscheint, befassen sich die Vorschläge, die praktisch angewendet worden sind, fast ausschließlich mit dem zweiten Weg, indem man die Entstehung des Schaumes als unvermeidlich in Kauf genommen hat.

γ) Die Verhinderung der Schaumentstehung.

Die Verhefung reiner Zuckerlösungen, die frei von schaumaktiven Stoffen sind, ist praktisch bedeutungslos. Man ist auf Nährlösungen angewiesen, die mehr oder weniger starke Schaumfähigkeit besitzen. Die Hauptquelle des Schäumens, der große Gasdurchsatz, ist nicht zu umgehen, wenn Preßhefe nach dem Lüftungsverfahren hergestellt wird. Der Luftbedarf ist nur bei der technischen Züchtung von Nähr- und Futterhefe wesentlich zu reduzieren. Mit einer geringeren Luftmenge würde die Hefeausbeute für Backzwecke erheblich sinken. Man kann zwar kurzfristig die Luftzufuhr drosseln, wenn der Schaum durch andere Mittel nicht wirkungsvoll genug bekämpft wird, aber damit wird der Schaum selbst nicht an der Entstehung gehindert. Man muß also die Beseitigung der Schaumfähigkeit anstreben.

Um die schaumaktiven Substanzen aus der Nährlösung zu entfernen, hat man versucht, diese oberflächenaktiven Stoffe mit Adsorptionsmitteln zu behandeln. So hat man mit Aktivkohle, z. B. einer Holzkohle, die bei 1150° C mit Wasserdampf behandelt worden ist und sonst zur Entfärbung von Zuckersäften dient, die stickstoffhaltigen Schaumbildner entfernt. Man hat mit 1—1,5%, berechnet auf Trockensubstanz der Melassewürze, solche Aktivkohle bei einer Temperatur von 90—95° C eingerührt und je nach der Dauer der Einwirkung der Adsorptionsträger die Schaumbildner mehr oder weniger vollständig adsorbiert und dann durch Filtration entfernt. Es hat sich aber gezeigt, daß der gewünschte Effekt nicht ausreichend war, daß Zuckerverluste in Kauf zu nehmen sind und daß der Verbrauch an Aktivkohle wirtschaftlich unvorteilhaft ist. Trotzdem ist damit die Möglichkeit gegeben, wenigstens eine Komponente der Schaumbildung zu erfassen. Auch eine teilweise Entsalzung der Melasse, wie sie neuerdings durch Austauschkörper durchgeführt worden ist, liegt in dieser Linie. Die Untersuchungen werden sich also in dieser Richtung weiter erstrecken müssen.

δ) Die Schaumzerstörung durch Entschäumungsmittel.

Die Brauchbarkeit eines Entschäumungsmittels für die technische Hefezüchtung hängt von folgenden Faktoren ab:

1. Von einer guten Dosierbarkeit; — 2. von einem sparsamen Verbrauch; — 3. von einer Geschmack- und Geruchlosigkeit; — 4. von der Ungiftigkeit und Unschädlichkeit des Mittels für die Hefezellen und für den Verbraucher der Hefe (Mensch und Tier).

Es hat nun nicht an Vorschlägen gefehlt, die verschiedensten Mittel anzuwenden. Feste Fette sind wegen ihrer geringen Ausbreitungsfähigkeit wenig geeignet. Man hat flüssige Speisefette und Öle benutzt, die im Verbrauch unwirtschaftlich sind. Fettsäuren mit hohem Gehalt an freien Fettsäuren, wie Kokosfett-, Baumwollsaatfett- und Sojafettsäuren sind nur dann anwendbar, wenn sie als Abfallprodukte zur Verfügung stehen und nicht etwa aus den zu Speisezwecken verwendbaren Fetten erst hergestellt werden müssen.

Das früher übliche Gärfett enthielt 50% Wollfett und 50% Spindelöl. W. STEIBELT und die *I. G. Farbenindustrie A. G.* haben nun gefunden, daß die höher molekularen Alkohole der Fettreihe, insbesondere solche mit acht und mehr Kohlenstoffatomen, sich zur Schaumzerstörung gut eignen. Es ist nicht notwendig, daß die Alkohole im reinen Zustande zur Anwendung gelangen. In vielen Fällen können Rohgemische, wie sie insbesondere durch katalytische Oxydation von Paraffinen oder durch Reduktion von Fetten oder Fettsäuren erhalten werden, zur Anwendung kommen. Es ist dann von Vorteil, die niedriger siedenden Bestandteile vor der Verwendung abzutrennen. K. BRODERSEN und M. QUAADVLIEG von derselben Firma fanden, daß Gemische von langkettigen Paraffinenkohlenwasserstoffen mit der Siedegrenze von 200—360° C mit den durch Sulfochlorierung und nachfolgende Verseifung gewonnenen Sulfonaten von Paraffinenkohlenwasserstoffen gleicher Art sehr gute Entschäumungsmittel darstellen. Eine Verstärkung der Wirkung kann erzielt werden durch einen zusätzlichen Gehalt an den durch Oxydation von Paraffinen oder ähnlichen höheren Teerölfraktionen erhaltenen Produkten, z. B. mit einem Paraffingemisch, welcher einen Erweichungspunkt von etwa 90—100° C aufweist und in bekannter Weise mit Luft bis zu einer Säurezahl von etwa 40 oxydiert und dann mit Alkali verseift wurde. Man kann auch Paraffinsulfamide benutzen, die aus Ammoniak und den erwähnten Kohlenwasserstoffen gewonnen worden sind.

H. ORDELT und A. HAAS haben sulfonierte Mineralöle, wie sie in der Weißölraffinerie als Nebenprodukte anfallen und die in großen Mengen als Naphthensulfonsäuren zur Verfügung stehen, dann zur Entschäumung benutzen können, wenn sie bei einem p_H-Wert von 4—4,5 im Gärprozeß eingesetzt werden. Folgende Beispiele geben die nähere Zusammensetzung an:

1. 30 kg Naphthensulfonsäuren werden in 70 kg Mineralöl, zweckmäßig in einem Raffinat der Viscosität von etwa 4° E bei 20° C gelöst. Entsprechend den Bedingungen der Gärung wird das Gemisch mittels einer konzentrierten Lauge, z. B. einer 50%igen Natronlauge, auf einen p_H-Wert von 5—5.5 eingestellt und in dieser Form wie üblich als Gärschaumdämpfer eingesetzt.

2. 15 kg Naphthensulfonsäuren werden mit einer 50%igen Lauge auf einen p_H-Wert von 5 eingestellt, mit 15 kg Wollfett gemischt und in 70 kg Mineralöl wie nach Beispiel 1 gelöst und in dieser Form, wie üblich, als Gärschaumdämpfer eingesetzt.

W. WENZEL und die *Badische Anilin- & Soda-Fabrik*, Ludwigshafen, haben gefunden, daß die durch katalytische Anlagerung von Kohlenoxyd und Wasserstoff an Olefine und anschließende Hydrierung erhaltenen sauerstoffhaltigen Erzeugnisse sich zur Schaumbekämpfung besonders eignen. Sie werden z. B. in folgender Weise gewonnen:

Ein 30% Olefine neben gesättigten Kohlenwasserstoffen enthaltendes Öl, das durch Spalten von Kohlenwasserstoffen aus der Kohlenoxydhydrierung erhalten ist und zwischen 75 und 90° siedet, wird mit 3% eines feinverteilten Katalysators versetzt, der 30% Kobalt enthält. Dann läßt man bei 200 Atm. und 130° ein Kohlenoxyd-Wasserstoff-Gemisch einwirken, bis die Anlagerung beendet ist, und erhitzt anschließend unter Einwirkung von Wasserstoff bei 200 Atm. auf 180°. Dann filtriert man den Katalysator ab, erhitzt das Gemisch auf 170° und trennt die aus dem Ausgangsgut stammenden gesättigten Kohlenwasserstoffe ab. Die Fraktion von 175 bis 195° wird als schaumbekämpfendes Mittel bei Gärvorgängen verwendet.

H. V. MOSS und R. E. MORSE und die *Monsanto Chemical Company*, St. Louis, USA, haben zur Beseitigung des Schaumes ein Mittel benutzt, welches aus einem Kondensationsprodukt aus 0,76—6 Mol Äthylenoxyd mit 1 Mol Abietinsäure oder einem diese Säure in der gleichen Menge enthaltenden Stoff besteht. Es kann auch mit Tallöl zusammen zur Anwendung kommen.

Weiterhin hat man aliphatische zweiwertige Alkohole benutzt, deren Hydroxylgruppen an benachbarten Kohlenstoffatomen stehen. So z. B. Diolgemische, deren Komponenten 13—17 C-Atome und 1,2 Dioxy-Octadecan enthalten. Sie sind zum Eindampfen stark schäumender Lösungen vorgeschlagen und angewandt worden.

Als besonders wirksam werden wasserunlösliche Phosphorsäureester, wie z. B. Tributyl-Phosphat, Di-Isobutyl-Phosphat und Di-Propyl-Phosphat, angesehen. Allerdings sind diese physiologisch nicht einwandfrei und für die Hefezüchtung nicht geeignet, weil sie das Wachstum hemmen, wenn sie bei größerer Konzentration angewandt werden.

Schließlich ist ein Mittel mit der Bezeichnung GM zu erwähnen, welches in der Wolfener Nährhefeanlage zur Schaumbekämpfung dient. Es wird durch sulfurierende Chlorierung aus gewissen Fraktionen gewonnen, die bei der Kohleverflüssigung als Nebenprodukte anfallen. Das Mittel ist unschädlich und ungiftig, verleiht der Hefe aber bei höherem Verbrauch bzw. größerer Konzentration einen spürbaren bitteren scharfen Geschmack. Es soll der bisher beste Austauschstoff für Gärfett sein.

Der Verbrauch an Entschäumungsmitteln hängt von folgenden Faktoren ab:

1. Von der spezifischen Wirksamkeit des Mittels; — 2. von der Anwendungsweise; — 3. von dem Hefezüchtungsverfahren bzw. von der Verhefungsanlage; — 4. von der Art der Züchtungsflüssigkeit; — 5. von den gegebenenfalls gleichzeitig mitverwendeten mechanischen Schaumzerstörungsvorrichtungen.

Nach mehrjährigen Erfahrungen in der Hefezuchtanstalt des Instituts für Gärungsgewerbe rechnet man je Kilogramm Hefe 3—4 g Gärfett, sofern die Hefe in Melassewürze gezüchtet wird.

Am günstigsten und sparsamsten ist die Zugabe des Entschäumungsmittels entweder zum ruhenden Schaum oder in einem besonderen Entschäumungsbottich, in den der Schaum übergeführt worden ist. Wenn dagegen eine schnelle Verteilung des Entschäumungsmittels durch die Bewegung der Würze eintritt, wird die beabsichtigte Konzentrationserhöhung im Schaum selbst leicht verteilt. Anders ist es, wenn eine mechanische Auflockerung des Schaumes vorgenommen wird und er dadurch für die Entschäumungsmittel besser angreifbar wird.

ε) Die Schaumzerstörung durch mechanische Vorrichtungen.

Um den Entschäumer möglichst innig und gleichmäßig mit dem Schaum in Berührung zu bringen, sind mannigfache apparative Vorschläge gemacht worden. Sehr einfach ist ein mit dem Gärbottich verbundener offener Zusatzbottich, der zum Auffangen des Schaumes und zum Zurücklaufen der aus ihm sich abscheidenden Flüssigkeit dient und dem flüssiges Fett zugeführt wird. So kommt der Schaumbekämpfer nur mit dem Schaum und nicht mit der gesamten Züchtungsflüssigkeit in Berührung.

Weniger haben sich in die Gärbottiche eingehängte Fettgefäße bewährt, die in der Wirkungsweise nur einen Teil der Flüssigkeitsoberfläche erfassen, auch wenn sie automatisch bei einer bestimmten Höhe der Schaumschicht in Tätigkeit treten.

Eine bessere Wirkung haben Zerstäuberdüsen, die von einem Regulierventil bedient werden, welches gleichzeitig zum Durchlassen des Gärfettes sowie eines Luft- und Dampfstromes dient und diese beiden Medien nur in solcher Menge nach der Zerstäuberdüse gelangen läßt, wie dies zur Niederhaltung des Schaumes gerade erforderlich ist. Hierbei wird zweckmäßig das Gärfett durch Preßluft von 0,3—0,4 Atm. zerstäubt.

Ferner ist das obenerwähnte Zusatzgefäß weiter ausgebildet worden, um ein schnelles und stoßweißes Entleeren zu erzielen. Mit der Automatisierung der Entschäumerzugabe ist allein nicht viel gewonnen, da die Dosierung an erforderlicher Entschäumermenge nicht nur von der bestehenden Schaumhöhe abhängig ist.

Man hat deshalb mechanische Hilfsvorrichtungen geschaffen, um den Schaum zu zerstören, so durch Absaugen des Schaumes und Wiedereinspritzen unterhalb des Flüssigkeitsspiegels, durch Anbringung von Aufsatztürmen, Schneckenkörpern, übereinanderstehenden geschlossenen Gefäßen usw.

Dann hat man Schaumzerstörer mit bewegten Teilen geschaffen, solche, die im Schaum rotieren und ihn so mechanisch auflockern, und solche, bei denen in irgendeiner Weise die Zentrifugalkraft zur Schaumzerstörung benutzt wird. Ventilatoren, Kreisel, Schaufelkränze und -räder sind hierzu besonders konstruiert worden.

Ein umfassender Vorschlag unter Benutzung von vier an sich bekannter Maßnahmen ist der folgende:

1. Der mit Luft- bzw. Gasbläschen durchsetzten Maische wird eine Strömung von unten nach oben erteilt;

2. die trotz dieser Strömung verbleibenden Schaumreste werden durch ein oder mehrere Lochsiebe gesaugt, die sich zweckmäßigerweise in ihrer Ebene drehen.

3. die dem Gärbottich zugeführte Nährlösung wird unter Druck in Strahlen auf den restlichen Schaum gespritzt;

4. es wird mit sehr verdünnten Nährlösungen gearbeitet, damit die auf die Schaumdecke zu spritzende Flüssigkeitsmenge vermehrt wird.

ζ) Die Schaumzerstörung durch besondere Gesamtkonstruktion der Verhefungsanlage.

Das Prinzip der Lüftung in Gärbottichen ist sowohl hinsichtlich eines vollkontinuierlichen Verlaufs des Verhefungsprozesses als auch durch neuartige Lösung der Schaumbekämpfung verbessert worden. Anlaß dazu bot die Aufgabe, stärker schäumende Substrate wie z. B. Zellstoffablaugen zu Nähr- und Futterhefezüchtungen heranzuziehen. Bisher haben drei Lösungen praktische Bedeutung gewonnen.

Der Gärautomat von Scholler. Das mit dieser Apparatur anzuwendende Verfahren beruht auf der Vereinigung statischer und dynamischer Einflüsse, insbesondere der Einwirkung von Strömungsvorgängen auf Suspensionen und auf die Abscheidung suspendierter Mikroorganismen.

Die zu verhefende Nährlösung gelangt in die mit besonderen Einrichtungen zur Suspendierung der Mikroorganismen versehene Schwebezone der Vorrichtung und mischt sich mit der dort bereits vorhandenen Gärflüssigkeit, in welcher sich eine große Menge suspendierter Hefe in Schwebe befindet. Die zugeführten Nährstoffe werden von der reichlich vorhandenen Hefe sehr rasch verzehrt.

Die Schwebezone ist von senkrechten Führungsflächen umgeben und wird durch eine Zirkulationszone ergänzt. Die Gärflüssigkeit kreist senkrecht auf- und absteigend in der Schwebezone und in der Zirkulationszone. Ein Teil der Suspension, der mengenmäßig der neu zugeleiteten Nährlösung entspricht, tritt in die Absitzzone über, nachdem die Nährstoffe in der Kreislaufzone weitgehend aufgebraucht sind. Hier wird die Suspension unter Verminderung ihrer Strömungsgeschwindigkeit über eine oder mehrere steile Schrägflächen geleitet, auf denen sich die Hefe absetzt und nach unten abrutscht, sobald der abgesetzte Hefeschlamm eine gewisse Schichtdicke erreicht hat.

Die sich auf den Schrägflächen absetzenden und in den unteren Teil des Gärraums abrutschenden Hefemengen werden im unteren Teil der Kreislaufzone wieder suspendiert, z. B. durch Spülwirkung des in der Schwebezone senkrecht aufsteigenden Gärflüssigkeitsstromes bzw. durch mechanische Rührvorrichtung oder durch injektorartige Saugwirkung eines Belüftungsvorganges. Die zum Wiedersuspendieren des abgesetzten Hefeschlammes verwendeten Vorrichtungen können gleichzeitig zur Verstärkung der Aufwärtsbewegung der Gärflüssigkeit in der eigentlichen Schwebezone dienen. Das eingeblasene Gas wirkt dabei nach dem Prinzip der Mammutpumpe. Es hat sich gezeigt, daß durch Feinbelüftung eine möglichst vollkommene und gleichmäßige Suspension der Hefezellen begünstigt wird.

Ein Teil der auf den Schrägflächen der Absitzzone sich absetzenden und nach unten abrutschenden Hefe kann von Zeit zu Zeit oder stetig am unteren Ende der Vorrichtung abgezogen, gegebenenfalls in bekannter Weise gewaschen und zu Trockenhefe verarbeitet werden. Das Abziehen der überschüssigen Hefemengen kann so erfolgen, daß die Menge der in der Schwebezone suspendierten Hefe konstant gehalten wird.

Die Wirksamkeit einer Schrägfläche kann durch eingebaute senkrechte oder nahezu senkrechte Flächen erhöht werden, wobei die Flüssigkeit mehrfach zum Richtungswechsel gezwungen wird und durch einstellbare Vorrichtungsklappen das Wiederaufwirbeln bereits abgesetzter Hefe verhindert werden kann. Dies geschieht zweckmäßig durch mehrere übereinander angeordnete Schrägflächen, über die die Hefe nach unten abrutschen kann, ohne aufgewirbelt zu werden.

Mit dem neuen Verfahren kann auch so gearbeitet werden, daß auf ein Abziehen von Überschußhefe aus dem Gärgefäß verzichtet wird und eine dem Zuwachs an Hefe etwa entsprechende Hefemenge in der austretenden verbrauchten Gärflüssigkeit suspendiert ist, um dann nach Verlassen der Vorrichtung durch Zentrifugieren abgeschieden zu werden. Bei einer solchen Arbeitsweise wird in der Absitzzone nur so viel Hefe abgesetzt und in die Schwebezone zurückgeführt, daß die Schwebezone nicht von Hefe befreit wird.

Zur Inbetriebsetzung wird in an sich bekannter Weise Anstellhefe verwendet, die zweckmäßig in der Schwebezone zugegeben wird, während die gesamte Vorrichtung mit Wasser oder mit vergorener oder unvergorener Flüssigkeit gefüllt ist. Es kann auch während des stetigen Betriebes zur Auffrischung der Hefe frisches Saatgut in der Schwebezone zugegeben werden. Sofern die Zeit des Verweilens der Hefe in der Gärvorrichtung nicht zu der in manchen Fällen notwendigen Reifung ausreicht, kann diese in einem nachgeordneten Gefäß stattfinden.

Das neue Verfahren gestattet, mit so hoher Hefekonzentration zu arbeiten, daß die gesamte Hefemenge durch die Strömung der Gärflüssigkeit und durch die angewandten Hilfsmaßnahmen, z. B. Rühren oder Belüften, nicht mehr in der Schwebe gehalten werden kann. Trotzdem werden die Hefezellen, die aus der Suspension ausscheiden, nicht dauernd der Nährflüssigkeit entzogen, sondern gelangen immer wieder schnell in diese zurück und werden erneut suspendiert. Die Durchflußzeit der Gärflüssigkeit, also die Zeit, in welcher die Gärung stattfindet, beträgt etwa 1 Stunde. Sie kann von der Art der Gärung und der angewandten Mikroorganismen beeinflußt werden.

Vorteilhaft ist der geringe Raumbedarf, die stetige Arbeitsweise, die selbsttätige Abscheidung der Mikroorganismen, die Vermeidung von Störungen durch Infektion, die sparsame Belüftung und weitgehende Ausnutzung der Gärflüssigkeit durch Erzielung hoher Ausbeuten und der Wegfall an fortlaufendem Bedarf von Anstellhefe. Ferner werden die Schaumschwierigkeiten wegen der geringeren Luftmenge merklich verringert. Doch wird man im praktischen Betrieb bei sehr zum Schäumen neigenden Nährlösungen auf eine zusätzliche Schaumbekämpfung durch Zugabe von Gärfett od. dgl., mechanische Schaumzerstörung usw. nicht verzichten können.

Das Schaumzüchtungsverfahren nach Claus. Hierbei wird versucht, das Problem der Schaumbekämpfung und der kontinuierlichen Hefezüchtung gemeinsam zu lösen. Durch entsprechend geführte Be- und Entlüftung ohne Anwendung schaumbekämpfender Mittel wird die Entstehung einer Luft-Flüssigkeits-Emulsion absichtlich herbeigeführt, die während des ganzen kontinuierlichen Verhefungsprozesses das gleiche Litergewicht behält. Die Verhefung findet also in der zerschäumten Nährlösung statt.

Zu diesem Zwecke wird am Boden des Gärgefäßes mittels bekannter rotierender Vorrichtungen ständig Luft angesaugt und in Form feiner Bläschen in die mit Stellhefe versetzte Nährlösung abgegeben. Infolge eines in der Nährlösung zentrisch angeordneten zylindrischen Einsatzes wird durch die rotierende Vorrichtung und die ständige Neubelüftung eine geregelte Umwälzung der in der Verhefung begriffenen Maische von der äußeren in die innere Zone des Gärgefäßes herbeigeführt, so daß die Flüssigkeit im gesamten Gärgefäß in eine homogene Luft-Flüssigkeits-Emulsion umgewandelt wird. Die Luftzufuhr erfolgt dabei in dem Maße, wie bei der Verhefung entstandenes Gas entweicht. So beträgt der Luftbedarf für 1 kg Hefetrockensubstanz nur etwa 5—8 cbm. Trotz dauernder Frischluftzufuhr steigen in der gebildeten Emulsion praktisch keine Luftbläschen auf. Es entsteht hierbei auch keine Schaumdecke auf der Emulsionsoberfläche, die bei der Durchführung des Verhefungsprozesses und der anschließenden Hefegewinnung zu großen Schwierigkeiten führen würde. Die zufließende luftfreie Nährlösung wird im Gärbehälter mit Hilfe der ununterbrochen arbeitenden Vorrichtung für die Frischluftzufuhr sofort zur Luft-Flüssigkeits-Emulsion umgeformt und im Behälter ständig gleichförmig bewegt, so daß sie während des ganzen Verhefungsvorganges das gleiche Litergewicht behält. Entsprechend der Menge zulaufender Frischmaische wird eine gleiche Gewichtsmenge der Luft-Flüssigkeits-Emulsion mit der darin enthaltenen Hefe dem Bottich zur weiteren Verarbeitung entnommen.

Das nachfolgende *Beispiel* zeigt dies im einzelnen:

In einem Verhefungsgefäß mit 30 cbm Nutzinhalt befinden sich als Nährlösung 7,5 cbm neutralisierte und mit Nährsalzen versehene Buchenholzsulfitablauge, die im Liter 80 g Torula utilis enthält, und die durch eine ununterbrochen arbeitende Vorrichtung zu einer Luft-Flüssigkeits-Emulsion umgeformt wird. Der Gehalt der Nährlösung an reduzierender

Substanz im Gefäß beträgt 6%. Die Luft-Flüssigkeits-Emulsion nimmt einen Raum von etwa 30 cbm ein. Ihr Litergewicht beträgt etwa 250 g. Aus ihr entweichen während ständiger Umwälzung stündlich 135 cbm sauerstoffarme mit Kohlensäure angereicherte Luft, die durch die obengenannte Vorrichtung ständig durch Frischluft ergänzt werden, so daß das Volumen der Luft-Flüssigkeits-Emulsion und damit ihr Litergewicht annähernd unverändert erhalten bleiben.

Dem Verhefungsgefäß fließen stündlich 1500 kg frische neutralisierte, mit Nährsalzen versehene Buchenholzsulfitablauge von 7° Bé zu, die mittels der im Verhefungsgefäß befindlichen Vorrichtung in eine Luft-Flüssigkeits-Emulsion übergeführt und mit dem Inhalt des Gefäßes umgewälzt werden, während gleichzeitig eine gewichtsgleiche Menge der mit Hefezellen angereicherten Luft-Flüssigkeits-Emulsion dem Gefäß entnommen wird.

Es zeigt sich, daß der Restzuckergehalt im Gefäßinhalt trotz Zuflusses der starken Würze annähernd gleich bleibt. Ebenso verändert sich auch der Hefegehalt trotz dauernder Entnahme hefehaltiger Schlempe nicht. Er hält sich auf ungefähr 80 g feuchter Hefe je 1000 g des Gefäßinhaltes. Die durch die Hefebildung entstehende Wärme wird in üblicher Weise durch Kühlwasser abgeführt und der Gefäßinhalt auf einer Temperatur von 30 bis 35° C gehalten.

Die Vorteile des CLAUS-Verfahrens bestehen vor allem darin, daß bei seiner Durchführung die mikroskopisch fein verteilte Luft in der Gärflüssigkeit keine Relativgeschwindigkeit besitzt. Die Mikroorganismen haben daher Zeit genug, den Luftsauerstoff praktisch vollkommen aufzunehmen. Der Luftbedarf je Kilogramm Hefetrockensubstanz ist daher so gering, daß sich keine Schaumdecke bilden kann. Es werden deshalb mechanische und chemische Schaumzerstörungsmittel gar nicht oder nur sehr sparsam benötigt, so daß die gewonnene Hefe einen hohen Reinheitsgrad besitzt.

Das Phrix-Verfahren. Bei diesem Verfahren wird der Zweck verfolgt, bei einer möglichst innigen Durchmischung der zur Verhefung erforderlichen Luft mit der zu verhefenden Würze eine weitgehende Vernichtung des sich bildenden Gärschaums zu erreichen. Hierdurch soll einerseits die Hefe zu stärkstem Wachstum angeregt, andererseits ein Überschäumen der Bottiche verhindert werden.

Es wurde ein Spezialrührwerk entwickelt, das an einer zentral im Gärbottich angebrachten Welle eine Luftverteilungsscheibe, eine Luftfangscheibe und einen Rührer trägt. Die im unteren Teil des Verhefungsbottichs eingebaute Luftverteilungsscheibe lehnt sich in ihrer Konstruktion an den sogenannten Glockenrührer an. Sie besteht aus einem waagerecht liegenden pumpenartigen Aggregat, um dessen nach unten gerichteter Ansaugöffnung ein durch zwei senkrechte Blechringe gebildeter Hohlraum liegt, der durch zahlreiche Löcher mit dem Hohlraum zwischen den Luftschaufeln verbunden ist. Die Luft wird durch eine oder mehrere Düsen, also in grober Verteilung, gleichmäßig in den Blechkranz eingeführt, tritt durch die Löcher in das Pumpenrad, wird von der vorbeistreifenden Maische abgestrichen und mit der Flüssigkeit seitlich bis an die Bottichwand ausgeworfen.

Da die Luft bestrebt ist, zur Bottichmitte zu drängen und sich hier zu entmischen, wurde in halber Bottichhöhe eine zweite Scheibe, die so-

Das Lüftungsverfahren: Melasseverarbeitung. — Schaumbekämpfung. 133

genannte Luftfangscheibe, angeordnet. Sie sorgt dafür, daß allenfalls aufsteigende größere Luftblasen nochmals mit der Flüssigkeit emulgiert werden.

Mit Hilfe dieser beiden Scheiben wird die zur Erzielung guter Ausbeuten bei der biologischen Synthese von Eiweiß aus Stroh- und Kiefernhydrolysat erforderliche intensive Durchmischung der Luft mit der zu verhefenden Würze in einfacher Weise erreicht. Die Emulgierung ist so stark, daß die Inhalte der Verhefungsbottiche nur zu etwa 40% mit Flüssigkeit ausgenutzt werden können, d. h. 40 cbm Würze werden mit der eingeblasenen Luft zu etwa 100 cbm Emulsion (Maische-Luft-Gemisch) aufgeschlagen.

Die von G. KÄLLNER, N. RUPP, F. MACHU und den *Phrix-Werken A.G.*, Hamburg, entwickelte Apparatur ist in Abb. 41 wiedergegeben.

In den Luftzuführungsring b wird bei a Preßluft eingeführt. Die Rührerachse ist mit c bezeichnet, der eigentliche Rührkörper mit d. Die Höhe des Flüssigkeitsspiegels in dem Rührgefäß e ist durch die Linie g angedeutet. Durch die Linien f ist der bei Umlauf des Rührers in der Flüssigkeit auftretende trichterförmige Sog gekennzeichnet. Die Pfeile deuten die Richtung der aus dem Ring b austretenden Preßluft an.

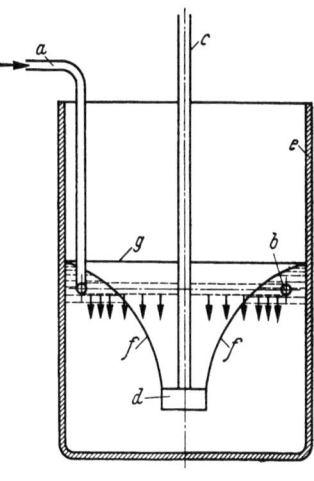

Abb. 41.

Z. B. wird ein Rührgefäß von 240 cm Durchmesser und 385 cm Höhe verwendet. Der Rührer wird mit einer Umlaufgeschwindigkeit von 10 bis 12 m/sek angetrieben. Durch den Luftzuführungsring werden stündlich etwa 450 cbm Luft in die Flüssigkeit eingedrückt. Der Luftzuführungsring weist ungefähr 1500 Lochungen von einer Lochweite von 2 mm auf. Die Lochungen sind vorzugsweise auf der dem Boden des Rührgefäßes zugekehrten Innenseite des Ringrohres angebracht, so daß die austretende Luft nicht direkt senkrecht nach unten gedrückt wird, sondern mehr nach der Mitte des Gefäßbodens zu entweicht. Die Luft tritt hierdurch in der Richtung des Flüssigkeitssoges aus, und es wird erreicht, daß alle zugeführte Luft durch den Sog in die Würze gepreßt wird.

Um ein Überschäumen der Gärbottiche zu vermeiden, mußte allerdings mit der Luftzufuhr zurückgegangen werden. Hierbei stellte sich heraus, daß man ohne Nachteil mit erheblich geringeren Luftmengen auskommt, wenn für eine möglichst feine Verteilung der Luft gesorgt wird.

Da jedoch auch bei dieser verminderten Luftgabe gelegentlich ein Überschäumen der Bottiche eintrat, wurde an der den beiden Scheiben gemeinsamen Achse im oberen Drittel der Verhefungsbottiche ein Spezialrührer angebracht, der in gewissem Sinne schaumvernichtend wirkt, indem er ein Gleichgewicht zwischen gebildetem und zerstörtem Schaum herstellt. Hierbei ist es wesentlich, daß der Schaum, der von dem Rührer zentripetal eingesaugt wird, durch dauerndes Bewegen weich und flüssig gehalten wird. Andererseits ist es vorteilhaft, daß durch den Sog des Rührers eine gute Durchmischung des Schaumes mit der tiefer liegenden Flüssigkeit vor sich geht.

So gelingt es, bei sparsamer Belüftung, einerseits die Luft mit der Würze zu emulgieren, andererseits die Schaumdämpfung ohne Verwendung besonderer Mittel zu erreichen, so daß sich das Verfahren bei kontinuierlicher Arbeitsweise bewährt. Nachteilig ist der große Kraftaufwand. Ob das Verfahren auch für die Backhefeherstellung geeignet ist, wird sich noch zu erweisen haben.

η) Zusammenfassung.

Die Möglichkeiten zur Unterbindung des Schäumens durch Entfernung der schaumaktiven Stoffe aus dem Substrat sind noch ungenügend erforscht. Aussichtsreich erscheint die Beseitigung dieser Substanzen durch elektive Adsorption, gegebenenfalls unter vorangehender partieller Zerschäumung des Substrates. Bestenfalls kann erreicht werden, daß sich die technischen Nährlösungen wie reine Zuckerlösungen verhalten, d. h., daß zwar eine wesentliche, aber keine totale Verhinderung des Schäumens erzielt wird.

Die Entschäumer sind verbessert worden, sie müssen, abgesehen von einer möglichst großen schaumzerstörenden Wirkung, sowohl für die wachsenden Hefezellen wie für den Verbraucher der fertigen Hefe unschädlich sein.

Die apparative Weiterentwicklung des Lüftungsverfahrens führte zur kontinuierlichen Arbeitsweise für die Herstellung von Nähr- und Futterhefe mit Wuchshefen, dagegen noch nicht zur kontinuierlichen Herstellung von Backhefe. Trotzdem bringen die neuen Vorrichtungen für die Schaumbeherrschung auch für dieses Gebiet beachtliche Vorteile.

Schrifttum.

DREWS, B., F. JUST u. H. KREIPE: Z. Branntweinwirtschaft **1950**ff.

11. Das Separieren der Hefe.

α) Allgemeine Entwicklung.

Als mit der Einführung des Lüftungsverfahrens das Wiener Verfahren verdrängt wurde, war neben der Gewinnung blanker Würzen aus den damals üblichen Rohstoffen die Abscheidung der Hefe aus der Würze das größte Problem, wie H. OLBRICH erneut festgestellt hat. Der erste Separator arbeitete periodisch und in bezug auf Kraftbedarf und Bedienung nicht befriedigend, denn er leistete je Stunde nur 800—1000 l Würze. Die Hefe wurde chargenweise der gefüllten Trommel entnommen. Immerhin war die Betriebsverbesserung bedeutend, denn es wurde ein Platzgewinn durch Wegfall der Kühlschiffe erreicht, es wurde an Kühlwasser gespart, da nicht mehr die gesamte Würze, sondern nur noch die Hefemilch gekühlt zu werden brauchte, die Hefe wurde rascher gewonnen, das Aussehen, die Gärkraft und die Haltbarkeit der Hefe konnten verbessert und die Ausbeute konnte gesteigert werden.

Im Zuge der Entwicklung stieg die Leistung der Separatoren von stündlich 2500 l Würze auf 6000, 8000, 10000 und 20000—25000 l. Neuerdings werden sogar Nennleistungen von stündlich 30000 l Würze erzielt.

Als 1933/34 die Bauart mit geschlossener Zuleitung der Flüssigkeit sowie ihre Abführung unter Druck aufkam, war ein schaumfreies Zentrifugieren möglich, da jedes Hineinarbeiten von Luft in die Flüssigkeit unterbunden und somit jede Schaumbildung verhindert ist.

Auch die Antriebsweise wurde vervollkommnet. Die ersten Separatoren waren mit Schnurvorgelege ausgerüstet, dann folgte der Dampfturbinenantrieb, dann der Zahnradantrieb der Separatorspindel, als man vom Schnurvorgelege zum Riemenantrieb überging. Heute ist der elektrische Antrieb vorherrschend. Er begann mit einem Gleichstrommotor, der unterhalb der Trommel senkrecht eingebaut wurde. Er wurde abgelöst durch Wechselstrommotoren und mit im Sterndreieck geschaltete Drehstrommotoren.

Desgleichen wurden die Lagerungen der Separatoren verbessert. Anfangs liefen die Spindeln in Gleitlagern, dann in Kugellagern. Um die Korrosion auszuschalten, sind würzebeständige Werkstoffe eingeführt worden. Zunächst wurde die Trommelhaube mit Kupferplatten ausgefüttert, während der ganze Trommelunterteil sowie der Verteiler der Trommel aus massiver Bronze bestanden. Die Teller wurden aus Hartkupfer hergestellt und alle Trommelteile mehrfach verzinnt. Die Hefedüsen trugen einen Bronzerand gegen mechanische Beschädigungen. Heute verwendet man hochwertige Chrommolybdänstähle; alle mit Würze in Berührung kommenden Trommelteile sind aus rostfreiem Stahl hergestellt. Als Material für die Trommeln von Klärschleudern ist meist Spezialchromstahl mit Kupferauskleidung und die Verwendung von verzinnter Phosphorbronze üblich.

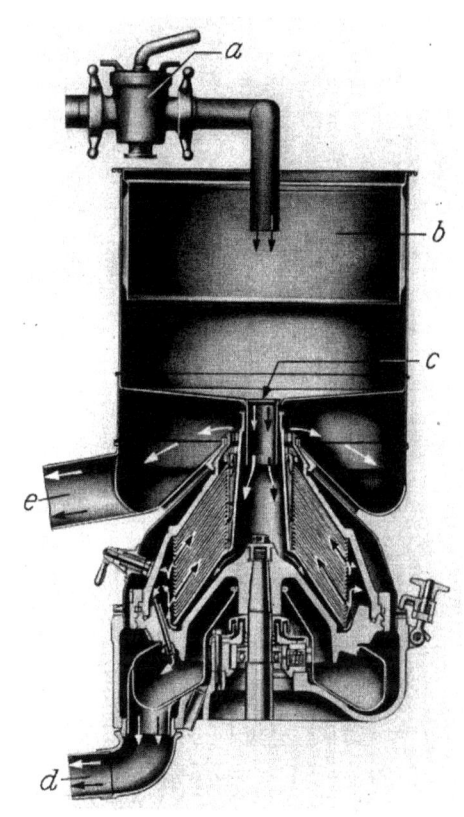

Abb. 42.
a Zulaufregulierhahn; — b Einsatzsieb; — c vergorene Hefewürze; — d Hefekonzentrat; — e enthefte Würze.

Aus Abb. 42—46 der Querschnitte ist der Aufbau eines Separators zu ersehen.

Die Abb. 42 zeigt den Flüssigkeitsverlauf des Westfalia-Separators, die Abb. 43 den Hochleistungsseparator DE LAVAL.

Die Abb. 44 läßt die Arbeitsweise innerhalb der Trommel erkennen.

Die Abb. 45 zeigt einen offenen Separator — System Westfalia.

Die Abb. 46 gibt die Anordnung eines geschlossenen Separators, System Westfalia, wieder.

Die Trommel sitzt bei den Westfalia-Separatoren auf der Oberspindel, die im Halslager sowie in der Kupplungshülse gelagert ist, in die auch die untere, im Fußlager ruhende Schneckenspindel eingesetzt ist. Beim DE LAVAL-Separator ist die Spindel in einem Stück ausgeführt, deshalb entfällt

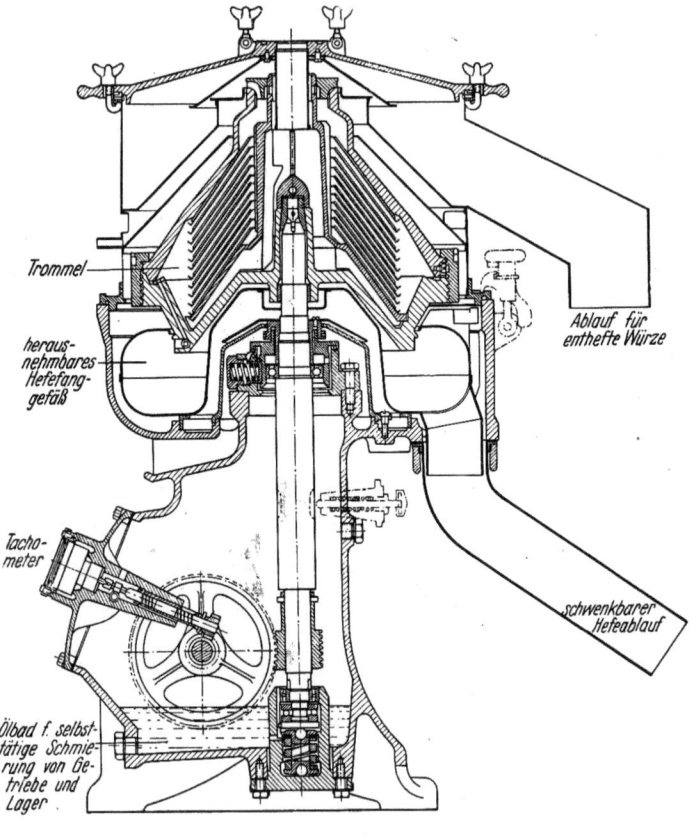

Abb. 43.

die Lagerung mittels Kupplungshülse. Die waagerechten Getriebeteile dienen zur Übertragung der Antriebskraft.

Bei den offenen Separatoren ist ein Einsatzsieb in das Einlaufgefäß eingehängt, dessen Einlauftülle die Würze in den Verteiler der Trommel führt. Bei den geschlossenen Separatoren, den Druckseparatoren, sind Flüssigkeitsmengenmesser zur Durchsatzkontrolle, Zulaufregulierhahn sowie Fördereinrichtung zur Flüssigkeitsentfernung, Schauglas, Manometer und Drosselventil angeordnet.

Die Wirkungsweise der Trommel beruht auf dem Gewichtsunterschied zwischen einem Volumen klarer Würze und demselben Volumen Hefe unter dem Einfluß der Fliehkräfte. Die hefehaltige Würze tritt in den oberen Teil des Verteilungsrohres ein, wird durch schräg abwärts gerichtete Passagen nach den Hefetaschen an der Trommelperipherie geleitet und steigt dann an den Wänden des Mantels und zwischen den Tellern empor. Durch die Zentrifugalkraft werden die Hefezellen nach außen abgelenkt und gleiten an Trommelhaube und -boden, die gleichartig konisch gehalten sind, abwärts zu den Mündungen der Hefeauswurfröhrchen. Dort wird den Hefezellen einschließlich einer gewissen Würzemenge zur Überwindung des Reibungswiderstandes eine größere Strömungsgeschwindigkeit erteilt und an den Düsen die kontinuierliche Abschleuderung bewirkt. Das Hefekonzentrat fließt über den Hefefänger ab.

β) *Die Konzentration der Hefemilch.*

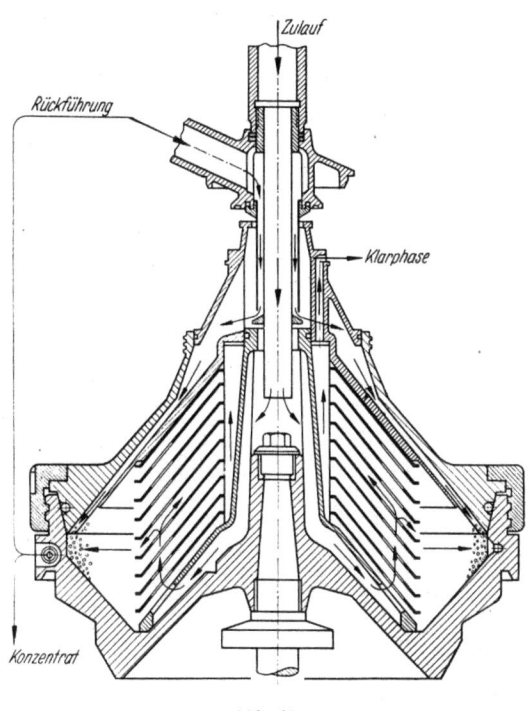

Abb. 44.

Die Konzentration der Hefemilch wird vom Gang des Separierens bestimmt. Sie ist am stärksten, wenn bei der Abtrennung im Waschwasser sich keine Hefezellen befinden. Ihr spezifisches Gewicht ist vom Gehalt an Hefezellen abhängig. H. OLBRICH hat die Verhältnisse des Schleudervorganges näher untersucht. Sie werden dadurch beeinflußt, daß das im Separator nach dem Gesetz der kommunizierenden Röhren herrschende Gleichgewichtsverhältnis verändert wird. Die Gewichtsdifferenz zwischen enthefter Waschflüssigkeit und der abgetrennten Hefemilch ist um so kleiner, je geringer die Konzentration der Hefemilch ist.

Die Beziehung zwischen dem spezifischen Gewicht des Hefekonzentrates und den in der Praxis üblichen Balling- und Beaumé-Graden ist aus der von OLBRICH aufgestellten Tab. 10 ersichtlich.

Nun ist es bekannt, daß bei der Spindelung der Hefemilch bzw. auch beim Stellhefeansatz niedrigere Ballingwerte gefunden werden, als nach der tatsächlich vorhandenen Trockensubstanz zu erwarten ist. Deshalb wird zur Berechnung der in einem bestimmten Volumen enthaltenen Hefemenge die folgende auf Preßhefe von etwa 26% Trockensubstanz bezogene praktische Formel angewendet:

$$(°Bg - 0{,}2) \cdot hl \cdot 4{,}88 = kg \text{ Preßhefe}.$$

138   Die Gewinnung von Hefe und Alkohol.

Tabelle 10. *Umwandlung der Saccharometergrade nach Balling (° Bg) in Aräometergrade nach Baumé (° Bé) und in die spezifischen Gewichte (bei 17,5° C).*

° Bg	° Bé alte	° Bé neue	Spez. Gew.	° Bg	° Bé alte	° Bé neue	Spez. Gew.	° Bg	° Bé alte	° Bé neue	Spez. Gew.	° Bg	° Bé alte	° Bé neue	Spez. Gew.
0	0,0	0,0	1,000	21	11,6	11,8	1,088	41	22,4	22,9	1,185	61	32,9	33,5	1,296
1	0,6	0,6	1,004	22	12,2	12,4	1,092	42	23,0	23,4	1,190	62	33,4	34,0	1,302
2	1,1	1,1	1,008	23	12,7	13,0	1,097	43	23,5	24,0	1,195	63	33,9	34,5	1,308
3	1,7	1,7	1,012	24	13,3	13,5	1,101	44	24,0	24,5	1,200	64	34,4	35,1	1,314
4	2,2	2,3	1,016	25	13,8	14,1	1,106	45	24,6	25,0	1,205	65	34,9	35,6	1,320
5	2,8	2,8	1,020	26	14,4	14,6	1,111	46	25,1	25,6	1,211	66	35,4	36,1	1,326
6	3,3	3,4	1,024	27	14,9	15,2	1,115	47	25,6	26,1	1,216	67	35,9	36,6	1,332
7	3,9	4,0	1,028	28	15,4	15,7	1,120	48	26,1	26,7	1,222	68	36,4	37,1	1,338
8	4,4	4,5	1,032	29	16,0	16,3	1,125	49	26,7	27,2	1,227	69	36,9	37,6	1,345
9	5,0	5,1	1,036	30	16,5	16,8	1,130	50	27,2	27,7	1,233	70	37,4	38,1	1,351
10	5,6	5,7	1,040	31	17,1	17,4	1,134	51	27,7	28,2	1,239	71	37,9	38,6	1,357
11	6,1	6,2	1,045	32	17,6	17,9	1,139	52	28,2	28,8	1,244	72	38,4	39,1	1,364
12	6,7	6,8	1,049	33	18,2	18,5	1,144	53	28,8	29,3	1,250	73	38,9	39,6	1,370
13	7,2	7,4	1,053	34	18,7	19,0	1,139	54	29,3	29,8	1,255	74	39,4	40,1	1,376
14	7,8	7,9	1,057	35	19,2	19,6	1,154	55	29,8	30,4	1,261	75	39,9	40,6	1,383
15	8,3	8,5	1,061	36	19,8	20,1	1,159	56	30,3	30,9	1,267	76	40,4	41,1	1,389
16	8,9	9,0	1,066	37	20,3	20,7	1,164	57	30,8	31,4	1,273	77	40,8	41,6	1,396
17	9,4	9,6	1,070	38	20,8	21,2	1,169	58	31,3	31,9	1,278	78	41,3	42,1	1,403
18	10,0	10,2	1,074	39	21,4	21,8	1,174	59	31,9	32,5	1,284	79	41,8	42,6	1,409
19	10,5	10,7	1,079	40	21,9	22,3	1,179	60	32,4	33,0	1,290	80	42,3	43,0	1,416
20	11,1	11,3	1,083												

° Bg	° Bé alte	° Bé neue	Spez. Gew.
81	42,8	43,6	1,423
82	43,2	44,1	1,429
83	43,7	44,6	1,436
84	44,2	45,1	1,443
85	44,7	45,5	1,449
86	45,1	46,0	1,457
87	45,6	46,5	1,464
88	46,1	47,0	1,471
89	46,5	47,4	1,478
90	47,0	47,9	1,485
91	47,5	48,4	1,492
92	47,9	48,9	1,499
93	48,3	49,3	1,506
94	48,8	49,8	1,514
95	49,3	50,3	1,521
96	49,7	50,7	1,528
97	50,2	51,2	1,536
98	50,6	51,6	1,543
99	51,1	52,1	1,550
100	51,6	52,6	1,558

[1] In der Praxis ist zur Umrechnung von neuen ° Bé in ° Bg folgende Faustform elüblich: *neue* ° *Bé · 1,8* = ° *Bg*; z. B. 6,8° Bé · 1,8 = 12,08° Bg.

Es sind also z. B. in 1 hl Hefemilch mit 12,5° Bg rund 60,0 kg Hefe mit 26% TS enthalten. Hierüber gibt OLBRICH in Tab. 11 Aufschluß.

Tabelle 11. *Beziehung zwischen ° Bg und dem Hefegehalt von Hefekonzentraten.*

° Bg	Preßhefegehalt von 26% TS in kg/hl	TS kg/hl	° Bg	Preßhefegehalt von 26% TS in kg/hl	TS kg/hl
2,0	8,8	2,3	10,0	47,8	12,4
4,0	18,5	4,8	10,5	50,3	13,1
5,0	23,4	6,1	11,0	52,7	13,7
6,0	28,3	7,4	11,5	55,1	14,3
6,5	30,7	8,0	12,0	57,6	15,0
7,0	33,2	8,6	12,5	60,0	15,6
7,5	35,6	9,3	13,0	62,5	16,3
8,0	38,1	9,9	13,5	64,9	16,9
8,5	40,5	10,5	14,0	67,3	17,5
9,0	42,9	11,2	14,5	69,8	18,2
9,5	45,4	11,8	15,0	72,2	18,8

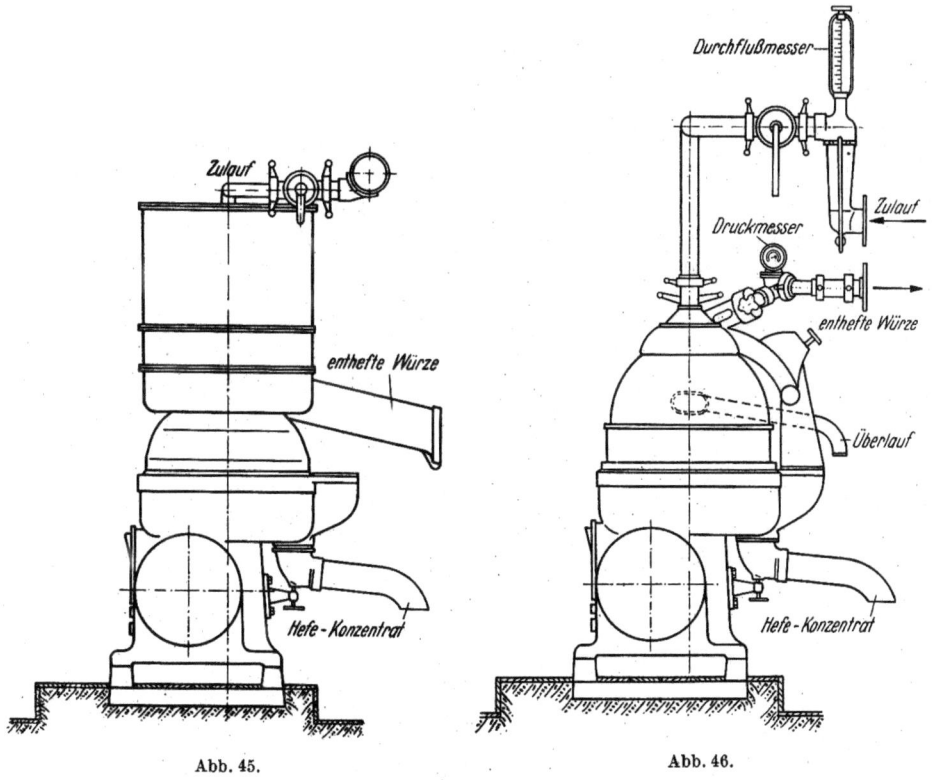

Abb. 45. Abb. 46.

Es kann also hiernach die Trennleistung während des Separierens kontrolliert werden. Unter Berücksichtigung der Verhältnisse in der Preßhefefabrikation entspricht 1° Bg in der Hefemilch etwa 1,25 kg Hefetrockensubstanz je Hektoliter.

γ) Besondere Abtrennung von Hefe und Mikroorganismen aus Gärflüssigkeiten.

Bei der Abtrennung von Hefe bzw. Mikroorganismen aus den Gärflüssigkeiten durch Filtrieren oder Zentrifugieren ist es nicht immer möglich, eine einwandfreie Trennung herbeizuführen. Das ist besonders bei Substrat-Luft-Emulsionen mit niedrigen spezifischen Gewichten der Fall. Es sind deshalb eine Reihe Vorschläge gemacht worden, um diesem Übelstand zu begegnen.

W. CLAUS und die *Zellstoffabrik Waldhof* haben z. B. ein hefehaltiges Luft-Flüssigkeit-Gemisch dadurch getrennt, daß sie die hefehaltige Emulsion außerhalb des Verhefungsgefäßes zunächst mechanisch entlüftet haben und anschließend eine Trennung in Hefe und Schlempe vornahmen, z. B. in folgender Weise:

1500 kg Luft-Flüssigkeits-Emulsion mit 80 g feuchter Hefe im Kilogramm werden innerhalb 1 Stunde in ununterbrochenem Lauf einer *Vollmantelschleuder* mit einem Trommeldurchmesser von etwa 600 mm zugeführt. Bei etwa 1000 Umdrehungen in der Minute entweicht die Luft aus der Emulsion, und es bildet sich auf der inneren Trommelwand eine luftfreie Hefesuspension, die durch ein geeignetes Entnahmerohr in einer Menge von 1500 kg stündlich bekannten Separatoren zur Abtrennung der Hefe zugeführt werden. Ohne Berücksichtigung der in diesen eintretenden geringen Verluste werden bei kontinuierlicher Weiterverarbeitung stündlich 22,5 kg Hefetrockensubstanz gewonnen, die sich durch außergewöhnliche Reinheit auszeichnet.

F. NEUMANN und die *Zellstoffabrik Waldhof* haben gefunden, daß sich das Waschwasser mit der zwischen den Mikroorganismen befindlichen Nährlösung nicht vermischt, wenn man mit einer Wassermenge wäscht, die höchstens 5% der angewendeten Nährlösung entspricht. Das nach Zugabe des Waschwassers abfließende Filtrat besitzt dabei dieselbe Farbe und ungefähr den gleichen Trockenbestandsgehalt wie die zuerst abfiltrierte Lösung. Es können auf diese Weise leicht insgesamt 99,8% der angewendeten Nährlösung ohne nennenswerte Verdünnung mit Wasser erhalten werden. Die Mikroorganismen zeigen bereits nach einmaligem Waschen eine für die meisten Verwendungszwecke völlig ausreichende Reinheit. Es wurde z. B. in folgender Weise gearbeitet:

100 l einer mit Torula utilis verheften unverdünnten Buchensulfitablauge wurden mittels Scheidetellerzentrifuge (Separator) in 86,0 l hefefreier Ablauge und 14,0 l Hefekonzentrat aufgeteilt. Aus dem Konzentrat wurde die Hefe auf einem Saugfilter gesammelt, wobei weitere 11,2 l Filtrat erhalten wurden. Der Filterkuchen hatte demnach höchstens 2,8 l oder 2,8% der Ablauge zurückgehalten, wobei das Eigenvolumen der Hefe nicht mit berücksichtigt ist. Die Hefe wurde einmal mit 2,8 l Wasser gewaschen. Sie fiel in einer Menge von 8,35 kg Preßhefe mit 21,9% Trockengehalt an und war fast weiß.

Das letzte Filtrat war so dunkel gefärbt wie die Ablauge und enthielt beinahe ebensoviel Trockensubstanz, nämlich 12,6% gegenüber 13,7% der Ablauge.

Um die Zahl der Separierungen zu verringern, haben N. RUPP, J. PIETZ und die *Phrix-Werke A.G.*, Hamburg, gefunden, daß der zur Abscheidung der Hefe erforderliche Zusatz von Ätznatron, Ammoniak oder anderen Alkalien zur Herabsetzung der Wasserstoffionenkonzentration erheblich verringert werden kann, wenn gleichzeitig der Neutralsalzgehalt der Hefewürze erhöht wird, z. B. auf einen Gehalt von 10 g im Liter. So wurden z. B. 10000 l Würze mit einem p_H-Wert von 4,5 und einem Hefegehalt von 1% durch einmalige Separation auf einen Hefegehalt von 8% gebracht. Es waren 1250 l. Diese wurden durch Zugabe von 4 l 17%igem Ammoniak auf einen p_H-Wert von 7,5 gebracht. Nach der eingetretenen Ausflockung wurde die überstehende klare Schlempe abgelassen und der Rückstand abgepreßt und ausgewaschen. Man kann auch mit Kalkwasser arbeiten.

Zur Abtrennung wird die Hefesuspension mit kalt gesättigtem filtriertem Kalkwasser, 1,87 g/l $Ca(OH)_2$, versetzt, und zwar in der Regel mit 1 l Kalkwasser auf 1 l Maische.

Wenn man die erforderliche Menge an Kalkwasser gering halten will, kann man der Maische kleine Mengen an Ammoniak oder Alkali zusetzen, beispielsweise 0,3—0,8 kg Ammoniak (also 100% gerechnet) auf 100 kg Hefe. Bei Anwendung von Alkali kann 1—10% der Alkalität des Kalkes durch Alkali, z. B. NaOH, ersetzt werden. Die Kalkmenge läßt sich hierdurch wesentlich, z. B. um 50—60%, herabsetzen, wobei die Verhältnisse allerdings so liegen, daß bei zunehmendem p_H die Kalkwassermenge in jedem Fall ziemlich gesteigert werden muß. So ist es beispielsweise bei einem p_H über 9 erforderlich, auf 1 l Maische 1,6 l Kalkwasser zu verwenden, während bei einem p_H von 7,5—8 nur 1 l Kalkwasser zugesetzt werden muß.

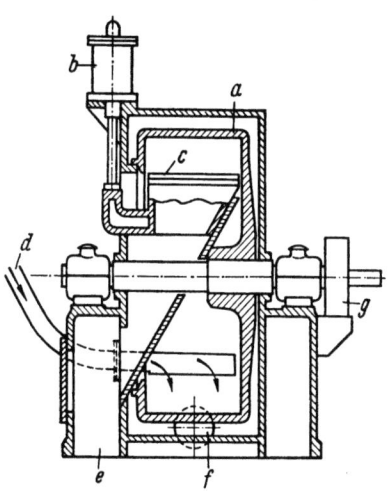

Abb. 47. Schema der Firma *Krauß-Maffei A.G.*, München-Allach.

a Vollmanteltrommel; — b Motor; — c Schälmesser; — d Füllrohr; — e Feststoffausfall; — f Flüssigkeitsablauf; — g Bremse.

Die Flockungstemperatur liegt bei etwa 10—30°, während bei höheren Temperaturen die Hefe einer Autolyse unterliegt. Die Abtrennung der Hefe aus der Maische erfolgt kurz nach Zugabe des Kalkwassers oder nach einer gewissen Absetzzeit von z. B. 2 Stunden mittels Filterpressen. Nach dem Absitzen können je nach Hefekonzentration der Ausgangsmaische etwa $1/3$—$1/2$ der überstehenden Flüssigkeit abgetrennt werden.

Zu der obengenannten Vollmantelschleuder ist zu erwähnen, daß diese eine besondere Konstruktion voraussetzt. Je nach dem Verwendungszweck sind besondere Schleudern entwickelt worden. Das Prinzip geht aus Abb. 47 hervor.

Über die Bedeutung, die Leistungsfähigkeit und die heutigen Anwendungsmöglichkeiten dieser Schälschleudern vgl. H. OLBRICH[1].

---

[1] Die Schleudertechnik in der Hefe- und Spiritusindustrie. Berlin: Institut f. Gärungsgewerbe 1954, S. 16 ff.

142 Die Gewinnung von Hefe und Alkohol.

12. Waschen von Hefe.

Neben dem Waschen von Hefe in den Separatoren sind auch Vorrichtungen gebräuchlich, um vor allem Bierhefe vor der neuen Verwendung zu reinigen. E. MÜLLER, Bad Köstritz, hat dazu die in Abb. 48 gezeigte Vorrichtung vorgeschlagen.

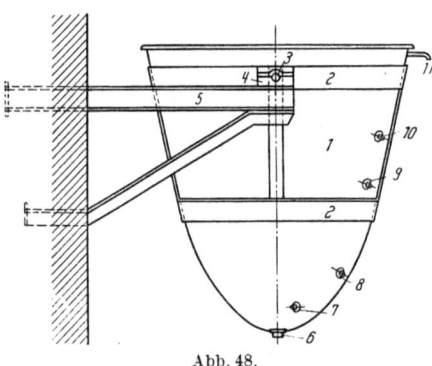

Abb. 48.

Das Reinigungsgefäß *1* besitzt die Gestalt eines Rotationsparaboloids und wird mit einem tangential einmündenden Wasserzulaufsieb versehen. Das Gefäß hängt in einem Rahmen *2*, an Drehpunkten *3*, in Lagern *4*. Die zu reinigende vorher gesiebte Hefe wird von oben in den Behälter *1* gegossen und kann durch den Ablaßhahn *6* am Boden entnommen werden. Das Waschwasser wird durch den Hahn *7* eingeführt. Durch die Zapfhähne *8*, *9* und *10* kann der Waschprozeß überwacht werden. Er ist beendet, sobald das abfließende Wasser bei *11* nahezu klar ist.

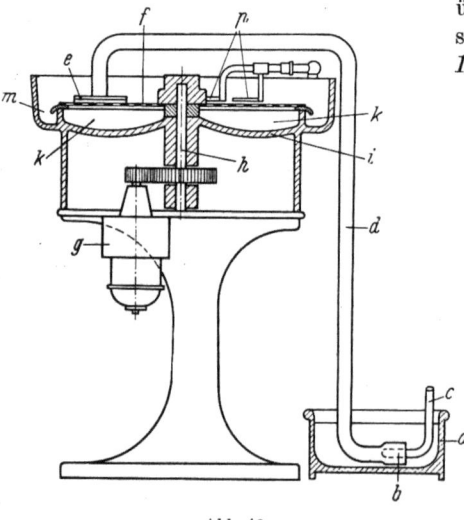

Abb. 49.

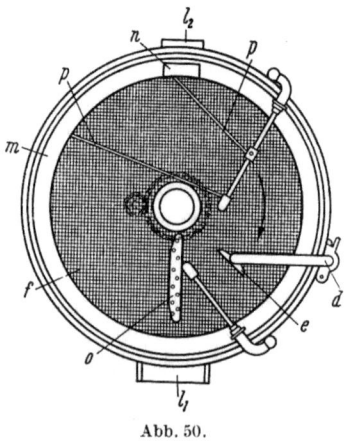

Abb. 50.

Eine Siebvorrichtung als Hefewäscher hat die Firma *A. Ziemann*, Feuerbach, entwickelt (s. Abb. 49 und 50).

Die Rohhefe wird aus dem Gärbottich in den Aufgabebehälter *a* geschüttet, in dem ein Ejektor *b* angeordnet ist. Der aus einer Druckwasserleitung *c* kommende Wasserstrahl bringt den dicken Hefebrei unter gleichzeitiger Verdünnung in das Mischrohr *d*, welches in ein breites Mundstück *e* endet. Bei der sehr lebhaften Förderbewegung wird die Hefe bereits sehr fein verteilt und gründlich gewaschen. Das Mundstück *e* ist über einem

Rundsieb f angeordnet, welches auf einer von dem Motor g angetriebenen Welle h sitzt. Unter dem Sieb f ist eine Schale i vorgesehen, die durch zwei Scheidewände k in zwei Becken i_1 und i_2, von denen jedes ein Abfluß l_1 und l_2 hat. Rings um die Schale i ist eine Ablaufrinne m angeordnet, die durch eine Öffnung n mit dem Abfluß l_2 des Beckens i_2 in Verbindung steht. Der innere Rand der Abfallrinne m liegt unter dem Sieb f, während der äußere Rinnenrand das Sieb überragt. Über dem rotierenden Sieb f, und zwar über dem Becken i_1, ist bei Bedarf eine weitere Wasserbrause o angeordnet, deren Wasserstrahlen die auf dem Sieb noch verbleibenden Hefezellen durch die Maschen durchwäscht. Diese Vorrichtung ist indessen bei genügender Verdünnung der Hefe überflüssig. Das Wasser und die Hefezellen fallen durch das Sieb f in das Becken i_1 und werden durch den Ablauf l_1 in irgendwelche Reinhefebehälter geleitet. Auf dem Sieb f bleiben

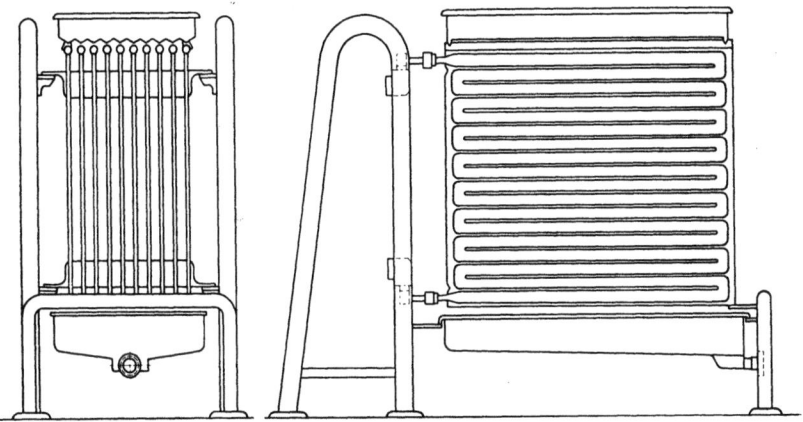

Abb. 51. Bauart: *W. Schmidt*, Kühlerwerk, Bretten (Baden).

nur die Hopfenharze und sonstige Verunreinigungen zurück. Diese werden mittels etwa radialer, nahezu waagerechter Spülwasserstrahlen aus den Spüldüsen p von dem Sieb f in die Rinne m heruntergefegt und in den Abfluß l_2 geschwemmt. Das Spülwasser gelangt zum Teil auch unmittelbar in das Becken i_2, aus dem es ebenfalls durch l_2 abfließt. Das rotierende Sieb f gelangt dann in gereinigtem Zustand wieder unter das Mundstück e, wo die Rohhefe aufgetragen wird. Die Vorrichtung arbeitet also vollkommen selbsttätig und bewirkt eine sehr gründliche und verlustfreie Reinigung der Hefe.

Die sehr wichtige Reinigung der Vorrichtung erfolgt durch Seitlichschwenken des Hefezuführungsrohres d, Hochschwenken der Wasch- und Spülwasserdüsen o bzw. p und durch Lösen und Abnehmen des Siebes f, worauf das Innere der Schale i vollständig frei liegt.

Um die Hefe von den anhaftenden Trübstoffen möglichst vollständig zu befreien, hat W. KLEBER, Worms, vorgeschlagen, sie der Einwirkung von hörbarem Schall mit oder ohne Luftimpuls auszusetzen. Die zum Waschen bestimmte Hefe wird in einer Wanne mit Wasser aufgeschlemmt und etwa 30 Minuten lang der Behandlung mit hörbarem Schall unterworfen, bis die Hefe nach dem mikroskopischen Befund mechanisch gereinigt ist. Nach dieser Behandlungsdauer läßt man die Hefe absetzen und entfernt das überstehende Wasser.

13. Das Kühlen der Hefemilch.

Ebenso wie zur Melassekühlung (s. S. 53 ff.) dienen heute zur Kühlung der Hefemilch Wärmeaustauscher in Plattenform. Hierfür sind verschiedene Typen entwickelt worden.

Der in Abb. 51 beschriebene Kompaktkühler mit 4 Platten bei einer Kühlfläche von 6,4 qm leistet 2000 l je Stunde, wenn von einer Tem-

Abb. 52. Bauart: *W. Schmidt*, Kühlerwerk, Bretten (Baden).

peratur von 40—50° C auf etwa 13° C mit der doppelten Kühlwassermenge von $+10°$ C gekühlt werden soll, und mit 10 Platten bei 16,0 m² Kühlfläche 5000 l je Stunde. Wenn von 15° C auf etwa $+3°$ C bei Verwendung der 2,5- bis 3fachen Solemenge von $-5°$ C gekühlt werden soll, dann sind für 2000 l je Stunde 4 Platten mit 4 qm Kühlfläche nötig und bei 5000 l je Stunde 10 Platten mit 10 qm Kühlfläche.

Der in Abb. 52 gezeigte Plattenapparat ist aus Chromnickelstahl mit 18% Chrom- und 8% Nickelgehalt hergestellt. Die Platten sind in einem Gestell vereinigt und mit einem Zentralverschluß zu schließen. Sie haben eine Kalottenprägung, also eine nur wenig verformte Oberfläche, die leicht zu reinigen ist, und sind mit Gummidichtungen gut abzuschließen. Letztere sind am Rand eingelegt und einvulkanisiert.

Beim Öffnen werden die beiden Verschlußmuttern gelöst und nach Aufschrauben einer Verlängerung auf die obere Spannwelle der Deckel und die

Platten herausgeschoben und zur Reinigung freigelegt. Beide Spannwellen sind mit nichtrostendem Stahlblech verkleidet.

Einen modernen Plattenkühler zeigt ferner Abb. 53. Die wärmeaustauschenden Flächen des Apparates sind als Platten ausgebildet, zwischen denen die Flüssigkeiten in dünner Schicht hindurchströmen. Die Größe der Flächen kann dem jeweiligen Bedarf genau angepaßt werden, weil die Konstruktion des Apparates den Zusammenbau nach dem Baukastenprinzip ermöglicht. Die Dichtungen der Platten sind so angeordnet, daß

Abb. 53. ASTRA-Plattenapparat, Type P 11 EZ.
Bauart: *Bergedorfer Eisenwerk AG. Astra-Werke*, Hamburg.

Dieser Plattenapparat eignet sich auch für das *Kühlen von Melasse* und *Melassewürze*, wie es auf S. 52 und 53 beschrieben ist und in Abb. 8 und 9 gezeigt wurde.

die wärmeaustauschenden Flüssigkeiten im Gegenstrom zwischen je zwei Platten hindurchgeleitet werden können. Zwischen die verschiedenen Abteilungen können auch im Bedarfsfalle Anschlußplatten für die Zu- und Ableitung gelegt werden. Die Platten sind aus massivem Chromnickelstahl mit Molybdänzusatz gepreßt und poliert. Die gewählte Blechstärke garantiert auch bei hohem Flüssigkeitsdruck die Formbeständigkeit. Außerdem erhöhen diese kräftige Verstärkungsrippen an den Längsseiten der Platten. Die Abdichtung erfolgt am äußeren Umfang und an den Schaltlochungen durch Gummidichtungen. Diese liegen in geprägten Nuten und lassen sich bei Bedarf leicht auswechseln. Die Rückseite der Nuten liegt beim Zusammenpressen auf der Gummidichtung der Nachbarplatte, so daß auch nach langem Gebrauch eine sichere Abdichtung erreicht wird. Die Platten sind mit Aufhängebügeln versehen, die abschraubbar sind. So können die Platten ohne Lösen der Druckstangen an jeder Stelle herausgenommen und eingesetzt werden.

Der Zentralverschluß besteht aus einem längsverschiebbaren, zentralen Druckstück, welches mit einem Handgriff verriegelbar ist und aus einer Gewindehülse, die durch ein Handrad und mit einem ausziehbaren Hebel zu betätigen ist.

Die Druckplatten besitzen eine Laufrolle um das Öffnen des Apparates zu erleichtern. Sie haben, ähnlich wie die Anschlußplatten, abnehmbare Anschlüsse.

Die Spannvorrichtung an den Druckstangen hat besondere Spannmuttern und lose, hülsenförmige Druckstücke, welche den Druck auf die Platte übertragen. Zur Regulierung der Spannung des Apparates ist eine Marke angebracht. Die Spannmuttern haben eingebaute Kugellager und eine Federung.

Schließlich können die Plattenkühler auch mit einem Temperatur- und Mengenregler verbunden werden, um eine gleichmäßige Kühlung in einer gewünschten Zeit herbeizuführen.

Neuerdings wird insbesondere die Stellhefe in besonderen Aufbewahrungsgefäßen in flüssiger Form kühl gelagert. Ein solches Hefekühl- und Aufbewahrungsgefäß zeigt Abb. 54.

Abb. 54. Hefekühlgefäß. Bauart: *Gebr. Herrmann*, Köln.

Dieses Gefäß besteht aus V 2 A-Stahl, hat ungefähr 3000 mm Durchmesser und einen Gesamtinhalt von etwa 18000 l, einen Kühlmantel für Solekühlung und ein langsam laufendes Rührwerk.

14. Pressen, Schneiden und Verpacken von Hefe.

α) Hefepressen.

Für Stellhefe werden meist kleine Pressen mit einer Kapazität von 175 bis 750 kg verwendet, für das Abpressen von versandfertiger Hefe werden Pressen bis zu einer Kapazität von etwa 1650 kg benutzt. Die Pressen sind

Das Lüftungsverfahren: Melasseverarbeitung. — Pressen von Hefe. 147

in neuerer Zeit erheblich verbessert worden. Abb. 55 u. 56 geben im Schnitt die Einzelteile wieder. Die Abb. 58 zeigt eine Filterpresse, bei welcher ein hydraulischer Verschluß mit Rückzugseinrichtung zum Öffnen der Presse vorgesehen ist.

Die Platten bzw. Rahmen haben die Größe von z.B. 630×630, 800×800, 1000×1000, 1200×1200 und 1450×1450. Die nutzbare Einspannlänge liegt in der Regel zwischen 1000 und 5000 mm. Die nutzbare Filterfläche ergibt sich aus der Aufteilung dieser Einspannlänge mit den verschieden starken Filterplatten bzw. Rahmen. Die Kuchenstärke kann zwischen 25 und 60 mm betragen.

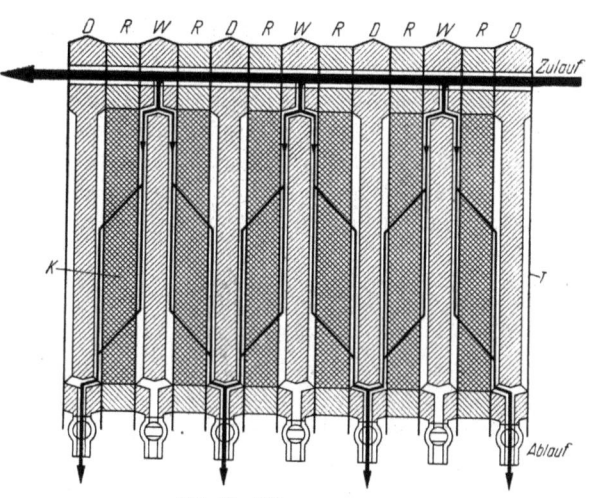

Abb. 55. Filtervorgang.

Es ist ein Filterdruck bis 10 kg/qcm vorgesehen, die Pressen sind mit einer hydraulischen Anpreßvorrichtung für einen Preßwasserdruck bis 150 kg/qcm ausgestattet. Die hydraulische Anpreßvorrichtung kann auch an ein zentrales Druckwassersystem angeschlossen werden. Eine hydraulische Rückholvorrichtung ist in diesem System nicht vorgesehen.

Um das „An- und Abfahren" der schweren Anpreßplatte zu erleichtern, ist eine besondere

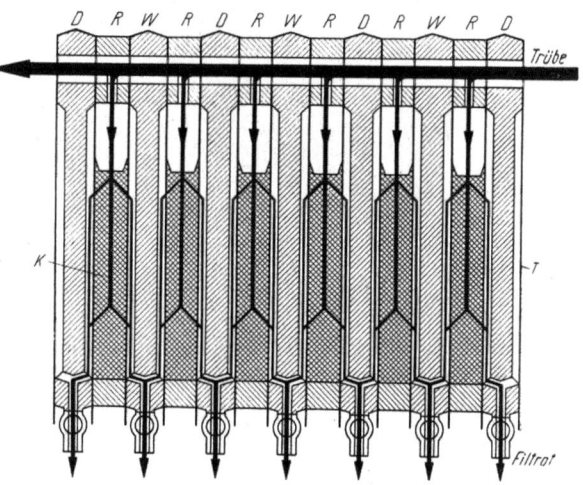

Abb. 56. Auslaugung.

Vorrichtung geschaffen worden. Diese besteht aus einer durchgehenden Welle mit beiderseits der Filterpresse angeordneten Handrädern. Die durchgehende Welle gestattet beim Öffnen und Schließen der Presse die Bedienung von einer Seite aus, ohne daß die Anpreßplatte in eine Schrägstellung gerät. Die Tragrollen für die Anpreßplatte sind beiderseits durch Gummiplatten so geschützt, daß Fingerverletzungen ausgeschlossen bleiben. Die Vorrichtung wird in der Abbildung gezeigt.

Im Gegensatz zu dem allgemein üblichen hydraulischen Verschluß ist der Schließkolben direkt mit dem beweglichen Kopfstück verbunden. Innerhalb des Schließkolbens ist ein Rückzugskolben angeordnet, der durch eine Kolbenstange fest mit dem Preßzylinder verbunden ist. Bei geschlossener Presse wird der Kolben durch die Kolbenmuttern gegen den Preßzylinder festgesetzt und der hydraulische Preßdruck abgelassen. Im vorliegenden Fall erfolgt die Betätigung des Verschlusses durch eine Handpreßpumpe über ein doppeltes Absperrventil jeweils auf den Schließkolben oder durch Umschaltung des doppelten Absperrventils auf den Rückzugskolben. Es kann aber auch vollelektrisch gearbeitet werden, dann wird unterhalb des Preßfilters eine 2-Zylinder-Kolbenpumpe angeordnet, die mit einem Hochdruckgang zum Schließen und einem Niederdruckgang zum Öffnen der Presse arbeitet. Die Steuerung erfolgt über einen Schieber mit 4 Schaltstellungen.

Es können Trockensubstanzgehalte bis zu 32% erzielt werden.

β) Die Hefeentwässerung.

Da die bekannten Filterpressen verschiedene Nachteile besitzen, so z. B. viel Arbeit bei der Bedienung, ungeeignet für ununterbrochenen Betrieb, erheblichen Verbrauch von Filtertüchern und teilweise Verluste beim Filtrieren, ist man dazu übergegangen, die Hefe nicht mehr zu pressen, sondern in Spezialmaschinen zu entwässern. Die *Aktiebolaget S. J. A.*, Schweden, hat deshalb eine Filtriermaschine entwickelt, die ein ununterbrochenes Entwässern der Hefe bis auf einen solchen Wassergehalt durchzuführen hat, daß die Hefe unmittelbar zur Form- und Verpackungsmaschine befördert werden kann. Irgendwelche Zwischenstufen, wie die Aufbewahrung in Transportgefäßen und das Kneten unter Wasserzusatz in besonderen Mischmaschinen, bei denen eine manuelle Berührung der Hefe nicht zu umgehen ist, kommen dadurch in Wegfall.

Abb. 57. Vorfahrvorrichtung.
Bauart: *E. Hoesch & Söhne*, Düren.

Die Maschine besteht aus einem Zylinder, dessen Mantelfläche mit Filtertuch überzogen ist. Der Zylinder wird von einer Welle getragen, die in einem stabilen Gußeisenrahmen gelagert ist, in dessen einem Fußende der Antriebmotor vorgesehen ist.

In der Filtertrommel wird ein Unterdruck mittels einer neben der Maschine aufgestellten Vakuumpumpe erzeugt, welche auch das abfiltrierte Wasser entfernt.

Das Lüftungsverfahren: Melasseverarbeitung. — Pressen von Hefe. 149

An der unteren Hälfte des Filtergerätes ist ein Trog angeordnet, in welchen der Hefebrei aus den Separatoren unmittelbar zugeführt werden kann. Während nun die Trommel bei ihrer Umdrehung in die Hefesuspension eintaucht, belegt sie sich mit einer Hefeschicht, die oberhalb des Troges entwässert wird. Sie wird dann von der Trommel mit einem Abschaber entfernt und durch ein trichterförmiges Führungsblech unmittelbar nach der Formmaschine geführt (Abb. 59).

Die Maschine wird in einer Größe hergestellt, deren Filtertrommel einen Durchmesser von 2 m und eine Breite von 1 m hat.

Der Kraftverbrauch für die Vakuumpumpe und für die Umdrehung der Trommel beträgt zusammen 5,5 PS. Die Antriebmotoren haben 5 bzw. 2 PS.

Abb. 58. Filterpresse. Bauart: *Maschinenfabrik F. H. Schule G.m.b.H.*, Hamburg.

Die Maschine kann Hefe bis auf einen Wassergehalt von 73,5% entwässern, vorausgesetzt, daß die Hefe in einwandfreier Beschaffenheit zur Entwässerung kommt. Die Leistungsfähigkeit beträgt 1800—2000 kg in der Stunde, wenn Hefe mit 75% Wassergehalt erzeugt werden soll, und 1500 bis 1600 kg je Stunde, wenn Hefe mit 73,5% Wassergehalt gewünscht wird.

Neuerdings können auch Filtriermaschinen mit einer Filterfläche von 8 qm, Durchmesser 2 m, Breite 1,25 m gebaut werden. Die Maschinen sind ganz aus rostfreiem Stahl ausgeführt, mit Ausnahme der Achse.

Die anfänglichen Schwierigkeiten sind inzwischen überwunden worden, sie bestanden darin, daß die Entwässerung nicht ganz gleichmäßig erreicht wurde und daß der Trockensubstanzgehalt nicht hoch genug war. Heute ist es möglich, mit einer Stundenleistung von 1600 kg im Jahresdurchschnitt eine Trockensubstanz von 28,2% zu erreichen, wie es seit mehr als zwei

150 Die Gewinnung von Hefe und Alkohol.

Jahren bei den Vereinigten Mautner Markof'schen Preßhefe-Fabriken im Betrieb festgestellt worden ist. Dieses Entwässerungsverfahren hat bisher nur dort Anwendung gefunden, wo die Hefe zum Auspfunden kommt. Zum Einstampfen der Hefe in Fässer ist man noch auf das bekannte Filterpreßverfahren angewiesen (vgl. Nachtrag am Schluß des Buches).

Abb. 59. Bauart: *Aktiebolaget S. J. A. Schweden*, Stockholm 1.

γ) Hefemischmaschine.

Nach dem Auspressen und vor dem Auspfunden der fertigen Hefe wird sie mit Wasser angeteigt. Hierzu dienen die gleichen Mischer, wie sie in der Bäckerei zum Kneten des Mehlteigs verwendet werden.

Um ein gutes Durchmischen zu erreichen, schiebt ein starker Knetarm mit seiner breiten Knetfläche den Hefe-Wasser-Teig über den Bottichboden gegen die Wandung hin, wobei der zwangsläufig rotierende Bottich der Knetarmbewegung entgegenarbeitet und die Knetwirkung dadurch erheblich erhöht. Abb. 60 zeigt die Höhe der Mischung im Bottich in der horizontalen Linie an.

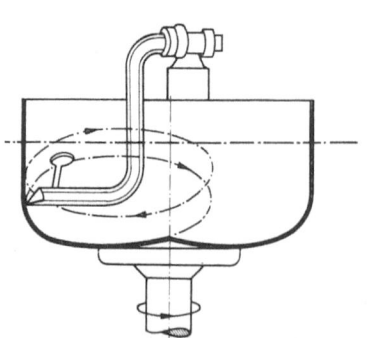

Abb. 60. Bauart: *Dierks & Söhne*, Osnabrück.

Die Knetarme (Abb. 61) können normal (a) und auch besonders (b) geformt sein.

Da die Hefe in den Betrieben verschieden stark abgepreßt wird, ist es erwünscht, für das Auspfunden den Wasserzusatz vorher genau zu ermit-

Das Lüftungsverfahren: Melasseverarbeitung. — Pressen von Hefe. 151

teln, welcher notwendig ist, um in der Hefe einen bestimmten Wassergehalt zu erzielen. Nach einer Formel von B. REINEKE wird die Berechnung wie folgt vorgenommen:

Wenn der Prozentgehalt der Hefe nach dem Abpressen an Wasser mit a und der erwünschte Prozentgehalt mit b bezeichnet wird, dann gilt

$$100 - a + \frac{(100 - a) \cdot b}{100 - b} - 100.$$

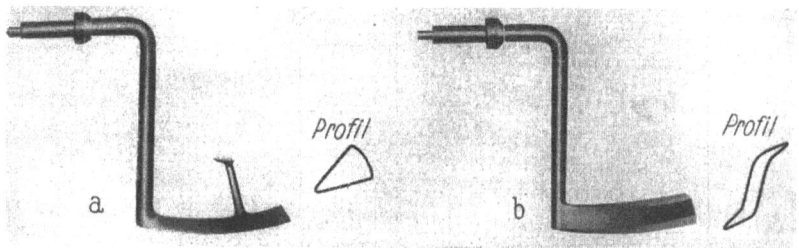

Abb. 61. Bauart: *Dierks & Söhne*, Osnabrück.

Es sollen z. B. 100 kg Hefe mit 72% Wassergehalt auf 75% gebracht werden, dann sind zuzusetzen:

$$100 - 72 + \frac{(100 - 72) \cdot 75}{100 - 75} - 100 = 12\ kg\ Wasser.$$

Es sind also 12 kg Wasser nötig, um den Wassergehalt von 72% auf 75% zu erhöhen.

δ) Hefe-Auspreßmaschine und -Schneidevorrichtung.

Für das Auspressen der Hefe von Hand werden zweckmäßig Maschinen benutzt, die mit einem Gleittisch und Abschnittwagen kombiniert sind, wie Abb. 62 zeigt.

Diese Maschine kann selbstverständlich auch mit einer Verpackungsmaschine gekoppelt werden. Die Leistung derselben ist in Anpassung an die gebräuchlichen Abscheide- und Verpackungsautomaten auf 45—50 Pfd. je Minute festgelegt, sie kann jedoch ohne weiteres auf etwa 80—90 Pfd. je Minute erhöht werden.

Die modernen Hefepreß- und Teilapparate sind in der Regel mit Verpackungsvorrichtungen versehen und für das Pressen großer Mengen bestimmt. Ein Teilapparat, der von Hand zu bedienen ist, wurde von T. ASUM, Friedberg bei Augsburg, vorgeschlagen (s. Abb. 63).

Der rechteckige Behälter *1* enthält an der Seite *2* innen eine besondere federnde Wand *3*, auf der entlang der eingesetzte Hefeblock *4* leicht nach unten gleitet, wenn der Kolben *5* mit dem Handgriff *6* nach unten geschoben wird.

Der Behälter *1* ist mit den Ösen *7* auf den Führungsstangen *8* und *9* waagerecht verschiebbar gelagert, und zwar kann derselbe durch die Zugstange *10* mit dem Handgriff *11* für den halben oder ganzen Durchmesser des Preßhefeblockes verschoben werden.

Die Führungsstangen *8* und *9* sind in der hinteren und vorderen Wand

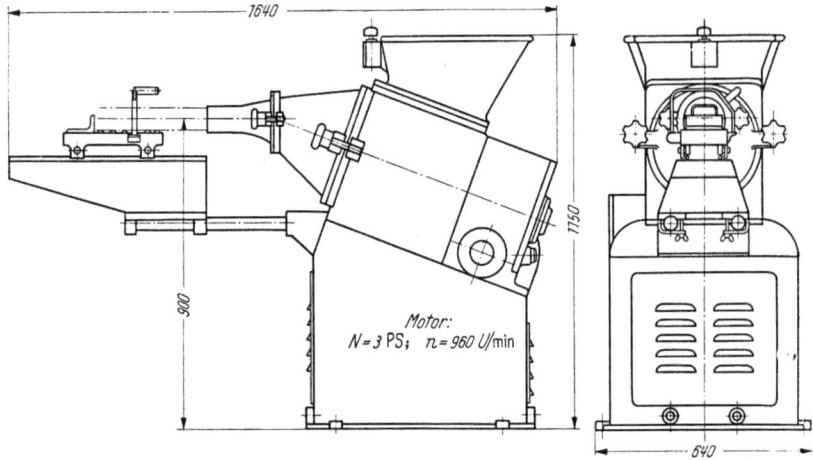

Abb. 62. Bauart: *P. Küpper*, Aachen.

des Gehäuses *12* befestigt, so daß der oben und unten offene Behälter *1* leicht unten mit der hinteren Wand auf einer Platte *13* gleiten kann, die an den beiden Seitenwänden des Gehäuses *12* befestigt ist.

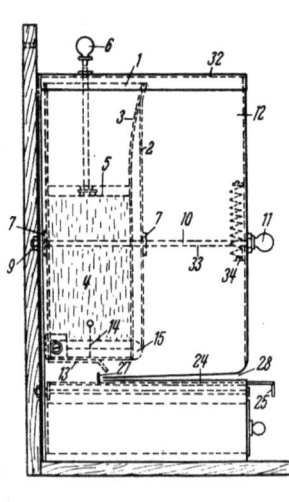

Abb. 63.

Über den unten offenen Behälter *1* ist in der Mitte ein Schneidmesser *14* aus feinem Stahlband, Draht od. dgl. befestigt, das beim Herunterdrücken des Preßhefeblockes denselben bis zu etwa 1 cm tief lotrecht für einen bestimmten Teil Preßhefe einschneidet.

Ferner ist für den waagerechten Schnitt zum Abschneiden eines Teiles der Preßhefe, ein Schneidmesser *15* zwischen zwei einstellbaren Hebeln *16* und *17* angeordnet. Diese Hebel sind an ihren Enden *18* und *19* verstellbar mit Schrauben an dem Gehäuse *12* befestigt. Es kann also damit die Höhenlage des Schneidmessers *15* für die Dicke der abzuschneidenden Scheibe Preßhefe eingestellt werden, damit ein bestimmtes Gewicht derselben erreicht wird.

Unterhalb der Platte *13* ist auf zwei Führungsstangen *20* und *21* gleitend ein Schieber *24* vorgesehen, der mit dem Handgriff *25* hin und her geschoben werden kann und der mit den rechtwinklig abgebogenen Ösen *26* auf den Führungsstangen *20* und *21* sicher geführt wird.

Auf den Schieber *24* wird ein Blatt Einwickelpapier bis an dessen Nasen *27* aufgelegt, das über den Schieber an beiden Seiten und aus den beiden

Das Lüftungsverfahren: Melasseverarbeitung. — Pressen von Hefe. 153

Schlitzen *28* des Gehäuses *12* herausreicht und dessen Größe zum Einwickeln des abgeschnittenen Preßhefestückes völlig genügt.

Schließlich ist unten im Gehäuse *12* noch ein kleiner Sammelkasten *29*

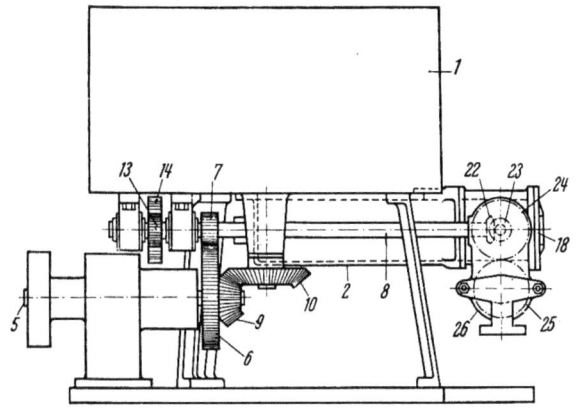

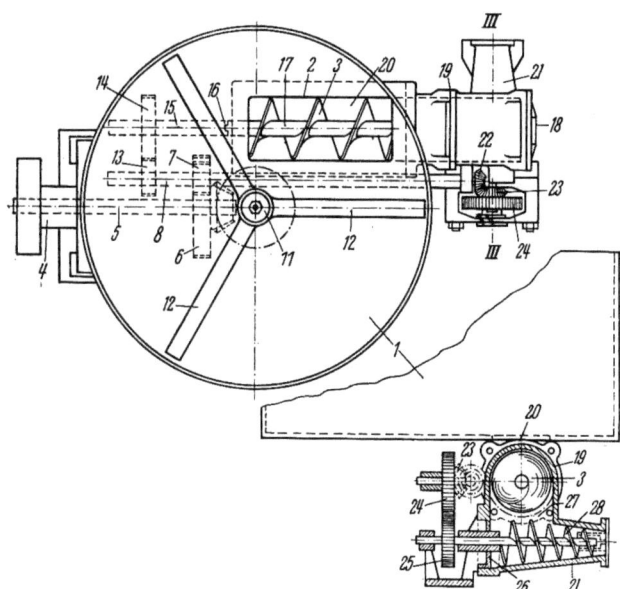

Abb. 64.

zum Heraus- und Hineinschieben angebracht, der evtl. zum Sammeln von kleinen Hefeabschnitten dient.

Das Gehäuse *12* ist an einem Rückenbrett *30* befestigt, mit dem der Apparat an eine Wand oder mit einem Fußbrett *31* auf dem Tisch festgemacht werden kann.

Der Preßhefeblock *4* wird nach Entfernung des Deckels *32* mittels Kolben *3* so weit nach unten gedrückt, bis er auf der Platte *13* aufsitzt, dabei wird derselbe unten durch ein Schneidmesser *14* etwa 1 cm tief in der Mitte senkrecht eingeschnitten. Hierauf schiebt man ein Blatt Einwickelpapier zwischen die Schlitze *28*, das bis an die Nasen *27* auf dem Schieber *24* aufzuliegen kommt.

Es wird dann an dem Handgriff *11* der Behälter *1*, der auf den Führungsstangen *8* und *9* gleitet, nach vorn gezogen, wobei der für das zu verkaufende Teil Preßhefe waagerecht von dem Schneidmesser *15* abgeschnitten wird und die so in der Mitte lotrecht geteilte Scheibe nun frei auf das Einwickelpapier fällt.

Diese in der Mitte geteilte Scheibe Preßhefe wird mit dem Einwickelpapier auf dem Schieber *24* an dem Handgriff *25* herausgezogen, und nun kann die ganze Scheibe oder je eine halbe Scheibe eingepackt und verkauft werden, ohne dabei mit den Fingern in Berührung zu kommen.

Will man nur eine halbe Scheibe abschneiden, so wird der Behälter *1* nur so weit herausgezogen, bis die Kerbe *33* der Zugstange *10* in die Schneide des federnd angeordneten Hebels *34* selbsttätig einschnappt.

Für eine ganze Scheibe Preßhefe wird nur der Behälter *1* mit der Zugstange *10* einfach über die Kerbe *33* hinausgezogen, bis der Behälter *1* an dem Hebel *34* anschlägt.

Eine Verbesserung der Zubringervorrichtung für Hefestrangpressen hat G. Dwars, Monheim, vorgeschlagen, wie sich aus Abb. 64 ergibt.

Unter dem Boden des Behälters *1* ist der Zylinder *2* einer Förderschnecke *3* angeordnet. Eine unterhalb des Behälters in einem Lager *4* gelagerte Welle *5* versetzt durch die Stirnräder *6* und *7* die Welle *8* in Umdrehung und dreht außerdem mit den Kegelrädern *9* und *10* eine in dem Behälter angeordnete Welle *11* mit Streichern *12*.

Die Welle *8*, die ebenso wie der Zylinder *2* seitlich von der Welle *11* liegt, trägt ein Stirnrad *13*, welches in ein Stirnrad *14* einer Welle *15* eingreift, die durch eine Kupplung *16* mit der Welle *17* der Schnecke *3* verbunden ist. Die Schnecke *3* kann daher leicht von ihrer Antriebsvorrichtung gelöst und nach Abnehmen der Abschlußplatte *18* aus dem Kopf *19* des Zylinders *2* herausgezogen werden. Der Zylinder *2* steht durch eine Öffnung *20* mit dem Behälter *1* in Verbindung und ragt mit seinem Kopf *19* seitlich über diesen hinaus.

Unter oder über dem Kopf *19* ist der die Preßschnecke *28* enthaltende Preßraum *21* angeordnet. Dieser steht durch eine Öffnung *27* mit dem Kopf *19* in Verbindung. Die Welle *8* treibt mit Kegelrädern *22* und *23* ein Zahnrad *24* an, welches in ein Zahnrad *25* auf der Welle der Preßschnecke eingreift. Der Deckel *26* des Preßraumes *21* ist abnehmbar, so daß die Schnecke zusammen mit dem Zahnrad *25* leicht nach hinten herausziehbar ist.

Eine Vervollkommnung der Strangpresse wird nach W. Schäfer, Frankfurt a. M., dadurch erreicht, daß eine elektrische Schalteinrichtung eingebaut ist, welche durch Einwirkung des bewegten Stranges die Antriebsvorrichtung für die Trennvorrichtung in Gang setzt. Eine weitere Vervollkommnung haben A. und G. Sharp, Bayonne, N. J. USA, vorgeschlagen.

Um gewichtsgenaue bzw. maßgenaue Blöcke bei ständig laufendem Strang zu erzielen, läuft die Schneidvorrichtung mit gleicher Geschwindigkeit mit. Es wird hierdurch erreicht, daß das Zerschneiden des Stranges in Blöcke verhältnismäßig langsam erfolgen kann, ohne daß jedoch die Arbeitsgeschwindigkeit der Maschine dadurch beeinträchtigt wird.

Um die beiden bisher getrennten Arbeitsgänge, nämlich die Abpressung des Hefebreies und die Verpackung der Hefe in Beuteln, zu einem Arbeitsgang zu vereinigen, hat die *Norddeutsche Hefeindustrie A.G.* wie folgt gearbeitet:

Der von den Separatoren anfallende Hefebrei, welcher die Hefe in einer Trockensubstanz von 14—15% enthält, wird mit einem Druck von 5—10 atü mittels einer Pumpe direkt in den Versandbeutel gedrückt. Der Druck wird so lange aufrechterhalten, bis kein Wasser mehr aus dem Gerät heraustritt. Dies ist in der Regel nach $1^1/_2$—3 Stunden der Fall. Dann wird das Gerät auseinandergenommen und der herausgenommene Beutel enthält die Hefe mit einer Trockensubstanz von 29—30%.

ε) Die Hefeverpackung.

Bisher hat man mehr oder weniger halbautomatische Vorrichtungen zum Formen, Schneiden und Einschlagen der Hefe benutzt. Heute ist es möglich, den ganzen Vorgang vollautomatisch zu gestalten. Die *Aktiebolaget S. J. A.*, Schweden, hat eine Maschine entwickelt, bei der die manuelle Berührung der Hefe auf dem Wege vom Hefekonzentrat bis zum fertigen eingewickelten Stück vermieden wird. Diese Maschine besteht aus drei Hauptteilen: einem Formteil, einem Schneideglied und einem Einschlagteil. Sie sind in einem gemeinsamen Gestell vereinigt. In dem Ständer des Formteils ist auch der Antriebmotor eingebaut. Die in den Speisebehälter der Maschine gelangte Hefe, der während des Betriebes langsam umläuft, wird selbsttätig durch einen schraubenförmigen

Abb. 65. Bauart: *Aktiebolaget S. J. A. Schweden*, Stockholm 1.

Schaber gegen den Boden des Behälters geführt, an dem die Vorschubschnecke der Formdüse angeschlossen ist. Die Hefe wird durch die Düse in einem Strang ausgepreßt und dann mit der selbsttätig wirkenden Abschneidevorrichtung in Stücke geschnitten. Während des Schneidevorganges macht die schneidende Vorrichtung die Bewegung des Stranges mit, um einen völlig senkrechten Schnitt zu bekommen. Nach dem Abschneiden wird das Stück zur Einschlagstelle geführt, an welcher die Maschine die Hefe in einfaches oder doppeltes Papier einschlägt. Das fertige Paket verläßt dann die Maschine auf einem Förderband.

Mit jeder Maschine läßt sich nur eine gewünschte Paketgröße herstellen. Die Länge der Blöcke kann durch eine Regulierungsschraube bis zu 10% während des Betriebes verändert werden.

Die Leistungsfähigkeit der Maschine ist von der Konsistenz der Hefemasse abhängig. Für große Pakete können bei einem Kraftbedarf von 2,0 PS in der Minute 20—22 Stück 2-kg-Pakete, 28—30 Stück 1-kg-Pakete und 30—35 Stück $^1/_2$-kg-Pakete geleistet werden. Eine andere Maschine leistet bei einem Kraftbedarf von 1,5 PS in der Minute 22 Stück 2-kg-Pakete, 30 Stück 1-kg-Pakete und 40 Stück $^1/_2$-kg-Pakete (Abb. 65).

ζ) *Kühlen der Preßhefe.*

Die Firma *Strauch und Schmidt*, Hamburg, hat die in Abb. 66 gezeigte Vorrichtung entwickelt.

Das muldenartige Gefäß *1* ist von einem Kühlraum *2* umgeben, welcher mit einem Isoliermantel *3* umkleidet ist. Deckel *4* ist abnehmbar. Der Kühlmantel besitzt einen Zulauf *5* für Kühlwasser und einen Ablauf *6*. Durch *A* und *B* ist die Richtung angezeigt, die das Kühlwasser nimmt; es wird durch die Leitwände *7* schraubenförmig hindurchgeleitet. Die Handgriffe *8* dienen zum Abnehmen des Deckels *4*. Die beschriebene Vorrichtung kann leicht auf Rädern oder Rollen transportiert werden. Es wird dadurch der Kälteverlust vermieden, der sonst beim Öffnen und Betreten der Kühlräume entsteht.

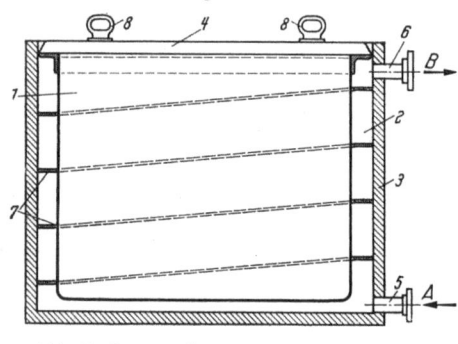

Abb. 66. Bauart: *Strauch & Schmidt*, Hamburg.

f) Die Verarbeitung anderer Rohstoffe.

1. Die Verarbeitung von Zuckerrohrmelasse auf Hefe und Alkohol.

Mit der Verarbeitung von Zuckerrohrmelasse hat sich E. BUROW, Leverkusen, befaßt und weist mit Recht darauf hin, daß es sehr schwierig ist, Allgemeinverbindliches darüber auszusagen, denn die Rohrmelassen variieren sehr stark nach verschiedener Richtung hin. Schon Herkunft, Klima und Bodenbeschaffenheit spielen hier eine größere Rolle als bei der Rübenmelasse. Ost- und westindische oder afrikanische Rohrmelassen weichen schon in ihren analytischen Daten oft erheblich voneinander ab. Es ist auch nicht gleichgültig, ob das Zuckerrohr in der Ebene, womöglich auf Schwemmland, oder im Gebirge gewachsen ist.

Von einschneidender Bedeutung ist weiterhin die Arbeitsweise der Zuckerfabriken, ob schwach sauer oder bis stark alkalisch gearbeitet worden ist. Dadurch verändern sich auch weitgehend die Qualität und der Aschegehalt. Schließlich ist zu beachten, wie und wie lange die Rohrmelasse gelagert wurde und wann und wo sie verarbeitet wird.

Bis die Rohrmelasse nach Europa gelangt, ist sie durchweg, gleichgültig, welche Reaktion sie im frischen Zustande gehabt hat, mehr oder weniger stark sauer. Diese Säure ist durch Infektion bedingt, und um so stärker, je länger die Melasse am Ort ihrer Erzeugung, also unter subtropischem bis tropischem Klima, und mehr oder weniger primitiv gelagert wurde. Am bedenklichsten sind in dieser Beziehung jene Melassen, die ursprünglich stark alkalisch waren, da bei der dann einsetzenden Säuerung eine besonders große Menge Säure, und zwar vorwiegend die lästige Buttersäure entsteht. Außerdem ist ein größerer Kalküberschuß bei der Zuckerfabrikation häufig mit Zuckerverlusten verbunden, die Hand in Hand gehen mit einer sehr unerwünschten Bildung von schwer zu entfernenden Farbstoffen. Völlig infektionsfreie Melassen zu erhalten, ist selbst im Ursprungsland praktisch ausgeschlossen, und man muß die dadurch bedingten Schwierigkeiten, insbesondere die oft in erheblichen Mengen vorhandenen gärungshemmenden flüchtigen Säuren durch geeignete Maßnahmen zu eliminieren suchen.

Als ein weiterer Nachteil der Rohrmelasse ist ihre merklich schlechtere Pufferung gegenüber Rübenmelasse anzusehen. Wenn man Preßhefe herstellen will, ist auch ihre schlechte Klärfähigkeit je nach Herkunft und Herstellung störend. Auch hier verhalten sich am ungünstigsten solche Melassen, die in stark alkalischem Medium erzeugt wurden. Demgegenüber sind aber die Gestehungskosten relativ billig und die erzielbaren Ausbeuten günstig. So wird die Rohrmelasse in überseeischen Ländern und auch in England in großem Umfange auf Spiritus verarbeitet. Auch die Herstellung von Preßhefe aus dafür geeigneten Rohrmelassen ist in ständigem Zunehmen begriffen.

Zur *analytischen Zusammensetzung* ist folgendes zu sagen:

Rohrmelasse hat im Durchschnitt etwa 25—26% Wasser, 56—58% Gesamtzucker, davon etwa 20—30% Trauben- und Invertzucker, 3—5,5% Asche und 0,4—0,5% Gesamtstickstoff, der praktisch zu vernachlässigen ist. Dagegen fällt bei der mittleren Aschenzusammensetzung der im Vergleich mit Rübenmelassen erheblich erhöhte Gehalt an P_2O_5 auf, der im Mittel bei 2,5—3% liegt, jedoch nach den Erfahrungen von BUROW bei belüfteten Würzen nur zu etwa 15—20% assimilierbar ist. Der Kaligehalt liegt mit etwa 35—36% wesentlich niedriger als bei Rübenmelassen, während der Magnesiagehalt mit rund 3% recht günstig erscheint. Der Kalkgehalt schwankt je nach dem Herstellungsverfahren in weiten Grenzen und kann mit etwa 10—17% angenommen werden.

Vgl. Abschn. Rohstoffe, S. 28ff.

Ein großer Vorteil der Rohrmelassen liegt in ihrem vergleichsweise sehr hohen Wuchsstoffgehalt begründet. Der Wuchsstoffgehalt von entheften belüfteten Rohrmelassewürzen, die eine hohe Hefeausbeute ergeben hatten, war nach BUROW noch 3—4mal so hoch, bezogen auf die Originalmelasse, wie derjenige von frischen unvergorenen Rübenmelassen.

Was die physikalische Beschaffenheit von Rohrmelassen angeht, so ist insbesondere bei relativ frischen Melassen aus Übersee deren hohe Viskosität auffallend gewesen. Diese kann, so besonders in Hefefabriken, wo die einfachen Verdünnungsverhältnisse der Melassebrennereien nicht angängig sind, unter Umständen lästig werden und die Anwendung spezieller Pumpen notwendig machen. Der Verschmutzungsgrad der Rohrmelassen hängt entscheidend von den Arbeits- und Lagerungsbedingungen am Erzeugungsort ab und hält sich im Durchschnitt in erträglichen Grenzen.

Der hohe Zuckergehalt der Rohrmelassen, der bis zu 60% ansteigen kann, ist ein weiterer erheblicher Vorteil. Die Anwendung ist folgende.

α) Die Alkoholerzeugung.

Mit Rücksicht auf den hohen Invertzuckergehalt ist die Untersuchungsmethode nach HERZFELD-CLERGET notwendig. Man sollte aber bei Rohrmelassen stets auch eine Zucker- bzw. Alkoholergiebigkeitsbestimmung nach der biologischen Methode anwenden, also die Gärmethode, um zu einer richtigen Beurteilung zu kommen. Meist bleiben die biologisch bestimmten Alkoholausbeuten hinter den aus der chemischen Zuckerbestimmung errechneten Werten zurück. Dies hat seinen Grund in den durch Infektion in die Melasse gelangten gärungshemmenden flüchtigen Fettsäuren, deren exakte Bestimmung somit zu den unerläßlichen analytischen Aufgaben gehört. Bei der Wasserdampfdestillation ist das Niveau im Destillierkolben stets konstant zu halten und die ursprüngliche Gesamtsäure ist neben der restlichen nichtflüchtigen Säure genau zu bestimmen.

Falls die Verarbeitung konzentrierter Maischen mit einem Alkoholgehalt von mindestens 10 Vol.-% r. A. der vergorenen Maische angestrebt wird, sollte man auf je 1000 kg zu verarbeitende Rohrmelasse etwa 80—90 g Stickstoff und 100—125 g P_2O_5 zusetzen. Der Stickstoff wird am besten zweckmäßig in Form von organisch gebundenem Stickstoff zu einem Drittel zugegeben. An anorganischen Salzen werden neben Ammonsulfat, Superphosphat oder Natriumphosphat am besten Diammonphosphat zugegeben. Man kann auch etwas Magnesium- und Kaliumsulfat zusetzen.

An organischen Nährstoffen steht gewöhnlich die Melasseschlempe zur Verfügung, jedoch jeweils nicht mehr als ein Sechstel der Gesamtmaischemenge. Auch ist der Bodensatz der Hauptgärungen verwendbar, der abdekantiert und gewaschen werden kann. Die Bodensatzhefe ist dann mindestens 24 Stunden lang bei 45° C zu autolysieren, schwach anzusäuern, zu sterilisieren und nötigenfalls einzudicken. Als weiterer Nährstoff kommen noch Malzkeime in Frage, in Form gut sterilisierter Extrakte, auch entöltes Erdnußmehl, welches vor dem Aufschluß hydrolysiert wurde.

Als Hefen sind vorgezüchtete Weinhefen, die säure- und wärmefest sind, geeignet. Vorteilhaft ist die Anwendung von Mischrassen. Die Hefen sollen eine normale Alkoholfestigkeit von mindestens 10—12 Vol.-% Alkohol besitzen und noch bei einem p_H-Wert von 3—4 und einer Temperatur von 30—33° C befriedigend arbeiten.

Die Mindestaussaatmenge je 1000 kg Melasse soll 0,3—0,4 kg betragen, Reinzucht und Zwischengärung sind im Interesse einer guten Hefevermehrung schwach zu lüften. Die Ballinggrade der verwendeten Würzen sollen von etwa 12° über 15° auf 25—27° ansteigen, wobei 15—16° während der Hauptgärung nicht überschritten werden sollten. Dies ist durch Zulauf zu regeln.

Die flüchtigen Fettsäuren sind zu entfernen und die Melasse selbst ist zu sterilisieren. Die Rohrmelasse muß also einige Zeit unter Durchleiten von Dampf gekocht werden, wobei diejenigen Melassen, die stark alkalisch waren, am intensivsten zu behandeln sind. Die Behandlung erfolgt nach

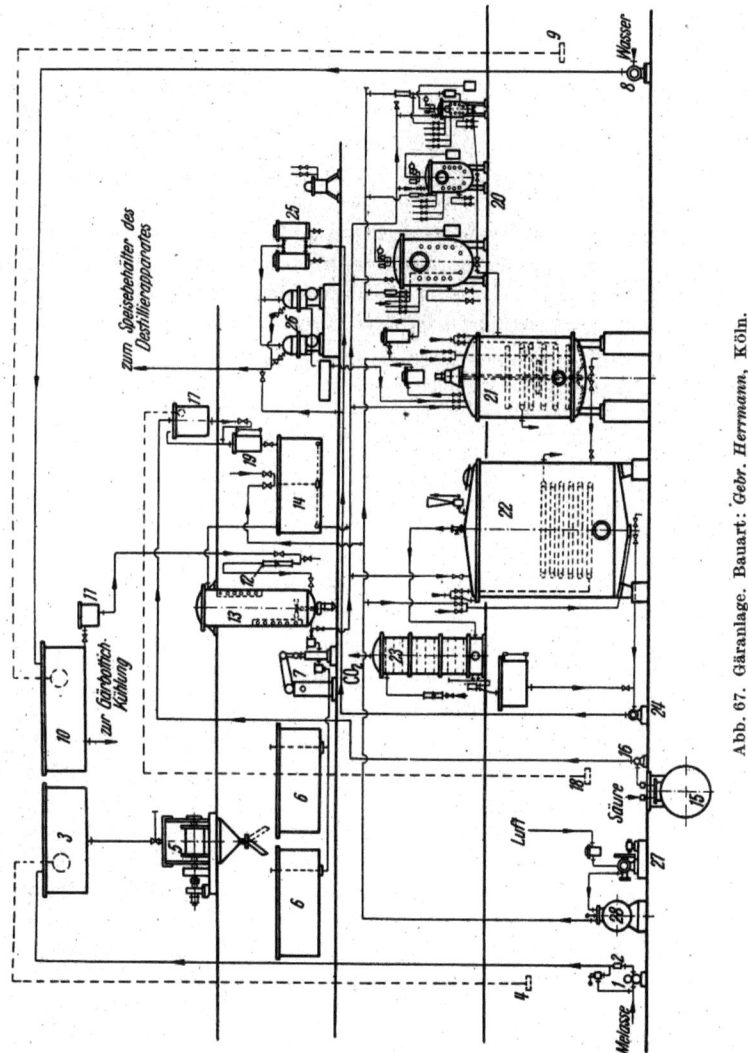

Abb. 67. Gäranlage. Bauart: Gebr. Herrmann, Köln.

passender Verdünnung im Verhältnis 1 : 1 oder 1 : 1,5 in geschlossenen Behältern mit Dampfstrahlmischern.

Der schlammhaltige Teil der gekochten Melasse ist durch Dekantierspindeln oder durch Separatoren zu behandeln.

Eine Gäranlage zur Verarbeitung von Zuckerrohrmelasse auf Alkohol ist aus Abb. 67 zu ersehen.

In dieser Anlage ist eine besondere Klärung der Melasse nicht vorgesehen. Sofern eine mechanische und chemische Klärung erfolgen soll, wird auf die Arbeitsweise verwiesen, die im Abschnitt „Die Vorbehandlung der Melasse" näher behandelt ist (s. S. 45ff.).

Die für die Hefezüchtung erforderliche Melasse kann entweder in einem besonderen Apparat oder, wie im Schema vorgesehen, in den dazu besonders ausgebildeten Reinzuchtapparaten vorbereitet werden.

Außer einer Reinzuchtanlage mit Vorgärbottichen für die Herstellung der Anstellhefe ist im Schema eine Separatorenstation vorgesehen, welche zur Enthefung der vergorenen Würze dient.

Das gewonnene Hefekonzentrat wird in den Vorgärbottichen mit Wasser verdünnt und angesäuert. Es dient zur Anstellung einer weiteren Gärcharge. Das Heranzüchten neuer Stellhefe unter Benutzung der Reinzuchtanlage ist bei der gewählten apparativen Anordnung nur bei Betriebsbeginn und dann erforderlich, wenn die laufende, wieder zum Einsatz kommende Hefe degeneriert und nicht mehr gärkräftig ist. Die Anlage besteht aus folgenden Teilen:

1 Melassepumpe; — *2* Sicherheitsvorrichtung zur Melassepumpe; — *3* Melassehochbehälter; — *4* Schwimmerschalter zur Melassepumpe; — *5* Automatische Melassewaage; — *6* Zwischenbehälter für Melasse; — *7* Dosierpumpe für Melasse; — *8* Wasserpumpe; — *9* Schwimmerschalter zur Wasserpumpe; — *10* Wasserhochbehälter; — *11* Wasserdruckregler; — *12* Wasserdurchflußmesser; — *13* Mischapparat für die Bereitung von Melassemaische; — *14* Zwischenbehälter für Melassemaische; — *15* Säurelagerbehälter; — *16* Säurepumpe; — *17* Säurehochbehälter; — *18* Schwimmerschalter zur Säurepumpe; — *19* Säuremeßbehälter; — *20* Reinzuchtanlage; — *21* Vorgärbottich; — *22* Hauptgärbottich; — *23* Kohlensäure-Waschkolonne; — *24* Würzepumpe; — *25* Siebgefäße; — *26* Hefeseparatoren.

β) *Die Hefeerzeugung.*

Bei der Verarbeitung von Rohrmelasse auf Hefe kommt es darauf an, daß das Ausgangsmaterial gut durchgemischt zur Anwendung gelangt. Infolge der wechselnden Beschaffenheit der Rohrmelasse muß zweckmäßig im Lagertank mit einer wirkungsvollen Rührvorrichtung eine Durchmischung erfolgen, um einigermaßen konstante Verhältnisse für die Betriebsführung zu schaffen. Angesichts der gelegentlich sehr hohen Viscosität ist dies, auch unter tropischen und subtropischen Verhältnissen, ein oft schwer zu lösendes Problem.

Wie bei der Verarbeitung auf Spiritus ist eine exakte Assimilationswertbestimmung und die Bestimmung der wichtigsten Mineralbestandteile der Melasse notwendig, da bei hohen Hefeausbeuten mit zusätzlichen Nährstoffmengen gearbeitet werden muß. Während es bei der Herstellung einer allen Ansprüchen genügenden Preßhefe aus Rübenmelasse ohne weiteres möglich ist, selbst bei dem durch hohe Ausbeuten erheblich gesteigerten Bedarf an zusätzlichen Nährstoffen, diese restlos in Form von anorganischen Verbindungen zu geben, ist dies bei der Verarbeitung von Rohrmelasse ausgeschlossen. Trotz der in stark belüfteten und verdünnten Würzen wesentlich erhöhten Assimilationsbereitschaft der Hefe gegenüber anorganischen Nährsalzen einschl. des etwa 20%igen Ammoniakwassers muß mit Rücksicht auf eine zeitlich richtige Dosierung der Nährstoffe und auf den unbedingt anzustrebenden flachen Verlauf der p_H-Kurve in optimalen Bereichen ein wesentlicher Teil durch organischen Stickstoff usw. ersetzt werden. Dies gilt besonders für alle Stellhefeführungen einschließlich der zweiten Generation, während bei der zum Versand bestimmten Hefe mit anorganischer Ernährung auszukommen ist, vor allem, wenn mit Diammonphosphat gearbeitet wird. Die organischen Nährstoffe müssen natürlich derart aufbereitet sein, daß vollkommen blanke Lösungen zur Verarbeitung kommen. Dies kann bei einigen derselben durch gemeinsame Klärung mit der Melasse in den Klärbottichen erreicht werden, besonders bei Anwendung eines sauren Klärverfahrens, während andere Stoffe gesondert aufbereitet werden müssen, z. B. bei Mitverwendung von Getreidemaischen.

Die erfolgreiche Klärung der Rohrmelasse ist der schwierigste Teil der Hefefabrikation. Manche Melassen lassen sich nach erfolgter Verdünnung im Verhältnis 1:3 bis 1:4, sofern sie einem schwach sauren Herstellungsmedium entstammen, rein mechanisch durch Klärzentrifugen reinigen. Dies ist aber bei vielen Rohrmelassen nicht der Fall bzw. sie neigen dann während der Gärung zu Nachausscheidungen von Pigmentstoffen. Solche Stoffe schlagen sich auf der Hefezellhaut unabwaschbar nieder und machen die Hefe unansehnlich. Man muß also versuchen, durch chemische Klärung die in die Melasse hineingelangten kolloiden Farbstoffe möglichst weitgehend zur Ausscheidung zu bringen. Leider erweisen sich die bei den Rübenmelassen erfolgreich angewendeten sauren Klärverfahren häufig als nicht wirksam genug, so daß man gezwungen ist, alkalisch zu klären. Es kommt auch vor, daß gerade die feinsten Nachausscheidungen temperaturbedingt sind, also bei der Abkühlung der heiß geklärten Melasse eintreten. In diesen Fällen kann die abdekantierte geklärte Würze mittels eines Gegenstromkühlers tiefgekühlt werden und dann über eine Klärzentrifuge laufen. Man kann sie dann auch kalt aufbewahren. Auch der Zusatz von Aktivkohle hat sich bewährt.

Als Heferassen kommen die bewährten Einzel- und Mischrassen in Frage, wobei sich die spezielle Auswahl und Vorzüchtung im Laboratorium nach den örtlichen klimatischen Bedingungen und den Qualitäts- und Wuchsfähigkeitsansprüchen zu richten hat. Die Hefeführung, in den Maischemengen während der Stellhefeperiode im Verhältnis 1:5 fortschreitend, unterscheidet sich nicht von der Gärführung bisher üblicher Art. Reinzuchtanlage und moderne Belüftungssysteme, möglichst in geschlossenen Bottichen, sind eine selbstverständliche Voraussetzung für ein erfolgreiches Arbeiten.

2. Die Vergärung von Trockenfrüchten auf Hefe und Alkohol.

Die gärungstechnische Aufarbeitung von Trockenfrüchten ist vor allem in subtropischen Gegenden, so im Mittelmeergebiet, von Interesse, weil dort die Früchte oft in schwer verwertbaren Mengen anfallen. In Frage kommen in erster Linie: Korinthen, Datteln, Feigen und Karobbohnen (Johannisbrot). Letztere stellen allerdings keine Früchte im eigentlichen Sinne dar.

Mit der praktischen Verwertung hat sich E. Burow, Leverkusen, befaßt. Er hat die genannten Rohmaterialien mit Erfolg auf Spiritus verarbeitet, die Korinthen auch auf Preßhefe, obwohl auch die anderen Früchte dazu geeignet erscheinen.

α) Die Spritverarbeitung.

Hierbei ist zu berücksichtigen, daß im allgemeinen nur Früchte minderer Qualität, und diese häufig auch noch in teilweise angegorenem Zustand zur Verwendung kommen. In diesen Fällen pflegt man die wilden Säuren einfach mit Kalk bis zum gewünschten Säuregrad zu bringen, da sich umständlichere Verfahren nicht lohnen würden. Die Maischebereitung erfolgt in der Regel auf kaltem Wege nach vorhergehender Zerkleinerung des Materials durch Mahlen, Brechen oder Quetschen.

Die Vergärung nach dem Würzeverfahren lohnt sich nur für Großbetriebe und setzt ein Warmextraktionsverfahren mittels Macerations- oder Diffusionsbatterien im kontinuierlichen Verfahren voraus. Bei Karobbohnen ist die Anwendung des Dickmaischverfahrens allerdings grundsätzlich ausgeschlossen, besonders wenn Qualitätssprit hergestellt werden soll, da sonst unerwünschte Geschmacksstoffe, wie Buttersäure, in den Alkohol gelangen würden. Am besten arbeitet man mit Passiermaschinen nach dem kalten Verfahren mit entsprechend vorgeweichtem Material. Für große Betriebe empfiehlt sich allerdings die Anwendung kontinuierlicher Verfahren mittels Macerations- oder Diffusionsbatterien und warmer Extraktion. Hierbei müssen die Dünnsäfte im Laufe der Eindickung im Vakuumverfahren desodoriert werden, um ein einwandfreies Endprodukt zu erhalten.

Die Infektionsgefahr ist bei allen genannten Materialien sehr groß, doch wird hierauf im Klein- und Mittelbetrieb wenig Rücksicht genommen, und die auf kaltem Wege hergestellte Maische wird häufig sogar ohne spezielle Hefereinzucht der natürlichen Vergärung durch die stets anhaftenden Fruchthefen überlassen. Bei geregeltem Betrieb muß aber mit angepaßten subtropischen Weinhefen und genügend reichlicher Aussaat gearbeitet werden, um die Infektionen zu unterdrücken. Bei Feigen kommt noch deren sehr große Schleimigkeit hinzu, die eine lästige Schaumgärung hervorruft. Die Feige zeichnet sich außerdem durch besonders hohe Infektionsneigung unvorteilhaft aus. Beim Würzeverfahren gestalten sich die Pufferungsverhältnisse bedeutend schwieriger, da blanke Würzen sehr viel schlechter gepuffert sind als Dickmaischen.

β) Die Verhefung.

Wenn Hefe gewonnen werden soll, kann nur mit völlig blanken, dauerhaft geklärten und gut gepufferten Würzen gearbeitet werden. Das war bei der Verwertung von Korinthen besonders schwierig durchzuführen. Die Korinthenwürze ist stark sauer, kaum nennenswert gepuffert, sehr arm an Hefenährstoffen, stark gefärbt, und neigt ganz besonders zu Nachtrübungen, insbesondere zu nachträglichen Pigmentausscheidungen.

Die Maischbereitung muß auch hier auf warmem, sogar heißem Wege erfolgen, und zwar im kontinuierlichen Macerations- oder Diffusionsverfahren. E. Burow hat durch zeitraubende Assimilationsversuche ein für hohe Hefeausbeuten geeignetes Nährmedium aus Korinthenwürze gewonnen und eine Preßhefe hergestellt, die der normalen ebenbürtig ist. Die Ausbeuten waren außerdem hoch.

Demgegenüber lassen sich Datteln nicht so leicht verarbeiten. Wegen des hohen spezifischen Gewichtes bleiben sie auf den Böden der Entlaugungsbottiche liegen. Sie werden deshalb zweckmäßig in einer Siebtrommel durch Zugabe von Wasser oder Dampf von den Kernen befreit, um den zur Weiterverarbeitung gewünschten Dattelsaft zu erhalten.

γ) Die Aufbereitung von Früchten.

Um Früchte zu extrahieren, hat die *Société P. Navarre & Fils*, Paris, eine Vorrichtung entwickelt, die sich insbesondere zur Aufbereitung von Äpfeln eignet. Es ist ein Koch- und Dämpfapparat, wie in Abb. 68 wiedergegeben.

Dieser Apparat besitzt einen Trichter *1* zur Aufnahme der Früchte. Das anschließende Gefäß *2* hat unten einen Boden *3* sowie einen siebartig gelochten Kegeltrichter *4*. Der ganze Apparat wird von dem Gestell *21* getragen. Der Kegeltrichter *4* stützt das zu kochende Gut und ist mittels eines Rohrstutzens *5* an den Boden *3* angeschlossen. Der zwischen dem Zylinder *2* und dem Kegel *4* befindliche Ringraum bildet eine Kammer *6*, in welche der Dampf mit einem Überdruck von 0,2 Atm. eingeführt wird und aus welcher die abgeschiedenen Säfte durch ein Rohr *7* abgeleitet werden können. Der Dampf kann sowohl durch die Leitung *8* als Frischdampf als auch durch die Leitung *9* von anderen Apparaten her eingeführt werden. Am Zylinder *2* ist ein Temperaturanzeiger *13* vorgesehen. Außerdem sind ein Manometer *10*, ein Ventil *11* und ein Flüssigkeitsstandanzeiger *12* angeordnet.

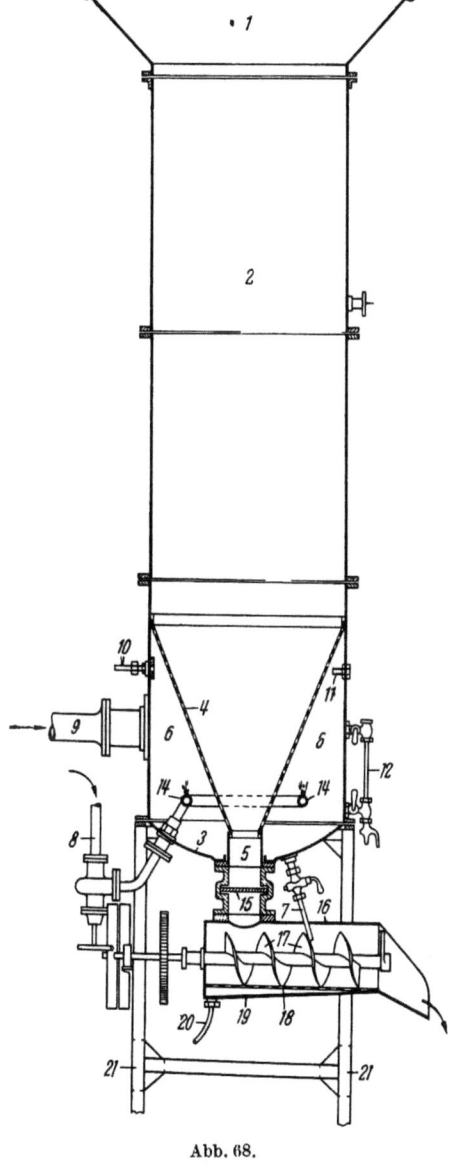

Abb. 68.

Der ausströmende Dampf wird durch ein Rohr *14* ringförmig verteilt, während der durch das Rohr *9* eingeführte Dampf frei eintritt.

Der am Boden abgezweigte Rohrstutzen *5* ist an ein Ventil *15* angeschlossen, welches die Verbindung mit dem Gehäuse *16* und einem siebartigen Doppelboden *18* herstellt. Die eingebaute Schnecke *17* ist zum Austragen der extrahierten Früchte bestimmt, sie wird mechanisch oder elektrisch angetrieben.

3. Verarbeitung von Kartoffelpülpe auf Hefe.

W. Hönsch und die *Stärkefabrik Kyritz G.m.b.H.*, Kyritz, haben Kartoffelpülpe mit Salpetersäure unter Druck bis zur völligen Verzuckerung der Stärke und eines erheblichen Teiles der Cellulosebestandteile behandelt, hierauf mit Ammoniak neutralisiert und von den unverzuckerten Rückständen getrennt.

Die Pülpe wird zweckmäßig in der Form, wie sie die Auswascheinrichtung der Stärkefabrik verläßt, also mit einem Trockensubstanzgehalt von 3—5%, in einen Druckautoklaven eingebracht und unter Zusatz von Säure bei einem Druck von 2—4 atü hydrolysiert. Ebenso kann der Abfallschlamm behandelt werden, und schließlich kann man auf diese Weise Gemische von Preßpülpe mit Fruchtwasser, Schlamm mit Fruchtwasser und Preßpülpe, Schlamm und Fruchtwasser verzuckern. Nach Beendigung der Hydrolyse wird das Hydrolysationsprodukt mit geeigneten Neutralisationsmitteln auf ein p_H von 5,0—6,0 gebracht und von dem nicht verzuckerten Anteil abgepreßt. Zur Hydrolyse eignen sich alle anorganischen oder organischen Säuren, insbesondere aber Salpetersäure. Die Neutralisation geschieht zweckmäßig mit Ammoniak, da dadurch die für die Ernährung der Hefe notwendige Stickstoffmenge erhöht wird.

4. Die Verarbeitung von Maniokawurzelknollen.

Um getrocknete Manihotwurzeln (Manioka), die schwer aufschließbar sind, für Gärungszwecke aufzubereiten, hat E. Langfeldt, Oslo, die Knollen ausgewaschen, getrocknet und einer Säurehydrolyse unterzogen. Hierdurch wird nicht nur eine vollständige Hydrolyse des Stärkegehaltes der Knollen, sondern auch der vorhandenen Proteine, Phosphatide usw. erreicht, wie das folgende Beispiel zeigt:

5,5 l konzentrierte Schwefelsäure werden mit Wasser bis zu etwa 700 l verdünnt. Hierin werden 200 kg eines durch Auswaschen und nachfolgendes Trocknen der Wurzelknollen der Manihot utilissima hergestellten Produktes eingeführt, worauf die Masse in einem Autoklaven durch direkte Dampfzufuhr auf etwa 135° erhitzt wird. Nach Verlauf von etwa $1^1/_2$ Stunden wird die Masse in Maischgefäße geblasen, die Würze, deren Volumen jetzt 950 l beträgt, abgekühlt und danach teilweise mit Kalk neutralisiert, bis der Säuregrad etwa 1 ccm n-NaOH je 100 ccm entspricht. Nach der Filtrierung wird die Würze auf etwa 5000 l verdünnt, worauf die Vergärung in gewöhnlicher Weise unter Zufuhr der fehlenden Hefenährstoffe vorgenommen wird. Man erhält hierbei eine erstklassige Hefe in guter Ausbeute.

5. Die Verarbeitung von Sojabohnenmehl, Erdnußkuchenmehl und Leinkuchenmehl auf Hefe.

Der Eiweißgehalt von Futtermitteln eignet sich dann als Zusatz zur Melassehefegärung, wenn das Eiweiß in richtiger Weise aufgeschlossen wird. H. Claassen und die *Pfeifer & Langen G.m.b.H.*, Köln, haben die zerkleinerten Futtermittel bei Siedetemperatur mit verdünnter Schwefelsäure 8 bis 10 Stunden lang behandelt, bis ihr Eiweiß bis zu den Aminosäuren abgebaut ist. Es wurde dann in der folgenden Weise gearbeitet:

1. 290 kg Sojabohnenmehl mit 45% Eiweißgehalt werden mit 80 kg konzentrierter Schwefelsäure und 800 l Wasser eingemaischt und 8 Stunden unter dauernder Einführung geringer Mengen Dampf in schwachem Sieden gehalten. Inzwischen sind in dem Melasseklärbottich 5000 kg Melasse mit Wasser auf 20° Bg verdünnt und auf 85° angewärmt worden. Hierzu wird der aufgeschlossene Brei des Sojabohnenmehls zugegeben und gleichzeitig 200 kg Superphosphat und das Ganze gut durchgerührt. Der Säuregehalt von etwa 2,0° wird durch Zusatz von Ammoniakwasser auf einen p_H-Wert von 5,1—5,4 herabgesetzt. Nach mehrstündigem Stehen bei 85° wird die Melasselösung filtriert und das klare Filtrat nach der Verdünnung auf 4—5° Bg im Gärbottich mit einer sehr eiweißreichen Anstellhefe vergoren.

2. 300 kg Erdnußkuchenmehl mit 44% Eiweißgehalt werden mit 80 kg konzentrierter Schwefelsäure und 800 l Wasser eingemaischt und 8 Stunden unter dauernder Einführung geringer Mengen Dampf im schwachen Sieden gehalten. Inzwischen sind in dem Melasseklärbottich 5000 kg Melasse mit Wasser auf 20° Bg verdünnt und auf 85° angewärmt worden. Hierzu wird der aufgeschlossene Erdnußkuchenbrei zugegeben und gleichzeitig 200 kg Superphosphat und das Ganze gut durchgerührt. Der Säuregehalt wird zu 30° gefunden und durch Zusatz von Ammoniakwasser auf einen p_H-Wert von 5,1—5,4 herabgesetzt. Nach mehrstündigem Stehen bei 85° wird die Melasselösung filtriert und das klare Filtrat nach der Verdünnung auf 4—5° Bg im Gärbottich mit einer sehr eiweißreichen Anstellhefe vergoren.

3. 355 kg Leinkuchenmehl mit 37% Eiweißgehalt werden mit 80 kg konzentrierter Schwefelsäure und 800 l Wasser eingemaischt und 8 Stunden unter dauernder Einführung geringer Mengen Dampf im schwachen Sieden gehalten. Inzwischen sind in dem Melasseklärbottich 5000 kg Melasse mit Wasser auf 20° Bg verdünnt und auf 85° angewärmt worden. Hierzu wird der aufgeschlossene Brei des Leinkuchenmehls zugegeben und gleichzeitig 200 kg Superphosphat und das Ganze gut durchgerührt. Der Säuregehalt von 2,0° wird durch Zusatz von Ammoniakwasser auf einen p_H-Wert von 5,1—5,4 herabgesetzt. Nach mehrstündigem Stehen bei 85° wird die Melasselösung filtriert und das klare Filtrat nach der Verdünnung auf 4—5° im Gärbottich mit einer sehr eiweißreichen Anstellhefe vergoren.

Der Zusatz von Ammoniak war nicht in allen Fällen vorteilhaft, deshalb hat man andere alkalisch wirkende Stoffe, wie Kalk und Soda, vor dem Zusatz des aufgeschlossenen Futtermittelbreis zur Melasse zugegeben, um den p_H-Wert zu regulieren.

Die Verarbeitung von Erdnußkuchenmehl haben H. und A. BRAASCH, Neumünster, in der Weise vorgenommen, daß sie das Mehl mit einer Schwefelsäure von etwa 20—30° Bé lediglich durchfeuchtet haben und die Masse dann mehrere Tage bei gewöhnlicher Temperatur in Holzbottichen eingestampft stehenließen. Nach dieser Behandlung wurde dann mit Wasser verdünnt, 2 Stunden aufgekocht und die übliche Behandlung angeschlossen.

In anderer Weise hat die *Wirtschaftliche Vereinigung der deutschen Hefeindustrie*, Berlin, Erdnußöl aufgeschlossen. Den stickstoffreichen sauren

Aufschlüssen wird vor oder nach dem Filtrieren ein Sulfit oder Hydrosulfit zugesetzt, worauf dann die Mischung mit der zum Gäransatz nötigen Melasse aufgekocht und gelüftet wird, um die schweflige Säure auszutreiben. Es kann z. B. wie folgt gearbeitet werden:

125 kg Erdnußmehl werden mit der dreifachen Gewichtsmenge Schwefelsäure von 7—8 Bé 24 Stunden lang gekocht. Hierauf wird mit Wasser auf 2000 l aufgefüllt, filtriert und der Rückstand beim Filtrieren mit 1000 l heißem Wasser nachgewaschen.

Das Filtrat wird mit 50 kg Natriumsulfit (kristallisiert) versetzt und mit 1000 kg Melasse vermischt. Nach dem Aufkochen wird die Lösung etwa 2 Stunden gelüftet, bis der größte Teil der schwefligen Säure entwichen ist. Dann wird das erforderliche Superphosphat zugesetzt. Nach gutem Umrühren läßt man die Lösung absitzen und zieht die klare Lösung ab. Der für die Gärung günstigste Säuregrad wird in der fertig verdünnten Lösung in bekannter Weise mit Ammoniakwasser eingestellt.

6. Die Verarbeitung von Baumwollsaatmehl auf Hefe.

Das Baumwollsaatmehl ist sehr vitaminreich. Die „*Enossis*", Genf, hat entöltes feingemahlenes Baumwollsaatmehl der Gärung zugesetzt, am besten, indem man es mit Wasser extrahiert und den Extrakt verwendet. Es wurde eine Minerallösung benutzt, die nach HAYDUCK 0,01% $CaSO_4$, 0,03% $MgSO_4$, 0,1% KH_2PO_4 enthält und diese dann mit 400 ccm einer 0,44 g Stickstoff enthaltenden Malzkeimlösung versetzt. Der Rest des für die Nährflüssigkeit notwendigen löslichen Stickstoffs wird in Form von Baumwollsaatmehlextrakt zugesetzt, und zwar so viel, daß der Gesamtgehalt an löslichem Stickstoff etwa 0,55 g beträgt. Dazu fügt man ferner 1000 ccm einer 16%igen Zuckerlösung und ergänzt die Mischung mit destilliertem Wasser auf 4 l. In diese Nährlösung werden 25 g Preßhefe (mit einem Wassergehalt von 74% und einem Eiweißgehalt von 51,25%) in feinverteiltem Zustande eingeführt. Die Gärung erfolgt dann bei 20° C unter zehnstündigem Luftdurchblasen.

Die Hefeernte beträgt 53 g mit einem Wassergehalt von 69,4% und mit 28,25% Eiweißgehalt in der Trockensubstanz.

Unterbleibt die Lüftung, so erhält man eine Ausbeute von etwa 55 g mit einem Wassergehalt von 70,3% und einem Eiweißgehalt von 29,7% i. T.

7. Die Verarbeitung von Topinamburknollen.

Topinamburknollen enthalten viel Inulin und ähnliche Polysaccharide als Reservekohlehydrate. Daneben finden sich andere nicht reduzierende Saccharide. Der Abbau des Inulins und der Kohlehydrate kann durch Säure, durch Erhitzen unter Druck und durch enzymatische Behandlung erfolgen. L. MALSCH, Stuttgart-Hohenheim, hat zum Verzuckern des Inulins eine stark wirksame Inulase in Gestalt von Schimmelpilzkulturen benutzt, wie das folgende Beispiel zeigt:

1 kg sauber gewaschene Topinamburknollen mit einem Zuckergehalt von rund 14%, als Fructose berechnet, wurden durch Zerreiben zerkleinert, mit 50 ccm n/1 Schwefelsäure, 0,3 ccm Formalin, 10 g gereinigte Preßhefe ($1^1/_2$ Stunden in 50 ccm n/10 Schwefelsäure gehalten), 100 g einer 3—4 Tage

alten zerkleinerten Aspergillus-niger-Kultur auf zerriebenen Topinamburknollen und so viel Wasser versetzt, daß die gesamte Maische 1500 g wog. Der Ansatz wurde 30 Stunden bei 28° vergoren. Das p_H der Maische sank während der Gärung vom ursprünglichen Wert 4,7 auf 4,3. Die Gärung verlief vollkommen rein. Die Alkoholausbeute betrug 78,3 ccm r. A., der Restzucker in der Maische 2,15 g, auf die angewandte Menge Topinambur umgerechnet 0,22%.

8. Die Verarbeitung von Kok-Sagys-Pflanzenwurzeln.

Neben der Topinamburknolle hat auch die Wurzel der Kok-Sagys-Pflanze einen hohen Inulingehalt. Man kann diese Wurzeln für Gärungszwecke ausnutzen, wie die *Henkel & Co. G.m.b.H.*, Düsseldorf, festgestellt hat. Die Wurzeln werden zerkleinert und bei saurer Reaktion mit Wasser extrahiert, etwa wie folgt:

150 Gewichtsteile der fein zerkleinerten Wurzeln werden mit der dreifachen Gewichtsmenge einer 0,24%igen Schwefelsäurelösung bei einem p_H-Wert von 3,6 unter Rühren 4 Stunden lang bei 20—23° C extrahiert. Eine Probe des Auszuges wird darauf gekocht, um das Inulin zu hydrolysieren. Der Kohlehydratgehalt, berechnet auf Fructose, beträgt z. B. 3,47%. Nach anschließender Filtration ist die Flüssigkeit eine geeignete Nährlösung für submers wachsende Fadenpilze.

9. Die Verarbeitung von Ölkuchen auf Hefe.

Wenn man zu Gärungszwecken die rohen Hydrolysierungsprodukte der Eiweißstoffe verwendet, die mit Mineralsäuren gewonnen worden sind, so bilden sich neben den Aminosäuren Giftstoffe, welche das Wachstum der Hefe hemmen. J. EFFRONT, Brüssel, hat nun Extrakte von Ölkuchen durch eine 30—48stündige Behandlung der rohen Proteinstoffe mit konzentrierten Mineralsäuren bei Temperaturen von 103—108° C hergestellt und diese mit Alkalisulfiden nachbehandelt.

In einen Behälter aus Steinzeug oder aus verbleitem Eisen von 100 hl Inhalt bringt man 20 hl Schwefelsäure von 27° Bé und 2000 kg eiweißreiche Substanz, wie z. B. Erdnußkuchen, Sojabohnenkuchen, Destillationstrester, Brauereitrester u. dgl., und leitet dann trockenen Dampf in das Gemisch, um die Temperatur auf 103—108° C zu bringen, wodurch das Volumen sich um 20—25% erhöht. Wenn nun die Temperatur von 108° C erreicht ist und die Flüssigkeit anfängt zu kochen, so hört man mit dem Einleiten des Dampfes auf und führt erst wieder weiteren Dampf zu, wenn die Temperatur sinkt. Wenn man diese Arbeitsbedingungen einhält, so ist das Volumen der Flüssigkeitsmenge am Ende des Kochens, also nach ungefähr 48 Stunden, ebenso groß wie zu Anfang. Dann gibt man ungefähr 40 hl warmes Wasser hinzu und neutralisiert mit Kalk bis zu einem Gehalt an freier Schwefelsäure von 2—5 g im Liter.

Darauf gibt man ganz allmählich 1—2 kg Schwefelnatrium hinzu, das man zuvor in Wasser gelöst hat, läßt 1—2 Stunden absetzen und filtriert.

Die filtrierte Flüssigkeit wird nun mit Kaliumcarbonat neutralisiert und darauf direkt zu der noch nicht filtrierten oder auch zur filtrierten Zuckerlösung hinzugegeben.

V. Alkoholgärverfahren.

A. Verarbeitung von Kartoffeln auf Alkohol.

Über die Verarbeitung von Kartoffeln auf Alkohol vgl. FOTH-DREWS. Nach E. LÜHDER und B. LAMPE ist es möglich, daß die rohen mechanisch zerkleinerten Kartoffeln vermaischt und anschließend vergoren werden. Es findet also nicht die übliche Vorbehandlung und Aufschließung der Kartoffeln in einem Dämpfer statt, sondern es wird wie folgt gearbeitet:

40 Zentner Frischkartoffeln wurden nach der Reinigung in der Kartoffelwäsche in etwa 45 Minuten auf der Kartoffelreibe zerrieben und gleichzeitig nach Zusatz von etwa 40 Pfund Grünmalz bei einer Temperatur von etwa 60—65° C gemaischt. Diese Temperatur wurde etwa 15 Minuten gehalten. Hierauf erfolgte ein weiteres Erwärmen der Maische auf 73—80° C. Diese Temperatur wurde etwa 10 Minuten gehalten. Hierauf wurde die Maische auf die eigentliche Verzuckerungstemperatur von 53—55° C abgekühlt und mit der Hauptmenge des für jede Maische bestimmten Grünmalzes, etwa 80 Pfund, versetzt. Nach der Verzuckerung erfolgte, wie üblich, das Herunterkühlen auf die Anstellungstemperatur und nach dem inzwischen erfolgten Zusatz der reifen Hefe die Beförderung der Maische in den Gärbottich.

Die nach diesem Schema hergestellten Reibselmaischen hatten eine Konzentration von etwa 18—19,3° Balling. Die Gärung verlief in dem geschlossenen Gärkessel durchaus normal. Die scheinbare Vergärung der Reibselmaischen war durchgehend besser als die einer im Henzedämpfer nach dem üblichen Hochdruckdämpfverfahren hergestellten Maische. Ebenso war der Endvergärungsgrad innerhalb von 72 Stunden in den Reibselmaischen restlos erreicht, was bei den gewöhnlichen Hochdruckmaischen nicht immer der Fall ist.

Es können auch die rohen, mechanisch zerkleinerten Kartoffeln in an sich bekannter Weise zunächst von dem Preßsaft getrennt und diese von dem Preßsaft getrennten Kartoffeln vermaischt und direkt, ohne daß etwa eine Abtrennung der zuckerhaltigen Flüssigkeit von den unverzuckerten Teilen der Maische stattfindet, vergoren werden.

Man kann aber auch noch anders arbeiten, indem die unverkleisterte oder nur unvollkommen verkleisterte Stärke enthaltenden Kartoffelreibsel bei über der normalen Maischtemperatur liegenden Wärmegraden von etwa 60—65° C in Anwesenheit von Diastase zuerst vorgemaischt werden. Anschließend erfolgt die weitere Bearbeitung bei Temperaturen von 75 bis 80° C, um die Stärke ausreichend zu verkleistern und sodann die Abkühlung auf die Verzuckerungstemperatur von 53—55° C.

Die fertigen Reibselmaischen haben eine Konzentration von 17—19,3° Balling. Die Gärung in geschlossenen Gärkesseln verläuft normal.

Schrifttum.

FOTH-DREWS: Die Praxis des Brennereibetriebes. 2. Aufl. Berlin: Paul Parey 1951.

B. Verarbeitung von Mais auf Alkohol.

Bei der Vergärung stärkehaltiger Stoffe, wie z. B. Mais, treten besondere Schwierigkeiten auf; wenn man die Stärke mit Malz verzuckert, kann eine Nachverzuckerung des im Gärbottich vorhandenen Dextrins, um es für die Gärung zugänglich zu machen, nicht mehr stattfinden. Die Malzdiastase ist vorher beim Sterilisieren der Maischen abgetötet worden. Infolgedessen muß an deren Stelle ein anderes verzuckerndes Enzym zur Entwicklung gelangen, ohne daß hierbei aber die Maische durch Infektionen geschädigt wird. Dieses Problem hat erst in neuerer Zeit eine befriedigende Lösung gefunden. Man hat das sogenannte „Amyloverfahren" entwickelt, über dessen Entstehung G. FOTH ausführlich berichtet hat. Der neueste Stand des Verfahrens ist von B. DREWS behandelt worden. Man benutzt die Erkenntnisse, die durch das bakterienfreie Gärverfahren nach VERLINDEN unter dem Namen „Reingärverfahren" gewonnen worden sind. Die im Dämpfer unter Hochdruck aufgeschlossenen und sterilisierten Rohstoffe werden in ein mit Rührwerk versehenes geschlossenes Gärgefäß gebracht und dort mit Malz verzuckert, welches vorher mit antiseptischen Mitteln behandelt ist. So kann dann die Verzuckerung bei Temperaturen von 50 bis 55° C vorgenommen werden, ohne daß Infektionen im Gärgefäß auftreten.

Analog wird nun beim Amyloverfahren die Maische vorbereitet und dafür gesorgt, daß nur keimfrei filtrierte Luft in den Gärapparat gelangt. Die Abkühlung der Maische wird bei einer Temperatur von etwa 40° C unterbrochen. Es wird dann eine Reinkultur eines verzuckernden Schimmelpilzes (Mucor Delemar, Mucor Boulard, Mucor Rouxii od. dgl.) zugesetzt, selbstverständlich unter Einhaltung der bei bakteriologischen Arbeiten üblichen Vorsichtsmaßnahmen. Innerhalb von 24 Stunden wird die Maische bei ständigem Umrühren und Belüften von dem inzwischen entwickelten Schimmelpilzmycel durchwuchert. Sodann wird die Reinkultur einer im Laboratorium gezüchteten Hefe zugesetzt und weitere 24 Stunden durchlüftet. Von nun an arbeiten Schimmelpilz und Hefe zur gleichen Zeit. Die Schimmelpilzdiastase spaltet die Stärke in Maltose und Glucose und die Hefe vergärt den Zucker zu Alkohol und Kohlensäure, während fremde Organismen nicht aufkommen.

Dieses Verfahren hat insbesondere in Ländern mit tropischem Klima Eingang gefunden, in denen die Malzbereitung Schwierigkeiten verursacht. Es wird nicht nur für Mais, sondern auch für Reis angewendet. Es ist ferner die Grundlage für die Entwicklung der Pilzmalzverzuckerung geworden.

C. Herstellung von Malzmilch für die Alkoholgewinnung.

Um Langmalz zum Zwecke der Verzuckerung für die Alkoholgewinnung zu zerkleinern, wird das Malz nach einem Vorschlag des *Alexanderwerkes A. von der Nahmer A.G.*, Remscheid, durch schnell umlaufende Messer in der folgenden Vorrichtung zerkleinert (s. Abb. 69).

Die Vorrichtung besitzt auf dem Sockel eine Schüssel a, die durch den Antrieb d in Umlauf gesetzt wird. In der Schüssel laufen die sichelförmigen

Messer b, die das Langmalz fein zerschneiden. Die Schüssel wird in ihrem hinteren Teil durch eine schwenkbare Haube c abgedeckt, durch die Unfälle und das Herausspritzen des Langmalzes verhindert wird. Dadurch, daß die Schüssel umläuft, wird das Malz den Messern b ständig aufs neue zugeführt, so daß die Messer das Langmalz sehr fein zerkleinern. Auch haben die Messer eine mischende Wirkung; sie mischen die Malzpartikelchen innig mit dem dem Langmalz beigemischten Wasser, so daß eine Malzmilch entsteht, bei der alle Malzteilchen feinst zerkleinert und innigst mit dem Wasser vermischt sind.

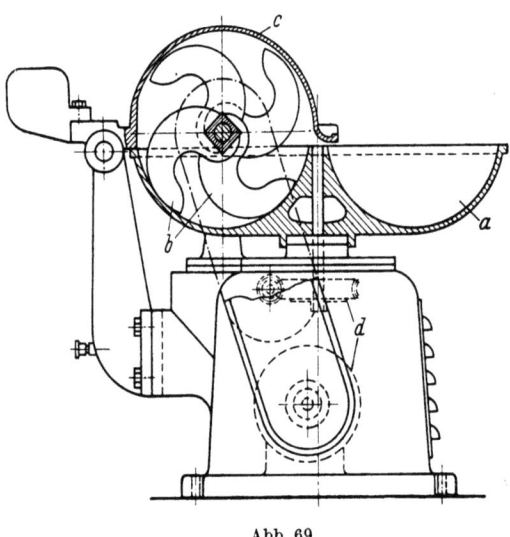

Abb. 69.

Das Verfahren wird beispielsweise wie folgt ausgeführt. Die Schüssel a wird mit ihrem vollen Fassungsvermögen mit Langmalz gefüllt. Das Malz wird 15 Minuten lang zerkleinert und hierauf etwa die Hälfte einstweilen wieder aus der Schüssel herausgenommen. Dann wird eine entsprechende Wassermenge in die Schüssel nachgefüllt, worauf der Schüsselinhalt noch einmal 5 Minuten lang verarbeitet wird. Das in der Schüssel verbliebene Malz wird infolgedessen mit dem Wasser zu einer milchigen Emulsion verarbeitet und dient der Verzuckerung in üblicher Weise.

D. Aufbereitung von Brennereimaischen.

Die durch Verzuckerung und Vergärung stärkehaltiger Stoffe gewonnenen Maischen enthalten feste Stoffe, die man als sogenannte Treber nach der Destillation von der Schlempe abtrennen kann. Dies geschieht z. B. in Filterpressen. Nun stören aber die in den Maischen suspendierten festen Stoffe oft den Destillationsprozeß, daher haben F. BOINOT und die „*Usines de Melle*", Melle Deux-Sèvres, die Abtrennung von den vergorenen Maischen bereits vor deren Eintritt in die Destillationsanlage vorgenommen. Sie haben sich hierzu der in Abb. 70 gezeigten Apparatur bedient.

Die Maische wird von A aus einem Sieb T zugeführt. Die von den Trebern befreite Flüssigkeit läuft bei D zur Destillationsanlage.

Bei B ziehen die abgelaufenen und noch Alkohol enthaltenden Treber ab und gelangen zum Wäscher C. Dort werden sie mit Wasser, das von E kommt und durch die Pumpe p in Zirkulation gehalten wird, gewaschen und darauf entgeistet.

Die Treber verlassen dann die Anlage C und werden in der Presse P entwässert und gepreßt. Das Wasser kehrt im Kreislauf über die Pumpe p

in den Wäscher C zurück, während die extrahierte Flüssigkeit durch das Rohr S zur Destillationsanlage gelangen kann.

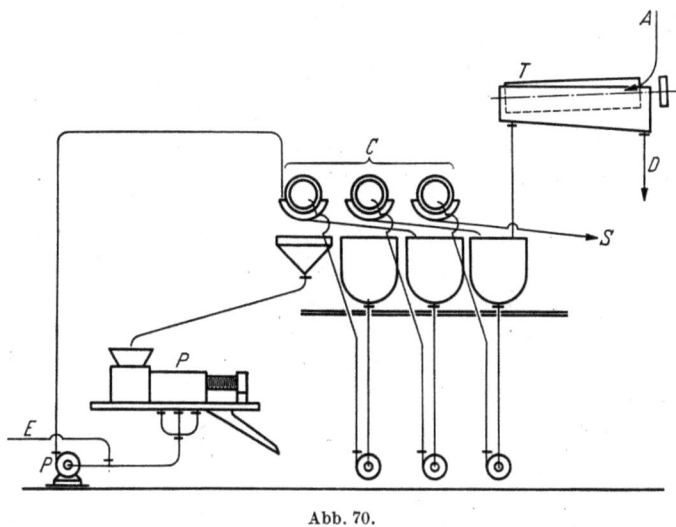

Abb. 70.

So werden also der Destillation nur alkoholische Flüssigkeiten unterworfen, die von festen Substanzen befreit sind. Die Treber werden vollständig entsäuert und sind zu Fütterungszwecken geeignet.

E. Gärverfahren auf Alkohol.

a) Allgemeine Entwicklung der Hefeentnahme.

Seit PASTEUR ist bekannt, daß die Hefebildung bei der alkoholischen Gärung ein bestimmtes Zuckerquantum verbraucht, welches für die Alkoholerzeugung verlorengeht. Es sind etwa 3—6 Gew.-% des anfangs im Gärmedium vorhandenen Zuckers. F. BOINOT und *Usines de Melle* suchten den Verbrauch dieses Aufbauzuckers zu vermeiden. Man ging von der Beobachtung aus, daß in einer mit Hefe beimpften und vor der Infektion durch Mikroorganismen geschützten Zuckerlösung während einiger Zeit keine enzymatische Einwirkung feststellbar ist. Während dieser Zeit äußert die Hefe vor allem vegetative Funktionen und vermehrt sich. Alsdann setzt die alkoholische Gärung ein, schreitet fort und verläuft bis zur vollständigen Umwandlung des in der Gärflüssigkeit enthaltenen Zuckers.

Während eines Teiles dieses Prozesses laufen die enzymatischen und vegetativen Funktionen der Hefe parallel; letztere hören aber auf, sobald die Zellenbildung eine bestimmte Konzentration erreicht hat, die man als spezifische Sättigung bezeichnen kann. Sie findet ihre Grenze in dem Bestreben jeder Zelle, für sich ein bestimmtes Wirkungsfeld zu reservieren, um ihre enzymatischen Funktionen zu maximaler Wirksamkeit zu bringen.

Wenn man in diesem Augenblick in das Gärgut neue Zuckerlösung einbringt, wird dieser Sättigungsgrad gestört, und es bilden sich neue Hefezellen, um den Sättigungsgrad wiederherzustellen. Diese Vorgänge spielen sich bei allen Gärprozessen ab, es läuft die Bildung von Hefe und Alkohol parallel. F. BOINOT hat nun den spezifischen Sättigungsgrad konstant gehalten, um den Zuckerverlust zu vermeiden.

Das Verfahren besteht im wesentlichen darin, daß die Gärung bis zur vollständigen Umsetzung des Zuckers durchgeführt wird und daß man alsdann die gesamte in der Flüssigkeit vorhandene Hefe entfernt und diese für die Vergärung von soviel neuer Würze wiederverwendet, daß das Gesamtvolumen der Gärflüssigkeit konstant bleibt.

Man kann so dieselbe Hefemenge in einer großen Anzahl weiterer Gärungen verwenden. Man unterbindet auf diese Weise die Bildung neuer Zellen und vermeidet dadurch den sonst üblichen Verbrauch an Aufbauzucker. Man fand aber, daß für die Erzielung höchster Alkoholausbeuten eine hohe spezifische Sättigung schädlich ist und daß bessere Ergebnisse erzielt werden, wenn sich der Sättigungsgrad bei etwa 10 kg Hefe (mit 75% Wasser) auf 1000 l zu vergärende Würze einstellt, den man praktisch konstant halten kann. Dies ist nun auf sehr verschiedene Weise möglich gewesen.

Man kann die zum Aufbau der Hefezellen erforderlichen Nährstoffe, vor allem Stickstoffverbindungen, ganz oder teilweise fortlassen. Man kann aber auch der Würze Stoffe zusetzen, welche die vegetativen Funktionen der Hefezellen hemmen, ohne die enzymatischen Funktionen zu stören. Die folgenden drei Beispiele sollen diese Regulierung des Sättigungsgrades erläutern:

1. 1000 l Zuckerlösung, die vorher ganz oder teilweise von den Stickstoffverbindungen durch Extraktion, Ausfällung oder auf andere Weise befreit wurde, werden mit einer Hefemenge versetzt, die 8 kg Hefe mit einem Wassergehalt von 75% äquivalent ist.

Man überläßt die Zuckerlösung der Gärung, entfernt die Hefe in bekannter Weise z. B. durch Filtrieren oder Zentrifugieren, und findet, daß die abgezogene Hefemasse weniger Hefe als 10 kg 75% Wasser enthaltender Hefe äquivalent ist.

Man gibt die abgezogene Hefe in neue Zuckerlösung, die auch stickstoffarm oder -frei ist, mit der Maßgabe, daß das Mischungsvolumen wieder 1000 l beträgt. Der zweite Gärprozeß verläuft dann ähnlich dem ersten. Man kann auf diese Weise eine ganze Reihe von Gärungen durchführen, wobei jeweils das Gewicht der Hefe nicht den Wert erreicht, der 10 kg Hefe mit 25% Trockensubstanz äquivalent ist.

2. 1000 l Zuckerlösung werden mit einer Hefemenge versetzt, die 6 kg 75% Wasser enthaltender Hefe äquivalent ist. Man trägt in das Gemisch ferner Furfurol in einer Menge von 0,5—10 g je Liter ein. Man überläßt dann das Gemisch der Gärung und entfernt die Hefe. Auch hier überschreitet die abgezogene Hefemenge nicht den Schwellenwert, der 10 kg Hefe mit 25% Trockensubstanz äquivalent ist.

Die abgezogene Hefe wird in frische, mit Furfurol versetzte Zuckerlösung mit der Maßgabe eingetragen, daß das Gesamtvolumen des Gemisches wieder 1000 l beträgt.

Die weitere Gärung verläuft der ersten Gärphase entsprechend. Man kann in gleicher Weise zu wiederholten Malen verfahren, ohne daß die

Hefemasse den Wert erreicht, der 10 kg Hefe mit 25% Trockensubstanz äquivalent ist.

3. 1000 l Zuckerlösung werden mit einer Hefemenge versetzt, die 10 kg 75% Wasser enthaltender Hefe entspricht, und trägt in das Gemisch 1 bis 20 g Ulminsäure je Liter ein. Man überläßt das Gemisch der Gärung und entfernt daraus die Hefe in bekannter Weise. Die Hefemasse beträgt nicht mehr als 10 kg Hefe mit 25% Trockensubstanz.

Die abgezogene Hefemasse wird in frische, mit Ulminsäure versetzte Zuckerlösung eingetragen, wobei man darauf achtet, daß das Gesamtvolumen 1000 l beträgt.

Die weitere Gärung verläuft wie die erste Gärphase. Man kann dann in gleicher Weise zu wiederholten Malen verfahren, ohne daß die Hefemasse jemals mehr als 10 kg Hefe mit 25% Trockensubstanz enthält.

So ist also erreicht worden, daß bei der Alkoholgewinnung durch Gärung die Hefe jeweils entnommen wird, um sie weiteren Gärungen auf Alkohol zuzuführen. Diese Arbeitsweise ist die Grundlage für die spätere kontinuierliche Gärung mit Heferückführung geworden.

Eine andere Arbeitsweise hat die *A/S Dansk Gaerings-Industri* in Kopenhagen entwickelt. Dort wurde gefunden, daß bei Verwendung großer Hefemengen die Gärung in so kurzer Zeit durchgeführt werden kann, daß die gesamte Hefemenge wiederholt, z. B. 70 mal, für erneute Alkoholgärungen verwendet werden kann. Auch hier werden die bisher notwendigen Verluste an Kohlehydraten vermieden, da es nicht mehr erforderlich ist, die Hefe für jede Gärung besonders heranzuzüchten. Auch der sonst benutzte Zusatz von Nährsalzen kann wegfallen.

Es werden Stellhefemengen von etwa 25—500 kg Hefe je 1000 l Flüssigkeit verwendet, etwa wie folgt:

1000 kg Melasse werden mit Wasser auf ein Volumen von etwa 3700 l verdünnt, so daß eine Lösung von etwa 20° Balling entsteht. Diese Lösung wird auf 35° C erwärmt. Dann werden 95 kg Preßhefe zugesetzt. Es setzt eine lebhafte Gärung ein, die in 15 Stunden beendet ist. Die vergorene Würze wird durch Schleudern von der Hefe getrennt und sodann dem Destillierapparat zugeleitet. Hierbei werden 280 l Alkohol (berechnet als 100%iger Alkohol) gewonnen. Die abgeschleuderte Hefe wird einer neuen Melasselösung zugesetzt, die 1000 kg Melasse enthält und wieder mit Wasser auf 3700 l aufgefüllt ist.

Werden 1100 kg Hefe zugesetzt, dann verläuft die Gärung in 2 Stunden. Die Ausbeute ist dann die gleiche.

Zur Gärung kann jede Art Hefe angewendet werden, die zur Alkoholherstellung geeignet ist.

Die Verhältnisse, die durch die Hefeentnahme bzw. die Heferückführung eintreten, hat CH. MARILLER einer eingehenden Prüfung unterzogen. Die Hefesuspension im Gärbottich wird durch einen Separator von der Würze getrennt, und es entsteht die sogenannte Hefemilch. Die Separatoren sind dazu mit Röhrchen ausgestattet, die dafür sorgen, daß nur eine kleine Fraktion, und zwar die dichteste, hindurchgeht. Sie macht im allgemeinen weniger als 10% des Gesamtvolumens aus. Die Hefemilch wird dann von einer Pumpe erfaßt und mit neuer Zuckerlösung, die zur Vergärung kommt, gemischt. Bei einer solchen Arbeitsweise wird die Bildung neuer Zellen unterdrückt und die Ausbeute gesteigert, außerdem wird wesentlich an Bottichraum gespart. MARILLER hat z. B. in der Rübenbrennerei 750 Millionen Zellen je Kubikmeter Flüssigkeit festgestellt, eine Konzentration, bei der die Vergärung äußerst schnell verläuft.

Als weiterer Vorteil wird die Unterdrückung von Infektionen angesehen, die sich aus der Einwirkung der Zentrifugalkraft auf die vergorene Maische ergibt. Unter dieser Einwirkung wird die Hefe, deren Zellen relativ schwer sind, dadurch gereinigt, daß unerwünschte Bakterien, deren Dichte geringer ist, mit der entheften Maische entfernt werden. So können insbesondere Flockenbatterien von der Hefe getrennt werden, die sonst zu Störungen im Betrieb führen würden. BOINOT hat beobachtet, daß man eine gründliche Reinigung der Hefemilch durch Regulierung des p_H-Wertes unterstützen kann. Wenn der p_H-Wert auf ungefähr 2,6—2,8 gebracht wird, und etwa 1—3 Stunden aufrechterhalten bleibt, so tritt eine genügende Reinigung ein. Um Störungen bei der Separation zu vermeiden, wird bei geschlossenen Separatoren die zur Enthefung bestimmte Würze zunächst über Siebe (Siebkasten) geführt.

Schrifttum.

MARILLER, CH.: Distillerie agricole et industrielle, Levurerie, Sous-Produits S. 145 ff. Paris 1951.

b) Die kontinuierlichen Gärverfahren auf Alkohol.

α) Nach Karsch.

W. KARSCH und die *Reichsmonopolverwaltung für Branntwein, Abt. Tornesch,* haben ein Gärverfahren entwickelt, bei dem für eine dauernde Bewegung der Hefezellen und des Gärgutes gegeneinander Sorge getragen wird. Die gesamte Hefe wird zwangsläufig und ununterbrochen durch ein aus einer Misch- und Entmischvorrichtung bestehendes Gärsystem im Kreislauf geführt. Die Hefe wird von der Mischvorrichtung mit regelbarer Verweilzeit durch eine Nachgärvorrichtung zu der aus einer Trennschleuder oder einem Filter bestehenden Entmischvorrichtung geführt, nach dem Austritt aus dieser unmittelbar mit neuer Zuckerlösung in Berührung gebracht und dann zurück zur Mischvorrichtung bewegt. Sie befindet sich also nur kurze Zeit in gärgutfreiem Zustande. Das Gärgut verläßt nach bestimmter regelbarer Verweilzeit nach einmaligem Durchlauf das Gärsystem hinter der Entmischvorrichtung. Es hat sich gezeigt, daß eine Hefe in diesem Verfahren dauernd arbeiten kann, weil sie möglichst schnell von den gebildeten Stoffwechselprodukten entfernt wird. Der bei einer sonst unterbrochenen Gärung beobachtete Verlust an Hefezellen tritt dabei praktisch nicht auf.

Das Mischen der Hefe und der zu vergärenden Flüssigkeit soll möglichst gründlich erfolgen, so daß der Umsatz des Zuckers zu Alkohol und zu Kohlensäure möglichst schnell vor sich geht. An den Zellmembranen werden durch das gründliche Mischen dauernd die gebildeten Stoffwechselprodukte abgeführt und neue Zuckermoleküle zugeführt. Es können keine Hefeteilchen in anderer als der gewollten Richtung sich im Gärsystem bewegen oder sich absetzen. Das ist für die Erzielung höchster Alkoholausbeuten sehr wichtig. Ebenso wird das Gärgut zwangsläufig nach der Entmischvorrichtung geführt, so daß die gebildeten schädlichen Stoffwechselprodukte sobals als möglich von der Hefe getrennt werden.

Das Verfahren wird zweckmäßig in einer Apparatur ausgeführt, wie sie in Abb. 71 dargestellt ist.

In dem Vorratsbehälter *1* befindet sich die Melasselösung, die durch eine Rohrleitung *2* und ein Ventil *3* in einen Mischbehälter *4* läuft. Hier erfolgt die gründliche Durchmischung mit der aus der Rohrleitung *5* eintretenden Hefe, und zwar durch ein mit senkrechter Achse versehenes Rührwerk *6*. Eingebaute Prallbleche *7* erhöhen die Rührwirkung. Durch einen Kanal *8*, in welchen unten die Würze eintreten kann, wird oben an der Mischvorrichtung das Gärgut abgezogen und in eine in einem Behälter *9* befindliche Rohrschlange *10* geführt. Der Behälter *9* kann hinsichtlich der Temperatur des durch die Rohrschlange *10* strömenden Gärgutes regelbar, z. B. heizbar, sein. Die Rohrschlange *10* ist mit Regeleinrichtungen versehen, um die Verweilzeit des Gärgutes in ihr zu regulieren. Das Gärgut strömt aus der Rohrschlange *10* durch eine Leitung *11* zu einem Sepa-

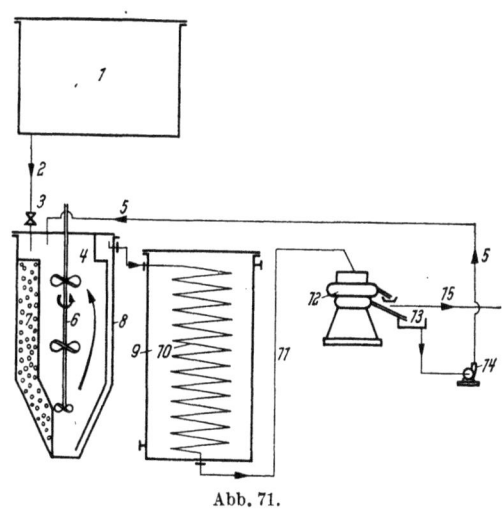

Abb. 71.

rator *12*, in dem das Entmischen vor sich geht. Die abgeschleuderte Hefe läuft in einen Hefebehälter *13* und wird durch eine Pumpe *14* über die Leitung *5* der Mischvorrichtung *4* wieder zugeführt. Die vergorene alkoholhaltige Gärflüssigkeit läuft durch eine Rohrleitung *15* zum Destillierapparat (nicht gezeichnet).

In der Rohrschlange *10* wird die Nachgärung durch Vergärung der Reste unvergorenen Zuckers vorgenommen. Die Geschwindigkeit des Würzezulaufs wird zweckmäßig so geregelt, daß beim Austritt aus der Rohrschlange *10* die Endvergärung erreicht ist.

Die Hefe kann aus der vergorenen Würze sowohl durch Schleudern als auch durch Filtrieren, z. B. unter Verwendung eines drehbaren Anschwemmfilters, entfernt werden. Sie ist nur auf einem Teil ihres Kreislaufs — vom Eintritt in die Entmischvorrichtung bis zum Eintritt in die Mischvorrichtung — außer Berührung mit Kohlehydraten. Die aus dem Entmischer austretende Hefe kann zwecks Entfernung etwa auftretender unerwünschter Mikroorganismen mit desinfizierenden Stoffen behandelt werden.

Für den Tagesumsatz von 1000 cbm 10%iger Melasselösung ist ein Gärraum von 21 cbm Inhalt erforderlich, denn die eintretende Flüssigkeit verläßt die Gäreinrichtung bereits nach 30 Minuten. Der Alkoholgehalt der ablaufenden Flüssigkeit beträgt 5,16 Gew.-%, das sind 96% der nach der Gärungsgleichung zu erwartenden Menge.

Mit einer *anderen Arbeitsweise* kann man die gesamte Hefe während der ganzen Gärzeit in der Gärflüssigkeit in der Schwebe erhalten. Es werden dann Rohrbogenumwälzpumpen benutzt, wie dies aus Abb. 72 zu ersehen ist.

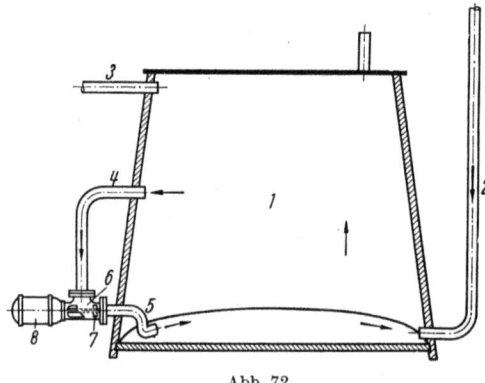

Abb. 72.

Dem Bottich *1* wird ständig Zuckerlösung durch die Rohrleitung *2* zugeführt, die aus dem Stutzen *3* vergoren abfließt. In etwa halber Höhe wird bei *4* gärende Flüssigkeit durch die Rohrbogenumwälzpumpe angesaugt und bei *5* tangential am Boden des Bottichs hineingedrückt.

Die Rohrbogenumwälzpumpe besteht aus einem Rohrbogen *6* mit eingebautem Pumpenlaufrad *7*, welches direkt von einem Motor *8* angetrieben wird. Bei einem Bottichinhalt von 200 cbm beträgt die Fördermenge der Pumpe 10 cbm in der Stunde. Die Saug- und Druckleitung hat einen Durchmesser von 125 mm. Der Kraftbedarf beläuft sich nur auf 1,6 PS.

β) Nach Stich.

Um die Erzeugung von Hefe und Alkohol in mehreren aufeinanderfolgenden Bottichen durchzuführen, entstehen Schwierigkeiten in der Bedienung, da der Gärprozeß so unterteilt werden muß, daß auf jeden Bottich ein gleich langer Zeitabschnitt der ganzen Gärperiode fällt. Es ist also versucht worden, den Gärvorgang automatisch zu steuern. Die *Wirtschaftliche Vereinigung der Deutschen Hefeindustrie*, Berlin, hat diese automatische Regelung nach STICH in folgender Weise durchgeführt (s. a. Abb. 73):

1. Die Zufuhr der Stellhefe in den ersten Bottich;
2. die Zufuhr der einzelnen Nährstoffe für alle Bottiche;
3. die Zufuhr des Zusatzwassers für alle Bottiche und den Ausreifebottich;
4. die Regelung der Temperatur der die Stufengäranlage durchlaufenden Flüssigkeitsmengen in den Einzelbottichen;
5. die Regelung der in den einzelnen Bottichen entstehenden Gärschaumdecke;
6. die Regelung der den einzelnen Bottichen zuzuführenden Sauerstoffmengen.

H ist der Sammelbottich für die benötigte Stellhefe, die dem Bottich *I* in gleichen Perioden zugeführt wird. In der Zeit eines Generationswechsels wird dann jeweils aus dem Bottich *I* nach *II*, *III* und *IV* der Inhalt über-

Gärverfahren auf Alkohol: Die kontinuierlichen Gärverfahren. 177

geleitet. Vom Sammelbottich *IV* geht die Würze mit der ausgereiften Hefe zum Separator. Da der Füllungswechsel der Bottiche hier in der Zeit eines Generationswechsels erfolgt, wird also der Bottich *IV* immer in derselben Periode abgefüllt bzw. abseparariert, und der Bottich *I* in derselben Zeit mit neuer Stellhefe versehen. Das Verfahren ist also kontinuierlich und erfolgt in Stufen.

Als Steuerorgan dient *b*. Es ist im Schema nur die Steuerung der Nährstoffe für den Bottich *I* dargestellt, um die Zeichnung nicht zu komplizieren. In den Leitungen *x*, *y* und *z* befinden sich die Zuckerlösung, die Stickstofflösung und die Phosphorsäurelösung. Sie können entsprechend durch Steuerscheiben im Zufluß geregelt werden.

Die Temperierung der Gärwürze geschieht dadurch, daß man die Temperatur der zufließenden Zusatzwassermenge unter Zuhilfenahme von elektrischen Widerstandsthermometern regelt. So kann das Wasser für den Bottich *I* aus der Leitung *l* durch eine mit der Leitung verbundene Heiz-

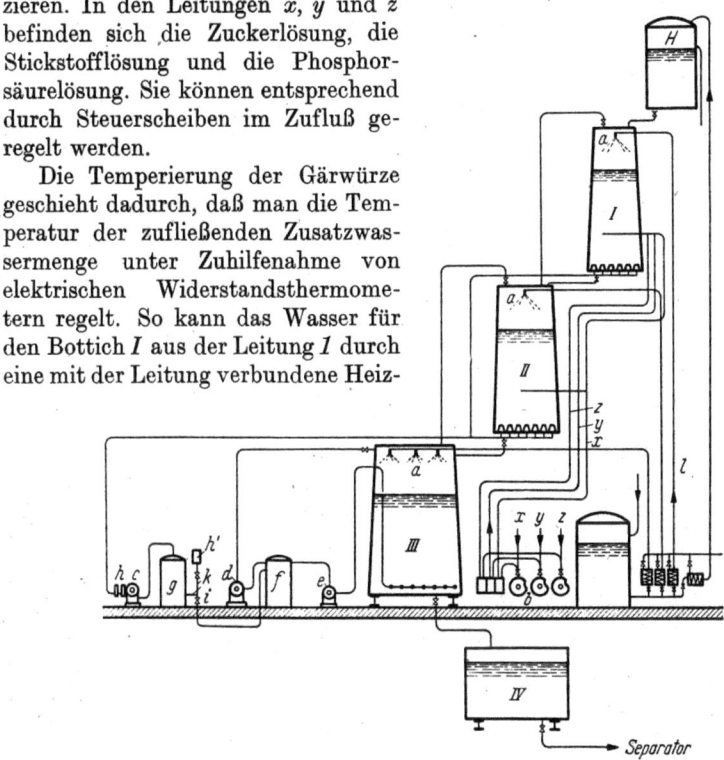

Abb. 73.

spirale erwärmt oder gekühlt werden. Dieses Zusatzwasser strömt dem Bottich durch eine Scharfstrahldüse *a* zu, um die Gärschaumdecke in einer bestimmten Höhe zu halten. Dies kann durch Zugabe von Gärfett unterstützt werden. Die Zugabe des Zusatzwassers in allen Bottichen braucht daher nie unterbrochen zu werden.

Zur Einstellung der Sauerstoffzufuhr dient die Kombination des Kompressors *c* mit der Vakuumpumpe *d* und eines Zusatzkompressors *e*. Hierbei liefert *c* die Frischluft für die Bottiche *I* und *II*. Die Pumpe *d* saugt das in diesen entstehende kohlensäurereiche Luftgemisch ab und fördert es in einen Sammelbehälter *f*. Der Zusatzkompressor *e* saugt einen beliebigen

Teil davon ab und drückt ihn in den Bottich *III*. Derselbe wird also durch die eingeleitete Luft dauernd zum Ausreifen der Hefe durchgerührt.

Mit dem Sammelbehälter *f* ist der Frischluftkompressor *c* durch einen Kessel *g* verbunden. Wird das in der Leitung liegende Ventil *i* ganz geöffnet, dann arbeitet die Belüftung im Kreislauf, da der Widerstand des Filters in der Ansaugeleitung des *c* größer ist als der Leitungswiderstand von *f* zu *g*. In diesem Falle erhält man eine rein anaerobe Gärung mit größerer Spiritusausbeute, weil keine Frischluft in die Vermehrungsbottiche *I* und *II* tritt. Schließt man das Ventil *i* der Verbindungsleitung zwischen Sammelbehälter und Frischluftbehälter, so erhält man eine rein aerobe Gärung bzw. eine Vermehrung der Hefe ohne Alkoholerzeugung. Die Zwischenstufen, also die verschiedenen Ausbeuten an Hefe und Alkohol, erhält man durch die verschiedenen Öffnungsgrößen des Ventils *i*. Eine Regelung der Umdrehungszahlen der drei Luftfördermaschinen ist infolgedessen nicht mehr erforderlich, denn die verschiedenen Luftmengen für die einzelnen Bottiche sind gegeben durch die verschiedene Anzahl der Belüftungskörper für jeden Bottich. So ist auch eine Abstellung der Luftzufuhr während der Umfüllzeit der Bottiche nicht notwendig, so daß die Belüftungskörper nicht verschlammt oder verunreinigt werden können.

γ) *Nach Merck — von Keussler.*

Das für Sulfitablauge mit Heferückführung von Fa. *E. Merck* und von Keussler entwickelte Gärverfahren ist durch von Keussler verbessert und weiter ausgestaltet worden. Das folgende kontinuierliche Gärverfahren auf Alkohol kann nunmehr auch für Melassewürzen Anwendung finden.

Bisher ist zumeist bei der Vergärung von Melassewürzen so verfahren worden, daß die auf den gewünschten Zuckergehalt eingestellte Würze absatzweise in einer Anzahl von Bottichen vergoren wurde. Die vergorene Würze wurde dann durch Separation von der Hefe getrennt und der Alkoholdestillationsanlage zugeführt, während die Hefe im nächsten Bottich als Anstellhefe zur Verfügung stand.

Für die neue kontinuierliche Arbeitsweise ist die in Abb. 74 wiedergegebene Apparatur geeignet.

Hier wird die aus den Separatoren *1* anfallende Hefemilch in zwei Zwischenbehältern einer Behandlung unterzogen. Die Hefemilch wird in dem ersten Zwischenbehälter *2* gespeichert und während des Zulaufs mit einer wäßrigen Säurelösung aus *8* gemischt. Wenn der Behälter voll ist, wird der Inhalt in einen zweiten Behälter *3* abgelassen, in welchen die Nährlösung *4* mit frischer Melassewürze *5*, gegebenenfalls unter Einblasen von Luft *6*, gleichzeitig einfließt. Wenn der zweite Behälter gefüllt ist, wird der Inhalt in den ersten Gärbottich *7* abgelassen. Dabei können die Flüssigkeitsbewegungen vom ersten und zweiten Behälter und von da zum Gärbottich selbsttätig z. B. durch einen Flüssigkeitsheber bewirkt werden, der jedesmal nach Füllen des Behälters in Tätigkeit tritt.

Die Verweilzeit der Hefemilch mit den Zusätzen in den beiden Behältern *2* und *3* kann durch deren Flüssigkeitsinhalt eingestellt werden. Man bemißt ihn so, daß die Hefemilch mehrere Male — während des ununterbrochenen Durchgangs der Würze durch den ersten Gärbottich — entleert wird. Es ist zweckmäßig, die den Zwischenbehältern zulaufenden Flüssigkeiten gut durchzumischen, z. B. durch Zusammenführen in einen gemeinsamen Überlauftopf, durch Überleiten über Raschig-Ringe oder durch eine Rührvorrichtung.

Die ununterbrochene Vergärung der Würzen in den Gärbottichen geht schneller und wirksamer vor sich, wenn die Hefemilch, wie oben beschrieben, im Zwischenbehälter 2 gespeichert wird, und wenn ferner nur eine verhältnismäßig geringe Menge frischer Gärflüssigkeit zufließt, wobei die Luft in möglichst feiner Verteilung eingeblasen wird.

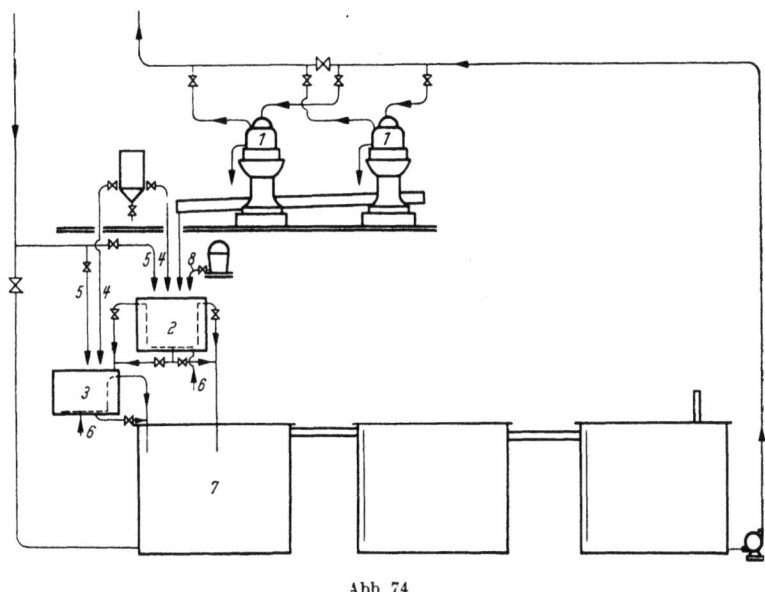

Abb. 74.

Je nach der Qualität der Melassewürze beträgt die Hefekonzentration nach einer gewissen Anlaufzeit 40—50 kg Hefe je Kubikmeter, gerechnet als Preßhefe mit etwa 75% Wassergehalt. Damit ist die „Hefesättigung" erreicht.

Folgende *Beispiele* sollen dies verdeutlichen:

1. Es sind täglich 120 cbm *Melassewürze* zu vergären, die durch drei geschlossene Gärbottiche mit einem Inhalt von je 40 cbm ununterbrochen fließen. Die in den Separatoren abgeschiedene Hefemilch, rund 0,5 cbm je Stunde, läuft in den Zwischenbehälter 2, dem gleichzeitig verdünnte Säure 8 zugeführt wird, und zwar in einer Menge, die ausreicht, um die Bakterien zu töten, ohne die Hefezellen zu schädigen. Der Gesamtflüssigkeitszulauf beträgt 1,2 cbm je Stunde, der Inhalt des ersten Zwischenbehälters 2,5 cbm. Nach rund $2^1/_2$ Stunden ist er gefüllt und entleert sich selbsttätig in den zweiten Zwischenbehälter 3, in welchen rund 0,5 cbm je Stunde frische Melassewürze und Nährlösung gemeinsam zulaufen. Bei einem Inhalt dieses Behälters von 3,5 cbm ist er nach 2 Stunden gefüllt und entleert sich über die Heberleitung in den ersten Gärbottich.

2. Es sind täglich 400 cbm *Sulfitablauge* zu vergären, die in ununterbrochenem Strom durch vier Gärbottiche mit einem Inhalt von je 100 cbm fließen. Die vergorene Ablauge wird durch eine Pumpe den Hefeseparatoren zugeführt, in denen die Hefe als Hefemilch abgeschieden und die enthefte Ablauge vom Hochbehälter der Alkoholdestillationsanlage zugeleitet wird. Die Hefemilch, rund 1,4 cbm je Stunde, läuft dem Zwischenbehälter 2 zu und wird dabei mit 100 l Nährlösung und rund 1 cbm frischer Ablauge gut durchgemischt. Der Inhalt des Behälters beträgt 5 cbm. Nach rund 2 Stunden ist er gefüllt und wird durch den Flüssigkeitsheber selbsttätig in den ersten Gärbottichen entleert. Die Verweilzeit der frischen Ablauge im ersten Gärbottich beträgt rund 6 Stunden, so daß der Ablauge bei ihrem ununterbrochenen Durchgang durch den Bottich dreimal Hefemilch zugegeben wird.

Die Wirksamkeit der Hefe kann noch dadurch verbessert werden, daß die Hefemilch in den Zwischenbehältern 2 und 3 längere Zeit mit den Zusätzen von Säure, Nährsalzen usw. verbleibt. In den Zwischenbehältern wird dann eine größere Flüssigkeitsmenge gespeichert, so daß immer eine entsprechende Menge vom unteren Teil absatzweise abgezogen werden kann. Es ist auch möglich, die Hefe unten eintreten und oben abfließen zu lassen.

Wenn Melassewürze vorbereitet wird, dann wird sie zweckmäßig im ununterbrochenen Gegenstrom durch Erwärmen auf etwa 80° C zur Sterilisierung gebracht, und dann vor Eintritt in die Gärbottiche in Wärmeaustauschern auf die Gärtemperatur eingestellt.

Nach diesem Verfahren ist in zwei Anlagen Alkohol gewonnen worden.

c) Raffinosevergärung auf Alkohol.

Die Teilvergärbarkeit von Raffinose in Melasse durch obergärige Hefen ist oft unbefriedigend, besonders bei überdurchschnittlichem Raffinosegehalt. Die untergärigen Hefen, die Raffinose vollständig vergären können, sind aber für die Alkoholgewinnung weniger geeignet. Man hat deshalb versucht, die im Trisaccharid Raffinose enthaltenen Monosaccharide, Galaktose, Glucose und Fructose zu spalten. Man kann zwar durch Kochen mit verdünnten Säuren die zu Melibiose vereinigten Galaktose und Glucose voneinander trennen, aber Hefen, denen das Enzym Melibiase fehlt, können dies nicht. Daher hat die *Dansk Gaerings Industri*, Kopenhagen, die Spaltung der Melibiose in 2 Moleküle Monosaccharid oder der Raffinose in 1 Molekül Galaktose + 1 Molekül Glucosefructose mit bestimmten Zusätzen durchzuführen versucht, indem sie der Würze während der Gärung Lösungen des Enzyms Melibiase hinzufügte. Nachdem dieser Zusatz bei geeigneter Temperatur die Lösung beeinflußt hat, wird die Hefe zugesetzt. Man kann aber auch zuerst die raffinosehaltige Lösung in üblicher Weise vergären, so daß die Melibiose zurückbleibt, und diese dann entsprechend behandeln.

Als Melibiasepräparate kann man Rohpräparate der Enzyme Emulsin oder Invertin verwenden, sofern sie sich als melibiasehaltig erwiesen haben. Diese Feststellung ist sehr einfach dadurch zu treffen, daß man einer Lösung reiner Melibiose eine gewöhnliche Preßhefe, die keine Melibiase enthält, zusetzt. Diese Zuckerlösung wird dann nicht in Gärung kommen.

Das Präparat, dessen etwaiger Melibiasegehalt untersucht werden soll, wird nun der Lösung zugesetzt. Es zeigt sich dann, ob das Präparat auch Melibiase enthält.

100 g Raffinose wurde in einem Gemisch von 1,5 l Wasser und $^1/_2$ l eines Rohinvertinpräparates gelöst. Der Lösung wurden 40 g Hefe zugegeben. Die Lösung wurde dann bei etwa 30° C 48 Stunden lang der Gärung überlassen. Die Spiritusausbeute betrug 54,1 ccm, gemessen als 100%iger Alkohol.

Betriebstechnische Versuche, die durch Zumaischen von kleinen Mengen in Melasselösung vorgezüchteter untergäriger Hefe eine vollständige Vergärung der Raffinose anstrebten, scheiterten daran, daß sich die Bierhefe nicht an die Melassemaische und die in der Brennerei üblichen Gärtemperaturen gewöhnte und sich der Aufwand nicht lohnte.

d) Das Molkegärverfahren auf Alkohol.

Wie bei allen Gärverfahren liegt der Schwerpunkt für das Gelingen einer betriebssicheren Vergärung von Molke auf der Auswahl geeigneter Gärerreger. Die Süßmolke enthält 4—5% Milchzucker (Lactose), dessen Vergärung nach der Gleichung von GAY-LUSSAC verläuft:

$$(C_{12}H_{22}O_{11} + H_2O)x = 2(C_6H_{12}O_6)x.$$
$$C_6H_{12}O_6 = 2C_2H_5OH + 2CO_2.$$

Hierbei entstehen also immer 2 Mol Alkohol (92) neben 2 Mol Kohlendioxyd (88). Aus 100 kg Molke können deshalb etwa 2,5 l Alkohol (100%ig) gewonnen werden.

Nun enthält aber die Molke eine Anzahl von Mikroorganismen, die ihre Vergärung auf Alkohol stören oder sogar hemmen können. Andererseits vermögen die Molkenbegleitstoffe, wie Abbausubstanzen der Eiweißstoffe, Molkenphosphate usw. die Nährstoffversorgung des Gärerregers voll zu decken, so daß es eines Zusatzes von Ammonsulfat und Phosphaten zur Gärung nicht bedarf. Es kommt nach K. R. DIETRICH vielmehr nur darauf an, geeignete Kulturen von Milchzuckerhefen zu entwickeln.

Zur Isolierung von Milchzuckerhefen wurde vom Kefir ausgegangen, in dem sich die verschiedenen Hefearten neben den Kefir- und Milchsäurebakterien, Streptococcus-lactis-Arten und Essigbakterien befinden. Die Hefen werden bastardisiert. Zu diesem Zwecke werden die aus zwei Sporen verschiedener Heferassen entstandenen haploiden Zellen zu einer diploiden Zelle kopuliert, die ein Hefehybrid darstellt. Die Sporenbildung wird durch gute Ernährung der Hefestämme eingeleitet. Die auf Schrägröhrchen drei Tage gewachsene Hefe wird mit 1 ccm sterilem Wasser zur Suspension verrührt und auf die Oberfläche eines Gipsblockes gebracht, der mit seinem unteren Ende in einer sterilen Essigsäurelösung von p_H 4 steht. Nach 1- bis 2tägiger Haltung bei 25° C bilden die meisten vegetativen Zellen vier Ascosporen. Kultiviert man nun jede Ascospore nach ihrer Isolierung auf einem Nährboden, so entstehen aus jeder Spore kleine, runde haploide Zellen. Zur Abtötung der vegetativen Zellen werden die Sporen im Wasser suspendiert, 2—4 Minuten auf 58° C erhitzt, und erst dann auf Platten mit festem Nährboden gegossen. Es entstehen kleine, rauhe Kolonien, die nach Isolierung auf ihre charakteristischen Eigenschaften geprüft und ausgewählt werden. Bei gesteigertem Auftreten einer gewünschten Eigenschaft werden die betreffenden haploiden Kulturen durch Serienselektion weiterentwickelt. Zum Zwecke der Bastardisierung werden alsdann Kreuzungen vorgenommen, wobei die haploiden Zellen in großer Menge in etwa $1/2$ ccm Molke zusammengebracht und bei 19° C 12 Stunden lang gehalten. Nach dem Anlegen von Plattenkulturen sind dann diejenigen Kolonien als die neuen diploiden Hybriden zu erkennen, die große elliptische Zellen aufweisen und große glatte Kulturen gebildet haben.

Unter den so erhaltenen Reinkulturen von Milchzuckerhefen befinden sich Stämme, die nebeneinander Lactose, Maltose und Saccharose zu vergären vermögen; ihnen ist nicht nur das Enzym Lactase zur Spaltung des Disaccharides in die Monosaccharide Glucose und Galaktose, sondern auch die Enzyme Maltase und Invertase zur Spaltung der Maltose und Saccharose in Glucose bzw. Glucose und Fructose eigen.

Zum Gewinnen der für die Vergärung der Molke aus Äthylalkohol erforderlichen Menge an Milchzuckerhefe wird die Reinkultur im Carlsberger Kolben auf sterilisierte Molke geimpft und dann in einem Reinzuchtgefäß die Sprossung der Hefe durch Belüftung beschleunigt. Die so gewonnene Zuchthefe wird auf die im eigentlichen Gärgefäß befindliche, am besten sterilisierte eiweißhaltige Frischmolke übertragen, die auf 28° C vorgewärmt worden ist. Nach etwa 20stündiger Gärzeit ist die Gärung restlos beendet. Der Milchzuckergehalt der Molke beträgt nunmehr 0%. Dagegen beträgt der Alkoholgehalt 2,4 Raumhundertteile Weingeist. Der p_H-Wert liegt bei etwa 5. Ein Schäumen tritt während der Gärung kaum ein, so daß nur ein ganz geringer Steigraum bei der Befüllung der Gärgefäße zu berücksichtigen ist.

Im kontinuierlichen Gärverfahren wird je nach der Beschaffenheit der nichtsterilisierten Frischmolke, d. h. je nach ihrem Gehalt an gärungsstörenden Bakterien, eine etwa $1/8$ betragende Menge endvergorener Molke zugepumpt, und diese Gärführung so lange wiederholt, bis das Überwuchern der fremden Mikroorganismen nicht mehr unterdrückt werden kann und die fermentative Tätigkeit der Milchzuckerhefen nachzulassen beginnt.

Die endvergorene Molke wird dann zwecks Gewinnung des Alkohols einem Destillier- und Rektifizierapparat zugeführt, der ebenso betrieben wird wie bei der üblichen Maischedestillation. Die dabei anfallende Molkeschlempe enthält alle Bestandteile der Molke mit Ausnahme des Milchzuckers. Hinzugetreten ist ein Anteil an eiweißhaltiger Milchzuckerhefe. Das so gewonnene Molkeneiweiß ist sowohl als Futtermittel wie für die menschliche Ernährung geeignet.

Der Dampfverbrauch für die Destillation beträgt etwa 18 kg je 100 l vergorener Molke.

K. R. DIETRICH hat weiterhin in einem Arbeitsgang die üblichen mehligen und nichtmehligen Stoffe (Kartoffeln, Getreide, Melasse, Obst) zusammen mit Molke lediglich mit Milchzuckerhefen vergoren. Die heiße Molke wird z. B. der Kartoffelmaische bei der Vermischung mit dem Malz zugemischt, bis die für die Zuckerbildung aus der Stärke erforderliche Temperatur erreicht ist. Weitere Molkenmengen können alsdann der bereits süßen Kartoffelmaische, und zwar in jedem beliebigen Verhältnis, beigemischt werden. So wird nur eine Hefeart benötigt und der Alkoholgehalt wird um etwa 2,5 l Weingeist je 100 l zusätzlicher Molke erhöht. Vgl. a. Gewinnung von Aceton und Butylalkohol.

Die Molkevergärung sowohl auf Alkohol wie auf Hefe ist ferner von H. BRUMME zusammengefaßt dargestellt worden. Insbesondere ist ein Verfahren von G. DEMMLER und der *Zellstoffabrik Waldhof* zur Darstellung gekommen, bei dem die Ausbeute bei einem Milchzuckergehalt von 4,0% mit 20,5 g Hefe je 1 l Molke möglich ist. Außerdem ist auf die Untersuchungen von G. WILHARM über die Leistung von milchzuckervergärenden Hefen für die Zwecke der Alkoholgewinnung hingewiesen worden.

Schrifttum.

BRUMME, H.: Z. Lebensmittelind. **1951**, H. 6 u. 7, S. 217 bzw. 14ff.

DEMMLER, G.: Molkenverhefung nach dem Waldhofverfahren. Milchwiss. **1950**, H. 1.

DIETRICH, K. R.: Molkerei-Ztg. **1949**, Nr. 48; — Z. Spiritusind. **1944**, Nr. 18/22; — Z. Alkohol-Ind. **1949**, Nr. 12/13.

MIETHKE u. DUBROW: Der heutige Stand der Molkenverwertung. Dtsch. Molkerei- u. Fettwirtsch. **1944**, H. 35.

PFLAUME, H.: Schrifttum über Molke u. Molkeverwertung von 1930—1947. Weimar 1948.

SCHULZ, M.: Alkoholherstellung aus MOLKE: Die Deutsche Molkerei- und Fettwirtschaft. **1944**, S. 131.

WILHARM, G.: Über die Leistung einiger milchzuckervergärenden Hefen. Milchwiss. **1947**, H. 10.

e) Die Kastanienvergärung auf Alkohol.

Die Vergärung von Maischen aus bitteren Kastanien zur Alkoholgewinnung ist des öfteren versucht worden, jedoch wurden stets nur praktisch unbedeutende Ausbeuten erzielt, weil die Gärung infolge Vergiftung der normalen Kulturhefen nach kurzer Angärung zum Stillstand kam. Lediglich nach vollständiger Hydrolyse mit starken Mineralsäuren konnten Ergebnisse erzielt werden. Dabei wurde aber der Saponinkomplex völlig zerstört und kein Saponin gewonnen.

Die Ursache für die Unvergärbarkeit bitterer Kastanienmaischen wurde bisher darin gesehen, daß keine hinreichende Verzuckerung eintrat, weil die Giftstoffe, insbesondere der Saponinkomplex oder sogar das Saponin selbst, das verzuckernde Enzym Amylase zerstören. E. BUROW, Leverkusen, hat diese Schwierigkeit dadurch überwunden, daß er die Verzuckerung unter Zusatz von Grünmalz oder Darrmalz bzw. anderen amylasereichen Stoffen durchführte. Die aus einer solchen gemischten Maische gewonnene Würze konnte in einfacher Weise von den gärungshemmenden Giftstoffen befreit werden.

Die durch Trocknung konservierten Kastanien werden auf einer Schlagkreuzmühle zu feinem Mehl vermahlen. Das Mehl wird dann entfettet und bei etwa fünffacher Verdünnung unter Zusatz von 10—20% Grünmalz oder Brennereidarrmalz nach dem Hochkochverfahren vermaischt und verzuckert. Dies geschieht bei Temperaturen von etwa 58—62,5° C und dauert etwa 2 Stunden. Vorteilhaft ist auch die Einhaltung einer Peptonisierungsrast für etwa 1 Stunde bei einer Temperatur von etwa 45—50° C. Dann wird die Maische abgeläutert und mit der doppelten bis dreifachen Menge heißen Wassers, bezogen auf das Maischvolumen, ausgewaschen. Hiernach muß sich der gesamte Zucker in der Würze befinden.

Die noch enthaltenen Giftstoffe, vorzugsweise ein Bestandteil des Rohsaponins, der saurer Natur ist und gerbstoffartigen Charakter hat, werden dann unschädlich gemacht. Die zu klärende Würze wird mit Schwefelsäure bei etwa 60° C auf einen p_H-Wert von 4—4,2 gebracht und unter Umrühren mit 1,5—3% Superphosphat, bezogen auf das Extraktgewicht, versetzt. Der Extraktgehalt der Lösung soll zweckmäßig 20° Balling nicht übersteigen. Dann wird auf 90—95° C angewärmt und die Lösung mit 30%iger Natronlauge auf einen p_H-Wert von 8—9 gebracht. Dann läßt man unter Ausschaltung der Mischvorrichtung kurz aufkochen und absitzen. Von dem flockigen Schlamm wird nach 5—6 Stunden mittels einer Spindel oder sonstigen Dekantierungsvorrichtung abdekantiert. Auf diese Weise ist eine giftfreie und voll gärungsfähige Würze zu erhalten.

Für die Gärung wird dann mit Schwefelsäure oder technischer Milchsäure ein p_H-Wert von 5 eingestellt, und noch etwa 2% Superphosphat in wäßriger Lösung zugesetzt. Dann wird die so vorbereitete Würze auf 25 bis 30° C abgekühlt und mit 5—10% Stellhefe versetzt. Die Angärung verläuft meist stürmisch, während Haupt- und Nachgärung normal verlaufen. Die Gärung ist spätestens nach drei Tagen abzubrechen, da sonst das in der Würze enthaltene Saponin angegriffen werden kann.

Die Würze wird vorteilhaft mit der Hefe entgeistet. Falls jedoch Wert auf ein möglichst von Eiweiß befreites Saponin gelegt wird, wird die Hefe vorher abseparient. Sie läßt sich aber aus der entgeisteten Würze noch blanker ausschleudern.

Die Ausbeute an Alkohol beträgt etwa 25% reinen Alkohol netto, bezogen auf ein Bittermehl mit einem Wassergehalt von 2—3% und etwa 2% Schalengehalt.

Über die Weiterverarbeitung der entgeisteten Schlempe vgl. Abschn. „Kastanienschlempeverarbeitung auf Saponin", S. 524 ff.

f) Die Vergärung von Rübensaft.

Neben Rübenmelasse hat man auch Rübensaft zur Preßhefeerzeugung benutzt. K. KRUIS hat die aus frischen oder konservierten Rüben bereitete Würze angesäuert und beim Eindicken längere Zeit gekocht, um die Saccharose in Invertzucker teilweise umzuwandeln. Der *Verein der Spiritusfabrikanten* in Deutschland hat Hefe in Lösungen von Raffinade oder Rohzucker von höchstens 2% Konzentration unter Verwendung von mindestens 15 Teilen rein mineralischen Nährsalzen auf 100 Teile Zucker unter Lüftung gezüchtet. F. SAILER hat Rübensaft durch Auslaugen der Schnitzel in einer Diffusionsbatterie gewonnen und nach Zusatz von Malzkeimen oder Malz der üblichen Milchsäuregärung unterworfen und dann sterilisiert. Ebenso hat G. COLLETTE statt Melasse konzentrierten Zuckerrübensaft zur Herstellung von Hefe angewendet, und stellte fest, daß er nicht die störenden Eigenschaften der Melasse besitzt.

Größere Bedeutung hat der Rübensaft bei der Vergärung auf Alkohol. E. *Barbet & Fils & Cie.* haben die Schnitzel zur besseren Auslaugung mit gasförmiger schwefliger Säure vorbehandelt. E. LIZERAY und A. VAUDRY haben die Rüben für den Transport entwässert und dann bei der Verarbeitung mit möglichst wenig Wasser in Gegenwart von Schwefelsäure gekocht. F. und J. DURIEZ haben die Rüben zu einem feinen Brei verrieben, welcher direkt vergoren werden kann. H. W. DAHLBERG hat Zuckerrübenextraktstoffe, die organischen Stickstoff enthalten, der Maische zugesetzt.

Die geschichtliche Entwicklung der Rübenbrennerei hat G. FOTH dargestellt. Neben dem ehemaligen Österreich-Ungarn hat die Rübenverarbeitung auf Alkohol vor allem in Frankreich Bedeutung erlangt. Auf Grund eigener und der Erfahrungen von SIDERSKY hat dann G. FOTH den Gang der Rübenbrennerei eingehend geschildert. Seine Feststellungen lassen sich wie folgt zusammenfassen:

Je zuckerreicher die Rüben sind, um so geringer ist die zur Erzeugung von 1 hl Weingeist nötige Rübenmenge, und um so mehr verringern sich die Betriebskosten für die Herstellung der gleichen Menge Weingeist. Es werden folgende Ausbeutemöglichkeiten (Tab. 12) angenommen.

Tabelle 12.

Je 100 kg	Zuckergehalt %	Ausbeute Liter
Zuckerrüben	14—18	9
Zuckerfutterrüben	9—10	6
Gewöhnliche Futterrüben . .	7— 9	5
Wruken	6— 8	4

Die Nichtzuckerstoffe der Rüben schwanken in folgenden Grenzen:

Rohprotein	1,1—1,5
Rohfett	0,1—0,3
Stickstoffreie Extraktstoffe . .	2,0—4,0
Rohfaser	1,0—1,7
Rohasche (Mineralstoffe) . . .	0,7—1,0

In den ersten selbständigen Rübenbrennereien wurden die Rüben ebenso verarbeitet wie die Preßrückstände der damaligen Zuckerfabriken, d. h., es wurde der auf einer Reibe hergestellte Rübenbrei mit Wasser angerührt und durch Hefe in Gärung versetzt. Später ist man dazu übergegangen, den Saft wie in den Zuckerfabriken von dem Mark der Rübe zu trennen und nur den ersteren der Gärung zu unterwerfen. Die Gewinnung des Saftes muß zur Vermeidung von Infektionen in ununterbrochenem Arbeitsgang vor sich gehen. Hierbei haben die Erfahrungen der Zuckerfabriken eine ausschlaggebende Rolle gespielt. Man hat den Saft entweder durch Maceration oder durch Diffusion gewonnen. Für die Ansäuerung haben Schwefelsäure, Salzsäure und Flußsäure — in der Hauptsache Schwefelsäure — Anwendung gefunden.

In den zur Vergärung gelangenden Säften sind 8—12% des Gesamtzuckers Invertzucker. Bei lange gelagerten Rüben ist der Prozentsatz oft noch höher. Man hat eine kontinuierliche Gärung dadurch erreicht, daß man in Abständen frischen Saft zum gärenden Saft hinzugab. Man hat

also mit einer Anzahl von Gärbottichen gearbeitet, so z. B. nach Art von
GUILLAUME, *Egrot & Grange*. Außer drei kleinen Gärbottichen wird ein großer
Anstell- oder Vorgärbottich benutzt. Diesem allein fließt unter Einhaltung
der üblichen Konzentration der von der Diffusionsbatterie kommende Saft
zu. Ist dieser Bottich voll befüllt, so werden aus ihm die kleinen Gärbottiche
voll befüllt, ohne daß frischer Saft dort hinzukommt, so daß sich in ihnen
nur die Nachgärung vollzieht, die in kurzer Zeit beendet ist. Außerdem ist
ein zweiter Anstellbottich in Reserve vorhanden. Er tritt dann in Gebrauch,
wenn sich Infektionen bemerkbar machen und die Verwendung neuer
Anstellhefe nötig ist. So kann die Diffusionsbatterie ohne Unterbrechung
weiterarbeiten.

Um das starke Schäumen und Aufblähen der gärenden Rübensäfte einzuschränken, hat man Zusätze von Malz gemacht, auf 100 kg Zuckerrüben
etwa 1,75 kg Grünmalz. Man kann aber auch die Rüben gemeinsam mit
Kartoffeln, Mais oder Melasse einmaischen, z. B. je zur Hälfte. Während
bei der ausschließlichen Verarbeitung von Zuckerrüben auf 1000 l Gär-

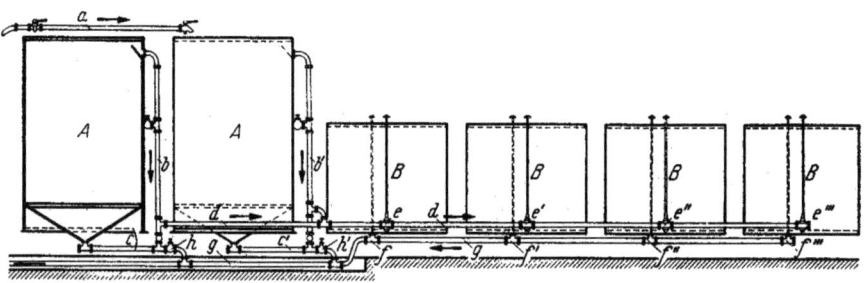

Abb. 75.

bottichraum nur etwa 400 kg Rüben kommen, so kann bei Anwendung von
einem Malzzusatz die Einmaischmenge auf 600 kg gesteigert werden. Bei
Mitverarbeitung von Mais, Kartoffeln oder Melasse braucht auf einen höheren
Steigraum im Bottich keine Rücksicht mehr genommen zu werden. Im
übrigen wird der Schaum mit Gärfett bekämpft. Die Maischen vergären bei
Temperaturen von 20—25° C auf etwa 1,0—1,5° Balling in 72 Stunden.

Sofern sich auf der vergorenen Maische eine Treberschicht gebildet hat,
ist die Maische vor dem Abbrennen gut durchzurühren.

Nach diesem Verfahren erfolgt der Zulauf also in einen großen Hauptgärbottich, der im Laufe der Kampagne niemals entleert und auch nicht
zur Destillation gebracht wird. Die Maische, die sich im Hauptgärbottich
in Gärung befindet, geht durch Überlauf in eine Reihe von ,,Fallbottichen"
über, wo sie vollständig vergoren wird, bevor sie zur Destillation kommt,
s. Abb. 75.

Darin bedeuten A die Hauptgärbottiche, B die Fallbottiche, a die Zuleitung des Frischsaftes, bb' seitliche Abzugsrohre von A, cc' untere Abzugsrohre von A, d die Rohrleitung, welche die Säfte zu den Fallbottichen
führt, ee' usw. die Hähne für den Einlaß der Säfte, ff' usw. die Austritts-
hähne, g die Rohrleitung für die Abführung der vergorenen Säfte und hh'

besondere Hähne, um im Bedarfsfall den einen oder anderen Hauptgärbottich über die Abführungsleitung *g* zu entleeren.

Diese Arbeitsweise hat aber verschiedene Übelstände. Dadurch, daß die Fallbottiche durch Überlauf beschickt werden, bleibt in der Mitte des Fallbottichs eine Flüssigkeitsschicht stehen, die nicht durchgerührt wird. Daher besteht eine Infektionsgefahr. Außerdem wird der Bottichraum schlecht ausgenutzt.

In neuerer Zeit hat man nun die Rübensaftvergärung wesentlich verbessert. CH. MARILLER, MEJANE, M. MARTRAIRE und S. TOURLIÈRE haben die neuen Methoden verschiedener Betriebe untersucht und sind zu den nachfolgenden Ergebnissen gekommen:

Es werden ganz verschiedene Variationen angewendet. Man findet entweder Hauptbottiche von großem Fassungsvermögen mit methodischem Umlauf, welcher den anderen Bottichen auch zuteil wird, oder eine Anzahl Bottiche gleicher Größe mit methodischem Umlauf von einem Bottich zum anderen, wobei aber der Zulauf auf die ersten Bottiche beschränkt ist, oder schließlich Mischformen. Die kontinuierliche Gärung wird teilweise mit der

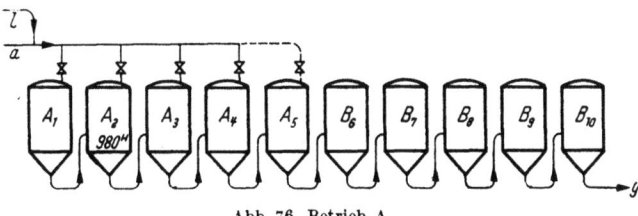

Abb. 76. Betrieb A.

Anwendung der Heferückführung nach BOINOT, Melle, teilweise auch mit einer großen Stellhefemenge im Hauptbottich verbunden.

Der *Betrieb A* (Abb. 76) hat während einer 15tägigen Versuchszeit im Mittel der ersten Woche 745 hl Alkohol und in der zweiten Woche 796 hl erzeugt. Die Bottichanlage besteht aus zehn gleichen Bottichen (Inhalt im zylindrischen Teil 835 hl, im konischen Teil von 45° 146 hl). Die Bottiche sind mit Schaumzerstörern ausgestattet, der Nutzinhalt an Saft wird auf etwa 800 hl geschätzt.

Der Zulauf des Saftes erfolgt im allgemeinen in den ersten vier Bottichen, ausnahmsweise auch im fünften Bottich. Der Anteil, der jedem Bottich zuläuft, wird derart geregelt, daß die Dichte im Zulaufbottich konstant bleibt.

Die angesäuerten Säfte der kontinuierlichen Diffusion werden nach dem Abzug mit Hefemilch versetzt. Die zur Destillation bestimmten Säfte werden stetig über den gleichen Bottich entnommen. Beim Austritt aus der Diffusion enthalten die Säfte im Mittel 120 g Zucker im Liter. Beim Austritt aus den vier Zulaufbottichen sind 65% des Zuckers umgesetzt, beim Austritt aus dem fünften Bottich 81%, beim Austritt aus dem sechsten Bottich 94% und aus dem siebenten Bottich 98%. Beim Austritt aus dem achten Bottich ist alles umgesetzt, deshalb erweisen sich weitere Bottiche als unnötig. Am Austritt der Zulaufbottiche wurden im Mittel 300 bis 400×10^9 Zellen je Liter gefunden. Diese Zahl bleibt in allen Bottichen konstant. Die in den Fallbottichen ermittelten Ausbeuten der Umsetzung Zucker-Alkohol sind vom fünften Bottich an gleichfalls konstant. Auch die Wirkung der Hefe ist von Anfang bis Ende der Anlage konstant. Sie wird an der CO_2-Entwicklung einer Zuckerlösung von bestimmter Zusammensetzung gemessen. In den Zulaufbottichen wurde eine Entwicklung von 20 ccm CO_2 in 10 Minuten, im Schlußbottich, der die vergorene Würze enthält, eine Entwicklung von 20 ccm CO_2 in 12 Minuten gefunden.

Der *Betrieb B* (Abb. 77) hatte vor der Versuchszeit mit einem Durchschnitt von 555 hl gearbeitet. Während der zwei Versuchswochen betrug der Durchschnitt 680 hl, im Höchstfall bis zu 720 hl.

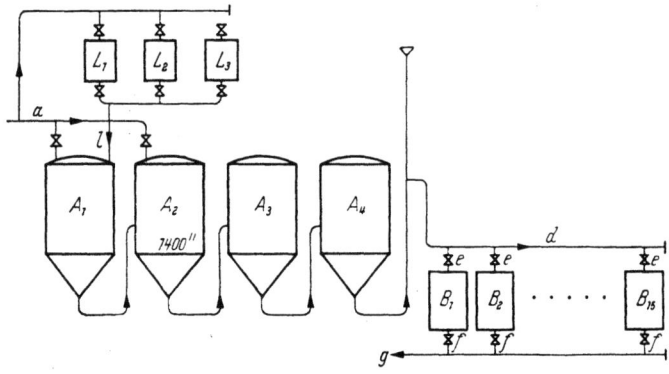

Abb. 77. Betrieb B.

Die Anlage besteht aus vier großen Bottichen von je 1400 hl. Die Bottiche sind mit Schaumzerstörern ausgerüstet, der Nutzinhalt beträgt etwa 1250 hl.

Der Diffusionssaft speist die beiden ersten Bottiche, dann läuft die Flüssigkeit über in die beiden anderen Bottiche gleicher Größe, und daraus über 15 Fallbottiche von 300 hl, welche die alte Anlage bildeten. Der Zulauf von Saft von 20—22° erfolgt in den ersten Bottichen, und zwar zu $^2/_3$ des Saftvolumens im ersten und zu $^1/_3$ im folgenden Bottich.

Die Hefemaische besteht aus 120 kg Preßhefe von 75% Wassergehalt und aus 60—80 hl Diffusionssaft. Sie wird durch eine kräftige Belüftung angeregt, so daß sich die Hefemenge ungefähr verdreifacht. Täglich werden so vier Hefemaischen in die Anfangsbottiche geschickt.

Der Verlauf der Gärung ist folgender: 56% des Zuckers sind beim Austritt aus den Zulaufbottichen umgesetzt, 71% beim Austritt aus dem Bottich *3* und 87% aus dem Bottich *4*.

In den Fallbottichen ist die Umsetzung 15 Stunden nach der Befüllung beendet. Die Zahl der Hefezellen je Liter Maische liegt bei etwa 150×10^9 in den Zulaufbottichen und bei $200—300 \times 10^9$ beim Austritt aus den Fallbottichen.

In den Betrieben A und B waren die Maischen von unterschiedlicher Konzentration — 110 g/l und 145 g/l —, während der stündliche Zuckerumsatz je Hektoliter Bottichraum etwa die gleiche Höhe hatte. Die Aktivität der Gärung ist also in recht weiten Grenzen unabhängig von der Anzahl der Hefezellen.

Die Anlage des *Betriebes C* (Abb. 78) besteht aus sechs geschlossenen Bottichen von je 700 hl Inhalt. Es folgen die Fallbottiche, die aus der alten Anlage stammen, und zwar sechs Bottiche von je 350 hl. Der Zulauf erfolgt

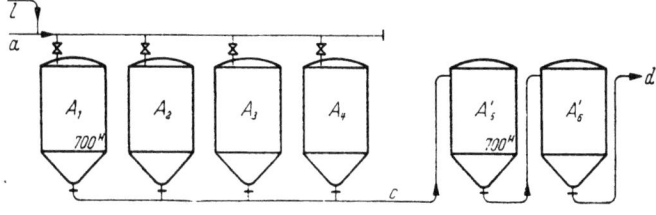

Abb. 78. Betrieb C.

in den ersten vier Bottichen mit Zumischung von Hefemilch. Die Dichte des Saftes im Zulauf betrug 5,8°, im Ablauf 0,9—1,0°. Der je Hektoliter und Stunde umgesetzte Zucker belief sich auf etwa 9 g.

Der *Betrieb D* (Abb. 79) hatte eine einheitliche Bottichanlage mit acht Bottichen von je 250 hl, von denen die vier geschlossenen Anfangsbottiche mit Schaumzerstörern ausgerüstet sind. Der Zulauf erfolgt in drei Bottichen. Die Hefemilch wird auf einmal zugegeben, etwa 20 hl alle 4 bis 5 Stunden. Die Dichte des Zulaufsaftes betrug 5—6°, die Temperatur 19—20° C. Der Zuckerumsatz je Raumeinheit, Hektoliter und Stunde ist besonders hoch, etwa 13 g.

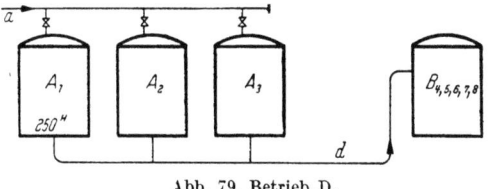

Abb. 79. Betrieb D.

Im *Betrieb E* (Abb. 80) ist eine kontinuierliche Gärung durch Umbau einer Anlage eingerichtet worden. Die vier Anfangsbottiche, in denen der Zulauf erfolgt, sind am Boden verbunden; ein einziges Sammelrohr am Austritt dieser vier Bottiche speist die drei Fallbottiche.

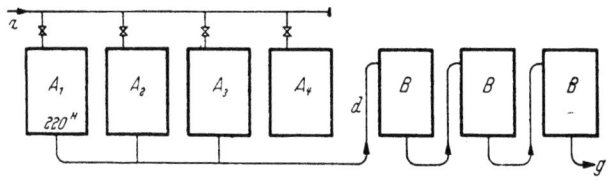

Abb. 80. Betrieb E.

Die Entwicklung der Zellen vollzieht sich in den Zulaufbottichen ohne Zufuhr von Hefemilch. 80% des Zuckers werden in den Hauptbottichen zu Alkohol umgesetzt. Der stündliche Abfall erscheint schwächer als in den anderen Betrieben. Das rührt zum Teil vom hohen Zuckergehalt der Säfte her, zum Teil vom Überwiegen der Hauptbottiche gegenüber den Fallbottichen.

Der *Betrieb F* (Abb. 81) ist eine ursprüngliche Bottichanlage nach *Egrot & Grange* und umfaßt drei Bottiche von je 1300 hl, ohne Abschluß. Diese enthalten den Saft und die Hefemilch. Der Überlauf gelangt in fünf Fallbottiche von je 500 hl und sechs Bottiche von je 260 hl.

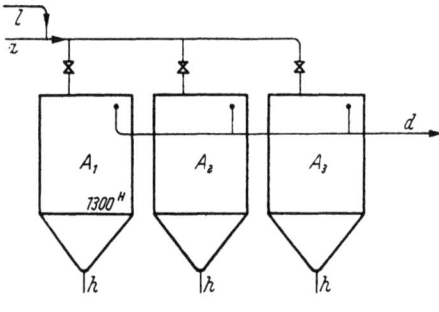

Abb. 81. Betrieb F.

Es sind nun folgende *Schlußfolgerungen* gezogen worden:

1. Die kontinuierliche Gärung ermöglicht eine bessere Ausnutzung des Bottichraumes als das alte Verschnittverfahren. Während der Kampagne 1951/52 wurde ein mittlerer Zuckerumsatz je Hektoliter Zulaufbottich von etwa 10 g je Stunde festgestellt, unabhängig von der Saftdichte und der Anzahl der vorhandenen Zellen.

2. Diese Verbesserung der Aktivität der Gärungen erfordert sehr leistungsfähige Kühler und einen Zulauf bei niedrigen Temperaturen von etwa 20—21° C.

3. Der Bottichraum je Hektoliter Alkohol und Tag beläuft sich auf 12 bis 14 hl bei den modernen Verfahren gegenüber bisher 16—20 hl beim alten Verfahren.

4. Die Zellenkonzentration der gärenden Maischen lag zwischen 250 und 600×10^9 Zellen je Liter. Diese Differenz brachte aber keine fühlbare Veränderung im Gärverlauf mit sich.

Das Gewicht der je Hektoliter neugebildeten Hefe ist je nach dem angewendeten Verfahren verschieden, und erreicht in den günstigsten Fällen einen Minimalwert von etwa 5 kg je Hektoliter Alkohol. Diese Zahl kann aber prohibitive Werte erreichen, wenn die Maischen von geringer Konzentration sind und wenn der Zulauf mit hoher Dichte erfolgt. Daraus ergibt sich, daß das Ausbeuteverhältnis Zucker : Alkohol beträchtlich vermindert werden kann.

Allgemein ist festzustellen, daß 92% des Zuckers nach dem fünften Bottich, 98% im sechsten Bottich und 100% im siebenten Bottich vergoren sind.

Tabelle 13.

Betrieb	Gradgehalt der Maische	Zucker im Liter g	stündl. Zuckerschwund		Alkohol je Tag	Bottichvolumen für 1 hl Alkohol je Tag
			%	g		
A	6,8	110	9,60	10,56	750	13,0
B	9,0	145	7,40	10,73	720	13,5
C	7,90	130	7,0	9,10	450	14,0
D	6,70	110	10,3	13,00	120	15,0
E	6,4	106	6,5	6,00	150	12,0
F (altes Verf.)	6,5	107	4,60	5,00	100	16,0

Schrifttum.

FOTH, G.: Handbuch der Spiritusfabrikation. Berlin 1929.
MARILLER, CH., u. Mitarb.: Industries Agricoles et Alimentaire **1952**, Nr. 11.

VI. Die Sulfitablaugevergärung.

A. Allgemeines.

Seit dem Aufkommen der Zellstoffindustrie ist die Verwertung der Sulfitablauge immer ein besonderes Problem gewesen. Ganz abgesehen davon, daß dieses Abfallprodukt eine lästige und in vielen Fällen sogar schädliche Abwasserverunreinigung mit sich bringt, darf nicht vergessen werden, daß in ihr noch etwa 50% der verarbeiteten Holzsubstanz enthalten sind.

Die aus dem Zellstoffkocher abfließende Lauge bildet im wesentlichen eine wäßrige Lösung von ligninsulfosaurem Calcium und enthält außerdem freie schweflige Säure, und andere, die Holzsubstanz bildende Bestandteile in mehr oder weniger veränderter Form. H. VOGEL gibt für die Analyse folgende Werte an:

Dichte . . . . 5—7,5° Bé/20°   Trockensubstanz . . . 9—13%
Spezifisches Gewicht . . 1,045—1,06   Glühverlust . . . . . 98,35—98,95%

Von der Trockensubstanz sind etwa 4—7% anorganischer Natur, sie setzen sich aus dem in Lösung befindlichen Aufschlußmittel, also $Ca(HSO_3)_2$, zusammen, welches zum Teil in $CaSO_3$ und $CaSO_4$ übergegangen ist. Der Kalk ist außerdem zum Teil an die Ligninsulfosäure gebunden, wenn mit Dolomit gearbeitet wird oder mit reinen Magnesiumsulfitlaugen, dann enthalten die Sulfitlaugen entweder ein Gemisch von CaO und MgO in Basenform oder nur $MgSO_3$ bzw. $Mg(HSO_3)_2$.

Von den organischen Verbindungen sind die Kohlehydrate und kleine Mengen von organischen Säuren, besonders Essigsäure und Ameisensäure sowie die Hauptmenge, die Ligninsulfosäure bzw. ihr Calciumsalz zu nennen. Das Problem der Sulfitlaugenverwertung ist also in erster Linie ein Problem der Verwertung der Ligninsulfosäure. Daher ist man bestrebt, die Konstitution des Lignins zu ergründen, deren Aufklärung in neuerer Zeit Fortschritte gemacht hat. Trotzdem ist das Ablaugenverwertungsproblem noch nicht endgültig gelöst.

H. VOGEL[1] gibt von den Vorschlägen, die heute technisch durchführbar sind, zwei Gruppen an:

1. Die Verwertung der gesamten Trockensubstanz der Ablauge ohne chemische Veränderung, wobei nur der Wassergehalt der Ablauge vermindert wird. Auf diese Weise stellt man Brennstoffe, Klebstoffe und Kernbindemittel her und benutzt die Lauge zur Brikettierung und Staubbekämpfung.

2. Die Verwertung bestimmter Anteile der Trockensubstanz, wobei diese meist mit einer chemischen oder biologischen Reaktion verbunden ist. Hierunter fällt die Gewinnung von Hefe und Alkohol sowie von Gerbstoffen, Kunststoffen, Vanilin usw.

Im vorliegenden Fall interessiert vor allem die Möglichkeit der Vergärung, also auf Sulfitsprit, Butanol und die Gewinnung von Futtereiweiß. Hinzu kommen die neuen Gewinnungsmethoden für Lacklösungsmittel, Citronensäure usw.

Einen besonderen Raum nimmt die biologische Fettsynthese ein, nachdem es gelungen ist, auch die in der Buchenholzablauge in hohem Maße vorhandene Pentose zu „vergären", s. Abschn. Pentoseverwertung, S. 414 ff.

Bezüglich der Schlempeverwertung und der Schlempeeindampfung wird auch auf den Abschnitt *Die Schlempeverwertung* verwiesen.

Für die Sulfitlauge aus Nadelholz gibt H. VOGEL die Tab. 14 nach H. WICHELHAUS an:

Tabelle 14. *Bestandteile der Sulfitablauge in 1 cbm.*

Trockenrückstand	82,835 kg		CaO	7,18 kg
a) organischer	14,49 „		Cl	0,024 „
b) anorganischer	68,34 „		SiO_2	0,0024 „
H_2SO_4	3,43 „		$Fe_2O_3 + Al_2O_3$	0,01 „
SO_2, gebunden	5,84 „		MgO	0,004 „
SO_2, frei	2,65 „		Alkalien	0,02 „

Die Zusammensetzung der Kohlenhydrate in der Sulfitablauge ist von der Art des aufgeschlossenen Rohstoffes abhängig. Der Zuckergehalt entsteht bei der Zellstoffkochung durch Hydrolyse der Hemicellulosen, deren leicht hydrolysierbarer Teil, die sogenannten Lignosane (vgl. Tab. 16). Sämtliche Verfahren zur Nutzung der Kohlenhydrate (1,5—2,5% reduzierte Substanz, davon 55—70% vergärbar) erfordern eine gründliche Vorbehandlung der rohen Ablauge, und zwar:

1. Entfernung der schwefligen Säure; — 2. Neutralisation; — 3. Klärung; — 4. Kühlung.

Man rechnet pro Kubikmeter unverdünnter Lauge mit folgenden Durchschnittsausbeuten:

	10—12 l	Spiritus (als reiner Alkohol)
oder	10—12 kg	Nährhefe (als Hefetrockensubstanz)
oder	22—30 kg	Backhefe von 25% Trockensubstanz.

Schrifttum.

VOGEL, H.: Sulfitzellstoff-Ablaugen 1948. Basel: Wepf & Co.
HÄGGLUND, E.: Z. Papierfabrikant **28**, Heft 5 (1930).
WURZ, O.: Die Zellstoffherstellung und ihre Nebenerzeugnisse. Graz-Wien: Leykam-Verlag 1948.

Vgl. Abschn. Die Pentoseverwertung und Gewinnung von Eiweiß bzw. Futterhefe. S. 414 ff.

B. Die Verarbeitung.

a) Die Vorbereitung der Sulfitablauge.

Um die Sulfitablauge für Gärungszwecke brauchbar zu machen, muß sie von schädlichen Bestandteilen befreit werden. Dies ist vor allem nötig, wenn nicht nur Alkohol sondern auch Hefe hergestellt werden soll. Die *Aktiebolaget Bästa*, Stockholm, hat nun die bereits neutral gemachte Nährflüssigkeit, über die ursprünglich vorhandene Säuremenge hinaus, soweit alkalisch gemacht, daß die an das Lignin noch lose gebundenen Säuren bei ihrem allmählichen Freiwerden ebenfalls neutralisiert werden. Die Sulfitablauge wird zuerst mit fein verteiltem Kalkstein zu einem geeigneten Aciditätsgrad und dann weiterhin bis zur alkalischen Reaktion, und zwar vorzugsweise bis zu einem Alkalitätsgrad von 0,2—0,5 oder mehr behandelt. Dann wird die Nährflüssigkeit gegebenenfalls nach Belüftung vor dem Abtrennen der Niederschläge eine Zeitlang stehengelassen.

Eine besonders gute Ausfällung haben K. VIERLING, R. ARMBRUSTER, H. KRZIKALLA und die *I. G. Farbenindustrie A.G* mit Ligninsulfosäure erreicht, wie das folgende *Beispiel* zeigt:

2000 Teile Buchenholzsulfitablauge werden bei 60—80° C mit 60 Teilen einer 44%igen wäßrigen Lösung eines Kondensationsproduktes vermischt, das durch 1stündiges Erwärmen von 53 Teilen Ammoniumchlorid oder 66 Teilen Ammoniumsulfat, 60 Teilen Formaldehyd (in Form einer 30%igen Lösung) und 44 Teilen Acetaldehyd in einem druckfesten Gefäß unter Rühren auf etwa 40—110° C erhalten wurde. Es entsteht eine starke Fällung eines in organischen Lösungsmitteln unlöslichen Stoffes. Nach dem Filtrieren wird die Lösung mit Calciumoxyd auf eine Wasserstoffionenkonzentration p_H 7—7,2 eingestellt und bei 37° C auf Butanol vergoren. Etwa 75% des in der Ablauge enthaltenen reduzierenden Zuckers werden dabei vergoren. Butanol wird in einer Ausbeute von etwa 32%, bezogen auf vergorenen Zucker, erhalten.

Die Vorbereitung der Sulfitlauge ist durch F. NEUMANN und die *Zellstofffabrik Waldhof* in der Weise durchgeführt worden, daß sie bei der Neutralisation auf einen höheren als den bei $p_H = 4,8$ liegenden optimalen Säuregehalt, z. B. auf p_H von 4,3 eingestellt, und in bekannter Weise vor dem Klären mit Nährsalzen versetzt wird. A. RIECHE und G. HILGETAG und die *I. G. Farbenindustrie A.G* haben die obengenannte Behandlung mit Ligninsulfosäure mit Kalkmilch bei einem p_H-Wert von etwa 11,4 behandelt, rasch filtriert und das Filtrat zweckmäßig mit Kohlensäure neutralisiert. Sie haben dann zusammen mit G. BUTSCHEK auf eine Vorbehandlung verzichtet und in folgender Weise gearbeitet:

2000 Teile Buchenholzsulfitablauge mit einem Gehalt von 5,91% reduzierender Substanz, berechnet auf Glucose, 0,159% SO_2 und einem p_H von 2,1 werden mit 25 Teilen Ammoniak (techn. conc., enthaltend 19,3% N), 2,1 Teilen Ätzkali und 1,7 Teilen Magnesiumsulfat versetzt, wobei das p_H auf 4,1 steigt. Zu der nachfolgenden Behandlung werden je 500 Teile dieses Ansatzes benutzt. a) 500 Teile werden mit 0,85 Teilen technischer Phosphorsäure (83 gewichtsprozentig) und 465 Teilen Wasser versetzt. b) 500 Teile werden mit Kalkmilch auf $p_H = 5,1$ gestellt, wozu etwa 4 Teile CaO nötig sind, und dann so destilliert, daß 15% als Destillat abgetrieben werden. Der Rückstand wird auf das Anfangsvolumen gebracht, abgekühlt und nach Zusatz von 0,85 Teilen technischer Phosphorsäure mit Wasser im Verhältnis 1 : 1 verdünnt. c) 500 Teile werden wie bei b) mit Ätzkalk auf $p_H = 5,1$ gestellt und nach Zusatz von 0,85 Teilen technischer Phosphorsäure mit Wasser im Verhältnis 1 : 1 verdünnt.

H. KOCH und die *Kurmärkische Zellwolle und Cellulose A.G.*, Wittenberge, haben mit Kalkmilch stark alkalisch gemacht, vom Niederschlag abfiltriert und den überschüssigen Kalk ausgefällt, um dann das Hydrolysat zu belüften.

Zum Neutralisieren haben K. L. SCHULZE, M. GADE und die *Zellstofffabrik Waldhof* den in der Zuckerindustrie anfallenden Scheideschlamm für die Abstumpfung des hohen Säuregrades der Sulfitablauge benutzt.

Um die hydrolytische Spaltung des Zuckers zu fördern und gleichzeitig die störende Wirkung der schwefligen Säure auszuschalten, haben H. THIERFELDER und die *Zellstofffabrik Waldhof* die Ablaugen in heißem Zustand mit oxydierenden Mitteln, z. B. Chlor in Gasform, in solcher Menge und so lange behandelt, bis die schweflige Säure nahezu vollständig entfernt ist. Die von den Zellstoffkochern abgehende rohe Sulfitablauge wird zunächst belüftet oder in sonstiger Weise von einem Teil des freien SO_2 befreit. Anschließend wird bei Temperaturen von etwa 90° C eine Behandlung mit Chlor in einem Ablaugenbottich vorgenommen. Beispielsweise kann man von einem Lagerkessel abgehendes gasförmiges Chlor in die Saugseite einer säurefesten Pumpe einführen, welche die heiße Ablauge im Bottich umwälzt. Auch eine andere Ausführungsform hat sich bewährt, indem man von einem Lagerbehälter flüssiges Chlor in Rohrleitungen, am besten in mehreren Windungen oder Rohrleitungen, durch heiße Ablauge führt, hieran schließen sich mit Bohrungen besetzte Rohrwindungen an, aus denen das Chlor in Gasform bei gleichzeitigem Umwälzen der Lauge austritt. Dadurch wird eine gleichmäßige und feine Verteilung erreicht und die Oxydation des überschüssigen, gebundenen, freien SO_2 kann schnell erfolgen. Dieser Vorgang wird analytisch durch die Titration des freien und gebundenen SO_2 in bekannter Weise, z. B. mit Chloramin, nachgeprüft. Ist die freie schweflige Säure auf etwa 0,03—0,01% abgesunken, so wird die Behandlung abgebrochen.

Schließlich haben O. MOLDENHAUER, R. LECHNER und die *Phrix-Werke A.G.* zur restlosen Gewinnung der Inhaltsstoffe von Lösungen, welche durch Hydrolyse oder Vorhydrolyse von pentosanreichen Ausgangsstoffen entstanden sind, die Ausgangslösung auf eine Konzentration von etwa 15—40% reduzierendem Zucker gebracht, dann die Hexosen zu Alkohol vergoren und anschließend die vom Alkohol befreite Pentoselösung weiter verarbeitet. Folgendes Beispiel zeigte Erfolg:

7500 l Strohvorhydrolysat mit einem Gehalt von 4% an reduzierendem Zucker, der sich aus 20% Hexosen und 80% Pentosen zusammensetzt, entsprechend 60 kg Hexosen und 240 kg Pentosen, werden nach Neutralisation mit Soda auf ein Volumen von 1000 l, entsprechend einer Konzentration von 30% reduzierendem Zucker, im Vakuum bei 40—70° eingedampft. Das Konzentrat wird mit Salzsäure auf einen p_H-Wert von 5 eingestellt und in bekannter Weise mit Brennereihefe auf Alkohol vergoren. Der Alkohol wird durch Destillation abgetrennt, wobei etwa 25 kg Alkohol erhalten werden. In der vom Alkohol befreiten Lösung, die einen Pentosengehalt von etwa 24% aufweist, werden die darin enthaltenen 240 kg Pentosen mit Mineralsäure nach bekannten Verfahren zersetzt. Das gebildete Furfurol wird mit Wasserdampf abgetrieben und abdestilliert. Dabei werden etwa 120 kg Furfurol erhalten. — Vgl. a. Abschn. „Die Pentoseverwertung", S. 414 ff.

Nach Feststellung von T. BERGEK in „Svensk Papperstidn. 1943, Nr. 7, ist darauf hingewiesen worden, daß die während der Sulfitzellstoffkochung gebildeten einfachen Zuckerarten sich mit Bisulfit umsetzen, solange solches in der Kochsäure noch frei vorhanden ist. Hierbei entstehen nicht nur die einfachen Additionsverbindungen, es bilden sich auch beständigere Zuckersulfonsäuren. Die Stabilität der verschiedenen Verbindungen hat Einfluß auf den Gärverlauf. Da Ablaugen von Hartkochungen geringe Acidität haben, lassen sich die darin vorkommenden Zuckerbisulfitverbindungen nur schwer durch gewöhnliche Neutralisierung beseitigen. Wird letztere bis zur alkalischen Reaktion der Lösung getrieben, so werden die genannten Verbindungen gespalten. Dies ist für die Erreichung eines zufriedenstellenden Vergärungsgrades von aus Hartkochungen stammenden Ablaugen eine notwendige Voraussetzung.

b) Sulfitlaugegärverfahren auf Preßhefe.

Die Versuche, den Zuckergehalt der Sulfitablauge für die Hefeherstellung nutzbar zu machen, gehen bis auf das Jahr 1912 zurück. Damals hat sich O. W. WILCOX die Anwendung von Ammonsalzen als Stickstoffnahrung patentieren lassen. Dann hat V. KROHN in Finnland während des ersten Weltkrieges Kulturhefen und wilde Hefen in halbtechnischem Maßstab aus Sulfitlauge zu züchten versucht, ohne allerdings zu befriedigenden Ergebnissen zu gelangen. Die einzigen Untersuchungen, die zu praktischem Erfolg führten, wurden im Jahre 1925 in Schweden von G. HEIKENSKJÖLD und N. R. NIELSSON begonnen. Sie haben im Jahre 1929 in Finnland bei W. *Rosenlew & Co.* in Björneborg zu folgender Anwendung geführt:

Die Ablauge wird von den Kochern direkt heiß entnommen und in einen Neutralisationsbottich von 80 cbm Inhalt geleitet. Der Bottich, der aus Holz besteht, ist mit einer Belüftungseinrichtung versehen. Die Neutralisation geschieht bei möglichst hoher Temperatur. Zunächst wird Kalksteinmehl (Kreide), später Kalk, in Aufschlämmung eingepumpt. Während der Neutralisation, die bis auf 0,3° Acidität (d. h. hier Anzahl Kubikzentimeter normal NaOH auf 100 ccm Ablauge unter Anwendung von Lackmus als Indikator) durchgeführt wird, wird stark gelüftet. Dann läßt man absitzen, damit die klare Flüssigkeit durch Dekantieren von dem Schlamm getrennt werden kann. Um die Lauge völlig klar zu erhalten, wird sie filtriert und zentrifugiert. Dann wird sie mit einem kupfernen Kühler auf etwa 30° C abgekühlt.

Bei der Hefebereitung geht man von einer besonderen Reinzuchthefe aus. Die Züchtung der Anstellhefe geschieht in einer besonderen Apparatur in mehreren Stufen, zuerst auf Malz, später auf Melasse. Etwa 20% Anstellhefe von der Hefemenge, die hergestellt werden soll, wird in dem Gärbottich mit Melasse und etwas Malzkeimen angerührt und die Gärung in Gang gesetzt. Nach einer gewissen Zeit wird die Sulfitablauge zugesetzt, und zwar allmählich während der ganzen Hefezüchtung, die etwa 15 Stunden dauert, jedoch nicht während der letzten Stunden.

Die Luftmengen, die von zwei Kompressoren mit je 1800 bzw. 3500 cbm Stundenleistungen geliefert werden, sind so bemessen, daß etwa 300 cbm Luft je Quadratmeter Bodenfläche und Stunde hindurchgehen. Hierbei wird nur wenig oder kein Alkohol gebildet.

Während der Gärung werden die erforderlichen Stickstoff- und Phosphormengen in Form von Ammonsulfat, Ammonphosphat bzw. Ammoniak zugesetzt, und zwar so, daß die Acidität dadurch geregelt wird.

Nach beendeter Gärung wird die Hefe abzentrifugiert und darauf wiederholt mit Wasser gewaschen. Diese Operation ist wichtig, um auch die Ablauge, die zwischen den Zellen haftet, vollständig auszuwaschen. Die gewaschene Hefe wird dann in einer Filterpresse abgepreßt, geformt und gepackt.

Die Hefeausbeute beträgt nach Abzug der Anstellhefe 22 kg je Kubikmeter Ablauge. Sie kann gesteigert werden. Der Bedarf an Melasse beträgt je Kilogramm Hefe 0,2 kg. Zur Neutralisation werden je Kubikmeter vergorene Lauge 8,8 kg Kalksteinmehl und 4,1 kg Kalk benötigt.

Das Verfahren ist dann weiter verbessert worden. Man hat die hefehaltige Würze während des Gärprozesses aus dem Gärbottich laufend oder absatzweise entfernt und die von der Würze befreite Hefe dann dem Gärbottich wieder zugeführt, etwa in folgender Weise:

Die Hefezüchtung wird in einem Gärbottich mit einem Fassungsvermögen von z. B. 100 cbm mit einer Stellhefemenge eingeleitet, die doppelt so groß ist wie bei gewöhnlichem Betrieb, d. h. beim Betrieb ohne Abzapfen von Hefe enthaltender Lösung und Zurückführung von daraus abgetrennter Hefe. Sulfitablauge mit z. B. 1,5% gärfähigem Zuckergehalt und 100 kg Ballaststoffen je Kubikmeter wird allmählich zugeführt, wobei gleichzeitig eine entsprechende Menge Wasser zugegeben wird. Nachdem der Zuwachs begonnen und die Flüssigkeit im Gärbottich zu steigen angefangen hat, wird Hefelösung dem Gärbottich entnommen und einem Separator zugeführt, der die Hefe aus der Lösung abtrennt, worauf die Hefe dem Gärbottich wieder zugeführt wird. Das Abzapfen der Hefelösung wird derart geregelt, daß, während das spezifische Gewicht der Sulfitablauge selbst normal 13—15° Bé beträgt, nicht mehr als höchstens 9—11° Bé im Gärbottich zugelassen wird. Während der ganzen Gärführung wird darum die Zufuhr von Sulfitablauge und Wasser derart geregelt, daß das spezifische Gewicht 11° Bé nicht übersteigt. Dem entspricht in der Praxis, daß die abgezapfte Menge der Hefelösung etwa der Hälfte der Menge der gleichzeitig dem Gärbottich zugeführten verdünnten Sulfitablauge gleichkommt, wodurch der Gärbottich sich etwa in demselben Tempo füllt wie bei gewöhnlichem Betrieb ohne Abzapfen von Hefelösung und Zurückführung der Hefe. Der Wasserzusatz ist auch noch zum Herabsetzen des osmotischen Druckes der Sulfitablauge wichtig, der oft zu hoch und für die Hefe schädlich ist.

Das Abzapfen erfolgt während der Hefezüchtungsperiode zweckmäßig ununterbrochen, kann aber auch stufenweise stattfinden. Während einer Züchtungsperiode werden somit bei Entnahme von 100 cbm Hefelösung oder mehr dem Gärbottich 200 cbm Sulfitablauge nebst Wasser zugeführt. Zufolge der Abzapfung der Hefelösung und der Zurückführung der daraus abgetrennten Hefe wird das Verhältnis zwischen der Hefemenge im Gärbottich und der Menge der darin enthaltenen schädlichen Ballaststoffe erheblich vorteilhafter als beim üblichen Betrieb, weil ja solche Ballaststoffe mit der abgezapften Hefelösung aus dem Gärbottich entfernt werden.

Enthält die verwendete Sulfitablauge 10% solcher Ballaststoffe, so sind somit am Ende der Hefezüchtungsperiode im Gärbottich 10000 kg solcher Stoffe vorhanden, und zwar unabhängig davon, ob man Hefelösung abzapft und Hefe zurückführt oder nicht. Wenn aber solche Abzapfung und Zurückführung stattfindet, so enthält der Gärbottich die doppelte Menge Hefe (d. h. wenn man in beiden Fällen die Hefeausbeute als gleich groß annimmt. Tatsächlich wird beim neuen Verfahren die Hefeausbeute erheblich größer als beim üblichen Betrieb ohne Abzapfen von Hefelösung und Zurückführung abgetrennter Hefe), so daß somit auf jede Hefezelle höchstens die halbe Menge schädlicher Ballaststoffe kommt. Dies hat eine sehr vorteilhafte Einwirkung auf die Güte der Hefe sowie auf den Betrieb, der sicherer und zuverlässiger wird.

In heutiger Zeit ist das Verfahren derart ausgebildet worden, daß sowohl mit Sulfitablauge wie mit Melasse gearbeitet werden kann, um unabhängig von Betriebsstörungen in der Sulfitfabrik zu sein. Im Jahre 1953 sind 1 700 000 kg Hefe in Björneborg erzeugt worden. Der Verbrauch an Rohmaterial je Kilogramm Hefe war im Durchschnitt der folgende:

Ablauge . . . . 0,03 cbm Soda . . . . 0,0015 kg
Melasse . . . . 0,2 kg   Ammoniumsulfat . . . . . 0,06 kg
Malzkeime . . . . 0,07 kg   Diammoniumphosphat . . . 0,02 kg
Kalksteinmehl . . . . 0,25 kg

Hierbei entspricht der angegebene Wert von 0,03 cm Ablauge dem gesamten Ablaugeverbrauch für Stellhefe und für Versandhefe. Bei der Herstellung der Stellhefe werden $^2/_3$ Melasse verwendet.

Außer in Björneborg ist im Jahre 1935 in Liverpool (Nova Scotia) ein weiteres Werk errichtet worden. Es wurde Sulfitablauge aus der *Mersey Paper Company* verwendet und die Hefe bis nach West-Indien und Südamerika sowie Mittel- und West-Kanada verkauft. Infolgedessen mußte dort ein zweites Werk in größerer Nähe des Absatzgebietes gebaut werden. Es ist von der *Best Yeast Ltd.* in Thorold, Ontario, in Betrieb genommen worden. An den Verbesserungen haben P. V. WESSMAN und W. LASH MILLER und Mitarbeiter mitgewirkt. Dies bezieht sich vor allem auf die Modernisierung der Fabrikanlage.

Die aus Sulfitablauge hergestellte Preßhefe hat etwa folgende Zusammensetzung:

Wassergehalt . . . . 73—76% P_2O_5 (i. d. Trockensubstanz) 2—3%
Protein (i. d. Trockensubstanz) 43,7—46,9%   Asche (i. d. Trockensubstanz) 5—7%

Schrifttum.
HÄGGLUND: Z. Papierfabrikant **1930**, H. 5.
LÜERS: Die Hefe. Nürnberg 1949.
CAMPBELL: Pulp Paper Mag. Canada. Januar 1941.

c) Sulfitlaugegärverfahren auf Alkohol mit Heferückführung.

Ein Gärverfahren für Sulfitablauge mit Heferückführung ist von Fa. *E. Merck* und VON KEUSSLER entwickelt worden. Hierzu dient die in Abb. 82 gezeigte Apparatur.

Die zu vergärende Ablauge wird in ununterbrochenem Strom dem Hefe enthaltenden Gärbottich *1* unten durch die Leitung *2* zugeführt, steigt in ihm hoch und läuft dem zweiten Gärbottich *3* durch die Leitung *4* unten zu. Die vergorene Würze tritt dann durch eine Überlaufleitung *6* in den Vorratsbehälter oder Nachgärbottich *5* ein. Eine Pumpe führt die vergorene Würze mit der darin enthaltenen Hefe durch die Leitung *8* der Schleuder *9* zu, mit welcher möglichst die gesamte Hefe abgeschieden und als Hefemilch durch die Leitung *10* dem in voller Gärung befindlichen Bottich *1* oben wieder zugeführt wird. Die enthefte vergorene Würze wird vom Separator dem Hochbehälter der Alkoholdestillationsanlage durch die Leitung *11* zugeleitet.

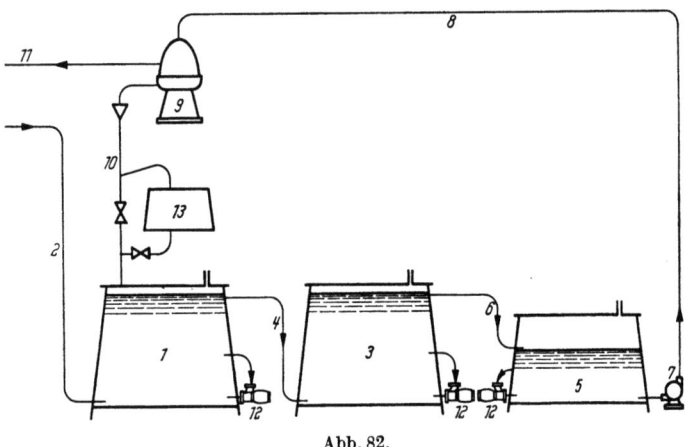

Abb. 82.

Die Hefezellen werden in der Gärflüssigkeit stets frei schwebend erhalten. Die Bottiche *1*, *3* und *5* enthalten daher keinerlei Einbauten, an denen sich Hefe absetzen kann oder die der Hefe einen zwangsläufigen Weg durch das Gärsystem vorschreiben. Damit sich auch auf dem Boden der Bottiche *1*, *3* und *5* keine Hefe ablagert, wird im unteren Teil der Bottiche für eine zusätzliche Flüssigkeitsbewegung gesorgt, und zwar durch Rohrbogenumwälzpumpen *12*. Diese saugen die Gärflüssigkeit aus dem unteren Teil der Bottiche ständig an und drücken sie in Bodenhöhe wieder in den Gärraum. Der Kraftbedarf dieser Pumpen ist sehr viel geringer als der eines Rührwerkes. Er beträgt z. B. für 100 cbm/Std. umgewälzte Gärflüssigkeit nur 1,6 PS. Durch diese Maßnahme wird erreicht, daß sich die Hefe in den Bottichen über den ganzen Flüssigkeitsinhalt gleichmäßig verteilt, wie an den verschiedensten Stellen entnommene Proben anzeigen. Es bleibt daher eine Mindesthefekonzentration von 10 kg je Kubikmeter Würze in dem ganzen Flüssigkeitsbereich erhalten. So kann eine vollkommene Vergärung der Würze in einer von dem Zuckergehalt und der Laugenqualität abhängigen Mindestzeit erreicht werden.

Der Sammelbottich *5* hat eine doppelte Aufgabe: er dient einmal als Nachgärbottich für den Fall, daß infolge erhöhten Würzeanfalls vorübergehend der Gärraum vergrößert werden muß, um eine vollständige Ausgärung zu gewährleisten. Denn der Würzeanfall ist abhängig von den absatzweise betriebenen Zellstoffkochern sowie von der absatzweise vorgenommenen Neutralisation und Klärung der Ablaugen. Bei steigendem Würzeanfall steigt der Flüssigkeitsspiegel im Bottich 5, der normal nur zur Hälfte gefüllt ist, und vergrößert damit den Gärraum. Bei sinkendem Würzeanfall sinkt der Flüssigkeitsspiegel und verkleinert ihn. So können im Bottich 5 die Mengenschwankungen auf die Dauer ausgeglichen werden, und die Belastung des Separators kann unverändert bleiben.

Die andere Aufgabe besteht in folgendem: Da Sulfitablaugen stets feste Teilchen von Neutralisationskalk, Zellstoffasern, Ligninresten u. dgl. enthalten, werden diese Teilchen in der Schleuder zurückgehalten, während die Hefe als gereinigte Hefemilch abläuft. Die Schleuder muß also in bestimmten Betriebsabschnitten für 1—2 Stunden stillgelegt und gesäubert werden. Damit wird auch die Abscheidung der Hefe und die Zufuhr von Hefemilch zum Bottich 1 von Zeit zu Zeit unterbrochen. Die Vergärung wird bei dem großen Vorrat an Hefe in der gärenden Würze dadurch nicht gestört, aber es staut sich die dem Vorratsbottich 5 ununterbrochen zulaufende vergorene Würze dort an. Er dient also auch für diesen Zweck als Ausgleichsgefäß. Bei dem geringen Alkoholgehalt der vergorenen Würze tritt dadurch keine Schädigung der Hefezellen ein, zumal die entstehende Kohlensäure durch die Umwälzpumpe ständig ausgetrieben wird. Andererseits wird eine Kahmhefeentwicklung, die leicht in offenen Bottichen entsteht, dadurch unterdrückt, daß die Bottiche 1, 3 und 5 durch Abdecken stets an der Oberfläche der Flüssigkeit unter einer Kohlensäureatmosphäre gehalten werden.

Die Vorteile dieses Gärverfahrens sind folgende:

1. Die Gärzeit kann von bisher 36—48 Stunden auf 20—24 Stunden verkürzt werden, daher kann der zum Durchsatz der anfallenden Ablaugen benötigte Gärraum um ein Drittel bis zur Hälfte verkleinert werden.

2. Während bisher durchschnittlich je 100 cbm Ablauge 10 kg Ammonsulfat und 5 kg Diammonphosphat als Nährsalz zugesetzt wurden, werden nunmehr nur 2 kg Diammonphosphat benötigt.

3. Ein gleichmäßiger Gärverlauf ist auch bei schwer vergärbaren Ablaugen und bei wechselnder Laugenqualität gesichert.

4. Da die vergorene und enthefte Würze keine Hefe und Reste von vergärbarem Zucker usw. enthält, verkrusten die Böden der Destillierkolonnen nicht so stark, und die anfallende Schlempe enthält weniger organische Substanz als bisher.

5. Die neutralisierte Ablauge braucht nicht belüftet zu werden, sie kann in Zellstoffabriken mit großem Warmwasserbedarf, z. B. in angeschlossenen Papierfabriken, in geschlossenen Gegenstromkühlern zur Erzeugung von Warmwasser von etwa 60° C verwendet werden. Dabei bleibt die Ablauge völlig steril.

6. Die Alkoholausbeute läßt sich um durchschnittlich 15% erhöhen.

Bis 1945 haben in Deutschland neun, in Österreich und Polen je eine und in der Tschechoslowakei zwei Anlagen danach gearbeitet.

Vgl. a. Abschn. ,,Kontinuierliches Gärverfahren auf Alkohol", S. 174 ff.

d) Sulfitlaugegärverfahren auf Alkohol und Rückgewinnung der Chemikalien.

Es ist schon immer das Ziel gewesen, nicht nur die anfallenden großen Mengen Sulfitablauge durch Vergärung des in ihr enthaltenen Zuckers auf Alkohol zu verarbeiten, sondern auch die in der Schlempe zurückbleibenden Chemikalien für die Zellstoffherstellung wiederzugewinnen. Bisher sind beide Prozesse getrennt voneinander durchgeführt worden. G. H. Tomlinson und die Firma *Howard Smith Paper Mills Limited*, Montreal (Canada) haben nun folgende Verfahrensschritte miteinander zu einem Kreisprozeß vereinigt:

1. Die Neutralisation der Ablauge durch Zusatz von Magnesiumhydroxyd auf einen p_H-Wert über 6% und Konzentration der neutralisierten Ablauge auf über 20% Trockensubstanz.

2. Vergärung des gärfähigen Zuckers in der konzentrierten Ablauge mit einer an Sulfitlauge gewöhnten Hefe zu Alkohol.

3. Destillieren und Reinigen des gewonnenen Alkohols.

4. Einführung der Schlempe aus der Destillation in eine Verbrennungskammer und Verbrennung ihrer brennbaren Bestandteile unter Aufrechterhaltung einer Verbrennungstemperatur unterhalb der Schmelztemperatur der nichtbrennbaren Bestandteile zu einer Magnesia enthaltenden Asche.

5. Entfernung der Asche aus der Verbrennungszone in so kurzer Zeit, daß ein Totbrennen der Magnesia nicht eintreten kann und Behandlung der Asche zur Bildung neuer Magnesiumsulfitkochlauge.

Der Kreisprozeß zur Wiedergewinnung der Grundchemikalien und der aufgewendeten Wärme aus der Ablauge einer auf Magnesiumsulfitbasis aufgebauten Lauge für die Herstellung von Zellstoff vollzieht sich in der in Abb. 83 gezeigten Apparatur.

Eine verhältnismäßig reine schwefligsaure Verbindung des Magnesiums, z. B. Magnesiumsulfit, mit überschüssigem Schwefeldioxyd, wird aus dem Kochsäurebehälter *11* einem Autoklaven *10* zugeführt, der indirekt beheizt wird, so daß der Baumégrad der Ablauge nach dem Kochen auf einen höheren Wert kommt, als es bei direkter Dampfbeheizung möglich wäre. Nach dem Kochen des Zellstoffs mit der Lauge im Autoklaven *10* wird das Ganze in den Behälter *12* gefördert, aus dem die sich entwickelnden Gase abgeblasen und aus dem der Zellstoff mit der Lauge zu den Wäschern *13* und *14* gefördert wird. Dem Wäscher *14* wird heißes Wasser zugeführt und die damit verdünnte Lauge gelangt zum Behälter *16*, aus dem ein Teil dem Wäscher *13* zum Waschen des Zellstoffs verwendet wird, ebenso wie die Waschlauge aus dem Behälter *14* zur Einstellung der Stoffdichte in diesem Behälter benutzt wird. Die Waschflüssigkeit aus dem Behälter *13* wird dem Säurebehälter *17* zugeführt, aus dem sie teilweise zu ihm zurückgelangt und teilweise zum Behälter *12* befördert wird, in dem sie den Zellstoff flüssiger macht, damit er förderbar wird.

Die Ablauge im Behälter *17*, die etwa den gleichen Trockensubstanzgehalt wie die den Autoklaven verlassende Ablauge besitzt, wird vor den Absorptionstürmen vorteilhaft im Gasskrubber oder Sprühturm *18* ver-

Verarbeitung: Sulfitlaugegärverfahren auf Alkohol.

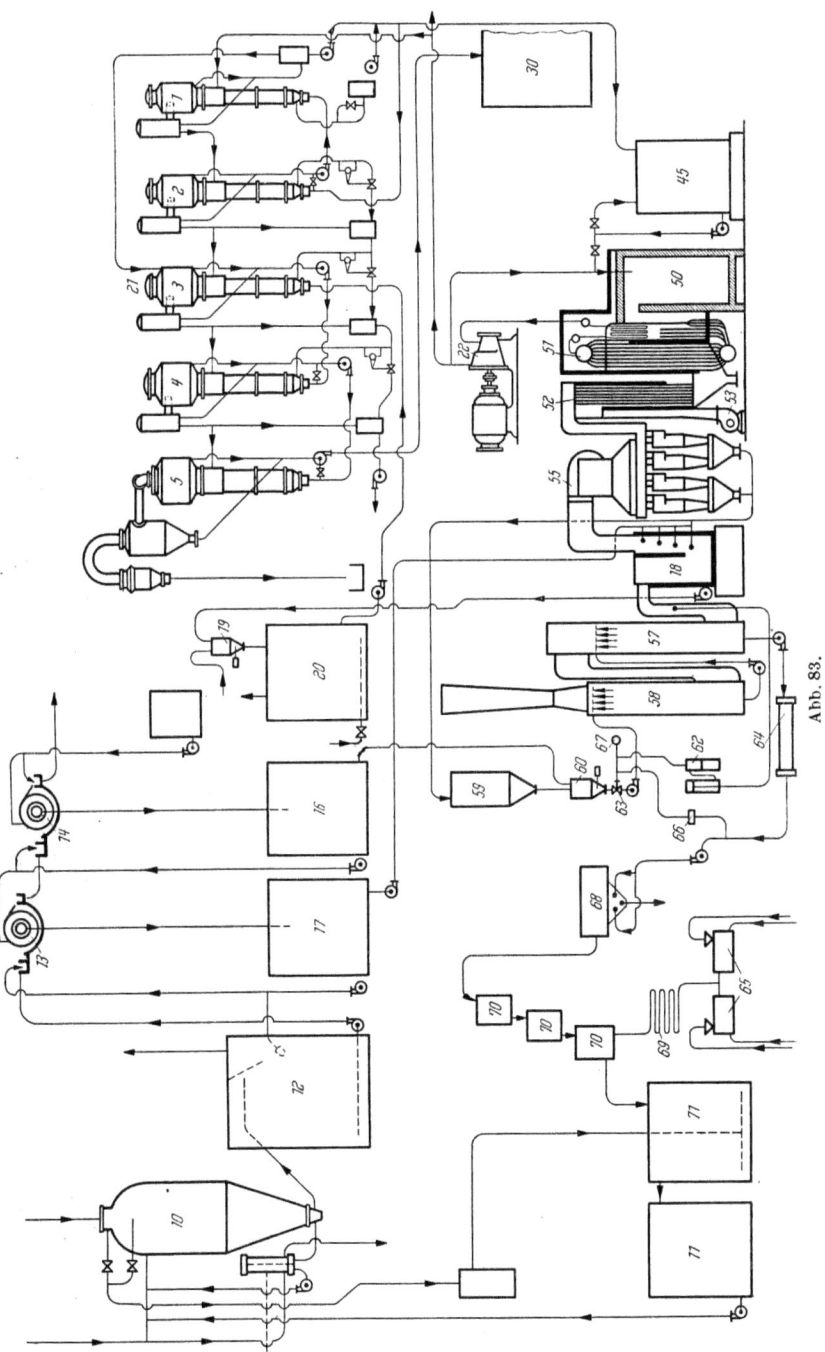

Abb. 83.

202 Die Sulfitablaugevergärung.

wendet. Diesem werden die im Wiedergewinnungsofen erzeugten Heizgase, aus denen der größere Teil der festen Chemikalien bereits herausgezogen ist, zugeführt. Im Skrubber *18* wird durch Berührung der Ablauge mit den Heizgasen aus ihr Schwefeldioxyd frei, welches dann mit den Heizgasen in die anschließenden Absorptionstürme gelangt. Dabei wird auch im Skrubber der größte Teil der noch in den Gasen enthaltenen Chemikalien niedergeschlagen, und das Magnesiumoxyd gelangt in den Unterteil des Skrubbers und neutralisiert dort teilweise die Ablauge.

Von dort gelangt die Ablauge in den Behälter *19*, wird dort völlig neutralisiert, und dann im Behälter *20* gesammelt. Es ist zweckmäßig, sie vor

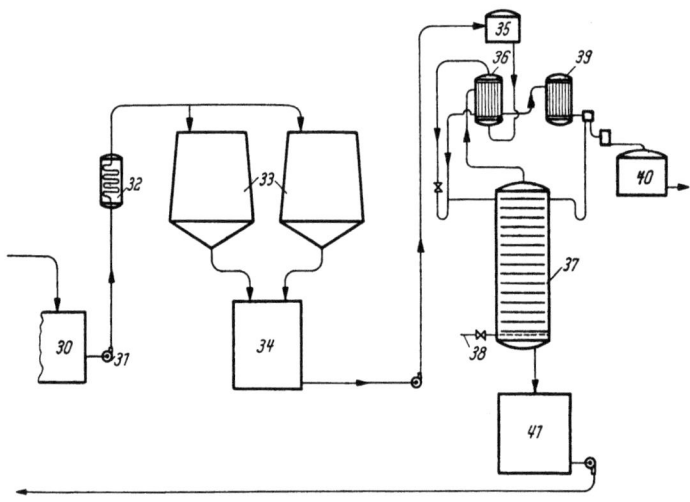

Abb. 84.

der Eindampfung auf einen etwas höheren p_H-Wert von 7 zu bringen. Aus ihm gelangt sie zu einem Mehrfachverdampfer von *1—5*, in dessen erster Stufe sie durch Dampf aus der Niederdruckturbine *22* aufgeheizt wird. Sie verläßt die fünfte Stufe mit einer Temperatur von etwa 49° C und einer Konzentration zwischen 28 und 33% Gesamttrockensubstanz und steht dann im Aufnahmebehälter *30* zur Gärung zur Verfügung.

Gärung und Gewinnung des Alkohols und der Schlempe werden nach einem Schema durchgeführt, wie es in Abb. 84 wiedergegeben ist.

Die konzentrierte Lauge wird durch eine Pumpe *31* über den Kühler *32* zu den Gärbottichen *33* befördert. Die vergorene Würze wird dem Lagerbehälter *34* zugeführt, und von da einem Destillierapparat, um dort die nicht flüchtigen Bestandteile zu entfernen und eine weitere Konzentration zu erreichen.

Das Destillationssystem besteht aus einem Speisebehälter *35*, einem Kocher *36*, einem Reihen- oder Säulendestillierapparat *38*, einem Kondensator *39* und einem Speicherbehälter *40* für das Destillat.

Die vom Alkohol befreite Schlempe wird am Boden des Apparates *37* abgenommen und bei einer Temperatur von etwa 100° C in einen Behälter *41* gegeben. Sie kann dann in die zweite Verdampferstufe eingeführt werden, so wird ein beträchtlicher Teil der Dampfwärme noch ausgenutzt. Sie verläßt die letzte Verdampferstufe mit einer Konzentration von 45—70% Trockensubstanz. Das Konzentrat wird dem Lagerbehälter *45* zugeleitet und von dort für den Wiedergewinnungsofen *50* entnommen. In diesem wird das Konzentrat verbrannt und ergibt eine trockene Asche von Magnesiumoxyd und Heizgase mit SO_2, die anschließend zur Dampferzeugung ausgenutzt werden können. Als beste Verbrennungstemperaturen wurden 1100 bis 1200° C festgestellt.

Der Dampferzeuger *51* besteht aus einer einfachen Konstruktion, in welcher die Heizflächen frei von Asche gehalten werden können. Nach Verlassen des Dampferzeugers strömen die Heizgase nach oben durch die Rohre des Lufthitzers *52* mit Vorwärmung der Luft, die um die Rohre herum unter der Wirkung eines Saugventilators *53* abwärts strömt. Die Gase strömen dann parallel durch die Zyklone *54*. Dort wird der größte Teil der Asche abgeschieden und gesammelt. Die Gase werden dann durch den Ventilator *55* zu dem Sprühturm *18* geleitet, in dem sie nacheinander mit der nach unten gesprühten Ablauge aus dem Behälter *17* in Berührung kommen. Diese Gase ziehen daraufhin zu den Absorptionstürmen *57* und *58*. Die Flüssigkeit wird aus *18* zu dem Mischbehälter *19* und dem Neutralisierungsbehälter *20* gepumpt.

Die abgeschiedene Asche wird im Behälter *59* aus dem Zyklon *54* gesammelt, während die Gase in den Absorptionstürmen mit einer Flüssigkeit in Berührung gebracht werden, die suspendierte Magnesia enthält, die durch Mischen von Asche aus dem Behälter *59* mit der Waschflüssigkeit aus dem zweiten Zellstoffbehälter *14* in einem Behälter *60* hergestellt ist. Während des Durchlaufs durch den Turm verbindet sich die Magnesia mit dem Schwefeldioxyd des Gases und bildet eine Lösung von schwefligsaurem Magnesium. Etwaiges Schwefeltrioxyd, welches in den Türmen vorhanden ist, wird sich mit den Chemikalien in der sich ergebenden Flüssigkeit zu Magnesiumsulfat verbinden, welches anschließend zersetzt und im Zellstoffherstellungsverfahren wieder verwendet werden kann.

Um die größte Wiedergewinnungsleistung in den Türmen zu erzielen, ist ein Gleichgewicht zwischen der Menge des Magnesiumoxydes in der Mischflüssigkeit und des Schwefeldioxydes in den Gasen erforderlich. Sie wird mit einem automatischen SO_2-Analysator *62* und einem Ventil *63* gesteuert. Die alkalische Flüssigkeit, die den zweiten Turm *57* verläßt, durchläuft einen Kühler *64*, in dem die Temperatur herabgesetzt wird, um die anschließende Absorption von SO_2 aus den Schwefelbrennern *65* zu erleichtern. Die Betätigung des Ventils *63* wird dadurch kontrolliert, daß eine p_H-Steuerung *66* auf der Ausgangseite des Kühlers *64* auf das Ventil *63* erfolgt. Ein Registrierapparat *67* zeigt den SO_2-Gehalt an.

Die notwendige Reinigung der Ablauge von der im Wäscher vorhandenen Trockensubstanz auch von unverbrannter Kohle aus den Gasen im Turm wird durch ein Filter *68* gewährleistet. Wenn sich das Filter an das Steuerorgan *66* anschließt, können die in der Flüssigkeit in Suspension befindlichen Calciumverbindungen gemeinsam mit Kohlenstoff oder anderer Trockensubstanz entfernt werden.

Die Sulfitablauge wird auf die gewünschte Schwefeldioxydkonzentration verstärkt, indem Schwefeldioxyd über den Kühler *69* mit der Flüssigkeit in Berührung gebracht wird, während es durch ein Gasabsorptionssystem *70* geleitet wird. Die verstärkte Flüssigkeit wird dann einem Behälter *71* zugeführt, wo sie mit Gasen aus *10* gemischt in dem Lagerbehälter *11* verfügbar ist. So ist es also gelungen, die in der Schlempe enthaltenen Chemikalien zur Bildung neuer Magnesiumsulfitkochlauge wiederzugewinnen.

Die Bedeutung des Verfahrens besteht außerdem darin, daß durch die Wärmeausnutzung einer Ablauge mit verhältnismäßig feinem Magnesiumbisulfit-Gehalt die Herstellungskosten des Alkohols wesentlich herabgesetzt werden, und zwar auf etwa ein Drittel der Kosten des Alkohols, der in einem getrennten Arbeitsgang mit einer Ablauge auf Soda- oder Calciumsulfatbasis hergestellt wird. In dem vorliegenden System drücken sich die Kosten des Alkohols durch den Wärmewert des vergorenen Zuckers aus, und zwar in den Dampfkosten für die Destillation, in dem Anteil einer wesentlich verkleinerten Gär- und Destilliereinrichtung und in einer verringerten zusätzlichen Arbeit. Die Dampferzeugung in der Flüssigkeits- und Wiedergewinnungseinheit ist mehr als ausreichend, um das Verfahren durchzuführen. Die Eingliederung des Systems zur Alkoholgewinnung in die andere Anlage bringt erhebliche Vorteile dadurch, daß die Rückgewinnung der Wärmewerte wesentlich erniedrigt wird, denn:

1. wird die neutralisierte Ablauge vor der Gärung in einem Mehrstufenverdampfer auf einen Gehalt von 28—35% Trockensubstanz konzentriert;
2. wird die Schlempe aus dem Destilliervorgang vor dem Einsprühen in die Verbrennungskammer mit hoher Temperatur auf eine Konzentration von 45—70% Trockensubstanz eingeengt;
3. wird die in der Verbrennungszone der Kammer erzeugte Asche durch die bei der Verbrennung entstehenden strömenden Gase mitgenommen und aus der Verbrennungszone entfernt;
4. wird die aus dem Destillationsvorgang kommende Schlempe infolge direkter Berührung mit den Verbrennungsgasen der verbrannten konzentrierten Schlempe schon teilweise konzentriert;
5. können die Verbrennungsgase aus der verbrannten konzentrierten Schlempe zur Erzeugung von Dampf ausgenutzt werden, der teilweise für die Flüssigkeitsverdampfung und teilweise für die Destillation verwendet wird.

e) Sulfitlaugegärverfahren auf Futterhefe.

Bei den bekannten Hefegewinnungsverfahren werden den kohlehydrathaltigen Nährlösungen erhebliche Mengen organischer Stickstoffverbindungen, z. B. in Form von Malzkeimauszügen, zugesetzt. Dadurch wird bei einem Überschuß von Stickstoff die Stellhefequalität leicht gefährdet, insbesondere, wenn Futterhefe erzeugt werden soll. H. FINK und R. LECHNER und die *Versuchs- und Lehranstalt für Spiritusfabrikation*, Berlin, haben zur Vermeidung dieses Übelstandes die Stellhefe in mehreren Führungen herangezüchtet und den Stickstoffgehalt auf die theoretisch erforderliche Menge beschränkt.

Zum Beispiel wurde in folgender Weise gearbeitet:

Die bei der Zellstoffkochung anfallende saure Sulfitlauge wird in bekannter Weise einige Stunden gelüftet und anschließend mit Kreide bzw.

Ätzkalk bis zur schwachsauren Reaktion neutralisiert. Die Lauge enthält etwa 2,5% vergärbaren Zucker und je Liter etwa 100 mg Gesamtstickstoff.

Zu 3 l Sulfitlauge, enthaltend etwa 75 g vergärbaren Zucker, werden etwa 4,5 g Stickstoff in Form anorganischer Stickstoffverbindungen, wie Ammonsulfat, Diammonphosphat oder Ammoniak, und die üblichen Nährstoffe, wie Phosphate, Kalium- und Magnesiumsalze, zugefügt. Als Stellhefe werden etwa 35 g abgepreßte, angepaßte Torulahefe verwendet.

Die Stellhefe wird zunächst in 300 ccm Lauge aufgeschlämmt und nach Zugabe von 300 ccm Wasser in üblicher Weise feinstbelüftet. Nach 1 Stunde wird weitere Lauge zur gärenden Flüssigkeit gegeben, und zwar derart, daß im Verlaufe von etwa 6 Stunden die 2700 ccm Lauge zugesetzt werden. Dann wird noch 1 Stunde lang nachgelüftet. Die Gärtemperatur beträgt etwa 30°, und das p_H der gärenden Flüssigkeit wird durch Zugabe von Soda oder Ammoniak bei 4—5 gehalten. Nach Beendigung der Gärung wird die Hefe durch Zentrifugieren von der vergorenen Flüssigkeit abgetrennt und abgepreßt. Es werden etwa 200—220 g abgepreßte Hefe geerntet.

Die Arbeitsweise ist auch auf Holzzuckerwürzen nach dem SCHOLLER-Verfahren angewendet worden. Die bei der Hydrolyse des Holzes verwendete Säure wird mit Kreide neutralisiert. Der Würze werden auf 4 l Flüssigkeit 10—12 g Ammonsulfat oder die äquivalente Menge anderer anorganischer Stickstoffverbindungen sowie die üblichen Nährsalze, wie Kaliumphosphat, Magnesiumsulfat usw., zugefügt.

Zu dieser Würze wird wäßriger Malzkeimextrakt zugesetzt, der in der Weise erhalten wurde, daß 20 g Malzkeime mit 500 ccm Wasser auf 75° erwärmt und nach etwa 1 stündigem Stehen filtriert wurden. Von diesem Extrakt wird so viel zugegeben, daß der Gehalt an organischem Stickstoff etwa 6,9% des nach Zugabe des Extraktes vorhandenen Gesamtstickstoffs beträgt.

Auf 4 l mit Malzkeimextrakt versetzter Holzzuckerwürze werden dann 15 g abgepreßte Torula utilis mit einem Wassergehalt von etwa 75% zur Anwendung gebracht, und zwar in der Weise, daß zunächst die Hefe in 400 ccm der fertigen Nährlösung eingerührt und die Mischung in üblicher Weise fein belüftet wird. Im Verlauf von etwa 6 Stunden werden dann die übrigen 3600 ccm Nährlösung kontinuierlich zulaufen gelassen, wobei eine Temperatur von etwa 25—30° eingehalten wird. Während dieses Zulaufs wird die gärende Flüssigkeit durch Abstumpfen mit Soda od. dgl. auf ein p_H von etwa 4—5 gehalten. Anschließend wird zum Zweck der Hefereifung die Mischung etwa 1—2 Stunden nachbelüftet. Dann läßt man über Nacht absitzen, und hierauf wird dekantiert und zentrifugiert.

Von der bei der ersten Führung erhaltenen etwa 130 g abgepreßten Hefe werden zu einer zweiten Führung etwa 15 g verwendet. Die zweite Führung wird unter sonst gleichen Bedingungen wie die erste Führung durchgeführt, mit der Ausnahme, daß eine geringere Menge Malzkeimextrakt dem Holzzuckerhydrolysat zugesetzt wird, die derart bemessen ist, daß der Gehalt an organischem Stickstoff 4,5% des Gesamtstickstoffs beträgt. Die Aufarbeitung der bei dieser Führung erhaltenen Hefe erfolgt in völlig analoger Weise wie bei der ersten Führung.

Von der hierbei erhaltenen abgepreßten Hefe werden für die dritte Führung wiederum 15 g auf etwa 4 l Nährflüssigkeit verwendet, wobei bei dieser Führung eine solche Menge Malzkeimextrakt zugesetzt wird, daß der Gehalt an organischem Stickstoff etwa 3,5% des Gesamtstickstoffs beträgt.

Während bei einer vierten Führung die Menge des zugesetzten Malzkeimextraktes nochmals verringert wird, und zwar derart, daß die Menge an organischem Stickstoff etwa 3% des Gesamtstickstoffs beträgt, erfolgt die anschließende fünfte Führung schon ohne besonderen Zusatz von Malzkeimextrakt. Der Gehalt an organischem Stickstoff beträgt nunmehr nur noch etwa 2,5% des Gesamtstickstoffs und entstammt ausschließlich der Holzzuckerwürze.

Von der vierten bzw. fünften Führung ab ist die Anpassung der Hefe an das Substrat erfolgt, sie kann nunmehr als Stellhefe verwendet werden, ohne daß bei längerem Betrieb eine Erneuerung unter besonderer Reinkultur oder durch Zwischenreinigung vorgenommen werden muß.

Neben den Stickstoffverbindungen ist auch die Phosphorsäurezugabe besonders zu regeln. So haben H. RIECHE, G. BUTSCHEK, G. HILGETAG und die *I. G. Farbenindustrie A.G.* ein besonderes Verfahren ausgearbeitet, um Phosphorsäureverluste zu vermeiden. Es hat sich gezeigt, daß es nur der hohen Schutzkolloidwirkung der Sulfitablauge usw. zuzuschreiben ist, wenn überhaupt ein Teil des zugeführten Phosphats in Lösung bleibt. Bei Temperaturschwankungen fällt leicht der größte Teil des Phosphors als unlösliches Phosphat aus. Wenn man nun die für das Hefewachstum nötige Phosphatmenge in Form von Phosphorsäure dem Gärapparat laufend oder anteilweise nach Maßgabe des Verbrauches zugibt, kann dieser Übelstand behoben werden. Dabei kann man die Phosphorsäure getrennt von der mit den sonstigen Nährstoffen versetzten Würze oder aber auch der verhefungsfertigen Würze auf dem Wege vom Anstellbottich zum Verhefungsgefäß über ein Mischgefäß zufließen lassen. Die Würze kann dann auch mit einem höheren p_H-Wert zugeführt werden, als dem Wachstumsoptimum entspricht, ohne daß zu befürchten ist, daß ein Teil der zugeführten Phosphorsäure ausgefällt wird.

Eine Buchenholzsulfitlauge, die durch geeignete Vorbehandlung und Zugabe der notwendigen Kalium-, Magnesium- und Stickstoff-Nährstoffe verhefungsfertig gemacht wurde, läuft kontinuierlich einem Verhefungsprozeß zu. Durch Versuche wurde festgestellt, daß bei der Anwendung einer an die Buchenholzsulfitablauge gewöhnten, Pentosen assimilierenden Moniliahefe 1 l dieser Würze mit etwa 4,2% reduzierender Substanz 84 g abgepreßter Hefe mit 50% Eiweiß in der Trockensubstanz als Ausbeute ergibt. Um den bei der Hefebildung notwendigen Bedarf an Phosphorsäure zu decken, läßt man deshalb für jeden Liter Würze 1,05 ccm einer technischen Phosphorsäure, die 1000 g P_2O_5 im Liter erhält, im Gärapparat zulaufen. Man erzielt dann eine Hefe, die 8,5% Asche in der Hefetrockensubstanz enthält, während der Aschegehalt bei einer Hefe, die unter Zugabe von Superphosphat zur Sulfitablauge vor oder nach Entfernung der schwefligen Säure gezüchtet wurde, 12% und mehr beträgt.

Bei der Verarbeitung von Holzzuckerwürzen nach dem SCHOLLER-Verfahren ist wie folgt verfahren worden:

Sie enthält 3,5% reduzierender Substanz und wird nach dem Zusatz der Kalium-, Magnesium- und Stickstoffnährsalze mit Kalk auf die für die Verhefung notwendige Wasserstoffionenkonzentration eingestellt und filtriert. 2000 Teile dieser verhefungsfertigen Würze laufen in der Stunde einem kontinuierlich arbeitenden Gärapparat zu, in dem unter Luftzufuhr die Assimilation der Nährstoffe durch die im Apparat befindliche Moniliahefe bewirkt wird. Gleichzeitig führt man dem Verhefungsprozeß verdünnte technische Phosphorsäure, enthaltend 1,2 Teile P_2O_5 zu. Entsprechend dem Zulauf wird Maische aus dem Gärapparat abgezogen, so daß in diesem ständig die gleiche Flüssigkeitsmenge vorhanden ist. Die Menge der in der Stunde von der Würze getrennten und geernteten Hefe beträgt 36,2 Teile Hefetrockensubstanz. Der P_2O_5-Gehalt in der Hefetrockensubstanz beläuft sich auf 3,1%, der Aschegehalt auf 7,0%.

Über die weitere Gewinnung von Hefe aus Sulfitablauge vgl. Kap. Gewinnung von Eiweiß-, Nähr- und Futterhefe.

Um eine zu große Verdünnung der zu verhefenden Ablaugen zu vermeiden, hat die *Zellstoffabrik Waldhof* die Anstellhefe nicht mit frischer Laubholzsulfitablauge zusammengebracht, weil die in ihr vorhandenen Giftstoffe auf die Hefe schädlich wirken würden, sondern sie in entgifteter Maische aufgelöst und dieser dann neue unverdünnte Ablauge in kleinen Anteilen oder fortlaufend zugefügt. Die Hefe macht dann diese Giftstoffe unschädlich. Man hat z. B. wie folgt gearbeitet:

Aus einem Gärbehälter, der mit 8 cbm einer mit Torulahefe verheften Maische aus einer vorherigen Verhefung oder aus einer in Betrieb befindlichen Verhefungsbütte gefüllt ist, wird stündlich 1 cbm Maische abgelassen und durch 1 cbm unverdünnte Buchenholzsulfitlauge ersetzt, die bei 60 bis 70° mit Hilfe von Ätzkalk auf einen solchen Säuregrad eingestellt ist, der einem p_H-Wert von 4,3 entspricht, und die mit Nährsalzen versehen ist. Die frische Ablauge enthält 4,0% reduz. Substanz. Der Gehalt der belüfteten Maische an letzterer (Luftverbrauch 8—10 cbm, bezogen auf 1 kg der gewonnenen Hefe, absolut trocken gerechnet) hält sich bei einem stündlichen Durchsatz von 1 cbm Ablauge auf 0,6—0,8%. Die abgelassene Maische wird zentrifugiert und ergibt je Kubikmeter 18 kg Hefe, absolut trocken gerechnet. Selbst nach 30 Tagen zeigt sich bei dem beschriebenen ununterbrochenen Verfahren noch keine Schädigung der Hefe bzw. Verminderung der Ausbeute.

Anders hat die *I. G. Farbenindustrie A.G.* Störungen während der Verhefung vermieden. Man hat zur Herbeiführung der nötigen Wasserstoffionenkonzentration Ammoniak in gewissen Mengen zugesetzt, so daß keine Vorbehandlung mit dem Ziele der Entfernung der schädlichen Bestandteile notwendig ist.

9000 Teile Buchenholzsulfitablauge mit einem Gehalt von etwa 5% an reduzierender Substanz berechnet als Glucose, etwa 0,15% freier schwefliger Säure und etwa 1,2% organischer Säure, berechnet als Essigsäure, werden mit 6 Teilen Magnesiumsulfat (Bittersalz), 7,5 Teilen Ätzkali, 90 Teilen Ammoniakwasser und 37 Teilen CaO versetzt, so daß sich ein p_H von 5,2 bis 5,4 einstellt. Durch Zugabe von Wasser wird die Konzentration der reduzierenden Substanz auf 4,2% und die des anorganischen Stickstoffes auf 0,16% gebracht.

Nach Abtrennung der Fettstoffe läuft diese Würze kontinuierlich einem im Betrieb befindlichen und deshalb mit der nötigen Stellhefe beschicktem Apparat zur kontinuierlichen Verhefung zu, wobei gleichzeitig technische Phosphorsäure (83 Gew.-%ig), entsprechend 13,5 Gewichtsteilen P_2O_5, kontinuierlich zugesetzt werden. Durch diese Arbeitsweise herrscht im Verhefungsapparat dauernd ohne Zugabe von Regulierungsmitteln ein p_H von 5,8—6,5. Der ständig abgezogene und von der Hefe befreite Ablauf enthält noch etwa 0,6—0,7% reduzierende Substanz und 0,0001—0,001% anorganischen Stickstoff. Die Ausbeute an gebildetem Eiweiß liegt bei etwa 25%.

Die *Hefepatent G.m.b.H.*, Berlin, hat ein Verfahren entwickelt, um Sulfitablaugen und Holzzuckerlösungen, die von Laubholz, insbesondere Buchenholz, herrühren, ohne eine unerwünscht hohe Verdünnung in rationeller Weise zu verarbeiten. Bei dieser Methode treten keine Ausfällungen und Störungen ein, und es können Ausbeuten erzielt werden, welche die bei der Verarbeitung von Nadelholzlaugen erhaltenen Werte weit übersteigen.

Die Holzzuckerlösungen bzw. Sulfitablaugen aus Buchenholz werden in Verdünnungen von 2—4% an reduzierendem Zucker während des Verlaufs der Gärung gegen Lackmus alkalisch gehalten. Zu diesem Zweck wird vorteilhaft bei der Klärung eine Abstumpfung der Laugen bis kurz vor dem Neutralpunkt gegen Lackmus vorgenommen. Im Verlauf der Gärung wird durch entsprechende Zusätze von basischen oder auch sauren Hefenährstoffen, z. B. Ammoniakwasser, Diammoniumphosphat und nötigenfalls Ammoniumsulfat, eine Alkalität von vorzugsweise p_H 7—8 aufrechterhalten.

Das vorliegende Verfahren ermöglicht auch die Durchführung der kontinuierlichen Arbeitsweise, bei der während der Gärung laufend oder periodisch aus dem Gärbottich hefehaltige Würze zur Gewinnung der Hefe im gleichen Maße abgenommen wie frische Würze zugeführt wird. Es können langdauernde Gärungen bei guten Ausbeuten mit Würzen, die beim Einlauf in den Gärbottich 3,5—4% reduzierenden Zucker enthielten, durchgeführt werden.

Die nach dem Verfahren erzeugten Hefen stellen nach dem Trocknen ein helles Produkt mit einwandfreiem Geruch dar.

15 700 l Buchenholzsulfitablauge mit einem Gehalt von 4,3% reduzierendem Zucker (nach der Klärung bestimmt) und mit einem p_H-Wert von 3,4 werden mit 30 kg Kalk und 260 kg Kreide auf ein p_H von 5,8 in der Hitze unter gleichzeitigem Durchlüften abgestumpft. Die Lösung wird durch Absetzenlassen geklärt und die klare Lösung dem Gärbottich zugeführt.

Im Gärbottich werden 2400 l Wasser und 300 l Hefebrei von Torula utilis mit 14% Trockensubstanz vorgelegt. Hierauf beginnt man unter Lüften mit dem Zulauf der geklärten Lauge und der entsprechenden Zugabe der erforderlichen Hefenährsalze. Man läßt stündlich 830 l 4,3%ige Lauge zulaufen. Nach 4 Stunden ist der Bottich mit 6000 l Flüssigkeit befüllt.

Nunmehr beginnt man mit dem Abzug der hefehaltigen Flüssigkeit. Es werden stündlich 1200 l Flüssigkeit abgezogen, während zu gleicher Zeit

830 l 4,3%ige Lauge und 370 l Wasser zulaufen, damit die Würze im Gärbottich eine Konzentration von 3% reduzierendem Zucker hat und eine gleichmäßige Befüllung des Bottichs aufrechterhalten wird.

Die Reaktion der Gärflüssigkeit wird bei einem Alkalitätsgrad von 0,3 bis 4,0 gehalten. Unter Alkalitätsgrad ist hierbei die Anzahl von Kubikzentimetern n-Säure verstanden, die zur Neutralisation von 100 ccm Sulfitablauge unter Verwendung von Lackmus als Indikator erforderlich sind.

Bei 20stündiger Gärzeit werden nach Abzug der Stellhefe 317,1 kg Hefetrockensubstanz bzw. 152,3 kg Eiweiß gleich 46,8% Hefetrockensubstanz bzw. 22,5% Eiweiß, bezogen auf reduzierenden Zucker, erhalten.

Neuerdings hat H. KLAUSHOFER über die Entwicklung des sogenannten Waldhof-Prozesses in Österreich berichtet. Dieser wird in modifizierter Form in folgender Weise durchgeführt:

Als Verhefungsbütten dienen offene, kreisrunde, säurefeste Betonbehälter mit einem Fassungsraum von etwa 200 cbm. Darin befinden sich ein wirksames Kühlsystem, Zirkulationseinrichtungen für die zu verhefende Ablauge und die zentral angeordnete hohle Rührwelle, an deren unterem Ende ein Belüftungsgrad montiert ist.

Diese Anordnung erlaubt unter Einhaltung der für das Wachstum der Hefe notwendigen optimalen Temperatur ausreichende Belüftung und Rührung.

Die für den Prozeßablauf benötigte ziemlich große Luftmenge wird durch spezielle Gebläse geliefert.

Der ganze Prozeß verläuft im wesentlichen kontinuierlich.

Die als Rohmaterial dienende Buchen- oder Fichtenholzablauge wird unter Belüftung mit Kalk auf p_H 4,0—5,0 neutralisiert, durch Absitzenlassen geklärt und in einem Wärmeaustauscher abgekühlt. Die Ablauge enthält nun 2—3,5% reduzierende Zucker (als Glucose berechnet), wozu jetzt noch die Nährsalze zugefügt werden.

Zu Beginn enthält ein Fermentor 50 cbm Medium und Hefe. Die Belüftung wird jetzt so eingestellt, daß je erzeugtes Kilogramm Hefe 8 bis 12 cbm Luft gegeben werden. Die Temperatur wird mittels der Kühlschlangen und durch Vorkühlung der zufließenden Lauge auf 30—32° C gehalten. Hat die Hefekonzentration eine bestimmte Höhe erreicht, wird der Prozeß in der Weise kontinuierlich gemacht, daß für die abgezogene Hefesuspension eine gleich große Menge frischer Ablauge zufließen gelassen wird.

Beispielsweise ist bei einer Zuckerkonzentration von 2,6% die Zulaufmenge 12 cbm/h, und die Propagierzeit $4^1/_2$ Stunden. Je Stunde ist ein Zuwachs von 145 kg Hefe mit 93% Trockensubstanz zu verzeichnen.

Die Hefesuspension wird dann in einer Entschäumungszentrifuge vom Schaum befreit und mittels Zentrifugen auf einen 12%igen Heferahm konzentriert. Die Wäsche erfolgt so, daß man den Heferahm auf das ursprüngliche Volumen mit Wasser verdünnt und neuerlich zentrifugiert. Diese Wäsche wird wiederholt. Der 12%ige Heferahm wird sodann weiter konzentriert und schließlich nach Vorautolyse in einem Plasmolyseur auf Walzentrocknern getrocknet.

An Nährsalzen werden Verbindungen des Stickstoffes, Phosphors und Kaliums gegeben, und zwar Stickstoff meist in Form von Ammoniakwasser, durch dessen Zugabe man gleichzeitig das p_H auf 5—6 hält, Phosphor in der Regel als Superphosphat und Kalium in Form irgendeines wohlfeilen Kalisalzes.

Der Gehalt an reduzierenden organischen Stoffen in der Ablauge nach der Verhefung beträgt 0,36—0,40% (als Glucose berechnet).

H. KLAUSHOFER hat auch die erhaltenen Hefeflocken einer sorgfältigen Untersuchung unterzogen. Er ist zu den in Tab. 15 zusammengestellten Durchschnittswerten gekommen.

Tabelle 15. *Futterhefe aus Fichtenholz-Sulfitablauge.*

Wasser in der Trockensubstanz	6,68%
Asche	9,70%
CaO	1,59%
P_2O_5	3,62%
Cu	14,3 mg/kg
As	4,12 mg/kg
Pb	2,0 mg/kg
Gesamtfett	8,23 %
Dioleolecithin	6,25%
Rohprotein	48,28%
Verdauliches Rohprotein:	
Pepsinverdauung	34,91%
Pepsin und Trypsinverdauung	43,29%
Vitaminanalyse:	
Lufttrockenes Material	
Thiamin	4,0
Riboflavin	44,6
Vitamin B_6	28,1
Nicotinsäure	459,0
Pantothensäure	73,3
Biotin	1,4
Folsäure	14,1
p-Aminobenzoesäure	9,6
Sterine	3470
Cholin	3240

(Thiamin bis Cholin: Gamma/g)

Über die Untersuchungsmethoden sind ebenfalls genaue Angaben gemacht worden. Vergleiche hierzu Mitteilung der Versuchsstation für das Gärungsgewerbe in Wien 1952, Nr. 11—12, S. 125—135. Hinsichtlich der Quellen für die Analysenmethoden wird auf folgendes Schrifttum verwiesen:

Calcium: TREADWELL, F. P.: Kurzes Lehrbuch der analytischen Chemie 11. Aufl., Bd. 2 S. 381. Deuticke 1943.

Phosphorsäure: GROSSFELD in JUCKENNACK: Handbuch der Lebensmittelchemie, Bd. 2/II 1220 u. 1257. Berlin: Springer 1940.

Kupfer und Blei: CHOLAK, J., u. R. V. STORY: Ind. Engng. Chem. anal. Edit. **10**, 619 (1938); — J. SCHWAIBOLD, B. BLEYER u. G. NAGEL: Biochem. Z. **297**, 325 (1938).

Arsen: ROSSENBECK, H.: Biochem. Z. **208**, 428 (1929); — J. GANGL u. N. VAZQUEZ-SANCHEZ: Z. analyt. Chem. **98**, 81 (1934).

Gesamtfett und Dioleolecithin: GROSSFELD, J., u. H. HESS: Z. Unters. Lebensmittel **85**, 497 (1943).

Verdauliches Rohprotein: UNVERDORBEN, O., u. R. FISCHER: Z. Tierernähr. Futtermittelkunde 5, 174 (1941).

Vitamin B_1, Thyamin, Aneurin: Methods of Vitamin assay, Sec. Ed. Interscience Publishers Inc., New York, 1951, S. 111.

Vitamin B_2, Riboflavin, Lactoflavin: Methods of Vitamin assay S. 159.

Vitamin B_6-Komplex: Methods of Vitamin assay, S. 220.

Nicotinsäure: Methods of Vitamin assay, S. 180.

Pantothensäure: Methods of Vitamin assay, S. 209.

Biotin: Methods of Vitamin assay, S. 245.

Folsäure: Methods of Vitamin assay, S. 233. A. SREENIVASAN, E. HARPER u. C. A. ELVEHJEM: J. biol. chem. 117, 117 (1949).

p-Aminobenzoesäure: TATUM, E. L., M. G. RITCHIE, E. V. COWDRY u. L. F. WICKS: J. Bioch. Chem. 163, 675 (1946).

Sterine: BILGER, F., W. HALDEN u. M. K. ZACHERL: Mikrochemie XV, 119 (1934); — A. HEIDUSCHKA u. H. LINDNER: Z. physiol. Chem. 180, 19 (1929).

Cholin: ENGEL, R. W.: J. biol. Chemistry 144, 701 (1942); — A. D. MARENZI u. C. E. CARDINI: J. biol. Chemistry 147, 363 (1943).

f) Gewinnung von Schwefelwasserstoff aus Sulfitlauge.

F. SIGORA, Wangen, hat mit Hilfe einer sulfatreduzierenden Bakterie, der Microspira desulfuricans, den Schwefel in der Sulfitlauge als Schwefelwasserstoff entfernt und gewonnen. Diese Bakterien decken ihren Stickstoffbedarf aus Aminosäuren. Um diese aus dem in der Ablauge vorhandenen oder teilweise auch zugesetzten Protein erzeugen zu können, werden außer den sulfatreduzierenden Bakterien noch solche zugesetzt, welche unter Luftabschluß Protease erzeugen können, z. B. Bacillus subtilis.

Der entweichende Schwefelwasserstoff wird aufgefangen, durch Verbrennung in Schwefeldioxyd verwandelt und als solches wieder in die Fabrikation eingeführt. Andererseits wird durch die Abtrennung des Schwefels aus der Ligninsulfosäure bzw. deren Salzen der Ligninrest ganz oder teilweise unlöslich, fällt aus und setzt sich ab. Man kann daher auch noch einen Teil des Ligninrestes gewinnen.

20 cbm Sulfitlauge werden mit Calciumsulfit und schwefliger Säure im Verhältnis 1 : 5 mit Wasser verdünnt, mit 50 kg Kaliumphosphat oder 27 kg Kaliumchlorid und 120 kg Superphosphat versetzt und bei 20° C mit Kulturen von sulfatreduzierenden Bakterien geimpft. Weiterhin fügt man eine Kultur von proteaseerzeugenden Bakterien hinzu. Nun wird die Lauge in dichten Gärgefäßen vergoren und der entweichende Schwefelwasserstoff durch Leitungen abgeführt. Der untere Teil des Gärgefäßes ist so eingerichtet, daß das absitzende Lignin durch einen Siebboden entwässert werden kann, wobei der restliche Schwefelwasserstoff durch Erwärmen noch entfernt wird. Bei einer Gärtemperatur von 20° C dauert der Prozeß 2 bis 3 Wochen.

In gleicher Weise läßt sich auch Sulfitlaugeschlempe aufarbeiten.

VII. Die Holzverzuckerung.

A. Allgemeines.

Das Problem der Holzverzuckerung in der Praxis steht und fällt mit der Beschaffung der notwendigen Mengen billigen Abfallholzes. Diese Frage ist nicht ganz einfach zu lösen, jedenfalls hat sie in den ernährungskritischen Zeiten nicht zu einer für die Holzverzuckerungsindustrie befriedigenden Lösung geführt. Das schließt aber nicht aus, daß ihr in der Zukunft etwas mehr Beachtung geschenkt wird, zumal die technische Entwicklung beachtlich gefördert worden ist.

SCHOLLER hat 1951 aus dem Jahresertrag an Holz je Hektar Wald in Westdeutschland folgende Ergebnisse errechnet:

Ein Hektar Wald liefert im Jahre etwa 3 Festmeter Nadelholz. 1 Festmeter (etwa 1,5 Raummeter Scheit- oder Knüppelholz) wiegt 500 kg bei einem Wassergehalt von 20%, hat also 400 kg Holztrockensubstanz. Der Hektar Wald hat daher einen Durchschnittsertrag von 1,2 t Holztrockensubstanz (HTS).

Der Verschnitt in den Sägewerken beträgt mindestens 30%, bei der Weiterverarbeitung fallen nochmals etwa 30% Abfälle im Durchschnitt an, so daß insgesamt über 50% Abfall entsteht.

Hieraus geht hervor, daß in Sägewerken und anderen Holzverarbeitungsbetrieben im Jahresdurchschnitt, bezogen auf den Hektar Waldboden bei einer durchschnittlichen Nutzholzausbeute von 50%, über 300 kg als Holzabfälle gerechnet als Trockensubstanz erhalten werden. Nun ist dieser Anfall aber nicht voll zu erfassen. Nimmt man die Hälfte als erfaßbar an, so ergeben sich je Hektar über 150 kg, das ist immerhin fast das Vierzigfache des bisherigen Jahresverbrauchs der deutschen Holzverzuckerungsindustrie, die bisher nur etwa 4 kg je Hektar verarbeitet hat. Das Gebiet der vereinigten amerikanischen und britischen Zone hat unter normalen Verhältnissen bei einem Waldbestand von 6 Millionen Hektar jährlich etwa 900000 t erfaßbare Holzabfälle, eine Menge, die zu einer Vervielfachung der Holzverzuckerungskapazität dieser Zonen ausreichen würde. Aus dem Ertrag eines Durchschnittsforstamtes mit einer Größe von 5000 Hektar können jährlich allein 750 t Holzabfälle zur Verfügung gestellt werden.

Auch wenn man berücksichtigt, daß in den Sägewerken die Abfälle in der Hauptsache als Brennmaterial gedient haben — obwohl der Kraftbedarf schon mit 50% dieser Abfälle gedeckt wird —, so sind gerade die Sägespäne, das sogenannte Spreißelholz und die Abschwarten das wichtigste Ausgangsmaterial zur Holzverzuckerung. Erst in zweiter Linie kommen Hobelspäne, Schälspäne usw. der Holzverarbeitungsindustrie und der Tischlereibetriebe in Frage. Faserholz, und zwar insbesondere geringwertige Sortimente, so das bisherige Faserholz der Klasse D, und weiterhin auch Holz ab Wald, das sonst nur in Brennholzsortimente fallen würde, sind vor allem für jene Verfahren wichtig, die Abfälle wie Sägespäne nicht oder nur in geringer Beimengung verarbeiten können.

Die Holzverzuckerung ist auch wegen der Preisfrage reizvoll. SCHOLLER hat für das Kilogramm Kohlehydrat in den Produkten der Landwirtschaft einen Durchschnittspreis von 30 DPf angenommen und für das Kilogramm Kohlehydrat im Holzrohstoff (Sägespäne u. dgl.) 4 DPf errechnet. So besteht also die Aufgabe darin, den Verzuckerungsprozeß so wirtschaftlich zu gestalten, daß dieser Preisvorsprung wenigstens teilweise erhalten bleibt. Natürlich wird die Zuckergewinnung aus Holz immer schwieriger sein als die Gewinnung von Zucker aus landwirtschaftlichen Produkten. Das bedingt schon die hohe Widerstandskraft der Cellulose, die in dem niedrigen Wert ihres Reaktionskoeffizienten Ausdruck findet. Aber die Verarbeitung ist nicht saisonbedingt wie bei den Rüben und Kartoffeln. Der Preisvorsprung ist sicher nur dann zu erhalten, wenn die Holzverzuckerung technisch gut entwickelt ist und in genügend großen Dimensionen vor sich gehen kann.

B. Die Bestandteile des Holzes.

Nach Analysen von RUNKEL und LANGE aus dem Jahre 1931 für Buchenholz und nach HÄGGLUND aus dem Jahre 1933 für Fichtenholz als typische Vertreter des Laub- und Nadelholzes unterscheidet SCHOLLER folgende vier Hauptbestandteile der Holzsubstanz:

1. die Cellulose $(C_6H_{10}O_5)n$. Ihr Anteil beträgt etwa 40%, sie ist schwer abbaubar;

2. die Hemicellulosen oder die die Cellulose begleitenden, polymeren Kohlehydrate, die zum größten Teil leicht abgebaut werden können, zu einem kleineren Teil jedoch wie die Cellulose nur schwer abbaubar sind und deshalb auch als Hemicellulose vom Cellulosetyp bezeichnet werden. Der Gehalt an Hemicellulose beträgt etwa 25%, woran, je nach der Holzart, Hexosane und Pentosane sehr verschiedenen Anteil haben;

3. das Lignin, der aromatische Bestandteil des Holzes, der etwa 20 bis 30% der Holzsubstanz ausmacht. Seine chemische Struktur ist noch umstritten;

4. die sogenannten akzidentellen Bestandteile, also Nebenbestandteile, zu denen Harze, Gerbstoffe, Farbstoffe, Stickstoffverbindungen, Fette, Wachse und Asche gehören.

Vergleicht man die Analysen miteinander, so ergeben sich erhebliche Unterschiede in der Zusammensetzung der Holzsubstanz der Nadelhölzer gegenüber denen der Laubhölzer (s. Tab. 16).

Tabelle 16.

Bestandteil	Fichtenholz in %	Buchenholz in %
Cellulose	41,0	42,5
Hemicellulose:		
Hexosane	19,0	5,6
Pentosane	5,8	23,7
Acetyl	1,4	3,9
Lignin	28,0	20,8
Akzidentelle Bestandteile	4,8	3,5
Summe:	100	100

Nahezu gleichartig ist nur der Cellulosegehalt. Dagegen ist die Hemicellulose in den beiden Holzarten völlig verschieden zusammengesetzt. In der Hemicellulose der Nadelhölzer überwiegen die Hexosane, in der Hemicellulose der Laubhölzer die Pentosane.

Dieser Tatbestand ist für die Holzverzuckerung von großer Bedeutung. Soweit die Verzuckerung zum Zwecke der Hexosenherstellung durchgeführt wird, z. B. zum Zwecke der Alkoholgewinnung, und die Pentosen unverwertbar sind, scheiden die Laubhölzer als Rohstoff aus.

Erst in neuerer Zeit ist es gelungen, auch die Pentosen zu verwerten. So gelang es, sie zu verhefen sowie Furfurol und Butanol daraus zu gewinnen.

Der Ligninanteil ist in beiden Fällen erheblich.

C. Geschichtliche Entwicklung.

Nachdem es KIRCHHOF gelungen war, durch Hydrolyse mit verdünnter Säure Stärke zu Traubenzucker abzubauen, hat BRACONNOT im Jahre 1819 erstmalig Cellulose quantitativ verzuckert, und zwar durch Behandlung mit konzentrierter Schwefelsäure in der Kälte und nachfolgender Kochung mit verdünnter Säure. So einfach dies im Laboratorium möglich ist, so schwierig war es, das Problem großtechnisch zu lösen. Man hat immer wieder versucht, durch die Art und Konzentration der Säure und die Methode der Säurerückgewinnung zum Ziel zu kommen. Die Anwendung der konzentrierten Schwefelsäure scheiterte am hohen Säureverbrauch und an der Rückgewinnung derselben.

Deshalb hat DANGEVILLIERS Halogenwasserstoffsäuren bevorzugt, da diese infolge ihrer Flüchtigkeit durch Destillation zurückgewonnen werden können. Er hat 1880 mit gasförmiger Chlorwasserstoffsäure gearbeitet.

In neuerer Zeit haben SCHWALBE, LEVY und TERRISSE, FREDENHAGEN, SCHLUBACH, HOCH und BOHUNEK und andere sich vor allem mit der Säurerückgewinnung beschäftigt. Man kann solche Verfahren unterscheiden, die überwiegend trocken arbeiten, und solche, die große Mengen Flüssigkeit anwenden. Bei den trockenen Verfahren wird durch Anwendung wasserfreier oder nahezu wasserfreier Säure, bei Gegenwart von nur geringen Wassermengen die Notwendigkeit der Destillation großer Säuremengen vermieden. Nach diesen Verfahren wirken gasförmiger Fluorwasserstoff oder Chlorwasserstoff auf mehr oder weniger trockenes Cellulosematerial ein und bauen Cellulose zu leicht angreifbaren Polymeren ab. Der Halogenwasserstoff wird nach beendetem Aufschluß durch Absaugen teilweise zurückgewonnen, worauf eine Kochung der zurückbleibenden Reaktionsmasse bei Gegenwart von verdünnter Säure erfolgt.

Diesem Vorteil der Rückgewinnung der Säure steht aber ein Nachteil gegenüber. Die Hydrolyse der Cellulose verläuft exotherm. Die frei werdende Wärmemenge, etwa 30 cal je g Holz, und zugleich eine weitere Wärmemenge, die durch Reaktion der Säure mit dem dem Material noch anhaftenden Wasser frei wird, fließt beim Arbeiten im Laboratorium infolge der großen Oberfläche der Laboratoriumsgefäße leicht ohne weiteres ab. Jedoch ist die Beseitigung der Wärmemenge beim Arbeiten im großen Maßstabe außerordentlich schwierig, denn das trockene Cellulosematerial ist ein sehr schlechter Wärmeleiter. Steigt aber die Temperatur des Gemisches, so verläuft infolge der Gegenwart der starken Säure die Reaktion in unerwünschter Weise, und es treten große Ausbeuteverluste ein.

Die schädliche Wirkung der frei werdenden Wärme wird vermieden, wenn man mit großen Flüssigkeitsmengen arbeitet, sei es, daß man konzentrierte, wäßrige Halogenwasserstoffsäure in erheblichen Mengen anwendet, oder daß man indifferente Lösungsmittel vorlegt. Von diesen Methoden haben WILLSTÄTTER und ZECHMEISTER, WOHL, LÜDECKE, HÄGGLUND und BERGIUS und Mitarbeiter, JAHRSTORFER, SCHLUBACH, DARBOVEN und andere Gebrauch gemacht. Allerdings ist es nur BERGIUS gelungen, diese Methode in seinem *Rheinau*-Verfahren ins Große zu übertragen. Dort wurde mit 40%iger Salzsäure in Gegenstrombatterien verzuckert, die Salzsäure durch Vakuumdestillation zurückgewonnen und zunächst ein polymeres Kohlehydrat erzielt, welches sich durch Säurehydrolyse leicht zu monomerem Zucker abbauen läßt. Dabei spielen Zuckerzersetzungsvorgänge nur eine geringe Rolle und der Prozeß verläuft praktisch quantitativ, wie die nachfolgende Beschreibung zeigen wird.

Eine ebenso große Bedeutung wie der Aufschluß mit starker Säure hat nun das Arbeiten mit verdünnter Säure, vorzugsweise in der Hitze. Der Wunsch, bei der Verzuckerung der Cellulose, ähnlich wie bei der Verzuckerung der Stärke, ausschließlich mit verdünnter Säure auszukommen, ist ebenso alt wie die Verzuckerung der Cellulose selbst. Erstmalig hat MELSENS schon im Jahre 1854 ein solches Verfahren entwickelt. Dort sind Temperaturen und Säurekonzentrationen ähnlich den heutigen zur Anwendung gekommen. Dann haben CLAASSEN im Jahre 1900 und EWEN und TOMLINSON das Verfahren verbessert. 1909 wurde in Georgetown (USA) eine Holzverzuckerungsanlage errichtet. Auch in Deutschland ist im ersten Weltkriege nach CLAASSEN Holz technisch verzuckert worden.

Man arbeitete mit verdünnten Säuren im sogenannten Drehautoklaven bei 170° C. Es fanden Salzsäure, Schwefelsäure und schweflige Säure einzeln und in Mischung Anwendung.

Dann wurden in einer Anlage in Stettin kurz nach Ende des ersten Weltkrieges 150000 l Alkohol erzeugt. Die Ausbeuten betrugen aber nur 6 l auf 100 kg Holztrockensubstanz, also nur 20% der theoretischen Ausbeute. Der Betrieb wurde wegen Unwirtschaftlichkeit wieder eingestellt.

Es sind auch Versuche gemacht worden, um den Rückstand des Autoklavenaufschlusses nach erfolgter Auswaschung einer oder mehrerer erneuten Säurehydrolysen zu unterwerfen. Damit wurde zwar eine erhebliche Ausbeutesteigerung erreicht, aber die Unkosten, welche durch die wiederholten Unterbrechungen des Verzuckerungsprozesses mit den nachfolgenden Auswaschungen entstehen, wurden nicht gedeckt.

Schließlich sind im Drehautoklaven vielfache Versuche von PLOW, JERONE, SAEMAN, TURNER und SHERRAR mit geänderten Temperaturen und schwächeren Säuren gemacht worden. Es ist scheinbar aber nur MEUNIER gelungen, das alte Autoklavenverfahren technisch zu vervollkommnen. Bei einem einmaligen kurzen Autoklavenaufschluß, der die Cellulose nur wenig angreift, wurde ein Rückstand erhalten, der aus Cellulose, Lignin und Zersetzungsprodukten besteht, und dessen Trockensubstanz sich auf etwa 70% des Gewichtes der Trockensubstanz des Ausgangsmaterials beläuft. Diese Arbeitsweise ist also an eine günstige Verwertung dieses Rückstandes gebunden.

Die Mißerfolge im Autoklaven haben die Untersuchung der Celluloseverzuckerung in neuerer Zeit wesentlich angeregt. Schon durch Arbeiten von NEUMAN war es bekannt, daß Traubenzucker durch saure Druckerhitzung erheblich zersetzt wird. Trotzdem blieb es unklar, wieweit Cellulose unter der Einwirkung der heißen Säure zu Zucker abgebaut oder direkt zu kohleartigen Produkten zersetzt wird. Man war der Meinung, daß ein Gleichgewicht vorliege, und daß durch plötzliche Unterbrechung der Reaktion, also durch Abschrecken, besondere Ausbeutesteigerungen zu erzielen sind.

Erst durch Messung der Reaktionsgeschwindigkeit des Celluloseabbaues und der Zuckerzersetzung ist die Kinetik der Celluloseverzuckerung entwickelt worden. Dies ist durch THIERSCH, LÜERS, SAEMAN und SCHOLLER geschehen. Allerdings ist noch keine restlose Klarheit erzielt worden.

1928 war z. B. HÄGGLUND nach den bisherigen Fehlschlägen mit dem alten Autoklavenverfahren noch der Auffassung, daß die Verzuckerung der Cellulose mit verdünnten Säuren wegen der schlechten Ausbeuten unwirtschaftlich sei. Auf der anderen Seite boten die Arbeiten mit konzentrierter Säure Rückgewinnungs- und Korrosionsschwierigkeiten. Sie sind inzwischen überwunden worden, wie später noch bei dem *Rheinau*-Verfahren zu berichten ist.

Ein Weg, die Zuckerzersetzung bei der Verzuckerung in der Hitze in technisch brauchbarer Weise zu unterdrücken, ist 1926 durch SCHOLLER gefunden worden. Er hat an Hand der kinetischen Gesetzmäßigkeiten erkannt, daß bei dem alten Verfahren die Unmöglichkeit der Erzielung hoher Ausbeuten in der Zersetzlichkeit des gebildeten Zuckers ihre Ursache hat. Infolgedessen wird während der Druckerhitzung mit verdünnter Säure der sich bildende Zucker so rasch als möglich aus dem Reaktionsraum entfernt. Diese Entfernung des Zuckers geschieht durch Verdrängen mit saurer Flüssigkeit und ist als „Druckperkolation" bezeichnet worden, im Gegensatz zu dem alten Autoklavenverfahren, bei dem weder eine Zuführung noch Entnahme von Flüssigkeit während der Druckerhitzung erfolgte und welches daher eine „Verzuckerung im geschlossenen Autoklaven" darstellt.

Mit der neuen Arbeitsweise kann die Ausbeute von 25% auf 80% gesteigert werden, somit wurde bewiesen, daß die Holzverzuckerung auch mit verdünnten Säuren technisch und wirtschaftlich möglich ist.

Demgegenüber hatte sich BERGIUS zum Ziel gesetzt, mit konzentrierter Salzsäure die Holzverzuckerung technisch und wirtschaftlich durchzuführen. WILLSTÄTTER hatte schon 1913 gefunden, daß die Cellulose des Holzes durch hochkonzentrierte Salzsäure bei niedriger Temperatur leicht in Glucose zu spalten ist. Dazu kam, daß HÄGGLUND eine Modifizierung fand. Er stellte fest, daß eine konzentrierte Glucose-Salzsäure-Lösung noch mehrmals frische Cellulose aufzulösen vermag, und daß die Salzsäure im Vakuum vom Zucker abdestilliert und zurückgeführt werden kann, ein Vorgang, der allerdings als sehr schwierig angesehen wurde. Es hat auch mehrere Jahrzehnte gedauert, bis die mangelnde Wirtschaftlichkeit überwunden wurde. Sie ist auf die lange Zeit unzureichende chemische und technologische Erforschung einzelner Vorgänge zurückzuführen. Hinzu kam, daß sich das Produktionsziel mehrfach geändert hat. Es lief vom Alkohol über Futterzucker und Nährhefe zu Kristallglucose.

D. Die Kinetik der Celluloseverzuckerung.

Im geschlossenen Autoklaven ergab sich durch Messen der Reaktionsgeschwindigkeit des Celluloseabbaues und der Zuckerzersetzung die von THIERSCH entwickelte mathematische Formulierung, wie folgt:

Die Zuckerbildungsgeschwindigkeit dx/dt ist proportional der jeweils vorhandenen Cellulosekonzentration bzw. der im geschlossenen Autoklaven vorhandenen Cellulosemenge. So ergibt sich gemäß der monomolekularen Reaktionsgleichung

$$\frac{dx}{dt} = (a-x)k. \tag{1}$$

Dabei bedeuten:

x die in der Zeit t gebildete gesamte Zuckermenge einschließlich des etwa schon zersetzten Zuckers;
t die Reaktionszeit;
a den theoretischen Verzuckerungswert der Cellulose = 180/162 der ursprünglichen Cellulosemenge;
k den Reaktionskoeffizienten abhängig von Temperatur und p_H-Konzentration.

Durch Integrieren erhält man

$$x = a - a \cdot e^{-kt}. \tag{2}$$

Für die Zuckerzersetzungsreaktion gilt, wie experimentell nachgewiesen wurde, das gleiche Gesetz, wenn die Zuckerzersetzung unabhängig von der Celluloseverzuckerung verläuft. Die Zuckerzersetzungsgeschwindigkeit dy/dt ist dann proportional der jeweils vorhandenen Zuckermenge. Es ergibt sich daher

$$\frac{dy}{dt} = (b-y)k'. \tag{3}$$

Dabei bedeuten:

y die in der Zeit t gebildete Menge an Zuckerzersetzungs- bzw. Umwandlungsprodukten;
t die Reaktionszeit;
b die ursprünglich vorhandene Zuckermenge;
k' den Zuckerzersetzungskoeffizienten.

Durch Integrieren erhält man

$$y = b - b \cdot e^{-k't}. \tag{4}$$

Nun ist zu berücksichtigen, daß bei Einwirkung verdünnter Säure auf Cellulose im geschlossenen Autoklaven die Zuckerbildungs- und Zersetzungsreaktion gleichzeitig und ineinandergreifend verlaufen, d. h., daß der Zucker der zersetzenden Wirkung der Säure unterliegt, sobald er gebildet ist.

Die tatsächlich vorhandene Zuckermenge z ist demnach

$$z = x - y. \tag{5}$$

Analog Gl. (3) ergibt sich

$$\frac{dy}{dt} = (x - y)k'. \tag{6}$$

Aus Gl. (2) und (4) erhält man dann

$$\frac{dy}{dt} = [(a - a \cdot e^{-kt}) - y]k'. \tag{7}$$

Durch Integration dieser Differentialgleichung kam THIERSCH zu folgender Zuckerzersetzungsfunktion

$$y = a + \frac{a}{k' - k}(ke^{-k't} - k' \cdot e^{-kt}). \tag{8}$$

Hierdurch ist die jeweils vorhandene Menge an Zersetzungsprodukten y gegeben.

Durch Subtraktion der Gl. (8) von (2) ergibt sich die jeweils vorhandene Zuckermenge z nach

$$z = \frac{ak}{k' - k}(e^{-kt} - e^{-k't}). \tag{9}$$

Die Reaktionskoeffizienten k und k' sind proportional der p_H-Konzentration. Sind nun γ und γ' die Reaktionskoeffizienten der Zuckerbildung und Zuckerzersetzung bei der H$^+$-Konzentration 1 und ist h die H$^+$-Ionen-Konzentration, so ist $\gamma h = k$ und $\gamma' h = k'$.

Führt man γ und γ' in Gl. (9) ein, so erhält man den Ausbeuteverlauf bei der Verzuckerung im geschlossenen Autoklaven für jede praktisch in Frage kommende p_H-Konzentration. Es ergibt sich für die zur Zeit t vorhandene Zuckermenge z die Gleichung

$$z = \frac{a\gamma}{\gamma' - \gamma}(e^{-\gamma h t} - e^{-\gamma' h t}). \tag{10}$$

Dabei bedeutet:

z die zur Zeit t vorhandene Zuckerausbeute;
t die Reaktionszeit;
a den theoretischen Verzuckerungswert der Cellulose 180/162 der ursprünglichen Cellulosemenge;
γ den Reaktionskoeffizienten der Zuckerbildung (nur abhängig von der Temperatur, unabhängig von der Wasserstoffionen-Konzentration);
γ' den Reaktionskoeffizienten der Zuckerzersetzung (ebenfalls nur abhängig von der Temperatur);
h die Wasserstoffionen-Konzentration;
e die Basis des natürlichen Logarithmus.

Daraus geht hervor, daß sich niemals bei der Verzuckerung der Cellulose im geschlossenen Autoklaven ein Gleichgewichtszustand einstellen kann. Die maximale Zuckerausbeute hängt von dem Verhältnis γ/γ' ab. Nach THIERSCH kann die maximale Zuckerausbeute z_m nach folgender Gleichung berechnet werden

$$z_m = a\left(\frac{\gamma}{\gamma'}\right)\frac{1}{1 - \frac{\gamma}{\gamma'}}. \tag{11}$$

Durch SAEMAN ist in Amerika die Kinetik der Celluloseverzuckerung eingehend studiert worden mit dem Ergebnis einer weitgehenden Bestätigung der Erkenntnisse von THIERSCH. Eine Abweichung besteht in folgendem Punkte:

Zwischen Temperaturen von 160—195° C soll mit steigender Temperatur γ rascher wachsen als γ'. Wenn dies richtig ist, was SCHOLLER annimmt, so wären bei sehr hohen Temperaturen, z. B. bei 195° C und entsprechend schwächerer Säure, höhere Ausbeuten zu erwarten als bei der meist angewandten Temperatur von 170—185° C. Hierdurch würde auch das an früherer Stelle erwähnte Ergebnis der Versuche von PLOW, SAEMAN, TURNER und SHERRARD seine Erklärung finden.

E. Die Verarbeitung.

a) Das Rheinau-Verfahren.

Das Holz wird zunächst in Form von Schwarten, Spreißeln und Säumlingen auf etwa Erbsengröße zerkleinert. Hierzu dienen Raspelmaschinen, wie sie in der Gerbstoffindustrie seit langem gebräuchlich sind. Die Holzfaser wird in verhältnismäßig steilem Winkel geschnitten. Es können aber auch Hackmaschinen verwendet werden, wie sie die Zellstoffindustrie benutzt.

Die so erhaltenen erbsengroßen Späne werden dann einer Teilverzuckerung mit verdünnter Säure unter Druck unterworfen. Diese sogenannte „Vorhydrolyse" wird mit 1%iger Salzsäure durchgeführt und liefert die Zucker der Hemicellulose in etwa 4%iger Lösung. Die darin enthaltenen Hexosen werden auf Alkohol weiterverarbeitet. Nachdem die Späne von der Hemicellulose und deren Abbauprodukten befreit und die anhaftenden Zucker- und Säurereste ausgewaschen worden sind, werden sie in einer Trockentrommel auf etwa 5% Wassergehalt getrocknet und dann in die Aufschlußstation befördert. Diese besteht aus einer Gegenstromdiffusionsbatterie, in welcher etwa sieben Diffuseure hintereinandergeschaltet sind. Es sind eiserne Behälter, die säurefest ausgemauert sind und einen Nutzinhalt von 20—50 cbm besitzen.

Die frische, etwa 41 gew.-%ige Salzsäure tritt bei dem am meisten ausgelaugten Material ein und kommt zuletzt mit frischem Material in Berührung. Um die Abführung der Reaktionswärme zu erleichtern und zum Zwecke der besseren Durchtränkung werden hierbei die frischen Holzspäne bereits beim Eintragen in den zu füllenden Diffuseur mit der stark angereicherten Aufschlußlösung gemischt, die durch einen Solekühler zirkuliert. Mit Hilfe des Gegenstromprinzipes gelingt es so, salzsaure Zuckerlösungen zu gewinnen, die 27 g Zucker in 100 ccm Lösung enthalten.

Nach Beendigung des Prozesses, der etwa 40 Stunden in Anspruch nimmt, wird der zurückbleibende Ligninrückstand mit Salzsäure abnehmender Konzentration und schließlich mit Wasser — ebenfalls im Gegenstrom — weitere 40 Stunden behandelt, um die dem Lignin anhaftende Salzsäure in möglichst konzentrierter Form wiederzugewinnen und um gleichzeitig säurefreies Lignin zu erhalten.

Die salzsaure Zuckerlösung gelangt dann zur Verdampferstation. Ursprünglich sollte nach BERGIUS eine sofortige und schonende Verdampfung der Salzsäure dadurch erfolgen, daß man im Vakuum die salzsaure Lösung auf heißes Öl spritzt, dieses im Kreislauf führt und dabei den vom Öl aufgenommenen Zucker laufend abtrennt, und dann dem Öl die erforderliche Wärme wieder zuführt. Dieses Verfahren wurde aber wieder fallengelassen. Man wendet Vakuumverdampfer mit Röhren aus keramischem Material an. So wird die Aufschlußlösung in einer dreistufigen Verdampferanlage vom Hauptteil der Säure befreit.

In der dritten Verdampferstufe wird der Säuregehalt durch Einblasen von Wasserdampf auf 3,5 kg HCl je 100 kg Zucker herabgesetzt. Der erhaltene Saft enthält im wesentlichen polymere Zucker, Reversionsprodukte, die sich bilden, aber sich verhältnismäßig leicht durch eine geringe Druckerhitzung zu Traubenzucker abbauen lassen. Dieser Arbeitsabschnitt wird als „Nachhydrolyse" bezeichnet; sie ist zur Weiterverarbeitung auf kristallisierten Zucker und andere biologische Produkte notwendig. Die von der Nachhydrolyse kommende gereinigte Lösung enthält 10—15% Zucker und 0,3—0,6% Salzsäure.

Die verbleibende Säure wird durch Anionenaustauscher in einer besonderen Entsäuerungsanlage aus der Lösung entfernt. Die Austauscher werden dann mit Alkalien regeneriert und können erneut zur Entsäuerung benutzt werden.

Zusammengefaßt besteht das Verfahrensprinzip in folgendem:

Nachdem die leicht hydrolysierbare Hemicellulose durch eine Vorhydrolyse mit verdünnter Salzsäure aus dem zerkleinerten Holz herausgelöst ist, wird hierauf die Cellulose in kontinuierlichem Gegenstrom mit konzentrierter Salzsäure zu Glucose aufgespalten. Die Zuckerlösung wird aus dem übrigbleibenden Lignin sehr sorgfältig durch reine Salzsäure und diese wiederum durch geringe Mengen Wasser verdrängt. Aus dem Haupthydrolysat wird dann die Salzsäure im Vakuum abdestilliert, wieder konzentriert und in den Kreislauf zurückgeführt. Da die Zuckerlösung zur Hälfte aus Di- und Trisacchariden besteht, wird sie einer Nachhydrolyse unterworfen. Dann wird sie gereinigt, mit Ionenaustauscher entsalzt, entfärbt und eingedampft. Die kristallisierte Glucose wird schließlich abgeschleudert und getrocknet. Vgl. Abb. 85.

Daß das *Rheinau*-Verfahren inzwischen verbessert und vereinfacht worden ist, zeigt das Materialfließ- und Apparateschema nach dem Stande von 1953 (Abb. 86).

Die Ausbeute an Haupt- und Nebenprodukten nach dem Stande von 1953 wird durch Abb. 87 verdeutlicht.

Große Schwierigkeiten hat lange Zeit die Rückführung der Salzsäure bereitet, werden doch für einen Teil vorhydrolysiertes Holz mindestens 2,4 Teile 41%ige Salzsäure benötigt. Das entspricht 5 Teilen Salzsäure auf 1 Teil Kristallglucose.

Diese große Menge ist dadurch bedingt, daß die zur Auflösung der Cellulose erforderliche höchste Chlorwasserstoffkonzentration in der gegen das frische Holz vordringenden Lösung dadurch unterschritten wird, daß sich Chlorwasserstoff spezifisch an das Lignin anlagert. Die Chlorwasserstoff-

Die Verarbeitung: Rheinau-Verfahren.

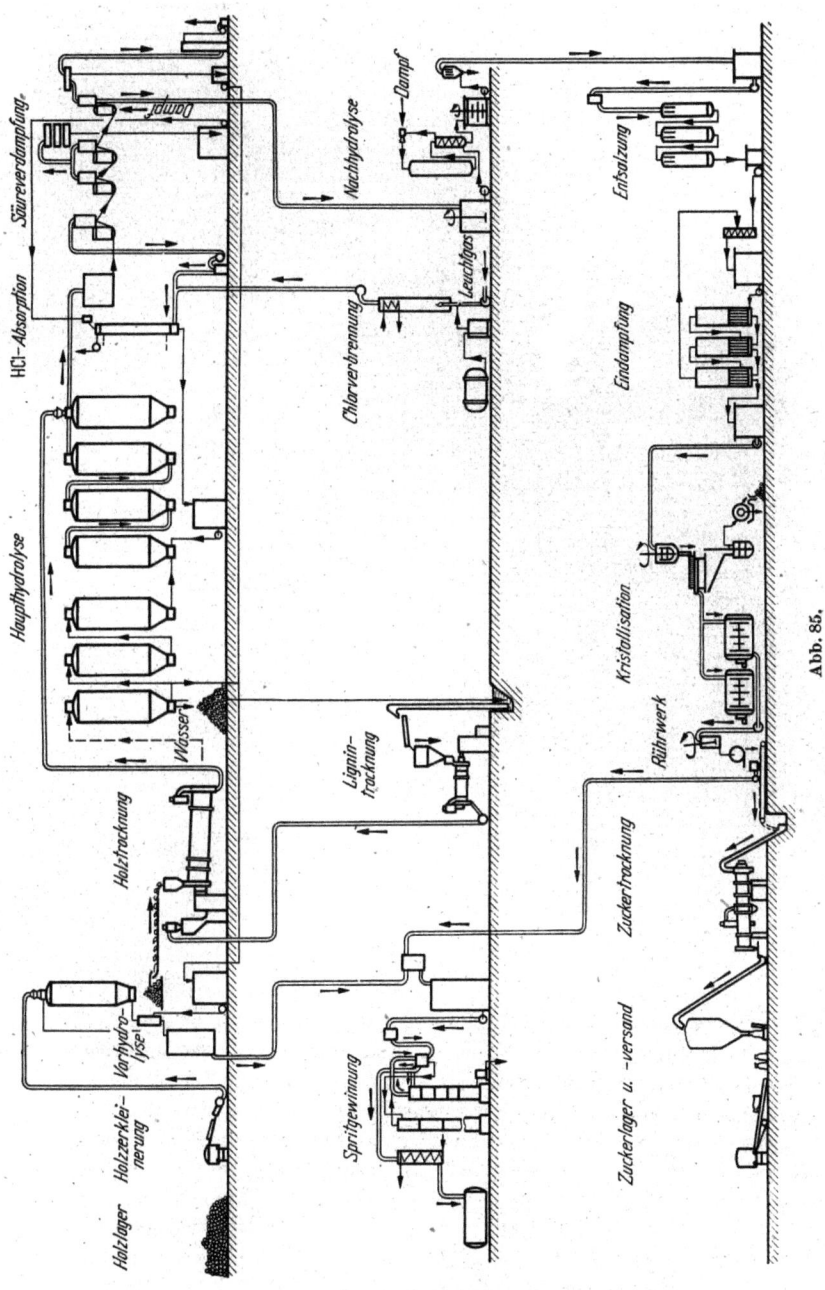

Abb. 85.

222   Die Holzverzuckerung.

konzentrationen der durch die Batterie fließenden Lösung bricht im Spitzendiffuseur plötzlich stark ab, obwohl sie eigentlich entsprechend der gleichmäßigen Zunahme der Zuckerkonzentration ebenfalls gleichmäßig absinken müßte.

Früher wurde nun die abgezogene Salzsäurezuckerlösung chargenweise im Vakuum eingedampft. Die Brüden waren nur unter Zugabe von Wasser restlos zu kondensieren. Das in den Säurekreislauf eingeschleppte Wasser mußte dann auf sehr komplizierte Weise durch Destillation wieder entfernt

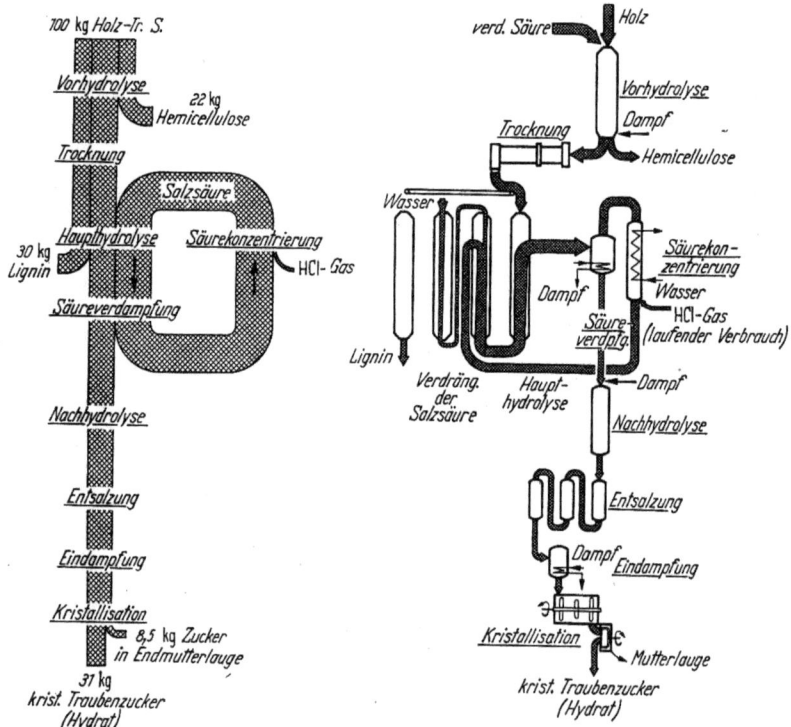

Abb. 86.

werden. Da das System HCl—H$_2$O ein Azeotrop bildet, wurde das Wasser durch Zugabe von konzentrierter Chlorcalciumlösung zur schwerer siedenden Komponente gemacht. Der im Dampf angereicherte Chlorwasserstoff wurde durch teilweise Kondensation restlos vom Wasser befreit und diente zur Rekonzentrierung der in die Batterie rückzuführenden Säure. Das von der konzentrierten Chlorcalciumlösung bei 130° C aufgenommene Wasser wurde dann bei 150° C wieder abdestilliert. Die ganze Salzsäureentwässerung wurde in besonderen mit Tantalrohren versehenen Verdampfern durchgeführt.

Eine bessere Lösung wurde dadurch gefunden, daß neuerdings möglichst wenig Wasser in den Kreislauf eingeschleppt wird und daß die wiederholte Verdampfung der Säure durch Anwendung schärferer Trennmethoden in Wegfall kommen konnte.

Die Verarbeitung: Rheinau-Verfahren.

Die starke Wassereinschleppung hatte ihre eigentliche Ursache darin, daß bei der Verdrängung der Salzsäure aus dem Lignin die Strömungsgeschwindigkeit des Waschwassers im freien Zwischenraum zwischen den Ligninkörnern im Vergleich zur Geschwindigkeit der Salzsäurediffusion aus dem Korninnern zu groß war. Bei richtiger Abstimmung der Strömungsgeschwindigkeit auf die Diffusionsgeschwindigkeit bleibt sie dagegen bis fast zum Schluß der Verdrängung geraume Zeit auf voller Höhe und fällt dann erst plötzlich steil ab. Um 95% der in einem Diffuseur von 100 cbm Inhalt aufgesaugten Menge Chlorwasserstoffgas (50000 kg HCl) zu verdrängen, sind heute nur noch 102 cbm Waschwasser erforderlich gegenüber bisher über 200 cbm. Die noch verbleibenden 5% des Chlorwasserstoffs fallen dann in so verdünnter Form an, daß sie ohne weiteres für die Vorhydrolyse verwertet werden können und nicht mehr wie früher die Salzsäureabsorption belasten. Eine weitere Herabsetzung der Wassereinschleppung wird dadurch angestrebt, daß der laufende Säureverlust durch gasförmigen Chlorwasserstoff aus einer Chlorverbrennung gedeckt werden soll.

Beträchtliche Schwierigkeiten hat ferner die Zuckerausbeute bereitet. Sie wird, wie früher unbeachtet blieb, durch die im Hydrolysat enthaltenen Nichtglucosestoffe beeinträchtigt. Diese bilden mit der Glucose Eutektika und verlangsamen durch die Viscositätserhöhung die Kristallisationsgeschwindigkeit. Unter technischen Kristallisationsbedingungen halten sie mehr als die gleiche Menge Glucose in Lösung. So konnten z. B. im Jahre 1935 aus 100 kg Gesamthydrolysat, welches 58% Glucose, 36% Nichtglucosezucker und 6% Salze enthält, nur 12 kg oder 20% der im Holz enthaltenen Glucose gewonnen werden. Die störenden Begleitstoffe sind Nichtglucosezucker aus der Hemicellulose, Disaccharide und Salze, wie SCHOENEMANN berichtet hat. Nach seiner Berechnung ist bezüglich Reaktionstemperatur ein Kompromiß zwischen Glucoseausbeute und Reaktionsdauer zu schließen, um ein wirtschaftliches Optimum bei einer verhältnismäßig niedrigen Gesamtzuckerkonzentration zu erreichen.

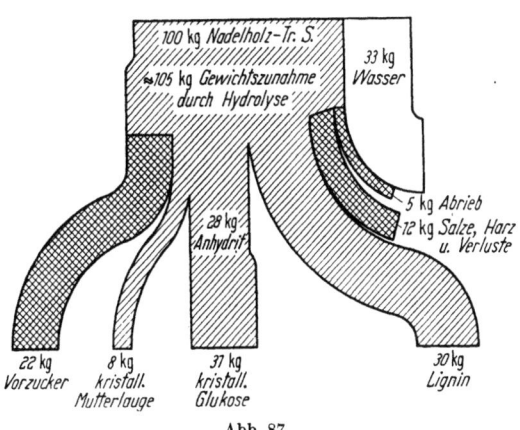

Abb. 87.

Schließlich wird die Ausbeute an Glucose noch durch die Salze vermindert, die teils aus dem Holz stammen, teils durch Neutralisation der Restsäure entstehen. Ihre Entfernung gelang erst, nachdem die irreversible Belegung der Austauscherharze mit Huminsäuren durch eine besondere Art der Vorreinigung der Lösung überwunden war. Die Entfernung von Säuren so unterschiedlicher Dissoziationsgrade wie Salzsäure und amphoteren Eiweißgruppen, die noch dazu leicht koagulieren, hat den Ionenaustausch besonders schwierig gestaltet.

In neuerer Zeit konnte durch neue Austauschertypen das Apparatevolumen auf etwa ein Fünftel vermindert, die Waschwassermenge weiter eingespart und der Zuckerverlust gesenkt werden. Dieser Fortschritt beruht nicht nur auf der höheren Beladbarkeit, sondern auch auf der stärkeren Basizität der Austauscher, weil zur restlosen Bindung der schwachen organischen Säuren bei starkbasischen Austauschern ein viel geringerer Überschuß erforderlich ist als bei den schwachbasischen.

Heute wird der hohe Reinheitsgrad von 90% Glucose in der Trockensubstanz erreicht. Die Zuckerlösung ist wasserhell und enthält nur noch 4% Disaccharide, 3% Mannose, 2% Xylose, 1% Galaktose und Fructose — alles bezogen auf den Gesamtzuckergehalt — sowie 0,1% Salze. Infolgedessen kann sie bis auf 80 Gew.-% Zuckergehalt eingedampft werden. Die Glucose läßt sich daraus in einem einzigen Kristallisationsgang in einer Menge von 85% der Theorie und einem Reinheitsgrad von 99,9% als Hydrat abscheiden. Die Ausbeute an Glucosehydrat konnte so auf 31% der angewandten Holztrockensubstanz gesteigert werden.

Der anfallende *Vorzucker* macht nach Schoenemann mit etwa 22% der Holztrockensubstanz ein Drittel der Gesamtausbeute an reduzierendem Zucker aus. Er besteht bei Nadelholz aus $1/5$ Xylose, $2/5$ Mannose und $1/3$ Glucose, bei Laubholz aus $2/3$ Xylose sowie $1/3$ Mannose und Glucose. Nadelholzvorzucker nach dem *Rheinau*-Verfahren kann auf Alkohol vergoren werden; die Ausbeute beträgt 7,7 l 100%igen Alkohol je 100 kg HTS. Laubholzvorzucker ergibt 9,0 kg Trockenhefe oder 9,0 kg Furfurol je 100 kg HTS. Für Futterzwecke wird der Vorzucker der Melasse gleichgesetzt.

Die *Glucosemutterlauge*, die in einer Ausbeute von 8,4% reduzierendem Zucker bezogen auf HTS anfällt, ist ein klarer, honiggelber, salzfreier Sirup, der einen bitteren Nachgeschmack von Gentiobiose hat. Die Vergärung liefert einen Trinksprit mit einer Ausbeute von 5 l 100%igen Alkohol/%kg HTS. Die Glucosemutterlauge kann auch für die Herstellung von Zuckercouleur, von Gluconsäure, von Polyalkoholen usw. verwendet werden.

1933 wurde die *Rheinauer* Anlage auf monatlich 400 t Rohzucker ausgebaut. 1938 wurde in Regensburg eine Anlage für monatlich 1600 t Rohzucker zur Erzeugung von Nährhefe errichtet. Beide Anlagen sind inzwischen stillgelegt worden.

b) Das Scholler-Verfahren.

Die schon genannte „Druckperkolation" von Scholler ist von ihm mit Schaal und Mitarbeitern in der Brennerei *Tornesch* fabrikationsmäßig entwickelt worden.

Das zerkleinerte Holz bzw. die Sägespäne werden mit einem Elevator auf ein über den Perkolatoren befindliches Förderband gebracht und gelangen von dort durch Trichter in den jeweils zu beschickenden Perkolator. Die Perkolatoren sind eiserne, innen verbleite Druckbehälter von 2,40 m innerem Durchmesser und 10 m Höhe. Sie sind unten und oben mit konischen Verschlüssen versehen und innen säurefest ausgemauert. Im unteren Konus ist ein siebartiges Filter eingesetzt, welches mit seitlichen, am Konus angebrachten Ablaufstutzen in Verbindung steht.

Nachdem der Perkolator lose mit Sägespänen gefüllt ist, wird er verschlossen. Hierauf wird plötzlich Dampf von oben zugeführt, der schneller zuströmt als er in das Material eindringen kann. Durch den entstehenden Druck von etwa 3 atü werden die Späne stark zusammengedrückt. Es wird nun neues Cellulosematerial nachgefüllt und erneut mit Dampf eingepreßt. Nach etwa zweimaligem Nachfüllen ist der Perkolator mit 10 t Material, gerechnet als Trockensubstanz, gefüllt. Nun wird durch das untere Filter Dampf eingeleitet, um zunächst die Luft auszutreiben. Man läßt sie aus dem Oberteil austreten. Nach beendeter Entlüftung wird dann zur Einleitung der Perkolation von unten auf 130—140° C aufgeheizt.

Wasser und Säure werden mit getrennten Pumpen nach oben befördert und unmittelbar direkt vor Eintritt in den Perkolator oder in einem vorgeschalteten „Schubgefäß" kurz gemischt. Das Schubgefäß dient zur Auf-

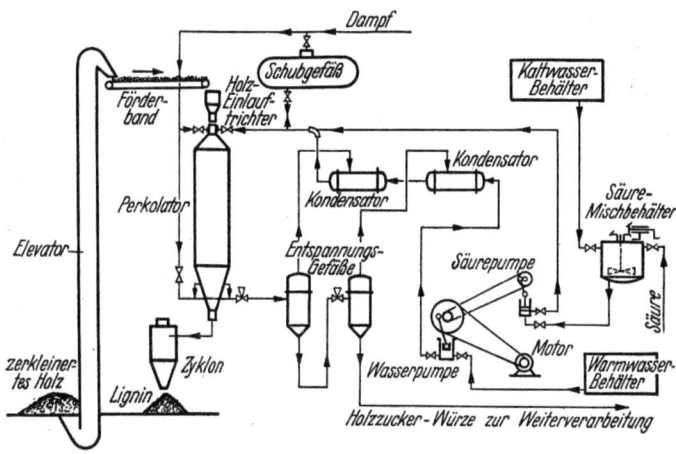

Abb. 88.

nahme der etwa 120° C heißen Perkoliersäure, wenn diese nicht durch starke Pumpen schubweise direkt dem Perkolator zugesetzt werden soll.

Zunächst wird mit Rücksicht auf das Aufsaugevermögen des Materials ein Schub von 16 cbm Flüssigkeit zugegeben. Die darauffolgenden Schübe, die im Abstand von 45 Minuten dem Perkolator zugeführt werden, verkleinern sich von 8 cbm auf etwa 4,5 cbm Flüssigkeit. Sie sind erheblich kälter als die Perkolatorfüllung und bewirken jeweils beim Eintritt einen starken Druckabfall. Sie treten nicht ohne weiteres in das Material ein, da sie vom entgegenströmenden Dampf daran gehindert werden. Nach beendetem Schubzulauf, der 10- bis 20mal wiederholt wird, ist die Verzuckerung innerhalb einer Zeit von 10—14 Stunden beendet.

Der sich bildende Zucker wird von der Säurelösung aufgenommen. Die saure Zuckerlösung verläßt den Perkolator mit 125—170° C durch das konische Filter. Jeweils nach Ablauf eines Schubes wird der Perkolator wieder mit Dampf von unten aufgeheizt, und zwar jedesmal auf eine etwas höhere Temperatur als bei der vorangegangenen Schubperiode.

Die austretende Zuckerlösung fließt einem Entspannungsgefäß zu, um sie auf etwa 2 atü zu entspannen. Von hier aus gelangt sie zu den Wärmeaustauschern, wo sie von 110° C auf etwa 70° C abgekühlt wird, während das entgegenfließende Wasser sich von etwa 60° C auf 100° C erwärmt. Da die ersten vier Schübe geringe Mengen von polymerem Zucker enthalten, wird dieser in Gegenwart von Säure bei 100° C innerhalb von 12 Stunden hydrolysiert (Nachhydrolyse). Vor der Weiterverarbeitung wird die Zuckerlösung der Klärstation zugeführt.

Der verbleibende Ligninrückstand, der $1/3$ der ursprünglichen Füllung wiegt, jedoch nur $1/4$ ihres ursprünglichen Volumens einnimmt, wird bei etwa 170° C mit Wasser ausgewaschen. Die Entleerung erfolgt in besonderer Weise. Die untere Verschlußklappe wird plötzlich aufgestoßen und dadurch eine Öffnung von 300 mm Durchmesser freigegeben, so daß das dem Lignin anhaftende gespannte Wasser teilweise verdampft und der expandierende Dampf den Ligninkuchen zerreißt. Das entweichende Dampf-Lignin-Gemisch wird in nachgeschalteten Zyklonen getrennt, wobei das Lignin als halbtrockenes Pulver mit einem Wassergehalt von etwa 50% zur Abscheidung gelangt.

Der gesamte Perkolationsprozeß kann von einer Bedienungsbühne aus gesteuert werden. Abb. 88 zeigt das Schema einer von SCHOLLER 1943 errichteten Anlage.

Modifikationen des Scholler-Verfahrens.

Das Perkolationsprinzip benutzen in neuerer Zeit FOUQUÉ in Frankreich, ANT-WUORINEN in Finnland und die *Madison*-Anlage in USA. Auch sie wenden verdünnte Säuren bei Temperaturen über 100° C und erhöhtem Druck an, wobei während der Druckerhitzung die Säure das Material durchläuft und den sich bildenden Zucker entfernt.

FOUQUÉ verwendet außer der verdünnten Säure sogenannte antioxydierende Produkte, insbesondere Kohlensäure, um dem Zersetzungsvorgang entgegenzuwirken.

ANT-WUORINEN modifiziert das Perkolationsprinzip durch zusätzliche Anwendung einer Zirkulation, indem er saure Zuckerlösung unten entnimmt und oben wieder zuführt — oder umgekehrt —, um einen besseren Kontakt zwischen Säure und Cellulose und hierdurch eine Beschleunigung der Reaktion zu erreichen. Als Hydrolysierflüssigkeit verwendet er ähnlich CLAASSEN schweflige Säure, von der er höhere Zuckerausbeuten und eine bessere Säurerückgewinnung erwartet. Dabei ist das Abdestillieren der schwefligen Säure aber nur beschränkt möglich, da diese sowohl mit dem Zucker wie mit dem Lignin lose Verbindungen eingeht, wie HÄGGLUND und JOHNSON festgestellt haben.

Die wichtigste Modifikation des Perkolationsverfahrens ist schließlich das *Madison*-Verfahren. Nach HARRIS und BEGLINGER baut sich dieses Verfahren auf dem ursprünglichen gleichmäßigen Perkolieren auf und sucht durch Beherrschung der kinetischen Gesetze in der Großfabrikation den Verzuckerungsprozeß innerhalb von 4 Stunden zu bewältigen. Die austretende schwefelsaure Zuckerlösung wird automatisch unter Druck mit Kalk neutralisiert und der sich ausscheidende Gips unter Druck abfiltriert.

Die Verarbeitung: Scholler-Verfahren. 227

Die Kühlung der Zuckerlösung erfolgt anschließend durch Entspannung. Abb. 89 zeigt das Schema einer *Madison*-Anlage.

Gegenüber SCHOLLER hat die *Madison*-Anlage mit höheren Temperaturen gearbeitet, um zu größeren Ausbeuten zu kommen. Zunächst hat man die Holzcharge im Perkolator schnell in heiße verdünnte Schwefelsäure eingemischt und gewisse Zeit bei 120—150° C gehalten. Dann wird kontinuierlich mehr Säure durch das Gefäß geschickt, bis die Konzentration der abgehenden Lösung an reduzierendem Zucker auf 1% absinkt. Während dieser Perkolation

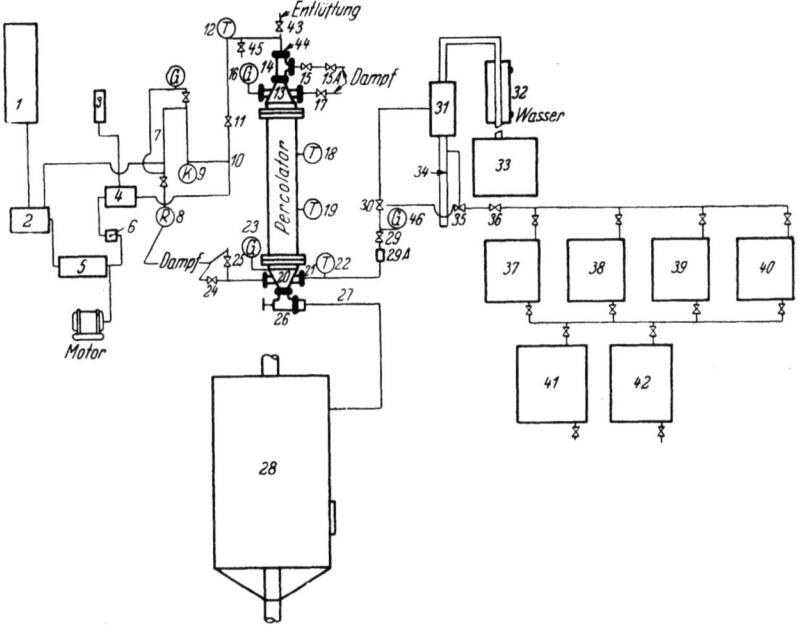

Abb. 89. Schema des MADISON-Verfahrens.

1 Wasserspeicher 2 × 6 Fuß; — *2* Wasserpumpe; — *3* Säuretank 6 Zoll × 2 Fuß; — *4* Säurepumpe; — *5* Wechselantrieb; — *6* Wechselantrieb für Säurepumpe; — *7* Dampfstrahlwassererhitzer; — *8* Automatischer Dampfregler; — *9* Temperaturanzeiger und registrierendes Gerät; — *10* Säureimpfstelle; — *11* Absperrhahn; — *12* Thermoelement zur Messung der Wassertemperatur; — *13* Oberer Perkolatorkonus; — *14* Zuführung 6 Zoll; — *15* Schnellöffnungsventil; — *15a* Absperrhahn; — *16* Dampfregler; — *17* Hauptdampfleitung; — *18, 19* Thermoelemente; — *20* Unterer Perkolatorkonus; — *21* Würzeablaufleitung; — *22* Thermoelement; — *23* Druckregler; — *24* Dampfventil 1,5 Zoll; — *25* Dampfventil für Bodenbedampfung ³/₄ Zoll; — *26* Lignin-Austragsventil 6 Zoll; — *27* Lignin-Austragsrohr; — *28* Zyklon-Lignin-Empfänger; — *29* Abflußventil; — *29a* Abflußschauglas; — *30* Dreiweghahn; — *31* Entspannungsgefäß; — *32* Kondensator; — *33* Auffangbehälter für kondensierten Entspannungsdampf; — *34* Harzabscheider; — *35* Dreiweghahn; — *36* Probehahn; — *37, 38, 39, 40* Würzeauffangbehälter 250 Gallons; — *41, 42* Würzespeicherbehälter; — *43* Entlüftungsventil; — *44* Oberer Perkolatorverschlußdeckel; — *45* Säureprobehahn; — *46* Würzeabflußregler.

steigt nun die Temperatur auf 185—195° C an. Schließlich wird das Hydrolysat auf etwa 2 atü entspannt, neutralisiert und unter diesem Druck kontinuierlich filtriert. So kann es dann unmittelbar zur Herstellung von Äthylalkohol oder Hefe verwendet oder zu Holzzuckermelasse eingedampft werden.

Trotzdem hat die in *Springfield* in Oregon errichtete Anlage, bestehend aus fünf Perkolatoren von ungefähr je 60 cbm Inhalt, nicht befriedigend gearbeitet. Auf Veranlassung der Behörde in Tennessee sind neue Versuche durchgeführt worden.

In *Wilson Dam* wurde eine *TVA-Anlage* (Tennessee-Valley-Authorithy) geschaffen, die zwar ähnlich arbeitet, aber das Verfahren erneut modifiziert zur Anwendung bringt. Es wird bei Atmosphärendruck neutralisiert und vor dem Filtrieren der Niederschlag durch Absetzen getrennt. Bei der kontinuierlichen Perkolation fällt die Konzentration des Hydrolysates an reduzierendem Zucker mit fortschreitender Perkolation wegen der Erschöpfung des Cellulosegehaltes der Charge ab. Wie SAEMAN festgestellt hat, werden nun die sich bildenden Hexosen nicht so schnell zersetzt, wenn sie in einen Perkolator zurückgeführt werden, die frische Holzabfälle bei einer Temperatur unter 150° C enthält. Daher bildet eine solche Rückführung einen wichtigen Verfahrensschritt des *TVA-Verfahrens*.

Es wird etwa wie folgt gearbeitet:

Der Perkolator wird bis zu einer Chargendichte von 257 kg je Kubikmeter gefüllt. Die Schnitzel werden mit heißer verdünnter Schwefelsäure bei 135—150° C und einer Zuckerlösung von einer vorangegangenen Perkolation gemischt, die 0,5% Schwefelsäure und 1% red. Zucker enthält. Nach einer Einwirkung von $^1/_2$ Stunde wird dann mit 0,5%iger Schwefelsäure in einer Menge von 13,4 l je Minute auf 1 cbm des Perkolatorvolumens perkoliert.

Dann wird die Temperatur der Säure, die in den Perkolator eintritt, etwa um drei Grade C je Minute bis zu einem Maximum von 190—193° C erhöht und bis zum Ende der Perkolation 150—180 Minuten gehalten.

Die fertig perkolierte Lösung fließt dann in einen mit frischen Schnitzeln beschickten anderen Perkolator. Unter dieser Bedingung werden Ausbeuten von 75% an red. Zucker erzielt. Die Hydrolysate fallen mit einem p_H von etwa 1,3 an und enthalten im Mittel 6% Zucker.

Will man Holzzuckermelasse gewinnen, so wird die Lösung nach dem Filtrieren bis zu einer Konzentration von 20—25% red. Zucker eingedampft, abgekühlt und erneut filtriert. Schließlich wird in Vakuumverdampfern die Lösung auf 45—50% red. Zucker zu Holzzuckermelasse eingedickt.

Weitere Modifikationen sind bisher nicht bekannt geworden.

c) Die Nebenprodukte der Holzverzuckerung.

Lignin. Als wichtigstes Nebenprodukt fällt bei der Holzverzuckerung das Lignin an. Es ist ein hochmolekularer, aromatischer Körper, der aus Phenylpropanderivaten aufgebaut ist und wahrscheinlich aus Coniferylalkohol entsteht, nachdem FREUDENBERG 1950 durch biologische Synthese ligninähnliche Produkte hergestellt hat.

Nach dem *Rheinau*-Verfahren fällt Lignin mit einem Wassergehalt von etwa 75%, nach dem SCHOLLER-Verfahren mit einem Wassergehalt von etwa 50% an. Aus Nadelhölzern erhält man 30—33% Ligninrückstand, aus Laubhölzern etwa 20—25%. Er kann getrocknet oder ungetrocknet zur Kesselfeuerung dienen; besser ist es, den Wassergehalt auf 15% herabzusetzen.

Lignin eignet sich zur Verschwelung. Hierfür wird es getrocknet und ohne Bindemittel brikettiert. Die Briketts haben ein spezifisches Gewicht von über 1 und können ohne weiteres verschwelt werden. Es entstehen, bezogen auf Lignintrockensubstanz, Ausbeuten von etwa 50% Kohle und von etwa 18% Teer vom Charakter des Holzteers. Das spezifische Gewicht der Kohle ist etwa 1. Der Aschegehalt der Kohle liegt bei Verwendung von einwandfreiem Verzuckerungsholz bei 2% und läßt sich durch geeignete Maßnahmen bei der Verzuckerung noch weiter herabsetzen.

Die Kohleausbeuten aus Lignin sind, bezogen auf das Gewicht des Lignins, über die Hälfte höher als die Ausbeuten aus Holz. Die Ausbeute, bezogen auf den Raumbedarf, ist bei Lignin viermal so groß als bei der Verarbeitung von Holz. Allerdings hat die Verschwelung von Lignin bisher keinen großen Umfang gehabt.

Eine beschränkte Verwendung hat Lignin zur Herstellung von Kunstharzen auf der Aldehyd-Phenol-Basis gefunden. Dabei setzt es den Bedarf an Phenol bzw. Phenolderivaten herab. Als Aldehyd kann Furfurol in manchen Fällen hierzu mit Vorteil verwendet werden. Das *Rheinau*-Lignin kann bei der Herstellung typengerechter Novolak-Harze zu rund 40% des Phenols mitverwendet werden. Es soll auch für hochwertige Preßmassen geeignet sein und für Ionenaustauscher, Gerbstoffe, Spreizmittel für Akkumulatoren, Schwefelkohlenstoffherstellung usw. Verwendung finden.

Schließlich findet Lignin für die Bodenverbesserung Anwendung. Es bewahrt die Pflanzenwurzel vor Schädigung durch zu hohe Salzkonzentration und schützt die Kalium- und Ammoniumdüngesalze vor dem Auswaschen. Seine Eignung beruht auf der nahen Verwandtschaft zu Humus und seiner hohen Adsorptionsfähigkeit gegen Basen.

Furfurol. Bei der Hydrolyse der Hemicellulose mit verdünnten Säuren entsteht Furfurol durch Zersetzung der Pentosen. Eine weitere Bildung tritt bei der Nachhydrolyse ein. Bei der Verarbeitung von Nadelholz entsteht auf diese Weise etwa 1% Furfurol, bezogen auf Holztrockensubstanz. Es kann aus den Entspannungsdampfkondensaten durch Rektifikation gewonnen werden. Bei der Verarbeitung von Laubholz ist die Furfurolbildung etwa doppelt so hoch. Weitere Furfurolmengen lassen sich gewinnen, wenn die pentosehaltigen Chargen nochmals einer sauren Druckerhitzung unterworfen werden.

Furfurol ist ein wichtiger Rohstoff für die chemische Synthese. Es kann zur Herstellung von 1,3 und 1,4 Pentadienen verwendet werden, ferner auch als Ausgangsstoff für die Synthese von Nylon nach dem DUPONT-Verfahren. Als selektives Lösungsmittel wird es bei der Ölraffination angewendet.

Essigsäure. Die Essigsäure wird schon während der ersten Phase der Verzuckerung abgespalten. Im Nadelholz ist der Acetylgehalt gering, bei Fichtenholz z. B. nur 1,4%. Dagegen ist er bei Laubholz wesentlich höher, so z. B. im Buchenholz 3,9%. Deshalb kommt der Essigsäuregewinnung nur bei der Laubholzverzuckerung einige Bedeutung zu. Sie dürfte aber noch keine praktische Auswirkung erreicht haben.

Extraktstoffe. Wasserlösliche Extraktstoffe, wie Gerbstoffe und Farbstoffe, lassen sich vor der Hydrolyse der Hemicellulose einfach mit Wasser entfernen. So werden bei Anwendung des Druckperkolationsverfahrens, z.B. bei der Verarbeitung von Eichen- oder Kastanienholz, zuerst die Fraktion der Gerbstoffe, dann der Pentosen und zuletzt des Traubenzuckers erhalten. Für jede Fraktion sind lediglich eigene Leitungen und Auffanggefäße vorzusehen. Besondere Arbeitsvorgänge sind nicht erforderlich.

d) Die Verarbeitungsprodukte des Holzzuckers.

Holzzuckersirup. Die einfachste Weiterverarbeitung der beim Holzaufschluß anfallenden Zuckerlösungen ist die Herstellung von Zuckersirup. Es bedarf dann nur der Reinigung, Entfärbung und Eindampfung der Glucoselösungen. Ein solches Verfahren kommt nur in Holzüberschußgebieten in Frage, wenn es sich darum handelt, den Holzzucker an den Verbrauchsort in größeren Mengen zu transportieren.

Futterzucker. Der anfangs nach dem *Rheinau*-Verfahren durch Zerstäubungstrocknung erhaltene Rohzucker, dessen Spuren von freier Salzsäure durch Zusatz von Calciumcarbonat unschädlich gemacht worden sind, hat als Kohlehydratfuttermittel Verwendung gefunden. Dieses kann sich aber in normalen Zeiten gegenüber den billigen kohlehydrathaltigen Futtermitteln der Landwirtschaft nicht halten.

Äthylalkohol. Verhältnismäßig einfach ist die Verarbeitung des Holzzuckers zu Alkohol. Zu diesem Zweck muß die Rohzuckerlösung abgestumpft werden, sie kann z. B. bei p_H 5 in großen Gärbehältern mit Hefe kontinuierlich nach einem Verfahren von SCHOLLER und EICKEMEYER vergoren werden. Der vorhandene Traubenzucker wird dabei in Äthylalkohol und Kohlensäure zerlegt. Um die Gärgeschwindigkeit zu erhöhen, wird meist mit einer Heferückführung gearbeitet. Die Kohlensäure fällt in gleichmäßigem Strom an und kann nach entsprechender Reinigung komprimiert in Flaschen oder als Kohlensäureeis in den Handel gebracht werden. Die alkoholische Gärlösung wird zu 96 vol.-%igem Spiritus rektifiziert, der dann durch weitere Entwässerung auf 99,9%igen Alkohol gebracht werden kann.

Die Rektifikation erfolgt in kontinuierlich arbeitenden Apparaten. Der erzielte Sprit kann dabei überwiegend als Feinsprit gewonnen werden.

Das Schema der Abb. 90 zeigt auf der linken Seite eine Perkolationsapparatur nach SCHOLLER. Auf der rechten Seite ist die Apparatur zur Weiterverarbeitung auf Alkohol angeschlossen.

Hefe. Etwa seit dem Jahre 1934 ist neben der Alkoholerzeugung aus Holzzucker die Hefeherstellung entwickelt worden. Holzzuckerhefe wurde in größeren Mengen zuerst in *Tornesch* gewonnen; sie hat zu systematischen Fütterungsversuchen gedient und auch die Hefeherstellung aus Sulfitablauge angeregt.

Das Verfahren verläuft in folgender Weise:

Die schwach saure Holzrohzuckerlösung wird zunächst mit Rohphosphat, kohlensaurem Kalk und Ätzkalk abgestumpft, vom abgeschiedenen Gips befreit und mit Ammonium-, Kalium-, Magnesium- und Phosphorsäureträgern versetzt.

Die Vergärung der Lösung erfolgt dann in einem vollkontinuierlich arbeitenden sogenannten Hefeautomaten nach SCHOLLER bei p_H 5—6 mit verhältnismäßig großen Hefemengen, ohne daß Gärfett zur Schaumbekämpfung benötigt wird. Zucker und Nährstoffe werden in diesem Apparat in 1—2 Stunden fast vollständig aufgebraucht und, soweit der Zucker nicht zur Energiebeschaffung dient, zur Synthese der Körpersubstanz verwendet. Die herangewachsene, in der verbrauchten Lösung suspendierte Hefe ver-

Die Verarbeitung: Verarbeitungsprodukte des Holzzuckers.

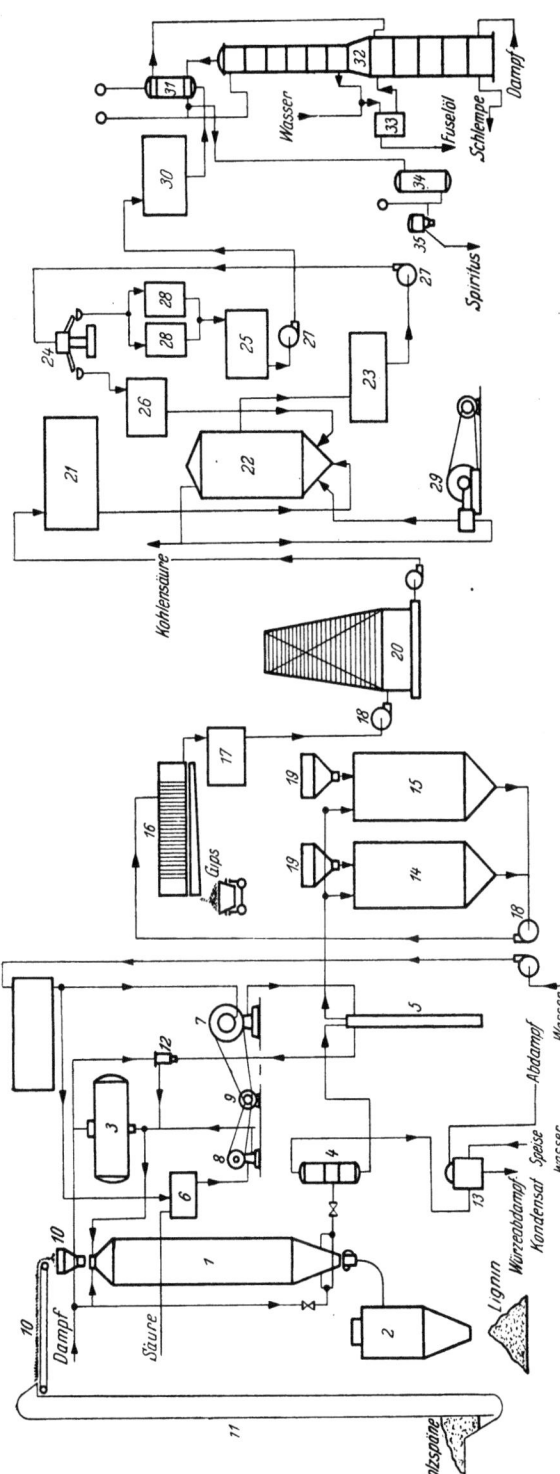

Abb. 90. Schema einer Perkolationsapparatur nach SCHOLLER nebst Apparatur zur Weiterverarbeitung auf Alkohol.

1 Perkolator; — 2 Zyklon; — 3 Schubgefäß; — 4 Entspannungsgefäß; — tralisationsmittelbehälter; — 21 Würzehochbehälter; — 22 Gärapparat; — 23 Siebkasten; — 24 Separator; — 25 Würzesammelbehälter; — 5 Wärmeaustauscher; — 6 Säuremischbehälter; — 7 Wasserpumpe; — 8 Säurepumpe; — 9 Pumpenantrieb; — 10 Förderband und Holzeinlauftrichter; — 26 Hefesumpf; — 27 Meßbhälter; — 28 Würzepumpen; — 29 Kompressor; — 11 Elevator; — 12 Wasseranwärmer; — 13 Würzeabdampfumformer; — 30 Hochbehälter für vergorene Würze; — 31 Würzevorwärmer; — 32 Destillierrektifizierkolonne; — 33 Fuselölabscheider; — 34 Spirituskühler; — 35 Spiritus-14 Klärbottich für Hauptwürze; — 15 Klärbottich für Nachhydrolyse; — 16 Filterpresse; — 17 Würzsammelbehälter; — 18 Würzpumpen; — 19 Neu-   vorlage.

läßt den Hefeapparat und wird durch Zentrifugieren und gegebenenfalls durch zusätzliches Filtrieren von dem größten Teil der Würze getrennt.

Die etwa 75—80% Wasser enthaltende Hefemasse wird dann auf 70 bis 80° C erwärmt, um die Zellen abzutöten und den Zellinhalt durch Plasmolyse zum Auslaufen zu bringen. Der erhaltene Hefebrei kann schließlich auf Walzentrocknern zu Trockenhefe getrocknet werden.

Abb. 91 hat eine solche vollkontinuierliche Hefeanlage zum Gegenstand.

Während früher nur hexosehaltige Rohstoffe zur Hefegewinnung Verwendung finden konnten, ist es seit 1938 möglich, pentosehaltige Substrate, die bisher als unverwertbar galten, zur Züchtung von hefeartigen Pilzen

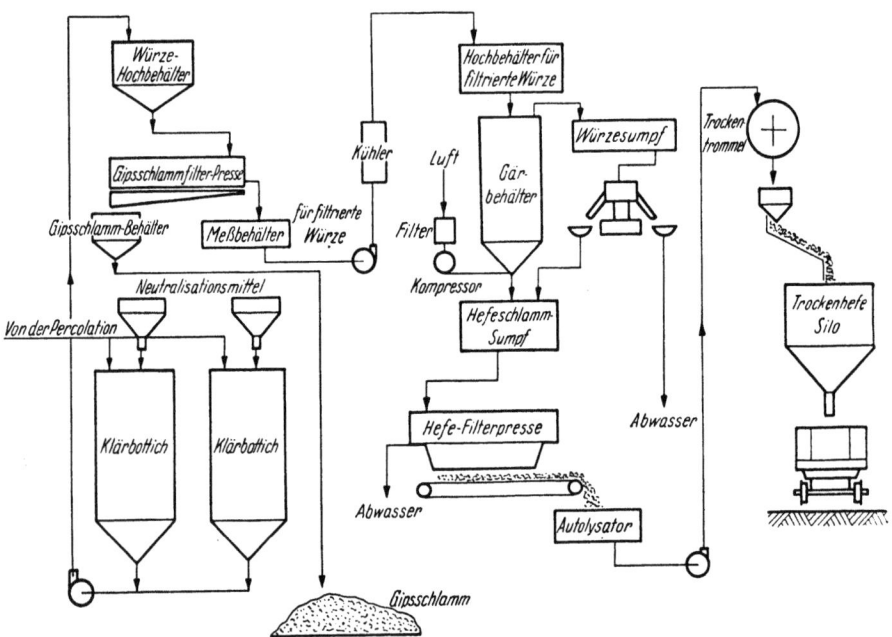

Abb. 91. Schema einer vollkontinuierlichen Hefeanlage.

zu nutzen. Dabei wird auch nach FINK die in den Lösungen enthaltene Essigsäure verwertet. Das erzielte Produkt dient der menschlichen und tierischen Ernährung, ebenfalls in getrockneter Form.

Aus 100 kg Nadelholz können neben einer üblichen Alkoholerzeugung 4—5 kg Trockenhefe mit einem Eiweißgehalt von etwa 50% erhalten werden. Das ist immerhin recht beachtlich, wenn man sich vergegenwärtigt, daß:
  aus 100 kg Kartoffeln 10—12 l Sprit und 1 kg Eiweiß und
  aus 100 kg Holz (HTS) 20—22 l Sprit und 2,1 kg Eiweiß
zu gewinnen sind.

Damit ist die Bedeutung der Holzzuckerhefe gegenüber der Kartoffelschlempe erwiesen, zumal die sachgemäß getrocknete und trocken aufbewahrte Hefe unbegrenzt haltbar ist.

M. SEIDEL, München-Solln, hat das Verfahren noch weiter vervollkommnet, um Schwankungen in der Ausbeute und im Eiweißgehalt der

Die Verarbeitung: Verarbeitungsprodukte des Holzzuckers. 233

erzeugten Hefe und sonstigen Mikroorganismen zu vermeiden. Die zu verhefenden Würzen enthalten außer den verhefbaren Zuckern noch andere organische Verbindungen, wie z. B. niedrige Fettsäuren, die in Gegenwart des Stickstoffs über den für die Verhefung der Zucker benötigten Stickstoffgehalt hinaus einen Nährboden für Infektionen bilden. Wird der Hefe Stickstoff im Überschuß angeboten, so bildet sich eine mit Eiweiß übermästete Hefe, die nicht nur leicht degeneriert, sondern auch sich viel träger vermehrt. Wenn die Stickstoffmenge nun dauernd derart bemessen wird, daß in der ablaufenden verbrauchten Lösung praktisch kein Stickstoff mehr vorhanden ist, kann dieser Übelstand behoben werden.

Eine Holzzuckerlösung mit 4% Zucker, welcher die für eine 30%ige Ausbeute an Eiweiß bei voller Ausnutzung des Stickstoffs berechneten Mengen Nährsalze, nämlich Phosphorsäure, Kali, Magnesium und Stickstoff, letzteres in Form von Ammoniakwasser, zugesetzt sind, wird kontinuierlich einem Gärgefäß zugeleitet, bei welchem durch Einbauten eine Vermischung des Zu- und Ablaufs verhindert wird. Unter starker Belüftung wird im Gärgefäß eine Konzentration von 8% lebender Hefe (mit 75% Wasser) aufrechterhalten. Nährstofffreie Holzzuckerlösung wird bereitgehalten.

Wenn in der austretenden, verheften Lösung Stickstoff nachweisbar wird, bei Verwendung von ammoniakalischem Stickstoff genügt die einfache alkalische Destillation einer Probe für den Nachweis des Stickstoffs, setzt man der kontinuierlich zulaufenden, nährstoffhaltigen Holzzuckerlösung vor dem Eintritt in das Gärgefäß allmählich immer mehr stickstofffreie Lösung zu. Sobald kein Stickstoff oder nur noch Spuren von Stickstoff in der ablaufenden Lösung nachgewiesen werden können, wird der Zusatz von stickstofffreier Lösung zur ablaufenden Stammlösung wieder vermindert, bis wieder ein Auftreten nachweisbarer Mengen Stickstoffs im Ablauf des Gärgefäßes eintritt, worauf sofort wieder mit einer Erhöhung des Zusatzes an stickstofffreier Lösung begonnen wird usw. Die Regelung spielt sich nach einigen Stunden so ein, daß eine Ausbeute von 27% Eiweiß auf eingesetzten Zucker erhalten wird, diese hält sich mit sehr geringen Schwankungen zwischen 26 und 28% Eiweiß viele Tage lang. Die erzeugte Hefe hat einen Eiweißgehalt von 50,5%, bezogen auf Hefetrockensubstanz, und ist praktisch frei von Ammoniakstickstoff.

Das gegebene Ausführungsbeispiel veranschaulicht gleichzeitig den Umstand, daß man im Rahmen des Verfahrens bei der Verhefung von Zuckern zunächst einen, wenn auch nur geringen Überschuß an Nährsalzen in der Würze vorliegen hat. So enthält die in dem Ausführungsbeispiel angeführte Holzzuckerwürze eine Nährstoffmenge, die auf 30% Ausbeute an Eiweiß eingestellt ist. Tatsächlich wird aber dann bei der üblichen Arbeitsweise nur eine Ausbeute von 25% Eiweiß, auf eingesetzten Zucker berechnet, erhalten. Der Rest geht entweder verloren oder aber stört, wie oben angegeben, die Verhefung durch Übermästung, verbunden mit Degeneration bzw. durch Begünstigung von Infektionen, was zu starken Ausbeuteschwankungen Veranlassung gibt. Hier setzt nun die Erfindung ein, gemäß welcher während der im Gange befindlichen Verhefung durch Zugabe von nährstoffarmer Würze im kontinuierlich verlaufenden Verfahren der Stickstoffgehalt im Bottich so eingestellt wird, daß einerseits eine gleichmäßige Hefebildung ohne Schwankung in der Ausbeute (27%) erhalten wird. Als Index hierfür dient die ablaufende verhefte Würze, die jetzt praktisch stickstofffrei sein soll.

Nach dem neuesten Stand sind die wesentlichen Merkmale des Hefeherstellungsverfahrens nach SCHOLLER-SEIDEL die folgenden:

1. Keine mechanisch bewegten Teile am Hefezuchtgefäß. Damit ist die Möglichkeit gegeben, die Einheiten der Gefäße beliebig groß zu bauen und im Freien aufzustellen.

2. Belüftung durch außen am Gefäß angebrachte Umwälzrohre. Die Luft wird mit mäßig feiner Verteilung durch Spezialbelüftungskörper System SEIDEL (DRP 697835 und 714391) eingeführt. Die Belüftungskörper bestehen aus Ringen, die an den Durchtrittsstellen der Luft mit radialen Rillen versehen sind. Die Reinigung erfolgt bei auseinandergenommenen Ringen in einigen Minuten. Jedes Hefezuchtgefäß hat mehrere Umwälzrohre. Die einzelnen Belüftungskörper können bei zeitweiser Abschaltung je eines Umwälzrohres ohne Betriebsunterbrechung in wenigen Minuten ausgewechselt werden. Die Gefäßfüllung wird in ein vertikal zirkulierendes, ziemlich homogenes Luft-Flüssigkeits-Gemisch verwandelt. Die Bildung stehender Schaumdecken wird vermieden.

3. Abziehen der verbrauchten, hefehaltigen Nährlösung in Schaumform durch einen freien Überlauf oben aus dem Hefezuchtgefäß (DRP 746731). Damit ist eine optimale Befüllung des Gefäßes gewährleistet, die von der Neigung der Hefewürze zum Schäumen und von der Aufmerksamkeit der Bedienung unabhängig ist. Das Austreten von noch nicht vollkommen ausgenützten Nährstoffen, welches beim Abzug der verbrauchten Lösung am Boden leicht eintreten kann, ist ausgeschlossen.

Durch die Maßnahmen 2 und 3 ist es möglich, vollkommen ohne Gärfette oder andere schaumdämpfende Zusätze im Hefezuchtgefäß zu arbeiten. Es kann deshalb auch ein für das Hefewachstum günstigerer p_H-Wert von 5 bis 6 eingehalten werden. Die bei einem sonst üblichen p_H-Wert von 4,5—5 noch bestehende Korrosionsgefahr vermindert sich dabei so weit, daß normaler Flußstahl oder Grauguß für Behälter, Rohrleitungen und Armaturen durchaus beständig ist.

4. Anwendung eines sogenannten Umwälzungssystems mit mehreren übereinander angeordneten, durch den gleichen Luftstrom nacheinander betriebenen Umwälzkreisläufen für die hefehaltige Nährlösung. Das umgewälzte Würzevolumen wird auf das 5—10fache des zugeführten Luftvolumens gesteigert. Insbesondere der untere, spezifisch schwerere und an Luftblasen ärmere Teil der Gefäßfüllung wird dabei vielfach schneller als bisher umgewälzt und mit frischem Luftsauerstoff versorgt.

Bisher mußte die Luftmenge so gewählt werden, daß in den die gesamte Gefäßhöhe in einem Zuge erfassenden Umwälzkreisläufen eine befriedigende Umwälzleistung erzielt wurde. Bei dem neuen Mehrfach-Umwälzsystem erzielt man in jeder Höhenzone mit einer sonst nur in Verbindung mit Rührwerksbelüftungen zulässigen verminderten Luftmenge eine bessere Umwälz- und Belüftungswirkung als mit Rührwerksbelüftungen. Da der mechanische Rührwerksantrieb etwa ebensoviel Energie erfordert wie die außerdem notwendige Verdichtung der eingeblasenen Luft, ergibt das neue Umwälzsystem eine Kraftersparnis von etwa 50% gegenüber solchen Rührwerksbelüftungen.

5. Es können sehr hohe Konzentrationen angewendet werden. Die intensive Würzeumwälzung, die gute Luftversorgung und der automatische Schaumzerfall im Hefegefäß machen hohe Hefekonzentrationen und die Verarbeitung entsprechend konzentrierter Nährlösungen mit etwa 10% Zuckergehalt möglich. Dies führt zu einer erheblichen Einsparung an Hefeseparatoren und zu einer Verkleinerung der Würzebereitungsanlage mit Kühleinrichtung.

6. Es wird eine getrennte, dosierte Zugabe der stickstoffhaltigen Nährstoffe entsprechend dem Stickstoffgehalt der verbrauchten Nährlösung ermöglicht. Die Stickstoffzugabe wird dabei so dosiert, daß gedrosselt wird, sobald in der verbrauchten Nährlösung deutlich nachweisbare anorganische Stickstoffmengen gefunden werden, und erhöht wird, wenn anorganischer Stickstoff mit einfachen Methoden nicht nachweisbar ist. Der Gehalt der verbrauchten Nährlösung an anorganischem Stickstoff bleibt also stets an der Grenze der Nachweisbarkeit. Erst durch diese Maßnahme wurde es möglich, im Dauerbetrieb mit kontinuierlichem Durchlauf der Nährlösung ein praktisch schwankungsfreies Hefewachstum und eine gleichmäßig gute Ausnutzung der Nährstoffe zu erreichen.

7. Es werden Spezialheferassen angewendet, die sich gegenüber der bekannten Torula utilis durch größere, länger im Zellverband bleibende Zellen auszeichnen, also leichter mit Zentrifugen aus der Würze abtrennen lassen und höhere Temperaturen bis etwa 36° C ohne Rückgang der Wachstumsfreudigkeit dauernd ertragen.

8. Die Schaumzerstörung beschränkt sich auf die verbrauchte, aus dem Hefezuchtgefäß bereits übergelaufene hefehaltige Nährlösung. In einem Entschäumungsbehälter mit Spezialeinbauten zerfällt der leichtflüssige Schaum ohne mechanische Hilfsmittel und ohne Zusatz von Schaumdämpfungsmitteln in kurzer Zeit. Kleine Restschaummengen werden abgetrennt und mittels eines kleinen Kreiselschaumzerstörers noch vollständig zerstört.

9. Die Kühlung erfolgt unmittelbar im Hefebottich. Die von der hefehaltigen Nährlösung sehr intensiv bespülte Kühlfläche wird in der unteren Apparatezone zwischen den Umwälzrohren eingebaut.

Bei Temperaturen des zufließenden Kühlwassers bis zu etwa 30° C ist es möglich, ohne Hilfskälteerzeugung bzw. Wärmepumpe zu arbeiten. Bei höheren Temperaturen des zufließenden Kühlwassers wird zweckmäßig eine Kältemaschine in das Kühlsystem eingeschaltet. Die Kältemaschine kann beispielsweise als Ammoniakkältemaschine, als Ammoniakabsorptionsmaschine oder als Wasserdampfkältemaschine, ausgeführt werden. Bei Betrieb durch Dampf empfiehlt sich eine Wasserdampfkältemaschine, wobei der Verdampfer der Kältemaschine als Oberflächenröhrenverdampfer direkt in die im Hefebottich lebhaft zirkulierende Hefewürze gelegt ist, so daß die Wärmeübertragungsfläche mit der vollen Differenz von Verdampfertemperatur und Hefegefäßtemperatur arbeitet.

10. Die Wärmeaustauschfläche für die Abkühlung der zufließenden, sterilisierten Nährlösung auf die Arbeitstemperatur von 30—35° C bleibt verkrustungsfrei.

11. Die Hefe wird vor der Trocknung durch Wärme weitgehend mechanisch entwässert, und zwar in folgender Weise:

Die zu trocknende Hefe wird mittels Drehfilter, Filterpressen oder Zentrifugen auf etwa 23% Trockengehalt entwässert, dann durch Wärme plasmolysiert und in dieser Form flüssig mit etwa 23% Trockengehalt den Walztrocknern zugeleitet. Der Dampfbedarf für die Hefetrocknung auf dem Walzentrockner vermindert sich von etwa 6,5 kg/kg Trockenhefe bei 16% Trockengehalt vor dem Walzentrockner auf etwa 4,0 kg/kg Trockenhefe bei 23% Trockengehalt vor dem Walzentrockner. Entsprechend kann auch die Walzenfläche vermindert werden.

Die Abtrennung der Hefe als Filterkuchen führt zu einem viel gleichmäßigeren Trockengehalt der den Trocknern zugeführten Hefe. Bei Separatoren ist stets mit gewissen Schwankungen in der Konzentration der Hefemilch zu rechnen, je nach dem Reinigungszustand der Düsen und den Schwankungen im Hefegehalt und in der Menge der Zulaufwürze. Erfahrungsgemäß wird deshalb im Durchschnitt unter der möglichen Maximalkonzentration der Hefemilch gearbeitet. Beim Zusammenarbeiten mit dem Drehfilter können die gleichen Hefeseparatoren mit auf 10—12% Trockengehalt verminderter Konzentration der Hefemilch wesentlich größere Würzemengen verarbeiten als bei 15—16% Trockengehalt der Hefemilch.

Bei Futterhefeherstellung kann auf das Hefewaschen in Hefeseparatoren verzichtet werden, wenn die Hefe als Filterkuchen mit etwa 23% Trockengehalt aus der verbrauchten Nährlösung abgetrennt wird. Der Trockengehalt der anhaftenden verbrauchten Nährlösung beträgt weniger als 0,5% des Hefegewichtes. Die Hefeverluste werden durch den Fortfall der Waschseparatoren nahezu vermieden.

12. Durch Fortfall der mechanischen Rührwerke kann an mechanischer Energie ungefähr die Hälfte gegenüber den üblichen Belüftungsprozessen eingespart werden

Vergleiche auch die Arbeitsweise von H. FINK und R. LECHNER im Kap. „Sulfitablauge, betreffend Vergärung auf Futterhefe" (S. 204ff.).

Kristallisierte Holzglucose. Das Hauptanwendungsgebiet für den Holzzucker dürfte wohl die Herstellung kristallisierten Traubenzuckers sein, weil er neuerdings ganz rein zu gewinnen ist. Voraussetzung dazu ist die Entfernung der Hemicellulose mit verdünnten Säuren vor dem Celluloseabbau, wie sie sowohl beim *Rheinau*- wie beim SCHOLLER-Verfahren heute beobachtet wird. Nachdem durch die fraktionierte Hydrolyse der notwendige Reinheitsgrad erreicht wurde, konnten die Erfahrungen der Zuckerindustrie auf die Kristallisation von Holzzuckersirup übertragen werden. Langsames Abkühlen der gesättigten Lösungen ist ebenso wichtig wie die Anwendung von reichlicher Impfsaat und fortgesetztes schwaches Rühren in liegenden Kristallisatoren.

In der Schemazeichnung des *Rheinau*-Verfahrens (vgl. Abb. 85) ist auf der unteren Stufe eine Traubenzuckerkristallisationsanlage enthalten. Das Verfahren wird wie folgt durchgeführt:

Die auf etwa p_H 4,5 abgestumpfte und filtrierte Zuckerlösung gelangt in einen kupfernen Vakuumverdampfer, der entweder als Mehrkörperverdampfer ausgebildet oder mit Wärmepumpe ausgestattet ist. Der auf einen Zuckergehalt von etwa 55% (red. Zucker) eingedampfte Sirup kommt bei etwa 40° C in den Rohkristallisator, der mit einem Rührwerk ausgerüstet ist. Die Temperatur wird langsam im Verlaufe mehrerer Tage gesenkt. Die gebildeten Kristalle werden entweder filtriert oder zentrifugiert. Sind sie nicht rein genug, dann werden sie nochmals gelöst und nach einer erneuten Kristallisation wiederum zentrifugiert und gedeckt.

Glucose hat eine steigende Bedeutung. Durch Hydrierung wurden 1950 z. B. in USA 3400 t und 1952 bereits 34000 t zu Sorbit für Glyptalharze usw. verwendet.

Andere Anwendungsgebiete. Aus Holzzuckerlösungen können durch Gärung sowohl Buttersäure, Milchsäure, Citronensäure, Gluconsäure wie auch Aceton, Butylalkohol und Glycerin gewonnen werden, zumal die Pentosen auch vergärbar sind.

Die Gluconsäure hat über ihre bisherige Verwendung für pharmazeutische Zwecke hinaus neue Massenanwendungsgebiete gefunden, so z.B. als schonendes Reinigungsmittel (in der Nahrungsmittel- und Getränkeindustrie), als Gerbereihilfsmittel, als Backpulver, zur Wasserenthärtung in der Textilindustrie und als Konservierungsmittel für fetthaltige Lebensmittel.

Holzzucker, als kristallisierter Traubenzucker oder Mutterlauge, hat neuerdings auch Bedeutung für die biologische Synthese verschiedener Antibiotica sowie ganz allgemein für die chemische Synthese erlangt.

e) Kombinierte Erzeugung und Weiterverarbeitung.

SCHOLLER hat darauf hingewiesen, daß die kombinierte Gewinnung verschiedener Weiterverarbeitungsprodukte im Zusammenhang mit dem chemischen Aufbau des Holzes steht. Entsprechend der Beteiligung verschiedener Zuckerarten an dem Holzaufbau werden im Verlaufe der Verzuckerung auch verschieden zusammengesetzte Holzzuckerfraktionen erhalten. Die in den ersten Fraktionen vorhandenen Pentosen kommen in erster Linie für Hefe, Furfurol- oder Butanol- und Acetonherstellung in Betracht. Die dann folgenden Hexosefraktionen können kristallisiert werden. Bei dem Abschleudern der Kristalle fällt eine traubenzuckerreiche Mutterlauge an, die zweckmäßig auf Alkohol und Trockenhefe oder auch auf Preßhefe oder auf Butanol und Aceton verarbeitet wird, wenn sie nicht erneut zur Kristallisation gebracht werden soll.

Bei den mit konzentrierter Säure arbeitenden Verfahren, wie z. B. dem *Rheinau*-Verfahren, wird ein Verlust durch Zuckerzersetzung nicht so erheblich sein wie z. B. beim SCHOLLER-Verfahren, bei dem sich durch die Zersetzung eine Ausbeuteminderung von 14% ergibt.

In der nachfolgenden Berechnung wird der Betriebsverlust von SCHOLLER mit 10% angenommen.

Bei einem Nadelholzmaterial, das einen potentiellen Wert für den reduzierenden Zucker von 66% hat, und das im Betriebe vollständig verzuckert wird, ergibt sich dann für Verfahren mit konzentrierter Säure eine Ausbeute an reduzierendem Zucker von 60%. Bei Verfahren mit verdünnter Säure muß zunächst eine Ausbeuteminderung von 14% infolge Zuckerzersetzung berücksichtigt werden. Bei Annahme gleicher Betriebsverluste ergibt sich infolgedessen eine Ausbeute von $66 \cdot 0{,}86 \cdot 0{,}90 = 51\%$ an reduzierendem Zucker. Von diesen 51 Teilen bestehen beispielsweise 40 Teile aus Hexosen, 9 Teile aus Pentosen und 2 Teile aus sonstigen reduzierenden Substanzen.

Von den 40 Teilen Hexosen treffen 10 Teile auf die Hemicellulose, während sich die restlichen 30 Teile zur Kristallisation eignen. Welcher Anteil von diesen 30 Teilen nun als kristallisierter Traubenzucker gewonnen wird, ist eine Frage der Reinigungs- und Kristallisationsverfahren und der Verwertbarkeit der traubenzuckerhaltigen Mutterlauge.

1 kg Hexose kann auf 0,6 l Alkohol oder auf 0,5 kg Trockenhefe oder auf 0,21 kg Butanol + 0,09 kg Aceton + 0,03 kg Nebenprodukte (Isopropylalkohol usw.) verarbeitet werden. Bei der Herstellung von Hefe, Butanol und Aceton können an Stelle der Hexosen auch Pentosen treten.

Es sind also eine Reihe von Kombinationsmöglichkeiten vorhanden, die jeweils von Fall zu Fall auf ihr wirtschaftliches Optimum zu prüfen sind.

f) Die Wirtschaftlichkeit der Holzverzuckerung.

SCHOLLER und SCHOENEMANN haben sehr gründliche Berechnungen angestellt, um die Wirtschaftlichkeit der Holzverzuckerung unter Beweis zu stellen. Sie kommen beide zu dem Schluß, daß aus armen Wäldern dieselben wertvollen Produkte zu den gleichen Preisen zu erzielen sind, wie sie die moderne Landwirtschaft nur auf den fruchtbarsten Böden der Welt erzeugen kann.

SCHOENEMANN schließt seine Betrachtung mit der folgenden Feststellung:

1. Die Entwicklung einer neuen Veredlungsindustrie auf Basis der Holzverzuckerung bietet neue Erwerbsmöglichkeiten in Waldgebieten.
2. Die Glucoseherstellung aus Holz sichert wertvolle Zusatzernährung in Notzeiten, in Hungergebieten und für die Zukunft der wachsenden Menschheit.
3. Durch bessere Verwertung des Abfallholzes erhöht die Holzverzuckerung die Rentabilität der Forstwirtschaft und trägt dadurch zur Erhaltung und Vermehrung des Waldes bei. Der Wald seinerseits bietet den besten Schutz für den Wasserhaushalt und das biologische Gleichgewicht der Natur. Die Beseitigung von Zivilisationsschäden wird in Zukunft ungeheure finanzielle Mittel erfordern, welche durch eine weitblickende Vorsorge eingespart werden können.

F. Die Torfverzuckerung.

Es hat nicht an Versuchen gefehlt, auch Torf für Gärungszwecke zu verzuckern. So hat A. E. VASSEUX schon 1920 Torf in der Hitze mit Melasse, Rübensäften usw. behandelt und die abgetrennten Würzen vergoren. Er hat das Verfahren dann später dadurch verbessert, daß er der Melasse Ammoniak zusetzte, um dem Torf die löslichen Bestandteile zu entziehen.

Etwa zur gleichen Zeit haben A. E. MOSER und E. VON PEZOLD Torf mit verdünnter Schwefelsäure gekocht, die Zuckerlösung abgepreßt und nach Neutralisation mit Kalk vergoren. Der Erstgenannte hat nur geringe Ausbeuten — aus 100 kg etwa 6 l Alkohol —, der Zweite aus rund 1640 kg Torf bis zu 74 l 90%igen Alkohol erzielt, entsprechend etwa 4,6 l Alkohol aus 100 kg.

Bei der *I. G. Farbenindustrie A.G.* hat man 1928 und 1929 den Torf mit Säure hydrolysiert, dann die saure Lösung neutralisiert, wobei die humosen Stoffe ausfallen, und dann die rohe Zuckerlösung mit oxydierenden Mitteln behandelt. Man hat auch vor oder nach der Neutralisation mit Dampf oder Luft erhitzt, z. B. 45 Minuten mit Dampf von 150° C und dann 15 bis 60 Minuten lang bei 90—100° C.

Schließlich hat W. W. SHUKOW 1933 den Torf unter einem Druck von mindestens 8 atü und einer Temperatur von 170° C ohne jeden Zusatz von Säuren, also nur mit Hilfe der im Torf vorhandenen organischen Säuren etwa 15 Minuten lang hydrolysiert und filtriert, um dann auf Alkohol zu vergären.

Eine praktische Auswertung scheint allen Torfverzuckerungsverfahren nicht beschieden gewesen zu sein. Das ist auch nicht verwunderlich, nachdem es gelungen ist, Holz in brauchbarer Weise zu verzuckern und dann durch Vergärung für die verschiedensten Zwecke aufzuarbeiten.

Schrifttum.

WILLSTÄTTER, R.: Ber. dtsch. chem. Ges. **46**, 2405 (1913).
HÄGGLUND, E.: Holzchemie, 2. Aufl. S. 268 ff. Leipzig 1939.
SCHOLLER, H.: Die Holzverzuckerung Winnacker-Weingaertner-Chem. Technologie, 3. Bd. S. 531—561. München 1952.
SCHOLLER, H.: Chemische Technologie des Holzes. München: Carl Hanser 1954.
SAEMAN, I. F.: Ind. Engng. Chem. **1945**, 43.
HARRIS u. BEGLINGER: Ind. Engng. Chem. **1946**, 890.
SCHOENEMANN, K.: Das neue Rheinauer Holzverzuckerungsverfahren. Vortrag Stockholm 27. 7. 1953.
SPECHT, H.: Branntweinwirtschaft **1952**, Nr. 20, S. 365.
WAGNER, F.: Preßhefe und Gärungsalkohole 1936. Selbstverlag.

VIII. Spezialgärverfahren.

A. Gewinnung von Milchsäure.

a) Allgemeines.

Bekanntlich wird Milchsäure durch Vergären von verzuckerten Stärkeprodukten (Kartoffelstärke, Mais, Reis u. a.) und auch von Rohzucker mit milchsäurebildenden Bakterien gewonnen. Unter Zugabe von etwas Malz wird z. B. die eingemaischte Kartoffelstärke zur Verflüssigung langsam auf 75° C erwärmt, auf 56° C abgekühlt und unter Zusatz weiterer Malzmengen verzuckert (Jodprobe). Durch kurzes Erhitzen auf 80° C wird die Maische dann pasteurisiert. Um die Gärung bis zu einer möglichst hohen Ausbeute an Milchsäure führen zu können, wird der Gärflüssigkeit zur Abstumpfung der gebildeten Säure von Anfang an ein Bindungsmittel, wie Kreide, in einem größeren Überschuß zugesetzt. Nach Abkühlen auf Gärtemperatur wird die Gärung mit einer Kultur von Bacterium Delbrücki angesetzt, welche in einem besonderen Impfgefäß bei 48—50° C vorgezüchtet wurde. Letztere ist aus Reinkulturen auf einer verzuckerten Maische, die durch mehrfaches Erhitzen sterilisiert wurde, zu erzielen.

Die durch die Gärung gebildete Milchsäure setzt sich mit der Kreide zu Calciumacetat um, wobei Kohlensäure gasförmig entweicht. Zur Sicherung der Neutralisation wird die Gärflüssigkeit in Bewegung gehalten.

Ferner setzt man organische Nährsubstanzen zu (Peptone, Hefeextrakte, Autolysate, Malzextrakte, Ammoniumsalze und Superphosphat), um das Bakterienwachstum zu fördern. Wenn als Diastasequelle zur Stärkeverzuckerung Malz oder Malzkleie verwendet wurde, dienen diese Produkte später auch als Schwebestoffe, um den Bakterien eine Haftsubstanz zu geben.

In der Regel enthalten die Maischen etwa 11% vergärbaren Zucker und werden in 8—9 Tagen vergoren. Der Endvergärungsgrad wird analytisch bestimmt. Nach der Gärung trennt sich die Maische in eine überstehende Lösung von Calciumlactat und in den abgesetzten Schlamm. Die überstehende Lösung wird zunächst abgezogen und für sich verarbeitet.

Nach S. MÜLLER wird kurz erhitzt, um die Organismen abzutöten. Anschließend wird die vergorene Maische gereinigt, und zwar durch Behandlung mit Chemikalien, durch Entfärben mit Kohle und sorgfältiges Filtrieren. Die klare, nur noch geringe Reste unvergorenen Zuckers und Dextrin enthaltende Lösung wird mit einer berechneten Menge konzentrierter Schwefelsäure versetzt, um den milchsauren Kalk zu zersetzen. Der entstandene Gips wird abfiltriert und die erhaltene Milchsäurelösung bei möglichst tiefen Temperaturen mit Unterdruck eingedampft. Das Eisen entfernt man durch Zugabe von gelbem Blutlaugensalz, Arsen und Blei durch Bariumsulfid. Während der Eindampfung scheidet sich Gips aus und der sich steigernde Dextrin- und Farbstoffgehalt wird durch Entfärbungskohle beseitigt.

Die Säure wird vor dem Abkühlen durch Filterpressen geschickt, während das zur Preßschlammentsäurung dienende Wasser in den Betrieb zurückgeführt wird. Der Schlamm enthält noch etwa 70% Kreide und 30% organische Substanz, berechnet auf Trockensubstanz.

E. KOMM hat nun den Schlamm wieder im Laufe des Milchsäureverfahrens eingesetzt und ihn an organischer Substanz angereichert. Hierzu wird der Gärschlamm nach dem Filtrieren sterilisiert und an Stelle eines Teils der neu zuzusetzenden Kreide in einen neuen Gäransatz gebracht. Nach der Gärung wird der Schlamm wieder filtriert. Er hat sich an organischer Substanz dann um den doppelten Betrag vermehrt. Man kann so nach mehrfacher Wiederholung dieser Maßnahme den Schlamm zu etwa 70 bis 90% i. Tr. an organischer Substanz anreichern. Er kann dann als Futtermittel dienen.

Es wird auf diese Weise der gesamte Schlamm verwertet, und die Reste an Calciumlactat von etwa 1,5%, die sonst verlorengingen, werden erhalten. Man kann ihn auch mit Phosphorsäure oder sauren Phosphaten zu Calciumphosphat umsetzen. Es können auch andere Säuren zur Zersetzung herangezogen werden, so kann z. B. Milchsäure für diesen Zweck dienstbar gemacht werden, deren Zusatz zur Bildung von Calciumlactat führt.

Zur Herstellung chemisch reiner Milchsäure zersetzt man umkristallisiertes Calciumlactat mit chemisch reiner Schwefelsäure. Man kann auch Calciumlactat mit Zinkcarbonat in Zinklactat umsetzen und dieses mit Bariumsulfid in lösliches Bariumlactat überführen, welches man wieder mit chemisch reiner Schwefelsäure zersetzt. Reine Milchsäure kann auch durch Extraktion mit Äther aus einer technischen 50%igen Milchsäure oder durch Verseifung von Milchsäureäthylester hergestellt werden. Die an die Milchsäure zu stellenden Anforderungen richten sich nach dem Verwendungszweck. Sie soll im allgemeinen frei von Schwefelsäure, Arsen, Zyan, Eisen und Kupfer sein. Geringe Mengen Gips und Spuren von Dextrin sind meist nicht zu umgehen und können nur durch Extraktion mit Äther beseitigt werden. Über die Anforderungen an chemisch reine Milchsäure vgl. DAB 6.

Die üblichen Handelsformen sind 50%ige und 80%ige Milchsäure als technische und als Genuß-Milchsäure. Daneben sind auch milchsaure Salze im Handel (Calciumlactat, Antimon- und Eisenlactat). Eine besondere Handelsform ist die sogenannte *Telosäure*, eine pastenförmig verfestigte 70%ige Milchsäure, deren Verfestigung auf einer geringen Zumischung von Calciumlactat beruht.

Bei längerem Stehen der Milchsäure bilden sich schon bei gewöhnlicher Temperatur Milchsäureester, und zwar Lactyllactat und Lactid, die gewöhnlich gemeinsam als Milchsäureanhydrit bezeichnet werden.

$$CH_3 \cdot CHOH \cdot COO \cdot CH \cdot COOH$$
$$|$$
$$CH_3$$
Lactyllactat

$$CH_3 \cdot CH \cdot O \cdot CO$$
$$|\qquad\qquad|$$
$$CO \cdot O \cdot CH \cdot CH_3$$
Lactid

Diese sogenannte Anhydritbildung ist von analytischer Bedeutung bei der Titration einer Milchsäurelösung mit **NaOH**. Dabei wird die Lactylmilchsäure zur Hälfte, das Lactid überhaupt nicht und die freie Milchsäure vollständig erfaßt. Will man den Gesamtgehalt der Milchsäure analytisch erfassen, so muß man die austitrierte Lösung mit einem Überschuß an **NaOH** kochen und die unverbrauchte **NaOH** zurücktitrieren.

b) Gewinnung von Milchsäure aus Molke.

(Vgl. a. Molkegärverfahren auf Alkohol, S. 181 ff.)

Da die Molke etwa 4,5% Milchzucker enthält, würden bei vollständiger Umsetzung des Milchzuckers etwas mehr als 4,5% freie Milchsäure entstehen. Da nun die Milchsäurebakterien bei etwa 2,5% freier Säure ihre Lebensfunktion einstellen, so kann man auf bakteriellem Wege den gesamten Milchzucker nicht ohne Hilfsmittel in Milchsäure umwandeln. Man hat daher Kalk zugegeben, um die Säure in Calciumlactat umzusetzen und sie für die Bakterien unschädlich zu machen. Das Lactat wurde dann mit Schwefelsäure behandelt, um neben Gips die freie Milchsäure zu gewinnen. Nun ist es aber wichtig, unter gleichzeitiger Erhaltung der wertvollen Milchsalze einen Gärungsweg zu schaffen, der die restlose Vergärung des Milchzuckers gestattet.

G. WECK, Bermaringen, hat nun festgestellt, daß es nicht die freie undissoziierte Milchsäure ist, die die Bakterien hemmt, sondern nur die H-Ionen des dissoziierten Anteils der Milchsäure. Die Bakterien vertragen ohne Schädigung eine Konzentration an undissoziierter Milchsäure bis 3%, stellen aber trotz ihrer Eigenschaft als Säurebakterien bereits bei einem p_H-Wert von 4,8 jegliche Tätigkeit ein.

Auch eine Verdünnung der Molke mit Wasser würde keine restlose Vergärung möglich machen, denn das p_H ist an sich in verdünnten Lösungen höher und die Dissoziation wird gleichzeitig durch die Mitverdünnung der Milchsalze, welche als Puffersubstanzen wirken, noch erhöht, so daß z. B. in 1:1 verdünnten Molken im günstigsten Falle eine Vergärung bis zu 1% freier Säure möglich ist und dieser Prozentsatz um so geringer wird, je größer die Verdünnung ist.

G. WECK hat den Anteil an undissoziierter Säure nun dadurch unschädlich gemacht, daß er Pufferstoffe, wie z. B. Orthophosphorsäure, verwendete, um 2 H-Atome durch ein Alkalimetall zu ersetzen. Erst so ist es möglich, über den Weg einer gewissen Verdünnung die Vergärung restlos durchzuführen. Bei der Auswahl dieser Puffersubstanzen wählte er zweckmäßig die in der Milch enthaltenen Salze K_2HPO_4 und Na_2HPO_4. Es können aber auch Salze der Alkali- und Erdalkalimetalle organischer oder anorganischer Säuren verwendet werden.

Drei Beispiele geben die entsprechende Erläuterung:

1. 75 kg eiweißfreie Molke mit einem Säuregehalt von 0,31% Milchsäure wurden mit 37,5 kg Wasser verdünnt und mit 2 kg Dikaliumphosphat versetzt, durch Erhitzen sterilisiert und nach Abkühlung auf 35° C mit 200 g eines auf Milchnährboden gezüchteten Stammes von Thermobacterium bulgaricum geimpft und bei dieser Temperatur belassen. Der p_H-Wert des Reaktionsgemisches lag bei Beginn der Gärung bei 6,7 und ging innerhalb von 168 Stunden auf 3,7 zurück, wobei die Lösung einen Säuregehalt von 2,5% Milchsäure erreichte.

2. 60 kg eiweißfreie Molke mit einem Säuregehalt von 0,22% Milchsäure wurden mit 30 kg Wasser verdünnt, mit 1 kg Calciumlactat versetzt, durch Erhitzen sterilisiert und nach dem Erkalten bei 35° C mit 200 g eines auf Milchnährboden gezüchteten Stammes von Thermobacterium bulgaricum geimpft und zur Vermeidung von Infektionen aus der Luft mit einer 2 mm hohen Schicht von Paraffinöl bedeckt. Die Lösung zeigte bei Beginn der Gärung einen p_H-Wert von 6,2 und nach 168 Stunden den Wert 3,5. Der Säuregehalt stieg innerhalb dieser Zeit auf 2,4% Milchsäure an.

3. 70 kg eiweißfreie Molke mit einem Säuregehalt von 0,31% Milchsäure wurden mit 35 kg Wasser verdünnt, mit 2 kg Dikaliumphosphat versetzt, durch Erhitzen sterilisiert und nach dem Erkalten mit 200 g einer auf Milchnährboden gezüchteten Kultur von Thermobacterium helveticum geimpft und zur Vermeidung von Infektionen aus der Luft mit einer 2 mm hohen Schicht von Paraffinöl bedeckt und 168 Stunden bei 35° C gehalten.

Die Lösung zeigte bei Beginn der Gärung einen p_H-Wert von 6,7 und ging dann auf 4,1 zurück. Dabei stieg der Säuregehalt auf 2,65% Milchsäure an.

Die milchzuckerhaltigen Lösungen sind also so weit mit Wasser verdünnt worden, daß bei der Restvergärung der Höchstgehalt an freier Säure nicht überschritten wird, welcher das Leben der Bakterien bei Überschreitung hemmt. Dafür sind so viel Puffersubstanzen zugesetzt worden, daß der p_H-Bereich bei einer Milchsäurekonzentration bis 3,2% in der Lösung innerhalb der Werte von p_H 3 bis p_H 7 liegt, und die Gärung ist bei den für die jeweils zur Verwendung kommenden Bakterienarten zulässigen Optimaltemperaturen durchgeführt worden.

c) Milchsäurepräparat aus Molke.

Ein technisch und therapeutisch wirksames Milchsäurepräparat hat F. G. KEITEL, Stockholm, vorgeschlagen. Die Züchtung erfolgt in einem Substrat mit in der Flüssigkeit schwebenden, fein verteilten organischen Teilchen, z. B. Schalen oder Kleieteilchen, mit denen sich die Bakterien absetzen, so daß der Bodensatz von der Flüssigkeit getrennt und weiterverarbeitet werden kann. Es wird etwa wie folgt gearbeitet:

Als Grundsubstanz verwendet man z. B. Molke, die nach dem Klären mit Lactose, Dextrose, Hefebouillon und Calciumcarbonat versetzt wird. Nach dreimaligem Sterilisieren bei 100° in besonderen Gefäßen wird die Molkennährlösung mit 0,25% einer 2 Tage alten Acidophilusstammkultur, bestehend aus verschiedenen Acidophilusstämmen, geimpft und ohne Luftzutritt in einen Züchtungsapparat gebracht. Die Bakterien werden nun in der Nährlösung etwa 5 Tage bei einer Temperatur von etwa 38° unter stetigem Umrühren gezüchtet. Danach muß die zugesetzte Calciumcarbonatmenge verbraucht sein, und die Lösung weist einen p_H-Wert von 4,5 auf. Nach darauf erfolgter Separierung wird das erhaltene Sediment im Kühlschrank aufbewahrt. Die beim Separieren (Zentrifugieren) erhaltene und dann eingeengte Flüssigkeit wird darauf mit 5% (bezogen auf die Ausgangsflüssigkeit) feinvermahlenem, sterilem und leicht geröstetem Zwiebackmehl versetzt. Das Ganze läßt man in Schalen erstarren; es wird dann zugeschnitten, in Trockenschränken fertig getrocknet sowie granuliert. Zwecks Herstellung des Präparates wird das obengenannte Sediment mit 5 Teilen sterilem Stärkemehl und 1 Teil Wasser zu einer homogenen Masse geknetet, die dann mit dem mit Calciumcarbonat gemischten Granulat der Stoffwechselprodukte gemischt wird. Die Masse wird durch ein Sieb geleitet und unter Zusatz von Lactose und Dextrose in gut schließende Verpackungen gefüllt.

d) Gewinnung von Milchsäure und Essigsäure.

E. RICARD, F. BOINOT und die Fa. *Usines de Melle*, in Melle, haben aus der natürlichen Flora der Milch den Lactobacillus acidophilus B gezüchtet, der in der Lage ist, Glucose, Saccharose, Maltose, Lactose und die Pentosen unter Bildung von Milchsäure und Essigsäure durch Zerlegung der Zucker ohne Gasentwicklung zu vergären.

Hierzu diente die in Abb. 92 gezeigte Apparatur.

Für die Einleitung der Gärung wird ein Anstellbottich A mit 10 hl, 30 g Zucker je Liter enthaltender Melasse oder Rübensaft beschickt. Man sterilisiert, kühlt auf etwa 38° C und beimpft mit einer Kultur Acidophilus B. Nach 2—3 Tagen beträgt die Acidität der Gärflüssigkeit 25 g je Liter. Fast der gesamte Zucker ist vergoren. Man gießt dann diese Anstellkultur in den offenen Gärbottich B von 400 hl Inhalt und läßt dann zuckerhaltigen Saft, der z. B. 100 g im Liter enthält, vom Behälter C und gleichzeitig Kalkmilch vom Behälter D in der Weise ständig zufließen, daß in dem Maße, wie die Vergärung verläuft, im Bottich B eine Acidität von 20 g je Liter und eine Menge an freiem Zucker von 8—10 g je Liter aufrechterhalten werden.

Wenn der Bottich B voll ist, fließt er durch Überlauf in die Bottiche $E1$, $E2$ usw. ab, ohne daß frische Nährlösung dazukommt, so daß sich darin, nur die Nachgärung vollzieht.

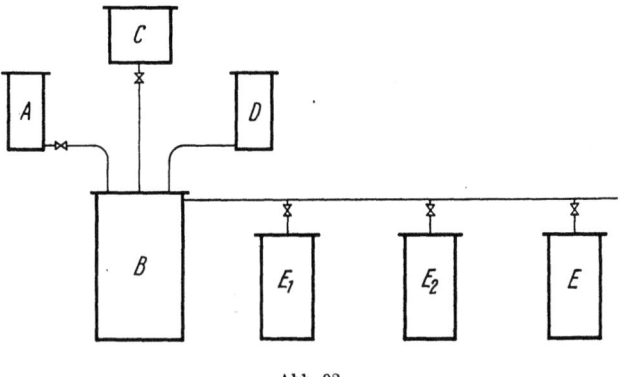

Abb. 92.

Als Ausbeute erhält man ein Gemisch von 85—90% Milchsäure und 10—15% Essigsäure.

Der Gärbottich B kann so je Tag 200 hl zuckerhaltigen Saft zu 10% aufnehmen, was einer Erzeugung von 2000 kg Säure je Tag entspricht.

Die vergorene Maische der Bottiche $E1$, $E2$ usw. wird mit Kalk neutralisiert, und zwar mit einem kleinen Überschuß, um eine Klärung zu erreichen. Sie wird darauf filtriert und dann eingedampft, um die gebildeten Lactate und Acetate zu konzentrieren. Die Säuren werden dann nach bekannten Verfahren gewonnen.

Wenn man Pentosewürzen vergären will, so muß man das die Pentosane enthaltende Material mit 20 g Schwefelsäure je Liter angesäuertem Wasser in einer Laugbatterie bei einer Temperatur von 85—98° C behandeln, so daß der Saft am Ende wenigstens 100—150 g Pentosen je Liter enthält.

Hierzu können auch anfallende Schlempen der alkoholischen oder butylacetonischen Vergärung benutzt werden. Die Säureausbeute beträgt etwa 100%, das Gemisch enthält etwa 60% Milchsäure und 40% Essigsäure.

e) Gewinnung von Milchsäure, einem Nährstoff und Calciumphytat aus Mais oder Sorghum.

Saure Einweichflüssigkeit aus Mais oder Sorghum enthält neben Kohlehydraten, stickstoffhaltigen und anorganischen Stoffen auch Salze der Phytinsäure. Bei der Vergärung wird Milchsäure gebildet. Eine derart behandelte Flüssigkeit enthält dann etwa 20—30% Milchsäure, 10% Salze der Phytinsäure, 50—55% lösliche und unlösliche stickstoffhaltige Stoffe, 15—20% anorganische Stoffe und 2—5% lösliche Kohlehydrate, berechnet auf Trockensubstanz.

Wenn man Milchsäure und Phytinsalze gewinnen will, dann fallen die stickstoffhaltigen Stoffe, die immerhin etwa 50% der vorhandenen festen Stoffe ausmachen, in einer wenig verwertbaren Form an.

E. R. KOOI und E. C. SNYDER haben nun zusammen mit der *Corn Products Refining Company*, New York, ein Verfahren entwickelt, bei dem neben der Milchsäure Calciumphytat und ein Nährstoff für mikrobiologische Zwecke gewonnen werden.

Die Arbeitsweise ist z. B. folgende:

Zu 5000 ccm Maiseinweichflüssigkeit, welche vorher erwärmt, auf Milchsäure vergoren und auf eine Dichte von 28,5° Bé konzentriert worden war, wurden 400 ccm 95%ige Schwefelsäure zugesetzt. Der sich ergebende p_H-Wert betrug 1,50. Die angesäuerte Einweichflüssigkeit wurde nacheinander mit je 10000 ccm eines mit Wasser gesättigten Butanols extrahiert. Das Volumen der vereinigten Butanolschichten A war 28100 ccm. Das Butanol wurde aus dem Raffinat (Extraktionsrückstand) durch Dampfdestillation entfernt; 1000 ccm Wasser wurden während dieser Destillation zur Verringerung des Schäumens zugesetzt. Das Volumen des Destillats B war 3200 ccm, die aus 1140 ccm einer Wasserschicht und 2080 ccm einer Butanolschicht bestanden. Das Raffinat wurde kräftig gerührt und auf einen p_H-Wert von 7,2 durch langsamen Zusatz von 500 g Calciumhydroxyd eingestellt, die vorher in 2500 ccm Wasser zu Brei verrührt worden waren. Das neutralisierte Raffinat wurde dann $1/2$ Stunde lang unter Druck erhitzt. Dann wurde das heiße Zentrifugat daraus wie folgt behandelt:

Der Kuchen wurde durch zweimaliges Suspendieren in je 3000 ccm Wasser gewaschen. Volumen und Dichte der drei Zentrifugate waren 6700, 3100 und 3030 ccm und 12,2, 5,5 sowie 2,3° Bé. Die vereinigten Zentrifugate mit 12830 ccm stellten den löslichen Nährstoff D dar.

Der nasse Kuchen wurde in 2000 ccm heißem Wasser zu einem Brei angerührt und mit einem Zusatz von 234 ccm 36%iger Salzsäure auf einen p_H-Wert von 1,5 eingestellt. Nach 30 Minuten wurde der p_H-Wert wieder auf 1,5 eingestellt und die Mischung noch weitere 90 Minuten gerührt. Dann wurde die saure Suspension unter Vakuum filtriert und zweimal nacheinander in je 1000 ccm Wasser zum Auswaschen zu Brei verrührt. Die Filtrate wurden vereinigt. Der Calciumsulfatkuchen E wurde bei 50—60° C getrocknet. Weiterhin wurden dann die Filtrate auf einen p_H-Wert von 5,40 durch Zusatz von 123 g in 490 ccm Wasser aufgeschlämmtes Calciumhydroxyd eingestellt. Die daraus resultierende Calciumphytatsuspension wurde im Vakuum filtriert und der Kuchen zweimal durch jeweiliges Suspendieren in 1000 ccm Wasser ausgewaschen. Die Filtrate F, im ganzen 6795 ccm, wurden vereinigt. Das Calciumphytat G wurde bei 60° C getrocknet.

Der Butanolextrakt A wurde im Vakuum auf 7050 ccm eingedampft. Das Volumen des Destillates H betrug 19450 ccm. Der eingedampfte Extrakt wurde 1 Stunde lang bei atmosphärischem Druck am Rückfluß erhitzt und dann während 1 Stunde langsam eingedampft. Insgesamt wurden 734 ccm Destillat K gesammelt, von denen 43 ccm eine Wasserschicht waren. Der Rückstand wurde auf Raumtemperatur abgekühlt und auf einen p_H-Wert von 6,4 durch Zusatz einer Lösung von 380 ccm einer 17%igen Natriumhydroxydlösung eingestellt.

Die teilweise neutralisierte Flüssigkeit wurde auf 100° C erhitzt und so lange Dampf durchgeschickt, bis das Verhältnis der oberen zur unteren Schicht im kondensierten Destillat 0,045 war. Das Destillat J bestand aus 6000 ccm einer Esterschicht und 7300 ccm einer Wasserschicht. Das Volumen des Rückstandes I war 1305 ccm. An Dampf wurden 7900 g verbraucht.

Aus diesem Verfahren ergaben sich die in Tab. 17 zusammengestellten *Analysenwerte*.

Tabelle 17.

	Einweichflüssigkeit 5000 ccm %	Nährstoff D 12835 ccm	Ca-Sulfat E 610 g %	Ca-Phytat G 387 g %	Filtrat F 6795 ccm
Trockenrückstand	51,9	13,1 g/100 ccm	92,6	90,9	4,53 g/100 ccm
Stickstoff i. Tr.	7,35	9,16	3,12	0,16	1,13
Milchsäure i. Tr.	28,7	5,5	0,08	—	0,7
Gesamtphosphor i. Tr.	2,89	—	1,07	17,6	0,02
Asche i. Tr.	17,3	26,4	65,9	74,9	62

	Destillat H 19450 ccm	Destillat K 734 ccm	Rückstand I 1305 ccm	Butylacetat J	
				Ester 6000 ccm	Wasser 7300 ccm
Trockenrückstand g/100 ccm	0,13	1,0	54,0	10,8	0,60
Stickstoff i. Tr.	—	—	3,9	—	—
Milchsäure g/100 ccm	0,13	1,0	7,9	10,8	0,60
Gesamtphosphor	—	—	—	—	—
Asche	—	—	9,8	—	—

So wurde also die gebildete Milchsäure mit Butanol entfernt, die flüssige und feste Phase bei einer Temperatur von 80—90° C getrocknet und durch Zusatz von Calciumhydroxyd ein Calciumphytat gewonnen.

Die Schwefelsäure macht aus den in der Einweichflüssigkeit vorhandenen milchsauren Salzen die Milchsäure frei, welche dann mit Butanol extrahiert werden kann. Der die Milchsäure enthaltende Extrakt wird im Vakuum konzentriert und darauf am Rückfluß verestert, so daß der Ester in reiner Form gewonnen werden kann. Demgegenüber ist dann die von der Milchsäure befreite Einweichflüssigkeit geeignet zur Gewinnung eines Nährstoffes für Mikroorganismen. Die aus dem Autoklaven kommende Mischung wird bei hohen Temperaturen, z. B. 80—90° C, sorgfältig ausgelaugt, so daß eine klare Lösung entsteht, die getrocknet werden kann. Der so erhaltene Nährstoff enthält in der Trockensubstanz 50—60% stickstoffhaltige Stoffe, 17 bis 20% anorganische Stoffe, 2—4% Kohlehydrate und 1—5% milchsaure Salze. (Vgl. a. Abschn. „Kornschlempe als Nährstoff", S. 505ff.)

f) Gewinnung von Calciumacetat.

In Gärungsprozessen, in denen zur Abstumpfung der Säuren Ammoniak zugesetzt wird, um den p_H-Wert zu regulieren, hat H. LANGWELL, Surrey in England, eine Methode zur Wiedergewinnung des Ammoniaks und der Gewinnung von Calciumacetat angewendet. Durch Zusatz von Calciumcarbonat wird das Ammoniak freigemacht und Calciumacetat gebildet. Das Ammoniak wird durch Destillation wiedergewonnen und die verbleibende Lösung so weit konzentriert, daß das Calciumacetat durch Trocknung als Salz gewonnen werden kann. Letzteres kann durch Behandlung mit Schwefelsäure zur Herstellung von Essigsäure benutzt werden. Man kann aber auch durch Umsetzung mit Natriumcarbonat Natriumacetat gewinnen.

Schrifttum.
MÜLLER, S.: Lebensmittelindustrie, Novemberheft 1949, S. 40—43.

B. Gewinnung von Buttersäure.

Die Buttersäuregärung besitzt nur eine beschränkte industrielle Bedeutung. Im ersten Weltkrieg wurde in Frankreich durch trockene Destillation der bei der Buttersäuregärung anfallenden Ca-Salze der Buttersäure und Essigsäure ein Lösungsmittelgemisch gewonnen, das Ketol genannt wurde und als Antiklopfmittel für Motortreibstoffe Verwendung fand.

Die in der Natur weitverbreiteten anaeroben Buttersäurebakterien sind Sporenbildner, also Bacillen, und als Infektionsorganismen in verschiedenen Zweigen der Gärungsindustrie höchst unerwünscht (Milchsäurehefegut der Brennerei, Milchsäuregärung, Kartoffelstärkegewinnung, Käserei u. a.). Bei der Rumgärung sind Buttersäurebacillen an der Aromabildung (Äthylbutyrat) beteiligt.

Zu den Buttersäurebakterien, die bereits von PASTEUR entdeckt und untersucht worden sind, gehören zahlreiche anaerobe bis fakultativ anaerobe Sporenbildner, von denen Bacillus amylobakter (VAN TIEGHEM) der bekannteste ist; nach dem Granulosegehalt (Blaufärbung mit Jod) nannte BEIJERINCK dieses Organismus Granulobacter butylicum, nach der Form hat er die Bezeichnung Clostridium butyricum erhalten. Die technisch verwendeten Organismen sind noch nicht alle klassifiziert; sie gehören fast durchweg zu den Clostridien.

Durch natürliche Reinzucht werden die Bakterien aus dem Verdauungstraktus der Pflanzenfresser, aus Schlachthausabwässern oder aus Erde in

Zuckerlösungen gezüchtet. Man führt hierbei die Ansätze 4—5 mal bei 40° C weiter, um die echten Buttersäurebacillen auf thermophilem Wege anzureichern und schädliche Organismen zu schwächen und zu beseitigen.

Als Rohstoffe für die technische Gärung werden abwertige Stärkequalitäten (Kartoffel-, Mais- oder Reisstärke) vermaischt und verzuckert. Es können auch Melasse, Holzzucker oder Sulfitablauge verarbeitet werden. Die optimale Gärtemperatur liegt bei 35—40° C. Neben Buttersäure entstehen als Nebenprodukte stets Essigsäure und H_2 sowie CO_2.

Nach der summarischen Gleichung sind aus Hexose theoretisch 48,9% Buttersäure oder 66,7% Essigsäure zu erwarten.

$$C_6H_{12}O_6 \rightarrow CH_3 \cdot CH_2 \cdot CH_2 \cdot COOH + 2CO_2 + 2H_2$$
$$C_6H_{12}O_6 \rightarrow 2CH_3 \cdot COOH + 2CO_2 + 4H_2.$$

Die praktische Ausbeute ist geringer; bezogen auf verbrauchten Zucker haben Asai und Mitarbeiter 30—41% Buttersäure und 3,3—8,9% Essigsäure gewonnen.

Die Gärung (6—8 Tage) erfolgt in einer CO_2-Atmosphäre unter anaeroben Bedingungen in Gärkesseln, die mit Rührwerk ausgestattet sind, damit das zugesetzte Calciumcarbonat mit der Maische in ständige Berührung gebracht werden kann. Aus dem Calciumbutyrat wird durch Zersetzung z. B. mit berechneter Menge 60%iger Schwefelsäure — eine rohe Buttersäure erhalten, die durch fraktionierte Destillation im Vakuum gereinigt wird.

Da man aus mit reinem Bacillus butyricus vergorenen Holzzuckermaischen zwar Buttersäure von hohem Reinheitsgrad erhält, aber dabei die Umsetzung des Zuckers keine vollständige ist, hat die Fa. *Lefranc & Co*, Paris, die Vergärung in Gemeinschaft mit aeroben Bakterien, wie Bacillus putrificus, durchgeführt. So können aus 100 kg Holz etwa 9—9,5 kg Buttersäure und 2 kg Essigsäure gewonnen werden.

Nachdem der Holzzuckermaische 5—7% Calciumcarbonat und 0,5% Ammonsulfat und Kaliumphosphat zugesetzt sind, wird im verschlossenen Gefäß nach Einbringung der Kultur, die aus dem Bodensatz eines früheren Prozesses stammen kann, bei 38—40° C vergoren. Nach 2—3 Tagen kann dann die vergorene Maische eingedickt werden, nachdem das Calciumsulfat entfernt wurde. Schließlich wird unter Vakuum bis zur Trockne eingedampft.

Dann wird die erhaltene Masse nach Zusatz von Schwefelsäure zur Austreibung der flüchtigen organischen Säuren der fraktionierten Destillation unterworfen.

Schrifttum.

Asai, T.: J. agric. chem. Soc. Japan **23**, 275 (1950).
Bernhauer, K., in Ullmann: Bd. 4, 3. Aufl.

C. Gewinnung von Nucleinsäure.

Die *Zellstofffabrik Waldhof*, Mannheim-Waldhof, hat auf biologischem Wege, und zwar mit Hilfe von Bakterien, eine einwandfreie Spaltung der Nucleoproteide von Hefe und hefeähnlichen Pilzen in Protein und Ribonucleinsäure erreicht. Nach Abtrennung der Hefe von der flüssigen Phase kann man aus der wässerigen Lösung dann durch Ansäuern eine sehr reine und grobflockige Nucleinsäure ausfällen, die sehr schnell sedimentiert und durch ein einfaches Dekantieren gewonnen werden kann.

Man hat z. B. wie folgt gearbeitet:

5 l einer Suspension lebender Torula-Hefe (enthaltend 750 g Hefetrockensubstanz) werden auf p_H 7,0 eingestellt, sterilisiert und auf 32° abgekühlt. Nach Beimpfung mit 2 ccm einer flüssigen Bakterienkultur, beispielsweise Bakterien der Familie Streptococcus, wird die Hefeaufschwemmung 18—24 Stunden bei 32° und steriler Arbeitsweise bebrütet. Dann erfolgt die Abtrennung der Hefe von der flüssigen Phase und Nachwaschen mit Leitungswasser. Die Filtrate werden auf p_H 3 mit Salzsäure angesäuert, worauf die Nucleinsäure ausfällt. Nach dem Absitzen wird die überstehende Flüssigkeit abgegossen und der Niederschlag zur weiteren Reinigung noch einmal mit etwa 1%iger Säure aufgenommen und wieder dekantiert. Die Ausbeute beträgt 42 g Nucleinsäure, entsprechend 5,6% der Hefetrockensubstanz.

K. DIMROTH, L. JAENICKE und die *Zellstofffabrik Waldhof* haben gefunden, daß unter konstanten Züchtungsbedingungen durch Zugabe bestimmter Stickstoffsubstrate zu dem sonst üblichen Nährmedium nicht nur die Wachstumsgeschwindigkeit der Hefe verändert werden kann, sondern daß es auch gelingt, den Gehalt an Nucleinsäure und deren Zusammensetzung zu verändern. Während die Hefe bei der Züchtung mit Ammonsulfat oder Aminosäuren Nucleinsäuren bildet, bei denen das Verhältnis von Guanin zu Adenin nahezu äquimolar ist, kann man durch Zugabe von Guanin eine Hefe erzeugen, deren Nucleinsäure an Guanin angereichert ist. Umgekehrt enthält eine Hefe, die auf Adenin gewachsen ist, eine Nucleinsäure mit höherem Adeningehalt. In beiden Fällen handelt es sich um chemisch eingebaute Purine. Dieses zeigen folgende beiden Beispiele:

1. In einem 2-Liter-Rundkolben im Thermostaten züchtet man Hefe unter Einleiten steriler Luft im Überschuß auf folgender Nährlösung:

15 g Rohrzucker, 1 g prim. Kaliumphosphat,
1 g Kaliumchlorid, 0,3 g sek. Natriumphosphat,
0,7 g Magnesiumsulfat · 7H$_2$O,

je 1 Tropfen einer 0,2-m-Lösung von Eisensulfat, Zinksulfat, Mangansulfat, Kupfersulfat in 1 l Leitungswasser gelöst.

Dann werden 1,75 g Ammonsulfat und 1,75 g Adenin · HCl zugegeben und das p_H auf 5,2 eingestellt. Nach Sterilisation von Kolben und Nährlösung impft man in 1 l der Nährlösung 100 mg einer Hefereinkultur (Torula aus einer Betriebshefe der *Zellstofffabrik Waldhof*, Mannheim-Waldhof) und verheft 24 Stunden bis zum Verbrauch der reduzierenden Substanz. Die Hefesuspension wird zentrifugiert und die Hefe mit Wasser gewaschen. Man setzt zu der Hefe die gleiche Gewichtsmenge einer 20%igen Kochsalzlösung und extrahiert 8 Stunden die Nucleinsäure bei 80—95°. Dann separiert man die Hefe von dem Extrakt und säuert diesen mit 5 n-Salzsäure bis kongosauer an. Die Nucleinsäure scheidet sich flockig ab, sie wird abzentrifugiert, mit Alkohol, Aceton und Äther gewaschen und getrocknet. Die Nucleinsäure wird in der 4fachen Menge abs. Methanol suspendiert und durch Einleiten von HCl-Gas bei 50° hydrolysiert. Nacht 5 Stunden ist die Hydrolyse beendet. Die Purinhydrochloride haben sich abgeschieden. Ihre Kristallisation wird durch Stehen im Eisschrank über Nacht beendet. Dann saugt man auf einer Glasfrittennutsche ab und kristallisiert das Hydro-Chlorid-Gemisch aus der 5fachen Menge Wasser um. Guanin · HCl scheidet sich zuerst ab. Aus den Mutterlaugen erhält man Adenin · HCl.

Es wurden erhalten: 25,0 g Feuchthefe mit 20% Trockengehalt, daraus 355 mg Nucleinsäure = 7,1% der Trockenhefe, daraus 35 mg Guanin (9,9%) und 44 mg Adenin (12,4%).

2. Zu der in Beispiel 1 angegebenen Nährlösung werden 1,75 g Ammonsulfat und 2 g Guaninhydrochlorid gegeben. Das anfangs nur wenig gelöste Guanin verschwindet im Laufe der Verhefung. Diese ist nach 26 Stunden beendet. Die Aufarbeitung der Suspension und die weitere Analyse der Nucleinsäure folgen den Angaben des ersten Beispiels.

Es wurden erhalten: 23,6 g Feuchthefe = 4,7 g Trockensubstanz, daraus 268 mg Nucleinsäure (5,7%), daraus 53 mg Guanin (19,8%) und 35 mg Adenin (13,2%).

D. Gewinnung von Guanosin und Adenosin aus Hefenucleinsäuren.

Während H. BREDERECK durch enzymatische Spaltung aus 30 g Hefenucleinsäure etwa 5,5 g kristallisiertes Guanosin und 13—15 g Adenosin als Pikrat gewonnen hatte, ist es H. KIRCHHOFF und der *Zellstoffabrik Waldhof* gelungen, mit Bakterien aus der Ordnung der Eubacteriales, wie z. B. Staphylococcus candidans, oder Bakterien aus der Ordnung Actinomycetales und anderen Proactinomyceten in besserer Weise eine Spaltung zu Nucleosiden durchzuführen.

Als Nährstoff sind den reinen Nucleinsäurelösungen nach erfolgter Neutralisation, z. B. mit Natriumhydroxyd, geeignete Stoffe wie Hefeextrakt hinzuzusetzen. Die Nucleinsäurekonzentration kann in der Lösung etwa 3—8% betragen. Je nach der gewählten Konzentration dauert die vollständige Spaltung durch die von den Bakterien gebildeten Enzyme etwa 14—30 Tage. Der Spaltungsverlauf wird dadurch erkennbar, daß bei dessen Vollendung das Substrat stark geliert. Diese Gallerte wird durch Guanosinbildung hervorgerufen. Nach Abtrennung des Guanosins mit Hilfe der Zentrifuge können die anderen Spaltprodukte in üblicher Weise gewonnen werden.

Während der Anfertigung der Lösungen muß dafür Sorge getragen werden, daß der p_H-Wert und die Temperatur auf einer den optimalen Ansprüchen der Mikroorganismen entsprechenden Höhe eingestellt werden. Außerdem muß steril gearbeitet werden, so muß die Nucleinsäurelösung mit Dampf sterilisiert werden.

Die Arbeitsweise ist aus den folgenden *Beispielen* ersichtlich:

1. 30 g Nucleinsäure werden mit 10 g Hefeextrakt in 1000 ccm Wasser gelöst und der p_H-Wert mit Hilfe von Natronlauge auf 7,5 eingestellt. Nach ausreichender Sterilisation im strömenden Dampf wird die Lösung mit Proactinomyces ruber sp. beimpft und etwa 10 Tage bei 35° C gehalten.

Nach dieser Zeit ist die Spaltung zu den Nucleosiden vollkommen. Ausbeuten: Guanosin 10,8 g und Adenosin 7,0 g.

2. 1000 ccm 3%ige Nucleinsäurelösung werden mit Hilfe einer Pufferlösung auf p_H 7,5 eingestellt und mit 2 g eines Enzympulvers des nucleinsäurespaltenden Mikroorganismus versetzt und bei 35° C gehalten. Vollkommene Spaltung wird nach 9 Tagen erreicht. Ausbeuten: Guanosin 11,4 g und Adenosin 7,6 g.

E. Gewinnung von Mannit.

Es ist schon lange bekannt, daß bei der Vergärung von Topinamburknollen neben Alkohol auch Mannit entsteht. H. H. SCHLUBACH, Hamburg, hat nun festgestellt, daß das in den Knollen enthaltene Inulin von mannitbildenden Bakterien nicht angegriffen wird. Dieses bedarf vielmehr der vorangehenden Umwandlung in Synanthrin, um zu Mannit vergoren werden zu können. Synanthrin ist ein Gemisch von Kohlehydraten, wie es neben dem Inulin bereits im Herbst in den Knollen enthalten ist und sich im Laufe des Winters unter Verschwinden des Inulins in ihnen anreichert. Die im Herbst durch Vergärung erhältliche Mannitmenge entspricht aber nicht dem gleichzeitigen Gehalt an Synanthrin; denn es wurden z. B. bei 4,6% Gehalt an letzteren nur 6% Mannit erhalten. Erst nach vollständiger Umwandlung, wie sie im Frühjahr beendet ist, können bei einem Synanthringehalt von 10 bis zu 46% in Mannit umgewandelt werden.

Bei der Vergärung müssen die optimalen Temperaturen eingehalten werden. Bei 5—6° C schreitet die Vergärung von Frühjahrssynanthrin nur langsam fort und erreicht nach 9 Tagen 34% Mannit. Bei 30° C überwiegt die alkoholische Gärung. Die besten Ausbeuten werden bei 15—20° C erhalten. Bei dieser Temperatur ist die Vergärung nach 7 Tagen beendet.

Ferner muß ein p_H-Wert von 6—4 eingehalten werden, da sonst die Gärung zum Stillstand kommt. Auch muß der Luftsauerstoff während der Gärung nach Möglichkeit ferngehalten werden, z. B. durch Überschichten mit einem Mineralöl.

Beispiel. 10 kg Topinamburknollen mit einem Synanthringehalt von 10% werden im Frühjahr zerkleinert und mit 20 l Wasser 4 Stunden lang zu einem Brei verrührt und dann mit Paraffinöl bedeckt bei 18—20° C der Gärung überlassen. Nach 2 Tagen setzt eine kräftige Gasentwicklung ein, die nach 7 Tagen beendet ist. Gegen Ende der Gärung wird ein Sinken des p_H-Wertes unter 4,0 durch Zusatz von Natriumcarbonat oder Dinatriumphosphat verhindert. Der Brei wird dann zentrifugiert, die Flüssigkeit im Vakuum eingedampft und der Rückstand mit 96%igem Alkohol ausgekocht. Nach der Heißfiltration kristallisiert der Mannit beim Erkalten nahezu quantitativ aus. Es wurde eine Ausbeute von 460 g erzielt.

F. Gewinnung von Butandiol-(2,3) und Butanolon-(2,3).

Butandiol-(2,3) ist in verschiedener Hinsicht von praktischer Bedeutung. In wäßriger Lösung besitzt es sehr starke Frostschutzeigenschaften. Es kann als Zwischenprodukt bei der Fabrikation von Butadien und synthetischem

Kautschuk dienen. Ferner kann es durch Wasserentziehung Methyläthylketon liefern, ein Lösungsmittel und ausgezeichneter Treibstoff. Butanolon kann Methylvinylketon bilden, einen Ausgangsstoff für die Herstellung von Kunstharzen.

Bei der Vergärung treten neben dem Butandiol und Butanolon eine ganze Reihe von Nebenprodukten auf, z. B. Essigsäure, Milchsäure, Bernsteinsäure und Äthylalkohol. Dies ist auf die bisher angewandten Organismen vom rein anaeroben Typ zurückzuführen.

P. VERGNAUD und USINES DE MELLE vermeiden diese Nachteile durch Verwendung streng aerober Organismen wie der Mesentericus-Bakterien. Es werden aus zuckerhaltigen und stärkehaltigen Stoffen konzentrierte Maischen benutzt, die bei ausreichender Belüftung kaum auf Alkohol vergären. Man kann aber die Bildung von Butanolon im Laufe der Butandiolgärung nicht ganz vermeiden, da sich ein Gleichgewicht zwischen ihnen bildet. Es hängt von der Art und Stärke der Lüftung ab.

Wenn man Butandiol herstellen will, so wurde gefunden, daß ein anfänglicher Zusatz von Butanolon ganz in Butandiol durch Einwirkung der Mesentericus-Bakterien umwandelt. Da nun infolge seiner Flüchtigkeit das im Laufe der Gärung gebildete Butanolon bei der weiteren Konzentrierung destilliert, werden diese Kondensationswässer im Laufe der Herstellung einer neuen Maischmenge wieder verwendet, um bei der folgenden Gärung die Bildung neuer Mengen Butanolon zu verhindern, so daß das Gewicht des gebildeten Butandiols 40 Gew.-% des angewendeten Zuckers übersteigt.

Wenn man dagegen Butanolon erhalten will, so muß man die Lüftung der Maische erhöhen.

Es wird z. B. in folgender Weise gearbeitet:

100 kg Zuckerrübenmelasse, 1,5 kg Diammonphosphat, 1 kg Schaumbekämpfungsmittel und 900 l Wasser werden bei einem p_H-Wert von 5,5 bis 7,5 eine knappe Stunde auf 120° C gebracht, dann auf 75° C abgekühlt und mit einer mindestens 8 Tage alten, Sporen enthaltenden Laboratoriumskultur auf Kartoffeln geimpft. Man kühlt sofort auf 38—40° C und hält bei dieser Temperatur, wobei man im unteren Teil des Bottichs Luft in einer Menge von 35 cbm je Stunde einbläst. Nach 10 Stunden beginnt die Dichte von 1,035 auf 1,025 zu sinken. Nun füllt man die gärende Lösung in eine Lösung um, die vorher $^1/_2$ Stunde lang sterilisiert und dann auf 39° C abgekühlt wurde. Sie besteht aus 1500 kg Melasse, 8,5 kg Diammonphosphat und 3 kg schaumverhindernder Mittel, auf 9100 l verdünnt. Man lüftet sofort in einer Menge von 150 cbm je Stunde. 21 Stunden nach der Umfüllung ist die Dichte auf 1,0310 gesunken. In diesem Zeitpunkt vermindert man die Lüftung auf 60 cbm je Stunde, um eine zu starke Bildung von Butanolon zu verhindern. 12 Stunden später ist die Dichte 1,0245. Man setzt die Lüftung erneut auf 22 cbm je Stunde herab und hält sie 2—3 Stunden lang auf dieser Höhe. Während dieser Zeit sinkt die Dichte noch etwas und wird dann bei 1,024 konstant. Dieser konstante Wert deutet auf die Endumwandlung des Zuckers hin, was sich ebenfalls in einer raschen Erhöhung des Gehaltes an Butanolon äußert. Der Gehalt daran steigt im Laufe der letzten Periode von 4,75 auf 6,2 g je Liter. Bezogen auf den

Zucker beträgt die Gesamtausbeute 40,4 Gew.-%; es werden 257 kg Butylenglykol und 60 kg Butanolon gewonnen.

Diese Produkte können durch Verdampfung und anschließende Destillation oder durch Wasserdampfdestillation oder aber durch Ausziehen mit Lösungsmitteln von der vergorenen Maische getrennt werden. Wenn man 90% des Wassers verdampft, so nimmt dieses 56 kg Butanolon mit, die man in Form einer verdünnten Lösung durch Kondensation des Dampfes zusammen mit 17 kg Butandiol wiedergewinnen kann.

Man kann aber auch die gesamten Kondenswässer an Stelle von Wasser zur nächsten Gärung verwenden. Wenn man die Lüftung nach 11 Stunden der bisherigen Arbeitsweise auf 110 cbm für 21 Stunden, auf 60 cbm für weitere 31 Stunden und auf 20 cbm für 41 Stunden vermindert, dann erzielt man 332 kg Butandiol und 63 kg Butanolon.

Endlich kann man nur 70,3 kg Butandiol und 133 kg Butanolon erhalten, wenn man wie folgt arbeitet:

10000 l Lösung aus 1100 kg Melasse, 1,5 kg Diammonphosphat und 5 kg schaumverhinderndes Mittel werden wie vorher sterilisiert und nach dem Kühlen auf 39° C mit 0,5 l einer Laboratoriumskultur geimpft, die auf der Oberfläche einer 13%igen Melasselösung erhalten wurde. Man lüftet, und zwar mit 150 cbm je Stunde. Nach 45 Stunden bleibt die Dichte konstant 1,015.

TH. H. VERHAVE senior, Delft, hat 2,3-Butylenglykol wie folgt gewonnen:

3000 kg Kartoffeln wurden in einem Henzedämpfer innerhalb einer halben Stunde einem Druck von 3 Atm. ausgesetzt. Die so erhaltene Masse wurde in üblicher Weise mit 75 kg Malz eingemaischt, sterilisiert und auf 41° C abgekühlt. Darauf wurden 25 kg Superphosphat und 19 kg Kalksteinmehl zugesetzt und das Ganze mit einer Kultur von 200 l Aerobacter aerogenes in Malzextrakt gemischt. Nach der Gasentwicklung wurde Luft, und zwar 25 cbm je Stunde, durchgeblasen. Nach einer Zeitdauer von etwa 33—39 Stunden war die Gärung beendet. Aus der vergorenen Würze konnten 130 l 95%iger Äthylalkohol durch Destillation und Rektifikation gewonnen werden. Durch Verdampfen und darauffolgende Vakuumdestillation wurden 235 kg rohes 2,3-Butylenglykol mit einem Gehalt von 92% gewonnen.

Oder es wurden 1400 kg Rohrzuckermelasse mit 3500 l Wasser und 40 kg fein gemahlenem Phosphorit gemischt und 15 Minuten lang zum Sieden erhitzt. Darauf wurden 50 kg Ammonsulfat und 35 kg Kalksteinmehl zugesetzt. Nach Abkühlung auf 43° C wurden 300 l einer Reinkultur von Clostridium polymaxa eingeführt. Nach 2 Stunden wurde je Stunde 30 cbm Luft durchgeblasen. Die aus dem geschlossenen Gärgefäß entweichenden Gase wurden in Wasser geleitet, um den Alkohol zurückzuhalten. Die Gärung ist nach 24—26 Stunden beendet gewesen. Die vergorene Würze mit der Waschflüssigkeit wurde dann wie oben aufgearbeitet. Die Ausbeute betrug 175 l 95%igen Äthylalkohol und 183 kg rohes 2,3-Butylenglykol mit einem Gehalt von 92%.

G. Gewinnung von Acetylmethylcarbinol.

Bei der Gewinnung von 2,3-Butylenglykol entstehen auch kleine Mengen Acetylmethylcarbinol. TH. H. VERHAVE senior, Delft, hat nun die Maischen so kräftig belüftet, daß die Bildung von 2,3-Butylenglykol verhindert wird oder das gebildete Butylenglykol in Acetylmethylcarbinol umgewandelt wird.

H. Gewinnung von Diacetyl.

Bei der Gewinnung von Acetylmethylcarbinol kann man nach TH. H. VERHAVE senior, Delft, auch den Vorgang beeinflussen und durch Einwirkung von Oxydationsmitteln quantitativ Diacetyl gewinnen. Dies geschieht dadurch, daß man die vergorene Maische und die Waschflüssigkeit in einer verbleiten eisernen Destilliervorrichtung mit wasserfreiem Eisenchlorid versetzt und durch Rektifikation der Dämpfe Diacetyl mit einem Wassergehalt von 13% erhält.

I. Gewinnung von Glycerin.

Die Entstehung von Glycerin bei der alkoholischen Gärung ist seit langem bekannt. Es hat nicht an Versuchen gefehlt, das Glycerin zu gewinnen, jedoch sind die Versuche durch geringe Ausbeuten beeinträchtigt worden, da bei der normalen Gärung bestenfalls 3% des vergorenen Zuckergewichtes an Glycerin entstehen.

Kurz vor dem ersten Weltkrieg war es CONNSTEIN und LÜDECKE gelungen, die Gärung des Zuckers durch Zusatz von Natriumsulfit in schwach alkalischer Lösung so zu leiten, daß vorwiegend Glycerin und Acetaldehyd gebildet werden. Allerdings läuft die alkoholische Gärung nebenher. Eine Lösung von 100 g Rohzucker im Liter ergibt, mit 40 g Natriumsulfit, Nährsalzen und 10 g Preßhefe in 3—5 Tagen bei 30° C vergoren, etwa 20—25 g Rohglycerin und etwa 30 g aldehydreichen Alkohol. Außerdem werden dabei etwa 5 g Acetaldehyd und ungefähr 40 g Kohlendioxyd gebildet.

Man hat nun versucht, den Glyceringehalt der normalen Gärungen dadurch zu steigern, daß man nach Beendigung der Gärung die leicht flüchtigen Teile abdestillierte und die verbleibende Schlempe erneut mit Zuckerlösung in mehrfachen Chargen vergor. So wurde eine Ausbeutesteigerung von etwa 8—10% durch Aufwand von viel Zeit und hohen Destillationskosten erzielt.

Zur Glyceringewinnung aus den Schlempen normaler Gärungen sind verschiedene Vorschläge ergangen, doch unterblieben die technischen Ausführungen wegen Unwirtschaftlichkeit. Über eine neue Arbeitsweise vgl. Kapitel „Die Schlempeverwertung".

Während beim normalen Verlauf der alkoholischen Gärung in schwachsaurem bis neutralem Milieu die Zuckerspaltung in etwa gleiche Teile CO_2 und C_2H_5OH und in geringen Mengen Bernsteinsäure und Glycerin erfolgt, zeigt die Gärung im alkalischen Medium folgende Abweichungen:

1. Die Hefe vermehrt sich nicht oder nur unbedeutend.
2. Die Kohlensäurebildung wird zugunsten der übrigen Gärprodukte auf 40% und weniger gesenkt.
3. Die Alkoholbildung nimmt ab, und es entstehen steigende Mengen an Acetaldehyd und Glycerin, etwa proportional zur zugesetzten Sulfitmenge.

Das stark alkalisch reagierende Na_2SO_3 wird von der Hefe in erheblichen Mengen vertragen, und nach geeigneter Zwischengärung läßt sich die Hefe wiederholt verwenden. In der Praxis ist jedoch die Sulfitmenge durch ihre verzögernde Einwirkung auf die Gärgeschwindigkeit begrenzt und wird unter 40% des Zuckergewichtes gehalten. Die Erfahrungen von CONNSTEIN und LÜDECKE sind als sogenanntes „Protolverfahren" von der Protol-GmbH ausgewertet worden. Es hat auch in Österreich unter dem Namen „Fermentolverfahren" Eingang gefunden. Verbesserungen wurden in der Verwendung von Sulfiten, in der Regeneration und Reinigung der Hefe und im Magnesiazusatz erzielt.

Theoretisch müßte mit jedem gebildeten Molekül Acetaldehyd ein Molekül Glycerin entstehen.

$$C_6H_{12}O_6 \longrightarrow CH_3CHO + CO_2 + CH_2OH \cdot CHOH \cdot CH_2OH.$$

Aber statt 51% des Zuckergewichtes werden unter günstigen Bedingungen praktisch nur 36% vom Zuckergewicht an Glycerin erhalten. Der Acetaldehyd liegt bei der Sulfitgärung in Form einer Bisulfitverbindung vor, die z. T. nicht beständig ist und zerlegt wird. Der freigewordene Acetaldehyd unterliegt dann der Reduktion durch Wasserstoff und es entsteht Äthylalkohol.

In normalen Maischen mit 10—13% Saccharosegehalt sind nach der Vergärung etwa 3% Glycerin, 2% Alkohol und 1% an Sulfit gebundener Acetaldehyd enthalten. Die flüchtigen Komponenten werden abdestilliert.

Die Aufarbeitung der Protolschlempe beginnt mit einer Vorrichtung zur Na_2SO_3-Ausfällung mittels $CaCl_2$. Dabei gebildetes $CaSO_3$ wird mittels Filterpressen abgepreßt und ausgewaschen. Durch Eindicken im Vakuum wird 50—60%iges Rohglycerin gewonnen, das durch Vakuumdestillation weiter zu 95—98%igem Glycerin konzentriert wird. Man erhält dabei Glycerinfraktionen verschiedener Reinheit, die je nach dem Verwendungszweck weiter aufgearbeitet werden.

Bei der Reinigung gehen 25—30% von dem in der Maische analytisch ermittelten Glycerin verloren.

Die Glyceringewinnung läßt sich aber in anderer Weise steigern, wie ein Verfahren der *I. G. Farbenindustrie A.G.*, Frankfurt-Main, zeigt. Wenn man z. B. Melasse bis zu einer Gesamtmenge von 20—40 Teilen Zucker auf 100 Teile Endlösung fortlaufend oder in Anteilen in die Gärbottiche gibt und diesen in einem einzigen Gärungsgang, ohne zwischendurch die flüchtigen Produkte abzudestillieren, in Gegenwart von Alkalien, Sulfiten oder anderen zur Bindung von Aldehyd geeigneten Stoffen unter Zusatz geringer Mengen von Schwefel, Sulfiden, Polysulfiden oder schwefelhaltigen organischen Verbindungen mit Hefe unter Belüftung vergärt.

In einen Gärbottich gibt man 200 Gewichtsteile Wasser, sodann 1,5 Teile Harnstoff, 1 Teil primäres Natriumphosphat und 0,5 Teile Magnesiumsulfat als Hefenährstoffe, 10 Teile Hefe, 0,1 Teil Schwefel und 0,1 Teil Zucker und gärt ungefähr 15 Minuten bei 30° C an. Dann läßt man eine Lösung von 150 Teilen Zucker und 50 Teilen Natriumsulfit in etwa 400 Teilen Wasser mit einer solchen Geschwindigkeit zulaufen, daß jeweils nur etwa 5 Teile Zucker auf 100 Teile Endlösung vorhanden sind. Mit dem Zulauf setzt gleichzeitig die Lüftung ein. Nach 2 Tagen ist der Zulauf beendet und nach einem weiteren Tag der Zucker vergoren. Dann schleudert man die Hefe ab und dampft bis zur beginnenden Kristallisation der Salze ein, so daß das Glycerin durch Extraktion mit Alkohol gewonnen werden kann. Die Ausbeute beträgt etwa 29%.

Bei der Vergärung von farblosen Zuckerlösungen werden Glycerinlösungen von großer Klarheit und frei von Verunreinigungen gewonnen. Wenn man dagegen Melasse von Zuckerrüben oder Zuckerrohr vergärt, dann treten Färbungen und Nebenprodukte auf, die für die Glycerinerzeugung unerwünscht sind. Deshalb haben A. E. CRAVER und die *Glycerine Corporation of America*, New York, ein Verfahren zur Reinigung entwickelt, welches aus folgenden Stufen besteht:

1. Behandlung der vergorenen Flüssigkeit zur Abfiltrierung der Hefe.
2. Ansäuerung des Filtrates.
3. Abdestillieren der flüchtigen Teile wie Alkohol, Aceton usw.
4. Konzentrieren durch fortgesetzte Verdampfung oder Destillation.
5. Dialysieren unter bestimmten Bedingungen.
6. Ausfällen von Eisen aus dem Diffusat.
7. Entfernen der anderen Verunreinigungen durch Ionenaustauscher.
8. Konzentrierung des Diffusates.

Es wird wie folgt gearbeitet:

Eine aus der Vergärung von Melasse im alkalischen Medium zur Glyceringewinnung erhaltene Flüssigkeit wird filtriert, leicht angesäuert und Alkohol und Aceton in einer Kupferblase abdestilliert. Der Rückstand wird dann auf etwa 50% seines Ausgangsvolumens konzentriert und darauf mit einer 10%igen wäßrigen Lösung von Kaliumbicarbonat neutralisiert. Die konzentrierte Lösung wird dann auf etwa 75° C erhitzt und durch eine Zellenreihe eines Dialysatorsystems im Gegenstrom zu einem auf 75° C erhitzten Wasserstrom geschickt. Die halbdurchlässigen Membranen bestanden aus regenerierter Cellulose und wurden ganz von der Flüssigkeit bedeckt. Das Eisen wurde aus dem Diffusat durch Einbringen von Natriumsulfid ausgefällt. Dann wurde das Diffusat durch einen Ionenaustauscher geschickt, in welchem ein Absorptionsmittel auf der Grundlage eines synthetischen Harzes enthalten war. Zuletzt wurde das Diffusat mit Aktivkohle entfärbt.

Die kontinuierliche Reihendialyse bietet große Vorteile. Das Glycerin wird von der Membranfläche auf der Diffusatseite abgestreift, die mehr oder weniger unlöslichen Teilchen werden in Suspension gehalten, wodurch eine Verstopfung oder Absetzung auf der Membran vermieden wird.

Die so erhaltene Glycerinlösung ist genügend klar und farblos, um als Weichmachungsmittel für durchsichtige Stoffe, wie Cellulosehydrat, Gelatine, Casein, Papier aller Art einschließlich Glaspapier, Leder, kosmetische und pharmazeutische Mittel und zur Herstellung synthetischer Harze verwendet werden zu können.

Vgl. a. „Melasseschlempeverarbeitung auf Glycerin", S. 518ff.

Um die Alkalisierung der Maischen zu verbessern, hat die *Norddeutsche Hefeindustrie A.G.*, Berlin, statt der bisher üblichen wasserlöslichen Alkalien wasserunlösliches Magnesiumcarbonat verwendet. Die bisherigen Zusätze von Natriumsulfit führten durch die hohe osmotische Wirkung zu einer Schädigung der Hefezellen. Man mußte daher mit sehr verdünnten Lösungen arbeiten. Dieser Nachteil besteht bei Anwendung von Magnesiumcarbonat nicht, man kann große Mengen davon zusetzen, ohne daß der osmotische Druck merklich erhöht wird. Man kann das Salz auch in gesamter Menge der Maische von Anfang an zusetzen. In demselben Maße, wie sich das Magnesiumcarbonat durch die Säure löst, verschwindet der vergärbare Zucker, so daß der osmotische Druck während der Gärung nur wenig verändert wird. Die Hefe gärt in diesen Lösungen bedeutend schneller und besser als in Lösungen mit den bisher üblichen Zusätzen.

2 kg Melasse werden mit den üblichen Nährsalzen versetzt und mit Wasser auf 10 l verdünnt. Hierauf versetzt man die Maische mit 50 g Magnesiumcarbonat und fügt Hefe hinzu. Die Lösung ist spätestens in 24 Stunden vergoren und das Glycerin kann auf bekanntem Wege isoliert werden. Die Ausbeute beträgt in diesem Falle 12% der verwendeten Melasse.

Ein anderer Weg zur Erhöhung der Glycerinausbeute in alkalischen Zuckerlösungen ist der Zusatz von Kochsalz. Es wurde gefunden, daß man größere Ausbeuten erzielen kann, wenn man größere Mengen von Neutralsalzen zusetzt, von denen sich am besten Kochsalz eignet, da sich z. B. Ferrosulfat und Aluminiumsulfat nicht bewährt haben.

Eine Lösung, welche je Liter 200 g Zucker, 50 g Kochsalz, 20 g Natriumbicarbonat, 1 g Ammoniumsulfat, 1 g Magnesiumsulfat und 10 g Hefe enthält und bei 37° C der Gärung überlassen wird, liefert etwa 25% Ausbeute an Glycerin, wenn der p_H-Wert während der Gärung auf etwa 7,2—7,5 gehalten wird. Dies geschieht dadurch, daß die gebildete Kohlensäure durch Lüften ausgetrieben wird, bis der gewünschte p_H-Wert erreicht ist.

Es werden die Zusätze von Kochsalz in Mengen von mindestens 3% angewendet, ohne daß die Lebensfähigkeit der Hefe darunter leidet.

Schrifttum.
DEITE u. KELLNER: Das Glyzerin. Berlin: Springer 1923.
LECHNER, R.: Z. f. Spir. **1939** Nr. 23/24.
CONNSTEIN, W., u. R. LÜDECKE: Seifenfabrikant **1919**, S. 310.

K. Gewinnung von Dioxyaceton durch Umwandlung von Glycerin.

W. LENZ und die *I. G. Farbenindustrie A.G.*, Frankfurt-Main, haben Abkochungen fester vegetabilischer Stoffe, wie Stroh, terpenarmes Holz, Heu, Kleie, Laub u. dgl. nicht nur mit Bacterium xylinum und Acetobacter suboxydans, sondern auch mit Wurzelbacillen verschiedener Art Glycerin in Dioxyaceton umgewandelt.

1 Teil Buchenholzspäne wurde mit 10 Teilen Wasser gekocht und die erhaltene Flüssigkeit mit 2% Glycerin versetzt. Die klare abgekühlte Lösung wurde dann in Schalen mit großer Oberfläche gefüllt, mit der wirksamen Bakterienart beimpft und bei etwa 28° C gehalten. Die fortlaufende quantitative Bestimmung der Reduktion von Kupfersulfat in der Kälte zeigt an, wann der Umwandlungsprozeß des nichtreduzierenden Glycerins in das kalt reduzierende Dioxyaceton 100% erreicht hat. Zu diesem Zeitpunkt, etwa nach 5 Tagen, wurde die Maische in bekannter Weise aufgearbeitet.

Man kann auch Biertreber verarbeiten. 5—10 Teile Treber wurden mit 100 Teilen Wasser gekocht, die erhaltene Abkochung mit 2,5—10% Glycerin versetzt, abgekühlt und in Schalen mit großer Oberfläche gebracht. Die weitere Behandlung geschah nach obiger Arbeitsweise. Die Ausbeute betrug etwa 97—100% an Dioxyaceton, berechnet auf Glycerin.

TH. H. VERHAVE senior, Delft, hat die bakterielle Oxydation in zwei Stufen durchgeführt, und zwar etwa in folgender Weise:

20 hl einer Lösung von 2% Glycerin in Malzkeimextrakt, zu der 20 kg Infusorienerde zugefügt worden sind, werden sterilisiert, auf 30° C abgekühlt und sodann mit 100 l einer zuvor bereiteten Kultur von Acetobacter suboxydans in verdünntem Malzextrakt geimpft. Dann wird schwach durchlüftet (durchgeblasene Luftmenge im ganzen 10 cbm je Stunde). Nach 36 Stunden ist die Bakterienentwicklung in genügendem Maße vorangeschritten, um eine kräftige, d. h. wachstumhemmende Durchlüftung (240 cbm Luft je Stunde) zulassen zu können. Ungefähr 24 Stunden später ist das Glycerin zu 95% in Dioxyaceton umgesetzt. Man läßt jetzt die Infusorienerde sich absetzen, die überstehende klare Flüssigkeit abfließen und fügt aufs neue 20 hl einer sterilisierten und abgekühlten 2%igen Glycerinlösung zu. Jetzt wird sofort zur kräftigen Durchlüftung geschritten, wodurch das zugefügte Glycerin schon nach 20—24 Stunden zu 92—97% in Dioxydaceton umgesetzt wird. Die Durchlüftung wird dann wieder eingestellt, die Infusorienerde läßt man sich auf den Boden absetzen und wiederholt auch weiterhin alle oben beschriebenen Behandlungen, und zwar jedesmal nach einem Zeitabschnitt von ungefähr 20—24 Stunden. Auf diese Weise verfügt man nach je 24 Stunden über eine 2%ige Lösung von Dioxyaceton, die nach bekannten Verfahren auf das reine Produkt verarbeitet werden kann.

L. Gewinnung von Citronensäure (und Itaconsäure).

Die Gewinnung von Citronensäure auf gärungstechnischem Weg ist ein empfindliches Verfahren. Ausgewählte Stämme von Schimmelpilzen, besonders von Penicillium und Aspergillus, sind in der Lage, aus Kohlehydraten Citronensäure zu bilden. W. K. LORENZ, Frankfurt-Main, stellte fest, daß die Gegenwart geringster Mengen an Vitaminen die Citronensäurebildung beeinträchtigt, da diese Stoffe das Pilzwachstum derart fördern, daß alles Nährsubstrat zum Mycelaufbau und dessen gesteigerter Atmungstätigkeit verbraucht wird. Die Wuchsstoffe, die in kleinen Mengen in gereinigtem Zucker, in großen Mengen aber in der Melasse vorhanden sind, lassen sich nach LORENZ leicht in alkalischem Medium zerstören. Ebenso wirken katalytisch angeregter Wasserstoff und nascierender Sauerstoff.

Folgende *Beispiele* zeigen die Wirkung:

1. 30 kg Melasse werden in 100 l Wasser aufgelöst und hierzu 50 bis 300 ccm 5%iges Wasserstoffsuperoxyd oder äquivalente Mengen geeigneter Persalze hinzugefügt, mit Mineralsäure schwach angesäuert und mit einer Sporensuspension von Aspergillus niger geimpft. Nach etwa 10 Tagen beträgt die Citronensäureausbeute je nach dem verwendeten Schimmelpilz 7—10 kg Citronensäure.

2. An Stelle von Persalzen wird in die Lösung katalytisch angeregter Wasserstoff eingeleitet oder fein verteilte Metalle nach dem Beispiel der Fetthärtung hinzugefügt. Die Ausbeute ist die gleiche wie bei 1.

3. 30 kg Melasse werden in 100 l Wasser gelöst und hierzu 300—500 Ätznatron oder ähnliche Stoffe, die geeignet sind, die Lösung alkalisch zu machen, hinzugefügt. Anschließend wird die Lösung etwas erwärmt und nach dem Abkühlen mit Mineralsäure neutralisiert bzw. angesäuert. Impfung und Dauer der Gärung wie in Beispiel 1. Die Ausbeute beträgt ebenfalls 7—10 kg Citronensäure.

Um die Gärung zu beschleunigen, ist es wichtig, die Bildung der Myceldecke zu beschleunigen, nicht nur, weil hierdurch der Säuerungsprozeß eher in Gang kommt, sondern auch weil dadurch die Infektionsgefahr zurückgedrängt wird. Die Vergärung des Kohlehydrates vollzieht sich unter der Myceldecke. E. NEBE und die *Byk-Guldenwerke*, Niederstriegis, haben nun gefunden, daß die Deckenbildung beschleunigt wird, wenn man organische quartäre Ammoniumsalze hinzufügt. Während ohne Zusatz nach 8 Tagen 28,7—36,7% des Zuckers in Citronensäure umgewandelt worden waren, bewirkte ein Zusatz von 0,25% 2-Methylchinoliniummethylsulfat eine Ausbeute von 34,2—42,7%, Citronensäure. Ein Zusatz von 0,1 ergab eine Ausbeute von 48,3%, Dimethylbenzylphenylammoniumchlorid sogar eine Ausbeute von 51,2%.

Um die Pilzdecken von unangenehmen Geruchs- und Geschmacksstoffen zu befreien, hat ST. BAKONYI, Dössel, diese der Einwirkung von in starker Gärung befindlicher Hefe- oder Milchsäuremaischen ausgesetzt. Die Pilzdecke wird einfach 6—10 Stunden lang in eine gärende Maische untergetaucht, dann entfernt und nachgewaschen. Sie ist dann als Nährmittel geeignet.

Nachdem es durch BERNHAUER und KOSTYTSCHEW bekannt ist, daß man fertige Pilzdecken nach Entfernung der ersten Nährlösung auf eine zweite frische Nährlösung zur Wirkung bringen kann, hat dies W. KLAPPROTH, Nieder-Ingelheim, praktisch durchgeführt.

Eine Nährlösung, die auf 100 l etwa 90 l reines Wasser, 15 kg Rohrzucker, 400 g eines bekannten Nährsalzgemisches sowie noch 50 g freie Phosphorsäure enthält, wurde mit einer Reinkultur von Aspergillus niger geimpft und die Pilzdecke bei einer Temperatur von 25—30° C zur Entwicklung gebracht. Nach 5 Tagen wurde die Gärlösung, die 5—7%ige Citronensäure enthielt, abgezogen und durch eine frische, etwa 15%ige Zuckerlösung ersetzt, die jedoch außer Zucker nur 60—100 g reine Phosphorsäure auf 100 l enthielt. Nach weiteren 4—5 Tagen wurde diese Lösung durch eine gleiche ersetzt und ebenso die letztere nach weiteren 4—5 Tagen. Alsdann folgte nach der gleichen Zeit eine 15%ige Zuckerlösung, die 60 g reine Phosphorsäure und 300 g des Nährsalzgemisches auf 100 l enthielt. Die erhaltenen Gärlösungen konnten, soweit sie keine Nährsalze enthielten, unmittelbar oder nach dem Eindampfen verwendet werden, oder aber sie wurden mit Ätzkalk oder Kreide auf Calciumcitrat verarbeitet. Das von der Endlauge abfiltrierte Citrat wurde in üblicher Weise auf Citronensäure verarbeitet. Aus der Endlauge wurde das Calcium mit Pottasche ausgefüllt und dieselbe nach erneuter Filtration zum Ansatz einer neuen Nährlösung benutzt.

Um Citronensäure aus Fruchtsäften, insbesondere Agrumensäften, zu gewinnen, haben G. BOSURGI und P. STUKART, Tremestieri in Messina, mit Reinkulturen von Südweinhefen die Säfte vergoren, so daß dann die Citronensäure in der vergorenen, technisch zuckerfreien Maische auskristallisieren kann. Dabei spielt die Regulierung der p_H-Ionenkonzentration mit Erdalkalioxyden oder -carbonaten eine günstige Rolle. Zur Entfernung der Metallkationen wird Schwefelsäure zugesetzt.

Aus den vorgenannten Arbeitsweisen ist ersichtlich, daß eine allgemeingültige Vorschrift zur Durchführung des Citronensäuregärprozesses nicht existiert, da ihre Bildung je nach Ausgangsmaterial und verwendetem Pilzstamm verschiedene Bedingungen erfordert. Darauf haben H. RUDY und H. RAUCH hingewiesen. Das zu vergärende, flüssige Nährmedium wird meist auf einen Zuckergehalt von 14—20% gebracht, mit den notwendigen Nährsalzen und gegebenenfalls auch mit gärungsfördernden Zusätzen versehen und dann nach Einstellung des günstigsten p_H-Wertes durch Kochen sterilisiert. Als Zusätze werden empfohlen 0,16—0,32% **NH_4NO_3**, 0,03—0,1% **KH_2PO_4**, 0,01—0,05% **$MgSO_4 \cdot 7H_2O$**. Ferner ist die Einstellung des Ausgangs-p_H-Wertes wichtig. Stark alkalische Melasselösungen müssen neutralisiert oder schwach angesäuert werden. Zuckerlösungen werden gewöhnlich bei niedrigerem p_H vergoren (2—4, je nach Pilzstamm). Oberhalb p_H 3,5 tritt die Oxalsäurebildung stärker hervor.

Nach RUDY und RAUCH wird das sterilisierte Gärsubstrat aus dem Kocher in sterile Gärkammern geleitet, die aus übereinander angeordneten flachen Schalen bestehen. Nach dem Abkühlen auf etwa 30° C werden die Schalen mit Pilzsporen beimpft. Das Sporenmaterial wird durch Züchtung des Gärungserregers auf solchen flüssigen oder festen Nährmedien gewonnen, die das zu vergärende Substrat enthalten, nebenher aber auch eine Nährsalzkomposition, welche ein kräftiges Wachstum und eine reichliche Sporenbildung gewährleistet. Nach der Beimpfung entwickelt sich in den Schalen an der Oberfläche der Gärflüssigkeit eine zusammenhängende Pilzdecke. Wenn die Säurebildung rasch vor sich gehen soll, muß das Verhältnis von Oberfläche zum Flüssigkeitsvolumen richtig gewählt werden. Bei zu großen Schichthöhen verzögert sich die Gärung. Als günstigste Temperatur hat sich beim Aspergillus niger 30—35° C erwiesen. Bei anderen Pilzen können auch andere Temperaturen optimal sein. Wichtig ist vor allem die Sauerstoffversorgung. Während der ganzen Dauer des Gärprozesses wird in die Gärkammern sterile Luft eingeblasen, die in einer besonderen

Klimaanlage temperiert und befeuchtet wird (45—60% relative Feuchtigkeit). Nach etwa 2 Tagen hat sich die Pilzdecke gut entwickelt, nach 3 bis 4 Tagen ist die Citronensäurebildung im vollen Gange, und 7—11 Tage nach der Beimpfung ist die Gärung gewöhnlich beendet. Der Restzuckergehalt und die Acidität werden während der Gärung durch Probenahmen laufend kontrolliert. Etwa 60—80% des ursprünglich vorhandenen Zuckers werden in Citronensäure umgewandelt.

Die Gärflüssigkeit, welche etwa 15—20% Citronensäure enthält, kann dann aus den Schalen abgezogen und in Bottiche geleitet werden, in denen die Säure mit Kalkmilch als Calciumcitrat gefällt wird. Die Pilzdecke wird gewaschen und abgepreßt, um die noch anhaftende Citronensäure zu gewinnen. Das Waschwasser wird im Fällbottich mit der konzentrierten Citronensäurelösung vereinigt.

Zur Steigerung der Ausbeute und zur Beschleunigung des Gärprozesses sind viele Verbesserungen vorgeschlagen worden, die jedoch meist nur für einen bestimmten Pilzstamm oder ein spezielles Ausgangsmaterial zutreffend sind. So sollen z. B. Zusätze von Harnstoff, Extrakte aus Rüben, geringe Mengen verschiedener anorganischer Salze u. dgl. die Citronensäurebildung günstig beeinflussen. Auch die Entfernung gewisser Verunreinigungen aus der Melasse durch entsprechende Vorbehandlung spielt eine gewisse Rolle, wie schon eingangs erwähnt wurde.

Neuerdings ist man schließlich bestrebt, den säurebildenden Schimmelpilz nicht an der Oberfläche einer ruhenden Lösung, sondern innerhalb einer bewegten Flüssigkeit zu züchten. Der Vorteil einer solchen ,,submersen Gärung'' liegt in der Raumersparnis und in der Vereinfachung des Verfahrens, mitunter auch in einer Verkürzung der Gärzeit. Die bisher erzielten Ausbeuten waren allerdings sehr niedrig.

Besonders wichtig ist die Wahl eines geeigneten Pilzstammes. Ein in Oberflächenkultur sehr guter Säurebildner braucht diese Eigenschaft bei submerser Züchtung durchaus nicht aufzuweisen, denn die Wachstumsbedingungen sind verschieden geartet. Während bei der Oberflächenkultur eine feste, zusammenhängende und ruhende Decke gebildet wird, entstehen bei der submersen Kultur unzählige einzelne Mycelkügelchen oder Mycelflocken, die in der Flüssigkeit in ständiger Bewegung gehalten werden. Neben Aspergillus niger hat sich auch ein Aspergillus wentii (S. A. WAKSMAN, E. O. KAROW, A.P. 2394031, 1946) gut bewährt. Auch hier werden vorbehandelte Rohzucker- oder Melasselösungen zur Gärlösung benutzt. Die Versorgung mit Sauerstoff während der Umwälzung spielt eine besonders wichtige Rolle, da die in der Flüssigkeit vorhandenen Organismen auf die im Gärmedium gelösten Sauerstoffmengen angewiesen sind. Die Belüftung erfolgt durch Luft mit Sauerstoff gemischt, durch poröse Belüftungskörper oder besondere Belüftungssysteme. Ein Zusatz von Antischaummitteln ist meist erforderlich. Nach 3—8 Tagen ist die Gärung beendet. Man kann einstufig oder in 2 Stufen arbeiten. Dann wird in einer Wachstumsphase der Gärungsorganismus auf einem nährstoffreichen Medium submers herangezüchtet und dann in die eigentliche Gärflüssigkeit übertragen, in welcher unter submersen Bedingungen die Gärungsphase abläuft. Seit

1951 sind die Laboratoriumserfahrungen in Praxis übertragen worden [vgl. Chem. Ind. Week **68**, 20 (1951)].

Durch Oberflächengärung und submerse Gärung kann ähnlich der Citronensäure auch *Itaconsäure* gewonnen werden, die früher durch Erhitzen einer konzentrierten wäßrigen Lösung von Citronensäure oder der wasserfreien gepulverten Säure im Vakuum bei 280—300° C erzielt worden ist. Es wurde ein Aspergillus-terreus-Stamm für die Gärung als geeignet befunden. Die mit Sporen des Pilzes beimpfte Lösung wird bei 30—32° C gehalten und oberflächenmäßig belüftet. Der optimale Ausgangs-p_H-Wert ist 1,9—2,3. Nach etwa 12 Tagen ist die Gärung beendet. Die Gärflüssigkeit wird filtriert und auf etwa den zehnten Teil des ursprünglichen Volumens eingedampft. Hierbei kristallisiert die Itaconsäure aus und kann nach dem Abkühlen durch Zentrifugieren abgetrennt werden. Die Ausbeute beträgt 20—30% bezogen auf den angewandten Zucker, wie L. B. LOCKWOOD und G. E. WARD [Ind. Engng. Chem. **37**, 405 (1945)] festgestellt haben.

Die Itaconsäure wird als Antioxydans und als Zusatz bei trocknenden Ölen zur Erzeugung härterer Filme verwendet, ihre Ester dienen als Weichmacher für Kunstharze u. dgl.

Die heutige Kapazität der Weltproduktion an Citronensäure wird von RUDY und RAUCH auf etwa 50000 t geschätzt, von denen allein auf die USA 60% entfallen dürften. Von der gesamten amerikanischen Erzeugung werden etwa 40% für Nahrungsmittelzwecke und 30% in der pharmazeutischen Industrie und die restlichen 30% für andere Zwecke verbraucht. Die Erzeugung geschieht heute überwiegend auf dem Gärwege, während 1922 noch 90% des Weltbedarfes aus italienischem Calciumcitrat (Agrumenkalk) hergestellt wurde.

Schrifttum.

RUDY, H., u. H. RAUCH in ULLMANN: Enzyklopädie der technischen Chemie, Bd. 5, 3. Aufl.

Vorkommen: CZAPEK, F.: Biochemie der Pflanzen Bd. 3, 3. Aufl. Jena: G. Fischer 1925; — C. WEHMER: Die Pflanzenstoffe, 2. Aufl. Jena: G. Fischer 1931; — Handbuch für Biochemie des Menschen und der Tiere, 2. Aufl., 1. Erg.-Bd. Jena: G. Fischer 1933.

Citronensäuregärung: BIOS-Final-Rep. **220**, Nr. 22; — K. BERNHAUER: Gärungschemisches Praktikum, 2. Aufl., Springer 1939, S. 245; — K. BERNHAUER in F. F. NORD u. R. WEIDENHAGEN: Handbuch der Enzymologie, Akadem. Verlagsges., Leipzig 1940, S. 1093; — K. BERNHAUER in R. WEIDENHAGEN: Ergebnisse der Enzymforschung, Akad. Verlagsges., Leipzig 1950 S. 226/29; — I. W. FOSTER: Chemical Activities of Fungi, Academic Press Inc., New York 1949 S. 378; — H. W. v. LOESECKE: Chem. Engng. News **23**, 1952 (1945); — S. C. PRESCOTT u. C. G. DUNN: Industrial Mikrobiology, 2. Aufl., McGraw-Hill Book Company Inc., New York 1949 S. 572.

Gewinnung aus Naturprodukten, Verwendung: BROWNE, C. A.: Ind. Engng. Chem. **13**, 81 (1921); — G. GUTTMANN u. F. KLEMMA: Chemiker-Ztg. **51**, 705, 726 (1927); — M. REINBECK: Chem. Industrie **49**, 788, 830 (1926); — F. H. S. WARNEFORD u. F. HARDY: Ind. Engng. Chem. **17**, 1283 (1925); — C. P. WILSON: Chem. metallurg. Engng. **29**, 787 (1923).

M. Gewinnung von Citronensäure und Bernsteinsäure.

Man kann Citronensäure nicht nur aus Citrusfrüchten bzw. aus Zucker mit Hilfe von Schimmelpilzen gewinnen, sondern auch mit Hefen, die imstande sind, aus Essigsäure und Sauerstoff Citronensäure zu bilden. H. WIELAND und *C. H. Boehringer Sohn A.G.*, Nieder-Ingelheim, haben gefunden, daß die Essigsäure als freie Säure oder als Salz eingesetzt werden kann, und daß neben der Citronensäure auch noch eine beträchtliche Menge Bernsteinsäure entsteht. Wesentlich hierbei ist ein genügender Sauerstoffumsatz, mit dem die Hefen durch Umpumpen od. dgl. in Berührung gebracht werden müssen.

10 kg Bierhefe wurden in 1000 l einer wäßrigen etwa $^1/_5$ n-Natriumacetatoder Calciumacetatlösung suspendiert und die Mischung so umgepumpt, daß mit der Lösung reichlich Luft in die Pumpe eingezogen wurde. Nach 12 Stunden war die Hauptmenge der Essigsäure verschwunden. Dafür enthielt die Lösung auf 6 kg verbrauchter Essigsäure 850 g Citronensäure sowie 230 g Bernsteinsäure. Der Rest der Essigsäure war zu Kohlensäure umgesetzt worden. Die Isolierung der beiden Säuren aus ihren Salzen geschah auf dem dafür bekannten Wege.

N. Gewinnung von Citronensäure, Oxalsäure und Gluconsäure.

W. SCHOELLER, S. MICHAEL und die *Schering-Kahlbaum A.G.*, Berlin, haben gefunden, daß nach Tränkung stärkehaltiger Materialien mit Lösungen von löslichen Kohlehydraten oder Polyalkoholen die Pilzeinwirkung derart verläuft, daß aus dem Zucker die Gluconsäure in fast theoretischer Ausbeute gebildet wird, während gleichzeitig das stärkehaltige Material zu Citronensäure und Oxalsäure umgesetzt wird.

Aus 20 kg Weizenmehl, 17 kg Kreide und Hefe wurde ein Teig bereitet, dieser nach $^1/_2$ Stunde Gehenlassen gebacken und das Brot mit einer Lösung von 6 kg Traubenzucker in 25 l Wasser in zerkleinerter Form getränkt, sterilisiert und die Masse mit Pilzen der Gattung Aspergillus niger geimpft. Die Gärung wird nach 6—7 Tagen beendet. Dann extrahierte man den gluconsauren Kalk mit heißem Wasser und arbeitete die Lösung auf Gluconsäure auf. Die unlöslichen Kalksalze wurden in üblicher Weise auf Citronensäure und Oxalsäure aufgearbeitet. Man erhielt 6 kg Gluconsäure, 4 kg Citronensäure und 6 kg Oxalsäure.

Man hat auch mit Ammonsalzen oder Glycerin getränkt.

O. Gewinnung von Gluconsäure.

Da es bekannt ist, daß verschiedene Essigsäurebakterien Glucose in Gluconsäure überführen, so haben S. HERMANN und die *Pharmaceutischen Werke „Norgine" A.G.*, Prag, saccharose- oder glucosehaltige Nährlösungen der biologischen Einwirkung mit Hilfe von aus der japanischen Kombucha entwickelten Kulturen unterworfen und die gebildete Gluconsäure, erforderlichenfalls nach Entfernung der gleichzeitig entstandenen Essigsäure durch Eindampfen oder Durchblasen von Dampf oder Luft, mit Calciumcarbonat neutralisiert und durch Eindampfen das gluconsaure Calcium auskristallisiert.

Einen anderen Weg beschritt R. FALCK, Hannover-Münden, der geeignete Fadenpilze auf flüssigem kohlehydrathaltigem Nährsubstrat unter Zusatz von Neutralisationsmitteln, wie Erdalkalicarbonaten, züchtete. Er ermittelte dann das Optimum an löslichen Erdalkalisalzen der Gluconsäure und unterbrach bei diesem Punkt die Pilzentwicklung, um das Substrat auf Säure in bekannter Weise aufzuarbeiten. Er erzielte Ausbeuten von 70—80% reiner Gluconsäure.

L. VOGLER und die *Byk-Guldenwerke A.G.*, Berlin, haben durch eine besondere Züchtung die Würzeessigbakterien, z. B. Bacterium oxydans und Bacterium industrium, dazu gebracht, daß sie in homogener Verteilung wachsen.

10 l einer 10 g Kaliumphosphat und 50 g ausgekochter Preßhefe je Liter enthaltenden Lösung, der 10% technischer Stärkezucker zugefügt war, wurden nach kurzem Sterilisieren und nach Zugabe von Essigsäure bis zu einem p_H-Wert von 2,5 mit dementsprechend vorgezüchteten Bakterien geimpft. Nach einer Gärdauer von 9—10 Tagen bei 30° C wurden 97% Gluconsäure bezogen auf den Trockengehalt des angewandten Zuckers gewonnen.

10 l einer durch Verzuckerung von Kartoffelstärke erhaltenen Maische mit einem Maltosegehalt von 9,8% wurden nach Zusatz von bis zu 1% Kaliumphosphat aufgekocht, mit Essigsäure bis zu einem p_H-Wert von 2,5 angesäuert und beimpft. Nach einer Gärdauer von 10—11 Tagen bei 30° C wurden 81% Gluconsäure des Maltosegehaltes der ursprünglichen Gärlösung erzielt.

P. Gewinnung von 2-Ketogluconsäure.

G. E. WARD, J. J. STUBBS, L. B. LOCKWOOD, E. T. ROE, B. TABENKIN und die *F. Hoffmann-La Roche & Co. A.G.*, Basel, haben die bekannte bakterielle Einwirkung zur Bildung von Ketogluconsäuren auf gluconhaltige Gemische verbessert. Es wurde gefunden, daß man mit Vorteil Bakterien der Gattung Pseudomonas verwendet, vor allem: Fluorescenz, Fragii, Graveolen, Mildenbergii, Putida, Schuylkilliensis, Vendrelli und Ovalis.

Als Nährlösung diente z. B. folgende:

3200 ccm sterile wäßrige Lösung enthaltend je Liter

100 g Glucose, 0,25 g Magnesiumsulfat,
5 g Maisextraktnährlösung, 0,60 g Kaliummonophosphat,
0,3 g Octadecylalkohol, 27 g Calciumcarbonat.
2 g Harnstoff,

Diese wird mit etwa 300 ccm einer aktiven Kultur von Pseudomonas fluorescenz geimpft und in eine rotierende Gärtrommel eingefüllt. Durch diese wird ein Luftstrom von etwa 1600 ccm je Minute durchgeleitet, während die Trommel 13 Umdrehungen je Minute macht und die Temperatur auf ungefähr 25° C gehalten wird. Nach 43 Stunden ist alle Glucose verbraucht. Die Ausbeute an Calciumsalz der 2-Keto-Gluconsäure beträgt 72%, berechnet auf die angewandte Glucose. Die Identifizierung erfolgt durch die Feststellung der optischen Eigenschaften und des Schmelzpunktes des Methylesters (174° C).

Wenn man 32 l der obigen Lösung nach Impfung auf 25° C unter Belüften mit 12—16 l je Minute und 2 Atm. Druck an dem Meßinstrument behandelt, dann beträgt die Ausbeute nach $43^{1}/_{2}$ Stunden 88%. Der Schaum wird mit kleinen Portionen Schmalzöl bekämpft.

Q. Gewinnung von 2-Keto-l-idonsäure.

B. GÖRLICH und die *Knoll A.G.*, Ludwigshafen, haben die Vergärung von l-Idonsäure bzw. deren Salzen, die bisher mit Pseudomonas Mildenbergii bzw. Cynococcus chromospirans durchgeführt wurde, mit Pseudomonas aeruginosa und fluorescenz sowie mit Acetobacter suboxydans melanogenum zur Gewinnung von 2-Keto-l-idonsäure verbessert. Diese lassen sich durch geeignete Passagenzüchtung an die l-Idonsäure assimilieren, wobei nahezu farblose Gärlösungen erhalten werden.

Man arbeitet wie folgt:

1. 50 g Calcium-l-idonat werden in 1 l 1%igem Hefeextrakt gelöst, 5 g d-Glucose zugesetzt, sterilisiert und mit 50 ccm einer durch Passagenzüchtung auf dem gleichen Nährboden aktivierten Kultur von Pseudomonas fluorescenz beimpft. Nach einer Gärdauer von 3—5 Tagen bei gleichzeitiger Belüftung mit steriler Luft oder Sauerstoff und einer Gärtemperatur von 28—30° C ist das Maximum der Gärung erreicht. Nach Filtration der Bakterien wird im Vakuum bei 40° C zu einem Sirup eingeengt und dieser in 1 l Methanol eingerührt. Das in Flocken ausfallende Calcium-2-keto-l-idonat wird filtriert und im Vakuum getrocknet. Ausbeute: 35—40 g Calcium-2-keto-l-idonat = 70—80% der Theorie.

2. Man kann auch mit 50 ccm einer durch Passagenzüchtung aktivierten Kultur von Acetobacter melanogenum beimpfen und nach einer Gärdauer von 4—8 Tagen 60—80% Ausbeute erhalten.

R. Gewinnung von Aceton und Butylalkohol.

Nachdem F. SCHARDINGER im Jahre 1904 entdeckt hatte, daß der Bacillus macerans bei der Vergärung von Stärke und Zucker außer Äthylalkohol größere Mengen Aceton zu bilden vermag, ist nach den verschiedensten Richtungen hin geprüft worden, Aceton und auch Butylalkohol auf gärungstechnischem Weg zu gewinnen. Hierüber hat G. FOTH in seinem Handbuch der Spiritusfabrikation 1929 ausführlich berichtet und die geschichtliche Entwicklung auf diesem Gebiete behandelt. An der Erforschung waren K. DELBRÜCK und K. MEISENBURG in der Industrie, F. HAYDUCK und W. HENNEBERG vom Institut für Gärungsgewerbe, Berlin, und der Forscher F. EHRLICH ebenso beteiligt wie A. FERNBACH in Paris, CH. WEIZMANN in London, G. W. FREIBERG in Amerika und E. RICARD in Melle. Aber auch der *Staat der Niederlande in Haag* hat sich die Entwicklungsarbeit angelegen sein lassen.

In Holland ist untersucht worden, ob aus dem Rückstand der Kartoffelmehlfabrikation, der Pülpe, auf biologischem Wege Aceton und Butylalkohol hergestellt werden können. Da die Pülpe stark in der Zusammensetzung wechselt, mußte sie entsprechend gepuffert werden. Man fand, daß der Vorgang in zwei Stufen verläuft, erstens der Buttersäurebildung und darauf der Reduktion der Buttersäure zu Butylalkohol. Letztere findet optimal bei einem p_H-Wert von etwa 4,7 statt; ist der Wert höher als etwa 5,3, so wird nur Buttersäure gebildet. Während der Butylalkholbildung geht das p_H noch etwas zurück. Die Pufferungsfähigkeit soll deshalb derart sein, daß nach der Säurebildung das p_H auf etwa 4,7 gesunken ist. Dies ist durch Versuche belegt worden.

Die Züchtung des Bacillus amylobacter Bredemann geschieht anaerob in einer Lösung von 2% Glucose und 2% Kreide in Hefewasser. Um die Bakterien anzuregen, ist es notwendig, bei jeder neuen Impfung immer wieder Sporenmaterial zu verwenden, indem man die Bakteriensuspension aufsaugt und langsam austrocknen läßt. Die vorgenannte Lösung gärt in 2 Tagen stark an und wird zum Impfen eines 500-ccm-Kolbens benutzt. Man läßt höchstens 48 Stunden stehen und impft dann in eine zwanzigmal größere Menge über und wiederholt diese Maßnahme mit jeweils größeren Maischmengen bei einer Temperatur von 37,5° C.

Eine Pülpe mit einem Wassergehalt von 80,35% und einem Stärkegehalt von 71,5% des Trockengewichtes benötigt zur Neutralisation von 70 kg Pülpe für einen p_H-Wert von 5,9 etwa 165 g Kreide. Die Pülpe wird mit 195 l Wasser verdünnt, auf 100° C 1 Stunde lang erhitzt, ehe die Kreide zugesetzt wird, und dann wird 2 Stunden lang sterilisiert bei 2 Atm. Nachdem die Maische abgekühlt wurde, wird sie bei 37° C mit 16 l gut gärendem Impfstoff versetzt. Wenn die Gärung innerhalb 24 Stunden lebhaft vor sich geht, können zur Erhöhung der Konzentration 3,95 kg reines Stärkemehl hinzugefügt werden. Die Stärke wird in 40 l Wasser aufgelöst und bei 2 Atm. sterilisiert zugegeben.

Die Gärung ist in 4 Tagen beendet. Die Ausbeute betrug an Aceton 1900 ccm, an Butylalkohol 3665 ccm und an Alkohol 200 ccm, zusammen 5765 ccm oder 4,73 kg, das sind 33,0% der Gesamtstärke von 14,31 kg.

Einen anderen Weg ist P. W. BARFUSS, Bern, gegangen. Er fand, daß die bei der Gärung entstehenden Säuren nicht mit Kreide abgestumpft werden dürfen. Vielmehr sei es für den regelrechten Verlauf der Gärung Erfordernis, daß die Acidität anfangs stetig ansteigt, bis ein Maximum erreicht ist, um dann bis zum Gärungsschluß wieder abzusinken. Wenn die Acidität sehr langsam oder etwa auch gar nicht zurückgeht, dann ist dies ein sicheres Zeichen dafür, daß die Maischen infiziert sind oder der Gärungserreger selbst geschwächt ist. Um nun ein Degenerieren der hauptsächlich in Frage kommenden Stämme des Bacillus amylobacter A. N. et Bredemann zu vermeiden, müssen sie durch Züchtung an steigende Wasserstoffionenkonzentrationen gewöhnt werden. BARFUSS züchtete auf Nährböden mit steigender Anfangsacidität ohne Abstumpfung so lange, bis der Bacillus säurefest geworden ist. Er schaltete aber zwischen je zwei aufeinander folgende Züchtungen eine Gärung in einem neutralen oder alkalischen Medium unter Abstumpfung der sich bei der Gärung bildenden Säuren ein und bezeichnete diesen Vorgang als Sporulierungsgärung im Gegensatz zu der erstbeschriebenen Gewöhnungsgärung. Vor dem Überimpfen auf die nächste Gewöhnungsgärung mit höherer Anfangsacidität wurde jedesmal kurze Zeit erhitzt, um alle vegetativen Formen abzutöten, so daß nur Sporen weitergezüchtet werden.

Durch Pufferung der Nährlösungen wurde dafür gesorgt, daß der p_H-Wert trotz Zunahme der Säure während der Gärung gewisse Grenzen nicht überschreitet. Es wurde der Pufferungsgrad selbst auch gesteigert.

Der Pufferungsgrad P wird mathematisch ausgedrückt durch die Gleichung

$$P = \frac{dA}{dp_H}.$$

Es werden je drei Proben des Gärmediums von 1 ccm gleichzeitig entnommen. In einer Probe wird das p_H in der üblichen Weise gemessen. Der zweiten Probe werden 0,25 ccm n/100 H_2SO_4, der dritten 0,25 ccm n/100 NaOH zugesetzt, worauf der p_H-Wert auch in diesen beiden Proben nach derselben Methode gemessen wird. Die Änderungen der p_H-Werte sind der Pufferung P indirekt proportional. Die Beträge dieser Änderungen sollten theoretisch bei verschiedenen Vorzeichen denselben Wert haben. Praktisch zeigen sich zwischen den Änderungen des p_H-Wertes, die durch äquivalente Mengen Säure und Lauge hervorgerufen werden, oft bedeutende Abweichungen. Bei der praktischen Bestimmung wird das arithmetische Mittel der reziproken Werte der Änderungen des p_H-Wertes nach der sauren und nach der alkalischen Seite hin als P angenommen.

Der Pufferungsgrad der Nährmedien der aufeinanderfolgenden Gewöhnungsgärungen wurde nun unter Anwendung dieser Bestimmungsmethode derart geregelt, daß er am Beginn der Züchtungsreihe langsam ansteigt. Als Puffersubstanzen dienten z. B. Malzkeime, abgetötete Hefe, Harnstoff, Ammoniumphosphat u. dgl. Hierdurch wurde erreicht, daß der Mikroorganismus mit der Gewöhnung an steigende Säuremengen gleichzeitig auch an steigende Mengen solcher stickstoffhaltiger Nährstoffzusätze gewöhnt wird.

BARFUSS hat außerdem die Maischen in dem gefährlichsten Abschnitt, im sog. toten Punkt der Gärung, durch Vergrößerung der p_H-Ionenkonzentration vor Infektion geschützt, bevor der Selbstschutz durch die allmähliche Zunahme der im Zuge der Gärung gebildeten Säuren wirksam geworden ist. Es wurden dann vor dem Beginn der Gärung solche Mengen organischer Säure gleichzeitig zugesetzt, daß die Gärung bei einer Acidität beginnt, die früher erst nach Ablauf einer längeren Zeit erreicht wurde, und zwar wird die Anfangsacidität gegen Bromthymolblau auf mindestens 1,4—1,6 ccm n/NaOH auf 100 ccm und einen p_H-Wert von 5—4,6 bei einem Pufferungsgrad von mindestens 4 eingestellt.

Die Gesamtausbeute bezogen auf 100 Teile Stärke betrug etwa 41%, wovon etwa 26% auf reinen Butylalkohol entfielen. Als Rohmaterial dienten Kartoffeln und Maismehl.

Um Melassemaischen auf Butylalkohol und Aceton vergären zu können, haben die *C. F. Burgess Laboratories*, Inc. in Madison, Wis. V. St. A., unter

Vergärung von Clostridium acetobutylicum eine verhältnismäßig große Menge einer in voller Gärung befindlichen Vormaische benutzt, die nur etwa 2—3% Zucker, aber ausreichende Mengen Pufferstickstoff liefernde proteolysierbare Proteine enthält, so daß die Zuckerkonzentration der vereinigten Vor- und Hauptmaische mindestens 5% beträgt, also hoch genug ist, um an sich nach Impfung mit 10 Vol.-% einer kräftigen, gärenden, 3%igen Maismehlmaische eine wirksame Gärung noch zu verhindern. Der p_H-Wert wird dann zwischen 4,4 und 4,8 gehalten.

Ein kontinuierliches Kartoffelmaische-Gärverfahren haben A. FREY, H. GLÜCK und die *Chemische Fabrik Kalk*, Köln-Kalk., entwickelt.

Ein Gärgefäß wird mit 20 l Kartoffelmaische von 6° Balling beschickt und mit einer kräftigen Vorgärung beimpft. Nach Ablauf des Hauptgärstadiums wird ein Fünftel dieser Maische in 16 l frische Maische gegeben, während der Rest im ersten Bottich endvergoren wird. Das wiederholt sich in zwei weiteren Bottichen. Die Gesamtgärzeit je Bottich beträgt etwa 72 Stunden. Durch die Neubeimpfung des ersten Bottichs wird ein Verfahren möglich, welches den normalen Wachstumszyklus der Bakterien nicht ständig unterbricht. So kann mit dem einmal beimpften Maischevolumen die 3- bis 4fache Maischemenge vergoren werden.

Allerdings kann man eine solche Arbeitsweise kaum auf einen längeren Zeitraum als 30 Tage ausdehnen, weil dies die butylogenen Bakterien nicht vertragen. Wendet man ein solches Verfahren auf Sulfitablauge an, dann tritt bereits nach wenigen Tagen eine Degeneration der Bakterien ein und es entstehen statt des Butylalkohols vorzugsweise Säuren.

A. RIECHE, G. HILGETAG, W. SCHNEIDL und die *I. G. Farbenindustrie A.G.*, Frankfurt-Main, haben nun gefunden, daß man ununterbrochen arbeiten kann, wenn man sich eines Systems hintereinandergeschalteter Bottiche bedient, deren Gärung durch laufenden Zusatz einer aus Sporen erzeugten und in guter Gärung befindlichen Vorkultur in vollem Gange gehalten wird. Dies läßt sich technisch derart ausführen, daß man dem ersten Bottich eine Gruppe von kleinen Gärkesseln zur Erzeugung der Vorkulturen vorschaltet, die mit Maische und Sporen beschickt werden. Da auf diese Weise stets frisches Sporenmaterial in die Gärung gelangt, so wird ein Nachlassen der Leistungsfähigkeit der Bakterien zur Butanolbildung bis zur völligen Degeneration vermieden. Das Verfahren eignet sich daher nicht nur für kohlehydrathaltige Stoffe, wie Mais, Getreide, Kartoffeln, Zucker und Melasse, sondern auch für Sulfitlaugen verschiedener Herkunft. Gerade die letzteren stellen einen für die Bakteriengärung ungünstigen Nährboden dar. Die zur Impfung der Sulfitablauge dienende Vorkultur wird vorteilhaft mit Melasse oder einem anderen geeigneten zuckerhaltigen Material angesetzt. Sie kann dann entweder unmittelbar zum Impfen der Maische oder aber zur Bereitung einer Zwischenkultur auf Sulfitablauge dienen. Weiterhin ist es vorteilhaft, außer der schwefligen Säure auch das in der Lauge enthaltene Furfurol und die Ameisensäure möglichst weitgehend zu entfernen. Man erreicht dies durch eine energische Belüftung der heißen Lauge, Durchblasen von Wasserdampf od. dgl.

Zur Neutralisation der Laugen haben die gleichen Forscher die Gärungskohlensäure des Prozesses benutzt.

1 cbm einer durch Belüftung der heißen Lauge weitgehend von Furfurol und Ameisensäure befreiten Buchenholzsulfitablauge wird mit Kalkmilch, entsprechend einer Menge von 25 kg CaO innig vermischt. Der gebildete Niederschlag wird abfiltriert. Das Filtrat wird in einem Rieselturm im Gegenstrom mit den bei der Vergärung einer gleich großen Menge Lauge frei gemachten Gärgasen neutralisiert; das dabei ausgefällte Calciumcarbonat wird abgeschieden. Nach Zusatz von 0,5 kg Diammonphosphat und nach Sterilisation dieser gärfertigen Lauge wird mit einer größeren Menge einer in voller Gärung befindlichen Melassevorkultur eines Butylbacillus beimpft. Nach 50 Stunden ist die Gärung beendet, worauf die vergorene Maische abdestilliert wird. Man erhält etwa 14 l Rohbutanol, das in bekannter Weise aufgearbeitet wird.

Um Molken auf Butylalkohol und Aceton zu vergären, ist es notwendig, den zu hohen Gehalt an löslichen Stickstoffverbindungen zu vermindern. Dies haben H. GLÜCK, A. FREY und H. OEHME in der *Chemischen Fabrik Kalk*, Köln, durchgeführt. Dies kann entweder durch Erhitzen oder durch Ausfällung mit Chemikalien geschehen. Wenn auf 84—90°C erwärmt wird, dann werden mittels einer besonderen Vorrichtung Luft oder Stickstoff oder auch Gärgase in fein verteilter Form durch die Molke gepreßt. Hierdurch verhindert man das sonst auftretende grobflockige oder käsige Ausfallen des Molkeneiweißes. Die Fällung ist in kurzer Zeit beendet. Das Albumin schwebt zum größten Teil in fein verteilter Form im Serum. Dann wird die Milchsäure abgestumpft. Bei einem Säuregrad von 1,09 (ccm n/NaOH für 20 ccm Filtrat) sind etwa 2,2 kg trockenes Kalkhydrat je cbm notwendig, um den für die Gärung günstigen Anfangssäuregehalt einzustellen.

Es hat auch nicht an Versuchen gefehlt, Aceton und Butylalkohol unter Verwendung von Pentosen zu vergären. F. F. NORD hatte laboratoriumsmäßig Zellstoffablaugen, insbesondere Sulfitablauge mit Fusarium oder Fusariumpreßsaft, zwecks Alkoholgewinnung vergoren, nachdem er von einer 2%igen Lösung von käuflicher Xylose ausgegangen war.

Für die Praxis hat die *Commercial Solvents Corporation* in New York ein Verfahren entwickelt, bei dem das rohe pentosehaltige Material, mit stärkehaltigen Stoffen und den dazu notwendigen Nährsalzen vermischt, in der Weise zur Anwendung kommt, daß die Menge der Pentosen diejenige der anderen Kohlehydrate nicht übersteigt. So ist z. B. 75% zerkleinerter Mais und 25% Xylose vermischt worden.

Für eine günstige Arbeit sind im allgemeinen Konzentrationen von 6,5 bis 7 g roher Xylose auf 100 ccm Lösung anzuwenden. Geringere Konzentrationen erfordern die Herstellung von Stärkemaischen von verhältnismäßig höherer Konzentration. Die anfallende rohe Xyloselösung ist stark sauer und von aseptischem Charakter. Um sie vergärbar zu machen, muß der Säuregrad zunächst herabgesetzt werden. Dies kann durch Zusatz von Calciumhydroxyd in der Form von Kalkmilch, Calciumcarbonat, Soda u. dgl. geschehen. Der p_H-Wert wird auf 5,5—5,75 herabgesetzt. Bei der Sterilisation ist eine Überhitzung zu vermeiden, sie geschieht etwa 15 Minuten lang unter einem Dampfdruck von 1,4 Atm. Es sind Ausbeuten von etwa 33,6% Aceton, 62,0% Butylalkohol und 4,4% Äthylalkohol zu erwarten, wenn der Xyloseanteil 25% beträgt.

S. Gewinnung von Isopropylalkohol neben Aceton und Butylalkohol.

J. F. LOUGHLIN, Milwaukee, Wisc. V. St. A., hat mit Clostridium Saccharobutylopropylacetonicum neben Aceton und Butylalkohol auch Isopropylalkohol gewonnen. Es ist ein anaerobes Bacterium, welches Gelatine nicht verflüssigt und auch nicht eine nur Getreidestärke enthaltene Maische nennenswert unter Bildung wesentlicher Mengen bekannter Gärprodukte vergärt, jedoch Glycerin, lösliche Stärke und Saccharose und zuckerhaltige Maischen so vergärt, daß das Ausbeuteverhältnis von Aceton und Isopropylalkohol durch Erhöhung oder Erniedrigung des p_H-Wertes der Maischen verändert werden kann. In stark sauren Medien ist die gebildete Acetonmenge hoch, die Isopropylalkoholmenge dagegen niedrig. Wenn die Maische annähernd neutral ist, so ändert sich das Verhältnis zugunsten des Isopropylalkohols.

Eine 5%ige Zuckerlösung aus 15 kg Zuckerrohrmelasse und 149 l Wasser wird mit einem Nährmittel aus 300 g Malzkeimen mit Schwefelsäure auf einen p_H-Wert von 4,5 gebracht versetzt. Die Maische wurde dann 20 Minuten lang im Sieden und 40 Minuten langes Kochen mit Dampf unter einem Druck von 1,4 kg/qcm sterilisiert. Dann wurde auf 36° C abgekühlt. Die sterile Maische wurde dann mit einer aktiven Kultur des neuen Organismus beimpft. Das Volumen der Kultur betrug etwa $2^1/_3$% des Maischvolumens. Die normale Gärung dauerte etwa 48 Stunden. Die Gärprodukte wurden von der Maische getrennt und durch Destillation gewonnen. Der Zuckerverbrauch betrug 85%, die Ausbeute 29% des eingemaischten Zuckers und 34% des verbrauchten Zuckers. Die Gärprodukte setzten sich aus etwa 64% Butylalkohol, 34% Aceton und 2% Isopropylalkohol zusammen.

Zur Erhöhung der Acetonausbeute wird der p_H-Wert zu Beginn der Gärung auf etwa 4—5,4 eingestellt. Zur Erhöhung der Isopropylalkoholausbeute wird der p_H-Wert auf etwa 5,3 eingestellt.

T. Gewinnung von Oxyarylacetylcarbinolen.

Nachdem es NEUBERG gelungen war, aus Benzaldehyd durch Gärung l-Phenylacetylcarbinol zu gewinnen, ist es M. BOCKMÜHL, L. STEIN, G. EHRHART und der I. G. Farbenindustrie A.G., Frankfurt-Main, gelungen, zu optisch aktiven Oxyarylacetylcarbinolen zu kommen, wenn man von aromatischen Aldehyden ausgeht, die im Kern in m- oder p-Stellung freie Hydroxylgruppen oder durch leicht abspaltbare organische Reste veriätherte oder veresterte Hydroxylgruppen tragen.

Geht man von den acylierten Oxybenzaldehyden aus, so ist es meist nicht notwendig, nach erfolgter Vergärung aus den entstandenen Ketoalkoholen die Acylgruppe abzuspalten, weil diese bereits bei der Gärung abgespalten wurde. Benutzt man als Ausgangstoff solche hydroxylierte aromatische Aldehyde, deren Kernhydroxylwasserstoffatome durch einen Arylmethylrest ersetzt sind, so kann die Abspaltung dieses Restes nach erfolgter Gärung oder nach erfolgter Weiterbehandlung der verätherten

Arylacetylcarbinole vorgenommen werden. Das ist auffallend, da bisher aromatische Verbindungen vom Phenolcharakter als starke Gärungsgifte angesehen wurden.

400 g Traubenzucker wurden in 12 l Wasser gelöst, mit 500 g Hefe verrührt und etwa 15 Minuten lang angegoren. Dann wurden unter Rühren 62 g m-Acetyloxybenzaldehyd zugetropft. Nachdem die Flüssigkeit etwa 3 Tage bei Zimmertemperatur gestanden hatte, wurde sie von der Hefe abfiltriert und das Filtrat mit Kochsalz ausgesalzen. Durch Extraktion mit Äther wurde der Flüssigkeit das l-m-Oxyphenylacetylcarbinol entzogen. Als Ätherrückstand hinterblieb eine kristalline Masse, die aus sehr verdünntem Alkohol umkristallisierbar ist. Man erhielt die Verbindung in großen wasserhellen Kristallen, die bei 125—126° C schmelzen. Das l-m-Oxyphenylacetylcarbinol hatte eine spezifische Drehung von $(\alpha D) = -177,5°$.

Es können also Kohlehydrate in Gegenwart von Aldehyden der Formel

vergoren werden, wobei R einen aromatischen Rest und Rl einen Acyl- oder Arylmethylrest oder Wasserstoff bedeutet, und in welcher sich der Rest-ORl in m- oder p-Stellung zur Aldehydgruppe befindet. Aus den erhaltenen Produkten kann man die Acyl- bzw. Arylmethylgruppen abspalten.

Die genannten Verbindungen haben Bedeutung für die Heilmittelsynthese.

U. Gewinnung von Fett.

Mit Hilfe von Mikroorganismen kann auch Fett gewonnen werden. Insbesondere sind dazu Fusariumarten, Oidiumarten, Penicilliumarten, Aspergillusarten, Endomycesarten, Saccachromyceten usw. geeignet. Es handelt sich um aerophile Organismen; denn die Fettsynthese verlangt erhebliche Sauerstoffmengen. Verschiedene Organismen speichern Fett nur in der Oberflächenkultur (vgl. S. 291, Umlaufsprühvorrichtung), andere lassen sich bei hohem Zucker- und niedrigem Stickstoffkoeffizienten auf Fettanreicherung auch submers züchten.

Da Eiweiß- und Fettbildung gegensinnig verlaufen, findet die Fettspeicherung auf Kosten der Eiweißbildung statt. Die Zusammensetzung der Trockensubstanz von gut verfetteten Hefen z. B. besteht etwa zu $1/3$ aus Fett, zu $1/3$ aus Eiweiß und $1/3$ aus sonstigen Bestandteilen. Zur Ausbeutekennzeichnung dient der Fettkoeffizient, der gebildete g Fett je 100 g verbrauchten Zucker angibt. Das Maximum des Fettkoeffizienten liegt etwa bei 15. Zwar müßte man aus 100 g Zucker theoretisch 40 g Fett erzielen können, jedoch ist zu berücksichtigen, daß die tatsächliche Wertigkeit einer Kohlenstoffverbindung auch vom kalorischen Wert abhängt, die bei Fett etwa 2,5 mal höher liegt als bei Kohlenhydraten. Außerdem wird die Fettbildung durch den Aufbau von Eiweiß und anderen Zellbestandteilen sowie der Zellmembranen eingeschränkt. Ein Maß für die insgesamt gebildete Zellsubstanz ist der ökonomische Koeffizient; er gibt an: g Trockensubstanz je 100 g verbrauchten Zucker.

Über die geschichtliche Entwicklung der mikrobiologischen Fettbildung und über eigene Untersuchungen mit Stämmen von Candida (Nectaxomyces) Reukauffii haben R. KOCH, F. THOMAS und E. BRUCHMANN berichtet. Sie verwendeten nach erfolgreichen Laboratoriumsversuchen als Versuchsapparatur einen Bottich von 30 hl Inhalt. Da infolge der intensiven Belüftung die Nährflüssigkeit in Schaum vom dreifachen Volumen verwandelt wird, konnte höchstens mit 10 hl Gesamtansatz gearbeitet werden. Da nur eine relativ geringe Stellhefemenge von Candida Reukauffii zur Verfügung stand, mußte die Heranzüchtung im Bottich erfolgen. Die Vermehrung war nach 24stündiger intensiver Belüftung beendet. Die dann einsetzende Verfettung war nach weiteren 24 Stunden abgeschlossen. Der Zucker der Nährlösung war restlos verbraucht. Die Erntehefe enthielt 25,3% Rohfett und 12,4% Eiweiß in der Trockensubstanz. Der ökonomische Koeffizient betrug 61,8, der Fettkoeffizient 15,6. Insgesamt wurden 21,63 kg Hefetrockensubstanz geerntet. Die Fettausbeute betrug 5,47 g je Liter oder insgesamt 5,47 kg. Obwohl der Fettgehalt in diesem Falle nur 25,3% betrug, erreichten sowohl der Fettkoeffizient als auch die Fettausbeute den möglichen Höchstwert. Die auf einem Walzentrockner getrocknete Hefe hatte einen angenehmen, an Erdnuß erinnernden Geschmack.

H. STÖB, Dachau, hat festgestellt, daß sich eine hohe Wachstumssteigerung erzielen läßt, wenn man die mit den Mikroorganismen versetzte Nährlösung über Körper mit poröser Oberfläche rieseln läßt und gleichzeitig durch die porösen Flächen mit geringem Überdruck Luft derart hindurchleitet, daß die an den Flächen herabrieselnde Nährlösung zu Schaum verblasen wird.

Unter Benutzung einer Nährlösung, die aus einem Trockenrübenauszug mit 5% Zuckergehalt und einem Zusatz von 0,08% Harnstoff, 0,3% Kaliumphosphat, 0,1% Magnesiumsulfat und 0,1% Phosphorsäure besteht, wird eine Kultur von Endomyces vernalis nach bekannter Weise in flachen Gefäßen oder auf membranartigen Flächen bei einer Temperatur von etwa 18—20° C gezüchtet. Die gebildete Pilzkultur wird nach $3^{1}/_{2}$ Tagen abgenommen und in einer Lösung suspendiert, die etwa 7% Zucker enthält und der so geringe Säuremengen wie Oxalsäure, zugesetzt werden, daß das Wachstum von Bakterien verhindert wird. Die Konzentration der Pilzsuspension beträgt etwa 150 g je Liter.

Die so erhaltene Suspension läßt man dann an der Außenseite von flachen Schläuchen aus gelochtem Pergamentpapier herablaufen. Den Schläuchen wird Luft mit geringem Überdruck zugeführt, welche durch die Öffnungen des Papiers hindurchströmt und ein reichliches Schäumen der Suspension hervorruft. Die herabfließende schaumartige Suspension wird gesammelt und die verfetteten Mikroorganismen werden dann durch Filtrieren oder Ausschleudern getrennt und nach bekannten Methoden auf Fett weiterverarbeitet. Die zurückbleibende Lösung kann nach Ergänzung der verbrauchten Nährstoffe erneut zur Herstellung weiterer Suspensionen benutzt werden. H. STÖB hat eine Reihe von Oberflächenträgern entwickelt, um die Wachstumsbildung der fetthaltigen Bakterien zu fördern.

Um die Deckenbildung zu vermeiden, haben H. DAMM und die *Henkel & Cie.*, Düsseldorf, submers wachsende Vertreter der Askomyceten und Phykomyceten in geeigneten Nährlösungen derart belüftet, daß am Ende der Gärung hauptsächlich die Kulturmasse aus Chlamydosporen oder deren Vorstadium (d. h. mit Reservestoffen angefülltem weitlumigem Mycel) besteht. Das Vorstadium der Chlamydosporenbildung ist nämlich dadurch charakterisiert, daß das anfänglich normallumige Mycel seine Lumenweite allmählich vergrößert, so daß das Lumen das Mehrfache desjenigen des jungen Mycels betragen kann. Gleichzeitig mit der Lumenerweiterung findet eine Anreicherung von Reservestoffen statt, also eine Verfettung.

So konnte eine an flüssiges Nährmedium angepaßte Kultur von Rhizopus oligosporus in einer Lösung, die 6% Invertzucker, 5% Bierwürze und die nötigen N- und P-Quellen nebst Spurenelementen enthielt, bei einem p_H-Wert anfangs 4,03 und am Ende 3,42 nach 2- bis 4 tätiger Belüftung zu einer Pilzmasse gezüchtet werden, deren Trockensubstanz einen Fettgehalt von 22,8% aufwies.

In ähnlicher Weise sind andere Versuche verlaufen, wobei neben dem Fett auch andere wertvolle Zellbausteine gewinnbar waren, z. B. Eiweißkörper, Sterine, Membransubstanzen usw.

Eine wesentliche Ausbeutesteigerung an Fett haben K. KIPPHAN und die *Deutsche Bergin-A.G.*, Mannheim-Rheinau, dadurch erreicht, daß sie der belüfteten Flüssigkeit außer den eigentlichen Hefenährstoffen auch noch indifferente lösliche Stoffe, wie Kochsalz, Natriumsulfat, Calciumchlorid u. dgl. in einer Konzentration von 5—15% der Lösung zusetzten. Es wurde z. B. wie folgt gearbeitet:

20 kg feuchte abgepreßte Hefe der Rasse Torula utilis mit einem Gehalt von 5 kg Trockensubstanz wurden in einer Lösung von 3 kg Glucose und 7 kg Natriumsulfat in 90 l Wasser bei einer Temperatur von 15—20° C und einem p_H-Wert von 3,5—4,0 8 Stunden lang stark belüftet. Nach der üblichen Aufarbeitung des Gefäßinhaltes wurden 6,2 kg Hefetrockensubstanz mit 10% Fett geerntet. Wenn man das Natriumsulfat wegließ, wurden nur 5,3 kg Hefetrockensubstanz mit 7% Fett erzielt.

Die enthefte Würze wurde mit frischer Glucose versetzt und für weitere Züchtungen benutzt. Das Fett der Hefe wurde durch ein Extraktionsverfahren gewonnen, der fettfreie Rückstand diente als eiweißhaltiges Nähr- und Futtermittel.

Um die Fettgewinnung kontinuierlich zu gestalten, haben K. L. SCHULZE und die *Zellstofffabrik Waldhof*, Mannheim, phosphat- und stickstoffhaltige Nährlösungen eingespart und im Zulaufverfahren die Vergärung vorgenommen. Der Phosphatgehalt wurde um etwa 75—80%, der Stickstoffgehalt um 30—40% verringert. So wurde erreicht, daß Wachstum und Fettbildung gleichzeitig erfolgen. Bereits nach 10 Stunden hat eine Verdoppelung der fettreichen Hefe stattgefunden, sie enthielt 15% und mehr Rohfett bei etwa 30—35% Rohprotein, auf Trockensubstanz bezogen. Gearbeitet wurde mit Torula utilis. Je Kubikmeter zugesetzter Nährlösung wurde 12—13 kg Trockenhefe der erwähnten Qualität erzielt.

Wenn man mit Fusarium lactis arbeitet, wie dies H. DAMM und die *Henkel & Cie G.m.b.H.*, Düsseldorf, getan haben, kann die Vergärung unter zeitweiliger oder dauernder Belüftung und unter Umrühren vor sich gehen. Während bisher aus 50 l Nährlösung nur 100—150 g lufttrockene Pilzsubstanz gewonnen worden war, wurden jetzt 450—500 g erzielt. Es bildete sich fast kein Alkohol. Der Fettgehalt betrug 50%, berechnet auf Myceltrockenmasse.

Am besten wird gearbeitet, wenn man durch Zusatz von alkalisierender oder säuernder Stickstoffverbindungen die Wasserstoffionenkonzentration der Nährlösung in den Grenzen von p_H 2—4,5 vorzugsweise zwischen 2,2 bis 3,9 hält. Dadurch wird der Baustoffwechsel gegenüber dem Betriebsstoffwechsel begünstigt und ein Optimum der Fettbildung bei geringstem Zuckerverbrauch erzielt. Weiterhin wird die Bildung unerwünschter Bakterien verhindert.

R. LIESKE, H. ROST und die *Norddeutsche Hefeindustrie A.G.*, Hamburg-Wandsbek, haben gefunden, daß die zur Gruppe der Dematium gehörenden Pilze zur biologischen Gewinnung hochwertiger Zellinhaltsstoffe besonders geeignet sind. Die Dematiumkonidien sind auch zur Fettgewinnung geeignet.

Nach einem Vorschlag von K. RITSERT und der Firma *E. Merck*, Darmstadt, können *Lipoidsubstanzen* aus Hefe in folgender Weise gewonnen werden.

10 kg Hefe werden in saurer Lösung 12 Stunden bei 40—50° der Selbstverdauung überlassen. Die abgepreßten Rückstände werden mit 30 l Feinsprit und 1 kg Kaliumhydroxyd 2—3 Stunden bei 78° verseift. Man filtriert und zieht den Rückstand noch dreimal mit 30 l Feinsprit heiß aus. Die vereinigten Extrakte werden auf etwa 1 l eingeengt und zweimal mit 1,5 l Äther extrahiert. Der Äther wird gewaschen, getrocknet und abdestilliert. Man erhält nach dem Abdestillieren eine halbfeste, von Sterinkristallen durchsetzte Masse. Die Ausbeute an Lipoidsubstanzen beträgt etwa 25 bis 30 g und hängt ab von der angewandten Hefe. Um die kristallisierten Lipoide von den nicht kristallisierten zu trennen, löst man in wenig Äther und läßt in der Kälte auskristallisieren, saugt ab und wäscht mit Petroläther nach. Auf diese Art erhält man etwa 30—40% der oben angegebenen 25—30 g als reines Produkt.

Schrifttum.

KOCH, R., F. THOMAS u. E. BRUCHMANN: Branntweinwirtschaft 3, 5, 65—67 (1949).

V. Gewinnung von Vanillin.

Bisher hat man durch Alkalibehandlung von Holz oder anderen ligninhaltigen Pflanzenmaterialien, in gewissen Fällen unter gleichzeitiger Behandlung mit Oxydationsmitteln, das darin enthaltene Lignin zur Herstellung von Vanillin, Gerbstoffen, Kunststoffen usw. verwertet. Dabei ist störend der große Verbrauch an Alkali. T. NORDENSKJÖLD, E. A. JÖNSSON, H. ERDTMAN und B. LEOPOLD, Stockholm, haben nun mit besonderen Mikroorganismen die Hemicellulose und die Cellulose abgebaut, wobei das Lignin in verhältnismäßig unveränderter Form erhalten bleibt. Hierzu dienten Pilze der Gattung Merulius, Lentinus, Lenzites usw.

Die mit dem Mycel des Pilzes Lentinus lepideus in einer Malzagarlösung beimpften Holzstücke wurden nach längerer Aufbewahrung gemahlen.

3 Gewichtsteile Holzpulver wurden mit 25 Volumteilen 8%iger Natriumhydroxydlösung und 2,5 Gewichtsteilen Nitrobenzol in einem Autoklaven bei einer Temperatur von 180° C 2 Stunden lang in einem Ölbade gedreht. Dann wurde rasch mit Wasser abgekühlt, der Inhalt entfernt und mit Wasserdampf destilliert, so daß die vom Nitrobenzol herrührenden aromatischen Stickstoffverbindungen entfernt wurden. Nach Zentrifugieren und Ansäuern bis zu p_H- von 2 wurde die Mischung während 5 Stunden mit Trichloräthylen extrahiert. Das erhaltene Produkt wurde eingedampft, wobei ein mehr oder weniger kristalliner Rückstand erhalten wurde. Aus diesem konnte dann auf bekannte Weise das gebildete Vanillin gewonnen werden.

Während aus normalem Tannenholz nur 7,7% Vanillin gewinnbar sind, sind nach der Vergärung und Vorbehandlung des Holzes 11,95% Vanillin erhalten worden; der Chemikalienverbrauch war um 35% geringer.

W. Gewinnung von Essigsäure.

a) Allgemein.

Im allgemeinen begleitet die biologische Entstehung von Essigsäure stets die Alkoholbildung oder schließt an sie an; daher muß bei der gärungstechnischen Gewinnung von alkoholischen Flüssigkeiten das Aufkommen von Essigbakterien bekämpft werden.

Da aber die Vergärung von Zuckerlösungen mit thermophilen Bakterien zu nichtflüchtigen Säuren führt und nur geringe Mengen Essigsäure gebildet werden, haben H. B. HUTCHINSON und die *Distillers Company Limited*, Edinburgh, anders gearbeitet. Die Zuckerkonzentration wurde in einer solchen Grenze gehalten, daß keine Bildung von nichtflüchtigen Säuren entstehen konnte.

Die verdünnte Melasse wurde in ein Gärgefäß überlaufen gelassen und Wasser zugesetzt, bis der Zuckergehalt 1% oder weniger beträgt. Die Gärung führt zu Essigsäure, wenn dieser Zuckergehalt konstant gehalten wird. Dies geschah durch periodischen Zulauf und Ablauf.

b) Herstellung von Gärungsessig.

Gärungsessig wird für Speisezwecke durch biologische Oxydation alkoholischer Maischen hergestellt. Aus der Bezeichnung des erzeugten Essigs läßt sich auf die Art und Herkunft des verwendeten alkoholhaltigen Substrates schließen. Z. B. wird Spritessig meist aus Kartoffel- oder Melassesprit, dagegen Kartoffelessig aus filtrierter, vergorener Kartoffelmaische gewonnen. Entsprechend unterscheidet man: Weinessig, Obstessig (Cideressig), Getreideessig allgemein oder speziell Malzessig (aus Gerste), Zuckerrübenessig, Molkenessig usw. Kräuteressige dürfen in Deutschland nur durch Ausziehen von Kräutern mit Essig gewonnen werden; es handelt sich dabei vorwiegend um Estragon und Dill, ferner auch um Majoran, Salbei und Thymian.

Die Handelsprodukte sind meistens auf einen Essigsäuregehalt von 5, 7,5 oder 10% (%: g/ccm) eingestellt. Das Betriebs- und Verschnittwasser muß biologisch einwandfrei sein und darf keinen Eisengehalt von mehr als 0,2 bis 0,3 mg Fe/l enthalten. Allzu hartes Wasser führt durch seine Carbonate zu gewissen Essigsäureverlusten.

Die Herstellung von Gärungsessig ist im Laufe der Zeit wesentlich vervollkommnet worden. Früher wurde mit ruhenden Maischen und später mit bewegten Maischen gearbeitet. Neuerdings ist die submerse Gärung hinzugetreten.

Alle Verfahren machen sich das aus Oxydasen und Dehydrasen bestehende Enzymsystem der Essigbakterien zunutze und erzeugen Essigsäure aus Äthylalkohol.

Den summarischen Gärverlauf kennzeichnet die Gleichung

$$CH_3 \cdot CH_2OH + O_2 = CH_3COOH + H_2O + 116 \text{ Kal.}$$

In Wirklichkeit verläuft die Essigsäuregärung aber komplizierter. Das wichtigste Zwischenprodukt ist Acetaldehyd, welcher durch Dehydrierung aus dem Alkohol entsteht und zu Essigsäure oxydiert wird.

$$CH_3CH_2OH \xrightarrow{-2H} CH_3C\underset{O}{\overset{H}{\diagup}} \xrightarrow{+O} CH_3COOH.$$

Nach WIELAND handelt es sich um einen reinen Dehydrierungsvorgang, in dem aus Acetaldehyd unter Wasseranlagerung ein Acetaldehydhydrat gebildet wird, welches unter erneuter Dehydrierung umgesetzt wird.

$$CH_3C\underset{O}{\overset{H}{\diagup}} + \underset{H}{\overset{H}{\diagdown}}O \longrightarrow CH_3COOH + 2H.$$

Nach dem theoretischen Gärverlauf kommt auf 1 Mol Alkohol (46 g) eine Ausbeute von 1 Mol Essigsäure (60 g), d. h. auf 100 kg reinen Alkohol entfallen 130 kg Essigsäure. Aus 1 l reinem Alkohol werden 1,036 kg reine Essigsäure gebildet, und zwar unter exothermer Entstehung von 2000 cal. Diese Werte werden in der Praxis jedoch nicht erreicht.

Die **Gärverfahren** sind die folgenden:

1. Verfahren mit ruhenden Maischen.

Ursprünglich bediente man sich flacher, offener Kufen (Pasteur-Orléans-Verfahren), d. h. im Verhältnis zur Flüssigkeit war nur eine kleine Oberfläche gegen Luft vorhanden. Die in Reinkultur in die Essigmaische eingeimpften Bakterien überzogen die Oberfläche mit einer Haut. Die aus dem Alkohol gebildete Essigsäure sank wegen ihres größeren spezifischen Gewichtes zu Boden und der leichtere Alkohol kam immer von neuem mit der „Essigmutter" in Berührung. Der Tagesumsatz betrug 0,5 l reinen Alkohol je m² Oberfläche. Bei einem Restalkoholgehalt von 0,3 bis 0,4 Vol.-% wurde der Essig abgezogen und die unbeschädigte Essighaut mit neuer Maische (z. B. $^2/_3$ Weinessig und $^1/_3$ Wein) vorsichtig unterschichtet.

2. Die Fesselgärung.

Um eine Beschleunigung der Umsetzung von Alkohol in Essigsäure zu erreichen, hat man die Reaktionsflächen durch oberflächenreiches Material, z. B. Buchenholzrollspäne, Birkenreisig u. a., künstlich vergrößert. Die stark vergrößerte Oberfläche gegen Luft brachte eine bessere Sauerstoffversorgung und eine größere Bakterienzahl. So wurden nach BOERHAVE zwei mit Spänen gefüllte Fässer benutzt und die Maische umschichtig umgepumpt. In dem jeweils mit Luft gefüllten, leeren Faß erfolgte die Oxydation der vom Füllmaterial aufgesaugten Essigmaische. Dieses Verfahren hatte aber den Nachteil, daß am Schluß der Gärperiode hohe Wärmeverluste eintraten und daß die gegen Ende der Säuerung stark verminderte Bakterienmasse beim Aufguß mit frischer Maische nicht sofort die volle Oxydationsleistung erzielen konnte.

In anderer Weise wurde mit rotierenden Fässern gearbeitet. Auch hier erwies sich die Leistung als sehr gering. Während dann in England sogenannte Essiggeneratoren verwendet wurden, die periodisch und abteilungsweise mit einem Maischequantum berieselt wurden, welches einige Wochen ausreichte, hat schon im Jahre 1823 J. S. SCHÜZENBACH das *Schnellessigverfahren* entwickelt. Es ist auch unter dem Namen „Schüzenbachverfahren" bekannt, war lange Zeit die verbreitetste Fabrikationsmethode und erfuhr manche Verbesserung; vgl. H. WÜSTENFELD: Lehrbuch der Essigfabrikation, Berlin 1930.

Eine aus Denaturat (Alkohol von max. 40 Vol.-% mit mindestens 2% Essig vergällt) und geringen Mengen Nährsalzen hergestellte Maische, die z. B. 7—9% Essigsäure und 2—4% Alkohol enthält, rieselt langsam über die Spanbefüllung des Bildners. Durch den Auftrieb der warmen Luft werden durch seitlich angebrachte Öffnungen ausreichende Luftmengen angesaugt, die zur Oxydation notwendig sind. Der Ablaufessig enthält 10—13% Essigsäure. Bei 15% Säure stellen die Essigbakterien ihre Tätigkeit ein. Der Tagesumsatz beträgt je Kubikmeter Spaninhalt 2,5—3,5 l reinen Alkohol. Da das Verfahren gegen Wärmeschwankungen sowie gegen Überoxydation, d. h. weitere Oxydation der Essigsäure zu CO_2, empfindlich ist, wird die Gärung aus Sicherheitsgründen beendet, wenn im Ablauf noch etwa 0,5 Vol.-% Alkohol enthalten sind. Die Vergrößerung der Schüzenbachbildner ist nicht möglich, da sonst Schwierigkeiten bei der Wärmeabfuhr eintreten würden.

Ausgehend von dem Gedanken, daß die Leistung der Essigbakterien von der Temperatur abhängig ist, hat dann H. FRINGS, Bonn, ein Verfahren entwickelt, bei dem durch eine zwangsläufige Luftumwälzung die überschüssige Wärme über Gegenstromkühler abgeführt wird. Da hierbei die Bildnertemperatur automatisch reguliert werden kann, spielt die Raumtemperatur keine besondere Rolle mehr.

Die Einsäurung des Bildners wird mit nichtpasteurisiertem Essig, also bakterienhaltigem Rohessig, vorgenommen, um die Bakterien auf den Spänen anzusiedeln. Wenn die Späne mit Essig gesättigt sind, d. h. wenn Aufgußessig und Ablaufessig die gleiche Säurestärke haben, erfolgt die Inbetriebnahme durch Zusatz von alkoholhaltigen Maischen. Diese bestehen aus Denaturat und Wasser ohne Essigzusätze. Auf 100 l Alkohol werden noch 100—350 g eines Spezialnährstoffes „Acetopep, Frings" hinzugegeben. Je Kubikmeter Spaninhalt können täglich 3—8 l reiner Alkohol umgesetzt werden. Der Luftbedarf beträgt etwa 4 cbm je Liter reiner Alkohol.

Das heute überall eingeführte *Frings-Verfahren* ist von H. KREIPE etwa wie folgt beschrieben worden:

Ein Bottich bis zu 100000 l Inhalt ist durch einen Lattenrost in einen oberen Oxydationsraum und einen unteren Maischraum geteilt. Der Oxydationsraum ist mit Buchenholz-Federspiralspänen gefüllt. Durch Überpumpen frischen Essigs werden zunächst bei Inbetriebnahme des Bildners die Essigbakterien auf die Spanfüllung geimpft, darauf werden zu Beginn jeder Charge in den Sammelraum je nach der gewünschten Erzeugungsstärke bis zu 30000 l Maische mit etwa 10—14% Alkohol eingebracht, die mittels Pumpe durch ein Spritzrad gleichmäßig über die Spanfüllung verteilt und solange umgepumpt werden, bis nahezu der ganze Alkohol in Essig überführt ist.

Die zur Oxydation benötigte Luft wird von unten durch einen mit der Aufgußpumpe gekuppelten Ventilator eingeblasen. Die Abluft entweicht durch einen Kamin mit Kondensationseinrichtung ins Freie. Zwischen Maischepumpe und Spritzrad ist in die Maischeleitung ein Gegenstromkühler und ein Zwischengefäß mit doppeltem Boden eingebaut. Die Maische gelangt durch den Kühler in den oberen Teil dieses Gefäßes und wird durch besondere Zulaufventile in den unteren Teil und von hier durch das Spritzrad über die Späne geleitet. Eine Überlaufleitung führt die überschüssige Flüssigkeit unter Umgehung der Spanfüllung in den Maischeraum zurück.

Bevor die Maische zum Spritzrad gelangt, regelt sie über 2 Kontaktthermometer das Kühlwasserventil zur Maischekühlung. Die Zulaufventile im Zwischengefäß werden dagegen durch Kontaktthermometer gesteuert, die am Bildner in verschiedener Spanhöhe angebracht sind. Durch andere besondere Schaltungen wird dafür gesorgt, daß die Spanfüllung bei verstärkter Oxydation im unteren Teil nicht zu warm wird. Dadurch wird die optimale Gärtemperatur, die erforderliche Aufgußmenge und die Aufgußtemperatur der Maische vollkommen selbsttätig reguliert.

Durch die Einstellung der Belüftung — die einzige Regulierung, die zu Beginn einer Charge vorgenommen werden muß — wird die Fabrikationsgeschwindigkeit bestimmt. Je Kubikmeter Spanraum und Tag läßt sich durch Verringern der Luftzufuhr die Normalleistung von 5 l auf etwa $1/_3$ einschränken oder durch Steigern der Luftzufuhr auch erhöhen, und zwar um mindestens 50% steigern. Die Ausbeute liegt im Durchschnitt bei über 90%.

Da großer Wert auf die Temperaturregulierung bei der Essiggewinnung gelegt werden muß, hat man dies in noch anderer Weise mit automatischen Temperaturreglern und durch Umpumpverfahren erreicht, wie sie z. B. H. FRINGS, Bonn, E. J. B. KNEBEL, Upsala, und S. KLENCKE, Stuckenborstel, in neuerer Zeit entwickelt haben. Letzterer hat die Energie für die Betätigung der Pumpanlage aus der Druckenergie des Kühlwassers genommen. Die Umpumpmenge der Maische läßt sich so in ein konstantes Verhältnis zum Kühlwasser bringen, mit einem vermehrten Kühlwasserstrom wird die Maischemenge in demselben Maße miterhöht. Hierüber gibt Abb. 93 Aufschluß.

Der Bildner *1* mit dem Drehkreuzraum *2*, der Spänefüllung *3*, dem Sammelraum *4*, dem Lattenrost *5* und dem Spritzrad *6* ist in üblicher Weise ausgeführt. Die Maische wird durch die Maischeleitung *8* von der Maischepumpe 9, die nach dem Duplexprinzip mit dem vom Kühlwasserdruck betriebenen Motor 10 gekoppelt ist, durch den Kühler 18 über die Leitung 8 und das Spritzrad 6 wieder in den Bildner zurückgepumpt. Das Kühlwasser tritt über den Druckregler 21, das Handventil 20 und das thermostatisch regulierte Ventil 19 in die Duplexpumpe ein und von dort über die Leitung 11 zunächst in den reichlich dimensionierten Abluftkühler 12, nach Passieren des Kühlers über die Leitung 13, das handbediente Regulierventil 14 in den Maischekühler 18, den es im Gegenstrom zur Maische durchfließt. Durch die Leitung 17 strömt es sodann über die Zwischenleitung 17a der Brause 16 zu, die in einem senkrechten, relativ weiten Zuluftrohr 15 oben angebracht ist. Das Kühlwasser kann mittels des Ventils 14 jedoch auch völlig oder teilweise unter Umgehung des Maischekühlers direkt über die Leitung 17a der Brause zugeführt werden. Nach dem freien Fall durch das Zuluftrohr, in dem es die Luft mitreißt, kühlt und reinigt, tritt es über die Ableitung 25 ins Freie. Die mitgerissene Luft wird über die mit einem Regulierventil versehene Zuleitung 24 dem Bildner direkt unterhalb des Lattenrostes zugeführt. In den wärmsten Partien des Bildners oberhalb des Lattenrostes befindet sich der Fühler 23, der als

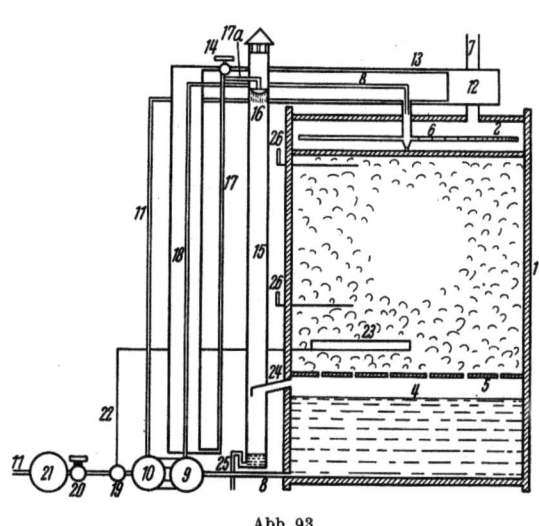

Abb. 93.

länglicher Behälter aus nichtrostendem Stahl mit einer sich stark ausdehnenden Flüssigkeit gefüllt ist, beispielsweise flüssigem Paraffin. Der Druck dieser den Temperaturschwankungen unterworfenen eingeschlossenen Flüssigkeit wird über die Leitung 22 auf das Ventil 19 übertragen, das sich bei Ansteigen des Druckes weiter öffnet und damit den Kühlwasserstrom beschleunigt. Bei fallender Bildnertemperatur fällt der Druck und das Ventil schließt sich etwas. Durch die Kopplung des Maischestromes mit dem so veränderlichen Kühlwasserstrom wird damit auch die Maischemenge automatisch vermehrt oder vermindert. Der Wärmeaustausch der immer im gleichen Verhältnis strömenden Flüssigkeiten läßt damit auch die Maische immer mit der gleichen Aufgußtemperatur in den Bildner zurückfließen. Ist bei Inbetriebnahme des Bildners einmal eine optimale Arbeitsform des Bildners mittels der Handventile 20 und 14 eingestellt, dann wird sie durch diese einfache Automatik eingehalten. Sie erfordert dann nicht mehr Überwachung als ein mit einer komplizierten Automatik ausgerüsteter Bildner. Durch die stufenlose Regelung kommt es gar nicht zu gröberen Abweichungen von der Norm, weil jede Veränderung sofort kompensiert wird.

3. Die submerse Gärung.

Da der Fesselgärung erhebliche Mängel anhaften, die man technisch nur zum Teil beseitigen konnte, hat sich O. HROMATKA, Wien, zum Teil mit H. EBNER, Trauen bei Linz, bemüht, die aeroben Eigenschaften der Essigbakterien näher zu ergründen und technisch auszuwerten. Es war bekannt, daß die Essigbakterien zu ihrer Vermehrung und zur Durchführung der enzymatischen Oxydation des Äthylalkohols zur Essigsäure einer ausreichenden Versorgung mit Sauerstoff bedürfen. Daher war früher die Oberflächengärung üblich, die durch die Fesselgärung abgelöst wurde, bei welcher die Bakterien auf einem großflächigen, von Luft umgebenem Trägermaterial fest angesiedelt wurden. Als solches kamen Buchenholzrollspäne, Maiskolben, Birkenreiser usw. in Frage, wie bereits beschrieben wurde.

Es ist auffallend, daß es erst in neuester Zeit gelungen ist, die in der übrigen Gärungsindustrie schon lange angewendeten Lüftungsverfahren auch für die Gärungsessigerzeugung nutzbar zu machen. Es ist dies HROMATKA und EBNER Anfang des Jahres 1949 gelungen. Bezeichnet wurde diese Methode als „submerse Gärung".

Es wurde folgende Versuchsanordnung gewählt:

Ein etwa 3 m langes Glasrohr von 45 mm Durchmesser war am unteren Ende mit Jenaer Glasfilternutsche 11 G 2 abgeschlossen. Die aus einer Preßluftflasche entnommene Luft wurde über ein Reduzierventil und ein Wattefilter zugeleitet. Die oben austretende Abluftmenge konnte in geeichten Strömungsmessern gemessen werden. Die Versuchstemperatur wurde konstant gehalten. Hierzu diente eine durch ein Kontaktthermometer gesteuerte, am unteren Rohrende angebrachte Heizwicklung. Der gesamte Flüssigkeitsinhalt eines Rohres betrug etwa 3,5 l. Von Zeit zu Zeit wurden Proben von 10 ccm entnommen und mit n-NaOH titriert. Der Säuregehalt wurde in Gramm Essigsäure je 100 ccm Lösung angegeben, wie es in der Essigindustrie üblich ist. Der Alkohol wurde nach Destillation der neutralisierten Lösung auf aräometrischem Wege bestimmt und in Volumenprozenten angegeben. In der Essigindustrie wird weiterhin für die Summe aus g/100 ccm Essigsäure und Vol.-% Alkohol der Begriff „Gesamtkonzentration" verwendet. Diese Summe zweier an sich ungleicher Größen stellt praktisch ein Maß für die ungefähre Säurekonzentration dar, welche bei der vollständigen Vergärung erreicht werden kann, da 1 Vol.-% Alkohol ungefähr 1 g/100 ccm Essigsäure ergibt.

Während einer Gärperiode, in welcher Weißwein zu Weinessig verarbeitet wurde, sind bei einer Maischezusammensetzung von 7,60 g/100 ccm Essigsäure und 1,6 Vol.-% Alkohol 640 g feucht gewogene Buchenholzspäne aus dem Betriebe entnommen, die Späne mit einem Faden zu einer Kette verbunden und das Gärrohr eingehängt. Unter gleichzeitigen Durchleiten von 20 l Luft in der Stunde wurden 3500 ccm Weinmaische eingefüllt. Diese bestanden aus 1 Teil zugleich mit den Spänen entnommener Weinmaische der vorgenannten Konzentration, dem für diesen Versuch noch 1 Teil Weißwein mit 0,64 g/100 ccm Essigsäure und 9,68 Vol.-% Alkohol beigemischt wurde. Die Temperatur wurde bei 30° C konstant gehalten. Nach 6 Stunden, als der Konzentrationsausgleich zwischen den Spänen und der Maische erreicht war, wurde erstmalig titriert. Die späteren Titrationen erfolgten je nach Gärgeschwindigkeit in wechselnden Abständen. Als Maß für die Gärungsgeschwindigkeit sind die in 24 Stunden je 100 ccm Lösung gebildeten Gramm Essigsäure von HROMATKA und EBNER eingeführt worden. Man bezeichnete sie als „Gärleistung" mit η. 16 Stunden nach Versuchsbeginn wurden die Späne wieder aus der Maische entfernt und die Belüftung fortgesetzt. In den 10 Stunden, die zwischen den beiden Titrationen erfaßt wurden, trat eine deutliche Zunahme des Essigsäuregehaltes ein. Die mittlere Gärleistung betrug $\eta = 0{,}43$.

Nach dem Entfernen der Späne wurde eine wesentlich kleinere Gärleistung (17. bis 24. Versuchsstunde: $\eta = 0{,}19$) beobachtet, welche weiter abnahm (24.—32. Versuchsstunde: $\eta = 0{,}06$). Dann setzte eine dauernde Zunahme der Säureleistung ein, bis der gesamte Alkohol restlos in Essigsäure übergeführt war (62.—68. Versuchsstunde: $\eta = 8{,}40$). Der zunehmenden Säureleistung entsprechend wurde nach der 57. Versuchsstunde die Belüftung auf 40 l in der Stunde erhöht.

Von den Bakterien war eine größere Zahl vom Trägermaterial in die Flüssigkeit übergegangen. Während ein Teil derselben zugrunde ging, verblieb ein Rest von gesunden teilungsfähigen Bakterien, der sich in der Folge nach der für die Mikrobenteilung charakteristischen Exponentialreihe vermehrte.

Auf Grund zahlreicher Versuche hat sich dann erwiesen, daß die gegen die Zeit aufgetragenen Werte von $\log \eta$ auf einer Geraden liegen müssen, sofern die Werte von η im Verlaufe der Gärperiode streng exponentiell ansteigen. Dies ist aus Abb. 94 zu ersehen.

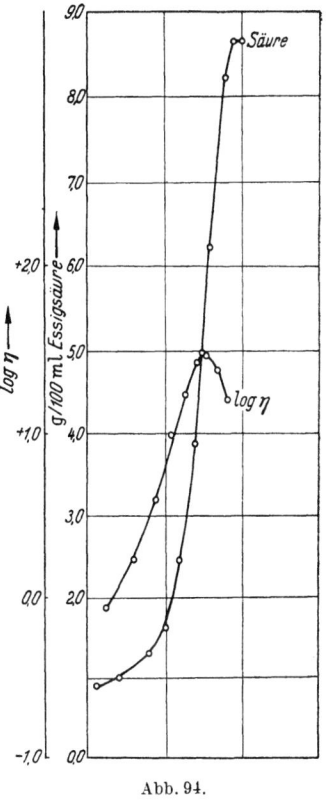

Abb. 94.

In dieser Kurve sind die titrierten Säurewerte in g/100 ml Essigsäure und die Werte von $\log \eta$ gegen die Zeit aufgetragen. Die Abbildung bestätigt also die exponentielle Vermehrung der Bakterienzahl und der Leistung, sie läßt aber auch erkennen, daß die Gärperiode gegenüber dem bekannten Schnellessigverfahren um eine Zehnerpotenz kürzer ist. Der Verlauf der $\log \eta$-Kurve gibt außerdem ein scharfes Kriterium an Hand, um experimentell verursachte Änderungen im Gärverlauf zu beurteilen und auch zahlenmäßig zu erfassen. Solange optimale Versuchsbedingungen vorliegen, verläuft die Bakterienvermehrung in der logarithmischen Wachstumsphase, und die $\log \eta$-Kurve ist eine Gerade, deren Neigung durch die Verdopplungszeit D der Leistung n charakterisiert ist. Die Ausbildung eines Maximums mit anschließendem Absinken der $\log \eta$-Kurve zeigt schädigende Einflüsse an. Dies ist auch bei der normalen Gärperiode der Fall, wenn im letzten Stadium der Gärung die Konzentration des Alkohols gegen Null konvergiert.

Durch die Versuche wurde festgestellt, daß der Vorgang der Lösung des Luftsauerstoffes in der Maische für die submerse Gärung von entscheidender Bedeutung ist, deshalb muß, wie heute bei fast allen Lüftungsverfahren, die Luft in sehr feiner Verteilung und in bestimmter Geschwindigkeit zugeführt werden. Bei Erfüllung dieser Bedingung konnten ungefähr 80—90% des Luftsauerstoffs ausgenutzt werden. Allerdings muß im Anfangsstadium der Gärperiode vorsichtig vorgegangen werden, denn bei geringem η bzw. einer geringen Konzentration von Essigbakterien in der Maische wirkt eine Mischung von 60% Sauerstoff und 40% Stickstoff bereits schädlich, und die submerse Essiggärung würde mit reinem Sauerstoff nicht beginnen. Bei hoher Bakterienkonzentration wird dagegen so viel gelöster Sauerstoff verbraucht, daß keine schädigende Wirkung eintritt. Wenn die Lüftung unterbrochen wird, treten Schädigungen ein, weil dann ein großer Teil der Bakterienkultur abstirbt und der überlebende Anteil so geschädigt wird, daß er in den folgenden Stunden ebenfalls zu Grunde geht. Je kürzer die Unterbrechung der Luftzuführung ist, um so geringer ist auch die Schädigung, doch wurde erst unter 15 Sekunden kein Einfluß mehr festgestellt.

Für die Praxis ergaben sich aus den vorgenannten Versuchen folgende Richtlinien:

1. Bei gleicher Tagesleistung können die nach der neuen Arbeitsweise benutzten Essiggeneratoren um eine Zehnerdimension kleiner sein als die bisherigen Fesselgärapparate. Dadurch ist ihr Bau aus rostfreiem Stahl an Stelle von Holz wirtschaftlich möglich geworden.

2. Es muß für eine Belüftung aller Zonen des Apparates dadurch Sorge getragen werden, daß genügend feine Luftblasen überall hingelangen. Die Verwendung von porösen Platten, die sich für die Laboratoriumsversuche durchaus bewährt haben, kommt in Betrieben nicht in Frage, weil die Poren durch die schleimigen Essigbakterien verstopft werden und dadurch der Luftaustritt ungleichmäßig erfolgt. Es hat sich für Betriebsapparate von 5000 l Inhalt ein am Boden angeordneter rotierender Belüfter bewährt, der die Luft selbst ansaugt und in feine, das gesamte Gärgut gleichmäßig durchströmende Blasen verteilt.

Für die Größe des Belüfters war zu entscheiden, ob die Kapazität desselben den möglichen Maximalwert des η in der Endphase der Gärperiode angepaßt werden sollte, oder ob es vorteilhafter ist, die Belüftungseinrichtungen einem mittleren η-Wert anzupassen. Im ersteren Fall wird der Belüfter in der überwiegenden Zeit nicht voll ausgenutzt und die großen Luftmengen bereiten bei der Spitzenleistung Schwierigkeiten. Im zweiten Fall wird auf den exponentiellen Anstieg der Gärleistung über den durch die Luftmenge vorgegebenen η-Wert hinaus verzichtet. Dadurch wird aber der Betrieb des Belüfters wirtschaftlicher und der Apparat kann mit mehr Gärflüssigkeit beschickt werden, weil das starke Ansteigen des Flüssigkeitsspiegels bei der Belüftung mit maximalen Luftmengen in Wegfall kommt. Außerdem hat man die Möglichkeit, den Endpunkt der Gärung im Betrieb leichter vorauszusagen, wenn das η durch Luftbremsung konstant bleibt.

Die bei dieser Arbeitsweise eintretende Verlängerung der Gärperiode ist dadurch auszugleichen, daß die Gärung schon mit einer verhältnismäßig großen Bakterienmenge beginnt. Dies kann leicht dadurch erreicht werden, daß am Ende der Gärperiode nur etwa 60% der Fertigware abgezogen und 40% mit den Bakterien als Impflösung für die folgende Periode im Apparat belassen werden. Letztere Art der Gärführung ist daher gewählt worden.

3. Da die Essiggärung ein exothermer Prozeß ist, muß die Apparatur mit einer Kühlung versehen sein. Durch den Zufluß kalter Maische zur Impflösung sinkt die Temperatur, kommt aber durch die Reaktionswärme bald auf die Optimaltemperatur von z. B. 27° C. Bei Erreichen der Optimaltemperatur muß der Kühler durch ein Regelventil mit Hilfe eines Kontaktthermometers in Tätigkeit gesetzt werden.

Folgende Leistungen sind erzielt worden:

1. Ein mit Essig denaturierter Hybridenwein (2,78 r. S., 7,45 r. A., 10,23 GK) wurde der Gärung unterworfen. Am zweiten Essiggenerator der Firma *Enenkel* wurde folgende Ausbeutebilanz ermittelt: 29 125 l Weinmaische (1,31 r. S., 5,95 r. A., 7,26 GK) und 2000 l Impflösung (7,12 r. S., 0,09 r. A., 7,21 GK) gaben in einigen Gärperioden 29 600 l Weinessig (7,08 r. S., 0,08 r. A., 7,16 GK) und 2100 l Weinessig (7,16 r. S., 0,00 r. A., 7,16 GK). Aus 1734,7 l abs. Alkohol wurden also 2246,1 − 523,9 = 1722,2 kg 100%ige Essigsäure erzeugt. Dies sind 95,87% der Theorie. 100% d. Th. sind $1734,7 \times 1,036 = 1796,4$ kg 100%ige Essigsäure. Die Berechnungsart wird deshalb ausführlich gebracht, weil die Errechnung der Ausbeute in der Essigindustrie von Betrieb zu Betrieb und noch mehr von Land zu Land verschieden erfolgt. 23,7 l als Alkohol (1,37 %) blieben unvergoren in der Fertigware. Die übrigen Gärverluste sind 2,76%. Die durchschnittliche Leistung des Apparates betrug 160 l abs. Alkohol/24 Stunden. r. S. bedeutet jedesmal g/100 ml Essigsäure, wobei die durch Titration gegen Phenolphthalein gefundene Gesamtsäure als Essigsäure berechnet wird, r. A. bedeutet Vol.-% Alkohol und GK ist die Gesamtkonzentration.

2. In der Schweiz wurden folgende Leistungen erzielt:

7700 l italienischer Rotwein (0,4 S, 7,8 A, 8,2 GK), Ausbeute 95% d. Th., 5700 l Obstwein (1,8 S, 5,3 A, 7,1 GK), Ausbeute 95% d. Th. Die durchschnittliche Tagesleistung dieses Apparates betrug 190 l abs. Alkohol. Bei 27 cbm Luft/Std. und 3800 l Füllung wurde $\eta = 8,1$ erreicht.

Die submerse Gärmethode hat außer für die Herstellung von Speiseessig auch dort Interesse, wo großtechnische Anlagen für die Herstellung von Eisessig z. B. aus Acetylen nicht zur Verfügung stehen. Durch die modernen Konzentrierungsverfahren ist die Herstellung von Eisessig aus dem durch Gärung erzeugten niedrigprozentigen Essig kein technisches Problem mehr. Während die Fesselgärapparate an eine bestimmte Größenordnung gebunden sind, ist dies für die Generatoren zur submersen Gärung nicht der Fall. Zudem bietet die neue Methode den Vorteil einer besseren Ausbeute. Deshalb wird sie dort, wo billiger Alkohol zur Verfügung steht, mit den rein chemischen Verfahren zur Erzeugung von Eisessig durchaus konkurrieren können. Im übrigen ist die Übertragung des Verfahrens auf die Oxydation anderer primärer Alkohole zu Carbonsäuren erwiesen worden.

284   Spezialgärverfahren.

Die Erfahrungen von HROMATKA und EBNER sind mit denen der Firma *Heinrich Frings*, Bonn, vereinigt worden. Die Apparatur führt den Namen „Acetator", sie ermöglicht in Dauerbetrieb eine Ausbeute von über 90% und erreicht fast 95% der theoretisch möglichen Ausbeute. Es können nunmehr auch Rohmaterialien mit niedrigem Alkoholgehalt und hohem Extraktgehalt verarbeitet werden, deren Verarbeitung nach dem Verfahren der Fesselgärung wegen der unvermeidlichen Verschleimung der Späne nur mit besonderen Schwierigkeiten möglich war. Tab. 18 bringt die hauptsächlichsten Angaben in abgerundeten Zahlenwerten.

Tabelle 18.

Type		25	50	100	200
Verarbeitung ...	l r. A./Tag	75	150	300	600
	hl r. A./Jahr	275	550	1100	2200
	hl Essig 10%/Jahr	2500	5000	10000	20000
	hl Essig 5%/Jahr	5000	10000	20000	40000
Abmessungen:					
Nutzinhalt	l	2500	5000	10000	20000
Bottich	Durchmesser außen	1,4	1,8	2,4	3,0
	m Höhe innen m	3,0	3,4	3,7	3,0
Raumbedarf	Durchmesser m	2,2	2,6	3,2	3,8
	Höhe m	4,5	5,0	5,4	5,8
Gewicht	fertig montiert				
	leer t	1,5	2,0	3,0	4,0
	gefüllt, in Betrieb t	4,5	8,0	14,0	26,0
Energiebedarf, Strom	kW	2,0	3,0	4,5	7,0
Wasser 12°	l/h	500	1000	2000	4000

In Abb. 95 ist die Ausführung des Acetators mit einem Holzbottich dargestellt.

Für die Kühlung zur Abführung der durch die Oxydation gebildeten Wärme wird bei *A* das Kühlwasserhauptventil geöffnet, so daß durch Thermometerkontakt das elektrische Kühlwasserventil *B* bei Überschreiten der Soll-Temperatur im Acetator den Kühlwasserstrom freigeben kann. Die Windkessel *C* dienen zur Vermeidung von Druckstößen im Leitungsnetz. Der Rotamesser *D* gestattet es, die durchfließende Kühlwassermenge abzulesen. Die Temperatur des eintretenden Kühlwassers wird am Thermometer *E*, die des erwärmten austretenden Kühlwassers wird am Thermometer *F* abgelesen. Der Spiralkühler im Bottich ist mit *G* gekennzeichnet.

Zum Antrieb des Belüftungssystems, welches sich im Bottich befindet, dient der Motor *a*. Die angesogene Luftmenge kann an dem Rotamesser *i* abgelesen und mit dem Ventil *k* bzw. *n* reguliert werden. Ein mit feinmaschigem Siebstoff bespannter Ansaugkörper *h* befindet sich vor der Mündung des Rotamessers *i*. Auftretender Schaum kann durch den Schaumzerstörer *q*, in den oberen Boden des Bottichs eingebaut, beseitigt werden.

Die Zahlen bezeichnen folgendes:

1 Skala, die den Füllinhalt des Acetators anzeigt; — *2* Maischezufuhr-Leitung; — *5* Ein- bzw. Ausstoßhahn; — *6* Hahn zur Entnahme der Analysenproben; — *7* Mannloch; — *8* Innenbeleuchtung; — *9* Schauglas mit Scheibenwischer; — *10* Betriebsbühne; — *11* Gehäuse für das Thermometer, elektrische Apparatur und Automatik.

Ein eingebauter Schalter gestattet, in vier Schaltstellungen den verschiedenen Betriebserfordernissen gerecht zu werden. Darüber befindet sich das Thermometer für die Raumtemperatur.

Wo billiger Alkohol zur Verfügung steht, kann das biologische Verfahren mit den rein chemischen Verfahren zur Erzeugung von Essigsäure aus Acetylen oder Alkohol in Konkurrenz treten.

O. von KEUSSLER hat neuerdings festgestellt, daß die auf Alkohol vergorene Melassemaische unmittelbar durch submerse Gärung in Essigmaische umgesetzt und als Endprodukt Essigsäure hergestellt werden kann, indem die Destillation der alkoholischen Maische zur Gewinnung eines mehr oder weniger gereinigten Alkohols dann unterbleibt.

In vielen Ländern unterliegt auf Alkohol vergorene Melassemaische nicht der behördlichen Kontrolle. Diese setzt erst ein, wenn durch Destillation Alkohol gewonnen wird. Projekte zur Erzeugung von Essigsäure aus Melasse kön-

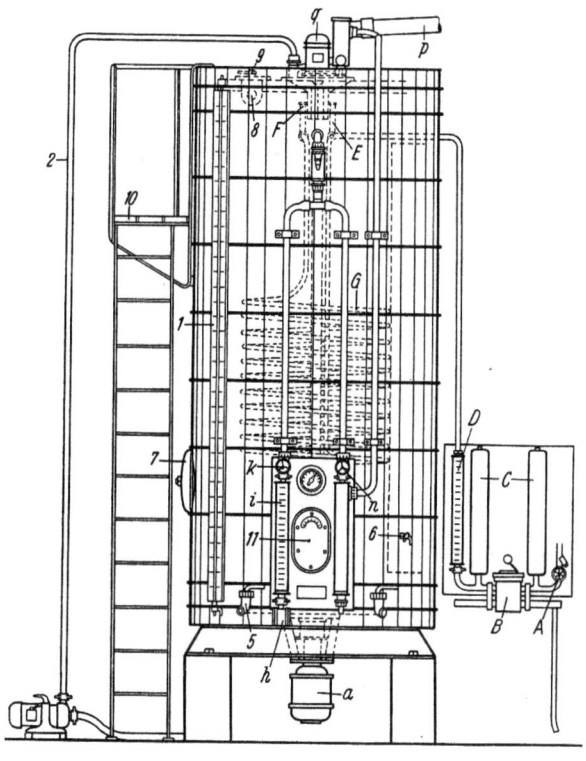

Abb. 95. Acetator. Bauart *Heinrich Frings*, Bonn.

nen daher unter rein kaufmännischen Gesichtspunkten betrachtet werden.

Zur Erzeugung von Essigsäure werden folgende Anlagen benötigt:

A. Alkoholgäranlage mit Heferückführung zur Erzeugung einer 8 bis 9 Vol.-% Melassemaische;

B. submerse Gäranlage zur Gewinnung einer 8-Gew.-%-Essiglösung aus der alkoholischen Maische;

C. Konzentrationsanlage zur Herstellung von 99—100% Essigsäure durch Extraktion und azeotropische Destillation der Essiglösung.

Aus 1000 kg Melasse mit 50% Zucker (Glucose und Saccharose) können 300—310 kg Essigsäure (100%) erzeugt werden oder für 1 t Essigsäure werden 3,3—3,4 t Melasse gebraucht.

Der Betriebsaufwand zur Herstellung von 1 t Säure/24 h beträgt:

Melasse	3,4 t	oder Alkohol 1070 l
Heizdampf 5 atü	8 t	
Kühlwasser 25°	530 cbm	
Strom	580 kWst	

Das neue Verfahren zur Erzeugung von Essigsäure aus Melasse eröffnet daher ein zusätzliches Absatzgebiet.

Schrifttum.

HROMATKA, O., u. H. EBNER: Enzymologia **XIV**, 96 (1950). — Enzymologia **XIII**, 369 (1949). Deutsche Patentanm. W 705 IV a/6 b, österr. Priorität vom 3. 5. 1949. — Enzymologia **XV**, 57 (1951).
HROMATKA, O., H. EBNER u. CH. CSOKLICH: Enzymologia **XV**, 134 (1951).
HROMATKA, O., G. KASTNER u. H. EBNER: Enzymologia, im Druck.
CSOKLICH, CH.: Dissertation, Philos. Fakultät der Universität Wien (1951).
POLESOFSKY, W.: Dissertation, Philos. Fakultät der Universität Wien 1951.
KREIPE, H. in OST-RASSOW: Lehrbuch der Chemischen Technologie, 24. Aufl., S. 818—821. Leipzig: Joh. Ambr. Barth 1952.

IX. Die Mikroorganismen.

A. Durchführung mikrobiologischer Prozesse.

a) Allgemeine Entwicklung.

Mikrobiologische Prozesse werden im allgemeinen so durchgeführt, daß ein Häutchen des Erregers auf der Oberfläche der Nährlösung kultiviert wird. Die Umsetzung findet also an der Berührungsfläche des Erregers mit der Flüssigkeit statt. Wenn man die Ansammlung der Stoffwechselprodukte in der Berührungszone nicht verhindert, so wird die Reaktion verzögert und führt zu einer mangelhaften Ausbeute. Zur Beschleunigung der Reaktion hat man bereits vorgeschlagen, die Flüssigkeit durch Umrühren oder Fließen sich unterhalb des gebildeten Erregerfilzes fortbewegen zu lassen. So hat man die Nährlösung in mehreren Stufen von einer flachen Schale zu einer darauffolgenden fließen lassen, wobei in jeder dieser Schalen eine Haut des Erregers gebildet ist. Ein solcher Umlauf der Flüssigkeit hat aber den Nachteil, daß der Filz leicht zerreißt oder untertaucht, wodurch die Umsetzung unterbrochen wird. Zudem ist auch bei Verwendung von flachen Schalen die Oberfläche der Flüssigkeit im Verhältnis zu ihrer Gesamtmenge nur gering, so daß nur ein verhältnismäßig kleiner Teil des umzusetzenden Substrates jeweils in Berührung mit dem Erreger kommt.

Die *Imperial Chemical Industries Limited*, London, hat nun eine sehr wirksame Umsetzung auf andere Weise erzielt. Sie hat flache Schläuche aus Filtertuch benutzt, an deren Außenseite der Erreger wächst, während in dem flachen Innenraum die Flüssigkeit entlangströmt. Die Geschwindigkeit des Durchflusses kann den jeweiligen Umständen angepaßt werden, sie kann in einem einzigen Durchtritt erfolgen, sie kann aber auch unter mehrfachem Umlauf durchgeführt werden.

Zur Einleitung des Wachstums wird das geeignete Impfmaterial, z. B. trockene oder aufgeschwemmte Sporen, auf die Unterlage aufgesprüht und für Luftzutritt gesorgt. Auf der anderen Seite der Unterlage läßt man die Nährlösung zufließen, die auf diese Weise durch die Poren zu dem Erreger gelangt und dessen Wachstum fördert. Man kann nach einem gewissen Zeitabschnitt die Nährlösung auch wechseln.

Die Arbeitsweise vollzieht sich in der Anlage, wie sie Abb. 96 zeigt.

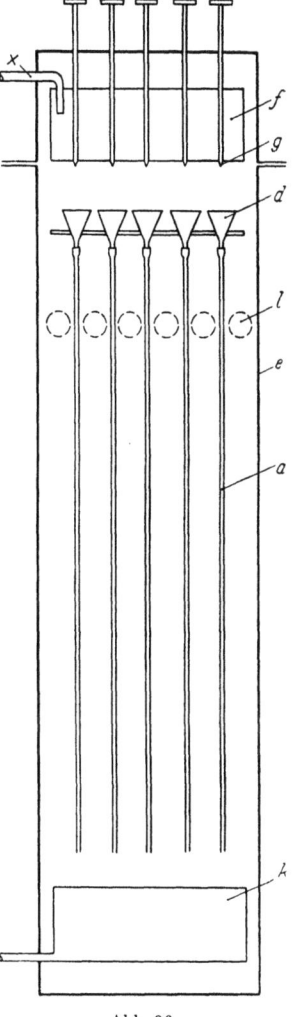

Abb. 96.

Die Anlage besteht aus mehreren senkrecht angeordneten Einzelelementen a, z. B. Schläuchen aus Filtertuch, Röhren aus Ton od. dgl. Diese Schläuche haben zweckmäßig einen Querschnitt in Form einer verlängerten Ellipse, bei welcher sich schließlich die beiden Längsseiten berühren können, und werden an einem Ende an den im Längsschnitt Y-förmigen Trögen befestigt, die zu mehreren auf einer geeigneten Stütze angeordnet sind. Die Gesamtheit der Elemente a befindet sich in einem Turm bzw. einer Kammer e, welche derartige Dimensionen hat, daß die Einzelelemente jeweils mehrere Zoll voneinander entfernt sind. Oberhalb der Tröge d ist ein Behälter f mit konstantem Niveau angeordnet, dem die sterile Nährlösung von einem beliebigen Punkt aus zugeführt werden kann. Dieser Behälter besitzt Ventile g, um die Zufuhr der Nährlösung zu regeln. Die Flüssigkeit, welche die Schläuche a durchflossen hat, sammelt sich am Boden der Kammer in dem Sammelbehälter k, von wo aus sie entweder in die gleiche Kammer zurückgeführt oder einer anderen Kammer zugeführt werden kann. An den Seitenwänden der Kammer e befinden sich verschließbare Schaulöcher l, die eine Beobachtung des Innenraumes gestatten und zur Beimpfung der Schläuche nach der Sterilisierung der Anlage dienen, in dem durch sie hindurch die Sporen der Organismen in den Innenraum hineingestäubt werden. Zu der Kammer gehören auch nicht gezeichnete Dampfleitung zum Sterilisieren und Erwärmen, ferner Einrichtungen zur Schaffung von Über- und Unterdruck.

Gegenüber dieser Arbeitsweise hat W. KLAPPROTH, Nieder-Ingelheim, die Pilzdecke auf einer Membrane erzeugt, die der Nährlösung den Zutritt zu dem Pilzmycel durch Dialyse gestattet. Das hat gegenüber der Verwendung engmaschiger Siebe oder poröser Körper den Vorzug, daß eine leichte Verbindung zwischen der Pilzdecke einerseits und der Nährlösung andererseits besteht, so daß die Einwirkung der ersteren auf die umzusetzenden Stoffe der Nährlösung leicht erfolgen kann. In der Membrane selbst können außerdem Nährstoffe für den Gärungserreger imprägniert werden, so daß sich der Pilzrasen ohne weitere Zufuhr von Nährstoffen aus der mitunter erst nachträglich zugesetzten Gärlösung entwickeln kann. KLAPPROTH hat z. B. übereinander angeordnete flache Schalen benutzt und in diese einen mit der Membrane bespannten Rahmen derart eingehängt, daß diese die Flüssigkeitsoberfläche gerade berührt.

Geeignete Membranen können beispielsweise aus Pergamentpapier oder aus Gelatine und Nährstoffen imprägnierten Filtrierpapieren od. dgl. bestehen. Nach beendeter Benutzung werden sie zusammen mit der verbrauchten Pilzdecke aus der Apparatur entfernt und können vernichtet werden. Man kann die Membranen auch durch einen grobmaschigen Träger versteifen, der nach der Durchführung des Prozesses und Entfernung der Membranen sterilisiert und wieder verwendet werden kann.

Für biologische Prozesse, bei denen die Behandlung mit Luft oder Sauerstoff erforderlich ist, hat man das Gas durch poröse Bodenkörper in die Flüssigkeit geschickt. Abgesehen davon, daß hierzu erhebliche Drücke notwendig sind, entsteht gleichzeitig eine große Schaummenge, die nicht immer erwünscht ist. Infolgedessen hat A. W. MÜLLER, Berlin, das zur Reaktion kommende Gas durch ein System von Düsen geleitet und die Flüssigkeit in Form eines feinen Nebels versprüht. Das hat den Vorteil, daß man solche Flüssigkeiten mit Gasen vernebeln kann, die zur Schaumbildung neigen, wobei in diesem Falle aber kein Schaum entsteht. Die Erschütterung, welche die Mikroorganismen durch Versprühen erfahren, ist nicht schädlich.

b) Kreislaufzerschäumung.

Wo. OSTWALD, A. SIEHR und H. ERBRING, Leipzig, haben in das Nährmedium von Mikroorganismen innerhalb eines Zerschäumungsapparates Luft eingeleitet und den entstehenden Schaum in einen zweiten turmartigen Behälter gedrückt. Die mitgerissene und aus dem Schaum entstehende Flüssigkeit wird dem Zerschäumungsapparat wieder zugeführt und von neuem zerschäumt, so daß die gleichzeitig mitzerschäumte Nährlösung fortlaufend einen Teil des bereits vorliegenden Schaumes durchrieselt.

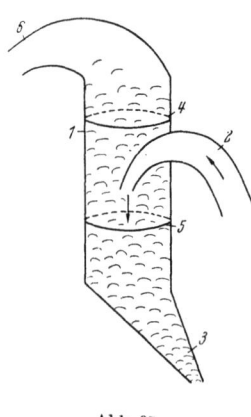

Abb. 97.

Mit fortschreitendem Prozeß wächst die gebildete Schaummenge. Der erstgebildete Schaum wird durch den neu entstehenden Schaum in dem Turm stetig nach oben gedrückt. Der Schaum durchläuft dabei eine Zone, in der er nicht mehr von der Nährlösung berieselt wird. Durch das Ablaufen wird er oberhalb dieser Zone zusehends konzentrierter. Ein Teil der Mikroorganismen wird somit außer Reaktion gesetzt. Je höher der Schaum im Turm steigt, um so mehr erlangt er die Eigenschaft eines haltbaren Trockenschaumes.

Um die Geschwindigkeit der Schaumbewegung zu regulieren, hat man sich der in Abb. 97 dargestellten Apparatur bedient.

In den Schaumturm *1* tritt durch einen Stutzen *2* der in einem Zerschäumer gebildete Schaum ein. Dieser füllt das Innere des Turmes und steigt nach oben. Die mit dem Schaum aus dem in der Zeichnung nicht dargestellten Zerschäumer mitgeführte Nährflüssigkeit durchrieselt den im Turm befindlichen Schaum und tritt unten bei *3* aus. Gemeinsam mit dem schmelzenden Schaum wird diese Flüssigkeit dem Zerschäumer im Kreislauf wieder zugeführt. Der im Turm aufsteigende Schaum wird in seiner Bewegungsgeschwindigkeit durch zentripedal eingeblasene Luft geregelt. Zwei ringförmige Düsensätze *4* bzw. *5* sind dazu bestimmt, den Schaum teilweise zu zerstören und die in der Haube *6* abfließende Schaummenge durch Luftzufuhr zu regeln.

c) Andere Apparaturen.
1. Geschlossenes Kulturgefäß.

E. KANZ, München, hat ein Verfahren entwickelt, bei dem der das Kulturgefäß in zwei Räume trennende Träger sowohl von der im unteren Raum durchzuleitenden Nährlösung wie im oberen Raum von einem ebenfalls durchzuleitenden Medium, z. B. flüssiger oder gasförmiger Beschaffenheit, bespült werden kann.

Hierzu dient die in Abb. 98 gezeigte Apparatur.

Die im Höhenschnitt dargestellte Einrichtung besteht aus einem schalenförmigen Gefäß *1*, in welches die Nährflüssigkeit durch einen Rohrstutzen *2* eingefüllt werden kann. Das Gefäß *1* ruht auf einem Gummiring *3* des Metallgehäuseunterteiles *4*, welches mit einem Metallring *6* durch einen Verschluß lösbar verbunden werden kann. Über das Glasgefäß *1* wird der als Membrane ausgebildete Träger *5* dadurch gespannt, daß das Gehäuseoberteil beim Festdrehen die Trägermembrane *5* über eine profilierte Gummidichtung *7* in eine ringnutenförmige Aussparung *8* des Ge-

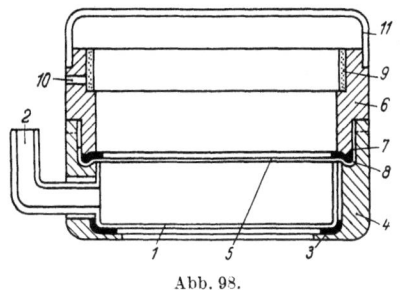

Abb. 98.

häuseunterteiles *1* preßt und dabei spannt. In den Gehäusering *6* ist eine Feuchtigkeit abgebende Einlage *9*, z. B. ein Filzring, eingelegt, durch den bei dosierter Befeuchtung, die durch die Öffnung *10* erfolgen kann, der gewünschte Feuchtigkeitsgrad erreicht werden kann. Der Gehäusering *6* wird von einem Glasdeckel *11* abgeschlossen.

Diese Einrichtung ist für die Züchtung von anaeroben Bakterien mit Hilfe eines biologischen Sauerstoffverzehrers besonders geeignet. Dabei wird der Glasdeckel *11* mit dem Gehäusering *6* mittels eines Cellophanklebestreifens luftdicht verbunden (nicht gezeichnet). Sodann wird die unter dem Träger *5* befindliche Nährflüssigkeit z. B. mit Bacillus prodigiosus beimpft. Dieser Bacillus wirkt nebenbei auch als Wuchsstoffbildner und fördert das Wachstum der anaeroben Bakterien.

Diese Einrichtung ist zum Züchten ganz verschiedener Mikroorganismen geeignet.

Die Mikroorganismen.

2. Umwälzgefäß.

Für eine submerse Massenzüchtung haben G. KRETZSCHMAR und R. MARTIN, Heidenau/Sa., besondere Reaktionsgefäße entwickelt, die einen Umtrieb der Nährflüssigkeit sowohl horizontal als auch vertikal gestatten. Diese sind den Bleichholländern der Papierindustrie nachgebildet. So passiert der Würzestrom eine Umwälzvorrichtung, die ein Zerreißen des Mycelgeflechtes ausschließt und eine Feinaufteilung der grob eingeblasenen Luft ermöglicht. So ist es möglich, den gewünschten Feinstbelüftungseffekt zu erzielen und damit die Reaktionsdauer wesentlich abzukürzen, ohne daß sich dabei eine zusätzliche Schaumzerstörung erforderlich macht. Während

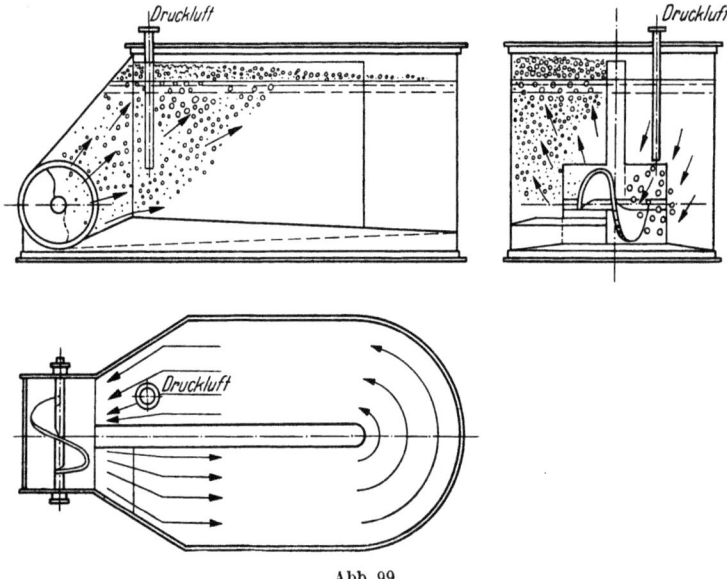

Abb. 99.

bisher mindestens 200 cbm Raum erforderlich waren, können jetzt z. B. mit 50 cbm Reaktionsraum innerhalb 24 Stunden 120 cbm Sulfitlauge oder 150 cbm Sulfitschlempe vermyceliert werden.

Aus Abb. 99 ist der Ablauf des Verfahrens zu ersehen.

Es wird etwa wie folgt gearbeitet:

30 cbm einer normalen, entgeisteten Sulfitablaugenschlempe mit einem Gehalt an reduzierenden Substanzen von 1,2% (berechnet auf Glucose) werden mit 40 kg Superphosphat oder 13,5 kg Diammonphosphat sowie 5 kg Kaliumchlorid versetzt. Wird der Stickstoff in Form von ammoniakalischer Lösung zugegeben, dann zunächst nur so viel, bis die zu vermycelierende Schlempe ein p_H von 5,6—5,8 angenommen hat. Insgesamt müssen auf 30 cbm Schlempe 50 kg 25%ige Ammoniaklösung bzw. 50 kg Ammonsulfat verabreicht werden, bei Verwendung von Diammonphosphat als P_2O_5-Quelle verringert sich diese Menge auf 36,5 kg Ammoniaklösung bzw. 36,5 kg Ammonsulfat. Der evtl. Rest an Ammoniak wird dann zweckmäßig

während der Züchtung, dem Verzehr entsprechend, geführt. Nach gründlicher Klärung der so vorbereiteten Schlempe wird sie mindestens auf die Reaktionstemperatur von 26—28° C abgekühlt und in ein Reaktionsgefäß der beschriebenen Bauart mit einem Gesamtinhalt von 40 cbm gefüllt. Die Menge des Einsatzmycels beträgt 200 kg Feuchtmycel mit etwa 17% Trockengehalt. Die Belüftung erfolgt durch ein am Gefäßboden quer vor der Einmündung zur Schnecke liegendes Rohr, das in Abständen von jeweils 300 mm Bohrungen von 15 mm Weite enthält. Dabei ist die Luftzufuhr so zu regulieren, daß je Minute 3,5 cbm eingeblasen werden, was etwa 5 cbm je Kilogramm zusprossender Myceltrockensubstanz entspricht, bei einem zu erwartenden Gesamtzuwachs von 180 kg. Die bei der Reaktion frei werdende Wärme wird durch ein Röhrenkühlsystem oder einen sonstigen Wärmeaustauscher innerhalb oder außerhalb des Reaktionsgefäßes abgeführt. Der Umtrieb der Flüssigkeit in der Horizontalebene des Reaktionsgefäßes soll eine Strömungsgeschwindigkeit von 30 m/min haben, damit genügend Zeit für die Entschäumung bleibt.

Die Reaktionszeit beträgt 4 bis 5 Stunden; dabei sind insgesamt 210 kg Trockenpilzmasse als Ausbeute zu erwarten.

3. Umlaufsprühvorrichtung.

Da in Flüssigkeiten, z. B. in Tröpfchen- und Adhäsionskulturen, Hefen stark verfetten, hat P. LINDNER, Berlin, ein Sprühverfahren und eine Sprühvorrichtung entwickelt, wonach die Flüssigkeit in feinste Tröpfchen zerlegt wird, die mit dem Luftsauerstoff große Oberflächenberührung haben. Die Hefezellen sind dadurch beim Niederfallen auf den Flüssigkeitsspiegel genügend mit Sauerstoff gesättigt. Sie vermehren sich bei Gegenwart von genügend Stickstoffnahrung. Fehlt diese, so leiten die Hefezellen eine Fettsynthese mit dem vorhandenen Alkohol als Kohlenstoffquelle ohne Vermehrung der Zellenzahl ein.

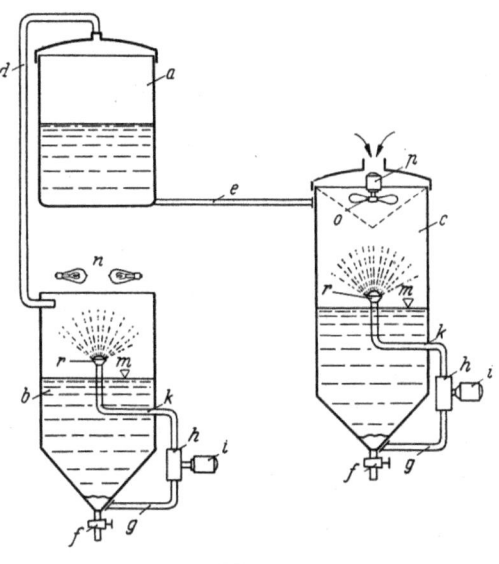

Abb. 100.

Bei den Algen liegen ähnliche Verhältnisse vor. Sie können nach dem Vorschlag LINDNERS in eine Kohlensäureatmosphäre gesprüht werden, in welche Licht strahlt. Man erhält dann je nach der Zusammensetzung der Nährlösung entweder eine Zellvermehrung oder eine Verfettung, in jedem Falle aber eine Algenernte, die wegen ihres Enzymreichtums zu Düngungszwecken zu gebrauchen ist. Die Vorrichtung ist in Abb. 100 wiedergegeben.

Der Gärkessel a dient zur Erzeugung von Alkohol und Kohlensäure, b für die Vermehrung oder Verfettung von Algen und c für die Vermehrung oder Verfettung von Hefezellen. Der Deckel von a ist durch ein Rohr d

mit dem Gasraum des Behälters *b*, der untere Teil des Kessels *a* ist durch eine Leitung *e* mit dem Behälter *c* verbunden. Die Böden der beiden Kessel *b* und *c* sind mit einem Ventil *f*, außerdem aber mit einer Zweigleitung *g* versehen, in welche eine Pumpe *h* mit Motor *i* eingeschaltet ist. Von dem Motor zweigt die in den Kessel *d* bzw. *c* reichende Sprühvorrichtung *k* ab, deren Sprühkopf über dem Flüssigkeitsspiegel *m* hinausragt. Da für die Algenvermehrung Licht unerläßlich ist, ist über dem Kessel *b* eine Lichtquelle *n* angebracht. Im oberen Teil des Kessels *c* ist ein durch einen Motor *p* angetriebener Ventilator *o* angeordnet, unter welchem sich noch ein Sieb befinden kann, um die Luftverteilung gleichmäßig zu gestalten. In die Leitung *e* kann eine Vorrichtung zur Abscheidung der Kohlensäure eingeschaltet werden.

Der Gang des Verfahrens ist etwa folgender:

Das Gefäß *a* ist zur Hälfte mit 80%iger Melasse gefüllt, die einen p_H-Wert von etwa 5,9 besitzt und mit 1% Impfflüssigkeit versetzt wird. Nach 12 Stunden ist die Gärung bei etwa 28° C beendet. Hierauf wird die Flüssigkeit nach Gefäß *c* abgelassen. Dort wird nach dem Absetzen der Hefe der Sprühapparat und der Ventilator eingeschaltet. Dieser Vorgang wird zunächst 4 Stunden durchgeführt und dann 1 Stunde unterbrochen. Nach Beendigung der Sprossung oder der Verfettung der Hefe wird diese in eine Wanne abgelassen, damit sich die Hefe absetzen kann. Die überstehende Flüssigkeit wird in das Gefäß *b* gebracht und dort mit Algen beimpft. Das Versprühen beginnt, wenn Kohlensäure aus einer zweiten Gärung im Kessel *a* zur Verfügung steht. Als Impfflüssigkeit kann eine Kultur von Thermobacterium mobile dienen, welches aus Zuckerlösungen Alkohol ohne Fuselöle bildet. Die mikrobenreiche Flüssigkeit wird durch das Sprührohr *k* mit der Pumpe *h* gedrückt, wo sie durch den Sprühkopf *r* fein zerstäubt wird.

4. Belüftungsvorrichtung zum Züchten von Mikroorganismen.

Bei den bekannten Vorrichtungen zum Züchten von Mikroorganismen, die aus einem Tellersystem bestehen, ist die Belüftung eine ungleichmäßige, deshalb haben A. R. BOIDIN und I. A. EFFRONT, Seclin, eine Vorrichtung entwickelt, die in Abb. 101 gezeigt wird.

Die Welle, welche in bestehenden Vorrichtungen die breiten, kreisförmigen und wenig tiefen Teller *2* trägt, ist hier durch ein Rohr *1* ersetzt, welches derart gelocht ist, daß sich ein Loch zwischen je zwei Tellern befindet. Dieses Rohr ist unabhängig vom Tellerstapel und kann in eine von Hand regelbare Drehbewegung versetzt werden.

Der Tellerstapel wird von der oberen Scheibe *3* getragen. Der Abstand zwischen den Tellern wird, wie bekannt, durch Ringe *4* erzielt, jedoch sind diese Ringe, wie aus Abb. 101a und b ersichtlich, mit sehr großen Öffnungen *5* versehen, welche der einzublasenden Luft kein Hindernis entgegenstellen. Diese Ringe sind ebenfalls derart gestaltet, daß sie ineinandergreifen können und eine mittlere starre Tragsäule bilden. Dabei lassen sie Nuten *6* zur Aufnahme des die Teller haltenden Tellerrandes frei. Infolge dieser Ausbildung sind die obere und untere Scheibe sowie die mittleren

Ringe aus einem Metall gegossen worden, welches weniger biegsam ist als Aluminium.

Infolge der bakterienzerstörenden Eigenschaft der anderen Metalle und der Gefahr der Entstehung elektrischer Ströme mit Aluminium ist eine Legierung von Aluminium mit 13% Silicium gewählt worden.

Die auf diese Weise veränderte Vorrichtung gestattet den Zugang der Luft zu allen Tellern, und durch die Drehung des Einblaserohres werden alle Teile eines jeden Tellers gleichmäßig belüftet, und in allen Stufen der Vorrichtung wird eine konstante Temperatur aufrechterhalten.

Das Ergebnis ist eine wesentliche Beschleunigung der Entwicklung, durch welche ein zweifach erhöhter Wirkungsgrad infolge der Verkürzung der Gärungsdauer um die Hälfte und der Verminderung der eingeblasenen Luft um das Sechsfache erzielt wird.

α) *Vorrichtung zur Züchtung von antibiotische Substanzen bildenden Schimmelpilzen.*

Die Züchtung von Schimmelpilzen zwecks Herstellung von Penicillin und ähnlichen bakteriell wirksamen Stoffen wird im technischen Maßstab meist in flachen Schalen oder schalenförmigen Gefäßen vorgenommen. Demgegenüber hat die *Interpharma A.G für chemische Produktion*, Prag, das Mycelium auf der Flüssigkeitsoberfläche eines innerhalb der Nährlösung gebildeten Luftraumes zum Wachstum gebracht. Die Bildung dieses Luftraumes kann dadurch erzielt werden, daß man in die Nährflüssigkeit tauchglockenartige Gefäße, z. B. in Form von umgekehrten Schalen, senkt, so daß Luftpolster eingeschlossen bleiben.

Die Vorrichtung ist aus Abb. 102 ersichtlich.

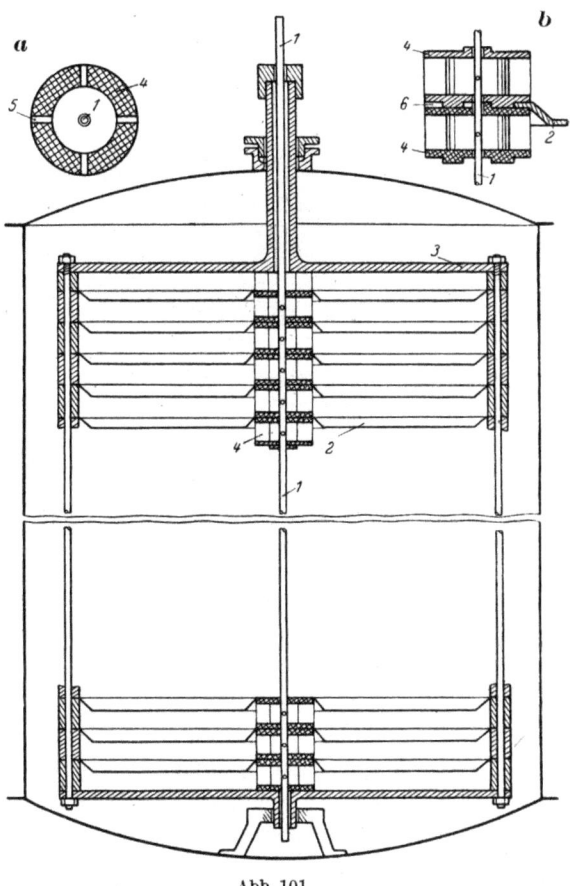

Abb. 101.

Nach Einsetzen der Luftkammern 3 und Schließen des Behälters 1 erfolgt Sterilisation durch Dampf unter Druck, wobei als Zuleitung die Verteilerleitung 9 und die hakenförmigen Stützen 2 dienen. Dann wird der Behälter durch eine am Boden befindliche Zuleitung 10 mit der geeigneten sterilen Nährlösung gefüllt. Zur Beimpfung kann nun entweder schon der Nährlösung das Impfmaterial während der Einfüllung zugesetzt werden, oder aber es wird nachträglich durch die Leitung 9 und die Zuleitungen 2 für jede Luftkammer 3 separat beimpft. Die optimale Wachstumstemperatur wird durch geeignete Kühl- bzw. Heizeinrichtungen 11 in Verbindung mit einem Thermoregulator 12 erzielt.

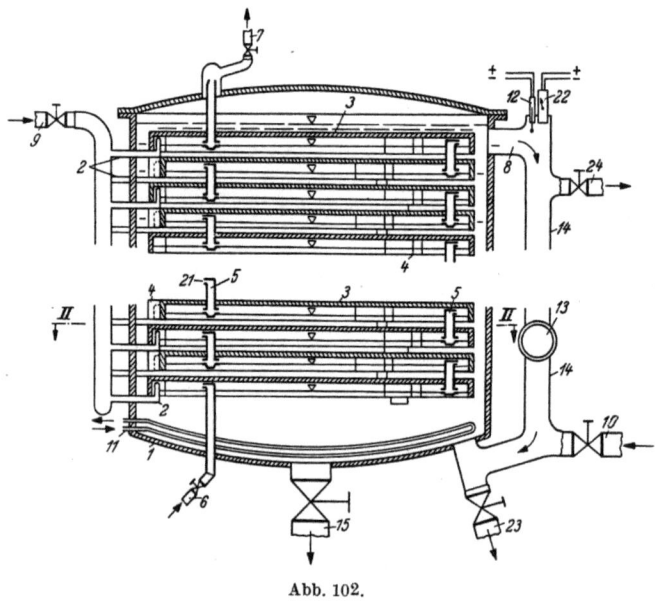

Abb. 102.

Die Lüftung 5, 6 und 7 wird eingeschaltet, wenn die Ausbildung des Myceliums einen gewünschten Grad erreicht hat. Zu diesem Zeitpunkt wird auch der Umlauf der Nährlösung in Betrieb gesetzt, und zwar mit einer Umwälzpumpe 13, welche außerhalb des Behälters in der Leitung 14 angebracht ist. Ferner kann eine aus Elektroden bestehende Einrichtung 22 zur zeitweisen bzw. kontinuierlichen Messung des p_H-Wertes in der Umlaufleitung 14 angeordnet sein. Zur Ernte wird die Nährlösung aus dem Behälter 1 durch die Leitung 23 abgelassen. Dabei wird das Mycelium durch die in den einzelnen Luftkammern befindlichen Siebe oder Netze zurückerhalten. Die Einfüllung eines weiteren Ansatzes der Nährlösung kann dann wie oben beschrieben vorgenommen werden. Nach Verarbeitung der letzten Füllung erfolgt die Entfernung des Myceliums durch die Leitung 15, indem in die Zuleitungsrohre 2 durch die Leitung 9 gespannter Dampf geleitet wird. Die Austrittsmündungen der Zuleitungsrohre 2 sind so gestaltet, daß das Mycelium durch den Dampf in eine Rotationsbewegung gelangt und zerkleinert durch die Maschen des Siebes hindurchfällt. Durch Auswaschen mit durch die Leitung 9 zugeführtem Wasser wird der Behälter 1 von den Myceliumresten befreit und ist somit zu neuem Ansatz verwendbar, ohne geöffnet werden zu müssen.

Die beschriebene Einrichtung erlaubt außerdem eine andere Art der Entfernung des Myceliums, indem dieses einer hydrolytischen Spaltung, z. B. mit stark verdünnter Salzsäure, zweckmäßig bei erhöhter Temperatur unterworfen wird. Die Entfernung erfolgt dann durch Ausspülen mit Wasser. Auch hierbei kann die Apparatur geschlossen bleiben.

Die Vorteile der Apparatur bestehen also darin, daß diese während des ganzen Betriebes geschlossen bleibt, also leicht steril gehalten werden kann, daß eine rasche Füllung und Entnahme der Nährlösung möglich ist, weil diese zentral erfolgt, und daß die Nährflüssigkeit leicht umgewälzt werden kann.

β) Submerse Pilzgärungen.

Die *F. Hoffmann-La Roche & Co. A.G.*, Basel, hat ein Verfahren zur Durchführung von Pilzgärungen entwickelt. Bisher wurde der Pilz entweder in einer ruhenden Kultur als Decke — Oberflächenmycel — zur Entwicklung gebracht, oder die Pilzfäden wurden in einer bewegten Kultur in fein verteilter Form und untergetaucht — als submerses Mycel — kultiviert. Man hat nun die Vorteile der Oberflächengärung mit den Vorteilen der submersen Gärungsform verbunden, indem man die Gärung mittels eines an einem in die Lösung des zu vergärenden Stoffes versenkten Träger haftenden Pilzmycels durchführt.

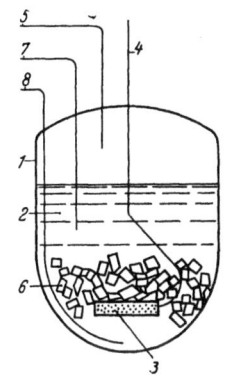

Abb. 103.

Als Träger kommen Körper in Frage, wie z. B. rauhe Schamotte oder Kalksteine. Es wird z. B. nach der in Abb. 103 gezeigten Versuchsanordnung gearbeitet.

Ein sterilisierter, Kalksteine 6 enthaltender Emailkessel 1 wird mit 100 l einer sterilisierten Nährlösung (10% Glucose + übliche Mineralsalze) versetzt und mit 200 ccm einer dichten Aufschwemmung von Sporen des Schimmelpilzes Rhizopus japonicus in physiologischer Kochsalzlösung beimpft. Die erhaltene Gärlösung 2 wird auf einer Temperatur von 30° C gehalten und durch eine Keramikkerze 3 mit 10 l/min keimfreier, durch die Leitung 4 eintretender und bei 5 austretender Luft belüftet. Nach 36 bis 48 Stunden sind alle Kalksteine 6 mit einem dichten submersen Mycel überwachsen, und nach weiteren 48 Stunden ist in der Gärlösung keine Glucose mehr nachweisbar. Zur Entnahme von Proben ist ein Rohr 7 angebracht, und durch die Leitung 8 kann der Kessel völlig entleert werden. Die vollständig klare Gärlösung wird unter aseptischen Bedingungen abfließen gelassen und auf $1/4$ des Volumens eingedampft. Dabei kristallisiert Calciumfumarat aus, das zu 4,2 kg freier Fumarsäure verarbeitet wird. Die Ausbeute beträgt somit 60% der Theorie.

Die Operation kann unter Verwendung der gleichen Pilzsubstanz und neuer, steriler Nährlösung beliebig oft wiederholt werden.

5. Vorrichtung zur Schaumzüchtung.

H. Stöb, Dachau, hat eine Vorrichtung entwickelt, in welcher die Nährlösung zu Schaum verblasen werden kann, der wieder zu Flüssigkeit kondensiert werden und erneut in Schaum verwandelt werden kann. In Abb. 104 ist die Vorrichtung schematisch dargestellt.

In dem Schaumbehälter A befindet sich die Nährlösung B. Sie wird mittels eines aus dem Rohr C fein verteilt ausströmenden Gasstromes zu Schaum verblasen. Der entwickelte Schaum steigt im Behälter A empor und tritt bei D aus. An diesen Stellen wird der Schaum nun dadurch kondensiert, daß er aus den Düsen F einer hohlen Deckelplatte G, in die mittels einer Pumpe K aus dem Behälter A Nährlösung eingeführt wird, mit Nährlösung in scharfem Strahl bedüst wird. Die hierbei insgesamt abfließende Lösung fließt in den Sammelbehälter E und wird aus diesem durch eine Abflußleitung J wieder in den Schaumbehälter A zurückgeleitet. Dieser Vorgang kann beliebig oft wiederholt

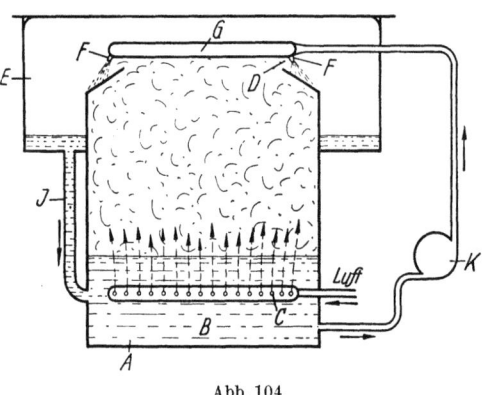

Abb. 104.

werden. Man kann entweder den kondensierten Schaum als Lösung oder den Schaum selbst durch Filtration, Zentrifugieren od. dgl. von den Mikroorganismen trennen.

Die Vorrichtung eignet sich insbesondere zur Züchtung von solchen Mikroorganismen, die einen großen Gehalt an Fettstoffen aufweisen, so z. B. von hautbildenden Pilzen, wie Hefearten, Schimmelpilzen, wie Endomyces vernalis, Oidumarten, Aspergillusarten, Saccharomycesarten u. dgl.

6. Die Kreislaufzüchtung nach Stich.

Im Abschnitt über die Lüftung ist näher ausgeführt, welche Bedingungen für die Belüftung gärender Flüssigkeiten einzuhalten und welche apparativen Möglichkeiten geschaffen worden sind. Bei der Durchführung mikrobiologischer Prozesse liegen meist besondere Verhältnisse vor. Daher sind auch besondere Vorrichtungen notwendig, um das Wachstum der Kulturen durch Belüftung zu fördern.

E. Stich, Mannheim, hat nun eine Kreislaufzüchtung in Abb. 105 dargestelltem Gefäß vorgeschlagen, die für mikrobiologische Zwecke anwendbar ist.

In dieser Apparatur legen die zugeführten Luftbläschen einen möglichst weiten Weg mit der zu vergärenden Flüssigkeit und der darin befindlichen Kultur zurück. Das Gärgut wird mit einer Turbine im oberen Teil des Gärbottichs angesaugt, unter Zufuhr von Luft durch ein weites Rohr im Bottich nach abwärts gedrückt und am unteren Ende des Rohres durch eine zweite

Turbine angesaugt und dann außerhalb des Rohres wieder nach oben geführt. Zur weiteren Vergrößerung des Weges der Luftbläschen kann man der Flüssigkeit eine kreisende Bewegung erteilen. Der Flüssigkeitsbehälter kann durch eingebaute Scheidewände oder durch ein unten und oben offenes Rohr in Kammern eingeteilt werden. In der Zeichnung ist folgendes vorgesehen:

In dem Bottich a befindet sich das zentrale Rohr b, das vom Flüssigkeitsspiegel bis nahe zum Boden reicht. Am oberen wie auch am unteren Ende des Rohres b befinden sich Schraubenflächen (Turbinen) c und d zum Fortbewegen der Flüssigkeit. Diese können durch eine gemeinsame Welle g angetrieben werden. In der Nähe der Turbine c sind Öffnungen e in dem zentralen Rohr, durch welche mittels der Leitung f Luft zugeführt wird. Sowohl auf der Innenfläche des Bottichmantels wie auch auf Außen- und Innenfläche des zentralen Rohres können schraubenförmige Leitflächen h sein, welche der strömenden Flüssigkeit eine rotierende spiralige Bewegung erteilen. Ein Kühlmantel i gestattet eine wirksame Kühlung des Gärgutes.

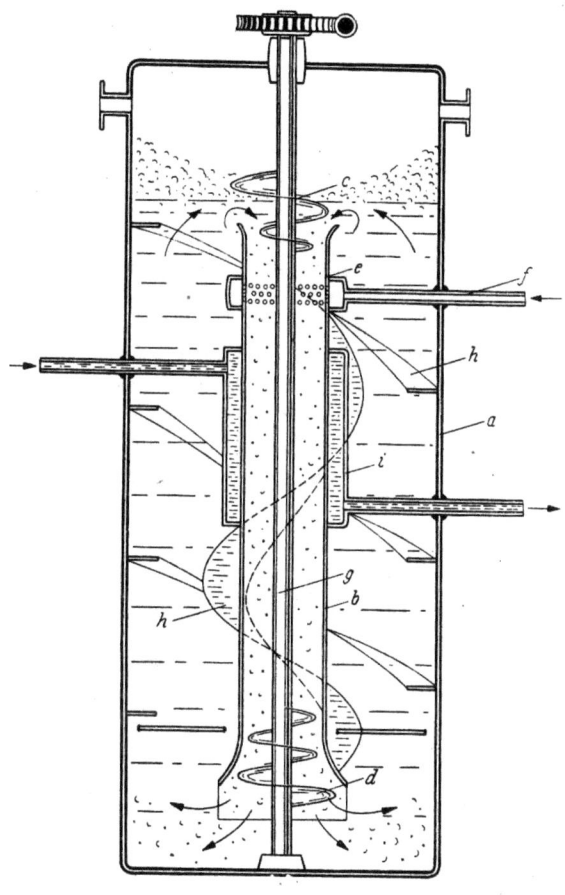

Abb. 105.

Die Wirkungsweise der Vorrichtung ist etwa folgende:

Durch die Turbine c wird die Maische, welche den Gärbottich anfüllt, in das Rohr b eingesaugt und durch eine zweite Turbine d aus dem Rohr abgesaugt und in den Bottich a wieder nach oben gedrückt. Die Turbine d erzeugt dabei im Innern des Rohres b einen Unterdruck, so daß die Luft, die in das Rohr durch die Öffnung e eingeführt wird, drucklos in die Flüssigkeit eintritt oder sogar durch die Flüssigkeitsströmung angesaugt wird. Im Rohr b entsteht dann ein Maische-Luft-Gemisch, welches durch die Turbine d in den Gärbottich eingeführt wird. Dabei kann der Weg der einzelnen Bläschen durch spirale Führung beliebig vergrößert werden.

Die Strömungsgeschwindigkeit im Rohr b ist größer als die Aufsteigegeschwindigkeit der Luftbläschen; der Rohrdurchmesser richtet sich nach der Umpumpzahl des Gärbottichinhaltes. Sollen die Hefezellen z. B. 120 mal in der Stunde die Luftzuführungsstelle e passieren, so wird der Gärbottichinhalt in der Minute zweimal durch das Rohr b geschickt. Ist dann die Bläschengröße z. B. 1 mm und damit die Aufsteigegeschwindigkeit 12 cm je Sekunde, so muß die Strömungsgeschwindigkeit nicht nur größer sein als 12 cm je Sekunde, sondern je nach der Höhe des Gärbottichs so gewählt werden, daß die energetische Leistung der Strömung die Kompressionsarbeit deckt.

7. Belüftungs-Schleuderrad.

A. J. LIEBMANN, G. DE BECZE und die *Farbenfabriken Bayer A.G.* haben zur Belüftung von Flüssigkeiten zur Erzeugung biochemischer Umwandlungen ein Schleuderrad entwickelt, welches zwischen zwei aufrecht stehenden, koaxial angebrachten und beiderseits offenen Rohren zur Zuführung von Flüssigkeit und Gas angeordnet ist. Dabei endet das Flüssigkeitsrohr in der Nähe des Behälterbodens und das Gasrohr oberhalb des Flüssigkeitsspiegels. Der dem Behälterboden zugekehrte Teil der Welle des Schleuderrades trägt eine Förderschraube, die im Flüssigkeitszuführungsrohr liegt und so ausgebildet ist, daß die Flüssigkeit zum Schleuderrad aufwärts gefördert wird, während die dem Gasrohr zugekehrte Deckwand des Schleuderrades mit durchgehenden Längsbohrungen ausgestattet ist, durch die das Gas in das Schleuderrad eintreten kann. Vgl. D.P. 920844 der Klasse 6a Gruppe 15/03.

B. Die Herstellung von Antibiotica und Therapeutica.

a) Penicillin.

An sich ist das Wissen um die Heilwirkung bestimmter Mikroorganismen schon sehr alt. Dagegen ist die Erkenntnis, daß die Menschheit durch Mikroorganismen nicht nur geschädigt wird, sondern daß sie aus gewissen Gruppen des Pflanzenreiches, eben der Mikroorganismen, auch Nutzen ziehen kann, erst neuerdings stärker hervorgetreten. Es wurde der Begriff „Antibiose" geprägt. Nach S. A. WAKSMAN ist ein Antibioticum eine chemische Substanz mikrobiologischen Ursprungs, die befähigt ist, das Wachstum anderer Mikroorganismen zu hemmen oder diese abzutöten. So sind die von Mikroorganismen erzeugten Antibiotica eine wirksame Waffe gegen krankheitserregende Mikroorganismen geworden, nachdem ihre Isolierung und technische Gewinnung möglich geworden ist. H. OEPPINGER und A. OPPERMANN haben in Tab. 19 alle jene Antibiotica zusammengefaßt, die 1951 in USA großtechnisch gewonnen worden sind.

Die Isolierung des Penicillins machte den Anfang, nachdem schon im Jahre 1928 der Pilzstamm Penicillium notatum gefunden worden war und seine hervorragende therapeutische Eigenschaft bekannt wurde. Ihm folgten zunächst als Ergebnis reiner Zweckforschung das Streptomycin, Chloromycin, Aureomycin und Terramycin. Es war aber noch ein weiter Weg, bis

Tabelle 19.

Antibioticum	Mikroorganismus	Zahl der Produktionsbetriebe in den USA
Penicillin.....	Penicillium notatum Penicillium chrysogenum	15
Streptomycin....	Streptomyces griseus	8
Bacitracin....	Bacillus subtilis	7
Gramicidin...	Bacillus brevis	2
Neomycin....	Actinomyces fradii	2
Terramycin....	Streptomyces rimosus	2
Aureomycin...	Streptomyces aureofaciens	1
Polymyxin....	Bacillus polymyxa	1
Tyrothricin...	Bacillus brevis	1
Viomycin....	Streptomyces puniceus var. Floridae	1
Chloromycetin..	Streptomyces venezuelae	1

es gelang, diese Substanzen auf mikrobiologischem Wege technisch zu gewinnen. Die Voraussetzungen dazu werden nun von H. OEPPINGER und H. SCHAEFER wie folgt formuliert:

a) Das Vorhandensein eines leistungsfähigen, hochentwickelten Pilzstammes, der das Antibioticum als Stoffwechselprodukt erzeugt. Hierbei ist für die Aufarbeitung wichtig zu wissen, ob das Antibioticum in der Zelle gespeichert wird oder aber als wasserlösliches Salz im Nährsubstrat vorliegt.

b) Die Kenntnis der chemischen und physikalischen Eigenschaften (z. B. Penicillin: organische Säure; Chloromycetin: beinahe neutral; Streptomycin, Aureomycin: basischer Charakter; ferner Stabilität gegenüber Wasser, Säuren, Alkalien und organischen Lösungsmitteln, Oxydationsmitteln, Reduktionsmitteln, Fermenten usw.).

c) Züchtungsverfahren (Fermentation), wobei besonders wichtig die Zusammensetzung der Nährlösung, der Luftbedarf und die optimale Bruttemperatur sind.

d) Außerdem ein Testverfahren, das es erlaubt, den Gehalt an reinem Antibioticum in den anfallenden Lösungen und Zubereitungen zu ermitteln.

Zunächst muß also ein Organismus gefunden werden bzw. ein Verfahren zur Ausarbeitung kommen, mit welchem das Vorhandensein eines solchen Stoffes nachgewiesen wird. Ein derartiger „Test" kann z. B. chemisch durch Farbreaktionen des gebildeten Stoffes mit anderen erfolgen. Vielfach werden aber zum Nachweis Mikroorganismen herangezogen, um festzustellen, ob eine Hemmung des Wachstums möglich ist. Diese Bestimmungsmethoden sind empfindlicher als die chemischen Nachweise. Bevorzugt werden z. B. Staphyloccus aureus, ein Eitererreger, und Bacterium coli, das im Darm von Menschen und Tieren vorkommt. Solche Organismen werden auf ein Nährsubstrat gebracht, auf dem sie normalerweise üppig gedeihen. Werden einzelne Stellen des Nährbodens mit dem Antibioticum versetzt, so tritt Wachstumshemmung ein und es kann eine quantitative Auswertung dieses Testes erfolgen.

Für die Züchtung sind die Verfahren weiterentwickelt worden, welche schon früher zur Durchführung mikrobiologischer Prozesse gedient haben (vgl. Abschn. „Durchführung mikrobiologischer Prozesse"). Es müssen also dieselben Vorsichtsmaßnahmen getroffen werden, um Verunreinigungen durch Fremdkeime auszuschließen.

Als *Beispiel* wird nachfolgend das zur Zeit bei den Farbwerken Höchst angewendete *Verfahren zur Gewinnung von Penicillin* hervorgehoben, welches von H. OEPPINGER und H. OPPERMANN wie folgt veröffentlicht wurde:

Im Pilzzuchtlaboratorium wird der für die Penicillinherstellung bevorzugt verwendete Schimmelpilz Penicillium chrysogenum durch Fortzüchtung auf geeigneten Nährböden stets auf maximaler Leistungsfähigkeit erhalten. An der Züchtung von Stämmen, deren Ausbeuten noch höher liegen als die jetzt bekannten, wird immer weiter gearbeitet. Man gewinnt derartige Mutanten vielfach durch Bestrahlung der Pilzsporen mit UV-Licht oder Röntgenstrahlen. Unter Tausenden isolierter Mutanten zeigt dann einmal eine einzige ein erhöhtes Penicillinbildungsvermögen. Während die anderen verworfen werden, gelangt diese zur Weiterzucht und wird, sobald die Konstanz ihrer erhöhten Leistungsfähigkeit erwiesen ist, als Produktionsstamm verwandt. Außer der Aufgabe, den Pilz fortzuzüchten und Mutanten zu isolieren, muß das für den Fermentationsprozeß nötige Impfmaterial laufend hergestellt werden. Dazu werden Sporen, die in steriler Erde im Kühlschrank aufbewahrt werden, auf sterile Agarnährböden gebracht. Nach kurzer Zeit entwickelt sich hier bei 24° C Bruttemperatur ein Pilzrasen, der viele Millionen neuer Sporen bildet. Diese werden nun unter sterilen Bedingungen abgeschwemmt, in eine Nährlösung in Erlenmeyerkolben übertragen und durch Schütteln bei 24° C weiter vermehrt. Die so erhaltenen Sporensuspensionen dienen als Impfmaterial für die größeren Fermenter.

Auch in der Großfermentation müssen, da ja mit Reinkulturen gearbeitet wird, alle Vorrichtungen so gestaltet werden, daß Infektionen durch Fremdkeime ausgeschlossen sind. Der Fermentationsprozeß wird in mehrere Stufen unterteilt; beim Penicillin sind es drei. Zwei davon dienen der Anzucht von einer genügenden Menge Impfmaterial; in der dritten findet die eigentliche Produktion statt.

Die erste Stufe bedient sich eines sogenannten Vorfermenters von etwa 400 l Fassungsvermögen, der mit steriler Nährlösung gefüllt ist. Er wird mit der von der Schüttelkultur gewonnenen Sporensuspension beimpft. Man verwendet dazu ein besonders konstruiertes Gerät, das eine sterile Überführung der Sporensuspension aus dem Erlenmeyerkolben in den Vorfermenter gewährleistet. Die Sporen keimen aus und bilden Pilzfäden. Nach 24—48 Stunden Züchtungszeit bei 24° C haben sich davon so viele gebildet, daß die Kultur in einen Zwischenfermenter mit etwa 4000 l steriler Nährlösung überimpft werden kann. Nach weiteren 48 Stunden ist diese Kultur in den Produktionsfermenter überzuimpfen, der ein Fassungsvermögen von 20000—80000 l hat und gleichfalls mit steriler Nährlösung gefüllt ist. Diese enthält im wesentlichen Maisquellwasser als Stickstoff- und Milchzucker als Kohlenstoffquelle. Das Überführen der Impfkulturen der Vor- und Zwischenfermenter in den Produktionsfermenter geschieht durch sterile Rohrsysteme. Die Fermentation dauert im Produktionsfermenter einige Tage. Aus etwa $1/100000$ g Sporen entwickeln sich etwa 2 Tonnen Pilzmasse.

Die Nährlösung wird in einem eigenen Ansatzgefäß zusammengestellt und sterilisiert. Von hier aus wird sie über sterile Rohrleitungen in den

Produktionsfermenter gebracht. Die Nährlösung kann aber auch direkt in den einzelnen Fermentern angesetzt und sterilisiert werden, wenn diese dazu eingerichtet sind. Die Fermenter sind meist aus Edelstahl und mit einem Heiz- bzw. Kühlmantel und Rührwerk versehen. Die für das Wachstum des Pilzes nötige Luft wird sterilisiert und von unten in die Fermenter eingeleitet. In jedem Fermenter ist eine Vorrichtung eingebaut, die es gestattet, kleine Proben steril zu entnehmen. Sterilität, Pilzwachstum, Verbrauch von Nährstoffen, p_H-Entwicklung und Penicillinbildung werden in Abständen von einigen Stunden während des ganzen Fermentationsprozesses laufend in Kontrollaboratorien untersucht. Die Sauerstoffmessung geschieht nach F. TÖDT (s. Abschn. ,,Die Hefeatmung", S. 62 ff.).

Bei der Belüftung kommt es darauf an, eine große Luftmenge möglichst homogen in der Nährlösung zu verteilen. Die für einen Fermenter mit 30000 l Inhalt benötigte Luftmenge beträgt 600000—800000 l je Stunde. Dabei wird der Luftdurchgang so geregelt, daß in den Fermentern ein Überdruck von 0,2—0,5 Atm. herrscht. Die Keimfreimachung dieser großen Luftmenge erfolgt entweder durch Filtration durch mit Baumwolle, Glaswolle oder Aktivkohle gefüllte Kessel, die durch Hitze sterilisierbar sind oder durch eine Luftwäsche mit flüssigen Desinfektionsmitteln, wie Natronlauge. Sämtliche Teile des Röhrensystems müssen so gebaut sein, daß sie durch Hitze zu sterilisieren sind.

Die Bruttemperatur beträgt für Penicillium chrysogenum 23—25° C, sie muß streng eingehalten werden und wird automatisch gemessen, registriert und geregelt. Meistens tritt im Laufe der Fermentation starke Schaumbildung auf, die durch sterilisierte, unter sterilen Bedingungen zugesetzte Antischaummittel (hauptsächlich tierische und pflanzliche Öle, höhere Alkohole in Mineralöl, Silikone usw.) bekämpft wird. Dabei muß vorher geprüft werden, ob das Antischaummittel das Wachstum des Pilzes nicht schädigt.

Eigenartigerweise zeigt es sich bei fast allen Wirkstoffe bildenden Mikroorganismen, daß sie jeweils deren mehrere nebeneinander bilden können, wobei diese in ihrer chemischen Struktur sowohl ähnlich als auch grundverschieden gebaut sein können. So wurden z. B. aus Pseudomonas pyocyanea sieben verschiedene Substanzen isoliert. Streptomycin A und B unterscheiden sich nur in der Zuckerkomponente des Moleküls, Acitidion aber ist grundsätzlich anderer chemischer Struktur. Penicillium chrysogenum liefert 4 Penicilline nebeneinander, die zwar das gleiche Kerngerüst besitzen, sich aber in der Seitenkette unterscheiden. Dieses Auftreten verschiedener Wirkstoffe nebeneinander ist bei der technischen Herstellung meist hinderlich und erschwert die Produktion der gewünschten Stoffe. Beim Penicillin z. B. ist es zweckmäßig, ein bestimmtes, nämlich das Benzylpenicillin (Penicillin G) in der Hauptsache zu erhalten, denn dieses ist das therapeutisch wirksamste. Es zeigte sich nun interessanterweise, daß man durch Zugabe von Phenylessigsäure oder deren Derivaten zur Nährlösung das Gleichgewicht unter den vier gebildeten Penicillinen erheblich zugunsten des Penicillins G verschieben kann; die Phenylessigsäure wird sozusagen als Baustein vom Pilz angenommen, und er synthetisiert daraus das Penicillin G bevorzugt. Die Phenylacetylgruppe wird vom Pilz unverändert in das Penicillinmolekül eingebaut, wie durch Versuche mit markierten Elementen bewiesen wurde.

Auf diesem Wege gelang es sogar, auch neuartige, in der Natur nicht vorkommende Penicilline biosynthetisch herzustellen, jedoch hat noch keines derselben das Penicillin G in seiner Wirkungsbreite übertroffen.

Über den Weg, auf dem die Antibiotica, die größtenteils in der Zelle entstehen und in die Nährlösung ausgeschieden werden, gebildet werden, ist noch nichts bekannt.

Das Züchtungsverfahren von Streptomyces griseus für die Erzeugung von Streptomycin unterscheidet sich von dem vorstehend geschilderten nur durch eine andere Zusammensetzung der Nährlösung, die hier aus Glucose als Kohlenstoffquelle und Weizenkleie oder Sojamehl als Stickstoffquelle besteht. Sowohl die Züchtungstemperatur als auch die Dauer des Prozesses sind verschieden.

Um die Schwankungen in der Nährlösung zu beseitigen, hat man versucht, die Nährstoffe durch rein synthetische Stickstoffquellen zu ersetzen, doch sind noch keine praktischen Erfolge erzielt worden.

Andere Penicillinverfahren sind die folgenden:

Während bisher das Penicillin durch Züchtung z. B. des Pilzes Penicillium notatum Westling auf der Oberfläche von geeigneten Nährböden gezüchtet wurde, hat A. J. MOYER, Peoria (Illinois USA), die Züchtung in submerser Kultur in Berührung mit einem wässerigen Nährmedium durchgeführt. Er hat weiter gefunden, daß es zur Erhöhung der Ausbeute zweckmäßig ist, die wachsenden Pilze und das Nährmedium in Bewegung zu halten und zu belüften. Er hat eine horizontal rotierende Trommelzüchtungsvorrichtung benutzt und in folgender Weise gearbeitet:

3 l Nährlösung enthielten:

100 ccm Maisquellflüssigkeit,
0,375 g $MgSO_4 \cdot 7H_2O$,
0,750 g KH_2PO_4,
6,00 g $NaCO_3$,
0,066 g $ZnSO_4 \cdot 7H_2O$,
66,0 g Lactose.

Das Medium wird mit 200 ccm einer Sporensuspension von Penicillium notatum Westling geimpft und auf 24° C gehalten. Man läßt die Trommel 10 Umdrehungen in der Minute machen, während die Luftzufuhr 200 ccm je Minute beträgt, was annähernd 70 ccm je Minute und je Liter des Mediums entspricht. Durch mikrobiologische Bestimmungen konnten die folgenden Penicillingehalte ermittelt werden. Dabei gibt eine Oxford-Einheit diejenige in 50 ccm Bouillon gelöste Penicillinmenge an, die einen Teststamm von Staphylococcus aureus eben noch am Wachstum hindert.

Inkubationszeit (Tage)	Penicillingehalt (Oxford-Einheiten je Kubikzentimeter Medium)
2	17
3	35
4	47
5	50

Die Firma *Merck & Co.*, Inc., Rahway (N. J., USA), hat in ähnlicher Weise unter der Oberfläche des Mediums und mit Durchlüftung gearbeitet, aber mit anderen Zusätzen und unter genauer Regulierung der Belüftung. Sie hat dann die Gärung während einer Entwicklungsperiode von 2—3 Tagen

Die Herstellung von Antibiotica und Therapeutica.

bis zum Maximalgehalt an Penicillin durchgeführt und etwa 20% der Brühe durch eine kleine Menge frischen Kulturmediums ersetzt, z. B. in Zwischenräumen von etwa 5—6 Stunden. Bei diesem halbkontinuierlichen Verfahren können 10—15 und mehr Auswechselungen stattfinden, bevor der Penicillingehalt der zurückbleibenden Brühe in einem solchen Maße anfällt, daß eine weitere Fortsetzung der Gärung unpraktisch erscheint. Wenn dieser Punkt erreicht ist, wird die gesamte restliche Brühe zur Gewinnung von Penicillin aus dem Kulturgefäß entfernt.

Das Medium, bestehend aus:

Brauner Zucker . . . . 20 g/l
Natriumnitrat . . . . 6 g/l
Einbasiges Kaliumphosphat . . . . 1,5 g/l
Magnesiumsulfat . . . . 0,5 g/l
Zinksulfat . . . . 10 mg/l
Maiseinweichwasser . . . . 30 ccm/l
Leitungswasser bis zum Volumen von 1 l

wird durch Erhitzen von 120° C 15 Minuten lang sterilisiert. Es wird dann mit Sporen mit Penicillium notatum geimpft und bei etwa 25° C unter beständigem Rühren und Durchlüftung inkubiert. Der Luftdurchfluß wird auf 0,14 cbm je Minute während der ersten 30 Stunden gehalten, während der nächsten 18 Stunden auf 0,28 cbm erhöht und dann bei 0,42 cbm je Minute aufrechterhalten.

Nach einer Inkubationsdauer von 60 Stunden werden etwa 20% der Brühe durch eine gleiche Menge neuer steriler Brühe ersetzt und die Gärung wie zuvor fortgesetzt. Nach 12 Entnahmen wird die Gärung eingestellt.

Die *Commercial Solvents Corporation*, Terre Haute (Indiana, USA), hat ein Nährmedium benutzt, welches in wäßriger Lösung mindestens eine Aminosäure bzw. eine solche liefernde Substanz enthält. Sie hat außerdem ein wäßriges Nährmedium benutzt, das mindestens eine als Quelle assimilierbaren Kohlenstoffs wirkende, nicht stickstoffhaltige Substanz enthält und im Verlauf der Züchtung weitere Mengen einer derartigen Substanz hinzugefügt. Üblich sind Mais- und Weizenquellflüssigkeit, säure- oder enzymhydrolysiertes Casein, Molke oder Molkenkonzentrat, hydrolysiertes Sojabohnenmehl, Treberabfälle, säurehydrolysiertes Mais- oder Weizenglutin sowie synthetische Gemische mehrerer Aminosäuren.

Um Penicillin G zu erzielen, hat *The Upjohn Company*, Kalamazoo (Michigan, USA), kleine Mengen eines Esters einer langkettigen aliphatischen Säure zum Nährmedium zugesetzt. Hierdurch wurde eine wesentliche Steigerung des Penicillingehaltes erreicht. Während es bei den bekannten Verfahren möglich war, 700 Einheiten Penicillin je Kubikmeter Kulturflüssigkeit zu erzielen, von denen 70% aus Penicillin G bestehen, sind nunmehr 1200 Einheiten Penicillin je Kubikmeter mit mindestens 70% Penicillin G gewonnen worden. Die Ester werden vor allem aus natürlichen Ölen, z. B. Specköl und Maisöl, gewonnen und zweckmäßig in einer Menge von einem Zehntel Volumprozent, bezogen auf das Gärmedium, zugesetzt.

Um die Penicillinkultur in der Nährflüssigkeit in Bewegung zu halten, hat W. Schwarze, Kiel-Kronshagen, die in Abb. 106 beschriebene Vorrichtung entwickelt.

In dem Behälter *1* befindet sich die Nährlösung *2*, die über ein Regelventil *3*, über einen Sterilisator *4* und Kühler *5* sowie eine p_H-Meßvorrichtung *6* einer Impfkammer zugeleitet wird, der aus einem Impfstoffbehälter *8* der Impfstoff *9* durch das Regelventil *10* zugeführt wird. Von der Impfkammer *7* gelangt die beimpfte Nährlösung durch ein Ventil *11* (gesteuert von der p_H-Meßvorrichtung *42*) in den Schimmelpilzzuchtturm *12*. Dieser besitzt oben einen Trog *13*, in dessen Boden poröse Rohre *14* einmünden, durch welche die Nährlösung geführt wird. In und auf diesen keramischen Rohren wächst der Schimmelpilz, während die Nährlösung langsam durchfließt. Zum Abstreifen der Pilzkulturen *52* dient ein Abschabeblech *15*. Mit *16* ist ein Gangzuleitungsrohr und mit *17* ein Abzugsrohr für die Luft bezeichnet. In einem an das untere Ende der Rohre *14* angeschlossenen Trog *18* sammelt sich die Lösung und fließt dann über die Leitung *19* und die p_H-Meßvorrichtung *20* in einen zweiten Pilzkulturturm *21*. Dort sind die Kulturen *52* auf keramischen Platten *22* angeordnet, die porös oder gerillt sind. In einem Turm können z. B. hundert oder mehr solche Platten von etwa 1 qm Oberfläche angeordnet sein. Im unteren Teil des Turmes *21* sammelt sich die Nährlösung und fließt über die Leitung *23* und die p_H-Meßvorrichtung *24* in den dritten Pilzkulturturm *25*. Dieser hat oben einen Siebboden *26* und unten einen zweiten Siebboden *27*, auf dem Füllkörper *28* sich befinden. Durch die Öffnung *29* können die Füllkörper zur Reinigung von dem Pilzübergang *52* abgezogen werden. Mit *30* ist eine Dampfableitung bezeichnet. Die Nährlösung sammelt sich im unteren Teil des Turmes *25* und schließt über die Leitung *31*, über die p_H-Meßvorrichtung *32* durch ein Ventil *33* in den Sammelbehälter *34* ab. Dieser besitzt einen Rührer *36*. Aus den Behältern *37*, *38* und *39* können die zur Ausarbeitung nötigen Chemikalien über die Leitung *40* zugefügt werden. Durch den Stutzen *41* kann die Rohlösung für die weitere Verarbeitung abgezogen werden.

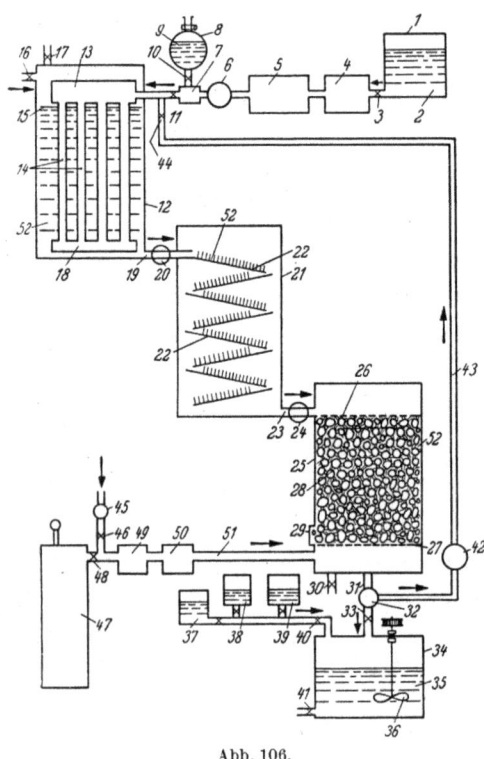

Abb. 106.

Die Nährlösung verläßt den ersten Turm *12* mit einem p_H-Wert von 4—5, den zweiten Turm *21* mit dem p_H-Wert 5—6 und den dritten Turm *25* mit dem p_H-Wert 6—7. Die p_H-Werte können durch Zustrom an Nährlösung reguliert werden. Durch die Luftpumpe *45* kann über ein Regelventil *46* Luft und gegebenenfalls ein anderes Gas wie Kohlensäure, aus dem Behälter *47* durch das Ventil *48* zugegeben werden. Mit *49* ist ein Sterilisator und mit *50* ein Kühler bezeichnet, an die sich die Leitung *51* anschließt. Mit *17* ist ein Rückschlagventil bezeichnet, durch welches überschüssige Luft entweichen kann. Um die gesamte Anlage steril zu machen, kann durch den Stutzen *16* überhitzter Dampf durch die gesamte Anlage geblasen werden, der durch das Ventil *30* bzw. *41* wieder austreten kann.

Mit einer solchen Anlage kann man die Nährflüssigkeit in höchstens 3 cm Schichthöhe auf einer großen Wegstrecke an Schimmelpilzkulturen in langsamem Strom vorbeifließen lassen. Es ist dadurch ein kontinuierlicher Betrieb möglich, denn die ständig neu zufließende Nährflüssigkeit führt die Ausscheidungsprodukte ständig mit ab.

Als Nährflüssigkeiten können nicht nur gelöste Stoffe, sondern auch Aufschlemmungen von Sägespänen, Reiskleie, Kastanienmehl, Maismehl und Gelatinelösungen in Verbindung mit Traubenzucker zur Einwirkung kommen. Auch können die Pilzkulturen in der Apparatur mit ultraviolettem Licht bestrahlt werden.

Von neueren Arbeiten auf dem Penicillingebiet ist das *Penicillin V* zu erwähnen, welches im Laboratorium *Biochemie G.m.b.H. in Kundl/Tirol* entwickelt worden ist. Es handelt sich dabei um das Phenoxymethyl-Penicillin, das sich vor dem normalen Benzyl-Penicillin dadurch auszeichnet, daß seine Säureform kristallisiert und ungewöhnlich stabil ist. Das Penicillin V ist ein gutes Beispiel dafür, daß die Konstitution des gebildeten Penicillins durch Zugabe von ,,Precursors", also von Phenoxyessigsäure beim Penicillin V, zur Nährlösung gelenkt werden kann. Hierüber haben BRANDL und MARGREITER im Januar 1954 berichtet. Es wird die Herstellung des säurestabilen Phenoxymethyl-Penicillins mit verschiedenen N-Quellen mit Precursors beschrieben. Als solche kommen vor allem Preßhefe- und Bierhefeautolysat in Frage. Als Precursor für die Fermentation dienten: Phenoxyäthanol, Phenoxyessigsäure, Phenoxyessigsäureäthylester und N-(2-Oxyäthyl)-Phenoxyacetamid. Mit β-Phenoxyäthanol wurden dabei Höchstausbeuten an Penicillin V erzielt, welche ein Mehrfaches der auf analoge Weise gewinnbaren Penicillin-G-Menge ausmachen.

Von den verwendeten Precursors bringt das β-Phenoxyäthanol die Vorteile eines selektiven Hemmittels gegen Fremdkeime mit sich.

Es werden zwei Verfahren angegeben, um die das Rohkalium-Penicillin V begleitende Phenoxyessigsäure, welche die Reindarstellung des Produktes erschwert, im Gange der Extraktion weitgehend zu entfernen.

Bei Versuchen zur Herstellung einer Additionsverbindung des Penicillin V mit Diisopropyläther wurde die Stabilität der freien Penicillinsäure erkannt, woraus sich neue Reindarstellungsmethoden ergaben, die sich von den bisher in der Penicillinchemie geübten Verfahren grundlegend unterscheiden.

Es wird die Ausfällung der freien Phenoxymethylpenicillinsäure aus einer wäßrigen Penicillinsalzlösung mit Salzsäure beschrieben und als weitere Möglichkeit zu ihrer Isolierung die Methode der Lösungsmittelverdampfung angeführt.

Außerdem sind die allgemeinen Eigenschaften des Phenoxymethylpenicillins — wie kristallographische Daten, biologische Aktivität, Stabilität, Löslichkeit, Dissoziationskonstante, optische Aktivität — beschrieben und Herstellungsmöglichkeiten und charakteristische Eigenschaften verschiedener Penicillin-V-Salze angegeben worden.

In p_H-Bereichen von 11—8 und 3—0,7 wurden Stabilitätsversuche in wäßriger Lösung bei 24° C beschrieben, aus der die weit größere Stabilität des Penicillin V gegenüber dem Penicillin G hervorgeht.

Schrifttum.

BRANDL, E., u. H. MARGREITER: Österreichische Chemikerzeitung, 55. Jg. H. 1/2, 11—21 (1954).
OEPPINGER, H., u. H. SCHAEFER: Z. Chemie-Ingenieurtechnik **1952**, 277—283.
OEPPINGER, H., u. A. OPPERMANN: Z. Umschau **1953**, 325—328.
OEPPINGER, H., in WINNACKER u. WEINGAERTNER: Chemische Technologie, Bd. 4. München: Carl Hanser 1954.

b) Erzeugung von Streptomycin.

CH. J. JACKSON, PH. D. COPPOCK, B. K. KELLY und *The Distillers Company, Limited*, Edinburgh, haben ein Verfahren entwickelt, um die Erzeugung von Streptomycin zu verbessern. Es besteht darin, daß ein Stamm von Actinomyces, wie z. B. Streptomyces griseus, in oder auf einem Nährsubstrat gezogen wird, in welchem Fischmehl enthalten ist. Hierbei handelt es sich entweder um verdautes Fischmehl, unverdautes Fischmehl oder auch um ein Extrakt von Fischmehl. Bevorzugt wird solches, welches aus weißen Fischen gewonnen wird.

Es wurde beispielsweise wie folgt gearbeitet:

Ein wäßriges Nährmedium, das 0,7% Fischmehl, 0,3% getrocknete autolysierte Hefe, 1% Glucose, 0,5% Natriumchlorid, 0,025% Magnesiumsulfat, 0,001% Ferrosulfat enthält, wurde im Autoklaven sterilisiert und das Medium sodann mit einer Sporenaufschwemmung von Actinomyces griseus beimpft. Die Vergärung wurde nach dem Untertauchverfahren unter aeroben Bedingungen bei 28° C mit lebhafter Rührung und Lüftung mit steriler Luft durchgeführt.

Nach Ablauf von 5 Tagen betrug der Streptomycin-Titer in der erhaltenen Brühe 199 Einheiten im Kubikzentimeter. Das erzeugte Streptomycin wurde nach üblichen Verfahrensmethoden getrennt und gereinigt.

Ein Nährmedium der gleichen Zusammensetzung wie das oben verwendete wurde durch Erhitzen für 3 Stunden bei 120° C in der gewöhnlichen Weise sterilisiert und das sterilisierte Medium vor der Verwendung filtriert. Das filtrierte Medium wurde beimpft und die Vergärung wie oben beschrieben ausgeführt. Nach Ablauf von 5 Tagen wurde der Streptomycin-Titer in der erzeugten Brühe mit 220 Einheiten im Kubikzentimeter festgestellt.

Wenn ein Nährmedium gleicher Zusammensetzung wie das oben verwendete, mit der Ausnahme, daß das Fischmehl durch die gleiche Menge mit Pankreatin verdauten Fischmehls ersetzt war, zur Anwendung gelangte, während die Vergärung in derselben Weise wie vorher durchgeführt wurde,

wurde nach Ablauf von 5 Tagen ein Streptomycin-Titer in der Brühe von 206 Einheiten im Kubikzentimeter gefunden.

Anders haben H. H. THORNBERRY und H. W. ANDERSON, Urbana (Illinois USA), gearbeitet. Die Mikroorganismen wurden so gezüchtet, daß aus mindestens einem Monosaccharid bzw. einem unter den Züchtungsbedingungen dabei hydrolysierbaren Polysaccharid und ferner aus Salzen, welche Lactat-, Phosphat-, Ammonium-, Magnesium-, Kalium- und Zink-Ionen liefern, eine wäßrige Lösung hergestellt wird, daß nach der Beimpfung während der Züchtung der p_H-Wert des Mediums zwischen 6,5 und 7,5 und die Temperatur zwischen 22 und 32° C gehalten wird.

Eine Nährlösung wurde hergestellt durch Auflösen von 10 g (0,056 Mol) Glucose, 2,38 g (0,0175 Mol) Monoakliumphosphat, 5,65 g (0,0258 Mol) kristallisiertem Dikaliumphosphat, 4 g (0,05 Mol) Ammoniumnitrat, 3,3 g (0,025 Mol) Ammoniumsulfat, 2,5 g (0,01 Mol) kristallisiertem Magnesiumsulfat, 11,2 g (0,1 Mol) Natriumlactat, 0,1435 g (5×10 Mol) kristallisiertem Zinksulfat, 0,0139 g (5×10^{-5} Mol) kristallisiertem Eisensulfat, 0,0845 g (5×10^{-4} Mol) kristallisiertem Mangansulfat und 0,000159 g (1×10^{-6} Mol) wasserfreiem Kupfersulfat in 1000 ccm destilliertem Wasser. Der p_H-Wert der Lösung betrug 6,95. Diese Lösung wurde in Flaschen eingefüllt, so daß die Schichtdicke des Mediums 2 cm betrug. Hierauf wurde der Inhalt durch Erhitzen auf 120° C während 20 Minuten unter Druck sterilisiert. Jeder Kolben wurde mit Sporen und Mycel von Streptomyces griseus steril geimpft und die Kulturen während 10 Tagen bei einer Temperatur von ungefähr 26° C und 40% relativer Luftfeuchtigkeit dem Wachstum überlassen. Die Menge an Streptomycin in jedem einzelnen Kolben wurde nach der Papierscheiben-Plattenmethode bestimmt[1]. Die durchschnittliche Ausbeute betrug 165 Einheiten je Kubikzentimeter des Mediums.

c) Herstellung von Aureomycin.

Die Herstellung des Aureomycins ist ähnlich derjenigen des Streptomycins. Aus den Kulturlösungen wird nach Abtrennung des Mycels der Wirkstoff an das Adsorptionsmittel dadurch gebunden, daß man die Kulturfiltrate durch Röhrensysteme leitet, die mit den genannten Adsorptionsmitteln gefüllt sind. Die Adsorbate werden dann mit Wasser und Aceton nach dem Prinzip der Chromatographie gewaschen und dann mit angesäuertem Alkohol entwickelt. Man kann so drei Zonen ermitteln, die im UV-Licht blaugelb und braun fluorescieren. Die gelbe Zone enthält die Hauptmenge des Antibioticums, welches durch Elution gewonnen wird. Das Eluat wird im Vakuum getrocknet und der Rückstand mit n-Butylalkohol extrahiert. Dieser Extrakt wird nach Waschen mit Wasser eingeengt und dann das Antibioticum mit absolutem Äther ausgefällt. Dann wird getrocknet, in Wasser suspendiert, mit Salzsäure auf $p_H = 2,0-2,3$ angesäuert und die erhaltene Lösung einer Gefriertrocknung unterworfen.

Schrifttum.

OEPPINGER, H., u. H. SCHAEFER: Z. Chemie-Ingenieur-Technik **1952**, 281—82.

---

[1] J. Bacteriol. **50**, 701 (1945).

d) Erzeugung von Actinomycin.

Nach langjährigen Arbeiten von H. BROCKMANN ist es gelungen, die „Hodgkinsche Krankheit" mit Actinomycin zu bekämpfen, welches in besonderer Weise isoliert worden ist und nach Untersuchungen von CHR. HACKMANN eine cytostatische Wirkung hat. Die Isolierung des Actinomycins hat besondere Schwierigkeiten verursacht, weil es einmal aus Streptomycesarten gebildet wird und zum anderen aus mehreren Stämmen bestehen kann. Entsprechend den Erfahrungen mit anderen Antibiotica ließen sich drei Möglichkeiten voraussehen:

1. Ein einheitlicher Stamm erzeugt nur ein einziges Actinomycin.
2. Ein einheitlicher Stamm bildet mehrere Actinomycine nebeneinander.
3. Ein zunächst einheitlicher Stamm wird durch Mutationen zu einer Population mehrerer Varianten oder Mutanten, die verschiedene Actinomycine synthetisieren.

Tatsächlich kann man drei Stämme entwickeln, die von BROCKMANN Actinomycin A, B und C genannt worden sind.

Für die Gewinnung einheitlicher Actinomycine ist sowohl ein chemisches wie ein mikrobiologisches Verfahren angewendet worden. Das chemische besteht darin, native Actinomycingemische, wie z. B. Actinomycin C, in präparativem Maßstab durch Gegenstromverteilung zu trennen, das mikrobiologische darin, nach Stämmen zu suchen, die nur ein einziges Actinomycin erzeugen. Vergleiche die Arbeit: Chemie und Biologie der Actinomycine von H. BROCKMANN[1] sowie auch das Verfahren von E. AUHAGEN, J. SCHMID und den *Farbenfabriken Bayer*, Leverkusen, im Abschn. „Die Vitamine" unter Vitamin-B_{12}.

e) Neue Antibiotica.

In letzter Zeit sind eine ganze Reihe neuer Antibiotica entwickelt worden. Hinsichtlich der Einzelheiten wird auf die deutschen Patentschriften verwiesen. In der zeitlichen Folge der Veröffentlichung wird kurz auf die folgenden Verbindungen hingewiesen:

1. Antibioticum C und D. J. EHRLICH, M. P. KNUDSEN, Q. R. BARTZ, R. P. FROHARDT, TH. H. HASKELL und die *Parke, Davis & Co.*, Detroit, Mich. USA, haben die Antibiotica C und D dadurch gewonnen, daß man ein Nährmedium mit Streptomyces C 1730 beimpft, das beimpfte Nährmedium dann unter aeroben Bedingungen bei einer Temperatur von etwa 20—40° C 2—15 Tage züchtet und aus dem Kulturmedium die so erzeugten Antibiotica C und D abtrennt, vgl. D.P. 899247 der Klasse 30h Gruppe 6.

2. Endomycin. D. G. CHAMPAIGN, H. E. CARTER und *The Upjohn Co. Kalamazoo*, Mich., USA, haben Streptomyces endus unter aeroben Bedingungen in einem flüssigen Nährmedium gezüchtet und das sich bildende Endomycin isoliert, vgl. D.P. 908409 der Klasse 30h Gruppe 6.

3. Actinochrysin. H. BROCKMANN, A. BOHNE und die *Farbenfabriken Bayer A.G.* haben gefunden, daß bestimmte Stämme der Gruppe der

---
[1] Z. angew. Chem. 1954, S. 1—10.

Actinomyceten die Nährlösungen in natürlicher Konzentration gelb färbt und als ziegelrotes Produkt vom ungefähren Schmelzpunkt 254° C isoliert werden können; insbesondere Streptomyces chrysomallus eignet sich zur Herstellung von Actinochrysin, vorzugsweise im Submersverfahren, vgl. D.P. 912010 der Klasse 30h Gruppe 6.

4. Geomycin. H. BROCKMANN, A. BOHNE, M. BOCK und die *Farbenfabriken Bayer A.G.* haben einen antibiotischen Wirkstoff Geomycin dadurch gewonnen, daß man Streptomyces xanthophaeus n. sp. in einem Nährmedium züchtet und dann aus dem Filtrat Geomycin abtrennt. Dies geschieht auch unter submersen Bedingungen, vgl. D.P. 913687 der Klasse 30h Gruppe 6.

5. Fluvomycin. F. CARVAJAL und die *Farbenfabriken Bayer A.G.* haben mit Bakterien von der Art Bacillus subtilis FC 5036 Fluvomycin gewonnen. Dieses ist ein weißes Pulver, sintert oberhalb 200° C, ohne zu schmelzen, ist in Wasser leicht löslich, aber praktisch unlöslich in wasserfreien Alkoholen, Ketonen, Estern, Äthern und unpolaren organischen Lösern, mit einer spez. Drehung in 1%iger wäßriger Lösung und wird submers gewonnen, vgl. D.P. 915852 der Klasse 30h Gruppe 6.

6. Sistomycin. J. EHRLICH, M. P. KNUDSEN, Q. R. BARTZ und die *Parke, Davis Co.*, Detroit, Mich. USA, haben ein Nährmedium mit Streptomyces viridosporus beimpft, dann aerob bei 20—35° C etwa 1—8 Tage das Medium gezüchtet und das Sistomycin aus dem Kulturgemisch isoliert, vgl. D.P. 916574 der Klasse 30h Gruppe 6.

7. Rubromycin und Collinomycin. H. BROCKMANN, K. H. RENNEBERG und die *Farbenfabriken Bayer A.G.* haben mit Streptomyces collinus durch geeignete Extraktionsmethoden und Adsorptionsmethoden Rubromycin und Collinomycin gewonnen, vgl. D.P. 918162 der Klasse 30h Gruppe 6.

f) Gewinnung von Dextran.

In den Zuckerfabriken traten früher Störungen auf, indem die Zuckersäfte einer schleimigen Gärung verfielen. Es wurde durch sogenannten „Froschlaich" Dextran (Gärungsgummi) gebildet. Die Wachstumsbedingungen der Dextranbildner sind nun in neuerer Zeit von M. STACEY, ferner GRÖNWALL und INGELMAN, genauer untersucht worden. Es gelang, aus Dextran einen Blutplasmaersatz herzustellen. Hierüber hat W. WILLENBERG ausführlich berichtet.

Die Bildung des Dextrans erfolgt durch die zu den Streptokokken gehörenden Leuconostoc mesenteroides und L. dextranicum. Wenn auch diese Mikroorganismen in Lösung von Monohexosen wachsen können, so bilden sie nur in Saccharoselösungen nennenswerte Mengen Dextran. L. mesenteroides wächst auch auf Pentosen, L. dextranicum nicht. Ersterer wird bevorzugt verwertet. Es existieren viele verschiedene Stämme mit modifizierten Eigenschaften. Charakteristisch für Leuconostoc sind unbewegliche grampositive Diplokokken von etwa $1\,\mu\,\varnothing$, die keine Sporen bilden und z. T. auch in längeren Ketten auftreten. Sie sind vor allem im Ruhezustand von Kapseln aus Dextran umgeben. Nur die Glucosereste werden zur Dextranbildung verwertet, während die Fructose in freier Form anfällt. Ihre Gewinnung aus der Gärlösung bietet keine besonderen Schwierigkeiten. In kleinerer Menge fallen als Nebenprodukte Mannit und Milchsäure an. Ersterer ist aus der nach Abscheidung des Dextrans erhaltenen Lösung nach Eindampfen zu gewinnen. Der Milchsäurebildung ist das Absinken des p_H-Wertes während der Gärung von über 7 auf etwa 4 zuzuschreiben. Die Milchsäure läßt sich als Zinksalz ausscheiden. Gasbildung (CO_2) tritt bei guten Stämmen nur in geringem Maße auf. Der Sauerstoffbedarf bei der Dextranbildung ist äußerst gering und eine submerse Gärung unter leichtem Rühren gut durchzuführen. Die Gärung verläuft in wenigen Tagen

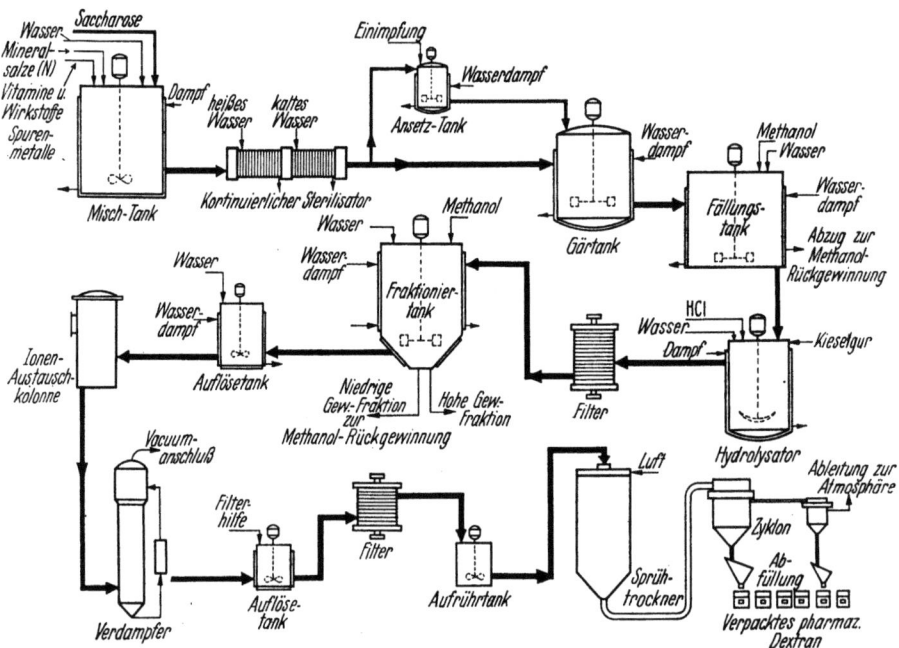

Abb. 107. Dextranherstellung.

unter zunehmender Verdickung, bis man eine gallertartige mehr oder weniger kohärente Masse erhält. Die Mikroorganismen sind gegen Temperaturschwankungen recht tolerant, doch kommen für technische Zwecke nur Gärtemperaturen von etwa 20—30° in Frage, zumal bei zu hohen Temperaturen die Dextranausbeute sinkt. Die Bildung von Dextran bei der Gärung erfolgt durch ein von den Mikroorganismen ausgeschiedenes Enzym (Dextransucrase) und ist auch in zellfreiem Medium möglich. Der Wirkungsmechanismus ist noch ungeklärt, doch ist offenbar intermediäre Phosphorylierung der Saccharose oder Glucose nicht notwendig, wie man es aus dem hohen Phosphorsäurebedarf des Leuconostoc schließen könnte. Außer dem Bedarf an Phosphaten und Kationen, wie Kalium, Ammonium und Magnesium, werden organische Substanzen, wie z. B. Pyridoxal, benötigt. Eine Quelle für derartige Spurenstoffe stellt die Melasse dar. Auch Pepton ist als Nährstoff geeignet. Das Dextran läßt sich aus der Gärlösung mit Leichtigkeit als latexartiger Fladen durch Zugabe der gleichen Mengen Alkohol oder Aceton abscheiden. Bei manchen Stämmen ist die Abscheidung allerdings weniger leicht. Die verschiedenen Stämme können hinsichtlich des Molgewichtes und Verzweigungsgrades recht unterschiedliches Dextran liefern. Nach der Fällung ist das Dextran der meisten Stämme meist kaum noch in Wasser löslich. Durch Wasserentzug mit organischen Lösungsmitteln wird es spröde und mahlfähig. Nach Depolymerisation ist es wieder in Lösung zu bringen.

Es gibt auch noch andere Dextranbildner, die aber technisch keine Bedeutung zu haben scheinen.

Nach H. ROEDERER kommt dem Dextran als Blutersatzflüssigkeit eine große Bedeutung zu. Bisher wurden Gummi arabicum, Polyvinylderivate und andere Mittel verwendet, die indessen zu Leberschäden geführt haben. Erst die von INGELMAN eingeführten Dextranpräparate weisen solche Mängel nicht mehr auf. Hierbei handelt es sich um teilweise hydrolysiertes Dextran, welches sorgfältig gereinigt worden ist. Die Viscosität, der osmotische Druck und der kolloidosmotische Druck einer 6%igen Dextranlösung zeigt etwa die gleichen Werte wie das natürliche Blut.

Die Herstellung des Dextran-Hydrolysats „*Macrodex*", das als Plasma-Ersatzmittel bei Volumenmangel-Kollaps, Verbrennungen usw. Verwendung findet, liegt in Deutschland in den Händen der Firma *Knoll A.G.*, Chemische Fabriken, Ludwigshafen a. Rh.

Die Herstellung des Dextranausgangsproduktes veranschaulicht das in Abb. 107 gezeigte Fabrikationsschema.

g) Die Trennmethoden.

Bei der Herstellung antibiotischer und therapeutischer Mittel aus Mikroorganismen hat sich gezeigt, daß der Abtrennung der Pilze aus den Nährmedien besondere Sorgfalt gewidmet werden muß, denn die Organismen sind nur unter bestimmten Bedingungen beständig. Dies gilt vor allem für Penicillin, aber auch die anderen Antibiotica und Therapeutica sind außerordentlich betriebsempfindlich. Gute Ausbeuten verlangen daher saubere Trennmethoden.

H. OEPPINGER und A. OPPERMANN haben darauf hingewiesen, daß man sich zur Isolierung der durch die Mikroorganismen gebildeten Antibiotica aus der Nährlösung verschiedener Verfahren bedienen kann. H. OEPPINGER unterscheidet folgende Methoden:

1. Extraktion mit Hilfe organischer Lösungsmittel; — 2. Adsorption an feste Körper; — 3. Fällungsmethoden.

Die Extraktion wird vorwiegend bei Penicillin, die beiden anderen Methoden bei Streptomycin angewendet.

Die für die Trennung anzuwendenden Apparaturen sind auf Grund der Erfahrungen mit den bekannten Trennschleudern entwickelt worden, bedürfen aber noch weiterer Vervollkommnung. Man verwendet Mischzentrifugen, insbesondere bei der Extraktion, ferner zur Filtration sogenannte *Oliver*-Filter und zur Gewinnung des Endproduktes werden Schälzentrifugen mit Erfolg benutzt. Ein besonderes Gerät ist der *Luwesta-Extraktor*. Es ist eine Extraktionsschleuder besonderer Konstruktion. Hierauf hat H. OLBRICH hingewiesen. Es sind mehrere Extraktionsstufen in einer rotierenden Trommel in der Weise vereinigt, daß zunächst in jeder Stufe mittels Düsen zwei zu behandelnde Flüssigkeiten in bestimmter Kontaktzeit zu inniger Mischung gebracht werden. Dann trennen die Zentrifugalkräfte schlagartig die Emulsion in Flüssigkeitsschichten, und zwar nach außen in einem schwereren und nach innen in einem leichteren Flüssigkeitsring. Sie werden mittels Greifer abgeschält und über die Mischdüse der nächsten Extraktionsstufe zugeführt. Nötigenfalls kann die Luft aus dem Trommelinnern durch Einleiten von inertem, d. h. reaktionsträgem Gas, in die zulaufende schwerere Flüssigkeit verdrängt werden.

Als Adsorptionsmittel dient vorzugsweise Aktivkohle, als Fällungsmittel werden neben Bariumchlorid, Schwefelsäure und Butylalkohol auch Farbstoffe wie Orange II und Kongorot benutzt.

Der vorgenannte *Luwesta-Extraktor* arbeitet nach folgendem Prinzip.

Das frische Medium mit angereichertem Lösungsmittel wird vorextrahiert. Erst dann gelangt das frische Lösungsmittel hinzu, um die letzten Reste des gewünschten Stoffes zu extrahieren. Man gewinnt so besonders schnell ein stark angereichertes Lösungsmittel und eine stark extrahierte Flüssigkeit, weil die Lösungsmittelteilchen und die Teilchen der zu extrahierenden Flüssigkeit möglichst klein sind und nahe beisammenliegen.

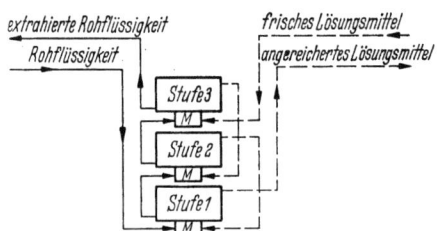

Wesentlich für die Extraktion ist die Kenntnis des *Verteilungsfaktors*, der durch Versuche bestimmt werden muß. Er gibt die Verteilung des zu extrahierenden Stoffes zwischen der Lösungsmittelphase und der wäßrigen Phase nach Einstellen des Gleichgewichtes an, bei einem Volumenverhältnis Lösungsmittel : wäßrige Flüssigkeit = 1 : 1. Wenn z. B. der Anteil des Extraktstoffes im Lösungsmittel 16 und in der wäßrigen Flüssigkeit 1 ist, so ist der Verteilungsfaktor 16. Das Volumenverhältnis von wäßriger Phase zur Lösungsmittelphase, das sogenannte *Extraktionsverhältnis*, ist für die Extraktionsausbeute maßgebend. Verwendet man 4 Volumteile wäßrige Phase zu 1 Volumteil Lösungsmittel, dann beträgt das Extraktionsverhältnis 4 : 1.

Aus dem Verteilungsfaktor und dem Extraktionsverhältnis errechnet sich schließlich der *Verteilungswert*, und zwar

$$\frac{\text{Verteilungsfaktor}}{\text{Extraktionsverhältnis}} = \text{Verteilungswert}.$$

Je höher er ist, um so höher ist die Ausbeute bei niedriger Stufenzahl und niedriger Lösungsmittelmenge, so hat z. B. der Verteilungswert 1 bei einer Stufe 50%, bei zwei Stufen 66% und bei drei Stufen 75% Extraktionsausbeuten ergeben, der Verteilungswert 5 hingegen 83%, ferner 96,8% und schließlich 99,5%.

Der Schnitt des *Luwesta-Extraktors* wird in Abb. 173 gezeigt und auf S. 619 erklärt, s. Nachtrag.

Schrifttum.

WILLENBERG, W.: Z. Zucker **1953**, Nr. 2, S. 33—36.
ROEDERER, H.: Die Stärke **2**, 11, 267—271 (1950).
BIXLER, G. H., G. E. HINES, R. M. MCGHEE u. R. A. SHURTER: Ind. Engng. Chem. **45**, 692—705 (1953) und **45**, 1377 (1953); ref. Stärke **5**, 304 (1953).
HEHRE, E. I., u. HAMILTON: J. biol. Chemistry **192**, 161—174 (1951); ref. Stärke **4**, 9, 247 (1952).

C. Dauerkulturen.

a) In Flockenform.

Man hat bereits versucht, verschiedene Gärerreger, insbesondere Hefe, durch Zufügung von wasserbindenden Stoffen haltbarer zu machen. Dabei hat sich aber gezeigt, daß der Gärerreger nicht auf längere Zeit haltbar gemacht werden kann. F. MOSER, Fürth, hat nun ein Gemisch der flüssigen Kultur, in der zweckmäßig noch ein Rest von Nährstoffen enthalten ist, mit indifferenten, im hohen Maß bei gewöhnlicher Temperatur quellfähigen und schnell wasserbindenden lockeren Stoffen hergestellt. Vor allem ist Quellstärke geeignet, aber auch andere Stoffe, wie z. B. sterilisierter, getrockneter Weizenkleber, Kieselsäure, Kaolin u. dgl., sind verwendet worden.

Die in an sich bekannter Weise hergestellte Reinkultur des Gärerregers wird z. B. im Verhältnis 2:1 mit dem trockenen sterilen Aufnahmemittel gemischt. Es entsteht eine leicht verteilbare bröcklige Masse, welcher auch noch Reizstoffe zugesetzt sein können. Die Dauerkultur eignet sich nicht nur für Hefe, sondern auch für Sauerteiggärerreger.

Man kann die Dauerkultur auch in Flockenform bringen. Dies erreicht man z. B. dadurch, daß man die von der Schale befreiten Getreidekörner durch Walzen quetscht und die aus den gequetschten Körnern hergestellten Flocken mit dem Gemisch von flüssiger Kultur und Zucker oder Sirup unter gleichmäßiger Bewegung der Masse tränkt. Die Mischung kann sowohl so erfolgen, daß die Kultur noch verhältnismäßig trocken bleibt, als auch so, daß eine bröcklige bis teigförmige Masse entsteht.

b) Halbflüssige Hefekultur.

W. MATZKA, London, hat ein Verfahren entwickelt, um eine halbflüssige Hefekultur zu erzielen, die sich längere Zeit hält. Zu diesem Zweck hat er die Hefe in einer während der ganzen Vorzüchtungszeit konstant erhaltenen Lösung vorgezüchtet, die 12% Alkohol, 3% Glycerin und etwa 1% Fruchtsäure aus natürlichem Fruchtsaft enthält.

85 l Traubensaft wurden in einem mit Rührwerk und Kohlensäureauffangvorrichtung versehenen Apparat mit etwas Weinsteinsäure, 3 kg Glycerin vom spezifischen Gewicht 28° Bé und 12,631 l 95 Vol.-% Alkohol versetzt, das Ganze 10 Minuten lang durchgemischt und 5 kg Hefe darin unter andauerndem Rühren suspendiert. Das entwickelte Kohlensäuregas wird alle 4—6 Stunden bei einer Temperatur von 20—22° C gemessen, der neu gebildete Alkohol errechnet und durch entsprechenden Zusatz von

Zucker und Wasser die Lösung auf den ursprünglichen Zuckergehalt und 12 Vol.-% Alkohol korrigiert. Nach 36—48 Stunden ist die Züchtung beendet und die Hefekultur kann zusammen mit der Flüssigkeit zur Impfung von größeren Mengen Gärflüssigkeit verwendet werden. Sie kann aber auch von der Flüssigkeit getrennt werden, mit Wasser nachgewaschen und in eine kleinere Menge einer Lösung der obengenannten Zusammensetzung eingetragen werden. Nach einstündiger Durchrührung wird zum Absetzen stehengelassen, die klare Flüssigkeit abgegossen und die halbflüssige Hefekultur in luftdichte Gefäße gefüllt. Am kühlen Ort aufbewahrt hält sich eine solche Hefekultur mehrere Monate unverändert.

c) Reinkultur-Trockenpräparat.

H. HEGER, Brüsau, Mähren, hat Reinkulturtrockenpräparate in der Weise hergestellt, daß er den als Beimengung dienenden Substanzen die Feuchtigkeit entzog, und hierfür wieder etwa die gleiche Menge Feuchtigkeit als Aufschwämmung einer Reinkultur in feinstverteilter Form zugeführt.

Es wurde wie folgt gearbeitet:

Die als Beimengung zur Verwendung gelangenden Trockensubstanzen sind in einem hierfür geeigneten Apparat mit Heißluft getrocknet und sterilisiert worden. Nach Abkühlung auf normale Temperatur wurde dann in diesen Apparat mit Hilfe eines Vernebelungsapparates in keimfreier Weise eine Aufschwämmung einer Reinkultur in Form eines ganz feinen Nebels eingeblasen und mit Hilfe eines eingebauten Rührwerkes mit der Trockensubstanz vermischt. Dieser Vorgang wurde so lange fortgesetzt, bis das Gewicht der in Berührung mit der Trockensubstanz gelangenden zerteilten Aufschwämmung etwa gleich dem Gewicht der bei der Erhitzung der ursprünglich entwichenen Feuchtigkeit ist.

So ist der die Zellen schwächende Trocknungsprozeß vermieden worden. Die fertigen Präparate können in sterile Behälter gefüllt und steril verschlossen werden.

Um Trockenpräparate herzustellen, hat W. LAVES, Hannover, lebende Bakterien in ein indifferentes Medium gebracht, welches große Hohlräume enthält und nicht aus einer organischen Substanz, sondern aus einer anorganischen besteht, die leicht zu sterilisieren ist. Hierzu eignet sich insbesondere die Diatomeenerde, die ausgeglüht wird und nach Erkalten mit der gewünschten Bakteriensorte verrieben werden kann, so daß ein trockenes Pulver entsteht.

D. Nährboden für Mikroorganismen.

1. Kartoffelpülpe.

E. W. SCHMIDT, Löwenberg, hat die Kartoffelpülpe zu einem brauchbaren Nährboden für die Züchtung von Mikroorganismen umgewandelt, indem er gleichzeitig oder nacheinander cellulose- und stärkeabbauende Organismen züchtete und darauf die Mikroorganismen zur Aussaat brachte.

Durch die Cellulase wird die Cellulose, die in der Kartoffelpülpe reichlich vorhanden ist, verzuckert. Der gebildete Zucker kann durch den mit dem Cellulasebildner gemeinsam wachsenden Organismus verarbeitet werden. Man kann auch die Pülpe zunächst mit geeigneten Mikroorganismen wachsen lassen, und einen enzymreichen Preßsaft von der Pülpe herstellen und frische Pülpe damit verzuckern.

Beispiele. 1. 1 kg Kartoffelpülpe mit einem Wassergehalt von etwa 90% wird in großen Erlenmeyerkolben mit Watte verschlossen sterilisiert und mit Sporen eines diastase- und cellulasebildenden Penicilliums beimpft. Nach einigen Tagen des Wachstums des cellulasebildenden Penicilliums wird Torulahefe eingeimpft.

2. 1 kg Kartoffelpülpe mit einem Wassergehalt von etwa 90% wird in großen Erlenmeyerkolben mit Wasser verschlossen sterilisiert und mit einem diastase- und cellulasebildenden Pilz beimpft, mit Quarzsand verrieben und abgepreßt. Der Preßsaft enthält jetzt Diastase und Cellulase nebst den fermentiv entstandenen Stärke- und Celluloseabbauprodukten. Der ganze Preßsaft wird mit 5 kg frischer sterilisierter Pülpe vermischt und mit Torulahefe beimpft.

2. Molke.

Als Substrate zum Züchten von antibakterielle Substanzen bildenden Schimmelpilzen wurden bisher künstliche Nährlösungen benutzt, in denen sich das Wachstum dieser Substanzen verhältnismäßig langsam vollzog. Die *CIBA A.G.*, Basel, hat nun Milchprodukte, z. B. native und enteiweißte Molke mit einem Zusatz von Mineralsalzen, wie beispielsweise Alkalinitrate, Alkaliphosphate, Alkalichloride, Magnesium- und Eisensulfat, verwendet. Mit 99,5% enteiweißter Molke und einem Salzgemisch oder auch in anderer Zusammensetzung wurden Nährlösungen verwendet, die man nach Sterilisation in niedriger Schicht mit einem zur Chrysogenumgruppe der Gattung Penicillium gehörenden Schimmelpilz beimpft. Dazu verwendet man eine Sporensuspension in einem vorher erhaltenen Kulturfiltrat. Nach etwa 9 tägigem Wachstum wurde von den gebildeten Mycelen abfiltriert und Proben der Kulturfiltrate an Staphylococcus aureus geprüft. Dabei ergab sich, daß die einzelnen Filtrate im Höchstfalle 52 Oxford-Einheiten je Kubikzentimeter enthielten, während mit Nährlösungen aus Zucker und einem Salzgemisch und Wasser nur 3 Oxford-Einheiten je Kubikzentimeter erzielt worden sind.

Aus den so gezüchteten Kulturen kann der antibakterielle Stoff unter Ansäuern der Kulturfiltrate mit Essigester oder Äther gewonnen werden. Er verhält sich auch in anderen Beziehungen ähnlich wie Penicillin und kann in bekannter Weise angereichert und gereinigt werden.

Die Molke ist zur Züchtung von Mikroorganismen, wie z. B. Torula utilis, Aspergillus usw., auch noch in anderer Weise vorbereitet worden. R. Schenk und B. Waeser, Strausberg, haben z. B. wie folgt gearbeitet:

Legt man Molke mit etwa 94% Wasser, mit 0,05—0,5% Fett, 0,2—0,8% Proteinen od. dgl., 4,5—5,8% Milchzucker sowie 0,4% anorganischen Bestandteilen (davon rund 50% Calciumphosphat) zugrunde, dann verbraucht man auf 100 l Molke ungefähr 0,25 kg Salpetersäure, rechnerische Basis

100%ig, wobei sich der ursprüngliche p_H-Wert um weniger als 0,1 verschiebt. Man setzt der Flüssigkeit, ohne sich um etwaige Ausscheidungen zu kümmern, nunmehr Ammoniak zu, wobei diese Ausscheidungen wieder verschwinden. Den so gewonnenen Lösungen können je nach Art der beabsichtigten Züchtung noch Stickstoff-, Phosphorsäure-, Kali-, Magnesium- und Metallverbindungen zugefügt werden, bis die Zusammensetzung der Nährlösung ein Optimum darstellt. Die erzielten Mikroorganismen können nach der Ernte sofort mit Salzsäure angesäuert oder in sonst geeigneter Weise weiterverarbeitet werden.

Auf diese Weise entstehen eiweißreichere Mikroorganismen. Eine Inversion des Milchzuckers und ein Abbau der Proteine findet dabei nicht statt.

3. Kleie.

Bei der Züchtung von Schimmelpilzen ist die richtige Sporenbildung von zahlreichen Faktoren abhängig, so unter anderem von der Temperatur, der Feuchtigkeit und Zusammensetzung des Nährbodens, ganz abgesehen von den besonderen Ansprüchen der betreffenden Schimmelart. Die übliche mechanische Übertragung der Ausstriche mit einer keimfreien Nadel ist zeitraubend und nicht immer zuverlässig. Deshalb hat A. J. MOYER, Peoria (Illinois USA), die Schimmelsporen auf einem keimfreien, feuchten, mindestens teilweise aus Getreidekleie bestehendem Nährsubstrat gezüchtet und dann die hierbei entstehende sporenhaltige Masse auf der Oberfläche eines flüssigen Nährbodens verteilt.

Zunächst wurde ein Substratgemisch, bestehend aus 70,0 g Gerstenkleie, 10 g Weizengrobkleie, 15,0 g Weizenmehl und 10,0 g Haferhülsen, zubereitet; sämtliche Bestandteile wurden auf eine zwischen sehr fein und 1,6 mm schwankende Korngröße ausgemahlen. Dieses Gemisch wurde mit 50 ccm einer Flüssigkeit befeuchtet, bestehend aus 7,5 g Glycerin, 7,5 g Melasse, 4 g NaCl, 5 g eines zur Verwendung in bakteriologischen Kulturmedien geeigneten Peptons, 0,005 g $FeCl_3 \cdot 6H_2O$, 0,05 g $MgSO_4 \cdot 7H_2O$, 0,06 g KH_2PO_4 und destilliertem Wasser ad 500 ccm.

Nach gründlichem Mischen wurde das feuchte Substrat in Schichten von etwa 2,5 cm in 200-ccm-Erlenmeyerkolben gefüllt, diese mit Watte verschlossen und in der üblichen Weise sterilisiert. Nach dem Abkühlen wurde ein Penicillium-notatum-Stamm auf dem Substrat ausgestrichen und dieses bei 25° C in den Brutschrank gestellt. Nach 4 Tagen war eine reichliche Sporenbildung zu erkennen; die gesamte Kleie hatte eine grünliche Farbe angenommen.

Dieses sporenhaltige Präparat wurde daraufhin mit der doppelten Raummenge einer trockenen Mischung, bestehend aus 50 g Haferschalen, 30 g Weizenkleie, 10 g Weizenmehl und 10 g Sojabohnenschalen, vermengt; alle diese Stoffe wurden zuvor auf einer Hammermühle auf eine zwischen sehr fein und 1,6 mm schwankende Korngröße ausgemahlen und nach gründlichem Mischen in Schichten von 1,25 cm in 200-ccm-Erlenmeyerkolben verteilt und ohne Wasserzusatz sterilisiert. Nach dem Sterilisieren wurden sie bei 60° C zum gründlichen Austrocknen in einen Trockenofen gestellt.

Das zuerst hergestellte sporenhaltige Substrat und die genannten Stoffe wurden daraufhin gemischt und leicht auf flüssige Kulturnährboden in

Erlenmeyerkolben, Flaschen oder Aluminiumschalen gestäubt. In allen Fällen breitete sich die pulverförmige Masse auf der gesamten Flüssigkeitsoberfläche aus. Nach dem Bebrüten bei 24° C bedeckte innerhalb 24 Stunden ein Mycelium die ganze Oberfläche.

In der vorbeschriebenen Weise kann nicht nur Penicillin, sondern auch manches andere Pilzpräparat hergestellt werden.

Anders hat P. LOEFFLER, Heilbronn, gearbeitet:

40 g Weizenkeimlinge werden mit 1 l Wasser unter Zufügung von 15 ccm n/1-Natronlauge an zwei verschiedenen Tagen je 2 Stunden im strömenden Dampfe sterilisiert und darauf mit einem peptonisierenden Bacillus beimpft. Bereits nach 8 Tagen kann die Kultur bei einer geeigneten Temperatur zur Trockne verdampft werden. Man kann sie auch flüssig aufbewahren, am besten unter Zusatz von Toluol oder sonstigen geeigneten Mitteln.

Vor dem Eintrocknen kann die Lösung auch filtriert oder dialysiert und das Filtrat oder Dialysat eingetrocknet werden.

4. Reisschalen.

Es ist bekannt, daß verschiedene Mikroorganismen durch Züchtung auf geeigneten Nährböden Enzyme zu bilden vermögen. So liefern z. B. Schimmelpilze auf Nährböden, welche aus Kleie, Keimlingen od. dgl. bereitet sind, stärke- und eiweißspaltende Encyme. Dagegen haben sich Schalen und Spelzen von Getreide ohne entsprechende Vorbehandlung zur Herstellung solcher Nährböden nicht geeignet. Demgegenüber haben F. DUSPIVA und K. WALLENFELS und die *C. F. Boehringer & Söhne G.m.b.H.*, Mannheim-Waldhof, gefunden, daß hingegen Spelzen bzw. Schalen von Reis in dieser Hinsicht eine Ausnahme bilden und man auf dieser Grundlage besonders günstige Nährböden herstellen kann. Darüber hinaus bieten sie hinsichtlich der Aufarbeitung verschiedene Vorteile gegenüber den üblichen Kleienährböden. So läßt sich die Extraktion des Erntegutes leichter und mit besserer Ausbeute durchführen, da sich die Anwendung von Hilfsmitteln, wie Sand oder Kieselgur, erübrigt. Ferner sind die gewonnenen Extrakte bedeutend ärmer an verunreinigenden Extraktivstoffen und stellen daher ein bedeutend günstigeres Ausgangsmaterial für die Reindarstellung der in ihnen enthaltenen Enzyme dar.

Selbstverständlich kann man die mit den Reisabfällen bereiteten flüssigen oder festen Nährböden mit den üblichen Zusätzen versehen, die zur Erhöhung der Ausbeute dienen.

5. Präparate von Weinhefe.

Zum Impfen von Mosten, Maischen und anderen Gäransätzen werden die Reinzuchthefen oft in flüssiger Form benutzt, die jedoch nur eine beschränkte Haltbarkeit haben. Die Firma *F. Sauer*, Gotha, hat nun folgende Methode angewendet:

10 ccm Reinzuchthefebrei, der aus der Reinzuchtnährlösung nicht mehr als 2—5% Zucker enthalten soll, wird mit 50 ccm Salzkonservierungsflüssigkeit vermischt und abgefüllt.

Die Salzkonservierungsflüssigkeit kann unter anderem bestehen aus:

1. einer etwa $^1/_4\%$igen wäßrigen Lösung von phosphorsaurem Ammon, phosphorsaurem Kali unter Zusatz von 10% Alkohol;
2. der gleichen Salzlösung unter Zusatz von 10% Glycerin.

Die angeführten Zusammensetzungen gelten durchaus nur als Beispiele. Sie müssen sich je nach der Hefeart ändern, denn ebenso wie jede Hefeart verschiedene Mengen Alkohol bildet, bzw. verträgt, ehe sie ihre Tätigkeit einstellt, verlangt oder verträgt sie auch verschiedene Stärken derartiger haltbarmachender Lösungen.

Man hat aber auch Präparate in trockener Form hergestellt, so hat O. K. Sauer, Gotha, sterile Nährlösungen im Vakuumapparat mit Hefen beimpft, längere Zeit dort unter Innehaltung geeigneter Temperaturen stehengelassen, und dann von Zeit zu Zeit die Kohlensäure und den Alkohol, die sich gebildet haben, abgetrieben und schließlich die Flüssigkeit ebenfalls durch Abtreiben entfernt. Die zurückbleibende trockene Masse ist eine gärkräftige, schnell ankeimende Hefe. Sie muß selbstverständlich keimfrei abgefüllt und aufbewahrt werden.

Um erhöhte Temperaturen und nachträgliche Trocknung zu vermeiden, kann man auch Hefereinkulturen, die nicht getrocknet, aber noch feucht sind, mit Fetten nach vorheriger Trocknung bei niederen Temperaturen zu Pasten oder Emulsionen vermischen. Solche Präparate sind sehr beständig.

A. Nuebler, Grünwald, hat eine trockene Weinhefe in folgender Weise gewonnen:

100 g aktive Brauerei- oder Brennereihefe, die durch Hitze, gegebenenfalls durch infrarote Bestrahlung (zur Vernichtung der Enzyme), inaktiviert und getrocknet ist, werden mit 50 g Hefenahrung versetzt. Die so gewonnene Grundlage wird mit steriler Flüssigkeit angefeuchtet und mit Weinhefe geimpft. Nach Eintreten eines optimalen Wachstums der Weinhefe (im Brutschrank) wird bei 31—37° C getrocknet und dann gegebenenfalls die Hefe zu Tabletten oder Pillen gepreßt oder in eine andere beliebige Form gebracht.

Das erhaltene Präparat ist außerordentlich aktiv und sehr haltbar. Es gestattet, je nach dem Stamm der verwendeten Weinhefe die gewünschte Weingeschmacksrichtung herbeizuführen.

Schrifttum.

Hallmann, L.: Bakteriologische Nährböden. Stuttgart; G. Thieme 1953.

E. Milchsäuredauerkultur.

Es ist bekannt, daß die Milchsäurebakterien ihre Aktivität schnell verlieren, wenn die Säurebildung ein Maximum übersteigt, ebenso wie sie ihre Vitalität in einem neutralen Medium teilweise einbüßen. Es ist allgemein üblich, mit Kreide diesen Übelstand zu beseitigen. Demgegenüber haben P. und R. Chatelain, Niort, Deux-Sèvres, wie folgt gearbeitet:

Man bereitet eine Gallerte von Agar-Agar von solcher Konsistenz, daß dieselbe bei Temperaturen von etwa 100° eine viscose Flüssigkeit darstellt. Mit dieser mischt man eine bestimmte Menge Calciumcarbonat und rührt derart um, daß eine homogene Emulsion entsteht. Von dieser bringt man in jede Ampulle die nötige Menge ein und hält die Ampullen dann in senkrechter Lage im Sterilisator. In der Wärme bildet dann die Emulsion von Calciumcarbonat-Agar einen Schaum, der sich ausbreitet, an den Innenwänden der Ampulle emporkriecht und eine gewisse Menge Wasser abgibt.

Nach genügend langem Verbleiben im Sterilisator bleibt an den Innenwänden der Ampulle eine poröse und feste Schicht von Calciumcarbonat und verfestigtem Agar-Agar haften.

Nach dem Abkühlen bringt man die Bakterienkultur, z. B. Bacterium bulgaricum, ein und verschließt dann die Ampulle.

Kulturen dieser Bakterien, die von der auf diese Weise gebildeten Verkleidung geschützt und in zugeschmolzenem Rohr 14 Tage lang der Optimaltemperatur von 50° ausgesetzt werden, entwickeln sich in dem flüssigen Medium lebhaft und bilden einen Oberflächenniederschlag von Bakterienkörpern auf der Überzugsschicht.

Die Überzugsschicht wird von der flüssigen Kultur durchtränkt, doch sind die ihrer Oberfläche entnommenen Bakterien Entwicklungsformen von länglicher Gestalt, zusammengewickelt und verworren wie Fadenknäuel, infolgedessen nicht mehr in der Lage, Milch zum Gerinnen zu bringen, während solche, die im flüssigen Medium verbleiben, diese Eigenschaft sowie ihre therapeutische Wirksamkeit bewahren.

Das Verfahren kann nicht nur für Milchsäurebakterien, sondern auch für andere säurebildende Bakterienkulturen, wie z. B. Milchstreptokokken (vor allem Streptococcus bulgaricus), die einzelnen Arten des Bacterium coli sowie die Butter-, Essig- und Propionsäure bildenden Bakterienkulturen Anwendung finden.

F. Züchtung von Thermobacterium mobile.

Es ist bekannt, daß das Thermobacterium mobile Lindner unter gleichzeitiger Bildung von Kohlensäure, Milchsäure und Alkohol durch Vergärung von Zuckerarten als Gärungserreger für technische Zwecke benutzt werden kann. Als besonders günstige Nährlösung hat G. J. WESTERINK, Hamburg, die folgende vorgeschlagen:

Aus 1000 l Wasser, 170 kg Malzschrot und 80 kg Bohnenmehl wird eine Maische hergestellt, die erst $^1/_2$ Stunde bei 50° C und danach 20 Minuten bis zu 70° C einer Verzuckerung unterworfen wird. Dann wird die Temperatur auf 40° C herabgesetzt, die verzuckerte Maische mittels Schwefelsäure auf p_H 1,6 eingestellt und unter Zusatz von 2 kg Pepsin während $1^1/_2$ Stunden ein Eiweißabbau vorgenommen. Hierauf wird die Maische filtriert und die Konzentration der Säure in der klaren Würze auf 2% eingestellt. Es erfolgt dann ein Zusatz von raffinosehaltiger Melasse mit einem Gehalt an Saccharose und Raffinose von insgesamt 60%. Durch 2stündiges Kochen werden die in der Würze vorhandenen Zuckerarten weitgehend hydrolysiert bzw. invertiert.

Nach Neutralisation der Schwefelsäure mit der entsprechenden Menge Ammoniak bis fast zum Neutralpunkt und einem Zusatz von 10 kg Kaliumbiphosphat wird nochmals filtriert und mit 3000 l Wasser verdünnt. Diese Nährlösung wird dann mit 200 l einer Impfkultur beimpft. Die Züchtung erfolgt während 8 Stunden bei 15° C, danach 16 Stunden bei 30° C unter starker Belüftung. Die gebildete Bakterienmasse wird abzentrifugiert, mit Wasser mehrmals gewaschen, nochmals zentrifugiert und dann in dünner Schicht schnell getrocknet.

Das so gezüchtete Bakterium gelangt in kurzer Zeit zur Beweglichkeit. So bilden z. B. 0,2 g der beschriebenen Trockenkultur in einem geeigneten Gärmedium in einer halben Stunde 15 ccm Kohlensäure.

G. J. WESTERINK hat auch mit nachfolgender Nährlösung gute Erfolge erzielt:

100 l Wasser,   100 g   Glucose,
 10 g Ammoniumsulfat,   1 kg Invertzucker,
100 g Hefeextrakt,   100 g Saccharose.
100 g Pepton,

Diese Lösung wird in geeigneter Weise sterilisiert und durch Abschleudern gereinigt.

Die erhaltene Bakterienmasse wird nach der Abtrennung in wasserhaltige kristallinische Saccharose eingebracht. Der geringe Wassergehalt derselben verhindert eine vorzeitige unerwünschte Lebenstätigkeit oder eine Vermehrung der Bakterien im Präparat.

In dieser Art können auch andere Bakterien der sogenannten Milchsäurebildner, insbesondere das Bacterium cucumeris und verwandter Arten gezüchtet werden, welche die gemeinsame Eigenschaft haben, neben Milchsäure Acetyltrimethylaminoäthylalkohol zu bilden. Als Nährlösung dienen dann z. B. die folgenden:

1. 40 kg Rübenzuckermelasse werden in 40 l Wasser gelöst, zentrifugiert und sterilisiert. Diese Mischung wird mit 20 l sterilisierter Peptonlösung (1 : 1 in Wasser) und 20 l sterilisierter Hefeautolysatlösung (1 : 1 in Wasser) in 1000 l Wasser aufgelöst und, in üblicher Weise beimpft, bei 30° der Gärung überlassen.

2. 100 kg Roggenschrot werden mit 300 l Wasser 1 Stunde aufgekocht, abfiltriert, sterilisiert und zentrifugiert. Die klare Flüssigkeit wird unter Zusatz von Pepton und Autolysat mit 700 l Wasser verdünnt, beimpft und bei 30° der Gärung überlassen.

Den Nährlösungen können auch pflanzliche Säfte zugefügt werden, wie folgende Beispiele zeigen:

1. 350 kg zerkleinerter Weißkohl werden in 650 l Wasser bei 50° C 3 Stunden extrahiert, unter Druck filtriert, der Saft zentrifugiert und 10 Minuten bei 85° pasteurisiert.

2. 300 kg fein gehäckseltes Gras werden in 700 l Wasser bei 50° C 3 Stunden extrahiert, unter Druck filtriert, der Saft zentrifugiert und 10 Minuten bei 85° pasteurisiert.

Die Wirkung auf das Wachstum der Bakterien kann auch noch dadurch gesteigert werden, daß sie in Nährlösungen gezüchtet werden, die Wuchsstoffe enthalten, wie z. B. gelbe Möhren. Als Einbettungsmittel kann an Stelle von Zucker auch ein stärkereiches Mehl oder Mehl von Lycopodiumsamen verwendet werden.

I. MAAL, Birsfelden, hat wäßrige Pflanzenextrakte benutzt, denen noch vergärbarer Zucker gegebenenfalls zugefügt wird, und den Göransatz dann noch einer zur Vermehrung der Bakterien geeigneten Behandlung durch Zusatz einer Melasselösung und mehrstündiges Stehenlassen unterworfen.

Es geschieht dies in folgender Weise: Früchte, wie getrocknete Feigen, Aprikosen, Birnen oder Pflaumen, werden zerkleinert mit Wasser versetzt, im allgemeinen etwa 1 l Wasser auf 150 g Früchte. Die Früchte werden mit dem Wasser etwa 5 Minuten aufgekocht. Nach 24 Stunden wird nochmals 5 Minuten aufgekocht, worauf die Mischung nochmals etwa 12 Stunden stehenbleibt, damit die Früchte möglichst gut ausgelaugt werden. Alsdann wird die Flüssigkeit zweimal filtriert und gegebenenfalls noch mit einem entsprechenden Zusatz von Zucker versehen, abermals aufgekocht. Nach Abkühlung auf etwa 10° erfolgt die Beimpfung mit Thermobacterium mobile und die Vergärung.

Die Weiterbehandlung und Verwendung ist vielgestaltig.

G. Züchtung von Bakterien für die Butylalkohol-Aceton-Gärung.

A. FREY, H. GLÜCK und *Chemische Fabrik Kalk G.m.b.H.*, Köln-Kalk, haben ein Züchtungsverfahren entwickelt, um beständige Bakterien für die Butylalkohol-Aceton-Gärung zu gewinnen und die leicht auftretende Degeneration zu vermeiden. Sie haben gefunden, daß für die sichere Vermeidung von Fehlgärungen eine ganz bestimmte Reihenfolge und Durchführungsart bereits bekannter Kulturbehandlungsmethoden notwendig ist. Es hat sich nämlich gezeigt, daß weder die Erhitzung allein noch die Umzüchtung auf alkalische Nährböden absolut leistungsfähige Kulturen ergibt. Insbesondere hat sich ergeben, daß die notwendige Erhitzung der Kulturen zur Abtrennung von Sporen und vegativen Formen nicht in alkalischem Medium vorgenommen werden darf, sondern erst in einer weiteren dazwischen geschalteten normalen Kulturstufe. Im alkalischen Medium sind die Sporen viel weniger widerstandsfähig gegen Erhitzen, und es werden damit nicht nur die vegetativen Formen getötet, sondern auch die Sporen geschwächt und damit auch die Gesamtkultur. Ebenso soll der Kalkzusatz so bemessen werden, daß während der ganzen Entwicklungsdauer eine alkalische Reaktion vorliegt.

Es wurde wie folgt gearbeitet:

3—5 ccm einer Kultur von Clostridium acetobutylicum werden in einem Impfröhrchen mit 15 ccm einer Kartoffelmaische (6°-Balling) befüllt und mit Paraffin (Erweichungspunkt 60—65° C) anaerob abgeschlossen. Das beimpfte Röhrchen wird nur 2 Minuten im siedenden Wasserbad erhitzt. Diese Erhitzungsdauer hat sich als die beste erwiesen. Nach dem Erhitzen wird das Röhrchen rasch abgekühlt, nach der Festigung des Paraffinstopfens gut durchgeschüttelt und sodann 2 Tage bei 37,5° C bebrütet. Nach dieser Behandlung zeigen sich nach 48 Stunden Entwicklungsdauer noch vorwiegend Kurzstäbchen. Von dem Röhrchen wird nun auf ein zweites Röhrchen übergeimpft, dem noch ein Zusatz von 0,25 g **CaCO$_3$** zugegeben war, so daß das p$_H$ während der ganzen Dauer über 7,1 lag, und ebenfalls 48 Stunden bebrütet. Es zeigen sich dann ausschließlich Lang- und Kurzstäbchen. Nun erfolgt ein zweiter Wechsel auf ein normales Kulturröhrchen ohne Kalkgabe mit Erhitzen, wobei bereits nach 48 Stunden ein charakteristischer Unterschied in dem Hervortreten von Clostridien zu erkennen ist. Setzt man diese intermittierende Züchtungsart (Erhitzen auf normalem Kulturboden und Überimpfen auf einen kalkhaltigen Boden) ein drittes und viertes Mal fort, so ergeben sich zunehmende Clostridien und Sporenmengen bereits nach 48 stündiger Entwicklungszeit. Mit einer derartig herangezüchteten Kultur konnte noch nach der 23. Generation eine normale Durchgärung erzielt werden, die folgendermaßen durchgeführt wurde:

5 l einer Maische (6°-Balling) wurden mit einer Kultur Clostridium acetobutylicum, die in der eben beschriebenen Weise herangezüchtet und dann über normale Weiterentwicklung bereits die 24. Generationsstufe (Überimpfungsstufe) erreicht hatte, beimpft und 72 Stunden bei 37,5° C gehalten. Die Untersuchung der Maische vor und nach der Gärung gab folgendes Bild: Vor der Gärung betrug die Konzentration 6° Balling, der p_H-Wert 5,92 und nach der Gärung die Konzentration 1,25 und der p_H-Wert 4,75. Als Gesamtlösungsmittel wurden nach der Gärung 2,05 Vol.-% erhalten.

Nach diesem Verfahren konnten auch degenerierte Kulturen wieder aufgefrischt werden.

H. Buchenholzsulfitlauge zur Züchtung von Oidium lactis.

K. VIERLING, A. RIECHE, G. HILGETAG, R. GRÜTZNER und die *I. G. Farbenindustrie A.G.*, Frankfurt-Main, fanden, daß Buchenholzsulfitlauge zur Gewinnung von Oidium lactis geeignet ist. 100 l verdünnte neutralisierte Buchenholzsulfitlauge mit einem Zuckergehalt von 1,9% wurden nach Zusatz von 0,05% Diammonphosphat und 0,1% Harnstoff in flache Schalen gefüllt und mit Vorkulturen von Oidium lactis beimpft. An der Oberfläche der Flüssigkeit bildeten sich dicke Pilzrasen, die nach 2 Tagen abgehoben, gewaschen und getrocknet werden konnten. Man erhielt 1,3 kg einer trockenen Pilzmasse.

100 l einer auf Butanol vergorenen Buchenholzsulfitschlempe, die noch einen Zuckergehalt von 1,4% aufwies, wurde nach Ergänzung der Nährsalze mit Oidium lactis beimpft und wie vorstehend weiterbehandelt. Man erhielt 1,2 kg einer trockenen Pilzmasse.

Man kann die Lauge auch mit Mischkulturen beimpfen.

J. Buchenholzsulfitlauge zur Gewinnung von Pilzmycelsubstanz.

M. PEUKERT und die *Biosyn-Gesellschaft m.b.H.*, Weimar, haben die vorwiegend unvergärbaren Cellulosebegleitstoffe umgesetzt. Die Erträge, auf die Gesamtcellulosebegleitstoffe der Sulfitlauge berechnet, betrugen 30%, wenn z. B. die Sulfitlauge 12,5% Begleitstoffe und davon 3,5% reduzierenden Zucker enthält, wobei die Menge der Zuckerstoffe für die Ausbeute ohne Bedeutung ist. Es wurde z. B. wie folgt gearbeitet:

Auf einer Nährlösung mit Cellulosebegleitstoffen als Kohlenstoffquelle und den üblichen Nährsalzen unter Zusatz von 2% Agar-Agar und einer Einstellung der Wasserstoffionenkonzentration auf $p_H =$ etwa 6 werden Mycelpilze nach dem üblichen mykologischen Verfahren eingefangen und durch mehrere Generationen dem Substrat angepaßt und hinsichtlich ihres Mycelbildungsvermögens ausgesucht. Mit geeignet befundenen Schimmelpilzen aus den Gattungen Sterigmatocytis, Aspergillus, Penicillium, Citromyces und ähnlichen wird nun gearbeitet.

Als Nährlösung für die so ausgewählten Pilze dient z. B. Buchenholzsulfitablauge. Die heiße, aus den Kochern kommende Ablauge wird nach der üblichen Entgasung mit Ammoniak auf einen p_H-Wert von ungefähr 5—6 gebracht, auskühlen gelassen und dann 0,5% Ammoniumsulfat und 0,1% primäres Ammoniumphosphat gelöst, sodann auf 30° auskühlen gelassen, in Entwicklungsschalen gefüllt und beimpft. Bei einer Temperatur von 30° und nach einer Reaktionsdauer von 3 Tagen erzielt man etwa 30% an Pilzsubstanz, bezogen auf die Cellulosebegleitstoffe. Züchtet man unter submersen Bedingungen (Buchenholzablauge wird zweckmäßigerweise verdünnt), dann läßt sich bei einer gleichzeitigen Herabsetzung der Reaktionszeit auf etwa 30 Stunden eine Erhöhung der Ausbeute bis auf 40% erreichen.

X. Vitamine.

A. Allgemeines.

Etwa seit 1926 haben A. SCHEUNERT und M. SCHIEBLICH Versuche über den Vitamin-B-Gehalt der Hefe begonnen. Kurz vorgewaschene Bierhefe wurde entbittert, nachgewaschen und dann getrocknet. Die so untersuchte Trockenhefe war sehr reich an Vitamin B und unterschied sich nur wenig im Vitamingehalt von frischer Hefe. A. SCHEUNERT und E. SCHIEBLICH haben dann 1928 auf Anregung des Verfassers auch Preßhefe untersucht. Es gelang, durch Steigerung der Menge der beim Brotbacken verwendeten Melassepreßhefe bei Verwendung von feinstem, praktisch vitamin-B-freiem Weizenmehl den Vitamin-B-Gehalt des erzielten Brotes zu steigern. Allerdings müßten die verwendeten Hefemengen erheblich größer sein — etwa das Dreifache bis Sechsfache —, wenn der Vitamingehalt eine Auswirkung haben soll, es würde sich dann nicht mehr um ein Weizenbrot im gewöhnlichen Sinne, sondern um ein „Hefebrot" handeln. Bei einem Vergleich zwischen Brauereihefe und Preßhefe stellten sich gewisse Unterschiede heraus. Der Gehalt an antineuritischem Faktor war in einer untersuchten Brauereihefe 2- bis 3mal so hoch wie in vergleichsweise herangezogenen Preßhefen. Dagegen war beim wachstumfördernden Faktor ein Unterschied kaum vorhanden. Brote, die aus Backpulver hergestellt waren, sind dem mit Hefe zubereiteten Brot im Vitamingehalt deutlich unterlegen gewesen. Das haben später auch A. BERNFELD und E. SCHILF bestätigt gefunden.

1933 haben dann A. JANKE und A. SZILVINYI die Ergänzungsfaktoren, die Kompletine der Hefe näher untersucht. Es werden unterschieden: 1. die als „Bios" bezeichneten Faktoren, ihr Vorkommen und ihre Eigenschaften sowie ihre Wirkung auf Hefe; 2. die Gärungsaktivatoren: Co-Zymase, Co-Carboxylase und die Z-Faktoren, und 3. die Vitamine A, B-Komplex, C, D und E.

Heute werden die Vitamine nach E. LEHNARTZ wie in Tab. 20 eingeteilt:

Tabelle 20.

Buchstaben-bezeichnung	Chemische Bezeichnung	Funktionelle Bezeichnung
		I. Fettlösliche Vitamine
A	Axerophthol	Antixerophthalmisches Vitamin Epithelschutzvitamin
D	Calciferol	Antirachitisches Vitamin
E	Tocopherol	Antisterilitätsvitamin
K	Phyllochinon	Antihämorrhagisches Vitamin
		II. Wasserlösliche Vitamine
B_1	Aneurin, Thiamin	Antineuritisches Vitamin
B_2	Riboflavin, Lactoflavin	Pellagraschutzstoff, PP-Faktor
—	Nicotinsäure(amid), Niacin(amid)	Filtrat-Faktor, Antigraue-Haare-Faktor
—	Pantothensäure	Antiparalytischer Faktor
B_4		
B_6	Pyridoxin, Adermin	
—	Pteroylglutaminsäure (Folsäure, folic acid)	
B_{12}	Cobalamin	Animal protein factor (APF), extrinsic factor, antianämisches Vitamin
H	Biotin	Hautvitamin
—	p-Aminobenzoesäure	
C	Ascorbinsäure	Antiskorbutisches Vitamin
P	Citrin	

Die Auffindung der Vitamine ist nur durch den Tierversuch möglich gewesen. Trotzdem für die Bestimmung vieler Vitamine chemische und physikalische Methoden ausgearbeitet wurden, hat man immer wieder auf den Tierversuch zurückgegriffen. Die Auswertung geschieht derart, daß den Tieren eine Kost verabfolgt wird, die außerdem alle übrigen zu prüfenden Vitamine in ausreichender Menge enthält. Man kann dann feststellen, wie groß die Zugabe an dem zu prüfenden Vitamin sein muß, um das Auftreten der charakteristischen Ausfallserscheinungen zu verhindern, oder man stellt fest, wie groß die Vitaminzulage sein muß, um eine experimentelle Avitaminose wieder zum Verschwinden zu bringen.

Zu einer Zeit, als die Konstitution der Vitamine noch nicht bekannt war, hat man sogenannte „Vitamin-Einheiten" aufgestellt, die jeweils durch

Tabelle 21.

Vitamin	1 I.E. ist gleich	
A	0,6	Gamma-Carotin
B_1	8	Gamma Aneurinhydrochlorid
Biotin	0,18	Gamma Biotin
C	50	Gamma L-Ascorbinsäure
D	0,025	Gamma kristallisiertes Vitamin D_2
E	1 mg	E

die Erzielung eines bestimmten biologischen Effektes definiert waren. Nachdem aber die Konstitution der meisten Vitamine aufgeklärt ist, bezeichnen „Die Internationalen Einheiten" (I.E.) die Wirkung einer bestimmten Menge eines reinen Vitamins oder Provitamins. Vgl. Tab. 21.

Schrifttum.

LEHNARTZ, E.: Einführung in die chemische Physiologie, 10. Aufl. Berlin/Göttingen/Heidelberg: Springer 1952.
RUDOLPH, W.: Die Vitamine der Hefe, 2. Aufl. 1948.
VOGEL u. KNOBLOCH: Chemie und Technik der Vitamine. Stuttgart 1950.
LAUTENSCHLÄGER: Wissenschaftliche und industrielle Nutzbarmachung von Hefe. „Medizin und Chemie", Bd. 3, 1936.
„Vitamins and Hormones", Generalregister für die Bände 6—10, 11. Band 1953.
LINDNER, F., in WINNACKER u. WEINGAERTNER: Chemische Technologie, Bd. 4. München: Carl Hanser 1954.
SOMMER, H.: Vitamin B_{12}. Berlin: VEB Verlag Technik 1954.

B. Herstellung.

a) Anreicherung von Aneurin.

Durch Zugabe von Aneurin zur gärenden Hefe kann der Vitamin-B_1-Gehalt der Hefe beträchtlich gesteigert werden. Da Aneurin aber für diesen Zweck ein kostspieliges Ausgangsmaterial ist, hat die *I. G. Farbenindustrie A.G.*, Frankfurt-Main, zu den pflanzlichen Mikroorganismen während der Gärung Pyrimidin- und Thiazolderivate, zweckmäßig in äquimolaren Mengen, zugesetzt. Es wurde mit Preßhefe, mit Torula utilis, Oidium lactis u. a. gearbeitet. Aus den zugesetzten Derivaten bauen die betreffenden Mikroorganismen das Aneurin auf, welches größtenteils in Form von Vitamin-B_1-Pyrophosphorsäure (Cocarboxylase) entsteht. Gleichzeitig werden erhebliche Mengen Vitamin B_1 gespeichert.

In erster Linie kommt zur Durchführung des Verfahrens die Anwendung von 2-Methyl-4-amino-5-oxymethyl-pyrimidin und 4-Methyl-5-oxyäthyl-thiazol in Betracht. Diese Substanzen stehen den bei der Spaltung von Aneurin anfallenden Bruchstücken am nächsten. Das angereicherte Aneurin kann in üblicher Weise isoliert werden.

Es wird z. B. in folgender Weise gearbeitet:

1. 10 g Torula utilis mit einem Vitamin-B_1-Gehalt von 20 Gamma im g Trockensubstanz wurden in 200 ccm einer Lösung, die 20 g Glucose und ein übliches Nährsalzgemisch enthielt, unter Zugabe von 2800 Gamma Thiazol- und 2800 Gamma Pyrimidinderivat aufgeschwemmt und mehrere Stunden der Gärung überlassen. Die so vorbehandelte und gewaschene Hefe enthielt 749 Gamma Vitamin B_1 im g Trockensubstanz, davon 97% in phosphorylierter Form als Cocarboxylase. Der Vitamin-B_1-Gehalt dieser Hefe war also auf das 35fache der Ausgangshefe gestiegen.

Bei einem ähnlichen Ansatz, der aber nur $1/_8$ der oben zugesetzten Thiazol- und Pyrimidinmengen enthielt, betrug der Vitamingehalt der angereicherten Hefe 241 Gamma/g Trockensubstanz, das ist das 12fache der Ausgangshefe.

Wurden in der von der angereicherten Hefe abgetrennten Gärflüssigkeit nochmals 10 g Hefe aufgeschwemmt und wiederum der Gärung überlassen, so resultierte wieder eine Vitamin-B_1-angereicherte Hefe, die das 10- bzw. 25fache der Ausgangshefe an Vitamin B_1, zumeist in der phosphorylierten Form, enthielt.

2. 10 g Brennereihefe mit einem Vitamin-B_1-Gehalt von 35 Gamma je g Trockensubstanz wurden in 200 ccm einer Lösung, die 20 g Melasse und ein übliches Nährsalzgemisch enthielt, unter Zugabe von je 7 mg Thiazol- und Pyrimidinderivat aufgeschwemmt und der Gärung überlassen. Die so vorbehandelte Hefe enthielt 1087 Gamma Vitamin B_1 je g Trockensubstanz. Der Vitamin-B_1-Anreicherungseffekt betrug also hierbei 3000%, bezogen auf die Ausgangshefe.

3. 220 ccm sterile 6%ige Malzwürze wurden mit 715 Gamma Thiazol- und 690 Gamma Pyrimidinderivat versetzt und mit Oidium lactis beimpft. Der nach einigen Tagen geerntete Pilz enthielt 180 Gamma Vitamin B_1 je g Trockensubstanz, während er ohne Zugabe im sonst gleichen Kontrollansatz nur 65 Gamma enthielt. Es war also eine Anreicherung im Vitamin-B_1-Gehalt auf rund das dreifache erzielt worden.

F. LANGE und L. TAUB und die *I. G. Farbenindustrie*, Frankfurt, haben die *Vitamin-B-Anreicherung* dadurch erzielt, daß sie einen zuckerhaltigen Hefeextrakt nochmals mit Hefe vergoren haben. Dabei hat man die Hefe durch Zusatz der vierfachen Menge Rohrzucker plasmolysiert, das Plasmolysat von den ungelösten Hefebestandteilen befreit und im Vakuum bis zu einem Zuckergehalt von 75% eingedampft.

Ferner haben R. KUHN, P. GYORGY, TH. WAGNER-JAUREGG und die *I. G. Farbenindustrie A.G.* bei der Gewinnung der Vitamine der B-Gruppe z. B. in folgender Weise gearbeitet:

Ein in an sich üblicher Weise gewonnener wäßriger Extrakt aus 25 kg Hefe wird mit konzentrierter Salzsäure n-sauer gemacht. Die evtl. klar zentrifugierte Lösung wird mit 2 kg Fullererde mehrere Stunden gerührt. Darauf wird die Fullererde abgetrennt und so lange mit Wasser gewaschen, bis das Waschwasser keine Reaktion mehr mit Silbernitrat zeigt. Zur Elution wird die Fullererde mit einer Mischung aus 5 l 25%iger Methylaminlösung und 1,5 l Alkohol $1^{1}/_{2}$ Stunden verrührt. Die Fullererde wird abgetrennt und die trübe Lösung im Vakuum auf etwa 1 l eingeengt. Dann wird wieder mit Wasser aufgefüllt und im Vakuum abgedampft, bis das gesamte basische Extraktionsmittel abgezogen ist. Die Restlösung wird von der Fullererde klar zentrifugiert. Sie enthält in angereicherter Form fast die gesamten wasserlöslichen Vitamine des Ausgangsmaterials.

b) Vitamin B_2.

Um *Vitamin B_2* zu gewinnen, hat man dann an Stelle von Aminen Ammoniak verwendet. Man hat zwecks weiterer Reinigung der vitaminhaltigen Fraktionen die Adsorption und Elution mit einer Fällung von Begleitstoffen durch mit Wasser mischbare organische Lösungsmittel verbunden und durch Zusatz von Metallsalzen in saure Lösung dann die Begleitstoffe entfernt und aus der neutralen oder schwach alkalischen Lösung das Vitamin abgeschieden, indem man es mit in Wasser schwer löslichen Alkoholen extrahierte und dann das Extraktionsmittel entfernte.

In neuerer Zeit ist *Vitamin B_2 bzw. Riboflavin* von W. B. EMERY und den *Glaxo Laboratories Ltd.*, Greenford, in folgender Weise gewonnen worden. Es wird ein Schimmelpilz, insbesondere Eremothetium ashbyii, welcher Riboflavin erzeugt, in einem geeigneten Medium gezüchtet, die Stoffwechsellösung einer Aktivkohleadsorption unterworfen und das Adsorbat anschließend mit einem oder mehreren phenolischen Lösungsmitteln eluiert.

3 l der Stoffwechselflüssigkeit, die 350 mg Riboflavin je Liter enthält, wurden zwecks Adsorption mit 40 g Aktivkohle bei p_H 5 zusammengebracht. Die Aktivkohle wurde mit Wasser gewaschen und mit 10%igem wäßrigem Butanol (800 ml) eluiert. Das Butanol eluierte eine zu vernachlässigende Menge von Riboflavin, jedoch 9,5 g feste Verunreinigungen.

Die Aktivkohle wurde dann mit 600 ccm einer Lösung von 90% Phenol in Wasser eluiert. Das Phenoleluat wurde mit vierfachem Volumen Äther behandelt und mit mehreren Wasserportionen in solcher Weise extrahiert, daß 95% des in der ursprünglichen Stoffwechselflüssigkeit anwesenden Riboflavins in der wäßrigen Schicht (Totalvol. 1 : 1) gewonnen wurde. Die Riboflavinkonzentration in bezug auf die festen Stoffe war etwa 30%; offensichtlich ist eine weitere Reinigung zur Erzielung des reinen Vitamins nicht schwierig, wenn man von einem solchen Material ausgeht.

Riboflavin wird auch in anderer Weise behandelt. M. E. AUERBACH und die *Winthrop-Stearns*, New York, haben gefunden, daß man Riboflavin mit einem Alkalimetallhydroxyd und Borsäure umsetzen kann, indem man ein Doppelsalz von Natriumriboflavin und Natriumtetraborat bildet. Dieses Doppelsalz ist in destilliertem Wasser bei Zimmertemperatur (20° C) hinreichend löslich, um die Herstellung von Lösungen zu gestatten, welche 40 bis 50 mg Riboflavin je Kubikzentimeter enthalten. Der p_H-Wert dieser wäßrigen Lösungen liegt zwischen 9,2 und 9,5, und die so gebildeten Lösungen bleiben klar, wenn sie auf den normalen p_H-Wert des Blutes gepuffert werden.

In ähnlicher Weise kann ein Doppelsalz gebildet werden, das Natriumriboflavin und Natriummetaborat enthält. Dieses Salz ist in destilliertem Wasser bei 20° C hinreichend löslich, um die Herstellung von Lösungen zu gestatten, welche 90—100 mg Riboflavin je Kubikzentimeter enthalten. Der p_H-Wert dieser wäßrigen Lösungen liegt aber zwischen 10,3 und 10,5, und sie sind deshalb etwas weniger brauchbar als Lösungen, welche das Tetraboratdoppelsalz enthalten.

Es ist bekannt, daß der Pilz Eremothecium ashbyii die Fähigkeit besitzt, in gewissen Nährlösungen Lactoflavin zu bilden. Da der Pilz sehr empfindlich ist, muß das Nährmedium bezüglich seiner Zusammensetzung sehr sorgfältig ausgewählt werden. Gute Erfolge hat nun die *F. Hoffmann-La Roche & Co. A.G.*, Basel, in folgender Weise erzielt:

Eine Maische, die 4% fein gemahlene Linsen, 1% Rohrzuckermelasse und 0,5% Natriumchlorid enthält, wird in einem geschlossenen Gefäß während 30 Minuten mit Hilfe von gespanntem Dampf auf 120° C erhitzt. Nach zweitägigem Stehen wird das Erhitzen wiederholt. Nach dem Abkühlen wird das Medium mit 10% Volumteilen einer dichten Mycelsuspension von Eremothecium ashbyii geimpft. In die so erhaltene Kultur wird sterile Luft eingeleitet und die Flüssigkeit mittels eines Rührers mechanisch bewegt. Der Schaft des Rührers sowie der obere Teil des Gefäßes sind mit Einrichtungen zur Verhinderung des Eintrittes fremder Organismen in das Gefäß bei der Eintrittsöffnung des Rührers versehen. Die Temperatur wird bei 28° C gehalten. Die Pilze wachsen sehr rasch. Das entstehende Lactoflavin ist von dunkelgelber Farbe. Zur Verhinderung der Schaumbildung wird in flüssigem Paraffin gelöstes Octadecanol zugesetzt. Von Zeit zu Zeit erfolgt die Entnahme von Proben zur p_H-Bestimmung. Wenn das p_H über 7,5 steigt, wird 0,5% sterilisierte Rohrzuckermelasse zugesetzt; weitere solche Zusätze werden in regelmäßigen Zeitabständen in die Gärlösung gegeben, um das p_H innerhalb der Grenzen von 6,6—7,4 zu halten; nach 8 Tagen erreicht der Lactoflavingehalt 1,4 g je Liter. Dann kann aufgearbeitet werden.

c) Herstellung von Vitamin B_4.

Nachdem man festgestellt hat, daß der wasserlösliche, besonders in der Hefe vorhandene, früher als Vitamin B bezeichnete Wachstumsfaktor keine einheitliche Substanz ist, sondern aus verschiedenen Vitaminen besteht, die man als Vitamin B_1, B_2, B_3 usw. bezeichnet, ist auch Vitamin B_4 gewonnen worden. Zum Anreichern dieses Vitamins hat man die Intensität der blauen Fluorescenz im ultravioletten Licht herangezogen. Diese Fluorescenz ist nun bei der *I. G. Farbenindustrie A.G.*, Frankfurt, durch Reduktion mit Natriumhydrosulfit zum Verschwinden gebracht worden, so daß man die wirksamen Fraktionen von den unwirksamen Fraktionen schnell unterscheiden kann. Man hat nun Vitamin B_4 in folgender Weise gewonnen:

Der Kochsaft von 25 kg Hefe wird mit verdünnter Schwefelsäure auf p_H 1 gebracht und mit 2 kg Fullererde verrührt. Das Adsorbat wird zuerst mit 100 l 6%iger Barytlösung, dann mit 20 l 10%igem wäßrigem Pyridin ausgezogen. Nur die Pyridinlösung wird weiterverarbeitet. Sie wird unter vermindertem Druck auf 250 ccm eingeengt, filtriert und dreimal mit demselben Volumen Toluol ausgeschüttelt. Die so erhältliche wäßrige Lösung zeigt kräftige Vitamin-B_4-Wirkung.

Will man den blau fluorescierenden Stoff weiter anreichern, so kann man die Adsorption an Fullererde mit der wäßrigen Schicht wiederholen und die erste Adsorption z. B. mit 25%igem Pyridin und die zweite Adsorption in Form eines Chromatogramms, das mit 2- bis 3%igem Pyridin entwickelt wird, vornehmen[1]. Die am stärksten fluorescierende Zone wird mit 30%igem Pyridin eluiert. Das Eluat wird auf etwa 20 ccm eingeengt und zentrifugiert. Die Lösung wird mit Silbernitrat gefällt. Der Silberniederschlag wird mit Schwefelwasserstoff entsilbert. Das bei der Abtrennung des Silbersulfids anfallende Filtrat wird schwach alkalisch gemacht und 48 Stunden lang mit Chloroform extrahiert. Aus der Chloroformlösung scheidet sich nach Einengen und Abkühlen eine Substanz in gelben Prismen aus, die aus Chloroform umkristallisiert werden können. Die Kristalle schmelzen bei rund 225° C unter Zersetzung und Orangefärbung. Die Substanz besitzt basische Eigenschaften und wachstumsfördernde Wirkung.

---

[1] Siehe G. KLEIN: Handbuch der Pflanzenanalyse. Wien: Springer 1933, Bd. IV, S. 1403—1437.

d) Herstellung von Vitamin B_6.

Die Wirkung von Vitamin B_6 wird an Ratten ausgewertet, bei denen sich nach Fütterung mit einer bestimmten Mangelkost eine der menschlichen Pellagra ähnliche Hautschädigung entwickelt, die mit Vitamin-B_6-Präparaten heilbar ist. R. KUHN und G. WENDT und die *I. G. Farbenindustrie A.G.* haben gefunden, daß dieses Vitamin in der Natur in Gestalt einer Verbindung mit einem Protein vorkommt und sich bei geeigneter Arbeitsweise gewinnen läßt, z. B. in folgender Weise:

8 Teile Lebedew-Saft werden auf 5° gekühlt und mit 3 Teilen eiskaltem Aceton gefällt. In der Lösung verbleibt die Hauptmenge des gelben Ferments. Der Niederschlag enthält die Hauptmenge der Vitamin-B_6-Proteinverbindung; er wird in 4 Teilen eiskaltem Wasser gelöst und mit Ammoniumsulfat bis zu 70% der Sättigung versetzt. Den Niederschlag nimmt man mit Wasser auf und dialysiert ihn bei 5° erschöpfend gegen Wasser. Die Innenflüssigkeit stellt eine fast farblose Flüssigkeit dar, von der, bezogen auf das Trockengewicht, 50 mg täglich genügen, um vitamin-B_6-kranke Ratten in 3 Wochen vollständig zu heilen. Sie läßt sich durch Erwärmen auf 75° koagulieren.

(Vitamin B_{12}, s. S. 331.)

e) Die Gewinnung von Ergosterin und Zymosterin.

A. WINDAUS und W. GROSSKOPF haben 1922 aus 10 kg Preßhefe durch Ätherextraktion und Umkristallisieren aus Petroläther und aus Alkohol 15 g feine silberne Blättchen eines Sterins mit dem Schmelzpunkt 154° C gewonnen und die weitere Reinigung durch Überführung in das Acetat mit dem Schmelzpunkt 180—181° C vorgenommen. W. KIRSCH hat 1928 das Ergosterin als Vorstufe des antirachitischen Vitamins angesehen. Durch Bestrahlung mit ultraviolettem Licht war es möglich, das Ergosterin in die hochaktive Form überzuführen. I. SMEDLEY-MACLEAN stellte fest, daß in der Hefe zwei Sterine enthalten sind, die sich durch ihre optische Drehung unterscheiden. Er vermutete, daß das linksdrehende Ergosterin und das rechtsdrehende Zymosterin zusammengehören. Beide wurden durch Digitonin gefällt. A. HEIDUSCHKA und H. LINDNER haben Hefe unter fettsteigernden Bedingungen gezüchtet, und fanden, daß sich der Ergosteringehalt erhöht. Neben Fett wirkt auch Sauerstoff steigernd auf die Ergosterinbildung, wie O. RIEMER fand. CH. E. BILLS, O. N. MASSENGALE und P. S. PRICKETT haben eine große Reihe von Hefekulturen untersucht, und gefunden, daß gleiche Heferassen verschiedener Herkunft sehr verschiedenen Ergosteringehalt aufwiesen, von 0,2—1,4%. Die Art des Trocknens der Hefe soll die Ausbeute beeinflussen.

Die Schwankungen wurden auch 1933 bestätigt, aber CASTILLE und E. RUPPOL nahmen an, daß sie weniger von der Hefeart als vielmehr vom Nährboden abhängen.

Inzwischen hatten E. MERCK 1928 die unverseifbaren Bestandteile von Hefefett verestert und mit ultraviolettem Licht bestrahlt, und die *I. G. Farbenindustrie A.G* das Ergosterin durch Aufspaltung der Zellwandungen mittels Autolyse oder enzymatischer Einwirkung gewonnen. 2 kg frische

Preßhefe mit 25% Trockensubstanz wurden mit Essigester oder Chloroform autolysiert, und die ganze Masse dann mit einer Kultur von Bacillus subtilis, die auf autolysierter Hefe gezüchtet war, mehrere Tage bei 40° C behandelt. Dabei wurden die Zellwandungen soweit abgebaut, daß ein Teil der verflüssigten Masse mechanisch abgetrennt werden konnte. Der mit Ergosterinester angereicherte Rückstand wurde dann mit alkoholischer Natronlauge behandelt und das Ergosterin mit Äther extrahiert.

CH. N. FREY und R. F. LIGHT haben 100 g Hefe mit 100 ccm 95%igem Alkohol, 20 g KOH und 20—25 ccm Wasser 2—3 Stunden lang unter Rückfluß gekocht, die heiße Lösung filtriert, und beobachtet, daß das Ergosterin beim Abkühlen auskristallisiert.

A. GAMS und F. LOCHER gewannen das Ergosterin aus Hefe durch mehrstündiges Erhitzen unter Druck mit einer wäßrigen Lösung von Alkalihydroxyd oder -carbonat bei 120° C. Das Sterin scheidet sich an der Oberfläche der Lösung ab, es wird mit Äther extrahiert, mit Wasser gewaschen, getrocknet und der Äther verdampft, worauf das Sterin auskristallisiert. Die alkalische Lösung wird zur Gewinnung von restlichen Mengen Sterin mit Äther extrahiert.

Bei *F. Hoffmann-La Roche & Co., A.G.* sind 100 Teile Hefe mit je 25 Teilen KOH und Wasser 35 Stunden unter Rückfluß erhitzt worden. Dann wurde mit Benzol extrahiert und die Lösung auf 1—2 Teile eingedampft. Beim Abkühlen kristallisierte die Hauptmenge des Ergosterins 0,3 Teile aus. Die Mutterlauge wurde getrocknet, der Rückstand mit Petroläther verrührt und nach starkem Abkühlen abgesaugt. Aus dem Rückstand ließen sich mittels Äther neben weiterem Ergosterin noch 0,07 Teile *Zymosterin* gewinnen.

f) Herstellung von Vitamin-D-Präparaten.

Wenn man Ergosterin mit ultraviolettem Licht bestrahlt, wird es nicht nur in Vitamin D umgewandelt, sondern auch in einige Nebenprodukte, die keine Bedeutung haben und als Verunreinigungen des gebildeten Vitamins D gelten. E. H. REERINK und A. VAN WIJK, Eindhoven, Holland, führen nun die Bestrahlung in etwas anderer Weise durch als bisher. Es werden nur Strahlen mit Wellenlängen über 270 m, und vorzugsweise nicht über 300 m, benutzt, und das gebildete Vitamin D wird der Bestrahlung entzogen, bevor 60% des Ergosterins umgewandelt worden sind.

Hierzu dient eine Quecksilberbogenlampe, wie in Abb. 108.

Das ultraviolette Licht wird von einer Quecksilberdampflampe *1* mit einer Quecksilberelektrode *2* und einer festen Elektrode *3* ausgestrahlt. Der Strom wird der Röhre durch einen Transformator *4* über einen Vorschaltwiderstand *5* zugeführt. Die Wandung der Röhre besteht aus Quarz, der das von dem Quecksilberbogen ausgestrahlte Licht so gut wie gleichmäßig durchläßt. Dieses Licht trifft einen Behälter *6*, in den die zu bestrahlende Substanz eingeschlossen ist. Dabei treten die Lichtstrahlen aber durch einen dazwischengefügten Behälter *7*, dessen Wandung ebenso wie die des Behälters *6* aus Quarz besteht. Der Behälter *7* ist mit einer Flüssigkeit z. B. einer Benzollösung gefüllt, die Licht mit einer kürzeren Wellenlänge, 270 m, festhält, längere Wellenlängen dagegen so gut wie ungestört durchläßt. Im Behälter *6* ist eine Lösung von Ergosterin in Äther, Hexan od. dgl. enthalten. An dieses Gefäß sind Rohre *8* und *9* angeschmolzen, durch welche die Flüssigkeit zu- und abgeleitet werden kann, so daß eine ununterbrochene Herstellung erzielt wird. Die Geschwindigkeit, mit der die Flüssigkeit das Gefäß *6* durchfließt, muß derart geregelt werden, daß die Bestrahlung beendet ist, bevor 60% des Ergosterins umgewandelt sind.

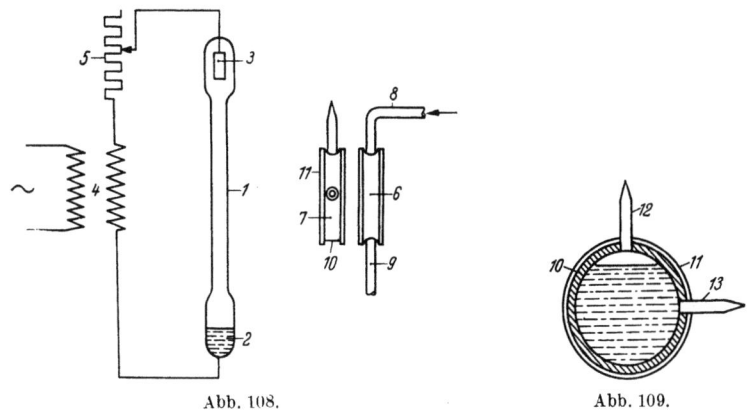

Abb. 108.   Abb. 109.

Abb. 109 ist ein Schnitt durch den Behälter *7*. Dieser besteht aus einem kleinen Quarzzylinder *10*, der an beiden Enden von einer kleinen, ebenfalls aus Quarz bestehenden Platte *11* abgeschlossen wird. An den Zylinder sind Rohre *12* und *13* angeschmolzen, durch die das Gefäß entlüftet und die Flüssigkeit eingeführt werden kann. Nach der Füllung werden diese Rohre abgeschmolzen. Die verbleibenden Teile können zur Befestigung dienen.

g) Herstellung von Vitamin B_{12}.

Es ist bekannt, daß Vitamin B_{12} die Eigenart hat, das Wachstum von Lactobacillus lactis Dorner zu fördern und daß es als Nahrungsergänzungsstoff wichtig ist. Diese wachstumsfördernde Wirkung in bezug auf den genannten Mikroorganismus hat SHORB[1] mit einer Testmethode gefunden. Als willkürlicher Standard für die Wirksamkeit von 1000 Einh./mg dient diejenige Menge eines gereinigten Leberextraktes, welche zur Erzielung des halben maximalen Wachstums benötigt wird. Reines kristallines Vitamin B_{12} hat etwa 11 Millionen LLD-Einh./mg.

Es ist schon lange bekannt, daß insbesondere die in der Hühnerzucht verwendete Nahrung, welche in der Hauptsache aus Pflanzenmaterial besteht, zwar in bezug auf den Gehalt an Aminosäuren, Mineralstoffen und an Vitaminen bekannter chemischer Struktur vollwertig sind, aber einen Mangel an Faktoren aufweisen, welche für die maximale Wachstumsgeschwindigkeit der Tiere unerläßlich sind. Ein solcher Faktor wird gewöhnlich in den Geweben des Huhns aufgespeichert und durch das Ei auf das Kücken übertragen. Daher ist es vorteilhaft, solches Futter zu geben, welches den Faktor enthält, um die genügende Brutfähigkeit der Eier und die

---

[1] J. Biol. Chem. **169**, 455—456.

Lebensfähigkeit der ausgebrüteten Kücken zu sichern. Die Kücken müssen deshalb die betreffende Substanz entweder indirekt durch das Ei von der Henne oder direkt mit der Nahrung erhalten. Nun enthalten gute Nährmittel für Hühner den animalischen Proteinfaktor (APF) in Form von Lebermehl, Fischmehl, Fischextrakt usw. Dabei haben die genannten Produkte aber den Nachteil, daß sie verhältnismäßig geringe und wechselnde Mengen des benötigten APF enthalten.

Die *Merck & Co.*, Rahway (N. J. USA), hat nun gefunden, daß die durch Kultivieren von gewissen Pilzstämmen in wäßrigen Lösungen erhaltenen Gärungsrückstände eine reiche Quelle eines wachstumfördernden Mittels darstellen, die praktisch dem APF in der Förderung des Wachstums von Kücken gleichkommt. Es wurde ferner gefunden, daß aus den genannten Rückständen ein reines Vitamin B_{12} isoliert werden kann, und schon der Zusatz von nur 0,000003% Vitamin B_{12} eine maximale Wachstumsgeschwindigkeit bei Kücken ergibt. Zudem braucht man das Vitamin B_{12} nicht in reiner Form aus der Brühe zu gewinnen, sondern es können auch Konzentrate mit einem entsprechenden Gehalt an LLD-wirksamen Substanzen als Futterzusatz verwendet werden. Aus den kultivierten Pilzstämmen wird eine Gärflüssigkeit gewonnen, die wenigstens 20 LLD-Einheiten je Milligramm der enthaltenen Feststoffe zeigt. Die wasserlöslichen festen Bestandteile solcher Brühen weisen eine Wirksamkeit in der Höhe von etwa 140 LLD-Einh./mg auf. Es können leicht Konzentrate hergestellt werden, welche 2000 Einheiten oder mehr enthalten, während die bisherigen reichsten APF-haltigen Produkte nur etwa 1—3 LLD-Einh./mg zeigen.

Eine an APF mangelhafte Grundration für Hühner kann, wie bereits erwähnt, dadurch in bezug auf APF vollwertig gemacht werden, daß ihr 0,000003% Vitamin B_{12} zugesetzt werden, an Stelle von 1—5% Fischmehl oder Fischextrakt. Genannter Vitamin-B_{12}-Zusatz entspricht ungefähr 330000 LLD-Einheiten je Kilogramm Futter. Ein Konzentrat von 2000 LLD-Einh./mg liefert einen Gehalt von 330000 LLD-Einheiten je Kilogramm Futter bei einem Zusatz von 165 mg des Konzentrats zu 1 kg Futter (0,0165%).

Die vorgeschlagene Arbeitsweise kann mit der Herstellung von *Streptomycin* und *Grisein* verbunden werden. Hierbei entstehen große Mengen Gärbrühe, die nach Abtrennung der vorgenannten Produkte bisher nicht ausgenutzt worden sind.

Es wurde beispielsweise wie folgt gearbeitet:

Ein Gärbehälter von 15,2 cbm wurde mit 23 kg konzentriertem Fleischextrakt (etwa 70% feste Bestandteile), 143 kg eines Tryptinabbauproduktes von Casein, 72,5 kg Natriumchlorid, 720 g Ferrosulfat-heptahydrat, 144 g Kobaltonitrat-hexahydrat, 20 l Sojabohnenöl und etwa 13,2 cbm Wasser gefüllt. Die Mischung wurde 30 Minuten bei 120° C sterilisiert, dann auf etwa 28° C abgekühlt und mit 1130 l der Kultur eines Grisein erzeugenden Stammes von Streptomyces griseus (bezeichnet mit 25 G) geimpft. Das geimpfte Nährmedium wurde bei einer Temperatur von etwa 28° C während etwa 48 Stunden der Gärung überlassen, wobei kontinuierlich mit etwa 140 cbm Luft je Stunde durchlüftet wurde. Am Ende der Gärperiode wurde die Brühe durch Zusatz von Phosphorsäure auf den

p_H-Wert 3 eingestellt und filtriert. Der Filterkuchen wurde mit Wasser ausgewaschen. Die Waschflüssigkeit wurde mit dem Filtrat vereinigt und durch Zusatz von Natronlauge leicht alkalisch gemacht und nochmals filtriert. Die erhaltene Gärflüssigkeit zeigte den p_H-Wert 7,8, enthielt 1,7% feste Bestandteile und zeigte 2400 LLD-Einh./ccm.

Um kristallines *Vitamin B_{12}* zu erhalten, kann zunächst ein festes Konzentrat aus der Gärbrühe durch Behandlung mit Aktivkohle und Aufarbeitung des feuchten Rückstandes hergestellt werden. Dieses wurde mit Methanol extrahiert und der alkoholische Extrakt durch eine Kolonne mit aktiver Tonerde zwecks Adsorption des Vitamin B_{12} geleitet. Die Kolonne wurde mit frischem Methanol eluiert und die Fraktionen mit starker LLD-Aktivität vereinigt und eingeengt. Zu der konzentrierten alkoholischen Lösung wurde Aceton zugesetzt und das ausgefällte rohe Vitamin B_{12} abfiltriert. Das Produkt wurde durch Ausfällen aus einer Äthanollösung durch Zusatz von Aceton mit nachfolgendem Umkristallisieren aus wäßrigem Aceton gereinigt. Ausbeute: 106 mg kristallines Vitamin B_{12}.

Wichtig ist, daß solche Pilze ausgewählt werden, die bei der Züchtung Gärbrühen liefern, die mindestens 20 LLD-Einheiten je Milligramm der in ihnen gelösten Feststoffe aufweisen, und daß die Abtrennung von der Brühe in der Weise geschieht, daß praktisch eine Vitaminzersetzung vermieden wird.

Nach einem Verfahren von E. AUHAGEN, J. SCHMID und den *Farbenfabriken Bayer*, Leverkusen, gelangt man zu besonders reinen Vitamin-B_{12}-Präparaten, wenn man nicht von den Kulturfiltraten der Mikroorganismen, sondern von den Zellen selbst ausgeht. Man gelangt so zu besonders hohen Ausbeuten, wenn man Zellen verwendet, deren Wachstum abgebrochen wurde, bevor der Hauptteil des Vitamin B_{12} in die Nährlösung übergegangen ist. Das Vitamin läßt sich aus den Zellen leicht gewinnen. Zum Beispiel kann man sie mit Wasser bei Temperaturen von über 50° extrahieren oder mit organischen Lösungsmitteln behandeln. Aus den Lösungen läßt sich dann das Vitamin B_{12} nach den für die Anreicherung des Antiperniciosafaktors aus Leber bekannten Methoden in gereinigter Form gewinnen. Es wurde z. B. wie folgt gearbeitet:

300 l sterile wäßrige Nährlösung – enthaltend 900 g Rohrzucker, 1500 g Invertzucker, 1500 g Glycerin, 1200 g $(NH_4)_2HPO_4$, 1500 g $NaCl$, 600 g K_2HPO_4, 300 g $MgSO_4 \cdot 7H_2O$, 120 g $CaCl_2 \cdot 6H_2O$, 6 g $FeSO_4 \cdot 7H_2O$, 3 g $ZnSO_4 \cdot 7H_2O$, 0,3 g $CoSO_4 \cdot 7H_2O$, 2000 g Eiweißhydrolysat – werden mit Sporen von Actinomyces griseus beimpft. Unter Wahrung der Sterilität bläst man in die gut gerührte Nährlösung je Minute 300 l Luft ein. Nach 70 Stunden wird das gebildete Mycel abgeschleudert. Man erhält 6000 g Mycel mit insgesamt 180 mg Vitamin B_{12}. Das feuchte Mycel wird unter Rühren in 60 l Wasser von 90° eingetragen. Dabei sinkt die Temperatur auf 80°. Man kühlt schnell auf Zimmertemperatur und schleudert die Zellbestandteile ab. Die Lösung wird unter vermindertem Druck auf 2 l eingeengt und mit 4 l 96%igem Alkohol versetzt. Der dabei auftretende Niederschlag wird durch Abschleudern beseitigt und mit 65%igem Alkohol gewaschen. Die Lösung wird mit der Waschflüssigkeit vereinigt, durch Abdestillieren unter vermindertem Druck von Alkohol befreit und mit Wasser auf ein Volumen von 3 l gebracht. Man rührt die trübe Lösung 1 Stunde

lang mit 120 g einer hochaktivierten Kohle, schleudert die Kohle ab, wäscht sie mit Wasser und eluiert sie zweimal mit je 6 l 65%igem Alkohol. Die vereinigten Eluate werden eingeengt auf 2 l. Die so gewonnene rötlichgelbe Lösung enthält nach den Ergebnissen des mikrobiologischen Testes 60 mg Vitamin B_{12} in einem Reinheitsgrad, der für die klinische Anwendung vollkommen ausreicht. Das Vitamin B_{12} kann, wenn das gewünscht wird, von weiteren Ballaststoffen befreit werden, indem man beispielsweise die Lösung mit Ammoniumsulfat sättigt und den dabei entstehenden Niederschlag, der fast das gesamte Vitamin enthält, abtrennt. Man kann die so erhaltenen Präparate auch nach den Methoden der chromatographischen Adsorptionsanalyse weiterreinigen.

Man kann auch die gewonnenen feuchten Mycelien an der Luft trocknen, anschließend 3 Stunden auf 120° erhitzen und staubfein mahlen. Das Pulver rührt man wiederholt mit 80%igem Aceton kalt an und preßt ab. Aus den vereinigten Extrakten, die das Vitamin enthalten, werden nach Einengen auf 3 l durch nochmaligen Zusatz von 12 l Aceton Verunreinigungen gefällt. Das Chromatographieren der geklärten Lösung geschieht an einer Säule aus gesäuertem Aluminiumoxyd unter gelindem Überdruck, wobei sich das Vitamin unter einer graubraunen Zone von Verunreinigungen als rosa Zone anreichert. Die Säule wird mit 2 l 80%igem Aceton nachgewaschen; die fraktionierte Elution erfolgt mit 50%igem Aceton so lange, bis die abfließende Lösung farblos erscheint. Das Eluat, das einen mikrobiologisch bestimmten B_{12}-Gehalt von etwa 100 mg hat, wird mit so viel Äther versetzt, daß zwei Schichten entstehen. Die untere wäßrige Schicht, die das Vitamin enthält, engt man im Vakuum auf 50 ccm ein. Die so hergestellte Lösung enthält das Vitamin in einem Reinheitsgrad, der für die klinische Anwendung ausreicht.

Zur Reinigung von Vitamin B_{12} sind eine Reihe von Arbeitsmethoden entwickelt worden, von denen die beiden folgenden kurz beschrieben werden.

1. T. REICHSTEIN, J. LENS, H. G. WIJMENGA und die *N. V. Organon*, Oss, Niederlande, haben eine wäßrige Lösung eines Vitamin-B_{12}-haltigen Stoffes mit einer 10- bis 25%igen Phenollösung in einem organischen Lösungsmittel behandelt und darauf die erhaltenen organischen Phasen aufgearbeitet, so z. B. wie folgt:

Ein bereits vorgereinigter Hefeextrakt mit einem Volumen von 1,15 l und einem Trockenrest von 275 g wird dreimal ausgeschüttelt mit einem Gemisch von 1 Gewichtsanteil Phenol und 3 Volumanteilen Chloroform. Für jedes Ausschütteln gebraucht man 1 l dieses Gemisches. Man entfernt das Chloroform der versammelten organischen Schichten im Vakuum und destilliert darauf das Phenol mit Wasserdampf im Vakuum bei einer Temperatur von 40° C. Der Rest wird mit Äther ausgeschüttelt zwecks Entfernung der letzten Spuren an Phenol. Der erhaltene braune, wäßrige Extrakt enthält nur 11 g Trockenrest und innerhalb des Probefehlers die ganze Aktivität, gemessen mit Lactobacillus Lactis Dorner.

2. L. E. McDANIEL, H. B. WOODRUFF und die *Merck & Co.*, Inc. Rahway (USA), haben die Herstellung des Vitamin B_{12} in der Weise vorgenommen, daß die Fermentation in Gegenwart eines Stoffes ausgeführt wird, welcher in der Lage ist, an den Organismus die Cyangruppe abzugeben.

Dabei wird dieser Stoff innerhalb solcher Grenzen angewendet, daß einerseits eine Verzögerung des Fermentationsvorganges vermieden wird und andererseits eine erhöhte Bildung von Vitamin B_{12} eintritt[1].

h) Herstellung eines vitaminhaltigen Hefe-Leberpräparates.

Aus medizinischen Gründen ist es erwünscht, Präparate zu schaffen, die neben dem angereicherten Antiperniciosaprinzip auch die sämtlichen B-Vitamine in hoher Konzentration enthalten. Da nun die Hefe verschiedene antianämische Faktoren neben Vitaminkomplexen enthält und außerdem hochwertiges Eiweiß besitzt, welches bei der gemeinsamen Autolyse mit Leber usw. in Aminosäuren gespalten werden kann, so haben A. HOCK und die *Zellstoffabrik Waldhof* folgende Arbeitsweise angewendet:

Frische, d. h. lebende Hefe beliebiger Herkunft, so z. B. Torulawuchshefe, Preßhefe, Bierhefe usw., und Leber oder andere Organe oder Gewebe werden in geeignetem Verhältnis z. B. 2:1, gemeinsam unter Zusatz von zellabtötenden Mitteln, wie z. B. Toluol oder Essigester, bei 35—39° C autolysiert. Die Autolyse ersetzt dabei die technisch nur unbefriedigend durchführbare künstliche Verdauung mit Magensaft oder Magenschleimhaut. Die Autolyse darf nicht zu lange fortgesetzt werden, damit nicht zuviel Eiweiß zu Aminosäuren abgebaut wird. Die Aminosäuren sind zwar durchaus erwünscht, sie erniedrigen jedoch andererseits im Endprodukt, gewissermaßen durch Verdünnung, die Konzentration der wirksamen antianämischen Faktoren.

Nach beendigter Autolyse wird der verflüssigte Ansatz bei einem für die Extraktion optimalen p_H, z. B. 3—6, mit geeigneten Extraktionsmitteln, z. B. Alkoholen, wie Äthanol oder Methanol, auf etwa 65—85% Alkohol gebracht und der Extrakt vom unlöslichen Rückstand, z. B. durch Filtrierpressen, Zentrifugen od. dgl., abgetrennt. Unlöslich bleiben unverdauliches Eiweiß, Peptide und höhere Kohlehydrate, welche gegebenenfalls für andere Verwendungszwecke weiter verarbeitet werden können. In der Lösung sind nach entsprechendem Auswaschen des Rückstandes, beispielsweise mit 70%igem Alkohol, praktisch quantitativ sämtliche antianämischen Wirkstoffe aus der Leber und Hefe enthalten. Außerdem enthält die Extrakttrockensubstanz etwa 50% des Ausgangseiweißes in Form von Aminosäuren und niedrigen Peptiden.

Die vereinigten Alkoholextrakte werden auf eine möglichst hohe Konzentrationsstufe, z. B. im Vakuumverdampfer, eingeengt. Dabei destilliert der Alkohol über und kann nahezu restlos wiedergewonnen werden. Der eingedickte Extrakt wird in geeigneter Weise, z. B. in einem Zerstäubungstrockner, zu einem hygroskopischen Pulver getrocknet, das in eine geeignete Form, wie z. B. in Tabletten, gepreßt und dragiert wird.

Das Präparat besteht zu 90% aus Aminosäuren und Peptiden sowie Wirkstoffen, wie Vitaminen usw. Um letztere und die Aminosäuren aus den Extrakten in reiner Form zu gewinnen, wird der nach der vorstehenden Behandlungsweise erhaltene Extrakt zunächst mit Fullererde oder Adsorptionskohle behandelt. Von diesen kann man die Adsorbate mittels Säuren abtrennen und die Filtrate einer Behandlung mit Ionenaustauschern unterziehen.

---

[1] Vgl. hierzu J. Biol. Chemie **180**, 125 (1949).

i) Herstellung von Vitamin H (Biotin).

Das Hautschutzvitamin H ist als Wuchsstoff Biotin in der Hefe enthalten, es kommt entweder als Biskonzentrat in der Brauindustrie oder aber als Vitamin H für pharmazeutische Zwecke in Frage. Es kann z. B. in folgender Weise gewonnen werden:

Der Autolysensaft von 7 kg abgepreßter Hefe wird mit Fullererde gereinigt, auf 50% Trockensubstanz eingeengt und mit 4 l absolutem Alkohol entmischt. Der alkoholische Anteil wird in 2 l Wasser gelöst, mit neutralem Bleiacetat und anschließend mit Mercurichlorid gefällt. Das eingeengte Filtrat wird mit 600 ccm Essigsäureanhydrid acetyliert. Das Acetat wird mit Chloroform aufgenommen, mit Wasser und Salzsäure ausgezogen und mit diesen Auszügen die Acetylierung wiederholt. Die wasserlöslichen Anteile werden in 10 ccm 5%iger Schwefelsäure gelöst, mit Phosphorwolframsäure gefällt und der Niederschlag mit Baryt zerlegt. Hierauf wird in 15 ccm Wasser gelöst und mit Mercurichlorid gefällt. Das so erhaltene Rohprodukt kann weiter gereinigt werden, wobei mit Pikrolonsäure, Reinecke-Salz und Oxalsäure gearbeitet wird.

Das Verfahren ist in der *Farbenindustrie A.G.* entwickelt worden.

k) Gewinnung eines Wuchsstoffpräparates.

E. AUHAGEN und die *Farbwerke Höchst A.G.*, Frankfurt-Höchst, haben gefunden, daß ein Wuchsstoff in besonders hoher Konzentration und in verhältnismäßig großer Reinheit entsteht, wenn man die Bakterien während ihres Wachstums reichlich mit Sauerstoff versorgt. Man erhält dann Kulturfiltrate, die bis zu 200mal wirksamer sind als Filtrate von Kulturen, die in üblicher Weise gewachsen sind. Zur guten Versorgung mit Sauerstoff genügt es schon, die Kulturen unter sauerstoffhaltigen Gasen zu schütteln oder zu rühren; noch bessere Ergebnisse erzielt man durch Einblasen von Sauerstoff oder sauerstoffhaltigen Gasen, wie Luft, in die Kulturen. Es ist zweckmäßig, das einzublasende Gas in feinverteilter Form in die Flüssigkeit eintreten zu lassen. Der während des Wachstums entstandene Wuchsstoff fördert das Hefewachstum in der gleichen Weise wie Biotin und vermag dieses vollständig zu ersetzen. Überraschenderweise ist er aber nicht mit Biotin identisch; es handelt sich vielmehr um einen offenbar bisher unbekannt gebliebenen Wuchsstoff von hoher physiologischer Wirksamkeit. Im Gegensatz zu dem bekannten Biotin aus Eigelb, Leber oder Milch wird der neue Wuchsstoff durch den aus Eieralbumin dargestellten Biotininaktivator Avidin nicht unwirksam gemacht.

Der neue Wuchsstoff läßt sich durch an sich übliche Maßnahmen weiter anreichern. Dazu sind, wie gefunden wurde, Adsorptionsverfahren besonders geeignet; als Adsorptionsmittel kommen vor allem Kohle und Bleicherde in Frage.

In 4 l einer sterilen Nährlösung, enthaltend 10 g Glucose, 4 g $(NH_4)_2SO_4$, 0,4 g $MgSO_4 \cdot 7H_2O$, 0,4 g KH_2PO_4, 0,5 g K_2HPO_4, 0,8 g NaCl, 0,2 g C $(NO_3)_2$, 0,4 mg Vitamin B_1, 0,4 mg Vitamin B_6, 4 mg d,1-Pantothensäure, 5 g Caseinhydrolysat, bläst man durch eine Glassinterplatte nach Impfung mit

B. coli einen kräftigen Strom steriler feuchter Luft ein. Nach 15 Stunden bei 30° schleudert man die üppig gewachsenen Bakterien ab, sterilisiert die Lösung und filtriert.

Setzt man 10 ccm dieser Lösung zu 1 l einer Hefenährlösung hinzu, so erzielt man ein Hefewachstum, wie es unter vergleichbaren Verhältnissen nur durch Biotinzusatz erreicht werden kann.

Wenn man 1 l der vorgenannten Wuchsstofflösung 1 Stunde lang mit 0,5 g Tierkohle schüttelt, so erhält man ein wesentlich reineres Produkt, nachdem man das Kohleadsorbat abgeschleudert und mit wäßrigem methylalkoholischen Ammoniak eluiert hat.

1) Mikrobiologische Vitaminbestimmungen.

(Siehe a. Abschn. ,,Ausgewählte Analysenvorschriften", S. 543 ff.)

In neuerer Zeit reichen die chemischen Bestimmungsmethoden zur Feststellung des Vitamingehaltes nicht mehr aus, und ebenso sind die biologischen Teste, meist als Tierversuche durchgeführt, für bestimmte Zwecke unvoll-

Tabelle 22 a.

Vitamin	Test-Organismus	Art der Bestimmung	Kleinste quantitativ zu erfassende Menge	Bebrütungsdauer
Vitamin B_1 Aneurin	Phycomyces blakesleanus	Trockengewicht	0,05 γ	8 Tage
	Saccharomyces cerevisae	manometrisch	0,005 γ	2 Stunden
	Lactobacillus fermentum	Trübungsmessung	0,005 γ	16—18 Stunden
	Streptococcus salivarius	Trübungsmessung	0,1 γ	24 Stunden
Vitamin B_2 Lactoflavin	*Lactobacillus casei* ε	Titration	0,025 γ	3 Tage
Vitamin-B_6-Komplex Pyridoxin usw.	Lact. casei ε Strept. faecalis Sacch. carlsbergensis	} Trübungsmessung	0,01 γ	20—24 Stunden
	Neurospora sitophila	Trockengewicht	0,1 γ	5 Tage
Nicotinsäure	*Lactobacillus arabinosus*	Titration	0,05 γ	3 Tage
Pantothensäure	*Lact. arabinosus*	Titration	0,01 γ	3 Tage
Biotin	*Lact. arabinosus*	Titration	0,1 mγ	3 Tage
Vitamin H	*Lact. casei* ε	Titration	0,04 mγ	3 Tage
Inosit	Sacch. cerevisiae	Trübungsmessung	0,5 γ	16 Stunden
	Neurospora crassa	Trockengewicht	2,5 γ	3 Tage
Cholin	Neurosp. crassa	Trockengewicht	0,5 γ	3 Tage
p-Aminobenzoesäure (Vitamin H')	*Acet. suboxydans*	Trübungsmessung	0,01 γ	2 Tage
Folsäure	Streptococcus lactis R	Trübungsmessung	1,0 mγ	18—24 Stunden
Vitamin B_{12}	Lactobacillus lactis Dorner Lact. leichmannii	Titration Titration	} 0,01 mγ	3 Tage
	Euglena gracilis		$10^{-6}\gamma$	

ständig. Daher hat man sich mikrobiologischen Methoden zugewendet. Sie beruhen darauf, daß bestimmte Mikroorganismen zu ihrem Wachstum und Stoffwechsel gewisse Wirkstoffe benötigen, die sie nicht selbst in der Zelle zu bilden vermögen und die ihnen in der Züchtungsnährlösung angeboten werden müssen. Wenn man diese Stoffe nun zu einer Lösung gibt, die alle erforderlichen Komponenten in optimaler Konzentration mit Ausnahme der zu bestimmenden enthält, so läßt sich eine spezifisch funktionelle Abhängigkeit zwischen der Konzentration des festzustellenden Wirkstoffes und der biologischen Wirkung erkennen. Solche Voraussetzungen sind bei einer Anzahl von Milchsäurebakterien und Schimmelpilzen erfüllt. Die Auswertung kann durch Titration der gebildeten Milchsäure bei Verwendung von Milchsäurebakterien, durch Trübungsmessung oder auch durch Trockengewichtsbestimmung erfolgen. Hierfür hat A. HERBST in Tab. 22a einen Überblick über die Bestimmungsmethoden mit ihren wesentlichen Einzelheiten gegeben.

Die von A. HERBST in der Versuchsanstalt der Hefeindustrie im Institut für Gärungsgewerbe, Berlin, im Jahre 1952 durchgeführten Vitaminbestimmungen führten zu folgenden Ergebnissen (Tab. 22b).

Tabelle 22b.

α) Preßhefen.

Vitamin B_1	2,18— 8,95 mg/100 g	Trockensubstanz
Vitamin B_2	2,84— 4,74 mg/100 g	,,
Vitamin B_6	1,56— 4,3 mg/100 g	,,
Nicotinsäure	30,0 —61,0 mg/100 g	,,
Pantothensäure	8,12—26,0 mg/100 g	,,
Folsäure	0,20— 0,81 mg/100 g	,,
p-Aminobenzoesäure	1,43—17,7 mg/100 g	,,

β) Trockenhefen.

Vitamin B_1	7,9 —19,0 mg/100 g
Vitamin B_2	3,2 — 4,3 mg/100 g
Vitamin B_6	3,5 — 4,5 mg/100 g
Nicotinsäure	40,0 —60,0 mg/100 g
Pantothensäure	3,0 — 4,0 mg/100 g
Folsäure	0,13— 0,17 mg/100 g
p-Aminobenzoesäure	2,7 — 3,25 mg/100 g

Die im Jahre 1953 durchgeführten Vitaminbestimmungen haben zu folgenden Ergebnissen geführt:

Vitamin B_1	1 840,0 — 31 600,0 mcg/100 g	Trockensubstanz
Vitamin B_2	1 700,0 — 6 300,0 mcg/100 g	,,
Vitamin B_6	700,0 — 20 200,0 mcg/100 g	,,
Vitamin B_{12}	0,058— 0,21 mcg/100 g	,,
Nikotinsäure	30 000,0 —126 000,0 mcg/100 g	,,
Pantothensäure	2 400,0 — 19 700,0 mcg/100 g	,,
Biotin	13,9 — 63,0 mcg/100 g	,,
p-Aminobenzoesäure	710,0 — 2 000,0 mcg/100 g	,,
Folsäure	55,0 — 91,0 mcg/100 g	,,

Bei diesen untersuchten Hefeproben handelte es sich sowohl um Backhefe als auch um Bier- und Wuchshefen, wodurch sich die mitunter außerordentlich großen Unterschiede im Gehalt an den einzelnen Vitaminen erklären.

In diesem Zusammenhang muß darauf hingewiesen werden, daß die Angaben über den Vitamin-B_1-Gehalt der Bierhefe, dem B_1-reichsten natürlichen Produkt, in der Literatur mit Werten von 18—360 Gamma je 1 g Bierhefe sehr stark voneinander abweichen. Dies hat F. JUST schon 1947 durch eingehende Untersuchungen belegt. Die außerordentlich großen Unterschiede der B_1-Werte sind nach JUST nicht real, sondern durch die Uneinheitlichkeit und Unvergleichbarkeit der jeweils untersuchten Hefeproben sowie durch Nichtbeachtung methodischer Schwierigkeiten bei der chemischen B_1-Bestimmung vorgetäuscht. Als zuverlässigste Werte sind die von SCHEUNERT 1939 durch Tierversuche bestimmten Vitamin-B_1-Gehalte in Höhe von 200—260 Gamma je 1 g Bierhefetrockensubstanz (Friedensbraubedingungen) bestätigt worden. Sie stimmen mit der nunmehr einheitlichen Berechnung des mittleren Standard-Vitamin-B_1-Gehaltes von einheitlicher Bottichbierhefe überein.

Wie bei vielen Vitaminwerten sind auch die Vitamin-B_1-Gehalte der verschiedenen Hefen sehr unterschiedlich gefunden worden. Hierüber haben G. BUTSCHEK, G. KRAUSE und W. ROSSKOPP vergleichende Untersuchungen angestellt. Es wurden in einer tabellarischen Zusammenfassung die Vitamin-B_1-Werte verschiedener Hefen gegenübergestellt und die Möglichkeiten der Beeinflussung des Vitamingehaltes erörtert. So sind die Züchtungsbedingungen und das Vitamin-B_1-Angebot im Substrat hauptsächlich für den Gehalt der Erntehefe verantwortlich. Es ist möglich, ihn erheblich zu verändern. Zur praktischen Betriebskontrolle ist eine Methode erforderlich, die schnell und einfach auszuführen ist und trotzdem zuverlässige Werte gibt. Die tier- und pflanzenphysiologischen Methoden sind zu umständlich und zeitraubend. Die chemischen Methoden sind zwar gut reproduzierbar, aber sie weichen von den Tierfütterungsversuchen zu weit ab. Von den mikrobiologischen Methoden dauern die Wachstumsteste mehrere Tage, dagegen können die Gärteste mit Hilfe der Apparatur von WARBURG manometrisch in wenigen Stunden ausgeführt werden. Als geeignete Methode ist die Fermentmethode nach SCHULZ, ATKIN und FREY vorgeschlagen und mit verschiedenen Abänderungen beschrieben worden. Die erhaltenen Ergebnisse sind die folgenden:

Es wurde festgestellt, daß der Vitamin-B_1-Gehalt von Bierhefe als lebende Kernhefe 22,5—27,5 mg-%, in einem medizinischen Präparat 27,8 mg-%, von Trockenbierhefe 15,6—18,8 mg-% und lebender Backhefe 2,3—2,8 mg-% beträgt. Trockenhefe aus Sulfitablauge enthält etwa 2 mg-%, aus Melasse 4,8—6,2 mg-%. Durch Anreicherungsverfahren wurde folgendes erzielt: eine deutsche Trockenhefe aus Melasse enthält bis zu 30 mg-%, eine englische Trockenhefe sogar 95,5 mg-%.

Die Schwankungen im Vitamin-B_1-Gehalt in Hefen aus Sulfitablaugen sind von G. BUTSCHEK untersucht worden. Hierbei wurde festgestellt, daß der Vitamingehalt nicht eine Eigenschaft der Heferasse, sondern vor allem eine Folge der Züchtungsart ist, während natürlich auch der Gehalt der Nährlösung an dem Vitamin bzw. an dessen Vorprodukten einen Einfluß hat. So z. B. wird unter anaeroben Bedingungen in einer an Thiamin reichen Würze gezüchtete Sacch. cerevisiae mehr Vitamin B_1 erzielt als in einer Torula utilis aus Holzzucker oder Melasse. Trotzdem ist es bekannt, daß auch der Vitamin-B_1-Gehalt der Backhefen und Wuchshefen gesteigert werden kann, wenn bei Luftmangel Thiamin oder dessen Komponenten angeboten werden und daß Bierhefe bei der Weiterzüchtung nach dem Lüftungsverfahren an Vitamin B_1 verarmt.

Die von BUTSCHEK in zwei Betrieben gefundenen Werte sind in Tab. 23 zusammengestellt:

Tabelle 23. *Gehalt von Sulfitablaugehefe (Waldhofhefe) in mg je 100 g absolut trockener Hefe.*

		Anzahl der untersuchten Hefen	Vitamin B_1 Fermentmethode mg-%	Phycomycestest mg-%
I	Niedrigster Wert	—	1,12	—
	Höchster Wert	—	3,80	—
	Mittelwert von	266	2,28	—
	Mittelwert von	7	3,28	3,18
		1	2,05	—
II	Niedrigster Wert	—	1,81	—
	Höchster Wert	—	2,14	—
	Mittelwert von	51	2,02	—

Im Anschluß an Arbeiten von J. SCHORMÜLLER und H. HESS hat H. OLBRICH folgende Vitamingehalte zusammengefaßt:

Vitamin-B_2-Gehalt in mg-% in der Trockensubstanz.

Proben	Colorimetrische Methode	Lumiflavin-Methode
Branntweinhefe	4,2	4,2
Bäckerhefe	2,5	2,3
Trockenbierhefe	5,9	6,0

Gesamtvitamin B_1, Vitamin B_2 und Nicotinsäuregehalt in mg-% (in der Trockensubstanz).

Proben	B_1	B_2	Nicotinsäure
Trockenbierhefe	12,00	4,1	26,0
Cenovishefe	4,12	4,1	43,6
Bäckerhefe	1,32	2,3	30,8
Sulfithefe	0,32	2,4	27,6
Reine Branntweinhefe	0,20	4,2	35,5

Mittelwerte aus Literaturangaben mg-% in der Trockensubstanz	Aus 39 Angaben	Aus 28 Angaben	Aus 35 Angaben
a) Anaerob gezogene Hefen:			
Bierhefe	7—24	1—15	21—83
Molkehefen	3—13	3—15	8—36
b) Aerob gezogene Hefen:			
Bäckerhefen	0,5—2,7	2—4	28—48
Wuchshefen	0,2—2,6	1—6	15—60

Schrifttum.

Herbst, A.: Tätigkeitsbericht der Versuchsanstalt der Hefeindustrie. Verlag: Institut für Gärungsgewerbe 1952.
Just, F.: Der Vitamin-B_1-Gehalt der Bierhefe, 1947, Sonderdruck: Institut für Gärungsgewerbe.
Schormüller, J., u. H. Hess: Dtsch. Lebensmittel-Rdsch. **49**, 8, 190—196 und **9**, 213—221 (1953).
Olbrich, H.: Die Branntweinwirtschaft **1954** Nr. 18 S. 373.
Butschek, G., G. Krause u. W. Rosskopp: Z. Lebensmittel-Untersuchung und Forschung **98**, 2, 89—105 (1954).

XI. Enzyme.

A. Herstellung von Diastase und Malzextrakt.

Früher hat man Diastase durch Extraktion von Malz mit sehr verdünntem Alkohol oder Glycerin und nachherigem Ausfällen der Diastase aus dem Extrakt mit konzentriertem Alkohol oder im Gemisch mit Äther gewonnen. S. Fränkel, Straßburg i. E., hat später filtrierte Malzauszüge mit Hefe vergoren, die so erhaltene zuckerfreie Lösung eingedampft und nach erfolgter Dialyse im Vakuum ein weißes bis graues Diastasepulver erhalten. I. Pollak, Wien, hat bei der Extraktion Zusätze von reduzierend wirkenden Stoffen angewendet, um die Diastase haltbar zu machen. Er hat auch eine Ausbeutesteigerung erreicht, dadurch, daß das Malz in Gegenwart von kohlensaurem Kalk wiederholt extrahiert wurde, worauf der Rückstand bei 65—66° C verzuckert wurde, und hat die Würze, die aus mehreren Auszügen vereinigt wurde, unter Zusatz geringer Mengen stark reduzierender Substanzen im Vakuum bis zur Sirupkonsistenz eingedampft.

Da das ruhende Getreidekorn nur wenig Diastase enthält, die zur Verzuckerung der Stärke in gärfähige Kohlehydrate dient, ist man bestrebt gewesen, den Enzymgehalt zu verstärken. Als Endprodukt der Verzuckerung von Stärke tritt Maltose auf, die mit Jodlösung oder Fehlingscher Lösung analytisch leicht zu bestimmen ist.

L. Krammer und R. Stern, Wien, haben Auszüge aus ungekeimten Körnerfrüchten bzw. deren Mahlprodukten mit diastatischen Malzauszügen vermischt. Um die getrockneten Malzauszüge haltbar zu machen, haben *J. Ruckdeschel & Söhne*, Kulmbach, Fette oder Öle oder auch Gelatine u. dgl. zugesetzt. Um den Diastaseanteil zu erhöhen, haben *E. Löflund & Co.* und *P. Fränkle*, Grunbach b. Stuttgart, als Ausgangsstoff Malzkleie verwendet und daraus ein Präparat zum Entschlichten von Geweben hergestellt. M. Winckel, Berlin, benutzte Auszüge aus frischem Grünmalz und hat die Auszüge im Vakuum konzentriert.

Um einen trocknen Malzextrakt von besonderer Haltbarkeit und hoher diastatischer Kraft zu gewinnen, hat die *Gesellschaft für Bäckereibedarf m.b.H.*, Berlin, in folgender Weise gearbeitet:

Ausgangsstoff ist ein normal geführtes Backmalz von z. B. 7 bis 8 Tennentagen. Das gemahlene Malz wird zunächst mit der etwa 3—5fachen Menge Wasser bei Zimmertemperatur extrahiert. Der Kaltextrakt wird in der üblichen Weise von dem stärkehaltigen Rückstand durch Filtrieren oder Zentrifugieren befreit und geklärt.

Der stärkehaltige Rückstand vom Kaltextrakt wird nun nicht, wie üblich, mit der mehrfachen Menge Wasser allmählich auf 50—70° erhitzt, sondern man nimmt die mehrfache Menge Wasser, z. B. die 3—5fache Menge des Rückstandes, erhitzt dieses Wasser allein auf etwa 80—85° und gibt dann den stärkehaltigen Rückstand langsam in solcher Geschwindigkeit zu, daß unter gleichzeitiger Wärmezufuhr die Temperatur von 80—85° gleichmäßig aufrechterhalten wird. Ein Unterschreiten der Temperatur von 80° soll möglichst vermieden werden. Ist die Mischung in der genannten Weise erfolgt, dann bleibt das Ganze so lange auf der Temperatur von 80—85° unter Umrühren und entsprechender Wärmezufuhr stehen, bis die Stärke des stärkehaltigen Rückstandes vollkommen gelöst und abgebaut ist. Die im Rückstand des Kaltauszuges verbliebene Diastase reicht zur vollkommenen Lösung aus. Sodann werden aus dieser Heißmaische, gegebenenfalls nach kurzem Vorkochen, die Treber und der Trub mit den üblichen Methoden durch Filtrieren, Läutern oder Zentrifugieren entfernt.

Anstatt den Rückstand des Kaltauszuges in Wasser von 80—85° zu bringen, kann man den Rückstand zunächst mit weiterem kaltem Wasser von der darin verbliebenen Diastase befreien. Dieses diastasehaltige, jedoch von Stärke und sonstigen Rückständen befreite Wasser wird dann für sich auf 80—85° erhitzt und sodann in gleicher Weise, wie oben beschrieben, mit dem stärkehaltigen Rückstand versetzt.

Der Kaltextrakt und der Heißextrakt werden dann in folgender Weise getrocknet: Die beiden Extrakte werden zunächst nicht vereinigt, sondern sie werden getrennt dem Zerstäubungstrockner so zugeführt, daß die Vereinigung beider Extrakte erst während des Zerstäubens oder kurz vor dem Auftreffen derselben auf die Zerstäuberscheibe erfolgt.

Der Heißextrakt kann vor dem Zerstäuben in bekannter Weise in Verdampfungsanlagen voreingedickt werden.

Wird der voreingedickte Heißextrakt stark abgekühlt, etwa auf 8—15°, und ist auch der Kaltextrakt nicht wärmer, dann kann die Vereinigung beider Extrakte schon vor dem Zerstäuben erfolgen, jedoch ist es auch in diesem Fall gut, das bei der genannten Temperatur stehende Gemisch nicht zu lange stehenzulassen, sondern möglichst rasch ohne vorherige Erwärmung dem Zerstäubungstrockner zuzuführen.

HAUSER und SOBOTKA, Wien, haben gefunden, daß eine Ausbeuteerhöhung eintritt, wenn man auf das Malz im Laufe des Verfahrens Enzyme anderer Herkunft zur Einwirkung bringt, welche die Wirkung der Malzenzyme ergänzen. So wurden 100 kg Malzschrot mit der fünffachen Wassermenge von 50° C eingemaischt, worauf die Maische, die etwa ein p_H von 6,2 aufweisen soll, mit 0,2 kg Pankreatin versetzt wurde. Nach Einhaltung einer zweistündigen Maischrast bei 50—60° C wurde auf 70—75° C erwärmt, bei dieser Temperatur eine neuerliche ein- bis zweistündige Maischrast eingeschaltet und dann wie üblich abgeläutert, angeschwänzt und gegebenenfalls eingedampft.

Um Malztrockenpräparate beständig zu machen, haben W. WASMUND und *Röhm & Haas G.m.b.H.*, Darmstadt, vorgeschlagen, Zusätze von Alkali, wie Soda, Natriumbicarbonat, Magnesiumoxyd, in solchen Mengen zuzusetzen, daß in der Mischung der Präparate mit etwa der gleichen Menge destillierten Wassers ein p_H-Wert von 5,5—6,5 erreicht wird.

Da nun bei der Extraktion des Malzes nicht nur die diastatischen Enzyme in Lösung gehen, sondern auch die in dem Malz gebildeten verschiedenen proteolytischen Enzyme gelöst werden, so hat man in neuerer Zeit den letzteren besondere Aufmerksamkeit gewidmet, denn die Anwesenheit derjenigen Enzyme, welche den Kleber des Getreidekorns erweichen, sind unerwünscht. Das wichtigste der klebererweichenden Enzyme ist das Papain. Seine Anwesenheit ist insbesondere dann von Nachteil, wenn ein Weizenmehl verbacken wird, welches einen weichen Kleber enthält. W. RUCKDESCHEL, Kulmbach, hat nun gefunden, daß durch eine Behandlung des Malzextraktes mit Aktivkohle der Diastasegehalt sich nicht ändert, daß sich aber die Menge des Papains und der anderen klebererweichenden Enzyme vermindert.

Die günstige Wirkung wurde durch Versuche an Gelatine erwiesen, wenn man den Grad der Verflüssigung feststellt, welcher durch Einwirkung eines solchen Extraktes herbeigeführt wird. So löst z. B. ein nichtbehandelter Extrakt die Gelatine erheblich rascher ab als ein mit Aktivkohle behandelter Extrakt. Dabei ist die verzuckernde Wirkung in beiden Fällen die gleiche, also unabhängig davon, ob mit Kohle behandelt wurde oder nicht.

Vorzugsweise werden Malzextrakte verwendet, welche nur durch Extrahieren von Malz bei niedriger Temperatur, z. B. bei 10—20°, gewonnen sind; es können aber auch Mischungen von Kaltextrakten und solchen Extrakten verwendet werden, wie sie durch Verzuckern des Rückstandes der Kaltextraktion und darauffolgende Abkühlung erhalten werden. Im allgemeinen wird der Extrakt mit der Aktivkohle am besten $^1/_2$—1 Stunde verrührt. Das Verrühren erfolgt beispielsweise in einem Rührwerk oder in einer Schüttelvorrichtung. Als besonders geeignet hat sich eine Behandlungstemperatur von 30—40° C erwiesen. Nach dem Abtrennen des behandelten Extraktes von der Kohle kann der Extrakt bei einer Temperatur von etwa 40—50° C konzentriert oder getrocknet werden, wobei der Druck vorzugsweise entsprechend vermindert wird.

Anstatt die Extrakte, wie sie bei der Behandlung des Malzes mit kaltem oder wenig erwärmtem Wasser erhalten werden, mit der Kohle unmittelbar zu behandeln, ist es oft vorteilhaft, den Malzextrakt unter vermindertem Druck bei etwa 40—50° C zu konzentrieren und ihn erst dann mit der Kohle zu behandeln. Bei solchen eingedickten Extrakten ist die Menge der Maltose in der Lösung angereichert, und die Anwesenheit einer größeren Menge Maltose schützt die diastatischen Enzyme gegenüber dem zerstörenden Einfluß einer erhöhten Temperatur. Bei der Behandlung eines solchen eingedickten Extraktes mit Kohle kann man also auch etwas höhere Behandlungstemperaturen, etwa 50°, anwenden, ohne daß die diastatischen Enzyme in ihrer Wirkung nachlassen. Die Anwendung einer etwas höheren Behandlungstemperatur bei dem Vermischen des Extraktes mit der Kohle ist deswegen günstig, weil bei dieser höheren Temperatur das Papain und die sonstigen klebererweichenden Enzyme noch vollständiger von der Kohle absorbiert werden. Man kann daher die Menge der zur Behandlung des Extraktes verwendeten Kohle bei Anwendung einer etwas höheren Behandlungstemperatur entsprechend vermindern.

Im allgemeinen werden 0,5—5% Aktivkohle, berechnet auf den Trockensubstanzgehalt der zu behandelnden Malzextraktlösung, angewendet. Die anzuwendende Menge an Aktivkohle hängt davon ab, wieviel Papain und ähnliche klebererweichende Enzyme im Malzextrakt vorhanden sind und wie weit die Entfernung des Papains getrieben werden soll.

Wenn man *Roggenmalz* herstellen will, muß der hohe Schleimgehalt des Roggens beseitigt werden. *Die Gesellschaft für Bäckereibedarf m.b.H.*, Berlin, hat diesen Übelstand dadurch beseitigt, daß eine Behandlung mit Säure und Wärme unter Druck stattfindet. Auf diese Weise werden die Schleimstoffe und andere Nebenbestandteile abgebaut. Als besonders zweckmäßig hat es sich erwiesen, die Extraktion der Mahlprodukte des Roggens unterhalb der Verzuckerungstemperatur für Stärke, am besten bei einer Temperatur von 20—30°, mit Wasser erschöpfend durchzuführen. Der Extrakt enthält dann im wesentlichen nur die löslichen Eiweißstoffe und Zuckerstoffe des Korns, insbesondere die löslichen polymeren Pentosane, Schleimstoffe und Fructosane, neben einer geringen Menge der vorhandenen Monosen und Biosen. Dieser Extrakt wird für sich, nach Abtrennung des Rückstandes, der Säurehydrolyse, wie oben beschrieben, zweckmäßig einer Voreindickung unterworfen und dann gegebenenfalls nach einer Klärung und Entfärbung zu Ende eingedickt oder zur Trockne gebracht. Der gewonnene Extrakt ist besonders reich an den arteigenen Zuckerarten des Roggens, die für die Geschmacksbildung bedeutungsvoll sind.

Der Rückstand von der Kaltextraktion kann dann durch Zusatz von Diastase in üblicher Weise verzuckert und teilweise oder ganz, je nach dem gewünschten Gehalt des Extraktes an arteigenen Zuckern, dem Kaltextrakt zugesetzt werden.

Für die Herstellung dieser an geschmacksbildenden Stoffen sehr reichen Roggenextrakte eignen sich besonders die letzten Mahlprodukte des Roggens, insbesondere die Nachmehle und Kleien. Diese sind ganz besonders reich an Pentosanen, Schleimstoffen und Fructosanen, jedoch arm an Stärke.

Die *Stadlauer Malzfabrik A.G.*, Wien, hat mit Pilzen der Aspergillus- oder Penicilliumgruppe gearbeitet. Man überläßt die teilweise eingedampfte Würze der Einwirkung dieser Kulturen bei einer Temperatur von 40—50° während 5—10 Stunden und kann dann bis auf über 80° Balling eindicken.

Bei den üblichen Verfahren zur Herstellung von Malzextrakt wird die Maische, die aus einem Gemisch von zerkleinertem Getreide und Malz besteht, durch Mischen und Kochen zubereitet. Sie wird dann filtriert, meist in mehreren Stufen, und eingedickt. Gegenüber dieser etwas umständlichen Arbeitsweise hat man die den Extrakt enthaltende Flüssigkeit in einem zweistufigen Gegenstromschleuderverfahren gewonnen. Die *de Laval Separator Company*, New York (USA), hat hierzu mit der in Abb. 110 gezeigten Apparatur wie folgt gearbeitet.

Die Ausgangsstoffe in Gestalt eines Gemisches von Getreidemaische und Malz werden durch ein Rohr *1* einem Behälter *2* zugeführt und hier gemischt und gekocht. Von dem Behälter *2* durchläuft die Maische ein Schüttelsieb *3*, auf dem die gröberen Bestandteile entfernt werden, und gelangt danach durch ein Rohr *4* zu einer Trennschleuder *5* mit einer in einem feststehenden Gehäuse *5a* aufgehängten Schleudertrommel. In der Schleudertrommel wird das vorgesiebte Gemisch durch Schleuderwirkung in eine innere flüssige Ringschicht, die die Hauptmenge des Extraktes enthält, und eine äußere Ringschicht zerlegt, die hauptsächlich aus Schlamm (Treber) besteht. Die Flüssigkeit wird von dem mittleren Teil der Schleudertrommel in eine Auslaßleitung 6 ausgetragen, die an das Gehäuse der Schleuder angeschlossen ist, während die Treber durch Auslaßöffnungen am äußeren Rande der Schleudertrommel in einer Leitung 7 ausgetragen wird, die ebenfalls von dem Schleudermaschinengehäuse ausgeht.

Der Schlamm (Treber) wird aus der Schleuder durch die Leitung 7 in einen Mischbehälter 8 geführt, wo er mit durch Leitung 9 zugeführtem frischem Wasser gemischt wird. Im Tank 8 wird der ausgetragene Schlamm vorzugsweise nicht nur mit dem Frischwasser, sondern auch mit den Rückständen des Siebes 3 gemischt, die dem Tank 8 durch eine Leitung 10 zugeführt werden. Nach kräftiger Durchmischung im Tank 8 wird die Mischung durch eine Pumpe 11 zu der Schleuder 12 der zweiten Stufe befördert, die der Schleuder 5 ähnlich ist. Ihr Gehäuse 12a nimmt eine Schleudertrommel auf, die eine zweistufige Trennung des Gemisches in eine innere Flüssigkeitsschicht mit der Hauptmenge des verbleibenden Malzextraktes und in eine äußere Schlammschicht bewirkt. Die flüssigen und schlammartigen Bestandteile

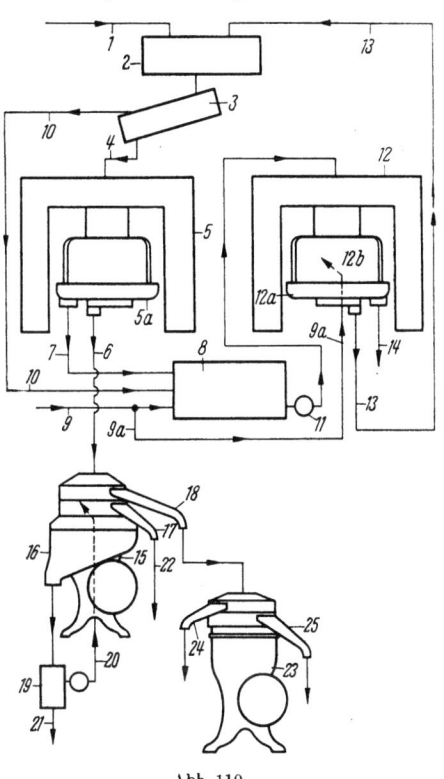

Abb. 110.

werden getrennt aus der Trommel ausgetragen, und zwar in Rohren 13 und 14, wobei der Schlamm (Treber) aus dem Rohr 14 zur Rückgewinnung der festen Bestandteile einer nicht dargestellten Trockenvorrichtung zugeführt wird. Zweckmäßig wird der Schlamm (Treber) durch die am Rande der Schleudertrommel vorgesehenen Mundstücke mittels Wasser ausgespült, das durch Leitung 9a den zu den Mundstückeinlässen führenden Spülleitungen 12b zugeführt wird. Dieses Wasser spült nicht nur den Schlamm aus dem Trennraum der Schleuder, sondern dient auch zum Entfernen von malzextrakthaltiger Flüssigkeit aus dem Schlamm, die nach innen gebracht und ebenfalls durch die Leitung 13 ausgetragen wird.

Die Flüssigkeit von der Schleuder 12 der zweiten Stufe wird durch die Leitung 13 wieder in das Misch- und Kochgefäß 2 gebracht, wo sie den frischen Ausgangsstoffen zugesetzt wird, die diesem Behälter durch die

Leitung *1* zugeführt werden. Dementsprechend wird der noch in der Flüssigkeit aus der Leitung *13* verbliebene Malzextrakt zusammen mit den frischen Ausgangsstoffen nochmals dem Misch- und Kochvorgang und der Siebung unterworfen und danach von neuem in der Schleuder *5* geschleudert, aus der er durch das Rohr *6* zusammen mit der aus den frischen Ausgangsstoffen abgeschiedenen Flüssigkeit ausgetragen wird.

Die Flüssigkeit aus dem Rohr *6* wird einer dritten Schleuder *15* zugeführt, in der eine dreifache Zerlegung stattfindet. Dabei wird die Flüssigkeit durch die Schleuderkraftwirkung in eine hauptsächlich aus Schlamm bestehende äußere Ringschicht, in eine mittlere Ringschicht aus geklärter Flüssigkeit, welche die Hauptmenge des Malzextraktes enthält, und in eine innere Ringschicht zerlegt, die aus einer Mischung von Getreideöl und Wasser besteht, wobei diese Zerlegungsbestandteile getrennt durch Auslässe *16*, *17* bzw. *18* ausgetragen werden. Aus dem Auslaß *16* wird der Schlamm einem Behälter *19* zugeführt, von dem ein Teil des Schlammes durch eine Leitung *20* zu der äußeren Zone des Trennraumes der Schleuder *15* zurückgeführt wird. Infolgedessen wird der zurückgeführte Schlamm durch die Randauslässe des Schleuderraumes ausgetragen, und man erhält aus dem Auslaß *16* einen stark konzentrierten Schlamm. Dadurch, daß man die Menge des durch die Leitung *20* zurückgeführten Schlammes ändert, kann man die Konzentration des aus dem Auslaß *16* ausgetragenen Schlammes einregeln. Den Teil des Schlammes, den man nicht in die Schleuder *15* zurückführt, entfernt man durch eine an den Behälter *19* angeschlossene Leitung *21*. Die Leitung *21* kann den Schlamm zu der obenerwähnten Trockenvorrichtung führen, in welcher der von der Schleuder *12* ausgetragene Schlamm behandelt wird. Die aus dem Auslaß *17* ausgetragene geklärte Flüssigkeit, die im wesentlichen den gesamten Malzextrakt in gereinigter Form enthält, kann zur weiteren Konzentration einem nicht dargestellten Verdampfer zugeführt werden.

Das Gemisch aus Getreideöl und Wasser fließt von dem Auslaß *18* einer vierten Schleuder, und zwar einer Ölreinigungsschleuder *23* zu, in der das Gemisch in eine innere Schicht aus Öl und eine äußere Schicht aus Wasser zerlegt wird, und von der diese beiden Bestandteile getrennt durch Auslässe *24* bzw. *25* ausgetragen werden. Das durch den Auslaß *25* abgeführte Wasser kann zu einer vorhergehenden Stelle des Verfahrensganges zurückgeführt werden, etwa in den Mischbehälter *8* oder die Spülleitung *9a*; man kann es aber auch zusammen mit der Flüssigkeit aus der Leitung *22* entwässern, wodurch man den in ihm noch enthaltenen Extrakt gewinnen kann. Das Getreideöl aus der Auslaßleitung *24* ist ein wertvolles Nebenprodukt, das für die verschiedensten Zwecke nutzbar gemacht werden kann.

Um die unangenehmen Begleiterscheinungen der Schleimstoffe des Malzes zu beseitigen, hat W. Dürschner, Nürnberg, die ungeschroteten Malze vor der Verarbeitung zu Würze bei den für den enzymatischen Eiweiß- und Kohlehydratabbau optimalen Temperaturen mehrere Stunden behandelt, nach Entwässerung auf Temperaturen von 100—200° C erhitzt und im Anschluß hieran die aus den Malzen nach Einmaischen gewonnene Würze bei Atmosphärendruck eingekocht.

Um eine vollständige Verflüssigung und Verzuckerung zu erreichen, haben I. A. EFFRONT und A. R. BOIDIN, Seclin, auf die stärkehaltigen Stoffe nicht nur Diastase, sondern eine von den Bakterien der Art Mesentericus abgesonderte Diastase, welche Super-Clastase genannt worden ist, einwirken lassen. Letztere verflüssigt die Stärke; sie widersteht höheren Temperaturen als Malzdiastase.

Schließlich ist noch auf die Verwertung von *Maismalz* hinzuweisen. Es ist in letzter Zeit gelungen, einen zuckerhaltigen Extrakt aus Mais durch Verkleisterung mit Diastase herzustellen. A. GASCHLER, Landshut, hat zu diesem Zweck in folgender Weise gearbeitet:

200 kg Maisnachmehl mit einem Stärkegehalt von etwa 70% werden mit 700 l Wasser in einem Kupferkessel oder emailliertem eisernem Kessel kalt angerührt. Darauf wird durch einen beweglichen Heizschlauch direkter Dampf in die Mehlaufschwemmung eingeleitet, bis eine mittlere Temperatur von 60° erreicht und eine derartige Verkleisterung eingetreten ist, daß die Masse kaum mehr gerührt werden kann. 6 kg Malzschrot, am besten geschrotetes Grünmalz, sind inzwischen mit warmem Wasser angerührt worden und werden jetzt der verkleisterten Masse unter stetem Umrühren zugesetzt. Die Verzuckerungsdauer, während welcher die Masse öfter gerührt werden muß, beträgt $1^1/_2$—2 Stunden. Nach dieser Zeit ist die Lösung wieder dünnflüssig und enthält nur mehr abgebaute Stärke vom Typus der Achroodextrine und Traubenzucker. Die auf die beschriebene Weise erhaltene Lösung wird nun in große Leinen- oder Baumwollsäcke für 100 kg Normalinhalt derart abgefüllt, daß jeder Sack nur etwa 30 l Filtrationsflüssigkeit enthält. Diese Säcke werden in einer Korbfruchtpresse mindestens in drei Lagen übereinandergeschichtet und dann ausgepreßt. Die zuerst ablaufende Flüssigkeit ist noch etwas eiweißhaltig und wird in den Kessel bzw. in einen Sack zurückgegeben. Nach kurzer Zeit läuft der Zuckersaft völlig klar ab und wird in den Einkochkessel oder Vakuumverdampfer übergeführt. Die Filtration kann nur durchgeführt werden, solange das Gut mindestens 40° heiß ist. Geht die Temperatur weiter herunter, so muß die Zuckerlösung vor der Filtration nochmals auf etwa 60° erhitzt werden. Die Viscosität der Eindampflösung muß von Zeit zu Zeit mit einem Viscosimeter oder mit einem Aräometer nach BAUMÉ bestimmt werden. Ist der erforderliche Viscositätsgrad erreicht, so wird die Heizung abgestellt und der Kesselinhalt entfernt. Es werden 120 kg glasklarer, honigartiger Extrakt mit 30% Zuckergehalt erhalten.

Es kann auch so gearbeitet werden, daß die Diastase teilweise schon vor der Verkleisterung zugegeben wird, um eine zu starke Verdickung der Masse zu verhindern. An Stelle von Maisnachmehl kann auch Maismehl oder Maisgries oder auch Hirse oder Reis zur Anwendung kommen.

B. Gewinnung diastatischer Enzyme.

A. BOIDIN und J. EFFRONT, Brüssel, haben sich sehr eingehend mit der Gewinnung diastatischer Enzyme befaßt, und zwar durch Züchtung von aeroben Bakterien auf kohlen- und stickstoffhaltigem Material. Sie haben dafür einen besonderen Kulturapparat entwickelt, der die Züchtung von

Reinkulturen gestattet. Als Ausgangsmaterial sind entölte Sojabohnen benutzt worden. Ursprünglich wurde mit dicken Sojamaischen gearbeitet. Später sind klare Würzen verwendet worden. Die Versuche haben gezeigt, daß die Hydrolyse unter bestimmten Bedingungen erfolgen muß. Insbesondere muß das Fällen der Eisen- und Mangansalze in der alkalischen Nährlösung durch Zugabe von oxysauren Salzen verhindert werden, weil mit Hilfe dieser Salze nur im gelösten Zustand eine reichliche Absonderung flüssiger Diastasen möglich ist.

H. ALTGELT und die *Kalle & Co. A.G.*, Biebrich, haben das Verfahren ergänzt, um die Ausbeute an Enzymen zu steigern. Als besonders geeignet hat sich Milchzucker erwiesen, der, in Mengen von etwa 2% den Maischen zugesetzt, eine dreifach größere Ausbeute ergibt. Während bisher Enzymlösungen erhalten wurden, von denen etwa 1 kg 1000 kg Stärke abzubauen vermag, ist dies bei unter Zusatz von Milchzucker hergestellten Produkten schon mit etwa 300 g Lösung möglich. Die Zusätze werden vor der Sterilisation der Maischen gemacht, sie können aber auch gesondert sterilisiert und dann erst den sterilisierten Nährböden zugesetzt werden.

Um die Enzymlösungen zu reinigen, haben A. BOIDIN und I. EFFRONT das ursprüngliche Verfahren weitergebildet. Ursprünglich ist eine gute Enzymbildung dadurch erzielt worden, daß die Pilze auf der Oberfläche der Flüssigkeit wachsen und dort einen Schleier bilden. Außerdem ist die direkte Berührung der Bakterien mit der Luft notwendig. Die Lüftung muß in der Weise geschehen, daß die entstehende Kohlensäure entweichen kann. Das Verhältnis der kohlehydrathaltigen Stoffe zum assimilierbaren Stickstoff war im Verhältnis 15:1 gehalten worden.

Neuerdings wird nun die erhaltene Enzymlösung auf 10—15° C abgekühlt und zentrifugiert. Sie wird dann in einen zum Abklären geeigneten Apparat überführt. Dieser Apparat hat einen doppelten Mantel im Hinblick auf die Abkühlung und eine luftdichte Verschlußvorrichtung; er ist mit einem Rührwerk versehen. Man gibt zu der Lösung 3—5 l Äther und rührt, um ein wirksames Gemisch zu erhalten; dann läßt man stehen, bis sich der Äther eben abgesetzt hat. Man trennt und wiederholt das Verfahren mit derselben Menge Äther.

Die in dem Apparat zurückbleibende Flüssigkeit wird dann bis auf ungefähr 0° abgekühlt, und $1/2$ kg Tierkohle werden hinzugefügt. Man bringt sie dann mit Hilfe von geeigneten Puffern auf p_H 7,5 und läßt sie so lange stehen, bis die Kolloide sich abgesetzt haben. Wenn eine völlige Abscheidung der Kolloide hierdurch nicht erreicht ist, gibt man zweckmäßig nach Entfernung des Niederschlages Mineralsalze, z. B. 5—15 g Bleiacetat oder etwa 100 g Aluminiumhydroxyd.

Die getrübte Lösung wird dann über ein Filter oder eine Zentrifuge zurückgeleitet, um die Flüssigkeit klar vom Niederschlag zu trennen; man verdampft im Vakuum bei einer Temperatur, die 40° nicht übersteigt. Wenn das Volumen auf ungefähr 10 l reduziert ist, fügt man 2 l Alkohol und eine Menge Aluminiumsulfat hinzu, die genügt, um eine gesättigte Lösung zu erhalten. Man läßt stehen, zentrifugiert dann von neuem, um das Sulfat abzutrennen, das alle Enzyme mit sich zieht.

Das Produkt kann dann im Vakuum getrocknet werden, wenn es genügend rein ist, wenn nicht, fügt man eine Menge Alkohol hinzu, die genügt, um es zu verdünnen; dann zentrifugiert man noch einmal. Es wurde noch weiter gefunden, daß man die proteolytischen Fermente zu entfernen oder zu schwächen vermag, ohne damit die verflüssigende und verzuckernde Diastase zu schädigen. Es genügt, das diastatische Produkt während einiger Minuten auf eine Temperatur von ungefähr 60—80° zu erwärmen.

C. Herstellung von diastatischem Malzmehl.

Um für Backzwecke ein diastasereiches Malzmehl zu erzielen, hat C. HOLZER, Bad Kissingen, zunächst wie gewöhnlich Malzmehl und einen Vermahlungsrückstand gewonnen und letzteren dann besonders behandelt. Um die in der Kleie enthaltene Stärke noch in Lösung zu bringen, ist bei Temperaturen von 50—60° extrahiert worden. Dann wurden die Nährstoffe mit Hefe vergoren, die so gewonnene Hefe getrocknet und dem Malzmehl zugesetzt. Die an sich schon vitaminreichen Nährlösungen können noch durch Vitaminzusätze verbessert werden. Die Hefegärung der Kleieauszüge kann auch in der Weise erfolgen, daß man die Kaltextrakte auf etwa 10 bis 12% Trockensubstanzgehalt eindickt. Dann gibt man die üblichen Hefearten hinzu und überläßt das Gemisch, zweckmäßig unter öfterem Rühren, der Gärung. Wenn das Vitamin B_1 ganz oder zum größten Teil von der Hefe aufgenommen ist, trennt man diese von der gegorenen Flüssigkeit und wäscht die erhaltene Hefe.

Beim Verhefen unter Verwendung obergäriger Hefen kann man auch nach dem Prinzip des bei der Melassegärung verwendeten Zulaufverfahrens vorteilhaft unter Belüftung arbeiten, wobei gegebenenfalls gleichzeitig noch Alkohol gewonnen werden kann. Bei entsprechender Einstellung bzw. Unterbrechung der Belüftung entstehen bei dieser Arbeitsweise stets Hefen, deren Vitamingehalt das normale Maß weit übersteigt. Bei Bedarf können der Nährlösung noch die üblichen Nährsalze, wie Ammonphosphat und Ammonsulfat, zugesetzt werden.

Die gewonnenen, an Vitamin B_1 stark angereicherten Hefen werden nun getrocknet und dem Malzmehl zugesetzt. Die Trocknung der Hefe erfolgt mit Warmluft, wobei die Temperatur im Trocknungsgut kaum über 40° steigt. Im allgemeinen werden etwa 5—10% Trockenhefe, auf das Malzmehlgewicht gerechnet, zugesetzt. Dies entspricht der Hefemenge, welche bei der Vergärung der bei der Malzmehlherstellung anfallenden Malzkleie bzw. aus deren Würze gewonnen werden kann.

D. Herstellung eines kombiniert wirkenden Enzymmalzes.

Um eine möglichst große Menge an amylolytischen und proteolytischen Enzymen im Korn zu erzeugen, hat H. SCHAUERMANN, Darmstadt, den folgenden Weg eingeschlagen:

1000 kg Gerste oder andere Getreidearten, wie Weizen oder Roggen, werden bis zu einem Weichgrad von höchstens 35% oder darunter kalt mit Wasser und dann mit alkalischen Mitteln nach dem Verfahren der Luft-

Wasser-Weiche geweicht. Es darf die Vollweiche nicht erreicht werden. Das Weichgut wird erst beim Spitzen der Körner ausgeweicht. Das ausgeweichte Keimgut wird nun zur Enzymbildung auf der Tenne oder in Kästen oder in Trommeln kalt, höchstens bis 14° C geführt. Die Temperatur im Haufen wird durch geeignete Belüftung konstant gehalten. Bei der Keimung wird neben der normalen Entwicklung des Blattkeimes auf eine besonders starke Entwicklung des Wurzelkeimes Wert gelegt. Durch Zuführung von Wasser, z. B. durch Vernebeln oder Sprühen, wird der Wassergehalt im Keimgut möglichst konstant gehalten. Der Keimprozeß wird abgebrochen, wenn eine genügende Lösung im Korn erreicht ist. Die Dauer des Keimprozesses beträgt etwa 8—10 Tage, nicht darunter. Nach Erreichen der Auflösung wird das Keimgut befeuchtet, bei Führung auf der Tenne zusammengesetzt, bei Führung im Kasten oder in der Trommel bei normaler Schicht belassen. Das gesamte Keimgut soll sich jetzt auf etwa 20—25° C erwärmen. Nach Erreichen dieser Temperatur werden 80—90% des Keimgutes auf die Darre gebracht und 10—20% bleiben bei der Temperatur von 20—25° C oder bei höherer Temperatur noch etwa 12 Stunden liegen. Das auf der Darre befindliche Grünmalz wird nun bei schärfstem Zug zunächst vorgetrocknet und schließlich 4—5 Stunden bei einer Höchsttemperatur von 60° C abgedarrt. Die restlichen 10—20% des Haufens, die noch 12 Stunden zusammengesetzt gelegen haben, werden nach Ablauf dieser Zeit in eine Verzuckerungstrommel gegeben, langsam bis zur Höchsttemperatur von 75° C erwärmt, wobei gleichzeitig mit dem Einbringen des Keimgutes in die Trommel das zum Verflüssigungsprozeß benötigte Wasser zugesetzt wird. Nachdem die Verflüssigung im Korn erreicht ist, wird das verflüssigte Keimgut durch Aufheizen auf etwa 115—120° C getrocknet und geröstet, wobei die für den Charakter des Malzpräparates erforderliche Caramelisierung und Melanoidinbildung eintritt. Das auf der Darre behandelte Malz und das in der Rösttrommel verflüssigte und geröstete Malz werden nun gemischt und dann vermahlen.

Die Ausbeute an fertigem Malz beträgt durchschnittlich 75% des eingeweichten Gerste- oder Getreidequantums. Mit einem so bereiteten Malz kann man im Bäckereibetrieb die bekannten Backhilfsmittel erheblich einsparen, außerdem wird eine bessere Bräune und eine länger anhaltende Rösche des Gebäckes erzielt.

E. Herstellung von Pilzmalz.

Um nicht nur das Gerstenmalz für die Verzuckerung zu ersparen, sondern auch, um aus den verzuckerten Rohstoffen höhere Alkoholausbeuten zu erzielen, ist das sogenannte Pilzmalzverfahren durch UNDERKOFLER und Mitarbeiter entwickelt worden. Es war schon seit dem „Amyloverfahren" bekannt, daß gewisse Arten von Bakterien und Schimmelpilzen bei ihrem Wachstum Diastase bilden, mit deren Hilfe man stärkemehlhaltige Rohstoffe verzuckern kann. So sind Bakterienamylasen aus Bacillus mesentericus bzw. Bacillus subtilis gewonnen und vor allem als Entschlichtungsmittel in der Textilindustrie verwendet worden. UNDERKOFLER hat nun eine Schimmelpilzdiastase auf Weizenkleie als Nährboden entwickelt und dann in der Brennerei als Verzuckerungsmittel benutzt.

Dieses Verfahren ist von B. DREWS in der Versuchs- und Lehrbrennerei des Instituts für Gärungsgewerbe, Berlin, großtechnisch nachgeprüft worden und hat anschließend in mehreren großen Getreidebrennereien Deutschlands praktische Bedeutung erlangt.

Nach DREWS muß der Schimmelpilz zunächst im Laboratorium in geeigneter Weise so weit vermehrt werden, daß eine für die Impfung im Betrieb ausreichende Menge Pilzkultur vorhanden ist. Wichtig ist insbesondere, daß ein Pilzstamm benutzt wird, der ein hohes Diastasebildungsvermögen besitzt. Als gut brauchbar für diesen Zweck haben sich Stämme der Gattung Aspergillus oryzae, Aspergillus niger, Aspergillus awamori u. a. erwiesen.

Steht eine ausreichende Menge an Impfkultur zur Verfügung, so geht die Bereitung des Pilzmalzes im Betriebe in folgender Weise vor sich:

Es wird Weizenkleie, die in einer Mischmaschine unter Zusatz von Wasser oder heißer Schlempe kurze Zeit zum Zwecke der Sterilisation gedämpft wird, als Nährboden benutzt. Nach der Abkühlung auf 30° C wird die Impfkultur untergemischt und dann die so beimpfte Kleie auf perforierten Hordenblechen in einer Schichthöhe von etwa 3 cm ausgebreitet und in einer mit Klimaanlage ausgerüsteten Brutkammer dem Wachstum überlassen. Letzteres erfolgt unter zeitweisem Einblasen von mit Feuchtigkeit gesättigter Luft bei 30—34° C. Da bei der Entwicklung des Schimmelpilzes Wärme frei wird, ist bei größeren Kleiemengen eine besondere Beheizung der Brutkammer nicht notwendig, vielmehr eher eine Abführung von Wärme, die durch Belüftung geschehen kann.

Nach 20 Stunden ist die Kleie vom Schimmelpilz völlig durchwachsen. Sie stellt eine verfilzte Schicht dar, die nach Zerkrümelung weitere 20 bis 24 Stunden in der Brutkammer verbleiben muß. Dann ist das Pilzmalz verwendungsfähig. Sein Geruch ist angenehm, die Farbe ist graugelb bis schwach grün, der Wassergehalt beträgt etwa 26—27%. Das Pilzmalz kann ähnlich wie Grünmalz nunmehr in frischem Zustande entweder einer nach dem „Kochverfahren" oder nach dem „Hochdruck-Dämpf-Verfahren" hergestellten Maische in einer Menge von etwa 6%, berechnet auf Getreide oder Malzmehl, bei Temperaturen von 50—55° C zur Verzuckerung zugesetzt werden. Man kann es zur Aufbewahrung auch trocknen.

Zur Herstellung werden benötigt ein Mischer zur Dämpfung, Abkühlung und Beimpfung der Weizenkleie sowie eine Brutkammer mit Hordenblechen und Klimaanlage. Es bestehen deshalb keine Schwierigkeiten, die Herstellung während des ganzen Jahres zu betreiben, da man von der Außentemperatur unabhängig ist. In einer Brutkammer von 32 qm Grundfläche und 2,3 m Höhe lassen sich 600 kg Weizenkleie auf übereinander angeordneten Hordenblechen bequem unterbringen, so daß bei zweitätiger Wachstumsdauer des Schimmelpilzes je Tag 300 kg frisches Pilzmalz zur Verfügung stehen, die zur Verzuckerung von Maischen aus 5000 kg Getreide oder Kartoffelwalzmehl ausreichen.

Man kann auch die Beimpfung durch Untermischung von 1% frischem Pilzmalz im Betriebe vornehmen, sofern es unter Anwendung biologischer Gesichtspunkte möglich ist, Infektionen fernzuhalten. Sicherer ist es natürlich, von Pilzreinkulturen auszugehen oder Trockenpilzkleie zu verwenden. Von letzterer genügen 100 kg zur Beimpfung von 10000 kg Weizenkleie.

Die verzuckernde Wirkung ist je nach Qualität wie bei den Gerstenmalzen verschieden hoch. Sie wird bestimmt von der Aktivität des benutzten Pilzstammes und von dem für die Züchtung angewendeten Verfahren. Bei sachgemäßer Arbeitsweise und geeigneter Schimmelpilzkultur ist ein Pilzmalz von gleichmäßig gutem Verzuckerungsvermögen zu erhalten. Die Beurteilung hinsichtlich der verzuckernden Wirkung erfolgt am zuverlässigsten nach der Alkoholergiebigkeit im Gärversuch. Sie wird nach dem Vermaischen eines stärkemehlhaltigen Rohstoffes mit dem zu untersuchenden Pilzmalzpräparat als Verzuckerungsstoff geprüft. Nach B. DREWS, B. LAMPE und H. SPECHT kann die Aktivität des Pilzmalzes auch aus seiner dextrinierenden Wirkung sowie seinem Glucosidasewert ermittelt werden.

E. DUGGEN, O. MORITZ und die *Deutsche Kornbranntwein-Verwertungsstelle*, Münster, haben ein hochwertiges Pilzmalz dadurch erzielt, daß sie Gemische von verschiedenen Schimmelpilzarten verwendet haben. Wenn zwei Mikroorganismen verschiedener Gruppen, z. B. ein Stamm Rhizopus oryzae und ein Stamm Aspergillus oryzae, in Mischkultur verwendet werden, so unterscheiden sich die Temperaturoptima beider Pilze merkbar. Die Erzielung optimaler Diastaseausbeute mit jedem einzelnen Stamm erfordert verhältnismäßig enge Klimabereiche hinsichtlich der Temperaturführung. Dieser Klimabereich wird durch Verwendung von Mischkulturen beider Stämme verbreitert und die beiden verschiedenen Stämme nutzen das gebotene Nährmaterial intensiver aus.

Um die Pilzbildung zu verbessern, hat O. MORITZ den Gesamtvorgang in zwei Phasen unterteilt, deren erste als Anwuchsphase auf einer Tenne oder in einem Vormälzkasten abläuft, während die zweite Phase auf Horden durchgeführt wird. Dadurch werden Infektionen vermindert, die Klimatisierungseinrichtung des Hordenraumes kann vereinfacht werden und die Kapazität der Hordenanlage steigt, denn das Material liegt während der Hälfte der Zeit im Tennenhaufen und erst in der zweiten Hälfte der Zeit auf Horden.

Das Pilzmalzverfahren, wie es vorstehend als Oberflächenverfahren geschildert wurde, ist in neuerer Zeit durch *submerse Züchtung amylolytischer Schimmelpilze* abgewandelt worden. Die im Ausland gesammelten Erfahrungen sind von B. DREWS, H. SPECHT und E. ROTHENBACH nachgeprüft worden. Dabei war es von großer Wichtigkeit, festzustellen, ob für die Verwendung von Aspergillus niger, der submers in Maisschlempe gezüchtet wurde, auch die Schlempen der in Deutschland gebräuchlichen Rohstoffe geeignet sind und welche amylolytische Aktivität der Pilz in diesen Substraten entwickelt.

Man ist nun zu folgenden Ergebnissen gekommen:

1. Die submerse Züchtung von Stämmen Aspergillus niger wurde in verschiedenen Schlempen, wie blanken Mais-, Milocorn-, Roggen- und Kartoffelwalzmehlschlempen, unter Zusatz von 1% stärkehaltigem Rohstoff bzw. Glucose, 0,2% Ammonsulfat und 0,4% Kalk durchgeführt.

2. Das Herführen der Aspergillus-niger-Stämme geschah, von Schlempe-Agar ausgehend, über die Sporenoberflächen- und Schüttelkulturen zu den Lüftungskulturen, die in Kluyverkolben angezüchtet wurden. Dieses Kluy-

verkolben-Mycel diente in einer Menge von etwa 7% zur Einsaat in eine 35-l-Waldhofhütte, die mit 28 l Nährsubstrat beschickt war und bei 28° C mit einer Umdrehungszahl von 500/Min. gefahren wurde. Dabei mußte zusätzlich Luft in einer Menge von 30 l/Std. durch die Hohlwelle in die Kultur geleitet und die Schaumbildung durch Zusatz von Gärfett bekämpft werden. Nach 28 Stunden war die Züchtung beendet und maximale Enzymwerte erreicht. Eine größere Waldhofbütte von 400 l Inhalt wurde unter ähnlichen Bedingungen mit etwa 320 l gefahren, wobei jedoch die Herführung unter Weglassung der Kluyverkolbenzüchtung vereinfacht wurde und das Submersmycel bereits nach 24 Stunden fertiggestellt war. Die Züchtungen verliefen praktisch infektionsfrei.

3. Für die Erkennung der amylolytischen Aktivität dieser Submerskulturen dienten die Bestimmung des Dextrinierungs- und Glucosidasewertes und der Gärversuch. Zur Verzuckerung der Stärke verschiedener Getreidearten wurden 50% Submerskultur, bezogen auf Rohstoff, für Kartoffelwalzmehl zusätzlich 1—2% Malz angewandt.

4. Submerse Kulturen des Aspergillus niger, in der Waldhofbütte unter Lüften und Rühren gezüchtet, vermögen die Stärke verschiedener Getreidearten ausgezeichnet zu verzuckern, so daß nach der Vergärung der Maischen die Alkoholausbeuten mit Malz, ja sogar die Inversionswerte erreicht und übertroffen werden. Die Stärke von Kartoffelwalzmehl vermögen sie nicht so leicht aufzuschließen, so daß eine Vorverzuckerung mit 1—2% Malz angebracht ist.

Schrifttum.

FOTH-DREWS: Die Praxis des Brennereibetriebes, 2. Aufl. Berlin: Paul Parey 1951.

DREWS, B., H. SPECHT u. E. ROTHENBACH: Branntweinwirtschaft **1953**, Nr.10, sowie auch **1950**, 293 und **1952**, 93. — Weitere Literaturzusammenstellung siehe Branntweinwirtschaft **1953**, Nr. 10.

DREWS, B., H. SPECHT u. H. OLBRICH: Branntweinwirtschaft **1954**, Nr. 2.

F. Enzymatische Spezialverfahren.

a) Aufschließen von genuinen Eiweißstoffen.

Eine Reihe von stärke- oder zuckerhaltigen Stoffen enthalten nur so geringe Mengen an Eiweißstoffen, daß der zu vergärenden Maische besondere Eiweißzusätze geboten werden müßten. Es gibt aber auch eine Reihe pflanzlicher Rohstoffe, die wegen ihres hohen Gehaltes an genuinem Eiweiß wertvoll sind, so z. B. Sojabohnenschrot, Weizenkleie, Roggenkleie, Malzkleie, Ölkuchen u. dgl.

Um die pflanzlichen Rohstoffe aufzuschließen, hat man den Abbau des Eiweißes durch Säuren oder Alkalien mit oder ohne Druck durchgeführt, oder man hat Pilze benutzt, welche die proteolytischen Enzyme hervorbringen bzw. pflanzliche proteolytische Enzyme, z. B. Papain, abgebaut, oder man hat schließlich den Abbau durch tierische Enzyme, z. B. Pepsin und Pankreatin, erreicht.

Durch alle diese Verfahren wird nur ein Teil der im Rohmaterial enthaltenen genuinen Eiweißstoffe in verwertbarer Form gebracht. Die „*Delta*"

Technische Verkehrs A.G., Vaduz, hat nun vorgeschlagen, die eingemaischten pflanzlichen Rohstoffe vor dem Erhitzen auf bzw. über dem Koagulationspunkt der Eiweißstoffe (etwa 70° C) mit eiweißabbauenden pankreatischen Enzymen bei einer Temperatur von 40° C und einem p_H-Wert von ungefähr 7—8 zu behandeln und sie erst dann weiter zu verarbeiten. So hat man z. B. 100 g Sojabohnenschrot in 1000 ccm Wasser, welches durch Zusatz von Sodalösung alkalisch ($p_H = 7{,}5$) gemacht wurde, etwa 1 Stunde auf 60° C erwärmt, dann auf 40° C abgekühlt und nach Hinzufügung von 1 g Pankreatin so lange unter Umrühren auf dieser Temperatur belassen, bis der gewünschte Abbau des Eiweißes erreicht ist. Die jeweilige Stufe desselben läßt sich durch die bekannten Reaktionen prüfen. Diese Zusatzmaische wird nun der Hauptmaische als Stickstoffquelle für die Vergärung zugegeben und wirkt überdies nach Einstellung der Maische auf das erforderliche p_H von 5—6 infolge ihres Amylasegehaltes verzuckernd auf etwa vorhandene stärkehaltige Bestandteile der Hauptmaische. Die Hauptmaische wird sodann in üblicher Weise weiterbehandelt.

Ein anderes Beispiel ist folgendes:

100 g Malzkeime werden fein gemahlen und in etwa 1000 ccm Wasser unter Erwärmung bis etwa 60° eingemaischt. Durch Zusätze von Alkali wird die Maische auf eine Wasserstoffionenkonzentration von p_H etwa 7,2 bis 7,5 gebracht, und bei einer Temperatur von etwa 40° unter Zusatz von 1 g Pankreatin so lange digeriert, bis der gewünschte Abbau der in den Malzkeimen enthaltenen Proteine erfolgt ist. Die Maische wird hierauf sterilisiert und kann als stickstoffreicher Zusatz den Hauptmaischen zugefügt werden.

b) Herstellung von diastasehaltigen Filtrationsenzymen.

Die meisten Diastasepräparate sind Enzymgemische. Es tritt nun häufig der Fall ein, daß solche Präparate neben den für den besonderen Zweck erwünschten Enzymen auch solche Enzymgruppen enthalten, die Stoffe abbauen, an deren Erhaltung man interessiert ist. Bei der Klärung von Fruchtsäften ist z. B. die Anwesenheit von Diastase erwünscht, während die Präparate möglichst frei von pektinzerstörenden Enzymen sein sollen, weil man die Säfte zur Geleebereitung bzw. zur Pektingewinnung verwenden will. In anderen Fällen ist es erwünscht, auch eiweißabbauende Enzyme auszuschalten. F. ZIEGLER und A. BOHNE und die *I. G. Farbenindustrie A.G.*, Frankfurt, haben nun in Diastasepräparaten aus Mikroorganismen in einfacher Weise die pektinzerstörenden und eiweißabbauenden Enzyme unter Erhaltung der Diastasewirkung inaktiviert. Man hat sie einer Behandlung mit Ammoniak unterzogen und nach der Behandlung vom Ammoniak wieder befreit.

100 kg eines diastasehaltigen Schimmelpilzpräparates, das in der Nahrungsmittelindustrie als Filtrationsenzym zum Klären von Süßmosten, Fruchtsäften u. dgl. benutzt wird, wurden im Brutraum nach beendetem Pilzwachstum bei einem Feuchtigkeitsgehalt von etwa 30% 20—40 Stunden lang mit gasförmigem Ammoniak bei normaler Temperatur (18°) und normalem Druck behandelt. Das Präparat wurde dann in üblicher Weise ge-

trocknet. Während das Präparat vor der Behandlung, nach WILLSTÄTTER, WALDSCHMIDT-LEITZ und HESSE bestimmt, je Gramm 0,038 Amylaseeinheiten enthielt, betrug sein Amylasegehalt nach der Behandlung noch 0,037—0,035 Amylaseeinheiten.

Der Gehalt an pektinabbauenden Enzymen, der vor der Behandlung dadurch gekennzeichnet war, daß 1 g des Präparates in 100 ccm einer 1%igen Pektinlösung in 15 Stunden 80% des als Calciumpektat bestimmbaren Pektins zum Verschwinden brachte, war durch die Behandlung so weit zurückgegangen, daß nur noch ganz geringfügige Mengen des Pektins abgebaut wurden.

0,25 g des unbehandelten Präparates setzten aus 5 ccm einer 5%igen Gelatinelösung in 18 Stunden bei 30° C 2,2 mg Aminostickstoff in Freiheit, während nach der Ammoniakbehandlung die Protease nur noch spurenweise nachzuweisen war.

F. ZIEGLER hat die Methode noch weiter gebildet, indem er an Stelle von Ammoniak wasserlösliche oder ohne Zersetzung verdampfbare organische Stickstoffbasen verwendete. Als solche kommen z. B. Methylamin, Äthylamin, Butylamin, Diäthylamin, Trimethylamin, Tetramethylammoniumhydroxyd oder Pyridin in Frage.

Anders haben R. OTTO und G. WINKLER und die *Pomosin-Werke K.G.*, Frankfurt (Main), die Inaktivierung der pektinabbauenden Enzyme in amylasehaltigen Enzympräparaten erreicht. Man kann die Wirksamkeit der das Pektin abbauenden Komponente weitgehend hinanhalten, wenn man die ausgewachsenen Kulturen der Mikroorganismen mit aliphatischen Aminocarbonsäuren behandelt und im Anschluß daran trocknet. Die Vorteile dieser Methode gehen aus folgendem Beispiel hervor:

100 g einer getrockneten, in üblicher Weise auf Weizenkleie gezüchteten Kultur von Aspergillus oryzae wurden mit 200 ccm einer 1%igen wäßrigen Lösung von Glykokoll (α-Aminoessigsäure) gleichmäßig durchtränkt und anschließend bei einer 60° nicht überschreitenden Temperatur getrocknet.

Von dem auf diese Weise erhaltenen Trockenpräparat wurden zu 600 ccm Heißextraktionspektindünnsaft, wie er bei der gewerblichen Pektinherstellung aus Apfeltrockentrestern anfällt, 3 g = 0,5% zwecks Verzuckerung der Stärke hinzugefügt. Eine nach 15stündiger Einwirkung des Präparates — die Stärke war bereits nach Verlauf von 1 Stunde restlos verzuckert — vorgenommene Prüfung der wertbestimmenden Eigenschaften des Pektindünnsaftes zeigte nachstehende Ergebnisse:

Viscosität bei 20° . . . . 7,91 cP
Gehalt der Trockensubstanz an alkoholfällbaren Pektinstoffen . . . 52,46 %
Durchschnittsmolekulargewicht der alkoholfällbaren Pektinstoffe . . 160000
Zerreißfestigkeit eines mit 100 g Dünnsaft gekochten Gelees nach LUERS 486,9 g

Der gleiche Dünnsaft, mit der gleichen Menge unbehandeltem Enzympräparat zur Verzuckerung der Stärke versetzt, wies nach 15stündiger Einwirkungszeit die nachstehend wiedergegebenen Analysendaten auf:

Viscosität bei 20° . . . . 3,50 cP
Gehalt der Trockensubstanz an alkoholfällbaren Pektinstoffen . . . 47,14 %
Durchschnittsmolekulargewicht der alkoholgefällten Pektinstoffe . . 105000
Zerreißfestigkeit eines mit 100g Dünnsaft gekochten Gelees nach LUERS 198,4 g

Um den Eigengeschmack der Enzympräparate, der sich häufig in behandelten Fruchtsäften störend bemerkbar macht, zu beseitigen, haben W. KIESSLING und die Firma *C. H. Boehringer Sohn*, Ingelheim (Rhein), an Stelle von Tierkohle die bei niederer Temperatur getrocknete Pilzmasse mit Lösungsmitteln extrahiert, etwa wie folgt:

100 kg frisches, abgepreßtes Aspergillusmycel (Aspergillus niger) werden schnell bei 35° getrocknet und fein gemahlen, dann wird mit 40 l 90%igem Äthylalkohol einige Stunden extrahiert, die Extraktion gegebenfalls nochmals wiederholt, worauf nach dem Abtrennen des Alkohols das Gut bei 35° getrocknet wird. Es werden etwa 20 kg eines weitgehend geschmacksfreien Enzympräparates erhalten.

Um besonders wirksame Präparate zu erhalten, haben K. HAUPTMANN und die Firma *C. H. Boehringer Sohn*, Ingelheim (Rhein), eine besondere Arbeitsweise entwickelt. Wenn beispielsweise ein bestimmtes Mycel am 3. Tag ein Optimum an Pektinabbauvermögen und am 7. Tag ein Optimum an Stärkespaltungsvermögen zeigt, dann ist es möglich, durch Mischen der am 3. und 7. Tag gewonnenen beiden Ernten Enzympräparate zu erhalten, welche beide Wirkungen vereinigen. Infolge der bei einer solchen Arbeitsweise ansteigenden Menge an Ballaststoffen ist es aber nicht möglich, Präparate mit einer je Gewichtseinheit optimalen Enzymwirkung zu erzielen. Man hat daher verschiedene Partien des betreffenden Pilzmycels verschieden lang gezüchtet, die Züchtungen dann abgebrochen, die Kulturen mit Wasser extrahiert, und die so gewonnenen Lösungen gleichzeitig oder nacheinander auf eine einzige Trägersubstanz aufgebracht. So wurde z. B. wie folgt gearbeitet:

16 kg eines 3 Tage alten Mycels einer Aspergillus-niger-Art, das das Optimum der Pektinaseaktivität erreicht hat, werden zerkleinert und mit etwa der 3fachen Menge Citratpuffer von p_H 4—5 mehrere Stunden maceriert. Dann wird vom unlöslichen Rückstand abfiltriert und die wäßrige Lösung mit der gerade notwendigen Menge Holzmehl aufgenommen und bei 45° im Lufttrockenschrank getrocknet.

16 kg eines 7 Tage alten Mycels, das das Optimum der Amylaseaktivität erreicht hat, werden genauso behandelt, und der resultierende Macerationssaft wird mit dem schon einmal beladenen Holzmehl vermischt, so daß ein steifer Brei entsteht, der im Lufttrockenschrank bei 45° getrocknet wird.

Man erhält so ein Präparat mit sehr starken pektolytischen und amylolytischen Eigenschaften.

c) Herstellung pflanzlicher Amylasepräparate.

Für die Herstellung pflanzlicher Amylasepräparate sind die wäßrigen Malzauszüge im allgemeinen der Dialyse unterworfen worden, wobei dann fraktioniert durch Alkohol gefällt wurde. Demgegenüber haben O. SPENGLER, R. WEIDENHAGEN und L. SCHRIEVER, Berlin, mit Tannin gefällt und dann den Tanninniederschlag nach Auswaschen mit Wasser in Aceton eingerührt, von der Lösung abgetrennt, in Wasser aufgenommen und filtriert, wie folgt:

1. Darrmalz. 200 g Malz wurden mit 1000 ccm Toluolwasser 48 Stunden stehengelassen, dann genutscht: 740 ccm. Diese enthielten 90,3 Amylaseeinheiten (A-E) vom Amylasewert (A-W) 0,017. Die Fällung erfolgte mit 21 ccm 5%iger Tanninlösung. Der zentrifugierte Niederschlag wurde nach Waschen mit Wasser in Aceton eingerührt, zentrifugiert und wieder in Wasser aufgenommen. Die Lösung enthielt 72 A-E vom A-W 0,98. Bei einer Ausbeute von 80% ist demnach eine 58fache Reinheitssteigerung eingetreten. Das durch Acetonfällung gewonnene feste Präparat war von der gleichen Reinheit.

2. Weizen. 500 g geschroteter Weizen wurden mit 1500 ccm Toluolwasser $2^1/_2$ Stunden bei 12° gerührt und genutscht. In 500 ccm des Filtrats waren 133 A-E vom A-W 0,15. Diese wurden mit 25 ccm 5%iger Tanninlösung gefällt, der Niederschlag in Aceton eingerührt, zentrifugiert, danach in 100 ccm Wasser aufgenommen und filtriert. In diesen 100 ccm waren 110 A-E vom A-W 1,20. Das entspricht einer 8fachen Reinheitssteigerung bei einer Ausbeute von 82,7%. Das durch Acetonfällung gewonnene feste Präparat war von der gleichen Reinheit.

d) Temperaturstabilisierung von Amylaselösungen.

Amylaselösungen werden durch Zusatz von Calciumsalzen gegen Hitzeeinwirkung stabilisiert. Eine 0,2%ige Lösung einer handelsüblichen Bakterienamylase in destilliertem Wasser verliert beispielsweise bei halbstündigem Erhitzen auf 75° C nur 30% ihrer ursprünglichen Aktivität, wenn sie je Liter 1 g Calcium enthält, während sie ohne diesen Calciumgehalt unter gleichen Bedingungen praktisch vollständig zerstört wird. Da alle technischen Enzympräparate der besseren Lagerfähigkeit wegen mehr oder minder große Mengen Natriumsulfat enthalten, führen Zusätze von so viel Calcium in Form von Calciumsalzen, daß sich der in der Anwendungskonzentration zur Höchststabilisierung erforderliche Calciumgehalt von etwa 1 g Calcium je Liter ergibt, bei der Auflösung zur Bildung von Calciumsulfat. Infolge der Schwerlöslichkeit des Calciumsulfats treten erhebliche technische Schwierigkeiten auf, wodurch die praktische Verwendbarkeit derartiger mit Calciumsalzen stabilisierter Produkte stark eingeschränkt wird. Versucht man durch Herabsetzung der Calciummengen das Ausfallen des Calciumsulfats zu vermeiden, so nimmt die Stabilität der Amylase rasch ab.

V. WINDBICHLER, J. VOSS und die *Kalle & Co. A.G.*, Wiesbaden, haben diesen Übelstand dadurch beseitigt, daß sie außerdem lösliche Silicate zugesetzt haben. Dadurch ist eine Temperaturstabilisierung erreicht worden. Z. B. werden 100 kg eines pulverförmigen Bakterienamylaseproduktes mit 0,4 A-E je Gramm, welches Natriumsulfat, aber kein Calcium enthält, mit 3,2 kg Calciumformiat und 3,0 kg Natriummetasilicat gründlich gemischt. Zur Herstellung der üblichen Gebrauchskonzentration werden 2 kg dieses Produktes in 1000 l Wasser gelöst. Die Lösung ist dann an Calcium bzw. Silicat $0,5 \cdot 10^{-3}$ molar und enthält äquimolare Mengen der stabilisierenden Salze. Die Verwendung dieser Enzymlösung kann nach den in der Technik jeweils üblichen Verfahren erfolgen.

e) Anreicherung von Invertase bzw. β-h-Fructosidase in Hefen.

Man hat früher die Invertase in Hefe durch Umgärung angereichert, ein Verfahren, wobei die Hefe mehrfach von der Nährlösung getrennt werden mußte. F. LANGE und die *I. G. Farbenindustrie A.G.* haben die Umgärung in einem Arbeitsgang erreicht, wenn man wie folgt arbeitet:

100 Gewichtsteile abgepreßte Bierhefe von etwa 25% Trockengehalt werden in 2000 Gewichtsteilen einer Nährsalzlösung fein verteilt, die je 4 Gewichtsteile primäres Kaliumphosphat und primäres Ammoniumphosphat sowie je 1 Gewichtsteil Kaliumnitrat und Magnesiumnitrat enthält. Zu dem auf 28—29° gehaltenen Gemisch wird bei einem auf 30 mm Hg eingestellten Druck eine 20%ige Saccharoselösung derart zugetropft, daß in je 1 Stunde 5 Gewichtsteile Saccharose zur Vergärung gelangen. Nach 24 Stunden beträgt der Invertasegehalt der Hefe beispielsweise das 9,4fache des Gehaltes der Ausgangshefe.

Man kann die Vergärung auch in Wasser oder in einer beliebigen anderen geeigneten Nährsalzlösung vornehmen.

Eine weit bessere Anreicherung ist R. WEIDENHAGEN, Berlin, gelungen, indem er gleichzeitig die Hefe belüftete und mit einer solchen Zuckerlösung arbeitete, die so viel Alkali enthält, daß der p_H-Wert der Gärlösung zwischen 4 und 5 gehalten werden kann.

200 Teile Hefe von etwa 25% Trockengehalt werden in 4000 Gewichtsteilen einer Nährlösung verteilt, die 8 Teile sekundäres Ammoniumphosphat, 8 Teile primäres Kaliumphosphat sowie je 2 Teile Magnesium- und Kaliumnitrat enthält. Zu dem auf etwa 28—30° C angewärmten Gemisch wird langsam eine 12%ige Rohrzuckerlösung zugetropft, so daß in der Stunde 10—12 Gewichtsteile Rohrzucker vergoren werden. Der Zuckerlösung werden 10 Teile n-Natronlauge zugesetzt. Gleichzeitig wird ein kräftiger Luftstrom durch das Gärgut geschickt (etwa 300—500 l je 200 g Hefe in der Stunde). Nach $2^1/_2$ Stunden wird abgebrochen. Der Hefezuwachs beträgt etwa 5% der Ausgangsstoffe. Die Anreicherung an β-h-Fructosidase beträgt etwa das 12,5fache des Invertasegehalts der Ausgangshefe[1].

Die nach den beiden vorgenannten Methoden gewonnenen Invertaselösungen können nach R. WEIDENHAGEN noch besonders gereinigt werden, dadurch, daß man Hefeautolysate mit wäßrigen Aufschlemmungen oder Lösungen von Erdalkalihydroxyden bis zur Einstellung einer schwach alkalischen Reaktion versetzt und die entstandene Fällung mit solchen Säuren oder ihren wasserlöslichen Salzen behandelt, die unlösliche Erdalkalisalze bilden.

Es wurde z. B. wie folgt verfahren:

1000 g einer nach LANGE an Invertase angereicherten Hefe werden mit 100 ccm Toluol etwa 2 Stunden durchgeknetet und die hierbei dünnflüssig gewordene Masse nach Verdünnen mit 1 l Wasser durch allmähliche Zugabe von 60 ccm $2^1/_2$%igem Ammoniak neutralisiert. Das so gewonnene

---
[1] Nach WEIDENHAGEN: Über die Aktivitätsbestimmung von Invertasepräparaten. Z. Ver. dtsch. Zuckerind. **82**, 992 (1932).

Autolysat läßt man im ganzen etwa 20 Stunden bei 30° stehen und gibt hierauf so viel verdünnte Essigsäure zu, bis ein p_H von 4,8 erreicht ist. Nunmehr zentrifugiert oder filtriert man das Autolysat, wobei man etwa 1,5 l Lösung gewinnt, die 80—90% der in der Ausgangshefe ursprünglich vorhandenen Invertase enthalten.

200 ccm des nach obiger Vorschrift hergestellten Autolysats werden mit 300 ccm 2%iger Strontiumhydroxydlösung versetzt, wobei ein p_H von 8,0 erreicht wird. Der entstandene Niederschlag wird von der Restlösung getrennt und so lange mit Wasser gewaschen, bis dieses farblos abläuft. Nunmehr wird der Niederschlag mit 25 ccm Wasser verrührt und mit 10 ccm einer 25%igen wäßrigen Lösung von primärem Ammoniumphosphat versetzt, wobei sich ein p_H von 5,3 einstellt. Nach mehrstündigem Stehenlassen zentrifugiert man den Niederschlag ab und erhält 46 ccm einer Enzymlösung, in der 102,4 Fructosidaseeinheiten entsprechend 87,2% der in Form des Autolysats angewandten Invertase enthalten sind. Die Invertasebestimmung des Autolysats ergab in 200 ccm einen Gehalt von 117,4 Fructosidaseeinheiten.

Die Bestimmung der Invertase erfolgt nach dem in der Chemiker-Ztg. **1934**, 185—187 von R. WEIDENHAGEN angegebenen Verfahren.

f) Herstellung eines vitaminreichen Malzpräparates.

Da gewöhnlicher Malzextrakt etwa 2500 Gamma Vitamin B_1 je Kilogramm enthält, haben H. FINK und F. JUST, Berlin, ein vitaminreiches Malzpräparat in der Weise hergestellt, daß die Extraktion des Malzes unter dem Optimum der diastatischen Verzuckerung durchgeführt wird, und daß der Extrakt zur Ausfällung von Eiweiß und zur Inaktivierung der Diastase gekocht, geklärt und eingedickt wird. Es wurde z. B. wie folgt gearbeitet:

50 g Malzfeinschrot werden mit 200 ccm Wasser 3 Stunden lang bei 20° verrührt. Anschließend wird filtriert und der Filterrückstand mit 100 ccm Wasser ausgewaschen. Es fallen 215 ccm Filtrat an, das 3,5% Extrakt und 147 Gamma Vitamin B_1 enthält. Es wurden also 60% des im Malz vorhandenen Vitamin B_1 gewonnen, während nur 20% vom Gesamtextraktgehalt des verwendeten Malzes gleichzeitig in Lösung gingen. Auf 1 g Extrakt, der auf diese Weise hergestellt wurde, entfallen somit 20 Gamma Vitamin B_1; dagegen sind je g Extrakt in Würzen, wie sie bei üblichen Maischverfahren anfallen, nur etwa 3—5 Gamma Vitamin B_1 enthalten. Die Anreicherung beträgt also 400% und mehr. Dieser günstige Effekt wird auch bei kürzerer Extraktionsdauer nicht beeinträchtigt.

An Stelle der oben angewendeten Filtration kann man zwecks Abtrennung des Extraktes von den festen Malzbestandteilen natürlich auch abzentrifugieren oder abpressen.

Beim Kochen des Extraktes geht kein Vitamin verloren; dagegen werden etwa 20% des Gesamteiweißes ausgefällt. Beim Eindicken des gekochten und filtrierten Auszuges fällt ein klarer, vorzüglich schmeckender und hocharomatischer Extrakt von honigartiger Konsistenz an, der in 1 kg bei einem Wassergehalt von beispielsweise 25% 16000 Gamma Vitamin B_1 bzw. der in 1 kg Extrakttrockensubstanz 20000 Gamma Vitamin B_1 enthält.

g) Herstellung von Milch-Malz-Präparaten.

F. NEEF, Zürich, hat ein Milch-Malz-Präparat in der Weise hergestellt, daß er Malzextrakt unter Zugabe von Säure verzuckerte und diesen dann mit einem aus Milch unter Zugabe einer alkalisch reagierenden Lösung gewonnenen Produkt vermischte. 3 kg Malzschrot werden in Wasser angesetzt und unter Umrühren langsam erwärmt. Nachdem das Malz und Wasser gründlich durchgerührt sind, wird aufgekocht und das Unlösliche abgeschieden. Der Saft wird unter Zugabe von 35 g Citronensäure aufgekocht, gegebenenfalls nochmals durch Abpressen von unlöslichen Stoffen befreit und bis zu 20° Bé eingedickt. Die Citronensäure bewirkt eine Verzuckerung der Dextrine. Dann werden 6 l Vollmilch auf 25° Bé eingedickt und aus einer Lösung von 25 g Citronensäure, 50 g Natriumcarbonat und 20 g Calciumoxyd verseift. Die so erhaltene Flüssigkeit wird im Vakuum unter Erwärmen und Umrühren eingedickt. Dann werden 2 kg entsäuerte Früchte zugegeben, die durch Zugabe von 7 g Natriumcarbonat und 12 g Natriumbicarbonat unter Erwärmen vorbehandelt wurden. Die Früchte werden passiert und unter Umrühren dem Gemisch aus Malzextrakt und verseifter Vollmilch zugesetzt. Dann wird die Masse schaumig geschlagen. Man dickt sie in üblicher Weise im Vakuum bis zur Trockne ein.

Ein anderes Milch-Malz-Präparat wurde von F. G. KEITEL, Stockholm, hergestellt.

50 l Milch werden auf 65° erhitzt, worauf man die Milch mit 7 kg fein vermahlenem Gerstenmalz mischt. Die Milch-Malz-Maische soll danach bei 60—65° so lange stehen, bis die Stärke mit Jod-Jodkalium-Lösung keine Reaktion mehr gibt. Danach wird die Maische auf ungefähr 40° herabgekühlt und mit $^1/_4$% einer kräftig virulenten Acidophiluskultur beimpft. Nach 4 Stunden hat die Maische einen p_H-Wert von 4—5, und die Milch ist geronnen. Hierauf nimmt man eine schnelle Erhitzung auf 70° vor, um die Bakterien abzutöten, und kühlt auf 50° ab. Bei dieser Temperatur wird das Eindampfen der Maische vorgenommen. Nach dem Trocknen wird das Präparat vermahlen und in Tablettenform übergeführt.

Das gemäß vorliegendem Verfahren hergestellte Präparat kann mit verschiedenen Zusätzen versehen werden, z. B. Geschmacksstoffe und Vitamine, wie auch anderen Stoffen, die nicht schädlich auf den biologischen Charakter des Präparates oder seine Zusammensetzung einwirken.

h) Herstellung eines proteolytischen Enzyms.

Um ein lösendes Enzym zu gewinnen, welches die Eigenschaft hat, die Eiweißstoffe in Aminosäuren zu verwandeln, hat MATAEMON MASUDA, Ikegami, Tokio, durch Auspressen der Zweige, Stiele und Früchte von Feigen, Maulbeeren, Melonen, Ananas, Bananen od. dgl. eine milchige Substanz hergestellt und nach dem Absetzen die klare Lösung mit Essigsäure angesäuert, nach dem Eindampfen mit Unterdruck und bei niedriger Temperatur mit Aceton ausgefällt und schließlich den abfiltrierten Niederschlag mit Methylalkohol ausgewaschen und getrocknet. Der Vorteil dieser Arbeitsweise besteht vor allem darin, daß man das gebrauchte Aceton leicht wiedergewinnen kann und daß keine öligen Bestandteile mitgewonnen werden, welche einen unangenehmen Geruch verursachen würden. Die Wirkung des proteolytischen Enzyms ist besonders stark bei einem p_H-Wert von 4—5 und bei einer Temperatur von 37—50° C. Die Früchte werden vorzugsweise in grünem und unreifem Zustand verwendet, da sie dann eine größere Menge Fett enthalten.

Anders haben A. R. BOIDIN und I. A. EFFRONT, Seclin (Frankreich), proteolytische Enzyme hergestellt. Sie haben stickstoffarme Nährböden verwendet, z. B. die Abwässer beim Einquellen der Gerste, bei der Malzbereitung, beim Wässern des Manioks oder auch Abfallstoffe der Ölfabriken. Sie haben Kohlehydrate in Mengen von ungefähr 80% zugesetzt und die Nährböden durch Zusatz von Erdalkalisalzen in Mengen von ungefähr 5—10 g je Liter auf einen p_H-Wert von 5,5—7,0 gehalten und schließlich in sterilem Medium unter starker ständiger Durchlüftung bei wechselndem Druck die Mikroorganismen gezüchtet und dann in üblicher Weise gewonnen. An Stelle der Erdalkalisalze sind auch andere Stoffe zur Regulierung des p_H-Wertes benutzt worden, zumeist in Form von Lösungen, z. B. ganz verdünnter Ammoniaklösungen. Auf diese Weise ist eine stärkere Bildung von proteolytischen Enzymen erreicht worden.

i) Herstellung von Co-Zymase.

Bisher hat man Co-Zymase aus pflanzlichen Extrakten dadurch angereichert, daß man die dialysierten Lösungen nach Ausfällung mit löslichen Bleisalzen mit Phosphorwolframsäure oder Kieselwolframsäure behandelt hat. Die *Knoll A.G.*, Ludwigshafen, hat eine Verbesserung dadurch erzielt, daß man nach der Fällung mit Bleisalzen unmittelbar oder unter Zwischenschaltung einer Fällung mit Quecksilbersalzen die Lösung mit Pikrinsäure fällt und die am leichtesten lösliche Pikratfraktion nach Abscheidung aller schwerer löslichen Pikrate einer weiteren Reinigung unterwirft, wobei man unter Benutzung der basischen Eigenschaften der zu isolierenden Co-Zymase Kieselwolframsäure verwendet.

Eine weitere Ausgestaltung hat das Verfahren in folgender Weise gefunden: Die vorgereinigte Co-Zymase wird als basisches Aluminiumsalz ausgefällt und mit Phosphorsäure in Freiheit gesetzt. Man dialysiert 1 l eingedunsteten Hefeextrakt durch Kollodiummembran gegen 2—3 l Wasser. Das Dialysat (Außenflüssigkeit) fällt man ohne Eindunsten mit einer kalt gesättigten Lösung von Bleiacetat in geringem Überschuß. Die dabei entstehende Fällung wird verworfen.

Das klare Filtrat hiervon wird tropfenweise mit einer 25%igen Natriumhydrosulfidlösung und 4 n-Schwefelsäure versetzt, bis sich die entstandene Bleisulfitfällung zusammenballt und rasch zu Boden sinkt. Die abfiltrierte Lösung, die nur wenig Schwefelwasserstoffe enthalten soll, wird nach der in Z. physiol. Chem. **133**, 260 ff. (1924) beschriebenen Weise auf Co-Zymasegehalt untersucht. Sie wird mit einer konzentrierten Lösung von Aluminiumsulfat versetzt, und zwar mit etwa 1 g kristallisiertem Salz auf 2000 Co-Einheiten. Unter Rühren setzt man dann konzentrierte Ammoniaklösung zu, bis Phenolphthalein stark gerötet wird. Der Niederschlag wird abzentrifugiert und mit Wasser gewaschen. Er wird dann in Wasser suspendiert und mit Phosphorsäure (25 ccm etwa 85%iger Säure auf 100 g Aluminiumsulfat) versetzt. Man schüttelt 2 Stunden in der Maschine und saugt ab. Das Filtrat wird mit Bariumacetat und Bariumhydroxyd versetzt, so daß bei etwa neutraler Reaktion kein Niederschlag mehr entsteht. Man saugt ab und wäscht mit etwas Wasser nach. Die so gewonnene Lösung wird in der früher beschriebenen Weise mit Quecksilbernitrat usw. gefällt.

F. SCHLENK und H. v. EULER, Stockholm, haben eine weitere Reinigung dadurch erzielt, daß die Aktivatoren durch Lösungen der Halogenide, des einwertigen Kupfers in saurer Lösung gefällt, in Wasser gelöst und mit Baryt behandelt werden. Darauf wird die Co-Zymase mit Tonerde adsorbiert, eluiert und mit einem mit Wasser mischbaren organischen Lösungsmittel ausgefällt.

Neuere Vorschläge sind von NEILANDS und AKESON[1] gemacht worden. Außerdem haben K. WALLENFELS, W. CHRISTIAN und die *C. F. Boehringer & Söhne G.m.b.H.*, Mannheim, in neuester Zeit ein Verfahren entwickelt, um eine völlig reine Co-Zymase (DPN = Diphosphorydinnucleotid) darzustellen. Es besteht darin, daß man DPN-haltige Rohkonzentrate, wie sie sich nach den verschiedenen in der Literatur beschriebenen Verfahren aus Hefe oder anderen für die Gewinnung dieses Enzyms in Betracht kommenden natürlichen Ausgangsmaterialien gewinnen lassen, unter Anwendung von Kationen- und Anionenaustauschern selektiven Adsorptions- und Eluierungsmaßnahmen unterwirft. Zunächst läßt man das Konzentrat die Säule eines starken Kationenaustauschers in der Säureform durchlaufen; hierbei ist darauf zu achten, daß das p_H der ausfließenden Lösung so niedrig bleibt, daß keine intramolekulare Salzbildung der Co-Zymase eintritt. Hierauf wird die Lösung, welche neben dem DPN andere Nucleotide und freie Phosphorsäure enthält, durch einen mit Acetationen beladenen schwachen Anionenaustauscher gegeben, wodurch ein Austausch u. a. der Gesamtmenge des primär vorhandenen DPN gegen Acetat erfolgt. Wird nun das Adsorbat mit verdünnter Ameisensäure eluiert, wobei die Eluate zweckmäßig fraktioniert aufgefangen werden, so wird selektiv das gesamte DPN ausgewaschen, während unter diesen Umständen die anderen sauren Bestandteile des Konzentrates in überwiegendem Maße adsorbiert bleiben. Die Eluate werden gegebenenfalls nach Einengung, z. B. auf einen DPN-Gehalt von mindestens 1%, in der Kälte mit ausreichenden Mengen solcher mit Wasser mischbarer organischer Lösungsmittel versetzt, in denen, wie z. B. in Aceton, das DPN bekanntermaßen unlöslich bzw. schwerlöslich ist, worauf das ausgefällte DPN abgetrennt wird.

Es wird z. B. in folgender Weise gearbeitet:

In 85 l Wasser, welches mit Dampf zum Sieden erhitzt ist, werden unter ständigem Einleiten von Dampf 105 kg Hefe in einer solchen Geschwindigkeit eingefüllt, daß die Temperatur zwischen 80—82° C liegt. Man läßt 5 Minuten bei dieser Temperatur stehen und kühlt sodann möglichst schnell auf Zimmertemperatur ab, worauf filtriert wird. Man erhält 140 l eines klaren Filtrats, welches mit 14 l Bleiessig (Plumbum subaceticum DAB. 6) versetzt wird. Man filtriert aufs neue und stellt das p_H des Fil-

---

[1] NEILANDS u. AKESON: J. biol. Chemistry 188, 307 (1951).

trates auf 6,3 ein. Hierauf wird mit 3,15 l 25%iger Silbernitratlösung gefällt. Der Niederschlag wird abzentrifugiert und sorgfältig mit Wasser ausgewaschen. Die möglichst konzentrierte Suspension des Niederschlags wird mit Schwefelwasserstoff zerlegt, das ausgeschiedene Silbersulfid abzentrifugiert und der Niederschlag mehrmals gut mit Wasser ausgewaschen.

Die vereinigten Flüssigkeiten schickt man nun durch eine Säule mit etwa 1000 ccm eines stark sauren Ionenaustauschers hoher Kapazität in der Säureform unter ständiger Kontrolle des p_H-Wertes der ausfließenden Lösung, welcher 2,1 nicht überschreiten soll. Nach Entfernung des in Freiheit gesetzten Schwefelwasserstoffs filtriert man anschließend durch einen mit Acetationen beladenen, schwach basischen Ionenaustauscher, wobei die Gesamtmenge des DPN an etwa 600 ccm Ionenaustauscher gegen Acetat ausgetauscht wird. Das DPN läßt sich nun quantitativ mit 8,5%iger Ameisensäure aus dem Austauscher eluieren, wobei das Eluat in Fraktionen von jeweils 100 ccm getrennt aufgefangen wird. Die Lösungen, die mehr als 1% DPN enthalten, werden direkt bei 0° mit 5 Teilen kaltem Aceton versetzt, wobei das gesamte DPN ausfällt. Fraktionen niederer Konzentration werden im Vakuum eingeengt und anschließend ebenfalls mit Aceton versetzt. Das gefällte Produkt enthält nach dem Trocknen etwa 75% DPN.

Das 75%ige Präparat wird in 10%iger wäßriger Lösung erneut durch einen stark sauren Ionenaustauscher in der Säureform und anschließend durch einen schwach basischen, mit Acetat beladenen Austauscher filtriert. Die fraktionierte Elution mit 8,5%iger Ameisensäure und Fällung mit Aceton ergibt in den mittleren Fraktionen ein Präparat, das nach der enzymatischen und chemischen Analyse zu 100% aus DPN besteht. Die Kopf- und Schwanzfraktionen der Elution ergeben 75—90%ige Präparate, welche erneut in den Reinigungsprozeß gebracht und ebenfalls in 100%iges DPN umgewandelt werden können. Aus 100 kg Hefe werden so etwa 25 g reines DPN erhalten.

k) Herstellung von Co-Carboxylase.

Um Co-Carboxylase aus Hefe anzureichern, hat man den Wirkstoff aus Kochsäften von Hefe mit Bleiacetat und Phosphorwolframsäure gefällt. Zur Fällung hat man auch Bariumacetat und 50%igen Alkohol benutzt. Man erhielt so Präparate, die bei einer Ausbeute von 10% nur etwa 5% wirksame Substanz enthielt. Um nun eine Reindarstellung von Co-Carboxylase durchzuführen, haben K. LOHMANN, PH. SCHUSTER und die *I. G. Farbenindustrie A.G.*, Frankfurt, eine bekannte Fällung des Enzyms mit löslichen Erdalkalimetallsalzen in Gegenwart organischer Lösungsmittel kombiniert, und zwar mit einer Ausfällung des Wirkstoffes bei saurer Reaktion durch organische Lösungsmittel und Adsorption desselben an Bleicherdepräparaten. Anschließend wurde gelöst, wobei weitere zur Anreicherung des Enzyms bekannte Maßnahmen eingeschaltet werden können.

Der Kochsaft wurde nach kurzem Aufkochen mit einem organischen Lösungsmittel versetzt.

Die Fällung mit Erdalkalimetallsalzen erfolgte in bekannter Weise, zweckmäßig unter Verwendung von löslichen Bariumsalzen, wie Bariumacetat und Bariumchlorid, in wäßrig-alkoholischer Lösung. Vorteilhaft wird die Fällung bei schwach alkalischer Reaktion durchgeführt.

Die Fällung in saurer Lösung kann z. B. mit Äthanol, Methanol oder Aceton vorgenomen werden. Die Lösung ist vorteilhaft schwach kongosauer.

Zur Adsorption des Wirkstoffes bedient man sich vorzugsweise der Bleicherdepräparate, wie sie z. B. unter dem Namen Frankonit und Clarit im Handel sind. Auch Kohle läßt sich, allerdings mit etwas schlechterem Ergebnis, verwenden.

Zur Elution bedient man sich zweckmäßig wäßriger Amine, wie Pyridin.

Zur weiteren Anreicherung der Co-Carboxylase kann man entweder die vorgenannten Maßnahmen wiederholen oder aber den Wirkstoff selektiv, z. B. mit Phosphorwolframsäure oder einem Überschuß an Äther oder Alkoholäther, ausfällen bzw. die Ballaststoffe durch Ausfällen mit Pikrolonsäure, Pikrinsäure und Bariumsalzen in neutraler Lösung abtrennen.

Nach diesem Verfahren erhält man das Hydrochlorid der Co-Carboxylase in Form von Nadeln, die bei 244° schmelzen. Die freie Base besitzt nach der Analyse die Formel $C_{12}H_{18}N_4SP_2$ und ist antineuritisch etwa halb so wirksam wie das Vitamin B_1, von dem sie sich chemisch nur durch ihren Gehalt an Phosphorsäure unterscheidet. Auf 1 Molekül Vitamin B_1 enthält das Co-Enzym zwei Atome P, wovon das eine durch vorsichtige Hydrolyse in Form von H_3PO_4 abspaltbar ist; dabei entsteht ein Mono-Phosphorsäureester, der als Hydrochlorid in schönen farblosen Tafeln kristallisiert. Trockenhefe, die durch alkalische Auswaschung ihr Gärvermögen verloren hat, wird durch Zusatz der beschriebenen Co-Carboxylase zur Vergärung von Brenztraubensäure befähigt. Vitamin B_1 ist dazu nicht in der Lage.

l) Herstellung von Flavinenzymen.

Das Flavinenzym, ursprünglich „gelbes Oxydationsferment" genannt, hat medizinische Bedeutung. Es wurde von der *Schering-Kahlbaum A.G.*, Berlin, in folgender Weise gewonnen:

1 l frischen Lebedewsaftes aus Bierhefe, erhalten nach der Vorschrift von A. v. LEBEDEW[1], wird mit 400 ccm Bleisubacetat (Liquor Plumbi subacetici DAB 6) versetzt und unter Zusatz von etwas Octanol kräftig geschüttelt. Nach 12stündigem Stehen bei 0° zentrifugiert man und fällt aus der überstehenden Lösung, die das Ferment enthält, das überschüssige Blei mit 200 ccm einer Phosphatmischung aus 85 Volumenteilen m/2-Natriumdiphosphat und 15 Volumenteilen m/2-Kaliummonophosphat. Das ausgefällte Bleiphosphat wird abzentrifugiert und die erhaltene Lösung, die das Ferment enthält, dem Abscheidungsverfahren unterworfen.

Zu 1 l dieser Lösung werden unter Rühren bei 0° 500 ccm Aceton zugegeben. Die Lösung wird darauf 24 Stunden bei 0° stehengelassen. Der abgeschiedene weiße Niederschlag wird durch Abzentrifugieren entfernt. Die überstehende Lösung, die das gelbe Oxydationsferment enthält, wird mit weiteren 500 ccm Aceton versetzt, wobei das gesamte gelbe Oxydationsferment als zähes, gelbes Öl ausfällt. Nach dem Abgießen des Acetons wird das Öl wieder in 500 ccm Wasser gelöst und die wäßrige Lösung mit 250 ccm

---

[1] HOPPE-SEYLER: Z. physiol. Chem. **73**, 447 (1911).

Aceton bei 0° gefällt. Nach dem Abschleudern wird die Lösung mit Kohlensäure gesättigt und mit weiteren 250 ccm Aceton versetzt. Diese Behandlung, Vorfällung mit Aceton, Sättigen der verbliebenen wäßrigen Lösung mit Kohlensäure und endliche Ausfällung des Fermentes durch Zusatz weiterer Mengen von Aceton kann noch ein- oder zweimal wiederholt werden. Die Umwandlung des öligen Produktes in ein gelbes Pulver wird durch wiederholtes Auflösen in Wasser und Ausfällen mit eisgekühltem Methanol bei 0° durchgeführt. Man saugt das Pulver schließlich ab, wäscht es mit absolutem Methanol und trocknet es im Vakuumexsiccator mit Schwefelsäure.

Bei dem Verfahren ist gute Kühlung der Flüssigkeiten bei Zugabe des Acetons oder Methanols wesentlich, da sonst Verluste durch Farbstoffabspaltung eintreten.

Auf 1 l Lebedewsaft werden auf diese Art und Weise etwa 10—12 g gelbes Oxydationsferment erhalten.

Weiterhin kann man durch Abspaltung der Eiweißkomponente unter bestimmten Bedingungen ein niedrig molekulares Spaltprodukt erhalten, welches einen Phosphorsäureester darstellt.

Zu diesem Zweck geht man von einem vorher weitgehend gereinigten gelben Oxydationsferment aus, wie es z. B. erhalten werden kann, wenn man das kolloidale Rohferment in einer von Membranen verschiedener Durchlässigkeit unterteilter Zelle der Kataphorese unterwirft. Setzt man zu der wäßrigen Lösung des gereinigten Fermentes ein bestimmtes Mehrfaches an einem organischen, wassermischbaren Lösungsmittel, wie Methanol u. dgl., hinzu, so fällt die Eiweißkomponente des Fermentes im wesentlichen denaturiert aus, während eine niedrigmolekulare, gefärbte Verbindung in Lösung bleibt. Die letztere unterscheidet sich von dem eingangs erwähnten gefärbten Spaltprodukt dadurch, daß sie einen Monophosphorsäureester darstellt und sich mit der nach THEORELL[1] dargestellten freien Eiweißkomponente wieder zu gelbem Oxydationsferment verbindet.

Man kann auch die Reinigung des abgetrennten Spaltproduktes über seine Erdalkalisalze durchführen. Wichtig ist die Einhaltung eines optimalen p_H-Wertes, im Falle von Lebedewsaft auf p_H 4. Man kann auch ohne Kataphorese arbeiten, wie R. KUHN, F. WEYGAND und die *I. G. Farbenindustrie A.G.*, Frankfurt, gefunden haben, wie das folgende *Beispiel* zeigt:

9 l dialysierte Fermentlösung, die in bekannter Weise durch Behandlung von Lebedewsaft aus 30 kg Trockenhefe mit Lösungsmitteln hergestellt ist und die neben dem Ferment mehr als die 100fache Gewichtsmenge an Begleitstoffen enthält, werden auf 5—10° abgekühlt und mit 10 ccm m/2-Diammonphosphatlösung vom p_H 7 und mit 3,9 l Aluminiumhydroxydsuspension (3,1%ig an Al_2O_3) versetzt. Zur Elution wird das abgeschleuderte Adsorbat 30 Minuten lang mit 3000 ccm einer Mischung von 450 ccm 2 n-Ammoniak und 9500 ccm 0,2%iger wäßriger Diammonphosphatlösung gerührt und dann zentrifugiert. Die Elution wird noch zweimal mit je

---

[1] Biochem. Z. **272**, 155 (1934).

1500 ccm dieser Mischung wiederholt. Die vereinigten Eluate werden 48 Stunden dialysiert. Die so von Salzen befreite Fermentlösung wird mit 10 ccm m/2-Diammonphosphatlösung vom p_H 7 versetzt und nochmals mit 900 ccm Aluminiumhydroxydsuspension behandelt. Eluiert wird mit dem angegebenen Elutionsgemisch, und zwar zunächst mit 2500 ccm, dann mit 1500 ccm und schließlich mit 1000 ccm der angegebenen Mischung. Die Eluate werden nach längerer Dialyse im Vakuum auf die Hälfte konzentriert. Die Lösung enthält neben dem Ferment nur noch weniger als die doppelte Menge an Begleitstoffen und ist frei von Hefegummi.

Zur weiteren Reinigung wird die Lösung mit Essigsäure auf p_H 5,2 eingestellt und mit 2 Raumteilen gesättigter Ammonsulfatlösung versetzt. Der Niederschlag wird abgesaugt und in Wasser gelöst. Nach dem Filtrieren und Dialysieren enthält das Ferment nur noch etwa $1/3$ seines Gewichts an Begleitstoffen. Diese werden durch eine dritte Adsorption völlig entfernt. Man verdünnt die Fermentlösung auf 1,2 l, versetzt mit 210 ccm Aluminiumhydroxydsuspension, zentrifugiert ab und eluiert mit insgesamt 1000 ccm Elutionsgemisch. Nach der Dialyse liegt eine wäßrige Lösung des reinen gelben Fermentes vor. Ausbeute etwa 5 g aus 30 kg Trockenhefe.

m) Herstellung von Peroxydase.

W. SAILER, Schwaan (Meckl.), hat peroxydasehaltige Auszüge dadurch hergestellt, daß die Pflanzenstoffe in Gegenwart von Oxyden, Hydroxyden, Carbonaten der Alkali- und Erdalkalimetalle, des Zinks, Cadmiums oder von Zink-, Magnesium- oder Cadmiummetall der Gärung unterworfen wurden und dann nach Abschaltung der Flüssigkeit die Eiweißstoffe beseitigt wurden.

Bei dieser Arbeitsweise wird der Zucker durch die Gärung beseitigt, die Eiweißstoffe werden durch die entstehenden Salzverbindungen niedergeschlagen oder zusätzlich durch Salze, Alkohol oder auf andere bekannte Weise beseitigt.

Die Peroxydasepräparate zeigen alle Eigenschaften der zur Gruppe der Desmolasen gehörigen Peroxydaseenzyme. Sie weisen hohe Purpurogallinzahlen und Peroxydaseeinheiten auf. In 1 kg dargestellter Peroxydaseflüssigkeit sind durchschnittlich etwa 3500 Peroxydaseeinheiten enthalten, auf die Purpurogallinzahl berechnet ergibt sich für 1 g des Auszuges eine Purpurogallinzahl von 3,5. Als Ausgangsstoffe kommen in Betracht Samenkeime, Kleie u. dgl. Es wurde wie folgt gearbeitet:

1. 1 kg Samenkeime des Weizens, 5 kg Wasser, 100 kg Natriumbicarbonat werden gemischt, einige Tage der Gärung überlassen und sodann durch ein Tuch gegossen. Die Flüssigkeit kann nach Belieben noch weiter gereinigt und dann durch Zusatz von etwa 10% Alkohol haltbar gemacht werden.

2. 1 kg peroxydasehaltige Roggenkleie, 6 kg Wasser, 100 g Zinkoxyd.

3. 1 kg Roggenkleie, 3 kg Wasser, 100 g Zinkstaub (Magnesiumspäne oder Cadmiumpulver) werden wie unter 1 angegeben behandelt.

n) Herstellung von Cellulase und Hemicellulase.

A. KARRETH, München, hat aus Schimmelpilzen durch entsprechende Behandlung Cellulase und Hemicellulase hergestellt.

1,5 kg Kleie werden mit 1 l Wasser angerührt, evtl. unter Zusatz von 15 g eines aus Salzen des Kaliums, Calciums, Magnesiums und Ammoniums und der Phosphor- und Schwefelsäure bestehenden üblichen Nährsalzgemisches. Die Kleie wird sterilisiert und nach dem Abkühlen mit Aspergillus oryzae geimpft. Man läßt die Kulturen unter Lüftung 3—6 Tage lang in üblicher Weise sich entwickeln, bis die gesamte Masse von einem gleichmäßigen gelbgrünen Sporenrasen überzogen ist. Wenn der Lichenasewert nach den Methoden WILLSTÄTTER-SCHUDEL bzw. KARRER etwa 0,1—0,7 erreicht hat, wird die Pilzmasse mit Wasser extrahiert, eingedampft und getrocknet.

Die gewonnenen Gemische enthalten Cellulase und mehrere Hemicellulasen, z. B. solche, welche Xylan, Pektin und andere angreifen. Ferner sind Amylase, Cellobiasen, Glucosidasen, Proteasen und Phosphatasen vorhanden. Alle diese Enzyme können durch Extraktion mit Wasser gewonnen und nach üblicher Methode aufgearbeitet werden.

Es können auch andere Schimmelpilze für die Herstellung der Cellulase herangezogen werden, z. B. Botrytis cinerea, Botrytis verrucosa, Fusarium solani, Fusarium oxysporum, Fusarium scirpi, Oidium aurianticum u. a.

o) Herstellung von Hexosidase.

Um Hexosidasepräparate als Frischhaltemittel zu gewinnen, hat R. SACHSE, Cottbus, die Hefe zur Freilegung der Zellinhaltsstoffe hochfrequenten Wechseldrücken und der Ultraschalleinwirkung ausgesetzt.

Die Hefe wird zunächst in üblicher Weise gezüchtet. Um die Hexosidase anzureichern, wird der Zuckergehalt der Nährlösung stufenweise vermehrt. Dann wird die Hefe in üblicher Weise separiert und mit etwa 3—5% der Hefemasse mit Grünmalz oder dessen diastatischen Wirkstoffen versetzt. Dies geschieht zur Beschleunigung der Freisetzung der Hexosidase von der Zellwand, zweckmäßig in einer Masse, die einen Alkoholgehalt von 4—6% aufweist. Die dickbreiige Masse gelangt dann zur Zellzerstörung in folgender Weise:

In ein als Wirbelschnecke ausgebildetes Gehäuse aus Aluminiumguß von etwa 30 cm Innendurchmesser, etwa 15 cm breit, wird der Ultraschallgeber derart eingebaut, daß die Achse des U-Schallbündels exzentrisch den Anfang des Schneckenganges erfaßt und unter einem Winkel von etwa 35° die obere Wand des Gehäuses trifft. Der Innenteil der Schnecke ist mit flachen Leitrippen versehen, so daß die Hefemasse beim Umlauf weitgehend durchgemischt wird. Der U-Schallgeber arbeitet im Bereich von 800 bis 1000 kHz, die U-Schalleistung soll 700 Watt überschreiten. Die Hefemasse wird durch ein Fallrohr von etwa 9 cm lichter Weite in den unteren Teil des Schneckengehäuses unter einem Winkel von etwa 60° zur Umlaufebene eingeführt. Der kontinuierliche Ausstoß der weitgehend verflüssigten Masse erfolgt durch ein 30° ansteigendes Rohr von 60 cm Länge und 9 cm lichter Weite, das am Ende des Schneckenganges angeflanscht ist. Der Querschnitt des Auslaufes ist variabel zu verkleinern, so daß die Einwirkungsdauer und damit die Durchflußgeschwindigkeit der Beschaffenheit (Konsistenz, Gehalt an Trockenmasse, Widerstandsfähigkeit der Hefezellen) und der U-Schallintensität weitgehend anzupassen ist. Die Regelung ist so durchzuführen, daß die Temperatur von 50° nicht überschritten wird.

Nach der Freisetzung der Hefewirkstoffe in einem besonderen Behälter innerhalb einer Zeit von etwa 3 Stunden wird dann der Zellsaft von den festen Bestandteilen getrennt. Er wird mit Austauschharzen zunächst gereinigt und dann mit n/10 Essigsäure eluiert. Die eluierte Wirkstofflösung wird schließlich im Vakuum bei 35—45° konzentriert. Sie kann auch als Trockenpräparat hergestellt werden, welches durch Versprühen oder Fällen mit Alkohol zu erzielen ist.

p) Herstellung von Penicillinase.

Die bakteriostatischen Eigenschaften des Penicillins können durch ein Enzym, wie Penicillinase, zerstört werden. Für die technische Herstellung desselben wird der Bacillus cereus benutzt. Die Bildung des Enzyms geht an sich in den Zellen des Organismus vor sich, jedoch wird es in so großem Überschuß gebildet, daß es in die umgebende Nährlösung gelangen kann, aus der es durch Fällung zu gewinnen ist.

L. P. GERBER, Lawrenceburg (USA), hat in folgender Weise gearbeitet:

Eine mit Bacillus cereus (Stamm NRRL B-569) bebrütete Fermentationsbrühe wird durch mehrere Lagen Filtertuch filtriert und ein oder mehrmals durch eine schnellaufende Zentrifuge gegeben, um die suspendierten Zellen u. dgl. zu entfernen. Die erhaltene Lösung hat dann einen Gehalt von etwa 8000 Penicillinaseeinheiten je Kubikzentimeter. Man setzt zu etwa 60 l dieser geklärten Brühe Ammonsulfat zu in einer Menge, daß eine etwa 20%ige Salzlösung entsteht. Nach Stehen über Nacht im Kühlschrank wird die Lösung nochmals filtriert, und man erhält ein klares braunes Filtrat mit ungefähr 8400 Penicillinaseeinheiten je Kubikzentimeter. Die Lösung wird dann durch Zusatz von weiterem Ammonsulfat gesättigt, wobei der Gesamtgehalt der Lösung etwa 706 g Ammonsulfat je Liter sein soll. Man läßt dann unter Kühlung über Nacht stehen, wobei sich ein brauner Niederschlag abscheidet, welcher die wirksamen Stoffe enthält. Der Niederschlag wird abgesaugt und in etwa 2,5—3 l 2%iger Ammonsulfatlösung gelöst. Das Volumen dieser Lösung beträgt etwa $1/20$ des Volumens der geklärten Brühe, und der Gehalt an Penicillinaseeinheiten je Kubikzentimeter beträgt etwa 110000. Man sättigt noch einmal mit Ammonsulfat und läßt nochmals über Nacht im Kühlschrank stehen und löst den entstandenen Niederschlag abermals in 1 l 2%iger Ammonsulfatlösung. Man wäscht mit etwa $1/2$ l Ammonsulfatlösung und vereinigt die Waschwässer mit dem Filtrat. Die Lösung hat dann ein Volumen von $1\frac{1}{2}$ l und einen Gehalt an Penicillinaseeinheiten je Kubikzentimeter von 307000. Sie wird in ein Dialysiergefäß mit einer Cellophanmembran gebracht und gegen kaltes Leitungswasser dialysiert, bis die Prüfung auf Ammonionen negativ wird.

Das p_H dieser Lösung wird dann auf 4,5 eingestellt und eine 5%ige wäßrige Tanninlösung aus Galläpfeln oder Gelbholz zugesetzt. Das Volumen der Tanninlösung soll etwa $^1/_5$ des Volumens der Penicillinaselösung sein. Das gesamte Volumen der Mischung beträgt dann etwa 2230 ccm. Nach Zusatz der Tanninlösung wird der p_H-Wert wieder auf 4,5 eingestellt. Man stellt dann die Mischung $^1/_2$—1 Stunde unter gelegentlichem Umrühren auf Eis, wobei sich der Penicillinase-Tannin-Komplex bildet und sich aus der Lösung abscheidet. Er wird abfiltriert, in $^1/_2$ l Wasser suspendiert und so viel 10%ige Natronlauge zugesetzt, daß der p_H-Wert 7,5 beträgt. Die Lösung wird gegen kaltes Leitungswasser 36—48 Stunden dialysiert, um diffusionsfähige Verunreinigungen zu entfernen. Danach hat die Lösung ein Volumen von etwa 625 ccm und einen Gehalt an Penicillinaseeinheiten je Kubikzentimeter von etwa 800000—1200000.

Der so gewonnenen Lösung wird eine 2%ige Lösung von Gummi arabicum zugesetzt, wobei die Penicillinaselösung so weit verdünnt wird, wie es ihrem Verwendungszweck entspricht. Diese Lösung kann dann direkt für die Prüfung von Penicillin verwendet werden. Sie kann auch durch Gefriertrocknung eingetrocknet werden, wobei ein lyphiles Erzeugnis erhalten wird, welches dann für die Verwendung wieder gelöst wird.

XII. Hefebehandlung, Hefeverbesserung und Hefeanwendung.

A. Allgemeine Behandlung.

a) Förderung der Gärung.

Die Förderung der Gärung ist in neuerer Zeit systematisch betrieben worden, als sich zeigte, daß vor allem Zusätze von eiweißhaltigen Früchten die Gärung beschleunigen. Entbittert man Sojabohnen durch eine kurzdauernde Dampfbehandlung, so daß die Bohnen nur sehr wenig Wasser aufnehmen und nur die Bitterstoffe entfernt werden, so erhält man ein vollfettes Sojamehl. Letzteres eignet sich nach Erfahrungen der *Edelsoja-Gesellschaft m.b.H.*, Berlin, als Gärfördermittel. Es genügt, die entbitterte vollfette Bohne auch ohne Vermahlung mit warmem Wasser von etwa 60—70° C zu extrahieren. Auch die ganz oder teilweise vom Wasser befreiten Extrakte behalten die gärfördernde Wirkung. Diese wurde nicht nur bei alkoholischen Gärungen, sondern auch bei Milchsäure- und Essigsäuregärungen beobachtet.

In ähnlicher Weise kann man durch Auszüge von Reiskleie grüner Pflanzenstoffe und von Preßsäften die Gärung beschleunigen. Eine besondere Wirkung hat der Zusatz von frischer ungekochter Molke, wie TH. KLEINERT, Wien, festgestellt hat. Er hat in folgender Weise gearbeitet:

20000 kg einer handelsüblichen Melasse von etwa 75—80° Balling und einem Zuckergehalt von etwa 50% werden zunächst mit Wasser auf 14° Balling verdünnt und mit Schwefelsäure schwach angesäuert, hierauf in der üblichen Weise unter Zusatz der notwendigen Mengen von Ammon- und Phosphorsäuresalzen, z. B. 300 kg Superphosphat und 450 kg Ammonsulfat, gekocht, anschließend gekühlt und geklärt und sodann mit 100 bis 200 kg Stellhefe (0,5—1% des Melassegewichtes) unter solcher Verdünnung mit Wasser zur Vergärung angestellt, daß sich ein Anfangs-p_H von etwa 6 ergibt. Zum Gäransatz kommen ferner 900 l frische Molke, die vorher durch ein Entkeimungsfilter keimfrei filtriert und mittels entsprechender Ammoniakzusätze auf ein p_H von etwa 7,6—7,1 eingestellt ist. Es wird unter Anwendung eines kurzen Melassezulaufes vergoren, wobei zulaufende Melasse- und Wassermengen so geregelt werden, daß sich ein Endvolumen von 100000 l ergibt. Während der Gärung wird der Gäransatz in einem Temperaturbereich von 25—30° C gehalten und gleichmäßig mit etwa 150 bis 300 cbm Luft je Stunde belüftet. Bereits nach 11—12 Stunden ist der Endpunkt der Gärung erreicht, während zur Vergärung des gleichen Ansatzes unter sonst gleichen Bedingungen, aber ohne Molkenzusatz, 17 bis 18 Stunden erforderlich sind. Die Ausbeute, gerechnet auf 50%ige Melasse, beträgt etwa 20% Hefe von 27% Trockensubstanz und 26% Alkohol.

Ähnliche Vorteile dürften zu erzielen sein, wenn nach dem Zulaufverfahren gearbeitet wird.

Als Wirkstoffe eignen sich nach dem Vorschlage von E. LANGE, A. BOHNE und der *I. G. Farbenindustrie A.G.* auch die Nicotinsäure und deren Derivate, ferner, nach einem Vorschlag der letztgenannten Firma, der Zusatz von Glykokoll und Spaltstücken des Vitamins B_1 sowie Pantothensäure, schließlich auch der Zusatz von Threonin und Allothreonin.

K. HEYNS und die Firma *E. Merck*, Darmstadt, haben Aneurin und dessen Phosphorsäureester zur Gärung zugesetzt. Bereits eine Menge von 1 mg Aneurin auf 1 kg Hefe läßt die vorteilhaften Wirkungen deutlich in Erscheinung treten. Man hat z. B. bei der Vergärung von Sulfitablaugen nach dem Gärverfahren mit Heferückführung unter Verwendung von 15 bis 25 g Hefe je Kubikmeter bei einem Gärraum von 500 cbm 25 g Aneurin zugesetzt.

Bei der Züchtung von Mikroorganismen haben sich nach E. MÜLLER und der *Badischen Anilin- u. Soda-Fabrik*, Ludwigshafen, Zusätze von Butyrolacton oder seinen Salzen günstig ausgewirkt, so z. B. bei der Züchtung von Penicillium glaucum und Aspergillus niger. Aber auch der Zusatz zu Preßhefe brachte Vorteile.

Die Vermehrungsfähigkeit der Hefe läßt sich auch durch Hormonzusätze fördern. E. STICH und E. KOTTLORS, Mannheim, haben der Hefe standardisierte Ovarialhormone zugesetzt. So z. B. wurde in der 12. Vermehrungsstunde je Kilogramm Stellhefe ein Zusatz von etwa 25000 Mäuseeinheiten gemacht. Es hat sich gezeigt, daß hierdurch nicht nur die Hefe gekräftigt, sondern auch ihre Haltbarkeit verbessert werden kann.

b) Verbesserung der Triebkraft der Hefe.

Es hat nicht an Versuchen gefehlt, die Gärkraft der Hefe, bzw. die Triebkraft der Preßhefe im Teig, zu erhöhen. So hat bereits 1911 A. POLLAK die Hefe mit einer Lösung von Hexamethylentetramin oder dessen Verbin-

Allgemeine Behandlung.

dungen mit Phosphorsäure behandelt. Es wurden $^1/_2$ kg auf 100 l Wasser für 100 kg Hefe benutzt, oder es wurden 250 g auf 100 l Maische zugegeben. Dadurch ist eine Aktivierung der ruhenden oder geschwächten Enzyme und eine Schutzwirkung gegen schädliche Einflüsse erreicht worden. A. W. HIXSON und A. K. BALLS haben Stoffe angewendet, um die Wirksamkeit der Endotryptase in der Hefe zu verhindern. So wurden 12 g Preßhefe und 15 mg Natriumstearat mit 100 g Wasser bei Zimmertemperatur verrührt, welches 2% Malzextrakt enthielt. Die Hefe war nach 6 Stunden gebrauchsfertig. R. HAMBURGER und F. HARTIG haben den separierten Hefebrei der kurzen Einwirkung einer Nährlösung ausgesetzt, in welcher Kohlehydrate, Stickstoff und katalytisch wirkende Magnesiumverbindungen in gleichen Verhältnissen dargeboten wurden, wie sie zu Beginn der Gärung vorherrschten. E. PRIBRAM und H. WERTHEIM suchten die Gärkraft durch Zusatz kleiner Mengen Metallsalze und Möhrensaft in Mengen von etwa 5% der gesamten Rohstoffe zu erhöhen. J. VAN LOON hat Perverbindungen, wie Benzoylperoxyd, oder die entsprechenden Salze zugesetzt. C. LANGEMEYER setzte der abgepreßten Hefe geringe Mengen von Kalisalzen und eiweißhaltigen Stoffen zu. W. H. BÜHRIG, A. SCHULTZ und CH. N. FREY mischten die Hefe vor dem Pressen mit 0,1—5% Harnstoff, 0,1—2% Papain und so viel saurem Calciumphosphat, daß ein p_H-Wert von 4,5—5,5 eingehalten wurde. Auch geringe Mengen Adipinsäure, Fumarsäure und Kaliumbitartrat kamen zur Anwendung.

W. KNAPPE, Mettingen, hat die Hefe bei Temperaturen unter 16° C in einer zuckerhaltigen Nährlösung gezüchtet, welcher durch Aufschließen von eiweißreichen Pflanzenstoffen 1—10% Phosphorsäure enthaltende lösliche stickstoffhaltige Nährstoffe zugesetzt werden, und hat die fertige Hefe in einer Nährlösung nachbehandelt, die durch Phosphorsäure aufgeschlossene Eiweißstoffe, Kaliverbindungen, einen Überschuß von Phosphorsäure und gegebenenfalls Maltose enthält. Dabei sind Temperaturen unter 14° C angewendet und in jeder Stufe Phosphorsäure zur Einstellung und Aufrechterhaltung des erforderlichen Säuregrades verwendet worden. Dies ist in etwa folgender Weise geschehen:

Bei Verwendung eines Mischbottichs, in dem eine Temperatur zwischen 4 und 10° C eingehalten werden kann, füllt man $^1/_6$ der Hefeflüssigkeit ein, kühlt diese auf etwa 4—6° C ab und gibt den Extrakt der aufgeschlossenen Cerealien, ferner 1—4% Kaliverbindungen und Phosphorsäure im Überschuß hinzu. Nötigenfalls setzt man auch Rohstoffe zu, die Maltosezucker enthalten. Nach guter Durchmischung überläßt man die Hefeflüssigkeit 3—6 Stunden sich selbst. Danach gibt man auf den Liter Hefeflüssigkeit etwa 3 kg trocken gepreßte gewöhnliche Hefe hinzu und rührt gut durcheinander. Diese Masse säuert man unter Umrühren mit Phosphorsäure bis zu einem p_H-Wert von 2,8—3,4 an und läßt das Ganze unter öfterem Umrühren abermals 2 Stunden stehen. Schließlich gibt man so viel trocken gepreßte Hefe hinzu, daß eine Masse entsteht, die sich leicht auspfunden läßt. Unter Umständen setzt man hierbei abermals Phosphorsäure und Eiweißextrakt hinzu. Während des Nachbehandlungsprozesses darf die Temperatur 8° C nicht übersteigen. Nach Aufbewahrung von weiteren 12 bis 18 Stunden ist die Hefe versandfertig.

Bei der *I. G. Farbenindustrie A.G.* ist gefunden worden, daß die Steigerung der Triebkraft durch eine Umgärung in Nährlösungen mit geringen Mengen Glykokoll zu erreichen ist. Auf 2 l Wasser wurden 400 mg Glykokoll zugesetzt.

c) Hefenachbehandlung.

Neben der Hefeverbesserung hat man die Hefe auch kurz vor oder bei dem Pressen einer besonderen Behandlung unterzogen. Die *International Yeast Co.*, London, hat Phosphatide, z. B. Lecithin, und gegebenenfalls Emulgatoren, wie z. B. Oleate und Stearate, zur Hefenachbehandlung angewendet. Dabei wurde nicht nur die Farbe verbessert, sondern die Hefe erhält eine weiche, geschmeidige Struktur und zerbröckelt nicht bzw. die Zerbröckelung tritt erst erheblich später auf. Eine so vorbehandelte Hefe hält sich etwa 4 Tage lang bei Zimmertemperatur, ohne bröcklig zu werden. Die beiden folgenden Beispiele geben die Mengenverhältnisse im einzelnen an:

1. Hefe wird in der üblichen Weise aus Würze durch Vermehrung und Abtrennen gewonnen; während der Vorbereitung des Preßvorganges werden der Hefe geringe Mengen Lecithin, beispielsweise zwischen 0,02% und 0,25%, zweckmäßig 0,1%, zugefügt. Nachdem das Lecithin unter kräftiger Mischung der Hefe zugesetzt worden ist, kann diese gepreßt bzw. in anderer Weise mittels der üblichen Verfahren verkaufsfertig gemacht werden. Die so behandelte Hefe hat eine hellere Farbe und kann mehrere Tage hindurch bei Zimmertemperatur aufbewahrt werden, ohne daß sie zerbröckelt.

2. Hefe, die gewaschen, abgetrennt und für den Preßvorgang vorbereitet worden ist, kann eine geringe Menge Lecithin, beispielsweise 0,1%, und ein Emulgator, wie beispielsweise Glycerinmonostearat, in einer Menge von etwa 0,25% zugesetzt werden. Das Hinzufügen dieser Stoffe geschieht durch Mischen und Umrühren; anschließend wird die Hefe gepreßt, eingewickelt oder sonstwie für den Verkauf behandelt. So behandelte Hefe bröckelt kaum und hat eine hellere Farbe.

Man hat auch Torulahefen einer Nachbehandlung unterzogen, um vor allem eine Farbverbesserung zu erzielen. So haben J. PIETZ, H. HÖFELMANN und die *Kurmärkische Zellwolle und Zellulose A.G.*, Wittenberge, nach Beendigung der Gärung die Hefe zunächst im Gärgefäß belassen und sie dort unter Abschluß der Außenluft einer Behandlung mit indifferenten Gasen an Stelle der Luft etwa 4 Stunden lang unterzogen. Es wurden Stickstoff, Wasserstoff und Kohlendyoxyd benutzt.

d) Verbesserung der Haltbarkeit der Hefe.

Es ist selbstverständlich, daß zur Erzielung einer haltbaren Hefe eine völlige Ausreifung der Zellen sowie eine Lagerung der abgepreßten Hefe in kühlen und luftigen Räumen notwendig ist, wie J. ROLLE hervorgehoben hat. C. NEUBERG und E. SCHWENK fanden, daß beim Lagern einer nicht besonders gewaschenen Hefe bzw. bei der Autolyse von frischer Hefe oder Trockenhefe mit kohlensäuregesättigtem Wasser der Gehalt an Alkohol und Acetaldehyd steigt. E. JOESCHE wies darauf hin, daß die Preßhefe allmählich etwas von ihrer Feuchtigkeit verdunsten lassen müsse, um haltbar zu

Allgemeine Behandlung.

bleiben. Im Sommer wird an heißen Tagen der Hefe viel Wasser durch Verdunsten entzogen, dagegen kann sie an feuchten Tagen keine Flüssigkeit abgeben und ist dann leichter dem Verderben ausgesetzt. Die Stufentitration für Hefe, die bei atmosphärischem Niederdruck und 85—90% relativer Luftfeuchtigkeit gelagert wurde, zeigte gegenüber normalen Bedingungen erhebliche Unterschiede, die Haltbarkeit ging zurück.

Um nun die Haltbarkeit zu verbessern, hat man die Hefe sowohl sauer als auch alkalisch nachgewaschen. R. BENESCH stellte fest, daß eine Säurewaschung nicht nur gegen etwa vorhandene Infektionsorganismen einwirkt, sondern vor allem die eiweißabbauenden Enzyme in ihrer Tätigkeit hindert, wodurch die Haltbarkeit verlängert würde. Demgegenüber haben L. J. J. LINDEMANN und T. P. HODGE gefunden, daß eine Auswaschung mit alkalischem Wasser von 35—45° C bis zum Verschwinden des Glykogens die Haltbarkeit steigert. Sie haben Kalkwasser benutzt.

Auch die Behandlung mit Alkohol ist versucht worden. So haben E. PRIBRAM und H. WERTHEIM die Hefe kurze Zeit der Einwirkung von verdünntem Alkohol bis zu einer Maximalkonzentration von 50 Vol.-% ausgesetzt und dann den Alkohol durch Waschen mit Wasser wieder entfernt. H. B. HUTCHISON und die *International Yeast Co., Ltd.*, haben die zu pressende Hefe mit einer Lösung von verdünnten Alkoholen behandelt. Z. B. wurde eine 2%ige wäßrige Alkohollösung im Verhältnis von 12—14% zum Gewicht der Preßhefe oder eine solche aus 0,86% Alkohol + 0,14% Butylalkohol etwa 1 Stunde lang zur Einwirkung gebracht. Die so behandelte Hefe soll sich in einem warmem Raum 7 Tage frisch gehalten haben.

Einen anderen Weg schlugen *Krausz-Moskovits, Vereinigte Industrieanlagen A.G.* ein, indem sie durch Zusetzen von Pufferstoffen zur separierten oder gepreßten Hefe die Zellzwischenräume ausfüllten und einen osmotischen Druck auf die Hefe ausüben ließen. Es wurden z. B. pflanzliches Eiweiß, organische Säuren usw. zugesetzt.

Besonderes Interesse wurde der schon genannten Säurewaschung entgegengebracht. G. STAIGER stellte fest, daß 10° Säure, d. h. eine Acidität von 10 ccm n-H_2SO_4/100 ccm, während einer Einwirkungszeit von 1 bis 2 Stunden genügen, um einerseits schädliche Bakterien abzutöten und andererseits die Hefe nicht zu sehr anzugreifen. Versuche, die bei der Vergärung von Roggenmaische mit Hefe unternommen wurden, die vorher mit 5, 10, 20 und 30° Säure (also 5, 10, 20 und 30 ccm n-H_2SO_4 je 100 ccm) 1 Stunde lang behandelt worden war, zeigten nach 72stündiger Gärdauer hinsichtlich Alkoholausbeuten schon deutliche Schädigung der Hefe von 10° Säure aufwärts, während 5—10 Säuregrade die Gärtätigkeit nicht beeinträchtigt hatten. F. WAGNER fand, daß durch höchstens 2stündige Einwirkung von Säuregraden bis 40 ccm n-H_2SO_4 je 100 ccm Hefeaufschlemmung auch eine eiweißreiche Hefe nicht merklich geschädigt wird, sofern es sich um wohlausgereifte Zellen handelt. Der Prozentsatz der unter diesen Umständen abgetöteten Zellen ist so gering, daß er um der Reinigung willen in Kauf genommen werden kann.

Die Frage der *Haltbarkeit* der Hefe hat E. BERGANDER nach verschiedenen Gesichtspunkten untersucht. Er weist darauf hin, daß die Hefe sowohl in der Presse als auch beim Durchgang durch die Separatoren erheblichen mechanischen Beanspruchungen unterliegt, ohne daß die Haltbarkeit dadurch geschädigt wird. Sie ist auch weitgehend unempfindlich gegen Temperatur. Besonders auffällig ist dies in der Kälte. So leidet die Hefe nicht, wenn sie im Winter auf dem Transport mäßig gefriert. Sie behält in diesem Zustand fast beliebig lange ihre Qualität. Wichtig ist allein, daß die gefrorenen Hefepfunde nicht plötzlich, sondern allmählich aufgetaut werden. Aber auch dann, wenn die Hefe beim Auftauen zerfließt, bleibt sie sproß- und gärfähig. Die zerflossene Hefe ist um so dünnflüssiger, je tieferer Temperatur sie ausgesetzt war.

Bedeutend unempfindlicher als gepreßte Hefe ist lufttrockene Hefe mit einem Wassergehalt von etwa 10%. Während die gepreßte Hefe mit 70% Wassergehalt eine Unterkühlung bis zu $-72°$ verträgt, kann lufttrockene Hefe bis auf $-114°$ C unterkühlt werden.

Anders ist das Verhalten bei Temperaturen oberhalb 0° C. Man beurteilt die Haltbarkeit dann bei einer Temperatur von $+35°$ C; eine gute Hefe muß ihre Konsistenz mindestens 3 Tage lang behalten, d. h., ein im Thermostaten gelagertes Stück muß durch kurzen Ruck auseinanderbrechen, ohne zu schmieren.

E. BERGANDER hat weiterhin die Einwirkung von Metallen, Salzen, Säuren und Laugen usw. auf die Haltbarkeit der Hefe untersucht bzw. die früher gemachten Beobachtungen übersichtlich zusammengefaßt.

Schrifttum.

BERGANDER, E.: Z. Lebensmittelindustr. **1951**, Heft 8 u. 9, S. 43 bzw. 79 ff.

e) Strahleneinfluß auf Hefe.

Schon 1914 hat L. BUCHTA den Einfluß des Lichtes auf die Sprossung der Hefe untersucht. In diffusem Licht wie im elektrischen Licht vermehren sich die Hefezellen nur etwa $1/2$mal so rasch wie im Dunkeln, um so langsamer, je näher sie der Lichtquelle sind. Von den einzelnen Spektralfarben konnte mit Sicherheit der hemmende Einfluß blauer Strahlen festgestellt werden, während im roten Licht die Vermehrung ebenso schnell, vielleicht noch schneller als im Dunkeln erfolgt. Ultraviolette Strahlen hemmen die Vermehrung schon bei Einwirkung von nur 10 Sekunden und töten bei länger als 3 Minuten dauernder Einwirkung die Zellen ab. Im Wärmespektrum erfolgt die Vermehrung ebenso schnell wie im Dunkeln.

Demgegenüber hat R. DE FAZI eine Steigerung der Gärtätigkeit bei ultravioletter Bestrahlung festgestellt, es werden nur die Fremdkeime getötet, die Saccharomyceten aber nicht. Die Gärung wurde beschleunigt. Dagegen hat E. ABDERHALDEN eine geringfügige Hemmung der Gärung gefunden.

L. OWEN und R. L. MOBLEY fanden, daß die Einwirkung von ultravioletten Strahlen in der Dauer von einer Minute eine Anregung der Zellenentwicklung und Gärungsgeschwindigkeit ergibt, während eine Einwirkung von drei Minuten Dauer bereits schädigend wirkt. Die Wirkung besteht nicht nur in der Abtötung der Zucker vergärenden Bakterien, sondern macht sich auch in sterilisierten Melasselösungen bemerkbar.

Genauere Untersuchungen hat R. H. OSTER angestellt. Eine Steigerung der einwirkenden Energie verursachte erst abnormales Zellwachstum, dann ein Absterben der Zellen. Änderungen in der Geschwindigkeit der Sauerstoffaufnahme fanden erst statt, nachdem ein großer Teil der bestrahlten Zellen so geschädigt war, daß abnormale Zellen gebildet wurden. Die maximalen Beeinflussungen scheinen durch Strahlen verschiedener Länge bewirkt zu werden. Die Bestimmungen der überlebenden Hefezellen in 24-Stunden- und 15-Tage-Kulturen ergaben, daß die älteren, ruhenden Zellen gegenüber ultravioletter Bestrahlung beständiger waren als Zellen mit schneller Zellteilung. Der Temperatureinfluß zwischen 8 und 29,5° C war gering. Es wurde kein Anhaltspunkt dafür gefunden, daß eine Hemmung bewirkt wurde durch ultraviolette Bestrahlung des Malz-Agarmediums oder durch toxische Substanzen, die von den durch Bestrahlung getöteten Zellen abgegeben waren. Aus der Form der Absorptionskurven schließt OSTER auf die Möglichkeit, daß die Wirkung der Hefebestrahlung auf Energieabsorption durch Nucleoproteine beruht. Mit steigender Energieeinstrahlung sank die Fähigkeit der Zellvermehrung bei den bestrahlten Hefezellen.

Die Einwirkung von Röntgenstrahlen auf Hefe hat E. SCHNEIDER untersucht; er fand, daß die bestrahlte Hefe etwa 10% ihrer Gärfähigkeit einbüßte, wenn sie während der Gärung und in Gegenwart von Elektrolyten bestrahlt wurde. Auch R. W. G. WYCKOFF und B. J. LUYET haben festgestellt, daß die Röntgenstrahlen die Fortpflanzungsfähigkeit der Hefe stören, daß aber keine völlige und sofortige Abtötung eintritt. Nach V. GRONCHI üben Röntgenstrahlen von 30,7 Å und 0,16 Å in Dosen von etwa 600—1800 r eine funktionelle Reizwirkung auf die Hefe aus, die an der Beschleunigung der Kohlensäurebildung zu erkennen ist. Bei Gleichheit der Strahlendosis ist die Reizwirkung bei harten Strahlen größer als bei weichen.

Die Strahlen der Quecksilberdampflampe beschleunigen den Gärungsvorgang, wie R. DE FAZI gefunden hat. R. F. LIGHT, CH. N. FREY und G. J. PATITZ und die *Standard Brands Inc.* haben Hefe in wäßriger Suspension in dünner Schicht von 0,5—6 mm bei einer Temperatur von 4—16° C an Quecksilberdampflampen vorbeiströmen lassen.

Ultrakurzwellen von 1,8—6 m haben P. LIEBESNY und H. WERTHEIM zur Erhöhung der Aktivität und Steigerung der Gärkraft der Hefe angewendet.

Auch elektromagnetische Hertzsche Kurzwellen aus dem Bereich zwischen 120 m und 1,8 mm Länge haben eine günstige Wirkung gehabt. Es wurde z. B. wie folgt gearbeitet:

Zwei Kolben mit je 250 ccm Malzwürze von 12° Balling wurden mit gleichen Mengen Hefe der Gattung Saccharomyces cerevisiae beimpft (Kulturen I). Einer der beiden Kolben wurde im Kondensatorfeld eines Kurzwellensenders bei der Intensität von 150 Milliampere, bei 7,2 Resonanz und bei der Temperatur von 28° C (unter Kühlung) bestrahlt. Die Bestrahlung erfolgte dreimal innerhalb von 24 Stunden, und zwar mit der 12-m-Welle je 5 Minuten und anschließend daran mit der 5-m-Welle je 15 Minuten. 20 ccm der bestrahlten Kultur wurden auf frischem gleichem Nährboden überimpft (Kolben mit 250 ccm Malzwürze). Die durch diese Überimpfung

376   Hefebehandlung, Hefeverbesserung und Hefeanwendung.

erhaltene Kultur (Kultur II) wurde innerhalb von 24 Stunden dreimal je 15 Minuten mit der 8-m-Welle, im übrigen aber unter den vorstehend angegebenen Bedingungen bestrahlt. Nachher wurde noch viermal hintereinander überimpft, ohne daß noch einmal bestrahlt wurde (Kulturen III—VI). Die zweite Ausgangskultur blieb unbestrahlt, wurde aber sonst ebenso behandelt wie die bestrahlte Ausgangskultur. In der Reihe der unbestrahlten Ausgangskultur wurden gleichfalls fünf Überimpfungen vorgenommen; die hintereinander zur Entwicklung gebrachten Kulturen wurden ebenso behandelt wie die fünf von der bestrahlten Kultur ausgehenden Kulturen. Die Ausbeutebestimmungen ergaben in der Reihe der bestrahlten Kulturen im Vergleich zur Reihe der unbestrahlten Kultur eine Ausbeuteverminderung

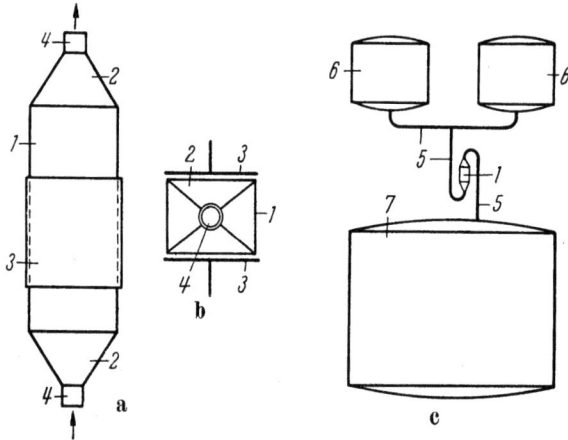

Abb. 111. Apparat zum Bestrahlen durchfließender Gärflüssigkeiten.

in der dritten Kultur um etwa 1% und Ausbeuteerhöhungen in der vierten um etwa 4%, in der fünften um etwa 12% und in der sechsten Kultur um etwa 9%.

Man kann aber auch Gärflüssigkeiten beim Durchfließen bestrahlen, wie die in Abb. 111 wiedergegebene Apparatur zeigt.

Auf der Zeichnung ist in den Abb. 111a—c eine beispielsweise Ausführungsform der benutzten Vorrichtung dargestellt. Es zeigen die Abb. 111a eine Durchlaufküvette in Seiten- und die Abb. 111b in Aufsicht. In Abb. 111c ist schematisch gezeigt, wie die Küvette in einem aus zwei Vorgärbottichen und einem Hauptgärbottich bestehenden Gärungsbetriebe angeordnet ist.

Die Küvette besteht aus einem prismatischen Teil *1* und zwei konisch gestalteten Enden *2*. Parallel zu den breiteren Flächen des Teiles *1* sind die Elektroden *3* angeordnet. An die Enden *2* sind die Leitungsrohre *4* angeschlossen. Die Küvette wird zweckmäßig derart vorgesehen, daß die durchströmende Flüssigkeit von unten nach oben steigt. Diese Anordnung ist durch die Forderung bedingt, daß die Flüssigkeit das Bestrahlungsfeld gleichmäßig und ohne Wirbel durchfließen soll. Es empfiehlt sich außerdem, die Küvette länglich zu gestalten und jenen Teil, durch den die Flüssigkeit in das Kondensatorfeld geführt wird, derart auszubilden, daß er sich langsam erweitert. Die Formgebung am oberen Ende der dargestellten Küvette ist dadurch bedingt, daß das Bestrahlungsgefäß an ein Rohr angeschlossen werden muß, das die gleichen Dimensionen aufweist wie das am unteren Ende angeschlossene Rohr.

Der Ort der Anbringung der Bestrahlungsküvette im Betriebe ergibt sich aus den jeweiligen Verhältnissen und der jeweiligen Arbeitsweise. Bei der Preßhefegewinnung kann die Küvette in der von einem Hefeauflösebottich zu einem Gärbottich führenden oder in einer besonderen Leitung, durch die die gärende Maische fließt, eingebaut werden. Bei der Erzeugung von Aceton und Butanol wird die Küvette, wie in Abb. 111c beispielsweise gezeigt ist, in die Leitung 5 eingebaut, die von den Vorgärbottichen 6 in den Hauptgärbottich 7 führt. Bei der gezeigten Anordnung durchläuft die gesamte Vorgärmenge die Küvette.

Die Durchlaufküvetten werden aus einem Werkstoff hergestellt, der die zur Verwendung kommenden elektromagnetischen Wellen möglichst verlustfrei durchläßt. Es kommen Glas, keramische Stoffe oder für diese Zwecke erzeugte besondere Stoffe in Betracht.

f) Druckwellenbehandlung von Hefe.

Um das Wachstum von Hefe und anderen Mikroorganismen zu beschleunigen, haben R. F. SHROPSHIRE und die *Raytheon Manufacturing Company*, Waltham (USA), Druckschwingungen in der Weise angewendet, daß eine Zerstörung der Zellstruktur nicht eintreten kann. So wurde z. B. eine Hefe in einem Vibrator mit einer Schwingungszahl von 360° Hz der Einwirkung von Schwingungen unserworfen. Die Membrane der Vibrationskammer hatte einen ungefähren Durchmesser von 600 mm, während die von der Apparatur aufgenommene Leistung etwa $1/3$ kW betrug. Dieser Wert konnte gesteigert werden, bis die Membranschwingungen eine Amplitude annahmen, die knapp unterhalb der Amplitude lag, bei welcher eine Kavitation auftritt. Die Vibration wurde etwa auf die Dauer von 10 Minuten angewendet. Nach der Behandlung wurde den so behandelten Zellkulturen eine genügende Menge Melassenährlösung zugeführt. Die Wachstumsintensität der behandelten Zellen war etwa 50mal größer als diejenigen der unbehandelten Zellen. Die Dauer der Vibration wurde zweckmäßig so gewählt, daß sie ungefähr gleich der Dauer des Generationswechsels der Mikroorganismen ist.

B. Spezialhefen.

a) Herstellung einer Hefe zur Hefeextraktgewinnung.

H. v. LACROIX und die *Norddeutsche Hefeindustrie A.G.* haben eine für die Extraktgewinnung besonders geeignete Hefe gezüchtet. Es hat sich nämlich gezeigt, daß eine Hefe, die bei höherer Temperatur als bisher gezüchtet wird, sich sehr viel besser zur Plasmolyse und Autolyse eignet als eine Hefe, deren Höchsttemperatur in der Gärung bei 30—31° C gelegen hat. Man hat die Gärung so ausgeführt, daß sie in der 5. und 6. Stunde schon eine Temperatur von 30° erreicht. Man hat dann weiter die Temperatur bis zur 11. und 12. Gärstunde, also dem Ende der Gärzeit, auf 39—40° C erhöht.

Wenn man die abgesetzte Hefe nun mit Kochsalz versetzt, dann tritt die Plasmolyse viel rascher als bisher ein, und auch das sonst sehr starke Schäumen bei der Autolyse infolge Veratmung des Glykogens ist erheblich geringer.

Darüber hinaus hat das Verfahren den Vorteil, daß die Milchsäurestreptokokken bei den höheren Temperaturen stärker zur Entwicklung kommen und bis zum Schluß in solchem Maße in der Hefe vorhanden sind, daß sich eine Säuerung erübrigt. Insbesondere unterstützt der Streptococcus cremoris während der Autolyse den biologischen Abbau des Autolysates.

b) Herstellung magnesiumhaltiger Hefe.

Die übliche Preßhefe hat in der Trockensubstanz einen MgO-Gehalt von 0,05—0,15%, der aus den Rohmaterialien der Nährlösung stammt. H. Rössler, L. Schmitt und J. Pleser, Eberstadt, haben nun gefunden, daß wesentlich größere Magnesiummengen in organisch gebundener Form von der Hefe aufgenommen werden können, wenn ein Reaktionsoptimum (p_H-Wert 5,3—5,6) aufrechterhalten wird. Der Zusatz von primären oder sekundären Magnesiumphosphaten bzw. Magnesiumammonsulfaten zur Nährlösung hat in der Trockensubstanz der Hefe zu einem MgO-Gehalt von 0,49% geführt, neben 9,65% Stickstoff, 0,25% CaO, 4,78% P_2O_5 und 77% Wasser.

Die so angereicherte Hefe ist zur Herstellung von Präparaten geeignet, für die ein hoher Magnesiumgehalt gefordert wird.

c) Herstellung jodhaltiger Hefe.

Für medizinische Zwecke hat die *Norddeutsche Hefeindustrie A.G.* eine jodhaltige Hefe entwickelt, um die beiden Stoffe Einweiß und Jod zu vereinigen. Das Jod wird von der Hefe aufgenommen und an die organische Substanz so gebunden, daß es mit den üblichen Reagenzien nicht mehr nachgewiesen werden kann.

Lebende Hefe wird in einer verdünnten zuckerhaltigen Lösung aufgeschwemmt und schwach belüftet. Nach einiger Zeit läßt man zur gärenden Flüssigkeit eine verdünnte Jodlösung zulaufen, und zwar so lange, bis Stärkepapier deutlich blau gefärbt wird. Man wartet dann mit dem weiteren Zusatz so lange, bis das zugesetzte Jod von der Hefe aufgenommen wurde, also bis Stärkepapier nicht mehr blau gefärbt wird. Die Zugabe von Jodlösung kann fortgesetzt werden. Dann wird die Hefe in der üblichen Weise von der Flüssigkeit getrennt, gut gewaschen, gepreßt und zweckentsprechend verarbeitet. Die getrocknete Hefe kann auch zermahlen und in Pillenform gebracht werden.

d) Herstellung fluorhaltiger Hefe.

Bei Verwendung von Superphosphat zur Melasseklärung bzw. Auszügen davon als P_2O_5-Quelle für die Hefezüchtung gelangt ein Teil des Fluorgehaltes aus dem Superphosphat in die Melasselösung und wird von der

Hefe während der Züchtung aufgenommen und angereichert. Systematische Untersuchungen über die Fluoraufnahme durch Hefe haben DREWS, JUST und FAETHE durchgeführt und eine Methode zur Fluorbestimmung in Hefe entwickelt, und zwar nach folgendem Prinzip:

Die Probe wird durch Veraschen aufgeschlossen, das Fluor durch Destillation als Kieselfluorwasserstoffsäure von den anderen Ionen getrennt und der Fluorgehalt durch Titration mit Thoriumnitrat und Alizarin ermittelt. Hierbei bildet das Thorium mit dem Alizarin einen Farblack, dessen Entstehung durch Fluor so lange verhindert wird, bis eine dem Fluor äquivalente Thoriummenge zugegeben ist.

Bezüglich Einzelheiten zur Bestimmungsmethode und zu den Versuchsergebnissen s. Schrifttum Brauerei, Wissenschaftl. Beilage 1955.

e) Herstellung thyroxinhaltiger Hefe.

Um die Hefe therapeutisch wirksamer zu machen, hat O. SEEMING, Düsseldorf, eine Anreicherung mit Thyroxin vorgenommen.

200 g Stellhefe werden in einer Nährlösung von 30 l Malzwürze von 11° Balling bei 24° C unter Belüftung zum Ansatz gebracht. Dann werden 10 mg Thyroxin zugesetzt und nach Ablauf 1 Stunde das Substrat 4 Sekunden ultraviolett bestrahlt. Nach je einer weiteren Stunde wird der Zusatz und die Bestrahlung bis zum Schluß des Entwicklungsprozesses in derselben Reihenfolge, Menge und Dauer abwechselnd fortgesetzt, nur nach der 5. und 6. Stunde werden 15 mg Thyroxin zugesetzt und die Bestrahlung 8 Sekunden durchgeführt. Die übrige Behandlung der Hefe entspricht den bekannten Bedingungen.

f) Anreicherung von Hefen mit Schwermetallspuren.

Die Aufnahme von Schwermetallionen durch Hefen ist durch B. DREWS, F. JUST, H. OLBRICH und J. VOGL in der Versuchsanstalt der Hefeindustrie im Jahre 1951 systematisch untersucht worden. Neben Eisen, Nickel und Mangan interessierte vor allem **Kobalt**. Es ist ein Bestandteil des hochwirksamen Blutbildungsfaktors der Leber (Cobalamin, Vitamin B_{12}), der aber auch von Mikroorganismen, z. B. von Streptomyces griseus, synthetisiert wird. Die Hauptergebnisse sind wie folgt zusammengefaßt worden:

1. Bei einem Angebot von 25 mg Co^{++} (Züchtungsvolumen 2,5 l, Ernten 18—20 g Trockensubstanz, Vermehrungsfaktor 6, 40 g Hydratglucose), entsprechend einer „End"-Konzentration von 10 Gamma Co/ccm, d. i. 1,7 mal 10^{-4} Mol/Liter, waren bei 18 Züchtungen die Ernten so groß wie bei den Co-freien Kontrollen. Die Hefe hatte im Mittel rund 1000 Gamma Co/g Trockensubstanz aufgenommen. Die Streuung war relativ gering, denn 50% aller Ernten wiesen 1000 $\pm$ 10% Gamma und sämtliche Ernten $\pm$ 20% Gamma Co/g Trockensubstanz auf. Von dem angebotenen Kobalt wurden mindestens 60%, am häufigsten 80—90% in der Erntehefe gespeichert. Eine Hefeschädigung ließ sich nicht feststellen.

2. Bei Variationen der Co-Konzentration von 2—200 Gamma Co^{++}/ccm zeigte sich, daß im Bereich von 2—20 Gamma Co^{++}/ccm der Kobaltgehalt der Erntehefe nahezu proportional ansteigt. Bei einem Angebot von 5000

Gamma („End"-Konzentration 2 Gamma/ccm) enthielt die Hefe 200 Gamma Co/g Trockensubstanz, bei verdoppeltem Angebot 400—450 Gamma, bei verfünffachtem im Mittel 1000 Gamma und bei verzehnfachtem rund 2000 Gamma Co je g Trockensubstanz. Im Bereich von 2—10 Gamma Co/ccm lagen die Ernten mit 19—20 g Hefetrockensubstanz so hoch wie bei den kobaltfreien Kontrollzüchtungen. Auch hinsichtlich der Zahlen für tote und sprossende Zellen bestanden keine Unterschiede. Bei der Konzentration von 20 Gamma Co/ccm ist eine deutliche, hefeschädigende Wirkung zu beobachten. Das Wachstum wird gehemmt und die Zahl der toten Zellen steigt an. Wird die Co-Konzentration auf 40—200 Gamma/ccm erhöht, so enthalten die Hefen 3000—4000 Gamma Co je Gramm Hefetrockensubstanz. Die Ernten sind jedoch sehr weit abgesunken. Die Co-Menge, bezogen auf 1 g Trockensubstanz und auf die Gesamternte, ist zwar absolut genommen größer, der relative Anteil, bezogen auf das Co-Angebot, erniedrigt sich jedoch. Während bei kleinen Konzentrationen das Kobalt nahezu vollständig aufgenommen wird, werden bei solchen hohen Zusätzen nur noch etwa 10% des Angebotes ausgenutzt.

3. Torula nimmt auch Kobalt auf, wenn sie in Leitungswasser belüftet oder geschüttelt wird.

4. Candida tropicalis (gezüchtet in Buchenholz-Sulfitablauge), Bierhefe (in 6% Malzwürze bzw. in Leitungswasser belüftet), Aspergillus oryzae (Stärkenährlösung), Oospora lactis (Melasseschlempe) sowie Micrococcus sphaeroides (Glucosenährlösung) sind zur Kobaltspeicherung ebenfalls befähigt.

5. Züchtet man eine kobalthaltige Stellhefe, z. B. Torula, in kobaltfreiem Substrat weiter, so findet sich die Kobaltmenge nahezu vollständig in der Ernte wieder, wobei natürlich der Kobaltgehalt, bezogen auf 1 g Trockensubstanz, proportional zum Vermehrungsfaktor abfällt.

6. Das von der Hefe gespeicherte Kobalt ist auch durch intensives Waschen mit Leitungswasser nicht herauslösbar. Durch Aufkochen der Hefe oder durch Behandlung mit verdünnter Citronensäure läßt sich nur ein Teil des gespeicherten Kobalts wieder in Lösung bringen. Beim Auskochen der Hefe mit n/2 Salzsäure werden rund 80% des Kobaltgehaltes löslich.

7. Torula, Candida, Bierhefe, Backhefe und das Mycel von Oospora lactis haben, auch nach Anreicherung mit Kobalt, nur sehr geringe oder praktisch gar keine Vitamin-B_{12}-Wirksamkeit im Test mit Lactobacillus Leichmanii.

Die Versuche sind in der wissenschaftlichen Beilage „Die Brauerei" **1952**, Nr. 9 und 10, näher dargestellt worden. Über die angewendeten Analysenmethoden zur Bestimmung von Kobalt und Mangan vergleiche den Abschnitt „Ausgewählte Analysenvorschriften".

Die Anreicherung von radioaktivem Kobalt in Hefe haben W. J. NICKERSON und K. ZERAHN untersucht. Die mit der Konzentration zunehmende Giftigkeit von Kobalt wird bei 10^{-4} Mol Co sehr deutlich. Die wachsende Hefe hatte in der Zelle bis zum 600fachen Betrag der im Nährsubstrat angebotenen Konzentration gespeichert.

Mangan wird von Hefe schlechter aufgenommen als Kobalt. Im Vergleich zu den analogen Versuchen mit Kobalt zeigte sich, daß das Angebot viel größer sein muß, um einen merklichen Mangangehalt in der Hefe zu erhalten. Auch die Grenzkonzentration, bei der zugegebenes Mangan für die Hefezelle schädlich wird, liegt viel höher als bei Kobalt. Auch der jeweilige Ausnutzungsgrad ist dabei wesentlich schlechter.

Hefezüchtungen in **Nickel**-haltigen Substraten zeigten, daß dieses Schwermetall mindestens so giftig oder giftiger auf die Hefezellen einwirkt, als es bei den analogen Kobaltansätzen der Fall war. Die Bestimmungsmethode wurde in Anlehnung an F. Feyl (Ber. dtsch. chem. Ges. **57**, 758/1924) und an R. Juza und R. Langheim (Angew. Chem. **50**, 255/1937) kombiniert. Bei nur 2 ccm Anwendungsvolumen auf 50 ccm Analysenansatz ergaben sich anfangs Schwierigkeiten mit der Gelatinezugabe.

Die Aufnahme von **Eisen** haben F. Just und I. Neckel bei Backhefe, Torula und technischen Wuchshefen untersucht. Der normale Eisengehalt beträgt bei Hefe 0,04—0,2% in der Trockensubstanz, das lebensnotwendige Minimum nur 0,01%.

Durch hohe Eisenangebote im Substrat wurde die Anreicherung verfolgt. Bei 3wertigem Eisen (z. B. Fe-NH_4-Alaun) lassen sich bei normalen Züchtungsbedingungen Hefen mit beliebig hohen Mengen an oberflächlich adsorbiertem Ferrihydroxyd gewinnen. Die Hefe zeigt rostfarbenes Aussehen. Unter Verzicht auf die Vermehrung lassen sich mit 3wertigem Eisen auch farblose Eisenhefen gewinnen, denen aber in beträchtlichem Maße $FePO_4$ beigemischt ist und bei denen wiederum nur ein kleiner Teil des Eisens sich innerhalb der Zelle befindet.

Aus Fe^{++}-haltigen Substraten werden mit wachsender **Fe-II**-Konzentration zunehmende **Fe**-Mengen in der Hefe gespeichert, und zwar leichter aus Saccharoselösungen als aus Melasse. Die **Fe**-Aufnahme ist bei wachsender Hefe besser als bei nichtwachsender und wird beeinflußt durch Belüftung, Verdünnungsgrad, p_H und zugesetzter Phosphatmenge. Ein gewisser Teil des **Fe** geht in der Zelle an die bisher von **Mg** und **K** gebundenen Anionen in Bindung. Die Asche der Eisenhefen ist auch durch einen großen Phosphorgehalt gekennzeichnet. Eine stark gesteigerte Atmungsgeschwindigkeit liegt bei **Fe**-Hefen nicht vor. Die Ausnutzung des **Fe-II**-Angebots sinkt mit steigender **Fe**-Speicherung. Bei maximaler Aufnahme — z. B. 10% Eisen in der Hefetrockensubstanz — war der Ausnutzungsgrad auf 1% des Angebots gesunken. Die Hefevermehrung wird in 1%iger **Fe-II**-Lösung auf etwa die Hälfte reduziert und in 4%igen Lösungen praktisch unterdrückt.

Schrifttum.

Drews, B., F. Just, H. Olbrich u. J. Vogl: Brauerei **1952**, Nr. 9 und 10.
—Tätigkeitsbericht der Versuchsanstalt der Hefeindustrie **1951**, 20—27.
Olbrich, H.: Dissertation, T. U. Berlin-Charlottenburg 1952.
Drews, B., F. Just u. W. Faethe: Brauerei, Wiss. Beilage im Druck (vgl. Dissertation: W. Faethe, T. U. Berlin-Charlottenburg 1954).
Neckel, J.: Dissertation, Universität Berlin 1948.
Nickerson, W. J., u. K. Zerahn: Biochemica et Biophysica Acta **3**, 476—483 (1949).

g) Herstellung enzymreicher Hefe.

Um Hefe mit Enzymen anzureichern, haben H. CLAASSEN und MONTAGNE v. LILLIENSKIOLD, Dormagen, die Hefe einer Nachgärung unterzogen, etwa in folgender Weise:

Durch eine Reihe von Versuchen wurde ermittelt, daß auf 1 Teil Zucker, also 2 Teilen Melasse, zur Nachbehandlung ungefähr 3—10 Teile Preßhefe, gerechnet mit 25% Trockenmasse, zu nehmen sind, je nach der Beschaffenheit der Lufthefe die höhere oder niedere Zahl. Die aus diesem Verhältnis berechnete Menge Melasse wird in bekannter Weise behandelt, indem sie auf 20° Balling verdünnt, auf 80° C angewärmt, mit Phosphorsäure versetzt und mit Schwefelsäure angesäuert wird. Ferner wird ihr die nötige Menge von leicht assimilierbarem Stickstoff beliebiger Art zugesetzt. Man kann dazu Auszüge aus aufgeschlossenen stickstoffhaltigen Futtermitteln oder aus Malzkeimen, ferner Harnstoff, Ammoniaksalze usw. verwenden. Die Menge des notwendigen assimilierbaren Stickstoffs wird von Fall zu Fall durch die Untersuchung der Melasse und der anderen Rohstoffe sowie der zu behandelnden Hefen ermittelt; meistens genügt eine Menge des assimilierbaren Stickstoffs von $1—1^1/_4\%$ der Melasse einschließlich des in dieser enthaltenen.

Die so hergestellte Nährlösung wird auf 12—15° Bg verdünnt, abfiltriert, auf etwa 30—35° C abgekühlt, in den Gärbottich geleitet und hier mit verdünnten alkalischen Lösungen auf einen p_H-Wert zwischen 5,8—6,2 gestellt. Dann erst wird die nachzubehandelnde Hefe zugesetzt. Diese Hefe kann beliebiger Herkunft sein und nach beliebigen Lufthefeverfahren hergestellt werden unter Verwendung von organischer Stickstoffnahrung allein oder von Ammoniakstickstoff allein, oder von gemischter Stickstoffnahrung. Die Temperatur der mit der Hefe versetzten Nährlösung darf 27° C nicht übersteigen. Die Gärung beginnt sofort und verläuft bei den Temperaturen zwischen 20—27° C sehr schnell, so daß sie je nach der Höhe der gewählten Temperatur nach 1—2 Stunden beendet und sämtlicher Zucker vergoren ist. Der p_H-Wert darf während der Gärung nicht unter 5 sinken. Nach beendeter Gärung wird der Säuregehalt mit alkalischer Lösung wieder auf 5,8—6,2 p_H gebracht. Alsdann ist die Nachbehandlung beendet; die Hefe wird in üblicher Weise von der Würze getrennt, gewaschen und gepreßt.

Der Zucker der Nährlösung wird bei dieser Nachbehandlung unter Bildung von Zymase in der Hefe fast gänzlich in Alkohol und Kohlensäure gespalten; es werden auf 100 kg Zucker in der Melasse ungefähr 50 l Alkohol gewonnen, deren Wert einen erheblichen Teil der Kosten der Nachbehandlung deckt.

Das gleiche Ziel haben N. MOSKOVITS und die *Krausz-Moskovits A.G.*, Budapest, auf folgende Weise zu erreichen versucht:

Man hat die Nachbehandlung in zwei Stufen vorgenommen. In der einen Stufe wurde mit stickstoffreicher und kohlehydratarmer Nährlösung unter gleichzeitiger Hemmung der Vermehrung, in der anderen Stufe dagegen mit stickstoffarmer und kohlehydratreicher Nährlösung unter kräftiger Gärung gearbeitet.

In einer verdünnten Melasse- oder Getreidewürze wurde die Hefe nach dem Zufluß- oder einem anderen gebräuchlichen Verfahren unter starker Lüftung vermehrt. Nach Beendigung der Vermehrung wurde die Lüftung stark verringert und der Lösung solche Mengen eines durch mit Autolyse verbundene Milchsäuregärung aufgeschlossenen Hefeextraktes, ferner Melasse oder Malzextrakt zugesetzt, daß die Menge des assimilierbaren Stickstoffes 0,12%, die des Zuckers 1% betrug. Die saure Aufschließung der Eiweißstoffe wurde so geleitet, daß der Säuregehalt der Lösung, auf Milchsäure berechnet, etwa 0,3% beträgt. Nach einigen Stunden wird der vergärbare Kohlehydratgehalt der Nährlösung durch Zugabe eines dicken Melasse- oder Malzextraktes auf 6% erhöht und eine kräftige Gärung eingeleitet. Nach dem rasch (etwa in $1^1/_2$—5 Stunden) erreichten hohen Vergärungsgrad wird die Hefe abgesondert und in üblicher Weise weiterverarbeitet.

Das Gewicht der Hefe nimmt in beiden Arbeitsstufen insgesamt etwa 30% zu. Die erzielte qualitative Verbesserung zeigte sich neben der größeren Haltbarkeit der Hefe insbesondere in der um etwa 30% gesteigerten Triebkraft, wobei sich die Steigerung bei den Backversuchen in den einzelnen Trieben, so auch im Nachtrieb, ziemlich gleichmäßig einstellt.

h) Anreicherung von Hefe mit Vitamin B_1.

Man hat der Hefe zur Gärbeschleunigung Aneurin zugesetzt, damit aber eine besonders starke Alkoholbildung erreicht. Wenn die Hefe jedoch selbst mit Vitamin B_1 angereichert werden soll, ist nach H. FINK und F. JUST, Berlin, dafür zu sorgen, daß bei einer gärenden Hefe besondere Bedingungen eingehalten werden. Die Arbeitsweise ist aus den folgenden beiden Beispielen zu ersehen:

1. 10 g Preßhefe (mit 31 Gamma Vitamin B_1 je 1 g Trockensubstanz) wurden in 200 ccm einer Gärlösung aufgeschwemmt, die 2 g übliches Nährsalzgemisch, 750 Gamma Aneurinhydrochlorid, 20 g Glucose und 30 ccm Äthylalkohol enthielt. Nach 20 stündiger Gärdauer waren in diesem Ansatz nur 2 g Glucose, das ist 10% der vorhandenen Menge, vergoren, während im Parallelansatz ohne Alkoholzusatz vollständige Vergärung eingetreten war. Ein deutlicher Unterschied im Gärumsatz war aber auch schon vorhanden, wenn nur die halbe Alkoholmenge wie oben zugegeben worden war. Die abgetrennte und gewaschene Hefe enthielt 246 Gamma je 1 g Trockensubstanz, davon über 60% in umgewandelter phosphorylierter Form. Die dabei trotz eingeschränktem Gärumsatz erzielte Anreicherung im Vitamin-B_1-Gehalt betrug also 800%, bezogen auf die Ausgangshefe.

2. 10 g Torula (Vitamin-B_1-Gehalt 20 Gamma je 1 g Trockensubstanz) wurden in 200 ccm einer Lösung, die 649 Gamma Aneurinhydrochlorid, 2 g übliches Nährsalzgemisch und 40 bzw. 50 g (also 20—25%) Glucose enthielt, aufgeschwemmt und bei Zimmertemperatur 2 Tage lang der Gärung überlassen. Die vergorene Glucosemenge betrug nur 1,4 g in der 20%igen bzw. 0,9 g in der 25%igen Zuckerlösung, das ist nur 3,5 bzw. 1,8% der vorhandenen Zuckermenge, während unter denselben Bedingungen,

aber in 5%iger bzw. 10%-Glucoselösung das 5- bis 10fache an Zucker vergoren wird.

Die so vorbehandelte, abgetrennte und gewaschene Hefe enthielt 219 bzw. 235 Gamma Vitamin B_1 in 1 g Trockensubstanz, davon über 90% in phosphorylierter Form. Der Anreicherungseffekt betrug also 1100 bzw. 1200%, bezogen auf die Ausgangshefe.

i) Herstellung von vitamin-D-reicher Hefe.

Da die Hefe kleine Mengen von Ergosterin oder Provitamin-D enthält, ist man bestrebt gewesen, diesen Gehalt in der Hefe selbst zu erhöhen. W. HALDEN, Kroisbach b. Graz, hat den Wassergehalt dünnflüssiger Suspensionen hierzu in geschlossenen Reaktionsräumen unter 85% Feuchtigkeit herabgesetzt und die Hefekulturen durch mehrfache Wirkung von Unterdruck aufgelockert und in allen Teilen mit Alkohol beladener Luft in Berührung gebracht.

Gegenüber diesem etwas umständlichen Verfahren hat G. ZORKOCZY, Budafok b. Budapest, den Ergosteringehalt der Hefe in anderer Weise erhöht. Die Hefe wird in einem von assimilierbaren stickstoffhaltigen Verbindungen und vergärbaren Kohlehydraten praktisch freien Medium gelüftet, welches durch Glyceringärung einer Maische gewonnen wurde.

Die Belüftung erfolgt zweckmäßig in einer 5- bis 10%igen Hefesuspension und zweckmäßig bei einer Glycerinkonzentration von 1—2%, wobei während der Belüftung nicht mehr als etwa 0,02% assimilierbarer Stickstoff und nicht mehr als 0,1% vergärbarer Zucker anwesend sind.

Bei der praktischen Durchführung der Erfindung kann man folgenderweise vorgehen: Zweckmäßig wird von einer 10- bis 20%igen Lösung von Melasse ausgegangen, es können jedoch auch andere zuckerhaltige Stoffe bzw. durch die Verzuckerung von stärkehaltigen Stoffen gewonnene Maischen angewendet werden. Eine solche Maische wird einer sog. Glyceringärung z. B. mittels Hefe unterworfen. Zur Vergärung kann dieselbe Hefe angewendet werden, die an Ergosterin angereichert werden soll.

Es wird zweckmäßig so viel Hefe verwendet, daß eine 5- bis 10%ige Hefesuspension entsteht. Während der Gärung, die 6—20 Stunden in Anspruch nehmen kann, wird die Maische nicht belüftet. Nach Beendigung des Gärungsvorganges wird durch die Maische Sauerstoff, zweckmäßig in der Form von Luft, hindurchgeblasen, und zwar zweckmäßig in solcher Menge, daß auf jeden Kubikmeter der Maische 20—50 cbm Luft entfallen. Während der Belüftung werden der Maische selbstverständlich keine stickstoffhaltigen Nährsubstanzen zugesetzt. Für die Widerstandsfähigkeit der Hefezellen ist es jedoch von günstigem Einfluß, wenn während der Belüftung der Maische kontinuierlich oder in kleineren Teilen insgesamt so viel Zucker zugesetzt wird, daß der Zuckergehalt 5—10% der in der Maische vor der Gärung enthaltenen Zuckermenge beträgt. Diese Zuckerbeimischung kann auch in Form von Melasse erfolgen, da die Menge des damit eingeführten Stickstoffs innerhalb der Grenze bleibt, über welcher die Maische nicht mehr als stickstofffrei betrachtet werden könnte.

Die Belüftung soll in dieser Maische möglichst nicht länger als 24 Stunden dauern. Wenn der Ergosteringehalt der Hefe noch weiter erhöht werden soll, wird die Hefe von der Maische separiert und in eine andere bereits auf Glycerin vergorene Maische eingeführt und in derselben weiterbelüftet. Die Hefe, die zur Vergärung dieser zweiten Maische diente, wird zweckmäßig aus letzterer entfernt, bevor die an Ergosterin weiter anzureichernde Hefe eingetragen wird. Diese Ausführungsform ist vorteilhafter als die Vergärung der zweiten Maische mit Hilfe der an Ergosterin weiter anzureichernden Hefe.

Im allgemeinen kann gesagt werden, daß der Ergosteringehalt, berechnet auf 1 kg Hefe mit 30% Trockensubstanz, welcher vor der Behandlung 1—1,2 kg beträgt, nach der ersten Belüftung auf 5—6 g, nach der zweiten Belüftung auf 8—10 g erhöht werden kann. Ohne Anwesenheit von durch Glyceringärung bedingten Stoffen kann ein derart hoher Ergosteringehalt nicht erreicht werden.

C. Umwandlung von Hefen.

a) Umwandlung von Alkoholhefe in Preßhefe.

Die bei der Alkoholgärung aus Melasse, bei der bekanntlich in sehr konzentrierten Lösungen gearbeitet wird, anfallende Hefe konnte bisher nicht als Backhefe verwendet werden, weil sie in der Triebkraft und Haltbarkeit ungenügend war. Sie wurde nur in einzelnen Fällen getrocknet als Futterhefe verwendet. Wenn man die Alkoholhefe jedoch einer Nachgärung in besonderer Weise unterzieht, wie dies W. KNAPPE, Mettingen, vorgeschlagen hat, dann ist die erzielte Hefe als Backhefe geeignet.

Nach einer Alkoholgärung von 20000 kg Melasse in einer 7—10fachen Verdünnung wird die etwa 1300—6000 kg je nach Gärungsführung betragende Menge Hefe durch Separatoren von der alkoholischen Gärflüssigkeit getrennt. Diese Hefe wird in eine nährstofffreie Flüssigkeit gebracht, die man durch Zusatz von Säuren, wie Salzsäure, Phosphorsäure oder Schwefelsäure, auf einen p_H-Wert von 2—3 bringt. Auf 10000 l Wasser genügen 2—3 l Schwefelsäure mit einem spezifischen Gewicht von 1,84. Nach einiger Zeit fängt die Hefe wieder an zu gären, wodurch die Restmenge an Zucker und anderen organischen Substanzen, die von der Hefe während der alkoholischen Gärung aufgenommen wurden, weiter abgebaut und vollständig von der Hefe assimiliert werden. Zweckmäßigerweise wird die Flüssigkeitsmenge öfter durchgerührt. Eine weitere Beschleunigung der Nachreifung kann dadurch erzielt werden, daß die Flüssigkeit während der ganzen Nachreifungsperiode mechanisch mittels Rührwerkes oder durch Zuführung von Luft in Bewegung gehalten wird. Je nach Einstellung der Temperatur, die zwischen 8—16° C gehalten werden kann, dauert die Nachreifung 2—10 Stunden. Wenn die Hefe sich etwa 1 Stunde im Wasser zur Nachreifung befindet, tritt eine deutlich wahrnehmbare Kohlensäureentwicklung ein, die den Beginn der Nachreifung klar anzeigt. Nach ungefähr 1—3 Stunden, nach Beendigung der Kohlensäureentwicklung, wird die Hefe von der Flüssigkeit abseparirt und in üblicher Weise gepreßt.

b) Verwendung von Bierhefe als Backhefe.

Es ist bekannt, daß die Bierhefe infolge ihrer Salzempfindlichkeit und des ungenügenden Ofentriebes kein Ersatz für Preßhefe sein kann. Trotzdem hat es nicht an Versuchen gefehlt, die Bierhefe für Backzwecke geeignet zu machen. Vergleichsversuche von H. FINK, K. WEBER und E. BERWALD sind in der Weise durchgeführt worden, daß zunächst die Bierhefe zur Beseitigung des bitteren Geschmackes und der Hopfenharze wiederholt sorgfältig gewaschen, durch Siebe gereinigt und dann gepreßt worden ist. Versuchsbrote aus Weizenmehl mit 15—20% Gerstenmehl wurden daraufhin mit Preßhefe unter verschiedenem Zusatz von Bierhefe hergestellt und auf Aussehen, Geruch, Geschmack, Zusammensetzung und Verdaulichkeit geprüft. Der Wassergehalt und der Säuregrad waren erhöht; im Geschmack erschienen Zusätze von 40% Bierhefe (= 10% Trockenhefe) noch zulässig, dagegen bei 50% nicht mehr.

Man hat nun auf ganz verschiedene Weise die Reinigung der Bierhefe vorgenommen. F. RABEN und F. WREDE haben die Hefe mit Magnesiumhydroxydlösung behandelt, dann mit Säure neutralisiert oder angesäuert und gewaschen. F. SARNIGHAUSEN hat nur warmes Wasser zur Entbitterung benutzt, H. OHLHAVER hat die gewaschene Hefe belüftet und mit carbonathaltiger Zuckerlösung behandelt. H. WINDESHEIM verwendete Aktivkohle als Zusatz zum Waschwasser, auch Zusätze von Cholesterin, Phytosterin u. dgl. E. JALOWETZ und M. HAMBURG nahmen eine Umgärung vor unter Zusatz von Nährsalzen und abschließender Waschung mit Aceton und amylalkoholischem Wasser. Sie haben auch Peroxyde sowie Verbindungen von Brom und Jod zugesetzt. C. BERGL hat die Bierhefe in schwach saurer Zuckerlösung vergoren und sie dann in schwach alkalischer Lösung unter Aufrechterhaltung eines p_H-Wertes von 7—8 nachbehandelt.

c) Die Verwertung von Bierhefe.

Auch wenn Bierhefe nach dem heutigen Stand der Technik für Backzwecke nicht mehr in Frage kommt, so ist sie als Vitaminträger für Spezialprodukte ein wertvoller Rohstoff geworden.

In USA setzten bereits im Jahre 1939 verstärkte Bestrebungen ein, um Bierhefe als Vitaminquelle für Mensch und Tier nutzbar zu machen. Es wurden eine Reihe von Methoden entwickelt, welche die reinen Vitamine, Vitaminkonzentrate oder vitaminreiche Extrakte liefern. Allein in den Vereinigten Staaten betreiben mindestens zwölf Großbrauereien eigene Hefetrocknungs- und Verwertungsanlagen.

Die Einrichtungen der Anlagen zur Hefetrocknung bestehen nach M. GOCAR aus einem Raum zur Aufbewahrung der dickbreiigen Hefe in metallischen Gefäßen bei 0° C. Von dort wird sie in einen Vorwärmtank gepumpt und dann auf den Walzentrockner aufgegeben. Die blättrige Trockenhefe wird nach Pulverisieren maschinell in 50-Pfund-Pakete verpackt. Während derartige Hefe nur als Viehfutter geeignet ist, gibt es auch Trocknungsanlagen, in welchen die Hefe automatisch von anhaftenden Hopfenharzen und Trubteilchen befreit wird, so daß ein reines und besseres Endprodukt erzielt wird.

Zur Erzeugung von entbitterter und *mit Vitaminen angereicherter Nährhefe* mit wenig mehr als 10% Wassergehalt wird folgendermaßen gearbeitet:

Der durch Siebe gepumpte dicke Hefebrei wird zunächst mit 100 hl Wasser, die 12,5 kg Ätznatron enthalten und ein p_H von 12,6 aufweisen, gut vermischt. Die abzentrifugierte Hefemilch mit rund 50% Gehalt wird dann erneut in einem zweiten Bottich mit demselben Quantum Wasser, dem aber nur 2,5 kg Natriumhydroxyd zugesetzt sind, so daß der p_H-Wert 11,7 ist, behandelt. Nach abermaliger Separation wird die Hefe mit 100 hl reinem Wasser gewaschen, zum dritten Male abzentrifugiert und in einem Behälter dann mit so viel Phosphorsäure versetzt, wie erforderlich ist, um die p_H-Konzentration auf p_H 5,4 zu erhöhen. Die nunmehr völlig entbitterte Hefe kann entweder direkt dem Trockner zugeführt oder vorher durch Zugabe synthetischer Vitamine bzw. von Hefeplasmolysaten im Gehalt an Wirkstoffen noch verbessert werden.

Zur Gewinnung von solchen Plasmolysaten wird eine Hefesuspension unter Rühren $^1/_2$ Stunde auf 71° C erhitzt. Nach rascher Abkühlung auf 10° C folgt eine achtstündige Ruhe und Klärung. Die überstehende, vor allem Vitamin-B_1-haltige Flüssigkeit wird sodann durch Dekantieren getrennt. Durch Zentrifugieren des Bodensatzes sucht man außerdem die darin inhibierte Lösung soweit wie möglich noch zu gewinnen.

Die durch Plasmolyse erhaltene Flüssigkeit wird der zuvor entbitterten Hefe zugesetzt, welch letztere das Vitamin B_1 aus der Lösung rasch absorbiert. Nach Separieren wird die nunmehr mit Vitaminen angereicherte Hefe auf einem Zweiwalzentrockner oder in einem Tunneltrockner auf Trockenhefe verarbeitet. Soll auch der Gehalt an den Vitaminen B_2 und B_6 erhöht werden, so wird vor dem Trocknungsvorgang auch noch eine diese Wirkstoffe in entsprechenden Mengen enthaltende Lösung der entbitterten Hefe beigegeben. Die fertigen Trockenhefepräparate stellen ein helles Pulver von angenehmem Geschmack und Geruch dar.

Über die möglichen Vitaminisierungseffekte orientiert Tab. 24.

Tabelle 24.

	Vitamingehalte in Gamma je Gramm		
	B_1	B_2	B_6
Hefe nur entbittert	130	40	300
Hefe entbittert und in verschiedenem Grad vitaminisiert	600	40	300
	300	75	650
	600	75	650
	600	150	1100

Bei der Vitaminisierung von Nahrungsmitteln mit Hilfe von Hefe wurde in USA besonderer Wert auf die Vitaminanreicherung von Schokolade gelegt. Da für die ausreichende Vitaminisierung mit den Vitaminen B_1, B_2, B_6 und D bei den üblichen 30-g-Schokoladestückchen mit getrockneter Hefe ein Zusatz von 43 g Hefe erforderlich wäre, wurden mit Vitaminen stark angereicherte Trockenhefepräparate geschaffen, welche in nur 520 mg Substanz die Wirkstoffe in der üblichen Menge enthalten.

Während z. B. bestrahlte Trockenhefe normalerweise nur 105—150 Einheiten je Gramm an Vitamin D aufweist, ist es gelungen, Trockenhefepräparate herzustellen, welche 400000—1000000 Einheiten je Gramm enthalten. Der Zusatz der hochvitaminhaltigen Hefe zur Schokoladenmasse erfolgt unmittelbar vor dem Vergießen in die Formen.

Bierhefe enthält je Kilogramm ungefähr 5,6 g *Ergosterin*. Durch eine Extraktionsmethode läßt es sich mit einer Ausbeute von 1,5 g je Kilogramm abgepreßter Hefe in reiner kristallisierter Form darstellen. Daraus kann weiter mit 20% Ausbeute Vitamin D isoliert werden. Vorteilhaft ist es indessen, das Ergosterin durch Ultraviolettbestrahlung der Hefe in Vitamin D umzuwandeln, welche dann lange Zeit unverändert ihre antirachitische Kraft bewahrt.

Wichtig war die Beobachtung, daß Schäden durch Überdosierung eine sogenannte Hypervitaminose von Vitamin D und auch A — bei Gegenwart des Vitaminkomplexes B — kompensiert werden können. Die bestrahlte Hefe wird in Fischöl gegeben, wodurch auch der Geschmack verbessert wird.

Die aus Hefe isolierten Vitamine B und D sowie die mit diesen Wirkstoffen angereicherte Trockenhefe finden auch vielseitige Anwendung für pharmazeutische Zwecke.

An Federvieh haben die Farmer bereits 1941 rund 2300 t getrocknete Hefe verfüttert.

d) Entbitterung von getrockneter Bierhefe.

In der Regel wird die Bierhefe durch eine Naßbehandlung entbittert. Hierbei treten oft Verluste ein. Im Gegensatz dazu hat A. KROULIK, Prag, die Bierhefe zunächst getrocknet und sie dann mittels geeigneter Lösungsmittel von den Hopfenbitterstoffen befreit.

In einer Pulverflasche werden 50 g trockener Bierhefe abgewogen, mit 150 g Methylalkohol übergossen und gut verrührt. $^1/_2$ Stunde oder länger wird der Inhalt einige Male durchschüttelt und dann die Flüssigkeit abgegossen, vorteilhaft über Filtrierpapier. Es werden etwa 70 g einer gelbgefärbten Lösung gewonnen. Hierauf wird auf den in der Flasche verbliebenen Rest abermals frischer Methylalkohol aufgegossen, und zwar annähernd die gleiche (abfiltrierte) Menge, d. h. etwa 70 g. Das wird 6- bis 7mal, gegebenenfalls noch öfter, wiederholt. Die abgegossenen Lösungen sind selbstverständlich immer lichter, zuletzt farblos. Aus 100 g Trockenhefe wird nach dem Abdestillieren und Trocknen der vereinigten Lösungen etwa 8,8 g Extrakt gewonnen, der stark bitter ist und auch teilweise nach Aminosäuren schmeckt. Die nach dem beschriebenen Verfahren entbitterte Brauereihefe wird dann getrocknet.

D. Die Herstellung von Trockenhefe.

a) Für Triebzwecke.

Es hat lange gedauert, bis es gelang, frische Preßhefe in Trockenhefe von beständiger Form überzuführen. K. MYRBÄCK und H. v. EULER haben festgestellt, daß eine schonend getrocknete Hefe bis zu 75% des Gärvermögens der frischen Hefe behielt, obwohl die Zahl der vermehrungsfähigen Zellen nur den 140000sten Teil der Gesamtzellenzahl betrug. Mit Alkohol, Äther, Toluol und Chloroform behandelte Trockenhefe behielt ihre Gärkraft bei, ein Beweis dafür, daß diese der Zymase und nicht den lebenden Zellen in der Trockenhefe zuzuschreiben ist.

Um Dauerhefe herzustellen, wird nach J. E. BRAUER-TUCHORZE frische Hefe durch Verreiben mit Pektin in ein trockenes Pulver übergeführt, welches lange haltbar ist und die Gärfähigkeit behält. Auch Pflanzenschleime aus Quittenkernen, Leinsamen, Johannisbrotkernmehl und andere Pektine können zum Vermischen benutzt werden. P. D. H. OHLHAVER behandelte die Hefe vor der Eintrocknung in wäßriger Aufschlämmung mit Luft und setzte kleine Mengen Zucker oder zuckerhaltige Substanzen zu. Auch die *Dauerhefe-Gesellschaft m.b.H.* behandelte die frische Hefe nach physiologischer Verbesserung in Zuckerlösungen und mit Asparagin im kalten Luftstrom. A. W. HIXSON hat die Hefe stufenweise getrocknet, bis sie noch etwa 10% Feuchtigkeit enthielt. Er setzte auch eine zuckerhaltige Nährlösung zur Erhöhung der Triebkraft zu. HILDEBRANDT und FREY unterwarfen die Hefe einer Gärung unter Lüftung in einer Nährlösung, welche Zucker und Nährsalze einschließlich Ammoniumtartrat und Calciumphosphat enthielt. E. KLEIN hat die Hefe ganz zerkleinert getrocknet und ebenfalls verschiedene Zusätze von Stärke, Phosphaten, Maltose, Dextrin, Zucker usw. angewendet. A. K. BALLS gab zur feuchten Hefe 10% reine Cellulose hinzu und trocknete in Stufen bis zu 50° C innerhalb von 6—8 Stunden, um die Hefe lagerfähig zu machen. Um die Hefe tropfenfest zu machen, hat ihr E. J. PAUL vor dem Trocknen Stärke, Hopfen, Zucker und Mehl zugesetzt, CH. HARY dagegen Malzdiastase in Pulverform, und G. NEUMÜLLER Johannisbrotkernmehl, welches sich infolge seines Gehaltes an polymeren Kohlehydraten zur Konservierung gut eignet und sich durch große Wasserbindefähigkeit auszeichnet. R. L. CORBY, HILDEBRANDT und FREY haben die Hefe mit Maismehl und der wäßrigen Lösung einer osmotisch wirkenden Substanz (Glycerin, Salze) getrocknet. CORBY hat die Hefe auch einem Gefrierprozeß unterworfen und sie nach dem Auftauen zur Entfernung der ausgeschiedenen Feuchtigkeit allein oder nach Zusatz von Mehl oder ähnlichen wasseraufsaugenden Stoffen in üblicher Weise getrocknet.

Auch die *Brennerei "Kornblume" Andersen, Nissen & Co. G.m.b.H.*, Altona, hat sich mit der Trocknung von Preßhefe befaßt. Man hat die frische Hefe einer Behandlung mit Alkohol unterzogen, um den Eiweißgehalt zu vermindern. Man kann sie entweder nach vollständiger Ausreifung in der alkoholhaltigen Würze umrühren oder auch in schwachen, z. B. 0,25- bis 1 Vol.-%igen Alkohollösungen während einer Dauer von 6—12 Stunden belassen, sie dann separieren und trocknen.

R. BERTEL und die *"Salvis" A.G. für Nährmittel- und chemische Industrie*, Salzburg, haben die Trocknung durch Zusatz von leichtlöslichen Calciumsalzen der Milchsäure bzw. der Phosphorsäure durchgeführt, wobei sie in granulationsfähige Form überführt wurde, ehe das Gemisch bei niederer Temperatur getrocknet worden ist.

E. FÄRBER und die *Holzhydrolyse A.G.*, Heidelberg, haben wie folgt gearbeitet:

Man verrührt beispielsweise 100 kg Preßhefe, die 74 kg Wasser und 26 kg Hefe enthalten, mit 50 kg einer etwa 50% Zucker enthaltenden, für die Herstellung von neuer Hefe bestimmten Zuckerlösung. Temperatur und Säuregrad werden so gewählt, daß keine Verluste an Zucker durch Vergärung unter dem Einfluß der Hefe eintreten können. Bei der gleich nach dem Verrühren ausgeführten Filtration erhält man rund 100 kg Filtrat und 50 kg Heferückstand, der etwa 40% Wasser und 10% Zucker enthält.

Während also ursprünglich auf 100 kg Trockensubstanz der Hefe 284 kg festgehaltenes Wasser kamen, sind jetzt auf 100 kg Trockenhefe nur noch rund 80 kg Wasser vorhanden. Der übrige Teil des Wassers ist in die Zuckerlösung gekommen und hat diese verdünnt. Berücksichtigt man noch, daß Trockenhefe etwa 10% Wasser enthalten darf, so braucht man jetzt zum Trocknen der vorbehandelten Hefe nur noch einen Bruchteil der vorherigen Menge Wasser zu verdampfen. Statt des Zuckerzusatzes können auch Nährsalzzusätze gemacht werden.

In ähnlicher Weise hat J. C. Matti, Pully Lausanne, ein Hefepräparat hergestellt, wobei die Hefe mit Zucker und Nährsalzen vorbehandelt worden ist.

R. Lieske und die *Norddeutsche Hefeindustrie* haben getrocknete und gepulverte Hefe mit frischer Preßhefe vermischt, etwa in folgender Weise:

Normale abgepreßte Backhefe mit etwa 70% Wassergehalt wird bei niederer Temperatur auf einen Wassergehalt von etwa 5—10% getrocknet und anschließend zu einem mäßig feinen Pulver gemahlen. 100 kg dieser gemahlenen Trockenhefe werden mit 200 kg derselben Frischhefe von 70% Wassergehalt in einer Knetmaschine gemischt. Die anfangs sehr zähe und krümelige Masse wird nach kurzer Zeit geschmeidig und plastisch. Sie wird dann auf maschinellem Wege zu kleinen Körpern von etwa 1—3 mm Durchmesser geformt und bei niederer Temperatur, am besten im Vakuum, getrocknet. Die auf diese Weise erhaltene Trockenhefe ist für Backzwecke sehr wirksam und lange unverändert haltbar.

Um die Wirkstoffe in der Hefe zu erhalten, hat B. Spund, Wien, die Hefe selbst keinerlei Erwärmung ausgesetzt, sondern nur die wasserentziehenden beizumischenden Stoffe, wie z. B. feinstvermahlene Schalen von Orangen und Citronen, für sich erhitzt und scharf getrocknet. Nach der Vermischung entsteht eine trockene Masse, deren Hefeanteil die spezifischen Hefeeigenschaften behält.

Die Herstellung von triebfähiger Trockenhefe verlangt geeignete Trockenapparate. S. O. Rosenqvist und die *Svenska Jästfabriks Aktiebolaget*, Stockholm, haben zum Zwecke des Entwässerns von Hefeaufschlämmungen diese in das Innere einer beweglichen, mit innerem Druck arbeitenden Filterkammer eingeführt und an deren Innenwand zum Haften gebracht, worauf die Flüssigkeit durch den im Filter herrschenden Druck entfernt und der Rückstand aus der Filterkammer transportiert werden kann. Die Hefe wird so während der Pressung keiner erheblichen inneren Reibung ausgesetzt.

H. Rumpelt und H. Hoening, München, suchten die Nachteile der bisherigen Trocknungsarten, z. B. in Horden oder auf Brandtrocknern, durch eine besondere Arbeitsweise zu vermeiden. Der Trockenvorgang wird in eine Vortrocknung in feuchter Luft vorzugsweise bei 75—80%iger relativer Luftfeuchtigkeit und in eine Endtrocknung in trockener Luft unterteilt. Hierdurch kann die Trockenzeit erheblich abgekürzt und die Triebkraft der Hefe erhalten werden. Die so hergestellte Trockenhefe besitzt eine Triebkraft von etwa 85% derjenigen der frischen Hefe.

Zur Durchführung dieser Arbeitsweise dient die in Abb. 112 gezeigte Vorrichtung.

Die Zahnradpresse *1* dient dazu, die Hefemasse durch das Lochblech *2* in die darunter angeordnete Schneidvorrichtung *3* zu drücken. Dort wird der Hefestrang in kleine Stücke geteilt, die in der rotierenden Trommel *4* abgerundet werden. Die Zerkleinerungsvorrichtung ist an den Bandtrockner *5* und *6* so angeordnet, daß die Hefestücke jeweils auf das oberste der luftdurchlässigen Trockenbänder fallen. Durch den Ventilator *7* wird Luft mit etwa 80% Feuchtigkeitsgehalt durch die Trockenbänder und das Trocken-

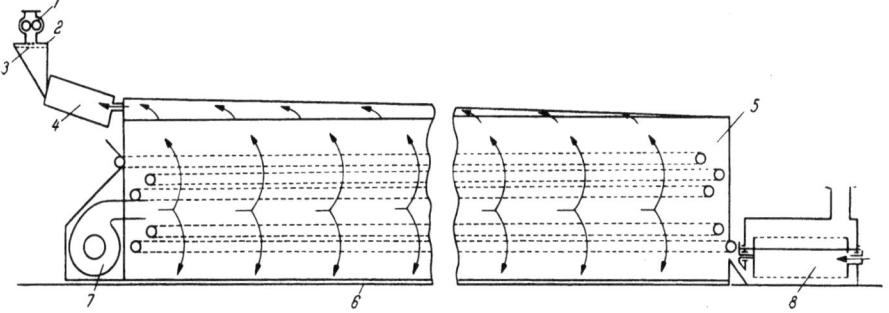

Abb. 112. Trockenapparat. Bauart: *Imperial München, H. Hoening & Co.*

gut hindurchgedrückt. Darauf gelangt das Trockengut aus dem Trockner *6* schließlich nach dem Heißlufttrockner *8*, in welchem die Hefeteilchen mit trockner Luft zu Ende getrocknet werden.

Das Verfahren kann sowohl für normale Trockenhefe als auch für sogenannte gekörnte Hefe Anwendung finden. Um Hefe zu diesem Produkt zu verformen, wird sie zweckmäßig bei einem Feuchtigkeitsgehalt zwischen 69 und 71% verformt.

Die während der Vortrocknung benutzte Trockenluft wird mit einer geringen Geschwindigkeit von 0,3—0,5 m je Sekunde vorbeigeführt, die Endluft dagegen mit mindestens 3 m je Sekunde. Die Temperaturen liegen unter 45° C. Im ersten Teil des Verfahrens wird die Hefe auf 35—45% Feuchtigkeitsgehalt gebracht, bis dann im zweiten Teil die Endtrocknung erfolgen kann.

b) Herstellung von Hefeflocken.

Bisher kamen für die Gewinnung nicht mehr gärfähiger Trockenhefe hauptsächlich zwei Verfahren zur Anwendung, je nachdem, ob die Hefe in Pulverform oder als Flocke gewonnen werden sollte. Hefepulver wurde erhalten, indem die Hefeemulsion in Kammern in heiße Luft eingesprüht wurde. Auch auf geheizte Walzen wurde Hefeemulsion aufgesprüht. Die Trockenhefe fiel dabei als grobes Pulver an. Die Flockenform entstand nicht durch Versprühen, sondern durch einfachen Ablauf auf die geheizten Walzen, die mit Dampf von etwa 6 atü geheizt worden sind. Dabei zeigte die der Heizfläche zugewandte Seite die gewünschte helle Farbe, während die Außenfläche dunkel gefärbt wurde.

Um diesem Übelstand zu begegnen, haben H. HEUER und P. SCHEZIAT und die *Phrix-Werke A.G.*, Hamburg, unterhalb oder oberhalb der Trockenwalzen besondere Glättwalzen angebracht, die verstellbar sind, s. Abb. 113.

Abb. 113a zeigt eine Seitenansicht eines Zweiwalzentrockners mit Oberwalzen b und Glättwalzen c und einem Hefeaufgabetrog a, Abb. 113b einen Schnitt des Zweiwalzentrockners. Die Hefeemulsion wird bei a auf die Trockenwalzen b aufgegeben; c sind die Glättwalzen. Die Hefe wird von den beiden Glättwalzen c durch Schaber d in Flockenform abgenommen. Die Glättwalzen können zweckmäßig verstellbar und heizbar sein.

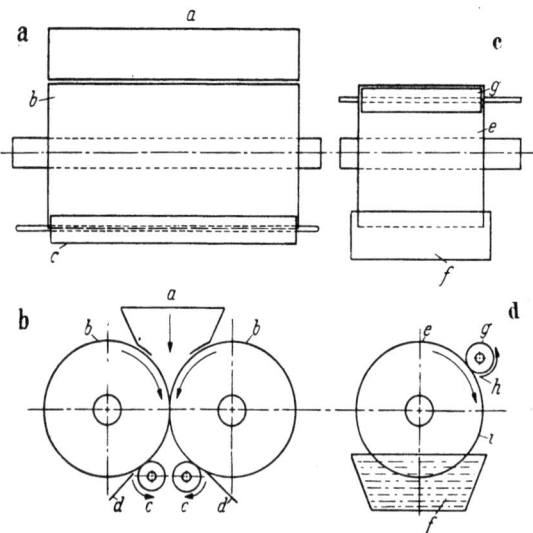

Abb. 113. Walzentrockner der Phrix-Werke A.G.

An Stelle des Zweiwalzentrockners mit der über den Trockenwalzen in einem Trog befindlichen Hefeemulsion kann auch ein Einwalzentrockner nach dem Eintauchsystem gemäß Abb. 113 c u. d verwendet werden. Die Trockenwalze e läuft in der einem Trog zufließenden Hefeemulsion f um, sich hier mit Emulsion bedeckend. Der beim Umlauf der Trockenwalze e getrocknete Hefefilm passiert die seitlich oberhalb der Trockenwalze laufende Glättwalze g und wird unterhalb dieser von der Trockenwalze durch einen Schaber h abgenommen. Die Hefe gleitet dann über ein Blech i in eine Auffangvorrichtung. Die Glättwalze g ist heizbar; sie kann lose laufen oder angetrieben sein, sie ist auch verstellbar.

Ob man nun den Zweiwalzentrockner oder den Einwalzentrockner verwendet, ob also die Hefeemulsion dem Trockner oben zufließt oder unterhalb, in beiden Fällen erfolgt eine gleichmäßige Verteilung der Emulsion mit guter Trockenwirkung. Statt eines Walzentrockners kann auch ein Bandtrockner mit Glättwalzen Anwendung finden. Die Hefeflocken sind sofort versandfertig. Die getrockneten Hefeflocken besitzen beiderseits die erwünschte rein helle Färbung, die auch erhalten bleibt. Der gute Trockeneffekt tritt auch dann ein, wenn die Temperatur des Heizdampfes von der bei Walzentrocknern üblichen von 6 atü auf unter 3 herabgesetzt wird. Damit arbeiten diese Walzentrockner auch wirtschaftlicher als die bekannten

Walzentrockner, wobei noch von Bedeutung ist, daß eine bei niederer Temperatur getrocknete Hefe naturgemäß einen höheren Nährwert haben muß als die bei höherer Temperatur gewonnene, bei der die hitzeempfindlichen Vitamine leicht zerstört werden. Der günstige Trockeneffekt erklärt sich aus der besseren und gleichmäßigeren Verteilung der Hefeemulsion durch die Glättwalzen.

Die beste Trockenwirkung tritt ein, wenn die Glättwalzen nicht geheizt, sondern gekühlt werden. Die Temperaturdifferenz zwischen Trockenwalze und Glättwalze soll aber nicht mehr als 10—20° C betragen. Die Glättwalzen werden mit durchgeblasener Luft gekühlt. Die Kühlung kann aber auch mit Wasser erfolgen.

Die *Maschinenfabrik Escher Wyss G.m.b.H. Ravensburg* hat folgende Spezialtrockner entwickelt:

1. Einen Zweiwalzensprühtrockner; — 2. einen Zweiwalzensumpftrockner.

Beim Zweiwalzensprühtrockner werden die zu trocknenden Stoffe auf die Oberfläche der Trockenwalzen fein aufgesprüht. Die Flüssigkeitströpfchen besitzen in ihrer Gesamtheit eine große Oberfläche, auf die die Wärme von allen Seiten einwirken kann. Auf diese Weise ist es möglich, die Trocknung bei niedrigen Walzentemperaturen so zu beschleunigen, daß auch wärmeempfindliche Produkte getrocknet werden können, ohne Schaden zu erleiden.

Die Aufsprühvorrichtung besteht im wesentlichen aus einer Anzahl kleiner Scheiben mit je zwei seitlich angeordneten Luftdüsen. Die Scheiben, die auf einer gemeinsamen rotierenden Welle nebeneinandersitzen, tauchen in die zu versprühende Flüssigkeit gleich tief ein und überziehen sich am Rand, auf Eintauchtiefe, mit einer dünnen Flüssigkeitsschicht. Mit Hilfe feiner Luftstrahlen, die beiderseitig gegen den Rand der Scheiben gerichtet sind, wird die aufgenommene Flüssigkeit auf die Trockentrommel gesprüht. Die Sprühluft wird durch einfache, mit seitlichen Ausblaseöffnungen versehene Rohrdüsen zugeführt, die in einem schwenkbaren Luftverteilrohr eingesetzt sind. Die Aufsprühvorrichtung kann sich also nicht verstopfen oder verkleben, denn die zu versprühende Flüssigkeit wird mittels der Scheiben aus der darunter liegenden Verteilwanne frei herausgehoben und in den Bereich der Luftstrahlen gebracht. Sie muß also nicht selbst durch enge Röhrchen oder Düsenöffnungen hindurchgehen. Es ist damit die Gewähr für einen störungsfreien Betrieb gegeben.

Der Luftdruck, der für die Versprühung aufgewendet werden muß, ist klein. Er beträgt auch bei dickeren Stoffen nur etwa 8—10 cm WS. Die von den Scheiben aufgenommene Flüssigkeit wird durch die Fliehkraft gegen den Scheibenrand getrieben und hat das Bestreben, von selbst wegzufliehen. Es genügt deshalb schon ein geringer Luftstoß, um sie endgültig loszulösen und fein zu versprühen. Die Druckluft wird von einem kleinen Mitteldruckventilator geliefert.

Die Vorrichtung zum Abschaben des an die Walzen aufgetrockneten Gutes ist knapp unter der Aufsprüheinrichtung angebracht, so daß der Walzenumfang fast vollkommen ausgenützt ist. Dieser Umstand ist mit ein Grund für die hohe spezifische Leistung der Maschinen. Die Schabermesser greifen von oben her an und werden vom ablaufenden Trockengut nicht verdeckt. Es genügt deshalb ein Blick auf die Schabervorrichtung, um die richtige Einstellung der Messer prüfen zu können. Dadurch, daß der Angriffspunkt der Messer unterhalb der Walzmitte liegt, kann das Trockengut schnell und völlig ungehindert ablaufen, ohne von der gegenläufigen Walze beeinträchtigt zu werden. Die Messer werden federnd an die Walzen angedrückt und schonen dadurch die geschliffene Walzenoberfläche. Zum Anlegen bzw. Abheben der Schabervorrichtung sind nur zwei

Abb. 114. Zweiwalzensprühtrockner. Bauart: *Escher Wyss GmbH., Ravensburg.*

Handräder zu drehen. Das Auswechseln der Messer ist deshalb eine Angelegenheit von wenigen Minuten.

Abb. 114 zeigt den Zweiwalzensprühtrockner.

Für den Fall, daß das Material breiig oder pastenförmig ist, wird ein Zweiwalzen-Sumpftrockner angewendet. Die zu trocknenden Stoffe werden, je nach ihrer Beschaffenheit, über Verteilrinnen oder Verteilrohre unmittelbar in den sogenannten „Sumpf" der Maschine gegeben, d. h. in den Raum oberhalb der Berührungslinie der beiden gegenläufigen Trockenwalzen. An den Stirnseiten der Walzen ist dieser trogartige Raum nach außen durch federnd angelegte Seitenschilder abgedichtet. Wie beim Zweiwalzen-Sprühtrockner greifen die Schabermesser auch dieser Maschine von oben her an, so daß sie durch das ablaufende Trockengut nicht der Sicht entzogen sind. Um die geschliffene Walzenoberfläche zu schonen, werden die Messer federnd angedrückt.

Trotz der einfachen Auftragung des Naßgutes wird beim Sumpftrockner eine gleichmäßige Beschaffenheit des Trockengutes erzielt, er ist aus Abb. 115 ersichtlich.

Für beide Apparatetypen kann eine Heizfläche von 2,45—18,84 m², entsprechend einem Walzendurchmesser von 650—1000 mm und einer Walzenlänge von 600—3000 m vorgesehen werden. Der Antriebsmotor hat von 4,0—18,5 kW.

Die Zusammenarbeit von Filtern mit Walzentrocknern ist aus Abb. 116 ersichtlich.

Es sind 5 parallel arbeitende Filter vorgesehen. Der abgenommene Kuchen gelangt in ein Autolysiergefäß und wird von dort auf fünf 2-Walzen-

Abb. 115. Sumpftrockner. Bauart: *Escher Wyss GmbH., Ravensburg.*

trockner verteilt. Die von den Trocknern kommenden Flocken werden dann durch die einzelnen Transportschnecken auf ein Transportband geführt und gelangen von da zum Lagerraum.

E. Herstellung von Hefeextrakt.

Die Bemühungen, aus Hefe für die verschiedensten Zwecke Hefeextrakt in flüssiger und getrockneter Form herzustellen, sind nicht ohne Erfolg gewesen; sie erstreckten sich auf die Verwendung von Preßhefe und auch von Bierhefe.

L. PINK, Berlin, hat in folgender Weise einen dem Fleischextrakt ähnlichen Extrakt gewonnen.

60 g Hefe werden mit 8 g Zucker, 2 g neutralem Calciumphosphat, 1 g Weinsäure oder Citronensäure mit Wasser zu einem dünnen Brei angerührt und das Gemisch etwa 6 Stunden im Brutschrank bei 35—36° C der Gärung überlassen. Das Gemisch wird dann mit Wasser verdünnt und mit verdünnter Natronlauge genau neutralisiert, worauf man die ganze Masse über freiem Feuer 1 Stunde kräftig kocht. Zu dem Produkt wird nun 10 bis 20% Calciumcarbonat zugesetzt und noch eine Viertelstunde gekocht. Die

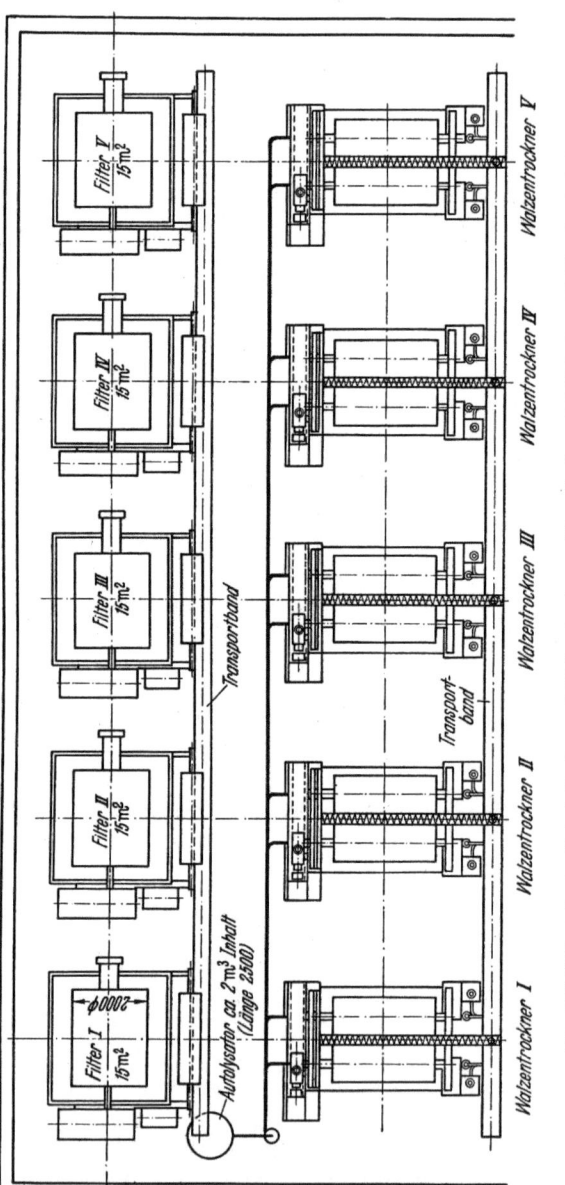

Abb. 116. Filteranlage mit Autolysator und Walzentrocknern. Bauart: *Imperial München, H. Hoening & Co.*

Masse wird dann filtriert oder zweckmäßig zentrifugiert und das Filtrat zu einem dicken Extrakt eingedampft. Die Ausbeute beträgt etwa 10—12%.

Der *Verein der Spiritusfabrikanten in Deutschland*, Berlin, hat die nichtentbitterte rohe Bierhefe einer Säurehydrolyse bei 2—5% Salzsäuregehalt einer Behandlung bei Temperaturen von etwa 35—80° C unterworfen.

Die *Société des Produits Alimentaires Azotés*, Paris, hat es für nötig gehalten, die Autolyse der Hefe in Gegenwart von 5—10% Alkohol vorzunehmen.

A. van de Sandt, Dortmund, hat eine Apparatur geschaffen, um ein gereinigtes Hefeautolysat zu erzielen. Sie besteht aus einem Autolysator, einer Hefewasch- und Filtrieranlage und aus einer Autolysatreinigungsanlage. Dadurch ist es möglich, in einem fortlaufenden Arbeitsgang von der Rohhefe bis zum gereinigten Autolysat zu kommen.

Um die hochmolekulare Eiweißstoffverbindung durch eine Plasmolyse unter Schonung der Enzyme möglichst weitgehend zu Aminosäuren abzubauen, haben E. Krienitz und H. v. Lacroix, Berlin, die Hefe nach Zusatz von Kochsalz zunächst während etwa 20—30 Stunden auf Temperaturen von 30—40° C und dann während der gleichen Zeitdauer auf etwa 50° C erwärmt. Auf diese Weise ist es möglich, den Stickstoffgehalt bis zu 70% in Aminostickstoff überzuführen. Dann kann gegebenenfalls eine Trocknung unter Anwendung von Temperaturen von mehr als 100° C auf einem Walzentrockner erfolgen.

Um den bei der Autolyse entstehenden unangenehmen Geschmack zu beseitigen, haben H. Kraut und E. Kofranyi, Dortmund, eine Nachbehandlung mit verdünnter Salzsäure vorgenommen, wie das folgende Beispiel zeigt:

100 kg Hefe werden mit 5 kg Essigester und 100 l Wasser gründlich verrührt und 2 Tage bei 37° gehalten. Dann versetzt man das Autolysat mit 10 l konzentrierter Salzsäure und erwärmt 3—5 Stunden bis zu mäßigem Sieden, wobei man den abdestillierten Essigester kondensieren und von neuem verwenden kann. Anschließend wird die Hefe neutralisiert und in üblicher Weise getrocknet. Das erhaltene Produkt besitzt einen angenehm würzigen Geruch und Geschmack.

In anderer Weise haben K. Holle und die *Zellstoffabrik Waldhof* den Beigeschmack zu beseitigen gesucht. Die Hefemilch wird unmittelbar nach einer bei etwa 95° C durchgeführten Plasmolyse in noch heißem flüssigem Zustand zentrifugiert und mit heißem Wasser nachgewaschen. Die abgeschiedenen festen Zellteile können dann zu Nährhefe weiterverarbeitet werden, während der verbleibende Zellsaft nach einem Ansäuern auf etwa einen p_H-Wert von 3 und Kühlen einen flockigen Niederschlag von Hefenucleinsäure ergibt, der durch Schleudern abgetrennt wird und mit Salzsäure, Alkohol und Äther gewaschen und getrocknet wird. Das Filtrat kann mit Natronlauge neutralisiert und eingedampft werden.

So können einerseits die Nucleinsäuren und andererseits ein wesentlich verbesserter Hefeextrakt für Nährzwecke gewonnen werden.

Um den Kochsalzgehalt von Hefeextrakt zu vermindern, haben H. v. Lacroix und die *Norddeutsche Hefeindustrie A.G.*, Hamburg-Wandsbek, die

Hefe einer besonderen Arbeitsweise unterzogen. Bisher hat man kochsalzfreien Hefeextrakt dadurch hergestellt, daß die Ausgangshefe durch direkte Einleitung von Wasserdampf verflüssigt wird. Dabei wird sie überhitzt und teilweise abgetötet und fällt daher für die Enzymwirkung aus. Demgegenüber ist nun die Hefe bei Zimmertemperatur mit 1—5% Trichloräthylen versetzt und nach eingetretener Dickflüssigkeit verrührt worden. Die Plasmolyse tritt bereits nach wenigen Minuten ein. Es können auch andere flüssigen Kohlenwasserstoffe verwendet werden, doch haben sich Trichloräthylen und Methylenchlorid als besonders geeignet erwiesen.

Die Gewinnung von Hefextrakt als Ausgangsprodukt für Hefebestandteile, insbesondere zur Erfassung der Lipoide, ist nach O. HUMMEL und der *Zellstofffabrik Waldhof* in folgender Weise möglich.

Die Hefe wird in nassem oder trocknem Zustand zunächst in einer Kolloidmühle bis zur Zerstörung der Zellen gemahlen und dann die getrocknete Hefe mit höchstens 15% Wassergehalt bei gewöhnlicher Temperatur mit einem Alkohol-Äther-Gemisch (3:1 bis 4:1) 3—4 mal je $^1/_2$ Stunde ausgeschüttelt. Dabei kann an Stelle von Äthylalkohol auch Methylalkohol genommen werden. Wenn eine hierfür geeignete Mühle vorhanden ist, kann die Hefe mit dem Extraktionsmittel zusammen gemahlen werden. Der Extrakt wird durch Filtrieren von der Hefe getrennt und enthält je nach dem Wirkungsgrad der Mühle bis zu 95% der Gesamtlipoide, die bei Verwendung von Äthylalkohol durch etwa 1,5—2,5% Eiweiß und Kohlehydrat, bezogen auf Hefetrockensubstanz, verunreinigt sind. Bei Verwendung von Methanol beträgt der Gehalt an Verunreinigungen etwa 3—5%. Aus dem eingeengten Rohextrakt können die Reinlipoide nach Zugabe des gleichen Volumens gesättigter Kochsalzlösung mit Äther ausgezogen werden. Die Abtrennung der Phosphatide und des Ergosterins geschieht nach den üblichen Methoden. Aus der extrahierten Hefe können in bekannter Weise die Nucleinsäuren und weitere Eiweißfraktionen erhalten werden. Unter Umständen ist es jedoch zweckmäßig, zuerst die Nucleinsäuren zusammen mit dem Eiweiß und dann erst nach Trocknung und Mahlung der Hefe die Lipoide zu extrahieren.

Die geringe Durchlässigkeit der Zellwand für das Fettlösungsmittel kann sich durch die bis zu einem Maximum vorgetriebene Zerstörung der Zellen nicht mehr nachteilig auf die Extraktion der Lipoide auswirken. Bei gewöhnlichen Temperaturen verläuft diese Extraktion schonender, und die Ausbeute an Phosphatiden und Sterinen wird wesentlich besser. Die in den angegebenen Grenzen sich bewegende Alkohol-Äther-Konzentration sorgt für eine nahezu restlose Erfassung der Lipoide. Daneben werden auch die Lecithine in einem der Ausgangshöhe entsprechenden Umfang erfaßt. Eine gewisse Verringerung der Ausbeute an Lipoiden ergibt sich bei einer Extraktion mit Alkohol allein im Anschluß an die Mahlung in einer Kolloidmühle.

Hefeextrakt ist auch noch in anderer Weise für Ernährungszwecke aufbereitet worden, um unerwünschte Geschmacksstoffe auszuscheiden und sie leicht abtrennbar zu machen. O. CHRISTOPH, Eitorf, hat folgendes Verfahren entwickelt, wobei die Preßhefe nach zwei verschiedenen Richtungen hin bearbeitet wird.

Die Preßhefe wird zunächst 2 Stunden lang bei von 20 bis zu 40° gesteigerter Temperatur unter Zuführung eines Luftstromes getrocknet, worauf die Temperatur bis zu 50° gesteigert wird. Sodann wird die Hefemasse kurze Zeit mit zerstäubtem Wasser angefeuchtet, in welchem auf 10 l Wasser 0,5 kg schwefelsaures Ammon aufgelöst ist. Sodann wird die Temperatur der Hefe weiter auf 60° und danach auf 70° und hiernach auf 80° gesteigert, wobei die Masse jedesmal von neuem mit dem stickstoffhaltigen Wasser angefeuchtet wird. Die Hefe wird schließlich bei 80° C fertig getrocknet. Der andere Teil der Preßhefe, welcher mit oder ohne die angegebene Umgärung das Ausgangsprodukt des Verfahrens bildet, wird unter Luftzuströmung auf Horden bei 20, 30 und 40° so getrocknet, daß er, ohne die Lebenskräfte der Hefezellen abzutöten, in gärungsfähigem Zustand erhalten bleibt. Die beiden verschieden behandelten Teile der Hefe werden sodann in folgender Weise dem Hauptgärungsprozeß unterzogen.

Mit 100 kg Trockenhefe werden 700 l Wasser von 30° C, 40 kg Maltose, Malzextrakt od. dgl., ferner 6 kg Suppenwürze, 1 kg Hefeextrakt, 1 kg Ammonsulfat, 1 kg Natriumpyrophosphat und 80 g Salzsäure verrührt und zunächst unter starkem Lüften bei derselben Temperatur 3 Stunden lang der Umgärung ausgesetzt. Gegen Ende der Vergärung der der Masse zugesetzten Hefenährstoffe wird der Gärkessel geschlossen, so daß sich aus der entwickelnden Kohlensäure ein Überdruck von etwa 1 Atm. in dem Behälter bildet. Wenn durch Verminderung des Kohlensäuredruckes die Beendigung des Gärungsvorganges erkennbar wird, wird die Hefe bei geöffnetem Gärbehälter auf 50° aufgewärmt und etwa $1/2$ Stunde auf dieser Temperatur erhalten. Danach wird die Temperatur der Masse auf 60° gesteigert und etwa 1 Stunde lang auf dieser Temperatur gehalten. Sodann werden weitere 200 l Wasser, 250 g Salzsäure und 20 kg Kochsalz zugesetzt, die Temperatur auf 80° gesteigert und 1 Stunde lang gehalten. Endlich wird die Temperatur auf 100—102° C gesteigert. Bei dieser Temperatur kocht man $1/2$ Stunde lang, bis der Hefebruch eintritt.

Die Autolyse der Hefemasse ist danach beendet. Die flüssige Extraktwürze kann leicht von den festen Rückständen durch Filtration oder Separation getrennt werden.

Für einen normal abgelaufenen Eiweißabbau im Hefeextrakt gibt K. BAHRMANN einen Gesamtstickstoffgehalt im Fertigprodukt von 7—7,5% an. Davon sind rund 60% nach SÖRENSEN als Aminosäuren festgestellt worden. Ein solcher normaler Hefeextrakt ist zu erzielen, wenn zunächst mit Kochsalz eine Verflüssigung vorgenommen wird. Das hochmolekulare Eiweiß wird bei 15—20° C mehrere Tage einer Selbstgärung überlassen, wobei das in der Hefe enthaltene Glykogen unter lebhafter Kohlensäureentwicklung aufgespalten wird. Anschließend folgt durch eine Temperaturerhöhung auf 50° C und bei einem p_H von 5,0 die Autolyse, die an der Zunahme des Aminostickstoffgehaltes kontrolliert werden kann. Nach etwa 48 Stunden ist dieser Wert konstant und der Abbau beendet. Nach Abtrennung der Zellhäute wird dann die klare Flüssigkeit im Vakuumverdampfer mit Rührwerk bis zur Pastenkonsistenz eingedickt. Das spezifische Gewicht von etwa 1,33 entspricht einem Wassergehalt von 30—32% in der handelsüblichen Ware.

Schließlich ist zu erwähnen, daß nach K. BAHRMANN, Dresden, abweichend von dem bisher geübten Verfahren, die Hefe, ohne daß sie abgepreßt wird und einen Zusatz von osmotisch wirkenden Substanzen erhält, sofort nach dem Waschen der Autolyse bei 50—60° unterworfen werden kann. Dadurch wird die Gesamtdauer des Verfahrens von 7 Tagen auf 4 Tage herabgesetzt. Diese Arbeitsweise ist für die Verarbeitung vor allem von lebender Bodensatzhefe aus Melassebrennereien bestimmt.

Analysenwerte über Hefeextrakte hat DILLER (Tab. 25) zusammengefaßt.

Tabelle 25. *Hefeextrakte.*

Bestandteile	Aus Bierhefe	Aus Melassehefe	Aus Holzzuckerhefe
Wasser	24—29%	25—38%	25—36%
Gesamt-N	4,7—5%	5,5—6,1%	4—6,2%
Löslicher N	4,75%	5,5%	5,5%
Aminosäure-N in % des Gesamt-N	21,4%	32—54%	35,5—54%
Eiweiß	26,6—35%	37—39%	25—51%
Asche	23—35%	8—35%	15—33%
NaCl	13—21,6%	11,6—22,3%	12—17%
Kochsalzfreie Asche	8,4—17,8%	3,4—11,2%	5,0—20,3%
Fett	0,03—1,0%	0,06—0,8%	0,1—0,9%
Kohlehydrate	6—20%	1,3—19,4%	0—29%
Unlösliches	0,18%	0,2—1,1%	1—8%
Säuregrad	16—26	22—45	2—80
p_H-Wert	5,5	5,7	5,75
Glutathion	37 mg/%	70—170 mg/%	110 mg/%
Vitamin B_1	3 mg/%	3— 8,5 mg/%	3—12 mg/%
Vitamin B_2	20 mg/%	—	—
Nicotinsäureamid	—	—	—
Farbe	—	—	—
Geruch	würzig	würzig	würzig
Geschmack	würzig	würzig	würzig, etwas brenzlich
Löslichkeit	klar	klar	klar
Dargestellt nach Verfahren	Autolyse	Autolyse	Autolyse

Schrifttum.

VOGEL, H.: Die Bierhefe und ihre Verwertung 1949, S. 158. Basel: Wepf & Co.
DILLER, H.: Z. Unters. Lebensmittel 83, 206 (1942).
BAHRMANN, K.: Z. Lebensmittelindustr. 1951, H. 6, S. 227.

F. Herstellung von Hefenährpräparaten.

Neben der Gewinnung von Hefeextrakt hat auch die Herstellung von Hefenährpräparaten Bedeutung gewonnen.

C. ENGEL, Berlin, hat Hefe in flüssiges Fett eingebracht und nach völliger Durchtränkung die Mischung allmählich auf eine Temperatur von 180 bis 220° C erhitzt. Sobald die Temperatur den Siedepunkt des Wassers überschritten hat, verdampft das zellgebundene Wasser unter Zischen und Schaumbildung. Es können auch Zusätze von Kleie oder Hülsenfrüchten gemacht werden. Die fertige Masse ist nach dem Abkühlen ein breiförmiges Produkt und kann als Brotaufstrich verwendet werden.

Ein Nährpräparat mit autolysierter Hefe ist von der *Nährmittelfabrik München G.m.b.H.* in der Weise erzielt worden, daß man diastasehaltige Mehle oder Lösungen zusetzte und die Masse zu einem Trockenprodukt weiterverarbeitet hat.

Der Geschmack einer mit Zucker verflüssigten Hefemasse wird nach Beobachtungen der *Diamalt A.G.*, München, verändert, wenn man die flüssige Hefezuckermasse auf etwa 40—60° C erwärmt, mindestens 1 Stunde lang auf dieser Temperatur beläßt und hierauf in bekannter Weise auf 85—110° C erhitzt und auf dieser Temperatur dann wenigstens 1 Stunde hält.

Um besonders eiweiß- und vitaminreiche Präparate zu erhalten, haben H. FINK nud R. LECHNER, Berlin, unfiltrierte Kartoffelmaischen mit Wuchshefen unter Zusatz der üblichen Nährstoffe vergoren und die Hefe zusammen mit dem verbleibenden Nährsubstrat eingedickt oder getrocknet. Es wurde z. B. wie folgt gearbeitet:

2,8 cbm brennereiübliche süße Kartoffelmaische von etwa 16—20° Balling, die aus etwa 2 t Kartoffeln erhalten wurde, wird im Verhältnis 1 : 1 oder 2 : 1 mit Wasser verdünnt und mit etwa 45 kg abgepreßter Torula utilis versetzt. Dann werden allmählich die üblichen anorganischen Nährsalze und Stickstoffverbindungen, beispielsweise 7 kg Diammoniumphosphat, 10—15 kg Ammoniumsulfat, 1 kg Magnesiumsulfat, 2 kg Kaliumsulfat und 40—60 l konzentriertes Ammoniak (25%ig), zugegeben und bei etwa 28—30° (gemessen im Nährsubstrat) 8—16 Stunden lang belüftet. Hierauf wird die Mischung nach üblichem Verfahren im Vakuum zur Sirupkonsistenz eingedampft und auf einem Walzentrockner getrocknet.

Um das Hefeplasmolysat in eine stabile Trockenform zu bringen, haben die *Troponwerke Dinklage & Co.*, Köln-Mülheim, zur Bindung der in demselben enthaltenen Wassermenge und zur Adsorption der Wirkstoffe bei gewöhnlicher Temperatur wasserfreie Glucose zugesetzt.

Der Vitamingehalt der Hefe kann erhalten werden, wie E. RABALD, A. HAGEDORN und die *C. F. Boehringer & Söhne G.m.b.H.*, Mannheim, festgestellt haben:

5 kg aus Sulfitablauge gewonnene und sogleich sorgfältig getrocknete Hefe werden in einem Extrakteur nach Art des Soxhletapparates bei 45° 3 Stunden lang mit Methanol extrahiert. Der Rückstand wird abgeschleudert und bei 35° im Vakuum getrocknet, wobei 4,1 kg trockene Hefe, in welcher sich dieselbe Menge Vitamine wie vor der Extraktion vorfindet, erhalten werden.

Die Vorgenannten haben auch in folgender Weise Eiweiß aus Hefe gewonnen:

10 kg Preßhefe mit einem Gehalt an Festsubstanz von etwa 80—90% werden zwecks Entfernung der in ihnen enthaltenen Nucleinsäuren mit etwa 100 l eisgekühltem Wasser verrührt. Dann wird mit Natronlauge auf ein p_H von etwa 10—12 eingestellt, worauf man das Gemisch nach etwa 20 minutigem Stehen mittels Essigsäure schwach lackmussauer macht. Der Rückstand, der das Hefeeiweiß, Eiweißabbauprodukte, wie Aminosäuren, und Hefegummi enthält, wird abgetrennt und von der anhaftenden Flüssig-

keit abgepreßt, worauf er in noch feuchtem Zustand mit 50 l Wasser aufgeschwemmt wird. Nach Zusatz von Natronlauge bis zur Erreichung eines p_H von etwa 9,5 wird dann auf etwa 90° erhitzt und einige Stunden bei dieser Temperatur gehalten. Nach dem Abkühlen wird die nahezu klare Flüssigkeit vom verbliebenen Rückstand abgehebert und dieser noch einmal oder mehrmals der gleichen alkalischen Behandlung unterworfen. Die vereinigten alkalischen Auszüge werden, gegebenenfalls nach Zugabe von etwas Wasserstoffsuperoxyd zur Entfärbung der Flüssigkeit, mit Säure, vorzugsweise Essigsäure, versetzt, bis ein p_H von etwa 3—5 erreicht ist. Das hierdurch gefällte Eiweiß wird zweckmäßig nach Abhebern der überstehenden Flüssigkeit zunächst durch Abschleudern weitgehend entwässert, worauf eine weitere Trocknung mit oder ohne zusätzliche Verwendung von Entwässerungsmitteln, wie Alkohol, Aceton u. dgl., erfolgt. Die Ausbeute an lufttrockenem Eiweiß beträgt etwa 20% der Festsubstanz der eingesetzten Hefe.

Das Eiweiß eignet sich für Schlagzwecke.

Es ist auch noch auf andere Weise schlagfähiges Eiweiß aus Hefe gewonnen worden. H. SADLER und E. KRETSCHY, Wien, haben die in Wasser suspendierte Hefe einem milden alkalischen Abbau bei höherer Temperatur unterworfen, die gekühlte Lösung der Abbauprodukte verdünnt und mit Salzsäure angesäuert. Dann wurde die erhaltene Eiweißlösung von den Feststoffen getrennt, über Kohlefilter filtriert und schließlich 20 Minuten bei 100° C sterilisiert.

H. KOCH, G. KÄLLNER, J. PIETZ, E. HÖPPNER und die *Phrix-Werke A.G.*, Hamburg, haben auch alkalisch gearbeitet, um schlagfähiges Eiweiß zu erzielen. 3 kg Hefezellrückstände, die bei der Extraktherstellung durch saure Hydrolyse anfallen, werden mit 5 l 15%igem Ammoniak übergossen und nach einer kurzen Extraktionszeit von der ammoniakalischen Lösung getrennt und gewaschen. Die Waschwässer werden mit der Eiweißlösung vereinigt und eingedampft. So erhält man eine 70—80%ige Auslösung N-haltiger Substanz aus Hefezellen, die zur Stickstoffanreicherung von Hefeextrakten eingesetzt werden können. Man kann das in Lösung befindliche Eiweiß auch mit Schwefelsäure ausfällen und ausschleudern und durch Versprühen in Trockeneiweißform bringen.

Um trockene Suppenwürzen herzustellen, hat A. C. RÖTTINGER, Wien, 50 kg pastenförmige Suppenwürze in 150 l Hefebrei aufgelöst und dann auf einer Heißwalze getrocknet. Es entsteht ein Präparat, welches nicht hygroskopisch ist.

Um alle wesentlichen Bestandteile aus der Hefe zu gewinnen, haben E. RABALD, A. HAGEDORN und die *C. F. Boehringer & Söhne G.m.b.H.*, Mannheim, wie folgt gearbeitet:

Eine Suspension von 100 kg Trockenhefe in 500 l Wasser wird mit 35 l Äther verrührt. Man läßt 20 Stunden stehen bei einer Temperatur von 3 bis 5° C. Dann setzt man unter Rühren 500 l 96%igen Alkohol hinzu und filtriert ab. Es entsteht ein Rückstand A und ein Filtrat B. Der Rückstand A wird nochmals in der angegebenen Weise behandelt. Beide Filtrate werden vereinigt.

Die verbleibenden 76 kg Rückstand A werden mit 500 l Wasser aufgeschlämmt und in einer halben Stunde mit 10 n-Natronlauge verrührt.

Dann wird filtriert und nochmals mit 300 l Wasser und der gleichen Menge Natronlauge behandelt, sodann die feste Substanz abgetrennt, mit Wasser ausgewaschen und getrocknet. Die Ausbeute beträgt 15 kg höhere Kohlehydrate.

Die vereinigten Filtrate werden mit Salzsäure auf ein p_H von 4,6 gebracht und auf 40° C erwärmt. Dabei fallen die Eiweißstoffe aus, die mit Wasser gewaschen und getrocknet werden. Die Ausbeute beträgt 48 kg Eiweißstoffe.

Das Filtrat von den Eiweißstoffen wird mit Salzsäure kongosauer gemacht und auf 3° C abgekühlt. Nach kurzer Zeit hat sich ein flockiger Niederschlag von Hefenucleinsäure abgesetzt. Er wird getrennt, mit Alkohol gewaschen und im Vakuum getrocknet. Die Ausbeute beträgt 7 kg Rohnucleinsäure.

Das Filtrat B wird im Vakuum bei 38° C auf 100 l eingeengt. Dann wird zweimal mit je 20 l Äther ausgeschüttelt und man erhält so drei Schichten:

1. Eine ätherische Schicht, welche die fettlöslichen Bestandteile enthält und nach dem Abdampfen und Trocknen einen Rückstand von 12 kg ergibt, der auf 200—300 g Ergosterin aufgearbeitet werden kann.

2. Eine wäßrige Schicht, welche anorganische Salze, Kohlehydrate, Vitamine, Glutathion, Aminosäuren und Peptone enthält. Die Ausbeuten betragen nach Aufarbeitung: 2,6 g Vitamin B_1, 2,1 g Vitamin B_2, 311 g Rohglutathion.

3. Eine dunkelgefärbte Substanz mit einem Trockengewicht von 2 kg.

So werden Ausbeuten von 89—95% der für die Trockenhefe ermittelten Werte erzielt.

G. Hefemenge im Teig.

Die im Teig anzuwendende Hefemenge hängt von verschiedenen Faktoren ab, wie E. VOM STEIN untersucht hat. Dabei wird vorausgesetzt, daß eine triebkräftige und haltbare Hefe zur Verwendung kommt. Eine solche Hefe kann backtechnisch als gewisser Sicherheitsfaktor gelten.

Schwierigkeiten bereitet in der Regel die verschiedene Mehlqualität. So erfordert die Verschiedenheit der Backeigenschaften der Mehle nicht nur eine unterschiedliche Teigführung, sondern auch eine verschiedene Bemessung der Hefemenge. So ist z. B. bei frischem Weizenmehl eine kurze direkte Führung mit hohem Hefeanteil notwendig. Klebereiche Mehle benötigen neben einer großen Hefemenge eine längere Knetzeit bei möglichst niedriger Temperatur, um den zähen Kleber dehnbar zu machen.

Die von der Jahreszeit abhängige Außentemperatur wirkt sich auf die Hefemenge aus, sie ist im Sommer geringer als im Winter.

Einen ausschlaggebenden Einfluß auf die Hefemenge üben die Zutaten aus. Ein schwerer Hefeteig, z. B. Stollen- oder Zwiebacteig, erfordert zur vollen Auflockerung eine weit größere Hefemenge als ein einfacher Hefeteig.

Entscheidend ist letzten Endes die Teigführung. Je nach der Führungsmethode kann für das gleiche Gebäck mehr oder weniger Hefe im Teig erforderlich sein, um einwandfreies Gebäck zu erzielen. Es lassen sich daher nicht ohne weiteres zahlenmäßig genaue Hefemengen für alle Verhältnisse festlegen. Immerhin sind gewisse Durchschnittsfeststellungen möglich, wie sie z. B. Tab. 26 zeigt:

Tabelle 26. *Schnittbrötchen, direkte Teigführung, Mehltype 550.*

Auf Mehl bezogen	Hefemengen			
	1%	2%	3%	4%
Teigbeschaffenheit .	etwas feucht	etwas feucht	normal	guter Stand
Stückgare (i. Min.) .	72	52	43	39
Volumenausbeute .	368	406	416	408
Porung	ungleich	ungleich	ziemlich gleich	ziemlich gleich
Geschmack	etwas fade	etwas fade	einwandfrei	einwandfrei

Aus diesen Daten ergibt sich die rationelle Hefemenge für Schnittbrötchen mit 3—4% auf Mehl bezogen.

In ähnlicher Weise hat E. vom Stein für Weißbrot, Zwieback, Konsumbrot usw. die vergleichenden Ergebnisse zusammengefaßt.

P. Pelshenke gibt folgende Hefemengen (Tab. 27) als Durchschnittswerte an.

Tabelle 27. *Hefemenge bei direkter Führung.*

	% Hefe	Der Hefeverbrauch wird	
		vermindert durch:	erhöht durch:
Weizenbrot	2		
Kleingebäck	3—5		
Milchteige	4—5	glattes, feines Mehl	griffiges Mehl
Feingebäck.	3—6	niedrige Ausmahlung	hohe Ausmahlung
Zwieback	4—6	große Teigstücke	kleine Teigstücke
Christstollen	bis 8	geringere Teigqualität	Beimischungen

Die Hefemenge muß also der jeweiligen Mehlqualität angepaßt werden. Die Gärung muß so verlaufen, daß Trieb und Gasentwicklung im richtigen Verhältnis zueinander stehen. Die stärkste Ausdehnung durch die Kohlensäureentwicklung muß der Teig in dem Augenblick erfahren, wenn die Teigentwicklung auch ihr Optimum erreicht.

Die Gärzeit ist im allgemeinen um so länger, je kleberstärker ein Mehl ist.

Neben der vorbeschriebenen direkten Führung ist auch eine indirekte Führung gebräuchlich. Diese wird angewendet, indem man einen sogen. Vorteig, auch Hefestück genannt, vorbereitet, der die Aufgabe hat, zunächst eine Vermehrung der Hefe herbeizuführen. Die übliche Temperatur liegt zwischen 20—30° C. Als kurz werden Hefestücke bezeichnet, welche 4 Stunden in der Vorbereitung nicht überschreiten, als lang, wenn sie über 4 Stunden behandelt werden.

Über **Fehler im Brot** unterrichten Tafel I u. II der *Versuchsanstalt für Getreideverarbeitung*, Berlin, in einer Tasche am Schluß des Buches.

Schrifttum.

Pelshenke, P.: Hdb. der neuzeitlichen Bäckerei, 2. Aufl., Stuttgart: Hugo Matthaes 1952.

vom Stein, E.: Z. Brot und Gebäck, **1952**, H.11, S. 165.

Pyler, E. J.: Baking science and technology, 2 Bände. Chicago: Siebel publishing Company 1952.

H. Hefe im Sauerteig.

Während bei dem reinen Hefegärverfahren die Gasentwicklung hinsichtlich Menge und Zeitverlauf normalerweise ohne Störung verläuft, ist dies bei gesäuertem Teig oft nicht der Fall. Bei der Sauerteiggärung treten Schwankungen ein, die durch die Entwicklung der Milchsäurebakterien bedingt sind. Es hat deshalb nicht an Vorschlägen gefehlt, zu konstanten Gärungsbedingungen zu kommen. Man kann z. B. nach einem Vorschlag von O. BEYER, Köszeg (Ungarn), eine bestimmte Anzahl von Hefezellen mit der entsprechenden Anzahl von Bakterien vermengen, oder man kann die Bakterien zunächst auf einer bestimmten Menge eines geeigneten Trägers abscheiden und dann das erhaltene Präparat mit der Hefe vermengen, oder man kann schließlich das Bakterienpräparat erst im Teig mit der Hefe zusammenbringen.

TH. SCHLÜTER sen., Dresden, hat dem Hefeteig geringe Mengen eines oder mehrerer Homologe der Essigsäure von niedrigem Molekulargewicht oder deren Ester zugesetzt, z. B. in folgender Weise:

20 g Hefe werden in 500 ccm Wasser mechanisch verteilt bzw. aufgeschwemmt. Diesem Gemisch setzt man 1000 g Roggenmehl beliebiger Ausmahlung zu und verarbeitet die Masse zu einem Brotteig. Nach etwa 30 Minuten wird die benötigte Menge eines Kunstsauers, der etwa aus Milchsäure und Propionsäure besteht, zu höchstens 5% = 175 g in der restlichen Wassermenge von 1500 ccm unter Zusatz von 40 g Kochsalz aufgeschwemmt bzw. gelöst. Dieses zweite Gemisch wird alsdann auf den hefeenthaltenden Teig gegossen. Gleichzeitig wird der Rest des zu verbackenden Mehls, nämlich 2500 g, zugesetzt und das gesamte Mehl-Flüssigkeits-Gemisch zum Teig verarbeitet, der in üblicher Weise weiterbehandelt wird.

Im Zuge der Entwicklung ist man dann dazu übergegangen, Säuerungsmittel in trockener Form, sogenannte „Trockensauer", herzustellen, wie dies mit Erfolg W. RUCKDESCHEL und die *J. Ruckdeschel & Söhne K.G.*, Kulmbach, durchgeführt haben. Man hat zunächst einen milchsäurereichen und essigsäurearmen Trockensauer hergestellt und ferner einen essigsäurereichen Dünnsauer bereitet und das Ganze in einem solchen Verhältnis zu einer krümeligen Masse vermischt, daß der Anteil der Essigsäure an der Gesamtsäure des Teigsäuerungsmittels nicht mehr als 15% beträgt. Später ist man wie folgt verfahren:

Man hat Sauerteigbakterien, insbesondere die rein gezüchteten Beta-Bakterien von KNUDSEN, in bei 0,5 atü sterilisierten Roggenmehlwassergemischen entwickelt und bei Zusatz von Abstumpfungsmitteln vermehrt. Wenn man diese Bakterien zuvor an Gärtemperaturen von 45—55° C gewöhnt, so können sie auch auf Roggennährböden, die nicht sterilisiert sind, erhebliche Mengen an Essigsäure neben Milchsäure bilden. Die vergorene Sauermaische wird von den ungelösten Bestandteilen befreit, der p_H-Wert der Lösung auf etwa 6,5—7 eingestellt und dann die Maische im Hochvakuum bei einer Siedetemperatur von 45—55° C so weit konzentriert, daß im Konzentrat etwa 25—30% Gärsäuren in Form ihrer Calciumsalze enthalten sind. In den Konzentraten werden die Salze dann durch Zusatz der äquivalenten Menge von Phosphorsäure oder Schwefelsäure in Freiheit gesetzt, und die unlöslichen Calciumsalze werden abfiltriert. Auf diese Weise entstehen Würzen mit einem Gehalt an Sauerteigsäuren von etwa 25%. Sie enthalten neben Milchsäure etwa 30—50% an Essigsäure, berechnet auf den Gesamtsäuregehalt. Dem fertigen Säuerungsmittel kann noch eine geringe Menge von vergorenen Dickextrakten zugesetzt werden, um das Aroma zu verbessern. Der Zusatz zum Teig erfolgt in einer Menge von 1,5 bis 3% zusammen mit Preßhefe.

Dieses Verfahren ist von A. SIPPEL, Freiburg, verbessert worden, und zwar in folgender Weise:

Man bereitet sich eine Maische z. B. aus Kleie und Roggenmehl, welche nach entsprechender Vermaischung und Verzuckerung einen Extraktgehalt an löslicher Substanz von etwa 15% aufweist. Diese Maische wird mittels Sauerteigbakterien vergoren unter gleichzeitigem Zusatz von Abstumpfungsmitteln, z. B. Kreide. Man setzt auf 100 kg Maische etwa 5 kg Kreide hinzu. Der gegebenenfalls von Trebern befreiten vergorenen Maische setzt man etwa 100 kg Mehl zu und trocknet das Gemisch. Man kann die vergorene und gegebenenfalls von Trebern befreite Maische vor dem Mischen mit Mehl bzw. vor dem Trocknungsvorgang auf beliebige Konzentration eindicken, z. B. so weit, daß nach der Konzentration 50% Lactat in der Flüssigkeit enthalten sind. Die vergorene Maische kann mit einem beliebigen, für Nahrungsmittelzwecke geeigneten Träger, z. B. Roggenmehl, Sojabohnenmehl od. dgl., in verschiedener Menge gemischt und getrocknet werden, je nachdem, ob man ein an Lactat stark angereichertes oder weniger angereichertes Trockenprodukt erhalten will.

Die Trocknung kann bei beliebigen Temperaturen erfolgen, je nachdem, ob eine Aufschließung der vorhandenen Stärke gewünscht wird oder nicht. Hierauf setzt man dem Trockenprodukt so viel einer konzentrierten stärkeren Säure zu, daß die an den Kalk gebundenen Säuren beim Teigbereitungs- und Backprozeß völlig in Freiheit gesetzt werden können. Bei der Verwendung z. B. von Weinsäure müssen dem Trockenprodukt 7,5 kg Weinsäure je 100 kg vergorener Maische zugesetzt werden. Als stärkere Säure kann auch Lactylmilchsäure verwendet werden, die den Brotsäuren artverwandt ist und während des Backprozesses die aromatischen Säuren in Freiheit setzt.

Über den biochemischen Mechanismus der bakteriellen Sauerteiggärung und über die Entwicklung der dabei auftretenden Stoffwechselprodukte Milchsäure und Essigsäure haben M. ROHRLICH und W. ESSNER berichtet. Hierbei ist darauf hingewiesen worden, daß die Enzymreaktionen der bakteriellen Milchsäuregärung wie bei der alkoholischen Gärung, die im Teig hauptsächlich durch Hefe hervorgerufen wird, bis zur Bildung von Brenztraubensäuren verlaufen. Letztere wird durch das α-Dihydropyridinnucleotid in Milchsäure umgewandelt. Da nun aber bei der Sauerteiggärung keine reine Milchsäuregärung vorliegt, sondern neben ihr flüchtige Säuren, hauptsächlich Essigsäure in relativ großen Mengen gefunden werden, ist die bakterielle Essigsäuregärung besonders untersucht worden. ROHRLICH und ESSNER haben zur Bestimmung der flüchtigen Säure, Essigsäure, einen schwach alkalisch gemachten, wäßrigen Teigextrakt nach Auskochen der Kohlensäure und anschließender Ansäuerung mit Schwefelsäure einer Wasserdampfdestillation unterworfen. Die Milchsäure wird in einem Teil des wäßrigen Extraktes nach Enteiweißung und Entzuckerung durch Kaliumpermanganat in Acetaldehyd übergeführt und das Permanganat an Natriumbisulfit in einer dafür geeigneten Apparatur absorbiert. Diese Methode führt aber nur dann zu sicheren Werten, wenn keine Gärungsprodukte auftreten, die durch Oxydation mit Kaliumpermanganat ebenfalls Acetaldehyd ergeben. Ein solches Gärungsprodukt ist das 2, 3-Butandiol

$$(CH_3 \cdot CH \cdot (OH) \cdot CH \cdot (OH) \cdot CH_3),$$

welches z. B. durch Coli-Bakterien entstehen kann.

Da das absolute Mengenverhältnis der Säuren zueinander kein unmittelbares Kriterium für den Gärungsverlauf darstellt, ist das molare Verhältnis von beiden Säuren in Gestalt eines Quotienten zugrunde gelegt und dieses als Gärungsquotient von ROHRLICH und ESSNER bezeichnet worden. Werden beispielsweise in 100 g Sauerteig 40 ccm n/10 Milchsäure und 20 ccm n/10 flüchtige Säure durch Titration ermittelt, so ist der Gärungsquotient gleich 2.

Die Beobachtung des zeitlichen Verlaufs der Säureentwicklung hat zu dem Ergebnis geführt, daß sowohl bei einer Gärungstemperatur von 27° C wie von 37° C der Gärungsquotient ansteigt und sich das Verhältnis der beiden Säuren gleichzeitig zugunsten der Milchsäure verschiebt. Innerhalb der für die Praxis wichtigen Stehzeiten von 3—9 Stunden schwankt dieses Verhältnis nur wenig, und zwar zwischen 2,7 und 3,3. Auch die Erhöhung der Teigtemperatur auf 37° C führt zu einer stärkeren Milchsäurebildung. Dagegen wird mit einer Erhöhung der Teigausbeute ohne entsprechende Erhöhung der Temperatur nur eine geringfügige Erhöhung des Gärungsquotienten herbeigeführt.

Um eine reine Milchsäuregärung zu erreichen, wurden dem Teig 0,4% basisches Zinkcarbonat zugegeben und außerdem durch den Zusatz von Natriumchlorid gefunden, daß zwei Reaktionsfolgen bei der Sauerteiggärung vorliegen, einmal eine reine Milchsäuregärung und zum anderen eine gleichzeitige Milchsäure-Essigsäurebildung. Die letztere wird auf eine Dismutation der Brenztraubensäure zurückgeführt. Die Wirkung der Hefe wird als eine antibiotische bezeichnet, welche die Umstimmung des Gärungsmechanismus bei der Überführung eines spontangärenden Teiges in einen Sauerteig hervorruft.

Schrifttum.
ROHRLICH, M., u. W. ESSNER: Z. Brot und Gebäck **1952**, H. 8 S. 116—120; — Jber. Versuchsanstalt Getreideverwertung **1950/51**, 71.

I. Hefe und Spezialbackverfahren.

Aus der Fülle der sehr verschiedenartigen Backverfahren können nur einige besonders charakteristische zur Darstellung kommen, um zu zeigen, nach welchen Richtungen versucht wurde, eine Verbesserung des Backprozesses zu erreichen.

Um eine *Frischhaltung* des Gebäckes zu erzielen, hat z. B. C. W. BRABENDER, Duisburg, vorgeschlagen, in einer ersten Stufe den backfähigen Teig mit Wasserdampf so lange zu erhitzen, bis das Teigprodukt nach dem Erkalten gerade formfest wird, um es dann in einer zweiten Stufe im Backofen fertig zu backen. In einer Reihe von Versuchen wurden 1-kg-Brote mit Dampf von einer Temperatur von 100° C behandelt. Nach 60 Minuten betrug die Temperatur im Innern des Teiges 80°, nach 90 Minuten 90° und nach 160 Minuten 99° C. Während nach 60 Minuten das Teigprodukt genügend Stabilität hatte, neigte es nach 160 Minuten zur Veränderung. Um zu verhindern, daß entstehendes Kondenswasser sich ansammelt und den Teig aufweicht, sind die Teigstücke auf Siebe gelegt worden. Man kann das Kondenswasser, welches sich an der Decke des Dampfbackraumes bildet, auch durch Bleche ableiten.

Die Frischhaltung ist in anderer Weise durch L. W. A. van der Hoeven, Den Haag, erreicht worden, indem er Zusätze von aufgekochtem Bienenwachs hinzugab, das wie folgt vorbereitet war: 160 g Bienenwachs und 320 g Wasser werden zusammen zum Sieden gebracht. Nach ungefähr 15 Minuten Sieden werden langsam 20—40 ccm n-Lauge zugesetzt, worauf das Sieden noch 1—3 Stunden fortgesetzt wird. Das erzielte Gemisch wird, gegebenenfalls im Vakuum, zu einer Paste der gewünschten Konzentration oder auch zu einem trockenen Produkt eingeengt.

Um *unbehandeltes* und *ungebleichtes* Mehl zu verwenden, hat J. Rank, Limited London, normal ausgemahlenes Mehl — mit einer Wasseraufnahme von 71 l, und zwar 63,5 kg davon mit 2,26 kg Salz und 68 l Wasser — bei einer Temperatur von 18—21° C vermischt und dann unter gleichzeitigem Einleiten von Luft kräftig geschlagen. Hierdurch erhöht sich die Temperatur zwischen 3 und 8 Minuten auf 29,5° C. Dann werden weitere 63,5 kg Mehl zusammen mit den anderen Zusätzen von Wasser, Hefe usw. bei einer Temperatur von 26,6—28° C, diesmal aber in normaler Weise vermischt. Durch die Schlageinwirkung findet ein natürlicher Oxydationsprozeß statt, der sich günstig auf die Farbe des Brotes auswirkt. Die weitere Verarbeitung erfolgt dann in üblicher Weise.

Zur Verbesserung der *Backfähigkeit der Mehle* hat Th. Huber, Pirmasens, an Stelle der üblichen Backhilfsmittel entbittertes Hopfenmehl angewendet. Die Bitterstoffe können durch Hefegärung beseitigt werden. Es wurde wie folgt gearbeitet:

50 g Hopfenmehl einschließlich der Hopfenharze werden mit 5 l Wasser 5 Minuten gekocht, mit 2 kg Mehl glattgerührt, dann mit 5 l kaltem Wasser verdünnt und nach Abkühlung auf Gärtemperatur von 28° C mit 50 g Backhefe vermischt. Diese Suspension wird 1 Tag lang zur Gärung abgestellt, wobei auch die wasserunlöslichen Bestandteile in Lösung gehen. Das Produkt ist dann jedem Liter Teig in einer Menge von je $^1/_{10}$ l beizugeben. Im übrigen ändert sich an der Teigführung und dem Backprozeß nichts.

Roggenbrot ohne Zusatz von Sauerteig kann nach F. Lieken, Bremen-Obernew land, in folgender Weise hergestellt werden:

Die gesamte Schrot- bzw. Mehlmenge wird in einen Grund- und Nebenteig eingequollen, z. B. 12 Stunden vor Beginn der Backzeit und bei etwa 20° C aufbewahrt. Es können folgende Zusammensetzungen vorgesehen werden:

A. Grundteig, bestehend aus 80 kg Schrot, 46 kg Wasser, 2 kg Salz; Nebenteig, bestehend aus 20 kg Schrot, 11 kg Wasser, 1 kg Hefe. In diesem Fall stellt der Nebenteig ein sogenanntes Hefestück dar. Zweckmäßig wird bei dieser Zusammenstellung beispielsweise der Grundteig etwa 12 Stunden angesetzt, während der Nebenteig nur 6 Stunden angesetzt zu werden braucht. Die Ansetztemperatur beträgt für beide Teige etwa 20°.

B. Grundteig, bestehend aus 80 kg Schrot, 46 kg Wasser, 2 kg Salz; Nebenteig, bestehend aus 20 kg Schrot, 10 kg Wasser. In diesem Fall handelt es sich bei dem Nebenteig um ein sogenanntes Quellstück, welches kein Triebmittel enthält. Der Grundteig kann wiederum, wie bei Beispiel A, 12 Stunden lang bei 20° angesetzt werden, während der Nebenteig, das Quellstück, nur 10 Stunden lang, jedoch bei einer etwas höheren Temperatur von 25—28°, angesetzt wird.

Grund- und Nebenteig werden innig vermischt und geknetet. Aus ihnen wird dann der Hauptteig unter Zusatz von 1 kg Wasser und 1 kg Hefe gebildet; er wird etwa $1^1/_2$ Stunden lang auf Gärtemperatur gebracht und anschließend gebacken.

Nach dieser Arbeitsweise ist es möglich, Roggenschrot und Mehl gründlich aufzuschließen und ein elastisches Roggenbrot herzustellen.

Schließlich wird noch ein Verfahren erwähnt, um die Triebkraft der Hefe im Teig zu erhöhen. *Die Backhefe G.m.b.H.*, Stuttgart-Vaihingen, hat zum Teig Substanzen zugegeben, die als Hefereizstoffe wirken, z. B. Benzoesäure, Salicylsäure oder deren Salze, Sulfite, Formiate u. dgl. Allerdings werden nur äußerst geringe Mengen angewendet, z. B. in einer Menge von weniger als 0,01%, bezogen auf das Gewicht an verwendeten Triebmitteln.

Folgendes *Beispiel* zeigt die Wirkung:

Zur Teigbereitung wurden verwendet 10 kg Mehl, 150 g Hefe, $6^1/_2$ l Wasser, dem 180 g Kochsalz und 15 mg Salicylsäure zugesetzt waren, und 200 g Backhilfsmittel. Die Teigbestandteile wurden zusammen auf einen halbfesten Teig durch 10 Minuten langes Kneten verarbeitet.

Gleichzeitig wurden zwei weitere Teige mit denselben Zutaten und mit 250 g bzw. 150 g Hefe und ohne Salicylsäure hergestellt. Die Verarbeitung der Teige wurde nach dem in Tab. 28 notierten Zeitschema vorgenommen.

Tabelle 28.

	Teig mit 150 g Hefe Zeit	Teig mit 250 g Hefe Zeit	Teig mit 150 g Hefe und 15 mg Salicylsäure Zeit
Teigbereitung	9,45—9,55	9,55—10,05	10,05—10,15
Teig zusammengeschlagen	11,20	10,40	10,45
Teigstücke geformt	12,00	11,45	11,25
Eingeschossen	13,00	12,00	12,10

Damit waren die Teige unter denselben Bedingungen geführt. Der Teig mit Salicylsäure war beim Zusammenschlagen weniger reif als der Teig ohne Salicylsäure mit der größeren Hefemenge. Doch holte er stark auf, so daß er bei der Teigreife nach 75 Minuten besser gereift war als der Teig, der mit 250 g Hefe angesetzt war. Der Teig mit 150 g Hefe ohne Salicylsäure war gegenüber den anderen Teigen in der Reife stark verzögert. Er konnte erst nach 85 Minuten zusammengeschlagen werden und benötigte bis zum Einschießen der Gebäckstücke 1 Stunde länger Zeit als die zwei anderen Teige. Die Gebäckstücke waren in allen drei Fällen gleich groß.

K. Chemische Physiologie des Brotgeschmackes.

Wie M. ROHRLICH festgestellt hat, sind an der harmonischen Abstimmung von Geruchs- und Geschmackskomponenten beim Brot die folgenden drei Faktoren beteiligt:
1. Das Mehl und die Zutaten; — 2. die Teiggärung; — 3. der Backprozeß.

Mit dem Ziel, einer einwandfreien Bewertung des Brotgeschmackes näher zu kommen, wird die physiologisch begründete Unterscheidung von Geschmack und Geruch erörtert und der Einfluß der einzelnen Komponenten untersucht. Dabei wird auch auf die Bedeutung der Hefe und den Gärungsvorgang im Teig näher eingegangen.

Der Eigengeschmack der Hefe geht im Teig verloren, der Hefegeruch wird jedoch noch wahrgenommen. Das Geschmacksbild wird durch die Teiggärung beeinflußt. Die Zuckerspaltung vermindert den absoluten Zuckergehalt und damit den schwachsüßen Geschmack des Teiges. Der gebildete Alkohol tritt geschmacklich nicht hervor, doch liegt seine Schwellenkonzentration als Riechstoff bei 5 Gamma/l. Während der von der Teigführung abhängigen Teigentwicklung findet eine Alkoholanreicherung im Teige statt, die als Geruchskomponente wahrnehmbar ist. So wurden im Kondensat von Backofendämpfen als Produkte der Hefegärung ermittelt:

Äthylalkohol (11%)	flüchtige Säuren (0,02% als Essigsäure)
Acetaldehyd (0,02%)	Ketone (Spuren)
Fuselöle (0,04%)	Ester (Spuren)

Der im Brot verbliebene Alkohol verliert sich rasch beim Ablagern des Brotes. Wenn der Teig z. B. 3,06% und das Brot nach dem Ausbacken 2,62% enthalten, so sinkt der Wert nach 24 Stunden Lagerung bereits auf 1,51%.

Die bei der Teiggärung entstandene Kohlensäure ist nicht zu schmecken, ihre Acidität ist so gering, daß das große Puffervermögen des Mehlteiges keine geschmackliche Identifizierung gestattet.

Durch bakterielle Gärungen entstehen auch im Weißbrot geringe wahrnehmbare Säuremengen, die einer Aciditätsverschiebung um 0,4—0,5 p_H entsprechen. Beim Sauerteigroggenbrot wird der Geschmack von den gebildeten Säuren (Milch- und Essigsäure) besonders bestimmt.

Wichtige Geschmacks- und Aromastoffe im Teig und im Brot entstehen als Nebenprodukte der Hefegärung, wie z. B. Isoamylalkohol und Isobutylalkohol oder das Acetylmethylcarbinol, welches zum Teil beim Backen durch Oxydation in Diacetyl übergeht. Daher kommt der Aktivität der Proteinasen im Mehl und vor allem in der Hefe nicht nur eine backtechnische, sondern auch eine geschmackliche Bedeutung zu.

Schließlich wird der geschmackliche Einfluß der bei der Krustenbildung entstehenden Melanoidine untersucht. Die im Verlaufe der Brotherstellung entstehenden chemischen Verbindungen werden nach ihrer Flüchtigkeit geordnet und in einer Tabelle zusammengefaßt.

Schrifttum.

ROHRLICH, M.: Z. Dtsch. Lebensmittel-Rdsch. **50**, 8, 201—206 (1954).

XIII. Gewinnung von Eiweiß und Futterhefe.
A. Gewinnung von Eiweiß.

Die biologische Eiweißerzeugung geht auf M. DELBRÜCK zurück, der schon im Jahre 1910 in Brüssel in einem Vortrag „Hefe ein Edelpilz" (Wochenschrift der Brauerei 1910) ein umfassendes Programm für wissenschaftliche und technische Versuchsarbeiten entwickelt hat. DELBRÜCK ging von der Erkenntnis aus, daß die in den Brauereien überschüssige Hefe in Gestalt von Speisewürzen damals nur unzureichend verwertet werden konnte und daß man zur Lösung des Problems eine Verwertung getrockneter Hefe für Nahrungs- und Futterzwecke anstreben müsse. Im Institut für Gärungsgewerbe wurde ein Versuchsbetrieb zur Entbitterung und Trocknung von Bierhefe eingerichtet und eine Nährhefe in den Verkehr gebracht, die den praktischen Wert in Fütterungsversuchen an Wiederkäuern, Schweinen, Pferden und Geflügel unter Beweis stellte. Die Nährhefe zeigte auch bei Menschen besonders günstige gesundheitsfördernde Wirkungen, die allerdings damals nicht alle voll erklärlich waren, aber heute unbestritten sind.

Nebenher liefen Arbeiten, den Eiweißgehalt von Kartoffelmaischen bzw. Malzwürzen durch Steigerung des Hefewachstums unter Zusatz von Ammonsalzen als Hefenährstoff zu erhöhen. Bereits damals wurde die Verwendung von Kahmhefen unter entsprechender starker Belüftung während der Züchtung ins Auge gefaßt.

Zu Beginn des ersten Weltkrieges, als für die Preßhefeindustrie die Verwendung von Melasse geboten erschien, sind auch Verfahren entwickelt worden, um Futterhefe aus Melasse in erheblicher Menge herzustellen. 1915 hat der Kriegsausschuß für Ersatzfutter die Einrichtung von 10 Futterhefefabriken zur Auswertung der im Institut für Gärungsgewerbe gewonnenen Erfahrungen in die Wege geleitet. Die Jahreskapazität eines Werkes betrug immerhin bis zu 10000 Tonnen Trockenhefe. Die Entwicklung wurde allerdings dadurch beeinträchtigt, daß schon von 1916 ab wegen des Mangels an Melasse diese für die Gewinnung von Spiritus und Melassemischfutter vorbehalten bleiben mußte. Außerdem waren die Kosten für die Futterhefe damals noch zu hoch und die Verwertung als menschliches Nahrungsmittel aus psychologischen Gründen nicht möglich. F. HAYDUCK hat über die im ersten Weltkrieg und darüber hinaus gesammelten Erfahrungen 1927 einen kurzen Rückblick gegeben[1]. An diesen Arbeiten sind außer ihm M. DELBRÜCK und W. VÖLTZ auch F. WENDEL und E. STICH maßgebend beteiligt gewesen. Ein Teil der Arbeiten ist außerdem aus den Patentschriften des Vereins der Spiritusfabrikanten und den Zeitschriften des genannten Institutes zu ersehen.

Das Problem der Eiweißgewinnung ist etwa von 1935 an wieder aktuell geworden und von H. FINK und Mitarbeitern erneut aufgegriffen worden; was früher nicht oder nur teilweise wissenschaftlich geklärt war, wurde jetzt Gegenstand besonderer Untersuchungen. Besonders galten FINKS systema-

---
[1] Z. für angew. Chemie **1927** Nr. 26.

tische Arbeiten der Klärung der Bedingungen, unter denen das Hefewachstum zur Hauptreaktion und die Alkoholbildung bis zur fast verschwindenden Nebenreaktion wird. Die Umsteuerung ist durch den Luftsauerstoff möglich, der in sehr feiner Verteilung mit der mit Hefe durchsetzten Nährlösung in Berührung gebracht werden muß. Hier hatte E. STICH bereits durch langjährige Vorarbeiten mit der „Feinstbelüftung" Erfolge erzielt, welche nun berücksichtigt werden konnten. Dies ist von FINK und KREBS sowie von LECHNER in eingehenden Stoffwechselversuchen in der sogenannten „Standardapparatur" (vgl. Abschn. „Reinzucht", S. 85 ff.) mit der von STICH entwickelten Belüftungskerze (vgl. Abschn. „Belüftung", S. 103 ff.) bestätigt worden.

Obwohl es bekannt war, daß man durch willkürliche Veränderung der normalen Lebensbedingungen von Mikroorganismen u. dgl. deren inneren Stoffwechsel in bestimmter Richtung lenken kann, so daß eine Verschiebung bezüglich der Relation Eiweiß-Fett-Kohlehydrate zustande kommt, hat es lange gedauert, bis diese Lenkung praktisch gemeistert wurde. Die Darbietung von überschüssigem N und P_2O_5 als der für die Eiweißproduktion ausschlaggebenden Nährstoffe bewirkt lediglich eine geringfügige Verschiebung der erwähnten Relation zugunsten der Eiweißbildung. Wird aber nun zu gleicher Zeit die Zufuhr des normalen Bedarfs an K- und Mg-Verbindungen stark gedrosselt, so haben H. NIKLAS, O. TOURSEL und M. E. PEUKERT gefunden, daß der Organismus darauf mit einer intensiven Steigerung der Eiweißbildung reagiert.

Eine für das normale Wachstum von Aspergillus niger geeignete Nährlösung hatte folgende Zusammensetzung:

10,0%	Zucker,	0,02%	K_2O als Sulfat,
1,0%	Citronensäure,	0,01%	MgO als Sulfat,
0,6%	Ammonsulfat,	0,00015%	Cu,
0,1%	Pepton,	0,0001%	Fe,
0,075%	P_2O_5 als prim. Ammonphosphat,	0,0001%	Zn.

Wenn man den Bacillus auf solcher Lösung bei 35° C kultiviert, dann erhält man nach 3 Tagen etwa 50 g Pilzsubstanz je Liter mit einem Rohproteingehalt von 20—25%. Durch Erhöhung der N- und P-Gabe z. B. auf 1,8 bzw. 0,15% und gleichzeitige Herabsetzung der K_2O und MgO-Mengen in der Lösung auf etwa 0,005 bzw. 0,001%, erreicht man in der gleichen Zeit und sonst gleichen Wachstumsbedingungen einen Eiweißgehalt von 40—45%. Unterbricht man außerdem noch das Wachstum bereits zu einem früheren Zeitpunkt, so ergibt sich eine weitere Erhöhung des Eiweißgehaltes im Pilzmycel auf über 50%.

In anderer Arbeitsweise haben H. FINK und M. SCHMIDT, Berlin bzw. Bad Salzuflen, gefunden, daß man die biologische Eiweißsynthese in einem Arbeitsgang durchführen kann, wenn man Pilze mit amylolytischem und cytolytischem Vermögen verwendet. Diese Pilze, z. B. Aspergillus, Mucor, Penicillium usw., haben nicht nur die Fähigkeit, die Stärke zu verzuckern, sondern sie verwandeln die entstandenen Zucker sofort intracellular bei Gegenwart von Stickstoffquellen und anderen Nährsalzen so energisch in Eiweiß um, daß eine bedeutende Anreicherung erfolgt.

1000 kg Kartoffeln mit einer Trockensubstanz von 22,3% wurden kurze Zeit angedämpft und sodann zerkleinert in 10—30 cm hoher Schicht auf

Schalen oder Horden ausgebreitet. Man übergoß sie dann mit einer wäßrigen Lösung, die 8 kg Harnstoff, 1 kg Diammonphosphat, 0,1 kg Kaliumsulfat und 0,1 kg Magnesiumsulfat enthielt. Die darauf ausgesäten Sporen von Aspergillus oryzae keimten sehr schnell aus und der Pilz durchwucherte das ganze Nährsubstrat. Nach 3 Tagen Wachstumszeit bei 25—27° C war der Umwandlungsprozeß beendet. Geerntet wurden 660 kg Feuchtgewicht mit 21,15% Trockensubstanz, also eine Ausbeute von 62,66%. Das Ausgangsmaterial enthielt 4,45% Rohprotein-N, das Endprodukt 27,75%.

Bessere Ausbeuten erzielten H. FINK und A. HOCK, Berlin, indem sie einmalig oder periodisch das Wachstum der Pilze durch Einleiten von Kohlensäure unterbrachen und anschließend wieder Luftsauerstoff zuführten. Sie haben ebenso Kartoffelpreßsaft oder Kartoffelfruchtwasser als Nährstoff verwendet. Schließlich haben sie auch solche Pflanzenerzeugnisse benutzt, die vor der Beimpfung zunächst durch einen besonderen Aufschluß assimilierbar gemacht worden sind, wie das folgende *Beispiel* zeigt:

100 kg Baumwollsamenschalen wurden mit 200 l Wasser, dem eine geringe Menge Zucker zugesetzt war, und einer Reinkultur von Milchsäurebakterien verknetet. Die so erhaltene feuchte Masse wurde in einem Gefäß unter Luftabschluß durch Paraffinüberzug bei 35° C der Milchsäuregärung überlassen. Nach 8 Tagen wurde das feuchte Material mit einer Nährsalzlösung bedüst, die 5 kg Ammonchlorid, 1 kg prim. Kaliumphosphat und 500 g Magnesiumsulfat enthielt. Dann wurde die Masse mit Sporen von Aspergillus oryzae bestäubt und in lockerer Schicht auf Brettern aufgetragen. Nach 60 stündigem Stehenlassen in einem wasserdampfgesättigten Raum bei etwa 30° C war das ganze Material mit einer dicken Schicht von Aspergillusmycel überzogen. Die Ausbeute betrug an Pilzeiweiß rund 2,5 kg. Der Verlust an veratmeter Substanz lag unter 5% des Ausgangsmaterials.

Vgl. auch die Eiweißgewinnung durch Hefe im Kap. „Holzverzuckerung", S. 212 ff.

Vielfach wird heute zur Erzeugung von Eiweiß die Torulahefe, insbesondere Torula utilis, verwendet, um Holzzuckerwürzen und Sulfitablaugen aufzuarbeiten. Demgegenüber ist es S. WINDISCH, Berlin, gelungen, auch Moniliaarten als Eiweißbildner heranzuziehen. Sie bieten verschiedene Vorteile.

Die Moniliaarten sind leicht in der Lage, Unterschiede in der p_H-Ionenkonzentration, Schwankungen der Temperatur und auch Tieftemperaturen zu überdauern und besitzen eine gute Widerstandsfähigkeit gegen Säuren und Formalin. Bei der üblichen Züchtung nach dem Zulaufverfahren bleibt die Monilia praktisch als Reinzucht erhalten. Sie läßt sich leichter als Torula separieren, daher können die Separatoren besser ausgenutzt werden. Auch beim Abpressen auf der Filterpresse treten nicht Erschwerungen auf, wie sie bei der Torulaabpressung vielfach beobachtet wurden.

Es wurde durch die *I. G. Farbenindustrie A.G.* festgestellt, daß innerhalb der Gattung Monilia eine Untergruppe eine Sonderstellung einnimmt, insofern als die dieser Gruppe angehörenden Arten zur Verwendung als Eiweißbildner besonders geeignet ist. Dies gilt vor allem für die Candida-Arten Candida tropicalis, Candida pelliculosa, Candida pulcherrima und Candida Guilliermondi und Candida arborea. Mit letzterer Art wurde z. B. folgendes Ergebnis erzielt:

1000 Teile Buchenholzsulfitablauge, die ca. 4,3% reduzierende Substanz enthalten und die durch bekannte Verfahren (z. B. durch Lüftung) verhefungsfähig gemacht worden sind, werden mit

8 Teilen Superphosphat, 1,2 Teilen Ätzkali,
0,65 Teilen Bittersalz, 8,75 Teilen Ammoniakwasser (mit 20% Stickstoff)

und so viel Kalk versetzt, daß ein p_H von 4,6—4,8 eingestellt wird. Nach der Abtrennung der Feststoffe läuft diese Würze kontinuierlich einem mit der nötigen Stellhefe der Art Candida arborea beschickten Gärapparat zur kontinuierlichen Verhefung zu. Nach entsprechender Verweilzeit der Würze im Gärapparat wird sie kontinuierlich, entsprechend dem Zulauf abgezogen und von der Hefe abgetrennt. Der hefefreie Ablauf enthält noch etwa 0,6—0,7% reduzierende Substanz und 0,0001—0,001% anorganischen Stickstoff. Die Eiweißausbeute liegt also bei etwa 26—27%, berechnet auf eingebrachte reduzierende Substanz.

Als Ausgangslösung kann auch Schlempe verwendet werden.

Um die Eiweißstoffe zu gewinnen, hat man die Zellstruktur zerstört und das Eiweiß extrahiert. F. FLEISCHMANN und K. RIEDERLE, Saalfeld, haben nun die entweder mechanisch oder durch Kochen der gefrorenen Masse zerstörten Mikroorganismen mit 8%iger Natronlauge bei 38—42° C behandelt und nach Abtrennen der festen Bestandteile den Extrakt mit Salzsäure neutralisiert, geklärt und von dem gebildeten Kochsalz befreit sowie zur Trockne eingedampft. Die auf diese Weise isolierten Stoffe sind für Nährzwecke und auch für technische Zwecke, z. B. als Klebemittel oder Appretur- und Imprägnierungsmittel geeignet.

B. Die Pentoseverwertung.

Neben H. SCHOLLER haben sich insbesondere H. FINK und R. LECHNER sowie auch J. KREBS, F. JUST und R. ILLIG mit der Frage der Pentoseverwertung befaßt. Die Pentosen sind vor allem im Holz als Pentosane enthalten. Wie C. G. SCHWALBE und W. ENDER festgestellt haben, ist der Pentosangehalt der Laubhölzer bedeutend höher als in den Nadelhölzern. Im allgemeinen ist bei Fichte und Kiefer mit einem durchschnittlichen Pentosangehalt von 12—13% und bei Buche mit einem Gehalt von 28—30% zu rechnen, s. Tab. 29.

Tabelle 29.

	Fichte 60jährig %	Kiefer 78jährig %	Buche 50jährig %
Cellulose	52,0	51,3	45,7
Lignin	26,7	26,6	22,9
Pentosan	12,7	12,7	29,0
Harz-Wachs-Fett	0,7	1,6	0,2
Asche	0,3	0,2	0,4

In den durch Aufschluß von Holz erhaltenen Holzzuckerlösungen und Sulfitablaugen finden sich nun je nach dem Herstellungsverfahren die Pentosane in Form von Pentosen mehr oder weniger vollständig und unzersetzt wieder. Im Hinblick auf die vollkommene Rohstoffausnutzung und mit Rücksicht auf die Abwasserfrage spielt der Anfall möglichst hohlehydratarmer Ablaugen eine wichtige Rolle. Die bei Kohlehydraten naheliegende Verarbeitung auf dem Gärungswege ist nun technisch möglich geworden, nachdem durch systematische Versuche eine Anzahl von Mikroorganismen als für die Verwertung geeignet gefunden worden sind. Man hat erstens die Vergärung, also die Aufspaltung in Alkohol, Kohlensäure, Essigsäure usw. mit Hilfe der Mikroorganismen betrieben und zweitens auch die Zellsubstanzbildung angestrebt, indem die den Mikroorganismen dargebotenen Kohlenstoffverbindungen mit Hilfe von Nährsalzen unter Belüftung zum Aufbau neuer Zellsubstanz verwendet worden sind. Den letzteren Weg hat man auch als „biologische Rohstoffsynthese" bezeichnet bzw. auch als „Verhefung".

Voraussetzung für das Gelingen war die analytische Untersuchung vor allem der Buchenholzsulfitablauge. Hierfür gibt R. LECHNER z. B. die in Tab. 30 zusammengestellten Werte an.

Tabelle 30.

Reduzierende Substanz, berechnet als		Buchenholzsulfitablauge	
		A	B
Glucose	g/100 ccm	3,88	4,21
Vergärbarer Zucker (Hexosen)	g/100 ccm	0,61	0,41
Pentosen, berechnet als Xylose	g/100 ccm	2,08	3,11
Flüchtige Säuren, berechnet als Essigsäure	g/100 ccm	0,47	0,53
Furfurol	g/100 ccm	0,116	0,094
Uronsäure	g/100 ccm	0,25	0,32
Uronsäure-Lacton	g/100 ccm	0,23	0,29

Die von R. LECHNER 1940 zusammengestellten Befunde sind die folgenden:

Die Untersuchungen beschränkten sich auf die biologische Eiweißsynthese, also auf die Herstellung von eiweißreicher Zellsubstanz für Futterzwecke. Für die quantitative Pentosenbestimmung wurde die Barbitursäuremethode benutzt. Zur Erreichung der höchstmöglichen Genauigkeit ist die Einhaltung aller für die Arbeitsweise festgelegten Bedingungen bei der Destillation und Fällung und die Ermittlung und Kontrolle der Umrechnungsfaktoren durch Testbestimmungen mit reinem Zucker eine wichtige Voraussetzung. Da Hexosen die Bestimmung nach Art und Menge beeinflussen, ist bei Zuckergemischen die Kenntnis der Zusammensetzung und der ungefähren Mengenverhältnisse der einzelnen Zuckerarten erforderlich. Trotzdem haftet der Pentosenbestimmung vor allem in technischen Lösungen eine gewisse Unsicherheit an.

Es wurde eine große Anzahl von Hefen und Schimmelpilzen auf ihr Verhalten gegenüber Xylose geprüft. Fast bei allen untersuchten Hefen war eine ganz geringe Entwicklung und ein kleiner Zuckerschwund festzustellen. Nur einige Torulahefen vermehrten sich stark und verbrauchten die gesamte dargebotene Xylose. Die meisten Schimmelpilze und die zwischen ihnen und den Hefen stehenden Moniliaarten griffen die Xylose an. Dem Verbrauch der Xylose stand meistens nicht der entsprechende Zuwachs an

Zellsubstanz gegenüber. Die entstehenden Gärprodukte wurden nicht untersucht. Mikroorganismen, die Xylose angreifen, vermögen nicht immer auch andere Pentosen auszunutzen.

Torula utilis, die sich im Kulturkölbchen in geringem Maße entwickelte, konnte zunächst nicht im Lüftungsverfahren in Xylose gezüchtet werden. Sie vermehrte sich nicht, obwohl ein Xylosenschwund eingetreten war. Auch in Glucose-Xylose-Mischungen war kein dem Xyloseschwund entsprechender Hefezuwachs festzustellen. Bei Wiederaufnahme der Züchtungsversuche gelang dann überraschend die Ausnutzung der Xylose durch Torula utilis, ohne daß die Ursache des nun positiven Verhaltens aufgeklärt werden konnte. Durch die Vorgeschichte der Hefe, den Einfluß stimulierender Stoffe in der Xylose und im Holzzucker oder durch eine allmähliche Anpassung der Hefe kann das Verhalten der Torula utilis nicht geklärt werden. Die rein anorganische Dauerzüchtung von Torula utilis in Xylose ist möglich. Es werden etwa die gleichen Hefeausbeuten erhalten wie aus Glucose. Der Rohproteingehalt von Xylosehefen ist im allgemeinen niedriger. Diese Tatsache ist im Hinblick auf das Ziel der Xyloseverwertung — biologische Eiweißsynthese — nachteilig. In Zuckergemischen ist die Xyloseausnutzung unvollkommen. Bei Züchtung von Torula utilis in Xylose wurde eine umweltbedingte Veränderung der Zellform beobachtet. Die Zellen nahmen teilweise kreisrunde Formen von meist auffallender Größe an.

Monilia candida läßt sich außer in Glucose auch in Xylose im Lüftungsverfahren züchten. Die anorganische Dauerzüchtung in Xylose und in technischen Lösungen, wie Buchenholzsulfitablauge, ist ohne Infektionsgefahr durchführbar, und die Ausbeuten an Hefesubstanz sind etwa dieselben wie mit Torula utilis. Die in Xylose gezüchtete Monilia candida weist wie Torula utilis niedrigen Rohproteingehalt auf; sie reichert sich bei der Lüftung im Schaum an und ist flockig. Die technischen Eigenschaften der Monilia candida sind nicht ungünstig, doch erreichen sie die der Torula utilis nicht.

Die Torula utilis wird hinsichtlich ihrer Eignung für die Massenzüchtung eiweißreicher Zellsubstanz von keinem anderen Mikroorganismus übertroffen. Da sie außer Glucose und Xylose auch Galaktose und Mannose, also alle wichtigen Kohlenhydrate des Holzes bei der biologischen Eiweißsynthese zu nutzen vermag, besteht die Möglichkeit, die bei der chemischen Verarbeitung des Holzes anfallenden Kohlenhydrate vollständig auf hochwertige Eiweißfuttermittel zu verarbeiten.

Auf Grund von Kohlensäurebestimmungen und Kohlenstoffbilanzen bei der Züchtung von Torula utilis und Monilia candida ist es wahrscheinlich, daß die Xylose bei der Zellsubstanzsynthese derart zerlegt wird, daß zwei Kohlenstoffatome in Form von Kohlensäure abgespalten werden und der übrige Kohlenstoff zum Zellaufbau verfügbar ist.

In neuerer Zeit hat H. OLBRICH verschiedene Hefearten auf ihre Fähigkeit zur Assimilation von Pentosen geprüft. So wurden Torulopsis utilis und Monilia candida sowie drei weitere Candidarassen der Art Candida tropicalis zur Verwertung der Pentosen Xylose und Arabinose auxanographisch geprüft. Torulopsis utilis assimilierte im Vergleich zu Glucose die Xylose nur mäßig und Arabinose gar nicht. Die vier Candidahefen wiesen bei Xylose eine der Glucose ähnlich starke Assimilation auf; bei Arabinose zeigten sie mit einer Ausnahme schwaches bis mäßiges Wachstum. Unter den Bedingungen analoger Lüftungsversuche in Mineralnährsalzlösung mit der technisch und praktisch allein bedeutsamen Xylose als Kohlenstoffquelle blieb das geringe Wachstum von Torulopsis utilis erheblich hinter der Candidahefe zurück. Zur methodischen Bestimmung wurde die Zahl der Zellen von Einsaat und Ernte als Maß der Xyloseassimilation durch Auszählung nach THOMA herangezogen. Die biologische Reinheit der Kulturen war gesichert.

Um pentosehaltige Zuckerlösungen zu Butanol, Aceton und anderen bei der Butanol-Aceton-Gärung entstehenden Stoffen zu vergären, hat die *Tornescher Hefe-Gesellschaft mbH*, Tornesch, als Gärsubstrat die zu Beginn der Hydrolyse anfallenden, besonders pentosereichen Fraktionen verwendet. Dies kann in folgender Weise geschehen:

1000 l einer sauren Holzzuckerlösung mit 8% reduzierendem Zucker, der zu 50% aus Xylose und zu 50% aus vergärbaren Hexosen besteht, werden bei einer Temperatur von 80—90° C, mit welcher sie aus der Holzverzuckerungsanlage kommen, durch Zugabe von Kreide und Kalk auf p_H 6,5 gebracht. Nach erfolgter Filtration wird die Würze ohne besondere Sterilisation in einen geschlossenen Gärbehälter gebracht und durch Verdünnen mit kaltem Wasser auf einen Zuckergehalt von 6% eingestellt. Als Hilfsstoffe dienen 5 kg sterilisiertes Hefeautolysat und 2 kg Ammonsulfat, als Pufferungsmittel 3 kg sterile Kreide. Nach Abkühlen der Maische auf 37° C wird mit 50 l einer gärenden Vormaische beimpft, die durch Beimpfen einer sterilen, 2,5% Zucker enthaltenden, mit Nährstoffen versehenen Melasselösung mit Sporen einer Reinkultur von Clostridium acetobutilicum gewonnen wurde. Nach 48 Stunden ist die Gärung beendet. Die Würze enthält 17,5 kg Butanol, 9 kg Aceton und 1,9 kg Äthylalkohol. Dies entspricht einer Ausbeute von 35% Gesamtlösungsmittel, berechnet auf den reduzierenden Zucker.

Schrifttum.

LECHNER, R.: Z. Vorratspflege und Lebensmittelforschung **3**, Heft 5/6 (1940). — Z. Spiritusind. **1940**, Nr. 31. — Z. Angew. Chem. **53**, 163 (1940).

FINK, H., R. LECHNER u. R. ILLIG: Z. Vorratspflege und Lebensmittelforschung **5**, Heft 3/4 (1942).

OLBRICH, H.: Branntweinwirtschaft **1952**, Nr. 15.

C. Die Aufarbeitung von Pilzmycelen für Nährzwecke.

Da die industriell gewonnenen Pilzmycele je nach der zu ihrer Zucht verwendeten Nährlösung wesentlich verschieden in der Zusammensetzung ausfallen können, haben M. PEUCKERT und die *Biosyn G.m.b.H.*, Weimar, vorgeschlagen, die Pilzmycele nach der Gewinnung mit verdünnter Salzsäure zu behandeln und auszuwaschen. Es können auch andere verdünnte Säuren benutzt werden.

Die Mycelsubstanz, die z. B. in submerser Kultur aus einer Sulfitablaugenährlösung gewonnen wurde, wird, nachdem sie gegebenenfalls vorher mit reinem Wasser gewaschen worden ist, neuerlich angeteigt, und zwar je Kilogramm Trockensubstanz mit etwa 20 l Wasser, das 150 g konzentrierte Salzsäure enthält. Bei tüchtiger Durcharbeitung des Reaktionsgutes kann bereits nach 15—20 Minuten die Einwirkung als genügend angesehen werden, worauf die Behandlungsflüssigkeit durch Abpressen und weiteres Waschen mit reinem Wasser entfernt wird. Das Mycel kann weiterverarbeitet bzw. getrocknet werden. Es ist für Nährzwecke geeignet.

D. Hefehaltige Futtermittel.

Nach einem Vorschlage von L. G. WILKENING, Hannover, werden feste pflanzliche Stoffe mit Hefe beimpfter Zuckerlösung bis zur teilweisen Bedeckung unterschichtet. Dann wird belüftet, wobei durch den entstehenden Gärschaum die nicht von der Zuckerlösung bedeckten pflanzlichen Stoffe dauernd benetzt werden. Schließlich wird nach der teilweisen oder völligen Vergärung des Zuckers die Flüssigkeit von den nun hefebeladenen pflanzlichen Stoffen abgezogen. Letztere werden getrocknet. Man kann in folgender Weise arbeiten:

700 kg rohe Zuckerschnitzel wurden in einer Schütthöhe von 165 cm in einen entsprechend bemessenen Gärbottich gebracht, der 30 cm über dem Boden mit einem gelochten Blech versehen war. Die Schnitzel wiesen einen Wassergehalt von 77,9%, einen Zuckergehalt von 15,1% = 106 kg Zucker und einen Stickstoffgehalt von 0,22% auf. Von diesem Stickstoffgehalt ist erfahrungsgemäß etwa die Hälfte als verdaulich zu rechnen. Die angesetzten 700 kg Schnitzel enthielten daher 0,77 kg Stickstoff in verdaulicher Form.

Die Schnitzel wurden mit 250 l Wasser übergossen, welches den Behälterraum unterhalb des gelochten Bleches ausfüllte und die Schnitzel in einer Höhe von 5 cm unterschichtete. Das zugesetzte Wasser enthielt insgesamt 0,635 kg anorganischen Stickstoff und 4,4 kg Ansatzhefe mit 8,0% Stickstoff.

Nach Erwärmung auf etwa 30° wurde stark belüftet. Es setzte eine lebhafte Bildung eines zähen Schaumes ein, welcher durch die Schnitzel hindurch bis über deren Schütthöhe durchdrang. Nach etwa 14 Stunden zeigte ein Aufhören der Schaumbildung das Ende der Gärung und ein Erschöpfen des Zuckers bis auf 0,37% in den Schnitzeln und auf 0,09% Restzucker in der Flüssigkeit an.

Aus der abgezogenen Flüssigkeit wurden 15 kg Hefe abgeschleudert. Die in dem Gefäß verbliebenen Schnitzel wurden mit der aus der Flüssigkeit abgeschiedenen Hefe vermischt und getrocknet. Es ergaben sich 60 kg trockene Schnitzel von 5,12% Stickstoff = 3,07 kg Stickstoff. Zieht man hiervon den mit den Zuckerschnitzeln eingebrachten unverdaulichen Stickstoff mit etwa 0,77 kg ab, so ergeben sich 2,30 kg verdaulicher Stickstoff = 14,4 kg verdauliches Eiweiß. Die ursprünglich in den Schnitzeln vorhandene verdauliche Stickstoffmenge von 0,77 kg entspricht 4,8 kg Eiweiß; zieht man diese Eiweißmenge sowie weitere 2,2 kg Eiweiß, das aus der Ansatzhefe stammt, vom Gesamteiweißgehalt des erhaltenen Futtermittels (14,4 kg) ab, so ergibt sich ein Zuwachs von 7,4 kg Eiweiß.

Das Verfahren ist auch mit Warmluft von etwa 50° C durchführbar, wobei aus den abziehenden Dämpfen 42 l Alkohol zu gewinnen sind, während aus der Gärflüssigkeit nach Abscheidung der Hefe lediglich 21 l Alkohol gewonnen werden.

Man kann auch aus Hefeabfällen ein biologisch einwandfreies Futtermittel herstellen, indem man z. B. breiige Brauereihefeabfälle nach Abtötung mit Mahlprodukten, wie z. B. Futtergetreideschrot, vermischt und das Gemisch unter Zusatz von Preßhefe zu einem Teig verarbeitet und dem bekannten Backprozeß unterwirft. Dies hat G. WECK, Zeulenroda, mit Erfolg durchgeführt. Das Verhältnis von Hefe zu Mahlprodukt wurde zweckmäßig auf 70 bzw. 30% festgesetzt. Es wird eine Masse von begrenzter Haltbarkeit gewonnen, wenn nur einfach gebacken wird. Ein zweiter Backprozeß führt zur Dauerhaltbarmachung.

E. Herstellung eines Futtermittels aus Hefe und Melasse.

Da sich Melasse *allein* wegen ihres hohen Kohlehydratgehaltes gegenüber dem vorhandenen Stickstoff als Futtermittel nur zum Teil eignet, haben H. METZ und J. KRIEGLMEYER, Halle/S., ein Hefemelassegemisch hergestellt, welches unter Zusatz von Häcksel, Zuckerrübenschnitzeln od. dgl. zu einer krümeligen schaufelbaren Masse verarbeitet werden kann, so daß es nicht getrocknet zu werden braucht.

Bei der Herstellung werden drei an sich bekannte Maßnahmen miteinander vereinigt:

1. Die Vermischung von Hefe mit Melasse.
2. Das Sterilisieren der verflüssigten Mischung durch Erhitzen auf etwa 60—90° C.
3. Die Überführung des flüssigen Gemisches in noch heißem Zustand in Transport- oder Lagergefäße.

Die Kombination dieser Maßnahmen geschieht aus folgenden Gründen: Wenn man Hefe und Melasse im Verhältnis 1:1 mischt, treten keine besonderen Schwierigkeiten auf. Die Zugabe von zwei oder mehr Teilen Hefe verbessert die Haltbarkeit des Gemisches. Allerdings muß dieses zur Vermeidung geringfügiger Nachgärungen sterilisiert werden.

F. Gewinnung von Futterhefe.

Während sich F. EHRLICH, P. LINDNER und H. CLAASSEN vom rein wissenschaftlichen Standpunkt aus mit der Frage beschäftigt haben, wieweit die Hefe in der Lage ist, niedrigmolekulare Kohlenstoffverbindungen, wie Essigsäure, Acetaldehyd und Alkohol, als Kohlenstoffnahrung auszunutzen, haben H. FINK und J. KREBS hierzu einen technischen Vorschlag gemacht, vor allem, um Futterhefe zu gewinnen.

Die Essigsäure bzw. ihre Salze werden in einer Konzentration von etwa 1—8% und höher zur Anwendung gebracht. Die Arbeitsweise ist die bei der Hefezüchtung übliche. Die Züchtungsdauer beträgt etwa 8—24 Stunden, die erhaltene Hefemenge etwa das 6—8fache der Stellhefe. Auf 100 kg reine Essigsäure wurden 38 kg und mehr Hefetrockensubstanz erzielt.

Folgende *Beispiele* erläutern das Verfahren:

1. In 5 l Wasser, die 70 g Essigsäure enthalten, werden die üblichen Nährsalze, wie Kaliumphosphat, Magnesiumsulfat und Ammoniakstickstoff, z. B. in Form von Ammonsulfat, Diammoniumphosphat oder Ammoniak,

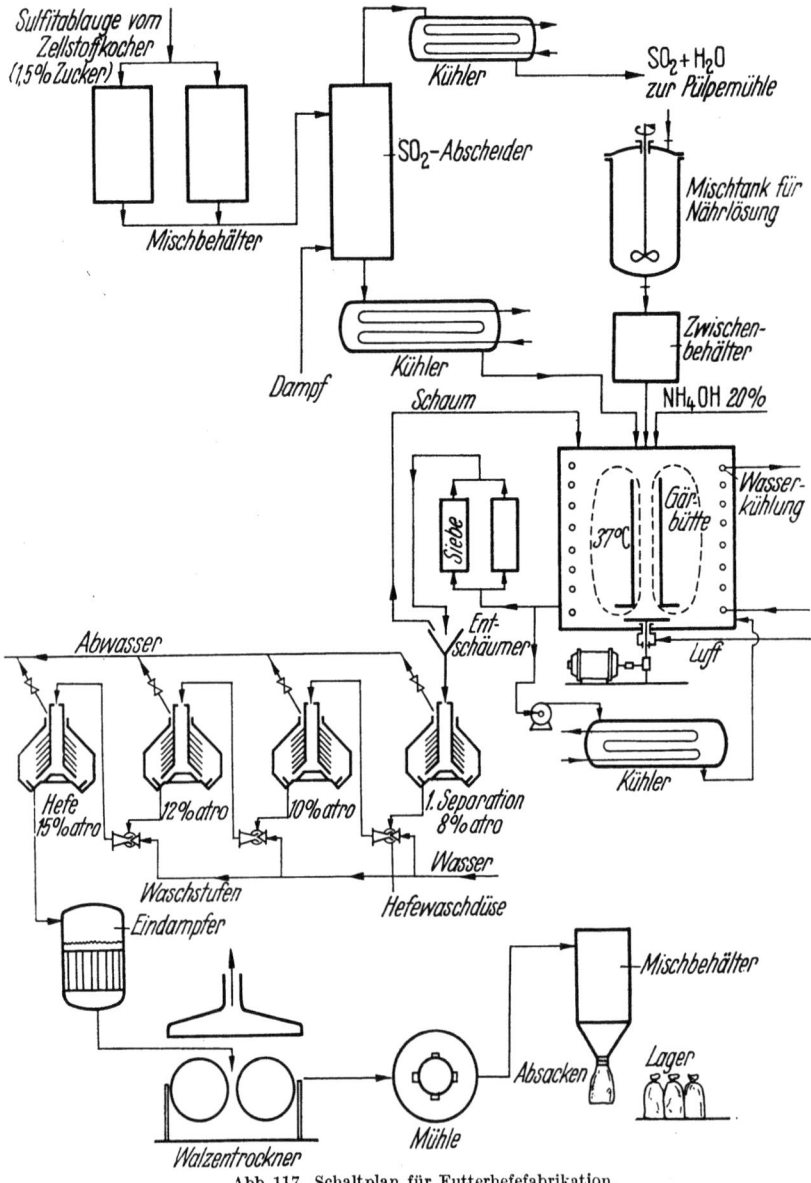

Abb. 117. Schaltplan für Futterhefefabrikation.

gelöst. In 500 ccm dieser Nährlösung werden 15—30 g gepreßte Torula utilis aufgeschlämmt und in üblicher Weise feinst belüftet. Nach 1 Stunde wird mit dem üblichen Zulauf der Nährlösung begonnen und die Zulaufgeschwindigkeit derart bemessen, daß die gesamte Nährlösung innerhalb 6—8 Stunden zugegeben ist. Während der Gärung wird die gärende Flüssigkeit schwach sauer gehalten (p_H etwa 4,5—5,5). Die Einhaltung des geeigneten Säuregrades erfolgt durch Zugabe von Ammoniak, Soda u. dgl. Die Temperatur wird zwischen 28 und 31° gehalten. Nach Beendigung des Zulaufs wird noch 1—2 Stunden nachgelüftet und anschließend die Hefe abgetrennt und gepreßt. Die Ernte an gepreßter Torulahefe beträgt 120 bis 150 g mit einem Eiweißgehalt von 55—60% in der Trockensubstanz.

2. In 5 l Wasser, die 56 g Alkohol (100%ig) enthalten, werden die üblichen Nährsalze und anorganischen Stickstoffverbindungen gelöst. Die Nährlösung wird dann nach Anstellen mit 20—25 g gepreßter Torulahefe im üblichen Zulaufverfahren mit Feinstbelüftung verarbeitet. Geerntet werden 150—170 g gepreßte Hefe.

3. In 5 l Wasser, die 28 g Alkohol und 35 g Glucose enthalten, werden die üblichen Nährsalze und anorganischen Stickstoffverbindungen gelöst und mit 20—25 g gepreßter Torulahefe unter Feinstbelüftung im Zulaufverfahren vergoren. Es werden etwa 170—190 g gepreßte Hefe geerntet.

Wie sich aus den Beispielen ergibt, wurden mit submers wachsenden Hefen, wie Torula utilis, im Zulaufverfahren die niedrig-molekularen Kohlenstoffverbindungen unter Zusatz von anorganischen Stickstoffverbindungen mit Erfolg aufgenommen.

Schaltplan der Futterhefefabrikation aus Fichtenholzablauge.

Die aus dem Zellstoffkocher kommende Sulfitablauge (Abb. 117) gelangt über Mischbehälter in ein Gefäß zur Abscheidung der schwefligen Säure. Diese wird durch Kochen ausgetrieben und über einen Kühler zur Pülpemühle geleitet. Die Sulfitablauge wird ebenfalls durch einen Kühler in das Gärgefäß geleitet, über welchem ein Mischgefäß für die Nährlösung und ein Zwischenbehälter angeordnet ist. Außerdem ist eine Zuleitung für Ammoniakwasser vorgesehen.

In der Gärbütte ist ein Kühlwassersystem, ein Belüftungssystem und die Kreislaufführung für die Schaumbeseitigung vorgesehen.

Die fertige Würze wird über einen Kühler, eine Siebvorrichtung und einen Entschäumer zu hintereinandergeschalteten Separatoren geleitet. Dort erfolgt die Abtrennung der Hefe bei gleichzeitigem Auswaschen. Die Hefemilch hat schließlich eine Trockensubstanz von 15%.

Die gewaschene Hefemilch wird im Eindampfgefäß eingeengt und dann über Walzentrockner und eine Mühle zum Mischbehälter befördert. Dieser ist mit einer Absackvorrichtung versehen, so daß die fertige Hefe in Säcken gelagert werden kann.

G. Verarbeitung besonderer Stoffe.

a) Die Verarbeitung von Holzverkohlungsabwässern auf Futterhefe.

Die Abwässer aus der Holzverkohlung enthalten erhebliche Mengen von Lävoglucosan und anderen Stoffen, die sehr störend sind. W. SCHUCHARDT und die *Deutsche Gold- und Silber-Scheideanstalt*, Frankfurt a. M., haben diese Abwässer als Nährstofflösung mit Erfolg verwertet; sie wurden eingedampft und der Rückstand im Hochvakuum destilliert. Es wurde dabei eine Fraktion zwischen 180 und 200° erhalten, die aus über 75% Lävoglucosan besteht. Von dieser Fraktion wurden 10 g in 1 l Wasser gelöst. Dazu wurden 0,25 g primäres Ammoniumphosphat, 0,21 g Calciumsulfat, 0,13 g Magnesiumsulfat und 1,8 g Ammoniumsulfat gegeben.

Zu 100 ccm dieser Lösung wurden 5 g angepaßte Hefe (Torula utilis, Wassergehalt 75%) gegeben. Dazu ließ man unter Belüftung innerhalb 7 Stunden die restlichen 900 ccm Nährlösung zulaufen. Die Verhefungsdauer betrug 9 Stunden; die dabei angewandte Temperatur war 27°. Man erhielt 20,8 g Hefe (Wassergehalt 75%). Es waren 15,8 g Hefe zugewachsen. Von 7,54 g eingesetztem Lävoglucosan waren in der verheften Lösung noch 0,53 g Lävoglucosan enthalten, so daß also 7,01 g Lävoglucosan verheft wurden.

b) Die Verarbeitung von Cellulosebegleitstoffen auf Futterhefe.

R. E. DÖRR, H. KOCH und H. HÖFELMANN haben Cellulosebegleitstoffe für Gärungszwecke nutzbar gemacht. Bei der Herstellung von Viscose werden aus dem cellulosehaltigen Ausgangsprodukt im Verlauf seiner Überführung in Viscose alkalilösliche Anteile, die sogenannten Hemicellulosen, entfernt. Es wurde nun gefunden, daß diese bisher als Abfall anfallenden alkalilöslichen Bestandteile nach Durchführung einer Hydrolyse im Gärungsprozeß zu Hefe aufgearbeitet werden können. Die Hemisubstanz ist bekanntlich vor allem in der bei der Herstellung der Alkalicellulose anfallenden Preßlauge enthalten. Sie reichert sich in der Schwarzlauge an und kann aus dieser durch Säuren ausgefällt werden. Ebenso ist Hemicellulose im Abwasserschlamm der Zellwollefabriken enthalten. Sie kann beispielsweise durch Ausschleudern aus diesem entfernt werden.

Es wurde nun wie folgt gearbeitet:

95 kg Hemisubstanz mit etwa 70% Wassergehalt, die durch Abschleudern von Abwasserschlamm in einer Zentrifuge oder durch Ausfällen der Hemicellulose aus einer 2% Hemi enthaltenden Schwarzlauge der Dialysierpressen gewonnen wurden, werden mit verdünnter Säure hydrolysiert und nach erfolgter Neutralisation unter Zugabe von anorganischem Stickstoff mittels Torula utilis auf Hefe vergoren. Man erhält etwa 50 kg feuchte Hefe mit 75% Wassergehalt = 12,5 kg Hefetrockensubstanz.

c) Die Verarbeitung von Weichparaffinabfall auf Futterhefe.

Bei der bekannten Oxydation von höher molekularen aliphatischen Kohlenwasserstoffen, die z. B. mit Luft oder anderen sauerstoffhaltigen Gasen unter Anwendung von Katalysatoren, wie Manganverbindungen, ausgeführt wird, erhält man nach der Abtrennung der Hauptmenge der gewünschten Oxydationserzeugnisse Gemische von Mono- und Dicarbonsäuren, Oxysäuren, Ketosäuren, Alkoholen, Ketonen, Laktonen, Estern usw., deren Kohlenstoffatomzahl im Molekül zwischen 1 und etwa 20 liegen kann. Eine zweckmäßige und wirtschaftliche Verwertung dieser Gemische, deren Zusammensetzung je nach der angewandten Oxydationsart wechselt, war bisher noch nicht bekannt.

O. CLAREN und G. WIETZEL und die *I. G. Farbenindustrie A.G.* haben nun gefunden, daß sich die genannten Gemische als Nährlösung für die Vergärung von Torula utilis eignen. Ein bei der Oxydation von Weichparaffin erhaltenes Abfallgemisch, das bei der Kühlung der Fabrikationsgase anfällt, wurde teilweise neutralisiert und verdünnt, so daß eine Lösung mit 80 g organisch gebundenem Kohlenstoff in 3 l (darunter viel Ameisensäure) entsteht. Man ließ dieses bei 30° und kräftiger Belüftung während 24 Stunden zu einer die notwendigen Nährsalze und Stickstoffverbindungen enthaltenden Hefeaufschlämmung mit 5,63 g Hefe (Trockengewicht) zulaufen. Der Hefezuwachs betrug 41,1 g (Trockengewicht). Im Abwasser sind nur noch 4—6% des im Ausgangsgemisch vorhandenen organisch gebundenen Kohlenstoffs enthalten[1].

d) Milchsäuregärung mit entsalzter Melasse zur Futtermittelkonservierung.

G. RUSCHMANN hat die nach F. TÖDT entsalzte Melasse bei der Gärfutterbereitung angewendet und festgestellt, daß sie insbesondere zur Konservierung von Futtermitteln durch Milchsäuregärung geeignet ist. Während in der Rohmelasse etwa 4,8% Kali und mehr enthalten sind, kommen — wie schon an anderer Stelle erwähnt wurde (vgl. Abschnitt „Die Melasseentsalzung") — nach Feststellung des Landesgesundheitsamtes Berlin in der entsalzten Melasse nur noch 0,24% vor. Das Kali ist also zu rund 95% entfernt worden.

Durch die Entnahme der Kationen in dem Austauschkörper wird die Menge der organischen Säuren nicht oder nur ganz unbedeutend vermindert. Selbst wenn man die Melasse im Verhältnis 1:5 oder 1:30 mit destilliertem Wasser verdünnt, beträgt ihr p_H-Wert im vorliegenden Falle etwa 4,0 bis 4,1. Er hat sich also trotz des ziemlich starken Wasserzusatzes nicht verändert. Dieser Umstand wirkt sich auch auf den Anfangs-p_H-Wert des mit der entsalzten Melasse versetzten Futters aus und beeinflußt damit die Milchsäuregärung günstig, die gar nicht früh genug einsetzen und schnell genug verlaufen kann, wie RUSCHMANN schon 1939 festgestellt hatte.

Die günstige Wirkung zeigte schon der folgende Kleinversuch:

Es wurden eine Anzahl Reagensröhrchen mit Fleischwasser-Pepton-Brühe und verschiedenen Zusätzen von entsalzter Melasse beschickt und zum Teil mit Milchsäurebakterien beimpft. Einige Röhrchen erhielten außerdem einen Zusatz von Erdaufschlämmung, um die Nährlösung mit Gärfutterschädlingen der verschiedensten Art anzureichern. Die sofort und nach vier Tagen bei 29° C bestimmten Säureverhältnisse sind in Tab. 31 zusammengestellt.

Daraus ersieht man, daß schon der einfache Zusatz an entsalzter Melasse die Reaktionsbedingungen vor der eingetretenen Säuerung beeinflußt. Die Herabsetzung der p_H-Werte durch die entsalzte Melasse hat für die

---

[1] Über submerse Züchtungen von kohlenwasserstoffzehrenden Hefen und Bakterien s. F. JUST u. W. SCHNABEL: Z. Branntweinwirtschaft 1948, Nr. 8, sowie F. JUST W. SCHNABEL u. S. ULLMANN: Brauerei, Wiss. Beilage 1951, Nr. 9 u. 12, sowie 1592, Nr. 1.

Säuerung und den Gärverlauf in der eiweißreichen Lösung, namentlich bei der Zufuhr von eiweißzersetzenden Organismen durch die Erdaufschwemmung, eine große Bedeutung. Gerade die Erniedrigung des anfänglichen p_H-Wertes spielt für die Bereitung von einwandfreiem Gärfutter eine entscheidende Rolle, denn in den meisten Fällen wird es sich um die Einsäuerung eiweißreichen Futters handeln, bei dem stets ein hunderttausendfaches Übergewicht von Gärfutterschädlingen über die echten Milchsäurebakterien besteht, durch das diese nur allzuleicht unterdrückt werden.

Tabelle 31.

Melassezusatz in %	Ohne Impfung		Mit Milchsäure		Mit Milchsäure und Erdaufschlemmung	
	sofort	nach 4 Tagen	sofort	nach 4 Tagen	sofort	nach 4 Tagen
0	6,5	6,7	6,6	6,8	6,9	7,7
5	4,7	4,6	4,5	4,1	4,4	4,0
10	4,5	4,2	4,3	3,8	4,2	3,9
20	4,3	4,0	4,4	3,9	4,3	4,0

In dem vorliegenden Versuch hat die Erdaufschwemmung trotz ihres schädlichen Keimgehaltes den günstigen Verlauf der Milchsäuregärung kaum beeinträchtigen können. Vergleicht man die nach viertägiger Gärung bestimmten p_H-Werte der mit Milchsäure beimpften Röhrchen untereinander, so findet man, daß der Zusatz der Erdaufschwemmung in den Fällen, bei denen entsalzte Melasse verwendet worden ist, kaum geschadet hat.

Um so mehr fällt die ungünstige Wirkung der Infektion mit Erdbakterien bei dem Röhrchen ohne Melasse auf, welches von allen den weitaus höchsten p_H-Wert aufweist. Außer dem Mangel an Zucker hat also noch die Zufuhr schädlicher Organismen zur Nährlösung sehr nachteilig gewirkt und die Reaktion deutlich nach der alkalischen Seite hin verschoben. Die Impfung mit Milchsäurebakterien hat unter diesen Umständen keinerlei Wirkung gehabt. Aus Mangel an einer geeigneten Energiequelle hatten sie keine Möglichkeit zur Säurebildung.

Schon dieser kleine Versuch zeigt, welche Bedeutung die entsalzte Melasse auch für die Einsäuerung von eiweißreichem Grünfutter haben muß, welches eine starke Fäulnisflora und keinen Zucker enthält. Der Zusatz von 5% Melasse erscheint sehr groß und ist nicht unbedingt nötig, um ein Maximum an Gärsäure zu erzielen, da der mit der Melasse zugeführte Zucker nach 4 Tagen bei 29° C noch nicht verbraucht worden war. RUSCHMANN hält 3% entsalzte Melasse für ausreichend.

Um die Rohmelasse vom Kaligehalt zu befreien, ist praktisch in folgender Weise verfahren worden:

Die Melasse wird zunächst mit 25—30% Wasser verdünnt und dann mit einem Kationenaustauscher, z. B. Wofatit K. S., in Berührung gebracht. Um das gesamte Kalium von 1 l einer Melasse von 50% Trockensubstanz gegen Wasserstoffionen auszutauschen, braucht man etwa 1 l Wofatit K. S. Nach erfolgtem Austausch, wobei die Kalisalze der Melasse in organische Säuren übergeführt werden, wird durch eine Säure, z.B. Salzsäure, das vom Austauscher aufgenommene Kalium wieder durch Wasserstoffionen ersetzt, und der Ionenaustauscher ist wieder für eine erneute Kalientfernung brauchbar. Es ist also nur notwendig, abwechselnd die zu behandelnde Melasse und eine Säure mit dem Ionenaustauscher in Berührung zu bringen.

RUSCHMANN hat außerdem größere Einsäuerungsversuche mit Luzerne und Klee-Gras-Gemisch ohne und mit Impfung durchgeführt und außerdem auch Spinat für Nahrungszwecke eingesäuert. Die Ergebnisse wurden tabellenmäßig festgelegt. Es wurde gefunden, daß die Milchsäuregärung in dem Futter mit entsalzter Melasse wesentlich früher eintrat und schneller verlief als in den Vergleichsversuchen mit Rohmelasse, so daß das neue Futter das Prädikat „sehr gut" erhielt, während das Futter aus Rohmelasse nur als „gut" bezeichnet worden ist. Eine besondere Impfung des Pflanzengutes mit gärkräftigen Milchsäurebakterien hatte bei Verwendung von entsalzter Melasse meist keinen fördernden Einfluß mehr. Der überaus günstige Verlauf der Milchsäuregärung, namentlich zu Anfang des Versuches, fördert die Erhaltung von Nährstoffen, Vitaminen und Wirkstoffen.

Schrifttum.

RUSCHMANN, G.: Z. Tierzücht. Züchtungsbiol. **62**, Heft 1, S. 75—90 (1953).
TÖDT, F.: Z. Zuckerind. **1954**, Heft 1.
FINK, H.: Angew. Chem. **49**, 775 (1936); **51**, 475 (1938). — Biochem. Z. **278**, 23, 372 (1935). — Z. Spiritusind. **1937**, Nr. 9. — Vierjahresplan **3**, 774 (1939). — Wschr. Brauerei **1944**, 37. — Forschungsdienst **1942**, Sonderheft 16 (1942) S. 724. — Chemie **58**, 34 (1945). — Z. Naturforschg. **2b**, 187 (1947).
SCHMIDT, E.: Angew. Chem. **59**, 16 (1947).
HAYDUCK, F.: Z. Branntweinwirtschaft **1953**, Nr. 6, S. 118—119.

XIV. Alkoholgewinnung.

A. Allgemeines.

Während früher die Hauptmenge des Alkohols für Trinkzwecke diente, hat er in neuerer Zeit in steigendem Maße für gewerbliche und industrielle Zwecke Bedeutung erlangt. Neben seiner Verwendung als Brennspiritus ist die Beimischung zu Treibstoffen als Hauptabsatzgebiet hinzugekommen. Er spielt außerdem eine große Rolle bei der Gewinnung von Äther, Essigsäure, bei der Celluloid- und Filmherstellung, in der Lackindustrie, bei der Herstellung von Farbstoffen, Parfümerien und Heilmitteln.

Es kann nicht die Aufgabe sein, im Rahmen dieses Buches eine erschöpfende Darstellung der Anwendungsgebiete für Alkohol zu geben. Hierzu wird auf die neuere Fachliteratur verwiesen[1]. Im vorliegenden Zusammenhang beanspruchen das Interesse einerseits die Alkoholgärverfahren (vergleiche den diesbezüglichen Abschnitt S. 171) und die neueren Alkoholgewinnungsmethoden, wie sie sich neben der früheren Brennerei auf Sondergebieten entwickelt haben.

---

[1] Insbesondere G. FOTH: Handbuch der Spiritusfabrikation 1929 und FOTH-DREWS: Die Praxis des Brennereibetriebes 1951. Vgl. auch K. R. DIETRICH, Denkschrift: Die indirekte Wirtschaftslenkung als Symbiose von freier und gelenkter Wirtschaft — ein Bedürfnis der Branntweinwirtschaft zu ihrer Gesundung. Frankfurt/Main: Selbstverlag 1953.

Zu der Getreidebrennerei und Kartoffelbrennerei sowie der Obstbrennerei ist die Verarbeitung von Rüben und zuckerhaltigen Rohstoffen, wie Melasse, von Schlempe und dann von Celluloseverzuckerungsprodukten, siehe Sulfitablauge und Holzzucker, hinzugetreten. Schließlich muß auch erwähnt werden, daß Alkohol auf synthetischem Wege gewonnen wird. Während in der Getreide- und Kartoffelbrennerei vielfach noch Kleinbetriebe arbeiten, hat sich die Herstellung auf den anderen Gebieten zumeist in großem Maßstab ergeben. Hierzu wird auf die folgende Entwicklung hingewiesen:

Bei der Gewinnung von *Alkohol aus Sulfitablauge* wurden die seit 1909 in Schweden gesammelten Erfahrungen gewertet, als im ersten Weltkrieg die Sulfitspirituserzeugung in Gang kommen mußte. Bis 1924 sind bereits 17 Werke in Betrieb gewesen, die über 10% des gesamten Alkoholanfalls geliefert haben. Es wurde darauf hingewirkt, daß die Zellstoffablaugen in sämtlichen mittelgroßen Zellstoffwerken zur Verwertung kamen. So ist in den Jahren 1936—1937 18% des Gesamtanfalls und 1937—1938 16% des Gesamtanfalls an Branntwein allein von den Laugenbrennereien geliefert worden. Die spätere rückläufige Entwicklung hing damit zusammen, daß eine Anzahl von Werken auf die Verarbeitung von Buchenholz übergehen mußte, bei dem wegen des hohen Pentosegehaltes wenig abbrennwürdige Laugen entstanden. Außerdem wurden diese Ablaugen auf Futterhefe und Nährhefe weiterverarbeitet, um dem Eiweißmangel in der Ernährung abzuhelfen.

Die *Alkoholgewinnung aus Holz* ist bereits im Jahre 1916 in Gang gekommen, sie wurde vom damaligen Kriegsausschuß für Ersatzfutter eingeleitet. Die errichteten Anlagen sind jedoch nach Kriegsende 1920/21 wieder stillgelegt worden. Erst die Entwicklungsarbeiten von BERGIUS sowie SCHOLLER auf dem Gebiete der Holzverzuckerung (siehe Kapitel „Holzverzuckerung") haben die Holzspiritusgewinnung neu belebt. In Mannheim-Rheinau und bei der Firma Chemische Werke und Brennerei A.G. Tornesch sind neue Holzverzuckerungsanlagen entstanden. Es folgten weitere Anlagen nach dem *Rheinau*-Verfahren in Regensburg und nach dem SCHOLLER-Verfahren bei der Dessauer Zuckerraffinerie und in Holzminden sowie später in Korea und Ems/Schweiz.

Am 2. Mai 1929 hatte die Firma in Tornesch die Erlaubnis erhalten, im Jahre 35000 hl Weingeist aus Holz herzustellen. Die Produktion stieg dann im Betriebsjahr 1936/37 auf 54815 hl und 1937/38 auf 75032 hl. Der Höchststand wurde im Jahre 1939 erreicht. Dessau, Tornesch und Holzminden lieferten zusammen 101158 hl Weingeist aus Holz.

In den Jahren 1947—1949 haben die Werke in Tornesch und Holzminden wieder von 8702—47348 hl Weingeist erzeugt.

Die *Alkoholgewinnung auf synthetischem Wege* ist in folgender Weise möglich:

1. Aus Calciumcarbid durch Überführung in Acetylen, Hydrierung zu Acetaldehyd und Reduktion zu Äthylalkohol;

2. aus Äthylen auf dem Wege des Hindurchleitens durch Schwefelsäure geeigneter Konzentration unter Druck und mit Hilfe des Hydrolysierens

des gebildeten Schwefelsäureäthylesters sowie schließlich durch fraktionierte Destillation des entstandenen Äthylalkohols;

3. durch Hochdrucksynthese aus Kohlenoxyd und Wasserstoff;
4. durch Synthese aus methanhaltigen Erdgasen.

In Deutschland sind mehrere Carbidbrennereien von 1922—1939 entstanden, deren größte in Mückenberg 250000 hl Weingeist jährlich erzeugt hat.

Für die Alkoholgewinnung sind *eine Anzahl von Faktoren* maßgebend, die sehr variabel sind. Hierzu hat K. R. DIETRICH neuerdings eingehend Stellung genommen. Abgesehen von den Kosten des Rohmaterials und den Gewinnen, die bei der Verwertung der Anfall- und Beiprodukte (Trockenschlempe, Fuselöl, Kohlendioxyd, Futterhefe, Maiskeimöl) erzielt werden, sind die Art des Rohmaterials, die davon bestimmten Anlagekosten, die Durchsatzmenge, der Stand der Rationalisierung, der Standort der Werke u. a. von großem Einfluß, so daß einheitliche Gestehungskosten nicht bestimmt werden können. Immerhin lassen sich gewisse Verhältniswerte ermitteln, die einen guten Überblick über die relative Kostengestaltung der Alkoholerzeugung aus den verschiedenen Rohstoffen geben. In allen Fällen sind die Anlagekosten recht erheblich, da die neuzeitliche Brennerei eine umfangreiche Ausstattung erfordert. Von den Geamtkosten entfallen etwa 53% auf den Baugrund und die Gebäude und 47% auf die Einrichtung. Die Werkgebäude umfassen das Kesselhaus, das Gebäude mit den Maisch-, Hefe- und Gärstationen einschließlich des Mühlenbetriebes bzw. der Kartoffelwäsche, das Apparatehaus und das Gebäude zur Schlempeveredlung bzw. -trocknung; hieran schließen sich das Verwaltungsgebäude, die Werkstätten, Lokomotivschuppen, Pumpenhaus, Trafohaus, Abfertigungsgebäude und schließlich die frei stehende Tankanlage an. Zu den verschiedenen Einrichtungen gehören Dampfkessel, Wasserenthärtung, Pumpen, Kontrollinstrumente, Kodensatrückgewinnung, Müllerei, Hochdruckkocher, Malzbereitung, Maischekühler, Hefebereitung, Gärgefäße, Kohlensäurewäscher, Maischepumpen, Maische-, Vorlauf-, Rektifizier-, Entwässerungskolonne mit Hilfsgeräten und Reglern, Siebe, Verdampfer, Pressen, Trommel-, Walzentrockner, Laboratorien, Abfülleinrichtungen, Tanks, Ladeeinrichtungen, Eisenbahnanschlüsse und Wasseranschluß.

Je nach der Art des verarbeiteten Rohstoffs sind die Fakrikeinrichtungen und die zur Erzeugung einer bestimmten Menge Alkohols erforderlichen Rohstoffmengen unterschiedlich. Die vergleichsweise Betrachtung dieser Bewertungsmaßstäbe ermöglicht das Schema (Tab. 32 auf Tafel III)[1] für die Alkoholerzeugung aus Melasse, Getreide, Kartoffeln, Holz und Zellstoffablaugen. Es zeigt die notwendigen Rohstoffmengen, Einrichtungen und die anfallenden Nebenprodukte, bezogen auf die Erzeugung von 10000 l Weingeist. Die einfachste Verfahrenstechnik ergibt sich für die zuckerhaltigen Rohstoffe Melasse und Zellstoffablaugen, für die der Mühlenbetrieb, das Maischen, das Verzuckern mit Malz oder anderen Verzuckerungsmitteln und schließlich die Trocknung und Veredlung der Schlempe fortfallen. Das gleiche gilt von der Obstbrennerei. Infolgedessen wird der Gestehungspreis für den Alkohol nicht nur von den Rohstoffpreisen, sondern auch wesentlich von den

---
[1] In der Tasche am Schluß des Buches.

Verarbeitungskosten beeinflußt. Einen ungefähren Überblick über die relativen Verarbeitungskosten gewinnt man, wenn unter Zugrundelegung des Wertes von 100 für Melasse ein solcher von 217 für Kartoffeln und für Getreide von 275 angenommen wird; für die Zellstoffablaugen liegt er zwischen denen von Melasse und Kartoffeln und für Holz weit über dem des Getreides. Die Verarbeitungskosten für Zuckerrüben liegen etwa bei 150. Die verhältnismäßig hohen Verarbeitungskosten des Holzes (Sägespäne u. dgl.) auf Äthylalkohol sind darin begründet, daß die Cellulose sehr widerstandskräftig, wogegen die Verzuckerung landwirtschaftlicher Erzeugnisse (Getreide, Kartoffeln) wesentlich leichter durchzuführen ist.

Im umgekehrten Verhältnis dazu liegen die *Rohstoffkosten*. Die Verarbeitung von Holz zu Äthylalkohol hat einen bedeutenden Preisvorsprung mit DM 5,— je 100 kg Kohlehydraten in den Sägespänen gegenüber DM 30,— je 100 kg Kohlehydraten in den landwirtschaftlichen Erzeugnissen. Das Holz als Rohstoff belastet den Liter Äthylalkohol mit 9—10 Dpf., das landwirtschaftliche Erzeugnis mit etwa 50 Dpf. (1950). Im Jahre 1951 verschob sich die Preisrelation noch weiterhin mit Ausnahme der Melasse zuungunsten der von der Landwirtschaft erzeugten Kohlehydrate; 100 kg kosteten im Getreide DM 70,—, in den Kartoffeln DM 55,— und nur DM 25,— in der Melasse. Ein weiteres Ansteigen des Kohlehydratpreises im Getreide und in den Kartoffeln ist auch im Jahre 1952 zu verzeichnen gewesen.

Die gegenseitige Beeinflussung der Rohstoff- und Verarbeitungskosten wirkt sich auf die Gestehungskosten recht unterschiedlich aus. Legt man die Gestehungskosten (ohne Unternehmergewinn) für den Äthylalkohol aus Melasse mit 100 zugrunde und läßt man die Verwertung der Schlempe unberücksichtigt, so ergeben sich die relativen Werte von 150 für Kartoffeln, von 170 für Zuckerrüben und von 186 für Getreide. Der hohe technische Aufwand bei der Verarbeitung von Holz kommt in dem Wert von 135 für den Gestehungspreis zum Ausdruck. Verhältnismäßig geringe Rohstoff- und Verarbeitungskosten bestimmen den entsprechenden Wert von etwa 40 für den Äthylalkohol aus Zellstoffablaugen, selbst wenn der relativ hohe Kohlehydratpreis von DM 5,— je 100 kg für das Ablaugenprodukt eingesetzt wird. Noch bis vor kurzer Zeit wurden die Rohstoffkosten für 100 l Alkohol aus Zellstoffablaugen sogar mit DM 18,—, d. h. mit etwa dem doppelten Kohlehydratpreis, eingesetzt. Der durch die chemische Synthese gewonnene Äthylalkohol bewegt sich etwa auf der gleichen, manchmal auch etwas niedrigeren Preisebene.

Den preiswürdigsten Äthylalkohol kann demnach die chemische Industrie durch die Synthese, und zwar in jeglicher Menge, sowie die Zellstoffindustrie aus den Ablaugen in begrenzter Menge (zur Zeit etwa ein Drittel des Gesamtbedarfs) erzeugen; in größerem Abstand folgt der Äthylalkohol aus Melasse, der gegenüber dem Äthylalkohol aus Holz, Kartoffeln und Getreide noch immer einen erheblichen Preisvorsprung aufweist. Während Melasse in ausreichender Menge zur Verfügung steht, können inländische Kartoffeln und Getreidearten den Bedarf zu Brennzwecken nur zu einem kleinen Teil decken; Holzabfälle aus Sägewerken und anderen Holzverarbeitungsbetrieben sind soweit erfaßbar, daß daraus ein großer Teil des Bedarfs an Äthylalkohol gedeckt werden könnte.

Allgemeines.

Die genannten Preisrelationen spiegeln sich in den *Übernahmepreisen* der Bundesmonopolverwaltung wider (s. Tab. 33).

Tabelle 33.

Für Hektoliter Weingeist aus	DM		
	1951/52	1952/53	1953
Zellstoffablaugen	61,17	—	—
Melasse	115,—	125,—	136,—
Holz	164,50	—	—
Kartoffeln	180,—	175,—	162,—
Getreide, inländisch	180,—	169,—	164,80
Getreide, ausländisch	190,—	—	—
Obst	242,—	—	—

Die ungewöhnlich hohen Übernahmepreise für den Branntwein aus Getreide und Kartoffeln sind, abgesehen von den hohen Rohstoffpreisen, auch in der *Struktur der Branntweinwirtschaft* begründet. Die Erzeugung des Getreide- und Kartoffelbranntweins verteilt sich auf nicht weniger als 1214 landwirtschaftliche und 335 gewerbliche Brennereien; noch belastender erweist sich bei dem Obstbranntwein die Tatsache, daß sich seine Erzeugung (74000 hl ablieferungsfreier Sprit und 13000 hl abgelieferter Sprit) auf 410 Verschlußbrennereien und 29912 Abfindungsbrennereien erstreckt. Dagegen konzentriert sich die Erzeugung des Branntweins aus den Zellstoffablaugen auf zwölf, aus Holz auf zwei, aus Melasse auf sieben und aus der chemischen Synthese auf elf Betriebe. Da die Gestehungskosten mit sinkender Kapazität der Betriebe steigen, trägt die weite Streuung der landwirtschaftlichen und gewerblichen Brennereien nicht unwesentlich zur Verteuerung des Branntweins bei. Die Verarbeitungskosten in den kleinen landwirtschaftlichen Brennereien liegen schätzungsweise um etwa 25% höher als in den größeren gewerblichen Brennereien.

Welchen Einfluß allein die Kapitalkosten für Getreide-, Kartoffel- und Melassebrennereien verschiedener Kapazität haben, ergibt sich, wenn eine Brennerei mit einer jährlichen Kapazität von 500 hl mit 100 bewertet wird; bei einer Kapazität von 15000 hl betragen die Kapitalkosten je Hektoliter Weingeist nur noch 60 und können bei noch größeren Kapazitäten bis auf 25 sinken, d. h. Anlagen größerer Kapazität kosten progressiv weniger. Die Gesamtkosten einer landwirtschaftlichen oder gewerblichen Brennerei sind durchschnittlich auf DM 100,— (DM 75,— für Melassebrennerei) je Liter Weingeist täglicher Erzeugung zu schätzen, wenn es sich um einen neuzeitlich eingerichteten Betrieb von etwa 10000 hl Weingeist Jahreserzeugung handelt. Die Erstellung von Trocknungsanlagen für die Schlempe erhöht die Kosten um etwa 20%. Für eine Holzverzuckerungsanlage zur Alkoholgewinnung betragen die Gesamtkosten etwa das Doppelte.

Die relativ hohen Gestehungskosten des Alkohols aus Getreide und Kartoffeln erfahren eine gewisse Senkung durch die Verwertung der anfallenden *Nebenprodukte*. Als solche kommen insbesondere die Schlempe, das Fuselöl und in Ausnahmefällen das Kohlendioxyd in Betracht; bei der Verarbeitung von Mais ist außerdem das Maisöl aus den Maiskeimen zu berücksichtigen.

Das *Fuselöl* fällt in einer Menge von 0,1—0,5 l je 100 l Äthylalkohol an; es besteht hauptsächlich aus Isoamylalkohol, Isobutylalkohol, Propylalkoholen und den entsprechenden Estern (vgl. Tab. 1). Seine Verwendbarkeit als Lösungsmittel, zur Milchuntersuchung und zur Reinigung von Rohpenicillin usw. bietet gute Absatzmöglichkeiten, vermag aber den Gestehungspreis für Äthylalkohol nur unwesentlich zu entlasten. Es steht im Wettbewerb mit den höheren Alkoholen der chemischen Synthese, z. B. aus den FISCHER-TROPSCH-Anlagen.

Die *Kohlensäure*, die bei der Gärung in einer Menge von etwa 1 kg je Kilogramm Äthylalkohol entweicht, kann zu etwa 70% gewonnen und nach der Reinigung und Verflüssigung (35 Atm. bei 0° C) abgesetzt werden. Die Wettbewerbsfähigkeit der Gärungskohlensäure wird durch die dem Erdboden entströmende reine Kohlensäure, durch Eis und mechanisch betriebene Kühlschränke soweit beeinträchtigt, daß die Kohlensäuregewinnung in Form von flüssiger oder fester Kohlensäure in den Brennereien im allgemeinen nicht wirtschaftlich ist.

Der Markt für das *Maisöl*, das sich in den Maiskeimen befindet und in einer Menge von etwa 1 kg je 100 kg Mais gewonnen werden kann, wird durch die Maisstärke in der Industrie beherrscht. Eine praktische Bedeutung hat die Maisölgewinnung in deutschen Brennereien nicht erlangen können. Die Entfernung des Maiskeimes vor der Einmaischung des Maiskorns würde die Alkoholausbeute nicht herabsetzen, da der bei der Ölgewinnung anfallende Preßkuchen mit eingemaischt werden kann.

Insgesamt hat nur die *Schlempe* eine praktische Bedeutung für die Gestaltung der Kostenrechnung des Branntweins aus Getreide und Kartoffeln; ihr derzeitiger Verwertungspreis vermag den Branntweingestehungspreis aber nur so weit zu senken, daß er an den für Holzbranntwein herankommt, den für Melassebranntwein jedoch bei weitem nicht erreicht. Hierbei ist unberücksichtigt geblieben, daß die pentosehaltigen Abwässer der Holzbranntweinherstellung — das gleiche gilt auch für die Zellstoffindustrie — auf Trockenhefe verarbeitet werden können und hierbei aus 100 kg Nadelholz neben der ungeschmälerten Alkoholerzeugung von 20—22 l Branntwein noch 4—5 kg Trockenhefe entsprechend etwa 2 kg löslichem Eiweiß gewonnen werden; bei der Verwertung als Futtermittel kann hierfür ein Preis von höchstens DM 100,— je 100 kg Trockenhefe eingesetzt werden. Der Futterhefe fehlt das wichtige Vitamin B_{12}, durch das sich die Getreideschlempe auszeichnet.

Einen beachtlichen Aufwandposten bei den Gestehungskosten für den Branntwein stellt der jeweilige *Dampfverbrauch* dar; bei den Kartoffel- und Getreidebrennereien betragen seine Kosten etwa 15% des Gestehungspreises ohne Unternehmergewinn. Kann man bei diesen beiden Brennereiarten mit etwa 1 t Dampf je Hektoliter erzeugten Branntweins rechnen, so ergibt sich nahezu der doppelte Dampfverbrauch für den Branntwein aus den Zellstoffablaugen, deren Würzen nur etwa 1% Alkohol enthalten und für deren Destillation zum Zwecke der Alkoholanreicherung allein etwa 1,7 t Dampf je Hektoliter Weingeist erforderlich sind. Wird die in den Ablaugen enthaltene schweflige Säure zum Teil mit Dampf ausgetrieben, um

Allgemeines.

25% davon wiederzugewinnen, während der Rest mit Kalk neutralisiert wird, so erhöht sich der Dampfverbrauch um weitere 80 kg je Hektoliter Weingeist. Bei diesen Dampfmengen spielen die Kosten für die Erzeugung des Dampfes eine gewichtige Rolle; sie lassen sich durch die Kombination von Wärme- und Krafterzeugung senken und diese Verbundwirtschaft ist überall dort möglich, wo in den Betrieben neben dem Heizdampfbedarf auch ein Kraftverbrauch vorliegt. In den Getreide- und Kartoffelbrennereien ist dieses Verhältnis weniger günstig, da der Heizdampfverbrauch (insbesondere für die Destilliergeräte) größer ist als die von der Dampfmaschine bei Abdeckung des gerade notwendigen Kraftbedarfs anfallende Abdampfmenge, so daß zusätzlich Frischdampf zu Heizzwecken zugesetzt werden muß. Sehr vorteilhaft in dieser Beziehung liegen die Verhältnisse in den Zellstoff-, Holz- und Hefelüftungsbrennereien, die infolge ihres hohen Kraftbedarfs über genügende Abdampfmengen zu Heizzwecken verfügen und bei denen infolgedessen die Kosten für Wärme und Kraft um etwa 30% niedriger liegen. Die relativen Dampfkosten müssen daher bei den Getreide- und Kartoffelbrennereien sowie auch bei den Melassebrennereien höher liegen als bei den übrigen Erzeugern.

Diese Betrachtungsweise ist auch für die monopoleigenen Reinigungsbetriebe von Bedeutung; da sie nur einen geringen Kraftbedarf haben, wird der erzeugte Frischdampf hauptsächlich als Heizdampf verwendet, ohne vorher in einer Dampfmaschine oder Turbine Arbeit geleistet zu haben. Die wirtschaftlichste Betriebsweise kann somit nicht erzielt werden; der Dampfverbrauch für die Rektifikation des Branntweins beläuft sich immerhin auf 200—250 kg je Hektoliter Weingeist und belastet die Reinigungskosten nicht unwesentlich. Eine günstige Lösung ergibt sich, wenn solche Reinigungswerke als Abdampfverwertungsbetriebe in der Nähe von Großkraftwerken erstellt werden, die Abdampf zu einem sehr wohlfeilen Preis abgeben können und müssen.

Aus allem ergibt sich nach K. R. Dietrich, daß die Entwicklungsaussichten zugunsten des Melasse- und Zellstoffsprits und weniger günstig für den Kartoffel- und Getreidesprit sprechen, denn der Gestehungspreis des Branntweins aus landwirtschaftlichen Rohstoffen wird zu 50—60% durch den Rohstoff selbst belastet. Bei den Kartoffel- und Getreidebrennereien besteht das Verfahren zur Erzeugung von Alkohol aus einer Zahl von chargenweise durchgeführten Prozessen, wie sie schon früher üblich waren. Deshalb ist man bestrebt, auch hier eine größere Wirtschaftlichkeit zu erreichen. Es wird dies an Beispielen untersucht und der Hauptwert auf die richtige Verarbeitung der Schlempe gelegt, die nicht nur ein eiweißreiches Futtermittel ist, sondern neuerdings ein hochwertiges Zusatzmittel zur Vervollständigung nicht voll ausgeglichener Futterrationen und zur Einsparung von tierischem Eiweiß führen kann (s. Kapitel „Schlempeverwertung"). Eine günstige Schlempeverwertung kann eine weitere Senkung des Gestehungspreises für den Getreide- und Kartoffelbranntwein ermöglichen, wenn auch die günstigen Verhältnisse in der Melasse- und Sulfitbranntweinerzeugung kaum erreicht werden dürften. Immerhin dürfte mit einer Veredelung der Schlempe die Wettbewerbsfähigkeit der landwirtschaftlichen Brennereien erheblich verbessert werden.

B. Die Gewinnung.

a) Destillation und Rektifikation.

In den allgemeinen Abhandlungen ist oft angegeben, daß die Flüssigkeiten aus Gemischen nach Maßgabe ihrer Flüchtigkeit abdestillieren, wobei jeder Bestandteil bei seinem Siedepunkt übergeht. In Wahrheit verhält sich das nach MARILLER niemals so, denn die Destillation verläuft nicht nach den Dampfdrucken, sondern in Abhängigkeit von den Drucken, die sich aus der gegenseitigen Löslichkeit der verschiedenen Produkte ergeben.

Im einfachsten Fall, z. B. bei *nichtmischbaren* Flüssigkeiten, wie Wasser und Benzin, destilliert jeder Stoff mit seinem eigenen Dampfdruck über, ohne irgendwelche Änderungen desselben.

Wenn a und b die entsprechende Menge von zwei Flüssigkeiten sind, die gleichzeitig in das Destillat übergehen, f und $f-1$ ihre Dampfdrucke, m und $m-1$ ihre Molekulargewichte, so vollzieht sich die Destillation gemäß der Beziehung:

$$\frac{a}{b} = \frac{mf}{(m-1)(f-1)}.$$

In diesem Falle liegt der Siedepunkt des Gemisches tiefer als der Siedepunkt des flüchtigsten Bestandteiles und die Zusammensetzung der Dämpfe ist konstant, welchen ursprünglichen Gehalt die Flüssigkeit auch haben mag. Die Formel zeigt, daß das Verhältnis der Molekulargewichte und das der Dampfdrucke das Phänomen bestimmen.

Der Wasserdampf, der in der Brennerei benutzt wird, ist besonders günstig für das Mitnehmen unlöslicher organischer Stoffe, denn das Molekulargewicht des Wassers ist sehr gering, weil im allgemeinen der hohe Wert des Verhältnisses $\frac{m}{m-1}$ den geringen Betrag des Verhältnisses $\frac{f}{f-1}$ ausgleicht.

Bei Gemischen von zwei *mischbaren* Flüssigkeiten können sich mehrere Alternativen ergeben, die sich nach MARILLER auf folgende drei allgemeine Fälle zurückführen lassen:

1. Die leicht zu fraktionierenden Gemische zeigen die Besonderheit, daß der Siedepunkt mit zunehmendem Gehalt an dem flüchtigsten Bestandteil stetig fällt. Dieser Fall liegt vor, z. B. bei dem Gemisch von Wasser und Methylalkohol oder von Benzol und Toluol. Die Fraktionierung kann immer dazu führen, daß man die beiden Stoffe durch Wiederholung der Operation im reinen Zustand erhält, sie sind also vollständig trennbar.

2. Gewisse Gemische bieten infolge einer besonderen Affinität der beiden Stoffe die Besonderheit, daß der Siedepunkt nicht stetig mit der Anreicherung abfällt, sondern ein Minimum durchläuft. Bei diesen Gemischen verhalten sich die Flüssigkeiten mit einer unter dem Minimumpunkt liegenden Konzentration wie diejenigen der ersten Gruppe, aber andererseits geben diejenigen, die reicher sind als die Minimumzusammensetzung, weniger reiche Dämpfe. Solche Gemische können also je nach ihrer Anreicherung dazu führen, daß als Destillationsrückstand die eine oder die andere der beiden Flüssigkeiten erhalten wird. Aber alle Gemische ergeben ohne Ausnahme

Die Gewinnung.

durch wiederholte Fraktionierung als flüchtigstes Produkt das Gemisch, dessen Konzentration dem Minimumsiedepunkt entspricht. Das Gemisch wird dann „azeotrop" genannt, vergleiche auch im Kap. Alkoholgewinnung „Die azeotrope Arbeitsweise". Das Gemisch Wasser-Äthylalkohol gehört in diese Kategorie, denn das 97,1 Vol.-% enthaltende Gemisch hat einen Siedepunkt von 78,15° C, unter dem des reinen Alkohols von 78,30° C unter 760 mm Hg.

3. Manche Gemische wie die vorhergehenden verhalten sich in der Weise anders, daß die Siedepunktkurve, anstatt ein Minimum zu passieren, ein Maximum durchläuft. In diesem Fall ist das Produkt, welches man durch wiederholte Fraktionierung als Destillationsrückstand erhält, ein Gemisch von konstanter Zusammensetzung, es ist also „pseudo-azeotrop". Das ist z. B. der Fall beim Gemisch von Wasser-Chlorwasserstoff, Wasser-Salpetersäure und Wasser-Formol.

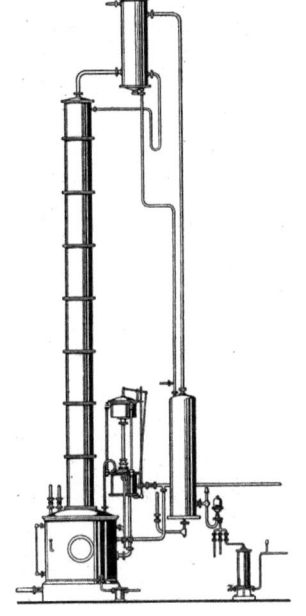

Abb. 118. Blasenapparat.
Bauart: *Strauch & Schmidt*.

In der Praxis sind noch viele verwickeltere Gemische möglich, die dreifachen, vierfachen usw., für die aber die vorstehend aufgezeigten Grundsätze gleichermaßen gültig bleiben. Besonders kompliziert sind die Gemische in der Brennerei, denn neben Wasser und Alkohol sind eine Reihe von Verunreinigungen vorhanden, die im Rohspiritus oder Branntwein gelöst sind. Es sind:

1. Säuren. Organische Säuren, unter denen die Essigsäure vorherrscht, mit Spuren von höheren Homologen, ferner in gewissen Fällen schweflige Säure, Schwefelwasserstoff usw.

2. Aldehyde. Neben Acetaldehyd sind die Aldehyde der Fettreihe und das Furfurol oder Brenzschleimsäure-Aldehyd zu nennen.

3. Ester. Sie rühren aus der Verbindung von Alkoholen und verschiedenen im Rohspiritus enthaltenen Säuren her. Darunter ist das Äthylacetat die wichtigste Verbindung neben anderen Acetaten, Formiaten usw. des Alkohols und der höheren Homologen.

4. Höhere Alkohole. In der Mehrzahl der Fälle handelt es sich um 0,20 bis 0,50% des Äthylalkohols, so um Amylalkohol, Propylalkohol usw. und auch Spuren von Methylalkohol.

5. Basen. Sie sind aus Ammoniak und Aminen in Verbindung mit den Säuren gebildet und können freigesetzt werden, wenn die Reaktion alkalisch wird. Dann destillieren sie mit den alkoholischen Dämpfen über.

Bei allen diesen Verunreinigungen handelt es sich zumeist um geringe Beimengungen, die alle zusammen höchstens 1% des Äthylalkohols ausmachen. Aber sie verändern den Geruch und Geschmack des Alkohols erheblich, daher danken ihnen auch die Branntweine ihre Qualitäten.

434   Alkoholgewinnung.

Mit Hilfe der Destillation werden sowohl Alkohol wie auch alle flüchtigen Bestandteile den vergorenen Flüssigkeiten entzogen und mittels Rektifikation eine Ausscheidung der Verunreinigungen und eine Konzentrierung des Alkohols erreicht.

MARILLER hat weiterhin die Vorgänge bei der Kondensation einer eingehenden Würdigung unterzogen, da die fraktionierte Kondensation der Dämpfe in der Brennerei dazu benutzt wird, um sie zu verstärken. Die Kondensation allein kann starke Wirkungen bei der Konzentration von Alkoholen nicht erreichen, deshalb ist es erforderlich, den Kondensator mit Konzentrationsorganen zu kombinieren, welche die Dämpfe einer Waschung in der Rücklaufflüssigkeit unterwerfen, um zu Alkoholen von mehr als 90 Vol.-% zu kommen.

Die Kondensatoren werden meist durch Wasserdurchfluß gekühlt, zum Teil auch mit der zu destillierenden Flüssigkeit selbst. In Apparaten, die Alkohol mittlerer Gradstärke liefern, z.B. in den Blasenapparaten und in den stetigen Maischdestillierapparaten, ist der Kondensator als Vorwärmer ausreichend, um die Gewinnung von Produkten einer gewissen Gradstärke zu erreichen. Die mehrfach versuchte stufenweise Kühlung hat sich nicht bewährt. Um das Maximum an Leistung zu erzielen, also um möglichst wenig Dampf aufzuwenden, ist es ratsam, den gesamten Rückfluß am Kopf der Kolonnen aufzugeben.

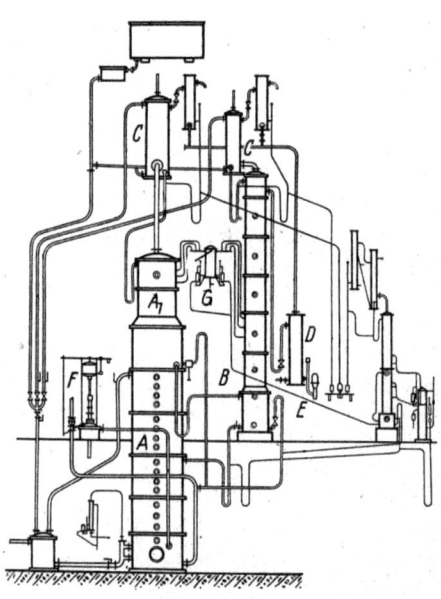

Abb. 119. Destillierapparat. Bauart: *Strauch & Schmidt*. A Würze-Destill.e.kolonne; — A_1 Aldehyd-Abscheidekolonne; — B Spiritus-Auskoch- u. Verstärkungskolonne; — C Kondensatoren; — D Spirituskühler; — E Spiritusvorlage; — F Dampfdruckregulator.

Anschließend werden die einzelnen Apparate zur Destillation und Rektifikation hinsichtlich ihrer Eigenart und Wirkungsweise untersucht. Für kleine Anlagen haben sich die Blasenapparate bis heute bewährt, für große Anlagen sind die Kolonnensysteme ausgestaltet und verbessert worden.

Schrifttum.

MARILLER, CH.: Distillerie agricole et industrielle, Levurerie, Sous Produits. Paris: J.-B. Baillière et Fils 1951.

THORMANN, K.: Destillieren und Rektifizieren. Leipzig: Otto Spamer 1928.

KIRSCHBAUM, E.: Destillier- und Rektifiziertechnik, 2. Aufl. Berlin/Göttingen/Heidelberg: Springer 1950.

b) Der periodisch arbeitende Blasenapparat.

Die Destillation von Flüssigkeiten wird gewöhnlich in einem sogenannten Blasenapparat (Abb. 118) ausgeführt, der periodisch betrieben wird.

Die Gewinnung. 435

Die Blase besitzt eine eingebaute Heizschlange und die erforderlichen Armaturen. Die darüber angeordnete Rektifizierkolonne ist entweder mit Siebböden oder besser mit Glockenböden ausgestattet.

Die Spiritusdämpfe, welche die Kolonne oben verlassen, gewährleisten den erforderlichen Rücklauf für die Kolonne und fließen über den Kühler und die Vorlage ab. Um eine gleichmäßige Arbeitsweise herbeizuführen, ist

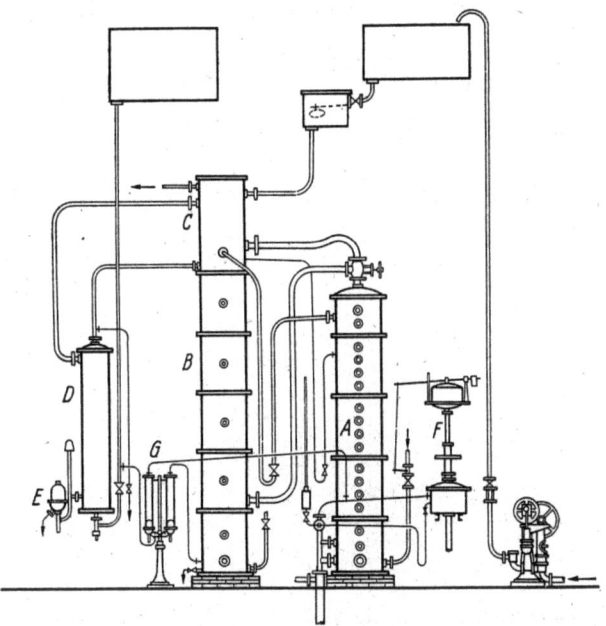

Abb. 120. Destillierapparat für kontinuierlichen Betrieb. Bauart: *Strauch & Schmidt*.
A Maische-Destillierkolonne; — *B* Spiritus-Auskoch- u. Verstärkungskolonne; — *C* Maische-Vorwärmer bzw. Dephlegmator; — *D* Spirituskühler; — *E* Spiritusvorlage; — *F* Dampfdruckregulator; — *G* Probierkühler.

ein selbsttätiger Dampfdruckregulator zwischengeschaltet. Für die Fuselölgewinnung dient ein kleiner Fuselölabscheider mit Glaszylinder.

c) Der Destillierapparat mit Aldehyd- und Fuselölabscheidung.

Um einen hochprozentigen Alkohol mit 96,5 Vol.-% zu erzielen, ist der in Abb. 119 gezeigte Destillierapparat geeignet.

Über der Maische-Destilliersäule ist eine Kolonne für die Abscheidung der Aldehyde angeordnet. Außerdem ist ein Kondensator sowie ein Nachkondensator für den Abzug der Aldehyde vorgesehen. Die danebenstehende Auskoch- und Verstärkungskolonne erhält gleichfalls einen Kondensator und einen Nachkondensator zur Ableitung der Aldehyde sowie die erforderlichen Anschlüsse für die Entnahme der Fuselöle.

Der hochgradige Alkohol wird aus der Verstärkungskolonne entnommen, und fließt über einen Kühler und die Vorlage ab. Schließlich ist noch ein Maische-Vorwärmer, ein Dampfdruckregulator und ein Probierkühler vorgesehen.

436 Alkoholgewinnung.

d) Der Destillierapparat für kontinuierlichen Betrieb.

Für den kontinuierlichen Betrieb hat sich eine Apparatur in zweiteiliger Bauart bewährt, bei welcher durch entsprechende Umschaltung sowohl ein Sprit von 50—60 Vol.-% als auch ein hochprozentiger Alkohol von 96,5 Vol.-% erzielt werden können (Abb. 120).

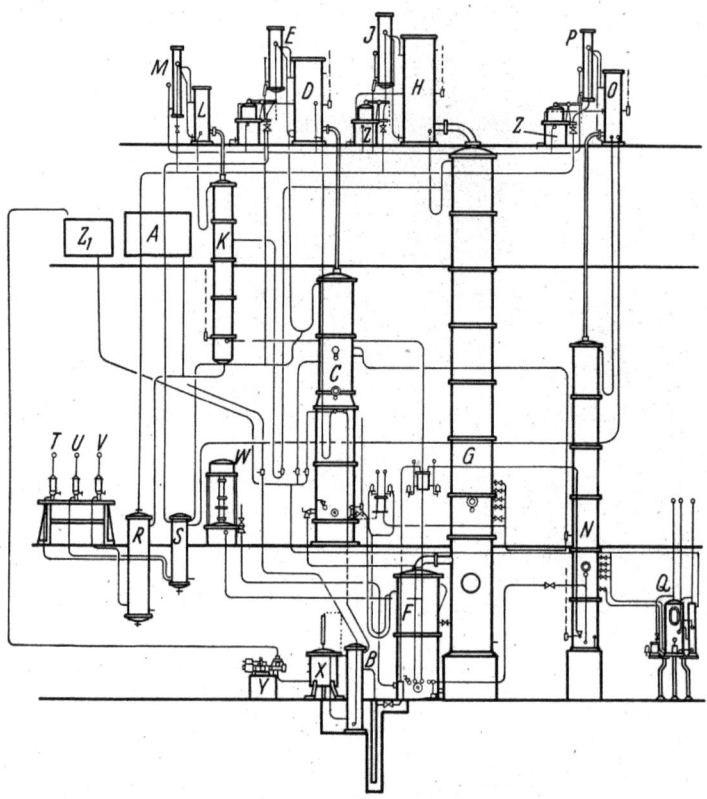

Abb. 121. Rektifizierapparat. Bauart: *Strauch & Schmidt*.

A Rohsprit-Behälter; — B Spiritus-Vorwärmer; — C Vorlaufkolonne; — D Kondensator; — E Nachkondensator; — F Destillier- oder Auslaufkolonne; — G Rektifizierkolonne; — H Kondensator; — I Nachkondensator; — K Schlußkolonne; — L Kondensator; — M Nachkondensator; — N Nachlaufkolonne; — O Kondensator; — P Nachkondensator; — Q Fuselöl-Abscheider; — R Feinspritkühler; — S Vor- und Nachlaufkühler; — T, U, V Spiritus-Vorlagen; — W Dampfdruck-Regeler; — X Lutterwasser-Behälter; — Y Lutterwasserpumpe; — Z 3 Wasser-Regulatoren; — Z_1 Wasser-Behälter.

Sie besteht aus einer Maischekolonne, einer danebenstehenden Auskoch- und Verstärkungskolonne mit aufgebautem Kondensator sowie einem Spirituskühler mit Vorlage, ferner zwei Probierkühlern, einem Dampfdruckregulator, einer Dampfmaischepumpe sowie einem Dreiwege-Ventil zur Umschaltung auf hoch- und niedrigprozentigen Spiritus.

e) Der kontinuierlich arbeitende Rektifizierapparat.

Um bei einem durchgehenden Tag- und Nachtbetrieb einen guten Feinsprit erzeugen zu können, ist die Verwendung eines Systems wie in Abb. 121 notwendig.

Die Gewinnung. 437

Diese Apparatur ist so eingerichtet, daß sie vollständig automatisch arbeiten kann und nur eine geringe Bedienung erfordert. Die Anlage liefert einen sehr guten Feinsprit bei guter Ausbeute.

Vor- und Nachlauf verlassen ebenfalls in gleichmäßigem Fluß als hochprozentige Ware den Apparat durch die Vorlagen. Das Fuselöl, welches an einer Stelle gesammelt wird, ist dort abzuziehen und zu dekantieren, wie aus der Zeichnung ersichtlich ist.

Das Prinzip der kontinuierlichen Rektifikation ist 1880 von E. BARBET, Paris, entwickelt worden, und zwar für hohe Gradstärke mit Hilfe von zwei gleichartigen Kolonnen. Die eine Kolonne hat die Aufgabe, die Vorlaufprodukte auszuscheiden, sie gibt den gereinigten Rohspiritus nach unten ab. Die zweite Kolonne hat den Zweck, den reinen Alkohol zu konzentrieren, das Wasser auszuscheiden und die Nachlaufprodukte herauszuziehen.

Der kontinuierliche Rektifizierapparat verbraucht etwa 30 kg Dampf je Hektoliter Alkohol in der Vorlaufkolonne und 220 kg in der Rektifizierkolonne. Der Dampfverbrauch beträgt also ungefähr 250 kg je Hektoliter Alkohol oder die Hälfte des Dampfverbrauchs eines nichtkontinuierlichen Apparates. Außerdem bestehen noch gewisse andere Vorteile in der Qualität des Endproduktes usw.

f) Die Vorteile der kontinuierlich betriebenen Apparate gegenüber den Blasenapparaten.

Während im Blasenapparat 60—70% Primasprit zu erzielen sind, ist bei kontinuierlich arbeitenden Apparaten mit einer Ausbeute von 80—95% Primasprit zu rechnen. Dies ist durch die verschiedene Verfahrensweise bedingt.

In Blasenapparaten wird der Rohbranntwein zuvor auf etwa 50 Raumprozente mit Wasser verdünnt, weil angenommen wird, daß sich die Begleitstoffe des Branntweins aus verdünntem Äthylalkohol leichter abscheiden lassen als aus hochprozentigem. Dann wird dieser verschnittene Rohbranntwein über eine mit etwa 48 Böden versehene Kolonne fraktioniert destilliert. Das Aufnahmevermögen der einzelnen Böden der Rektifizierkolonne für die Begleitstoffe ist je nach der Größe ihres Querschnittes begrenzt. Bei Beginn der Überfüllung wird daher das Destillat an der Vorlage schon mit Begleitstoffen verunreinigt werden, noch ehe mit der fortschreitenden Entgeistung des Blaseninhaltes die in den unteren Zonen der Kolonne gespeicherten schwerersiedenden Begleitstoffe in den oberen Teil der Kolonne gelangen. Das Destillat an der Vorlage verliert seine Beschaffenheit als Primasprit also um so eher, je größer der Blaseninhalt und die damit vorhandene Menge an Begleitstoffen des Rohbranntweins im Verhältnis zum Bodeninhalt der Rektifizierkolonne ist. Insofern kann sich die Verdünnung mit Wasser nachteilig auswirken.

Günstiger ist es deshalb, wenn der Rohbranntwein unverdünnt aus der Blase über die Rektifizierkolonne abgetrieben wird. Während der verdünnte Alkohol bei 83° C zu sieden beginnt, liegt die anfängliche Siedetemperatur des Rohbranntweins mit 88,4 Gew.-% bei 79° C und steigt im weiteren

Verlauf nur langsam an. Sämtliche Begleitstoffe, die bei dem genannten Weingeistgehalt höher als bei 79° C sieden, steigen demnach zunächst nicht in die Rektifizierkolonne auf, sondern verbleiben in der Blase. Erst bei fortschreitender Entgeistung des Blaseninhaltes werden sie sich in der Kolonne anreichern und werden daher erst viel später das Destillat an der Vorlage ungünstig beeinflussen.

Solche Mängel treten bei einer kontinuierlichen Rektifikationsweise nicht auf. Aber auch hier ist von den beiden Möglichkeiten der Abscheidung der Nebenbestandteile des Rohbranntweins aus niedrig- oder hochprozentigem Alkohol Gebrauch gemacht worden. Der verdünnte Rohbranntwein läuft zunächst einer Vorlaufkolonne zwecks Abscheidung der leicht flüchtigen Begleitstoffe zu, von deren Fuß er dann abgezogen und einer Rektifizierkolonne zur Entfernung der Nachlaufbestandteile kontinuierlich zugeführt wird. Ob der Rohsprit nun unverdünnt oder verdünnt der Vorlaufkolonne zugeführt wird, gehen sämtliche Begleitstoffe des Alkohols, deren Rektifikationsquotienten in hochprozentigem Alkohol größer als 1 sind, als Vorlauf am Kopf der Kolonne fort. Die Begleitstoffe dagegen, für die erst bei niedrigem Weingeistgehalt die Rektifikationsquotienten größer als 1 werden, nehmen in der Vorlaufkolonne mit dem zunehmenden Alkoholgehalt wieder Nachlaufcharakter an und werden auf den entsprechenden Böden gespeichert. Dieser Vorgang tritt nur dann nicht auf, wenn die Vorlaufkolonne von oben her ständig mit Wasser berieselt wird, um eine Verstärkung des Alkohols auf dem Wege zum Kopf der Kolonne zu verhindern.

Unter der Voraussetzung, daß die Vorlaufkolonne mit etwa 50 Böden versehen ist, können die sich anreichernden Begleitstoffe fortlaufend abgezogen werden. Am Fuß der Vorlaufkolonne tritt der von den Vorlaufbestandteilen völlig und von den Nachlaufverunreinigungen größtenteils befreite Alkohol mit einer Weingeiststärke von 15—25 Raumprozenten in die Antriebsäule der Rektifizierkolonne über. Letztere dient in der Hauptsache als Verstärkungskolonne, da nur noch kleine Mengen Nebenbestandteile abgeschieden werden, notfalls in einer besonderen Schlußkolonne.

Sollen die Nebenbestandteile aus hochprozentigem Alkohol kontinuierlich abgeschieden werden, dann wird der Rohbranntwein in einer Rektifizierkolonne zunächst bis auf etwa 94,4 Gew.-% verstärkt und hierbei der Gehalt an Nachlaufbestandteilen abgeschieden. Die Fuselölstutzen befinden sich wie üblich am Kopf der Lutter- und am Fuß der Rektifizierkolonne. Am Kopf der Rektifizierkolonne wird der noch vorlaufhaltige etwa 94,4 gew.-%ige Sprit in eine Schlußkolonne abgezogen, an derem Fuß dann vorlauffreier Primasprit anfällt.

K. R. Dietrich hat die monatliche Leistungsfähigkeit beider Systeme gegenübergestellt. Er geht davon aus, daß z. B. in einem Blasengerät von 34 cbm Inhalt und einer Kolonne mit 48 Glockenböden und 1300 mm Durchmesser bei einer Stundenleistung von 700 l Primasprit monatlich 23 Abtriebe möglich sind. Die durchgesetzte Menge je Monat beträgt bei einer Ausbeute von 70% Primasprit 257 000 l.

Die gleiche monatliche Leistung wird in einem kontinuierlich arbeitenden Apparat mit einer Stundenleistung von etwa 350 l Primasprit erzielt. Hierfür sind die folgenden Durchmesser erforderlich: für die Vorlaufkolonne

Die Gewinnung. 439

800 mm, für die Rektifizierkolonne 1000 mm, für die Schlußkolonne 400 mm und für die Nachlaufkolonne 300 mm. Dabei ist weiterhin zu beachten, daß bezogen auf die verarbeitete Branntweinmenge nur etwa 10% Vor- und Nachlauf anfallen, während im Blasenapparat etwa 30% Sprit für technische Zwecke in Kauf zu nehmen sind.

Schrifttum.
DIETRICH, K. R.: Branntweinwirtschaft 1950, Nr. 11, S. 165.

g) Vakuum-Rektifizieranlage.

Man kann aus Maische bzw. Würzen hochprozentigen Alkohol von vollkommener Neutralität erhalten, wenn unter Zuhilfenahme der Vakuumdestillation gearbeitet wird.

Die *Société des Etablissements Barbet*, Paris, hat hierzu zwei aufeinanderfolgende Rektifizierungen vorgenommen, und zwar die zweite auf Grund eines Druckunterschiedes gegenüber der ersten. Hierzu kann die Apparatur der Abb. 122 dienen.

Die Vorrichtung besteht aus 3 Kolonnen mit den üblichen Nebengeräten. Die erste dient zur Reinigung und Destillation der Maische oder Würze, in der zweiten findet eine Rektifizierung des gereinigten Lutters statt und in der dritten Kolonne wird mit hoch gereinigtem Alkohol aus der ersten Rektifizierung gearbeitet und eine zweite Rektifizierung durchgeführt.

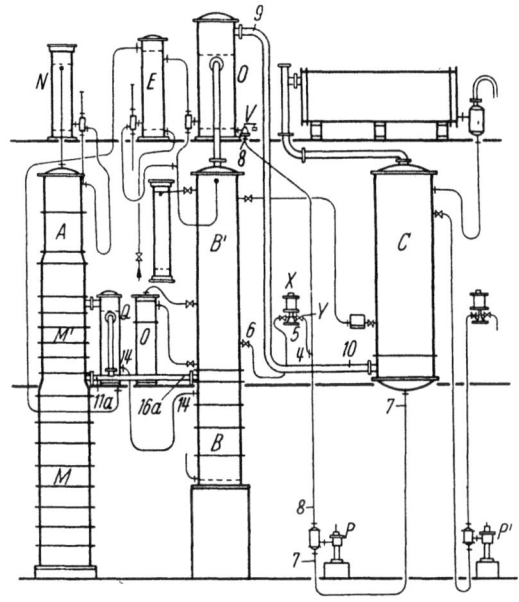

Abb. 122. Vakuum-Rektifizieranlage von BARBET.

M, M' ist die Destillationskolonne, auf der sich die Kolonne A zur Reinigung der Flüssigkeit befindet.

Ein Kondensator und Kühler N liefert die Rückläufe und läßt gleichzeitig durch ein nicht dargestelltes Probeglas eine bestimmte Menge konzentrierter Vorläufe austreten. Die vorgewärmte Flüssigkeit wird in einem Röhrenerhitzer Q auf eine noch höhere Temperatur gebracht, ehe sie in die Reinigungsvorrichtung M' eintritt.

Der Erhitzer Q erhält als Wärmequelle außerdem einen Teil des dampfförmigen Lutters aus der gereinigten Flüssigkeit, die bei *11a* aus der Kolonne M, M' austritt.

Der größte Teil oder auch die Gesamtheit des Lutterdampfes wird durch ein Rohr *11a*, *16a* in die erste Rektifizierkolonne B, B' geleitet. Die Rektifizierkolonne B, B' kann ferner durch ein Rohr *14* mit flüssigem, gereinigtem Lutter gespeist werden, der aus der im Überhitzer Q eintretenden Kondensation herrührt.

In der Rektifizierkolonne B, B' können in üblicher Weise Fuselöle von etwa 40—45 Grädigkeit und isobutylalkoholhaltige Verunreinigungen von etwa 85—90 Grädigkeit abgezogen werden.

Die Endrektifizierkolonne C wird ausschließlich mit bereits sehr verfeinertem, hochgereinigtem, sog. pasteurisiertem Alkohol von 96—96,5° G. L. (GAY LUSSAC = nahezu Vol.-%) gespeist.

Die Endkolonne kann diesen Alkohol auf eine noch höhere Grädigkeit zwischen 96,5 und 97° bringen, wodurch man eine sehr wirksame, ergänzende Raffinierung durch eine neue Fraktionierung der Vorläufe mittels Hochreinigung und der Nachläufe mittels Extraktion im unteren Teil der Kolonne erhält.

In der Endkolonne C werden durch die Einwirkung der Rückläufe die etwa noch enthaltenen Spuren von Nachlaufverunreinigungen in den unteren Teil dieser Rektifizierkolonne zurückgedrängt. Der Alkohol ist also durch die doppelte Rektifizierung von seinen Vor- und Nachlaufverunreinigungen befreit worden.

h) Verbesserte Destillation und Rektifikation.

Die Teilung der Destillation in zwei Arbeitsgänge, von denen der eine unter Vakuum durchgeführt wird, ermöglicht eine beachtliche Dampfersparnis, wie F. MARC und die *Société des Etablissements Barbet*, Paris, in folgender Weise festgestellt haben:

Die in zwei Abteile geteilte Maische wird in der Weise unter Atmosphärendruck und unter Vakuum destilliert, daß die unter Atmosphärendruck arbeitende Rektifikation von den aus der Destillation unter Atmosphärendruck dampfförmigen Phlegmen und den aus der Vakuumdestillation stammenden verflüssigten Phlegmen gespeist wird. Hierzu dient die in Abb. 123 dargestellte Apparatur.

Die Apparatur besteht aus zwei Destillationskolonnen A und B und einer Rektifikationskolonne C. Die unter Atmosphärendruck arbeitende Kolonne B nimmt einen Teil der Maische auf, der ihr mittels der mit einem Abstellhahn versehenen Rohrleitung *1* und *2* zugeführt wird und der vor Eintritt in die Kolonne bis auf 70—75° durch Temperaturaustausch in dem Rekuperator E mit den aus dem unteren Teil der Kolonne B über *3* kommenden Rückständen vorgeheizt ist. Die Phlegmen gelangen in Dampfform aus dem oberen Teil der Kolonne B über die Rohrleitung *4* in die Rektifikationskolonne C. Die unter Vakuum arbeitende Destillationskolonne A wird mit einem anderen Teil der Maische gespeist, welcher die Kolonne B zugeleitet wird. Die Maischemengen, die in jede Kolonne gelangen, können je nach Wunsch gleich oder verschieden sein.

Die Maische wird mittels der Rohrleitung *5* nach Maßgabe eines regelnd wirkenden Hahnes in den Vorwärmer D geführt, wo sie bis auf ungefähr 45° von den über die Leitung *6* aus der Kolonne A kommenden alkoholischen Dämpfen erwärmt wird. Dann gelangt sie über die Rohrleitung *7* in die

Kolonne A. Die alkoholischen Dämpfe von A werden teilweise in D und vollständig in dem Kühler F kondensiert und durch die Rohrleitungen 8 und 9 in den Behälter P geleitet.

Das Vakuum der Apparatur ADF wird durch die Pumpe L erzeugt. Diese ist mittels der Leitung 10 mit der Austrittskolonne von F verbunden. Bevor die Gasprodukte ins Freie gelangen, werden sie durch einen Wäscher oder Kondensator K geleitet, wo die leichtflüchtigen Spitzenprodukte zurückgehalten werden.

So vollzieht sich, wie schon eingangs dargestellt wurde, die Kondensation unter Vakuum von niedriggradigen Alkoholdämpfen. Unter diesen vorteilhaften Bedingungen läßt sich diese Kondensation ohne Schwierigkeiten mit gewöhnlichen, rohrförmigen oder anderen bekannten Kondensatoren durchführen, ohne daß Alkoholverluste zu befürchten sind, wie sie sich bei der Vakuumkondensation von hochgradigen Alkoholdämpfen ergeben.

Das in dem Behälter P gesammelte Phlegma mit einer Stärke von ungefähr 50° G.L. wird mittels der Pumpe M über die Rohrleitung 11 in den Rekuperator G gefördert, wo es bis auf 50° mittels der

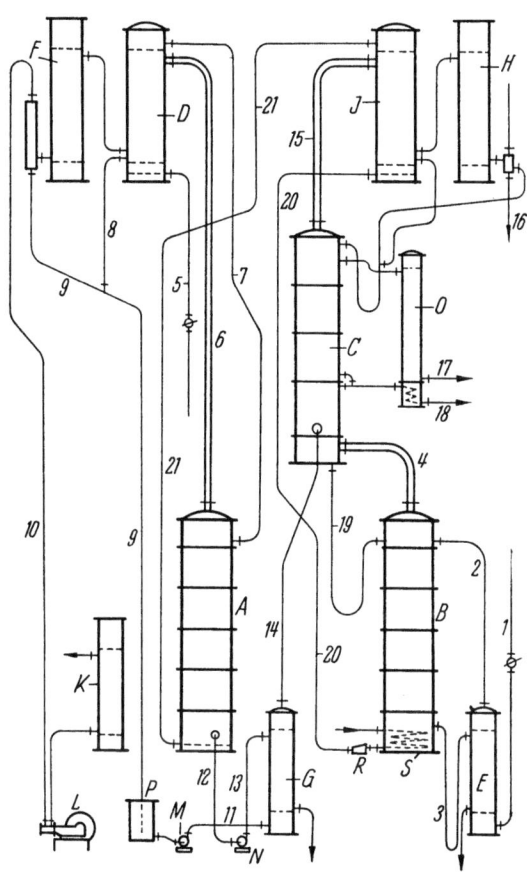

Abb. 123. Apparatur der *Société des Etablissements Barbet*, Paris.

Schlempen erhitzt wird. Diese kommen über 12 aus A, von wo sie durch die Pumpe N abgepumpt und über die Leitung 13 weitergefördert werden. Das derart vorgewärmte Phlegma gelangt über die Rohrleitung 14 in die Rektifikationskolonne C, wo es sich mit den aus der Destillationskolonne B stammenden dampfförmigen Phlegmen mischt.

Die Rektifikationskolonne ist mit einem Kessel J verbunden, der zugleich als Kondensator für die aus C über die Leitung 15 kommenden Dämpfe und als Vorwärmer für die Vakuumkolonne A dient, wie nachstehend beschrieben wird. Neben diesem Kessel ist ein Kühler H vorgesehen; über 16 werden die Spitzenprodukte abgeführt. Der auf 94° G.L. angereicherte Alkohol wird über 17 nach Durchgang von o abgezogen. Die Rückstände werden über *18* abgeführt. Über *19* wird der Rückfluß von *C* in die Destillationskolonne *B* zur Reinigung geleitet.

Die Beheizung des Ganzen wird in folgender Weise erreicht: Die Destillationskolonne *B* wird mit Dampf unter Druck mittels einer Schlange *S* beheizt. Beim Kondensieren liefert dieser Dampf reines destilliertes Wasser, das nach Durchgang durch den Extraktor *R* zum Vorwärmer *J* aufsteigt. Dieser ist an das von der Pumpe *L* erzeugte Vakuum angeschlossen. Auf Grund dieses Vakuums wird dieses Wasser, das die Kondensierung der hochgradigen Dämpfe der Rektifikationskolonne *C* bewirkt, verdampft und führt über die Leitung *21* der Kolonne *A* die zu seiner Arbeit erforderlichen Wärmemengen zu. Die Destillation der in die Kolonne *A* gebrachten Maische wird also ohne besonderen Kostenaufwand gesichert, da es die Wärmemengen der in *B* erfolgenden Destillation und der in *C* stattfindenden Konzentration sind, die für die Arbeit der Kolonne *A* ausreichen. Wenn man also eine gleichmäßige Beschickung jeder Kolonne vornimmt, so bedeutet das, daß für die Gesamtbeschickung der beiden Kolonnen die Hälfte des Dampfes benötigt wird, die erforderlich wäre, wenn die Destillation in einer einzigen Kolonne unter Atmosphärendruck, wie gewöhnlich, durchgeführt wird.

Durch entsprechende Vervollständigung der Apparatur können auch ganz verdünnte Maischen mit einem Alkoholgehalt von etwa 1° G.L. verstärkt werden. Außerdem kann zur Herstellung von 96—97° rektifizierten Alkohol mit der beschriebenen Anlage noch ein Rektifikationsapparat zusammengeschaltet werden.

Für die unmittelbare Erzeugung von Feinsprit aus Maische — vergleiche auch den folgenden Abschnitt i) — mit hohem Alkoholgehalt oder für Würzen mit niedrigem Alkoholgehalt hat die Firma *Gebr. Herrmann*, Köln, die in Abb. 124 dargestellte Bauart entwickelt.

Die vergorene Maische wird aus dem Behälter *1* über den Zuflußregulator *2* dem Vorwärmerkondensator *3* zugeführt. Die Erwärmung der Maische erfolgt durch die aus dem Destillierapparat aufsteigenden Alkoholdämpfe. Die Maische passiert anschließend den Vorwärmer *4*, in welchem eine weitere Aufwärmung durch die aus dem Destillierapparat ablaufende heiße Schlempe erfolgt. Die so vorgewärmte Maische wird über einen Entgaser *5* der Destillierkolonne *6* zugeführt und in dieser in bekannter Weise entgeistet. Die aus der Destillierkolonne *6* aufsteigenden niedrigprozentigen Alkoholdämpfe erfahren in der Kolonne *7* eine Verstärkung und werden in dem Vorwärmerkondensator *3* und den nachgeschalteten Kondensatoren *8* und *9* verflüssigt. Der gewonnene heiße Rohalkohol wird nunmehr der Vorlaufkolonne *10* zugeführt. Zwecks Entlastung der Rektifikationsapparatur kann die Destillationsabteilung auch derart ausgeführt werden, daß der gewonnene Rohalkohol bereits von wesentlichen Verunreinigungen an Vorlauf- und Nachlaufprodukten befreit ist. In der Vorlaufkolonne *10* erfolgt die Abtrennung der Vorlaufprodukte, die in konzentrierter Form von den Kondensatoren *11* und *12* abgezogen, im Kühler *13* gekühlt und durch die Vorlage *14* abgeleitet werden. Als Verschnittwasser für die Einstellung der erforderlichen Alkoholkonzentration in der Vorlaufkolonne dient das aus dem Abtriebsteil der Rektifizierkolonne *15* anfallende Lutterwasser, das

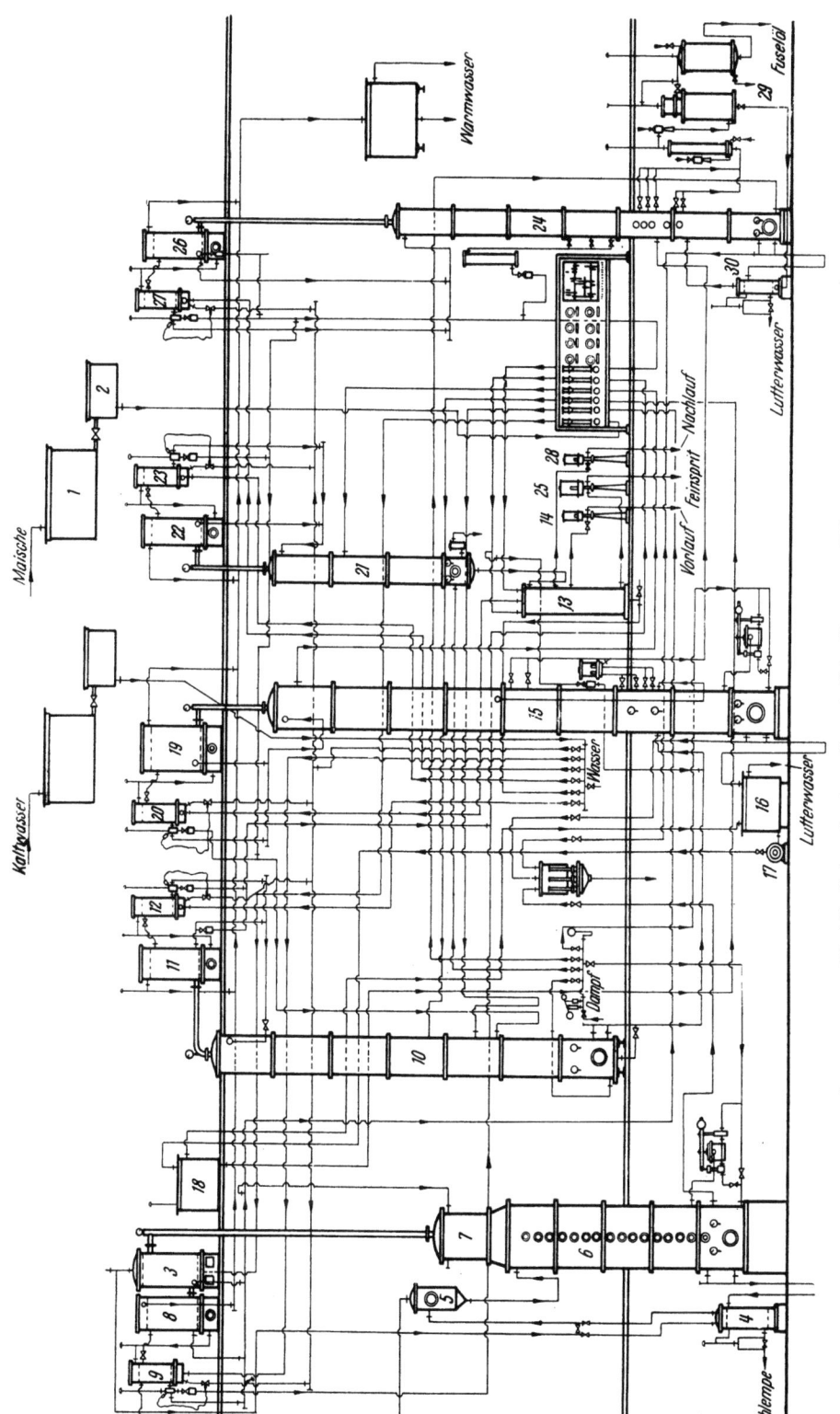

Abb. 124. Feinspritanlage. Bauart: *Gebr. Herrmann*, Köln.

im Behälter *16* gesammelt, durch die Pumpe *17* zum Hochbehälter *18* gefördert und der Vorlaufkolonne über den Einlauf des Rohspiritus zugeführt wird. Das Verschnittwasser kann nach einer anderen Arbeitsweise auch am Kopf der Kolonne zugeführt werden. Die Vorlaufkolonne arbeitet in diesem Falle nach Art einer Waschkolonne. Die bei dieser Arbeitsweise nur ganz schwach alkoholhaltigen Vorlaufdämpfe werden dann in einer besonderen Kolonne oder auch der Nachlaufkolonne aufgearbeitet. Der vorlauffreie wäßrige Alkohol wird aus dem Unterteil der Vorlaufkolonne *10* abgezogen und dem Abtriebsteil der Rektifizierkolonne *15* zugeführt. Am Kopf der Rektifizierkolonne *15* fällt der hochprozentige Feinsprit an, der von einem der oberen Kolonnenböden abgezogen und der Schlußkolonne *21* zugeführt wird. Aus dem Unterteil der Rektifizierkolonne läuft das alkoholfreie Lutterwasser ab, das, wie schon erwähnt, als Verschnittwasser weiter Verwendung findet. Etwa in der Zone der Rektifizierkolonne *15*, in welcher die Zuleitung des wäßrigen Alkohols von der Vorlaufkolonne *10* aus erfolgt, werden die Vorlaufprodukte abgezogen und der Nachlaufkolonne *24* zugeführt. Der Kondensation der hochprozentigen Alkoholdämpfe aus der Rektifizierkolonne dienen die Kondensatoren *19* und *20*. In der Schlußreinigungskolonne *21* mit den zugehörigen Kondensatoren *22* und *23* wird der von der Rektifizierkolonne *21* abgezogene Feinsprit einer Nachreinigung unterzogen, um ihn von den letzten Spuren an Vorlaufprodukten zu befreien. Es sind auch Apparatekonstruktionen bekannt, bei welchen zur Verbesserung der Feinspritqualität eine Zwischenkolonne zwischen den Kondensatoren und der Rektifizierkolonne angeordnet ist. Der Feinsprit wird aus dem Unterteil der Schlußkolonne *21* abgezogen, nach dem Kühler *13* geführt und verläßt den Apparat durch die Vorlage *25*. Ein Teilstrom des Rücklaufs, der noch Spuren von Verunreinigungen hat, wird von den Kondensatoren *19*, *20* und *22*, *23* nach der Vorlaufkolonne *10* zurückgeführt. Die von der Rektifizierkolonne *15* abgezogenen Nachlaufprodukte werden in der Nachlaufkolonne *24* aufgearbeitet. Im Unterteil dieser Kolonne erfolgt die Entgeistung, etwa im Mittelteil der Abzug der Fuselöle und im Oberteil und den Kondensatoren *26*, *27* die Konzentrierung des Nachlaufs. Der hochprozentige Nachlauf wird vom Kopf der Kolonne oder den Kondensatoren *26*, *27* über den Kühler *13* und die Vorlage *28* abgezogen. Das aus der Nachlaufkolonne abgezogene Fuselöl wird in der Abscheide- und Waschvorrichtung *29* mit Wasser gewaschen, dekantiert und in handelsüblicher Konzentration gewonnen. Das alkoholhaltige Waschwasser aus dem Dekanteur der Abscheide- und Waschvorrichtung wird zur Entgeistung über den Vorwärmer *30* in das Unterteil der Nachlaufkolonne *24* zurückgeführt. Der Überwachung der Arbeitsweise und der Aufrechterhaltung eines selbsttätigen Betriebes dienen entsprechende Instrumente, Meßgeräte und Regelorgane.

In der Apparatur der Abb. 125, welche von H. Petzold und *Gebr. Herrmann*, Köln-Ehrenfeld, entwickelt worden ist, kann bei der Rektifikation von Gemischen die Qualität des Hauptproduktes durch intensivere Abscheidung von leicht siedenden Produkten (Aldehyde, Ester usw.) verbessert und die Ausbeute an Feinsprit erhöht werden. Die Arbeitsweise ist die folgende:

Die aus der Rektifiziersäule *A* durch das Rohr *2* aufsteigenden Dämpfe werden in bekannter Weise im Verflüssigungskondensator *B* etwa bei Siede-

Die Gewinnung. — Verbesserte Destillation und Rektifikation.

temperatur des Hauptproduktes niedergeschlagen. Ein Teilstrom Dämpfe, der besonders reich an leicht siedenden Produkten ist, strömt durch das Rohr 4 in den Ergänzungskondensator C und wird hier bei entsprechend niederer Temperatur verflüssigt. Der Rücklauf aus dem Kondensator B, der etwa die Siedetemperatur des Hauptproduktes aufweist, wird der Trennsäule D etwa in der Mitte durch das Rohr 3 zugeführt. Durch das Rohr 8 wird ein Teilstrom kalten Kondensats, das reich an leicht siedenden Produkten ist, vom Kondensator C aus der Rektifikationsapparatur abgezogen oder, z. B. bei kontinuierlichen Spiritus-Rektifizierapparaten, in die Vorlaufkolonne zur weiteren Aufarbeitung zurückgeführt. Das Restkondensat aus dem Kondensator C wird durch das Rohr 7 auf den obersten Boden der Trennsäule D geführt. Die Trennsäule D ist im Unterteil mit einer Heizschlange 9 und 10 für indirekte Dampfbeheizung ausgerüstet, um die von Boden zu Boden nach unten fallende Rücklaufflüssigkeit bei Siedetemperatur zu halten, wodurch eine Aufkochung der leicht siedenden Produkte bewirkt wird. Die Beheizung der Trennsäule kann gegebenenfalls auch indirekt mit alkoholhaltigen Dämpfen von höherer Temperatur, wie sie z. B. bei kontinuierlichen Rektifizierapparaten aus einem anderen Kolonnensystem anfallen können, erfolgen. Der Einlauf der Rücklaufflüssigkeit von den Kondensatoren B und C in verschiedene Zonen der Trennsäule D erfolgt deshalb, weil die Rücklaufflüssigkeit vom Kondensator C immer reicher an leicht siedenden Produkten und kälter als die Rücklaufflüssigkeit vom Kondensator B ist. Die aus der Trennsäule D aufsteigenden Dämpfe werden durch das Rohr 6 in den Kondensator C geführt und dort ebenfalls verflüssigt. Der

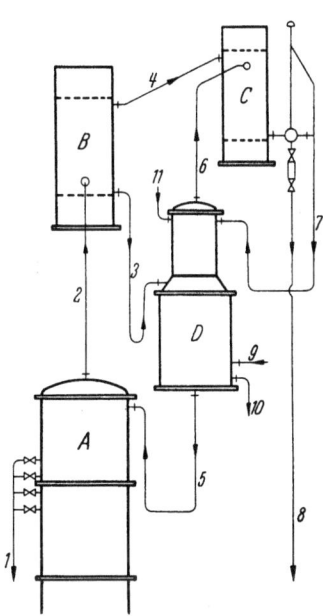

Abb. 125. System PETZOLD, Bauart: Gebr. Herrmann, Köln.

von leicht siedendem gereinigte Rücklauf verläßt die Trennsäule im Unterteil und wird durch das Rohr 5 zum obersten Boden der Rektifiziersäule A geführt. Der Abzug des Hauptproduktes erfolgt in üblicher Weise von einem unter dem Einlaufboden der Rektifiziersäule A befindlichen Boden durch das Rohr 1. Es ist die Möglichkeit vorgesehen, der Trennsäule D zur Verbesserung des Hauptproduktes durch das Rohr 11 ein Mittel zuzuführen, das katalytische oder oxydierende Eigenschaften hat. Von der Anordnung einer Schlußreinigungskolonne konnte bei der Aufstellung der Trennsäule D ganz abgesehen werden.

Um hochgereinigten Alkohol herzustellen, haben M. MAINÇON und *Les Usines de Melle* in letzter Zeit ein verbessertes Verfahren entwickelt. Bisher lag der Prozentsatz an Verunreinigungen, bezogen auf reinen Äthylalkohol, im Durchschnitt zwischen $5/10000$ und $5/1000$. Bei den üblichen Reinigungsverfahren wird die gegebenenfalls verdünnte alkoholische Flüssigkeit in eine Reinigungsvorrichtung eingeführt, welche eine Extraktionszone und eine Konzentrationszone enthält und an deren unterem Ende die zur völligen Beseitigung der Verunreinigungen notwendige Dampfmenge eingeführt wird. Die Verunreinigungen werden oben in der Kolonne, vermischt mit einem starken Anteil Alkohol, abgezogen, während der gereinigte Alkohol einer Schlußreinigung in einer Rektifiziervorrichtung unterworfen wird. Eine beträchtliche Verbesserung ist nun zu erzielen, wenn man die Reinigung in besonderer Weise durchführt. Es wurde festgestellt, daß es möglich ist, eine lokalisierte Ansammlung der Verunreinigungen in einer Zone zu erreichen, aus der man sie leicht abziehen kann. Durch eine solche Anhäufung in konzentrierter Form wird die Wirkung der Sperre erhöht, welche die Berieselung mit Wasser gegen das Aufsteigen des Alkohols zu den oberen Kolonnenböden bildet. Hiernach ist es möglich, hochgereinigten Alkohol zu erhalten, der weniger als 5 g Verunreinigung im Hektoliter bei einer Ausbeute von über 98% enthält, und die Verunreinigungen in einer solchen Konzentration zu entfernen, daß das Verhältnis von Verunreinigungen zu Alkohol über 1 liegt.

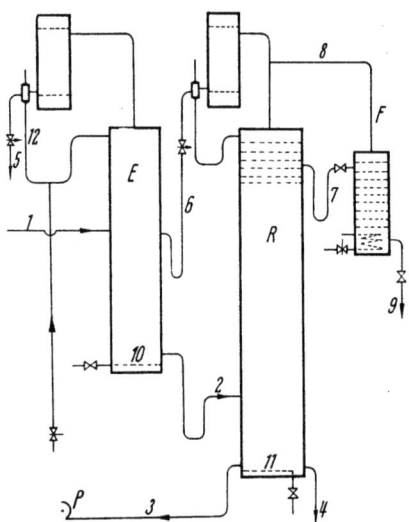

Abb. 126. System MAINÇON.

Das Verfahren besteht im wesentlichen aus folgenden Stufen:

a) Man führt die alkoholische Ausgangsflüssigkeit in eine Reinigungsvorrichtung bekannter Art ein, in deren unterem Teil, wie bei dem klassischen Verfahren der niedriggradigen Reinigung, die Dampfmenge eingeführt wird, die zur völligen Entfernung der am schwersten abzutrennenden Verunreinigungen nötig ist, nämlich 50—80 kg Dampf je Hektoliter Alkohol.

b) Man führt im oberen Teil der Kolonne eine an sich bekannte Berieselung mit Wasser derart durch, daß der Alkoholtiter auf den Konzentrationsböden immer unter 20 Gew.-% bleibt.

c) Man zieht die Verunreinigungen am oberen dieser Konzentrationszone mit einer Geschwindigkeit ab, die der in der Ausgangsflüssigkeit enthaltenen Menge entspricht.

d) Man führt den gesamten Überschuß zum oberen Teil der Kolonne zurück, wobei der Rücklaufkoeffizient mindestens 50 beträgt, wodurch es möglich ist, oben in der Konzentrationszone eine Zone sehr konzentrierter Verunreinigungen zu bilden. Da in der Tat alle Verunreinigungen mit Ausnahme der Säuren und gegebenenfalls des Methanols gegenüber alkoholischen Lösungen von weniger als 20% Destillationskoeffizienten über 1 aufweisen, findet man sie oben in der Konzentrationszone angesammelt, wo sie sich in der Reihenfolge ihrer Flüchtigkeit gruppieren.

Im einzelnen kann in folgender Weise gearbeitet werden, wie es an Hand der Abb. 126 ersichtlich ist:

Man speist die Reinigungskolonne E mit 80 Gew.-% Alkohol enthaltenden unreinen Rohdestillaten, die aus der Gärung von Zuckerrübenmelassen stammen, und zwar 1250 kg in der Stunde. Am Fuß der Kolonne leitet man eine Dampfmenge ein, die 80 kg je Hektoliter behandelten reinen Alkohol beträgt.

Der gereinigte Alkohol fließt durch das Rohr *2* in die Rektifizierungskolonne R ab, an deren Fuß man durch das Rohr *11* die Dampfmenge einführt, die zur Konzentration erforderlich ist.

Durch das Rohr *3* und die Pumpe P schickt man in den oberen Teil der Kolonne E 5500 kg Schlempe je Stunde, die am Fuß der Kolonne R abfließen (etwa 550% bezogen auf das Gewicht des in der Ausgangsflüssigkeit enthaltenden Alkohols), wobei der Überschuß durch das Rohr *4* abgezogen wird.

Infolge des durch diese Flüssigkeit erzielten Wascheffekts beobachtet man auf den oberen Böden der Kolonne E die Anwesenheit einer an Verunreinigungen sehr konzentrierten Flüssigkeit, die man durch das Rohr *5* abzieht, und zwar 22,5 kg je Stunde. Diese Flüssigkeit hat folgende Zusammensetzung: 1,5 Aldehyde, 1 kg Ester, 3 kg Öle, 5 kg Alkohol, 12 kg Wasser. Der ganze Destillationsüberschuß wird in den oberen Teil der Kolonne E zurückgeleitet, was einen Rücklaufkoeffizienten von 60 bedeutet.

Der durch das Rohr *2* in die Kolonne R abziehende verdünnte Alkohol ist praktisch frei von Verunreinigungen. Man konzentriert ihn auf einen Titer von 93,5 Gew.-%. Um ihn ganz von Spuren riechender Produkte zu befreien, z. B. von Aminen und kleinen Mengen leichter Ester (Äthylacetat), die sich infolge der Anwesenheit von Säure in dieser Kolonne vielleicht gebildet haben, zieht man den konzentrierten Alkohol seitlich durch das Rohr *7* ab und behandelt ihn in einer Schlußkolonne F, die an ihrem unteren Ende leicht geheizt ist und aus der man durch das Rohr *9* 1057 kg konzentrierten extra reinen Alkohol gewinnt, der einen Gehalt von 93,5 Gew.-% aufweist und weniger als 5 kg Verunreinigungen je Hektoliter Alkohol enthält, was einer Alkoholausbeute von mehr als 98,8% entspricht.

Um jede Ansammlung von Spuren der obengenannten Nebenprodukte an der Spitze der Kolonne R zu vermeiden, schickt man durch das Rohr *6* in die Kolonne E eine gewisse Menge oben in R erhaltenen Alkohols zurück, die 1—2% des abgezogenen reinen Alkohols entspricht.

i) Kontinuierliche Alkoholgewinnung aus Maische.

Um die Kosten für das Aufschließen und Verzuckern der Stärke möglichst niedrig zu halten, ist man bemüht gewesen, die Verfahren zur Erzeugung von Kraftalkohol aus stärkehaltigen Rohstoffen nicht mehr absatzweise, sondern kontinuierlich zu gestalten.

E. D. UNGER bei *J. E. Seagram & Sons* (USA) entwickelte eine Verfahrensweise, indem er hochgespannten Dampf zum Erwärmen der Maische mit Hilfe eines Düsenerhitzers verwendete und die Maische beim Durchlaufen durch dünne Rohrleitungen aufschloß und verzuckerte. Dadurch

448   Alkoholgewinnung.

konnte die für den Ablauf der Vorgänge sonst übliche Betriebszeit von 5 Stunden auf 8 Minuten herabgesetzt werden.

Die bei *Joseph E. Seagram & Sons*, Louisville, entwickelte Arbeitsweise bedient sich der in Abb. 127 gezeigten Rohrschlangen an Stelle der bisher üblichen *Reaktionsgefäße*.

Das fein geschrotete Gut wird in Breiform durch die Druckpumpe A dem System B von gut isolierten Dämpfschlangen zugeführt, mittels des Düsenerhitzers C auf etwa 180° C erhitzt und bei einer Durchgangszeit von nur 4 Minuten aufgeschlossen. Die Länge der Dämpfschlangen und ihr Rohrquerschnitt wird so bemessen, daß bei dieser Verweilzeit eine Strömungsgeschwindigkeit von 0,12 m/sec. gewährleistet ist, um neben linearen auch turbulente Strömungen zu erzielen. Das aufgeschlossene Gut wird dann über ein Drosselventil in das unter Atmosphärendruck stehende Entspan-

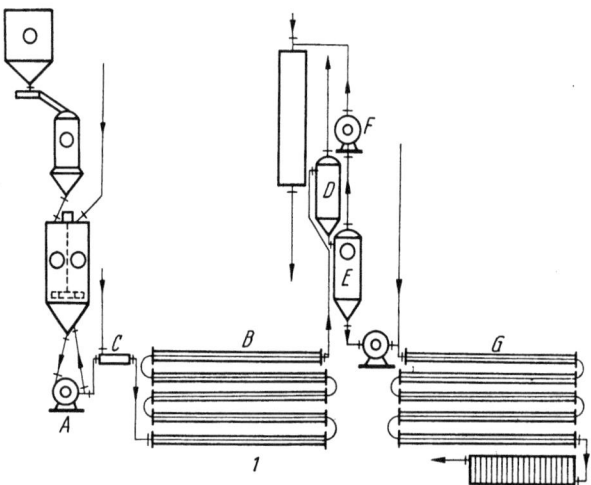

Abb. 127. Rohrschlangen. Bauart: *Joseph E. Seagram & Sons*.

nungsgefäß D entleert, in dem der Druck auf 1 atü und die Temperatur auf 100° C reduziert werden. In einer zweiten Stufe der Verdampfung unter Kühlung im Behälter E, der unter dem Unterdruck von etwa 0,2 ata durch die Kreiselpumpe F gehalten wird, nimmt das dorthin geleitete Dämpfgut die Verzuckerungstemperatur von etwa 60° C an. Die Wärme der abziehenden in Rieselkaskaden niedergeschlagenen Dampfbrüden wird für die Verwendung an anderen Stellen des Prozesses zurückgewonnen. Aus dem Behälter E wird das aufgeschlossene Gut, dem das jeweilige Verzuckerungsmittel beigemischt wird, dem Rohrschlangensystem G zur Verzuckerung zugepumpt, aus dem es nach einer Verweilzeit von 4 Minuten verzuckert und mit einer Strömunsgeschwindigkeit von 0,12 m/sec. in einen Kühler zur Herabkühlung auf die Gärtemperatur austritt.

Derartige Anlagen haben ihre Eignung für die in Nord- und Südamerika üblichen Werkkapazitäten, die höher sind als in Deutschland.

Um die früher aufgetretenen Betriebsschwierigkeiten zu beseitigen, ist nach R. KEYEUX die Apparatur in neuerer Zeit vervollkommnet worden.

Es handelt sich im wesentlichen um neun verschiedene Apparateteile, deren Abmessungen nachfolgend angegeben werden.

Alle Apparate und Rohrleitungen, die das kontinuierliche Koch- und Verzuckerungssystem bilden, sind gegen Wärmeverluste isoliert. Nachstehend sind die Konstruktionseinzelheiten der Einrichtung in der zeitlichen Reihenfolge des Fabrikationsvorganges angegeben.

1. *Vorkocher.* Zylindrisch-konisches Gefäß aus Kupfer: Gesamthöhe: 2,13 m; Durchmesser: 0,81 m; Gesamtinhalt: 9,46 hl.

Dank der Aufrechterhaltung eines konstanten Flüssigkeitsstandes von 50 cm durch automatische Regelung der Leistung der Triplexpumpe verweilt die Maische ungefähr 60 Sekunden in dem Apparat. Eigentemperatur: 60° C. p_H: 5,4—5,6.

Die Zuleitungen für Dampf und filtrierte Schlempe werden gleichfalls automatisch überwacht, ersterwähnte durch einen Thermostaten, die andere durch einen p_H-Messer.

2. *Triplexpumpe* (2 Stück). Als man an das Problem heranging, die Maische in den kontinuierlichen Kocher zu pumpen, stieß man auf zwei Schwierigkeiten. Es handelte sich darum, den Gegendruck des Kochers (12,5 kg/cm²) zu überwinden und dabei der abschabenden Wirkung des Getreides Rechnung zu tragen. Man entschied sich schließlich für eine Pumpe mit 3 senkrechten Kolben und Kugelventilen, die einen Druck v von 14 kg/cm² zu entwickeln und 1200 l je Minute zu leisten vermag. Die 3 Kolben sind um 120° versetzt, was eine sehr gleichmäßige Leistung ergibt. Dieser Pumpentyp hat sich im Gebrauch ausgezeichnet bewährt.

3. *Injektorkocher.* Er besteht aus 2 konzentrischen Rohren, das eine von 7,6 cm, das andere von 15 cm Durchmesser. Der Dampf wird in den von den beiden Rohren eingefaßten Hohlzylinder eingeleitet und dringt durch eine Reihe von Öffnungen, die in der Wandung des zentralen Rohres angebracht sind, in das Innere desselben ein, um hier der Maische zu begegnen. Man braucht im Mittel 65 kg Dampf für 100 kg Getreide, d. h. etwa 170 kg Dampf für 1 hl erzeugten Alkohol. 60—65% davon werden in einer Entspannungskammer zurückgewonnen.

4. *Kontinuierlicher Kocher.* Derselbe besteht aus einem Metallrohr von 39 m Länge und 20 cm Durchmesser, dreimal in U-Form gewunden. Seine Abmessungen werden so berechnet, daß die Verweilzeit der Maische ungefähr 80 Sekunden und ihre Durchflußgeschwindigkeit 50 cm je Sekunde beträgt. Dies ist notwendig, um die Karamelisation an den Wandungen zu verhindern. Die Temperatur beträgt 176,6° C, der Innendruck 12,5 kg. Das am Ende des Rohres angeordnete Entspannungsventil regelt den Innendruck automatisch.

5. *Entspannungskammer.* Es ist ein zylindrisch-konisches Gefäß aus Kupfer, von einem Gesamtinhalt von 72,3 hl. Die Gesamthöhe beträgt 3,81 m, der Durchmesser 1,83 m.

Die Temperatur beträgt 66,6° C. Ein barometrischer Kondensator bewirkt ein Vakuum von 580 mm/Hg. Der anfallende Entspannungsdampf kann auch für die Beheizung der Destillierkolonnen benutzt werden, wobei sich dann die Destillation unter Vakuum vollzieht. In dem Gefäß ist immer ein Maischestand von 90 cm Höhe vorhanden. Diese Höhe gleicht in Verbindung mit der Länge des senkrechten Rohres, welches vom Unterteil des Konus ausgeht und bei der Zentrifugalpumpe endet, dieses Vakuum aus.

6. *Abscheider für Nebenbestandteile.* Da die Praxis gezeigt hat, daß der die Entspannungskammer verlassende Dampf eine beträchtliche Menge von Nebenbestandteilen mitreißt, wird ein zweites Gefäß, wie das unter 5. genannte, als Abscheider benutzt. Die Kondensationsprodukte kehren zum Vorkocher zurück.

7. *Malzeinweicher.* Dieser ist ebenfalls ein zylindrisch-konisches Gefäß aus Kupfer, von einem Gesamtinhalt von 3,25 hl. Die Gesamthöhe beträgt 2,0 m, der Durchmesser 0,46 m.

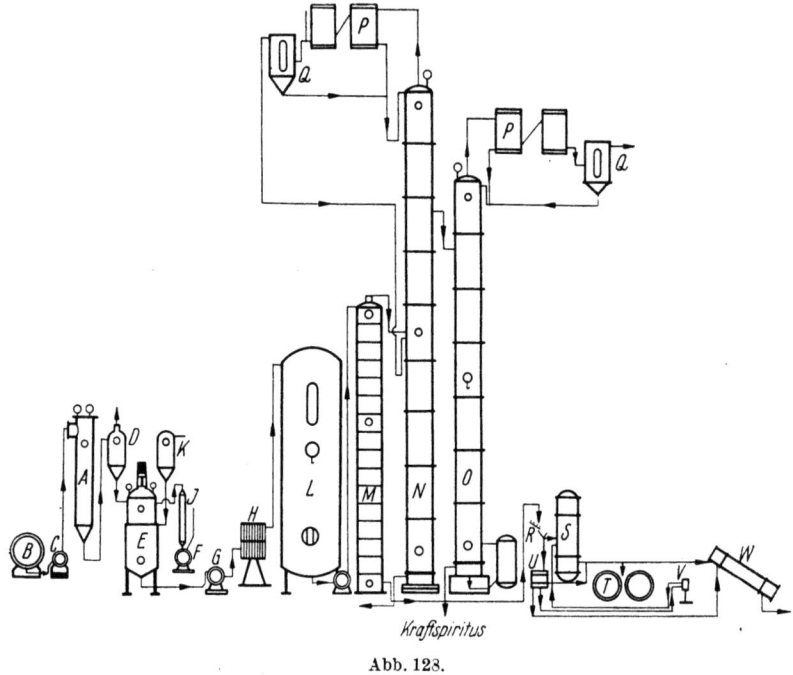

Abb. 123.

Die Temperatur beträgt 26,6° C, die Verweilzeit der Maische ist 60 Sekunden.

8. *Röhrenverzuckerungsapparat.* Dieser hat eine Länge von 32 m und einen Durchmesser von 0,10 m. Die Länge des Rohres gestattet es, die Maische während 40—50 Sekunden bei 62,8° C zu halten. Auf diese Weise kann man bis zu 75% der vorhandenen Stärke umsetzen; die Verzuckerung setzt sich während der Gärung fort.

9. *Maischapparat für Satzmaische.* Es ist ein zylindrisch-konisches Gefäß ähnlich dem Vorkocher. Der Gesamtinhalt beträgt 1,14 hl, die Gesamthöhe 1,22 m, der Durchmesser 0,56 m.

Der Maischestand beträgt 0,30 m, die Temperatur 62,8° C, beides wird automatisch geregelt.

Später hat K. R. DIETRICH kleine Reaktionsbehälter mit einem etwa 20 mal kleinerem Fassungsvermögen als bei der bisher üblichen Verfahrensweise verwendet, so daß die kontinuierliche Verarbeitung auch Brennereien mit kleiner Kapazität möglich ist.

Abb. 128 zeigt das Schema einer Anlage zum kontinuierlichen Gewinnen von Kraftspiritus aus stärkehaltigen Rohstoffen einschließlich der Schlempetrocknung nach DIETRICH.

Das Verfahren vollzieht sich nun in folgender Weise: Das Rohmaterial, z. B. geschrotetes Getreide, wird in dem Behälter B mit Wasser gemischt und kontinuierlich mit Hilfe der Druckpumpe C dem Hochdruckbehälter A zugeführt, in welchem es mit hochgespanntem Dampf mit Hilfe eines Düsenerhitzers bei einer Verweilzeit von etwa 2 Minuten und bei 180° C (entsprechend 10 atü) zur Aufschließung der Stärke gekocht wird. Von hier fließt das Maischegut dem Entspannungsgefäß D zur Verdampfungskühlung auf 100° C und alsdann dem Schnellverzuckerer E zu, der unter einem Vakuum von 0,2 ata steht und in dem es durch Verdampfungskühlung auf 60° C abgekühlt wird. Bei dieser Temperatur wird das Gut durch die Amylase von Pilzen oder von Malz aus dem Behälter K unter Zuhilfenahme eines Turborührers in 2 Minuten verzuckert und durch den Plattenkühler H mittels der Pumpe G dem Gärbehälter L zugepumpt. Das Vakuum im Schnellverzuckerer E wird durch die Vakuumpumpe F hergestellt, welcher der Einspritzkondensator J vorgeschaltet ist. Vom Gärbehälter L gelangt dann die Maische in üblicher Weise in die Destillationskolonnen M, N und O, während die löslichen und festen Bestandteile der Schlempe mit den Apparaturen R bis W gewonnen werden. Hierüber vgl. Kap. ,,Kornschlempe als Nährstoff", S. 505 ff.

Die Vorteile des kontinuierlichen Verfahrens bestehen in der Verringerung der Betriebszeit von 5 Stunden auf 8 Minuten, in der Verkürzung der Brachzeiten für die Apparate sowie der Wartezeiten für das Bedienungspersonal, in der Verminderung der Kapitalinvestierung auf die Hälfte der früher absatzweise betriebenen Anlagen und in dem geringen Raumbedarf. Der Wert des Verfahrens wird durch die Anwendung einer gleichzeitig durchzuführenden schwachen Säurehydrolyse mit Schwefelsäure erhöht. In diesem Fall wird der Kocher mit säurefestem Stahl plattiert. Mit der Säurehydrolyse wird die Gärzeit abgekürzt und die Hydrolyse der Dextrine beschleunigt. Dadurch wird aber die Qualität der Schlempe hinsichtlich ihrer Futtereigenschaft nicht beeinträchtigt. Im übrigen dient sie als Nährstoff für Antibiotica und zur Vitamingewinnung.

Durch die kontinuierliche Gewinnung von Alkohol aus landwirtschaftlichen Produkten ergeben sich immerhin gewisse Möglichkeiten, den Import von Vergaserkraftstoffen einzuschränken und die landwirtschaftlichen Quellen eines Landes zu erschließen. Dies ist frühzeitig in Frankreich, Deutschland, Schweden, Brasilien, Chile, Italien, Tschechoslowakei, Ungarn und nicht zuletzt in USA angebahnt worden und wird heute noch fortgesetzt.

Schrifttum.

DIETRICH, K. R.: Branntweinwirtschaft **1952**, Nr. 5, S. 77—79. — Erdöl u. Kohle **1953**, 146.

KLAR, M.: Fabrikation von absolutem Alkohol zwecks Verwendung als Zusatzmittel zu Treibstoffen. Halle 1937.

BEGLINGER, HANS: Ind. Engng. Chem. **1946**, 890.

GILBERT, N., J. A. HOBBS u. J. D. LEVINE: Ind. Engng. Chem. **1952**, 1712 bis 1720.
SPECHT, H.: Branntweinwirtschaft **1952**, 240.
SAEMANN: Ind. Engng. Chem. **1945**, 43—52.
KEYEUX, R.: Fermentatio **1951**, Nr. 1.

k) Alkohol aus Backschwaden.

Das Problem der Alkoholgewinnung aus den Backofenabgasen hat in den letzten 30 Jahren hinsichtlich einer brauchbaren Lösung oft falsche Hoffnungen erweckt. Erst im Jahre 1942 ist bei den Knäckebrotwerken in Burg bei Magdeburg eine Alkoholgewinnungsanlage erstellt worden.

K. R. DIETRICH hat dabei für die Entwicklung der Verfahrenstechnik die praktischen Verhältnisse in der Bäckerei zugrunde gelegt. Für 100 kg Mehl sind im allgemeinen bei Anwendung von Hefe zum Erzielen einer gleichmäßigen Teiglockerung bzw. einer guten Poren- und Volumenbildung theoretisch etwa 0,85 kg CO_2 erforderlich; somit sollten nebenher zwangsläufig etwa 0,87 kg Äthylalkohol entstehen. In der Praxis unterliegen aber diese Werte gewissen Schwankungen, da in den Bäckereien die gleichen Hefemengen, Gärzeiten und Gärtemperaturen nicht einheitlich zugrunde gelegt werden und zudem die Beschaffenheit des Mehls verschieden ist. Außerdem sind Unterschiede bei der Herstellung von Weißgebäck und von Schwarzgebäck zu beobachten.

Weitere Abweichungen vom theoretischen Alkoholgehalt der Backschwaden ergeben sich durch die mannigfaltigen Backverfahren. Dabei soll die vielfach bestehende Möglichkeit unberücksichtigt bleiben, daß Alkohol bereits während der Teiggare entweicht. Es ist eine bekannte Tatsache, daß z. B. bei der Sauerteiggärung in den Teigkübeln Kohlensäure- und Alkoholdämpfe frei werden, die in den Backraum treten.

Grundsätzlich ist davon auszugehen, daß die Backschwaden um so alkoholärmer sind, je weniger der Teig ausgebacken wird und desto mehr Wasser und Alkohol infolgedessen in ihm verbleibt. Für die Alkoholgewinnung liegen demnach die Verhältnisse bei der Herstellung von wasserarmen Gebäcken, wie von Knäckebrot, besonders günstig. Wenn z. B. im Weißgebäck etwa 90 g Alkohol je 100 kg Mehl und im Schwarzbrot 450—550 g Alkohol je 100 kg Mehl verbleiben, so ist der Alkoholanteil im Knäckebrot ganz verschwunden, soweit es sich um das normale mit Hefe gebackene Knäckebrot und nicht um das Dessertbrot handelt. Geht man bei der Sauerteiggärung davon aus, daß höchstens 0,87 kg oder 1,1 l 100%iger Alkohol je 100 kg Mehl entstehen, so würden hiernach bei der Schwarzbrotbäckerei höchstens 0,42 kg Alkohol je 100 kg Mehl gewonnen werden können, dagegen bei der Knäckebrotherstellung praktisch 1,1 l je 100 kg Mehl.

Bei dieser Betrachtung ist unberücksichtigt geblieben, daß nach dem Einschieben der Backbleche in die Etagenöfen die Schieber zeitweise geschlossen gehalten werden und deshalb die Wasser- und Alkoholdämpfe durch die oft nicht dicht schließenden Ofentüren entweichen und der Wiedergewinnung entzogen werden. Auch das wiederholte Öffnen der Ofentüren führt zu Alkoholverlusten. Schließlich darf nicht außer acht gelassen werden, daß die Gewinnung des Alkohols aus den Backschwaden um so schwieriger ist, je mehr sie Luft neben Kohlensäure und Wasserdampf enthalten.

Kontinuierlich betriebene Öfen nach Art der Rotationsbacköfen mit ihren größtenteils offenen Entnahme- und Aufgabeöffnungen werden stets erheblich lufthaltigere Backschwaden abgeben als periodische Rostbacköfen oder Etagendampfbacköfen. Bei solchen kontinuierlichen Backöfen zum Herstellen von Knäckebrot entweichen stündlich 148 kg Luft und Kohlensäure und 111 kg Wasserdampf mit Alkohol aus 110 kg Brot. Abgesehen davon, daß es sich um recht große Gasvolumina handelt, die zur Gewinnung des Alkohols verarbeitet werden müssen, ist mit einer Korrosionsgefahr bei der Apparatur zu rechnen. Das Zusammenwirken von Sauerstoff, Kohlensäure und Wasserdampf wird die Korrosion um so mehr begünstigen, je weiter das Wasser

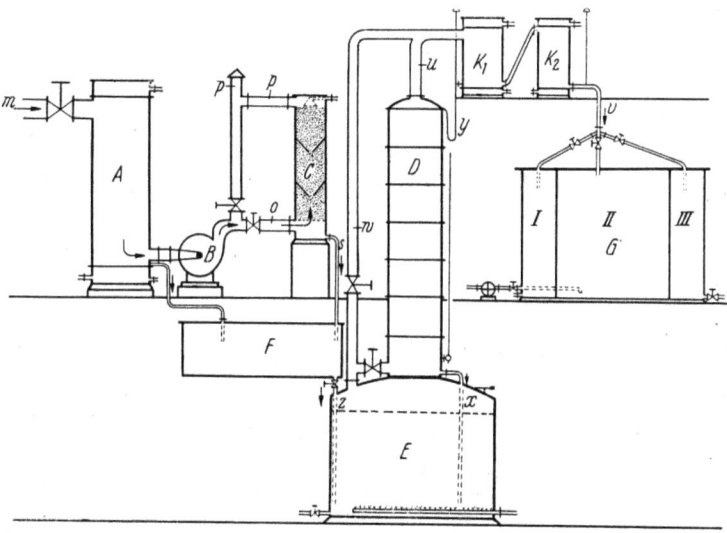

Abb. 129.

mit dem Sauerstoff der Luft gesättigt ist. Infolgedessen scheidet die Verwendung von Eisen für die Apparatur und die Rohrleitungen von vornherein aus, und es müssen VA-Stähle, Kupfer, emailliertes Gußeisen oder Porzellan gewählt werden.

Die technische Lösung ist also mit einer Vielzahl von offenen und ganz verschieden gelagerten Fragen belastet. Es kann daher nur von Fall zu Fall die Zweckmäßigkeit der Anwendung des Alkoholgewinnungsverfahrens aus Backschwaden gefolgert werden. Grundsätzlich ist daran festzuhalten, daß sich die Alkoholausbeute der theoretisch errechneten desto mehr nähert, je besser die Backware ausgebacken ist und je mehr Teigwasser und somit Alkohol aus dem Teig beim Backen ausgetrieben wird. Geringe Gewichtsverluste beim Backen lassen von vornherein nur geringe, zu gewinnende Alkoholmengen erwarten. Die günstigsten Vorbedingungen sind auf jedem Fall bei der Knäckebrotfabrikation unter Verwendung von Hefe gegeben, da nennenswerte Mengen an Alkohol in dem stark ausgebackenen Flachbrot nicht zurückbleiben und der Alkoholanteil des Teiges restlos in die Backschwaden übergeht. Schließlich kann die Wirtschaftlichkeit des Verfahrens nur dann gewährleistet sein, wenn täglich eine große Menge an Mehl verarbeitet wird. Demzufolge scheiden Kleinbäckereien für die Alkoholgewinnung ganz aus.

In der beschriebenen Apparatur (Abb. 129) fällt der Alkohol als etwa 1%ige wäßrige Lösung in dem Kondensator A an, die dann bis auf etwa 94,4 Gew.-% verstärkt wird, um unnötige Frachtkosten zu vermeiden.

Die Anlage gliedert sich entsprechend diesen Erfordernissen in eine Alkoholgewinnungsapparatur (Kondensator A, Hochdruckgebläse B, Waschkolonne C, Sammelbehälter F) und in eine Alkoholverstärkungsapparatur (Blase E, Kolonne D, Kondensatoren und Kühler K_1 und K_2, Spritbehälter G, Meßuhr usw.), deren Anordnung den Besonderheiten des Backbetriebes angepaßt und die auf einer kleinen Grundfläche untergebracht ist.

Die aus vier Backöfen mit einer Gesamtbeschickung von 440 kg Mehl je Stunde durch Rohr m abziehenden Backschwaden streichen durch den langgestreckten, mit Kühlwasser beschickten Kondensator A, in dem sie von etwa 85° C auf etwa 25° C heruntergekühlt werden. Hierbei kondensiert der in den Backschwaden vorhandene Wasserdampf zugleich mit dem größten Teil des Alkoholdampfes. Dieses Kondensat enthält etwa 1 Gew.-% Äthylalkohol.

Die aus dem Kondensator A austretenden Backschwaden enthalten entsprechend dem Dampfdruck des Alkohols bei 25° C noch erhebliche Mengen von Alkoholdämpfen, die etwa 20% der in den Backschwaden überhaupt vorhandenen Alkoholmenge ausmachen. Um auch diese Restmenge zu gewinnen, werden die Backschwaden durch das Hochdruckgebläse B, durch die Waschkolonne C über die Rohrleitung o gedrückt, in der die letzten Anteile an Alkoholdampf in den Backschwaden mit dem am Kopf der Waschkolonne C eingeführten Wasser ausgewaschen werden. Zur Beurteilung der Zweckmäßigkeit des Waschverfahrens muß man sich vergegenwärtigen, daß bei dem Vermischen des Alkohols mit Wasser eine Dampfdruckerniedrigung eintritt. Je größer diese ist, um so höher kann das adsorbierende Wasser beladen werden. Außerdem ist Wasser ein billiges Waschmittel, auf dessen Wiederverwendung verzichtet werden kann, ohne daß die Wirtschaftlichkeit des Verfahrens leidet.

Das Waschwasser läuft durch die Rohrleitung s mit einem Gehalt von etwa 0,4% Alkohol am Fuß der Waschkolonne ab und wird nach Vereinigung mit dem Kondensat aus dem Kondensator A (Rohrleitung r) in dem Behälter F gesammelt. Von hier läuft es der mit Gas, Dampf oder Heizstrom beheizten Verstärkungskolonne D mit der Blase E zur Verstärkung des wäßrigen Alkohols bis auf etwa 94 Gew.-% (Rohrleitung z) zu. Der verstärkte Alkohol fließt über den Kondensator K_1 (Geistrohr u und Umgehungsleitung w) und den Kühler K_2 über die Rohrleitung v dem Sammelbehälter G zu, der in drei Abteilungen für den Vorlauf, den Mittellauf und den Nachlauf unterteilt ist. Die alkoholfreien, nur noch aus Luft und Kohlensäure bestehenden Backschwaden verlassen am Kopf der Waschkolonne C über die Rohrleitung p die Anlage und werden über Dach abgeführt. Das abgeschiedene heiße Wasser wird am Fuß der Blase durch ein besonders geführtes in der Skizze nicht gezeichnetes Rohr über einen Vorwärmer abgeleitet, in dem es das Kondensat des Kondensators A und das Waschwasser der Waschkolonne *C* vor ihrem Eintritt in die Blase vorwärmt.

Im fortlaufenden Betrieb werden 1,1—1,6 l Weingeist je 100 kg verbackenem Mehl gewonnen. Damit werden die in den Backschwaden vorhandenen Alkoholmengen restlos erfaßt und kondensiert. Nebenher enthält das Kondensat keinen Methylalkohol, nur einen geringen Gehalt an Diacetyl, das als Vorlaufprodukt leicht abzuscheiden ist.

Je Liter erzeugten Weingeistes sind etwa erforderlich 1 cbm Kühlwasser, 16 kg Dampf und 0,8 kWh, so daß die Wirtschaftlichkeit überall da gegeben ist,

Abb. 130. Anlage zur Weinbrennerei. Bauart: *Gebr. Herrmann*, Köln.

wo billiges Kühlwasser und eine billige Heizquelle zur Verfügung stehen. Nebenher fällt noch etwa 1 cbm Kondensatorenwasser von etwa 60° C an, das zu Heiz- oder Waschzwecken sowie zum Anteigen verwendet werden kann.

Bei Backschwaden, die nicht aus Rotationsöfen, sondern aus periodisch betriebenen Öfen stammen, ist die Verwendung eines Gebläses nicht erforderlich, sofern der Schornsteinzug groß genug ist. Infolge des verhältnismäßig geringen Luftgehaltes der Backschwaden entfällt dann auch die Notwendigkeit, eine Waschkolonne einzuschalten.

Aus Backschwaden gewonnener Alkohol gilt nach dem Gesetz über das Branntweinmonopol als aus Stoffen hergestellt, die vor dem 1. Oktober 1914 gewerblich nicht zur Alkoholerzeugung verwendet worden sind, und bleibt daher der Monopolverwaltung zur Herstellung vorbehalten.

Schrifttum.

DIETRICH, K. R.: Neue Bäckerzeitung **1952**, Nr. 4, S. 53.

1) Anlage zur Weinbrennerei.[1]

Die Blasenapparate sind wesentlich modernisiert worden, wie die Abb. 130 und 131 der Anlage zur Gewinnung von Weinbrand zeigen.

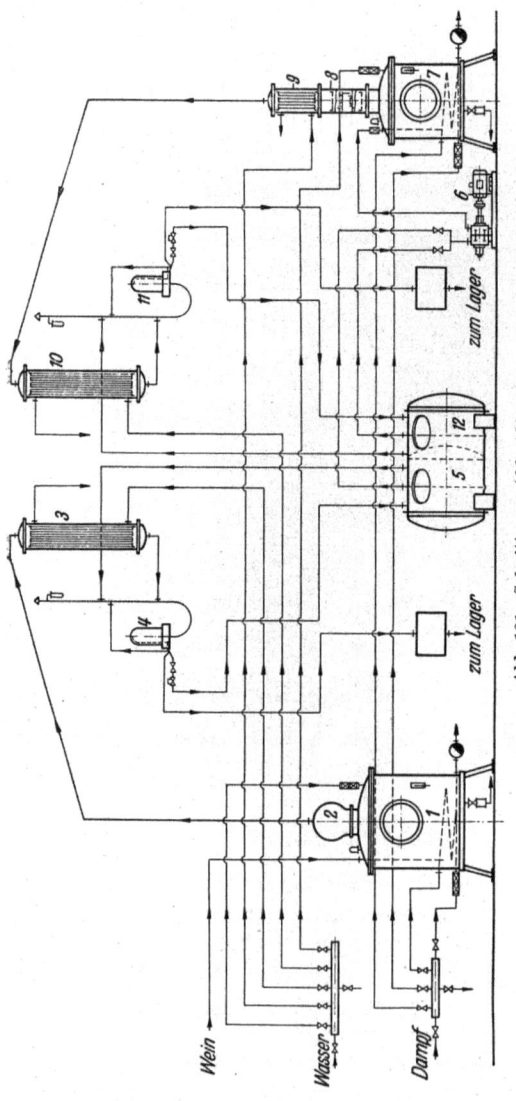

Abb. 131. Schnitt von Abb. 130.

Die Anlage besteht aus einer Rauhbrandblase mit Kondensatorkühler (links), einer Feinbrandblase mit aufgebauter Verstärkungskolonne und Kondensator und Kondensatorkühler (rechts), einem Zwischensammelgefäß, den beiden Auslaufvorlagen und Probemeßhähnen sowie der amtlichen Meßuhr (in der Mitte). Die Wirkungsweise dieser Anlage ist aus Abb. 131 ersichtlich.

Der Wein wird in einer Rauhbrandblase 1 durch Beheizung mit Dampf abdestilliert. Die Dämpfe entweichen über den Helm 2 und werden im Kondensatorkühler 3 verflüssigt und gekühlt. Das Destillat verläßt den Kühler durch eine angebaute Vorlage 4, in welcher ein Thermometer und ein Alkoholometer eingesetzt sind.

Der gewonnene Rauhbrand wird im Sammelbehälter 5 aufgefangen und anschließend einer zweiten Destillation unterworfen, dem eigentlichen „Feinbrennen". Diese Apparatur besteht aus einer Blase 7, der Verstärkungskolonne 8, dem Dephlegmator 9, dem Kondensatorkühler 10 sowie der Auslaufvorlage 11.

Das beim Feinbrennen am Anfang und am Ende der Destillation gewonnene Destillat — der Vorlauf und der Nachlauf — wird in dem Zwischen-

---

[1] Monopolrechtlich rechnet die Weinbrennerei zu den Obstbrennereien. Näheres über Obstbrennerei siehe: RÜDIGER, Obstbrennerei.

behälter *12* aufgefangen, während der Mittellauf, welcher den Feinbrand darstellt, nach dem Lager geleitet wird.

Vor- und Nachlauf können von Zeit zu Zeit auf der Feinbrandblase aufgearbeitet werden, so daß eine zweite Qualität Weinbrand im Mittellauf entsteht. Man kann auch bei jeder neuen Feinbrandcharge den Vor- und Nachlauf teilweise mitdestillieren oder auf einer besonderen Rektifizierkolonne auf hochprozentigen Alkohol verarbeiten. Ein Teil des anfallenden Vor- und Nachlaufs wird in jedem Falle als Abfallprodukt ausgeschieden und für andere Industriezwecke weiterverarbeitet.

Häufig wird auch schon beim Rauhbrennen ein Teil des Mittellaufs als Feinbrand gewonnen, deshalb sind in beiden Destillatleitungen Probemeßhähne eingebaut.

Für das Rauhbrennen bestimmter Weinsorten kann auch ein kontinuierlich arbeitender Destillierapparat, bestehend aus Destilliersäule mit Glockenböden, Vorwärmer-Dephlegmator und Destillat-Kondensator-Kühler mit Auslaufvorlage Anwendung finden. Eine solche Apparatur unterscheidet sich von anderen Brennapparaten dadurch, daß nur niedere Alkoholkonzentrationen im Destillat gewonnen werden, damit die Bukettstoffe des Weines mit in das Destillat übergehen.

m) Anlage zur Kornbrennerei.

Die folgende Anlage (Abb. 132) ist für die Erzeugung von 3000 l Feinsprit vorgesehen.

Der Aufschluß des Getreides erfolgt bei dieser Anlage entweder im ganzen Korn oder grob geschrotet im Dämpfverfahren. Es besteht aber auch die Möglichkeit, nach dem Kochverfahren zu arbeiten, bei welchem fein geschrotetes Getreide im Vormaischeapparat aufgeschlossen und verzuckert wird. Die Verzuckerung ist mit Amylase des Grünmalzes vorgesehen. Der Bereitung von Grünmalz dient eine pneumatische Kastenmälzerei.

Für die Getreideverarbeitung kommen außer der erwähnten Arbeitsweise noch das bakterienfreie Gärverfahren und das Amyloverfahren in Frage. Beim bakterienfreien Gärverfahren erfolgt der Aufschluß des Getreides auch in einem unter Druck arbeitenden Dämpfapparat. Die Maischeverzuckerung durch Malzamylase und die Kühlung der Maische wird dagegen unter Ausschaltung eines Vormaischeapparates direkt in mit Rührwerken ausgestatteten Gärbottichen durchgeführt.

An Stelle von Grünmalz als Verzuckerungsmittel beim Normal-Maische-Verfahren und beim Reingärverfahren kann auch Pilzmalz verwendet werden[1].

n) Anlage zur Melassebrennerei.

Die in Abb. 133 gezeigte Anlage dient für die Erzeugung von etwa 15000 l Feinsprit von 96—97 Vol.-% am Tage.

Die Einrichtung für die Maischebereitung ist kaskadenförmig in einem neben dem Destillier-Apparate-Turm vorgesehenen Anbau angeordnet, um soweit als möglich Pumpenarbeit zu vermeiden. Außer den Räumen, in

---
[1] Über ausführliche Fragen zur Kornbrennerei siehe L. MACHER: Kornbrennerei-Praxis.

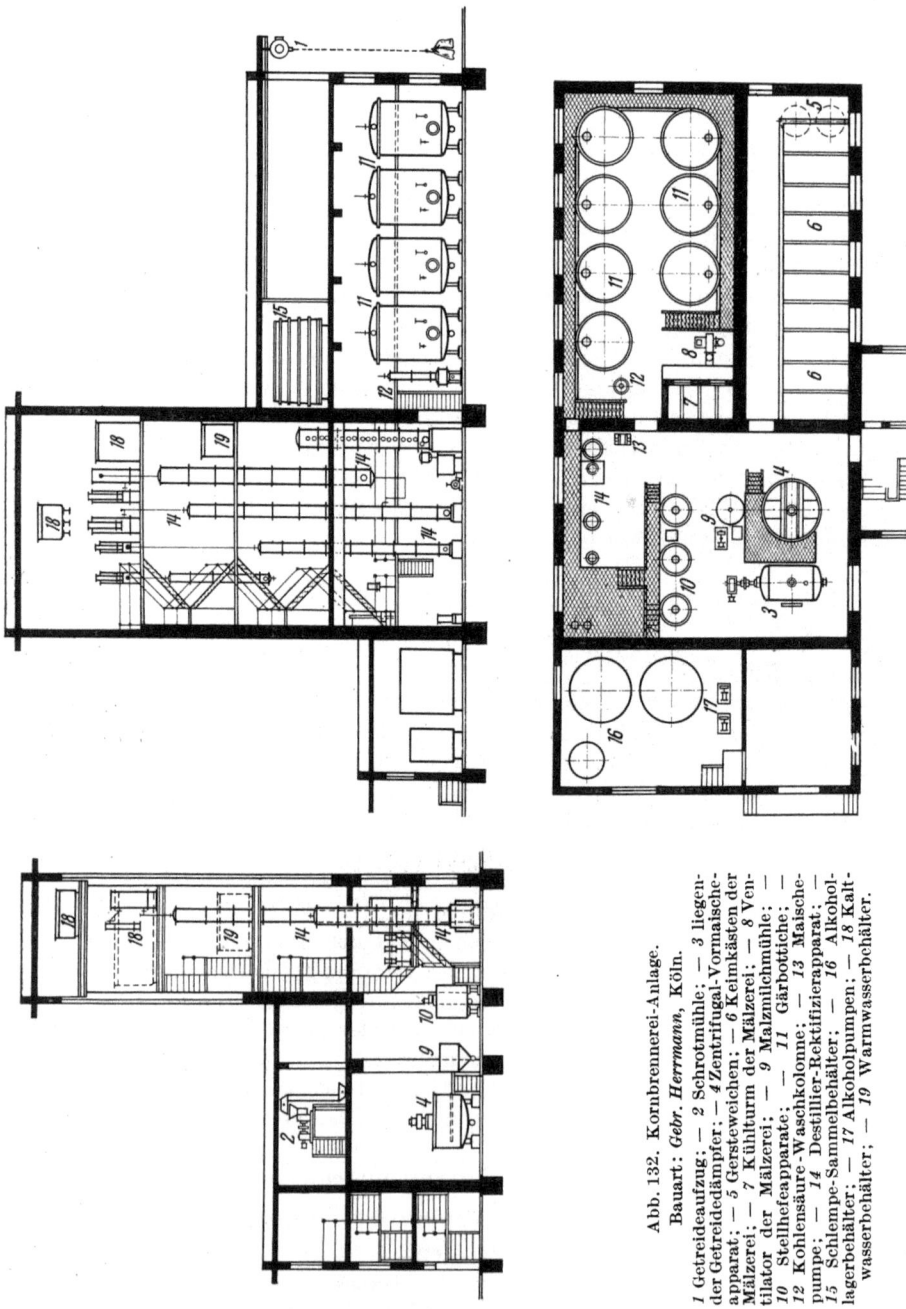

Abb. 132. Kornbrennerei-Anlage. Bauart: Gebr. Herrmann, Köln.

1 Getreideaufzug; — *2* Schrotmühle; — *3* liegender Getreidedämpfer; — *4* Zentrifugal-Vormaischapparat; — *5* Gersteweichen; — *6* Keimkästen der Mälzerei; — *7* Kühlturm der Mälzerei; — *8* Ventilator der Mälzerei; — *9* Malzmilchmühle; — *10* Stellhefeapparate; — *11* Gärbottiche; — *12* Kohlensäure-Waschkolonne; — *13* Maischepumpe; — *14* Destillier-Rektifizierapparat; — *15* Schlempe-Sammelbehälter; — *16* Alkohollagerbehälter; — *17* Alkoholpumpen; — *18* Kaltwasserbehälter; — *19* Warmwasserbehälter.

welchen die üblichen maschinellen Einrichtungen untergebracht sind, ist in dem Plan ein Raum vorgesehen, in dem eine 3-Körper-Verdampfanlage für die Eindickung der Schlempe angeordnet ist. Die Einrichtungen zur

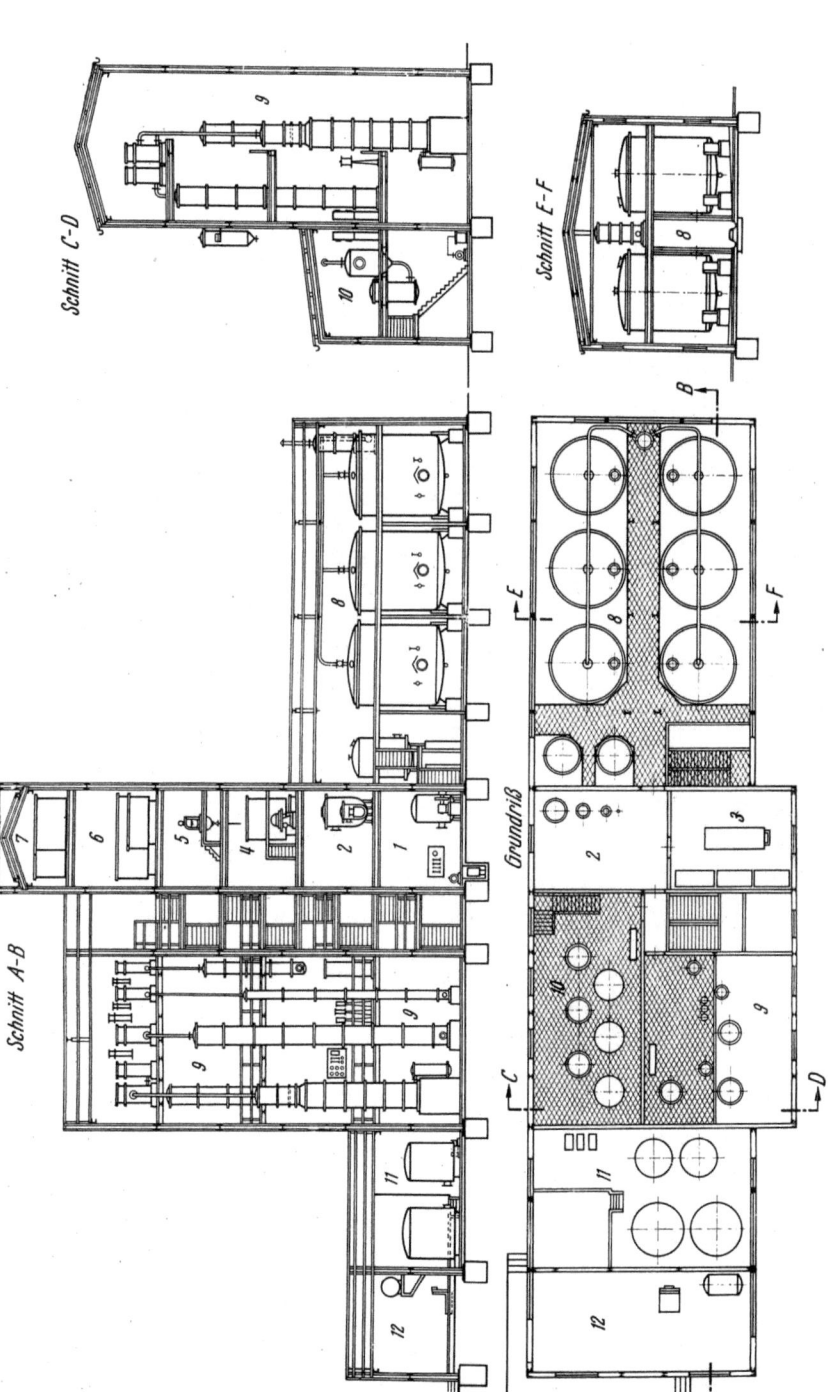

Abb. 133. Melassebrennerei-Anlage. Bauart: *Gebr. Herrmann*, Köln.

1 Maschinenraum mit Luftkompressor, Pumpen und Säureförderung; — *2* Hefereinzuchtanlage; — *3* Laboratorium; — *4* Maischevorbereitung und Hefeseparatorenstation; — *5* Melassewaage und Lager für Chemikalien; — *6* Behälter für Wasser und Melasse; — *7* Behälter für Wasser und vergorene Maische; — *8* Gärraum mit *6* Gärbottichen (2 Vorgärbottichen und 1 Kohlensäure-Wasch-kolonne); — *9* Destillier-Rektifizierapparat; — *10* Schlempe-Eindampfanlage; — *11* Alkoholzwischenlager; — *12* Alkoholabfertigung.

460　　　　　　　　　　　Alkoholgewinnung.

Weiterverarbeitung der Schlempe, z. B. zur Erzeugung von Pottasche, werden zweckmäßigerweise in einem besonderen Gebäude untergebracht. Ist die Reinigung und Verflüssigung der Kohlensäure und gegebenenfalls die Herstellung von Trockeneis beabsichtigt, so wird die dafür erforderliche Einrichtung zweckmäßigerweise in einem neben dem Gärraum anzuordnenden Gebäude untergebracht. Die Lagerbehälter für Melasse und Alkohol finden üblicherweise auf dem Fabrikhof Aufstellung.

o) Kohlensäure-Waschkolonne.

Abb. 134. Kohlensäure-Waschkolonne.
Bauart: *Gebr. Herrmann*, Köln.

Durch Einschaltung einer Kohlensäure-Waschkolonne ist es möglich, die Gärungskohlensäure alkoholfrei auszuwaschen. Hierzu kann die in Abb. 134 gezeigte Apparatur verwendet werden.

Der Sättigungsgrad des Wassers im Ablauf der Kolonne kann dabei 5—6 Vol.-% Alkohol betragen, ohne daß die Gefahr besteht, daß die entweichende Kohlensäure noch Alkohol mitführt. Die Kolonne ist mit einem Wasserdurchflußmesser ausgestattet, der die gleichbleibende Einregulierung der Waschwassermenge ermöglicht. Jeder Waschboden ist mit einem Probehahn versehen, durch welchen der Sättigungsgrad jeweils festgestellt werden kann. Die zuzuführende Wassermenge wird so weit herabgesetzt, daß das auf dem obersten Boden befindliche Wasser noch alkoholfrei ist.

Bei der Verarbeitung von Melasse ist auf diese Weise eine Mehrausbeute an Alkohol von 1% aus dem erzeugten Rohstoff zu erreichen.

C. Herstellung von absolutem Alkohol.

a) Allgemeines.

Die Herstellung von absolutem Alkohol hat in den letzten Jahrzehnten einen großen Aufschwung genommen. Die Industrie ist dazu übergegangen, zur Verbesserung einer Reihe von Verfahren statt wasserhaltigen Spiritus absoluten Alkohol anzuwenden, um das als Verunreinigung anzusehende

Wasser auszuschließen. Außerdem ist der wasserfreie Alkohol ein begehrtes Zusatzmittel für solche Brennstoffe zu motorischen Zwecken geworden, die klopffest gemacht werden sollen. Daraus ergab sich das Problem, die bisher üblichen Verfahren zur Gewinnung von absolutem Alkohol zu vervollkommnen oder neue Methoden der Entwässerung zu suchen. Die durch die Wasserentziehung bedingte Verteuerung mußte im richtigen Verhältnis zu dem Nutzen stehen, den die Industrie von den neuen Anwendungsgebieten erwartete.

Um Alkohol von den letzten Anteilen Wasser zu befreien, bedarf es besonderer Verfahren. Die gewöhnliche Destillation in periodischen oder kontinuierlichen Kolonnenapparaten führt höchstens zu einer Alkoholstärke von 95,59 Gew.-%. In dieser Zusammensetzung siedet das Äthylalkohol-Wassergemisch binär azeotropisch bei einem Minimumsiedepunkt, für den die Flüssigkeit und der daraus entwickelte Dampf die gleiche Zusammensetzung haben. Der Siedepunkt dieses Gemisches liegt bei 78,174° und damit um 0,126° niedriger als bei reinem Äthylalkohol (78,300°), wie YOUNG festgestellt hat. Es wird *azeotropes Gemisch* genannt, weil es ein konstant siedendes Gemisch ist, bei dem eine Trennung in die Einzelbestandteile nicht ohne weiteres möglich ist. Selbst bei mehrfach wiederholter Destillation würde es nicht gelingen, den Alkohol über einen Gehalt von 95,59 Gew.-% hinaus zu verstärken. Die in der Praxis mit den vollkommensten Apparaten erzielten höchsten Weingeiststärken von 95,3 Gew.-% lagen noch unter dieser Grenze.

Die neuen Verfahren zur Entwässerung des Äthylalkohols sind nach zwei verschiedenen Richtungen hin entwickelt worden. In der ersten wird der wasserhaltige Alkohol mit festen oder flüssigen Entwässerungsmitteln behandelt, in der zweiten macht man von dem azeotropischen Verhalten der Mischungen des wäßrigen Äthylalkohols mit Kohlenwasserstoffen oder anderen Flüssigkeiten Gebrauch. Letztere Verfahren werden deshalb *azeotrope Destillationsverfahren* genannt. Die sich praktisch durchsetzenden Verfahren beruhten auf diesen beiden Grundprinzipien, und zwar einmal auf der wasserbindenden Eigenschaft des Kalkes und zum anderen auf den azeotropischen Siedeerscheinungen des wäßrigen und wasserfreien Alkohols bei Gegenwart von Benzol und Benzin oder auch Chloroform, Trichloräthylen, Tetrachlorkohlenstoff, Cyclohexan usw. Demgegenüber ist die Entwässerung durch Destillation bei Unterdruck, durch Glycerin, durch Kaliumcarbonat und durch Exosmose anders geartet.

b) Die Verfahren.
1. Das Kalkverfahren.

Die Herstellung des absoluten Alkohols mit Kalk hat wenig Schwierigkeiten gemacht. Man setzte dem in einer Destillierblase befindlichen Spiritus eine erfahrungsmäßig ermittelte Menge gebrannten Kalkes zu — das sind 21 kg für 1 hl Spiritus mit einer Weingeiststärke von 94,4 Gew.-% —, erhitzte eine gewisse Zeit am Rückflußkühler und destillierte dann vorsichtig ab. Auf diese Weise wurden etwa 70% als absoluter Alkohol gewonnen, während die restlichen 30% im Kalk zurückgehalten wurden. Der mit Wasser verdünnte Kalkbrei wurde dann erhitzt und etwa 25% des in Arbeit genommenen Spiritus als etwa 50%iger Branntwein gewonnen.

Dieses unwirtschaftliche Verfahren ist dann verbessert worden. LORIETTE hat den Spiritus nicht in flüssigem Zustande, sondern in Dampfform zur Einwirkung auf den gebrannten Kalk gebracht. Hierbei durchläuft der dampfförmige Spiritus einen Weg, der dem des durch eine Welle bewegten Kalkes entgegengesetzt ist. Es bietet den Vorteil, daß im Kalk keine nennenswerten Mengen von Branntwein zurückgehalten werden.

Bei diesem Verfahren werden zur Entwässerung von 1 hl Spiritus mit einer Weingeiststärke von 96 Vol.-% etwa 80 kg Dampf und 21 kg Kalk benötigt.

Auf ganz ähnlicher Grundlage arbeitet das *Kalkdruckverfahren* der Firma *E. Merck* in Darmstadt. Der Unterschied besteht nur darin, daß der Erfinder VON KEUSSLER bei einem Druck von 4 atü die Nachteile des alten Kalkverfahrens zu vermeiden suchte. Im Gegensatz zu diesem wird hier absoluter Alkohol zu etwa 98% der Gesamtbeschickung gewonnen.

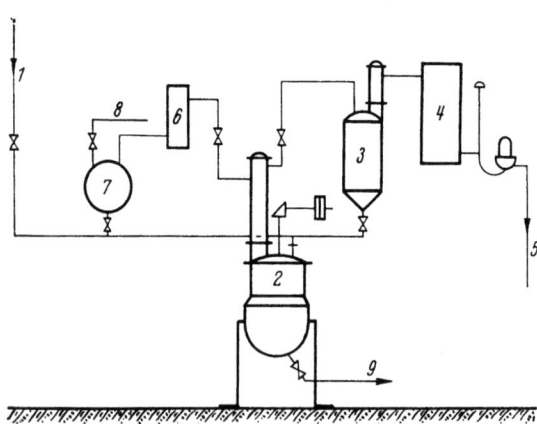

Abb. 135. Kalkdruck-Anlage. System VON KEUSSLER.

Die Arbeitsweise ist die folgende:

Benötigt werden:
1. Leitung vom Behälter für Spiritus; —
2. Autoklav mit Rührwerk und Destillierhelm; — 3. Klärgefäß mit Destillierhelm; —
4. Kühler für absoluten Alkohol; — 5. Leitung zum Behälter für absoluten Alkohol; —
6. Kühler für Vakuumtrocknung; — 7. Vakuumvorlage; — 8. Leitung zur Vakuumpumpe; — 9. Leitung zur Kalkentleerung; in der Anordnung der in Abb. 135 gezeigten Apparatur.

Aus dem Spiritusbehälter *1* wird eine bestimmte Menge Spiritus in den Autoklaven *2* gefüllt und eine entsprechende Kalkmenge (**CaO**) zugegeben. Darauf wird die Heizung und das Rührwerk angestellt und der Autoklav geschlossen, sobald alle Luft aus ihm verdrängt ist. Der Druck steigt ohne weiteres im Autoklaven dann auf 4 Atm. Nach etwa $1^1/_2$ Stunden weiteren Rührens wird die Grädigkeit des Alkohols an einer entnommenen Probe festgestellt. Ist sie wasserfrei, so wird er bei weitergehendem Rührwerk und wieder angestellter Heizung über ein Entspannungsventil abdestilliert. Dabei werden die Alkoholdämpfe durch den Behälter *3* geführt, der mit wasserfreiem Alkohol gefüllt ist, so daß die Dämpfe eine Alkoholschicht durchstreichen. Sie werden dabei von den aus dem Autoklaven mitgerissenen Kalkteilchen vollkommen befreit. Dann werden sie in dem Kühler *4* kondensiert und gekühlt und dem Vorratsbehälter *5* zugeführt.

Der in dem unteren Teil des Klärbehälters *3* sich ansammelnde Kalkschlamm wird nach etwa 15—20 Chargen in den Autoklaven abgelassen.

Um die im Kalkrückstand des Autoklaven verbleibenden Alkoholreste zu gewinnen, wird am Schluß der Operation der Autoklav über die Leitung *8*, die Vorlage *7* und den Kühler *6* unter Vakuum gesetzt. Die Alkoholreste gehen dann in die Vorlage *7* und werden der nächsten Charge zugegeben.

Der verbrauchte Kalk wird durch ein Bodenventil aus dem Autoklaven entweder als trockenes Pulver oder nach Aufrühren mit Wasser als Kalkmilch entfernt. Wenn er als Pulver gewonnen werden soll, dann wird er vor dem Zerfall zu einer zähen Masse, die durch ein besonders konstruiertes Rührwerk umgewälzt werden muß.

Die Eigenart des Verfahrens besteht darin, daß durch die Behandlung mit Kalk der Aldehydgehalt auf ein Minimum vermindert wird und die sauren Verunreinigungen alle neutralisiert werden. So werden also gerade diejenigen Verunreinigungen beseitigt, die bei der Verwendung von wasserfreiem Alkohol zu technischen Zwecken, z. B. als Motorenbetriebsstoff, schädlich wären. Der Methylalkohol, der darin bleibt, stört die Entwässerung ebensowenig wie die im hochprozentigen Rohspiritus noch enthaltenen Spuren von Fuselöl.

Für 100 l absoluten Alkohol werden benötigt:

   Dampf (Sattdampf 4 at) . . . . 42 kg,
   Kühlwasser 15° C . . . . 0,6 cbm,
   Gebrannter Kalk (90% CaO gemahlen) . . . 25 kg,
   Kraft . . . . 0,5 kWh.
   Der Alkoholschwund beträgt 1,5 Liter.

Das Verfahren arbeitet dann besonders wirtschaftlich, wenn der verbrauchte Kalk direkt weiterverwendet werden kann, wie es z. B. in Sulfitspritfabriken zur Neutralisation der sauren Laugen geschieht. Er kann aber auch in chemischen Fabriken zu Neutralisationszwecken, als Baukalk zur Mörtelbereitung oder als Streukalk für kalkarme Böden Verwendung finden. — In Deutschland wurden acht, in der Schweiz und in Columbien je eine Anlage erstellt.

Beide Verfahren haben jedoch den Nachteil, daß der Methylalkohol nicht entfernt wird und daß mit festen wasserentziehenden Substanzen kein kontinuierlicher Betrieb möglich ist; sie sind heute nur noch für Tagesleistungen von 2000 l Alkohol von Interesse.

Infolge dieser Mängel hat man sich jenen anderen Methoden zugewendet, die sich der azeotropischen Eigenschaften des Alkohols bedienen; die Grundlage dazu ist schon im Jahre 1901 durch YOUNG geschaffen worden.

2. Die azeotropen Verfahren.

Die Begründer YOUNG *und* KUBIERSCHKY.

Als erster hat YOUNG azeotropisch, wenn auch noch nicht kontinuierlich gearbeitet. Er hat zunächst aus dem Branntwein sämtliches Wasser in Form eines azeotropen Gemisches mit Benzol entfernt und als Rückstand den absoluten Alkohol erhalten. Er war im Verlaufe seiner Untersuchungen über ternäre Gemische mit Minimumsiedepunkt zu dem Ergebnis gelangt, daß die Entwässerung des Spiritus durch Zusatz von Benzol möglich ist. Es beruht dies auf folgenden physikalischen Erscheinungen:

Wenn man eine ternäre Mischung von Äthylalkohol, Wasser und Benzol (und zwar 55 Raumteile Spiritus und 45 Raumteile Benzol) destilliert, so siedet das Gemisch zunächst bei einem Minimumsiedepunkt von 64,85° C in der konstanten Zusammensetzung von

    7,5 Gew.-% Wasser,   74,0 Gew.-% Benzol.
    18,5 Gew.-% Äthylalkohol,

Dieses ternäre azeotrope Gemisch ist wasserreicher als die Mischung, von der ausgegangen wurde. Bei fortgesetzter Destillation wird nun ein Punkt erreicht, an dem sämtliches vorhanden gewesenes Wasser entfernt ist. Es geht alsdann unter Ansteigen der Temperatur auf den Minimumsiedepunkt von 68,25° C ein binäres azeotropes Gemisch von Äthylalkohol und Benzol von der Zusammensetzung

    32,4 Gew.-% Äthylalkohol,   67,6 Gew.-% Benzol,

so lange über, bis das Gemisch benzolfrei geworden ist. Es verbleibt schließlich wasserfreier Äthylalkohol.

Für die Aufarbeitung der als Vorlauf übergehenden ternären und binären azeotropen Gemische ergeben sich zwei verschiedene Möglichkeiten:

1. Dem ternären Gemisch, welches sich infolge des Wassergehaltes von selbst in zwei Schichten trennt, kann man so viel Wasser zusetzen, daß sich in der oberen Schicht fast reines Benzol absetzt. Dieses Benzol kann man zusammen mit dem als zweites Destillat anfallenden binären Gemisch unmittelbar in die Fabrikation zurückführen, während der in der unteren Schicht befindliche Spiritus erst auf einer gewöhnlichen Rektifizierkolonne bis auf etwa 94 Gew.-% verstärkt wird, ehe er zur Herstellung von absolutem Alkohol Verwendung findet.

2. Man kann auch vor dem Wasserzusatz die obere Schicht des entmischten ersten Destillates abziehen und mit Kaliumcarbonat behandeln. Das dadurch teilweise entwässerte Gemisch wird darauf zusammen mit dem zweiten Destillat auf absoluten Alkohol verarbeitet.

Die Zusammensetzung der beiden Schichten ist folgende:

Die obere Schicht   *Die untere Schicht*
84,5 Vol.-% Benzol,   12,0 Vol.-% Benzol,
15,0 Vol.-% Äthylalkohol,   58,0 Vol.-% Äthylalkohol,
0,5 Vol.-% Wasser.   30,0 Vol.-% Wasser.

Da hiernach die obere Schicht sehr hochprozentigen Alkohol enthält, bietet die gesonderte Behandlung mit Kaliumcarbonat gewisse Vorzüge gegenüber dem ersten Verfahren. Die untere Schicht wird dagegen in derselben Weise mit Wasser ausgewaschen wie bei der ersten Methode.

Es hat nun viel Mühe gemacht, dieses periodisch arbeitende Verfahren in eine kontinuierliche Form zu bringen. Insbesondere war es notwendig, die Aufarbeitungsmethoden für das erste und für das zweite Destillat einfacher und auch wirtschaftlicher zu gestalten.

Mit dieser Aufgabe hatte sich schon KUBIERSCHKY befaßt, der im Jahre 1914 ein kontinuierliches Benzolverfahren ausgearbeitet hat. Er ging von der Tatsache aus, daß die ternären azeotropen Gemische im allgemeinen heterogen sind. Bei der Dekantierung entstehen zwei Schichten, von denen die eine an Entziehungsmittel reich ist, während die andere überwiegend aus wasserhaltigem Alkohol besteht. Man kann nun die hauptsächlich aus

Entziehungsmittel bestehende Schicht laufend in die Entwässerungskolonne zurückleiten und dadurch das ganze Verfahren kontinuierlich gestalten.

Leider hat KUBIERSCHKY nur mit Benzol gearbeitet, welches für diese Arbeitsweise unzulänglich ist. Die Dekantierung des ternären Gemisches Alkohol-Wasser-Benzol vollzieht sich für einen laufenden Betrieb zu langsam und unvollständig. Deshalb blieb es anderen Erfindern vorbehalten, eine brauchbare Lösung zu finden, also entweder die von KUBIERSCHKY vorgeschlagene Apparatur anderen Entziehungsmitteln anzupassen oder die Eigenschaften des Entziehungsmittels zu ändern, um dieses für die Apparatur brauchbar zu machen.

Trotzdem muß das Verfahren nachfolgend im Prinzip dargelegt werden, weil es für die Entwicklung der modernen azeotropen Verfahren als Grundlage gedient hat:

Eine gewöhnliche Rektifizierkolonne wird mit dem zu entwässernden Spiritus beschickt. Während des Destillierens läßt man allmählich so lange Benzol zulaufen, bis das etwa 8—10 Kammern oberhalb des Bodenteils der Kolonne angebrachte Thermometer um einige Grade sinkt. Die Kolonne ist dann genügend mit Benzol beschickt und für den kontinuierlichen Betrieb vorbereitet. Nun wird der zu entwässernde Spiritus fortlaufend dem oberen Teil der Kolonne zugeführt, in dem sich das ternäre azeotrop siedende Gemisch befindet. Am Kopf der Kolonne entweicht darauf kontinuierlich ein Gemisch von Alkohol, Wasser und Benzol, welches zunächst durch einen Kondensator und dann durch einen Kühler geschickt wird. Die im Kondensator verflüssigten Anteile werden in den oberen Teil der Kolonne als Rücklauf zurückgebracht, während die im Kühler niedergeschlagene Flüssigkeit in einem Scheidegefäß gesammelt wird. Dort trennt sich die Flüssigkeit in eine obere, meist Benzol enthaltende, und in eine untere stark alkoholwasserhaltige Schicht. Die obere Schicht wird nun in den Kopf der Kolonne zurückgeleitet und damit dem Entwässerungsprozeß unmittelbar wieder zugeführt. Die untere Schicht wird laufend in eine Nebenkolonne — eine Benzolaufarbeitungskolonne — abgelassen, in der sich das Benzol durch Verdampfen von dem niedriggrädigen Alkohol trennt. Es kann von hier aus der Rektifizierkolonne wieder zugeführt werden. Der niedriggrädige Alkohol tritt aus der Benzolaufarbeitungskolonne in eine zweite Alkoholaufarbeitungskolonne über, in welcher er auf etwa 94 Gew.-% verstärkt werden kann.

In der Hauptkolonne spielt sich der Destillationsvorgang in drei Phasen ab:

1. Im oberen Teil der Kolonne beginnt die Entwässerung des Alkohols. Ein Teil davon destilliert als Bestandteil des leichter siedenden, ternären Gemisches am Kopf der Kolonne ab. Der andere Teil sinkt von Boden zu Boden, indem er das Wasser an die aufsteigenden Dämpfe abgibt.

2. In der mittleren Phase etwas unterhalb der Mitte der Kolonne ist der Alkohol bereits vollkommen entwässert, enthält aber noch Benzol entsprechend der Zusammensetzung der bei 68,25° C azeotrop siedenden binären Mischung.

3. Im unteren Teil der Kolonne ist der wasserfreie Alkohol vom Benzol ganz befreit und kann in Dampfform oder als Flüssigkeit abgezogen werden.

Bei einer solchen Betriebsweise treten im Laufe der Zeit Störungen auf. Die im Alkohol enthaltenen Verunreinigungen sammeln sich allmählich am Kopf und am Fuß der Kolonne an. Um dies zu vermeiden, hat man besondere Geräte zur Abscheidung dieser Verunreinigungen entwickelt. KUBIERSCHKY selbst ist es nicht gelungen, diese Störungen zu beseitigen.

3. Die Bedeutung der Wasserentziehungsmittel.

Bei der Entwicklung der Destillationsapparate für azeotrope Zwecke hat sich auch die Frage ergeben, ob Benzol für sich allein das geeignete Wasser-

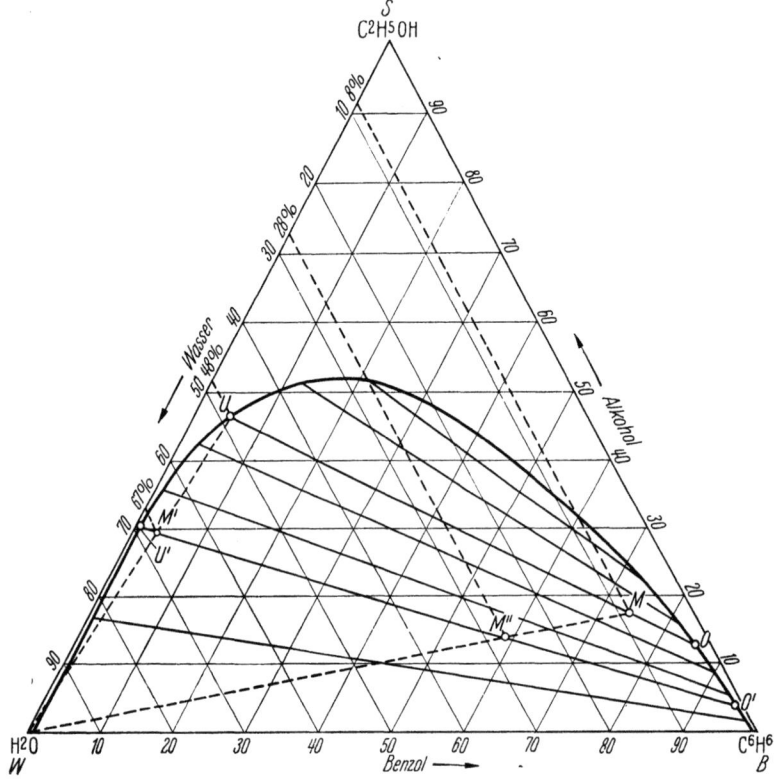

Abb. 136. Diagramm von BARBAUDY.

entziehungsmittel ist. Seine geringe Dekantierungsfähigkeit ist durch Wasser- und anderen Flüssigkeitszusatz ausgeglichen worden.

GENDRE hat in einer kritischen Würdigung der azeotropen Versuchsarbeiten festgestellt, daß die Verwirklichung des kontinuierlichen Verfahrens den Arbeiten von GUINOT, RODEBUSH und STEFFENS zu verdanken ist. Sie haben die Dekantierung vervollkommnet, indem sie dem Gemisch mit Minimumsiedepunkt Wasser zufügten.

Trotzdem zeigen die Verfahren der drei Erfinder merkliche Unterschiede.

GUINOT empfiehlt einen Zusatz von Wasser, um eine gute Dekantierung solcher Entziehungsmittel herbeizuführen, die sich entweder gar nicht oder nur schlecht trennen lassen. Dazu ist es nötig, daß der Punkt in dem abgebildeten *Diagramm* (Abb. 136) von BARBAUDY, der die Zusammensetzung des ternären Gemisches darstellt, innerhalb des heterogenen Feldes dieses Diagramms Wasser-Alkohol-Benzol bleibt. Die Grenze dieses Feldes ist von der Temperatur abhängig, und der Wasserzusatz muß so bemessen werden, daß dieser Punkt innerhalb des heterogenen Feldes bleibt, gleichviel welche Temperatur die Flüssigkeit im Absatzgefäß zeigt.

Obwohl es sich nur um einen Wasserzusatz handelt, wird das Entziehungsmittel damit aus der alkoholischen Schicht völlig ausgewaschen. Man erwärmt die in der Hauptsache aus wäßrigem Alkohol bestehende untere Schicht in einer kleinen Hilfskolonne, damit das Benzol in Form eines ternären Gemisches mit Minimumsiedepunkt abdestilliert, und führt den auf diese Weise vom Entziehungsmittel befreiten wäßrigen Alkohol dann einer zweiten kleinen Hilfskolonne zu, wo er verstärkt und in die ursprüngliche Entwässerungskolonne zurückgeführt wird.

Im Gegensatz hierzu halten es STEFFENS und RODEBUSH für nötig, das in der unteren Schicht enthaltene Entziehungsmittel zu entfernen. Deshalb beschränkt man sich nicht auf einen Wasserzusatz zur Verbesserung der Dekantierung, sondern man fügt eine solche Menge Wasser zu, daß die untere alkoholische Schicht von den letzten Spuren des Entziehungsmittels praktisch befreit wird.

Hierbei können Variationen entstehen, wie GENDRE graphisch durch die Darstellung der Trübungslinien in dem obenerwähnten Diagramm Wasser-Alkohol-Benzol anschaulich gemacht hat.

Das ternäre Gemisch ist durch den Punkt M dargestellt, die beiden Schichten durch die Punkte O und U auf der Trübungslinie. Die drei Punkte O, U, M liegen auf einer Geraden. Man fügt nun der unteren Schicht U genügend Wasser zu, um den Punkt M nach M' auf die Gerade WU zu bringen. Man sieht, daß dieser Punkt, wenn man dem ternären Gemisch einen der drei Bestandteile zusetzt, auf die Linie rückt, welche den Punkt, der das ursprüngliche Gemisch darstellt, mit der Spitze des Dreiecks verbindet, welche 100% des zugefügten Stoffes bedeutet.

Das Gemisch M' trennt sich seinerseits wieder in zwei Schichten O' und U' auf der Trübungslinie. Der Wasserzusatz ist nun so zu wählen, daß U' sehr nahe der Dreiecksseite WS liegt, das heißt also, daß die untere Schicht praktisch kein Entziehungsmittel mehr enthält.

Wie man aus der Zeichnung ersieht, muß M' einer Verdünnung von 67% entsprechen. Die zuzufügende Wassermenge beträgt demnach, bezogen auf 100 ursprüngliche Raumteile der unteren Schicht

$$100 \frac{67-48}{100-67} = 57,5 \text{ Raumhundertteile.}$$

Da nun das anfängliche Gemisch M 16% untere Schicht liefert, so muß man — bezogen auf 100 ursprüngliche Raumteile des anfänglichen Gemisches M

$$\frac{57,5 \cdot 16}{100} = 9,2 \text{ Raumhundertteile}$$

hinzufügen.

Wenn man sich im Gegensatz dazu vorgenommen hätte, dem anfänglichen Gemisch M unmittelbar Wasser zuzusetzen, um eine an Entziehungsmittel ebenso arme Schicht zu erhalten wie in dem vorhergehenden Fall, dargestellt also durch denselben Punkt U', so hätte man so viel Wasser zufügen müssen, daß der Punkt M' der Mischung auf die Gerade O', U' gekommen wäre. Man erhält dann den Punkt M'' als Schnittpunkt der Geraden MW und $O'U'$.

Aus der Zeichnung ersieht man, daß M'' einer Verdünnung von 28 Raumhundertteilen entspricht. Der Wasserzusatz hat also, bezogen auf 100 Raumteile des anfänglichen Gemisches M

$$100\,\frac{28-8}{100-28} = \text{rund 28 Raumhundertteile}$$

betragen.

Bei der direkten Verdünnung muß man also etwa dreimal soviel Wasser zusetzen, als wenn man sich darauf beschränkt, nur die untere Schicht zu verdünnen.

Ergänzend sei bemerkt, daß beim Arbeiten mit Benzol nach STEFFENS neben dem Auswaschen der unteren Schicht noch ein kleiner Wasserzusatz zu der oberen Schicht hinzutreten muß, um eine sichere und stabile Dekantierung zu erreichen.

RODEBUSH hat statt Benzol *Äthylacetat* als Entziehungsmittel angewendet. Es ist ein richtiges Auswaschverfahren, da die Wassermenge, die dem ternären Gemisch zugefügt wird, in der Regel 100 Raumhundertteile dieses Gemisches beträgt. Man erhält eine außerordentlich verdünnte untere Schicht, benötigt also einen wesentlich höheren Wärmeaufwand.

Da nun Wasser in Äthylalkohol leicht löslich ist, so ist es bei der Abscheidung des Entziehungsmittels unmöglich, ebensoweit zu gehen wie bei Benzol. Die untere Schicht enthält nach dem Waschen noch 8% Äthylacetat. Infolgedessen sind wegen der großen Wasserzugabe in der kleinen Verstärkungskolonne auch große Wassermengen abzuscheiden. Immerhin wird durch die Einschaltung dieser Kolonne die Verstärkung des Alkohols auf eine genügend hohe Konzentration auf sehr vorteilhafte Weise erreicht.

GUINOT hat als erster *Benzin* als Entziehungsmittel verwendet. Hierzu kann nur Benzin bestimmter Siedegrenzen benutzt werden. Man versteht darunter ein Benzin, welches innerhalb einiger Grade übergeht, möglichst in dem Intervall von 1—2°. Praktisch stehen aber nur Benzine zur Verfügung, deren Siedegrenzen 6—8° umfassen, von denen 80—90% in einem Intervall von 2—3° übergehen. Durch Versuche wurde festgestellt, daß sich ein zwischen 101 und 102° siedendes Benzin am besten als Wasserentziehungsmittel eignet.

Interessant ist nun der *Vergleich zwischen Benzin und Benzol*.

Da das Wasser stets nur in der unteren Schicht entfernt wird und die obere Schicht einen geschlossenen Kreislauf zwischen dem Absatzgefäß und der Hauptentwässerungskolonne macht, so wird das auf ein bestimmtes Volumen Destillat bemessene wasserentziehende Mittel dann um so wirksamer sein, wenn die untere Schicht möglichst viel Wasser und die obere Schicht nur einen kleinen Raumteil ausmacht im Gegensatz zu der unteren Schicht, die vorteilhaft einen möglichst großen Raum einnimmt. Das beste Entziehungsmittel muß also eine geringe obere Schicht und eine nur aus Wasser bestehende untere Schicht ergeben.

Die *wasserentziehende Eigenschaft* läßt sich zahlenmäßig durch den Prozentgehalt des ternären Gemisches an unterer Schicht und den Wassergehalt der unteren Schicht ermitteln.

Wenn man Benzol als Entziehungsmittel benutzt, erhält man ein ternäres Gemisch, dessen obere Schicht 84% und dessen untere Schicht 16% beträgt. Letztere enthält 32% Wasser. Daraus errechnet sich ein Wert von 5,12% Wassergehalt des ternären Gemisches.

Wenn man dagegen Benzin mit den Siedegrenzen 101—102° C benutzt, erhält man ein ternäres Gemisch, dessen obere Schicht 63% und dessen untere Schicht 37% beträgt. Letztere enthält 18% Wasser. Daraus errechnet sich ein Wert von 6,66% Wassergehalt des ternären Gemisches. Soweit die Wasserentziehung in Frage kommt, ist also das Benzin dem Benzol überlegen.

Bisher ist das Absatzgefäß nur in seiner Beziehung zur Hauptentwässerungskolonne betrachtet worden. Wenn man es nun in seiner Beziehung zu der bzw. den kleinen Kolonnen betrachtet, in welchen die untere Schicht aufgearbeitet wird, so sieht man, daß auf die gleiche Menge entzogenen Wassers eine um so günstigere Dekantierung erzielt wird, je geringer das Volumen der unteren Schicht ist oder je mehr Wasser die untere Schicht enthält. Wenn man nun das Dekantierungsvermögen durch die Zahl ausdrückt, die den Prozentgehalt an Wasser in der unteren Schicht angibt, so ist für Benzin mit den Siedegrenzen 101—102° C sie 18 gegenüber 32 bei Benzol. Unter diesem Gesichtspunkt ist daher das Benzol dem Benzin überlegen.

Gegenüber diesen beiden vorerwähnten Besonderheiten besitzt nun das Benzin noch eine gewisse Überlegenheit durch Eigenschaften, die sich zahlenmäßig kaum ausdrücken lassen. Es ist viel unlöslicher in wäßrigem Alkohol als das Benzol, daher vollzieht sich die Bildung der azeotropen Gemische in der Kolonne wesentlich leichter. Das bedeutet einen erheblich kleineren Arbeitsaufwand bei Benutzung von Benzin.

Schließlich muß erwähnt werden, daß das Benzin eine außerordentlich zuverlässige Dekantierung gewährleistet, während das Benzol in dieser Hinsicht zu wünschen übrig läßt.

GUINOT hat daher den Gedanken gehabt, ein *Gemisch von Benzin und Benzol* anzuwenden, um die verschiedenen, teilweise entgegengesetzten Eigenschaften beider Entziehungsmittel auszunutzen. Das ternäre Gemisch, welches mit Hilfe von Benzin bestimmter Siedegrenzen entsteht, siedet 5° höher als das ternäre Gemisch, welches sich mit Hilfe von Benzol bildet. Daraus folgt, daß dieses letztere die Neigung hat, nach dem Kopf der Kolonne zu gehen, während das Benzingemisch in dem mittleren Teil der Kolonne kreist. Dadurch können die großen wasserentziehenden Eigenschaften des Benzins gut ausgenutzt werden. Andererseits ist es das von dem Benzol und nicht das von dem Benzin gebildete ternäre Gemisch, welches sich im Scheidegefäß bei der Bildung der beiden Schichten besonders vorteilhaft auswirkt. Schließlich genügen die geringen Mengen Benzin bestimmter Siedegrenzen, die ebenfalls als Bestandteile des azeotropen Gemisches in das Absatzgefäß übergehen, um dort die Dekantierung zu stabilisieren.

Mit der Mischung erhält man 18% untere Schicht mit einem Wassergehalt von etwa 30%.

Abschließend kommt GENDRE zu dem Ergebnis, daß die Anwendung von Benzol allein als Entziehungsmittel in der Praxis unwirtschaftlich ist. In Tab. 34 gibt er die ausführbaren Methoden an.

Tabelle 34.

Benzol	Methode GUINOT . . .	Zugabe von Wasser 1 Absatzgefäß 2 kleine Kolonnen
	Methode STEFFENS . .	Waschung mit Wasser 2 Absatzgefäße 1 kleine Kolonne
Äthylacetat	Methode GUINOT . . .	Zugabe von Wasser 1 Absatzgefäß 2 kleine Kolonnen
	Methode RODEBUSH . .	Waschung mit Wasser 1 Absatzgefäß 2 kleine Kolonnen
Benzin-Benzol-Gemisch . .	Methode GUINOT . . .	Kein Wasserzusatz 1 Absatzgefäß 2 kleine Kolonnen

Alle diese Verfahren können bei atmosphärischem Druck oder bei einem größeren oder geringeren Überdruck angewendet werden. Ein zu großer Überdruck wird aber als unvorteilhaft angesehen, weil in dem binären Gemisch: Entziehungsmittel—absoluter Alkohol der Prozentgehalt an Kohlenwasserstoffen dann zu gering ist, denn er bringt Störungen der Entwässerung.

4. Das Guinot-Verfahren.

Es bedeutete einen großen Fortschritt, als es GUINOT gelang, mit Geräten zur Abscheidung des Vorlaufs und des Nachlaufs unter Anwendung von Benzol als Entwässerungsmittel einen störungsfreien Betriebsgang zu erreichen. Abb. 137 zeigt *die schematische Darstellung einer Destillieranlage zur Herstellung von absolutem Alkohol.*

Gemäß dem Vorschlage von GUINOT werden die Verunreinigungen des Alkohols in drei Gruppen eingeteilt:

1. Nebenbestandteile des Alkohols, die *leichter flüchtig* sind als Äthylalkohol, wie Aldehyde, Methylalkohol, Aceton, Äther.

2. Nebenbestandteile des Alkohols, die etwa *den gleichen Siedepunkt* besitzen wie der Äthylalkohol, wie Äthylacetat, Methyläthylketon, Isopropylalkohol.

3. Nebenbestandteile des Alkohols, die *schwerer flüchtig* sind als Äthylalkohol, wie Isobutylalkohol, Isoamylalkohol, Propyl-, Butyl-, Amylalkohol, Aldol, Furfurol, Fettsäuren.

Je nach ihrem Siedepunkt sammeln sie sich an verschiedenen Stellen der Kolonne nach und nach an, und zwar die unter 1 genannten Begleitstoffe am Kopf, die unter 3 genannten zum Teil am Fuße der Kolonne.

Zur Entfernung der leichtflüchtigen Verunreinigungen werden diese zusammen mit etwas Benzol, Alkohol und Wasser als ternäres Gemisch an der Spitze der Kolonne A abgezogen und nach Durchgang durch einen Kondensator und Kühler in der Nebenkolonne Q destilliert. Die aus dem oberen Teil dieser Nebenkolonne entweichenden Anteile werden in der Waschkolonne R mit Wasser gewaschen und hierbei in eine stark benzolhaltige obere Schicht und in eine wäßrige, die Verunreinigungen aus dem Vorlauf enthaltende untere Schicht getrennt. Das Benzol wird der Fabrikation zurückgegeben, während das Waschwasser, das nur noch Spuren von Benzol, nebenher aber die leichtflüchtigen Verunreinigungen des Alkohols und etwas Alkohol enthält, als Vorlaufprodukt abgezogen wird. Dieses kann

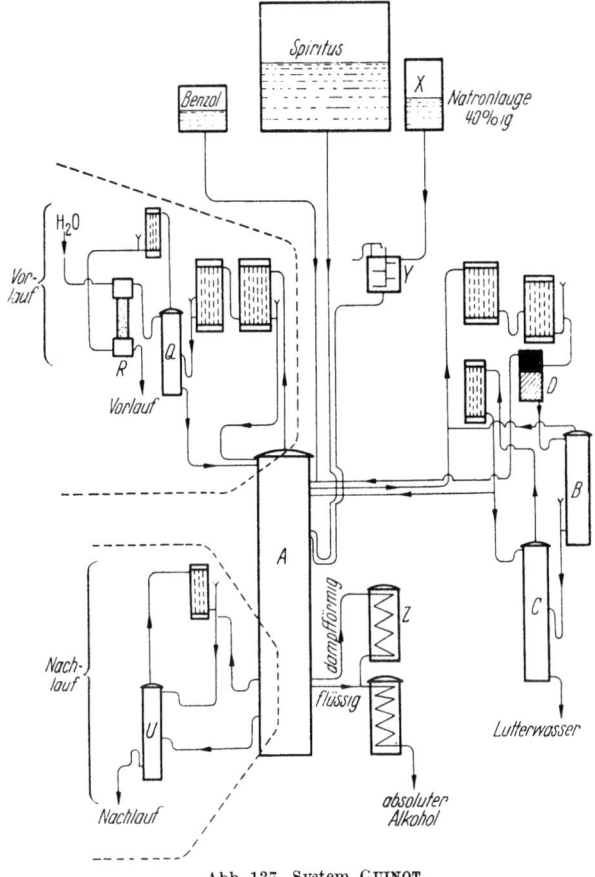

Abb. 137. System GUINOT.

in einer gesonderten Apparatur periodisch auf eine Weingeiststärke von etwa 94 Gew.-% verstärkt werden.

Dieses Reinigungsverfahren hat den Vorteil, daß auch der *Methylalkohol* vollkommen abzuscheiden ist. Dieser siedet mit Benzol binär azeotropisch bei 57,5°, ohne daß der Äthylalkohol und das Wasser das Zustandekommen der binären Mischung irgendwie zu stören vermögen. In einer Zusammensetzung von 65 Teilen Benzol und 35 Teilen Methylalkohol verläßt das binäre Gemisch die Kolonne A als Vorlaufprodukt und wird dann in der Kolonne R in seine Einzelkomponenten zerlegt. Der Methylalkohol wird schließlich zusammen mit dem Waschwasser abgezogen.

Die Entfernung der hochsiedenden Nebenbestandteile, wie z. B. der Fuselöle, ist ebenso leicht. Bei der gewöhnlichen Rektifikation sind die günstigsten Bedingungen für die Abscheidung des Fuselöls dann gegeben, wenn der Alkohol eine Weingeiststärke von über 94 Gew.-% besitzt. Bei der Herstellung von absolutem Alkohol nach der neuen Arbeitsweise verschieben sich diese Verhältnisse durch die Wasserabwesenheit insofern sehr günstig, als z. B. der Isoamylalkohol nicht ein bei 95° siedendes Azeotrop bildet wie bei Anwesenheit von Wasser, sondern unverändert bei 131° siedet und daher der zur Trennung des Äthylalkohols vom Amylalkohol wichtige Siedepunktunterschied von 131,8° — 78,3° = 53,5° bestehen bleibt. Diese verhältnismäßig hochsiedenden Bestandteile werden am Fuß der Kolonne A abgezogen und zur Entfernung geringer Mengen von absolutem Alkohol in der Nebenkolonne U einer Nachbehandlung unterworfen.

Nicht so einfach ist indessen die Abscheidung der Verunreinigungen, die etwa den gleichen Siedepunkt wie der Äthylalkohol besitzen. Hier wird der *Essigsäureäthylester* mit dem Siedepunkt von 77° herangezogen, der in Vermischung mit Äthylalkohol und Wasser ternär azeotrop bei 70,3° und bei Gegenwart von Äthylalkohol allein binär azeotrop bei 71,8° siedet. Infolge seiner im Temperaturbereich der Kolonne liegenden azeotropen Siedepunkte sammelt sich der Ester im Laufe der Zeit in der Kolonne an und wird schließlich mit dem absoluten Alkohol abgezogen, ohne jedoch dabei eine Betriebsstörung zu verursachen. Immerhin wird eine Verunreinigung des Alkohols durch Äthylacetat erreicht, die indessen durch Verseifung der Ester in der Kolonne mit einer berechneten Menge Natronlauge zu beseitigen ist. Zugleich wird damit die natürliche Säure des Rohspiritus neutralisiert.

Apparativ wird die Veresterung so durchgeführt, daß aus dem mit etwa 40%iger Natronlauge gefüllten Behälter X eine gewisse Menge der Lauge in den Behälter Y abgelassen wird und hier mit Rohspiritus durch ein Rührwerk sorgfältig vermischt werden kann. Diese Lösung wird dann mit einem Gehalt von etwa 4% Natriumhydroxyd in die Kolonne A dicht unterhalb des Spirituszuflusses eingeführt. Die bei der Neutralisation der Säuren und bei der Verseifung der Ester entstehenden Natriumsalze können am Fuß der Nebenkolonne U leicht mit den Nachlaufprodukten abgezogen werden, da sie in diesen löslich sind. Der absolute Alkohol wird in diesem Falle nicht flüssig, sondern dampfförmig aus der Kolonne A entnommen und zunächst durch den Zusatzkühler Z geschickt.

Ein weiterer Schritt zur Vervollkommnung des azeotropen Verfahrens wurde dadurch getan, daß in der *Usines de Melle* die Destillation der Würze, die Rektifikation des Rohspiritus und die Entwässerung des rektifizierten Alkohols zu einem Verfahren zusammengezogen wurden. Dadurch wurde eine bessere Wärmeausnutzung erzielt. Der Dampfverbrauch belief sich nur noch auf etwa 350 kg je Hektoliter absoluten Alkohol, während er im einzelnen für die Destillation einer 7%igen Melassewürze 300 kg/hl, für die Rektifikation 375 kg/hl und für die Entwässerung etwa 200 kg/hl, also zusammen 875 kg/hl betrug.

Diese Ersparnis ist im wesentlichen dadurch möglich gewesen, daß:

1. die aus der Destillierkolonne austretenden Dämpfe (78° C) zur teilweisen Beheizung der Entwässerungskolonne und zur Wärmespeisung

der unteren Schicht des ternären Gemisches in der Hilfskolonne herangezogen wurden, während das Kondensat der Dämpfe als Rücklauf für die Destillierkolonne diente,

2. die vergorene Würze durch die Schlempe erhitzt wurde,

3. die Destillierkolonne zur Temperaturerhöhung der Alkoholdämpfe auf 89° oder 97° C unter einen Druck gesetzt wurde, der dem Druck einer Wassersäule von 5 m bzw. 10 m entspricht, so daß mit diesen Dämpfen sämtliche Teile der Entwässerungskolonne beheizt werden konnten, deren Temperaturbereich bei Verwendung eines Benzin–Benzol-Gemisches als Entziehungsmittel zwischen 64° und 81° liegt, und das Kondensat wieder als Rücklauf für die Destillierkolonne dienen konnte.

Das Verfahren erforderte eine sehr einfache *apparative Anordnung*, die in Abb. 138 wiedergegeben ist.

Die zu destillierende vergorene Würze wird in der Wärmeaustauschvorrichtung W durch die aus der Destillierkolonne 1 austretenden Destillationsrückstände auf etwa 90° C erhitzt und gelangt durch die Leitung 2 in die Kolonne 1. Diese wird am Fuße mit direktem Dampf beheizt. Die am Kopfe der Kolonne 1 durch das Rohr 3 entweichenden Alkoholdämpfe dienen zur teilweisen Beheizung der Entwässerungskolonne 4. Die in dem Kondensationsverdampfer K sich niederschlagenden Dämpfe werden durch die Rohrleitung 5 mit Hilfe einer Pumpe oder einer Emulgiervorrichtung 6 dem oberen Teil der Kolonne 1 wieder zugeführt, während die nichtkondensierten Dämpfe durch die Leitung 7 in den Kondensator 8 steigen und von hier der Kolonne 1 wieder zufließen.

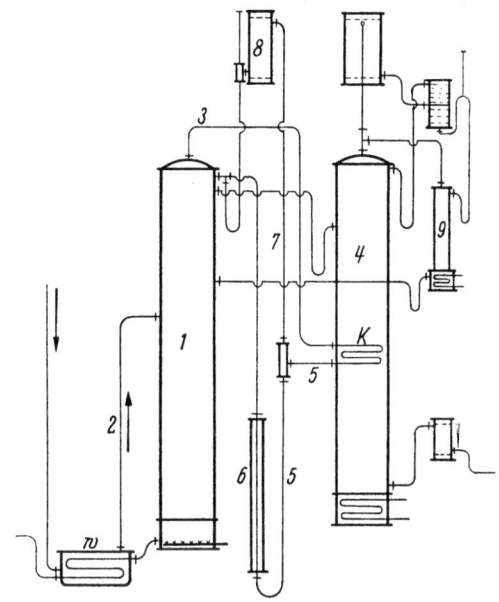

Abb. 138. System *Usines de Melle*.

Eine noch bessere Wärmeausnutzung wird erreicht, wenn die Kolonne zur Erhöhung der Temperaturdifferenz unter Druck gesetzt wird, der einer Wassersäule von 5 m entspricht. Dann steigt die Temperatur der am Kopf der Kolonne 1 entweichenden Alkoholdämpfe auf 89° C. Sie genügt, um mit den Dämpfen die Entwässerungskolonne 4 und die Hilfskolonne 9 durch Kondensationsverdmapfer (nicht gezeichnet) zu beheizen. Bei dieser Anordnung wird ohne besonderen Mehrdampfverbrauch die in den Alkoholdämpfen der Destillierkolonne 1 enthaltene Wärme dazu benutzt, den Entwässerungsapparat zu beheizen.

Die Dampfausnutzung ist dann noch weiter verbessert worden. Die am Kopf der Destillierkolonne entweichenden Dämpfe werden der Rektifizierkolonne zugeleitet, nachdem sie einen Teil ihrer Wärme zur Beheizung der Hilfskolonne abgegeben haben. In der Rektifizierkolonne wird dann die Destillation so geführt, daß zugleich am Kopf und am Fuß das im Spiritus enthaltene Wasser abgeführt wird. Durch Zusatz eines Entziehungsmittels (Benzin–Benzol) entstehen am Kopf dieser Kolonne azeotrop siedende ternäre Dampfgemische mit Minimumsiedepunkt. Nach ihrer Kondensation im Kondensator — außerhalb der Kolonne — trennt sich dann das Gemisch in bekannter Weise und läuft aus dem dafür vorgesehenen Abscheider als obere Schicht der Rektifizierkolonne als Rücklauf zu, während ihr die untere Schicht in der Mitte der Kolonne zugeführt wird. In ihrem unteren Teil wirkt die Rektifizierkolonne als Verstärkungskolonne, und die Kochböden am Fuß dienen zur Entgeistung des zugeführten Spiritus. An der tiefsten Stelle der Kolonne wird schließlich der größere Teil Wasser abgezogen, den der Spiritus enthält.

5. Die Verbesserung der Wasserentziehungsmittel.

Alle apparativen Umgestaltungen und Verfeinerungen der azeotropen Destillationsmethoden hätten indessen keine weiteren Vorteile gebracht, wenn man nicht auch die Wasserentziehungsmittel selbst verbessert hätte. So hat man zuerst in der Fa. *Usines de Melle* die Brauchbarkeit der Gemische geprüft und ist nach GENDRE zu folgenden Mischungen gekommen:

1. 65 Raumteile Reinbenzol,
   35 Raumteile Benzin mit den Siedegrenzen 100—101° C.
2. 75 Raumteile Äthylacetat,
   25 Raumteile Benzin wie oben.
3. Butylchlorid und Äthylacetat.
4. Butylchlorid und Cyclohexan.
5. Cyclohexan und Äthylacetat.

Hinsichtlich des ersten Gemisches vgl. auch das im Abschnitt „Die Bedeutung der Entziehungsmittel" Gesagte.

Die im fertigen absoluten Alkohol verbleibenden Spuren der Entziehungsmittel sind dann durch FRITZWEILER und DIETRICH durch Filtration mit aktiver Kohle entfernt worden. Dabei stellte es sich heraus, daß der Wirkungswert der aktiven Kohle auf hochprozentigen Branntwein praktisch der gleiche ist wie auf niedriggrädigen, und daß die Kohle die an sich bekannte Adsorptionsfähigkeit für Benzin und Benzol nicht verliert.

Man hat auch versucht, die wasserbindende Eigenschaft gewisser Salze zur Entwässerung heranzuziehen. Neben SCHOTSMANS, VERLEY, VIDAL, MARILLER und GRANGER hat vor allem GORHAN in dem sogenannten *Hiag*-Verfahren der *Degussa*, Frankfurt a. M., ein *Gemisch von Kaliumacetat und Natriumacetat* mit Erfolg angewendet. Dieses Salzgemisch wird in alkoholischer Lösung dem zu entwässernden Spiritus im Gegenstrom in einer besonderen Kolonne zugeführt, hierbei wird das Wasser des Spiritus gebunden. Die Regeneration der Salze wird dann in einer mit überhitztem Dampf von etwa 300° C oder in einer elektrisch beheizten Pfanne vorgenommen. Vgl. *Hiag*-Verfahren.

Demgegenüber sind die flüssigen Mittel außer den schon von GENDRE untersuchten und eingangs erwähnten Gemischen noch weiterhin untersucht worden.

So ist das ternäre Gemisch Benzol–Äthylalkohol–Wasser von FRITZ-WEILER und DIETRICH besonders eingehend geprüft worden.

In der Zusammensetzung:

74,1 Gew.-% Benzol,   7,4 Gew.-% Wasser
18,5 Gew.-% Äthylalkohol,

siedet dieses Gemisch bei 68,85° C und somit tiefer als jeder der Einzelbestandteile und fernerhin tiefer als jede der drei binären Mischungen mit Minimumsiedepunkt folgender Zusammensetzung:

32,4 Gew.-% Äthylalkohol   95,57 Gew.-% Äthylalkohol
67,6 Gew.-% Benzol, Sdp. 68,25° C   4,43 Gew.-% Wasser, Sdp. 78,15° C
       91,17 Gew.-% Benzol
        8,83 Gew.-% Wasser, Sdp. 69,25° C

Für die Alkoholentwässerung sind diese Vorgänge nun insofern von grundlegender Bedeutung, als beim Aufkochen des bei 78,15° C azeotrop siedenden binären Äthylalkohol-Wasser-Gemisches, welches durch gewöhnliche Destillation nicht weiter entwässert werden kann, durch Zusatz geeigneter Mengen von Benzol ein ternäres Gemisch obengenannter Zusammensetzung entsteht, in dem das Verhältnis: Wasser zu Äthylalkohol 7,4 : 18,5 größer ist als in dem binär azeotropen Äthylalkohol-Wasser-Gemisch 4,43 : 95,57 und damit die vollkommene Entwässerung des Äthylalkohols gelingt. Leitet man die Kolonnendestillation des 95,57 gew.-%igen Alkohols unter Zusatz von Benzol in der Weise, daß am Kopf der Kolonne das ternäre, bei 68,85° C azeotrop siedende Gemisch Äthylalkhohol–Wasser–Benzol gebildet wird, so führt dieses das Wasser des Äthylalkohols restlos mit sich, und es verbleibt ein wasserfreier Äthylalkohol mit einem geringen Benzolüberschuß, der als binäres, bei 68,25° C azeotrop siedendes Äthylalkohol-Benzol-Gemisch von dem höher siedenden Äthylalkohol (78,3° C) abdestilliert wird.

Die aus diesen Erkenntnissen entstandenen azeotropen Spiritusentwässerungsverfahren sind an bestimmte Ausgestaltungen der Apparatur gebunden. Grundsätzlich ist bei Verwendung von Entziehungsmitteln, welche in der wasserreichen Schicht nennenswerte Mengen von diesen enthalten, erst die Abscheidung des Entziehungsmittels erforderlich, ehe das Wasser entfernt werden kann.

Hierfür bestehen zwei Möglichkeiten:

Man wäscht die wasserreiche Schicht in einem *besonderen Waschgefäß* und führt hierdurch die Trennung des wasserunlöslichen Entziehungsmittels von dem wäßrigen Äthylalkohol herbei oder aber man destilliert in einer *Hilfskolonne* das Entziehungsmittel von dem wäßrigen Äthylalkohol ab.

In beiden Fällen wird dann der wäßrige Alkohol in einer besonderen *weiteren Hilfskolonne* auf etwa 94 Gew.-% verstärkt und das abgeschiedene Wasser aus der Apparatur abgezogen.

Die Hauptfaktoren, welche die Eignung eines Entziehungsmittels bestimmen, sind die *Zusammensetzung* und die *Art der Dekantation* des azeotropen Gemisches. Ein Entziehungsmittel ist nach den bisher gewonnenen Erfahrungen um so brauchbarer, je mehr Wasser das ternäre Gemisch — und zwar als Bestandteil der wasserreichen Schicht — enthält, und ferner, je mehr diese Wassermenge von der Raummenge der wasserreichen Schicht einnimmt. Wenn man diese beiden Faktoren in den Begriffen: wirtschaftliche Wasserentziehung und wirtschaftliche Dekantation zusammenfaßt, dann lassen sie sich zahlenmäßig wie folgt definieren:

$$\text{W. Wasserentziehung} = \frac{\text{Wassergehalt der wasserreichen Schicht}}{\text{Raummenge des ternären Gemisches}} \cdot 100,$$

$$\text{W. Dekantation} = \frac{\text{Raummenge der wasserreichen Schicht}}{\text{Wassergehalt der wasserreichen Schicht}}.$$

Der Idealfall, der physikalisch aber nicht realisierbar ist, wäre eine wirtschaftliche Wasserentziehung von 100 und eine wirtschaftliche Dekantation von 1. Das gesamte ternäre Gemisch bestände dann nur aus Wasser, und die wasserreiche Schicht enthielte infolgedessen ebenfalls nur Wasser. Ein Entziehungsmittel, welches diesem Idealfall nahekäme, müßte gleichzeitig den Vorteil bieten, daß einerseits die wasserreiche Schicht mengenmäßig sehr gering anfiele, da sie überwiegend aus Wasser besteht und nur Spuren an Entziehungsmittel und Äthylalkohol als unerwünschte Begleitstoffe enthielte, daß aber andererseits die vor der Verstärkung des wäßrigen Alkohols bisher notwendige Abscheidung des Entziehungsmittels aus ihr durch besondere Destillation oder durch Auswaschen mit Wasser ganz entfiele.

Außer den genannten Eigenschaften soll das Entziehungsmittel aber weiterhin indifferent gegen Alkohol und unzersetzlich bei höheren Temperaturen sein und soll eine möglichst geringe Verdampfungswärme und Flüssigkeitswärme haben.

FRITZWEILER und DIETRICH haben nun gefunden, daß die bisher verwendeten Entziehungsmittel diesen Erfordernissen nur wenig gerecht werden, wie Tab. 35 zeigt:

Tabelle 35.

	W. Wasserentzug	W. Dekantation	Spezifische Wärme	Verdampf. Wärme/kg
Benzol	5,1	16 : 5,1 = 3,14	0,436	94,55
Benzin	6,6	37 : 6,6 = 5,5	0,578	76,7
Benzin-Benzol . .	5,4	18 : 5,4 = 3,33	0,483	88,6
Idealfall	100	100 : 100 = 1	0	0

Greift man das Benzin-Benzol-Gemisch heraus, so wird aus der Zahlengröße der wirtschaftlichen Dekantation ersichtlich, daß in 18 Raumteilen der wasserreichen Schicht nur 5,4 Raumteile Wasser vorhanden sind, während die Restmenge aus 4 Raumteilen Entziehungsmittel und 8,6 Raumteilen Alkohol besteht. Hieraus ergibt sich eine prozentuale Zusammensetzung der wasserreichen Schicht von 30 Raum-% Wasser, 22 Raum-% Entziehungsmittel und 48 Raum-% Äthylalkohol. Dieser verhältnismäßig hohe Entziehungsmittelgehalt der wasserreichen Schicht macht die oben erwähnte vorherige Abscheidung des Entziehungsmittels durch Destillation erforderlich, ehe das Wasser vom Alkohol abgeschieden werden kann, d.h. bevor der wäßrige Alkohol in einer Kolonne durch Destillation auf 94 Gew.-% verstärkt werden kann. Unterzöge man die wasserreiche Schicht ohne vorherige Abscheidung des Entziehungsmittels der Destillation in einer Kolonne, so würde die Abscheidung des Wassers nur schwerlich gelingen. Es würden sich vielmehr zwei Vorgänge in der Kolonne abspielen, die sich im Prinzip entgegenwirken. Die Anwesenheit des Entziehungsmittelgemisches würde zunächst zur Bildung des bekannten ternären azeotropen Gemisches führen, mit dem das im Spiritus enthaltene Wasser zum Kopfe der Kolonne gelangt, während bei dem einfachen Destillationsverfahren zur Verstärkung des Spiritus das Wasser mit seinem gegenüber dem Äthylalkohol (Sdp. 78,3° C) höheren Siedepunkt von 100° C am Fuß der gleichen Kolonne sich ansammelt und hier abgezogen wird. Die Wasserabscheidung wäre also sehr gehemmt, wenn nicht überhaupt unmöglich gemacht.

Aus dieser ungünstigen Situation heraus ergab sich die Aufgabe, solche Entziehungsmittel zu finden, die eine günstigere wirtschaftliche Wasserentziehung und Dekantation sowie niedrigere Werte der spezifischen Wärme und der Verdampfungswärme gewährleisten. FRITZWEILER und DIETRICH fanden, daß *Trichloräthylen* wesentlich bessere Eigenschaften zeigt als das bis dahin meist verwendete Benzin-Benzol-Gemisch. Wenn auch diese Flüssigkeit in ihrer Eignung von dem erwähnten Idealfall noch weit entfernt ist, so hat sie doch günstigere Kennzahlen aufzuweisen und hat sich auch in der Praxis bewährt. Folgende Kennzahlen wurden gefunden:

	W. Wasserentzug	W. Dekantation	Spez. Wärme	Verdampf. Wärme/kg
Trichloräthylen ...	5	13 : 5 = 2,6	0,228	56,5

Der Wert der wirtschaftlichen Dekantation zeigt, daß in 13 Raumteilen der wasserreichen Schicht 5 Raumteile Wasser vorhanden sind, die Restmenge setzt sich aus 0,8 Raumteilen Trichloräthylen und 7,2 Raumteilen Äthylalkohol zusammen, wie experimentell gefunden wurde. Die prozentuale Zusammensetzung der wasserreichen Schicht errechnet sich hieraus zu

    38,5 Raum-% Wasser   gegen früher 30%,
    6,15 Raum-% Trichloräthylen gegen früher 22%,
    55,35 Raum-% Äthylalkohol   gegen früher 48%.

Die Vorteile der neuen Flüssigkeit gegenüber dem Benzin-Benzol-Gemisch bestehen hiernach darin, daß die wasserreiche Schicht weit weniger Entziehungsmittel enthält und daß sie ferner mengenmäßig in geringerem Umfange anfällt, obwohl die Wasserentziehung der des alten Gemisches nicht nachsteht. Auch das Mengenverhältnis: Äthylalkohol zu Wasser in der wasserreichen Schicht ist beim Trichloräthylen günstiger als bisher. Die Weingeiststärke des Alkohols beträgt im ersten Falle 59 Raum-%, im zweiten Falle 61,5 Raum-%.

Die Verwendung von Trichloräthylen geschieht im sogenannten „*Drawinol-Verfahren*".

6. Die azeotrope Arbeitsweise.

Abschließend kommt K. R. DIETRICH zu folgender Erklärung über die *azeotrope Arbeitsweise:*

Im allgemeinen kann man ein Gemisch flüssiger Stoffe durch Destillation in seine Komponenten trennen, und zwar um so leichter, je weiter deren Siedepunkte auseinanderliegen. So reichert sich durch oftmaliges Verdampfen einer Mischung aus Methylalkohol und Wasser der bei 64,7° C siedende Methylalkohol in dem aus dem Gemisch entstehenden Dampf, das schwerer siedende Wasser aber in der Flüssigkeit an, bis das durch Kondensation des Dampfes entstehende Destillat aus wasserfreiem Methylalkohol und die als Rückstand verbleibende Flüssigkeit aus methylalkoholfreiem Wasser besteht.

Dieses Verhalten zeigt sich aber nicht bei allen Flüssigkeitsgemischen. Unterzieht man eine Mischung aus Äthylalkohol (Siedepunkt 78,3° C) und Wasser der gleichen Behandlung, so gelingt eine Anreicherung des Dampfes an Äthylalkohol nur bis 95,6%, selbst wenn die Verdampfung beliebig oft wiederholt wird. Auffallend ist hierbei, daß das anschließend wieder kondensierte Dampfgemisch mit seinem Gehalt von 4,4% Wasser bei dem „Minimumsiedepunkt" von 78,15° C siedet, also um 0,15° C niedriger als wasserfreier Äthylalkohol, obwohl der Siedepunkt infolge des Wassergehaltes eigentlich höher liegen sollte. Außergewöhnlich ist weiterhin, daß das Flüssigkeitsgemisch und die daraus entstehenden Dämpfe bei diesem Minimumsiedepunkt stets die untereinander gleichbleibende Zusammensetzung zeigen, so daß eine weitergehende Gemischtrennung durch Destillation unmöglich ist.

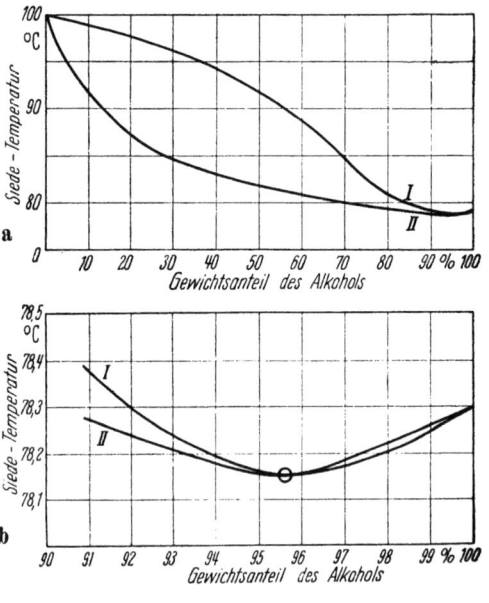

Abb. 139.

Hier liegt also ein Fall von „Azeotropismus" vor (abgeleitet aus dem Griechischen: a-zeotropos = nichtsiedend, also eine nicht erwartete Siedeeigenschaft). Darunter wird demnach die bei vielen Flüssigkeitsgemischen bestimmter Konzentration auftretende Erscheinung verstanden, daß sich die prozentuale Zusammensetzung sowohl der Flüssigkeit als auch des überdestillierten Dampfes nicht verändert.

Einen solchen azeotropen Destillationsverlauf veranschaulicht die Abb. 139 a u. b, in deren Koordinatensystem nach oben die Siedetemperatur und nach rechts der Alkoholgehalt in Gewichtsprozenten des Gemisches Äthylalkohol-Wasser aufgetragen ist.

Die untere Linie, die „Tau-Isobare", gibt die Zusammensetzung der Flüssigkeit, die obere, die „Siede-Isobare", die des im Gleichgewichtszustand daraus entstehenden Dampfes bei den verschiedenen Siedetemperaturen an. Da sich die Kurven von etwa 90% Alkoholanteil in sehr engem Abstand voneinander bewegen, ist der Verlauf von 90—100% in der Abb. 139b noch einmal in stark vergrößertem Maßstab wiedergegeben.

Der Verlauf der beiden Kennlinien zeigt, daß sie sich von Beginn bei 0% Alkohol an rasch voneinander trennen und bis etwa 80% Alkohol in großem Abstand voneinander liegen. Dies bedeutet, daß sich die Flüssigkeitszusammensetzungen und die dazugehörigen Dampfzusammensetzungen im Bereich von 0 bis etwa 85% Äthylalkohol wesentlich unterscheiden: der Dampf enthält stets erheblich mehr Alkohol als die Flüssigkeit, aus der der Dampf entstanden ist. Darauf beruht die fortschreitende Trennung der Komponenten voneinander. Von etwa 85% Alkohol an nähern sich die Kennlinien sehr schnell, bis sie sich im azeotropen Siedepunkt von 78,15° C überschneiden. An diesem Temperaturpunkt haben Flüssigkeit und Dampf die gleiche „azeotrope" Zusammensetzung von 95,6 Gew.-% Alkohol und 4,4 Gew.-% Wasser. Eine solche Mischung ist also durch einfache Destillation nicht zu trennen.

Dieses ungewöhnliche Siedeverhalten kann nur dadurch erklärt werden, daß die Dampfmoleküle in dem azeotropen Mischungsverhältnis eine besonders innige Bindung aufweisen, die allerdings durch Druckänderung beeinflußbar ist. Aus dem weiteren Verlauf der Kennlinien im Bereich von 95,6—100% Alkohol ergibt sich, daß die Flüssigkeit nun einen höheren Gehalt an Alkohol aufweist als der daraus entstandene Dampf.

Dies ist für das technische Destillieren des Äthylalkohols insofern von Bedeutung, als der Abscheidung des Wassers die Grenze von 4,4% gesetzt ist. Sie wird in der verschiedensten Weise überwunden. Setzt man dem azeotropen Äthylalkohol-Wasser-Gemisch bestimmte Mengen an Benzol mit dem Siedepunkt von 80° C hinzu und verdampft dieses Dreiergemisch wiederholt, so entsteht bei dem Minimumsiedepunkt von 64,85° C eine neue azeotrope Mischung, die den erheblichen Wasseranteil von 7,4% bei einem Alkoholanteil von nur 18,5% neben 74,1% Benzol aufweist. Das bedeutet, daß beim Verdampfen von 100 kg Äthylalkohol mit dem Wassergehalt von 4,4%, dem rund 44 kg Benzol zugesetzt worden sind, das gesamte Wasser in Form des bei dem Minimumsiedepunkt von 64,85° C siedenden azeotropen Dreiergemisches (4,4 kg Wasser, 11,1 kg Äthylalkohol und 44 kg Benzol) abdestilliert und 84,5 kg wasserfreier Äthylalkohol zurückbleiben. Tatsächlich beruht die technische Verwirklichung des Problems der Alkoholentwässerung auf diesem azeotropen Vorgang.

So bietet sich auch die Möglichkeit, normale, aber ungünstig liegende Siedeverhältnisse in eine destillationstechnisch vorteilhafte Richtung zu lenken. Methylalkohol und Äthylalkohol sieden zwar nicht azeotrop miteinander, lassen sich aber trotzdem durch Destillation schwer voneinander trennen. Ein Zusatz von Benzol kann diese Schwierigkeit beseitigen. Methylalkohol bildet mit Benzol bei einem Minimumsiedepunkt von 58,34° C eine azeotrope Mischung von 39,6% Methylalkohol und 60,4% Benzol. Methylalkohol destilliert also aus dem mit entsprechenden Benzolmengen versetzten Alkoholgemisch in Form dieser azeotropen Zusammensetzung, unter Zurücklassung von methylalkoholfreiem Äthylalkohol, bevor sich das andere, bei dem höher liegenden Minimumsiedepunkt von 68,25° C siedende azeotrope Gemisch (32,4% Äthylalkohol und 67,6% Benzol) bilden kann. Hierüber vergleiche auch die Ausführungen nach GENDRE im Abschnitt: Die Bedeutung der Wasserentziehungsmittel.

7. Das Merck-Verfahren.

Das im nächstfolgenden Abschnitt beschriebene „Drawinol-Verfahren" wurde von der Fa. *E. Merck*, Darmstadt, zusammen mit der *Reichsmonopolverwaltung für Branntwein* in die Technik eingeführt. Die speziellen Patente der Reichsmonopolverwaltung für das Drawinol-Verfahren waren abhängig von den grundlegenden Patenten auf Verfahren und Apparaturen zur gleichzeitigen ununterbrochenen Entwässerung und Reinigung von Rohsprit durch azeotrope Destillation bei Atmosphärendruck, welche seit 1929 von O. VON KEUSSLER, zum Teil zusammen mit D. PETERS, entwickelt worden sind.

Bisher waren entweder zwei Arbeitsgänge notwendig, um von dem ungereinigten Sprit zum absoluten Alkohol zu gelangen, oder man mußte in einem einzigen Kreislauf zwischen der Entwässerungskolonne und der Rek-

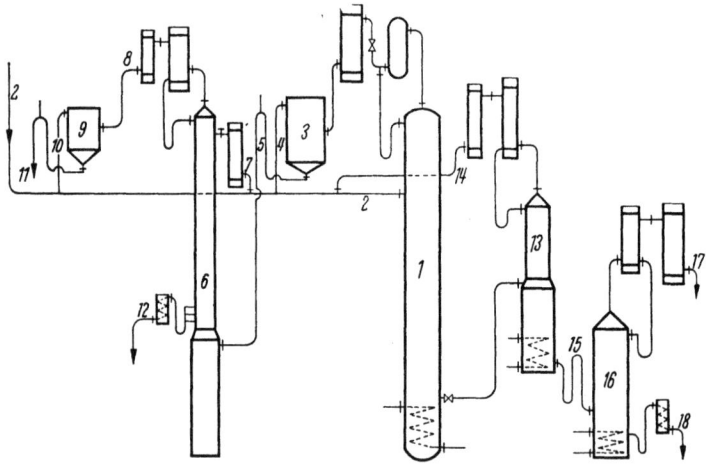

Abb. 140. System VON KEUSSLER.

tifizierkolonne zwei weitere Kolonnen einschalten, um die Vorläufe zu entfernen.

Demgegenüber zeigten nunmehr neue Erfahrungen, daß die vorerwähnten beiden Reinigungskolonnen erspart werden können, und daß ein reiner absoluter Alkohol nur dann erzielt werden kann, wenn der wasserfreie Alkohol aus der Entwässerungskolonne in einer Nachlaufkolonne nachbehandelt wird. Hierbei wird eine wesentliche Dampfersparnis erzielt.

Das Verfahren wird in der in Abb. 140 wiedergegebenen Apparatur durchgeführt.

Der Rohsprit wird mit dem Entziehungsmittel in den oberen Teil der Entwässerungskolonne *1* durch die Leitung *2* gegebenenfalls unter Zuhilfenahme einer Kreiselpumpe eingeführt. Als Destillat erscheint das ternäre Gemisch, welches alle bei dieser Rektifikation als Vorlauf auftretenden Verunreinigungen des Rohsprits enthält, zu denen auch ein Teil der bei der gewöhnlichen Rektifikation sonst als Nachlauf erscheinenden Fuselöle gehört. In dem Scheidetrichter *3* wird das Destillat unter Zugabe von Wasser in zwei Schichten getrennt. Die eine, meist die obere, besteht fast nur aus

Herstellung von absolutem Alkohol.

dem Entziehungsmittel und wird der Entwässerungskolonne *1* durch die Leitungen *4* und *2* wieder zugeführt. Die andere Schicht, bestehend aus wäßrigem Spiritus und den Verunreinigungen, wird durch die Leitung *5* der Rektifizierkolonne *6* gegebenenfalls über einen Wärmeaustauscher — im Gegensatz zu den bisher bekannten Verfahren — direkt zugeführt. Der Spiritus wird hier auf hochprozentigen Sprit rektifiziert, der einige Böden unterhalb des Kopfes der Kolonne bei *7* abgezogen und der Entwässerungskolonne *1* durch die Leitung *2* wieder zugeführt wird, während gleichzeitig die leichter siedenden Verunreinigungen sich im Kopfe der Kolonne konzentrieren und über Rückflußkühler und Schlußkühler bei *8* entfernt werden.

Falls der wäßrige Spiritus noch Entziehungsmittel enthält, geht das letztere mit dem Vorlauf über. Aus diesem kann das Entziehungsmittel in dem Scheidetrichter *9*, gegebenenfalls unter Wasserzusatz, durch den Überlauf *10* abgeschieden und dann der Entwässerungskolonne *1* durch die Leitung *2* wieder zugeführt werden, während die Vorläufe bei *11* abgezogen werden.

Die in dem wäßrigen Spiritus enthaltenen Fuselöle werden durch einen Abscheider *12* bei der Rektifikation entfernt.

Wie schon erwähnt, geht nur ein Teil der Verunreinigungen des Rohsprits mit dem Destillat der Entwässerungskolonne *1* über. Die übrigen Verunreinigungen finden sich im wasserfreien Alkohol am Fuß der Kolonne *1* wieder. Dieser Alkohol wird nun erst einer Vorlaufkolonne *13* zugeführt, aus welcher die letzten Spuren des Entziehungsmittels abdestilliert werden und der Entwässerungskolonne *1* durch die Leitung *14* wieder zugeleitet werden können. Der vom Zusatzmittel gereinigte wasserfreie Alkohol verläßt die Kolonne *13* am unteren Teil durch die Leitung *15* und wird im Gegensatz zu den bekannten Verfahren in der Nachlaufkolonne *16* von den höher siedenden Verunreinigungen bei *17* abdestilliert. Die Nachläufe werden bei *18* abgezogen. Bei ausreichender Bödenzahl kann der wasserfreie Alkohol aus der Entwässerungskolonne *1* der Nachlaufkolonne *16* direkt zugeführt werden.

Mit Ausnahme der Abtrennung der Zusatzflüssigkeit in einem Scheidetrichter findet also zwischen Entwässerung und Rektifikation des anfallenden wäßrigen Spiritus keine Reinigung bzw. Entfernung der Verunreinigungen statt. Die Abscheidung der niedrigsiedenden Verunreinigungen findet während der Rektifikation statt, während der von der Entwässerung kommende wasserfreie Alkohol erst von den letzten Spuren des Entziehungsmittels befreit und dann von den höher siedenden Verunreinigungen abdestilliert wird.

Wenn nun gewisse Verunreinigungen, wie z. B. Äthylacetat, im Destillat der Kolonne *13* erscheinen, kann durch Abänderung der Apparatur, und zwar durch Höherlegen der Rückfluß- und Schlußkühler, das Destillat, welches normalerweise durch die Leitung *14* und *2* der Entwässerungskolonne *1* zugeführt wird, durch Umschaltung von Hähnen durch eine besondere Leitung *14a* (nicht gezeichnet) dem Scheidetrichter *3* zufließen. Dort wird es in zwei Schichten getrennt. Die Entziehungsflüssigkeit kehrt in die Entwässerungskolonne *1* zurück, während die Verunreinigungen der Spiritusrektifizierkolonne *6* mit der unteren Schicht zufließen, um hier abgeschieden zu werden.

Wenn vor dem Scheidetrichter *3* eine Mischvorrichtung eingebaut ist, kann nach vorherigem Zusatz von Wasser eine Abscheidung der leicht siedenden Verunreinigungen aus der Zusatzflüssigkeit stattfinden, weil sie mit dem nunmehr stark verdünnten wäßrigen Spiritus der Nebenkolonne *6* zugeführt und dort abgeschieden werden können.

Das ununterbrochene azeotrope Destillationsverfahren zur Entwässerung von Alkohol ist neuerdings durch von KEUSSLER weiter verbessert worden.

8. Das Drawinol-Verfahren.
(Vgl. a. das Merck-Verfahren, S. 480 ff.)

Im Laboratorium und in den Betrieben der Reichsmonopolverwaltung für Branntwein ist das sogenannte „Drawinol-Verfahren" entwickelt worden, worüber FRITZWEILER und DIETRICH 1932 eingehend berichtet haben. Es leitet seinen Namen von der Fa. *Dr. Alexander Wacker*, München, her, weil dort ein besonders stabilisiertes Trichloräthylen hergestellt worden ist, welches für azeotrope Zwecke geeignet ist.

Man hatte schon im Laboratorium gefunden, daß die kontinuierliche Aufarbeitung der wasserreichen Schicht gelingt, ohne daß vorher die Abscheidung der geringen Mengen Entziehungsmittel notwendig ist. Auch die kontinuierliche Entwässerung des Spiritus mit Hilfe des Trichloräthylens gelang ohne Schwierigkeit, wobei allerdings darauf zu achten war, daß der absolute Alkohol vollkommen trichloräthylenfrei erhalten wurde. Schließlich ist auch die Frage der Abscheidung des entstehenden Methylalkohols gelöst worden, von dem festgestellt worden war, daß er die Dekantation des ternären Gemisches ungünstig beeinflußt, wenn er sich in größeren Mengen in der Apparatur anreichert. Man hat dies durch eine besondere Kolonnenkonstruktion erreicht. Die bei der Aufarbeitung der methylalkoholhaltigen wasserreichen Schicht des ternären Gemisches in die Kolonne mit eingeführten geringen Mengen von Trichloräthylen werden zur Bildung eines bei dem Minimumsiedepunkt 60,2° C siedenden binären azeotropen Gemisches von 49 Raumteilen Methylalkohol und 51 Raumteilen Trichloräthylen verwendet.

Um einen derartigen Destillationsgang in einer Kolonne zu erreichen, haben FRITZWEILER und DIETRICH im Betrieb die übliche Zahl der Böden der Spiritusverstärkungskolonne von 36 auf etwa 55 erhöht und für den 36. und 55. Boden je ein Geistrohr vorgesehen. Jedes Geistrohr führt zu einem Kondensator, von denen der eine den 35. Boden und der andere den 54. Boden mit dem erforderlichen Rückfluß speist. Siehe Abb. 141

Bei einer solchen Anordnung ergeben sich die folgenden Destillationsvorgänge:

Die wasserreiche Schicht wird im unteren Drittel der Kolonne eingeführt. Bis zum zweiten Drittel findet die Verstärkung des wäßrigen Alkohols der wasserreichen Schicht statt. Auf dem 36. Boden wird der mindestens 94 gew.-%ige Äthylalkohol als Dampf abgezogen, während am Fuß der Kolonne das abgeschiedene Wasser abgeführt wird. Der von der wasserreichen Schicht in die Kolonne eingeführte Methylalkohol und das Trichloräthylen steigen weiter aufwärts zum Kopf der Kolonne, da der Siedepunkt ihres Gemisches (60,2° C) tiefer als der des ternären Gemisches Äthylalkohol-Wasser-Trichloräthylen (67,25° C), des binären Gemisches Äthylalkohol-Trichloräthylen (70,9° C) und des Äthylalkohols (78,3° C) liegt. Am Kopf der Kolonne wird das binäre Gemisch in der obengenannten Zusammensetzung 49 zu 51 abgezogen.

Diese kombinierte Wirkungsweise der Kolonne, in der die gewöhnliche Destillation an die azeotrope Destillation gekoppelt ist — ohne daß das thermodynamische System dadurch gestört wird —, wird wesentlich dadurch unterstützt, daß der Kolonne ein Rücklauf von zweierlei Zusammensetzung zugeführt wird. Der 35. Boden wird mit mindestens 94 gew.-%igem Äthylalkohol, der etwas Trichloräthylen enthält, und der 54. Boden mit dem binären Gemisch Methylalkohol-Trichloräthylen gespeist.

Um auch den Methylalkohol zu erfassen, der in der wasserarmen Schicht des ternären Gemisches enthalten ist, wird sie ganz oder zum Teil der gleichen Kolonne im oberen Drittel zugeführt. Der Methylalkohol und die zur Bildung des azeotrop siedenden binären Gemisches erforderliche Menge Trichloräthylen steigen zum Kopf der Kolonne und werden hier abgezogen, während das überschüssige Trichloräthylen und der Äthylalkohol am 36. Boden zusammen mit dem 94 gew.-%igen Alkohol als Dampf abgeführt werden.

Das binäre Gemisch wird zur Abscheidung des Methylalkohols mit Wasser gewaschen und der wäßrige Methylalkohol durch gewöhnliche Destillation entwässert.

Die zunächst mit Hilfe von Laboratoriumskolonnen gesammelten Erfahrungen haben dann zwei praktische Anwendungsgebiete gefunden:

α) *Die Aufarbeitung von Rohspiritus.*

Hierzu dient die Apparatur der Abb. 141.

Der Rohspiritus wird durch die Rohrleitung *1* der Entwässerungskolonne *A* zugeführt, nachdem er den Vorwärmer *J1* durchströmt hat, in dem der aus der Kolonne *A* abgezogene heiße absolute Alkohol seine Wärme an den Rohspiritus abgibt. Am Kopf der Kolonne *A* erscheint das ternäre Gemisch in der bereits angegebenen Zusammensetzung, welches über die Rohrleitung *3*, den Kondensator *D* und den Kühler *E* abgezogen wird und sich im Abscheider *H* in zwei Schichten trennt. Ein kleiner Teil des im Kondensator *D* kondensierten ternären Gemisches kann durch die Rohrleitung *3a* dem Kopf der Kolonne *A* als Rückfluß zugeleitet werden. Ein Teil der unteren wasserarmen Schicht des im Abscheider dekantierten ternären Gemisches wird durch die Rohrleitung *7* der Entwässerungskolonne *A* wieder zugeführt. Ein anderer Teil wird durch die Rohrleitung *7a* dem oberen Teil der Kolonne *C* zugeleitet. Die obere wasserreiche Schicht wird durch die Rohrleitung *6* der Kolonne *C* zugeführt. In dieser Kolonne wird der Äthylalkohol der oberen wasserreichen Schicht auf mindestens 94 Gew.-% verstärkt und zugleich an ihrem Kopf der äthylalkoholfreie Methylalkohol mit geringen Mengen Entziehungsmittel abgeschieden. Der verstärkte Äthylalkohol wird zusammen mit geringen Mengen von Trichloräthylen durch die Rohrleitung *11* über den Kondensator *M* abgezogen und durch die Rohrleitung *13* der Entwässerungskolonne *A* zugeführt. Im oberen Teil dieser Kolonne reichert sich der Methylalkohol an, der zusammen mit dem Trichloräthylen als azeotrop siedendes Gemisch mit dem Minimumsiedepunkt von 60,2° C über den Kondensator *L* durch die Rohrleitung *10* abgeführt wird. Aus der in den oberen Teil der Kolonne *C* durch die Rohrleitung *7a* eingeführten wasserarmen Schicht des ternären Gemisches wird der Methylalkohol ebenfalls abgeschieden und in Form des genannten binären azeotrop siedenden Gemisches durch die Rohrleitung *10* abgeführt.

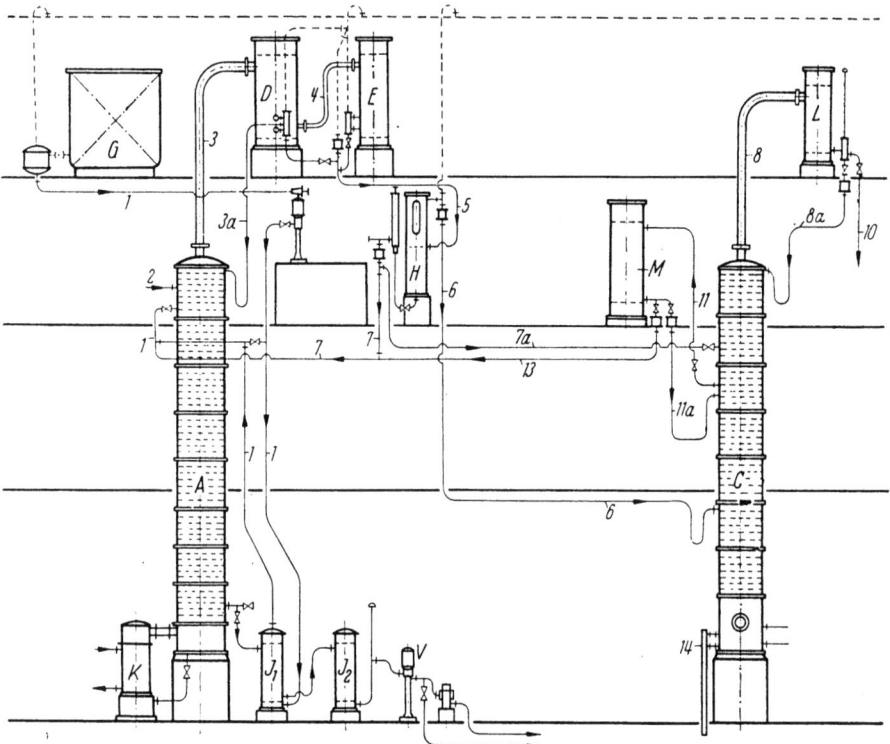

Abb. 141. Aufarbeitung von Rohspiritus.

Es setzt sich aus 38 Gew.-% Methylalkohol und 62 Gew.-% Trichloräthylen zusammen und wird einem auf der Zeichnung nicht mit aufgenommenen Waschgefäß zugeführt, in dem das Trichloräthylen durch Wasserzusatz periodisch oder kontinuierlich abgeschieden wird. Die obere Schicht, die den wäßrigen Methylalkohol enthält, wird schließlich einer gewöhnlichen, ebenfalls nicht gezeichneten Rektifizierkolonne zugeleitet, in welcher der Methylalkohol durch einfache Destillation entwässert wird.

Aus dem Kondensator *M* läuft ein Teil des Kondensates durch die Rohrleitung *11a* als Rückfluß in die Kolonne *C*, ein anderer Teil wird der Kolonne *A* durch die Rohrleitung *13* zugeleitet. Am Fuß der Kolonne *C* entweicht durch die Rohrleitung *14* das bei der Entwässerung abgeschiedene Wasser. Der absolute Äthylalkohol wird am Fuß der Kolonne *A* über den

Vorwärmer *J1* und den Kühler *J2* sowie die Vorlage *V* abgezogen. Die Entwässerungskolonne wird durch den Heizkörper *K* beheizt.

So können also bei dieser Arbeitsweise in drei Kolonnen sowohl wasserfreier Äthylalkohol als auch wasserfreier Methylalkohol gewonnen werden.

Der Dampfverbrauch ist gering, er beträgt zur Herstellung von 1 hl absoluten Alkohol 98 kg. Der Wasserverbrauch für die gleiche Menge Alkohol beträgt etwa 2,5 cbm. Der absolute Alkohol fällt in einer Stärke von 99,8—100 Gew.-% an. Voraussetzung ist, daß der verwendete 94 gew.-%ige Rohspiritus flüssig und nicht dampfförmig eingeführt wird und daß die Kolonnen isoliert sind. Der Verbrauch an Trichloräthylen beträgt etwa 0,06 l je 100 l Fertigprodukt.

β) Die Aufarbeitung von vergorener Würze.

Die Anordnung der Apparatur ist in Abb. 142 gezeigt.

Eine Vermehrung der Kolonnenzahl ist nicht erforderlich. Die vergorene Würze oder ähnliches weingeisthaltiges Material wird in der gleichen Kolonne entgeistet, in der auch gleichzeitig die Verstärkung des bei dem Entwässern des Äthylalkohols anfallenden wäßrigen Branntweins und das Abscheiden des darin enthaltenen Methylalkohols als azeotrop siedendes binäres Gemisch erfolgt. Infolgedessen wird die Wärme aus den Würzedämpfen dazu benutzt, den beim Entwässern des Äthylalkohols anfallenden wäßrigen Branntwein zu verstärken und den in dem ternären Gemisch enthaltenen Methylalkohol als Bestandteil des binären Methylalkohol–Trichloräthylen-Gemisches abzuscheiden.

Es wird in folgender Weise gearbeitet:

Die vorgewärmte Würze fließt durch die Rohrleitung *1* der Kolonne *M* zu, in der sie entgeistet wird. Sie verläßt diese Kolonne durch die Rohrleitung *2* als verfütterbare Schlempe oder als Abwasser. Die Wärme der durch das Rohr *2* abgeführten Flüssigkeit kann zum Vorwärmen in der gleichen Apparatur dienen. Die schwachen Geistdämpfe aus der Kolonne *M* steigen in die Rektifizierkolonne *C*, in welcher sie mit Hilfe des Rücklaufs, der vom Kondensator *L* durch die Rohrleitung *3* zufließt, auf eine Weingeiststärke von mindestens 94 Gew.-% verstärkt werden. Dieser hochprozentige Äthylalkohol, der in Dampfform durch die Rohrleitung *4* dem Kondensator *L* zugeführt wird, wird dann als Kondensat durch die Rohrleitungen *3* und *5* der Entwässerungskolonne *A* zugeleitet. Hier findet seine Entwässerung in der bereits vorher beschriebenen Weise statt. Es entweicht durch die Rohrleitung *9* über den Kondensator *D* und den Kühler *E* sowie über die Rohrleitung *11* ein azeotrop siedendes ternäres Gemisch, das im Scheidegefäß *H* in zwei Schichten sich trennt. Der Rücklauf des ternären Gemisches — soweit er erforderlich ist — läuft der Kolonne *A* durch die Rohrleitung *10* zu. Die obere wasserreiche Schicht im Scheidegefäß wird durch die Rohrleitung *12* der Destillierkolonne *C* zugeleitet. Hier wird der in ihr enthaltene wasserhaltige Branntwein bei Gegenwart geringer Mengen von Trichloräthylen verstärkt. Die untere Schicht wird aus dem Scheidegefäß *H* ebenfalls der Kolonne *C* durch die Rohrleitung *13* ganz oder teilweise zugeführt und dort der in dieser Schicht enthaltene Äthylalkohol abgeschieden. Der andere Teil der unteren, wasserarmen Schicht wird durch die Rohrleitung *14* der Entwässerungskolonne *A* zugeleitet, an deren Fuß der absolute Alkohol durch die Rohrleitung *20* abgezogen wird. Die Entwässerungskolonne wird durch den Heizkörper *K* beheizt.

Am Kopf der Kolonne *C* wird das azeotrop siedende binäre Gemisch Methylalkohol-Trichloräthylen durch die Rohrleitung *6* über den Kondensator *T* abgezogen. Ein Teil dieses Gemisches wird als Rückfluß der Kolonne *C* durch die Rohrleitung *7* zugeführt, ein anderer Teil durch die Rohr-

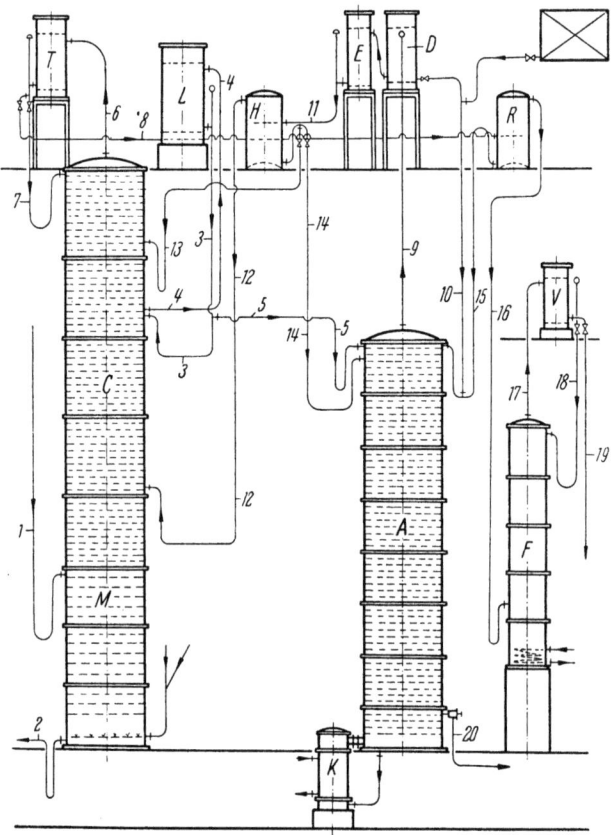

Abb. 142. Aufarbeitung von vergorener Würze.

leitung *8* dem Waschgefäß *R* zugeleitet, in welchem der Methylalkohol von dem Entziehungsmittel durch Waschen mit Wasser getrennt wird. Das Trichloräthylen wird durch die Rohrleitung *15* der Kolonne *A* wieder zugeführt, während der wasserhaltige Methylalkohol durch die Rohrleitung *16* der Methylalkoholentwässerungskolonne *F* zugeleitet wird. Der wasserfreie Methylalkohol wird durch die Rohrleitung *17* über den Kondensator geleitet und dann durch die Rohrleitung *19* abgezogen. Der Rücklauf für die Kolonne *F* fließt durch die Rohrleitung *18*.

So gelingt es, aus Würze unmittelbar absoluten Alkohol zu erzeugen, ohne daß besondere Hilfskolonnen erforderlich werden. Sofern methylalkoholfreie Würzen verarbeitet werden, fallen die Geräte für das Abscheiden des Methylalkohols am Kopf der Kolonne C fort.

Der Vorteil des Verfahrens besteht darin, daß der in Würzen usw. enthaltene Methylalkohol schon in der Rektifizierkolonne C abgeschieden werden kann und infolgedessen nicht in die Entwässerungskolonne gelangt, so daß er die Dekantation des ternären Gemisches nicht stören kann.

Zum Herstellen vollkommen reiner Alkohole werden die Vor- und Nachlaufverunreinigungen in bekannter Weise vor dem Entwässern des Äthylalkohols und des Methylalkohols abgeschieden.

Das neue Verfahren wird wärmewirtschaftlich noch günstiger, wenn man Vorwärmer zwischenschaltet, um die nutzbare Verdampfungswärme und die spezifische Wärme der von den abgezogenen und der zu kondensierenden Dampfgemische ganz oder teilweise den zu verdampfenden Flüssigkeiten zuzuführen. So kann z. B. der auf wasserfreien Äthylalkohol und Methylalkohol zu verarbeitende Rohspiritus durch das am Kopf der Entwässerungskolonne A abgezogene dampfförmige azeotrope ternäre Gemisch in einem Vorwärmerkondensator vorgewärmt werden, wobei dem entweichenden ternären Dampfgemisch die Verdampfungswärme ganz oder zum Teil entzogen und das hierbei anfallende Kondensat als Rückfluß für die Entwässerungskolonne A benutzt wird.

Weiterhin kann die wasserreiche Schicht des ternären Gemisches im Scheidegefäß H durch das am Kopf der Kolonne C abgezogene binäre azeotrope Dampfgemisch in einem Vorwärmerkondensator vorgewärmt werden, wobei dem binären Dampfgemisch die Verdampfungswärme und gegebenenfalls auch die Flüssigkeitswärme ganz oder teilweise entzogen und das hierbei anfallende Kondensat als Rückfluß für die Kolonne C benutzt wird.

Ferner kann die wasserarme Schicht durch den im Kopf der Kolonne C abgezogenen hochprozentigen, noch etwas Entziehungsmittel enthaltenden Alkoholdampf in einem Vorwärmerkondensator vorgewärmt werden, wobei sich die gleichen Vorgänge für den Wärmeaustausch abspielen. Die bereits vorgewärmte wasserarme Schicht des ternären Gemisches kann zudem durch den am Fuß der Kolonne A austretenden dampfförmigen wasserfreien Alkohol in einem weiteren Vorwärmer vorgewärmt werden, indem dem wasserfreien Äthylalkohol die Verdampfungswärme und die Flüssigkeitswärme entzogen werden.

Außer der Aufarbeitung von Rohspiritus und von vergorener Würze kann mit Hilfe des Drawinol-Verfahrens auch *wahlweise absoluter Alkohol oder Primasprit* gewonnen werden, sofern die Kolonnenapparate umschaltbar gebaut werden.

9. Die wahlweise Herstellung von absolutem Alkohol oder Primasprit.

R. Fritzweiler und K. R. Dietrich haben bereits im Jahre 1931 darauf hingewiesen, die Destillationsapparate so zu bauen, daß auf ihnen sowohl Primasprit als technischer Sprit wie auch absoluter Alkohol herzustellen ist. So konnten die nach den Systemen Barbet und Guillaume betriebenen Apparate leicht zur Entwässerung von Alkohol verwendet werden, wenn die Rektifizierkolonnen als Entwässerungskolonnen und die Vorlaufkolonnen als Spiritusaufarbeitungskolonnen umgeschaltet wurden. Umgekehrt war eine Rückschaltung auf die Herstellung von Primasprit leicht möglich, ohne daß es hierzu besonderer Maßnahmen bedurfte.

Seit dem Aufkommen der Sulfitspiritus- und Holzspirituserzeugung ist die Umschaltbarkeit der Kolonnen besonders wichtig geworden. So sind schon 1942 der Methylalkohol und die sonstigen Vorlaufbegleitstoffe aus Sulfitsprit und Holzsprit mit Hilfe von Drawinol auf den Entwässerungsanlagen abgeschieden worden, ohne daß der Alkohol selbst entwässert wurde. Zu diesem Zweck wurden die Rohbranntweine zusammen mit einer für die Methylalkoholabscheidung hinreichenden Menge Drawinol dem Kopf der Entwässerungskolonne zugeführt und das azeotrope Gemisch Methylalkohol–Drawinol bei 60,2° C sowie zugleich die weiteren Vorlaufbegleitstoffe und solche, die mit Drawinol Vorlaufcharakter annehmen, über den Kondensator in einen Abscheider abgezogen, während am Fuß der Kolonne der insoweit gereinigte Sprit nach Zumischung von Chemikalien in der Mitte der Kolonne anfiel. Zur weiteren Reinigung wurde er dann in der Spiritusaufarbeitungskolonne mit indirektem Dampf nachdestilliert und am Kopf dieser Kolonne abgezogen. Das angefallene binäre Gemisch Methylalkohol–Drawinol und die darin enthaltenen weiteren Vorlaufbestandteile wurden zur Trennung in Drawinol einerseits und in Methylalkohol sowie Vorlauf andererseits in dem Abscheider mit Wasser gewaschen. So konnte hier das im Holzbranntwein vorhandene Diacetyl abgeschieden werden, während die Fuselöle, Terpene usw. nicht abgetrennt wurden. Letztere sind bei normal geführter Rektifikation unter Rückführung eines Zwischenstromes von den oberen Böden der Kolonne zu den Böden dicht unterhalb der Fuselölstutzen leicht abzuscheiden.

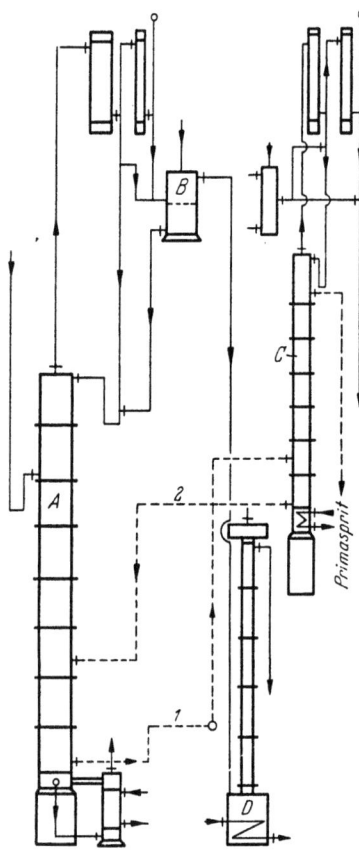

Abb. 143. Umschaltapparatur.

Wenn also die Entwässerungsanlagen auf die Herstellung von Primasprit aus Sulfit- und Holzbranntwein umgeschaltet werden müssen, dann sind nur der Wäscher für den Methylalkohol und die dazugehörenden sowie einige weitere nicht benötigte Rohrleitungen abzuschalten, s. Abb. 143.

Der auf der nicht gezeichneten Destillier- und Rektifizieranlage entsprechend vorgereinigte und von den Fuselölen größtenteils befreite Alkohol mit einer Weingeiststärke von etwa 94,4 Gew.-% wird der Entwässerungskolonne A zugeleitet und hier mit Hilfe von Drawinol von dem Methylalkohol und den restlichen Vorlaufbestandteilen befreit. Im Abscheider B wird das binäre Gemisch Methylalkohol–Drawinol durch Wasserzusatz getrennt. Das Drawinol läuft der Kolonne A als Rücklauf wieder zu. Am Fuß dieser Kolonne wird der vorlauffreie Sprit durch die Rohrleitung 1 dem unteren Drittel der Kolonne C zugeführt bzw. zugepumpt, um nach erneuter Rektifikation im oberen Drittel dieser Kolonne als Primasprit abgezogen zu werden.

Das Sumpfprodukt der Kolonne C läuft durch die Rohrleitung 2 zu der Kolonne A zurück. Der wäßrige Methylalkohol mit den übrigen Vorlaufbegleitstoffen wird in üblicher Weise in dem Blasengerät D aufgearbeitet.

Die Rohrleitungen für den Chemikalienzusatz und die Nachverdampfer zur Vermeidung der Inkrustenbildung sind nicht angegeben, die zusätzlich notwendigen Rohrleitungen dagegen gestrichelt eingezeichnet.

Je weniger gründlich die Abscheidung der Nachlaufprodukte in der vorhandenen Apparatur vor sich geht, desto umfangreicher sind die Maßnahmen, die für die Umschaltung getroffen werden müssen. Ist keine Entwässerungsanlage vorhanden, dann sind zwei oder drei Hilfskolonnen mit den üblichen Zusatzgeräten nach Art der azeotropen Apparatur anzubringen.

Schrifttum.

DIETRICH, K. R.: Branntweinwirtschaft **1951**, Nr. 9, S. 148.
FRITZWEILER, R., u. K. R. DIETRICH: Z. Spiritusind. **1931**, f55.
GENDRE: J. pract. Chem. **130**, 23—24 (1931).

10. Abscheidung von Methylalkohol aus Branntwein.

Um Methylalkohol aus Branntwein abzuscheiden, der über 0,3 Raum-% Methanol enthält, ist nach K. R. DIETRICH wie folgt zu verfahren:

Da der Branntwein nicht entwässert, sondern nur von dem Methylalkohol befreit werden soll — ein Gehalt von mehr als 0,3 Raumhundertteile Methylalkohol ist unzulässig —, so bedarf es der Anwendung eines besonderen Verfahrens. Hierzu wird nur die Entwässerungskolonne der Drawinol-Anlage nebst Zubehörgeräten, aber nicht die Spiritusaufarbeitungskolonne und die sich daran anschließende Kolonne zur Abscheidung des Methylalkohols verwendet.

Der von dem Methylalkohol zu befreiende Branntwein wird wie beim Drawinol-Verfahren auf einen der obersten Böden der Entwässerungskolonne geleitet. Gleichzeitig wird der Entwässerungskolonne z. B. über den Abscheider so viel Drawinol zugeführt, daß nach Erzielen des Gleichgewichtszustandes in der Kolonne auf dem 37. Boden von unten die Temperatur von etwa 76° C angezeigt wird. Am Kopf der Kolonne wird bei einer Temperatur von etwa 62° C ein Teil des binären, azeotrop siedenden Gemisches Methylalkohol–Drawinol über den Kondensator in den Abscheider abgezogen, während etwa vier Teile unmittelbar der Kolonne als Rücklauf zulaufen. Das in den Abscheider laufende binäre Gemisch Methylalkohol–Drawinol wird fortlaufend durch Wasserzusatz so weit ausgewaschen, daß die obere, hauptsächlich aus Methylalkohol und Wasser bestehende Schicht 25—30 Gew.-% spindelt. Die untere, vorwiegend aus Drawinol bestehende Schicht wird, wie früher bei dem Entwässerungsverfahren, der Entwässerungskolonne wieder zugeführt.

Am Fuß der Entwässerungskolonne wird der methylalkoholfreie Spiritus mit praktisch der gleichen Weingeiststärke, mit der der Branntwein in die Entwässerungskolonne eingespeist worden ist, durch die Vorrichtungen, die bisher der Abführung des absoluten Alkohols gedient haben, abgezogen. Es sind bei der Destillation eines etwa 94,4 gew.-%igen Branntweins, der 2% Methylalkohol enthält, etwa 80 kg Dampf je Hektoliter Weingeist erforderlich.

Der wäßrige Methylalkohol wird wie bisher periodisch auf einem Blasengerät entwässert.

Der anfallende methylalkoholfreie Spiritus ist laufend auf seinen Methanolgehalt zu prüfen. Enthält er mehr als 0,3 Raumhundertteile Methylalkohol, so ist das Rücklaufverhältnis nicht richtig bemessen worden.

Weiterhin ist darauf zu achten, daß der destillierte Spiritus keinesfalls einen höheren Drawinol-Gehalt aufweisen darf als 0,009 Gew.-%.

Zur Reinigung von methanolhaltigem Alkohol hat W. VOGELBUSCH an Stelle der Verwendung von Trichloräthylen ein anderes Verfahren entwickelt, welches insbesondere zur Reinigung von Sulfitspiritus Anwendung gefunden hat.

Bekanntlich läßt sich ein Gemisch von Äthyl- und Methylalkohol, wie es durch Ablaugen der Sulfitzellstofferzeugung gewonnen wird, nicht durch übliche Destillation vom Methylalkohol befreien. Die normale Rektifikation versagt in diesem Falle völlig. Dort wird der Rohspiritus zunächst auf 20—40 Vol.-% verdünnt, dann durch Destillation von den Vorlaufbestandteilen befreit und anschließend unter Abscheidung der Nachlaufprodukte in der eigentlichen Rektifizierkolonne auf die gewünschte Stärke von etwa 96,5% gebracht. Bei der üblichen Entnahme von 7—8% des Methylalkohols des eingesetzten Spiritus würde nur ein Bruchteil des Methylalkohols in der Vorlaufkolonne abgeschieden werden, dagegen ein beträchtlicher Rest die nachgeschaltete Rektifizierkolonne durchlaufen und in dem Destillat enthalten sein.

W. VOGELBUSCH hat nun gefunden, daß sich der Methylalkohol aus hochprozentigem, z. B. 96%igem Spiritus verhältnismäßig leicht abscheiden läßt. Zur Durchführung der neuen Arbeitsweise eignet sich jede Destillierkolonne von entsprechenden Abmessungen und entsprechender Trennwirkung in Verbindung mit einem Dephlegmator und einem Kondensator. Der zu reinigende Spiritus wird in die Kolonne, die z. B. 50 Glockenböden aufweisen kann, in hochprozentiger Form, z. B. 96,3 vol.-%ig, etwa auf den 30. Boden eingeführt. Während der Spiritus, den in der Blase der Kolonne entwickelten Dämpfen entgegen, von Boden zu Boden abwärts rieselt, verdampft der Methylalkohol, so daß am Fuße der Kolonne ein völlig methanolfreier Spiritus abläuft. Die aus dem Einlaufboden entweichenden Dämpfe bewegen sich in dem oberen Teil der Kolonne, z. B. zwischen dem 31. bis zum 50. Boden nach aufwärts und dabei einer aus dem Dephlegmator kommenden sehr methanolreichen Rücklaufflüssigkeit entgegen. Die Methyl-Äthylalkohol-Dämpfe reichern sich auf ihrem Wege nach aufwärts unter Abscheidung von Äthylalkohol mehr und mehr mit Methylalkohol an, so daß das Methanol am Kopf der Kolonne bzw. aus dem Dephlegmator als an Methanol stark angereichertes, aber noch Äthylalkohol enthaltendes Destillat ununterbrochen entnommen werden kann.

Zweckmäßig wird der methylalkoholhaltige Rohspiritus vor der eigentlichen Aufbereitung zu „Feinsprit", die unter Beseitigung der Vor- und Nachlaufprodukte erfolgt, der Abscheidung des Methylalkohols unterworfen. Diese Behandlung kann aber auch erst nach der eigentlichen Rektifikation erfolgen, indem das am Kopf der Kolonne oder dem angeschlossenen Kondensator entnommene Destillat der neuen Behandlung unterworfen wird.

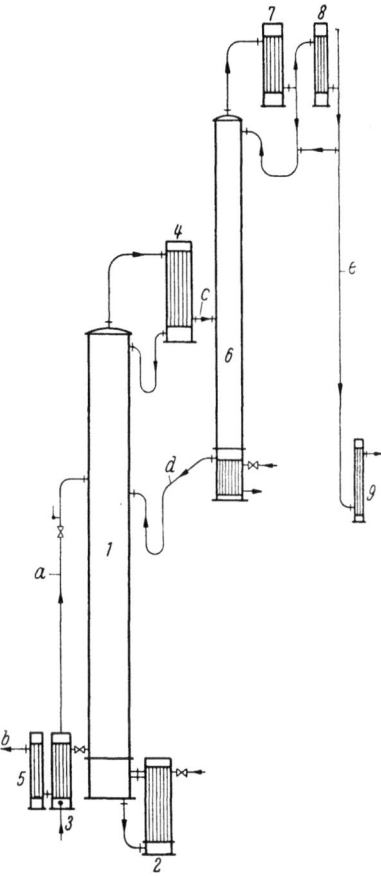

Die bei manchen Rektifizierapparaten vorhandene sogenannte Schlußkolonne zum Nachreinigen des Destillates ist für diesen Zweck aber unbrauchbar; sie hat eine im Vergleich zur Hauptkolonne geringe Destillationsleistung und ist daher hinsichtlich Querschnitt, Bodenzahl und Größe der angeschlossenen Dephlegmation für diesen Fall nicht geeignet. Sie hat auch für andere Zwecke gedient, denn der bisher aus Melasse, Mais oder Kartoffeln erzeugte Spiritus enthielt praktisch keinen Methylalkohol.

Als Abscheidevorrichtung ist jede Kolonne mit entsprechender Trennschärfe, z. B. auch eine Füllkörpersäule, geeignet. Zweckmäßig ist es, das erhaltene Destillat, welches einen mittleren Gehalt an Methylalkohol aufweist, in einer zweiten Kolonne zu zerlegen, und zwar in ein in bezug auf Methylalkohol hochprozentiges Endprodukt und in einen Blasenablauf, in dem noch ein Rest von Methylalkohol enthalten ist. Der Rücklauf aus dem zweiten Arbeitsgang wird der Hauptkolonne zugeführt und gemeinsam mit dem rohen, methylalkoholhaltigen Spiritus weiterbehandelt.

Um Sulfitspiritus von 96,4 Vol.-% zu reinigen, ist die in Abb. 144 dargestellte Apparatur vorgesehen.

Das Ausgangsprodukt wird der Kolonne 1 über die Rohrleitung a zugeführt

Abb. 144. Reinigungsanlage. Bauart: *Vogelbusch*, ausgeführt durch *Aktiengesellschaft Kühnle, Kopp & Kausch*, Frankenthal/Pfalz.

und in der Destillationsvorrichtung 1 bis 4, wie oben beschrieben wurde, zerlegt. Über die Rohrleitung b wird der methanolfreie Spiritus entnommen. Am Kopf der Kolonne 1 wird über die Leitung c ein, das gesamte Methanol des Einlaufs enthaltendes Destillat abgezogen und der Kolonne 6 zugeführt. Die nach oben steigenden Dämpfe reichern sich in der Kolonne 6 unter dem Einfluß der aus dem Dephlegmator 7 bzw. dem Kondensator 8 kommenden Rücklaufflüssigkeit mit Methanol an. Der Blasenablauf der Kolonne 6 enthält neben Äthylalkohol einen wegen der hohen Konzentration des über e abgezogenen Endproduktes in der Kolonne 6 nicht abscheidbaren Rest an Methanol. Dieses Zwischenprodukt wird daher an geeigneter Stelle über die Rohrleitung *b* in die Kolonne *1* eingeführt und in dieser zusammen mit dem zu reinigenden Rohspiritus aufgearbeitet.

Das in der Kolonne *6* zu verarbeitende, aus der Kolonne *1* gewonnene Destillat kann flüssig oder auch dampfförmig eingeführt werden. Statt gleichzeitig mit der Destillation in der Kolonne *1* kann das bei dieser Destillation anfallende Destillat unter Einschaltung eines entsprechend großen Zwischengefäßes auch absatzweise aufgearbeitet werden. In diesem Fall kann die Destillationsvorrichtung *1—6* einmal zur Aufarbeitung des ursprünglichen Gemisches, das andere Mal aber zur Aufarbeitung des in der Kolonne *6* anfallenden Zwischenproduktes verwendet werden. Der methanolhaltige Blasenablauf aus der Kolonne *6* wird dann zweckmäßig dem rohen Spiritus zugesetzt und zusammen mit diesem aufgearbeitet.

Nach diesem Verfahren wird in Österreich seit Mitte 1946 der Ablaugenspiritus der Sulfitzellstoffabrikation aufbereitet, soweit er einer Reinigung bedarf. Das Produkt fällt mit einer Jahresleistung von 120000 hl an, es ist klassifiziert als „Extraprimasprit". Es wird auch zur Reinigung von Rohspiritus nach dem SCHOLLER-Verfahren benutzt. Der Feinsprit ist zum Unterschied von den mit der Bezeichnung „A" klassifizierten Erzeugnissen aus Melasse bzw. Getreide als Primasprit „B" bezeichnet worden.

In Österreich ist der vom Methanol befreite Alkohol für Trinkbranntweinzwecke verwendet worden. Er ist sowohl chemisch als auch in bezug auf Geruch und Geschmack dem Melassespiritus normaler Erzeugung gleichwertig.

11. Das Mariller-Verfahren.

CH. MARILLER hat als flüssiges Entwässerungsmittel *Glycerin* benutzt, dem man wasserentziehende Salze beifügen kann. So können z. B. 98 Teile Natriumcarbonat, 50 Teile Zinkchlorid, 30 Teile Kupfersulfat usw. für 100 Teile Glycerin zur Lösung in Frage kommen. Wenn man ein wasserfreies Produkt mit 25% Kaliumcarbonat erhalten will, werden 20 Teile Salze in 20 Teilen Wasser und 60 Teilen Glycerin gemischt. Wenn man das Gemisch bei 140° bei einem Vakuum von 720 mm eindampft, erhält man vollkommene Lösungen, die von großer Klarheit und wasserfrei sind. Die Salze steigern die Dichte. Eine wasserfreie Lösung von Glycerin und Kaliumcarbonat mit 30% Salz ist bei gewöhnlicher Temperatur schwer flüssig, aber im erwärmten Zustand in der Rektifizierkolonne verwendbar.

Das nachstehende Beispiel (Tab. 36) erläutert die Eindampfung eines solchen Gemisches unter Vakuum.

Tabelle 36.

Zusammensetzung für 100 g			Temperatur der Flüssigkeit in °C	Druck in mm Quecksilber
Glycerin	Wasser	K_2CO_3		
67,2	13,3	19,5	110	240
68,9	10,3	20,8	130	110
71,3	7,2	21,5	140	110
74	3,71	22,29	155	140
76,9	0	23,1	165	130

Die Verwendung solcher Lösungen als Adsorptionsmittel ist in einer Kolonne mit 12 Böden untersucht worden, der in ihrem Unterteil alkoholische Dämpfe zugeführt werden. Zur Anwendung kommen Polyglycerole unter dem Namen „Deshydratol". Der thermische Rückfluß erreichte einen sehr niedrigen Wert, wie Tab. 37 zeigt.

Tabelle 37.

Nr. der Versuche	Gradstärke der Dämpfe Eintritt | Austritt (Vol.-%)		Gewicht je hl reinen gewonnenen Alkohols	K_2CO_3 %	Verhältnis reiner kondensierter Alkohol : reiner gewonnener Alkohol	Thermischer Rückfluß
1	66,7	99,5	499,	24,15	0,75	3,7
2	82,7	99,8	436	24,84	0,67	2,85
3	87,9	99,7	172	24,2	0,625	1,29
4	92,8	99,9	135,5	26,32	0,210	0,53
5	94,3	99,8	62,3	21,6	0,185	0,41
6	96,2	99,9	79,6	21,61	0,13	0,27
Sonderreihe mit starkem Rückfluß						
1	95,9	99,8	358	30	2,44	2,94
2	95,5	99,8	141,17	13,8	1,06	1,50

Als Apparatur diente die in Abb. 145 dargestellte.

Die Adsorption auf den Böden *A-2* erwärmt das Adsorptionsmittel stark. Die Abkühlung wird durch einen Rückfluß von flüssigem Alkohol im Kondensator *D* erzielt, wobei die Dämpfe des entwässerten Alkohols gewaschen werden. Die Abkühlung des Entziehungsmittels würde sich durch Verwendung eines Oberflächenkühlers, der mit Wasserumlauf arbeitet, sehr schwer erreichen lassen, denn das Produkt ist sehr zähflüssig und bei der Temperatur von 15° C sogar beinahe fest. Durch die Erwärmung verflüssigt es sich aber sehr schnell, insbesondere ist es bei 80° C, also der Anwendungstemperatur, leicht flüssig.

In der Praxis wird die Abkühlung dadurch erzielt, daß auf dem Speisungsboden durch Rohrleitung *2* ein Strom im Kondensator *D* verflüssigter Alkohol aufgegeben wird. Dieser Alkohol geht durch 2 oder 3 Böden im oberen Teil der Kolonne, dann durch einen Siebboden und wird als Regen auf dem Boden der Kolonne verteilt, der den Zufluß von Deshydratol erhält.

Der Apparat unterscheidet sich nicht von der klassischen Rektifizierkolonne mit ihren Entgeistungsböden und Konzentrationsböden *A—o*. Vom oberen Teil dieser Verstärkungskolonne gelangen die Dämpfe wie üblich nach einem Vorwärmekondensator *B* und einem Kondensatorkühler *C*. Es ist bekannt, daß man mit dieser Anordnung zu einer Verstärkung der Dämpfe bis auf etwa 95 Vol.-% kommen kann. Mit dieser Gradstärke gelangen die Dämpfe dann in die Entwässerungskolonne *A-2*, die in ihrem oberen Teil den Zufluß von Deshydratol erhält. Die alkoholischen Dämpfe werden entwässert und gehen durch alle Böden hindurch bis zum Kondensator *D*, welcher den für die Waschung der wasserfreien Dämpfe erforderlichen Alkohol liefert. Hierauf werden die Dämpfe im Kondensator *E* verflüssigt. Durch Leitung *3* kann der absolute Alkohol entnommen werden.

Das verdünnte Glycerin wird in zwei Stufen konzentriert und entwässert:

1. In einer Entalkoholisierungskolonne I, die an ihrem Unterteile mit dem Heizkörper J auf 150° C erhitzt werden kann, so daß der gesamte Alkohol und ein Teil des Wassers ausgetrieben wird. Die alkoholischen Dämpfe gelangen in die Entwässerung zurück.

2. In einer Kolonne L, die durch einen Heizkörper M mit Dampfschlangen beheizt wird, um die vom Alkohol befreite Flüssigkeit zu behandeln. Diese Kolonne bringt die Flüssigkeit allmählich auf 150—160° C unter einem Vakuum von 720 mm Quecksilbersäule. Der Unterdruck wird durch einen Strahlsauger hervorgerufen, der das Gas durch Leitung 10 ansaugt. Das vom Alkohol befreite Glycerin enthält 8—10% Wasser. Es ist beim Austritt aus der vorerwähnten Kolonne vollständig entwässert. Dann wird es von einer Pumpe P in den Behälter D zurückbefördert.

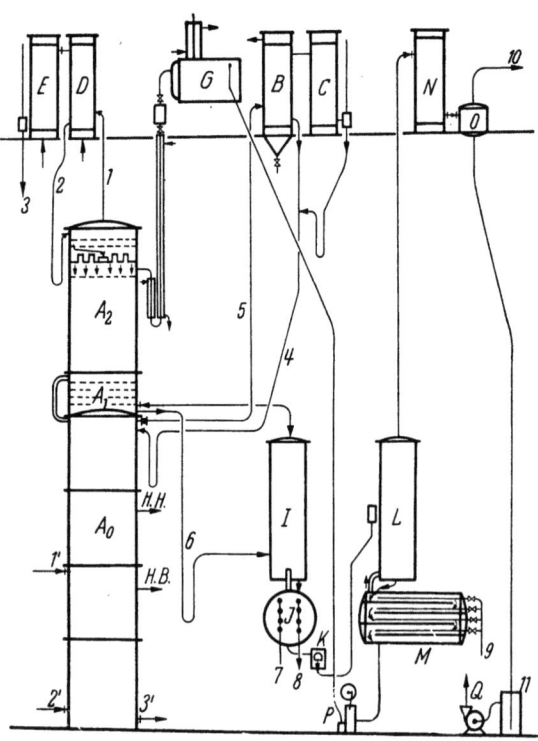

Abb. 145. System MARILLER.

Durch Anwendung eines Speisungsbehälters mit Überlauf und einer Pumpe mit regelbarer Drehzahl kann die Arbeitsweise automatisch gestaltet werden, die Heizkörper J und M bestehen aus horizontalen Böden, damit das Glycerin von dem einen Boden zu dem anderen durchlaufen kann und allmählich erhitzt auf die Höchsttemperatur gebracht werden kann. Die Pumpe P, welche das Deshydratol verteilt, enthält kein Saugventil, sondern arbeitet nach Art der Umwälzpumpen, ihre Wirkungsweise ist einstellbar.

Der Verlust an Entwässerungsmittel überschreitet nicht 20 g je Hektoliter Alkohol. Der Dampfverbrauch liegt — wenn man von alkoholischen Dämpfen ausgeht — unter 60 kg je Hektoliter Alkohol. Geht man von Rohspiritus von 92 Vol.-% aus, so beträgt er ungefähr 120 kg. Die direkte Alkoholentwässerung von Rübenmaischen verlangt einen Dampfverbrauch von 260—300 kg je Hektoliter, je nach der Anfangskonzentration, also einen Dampfverbrauch, der geringer ist als bei der üblichen Rektifikation.

12. Das Hiag-Verfahren.

Wie schon kurz erwähnt, beruht das nach Vorschlägen von GORHAN entwickelte *Hiag*-Verfahren der DEGUSSA, Frankfurt/Main, auf der Ausnutzung der Eigenschaft wasserfreier essigsaurer Salze, alles im Spiritus vorhandene Wasser zu binden. Es wird ein Spezialgemisch von im wesentlichen Kalium- und Natriumacetat verwendet. Diese Salze sind in Wasser und Alkohol löslich und so leicht schmelzbar, daß sie in allen Teilen der Apparatur stets in flüssigem Zustand sind und sich also als Flüssigkeiten handhaben lassen. Der erforderliche ständige Kreislauf dieses stets flüssigen Entziehungsmittels läßt sich daher in einfacher Weise durchführen. Die Alkoholentwässerung und die Regeneration des Salzgemisches kann automatisch erfolgen. Damit entfallen besondere apparative Einrichtungen für die Bewegung fester Entwässerungsmittel, und es werden Komplikationen vermieden, die durch Stoffe auftreten können, die nicht durchweg in flüssiger Form vorhanden sind.

Der absolute Alkohol fällt in einer Mindeststärke von 99,8% an und entspricht in seiner Reinheit allen Anforderungen. Er ist frei von Entwässerungsmitteln; die Entwässerungssalze sind nicht flüchtig, können also weder verdunsten noch in den absoluten Alkohol übergehen. Der Verbrauch an Entwässerungssalz ist daher praktisch unbedeutend.

Der Dampf- und Kühlwasserverbrauch ist gering, da es sich um einen einfachen Destillationsprozeß und nicht um eine Rektifizierung handelt. Während Rektifikationsprozesse einen wenigstens vierfachen Rücklauf gegenüber der Alkoholproduktion verlangen, kommt hier nur ein einfacher Rücklauf in Frage. Bei Verwendung von 94—95%igem Spiritus als Ausgangsmaterial werden für 1 hl absoluten Alkohol nur 70 kg Dampf benötigt. Der Verbrauch steigt nur unwesentlich, wenn Spiritus geringerer Konzentration verwendet wird.

Der Kühlwasserverbrauch ist dementsprechend auch gering. Die Menge des Kühlwassers hängt natürlich von dessen Temperatur ab. Die Temperatur selbst hat jedoch keinen Einfluß auf das Funktionieren des Verfahrens, weil Alkohol hier die einzige Komponente ist, deren Dämpfe durch Kühlung verflüssigt werden müssen. So kann auch in den Tropen mit einer Kühlwassertemperatur von 30—35° C gegenüber sonst im Durchschnitt 15° C gearbeitet werden.

Das *Hiag*-Verfahren kann in verschiedener Weise angewendet werden. In der nachfolgenden Abb. 146 wird von Spiritus ausgegangen, der 94—96 Vol.-% Alkohol enthält, in Abb. 147 ist eine Arbeitsweise behandelt, bei der absoluter Alkohol direkt aus Würze oder Maische gewonnen werden kann.

α) *Die Aufarbeitung von Rohspiritus* (Abb. 146).

Aus dem Lagerbehälter *A* läuft der zu entwässernde Spiritus durch Leitung *1* in den Zulaufregler *B* und weiterhin in den Vorwärmer *C*. In diesem wird er durch heißes Kondenswasser vorgewärmt. Durch Leitung *2* tritt er in die mit dem Umlaufverdampfer *Q* versehene Blase *D* über. Hier wird er verdampft und tritt in die Entwässerungskolonne *E* ein. Das durch absoluten Alkohol gelöste Entwässerungsmittel tritt durch Leitung *11* in den oberen Teil der Kolonne *E* ein und fließt den aufsteigenden Spiritusdämpfen entgegen. Dadurch wird diesen das Wasser restlos entzogen. Der wasserfreie Alkoholdampf tritt nun durch Leitung *3* in den Kondensator *F* über, wo er kondensiert wird. Durch Leitung *4* läuft der absolute Alkohol der Meßvorrichtung *G* und von dort durch Leitung *5* den Lagerbehältern zu.

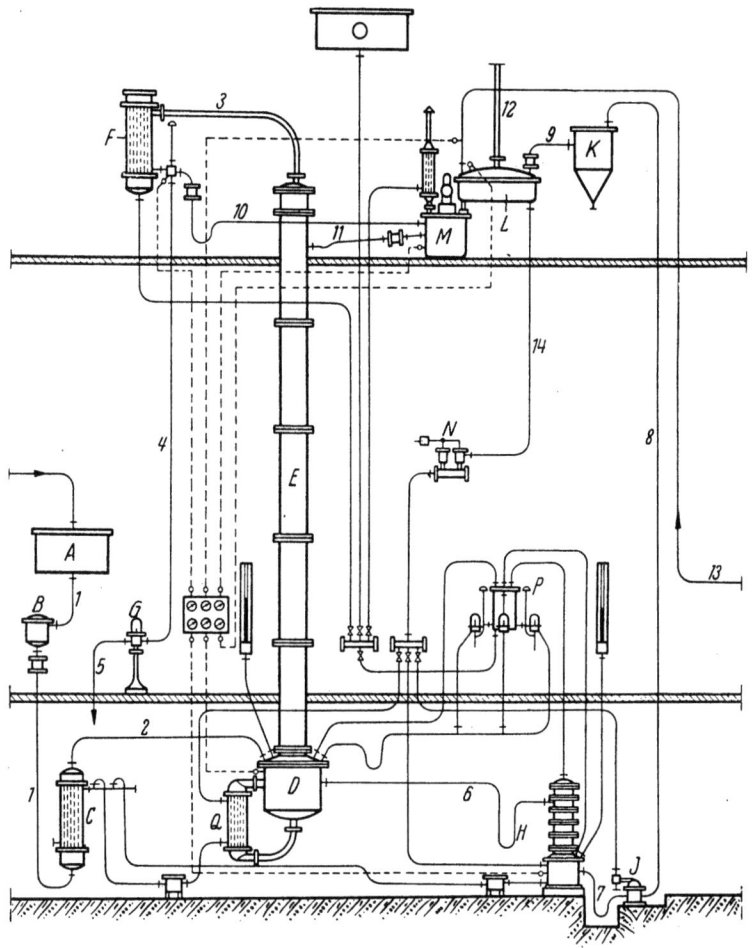

Abb. 146. Aufarbeitung von Rohspiritus.

Die Salzlösung, welche das dem Spiritus entzogene Wasser enthält, sammelt sich in der Blase *D* und läuft kontinuierlich durch Leitung *6* der Entgeistungskolonne *H* zu. Hier werden die in der Salzlösung noch enthaltenen geringen Alkoholmengen ausgetrieben und über den Kühler *P* in die Blase *D* zurückgeleitet. Aus *H* wird die alkoholfreie Salzlösung durch Leitung *7* in das Montejus *J* übergeführt und von dort in den Vorratsbehälter *K* hochgedrückt. Durch Leitung *9* läuft die wäßrige Salzlösung in den Regenerator *L*. Dort wird sie mit Hilfe von überhitztem Dampf aus Leitung *13* auf ungefähr 300° C gebracht. Dabei verdampft das gesamte Wasser der Salzlösung und tritt durch Leitung *12* ins Freie.

Der aus dem Regenerator *L* austretende Betriebsdampf wird durch Leitung *14* über den Regler *N*, den Heizschlangen der Blasen *D* und *H* zugeführt, wo seine Wärme restlos ausgenutzt wird.

Die wasserfreie Salzschmelze tritt in flüssigem Zustande in den Mischer *M* ein, welcher ein Rührwerk besitzt. Dort wird sie mit absolutem Alkohol vermischt, der durch Leitung *10* dem Kondensator *F* entnommen wird. Durch Leitung *11* kann dann die Kolonne *E* wiederum mit dem regenerierten Entwässerungsmittel beschickt werden. Somit bleiben die Entwässerungssalze innerhalb der Apparatur in ständigem Kreislauf, und zwar als Flüssigkeit in gelöstem oder geschmolzenem Zustand.

Aus dem Behälter *O* wird die Apparatur mit Kühlwasser versorgt.

Bei der Verarbeitung nach Abb. 146 ergeben sich folgende Verbrauchszahlen, bezogen auf 1 hl absoluten Alkohol:

Dampf . . . . 70 kg, überhitzt auf etwa 300° C
Kühlwasser . . . . je nach Temperatur, bei 15° C etwa 1,2 cbm
Elektrizität . . . . 0,2—0,4 kWh, je nach Größe der Apparatur
Alkoholschwund . . . . etwa 0,1%.

β) Die Aufarbeitung von vergorener Würze oder Maische (Abb. 147).

Die Würze oder Maische läuft aus dem Behälter *A* in den Wärmeaustauscher *V*, in welchem sie durch die Spiritusdämpfe aus der Destillationskolonne *U* vorgewärmt wird. Durch Leitung *16* läuft sie in die Kolonne *T* ein. Dort wird der Spiritus von der Schlempe getrennt. Die alkoholfreie Schlempe verläßt die Entgeistungskolonne *T* durch Leitung *24*. Der Spiritus destilliert nach oben in die Konzentrations- und Rektifizierkolonne *U*. Aus den unteren Böden dieser Kolonne wird durch Leitung *21* das Fuselöl abgezogen und im Fuselölabscheider *Y* vom Spiritus getrennt. Das Fuselöl wird durch Leitung *22* zu den entsprechenden Behältern geleitet, während der Spiritus durch Leitung *23* in die Entgeistungskolonne *T* zurückgeführt wird.

Von einem der obersten Böden der Kolonne *U* wird der rektifizierte Spiritus abgezogen und fließt im flüssigen Zustande durch Leitung *17* in die Entwässerungsanlage. Durch Kühler *Z* kann über Leitung *18* je nach Wunsch auch Spiritus von 95—96% direkt entnommen werden.

Der Vorlauf wird über die Kondensatoren *W* und *X* sowie den Vorlaufkühler *S* entnommen und durch Leitung *20* den entsprechenden Behältern zugeführt.

Bei der Verarbeitung nach Abb. 147 ergeben sich folgende Verbrauchszahlen, bezogen auf 1 hl absoluten Alkohol:

Dampf . . . . 260—320 kg je nach der Konzentration der Würze
                            oder Maische, davon 70 kg überhitzt auf etwa 300° C.
Kühlwasser . . . . je nach Temperatur, bei 15° C etwa 6 cbm
Elektrizität . . . . 0,2—0,4 kWh, je nach Größe der Apparatur.
Alkoholschwund . . . . . etwa 0,2%.

Die *Hiag*-Apparatur kann auch bestehenden Rektifizieranlagen unmittelbar angefügt werden, so daß man in der Lage ist, rektifizierten Spiritus

498   Alkoholgewinnung.

wie auch absoluten Alkohol aus Würze oder Maische in einem Zuge herzustellen.

Die jeweils erforderliche Umstellung ist sehr einfach. Wenn z. B. nicht absoluter Alkohol, sondern rektifizierter Spiritus erzeugt werden soll, so genügt es, die angeschlossene *Hiag*-Apparatur abzustellen und durch einfache Umstellung eines einzigen Hahnes ohne Betriebsunterbrechung auf rektifizierten Spiritus weiterzuarbeiten. Eine zeitraubende Reinigung der Kolonnen und der anderen Apparateteile zum Zwecke der Entfernung von betriebsfremden Substanzen, wie z. B. Benzin oder Benzol, die wegen ihres Geruches die Qualität des rektifzierten Spiritus stören würden, kommt nicht in Frage.

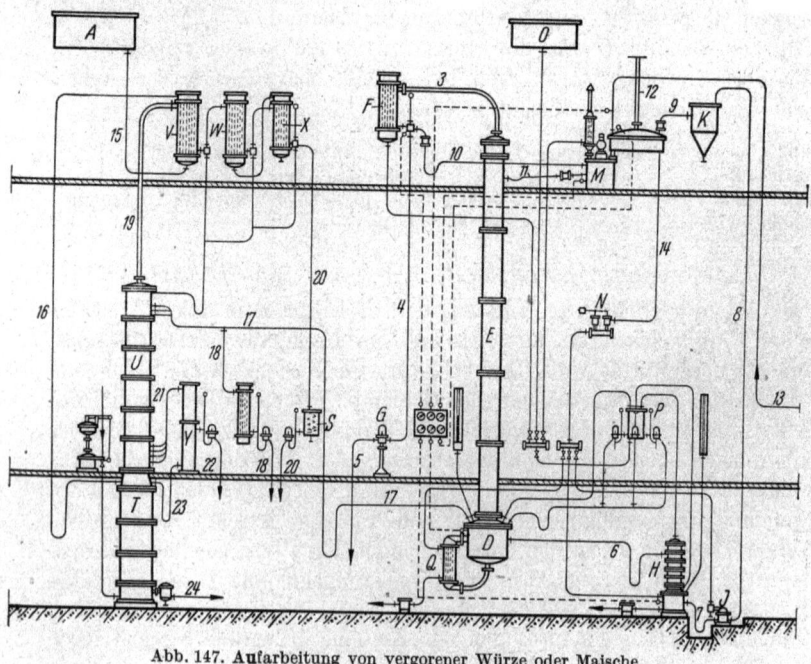

Abb. 147. Aufarbeitung von vergorener Würze oder Maische.

Wenn rektifizierter Spiritus aus Lagerbehältern zur Erzeugung von absolutem Alkohol zur Verfügung steht, kann die *Hiag*-Apparatur für sich allein weiterarbeiten, während die Destillations- und Rektifikationsapparatur gleichzeitig ohne jede Beeinträchtigung rektifizierten Spiritus erzeugt. Dadurch kann die Leistung der Gesamtanlage weitgehend gesteigert werden.

Wichtig ist, daß eine besondere Analysenmethode zur Untersuchung auf Entwässerungsmittel nicht angewandt zu werden braucht, da die Entwässerungssalze nicht flüchtig sind, also nicht verdunsten und in den absolutenAlkohol übergehen können. Außer dem obengenannten Gemisch von Kaliumacetat und Natriumacetat hat kein anderes Salzgemisch für die Entwässerung von Alkohol praktische Bedeutung erlangt.

Nach dem *Hiag*-Verfahren sind bisher etwa 90 Anlagen in den wichtigsten Ländern der Welt errichtet worden, deren Kapazität sich von kleinen bis zu den größten Produktionsleistungen erstreckt.

XV. Die Alkoholverwendung.

A. Allgemeines.

Bezüglich der Alkoholverwendung wird auf den Abschnitt „Alkoholgewinnung" verwiesen. An dieser Stelle wird nur die Verwendung als Kraftstoff behandelt sowie die Möglichkeit der Reinigung für Trink- und andere Zwecke und die Vergällung.

B. Alkoholverwendung als Kraftstoff.

Die in den letzten Jahrzehnten schnell zunehmende Motorisierung hat große Anforderungen an die Erzeugung und Verteilung der Vergaserkraftstoffe gestellt. War früher der Markt vom Benzin beherrscht, so ist im Laufe der Zeit hierin ein erheblicher Wandel eingetreten. Die Motorenkonstrukteure streben heute danach, den Kraftstoffverbrauch je PS möglichst zu vermindern und müssen zur Erreichung dieses Zieles das Kompressionsverhältnis steigern. Zur Zeit ist das Verdichtungsverhältnis von 7 zu 1 für Kraftfahrzeugmotoren und von 10 zu 1 für Flugzeugmotoren und darüber nicht mehr außergewöhnlich. Während früher die Motoren mit einem Kompressionsverhältnis von 4 zu 1 mit jedem Vergaserkraftstoff betrieben werden konnten, ohne zu klopfen, verlangt ein klopffreier Betrieb hochverdichtender Motoren besondere Kraftstoffe. Durch wissenschaftliche Untersuchungen wurde ermittelt, daß das nachteilige Klopfen durch bestimmte Zusätze zu den Benzinen vermieden werden kann. Man kann Benzol oder Tetraäthylblei, letzteres in kleinen Mengen, zusetzen oder man verwendet Äthylalkohol als Antiklopfmittel.

In Deutschland ist seit dem Jahre 1925 Äthylalkohol in steigendem Maße als Mittel zur Erhöhung der Klopffestigkeit den Benzinen zugemischt worden. Seine Eignung war so vorzüglich, daß der Anteil an Vergaserkraftstoffen schließlich auf 10% und mehr anstieg.

Seine Bedeutung liegt in der hohen Oktanzahl von 120, ferner in der Kühlwirkung als Folge seiner hohen Verdampfungswärme (220,9 bei 0° C) sowie in der niedrigen Verbrennungswärme. Die spezifische Wärme des Äthylalkohols (0,548 bei 0° C) und sein Dampfdruck (44 mm Hg bei 20° C) liegen ebenfalls in einem für Kraftstoffe günstigen Bereich. Seine Eignung wird durch Zumischung von etwa 10—25% zu Benzinen verschiedener Herkunft und Produktionsverfahren ermittelt.

Wesentlich ist die Vermeidung der Entmischung solcher Zusätze, vor allem bei dem Zutanken von alkoholfreien Kraftstoffen. Das setzt voraus, daß der Alkohol wasserfrei ist. Dieses Erfordernis hat aber ganz neue Probleme der technischen Herstellung hervorgerufen. Es ist eine bekannte Tatsache, daß ein wasserhaltiger Alkohol durch gewöhnliche Destillation nicht über etwa 94,4 Gew.-% verstärkt werden kann. Also mußten Verfahren entwickelt werden, um dieser Schwierigkeit zu begegnen und ihn in möglichst einfacher Weise zu entwässern. Dies ist unter Zuhilfenahme z. B. von Zusatzflüssigkeiten mit der sogenannten azeotropischen Destillation gelungen, die heute überall angewendet wird. So sind Verfahren entwickelt worden, um die Entwässerung von aus Mais, Weizen, Roggen, Reis, Kartoffeln, Melasse, Sulfitablauge und Holzzucker gewonnenem Alkohol durchzuführen. — Siehe Kap. „Alkoholgewinnung", S. 425ff.

In Deutschland wurden nach K. R. DIETRICH im Jahre 1934 allein etwa 60% der gesamten deutschen Alkoholerzeugung als Kraftspiritus abgesetzt. Dabei wurden den Benzinen etwa 20% Kraftspiritus zugemischt, um eine Oktanzahl von 65 zu erzielen. Neben der Klopffestigkeit und einem elastischen Motorenlauf wurde erreicht, daß Überhitzungen selbst bei stark beanspruchten Maschinen, Verbrennungen der Ventile und das Auftreten von Ölkohle vermieden werden können.

Schrifttum.

DIETRICH, K. R.: Erdöl u. Kohle **1953**, 146.

KLAR, M.: Fabrikation von absolutem Alkohol zwecks Verwendung als Zusatzmittel zn Treibstoffen. Halle 1937.

WIEBE, R., u. J. NOWAKOWSKA: The Technical Literature of Agricultural Motor Fuels including Physical and Chemical Properties, Engine Performance, Economics, Patents and Books. United States Department of Agriculture Bibliographical Bulletin Nr. 10, 1949.

C. Reinigung von Alkohol.

Da es sehr schwierig ist, aus Rohbranntwein einen Feinsprit zu gewinnen, der hinsichtlich Geruch und Geschmack einwandfrei ist, hat es nicht an Bemühungen gefehlt, außer der Rektifikation auch noch Reinigungsverfahren einzuschalten. Dies ist vor allem wichtig, wenn mit Melasse, Sulfitlauge, Zellstoff und dergleichen als Rohmaterial in der Brennerei gearbeitet wird.

Ein einfaches und wirkungsvolles Verfahren haben E. LÜHDER, B. LAMPE und der *Verein der Spiritusfabrikanten in Deutschland*, Berlin, entwickelt. Man hat den Maischen oder Würzen vor, während oder nach der Gärung oder auch den Rohbranntweinen Reinigungskohlen zugesetzt und die Flüssigkeiten dann gemeinsam mit den Absorptionsmitteln destilliert oder rektifiziert. Die Einwirkung erfolgt zweckmäßig durch längeres Stehenlassen des etwa auf 40—50 Vol.-% mit Wasser verdünnten Rohsprits in großen Gefäßen, die mit Rührwerk versehen sind. Es genügen geringe Mengen, z. B. etwa 1—3% der Reinigungskohle.

Einen anderen Weg haben B. DREWS und H. SPECHT und die *Versuchs- und Lehranstalt der Spiritusfabrikation*, Berlin, eingeschlagen. Da bei jeder alkoholischen Gärung durch enzymatische Zerlegung der in der Hefe und in den Rohstoffen enthaltenen schwefelhaltigen Eiweißverbindungen in geringer Menge Schwefelwassertoff entsteht, der sich bei der Destillation aus dem entstehenden Thioaldehyd abspaltet, ist die Destillation des Alkohols in besonderer Weise durchgeführt worden. Es ist gelungen, bereits den Rohsprit von Schwefelwasserstoff und anderen Schwefelverbindungen zu befreien, so daß Ausscheidungen in dem flüssigen Sprit innerhalb des Destillierapparates nicht oder nur in Spuren auftreten können. Der Sprit wird in der Dampfphase oder in der Dampfflüssigkeitsphase mit sogenannten Sorptionskörpern bzw. mit Aktivkohle behandelt. So werden z. B. in das vom Dephlegmator zum Spirituskühler absteigende Geistrohr ein oder mehrere Sorptionskammern zwischengeschaltet, in welchen die Spiritusdämpfe die schwefelhaltigen Stoffe abgeben müssen. Dasselbe kann geschehen, wenn die Alkoholdämpfe von der Entgeistungssäule direkt in eine danebenstehende Verstärkungssäule geführt werden. Sofern alkalisch reagierende Sorptionsstoffe benutzt werden, werden sie zweckmäßig dem Dephlegmator bzw. Rückflußkondensator vorgeschaltet. Auf diese Weise kann der entstehende Rücklauf wieder der Verstärkungs- bzw. Entgeistungssäule zufließen und gleichzeitig die meist schwachsauren Alkoholdämpfe neutralisieren.

Aus Tab. 38 ist die Sorptionskraft verschiedener Stoffe, gemessen an Schwefelwasserstoff, zu ersehen.

Tabelle 38.

Nr.	Sorptionsstoff	Schwefelwasserstoff vor dem Sorptionsstoff in mg	Schwefelwasserstoff nach dem Sorptionsstoff in mg	Sorption in %
1	Ohne................	100	98	—
2	Eisenoxydhydrat	100	5,1	94,9
3	Alkalischer Zementstein S-1	100	0,33	99,67
4	,, ,, S-3	100	0,6	99,4
5	,, ,, S-4	100	0,61	99,39
6	Neutraler Zementstein S-2	100	4,4	95,6
7	Branntweinfilterkohle.........	100	0,011	99,989
8	Lindenholzkohle..........	100	0,02	99,98

Besonders schwierig ist die Reinigung von Alkohol, der aus Sulfitablauge od. dgl. gewonnen wird. Hierbei reichen die bisher bekannten Verfahren durch Behandlung mit Säure oder sauer reagierenden Salzen ebensowenig aus, wie die bekannte Absolutierung mit Trichloräthylen. In der *Zellstofffabrik Waldhof*, Mannheim, sind nun mehrere Reinigungsmethoden entwickelt worden, um zu trinkfähigem Feinsprit zu gelangen. F. BOLZ und M. GADE haben den über Alkalien und gegebenenfalls über ein zusätzliches Reduktionsmittel kontinuierlich destillierten Sulfitsprit nach einer Zwischenbehandlung in einer Destillierkolonne mit geringem Trichloräthylengehalt und einem Alkalienzusatz mit Zugabe einer sehr flüchtigen Säure in wäßriger Lösung unterzogen. Die Menge an Trichloräthylen ist so gering bemessen, daß der Methylalkohol, Aldehyd und die unangenehm riechenden Verbindungen bei etwa 62° C am Kopf der Kolonne abdestillieren können, während am Fuß der Kolonne ein Alkohol anfällt, der weniger als 0,1% Methylalkohol, weniger als 0,04% Aldehyd und kein Trichloräthylen enthält. Um den sauren Charakter des Destillates zu beseitigen, kann in die Aufkoch- und Verstärkungskolonne Alkali zugegeben werden. Das Ergebnis ist ein Alkohol mit 94,4 Gew.-%, der frei von Geschmacks- und Geruchstoffen ist.

K. THIERFELDER und W. SMISCHEK haben den Alkohol in zwei Fraktionen zerlegt, und zwar in Äthylalkohol in einem Verhältnis von 50—85%, sowie in Methanol und Vorlauf im Verhältnis von 15—50% vom Gesamtalkohol nach Abzug vom Dephlegmator- oder Luftkühlerrücklauf. Der Äthylalkohol wird am oberen Ende der Rektifizierkolonne abgezogen und in einer oder zwei indirekt beheizten Nachkochkolonnen destilliert. Dort wird eine Vorlaufmenge von 15—25%, bestehend aus Äthylalkohol, mit größerem Gehalt an Methanol und Aldehyden abgezogen, dagegen der Äthylalkohol größter Reinheit von einem der unteren Böden entnommen. Um auch die letzten Spuren von Verunreinigungen zu entfernen, kann in die Nachkolonne Natrium- oder Kaliumäthylat in geringer Menge oder auch in Alkohol gelöstes Permanganat zugesetzt werden.

Schließlich haben M. Hahn und K. Kempf folgende vereinfachte Reinigungsmethode entwickelt:

In einer Rektifizierkolonne mit kontinuierlichem Fuselölabzug wird der durch die Dephlegmation entstehende Rücklauf in einen äthanolreichen sowie methanolreichen Teil gespalten. Ersterer wird in die Rektifizierkolonne zurückgeleitet, letzterer dagegen durch fraktionierte Kondensation ausgeschieden.

Um das Fuselöl weitgehend zu entfernen, wird die alkalische Flüssigkeit in mehreren Teilströmen zugeführt, damit mit steigender Alkoholkonzentration eine Verringerung der Konzentration des Alkalizusatzes erfolgt. Der Abzug des Fuselöls wird ebenfalls auf eine Mehrzahl von Böden des unteren Teils der Rektifizierkolonne verteilt und in besondere, durch Schaugläser kontrollierbare Vorschaltgefäße geleitet.

Die fraktionierte Kondensation des aus dem Kopf der Reinigungskolonne austretenden methanolreichen Dampfes geschieht in der Weise, daß das Dampfgemisch hintereinander geschaltete Kondensatoren durchströmt, wobei der zuerst passierte Kondensator auf einer den Siedepunkt des Methanols um mehrere Grade Celsius übersteigenden Temperatur gehalten wird. Dadurch wird erreicht, daß der Methylalkohol und die anderen leicht flüchtigen Bestandteile erst in den Nachkondensator bei Temperaturen unterhalb des Siedepunktes des Methanols niedergeschlagen und nach außen abgeführt werden können. Der äthanolreiche Teil des Kondensates läuft in den Kopf der Reinigungskolonnen zurück. Dabei ist eine Reinigungskolonne mit einer in gleicher Weise fraktioniert arbeitenden Kondensation ausgestattet.

Abb. 148 läßt den Gang des Verfahrens erkennen.

Die Maische gelangt in üblicher Weise zunächst in die sogenannte Maischekolonne *1*, und von hier strömt der Geist mit den Brüden und sämtlichen Verunreinigungen in eine Rektifizierkolonne *2*. Diese besitzt beispielsweise 42 Böden und erhält in der unteren Hälfte eine Mehrzahl übereinanderliegender Fuselölabzüge, um die schwerer siedenden Anteile weitgehend von einem Weiterfluß nach oben von vornherein auszuschalten.

Jeweils zwei bis drei Abzüge der unteren Böden sind über Schaugläser in gemeinsame Abscheider *3—5* geführt. Zu einer intensiven Erfassung, insbesondere der terpenartigen Bestandteile, ist an die letzte Abzugsleitung *6* ein gemeinsamer, leiterartiger Abzug *7* für mehrere übereinanderliegende Böden bis in jene Zone geführt, wo sich terpenartige und sonstige schwerer flüchtige Anteile noch befinden können.

In Höhe der unteren Fuselölabzüge liegen Zuflüsse *8* für wäßrige Alkalilösungen beliebiger Art. Mit steigender Alkoholkonzentration wird bei den verschiedenen Zuflüssen der Alkalizusatz nach oben zu verringert.

Reinigung von Alkohol.

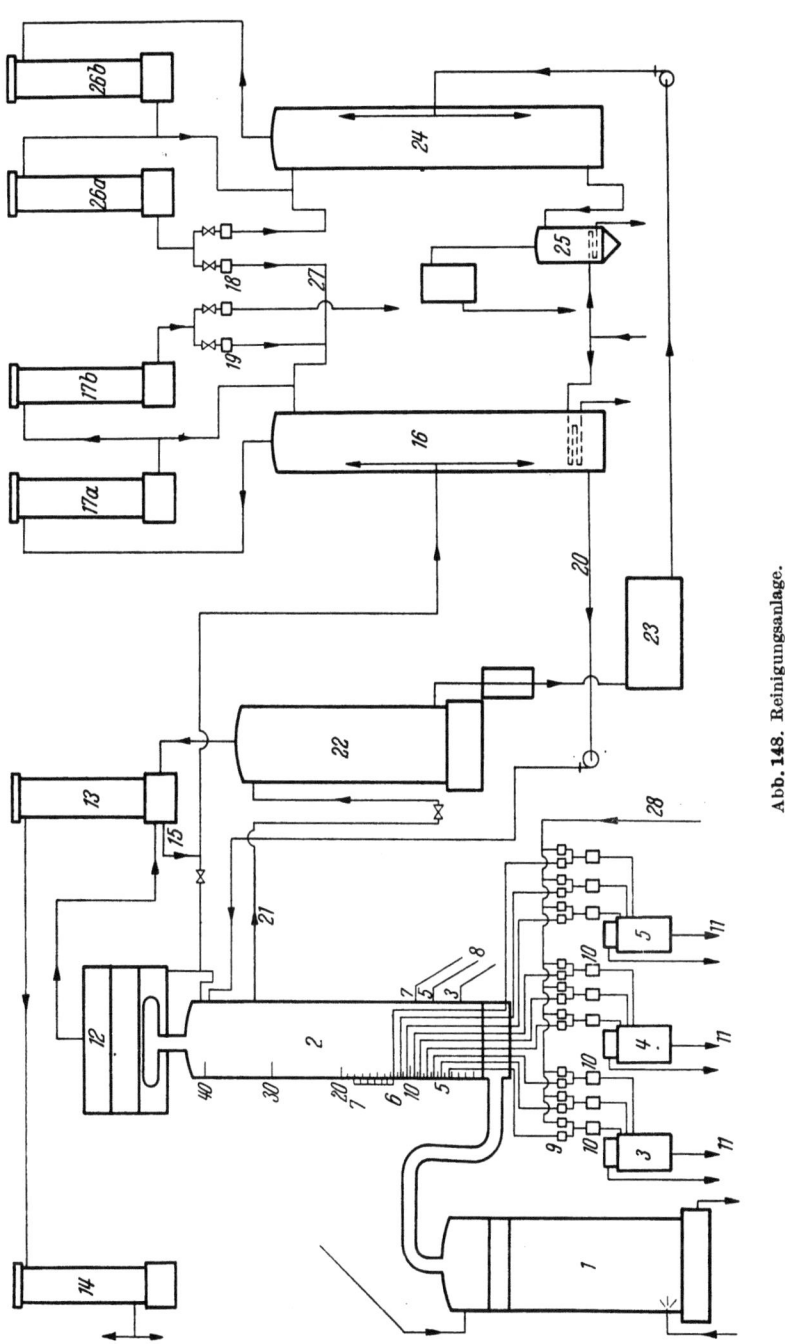

Abb. 148. Reinigungsanlage.

Den vor die Abscheider geschalteten Mischgefäßen 9 wird durch Leitungen 28 Waschwasser zugeleitet und entsprechend dem Fuselölablauf dieser Wasserzulauf in Schaugläsern überwacht. Aus den Fuselölabscheidern 3 bis 5 können jeweils bei *10* die Fuselöle abgezogen werden, während das Waschwasser mit den Alkohol- und Fuselölanteilen über Leitung *11* der Maische als Schaumbekämpfungsmittel zugeführt wird.

Die aldehydreichen Dämpfe gelangen von der Rektifizierkolonne *2* in den Dephlegmator *12*. Der Vorlauf wird vom Dephlegmator zunächst ganz oder teilweise in eine Aldehydaufkochkolonne *13* eingeleitet. Das abgeschiedene Methanol schlägt sich in einem Kühler *14* nieder, und ein mehr äthylalkoholhaltiger Teil kann durch die Leitung *15*, je nach den gegebenen Betriebsumständen, nochmals in die Anlage zur Aufarbeitung zurückgeführt werden, während die Hauptanteile des Vorlaufs in eine Reinigungskolonne *16* gelangen. Die leichter siedenden Vorlaufanteile werden von dieser Kolonne *16* einem Kondensator *17a* zugeleitet, dessen Temperatur auf etwa 70° C einzustellen ist. Der Methylalkohol und die anderen unerwünschten, leichter flüchtigen Bestandteile lassen sich in einem zweiten Kondensator *17b* bei einer Temperatur von etwa 50—60° C niederschlagen, und das im wesentlichen aus Methanol u. dgl. bestehende Kondensat wird über eine durch ein Schauglas kontrollierte Leitung *18* abgelassen. Der Rest des Kondensats fließt über eine ebenfalls kontrollierte Leitung *19* in die Reinigungskolonne *16* zurück. Der äthanolreiche Teil der Reinigungskolonne *16* wird mittels Leitung *20* in den Kopf der Rektifizierkolonne *2* rückgeführt.

Der äthanolreiche Alkoholanteil *21* der Rektifizierkolonne *2* strömt vom oberen Teil dieser Kolonne in eine Spritaufkochkolonne *22* üblicher Bauart, und der gereinigte Rohsprit wird von dieser Kolonne in einen Sammelbehälter *23* abgelassen. Von hier kommt der Rohsprit in eine Reinigungskolonne *24*. Der etwa 94 Gew.-% betragende völlig gereinigte Feinsprit wird aus dieser Kolonne über einen Nachverdampfer *25* abgenommen. Die aufsteigenden Methylalkohole und andere leichtflüchtige Bestandteile enthaltenden Anteile gelangen in die in ähnlicher Weise wie die Kondensatoren *17a*, *17b* arbeitenden Kondensatoren *26a*, *26b*, von wo ebenfalls die unerwünschten Nebenbestandteile über die Leitung *27* in den Kopf der Reinigungskolonne *16* geleitet werden, während das übrige Kondensat in den Kopf der Reinigungskolonne *24* rückgeführt wird.

Alle drei in der *Zellstoffabrik Waldhof* entwickelten Verfahren sind unter Berücksichtigung der Gegebenheiten der Betriebseinrichtung entwickelt worden. Es wurden hiernach bis 1953 ganz erhebliche Mengen eines erstklassigen Trinkspirites erzeugt.

Schließlich haben W. BELZ und die *Zellstoffabrik Waldhof* die Nachreinigung von Feinsprit aus Sulfitablauge dadurch erreicht, daß dem auf bekannte Weise erzeugten Feinsprit einmal oder mehrmals eine doppelte oder mehrfache Menge Wasser, gegebenenfalls mit geringen Zusätzen von Alkali oder Säure, zugegeben und das den Hauptteil der Verunreinigungen aufnehmende Wasser als Lutter abgezogen wird. Der vollständig gereinigte Feinsprit wird einige Böden unterhalb des Kopfes abgezogen und die abgespaltenen, leicht flüchtigen Bestandteile mit einem Teil des Kondensates aus dem Dephlegmatorsystem entfernt. Wesentlich ist hierbei, daß durch einen verstärkten und mehrfachen Wasserzusatz die Ausscheidungen der letzten Spuren von Geschmacks- und Geruchsstoffen innerhalb der Kolonne veranlaßt werden können.

D. Vergällungsmittel.

Die Vergällung von Alkohol ist mit der zunehmenden Verfeinerung der Rektifikationsmethoden immer schwieriger geworden. Wenn auch durch gewisse Zusätze der Geruch und Geschmack des Weingeistes so verdorben werden kann, daß letzterer nicht mehr als Genußmittel dienen kann, so besteht doch die Möglichkeit der Wiederentfernung, sofern chemische und physikalische Methoden angewendet werden. Das Ziel ist also, die letztere Möglichkeit, wenn nicht auszuschließen, so doch sehr kompliziert zu gestalten. Man hat Zusätze gewählt, die aus leichten Ölen bei der Destillation von bituminösen Thioschiefern, den bekannten Ichthyolschiefern, erhalten werden können. Diese machen den Genuß des Alkohols dadurch unmöglich, daß sich neben den leicht löslichen Stoffen auch einige organische Schwefelstoffe befinden, die durch chemische oder andere Behandlung schwer zu entfernen sind. Vor allem hat sich die *A. Riebecksche Montanwerke A.G.*, Halle, mit der Vergällungsfrage befaßt. Es wurden Denaturierungsmittel angewendet, die bei der Verschwelung von Braunkohle aus den Schwelgasen der Leichtöle stammen. Diese können vorher raffiniert werden. Es sind auch Mischungen von rohen oder gereinigten Schwelgasleichtölen und Halogenphenolen oder deren Derivate verwendet worden, welche unter 0,5% Halogenphenole bzw. Derivate dieser enthalten. Auch Leichtöle, die bei der Destillation von bituminösen Schiefern aus den Destillationsgasen gewonnen werden, kommen in Frage.

Demgegenüber haben L. SCHLECHT, H. RÖTGER und die *I. G. Farbenindustrie A.G.* Kondensationsprodukte benutzt, die beim Überleiten von Ammoniak und ungesättigten Kohlenwasserstoffen, insbesondere Acetylen über Katalysatoren bei erhöhter Temperatur entstehen, so auch schwefelhaltige Kondensationsprodukte, die durch Einwirkung auf Schwefelverbindungen entstehen.

Die *Eesti Patenti Aktsiaselts*, Tallin (Estland), benutzten Benzin, welches durch fraktionierte Destillation bei Temperaturen zwischen 80 und 240° C aus estländischen Schiefern gewonnen wurde.

Schließlich hat H. LENZ, Breslau, für Alkohol, der als Treibstoff dienen soll, ein Gemisch aus Alkylverbindungen des Phenols, der Kresole oder Xylenole oder Mischungen dieser Verbindungen miteinander als eine Komponente und als andere Komponente Phenol-, Kresol- oder Xylenolalkyläther oder Mischungen dieser Verbindungen, angewendet.

XVI. Die Schlempeverwertung.

A. Kornschlempe als Nährstoff.

a) Allgemeines.

Während man schon früher den Wert der Schlempe als Hefenährstoff und später zur Herstellung des Enzymkonzentrates der Pilzamylase erkannt hat, ist es erst der fortschreitenden Entwicklung der biosynthetisch erzeugten Antibiotica und Vitamine vorbehalten geblieben, in der Schlempe einen sehr geeigneten Nährboden zu finden, der sich insbesondere auch zur Vermehrung der Kulturen von Streptomyces griseus für die Herstellung von Streptomycin bewährt.

Die Kornschlempe enthält die unvergärbaren Bestandteile des eingemaischten Rohmaterials (Mais, Getreide usw.), insbesondere Proteine, Vitamine einschließlich des B-Komplexes und andere noch nicht ganz identifizierte Wuchsstoffe sowie Nährsalze. Auf 100 kg Getreide entfallen etwa 500 l Schlempe mit einem Gehalt von 5—7% Trockenrückstand, d. h. etwa 30 kg je 100 kg Getreide mit einem p_H-Wert von 3,6—4. Der Rückstand besteht zur Hälfte aus löslichen Bestandteilen und zur anderen Hälfte aus unlöslichen Feststoffen. Infolgedessen ist die Schlempe immer schon ein hochwertiges eiweißreiches Kraftfutter gewesen.

Um sie nun als Nährstoff für mikrobiologische Zwecke verwenden zu können, ist es nötig, die löslichen Bestandteile von den anderen Begleitstoffen zu trennen, ohne daß in der Zusammensetzung der Eiweißstoffe nachteilige Veränderungen eintreten. Es muß also eine Wasserverdampfung und eine Trocknung stattfinden.

Folgende Verfahrensweise ist nach K. R. Dietrich zweckmäßig: Die am Fuß der Maischekolonne ablaufende Schlempe wird über ein Sieb geführt, auf dem die unlöslichen Feststoffe zurückbleiben. Sie werden abgepreßt und die dabei anfallende Flüssigkeit wird nach Vereinigung mit den löslichen Bestandteilen in einem Mehrstufenverdampfer auf 25—35% Trockensubstanz eingedampft. Die weitere Konzentrierung auf 35—50% Trockensubstanz gelingt nur dann, wenn die am Verdampfer zugeleiteten löslichen Bestandteile zuvor in einer Klärzentrifuge zur Abscheidung noch suspendierter Festbestandteile behandelt worden sind. Soll ein Trockenprodukt hergestellt werden, so wird die eingeengte Masse Walzentrocknern zugeführt. Die löslichen, auf 50% Trockensubstanz eingeengten Bestandteile der Schlempe können auch zum Zwecke der Verwertung als Futtermittel mit den abgesiebten und abgepreßten Festbestandteilen vermischt und in einem Trommeltrockner getrocknet werden. Grundsätzlich steigt die Haltbarkeit der Kornschlempe mit wachsendem Trockensubstanzgehalt, für den im günstigsten Falle Werte bis zu 96% erreicht werden.

Die zu entfernenden Wassermengen sind beträchtlich. Bei einer stündlich zu verarbeitenden Schlempemenge von 5 cbm fallen zunächst als abgesiebte und abgepreßte Feststoffe 600 kg Masse mit einem Trockensubstanzgehalt von etwa 25% an, der dann noch 450 kg Wasser in einem Trommeltrockner zu entziehen sind. In der Schlempe verbleiben etwa 150 kg Festbestandteile. Die durch das Sieb gelaufene Flüssigkeit umfaßt zusammen mit der Preßflüssigkeit etwa 4400 kg, denen im Verdampfer etwa 3800 kg zu entziehen sind, um eine Trockensubstanz von 25% zu erzielen. Dieses Konzentrat von etwa 600 kg wird dann auf einem Walzentrockner zu etwa 150 kg getrockneten löslichen Bestandteilen der Kornschlempe verarbeitet. Insgesamt sind demnach aus 5000 kg Schlempe 4700 kg Wasser zu entfernen.

Die Zusammensetzung der getrockneten Gesamtschlempe und die der getrockneten löslichen Bestandteile — bei Verwendung von Mais, Roggen oder Gemischen von diesen mit Gersten- oder Roggenmalz als Ausgangsmaterial — ist aus Tab. 39 u. 40 zu ersehen.

Tabelle 39. *Zusammensetzung der Trockenerzeugnisse der Kornschlempe.*

	Getrocknete Gesamtschlempe		Getrocknete lösliche Bestandteile der Schlempe	
	90% Mais 10% Gerstenmalz	85% Roggen 15% Roggenmalz	90% Mais 10% Gerstenmalz	85% Roggen 15% Roggenmalz
	%	%	%	%
Wasser	11	11	5	5
Protein	28	29	25	36
Fett	9	3	6	1
Faser	7	8	1	1
Asche	6	6	9	9
Stickstofffreier Extrakt	39	43	54	48

Tabelle 40. *Durchschnittliche Zusammensetzung der getrockneten löslichen Bestandteile der Kornschlempe.*

70% Mais, 20% Roggen, 10% Gerstenmalz

	Gew.-%	Aminosäuregehalt	Gew.-%	Vitamine	Gamma/Gramm
Wasser	5	Arginin	0,9	Thiamin	7
Protein	27	Glutaminsäure[1]	4,3	Riboflavin	18
Fett	5	Histidin	0,7	Pantothensäure	25
Faser	1	Isoleucin	1,7	Niacin	150
Stickstofffreier Extrakt	54	Leucin	1,6	Pyridoxin	9
		Lysin	0,7	Biotin	2
Milchsäure	9	Methionin	0,4	Cholin	6500
Asche	8	Phenylalanin	1,7	p-Aminobenzoesäure	10
Calcium	0,4	Serin	1,4		
Phosphor	1,6	Threonin	1,0	Folsäure	1
Natrium	0,3	Tyrosin[1]	0,6		
Kalium	1,8	Tryptophan	0,1		
Magnesium	0,8	Valin	1,6		
Eisen	0,05				
Kupfer	0,008				
Kobalt	0,00002				
Mangan	0,01				
Silicium	0,1				
Schwefel	0,4				
Chlor	0,3				

Daraus folgt, daß gerade die getrockneten löslichen Bestandteile der Kornschlempe durch ihren hohen Gehalt an Protein, Nährsalzen und Vitaminen einen beachtlichen Nährwert aufweisen und neben der Verwendung als Zusatzfutter in der Vieh- und Geflügelzucht sich auch als Nährböden für mikrobiologische Zwecke besonders eignen. Solche Nährböden können aus einem Gemisch von Kohlehydraten, anorganischen und stickstoffhaltigen organischen Substanzen sowie den getrockneten löslichen Bestandteilen der Kornschlempe oder aus einem Gemisch von ihnen mit Sojabohnenmehl bestehen.

---

[1] Nicht wesentlich für die menschliche und tierische Ernährung.

Die Schlempeerzeugnisse decken die Fabrikationskosten des Alkohols aus dem angelieferten Getreide, wenn gute Verdampfungs- und Trocknungsanlagen zur Verfügung stehen. Auch kleine Brennereien können mit der neuen Schlempeverwertung guten Nutzen erzielen.

Die Schlempe wird aber noch wesentlich wertvoller, wenn sie zur Vitaminerzeugung dient. So können durch erneute Vergärung der Schlempe ihr Gehalt an Riboflavin und Vitamin B_{12} wesentlich erhöht werden, wie Tab. 41 zeigt.

Hierbei sind die löslichen Bestandteile der Schlempe mit einigen Prozenten Pepton und Glucose vermischt und mit der Kultur von Ashbya gossypii vergoren worden. Außer einem starken Ansteigen des Riboflavins ist weiterhin eine beachtliche Zunahme an Pantothensäure, Pyridoxin, p-Aminobenzoesäure, Folsäure, B_{12} und LBF zu verzeichnen. Dabei steigt der B_{12}-Anteil z. B. innerhalb 90 Stunden von 0 auf 1,15 Gamma je Gramm Trockensubstanz.

Tabelle 41. *Chemische Zusammensetzung und Vitamingehalt der löslichen Bestandteile der Schlempe vor und nach der Vergärung mit Ashbya gossypii.*

	Gew.-%	
	vor	nach
Wasser	4,2	3,0
Protein	26,5	35,0
Fett	8,0	1,5
Asche	11,0	19,0
Faser	1,5	1,5
	Gamma je Gramm	
Riboflavin	17,0	15 000
Thiamin	7,0	8
Pantothensäure	25	210
Niacin	140	180
Pyridoxin	9	40
Folsäure	1	7,5
Biotin	0,2	0,3
p-Aminobenzoesäure	9,5	20
Cholin	6000	5 000
B_{12}	0,1	1,8
Lactobazillus bulgaricus-Faktor (LBF)	0,2	5,0 Einheiten je mg

Mit dieser Biosynthese von Riboflavin, LBF und anderen Wachstumsfaktoren ist der Beginn einer Entwicklung eingeleitet worden, die für die Verwertung der Kornschlempe günstige Aussichten bietet.

In den USA ist man sich dieser Tatsache schon seit geraumer Zeit bewußt. Dort wird heute bereits ein großer Teil der getrockneten löslichen Schlempebestandteile als Kulturboden für Mikroorganismen verwendet, während ein anderer Teil als Gesamtschlempe nach wie vor als Zusatzfutter in der Vieh- und Geflügelzucht dient. So ist seit 1939 in den USA die jährliche Erzeugung bis 1946 auf 105000 Tonnen gestiegen. Im Jahre 1953 werden etwa 85% der Schlempe der Kornbrenner getrocknet, 14% als Naßfutter verwendet und kaum 1% wird verworfen. Für die Jahre 1947—1948 wurde die jährliche Herstellung von getrockneter Gesamtschlempe auf 750000 Tonnen geschätzt.

Demgegenüber ist in Deutschland die Entwicklung noch im Anfangsstadium. Hier bietet die steigende Erzeugung von Antibiotica den Anreiz, die Schlempeverwertung der Kornbrennereien in eine neue Richtung zu leiten. Für die Kartoffelschlempe wird die biosynthetische Verwertungsmöglichkeit wohl nicht in Frage kommen.

Schrifttum.

DIETRICH, K. R.: Chemiker-Ztg., **1953**, 13.
PALMEDO, H.: Dissertation. Landwirtschaftliche Hochschule Hohenheim 1952.

b) Die kontinuierliche Schlempeverwertung.

Aus Abb. 128 der auf S. 450 behandelten Anlage zur kontinuierlichen Gewinnung von Alkohol aus stärkehaltigen Rohstoffen ist bereits ersichtlich, daß auch die Schlempe kontinuierlich gewonnen werden kann. Dabei ist deren getrennte Aufarbeitung nach löslichen und festen Bestandteilen möglich.

Es ist dies für die Herstellung der biologisch gewonnenen Vitaminpräparate besonders wichtig. Sowohl zur Herstellung von Pilzamylase wie für die Biosynthese des Vitamins B_{12} werden dem Nährsubstrat 4% getrocknete lösliche Bestandteile der Kornschlempe hinzugefügt. Bei der alten absatzweisen Schlempegewinnung können die Nährbestandteile der Schlempe nicht so geschont werden wie bei einer kontinuierlichen Arbeitsweise. Hier wird der stärkehaltige Rohstoff bereits beim Aufschluß nur der sehr kurzen Zeit von 1—4 Minuten der Erhitzung ausgesetzt, dabei aber gleichzeitig sterilisiert.

Es sind aber noch andere Vorteile vorhanden. Wesentlich erscheint zunächst, daß die verarbeiteten Erzeugnisse vollkommen einheitlich anfallen, da die Betriebsbedingungen bei der kontinuierlichen Arbeitsweise konstant bleiben. Demgegenüber ist die gleichförmige Erhitzung in einem großräumigen Henzedämpfer schon im Hinblick auf die lange Wärmebehandlung nicht gegeben. So werden sich immer Unterschiede in der Wärmedauer und im Wärmegrad ergeben, denen die verschiedenen Teilchen des Gutes ausgesetzt sind, und die sich dann nachteilig auf die Alkoholausbeute und die Schlempezusammensetzung auswirken müssen. Im übrigen kann das neue Verfahren leicht durch Kontrollinstrumente überwacht werden und ist automatisch zu betreiben.

Die Anwendung verhältnismäßig hoher Temperaturen gewährleistet eine vollkommene Sterilität. Sind die zu verarbeitenden Rohstoffe nicht fein genug geschrotet, so bedarf es höherer Temperaturen. So bedarf grob geschroteter Mais einer Behandlung von mindestens 4 Minuten bei 135° C, um keimfrei zu werden.

Man kann nun in bequemer Weise kontinuierlich sterilisieren, wenn man den Druckkocher der Abb. 128 als Sterilisationsgefäß benutzt und das Gerät zur Schnellverzuckerung, die Vakuumpumpe und den Einspritzkondensator abschaltet. Die Sterilisation vollzieht sich dann in folgender Weise:

Nachdem die Anlage 2 Stunden lang mit Dampf von 1 atü sterilisiert und unter Verwendung von Wasser statt von Nährsubstrat auf die Betriebsbedingungen genau eingestellt worden ist, wird das zu sterilisierende

Nährmedium eingepumpt und mit Hilfe des Düsenerhitzers auf etwa 160° C bei einem p_H von etwa 4,5 erhitzt. Nach einer Verweilzeit von 4—8 Minuten fließt das Gut dann in das unter Atmosphärendruck stehende Entspannungsgefäß, in dem es auf 100° C abgekühlt wird. Von hier wird es mit Hilfe der Süßmaischpumpe kontinuierlich durch den Plattenkühler geschickt, um die für die Vergärung in Frage kommende Temperatur zu erreichen.

Es liegt auf der Hand, daß eine solche Sterilisationsweise einfacher ist als eine Sterilisation durch Bestrahlen mit Ultrakurzwellen, Röntgen-, Kathoden- oder Ultraviolettstrahlen.

Schrifttum.

DIETRICH, K. R.: Branntweinwirtschaft **1952**, Nr. 23, S. 429.

c) Kornschlempe zur Extraktgewinnung für Reindiastase.

Um reine Diastase darzustellen, hat man früher sehr verdünnte Malzauszüge vergoren, auf die Gewinnung der Hefe verzichtet und den Alkohol gewonnen. Dabei haben die in diesen verdünnten Auszügen vorliegenden dispersen Fremdstoffe sich schwer filtrieren lassen und die Gärung gestört. L. MAYER, Darfo (Italien), hat die dünne Lösung aus diastasereichem Weizen- oder Gerstenmalz einer Vorkonzentration unterworfen und sie auf ein spezifisches Gewicht von etwa 1,37—1,40 konzentriert und sie dann auf ein spezifisches Gewicht von etwa 1,07 mit kaltem Wasser gebracht. Der filtrierte Auszug ist dann durch Zusatz von 2—4% hochvergärender untergäriger Hefe vergoren worden. Dann wurde rasch abgekühlt, wobei sich die Hefe glatt abscheidet. Es ist etwa die doppelte Menge der ursprünglich zugesetzten Hefe entstanden. Dann wurde der Alkohol nach Einengung der Flüssigkeit durch einfache Rektifikation gewonnen.

Nach der Konzentration und Alkoholgewinnung ist ein maltosefreier Extrakt übrig, der neben nur wenig Dextrin und proteinartigen Stoffen in etwa vierfacher Konzentration stärkeverflüssigende Enzyme und im Vergleich zu den Handelsprodukten von gleichem spezifischem Gewicht in etwa dreifacher Konzentration verzuckernde Enzyme enthält.

Aus diesem Schlempeextrakt kann schließlich durch Auflösen und Wiederausfällen nach bekannten Methoden leicht Reindiastase gewonnen werden.

Beim Einmaischen können Konservierungsmittel Anwendung finden, so z. B. 0,025—0,03% Fluornatrium, um die Bakterienbildung und die Entstehung größerer Säuremengen möglichst einzuschränken.

B. Kartoffelschlempe.

a) Aufbereitung.

Bisher hat man die Schlempe von Kartoffelbrennereien zur Herstellung von Futterkuchen in den Schlemperückstand und zur Verwendung als Nährflüssigkeit für Gärzwecke in die Schlempeflüssigkeit getrennt. E. LÜHDER und B. LAMPE und der *Verein der Spiritusfabrikanten in Deutschland*, Berlin, haben dieses Verfahren verbessert. Der abgetrennte Schlemperückstand ist mit Kartoffeln, wie gedämpfte oder gekochte Frischkartoffeln, mit Kartoffelflocken oder auch mit entwässerten Kartoffelreibsel homogen vermischt worden und dann zur Trocknung gekommen. Die Schlempeflüssigkeit ist entweder zu Futterzwecken oder als Nährflüssigkeit für Gärzwecke verwendbar. Wenn man Kartoffelreibsel verwendet, fällt bei der Entwässerung des Reibsels ein Saft ab, der als Maischwasser Verwendung finden kann. So läßt sich mit diesem Kartoffelsaft das Grünmalz für die Verzuckerung der gedämpften Kartoffeln vermischen. Er ist auch als Zusatz für Getreidemaischen verwendbar.

b) Anreicherung des Eiweißgehaltes von Brennereischlempe.

Die bei der Kartoffelbrennerei anfallende Schlempe enthält etwa 25% Eiweiß in der Trockensubstanz. H. FINK und R. LECHNER haben vorgeschlagen, zur Anreicherung des Eiweißgehaltes der bei der brennereitechnischen Alkoholgewinnung anfallenden Schlempe zu der hierbei üblichen Würze die von der Hefegewinnung her bekannten Zusätze an Nährsalzen und anderen anorganischen Stickstoffverbindungen hinzuzufügen. Wird dann die Alkoholgärung in der üblichen Weise ohne Belüftung durchgeführt, so erfolgt gleichzeitig neben der Bildung von Alkohol eine erhebliche Anreicherung der Schlempe an eiweißreicher Hefezellsubstanz.

Das in der Schlempe anfallende Rohprotein erfährt eine Vermehrung von 25 auf 30—35% und mehr in der Trockensubstanz. Es wurde z. B. wie folgt gearbeitet:

1500 g Kartoffelmaische mit einem Gehalt von etwa 20° Balling werden mit 2,5 g obergäriger Brennereihefe (Rasse M) versetzt. Die benötigten anorganischen Stickstoffverbindungen, wie z. B. 5 g Diammoniumphosphat, werden in Wasser gelöst, entweder von vornherein zugegeben oder allmählich während der Gärung zulaufen gelassen. Die Temperatur wird während der etwa 72stündigen Gärdauer auf etwa 30° und die Reaktion der gärenden Maische schwach sauer gehalten. Während bei der üblichen Vergärung von Kartoffelmaische die erhaltene Schlempe in der Trockensubstanz 25% Rohprotein aufweist, zeigt die im vorliegenden Beispiel erhaltene Schlempe einen Eiweißgehalt von etwa 32% auf Trockensubstanz berechnet.

Mit der angereicherten Schlempe sind Fütterungsversuche durchgeführt worden; es hat sich ergeben, daß sie ein vollwertiges Eiweißfutter darstellt.

C. Melasseschlempeverwertung.

a) Verhefung.

Es ist bekannt, daß Melasseschlempe schwer vergärbar ist, vor allem, wenn sie konzentriert vorliegt. H. BERKEL, Germersheim, hat nun Schlempe mit einem in voller Gärung befindlichen Gärsubstrat kontinuierlich in den Gärbottich gebracht und verarbeitet. Es wird so erreicht, daß die Hefe immer nur sehr kurz in dem schwer verarbeitbaren Medium arbeitet, so daß sich die gärungshemmenden Eigenschaften nicht auswirken können. Die beiden Zuläufe, nämlich die Schlempe und das in Gärung befindliche Gärgut, werden hierbei nach ihrer Menge und Konzentration so gegeneinander abgestimmt, daß die gewünschte Konzentration der Mischung, in welcher die Vergärung oder Verhefung beendet wird, erzielt wird.

Zum Beispiel wird eine in voller Gärung befindliche Würze aus Melasseschlempe von 5° Balling, die in dieser Verdünnung leicht vergärbar ist, kontinuierlich in ein gut belüftetes Gärgefäß gegeben. Gleichzeitig laufen unter starker Belüftung je Stunde 2 kg schwer vergärbare Melassedickschlempe von 41° Balling in das Gärgefäß. Der Zulauf der in voller Gärung befindlichen Würze von 5° Balling wird zweckmäßig wie folgt geregelt:

In der ersten Stunde werden 26 l, in der zweiten und dritten Stunde je 21 l, in der vierten bis siebenten Stunde je 16 l dieser Würze zulaufen gelassen. Je Stunde werden 40 kg Diammonphosphat zugesetzt. Die eingeblasene Luftmenge beträgt 30 cbm je Stunde. Die Gärtemperatur wird auf 30° C, der p_H-Wert durch Zusatz von Mineralsäure auf 6 gehalten. Nach 7 Stunden werden die beiden Zuläufe abgestellt und noch eine weitere Stunde 30 cbm Luft gleichmäßig durchgeblasen. Dann kann mit der Hefegewinnung begonnen werden. Alkohol fällt nur in Spuren an und kann wirtschaftlich nicht gewonnen werden.

Das Bemerkenswerte bei diesem Melasseschlempeverfahren liegt darin, daß es gelungen ist, eine Torula-Hefeart dazu zu zwingen, sich ausschließlich von den in der Schlempe noch vorhandenen Aminosäuren zu ernähren, da sich nicht einmal Spuren von Zucker noch in der Schlempe befinden dürften. Dies hatte zur Folge, daß der Vitamingehalt dieser Hefe dem der Bierhefe, welche mit Abstand die vitaminreichste ist, gleichkommt und teilweise sogar noch überlegen war. Es ist ferner bemerkenswert, daß die verhefte Schlempe nach der Separation der Hefe wieder eingedickt wurde und daß sie dann ohne Verlust an den Bestandteilen zur Weiterverarbeitung auf Cyan geeignet war.

Nach diesem Verfahren sind täglich 4 t Hefetrockensubstanz erzeugt worden. Die besten Ausbeuten können nur mit reiner auf die notwendige Dichte gebrachter Schlempe erzielt werden, da ein Melasse- oder Zuckerzusatz die Schlempeverhefung nicht erleichtert.

b) Schlempeeindampfung.

W. VOGELBUSCH, Wien, hat eine Verdampferanlage entwickelt, um sowohl den in den Gärflüssigkeiten enthaltenen Alkohol zu gewinnen als auch die anfallende Schlempe einzudampfen. Es geschieht dies in der in Abb. 149 gezeigten Weise.

Die aus der Kolonne e kommenden Dämpfe werden in ein alkoholärmeres Kondensat und in ein an Alkohol wesentlich reicheres Dampfgemisch zerlegt. Dies wird durch die besondere Gestaltung der Heizkörper a', b' und c^1 und der Verdampfer a, b und c ermöglicht. Die über die Leitung m nach dem Heizkörper b' des Verdampfers b tretenden Dämpfe beschreiben einen besonderen Weg, wobei sich der größte Teil der Dämpfe kondensiert. Dabei werden sie in das alkoholärmere über die Leitung h abfließende Kondensat und in das alkoholreichere Kondensat zerlegt, welches über die Leitung n nach dem Kondensator o strömt. Der dort gewonnene Teil des Alkohols kann in einem Rektifizierapparat verstärkt werden, während das andere

Kondensat über die Leitung h in den Fabrikationsprozeß zurückgelangen kann, z. B. zur Verdünnung der für die nächste Gärung bestimmten Melasse. So wird eine Alkoholanreicherung der über die Leitung f eintretenden Würze erzielt.

Eine andere Ausführungsform ist in Abb. 150 wiedergegeben.

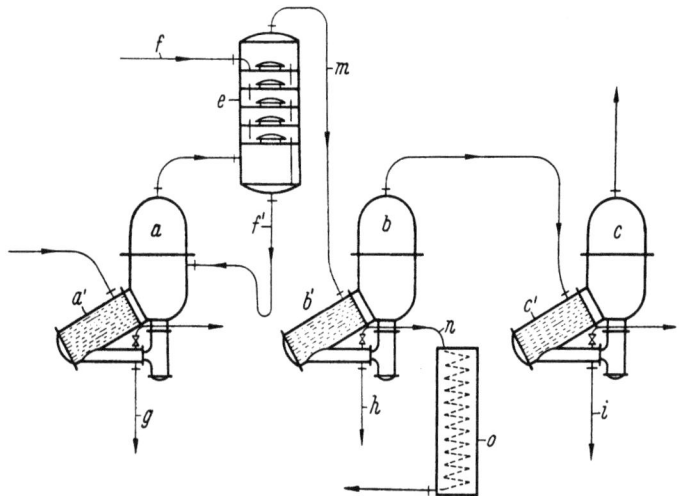

Abb. 149. Verdampferanlage. Bauart: VOGELBUSCH.
Ausgeführt von *Aktiengesellschaft Kühnle, Kopp & Kausch*, Frankenthal/Pfalz.

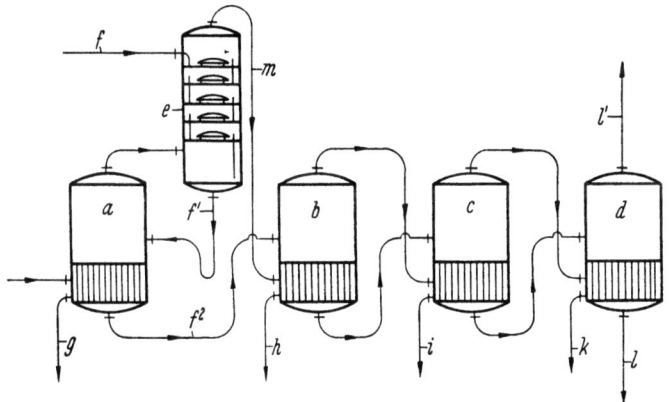

Abb. 150. Verdampferanlage. Bauart: VOGELBUSCH.
Ausgeführt von *Aktiengesellschaft Kühnle Kopp & Kausch*, Frankenthal/Pfalz.

Die Verdampfkörper a, b, c und d sind mit der Destillierkolonne e zusammengeschaltet, die ihren Alkohol noch enthaltende enthefte Würze fließt durch ein Rohr f auf den obersten Boden der Kolonne e und dann durch f' in den ersten Verdampfkörper, während der Rest durch ein Rohr f^2 in den zweiten Körper b überfließt, welch letztere Vorgänge sich mit Bezug auf die Körper b, c und d wiederholen.

Der im Körper a entwickelte Brüdendampf strömt zusammen mit den noch mit der Würze nach dem Körper a gelangenden flüchtigen Stoffen von unten nach oben nacheinander durch die einzelnen Kammern der Kolonne e, dann durch eine Leitung m und wird im Heizkörper des Verdampfers b niedergeschlagen. Er verdampft seinerseits eine entsprechende Wassermenge aus dem Inhalt des Körpers b. Das gebildete Kondensat enthält die flüchtigen Stoffe, die über eine Leitung h abgezogen und separat destilliert werden.

e, i und k sind entsprechende Leitungen für die anderen Verdampfer. Aus dem letzten Körper d wird durch die Leitung l die eingedampfte Dicklauge entnommen, während der Brüdendampf durch die Leitung l' nach dem Kondensator gelangt.

In neuerer Zeit ist die Apparatur verbessert worden (s. Abb. 151).

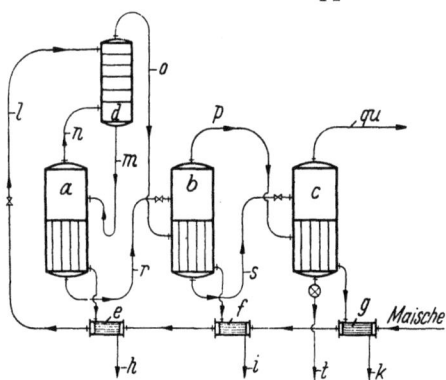

Abb. 151. Verdampferanlage. Bauart: VOGELBUSCH. Ausgeführt von *Aktiengesellschaft Kühnle, Kopp & Kausch*, Frankenthal/Pfalz.

Zwischen den Verdampfapparaten a und b einer z. B. dreistufigen Vakuumeindampfstation a bis c ist ein Destillator d so angeordnet, daß der Brüdendampf aus a denselben auf dem Wege zum Heizkörper der zweiten Verdampferstufe b von unten nach oben durchströmt und dabei den in der Maische enthaltenen Alkohol aufnimmt. Bei der Kondensation dieses Dampfes im Heizkörper des Verdampfapparates b wird aus dessen Flüssigkeitsinhalt eine der frei gewordenen Wärme entsprechende Wasserdampfmenge entwickelt, die über das Rohr p in den Heizkörper der dritten Stufe c gelangt. Die alkoholhaltige Flüssigkeit durchfließt nacheinander die mit den Kondensaten aus den Heizkörpern der Verdampfapparate c, b und a verbundenen Wärmeaustauscher g, f und e und tritt dann, weitgehend vorgewärmt, über die Leitung 1 in den Destillator d oben ein. Während sie diesen — dem über die Leitung n aus dem Verdampfer a kommenden Brüdendampf entgegen — nach abwärts durchfließt, gibt sie ihren Alkoholgehalt an die über die Leitung o weitergehenden Dämpfe ab. Die vom Alkohol befreite Schlempe tritt über die Leitung m in die erste Verdampferstufe a ein, verliert in dieser einen Teil ihres Wassergehaltes, während der Rest über die Leitung r in den zweiten Verdampfkörper b fließt, wo sich der Vorgang wiederholt. Die auf die gewünschte Enddichte eingedampfte Schlempe wird aus der letzten Stufe c ununterbrochen abgezogen.

Das aus der zweiten Verdampferstufe b kommende im Wärmeaustauscher f abgekühlte Heizdampfkondensat enthält den Alkoholanteil der Maische und wird, wie schon gesagt, in einer Rektifizieranlage zum Fertigprodukt weiterverarbeitet.

Die neueste Anordnung der Destillations-Eindampfanlage nach VOGELBUSCH ist vierstufig. Sie verarbeitet täglich 600000 l Maische mit 10% Alkoholgehalt. Der anfallende wäßrige Spiritus hat etwa 45 Vol.-% und wird unmittelbar rektifiziert. Die eingedampfte Schlempe verläßt die vierte Eindampfstufe mit einem Trockengehalt von etwa 60% und wird in den verhältnismäßig großen Feuerraum eines Dampferzeugers für etwa 40 atü Betriebsdruck und 420° C ähnlich wie Heizöl eingespritzt.

Die Verbrennungsgase durchstreichen nacheinander den eigentlichen Dampferzeuger, den Dampfüberhitzer sowie einen Speisewasser- und Luftvorwärmer. Es wird mit einem sehr geringen Luftüberschuß gearbeitet, um zu erreichen, daß das in der Melasseschlempe enthaltene Kaliumsulfat zum großen Teil zu Kaliumsulfid reduziert anfällt. Letzteres kann dann durch Kohlensäure in Kaliumcarbonat umgesetzt werden. Außerdem besteht die Möglichkeit, die bei der Verbrennung anfallende Schlempekohle durch Zufuhr von Kaliumsulfat an Kaliumcarbonat anzureichern. (Vgl. Abschn. ,,Melasseschlempeverarbeitung auf Kaliumcarbonat, S. 516 ff.)

Der Verdampfer ist von VOGELBUSCH in letzter Zeit umgestaltet worden. Abb. 152, Figur a, zeigt den Aufriß, b einen Schnitt durch den Schaumabscheider und c einen Schnitt durch den Brüdenkörper.

Dieser Verdampfer mit senkrecht angeordnetem Heizkörper a—e hat einen zweiteiligen Flüssigkeitsraum g, h bzw. g_1, h_1, dessen Abteilungen von den einzudampfenden Lösungen nacheinander durchflossen werden. Die Lösung läuft zunächst über die Abteilung g, g_1, g_2 und l um und gibt dabei den größeren Teil des in der betreffenden Stufe zu verdampfenden Wassers ab.

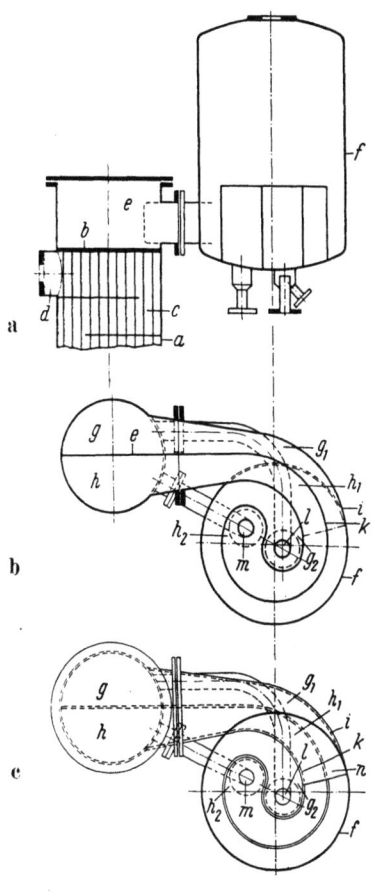

Abb. 152. Verdampferanlage. Bauart: VOGELBUSCH. Ausgeführt von *Aktiengesellschaft Kühnle, Kopp & Kausch*, Frankenthal/Pfalz.

Die auf diese Weise voreingedampfte Lösung gelangt dann durch eine in der Zeichnung nicht dargestellte Vorrichtung nach der Verdampferabteilung h, läuft in dieser über h_1, h_2 und m um, wobei ihr das restliche Wasser entzogen wird.

Aus den beiden, nach dem Brüdenkörper f übertretenden Flüssigkeitsbrüdengemischen wird der flüssige Anteil an den Leitflächen i bzw. k durch Fliehkraft abgeschieden. Derselbe fließt durch die Rohrleitungen l und m den zugehörigen in der Zeichnung nicht dargestellten unteren Flüssigkeitsabteilungen g und h des Heizkörpers a—e zu.

Da in der ersten Flüssigkeitsabteilung g die Siedepunkterhöhung nur gering, der Wärmeübergangswert k (in kcal/m² h °C) dagegen hoch ist — wegen der verhältnismäßig geringen Viscosität der Lösung —, so beträgt die Verdampfung das Mehrfache von jener der Abteilung h. So würden in einem einfachen Verdampfer mit einteiligem Heizkörper an der ganzen Heizfläche die ungünstigen Verhältnisse der Abteilung h, h_1, h_2 und m herrschen und daher eine wesentlich größere Heizfläche des Verdampfers erforderlich sein.

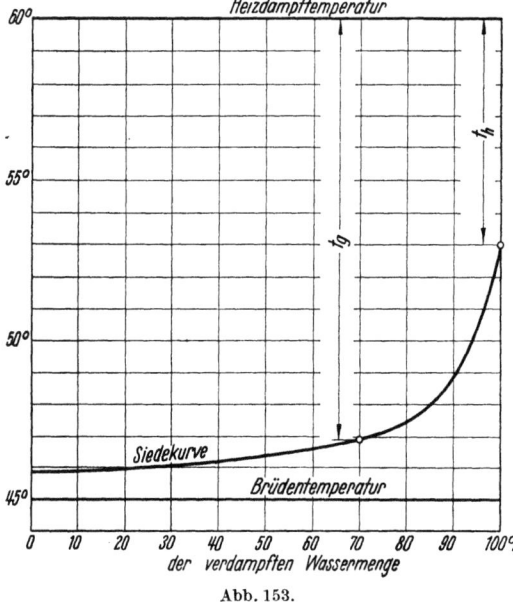

Abb. 153.

Das nebenstehende Kurvenbild (Abb. 153) zeigt die Wirkung des neuen Verdampfers in der Schaltung als letzte Stufe einer Drei- oder Vierkörpervakuumanlage bei der Eindampfung von Melasseschlempe auf 30° Bé. Die erste Abteilung g hat die mehr als doppelte Leistung der zweiten Abteilung h. Sofern die Schlempe auf höhere Konzentration eingedampft werden soll, z. B. auf 35° Bé, so steigt das Verhältnis der in den beiden Verdampferabteilungen verdampften Wassermengen auf etwa 3 : 1.

Anlagen dieser Art sind u. a. von der Maschinenfabrik *Kühnle, Kopp & Kausch* in Frankenthal/Pfalz mit Verdampfleistungen bis zu 900 t je Tag ausgeführt worden.

c) Melasseschlempeverarbeitung auf Kaliumcarbonat.

Soweit die in den Melassebrennereien anfallende Schlempe nicht als Futter- oder Düngungsmittel Verwendung findet, hat man daraus die verhältnismäßig wertvollen Kalisalze gewonnen. Dies ist bisher im allgemeinen derart erfolgt, daß die Schlempe etwa auf ein Drittel ihres ursprünglichen Volumens eingedampft wird — zumeist in Mehrfachverdampfapparaten — und alsdann in sogenannten *Porion*- oder *Garner*-Öfen verbrannt wird. Diese Öfen sind sehr einfach, sie bestehen in der Hauptsache aus einer Eindampfkammer, in welcher der bereits eingedickten Schlempe noch mehr Wasser entzogen wird, und aus einer Verbrennungskammer, in der die Masse verbrannt wird. Die entstehenden Gase werden durch die Eindampfkammer geleitet und zur Verdampfung von Wasser nutzbar gemacht.

Die Zusammensetzung der hierbei anfallenden Rückstände hängt weitgehend von der Natur der verarbeiteten Melasse und von der Art der Aufarbeitung ab. Ein solcher Rückstand kann z. B. etwa folgende Zusammensetzung haben:

Kaliumcarbonat	20—50%	Kaliumsulfat	10—17%
Natriumcarbonat	10—20%	Unlösliches	9—30%
Kaliumchlorid	10—17%		

Die Werte können innerhalb weiter Grenzen schwanken, besonders, wenn Rohrzuckermelasse verarbeitet wird.

Die Aufarbeitung des Rückstandes kann mittels fraktionierter Kristallisation erfolgen. Der wertvollste Bestandteil ist das Kaliumcarbonat, während Kaliumsulfat und Kaliumchlorid im allgemeinen nur für Düngezwecke in Frage kommen.

Es liegt auf der Hand, daß die geschilderte Arbeitsweise sehr unvollkommen ist, vor allem wegen des hohen Dampfverbrauches.

Die *N. V. Zuid-Nederlandsche Spiritusfabriek*, Bergen op Zoom, und M. JANSEN haben ein neues Verfahren entwickelt, welches erheblich größere Ausbeuten gewährleistet. Es besteht darin, daß die Schlempe, nachdem ein wesentlicher Teil des darin befindlichen Wassers verdampft ist, mit einer geringen Luftmenge verbrannt wird. Dabei wird das in der Schlempe enthaltene Kaliumsulfat völlig oder größtenteils zu Kaliumsulfid reduziert und dieses dann durch Einleiten von Kohlendioxyd in Kaliumcarbonat übergeführt.

Die Schlempe wird zunächst bis auf einen Trockengehalt von 50—60% eingedampft. Dann wird sie in kontinuierlichem Verfahren verbrannt, indem man sie durch die aus der Verbrennungszone kommenden heißen Verbrennungsgase hindurchfallen läßt. Die Verbrennung wird dabei bei beschränkter Luftzufuhr derart durchgeführt, daß die organischen Stoffe verbrennen und das Kaliumsulfat ganz oder teilweise zu Kaliumsulfid reduziert wird. Der geschmolzene Rückstand wird zweckmäßig kontinuierlich aus dem Ofen abfließen gelassen und in Wasser gelöst. Durch Einleiten von Kohlensäure in die wäßrige Lösung kann dann die Umwandlung in Kaliumcarbonat vor sich gehen. Es wird aus der Lösung nach üblichen Methoden in festem Zustand gewonnen.

Beispiele. 1. In einen vorher auf Betriebstemperatur gebrachten Feuerherd eines Wasserrohrkessels werden je Stunde 6000 kg eingedickte Schlempe mit etwa 58% Trockengehalt in mehr oder weniger fein verteilter Form eingeführt. Die Masse beginnt zu brennen und fällt auf den Boden des Feuerherdes, in welchen etwa 30—60% der zuzuführenden Verbrennungsluft (stündlich insgesamt etwa 15000 cbm) eingeblasen werden. Auf dem Boden findet die Reduktion der Masse zu Kaliumsulfid statt. Die sich bildende geschmolzene Asche wird kontinuierlich abgezogen und nach Lösen in Wasser durch Einleiten von Kohlensäure zwecks Zersetzung des Sulfides und Entfernung des Schwefelwasserstoffs weiterverarbeitet.

Wenn der Kaliumsulfatgehalt der Schlempe z. B. 10% des Aschegehaltes beträgt, wird nach einigen Stunden bereits eine Reduktion von mehr als 50% des vorhandenen Sulfats erreicht. Der Reduktionsgrad steigt allmählich bis auf etwa 90% an.

2. In eingedickter Schlempe mit einem Kaliumsulfatgehalt von 8%, berechnet auf den Aschegehalt der Flüssigkeit, werden 50—100 kg Kalium-

sulfat gelöst. Die Masse wird in einer Menge von 6000 kg Schlempe je Stunde in der im Beispiel 1 beschriebenen Weise in dem Feuerherd verbrannt. Bei regelmäßigem Betrieb des Ofens werden hierbei 80—90% des zugesetzten Kaliumsulfates zu Kaliumsulfid reduziert.

Im allgemeinen richtet sich die Höhe des Kaliumsulfatzusatzes nach der Zusammensetzung der Schlempe. Es empfiehlt sich deshalb, durch Vorversuche festzustellen, wieweit man mit dem Zusatz von Kaliumsulfat gehen kann.

Die aus dem Ofen abgehenden Verbrennungsgase haben eine hohe Temperatur und können infolgedessen mit Vorteil zum Erzeugen von Dampf in einem Dampfkessel verwendet werden. Die Dampferzeugung kann in einem solchen Umfange durchgeführt werden, daß die Schlempeeindampfung völlig damit stattfinden kann.

Besondere Vorteile bietet das Verfahren bei der Verarbeitung von Rohrzuckermelasse, die einen nur niedrigen Gehalt an Kaliumcarbonat und einen verhältnismäßig hohen Anteil an Kaliumsulfat aufweist und bisher nach den alten Aufarbeitungsmethoden nur schwer aufzuarbeiten war.

d) Melasseschlempeverarbeitung auf Glycerin.

Je nach der Natur des vergorenen Stoffes enthalten die Schlempen verschiedene Verunreinigungen. In den sauren Schlempen bestehen die Verunreinigungen an wasserlöslichen freien organischen Säuren, wie Essigsäure, Weinsäure, Buttersäure, Apfelsäure und Bernsteinsäure. Dadurch wird die Glyceringewinnung gestört.

R. A. WALMESLEY und die *Imperial Chemical Industries Limited*, London, beseitigten diesen Übelstand dadurch, daß sie die eingedampfte Schlempe mit einem Oxyd oder Hydroxyd eines Erdalkalimetalls mischten und diese Mischung mit Alkohol im Gegenstrom extrahierten.

Melasseschlempe wird durch Verdampfung konzentriert, bis sie 12,5% Glycerin, 47,5% nichtflüchtige Verunreinigungen und 40% Wasser enthält. 100 Teile dieses Konzentrates werden bei 50° C in einer Mühle mit 10 Teilen Calciumoxyd mechanisch gemischt. Der Brei wird dann mit 150 Teilen kaltem konzentriertem etwa 90%igem Alkohol versetzt. Der ausgefällte Anteil wird dekantiert und mit weiteren 150 Teilen Alkohol je ein zweites und drittes Mal gewaschen. Auf diese Weise werden die Glycerinmengen gewonnen, indem dann das Lösungsmittel abdestilliert wird. Die rohe Rückstandslösung wird durch Verdampfen konzentriert, bis sie wasserfrei ist. Sie enthält etwa 90% des Glycerins, das bei der Gärung gebildet worden ist, 10% organischen Rückstand und 20% Asche. Dieser Anteil wird mit dem 5- bis 10fachen seines Gewichtes mit Anilin gemischt und die Mischung unter solchen Bedingungen erwärmt, daß eine Abscheidung des Wassers in Form von Wasserdampf erfolgen kann. Der entstehende Anilinextrakt wird durch Dekantieren abgeschieden, abgekühlt und im Gegenstrom mit seiner halben Gewichtsmenge an kaltem Wasser gewaschen. Die entstehende wäßrige Lösung von Glycerin wird durch Abdampfen konzentriert und ergibt Glycerin mit einer Reinheit von 95%; die Gesamtausbeute an gereinigtem Glycerin beträgt etwa 70% des in der Schlempe enthaltenen Glycerins.

Das Verfahren hat den Vorteil, daß die Schlempe, mit Ausnahme der Behandlung mit Calciumoxyd, nicht gereinigt zu werden braucht, bevor die Extraktion mit Alkohol erfolgt. Auch liegt das zu behandelnde Material in flüssiger Konsistenz bis nach Einführung des Alkohols vor, während der Rückstand der alkoholischen Behandlung in Form eines pulverigen festen Stoffes erhalten wird.

Obwohl das Verfahren unter Bezugnahme auf saure Schlempen beschrieben wurde, ist es auch zur Gewinnung von Glycerin aus anderen Verfahren anwendbar, z. B. bei solchen, bei denen die Vergärung des Kohlehydrates in Gegenwart von neutralen oder alkalischen Sulfiten, Alkalicarbonaten oder Ammoniumcarbonat durchgeführt wird. Derartige Schlempen reagieren bereits alkalisch oder neutral, jedoch ist es auch dann noch erforderlich, das Schlempekonzentrat durch Zusatz von Erdalkalimaterial in eine breiartige Masse überzuführen, bevor die Behandlung mit dem Alkohol erfolgt, durch welche die löslichen Erdalkaliverbindungen ausgefällt werden und das Glycerin extrahiert wird.

Vgl. a. ,,Gewinnung von Glycerin", S. 254 ff.

Die bisher beschriebene Reinigungsmethode ist indessen unvollkommen, weil die Beseitigung des Geruchs und die Bleichung mit Oxydationsmitteln nur in alkalischer Lösung zufriedenstellend verläuft. Eine bessere Wirkung wird erreicht, wenn Lösungsmittel verwendet werden, die Glycerin nicht lösen.

So haben A. KIRSTAHLER, A. HINTERMAIER und die *Henkel & Cie. G.m. b.H.*, Düsseldorf, verschiedene Vorschläge gemacht, um mit Amylalkohol, Trichloräthylen und Chloroform eine Reinigung des Gärungsglycerins vorzunehmen. Weiterhin hat man die Schlempe zunächst mit Kolloiden in feste Massen übergeführt und diese dann extrahiert, etwa in folgender Weise:

2 Teile Dickschlempe (30° Bé) werden mit 1 Teil Kieselgur gleichmäßig vermischt und das Material auf Horden 4 Stunden bei 110° getrocknet. Die so erhaltene Masse wird dann in einem Extraktionsapparat mit Aceton extrahiert. Der Extrakt enthält außer Glycerin noch Wasser und ein wasserunlösliches Öl, welches durch Zentrifugieren entfernt werden kann. Man erhält so ein etwa 50%iges Glycerin, das nach Verdampfen des Wassers durch Destillation weiter gereinigt werden kann.

Man kann auch nach folgenden beiden Arbeitsweisen eine Reinigung erreichen:

1. Aus 1 Teil Kieselgur und 2 Teilen Dickschlempe wird eine Masse hergestellt, die bei 100° bis auf einen Gehalt von 3% Wasser getrocknet wird. Die getrocknete Masse wird mit der fünffachen Menge Dioxan ausgekocht, das Lösungsmittel abgesaugt und die Lösung eingedampft. Nach einer viermaligen Extraktion mit Diäthylendioxyd ist der größte Teil des Glycerins aus der Masse herausgelöst. Die erhaltenen Extrakte werden durch Destillation weiter gereinigt.

2. Zwei Gewichtsteile Dickschlempe, die aus vergorener Melasseschlempe erhalten wurden, werden mit 1 Teil Sägemehl in eine feste Masse überführt. Diese Masse wird bis auf einen Gehalt von 5% Wasser getrocknet und anschließend mit Essigsäureäthylester bei 70° extrahiert. Nach erfolgter Extraktion schickt man die Glycerin enthaltende Esterlösung in feiner Verteilung, beispielsweise durch eine Siebplatte, durch einen bis zur Hälfte mit

Wasser gefüllten Behälter, wobei das Glycerin an das Wasser abgegeben wird und sich das Lösungsmittel über dem Wasserspiegel sammelt. Nach erfolgter Trennung der beiden Schichten wird die wäßrige Glycerinlösung destilliert. Das Lösungsmittel wird getrocknet, indem man es beispielsweise mit 50%iger Calciumchloridlösung wäscht. Anschließend kann es zu weiterer Extraktion verwendet werden.

Eine andere Reinigungsmethode haben K. WERNER und die *Deutsche Gold- und Silber-Scheideanstalt*, Frankfurt, angewendet. Man hat das Glycerin mit Pyridin ausgezogen und davon durch Destillation getrennt und das Destillat nach Verdünnen mit Wasser über Aktivkohle heißfiltriert und dann konzentriert.

Schließlich ist noch zu erwähnen, daß Z. STAŠEK, Malacky (Slowakei), die Schlempe im Destillierraum mit einem Destillationsrückstand aus einem vorhergehenden Arbeitsgang vermischt und dann ausdestilliert hat. Hierbei ist auf die bisher notwendige Reinigung verzichtet worden.

e) Herstellung von Glutaminsäure aus Schlempe.

Früher wurde Glutaminsäure aus Kleber gewonnen, in dem sie im Eiweiß gebunden vorliegt. Neuerdings ist man dazu übergegangen, die Glutaminsäure aus Schlempe zu gewinnen, und zwar aus einer Schlempe, die aus Zuckerrübenmelasse gewonnen wird. Je nach Herkunft und Eindickungsgrad sind in dieser Schlempe etwa bis zu 0,5% Glutaminsäure und 10% Pyrrolidoncarbonsäure enthalten. Die Pyrrolidoncarbonsäure ist das Anhydrid der Glutaminsäure und muß zwecks Isolierung derselben erneut aufgespalten werden (vgl. S. 61).

RALPH W. SHAFOR und FREHN H. CATTERSON und die *Int. Minerals & Chemical Corp,*, New York, haben nun ein Verfahren entwickelt, welches wie folgt arbeitet:

Je nach der Zusammensetzung der Schlempen erfolgt die Aufspaltung der Pyrrolidoncarbonsäure durch Erhitzen mit 15—25%iger Salzsäure oder Natronlauge auf Temperaturen von 100° C. Nach Neutralisation und Filtration des beim Erhitzen entstandenen Humins erfolgt dann eine Behandlung mit Kohle zwecks Entfernung kolloidaler Bestandteile. Sodann wird durch Zugabe von Salzsäure der p_H-Wert auf 3,0—3,5 eingestellt. Nach mehreren Tagen scheidet sich die Glutaminsäure ab. Sie wird abfiltriert und einer weiteren Reinigung unterworfen. Dies geschieht im allgemeinen in der Weise, daß die rohe Säure in verdünnter Natronlauge gelöst, mit Kohle in der Wärme behandelt und durch Zugabe von Säure erneut abgeschieden wird. Die nunmehr 98—99%ige Glutaminsäure wird mit geringen Mengen Wasser und Natronlauge angeteigt und sodann in bekannter Weise umkristallisiert[1].

D. Rübenschlempeverarbeitung auf Glycerin.

In der Rübenschlempe sind je Kubikmeter etwa 2,5—4 kg Glycerin enthalten. Nach einem Vorschlag der *Société Industrielle de Nouveaux Appareils*, Paris, wird zweckmäßig wie folgt gearbeitet:

---

[1] Vgl. Amerikanische Patentschrift Nr. 2.517.601 (1950).

1. Die Rübenschlempe, die aus dem unteren Teil der Maischekolonne austritt, wird zunächst in bekannter Weise geklärt. Zu diesem Zweck wird die Rübenschlempe in einen Behälter geleitet, der mit einem geeigneten Rührsystem versehen ist, und mit Kalkmilch oder Kalkpulver neutralisiert.

Nach der Neutralisation fügt man dem Gemenge eine bestimmte Menge Eisensulfatlösung zu, und zwar als Ferro- oder Ferrisalz, und außerdem eine bestimmte Menge Aluminiumsulfatlösung.

Die Zusatzstoffe werden ungefähr in folgendem Verhältnis je Kubikmeter Schlempe verwendet:

    4 kg ungelöschter Kalk (hochprozentig),   0,5 kg Aluminiumsulfat.
    1 kg Ferro- oder Ferrisulfat,

Nach dem Umrühren bringt man die Schlempe in einen Klärbottich, wo eine starke Flockenbildung erfolgt, die alle in der Schlempe in Suspension befindlichen Stoffe auf den Boden des Bottichs zieht. Der Schlamm, der sich auf dem Boden des Klärbottichs sammelt, wird sodann abgetrennt. Der feste Rückstand kann zum Gewinnen von Düngemitteln verwendet werden.

2. Die so geklärte Flüssigkeit wird wieder als Zusatz zu einer neuen Rübenmaische gegeben, und nach der Destillation werden die erhaltenen Rückstände von neuem durch die unter 1. angegebene Behandlung geklärt.

Dadurch, daß die Schlempe mehrere Male nach erfolgter Klärung dem Gäransatz wieder beigefügt und abdestilliert wird, reichert sie sich mehr und mehr an Glycerin und löslichen Salzen an, und es wird möglich, die Menge des zu verdampfenden Wassers, um die gleiche Menge Glycerin zu erhalten, auf etwa $^2/_3$ oder $^3/_4$ oder mehr — entsprechend der Häufigkeit der Wiedereinführung in den Arbeitskreislauf — zu verringern.

3. Die geklärten Destillationsrückstände, d. h. die an Glycerin angereicherte Schlempe, werden nun in bekannter Weise in einem oder mehreren hintereinandergeschalteten und unter Druck stehenden Verdampfern konzentriert. Dabei wird der Dampf, dessen man sich für gewöhnlich zur Erhitzung der Destillierkolonne bedient, zur Beheizung der ersten Verdampferkammer verwendet und erst der aus der letzten austretende in die Kolonne geführt. Auf diese Weise wird ein Mehrverbrauch an Dampf verhindert.

4. Ist die Schlempe weit genug eingeengt und ein entsprechender Gehalt an Glycerin vorhanden, so kann sie in ein geeignetes Destillationsgerät üblicher Art gebracht und daraus reines Glycerin auf bekannte Weise gewonnen werden.

E. Sulfitlaugeschlempevergärung mit Oidium lactis.

K. VIERLING und die *I. G. Farbenindustrie A.G.* haben die auf Alkohol vergorene und von ihm durch Destillation befreite Sulfitablauge, also die Sulfitschlempe, nach Zufuhr neuer Nährsalze und Impfungen mit Oidium lactis auf große Mengen dieses Pilzes verarbeitet. Dies geschah wie folgt:

1 cbm Sulfitschlempe mit einem Nährstoffzusatz von 1 kg Harnstoff, 0,1 kg Magnesiumsulfat, 0,6 kg Superphosphat und 0,6 kg Diammonphosphat wurde in flacher Schale mit 50 l einer 2 Tage alten Vorkultur von Oidium lactis (1000 g in nassem Zustand) beimpft und 48 Stunden lang

stehengelassen. Dann wurde der Pilzrasen abgehoben und gewaschen. Er wog nach dem Abpressen des Wassers 40 kg, nach dem Trocknen bei 105° 10 kg.

Dieses Erzeugnis kann wegen seines reichen Eiweißgehaltes mit Vorteil als Futtermittel verwendet werden.

Über die Verwendung von Sulfitablauge und Holzzuckerlösungen zur Herstellung von Futterhefe vgl. Kap. ,,Sulfitablauge'' und Kap. ,,Holzverzuckerung''.

F. Holzzuckerschlempe.

a) Vorbereitung zur Hefegewinnung.

Um die Schlempe von vergorenen Zellstoffablaugen noch zur Hefezüchtung auszunutzen, haben sie A. RIECHE, G. BUTSCHEK, G. HILGETAG und die *Farbenindustrie A.G.* einer besonderen Behandlung unterzogen. Die heiße Schlempe wird durch Zusatz von Schwefelsäure von einem Teil des Kalkgehaltes befreit. Der p_H-Wert muß durch Versuche ermittelt werden und soll so liegen, daß beim Zulauf der verhefungsfertigen Schlempe zum Gärprozeß in diesem möglichst ohne Regulierung durch Säuren oder Alkalien die optimale Wasserstoffionenkonzentration aufrechterhalten wird. Zum Beispiel muß das p_H einer Alkoholschlempe von Fichtenholzsulfitablauge mit Schwefelsäure auf 3,9—4 eingestellt werden, damit während des Verhefungsprozesses mit Torula utilis die Wasserstoffionenkonzentration im Gärapparat auf 4,8—5 erhalten bleibt. Nach Einstellung der Wasserstoffionenkonzentration werden die notwendigen Kali-, Magnesium- und Stickstoffmengen vorzugsweise als Sulfate (z. B. als Bittersalz, Ammonsulfat) zugesetzt und die Schlempe auf etwa 60—100° C, vorzugsweise über 90° C, erhitzt, wobei ein großer Teil der Calciumionen als Gips ausgefällt und dadurch aus der Schlempe entfernt wird, wobei gleichzeitig noch eine Klärung und Reinigung der Schlempe erfolgt. Das Erhitzen der Schlempe kann natürlich unterbleiben, wenn die heiße Schlempe sofort nach ihrem Austritt aus dem Destillationsapparat der Behandlung unterworfen wird und die Temperatur zur Gipsausfällung ausreicht. Nach Abtrennung des Niederschlags und Abkühlen kann dann die Schlempe der Verhefung unterworfen werden.

b) Holzzuckerschlempevergärung auf Hefe.

Die bei der Holzverzuckerung im Alkoholdestillationsprozeß anfallende Schlempe wird neuerdings auch ausgenutzt. H. SCHOLLER, München, hat nachgewiesen, daß pentosehaltige Schlempen auf Futterhefe vergoren werden können.

Holzzuckerwürze mit 4% reduzierendem Zucker wird mit Nährsalzen (Salze der Phosphorsäure, des Kaliums und Magnesiums) versetzt, und zwar je Kubikmeter Würze mit 0,20—0,25 kg P_2O_5; 0,10 kg K; 0,02 kg Mg, also eine Menge, die für die Bildung von 4 kg Hefetrockensubstanz ausreicht; hierauf wird neutralisiert, abgekühlt und bekannterweise auf Alkohol vergoren. Die entstandenen 18 l Alkohol je Kubikmeter Würze werden abgetrieben. Die Schlempe enthält noch 8 kg reduzierenden Zucker im Kubikmeter. Nun wird die Schlempe auf 30° abgekühlt und mit Ammoniakstickstoff versetzt, wobei sie auf einen Gehalt von 0,32 kg N je Kubikmeter gebracht wird. Hierauf wird die Nährflüssigkeit (Schlempe mit Nährsalzen und Ammoniakstickstoff) im Belüftungsverfahren mit kontinuierlichem Zu- und Ablauf zur Züchtung einer Pentosen assimilierenden Hefeart, im vorliegenden Falle Candida tropicalis, verwendet. Dabei wird die Hefe aus der abfließenden Suspension getrennt und so weit zurückgeführt, daß eine Konzentration von 200 g Hefe mit 75% H_2O im Gärapparat aufrechterhalten wird. Es entstehen 4 kg Hefe je Kubikmeter Schlempe (Trokkensubstanz) mit 2 kg Eiweiß.

Wie angeführt, erfolgt die Vergärung der Holzzuckerschlempe vorzugsweise mit Torula- und Moniliaarten. Innerhalb der Gattung Monilia, welche eine größere Gruppe von hefeartigen Pilzen umfaßt, sind die Candidaarten für die Erzeugung von insbesondere für Futterzwecke geeigneten hefeartigen Pilzen unter Verwendung von Holzzuckerschlempe als Nährflüssigkeit besonders geeignet. Dies gilt vor allem für die Candidaarten: Candida arborea, Candida tropicalis, Candida pelliculosa, Candida pulcherrima und Candida Guilliermondi, von welchen wiederum Candida arborea und Candida tropicalis sich als ganz besonders geeignet erwiesen und zu den besten Ergebnissen geführt haben und Candida arborea sich als die vorteilhafteste Candidaart erwiesen hat.

G. Vergärung von Melasseentzuckerungsschlempe.

Die *Dessauer Zucker-Raffinerie G.m.b.H.* hat ein Verfahren entwickelt, um eine bei der Melasseentzuckerung anfallende, kohlehydrathaltige Schlempe zu vergären. Dabei braucht nicht die gesamte Menge des zu vergärenden Produktes vor der Vergärung angesäuert zu werden, wenn man zunächst eine Nährstofflösung mit einem säurebildenden Bacterium ansetzt und die Vergärung mit Hefe bewirkt. Wendet man z. B. Milchsäurebakterien an, die man zunächst auf Roggen und Darrmalzschrot im Reinzuchtapparat und dann auf Melasse züchtet, so erhält man eine milchsaure Melasselösung, in der durch die Säure die ursprünglich vorhandene Saccharose in Dextrose und Lävulose zerlegt wird. Hat sich genügend Milchsäure gebildet, so wird Hefe zugegeben und die milchsaure Melasselösung der alkoholischen Gärung überlassen. Nachdem die Gärung ihren Höhepunkt erreicht hat, läßt man langsam die kohlehydrathaltige Schlempe zufließen. Durch die Milchsäure wird die Schlempe angesäuert, so daß die Gärung nicht unterbrochen wird. Es werden nach und nach erhebliche Mengen Schlempe hinzugegeben, ohne daß die Gärung zum Stillstand kommt. Auf diese Weise werden mit einer verhältnismäßig kleinen Menge milchsaurer Melasselösung große Mengen alkalischer Schlempe vergoren. Man muß allerdings die Schlempezugabe so einstellen, daß die in Gärung befindliche Flüssigkeit sauer bleibt. Wird bei zu starker Schlempezufuhr die Reaktion der Flüssigkeit neutral oder gar alkalisch, so kommt die Gärung zeitweise oder ganz zum Stillstand.

Hier werden also zwei Vorgänge verbunden, nämlich die Bildung der erforderlichen, sich selbst auf biologischem Weg vermehrenden Säure und die eigentliche Vergärung der Kohlehydrate mit Hefe zu Alkohol und Kohlensäure. Das kann für manche Fälle Bedeutung haben.

H. Kastanienschlempeverarbeitung auf Saponin.

(Vgl. a. Kastanienvergärung auf Alkohol.)

Die nach dem Verfahren von E. Burow, Leverkusen, gewonnene Kastanienschlempe kann auf Saponin weiterverarbeitet werden. Die Schlempe fällt heiß aus dem Brennapparat bzw. der Klärzentrifuge an und wird im Vakuum eingedickt. Um eine Spaltung des sauren Reinsaponins zu vermeiden, wird die Würze zweckmäßig mit Magnesiumoxyd auf einen p_H-Wert von etwa 7,0 gebracht.

Um das Saponin von etwaigen Verunreinigungen zu befreien, insbesondere von dem beigemengten Zucker, können die nach der Entgeistung anfallenden Miscellen mit obergärigen Heferassen vergoren werden. Die verdünnten Sirupe zeigen eine gewisse Anfälligkeit für alkoholische und milchsaure Gärungen. Ein Zusatz irgendwelcher Chemikalien außer etwa 1,5% Superphosphat erübrigt sich, da die Rohmiscella auch nach dem Ausschleudern des Eiweißschlammes hinreichend Hefenährstoffe enthält. Zweckmäßig werden saponinfeste Heferassen, wie z. B. Torula, Pastorianus- und Elipsoideusarten verwendet und die Gärung nach 72 Stunden abgebrochen. Es ist dann zweckmäßig, die vergorene Miscella vor der Entgeistung mit Magnesia zu neutralisieren, um eine weitere Spaltung des Saponins zu verhindern, die bei stark saurer Reaktion in Form einer Kettenreaktion unter Essigsäureabspaltung verläuft.

Für die Zusammensetzung des erhaltenen Trockensaponins gibt E. Burow folgendes Beispiel an:

4,28° Balling, Säuregrad 6,45°/100 ccm, p_H-Wert 3,6. Ausbeute an gereinigtem Saponin 18,8%/Mehl, das sind 52,3% Extrakt. Alkoholausbeute 8,7%/Bittermehl, entsprechend einem Zuckergehalt von 42,2%/Extrakt.

Wassergehalt des Trockensaponins 3,6%, Rohprotein 5,06%, Asche 8,9%, Restzucker (reduzierende Substanz) 17% i. Tr.

Wenn mit Magnesia neutralisiert wird, ergeben sich folgende Werte:

Wassergehalt 7,86%, Rohprotein 5,39%, Asche 11,56%, Zucker 23,7%, Unlösliches 2,35% i. Tr.

Der Grad der Schaumkraft des Saponins ist nach den bisherigen Beobachtungen abhängig von dem im Saponin nachweisbaren Restzucker. Er kann in weiten Grenzen willkürlich variiert werden. Dies ist wichtig für die Herstellung von Trockensaponin für Pflanzenschutzzwecke, wenn bei voller Erhaltung der Benetzungsfähigkeit eine verringerte Schaumkraft benötigt wird.

XVII. Ausbeuten.

a) Alkoholausbeute.

Als theoretische Ausbeuten errechnen sich aus:

100 kg Traubenzucker oder Fruchtzucker . . . . 64,39 l Weingeist
100 kg Rohrzucker oder Malzzucker . . . . 67,77 l Weingeist
100 kg Stärke . . . . 71,54 l Weingeist

Dabei ist davon ausgegangen, daß 1 l wasserfreier Äthylalkohol (Weingeist) von 15° C ein Gewicht von 794,25 g besitzt.

Praktisch sind diese Werte aus folgenden Gründen nicht ganz zu erreichen.

1. Bei der Verarbeitung stärkehaltiger Rohstoffe wird die Stärke nicht immer vollständig in lösliche Kohlenhydrate umgewandelt und in vergärbaren Zucker übergeführt, und bei der Auslaugung zuckerhaltiger Rohstoffe (z. B. Rüben) bleiben gewisse Zuckermengen in dem Zellgewebe der Schalen bzw. des Rübenmarks zurück.

2. Gewisse Mengen der gelösten Kohlenhydrate bleiben unvergoren.

3. Gewisse Mengen der verbrauchten Kohlenhydrate fallen der Säurebildung durch Bakterien bei der Gärung anheim.

4. Von dem gebildeten Äthylalkohol werden bei der Berührung der Maische mit der Luft gewisse Mengen in Aldehyd (Acetaldehyd) oder Essigsäure umgewandelt oder gehen durch Verdunstung verloren.

Natürlich ist die Größe der einzelnen Verluste nicht konstant, sondern hängt von der jeweiligen Betriebsweise ab. Nach den praktischen Erfahrungen kann mit den in Tab. 42 und 43 zusammengestellten Ausbeuten gerechnet werden.

Tabelle 42.

100 kg	Enthaltende Prozent Stärke	Liter Weingeist (Alkohol zu 100°)
Stärke, reine, absolut trockene	100	60,0—67,0
Kartoffeln, frische	14	8,4— 9,4
Kartoffeln, frische	16	9,6—10,7
Kartoffeln, frische	18	10,8—12,1
Kartoffeln, frische	20	12,0—13,4
Kartoffeln, frische	22	13,2—14,7
Kartoffelflocken	64	38,4—42,9
Kartoffelpülpe, nasse:		
a) Schlecht ausgewaschene	4	2,4— 2,7
b) Gut ausgewaschene	2	1,2— 1,3
Roggen	54	32,8—36,2
Roggen	57	34,2—38,2
Weizen	62	37,2—41,5
Buchweizen	56	33,6—37,5
Mais	60	36,0—40,2
Dari	60	36,0—40,2
Hirse	60	36,0—40,2
Reis	70	42,0—46,9
Gerste, vollkörnige	58	34,8—38,9
Gerste, vollkörnige (als Kurzmalz)	50	30,0—33,5
Gerste, vollkörnige (als Langmalz)	45	27,0—30,2
Gerste, leichtere	52	31,2—34,8
Gerste, leichtere (als Kurzmalz)	45	27,0—30,2
Gerste, leichtere (als Langmalz)	40	24,0—26,8
Gerstendarrmalz (Brennerei)	56	33,6—37,5
Hafer	52	31,2—34,8
Hafer (als Kurzmalz)	40	24,0—26,8
Hafer (als Langmalz)	35	21,0—23,5

Über die Alkoholverluste, welche durch *Schwund* entstehen, haben K. R. DIETRICH und H. GRASSMANN eingehende Berechnungen angestellt. Man muß unterscheiden zwischen Verlusten, die bei der Gärung entstehen und solchen, die bei der Destillation sowie bei der Förderung und Lagerung möglich sind. So ist z. B. der Schwundverlust in Kartoffelbrennereien der folgende:

a) bei der Gärung 1,4%
b) bei der Destillation 0,2%
c) bei der Förderung und Lagerung 0,1%
Insgesamt: 1,7%

Tabelle 43.

100 kg	Prozent Zucker	Liter Weingeist (Alkohol zu 100°)
Rohrzucker (reiner)	100	58,00—64,00
Zuckerrüben	12	6,96— 7,68
Zuckerrüben	14	8,12— 8,96
Zuckerrüben	16	9,28—10,24
Zuckerrüben	18	10,44—11,52
Zuckerrüben	20	11,60—12,80
Zuckerrübenschnitzel, getrocknet:		
Nicht ausgelaugt	60	34,80—38,40
Nicht ausgelaugt	62	35,96—39,68
Nicht ausgelaugt	64	37,12—40,96
Rübenmelasse	46	26,68—29,44
Rübenmelasse	48	27,84—30,72
Rübenmelasse	50	29,00—32,00
Zuckerrohrmelasse	55	31,90—35,20

Unter Zugrundelegung eines Verbrauchs von 900 kg Kartoffeln auf 100 l Alkohol gehen nach dieser Rechnung bei der Erzeugung dieser Alkoholmenge 15,3 kg Kartoffeln verloren. Bei einer durchschnittlichen Verarbeitung von 2,5 Mill. t Kartoffeln, entsprechend einer Alkoholerzeugung von 2,3 Mill. hl, errechnet sich hieraus ein Verlust von 40000 t Kartoffeln im Jahre[1].

b) Die Ausbeute in Hefefabriken.

R. BAETSLE und Y. DE HEMPTINNE haben 1950 über die Ausbeute in Hefefabriken Berechnungen angestellt. Sie haben sich mit der theoretischen und der praktischen Ausbeute beschäftigt.

Bei der ersteren war es naheliegend, den Kohlenstoff als Basis für Ausbeuteberechnungen zugrunde zu legen, da er den wichtigsten Bestandteil der Ausgangs- und Endprodukte der Hefefabrikation darstellt. Vom Standpunkt der Hefeernährung dagegen sagt der Kohlenstoff allein wenig oder nichts aus. Deswegen wurde es für zweckmäßiger gehalten, die Rechnung auf einen einfachen Rohstoff zu beziehen, z. B. Glucose oder Saccharose. Die Glucose hat den Vorteil, ein einfaches Verhältnis Kohlenstoff : Glucose $= 72 : 180 = 1 : 2,5$ zu besitzen. Zudem ist dieser Zucker das wahre Ausgangsmaterial der alkoholischen Gärung.

Die Stickstoffverbindungen und die Wuchsstoffe werden nicht als Kohlenstoffquellen in dem Bestreben betrachtet, eine einheitliche und sichere Be-

---

[1] Vgl. K. R. DIETRICH u. H. GRASSMANN: Z. Spiritusind. 49, 408—411 (1936).

rechnungsgrundlage zu erhalten. Dies schließt nicht aus, daß man sich der Wichtigkeit der Aminosäuren und Wuchsstoffe zur Erzielung höchster Hefeausbeuten bewußt ist. Selbst wenn man die zur Hefeernährung erforderlichen organischen Stickstoffverbindungen normalerweise in höheren als üblichen Dosen anwendet, würden die Ausbeuteberechnungen der Vergleichsmöglichkeit entbehren, wollte man den Kohlenstoffgehalt der Aminosäuren berücksichtigen.

Man knüpft an die Berechnung von CLAASSEN an:

Eiweißsynthese:

$$3\,C_6H_{12}O_6 + 10,5\,O + 3\,NH_3 = C_{12}H_{20}N_3O_4 + 6\,CO_2 + 12,5\,H_2O.$$

Kohlehydratsynthese:

$$2\,C_6H_{12}O_6 + 12\,O = C_6H_{10}O_5 + 6\,CO_2 + 7\,H_2O.$$

Bei der theoretischen Berechnung bleiben die Mineralbestandteile und das Fett der Hefe unberücksichtigt. Es wird eine Hefe mit 75% Wassergehalt angenommen, deren Trockensubstanz aus 11% Asche und Fett, 52% Eiweiß und 37% Kohlenhydrate besteht.

Aus den Gleichungen von CLAASSEN ergibt sich, daß 53% der Eiweißverbindungen bzw. 44% der Kohlenhydrate der Hefe aus Kohlenstoff bestehen. Läßt man das Fett außer Betracht, so setzt sich die organische Trockensubstanz der Hefe wie folgt zusammen:

58% Eiweiß mit 30,7 Teilen Kohlenstoff und
42% Kohlenhydrate mit 18,4 Teilen Kohlenstoff.

Die erste Gleichung besagt, daß 30,7 Teile Eiweiß-Kohlenstoff aus 46 Teilen Zucker-Kohlenstoff stammen.

Die zweite Gleichung zeigt, daß 18,4 Teile Kohlehydrat-Kohlenstoff durch 36,8 Teile Zucker-Kohlenstoff aufgebracht werden.

Da nun 30,7 + 18,4 = 49,1 Teile Kohlenstoff 100 Teilen organischer Hefetrockensubstanz ohne Fett entsprechen, ergibt sich, daß zum Aufbau von 100 Teilen dieser Substanz 46 + 36,8 = 82,8 Teile Kohlehydrat-Kohlenstoff erforderlich sind.

Dies kommt 207 Teilen Glucose bzw. 196,5 Teilen Saccharose gleich.

Bezieht man nun diese Berechnungen auf die Preßhefe mit 75% Wassergehalt, so errechnen sich folgende theoretische Höchstausbeuten daraus:

Aus Glucose . . . . . . 217% Hefe,   aus Melasse (50% Sacch.) 115% Hefe.
aus Saccharose . . . . . 230% Hefe,

Selbstverständlich enthalten diese Berechnungen verschiedene Fehlerquellen, denn die Gleichungen von CLAASSEN sind aus Laboratoriumsversuchen entstanden, sie sind auch nur für eine Hefe der obigen Zusammensetzung genau. Die Umwandlung von Kohlehydraten in Fett ist ganz unberücksichtigt geblieben. Als einzige Kohlenstoffquelle ist der Zucker angesehen worden. Bei der Melasse sind die anderen assimilierbaren Kohlenstoffverbindungen unberücksichtigt geblieben. Schließlich wurde auch ein gleichmäßiger Aschegehalt vorausgesetzt.

W. WEILER geht in einer anderen Berechnung davon aus, daß aus 100 kg Melasse mit 50% Zucker praktisch 100 kg Hefe oder 33 l Alkohol gewonnen werden können.

Zur Einzelausbeuteberechnung müßte bekannt sein, welcher Melasseverbrauch der erzeugten Hefemenge und welcher Melasseverbrauch der erzeugten Alkoholmenge sich gegenüberstehen. Bekannt sind aber nur die erzeugte Hefemenge, die erzeugte Alkoholmenge und der Gesamtverbrauch an Melasse.

W. WEILER rechnet nun wie folgt:

Wenn 100 kg Melasse entweder 100 kg Hefe oder 33 l Alkohol ergeben, dann entsprechen rechnerisch

$$100 \text{ kg Hefe} = 33 \text{ l Alkohol},$$

weil sie aus der gleichen Mengeneinheit, nämlich aus je 100 kg Melasse herzustellen sind.

Wenn nun $H =$ kg Hefe und $W =$ Liter Alkohol bedeuten, dann ist im kombinierten Verfahren $H + W$

$$\frac{H}{3} = W \text{ Liter Alkohol,}$$

wenn nur auf Spiritus gearbeitet worden wäre, oder

$$H + 3W \text{ kg Hefe,}$$

wenn nur auf Hefe gearbeitet worden wäre.

Für die Ausbeuteberechnung ergibt sich demnach für *Alkohol* die Formel ($M =$ Melasseverbrauch in kg):

$$\frac{\frac{H}{3} + W}{M} \cdot 100 = \text{Prozente Alkohol}$$

und für *Hefe* die Formel:

$$\frac{H + 3W}{M} \cdot 100 = \text{Prozente Hefe}.$$

Praktisches Beispiel:

$$\begin{aligned}
\text{Erzeugter Alkohol} &= 30\,000 \text{ l,} \\
\text{Erzeugte Hefe} &= 180\,000 \text{ kg,} \\
\text{Melasseverbrauch} &= 330\,000 \text{ kg.}
\end{aligned}$$

Alkoholausbeute:

$$\frac{60\,000 + 30\,000}{330\,000} \cdot 100 = 27{,}3 \%,$$

also aus 100 kg Melasse 27,3 l Alkohol.

Melasseverbrauch für Alkohol:

$$\frac{30\,000 \cdot 100}{27{,}3} = 110\,000 \text{ kg.}$$

Hefeausbeute:

$$\frac{180\,000 + 90\,000}{330\,000} \cdot 100 = 81{,}9 \%$$

($= 3$mal Alkoholausbeute).

Der Wirkungsgrad.

Melasseverbrauch für Hefe:
$$\frac{180000 \cdot 100}{81,9} = 220000 \text{ kg}.$$

W. WEILER hat das in Abb. 154 gezeigte Nomogramm aufgestellt, damit man von den scheinbaren Ausbeuten, die sehr oft in den Betrieben ermittelt werden, den auf Hefe und Alkohol entfallenden Melasseanteil berechnen kann. Die obenerwähnten Ausbeuten von 27,3 bzw. 81,9% ergaben sich aus willkürlich in die Formel eingesetzten Melasse- und Hefe- bzw. Alkoholmengen. In der Praxis stehen diese Mengen fest, so daß sich die wirklich erzielten Ausbeuten mit Hilfe der Formel berechnen lassen. Über den von W. WEILER verwendeten Wirkungsgrad vgl. den folgenden Abschnitt.

Schrifttum.

WEILER, W.: Branntweinwirtschaft Nr. 5 vom 10. 3. 1950.

c) Der Wirkungsgrad.

Für die Berechnung der Wirkungsgrade wird der Faktor 3 für Alkohol und 1,1 für Hefe benutzt. Die Summe von Alkohol und Hefe ergibt dann den Gesamtwirkungsgrad, also

Alkohol $x \cdot 3 = X$
Hefe $\quad x \cdot 1,1 = Y$
$\overline{X + Y = 100}$

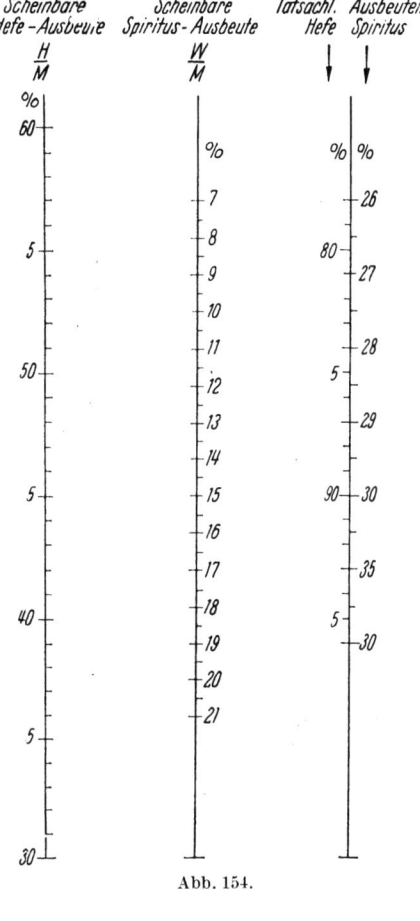

Abb. 154.

Diese Faktoren sind aus folgender Berechnung zustande gekommen:
100 kg Saccharose geben theoretisch 67,76 l Wg,
100 kg Melasse ,, ,, 33,33 l Wg,
49% pol. Zucker

also entsprechen: 1 l Wg = $\frac{100}{33,33}$ = 3,0 kg Melasse.

100 kg Glucose ergeben praktisch etwa 210 kg Hefe (25% Trockensubstanz)
100 kg Saccharose ,, ,, etwa 221 kg ,,
100 kg Melasse ,, ,, etwa 108 kg ,,
bzw. 91 kg Hefe (30% Trockensubstanz)

1 kg Hefe von 30% Trockensubstanz = $\frac{100}{91}$ = 1,1 kg Melasse.

Aus dieser Berechnung ist ersichtlich, daß es sich um eine sogenannte Faustformel handelt.

Kretzschmar, Hefe.

XVIII. Die Energieversorgung.

In neuerer Zeit hat H. Gesell in der Versuchsanstalt der Hefeindustrie im Institut für Gärungsgewerbe, Berlin, den Energieverbrauch verschiedener Betriebe berechnet, wie er sich aus dem Wärme- und Arbeitsbedarf zusammensetzt, und zwar durch Gegenüberstellung der Verbrauche für Hefeerzeugung allein und der gleichzeitigen Spirituserzeugung unter gleicher Bottichbefüllung, wie in Tab. 44 übersichtlich zusammengestellt worden ist.

Tabelle 44.

für	I. Hefe und Spiritus	II. Nur Hefe
1. Melasse	10 000 kg	5 000 kg
2. Verdünnung	15 fach	30 fach
3. Endbefüllung	150 000 l	150 000 l
A. Kochdampf		
4. Erwärmung (150 000 l 10 auf 30°).	6 000 kg	6 000 kg
5. Entgeistung (180 000 l je 18 kg/100 l)	32 000 kg	—
6. Gesamtabdampfbedarf	38 000 kg	6 000 kg
B Kraftverbrauche		
7. Lüftung:		
a) je cbm Füllung . . .	35 cbm	80 cbm
b) Luftleistung	5 300 cbm/h	12 000 cbm/h
c) = 10 Stunden (bei dern 20 PS/1000 cbm).	1 060 PSh	2 400 PSh
8. Separatoren+Klärschleudern (bei 12 PS/20 000 l) .	120 PSh	120 PSh
9. Strom für Pumpen, Licht, Kühlmaschinen usw. i. M. 12 Stunden je 50 PS . .	600 PSh	600 PSh
10. Leerlauf: 15% von 9. .	270 PSh	470 PSh
11. Gesamt	2 050 PSh	3 590 PSh
C. Maschinendampf		
12. je Pferd und Stunde . .	13 kg/PSh	11 kg/PSh
13. = Verbrauch (Abdampfanfall)	26 600 kg	39 400 kg
D. Abdampfausnutzung		
14. a) Vom Gesamtdampfverbrauch	38 800 kg	39 400 kg
b) sind unausgenutzter Abdampf	—	33 400 kg
sind Frischdampfzusatz	11 400 kg	—
c) also prozentual ausgenutzt (Nr. 6 zu 13) .	144%	12%
E. Spez. Verbrauche		
15. je kg Melasse Dampf . .	3,8 kg	7,9 kg
16. je kg Melasse Kraft . .	0,2 PSh	0,72 PSh
17. = Steinkohle je kg Melasse (bei 6,5 facher Verdampfung)	0,58 kg	1,21 kg

Die Energieversorgung. 531

Hierzu ist noch folgendes zu bemerken: Der unter Punkt 4 eingesetzte Kochdampfverbrauch wird effektiv meist in dem Maße unterschritten, wie z. T. Warmwasser zur Verdünnung zu verwenden ist, sowie die warme Gebläseluft zur Haltung der Gärtemperatur beiträgt. Auch wenn man als Kochdampf lediglich die Erwärmung der Melasse von 10 auf 100° rechnet, sind das weniger als die eingesetzten 6000 kg bzw. werden von der Herunterkühlung entsprechende Mengen Warmwasser verfügbar.

Die unter Punkt 5 genannte entgeistete Würzemenge ist die Endbottichbefüllung zuzüglich 20% Wasch- und Preßwasser, ohne Abzug der separierten Hefe.

Der verschiedene Ansatz des spezifischen Dampfverbrauches unter Punkt 12 ist in Anbetracht des günstigeren thermischen Wirkungsgrades der im Fall II zuständigen Maschine größerer Nennleistung (360 gegen 205 PS) und niedrigerer Austrittsspannung erfolgt.

Die in Punkt 14c eingesetzte Abdampfausnutzung bringt nur effektiv den in der Zeile vorher abgeleiteten Frischdampfzusatz zum Destillierapparat zum Ausdruck.

Die unter Punkt 15—17 genannten Verbrauche erhöhen sich, auf das Produkt bezogen, um je 5%, entsprechend einer mittleren Ausbeute von 95%, bei kombiniertem Betrieb aus 40% Hefe × 1,1 und 17% Alkohol × 3 resultieren. Für den Bezug auf Versandhefe ist noch der Stellhefeanteil zu berücksichtigen.

Nicht erfaßt sind die Dampfverbrauche für Melasseanwärmung zur Förderung, Leitungsverluste u. dgl., die etwa mit zusätzlich 10—20% Kohleverbrauch zu veranschlagen sind. Vorausgesetzt ist ferner eine ausreichende Kalt- und Warmwasserversorgung, im Fall I aus Dephlegmator- und Schlempekühlwasser im Überschuß gewinnbar, im Fall II aus Economiser und Gebläsekühlwasser.

H. GESELL charakterisiert den Unterschied der beiden Arbeitsweisen wie folgt:

Im Fall II den so weit überragenden Kraftverbrauch, daß von dem entfallenden Abdampf nur sehr wenig ausgenutzt werden kann, im Fall I dagegen eine so weit nicht ausreichende Abdampflieferung, daß für den Destillierapparat noch ein erheblicher Frischdampfzusatz erforderlich wird.

Aus dieser Betrachtung werden dann grundsätzliche Möglichkeiten zur Verringerung des Kohlenverbrauchs abgeleitet: Im Fall II die Einschränkung des Abdampfüberschusses durch einen Maschinenbetrieb mit möglichst niedrigem spez. Dampfverbrauch, im Fall I dagegen hauptsächlich die Einschränkung des Destillationsdampfverbrauches, weil verschieden spez. Dampfverbrauch der Maschine in Anbetracht des hohen Frischdampfzusatzes keine Rolle spielt.

Auf die sonst gezogenen Schlußfolgerungen wird auf Seite 14 und 15 des oben genannten Tätigkeitsberichtes für das Jahr 1951 verwiesen.

Vom *Luftbedarf* wird der Kraftverbrauch maßgeblich beeinflußt. E. BERGANDER legt für den *Luftbedarf* folgende Zahlen zugrunde: Da 100 g Glucose 50 g Sauerstoff verbrauchen, so werden für 1500 kg Glucose in 3000 kg Melasse etwa 750 kg Sauerstoff benötigt. Diese entsprechen 530 cbm Sauerstoff oder 2650 cbm Luft. Praktisch werden in 7 m hohen, zu etwa 6 m gefüllten zylindrischen Gärbottichen in 10 Stunden je Stunde 2600 bis 2700 cbm Luft benötigt. Bei 4—5 m hohen Gärbottichen steigt die Luftmenge auf 4000—4500 cbm.

Luft- und *Kraftbedarf* sowie *Bottichraum* schwanken unter der jeweiligen Arbeitsweise und den örtlichen Verhältnissen. In einem Betriebe, der Licht, Dampf und Kraft selbst erzeugt, werden je Tonne Hefe etwa 1500 kg Steinkohle (7000 WE) benötigt, bei Fremdstrombezug entsprechend weniger. Für sehr konzentrierte Arbeitsweisen beträgt z. B. der Bottichraum im Versandbottich etwa 15 l je kg Hefe; dabei ist eine Endkonzentration von 60—70 g Hefe brutto (27% HTS) im Liter vergorener Würze zugrunde gelegt. Diese Konzentration kann auch höher oder tiefer sein.

Über Wasserbedarf vgl. Kap. „Betriebswasser", S. 608 ff.

Schrifttum.

Z. Lebensmittelindustrie **1951**, H. 1, S. 34.

XIX. Betriebsvorschriften.

a) Grundsätze für die Beurteilung von Hefe.

Obwohl eine Verordnung über Backhefe seitens der Gesundheitsbehörde nicht besteht, sind etwa folgende Grundsätze allgemein anerkannt:

1. Backhefe ist das zur Lockerung von Backwaren bestimmte, aus lebenden und gärkräftigen Zellen von obergärigen Hefepilzen bestehende, durch Vermehrung dieser Pilze bei der alkoholischen Gärung aus stärke- oder zuckerhaltigen Rohstoffen gewonnene Erzeugnis.

2. Trockenbackhefe (Trockenhefe, Dauerhefe) ist aus Branntweinhefe durch vorsichtiges, die Lebensfähigkeit der Hefezellen möglichst wenig beeinträchtigendes Trocknen bei geeigneter Temperatur hergestellte Backhefe.

3. Als *verdorben* ist Backhefe insbesondere dann anzusehen, wenn: a) die Hefe aus stark verunreinigten Rohstoffen hergestellt ist; — b) die Hefe verschimmelt oder stark verunreinigt ist; — c) die Hefe deutlich schmierig ist; — d) die Hefe mit verdorbener Backhefe vermischt ist; — e) sich die Triebkraft der Hefe bei der Herstellung von Backwaren als erheblich beeinträchtigt erweist.

4. Als *verfälscht* ist Backhefe insbesondere dann anzusehen, wenn: a) die Hefe organische oder anorganische Zusätze, z. B. Stärkemehl oder Gips enthält, die eine Beschwerung herbeiführen; — b) der Hefe mittelbar oder unmittelbar Konservierungsmittel zugesetzt sind; — c) die Hefe mit Bierhefe vermischt ist; — d) die Hefe mehr als 76 Hundertteile Wasser bzw. die Trockenbackhefe mehr als 14 Hundertteile Wasser enthält.

b) Brennrecht für Hefefabriken.

In Deutschland ist mit der Einführung des Gesetzes über das Branntweinmonopol vom 26. Juli 1918 bzw. vom 8. April 1922, auch ein Brennrecht für Hefefabriken geschaffen worden. Es enthält folgende Bestimmungen:

1. Die Bemessung des Brennrechts für einen bestimmten Betrieb;
2. die Vorschrift über die Festsetzung der jährlichen Brennrechtshöhe;
3. die Vorschrift über die Regelung des Übernahmepreises und der gesetzlichen Abzüge, die durch Überbrand entstehen.

Diese Grundsätze sind noch heute maßgebend, auch wenn die einzelnen Bestimmungen zeitlichen Änderungen unterworfen und häufig umstritten sind; denn die Höhe des Brennrechts ist im Betriebe maßgebend für das Ausbeuteverhältnis zwischen Hefe und Alkohol, welches in der Mehrzahl der Fälle fiskalisch bedingt ist und mitunter die technischen Bedingungen im Betrieb nachteilig beeinflußt.

Hinsichtlich der Einzelheiten wird auf die gesetzlichen Bestimmungen verwiesen.

c) Sicherheitsvorschriften für Brennereien.

Da Äthylalkohol eine brennbare Flüssigkeit ist, die im Gegensatz zu den Mineralölen mit Wasser in jedem Verhältnis mischbar ist und einen Flammpunkt von 21° C und weniger aufweist, sofern die Weingeiststärke etwa 70 Gew.-% und mehr beträgt, so gehört er gemäß der Deutschen Polizeiverordnung vom 1. Januar 1931 zu den Flüssigkeiten der Gruppe B, für welche besondere Maßnahmen zu treffen sind. Hierüber unterrichtet auch die Unfallverhütungsvorschrift der Berufsgenossenschaften der Molkerei-, Brennerei- und Stärkeindustrie, Abschnitt 1, § 38 bei der Abhandlung der „explosionsgefährdeten Betriebe". Darunter sind solche Räume zu verstehen, in denen sich explosible Gase oder Dämpfe in gefahrdrohender Menge entwickeln, ansammeln oder ausbreiten können. Hierzu gehören die Räume, in denen sich betriebsmäßig oder auch nur bei Störungen, Rohrbrüchen u. dgl. explosible Gase bilden können, also sämtliche Räume, in denen Behälter und Apparate für brennbare Flüssigkeiten stehen sowie alle Räume, in denen diese Flüssigkeiten abgefüllt oder umgefüllt werden. Ferner gehören dazu die Räume, in denen sich Pumpen für diese Flüssigkeiten befinden oder Rohrleitungen hierfür hindurchgehen, und solche Nachbarräume, die mit den explosionsgefährdeten Räumen dauernd oder zeitweise durch Türen, Fenster, Kanäle, Riemenöffnungen usw. in Verbindung stehen.

Im wesentlichen handelt es sich um folgende Schutzmaßnahmen:

1. Benutzung explosionsgeschützter Batteriehandlampen an Stelle der handelsüblichen Batterielampen. Diese sind durch eine mechanisch sehr widerstandsfähige Ausführung des Gehäuses, durch eine zuverlässige Ausrüstung und die Unmöglichkeit der Öffnung infolge eines Sonderverschlusses geschützt.

2. Benutzung explosionsgeschützter Handlampen zum Ausleuchten von Fässern und Kesselwagen. Das Gehäuse dieser Lampen wird mittels einer kleinen Luftpumpe unter geringen Überdruck versetzt und dabei gleichzeitig die Glühlampe eingeschaltet. Beim Zertrümmern des Schutzglases oder der Lampe entweicht die Luft, und der Stromkreis wird vor dem Eindringen explosibler Gase unterbrochen. Solange Überdruck in der Lampe herrscht, können diese Gase nicht eindringen.

3. Elektrische Leitungen, Leuchten, Abzweigdosen, Schalter und Klemmkästen sowie Steckkontakte sind in explosionsgeschützter Ausführung anzuwenden, damit keine Kurzschlußlichtbögen auftreten können. Der Schutz muß also sowohl gegen mechanische Beschädigung gerichtet sein, als auch eine druckfeste Kapselung gewährleisten. So müssen Stecker mit der Steckdose im eingeschalteten Zustande verriegelt sein.

4. *Die Blitzschutzanlagen* haben den Grundsätzen des Ausschusses für Blitzableiterbau und den Vorschriften des VDE 0165ff zu entsprechen.

5. *Freistehende Tanks* haben den Vorschriften der Dichtigkeitsprüfung zu entsprechen, wie sie die Polizeiverordnung über den Verkehr mit brennbaren Flüssigkeiten und ihre Anwendung auf Branntweinlager[1] vorschreibt. Dies gilt auch für die Wahl des Baugrundes bei Neuplanungen, seine Aufgliederung in die verschiedenen Anlageteile und für die Art der Bauausführung.

XX. Kontrollapparate.

a) Luftmesser.

Bei der Durchflußmessung von Luft, Gasen und Dämpfen mit genormten Düsen bzw. Blenden sowie mit den üblichen Wirkdruckmessern, wie Schwimmermanometer und Ringwaagen usw., sind die angezeigten bzw. registrierten Meßwerte nur dann richtig, wenn der Betriebszustand des strömenden Stoffes vor dem Drosselorgan der gleiche ist wie derjenige, für den der Messer gebaut wurde. Um auch unter anderen, davon abweichenden Betriebsbedingungen genaue Meßergebnisse ohne Umrechnung zu erhalten, hat W. RANK, Werl, ein Meßgerät entwickelt, das außerdem noch genaue Anzeige auch kleinerer Durchflußmengen unter 10—20% des maximalen Durchsatzes ermöglicht (Abb. 155).

Das Meßgerät besteht:

I. Aus dem **Anzeigegerät.** Bei diesem sitzt auf dem als Fußstück F ausgebildeten Behälter für die rote Sperrflüssigkeit ein Glasrohr G von 22 mm lichtem Durchmesser sowie das Manometer M zur Druckanzeige. An dem Glasrohr ist ein Maßstab S mit mm-Einteilung befestigt. Mit dem Fußstück ist ein Doppelhahn H verbunden zum Anschluß der Wirkdruckleitungen, mit dessen Hilfe diese immer gleichzeitig geöffnet oder abgesperrt werden können. Durch Drehen an dem Bedienungshebel läßt sich derselbe in folgende drei Stellungen bringen:

1. In die Betriebsstellung B. In dieser wirkt sich der Differenzdruck am Drosselorgan auf das einschenklige U-Rohr aus und treibt in diesem die Sperrflüssigkeit auf eine demselben entsprechende Höhe. Ferner wird der Druck vor dem Drosselorgan vom Manometer N in Hg angezeigt.

2. In die Kontrollstellung O zur Nullpunkteinstellung. Das U-Rohr hat in dieser beiderseits Verbindung mit der Atmosphäre, so daß sich der Spiegel der Sperrflüssigkeit in die Gleichgewichtslage einstellt. Die richtige Einstellung des Nullwertes des Maßstabs S kann in dieser Stellung vorgenommen bzw. kontrolliert werden.

---

[1] Z. Spiritusind. **1941** 9ff.

Luftmesser. 535

3. *In die Ausblasestellung A*. Die zum U-Rohr führenden Wirkdruckleitungen werden in dieser vom Drosselgerät her durchgeblasen und dadurch Verunreinigungen aus den Leitungen entfernt.

II. Aus der Rechenwalze. Unter dem am Gestell der Rechenwalze befestigten Maßstab L zum Ablesen der Durchflußmengen in cbm/h, bezogen auf 760 mm Hg und 20° C, ist eine Trommel T drehbar angeordnet, auf deren Mantel eine Schraubenlinie eingeschnitten ist, und die den Skalenring R für den Differenzdruck trägt. Parallel zu dem Maßstab L läßt sich eine mit einer Zunge versehene Tafel F verschieben, auf der als Ordinaten die Linien des absoluten Drucks in mm Hg und schräg zu diesen die Temperaturlinien eingraviert sind. Über die Tafel F gleitet ein aus Plexiglas gefertigter Schieber S mit einem Haarriß, der bis an den Maßstab L heranreicht.

Mit Hilfe dieses Anzeigegerätes und der Rechenwalze ist es möglich, den Durchflußwert zu ermitteln, der den jeweiligen Betriebsverhältnissen entspricht.

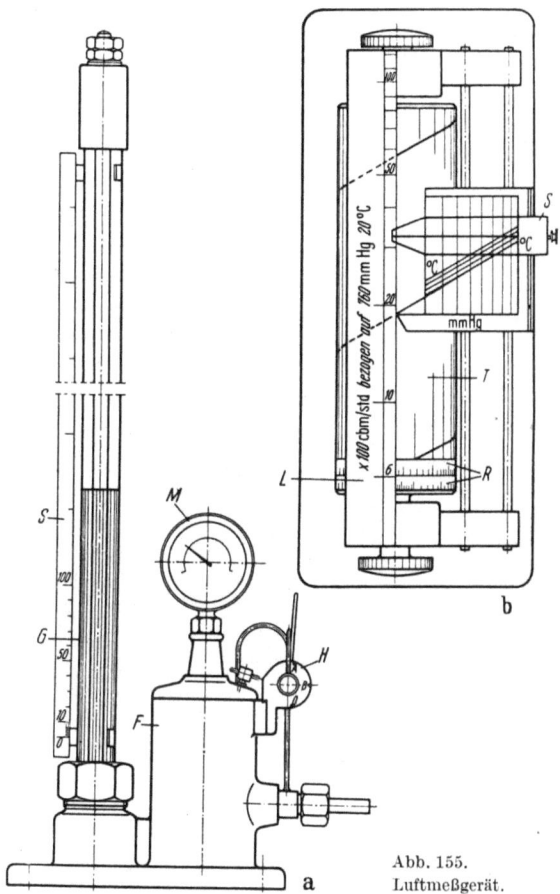

Abb. 155.
Luftmeßgerät.

Bei der Auswertung des Anzeigewertes wird die Rechenwalze so weit gedreht, bis der dem am Anzeigegerät abgelesene Differenzdruck entsprechende Teilstrich des Skalenringes R_1 (im Bild 35 mm) unter der Ablesekante des Maßstabs L erscheint. Hierauf wird die Tafel F so weit verschoben, bis die Spitze ihrer Zunge über dem Schnittpunkt der Ablesekante mit der Schraubenlinie auf der Trommel L liegt. Dann wird der Schieber S in eine solche Lage gebracht, daß der Haarstrich über dem Schnittpunkt der beiden Linien liegt, die dem absoluten Druck und der Temperatur der Luft in °C vor dem Drosselgerät entsprechen (in der Abbildung 1100 mm Hg und 80° C). Der Haarstrich weist nun auf der Skala des Maßstabs L auf den gesuchten Durchflußwert hin (in der Abbildung 1430 cbm/h).

Sind mehrere Meßstellen für Luft oder Gase vorhanden, so genügt eine Rechenwalze für sämtliche mit den Meßstellen verbundenen Anzeigegeräte zur Ermittlung der jeweiligen Durchflußwerte. Die Rechenwalze erhält dann so viel Skalenringe R, als Meßstellen vorgesehen sind. Zur Unterscheidung erhalten die Skalenstriche der einzelnen Ringe verschiedene Färbung.

Die Rechenwalze kann auch umgekehrt verwendet werden, und zwar derart, daß man mit ihr den für eine bestimmte Durchsatzmenge zu einem bestimmten Druck und zu einer bestimmten Temperatur vor der Stauscheibe gehörenden Differenzdruck ermittelt.

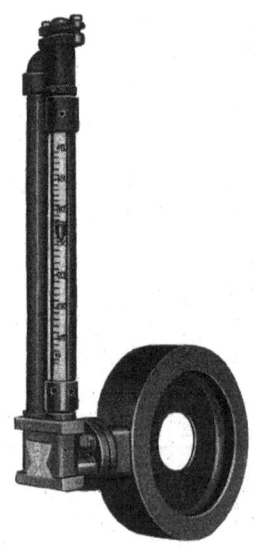

Abb. 156. Staurandmesser. Bauart: Rota Apparate und Maschinenbau, Dr. Hennig KG Aachen, Werk Wehr.

In diesem Falle bringt man den auf den herrschenden Druck- und Temperaturwert eingestellten Schieber S durch Verschieben der Tafel F in eine solche Stellung, daß sich der Haarstrich mit dem gewünschten Durchflußwert deckt. Alsdann wird die Rechenwalze so weit gedreht, bis der Schnittpunkt der Schraubenlinie auf dem Trommelmantel T mit der Ablesekante des Lineals L unter der Zungenspitze liegt. Am zugehörigen Skalenring R wird dann der am Anzeigegerät einzustellende Differenzdruck abgelesen, der den gewünschten Durchsatz durch das Drosselorgan ergibt.

Der Wert des absoluten Druckes des strömenden Stoffes ist die Summe des jeweiligen Barometerstandes und der Anzeige des Manometers M in mm Hg. Die Temperatur der Luft oder des Gases ist an einem in die Luftzuführungsleitung eingebauten Thermometer abzulesen.

Das Anzeigegerät gestattet normalerweise die Ablesung von Differenzdrücken zwischen 6—600 mm Flüssigkeitssäule. Der Bereich kann aber auch, was die obere Grenze anbelangt, verkleinert bzw. vergrößert werden.

Außer zur direkten Anzeige des Durchflußwertes kann der Luftmesser „Bauart RANK", wenn er parallel zu einem üblichen Wirkdruckmesser geschaltet wird, zur Kontrolle bzw. Korrektur des von diesem angezeigten Durchflußwertes benutzt werden.

Staurandmesser.

Im Betriebe können auch für große Strömungsmengen sogenannte „Staurandmesser" benutzt werden. Diese werden waagerecht oder senkrecht in die Leitungen eingebaut, wobei die Strömungsrichtung jeweils dem Strömungsverlauf angepaßt wird. Abb. 156 zeigt einen Rota-Staurandmesser, Type RStGw, welcher nach dem Wirkdruckverfahren arbeitet. Dabei dient als Wirkdruckgeber eine Blende (DIN 1952) und als Anzeigenteil ein Rotamesser. Im Gegensatz zu anderen Wirkdruckmessern, die mit Ringwaage,

Quecksilberdifferenzmanometer, U-Rohr und dergleichen als Anzeigeteil arbeiten, werden hier Differenzdruckkanäle und Anzeigeteil ständig von dem zu messenden Medium durchströmt. Infolgedessen sind Verstopfungen und Verschmutzungen, insbesondere der Druckkanäle, praktisch ausgeschlossen. Sperrflüssigkeiten, Ausgleichsgefäße, Quecksilber oder sonstige Zwischenglieder für die Anzeige fallen fort.

Die Anzeige des Meßwertes erfolgt in Mengen je Zeiteinheit, z. B. cbm/h. Die Ablesung des Meßwertes geschieht an der Oberkante des im Meßrohr freischwebenden Schwimmers. Die Rotation desselben ist von außen sichtbar, so daß eine ständige Kontrolle für das ordnungsgemäße Arbeiten der Meßanlage möglich ist.

Die Skala am Meßrohr verläuft linear. Die Ablesegenauigkeit ist daher über die ganze Skala hinweg gleichmäßig gut. Die Meßgenauigkeit beträgt 2%, und zwar einheitlich über den ganzen Meßbereich.

Der Meßbereich wird in der Regel 1:5 ausgelegt. Wo genügend Druck für die Messung zur Verfügung steht, kann auch ein größeres Meßbereichverhältnis gewählt werden.

Die Blende ist in einem Staukörper fest angeordnet. Der Einbau desselben erfolgt direkt zwischen zwei Flanschen nach DIN 2502, wobei die lichte Weite der Rohrleitung mit der Anschlußweite des Gerätes übereinstimmen muß. Zur Erzielung einer hohen Meßgenauigkeit sind vor und hinter der Einbaustelle des Staukörpers gerade Rohrstrecken von mindestens je 4—5 D (= lichte Weite der Rohrleitung) erforderlich. Krümmer, Schieber oder sonstige diese Strömung beeinflussende Schaltelemente müssen ebenfalls mindestens diesen Abstand von der Meßstelle haben.

In der Regel ist das Anzeigeteil direkt am Staukörper angebracht. In Fällen, bei denen die Einbaustelle des Staukörpers für die Ablesung des Meßwertes nicht günstig liegt, kann das Gerät auch mit getrenntem Anzeigeteil zur Benutzung kommen. Hierfür ist eine besondere Konstruktion vorgesehen.

Schließlich ist noch zu erwähnen, daß der Staurandmesser mit elektrischer Fernanzeigeeinrichtung oder Registrierung bzw. Fernregistrierung verbunden werden kann.

b) Zufuhrapparat für Würze.

Bisher hat man die Zufuhr von Würze zu Gärbottichen so gestaltet, daß zu jedem Bottich ein Vorratsbehälter gehört, in welchem die Gesamteinmaischung aufbewahrt wird, die während der Gärung zulaufen soll. Sie ist dabei so weit verdünnt, wie es für den Zulauf notwendig ist. Diese Behälter sind mit einem Schwimmer und mit einer Skala ausgerüstet, um den Ablauf regulieren und beobachten zu können.

Die *Aktiebolaget S. J. A. Schweden* hat zur Vermeidung dieser Meßgefäße einen Zufuhrapparat (Abb. 157) entwickelt. Er besteht aus einem Impulsgeber sowie aus einer Abmeßvorrichtung. Der Impulsgeber kann an jedem beliebigen Platz aufgestellt werden und ist durch eine elektrische Leitung mit der Abmeßvorrichtung verbunden, die zweckmäßig in der Nähe des Gärbottichs angebracht ist.

Der Impulsgeber hat die Aufgabe, über die Abmeßvorrichtungen in gewissen, nach dem gewünschten Volumenzulauf bestimmten Zeitabschnitten ein konstantes Volumen an Würze herbeizuführen. Er arbeitet so, daß ein durchlöchertes Stahlband unter Zuhilfenahme eines Synchronometers mit konstanter Geschwindigkeit vorgeschoben wird. Zur Apparatur gehört eine Quecksilberwiege, welche mit einer Spitze versehen ist, die gegen das Band abstützt und beim Vorbeilaufen der Durchlöcherungen in diese hineinfällt. Bei der dabei entstehenden Bewegung wird der Strom geschlossen, der Meßapparat stromführend gemacht und eine Entleerung des Meßgefäßes ausgelöst. Durch mehr oder weniger dicht aneinander angebrachte Löcher kann eine erhöhte oder verzögerte Zufuhrwirkung erreicht werden.

Die Meßvorrichtung ist durch ein Rohr mit dem Würzebehälter verbunden. Die durch den Apparat abgemessene Flüssigkeit fließt dann entweder unmittelbar in den Gärbottich oder durch einen Ausgleichbehälter, um einen gleichmäßigen Zulauf zu gewährleisten. Im Meßapparat ist ein Meßgefäß mit einem der Zufuhrkapazität angepaßten Rauminhalt vorgesehen. Die Stromimpulse werden durch ein Magnetsystem empfangen. Wenn der Stromkreis unterbrochen ist, d. h. also, wenn die Quecksilberwiege auf dem Stahlbande ruht, wird der Zulauf zum Meßgefäß offen gehalten, so daß letzteres gefüllt wird. Nach Füllung wird es durch ein Überlauf- oder Schwimmerventil geschlossen. Es bleibt so lange gefüllt, bis der Strom durch den Geber wieder geschlossen wird.

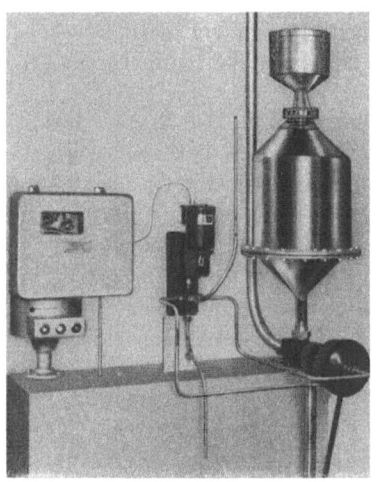

Abb. 157. Zufuhrapparat.

Das Zufuhrprogramm kann durch Einlage verschiedener Stahlbänder geändert werden. Zu jeder Anlage gehört eine Stanze zum Durchlöchern der Bänder.

Der Apparat arbeitet mit großer Genauigkeit, so daß Fehler nicht über oder unter 1,5% liegen. Es ist also möglich, für mehrere Gärbottiche einen gemeinsamen Vorratsbehälter zu benutzen, weil jeder Bottich mit seiner Abmeßvorrichtung dem Behälter seinen Bedarf an Würze entnimmt. Letztere kann eine Konzentration von etwa 40° Balling haben.

Der kleinste Apparat, der elektromagnetisch arbeitet, ist für etwa 700 l Würze je Stunde vorgesehen, was bei 40° Balling etwa 350 kg Melasse je Stunde entspricht. Bei höherer Leistung arbeitet der Zufuhrapparat über einen hydraulischen Servomotor. Der erforderliche Wasserdruck beträgt 1 atü.

c) Vorrichtung zur Regelung des p_H-Wertes.

Da der p_H-Wert während der Gärung genau zu kontrollieren ist, ist es vorteilhaft, sich einer Vorrichtung zur Regelung desselben zu bedienen. K. BRAUN und die *Zellstoffabrik Waldhof* haben nun die in Abb. 158 gezeigte Vorrichtung entwickelt.

Das Prinzip besteht darin, daß bei Verwendung von zwei in Wasser gelösten Stickstoffnährmitteln, von denen nur das eine bei der Verarbeitung durch die Hefe nicht assimilierbare Säuren hinterläßt, die NH_3-Konzentration beider Flüssigkeiten gleich groß eingestellt wird und je nach dem p_H das Verhältnis der Mengen beider Flüssigkeiten bei der Zugabe in den Gärbottich geändert wird. Wenn man z. B. Hefe aus Laubholzsulfitablaugen gewinnen will, hat es sich als sehr vorteilhaft erwiesen, Ammoniakwasser zur Steigerung des p_H-Wertes und wäßriges Ammonchlorid zur Senkung des p_H-Wertes zu benutzen. Letzteres ist gegenüber Ammonsulfat zu bevorzugen, damit keine Gipsausfällungen eintreten.

Die in der Zeichnung dargestellte Apparatur arbeitet wie folgt:

Mit 1 ist die Verhefungsbütte bezeichnet, in welche in üblicher Weise Nährflüssigkeiten zugeführt werden. Diese fließen von den Behältern 2 und 3 über einen Mischbehälter 4 der Bütte zu. In dem Behälter 2 befindet sich beispielsweise Ammoniakwasser und im Behälter 3 Ammonchloridlösung. In die bei 5, 5a absperrbaren Zuleitungen 6 und 7 zum Mischbehälter 4 sind weitere Ventile 8, 9 eingebaut, welche von Schwimmern 10, 11 gesteuert werden. Ein weiteres Ventil 12 in der Leitung 7 ist mit einem Handrad 13 regelbar. Vom Mischbehälter fließt die Nährflüssigkeit in üblicher Weise über ein Schauglas 14 mit Absperrvorrichtung in die Verhefungsbütte.

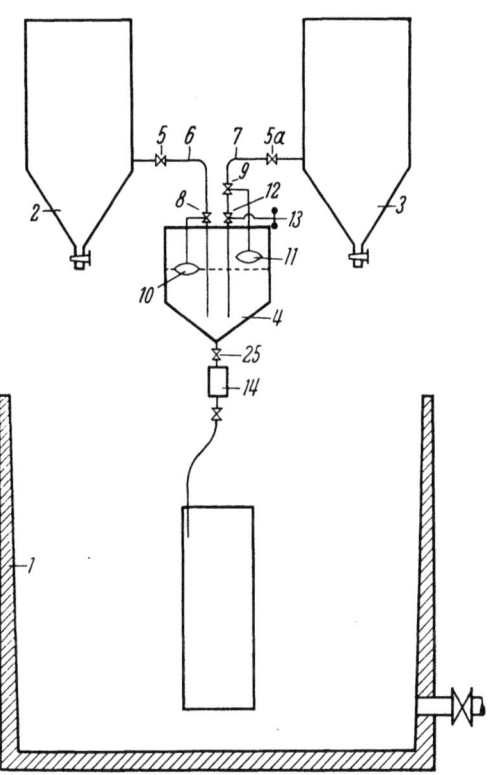

Abb. 158. Vorrichtung zur Regelung des p_H-Wertes.

Durch die Voreinstellung der beiden Ventile 5 und 5a wird das Mengenverhältnis der beiden Nährflüssigkeiten eingestellt, so daß sich diese stets in der gewünschten Mischung im Behälter 4 befinden. Sinkt nun beispielsweise aus irgendeinem Grunde das p_H der Hefebütte, d. h., steigt der Säuregehalt, was in üblicher Weise durch p_H-Bestimmungen festgestellt werden kann, so muß mit dem Handrad 13 das Ventil 12 geschlossen werden. Es fließt mehr Ammoniakwasser von Behälter 2 zu. Das p_H steigt in der Folge, und das Ventil 12 muß wieder geöffnet werden, während der Schwimmer 10 das Ventil 8 schließt. Das gewünschte Verhältnis der Nährflüssigkeiten stellt sich wieder ein. Wird das Ventil 25 über dem Schauglas geschlossen, so bewirkt ein Nachfließen der Ammonchloridlösung durch Ansteigen des

Flüssigkeitsspiegels im Behälter *4* ein Schließen des Ventils *12*. Der Zufluß der Nährflüssigkeit hört auf, bis das Ventil *25* wieder geöffnet wird. Gegebenenfalls läßt sich diese Handregelung durch eine Skaleneinteilung am Handrad *13* erleichtern.

Diese Handregelung kann durch eine selbsttätig wirkende Regelung ersetzt werden. Dann wird die entgaste Hefeflüssigkeit einer Elektrodenkette zugeführt, um durch Einschaltung eines Stromkreises das Ventil *12* entweder zu öffnen oder zu schließen.

Abb. 159. Aquameter.

d) Das Aquameter.

Zur Vereinfachung der Trockensubstanzbestimmung in Hefe hat die *Aktiebolaget S. J. A. Schweden* eine besondere Apparatur mit der Bezeichnung „Aquameter" (Abb. 159) geschaffen. Dieser Apparat basiert auf dem Prinzip einer doppelten Trocknung mit Infrawärme, einer relativ dünnen und genau definierten Probeschicht. Auf diese Weise ist es möglich, die Trockenzeit auf 15 Minuten abzukürzen und dabei trotzdem genaue Werte zu erhalten.

Im Apparat sind zwei Infrarotwärmelampen eingebaut, deren gegenseitiger Abstand von der in einer Lochplatte befindlichen Probe genau regulierbar ist. Diese Lochplatte, die für zwei Bestimmungen auch als doppelte Lochplatte vorgesehen werden kann, besteht aus einer dünnen Platte, deren Löcher mit der zur Trocknung bestimmten Hefesubstanz gefüllt werden. Die Lochplatte wird an einem besonderen Aufhänger mit seitlicher Lenkung aufgehängt. Das für die Aufbewahrung und das Wiegen vorgesehene Wägeglas wird auf einen verschiebbaren Schlitten gebracht, an dem der Aufhänger befestigt ist. Das Einfüllen der Substanz in die Löcher der Platte erfolgt mit einem Spachtelmesser. Die gewünschte Trocknungszeit wird mit einer Stoppuhr reguliert.

Zur Ausführung der Analyse wird die Hefe, nachdem sie sorgfältig gemischt ist, in einem Wägeglas mit eingelegter perforierter Metallscheibe (40 mm Durchmesser und 1,5 mm Dicke), die in einem Exsiccator mit Trockenmittel verwahrt worden ist, abgewogen. Zunächst nimmt man die

Lochplatte mit einer Pinzette aus dem Wägeglas und legt sie auf eine ebene Metallunterlage. Man streicht dann mit dem Spachtelmesser die Hefe in die Löcher der Platte. Die Hefemenge, welche auf diese Weise in einer 1,5 mm dicken Schicht in die Löcher verteilt wird, beträgt ungefähr 1,2 g. Die auf der Oberfläche der Platte zurückgebliebene Hefe wird abgestrichen. Dann wird die Platte in das Wägeglas gelegt, der Deckel geschlossen, und das Glas wird gewogen.

Hierauf wird die Platte vorsichtig mit der Pinzette aus dem Wägeglas genommen und auf einem Aufhänger des Schlittens in der Öse aufgehängt. Der Schlitten wird nun so verschoben, daß die Probeplatte zwischen die beiden Trockenlampen zu liegen kommt. Der Abstand zwischen den beiden Lampen beträgt 5 cm. Das Wägeglas wird in offener Form unter der Aufhängevorrichtung belassen, damit die während der Trocknung gegebenenfalls herunterfallenden Teilchen aufgefangen werden. Die Stoppuhr des Apparates wird auf 15 Minuten eingestellt und der Apparat eingeschaltet. Nach dieser Zeit werden die Lampen automatisch ausgelöscht und durch eine Signalglocke das Ende des Versuchs angezeigt. Die Lochplatte mit der getrockneten Probe wird dann mit der Pinzette wieder abgenommen, in das Wägeglas gelegt, der Deckel des Glases geschlossen und nach Abkühlen in einem Exsiccator kann die Wägung erfolgen.

Folgendes Beispiel gibt die Ausführung der Analysenmethode wieder.
Vor der Trocknung:

$$\begin{aligned} &\text{Wägeglas + Metallscheibe mit Hefe} \ldots \ldots \ 52{,}9507 \\ &\text{Wägeglas + Metallscheibe ohne Hefe} \ldots \ldots \ 51{,}7256 \\ &\text{Eingewogene Hefemenge in Gramm} \ldots \ldots \ 1{,}2251 \end{aligned}$$

Nach der Trocknung:

$$\begin{aligned} &\text{Wägeglas + Metallscheibe mit Hefe} \ldots \ldots \ 52{,}0406 \\ &\text{Wägeglas + Metallscheibe ohne Hefe} \ldots \ldots \ 51{,}7256 \\ &\text{Trockensubstanz in Gramm} \ldots \ldots \ 0{,}3150 \end{aligned}$$

Berechnung des Trockensubstanzgehaltes in Prozenten:

$$\frac{0{,}3150 \cdot 100}{1{,}2251} = 25{,}7\% \text{ Trockensubstanz.}$$

Wassergehalt: $100 - 25{,}7\% = 74{,}3\%$.

e) Der Gärungsschreiber.

(Vgl. ferner Abschnitt: „Ausgewählte Analysenvorschriften", unter Hefeanalyse, S. 549ff.)

Um eine fortlaufende Kontrolle der Hefebeschaffenheit zu ermöglichen, ist von der *Aktiebolaget S. J. A. Schweden* ein Gärungsschreiber, System Hagberg, entwickelt worden. Bei der Triebkraftbestimmung wird damit die gesamte Kohlensäureentwicklung selbsttätig auf ein Diagrammbild aufgezeichnet.

Der Apparat arbeitet nach dem in Abb. 160 gezeigten Prinzip.

Es ist eine gasdichte Gärkammer a vorgesehen, in die man die Backform mit dem Teig hineinstellt. Diese Kammer ist mit einem besonderen Schnellverschluß versehen. Die in der Gärkammer entwickelte Kohlensäure sammelt sich in einer darüber angeordneten Aerometergasglocke *b*, an welcher eine Schreibfeder befestigt ist, die unmittelbar auf den ganz oben angebrachten Diagrammzylinder *c* schreibt. Man kann zur Feststellung der einzelnen Triebe über die Backform eine Brücke mit Kontaktvorrichtung einsetzen, die anspricht, sobald der Teig eine bestimmte Höhe erreicht hat. Es wird dann eine Alarmvorrichtung durch den Stromkreis in Gang gesetzt.

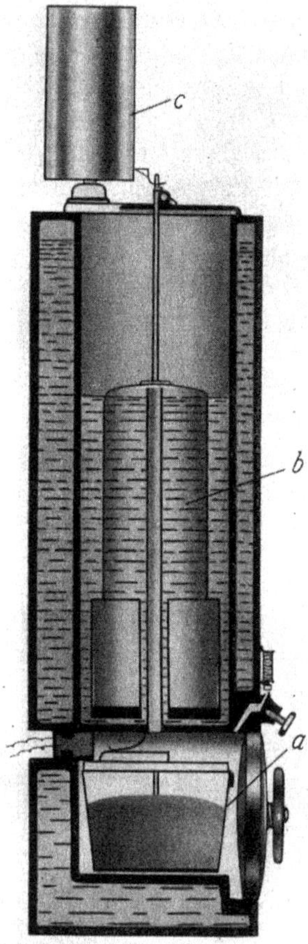

Die Gärkammer und der Schwimmerkörper sind von einem Flüssigkeitsmantel umgeben, der mit einer elektrischen Heizvorrichtung und mit einer durch eine elektrische Glimmlichtlampe überwachten Wärmeregulierung versehen ist. Die Temperatur kann je nach Wunsch zwischen 30 und 38° C eingestellt werden. Die Diagrammzylinder werden entweder durch Federuhrwerke oder elektrische Synchronuhren angetrieben. Das Schreibgerät kann Kohlensäuremengen bis zu etwa 1000 ccm aufzeichnen.

Bei einer normalen Bestimmung mit einem Teig aus 5 g Hefe, 280 g Mehl, 4 g Kochsalz und 160 ccm Wasser beträgt die Kohlensäuremenge bei 35° C zwischen 700 und 900 ccm. Das Gerät wird in normaler Ausführung mit 3 bis 4 zu einer Einheit zusammengebauten Meßvorrichtungen hergestellt.

Die Temperaturschwankungen bei der Bestimmung betragen nur $\pm 3°$ C. Durch die besondere Aerometerglocke wird die Gasmenge praktisch bei Atmosphärendruck oder bei einem Überdruck von höchstens 0,25 mm Hg bestimmt. Die Druckschwankung beträgt nicht mehr als 0,04 mm Hg. Die Teigprobe befindet sich während des Gärens in vollkommener Ruhe und ist in der geschlossenen Gärkammer gut geschützt. Die Meß- und Schreibvorrichtungen haben nur *einen* beweglichen Teil, nämlich die Gasglocke mit dem Halter für die Feder, wodurch eine hohe Genauigkeit erzielt wird. Da der Teig während der Gärprobe in einer Backform liegt, kann diese nach Beendigung des Versuches in üblicher Weise im Backofen ausgebacken und das Brotvolumen bestimmt werden. Der Gärungsschreiber ermöglicht die Aufzeichnung eines Diagramms mit rechtwinklig gleichförmigem Koordinatensystem; er ist so leicht zu bedienen, daß eine Person bis zu 12 Geräte beaufsichtigen und täglich etwa 65—75 Proben ausführen kann.

Abb. 160. Gärungsschreiber.

XXI. Ausgewählte Analysenvorschriften.

A. Melasse.

a) Polarisation der Melasse.

Die zur Untersuchung kommende Melasse wird gut durchgemischt und davon das Normalgewicht von 26,0 g in einer Neusilberschale genau eingewogen. Das Normalgewicht ist auf Rohrzucker bezogen; die Skala des Polarimeters nach VENTZKE ist nämlich so eingerichtet, daß 26 g Rohrzucker bei 20° C (zu 100 ccm gelöst), im 200-mm-Polarisationsrohr die Drehung 100 ergeben. Dadurch zeigt die Skala den Rohrzuckergehalt von 100 Teilen des untersuchten Stoffes unmittelbar an.

Man spült die abgewogene Melasse quantitativ in einen geeichten 200-ccm-Kolben, klärt mit 20 ccm basischem Bleiessig, füllt bis kurz unter die Marke mit destilliertem Wasser auf, beseitigt etwaigen Schaum mit einigen Tropfen Äther und stellt genau auf die Marke ein. Nach kurzem Stehen und vorherigem gutem Durchmischen wird die Mischung von oben her klar. Man filtriert durch ein Faltenfilter, wobei man den ersten trüblaufenden Teil in den Kolben zurückgibt, bis alles blank durchläuft.

Nachdem man ein 200-mm-Polarisationsrohr mehrere Male mit dem blanken Filtrat durchgespült hat, füllt man dasselbe luftblasenfrei und legt es in den auf genau 0 eingestellten Polarisationsapparat. Es ist das Halbschattenfeld des Polarisationsapparates auf gleiche Helligkeit einzustellen und der Nullpunkt zu kontrollieren. Nach Einlegen des Polarisationsrohres wird das Halbschattenfeld wieder auf gleiche Helligkeit eingestellt und an der Skala die Dehnung abgelesen. Die abgelesenen Prozente mit 2 multipliziert ergeben dann den Zuckergehalt der Melasse in Prozenten. Als Mindestgehalt gelten 47,0%.

Ist die zu untersuchende Melasse stark schaumig, dann gibt man vor der Klärung mit Bleiessig mehrere Tropfen Äther hinzu, schüttelt gut um, bis der Äther verdunstet ist, und klärt dann in der oben beschriebenen Weise.

Ist die Melasse stark alkalisch, so wird vor dem Bleiessigzusatz mit Essigsäure neutralisiert.

Ist viel Invertzucker zugegen, so ist neutrales Bleiacetat zu verwenden.

1. Die basische Bleiessiglösung $Pb(C_2H_3O_2)_2 + 2PbO$ wird wie folgt hergestellt:

600 g Bleizucker und 200 g Bleiglätte verreibt man mit 100 ccm destillierten Wasser, erhitzt auf dem Wasserbade, bis die Mischung weiß oder rötlichweiß geworden ist, fügt unter Umrühren 1900 ccm Wasser hinzu und läßt in einem verschlossenen Gefäß den Niederschlag absetzen. Die Lösung wird hierauf filtriert und, geschützt gegen Zutritt von Luft bzw. CO_2, in gut verschlossenen Flaschen aufbewahrt.

Der Bleiessig muß gegen Lackmus eine stark alkalische Reaktion aufweisen und ein spezifisches Gewicht von 1,235 bis 1,24 bei 17,5° C besitzen.

2. Die neutrale Bleiacetatlösung $Pb(C_2H_3O_2)_2$ wird wie folgt hergestellt: 10 Teile reines kristallisiertes Bleiacetat werden in 100 Teilen destillierten Wassers gut gelöst.

Um Invertzucker neben Rohrzucker in Melassen auch geringer Konzentration festzustellen, kann nach B. REINEKE wie folgt verfahren werden: Es wird außer der direkten Polarisation noch eine zweite nach vollständiger Inversion mit Salzsäure vorgenommen und die Ablesung im Polarimeter in folgende Formeln eingesetzt:

$$P_s = 0{,}892\, b,$$
$$P_i = 0{,}2\, (3{,}46\, b - a).$$

Worin bedeuten:

P_s % Saccharose; a Skalenteile vor der Inversion;
P_i % invertierte Saccharose; b Skalenteile nach der Inversion.

Der Grad der Genauigkeit, mit der nach dieser Methode gearbeitet werden kann, ist aus folgenden Versuchsresultaten zu ersehen:

Es wurden Lösungen von bekanntem Gehalt hergestellt, und zwar von 2,0% Saccharose, gefunden wurde 1,9% Saccharose und 2,8% invertierte Saccharose, gefunden wurde 3,0%.

Ferner 2,4% Saccharose, gefunden 2,3%, und 3,0% invertierte Saccharose, gefunden 3,05%.

b) Spezifisches Gewicht der Melasse.

Von der unmittelbaren Bestimmung des spezifischen Gewichtes bzw. der Konzentration der Melasse in der unverdünnten Originalmelasse ist abzuraten. In Melasse sind oft Schaum- oder Luftbläschen enthalten, die durch Erwärmung entfernt werden müssen, wenn eine *exakte* Bestimmung der Dichte vorgenommen werden soll.

Durch Erhitzen der Melasse im Heißwassertrichter bis zur scharfen Abgrenzung der Melasse von der Schaumdecke wird die Melasse entlüftet.

Will man das spezifische Gewicht der Melasse nicht pyknometrisch mit der MOHRschen Waage oder refraktometrisch ermitteln, so kann folgende Methode angewendet werden:

Man wägt 100 g der zu untersuchenden Melasse in einen 1000-ccm-Erlenmeyerkolben ein und fügt 300 g destilliertes Wasser hinzu. Nachdem sich die Melasse aufgelöst hat, bestimmt man mit der Ballingspindel unter Berücksichtigung der Temperatur die Konzentration. Die abgelesenen Skalenteile werden mit 4 multipliziert und ergeben die Ballinggrade für die unverdünnte Melasse.

Man kann dann an Hand von Tabellen die Werte für das spezifische Gewicht ermitteln (vgl. Tab. 10, S. 138).

c) Vergärbarer Zucker in Melasse.

100 g Melasse werden in einem 1000-ccm-Erlenmeyerkolben mit 400 ccm Wasser verdünnt und der p_H-Wert auf 4,5 mit Lyphanpapierstreifen (Bereich 3,9—5,4) dadurch eingestellt, daß man etwa 25 ccm n-Schwefelsäure zusetzt. Dann gibt man 6 g Hefe (Stellhefe oder Versandhefe) und einige

Tropfen Gärfett zu und verschließt den Kolben mit einem Gärverschluß. Darauf wird der Kolben umgeschüttelt, damit alles gut gelöst ist und gewogen. Der Kolben bleibt im Wasserbad bei 28—30° C stehen.

Nach einigen Stunden beginnt die Schaumbildung. Um gegebenenfalls zu verhindern, daß der Schaum in den Gäraufsatz steigt, muß trotz der Gärfettzugabe mehrfach vorsichtig umgeschüttelt werden. Die Hauptgärung dauert etwa 32 Stunden. Nach 72 Stunden ist die Gärung beendet.

Nun wird die Gewichtsdifferenz zur Ermittelung des Kohlensäureverlustes festgestellt und der Alkoholgehalt der vergorenen Lösung bestimmt. Dazu versetzt man den Inhalt des Kolbens mit etwas Tannin und Siedesteinchen und destilliert direkt aus dem Gärkolben über einen Glaskühler von mindestens 40 cm Mantellänge in einen 250-ccm- Kolben über.

Das Destillat wird dann zur Neutralisation der flüchtigen Säuren nochmals unter Zusatz von 2 ccm Kjeldahl-Natronlauge und Siedesteinchen in einen 200-ccm-Kolben abdestilliert. Dieser geeichte Kolben wird dann auf die für ihn vorgeschriebene Meßtemperatur gebracht und bis zur Marke aufgefüllt. Die Alkoholbestimmung erfolgt am besten mit dem Pyknometer.

Aus den erhaltenen Raumhundertteilen Alkohol wird nach dem amtlich vorgeschriebenen Ausbeutesatz, wonach 61 l Alkohol 100 kg Zucker entsprechen, der Prozentgehalt der Melasse an vergärbarem Zucker berechnet, also

$$\frac{\text{ccm reiner Alkohol} \cdot 100}{61}.$$

d) Invertzucker in Melasse.

In eine Porzellanschale werden 20 g einer Lösung gleicher Gewichtsteile Melasse und Wasser eingewogen und dann 50 ccm Wasser und 50 ccm Fehlingsche Lösung zugesetzt. Die Schale wird auf einem Drahtnetz zum Sieden erhitzt und genau 2 Minuten im Sieden erhalten.

Hat sich ein Niederschlag nicht gebildet oder ist die über einem etwaigen Niederschlag stehende Flüssigkeit deutlich blau bis grün gefärbt, dann enthält die Zuckerlösung weniger als 2% Invertzucker.

Hat sich ein roter Niederschlag von Kupferoxydul gebildet und ist die darüberstehende Flüssigkeit farblos oder braun gefärbt, so enthält die Lösung zwei und mehr Prozente Invertzucker. In diesem Falle ist die Summe von Rohrzucker und Invertzucker gewichtsanalytisch zu ermitteln.

Ein Invertzuckergehalt von weniger als 0,25% liegt vor, wenn 5 ccm einer 10%igen Melasselösung (= 0,5 g Melasse) in entsprechender Weise mit 10 ccm Fehlingscher Lösung nach 2 Minuten Erhitzen im Reagenzglas keinen Niederschlag geben, der mehr als nur gerade den Reagenzglasboden bedeckt.

e) Clerget-Zucker in Melasse.
(Inversionspolarisation.)

Da sich mit der Inversion des Rohrzuckers das optische Drehungsvermögen der Zuckerlösung ändert, so ist bei Gegenwart von z. B. Invertzucker, Traubenzucker oder Raffinose das Ergebnis der direkten polarimetrischen Untersuchung allein nicht ausreichend. Es muß nebenher eine Polarisation der mit Salzsäure invertierten Zuckerlösung durchgeführt werden. Diese zuerst von CLERGET entwickelte Methode wird am besten in folgender Weise ausgeführt:

5 g Melasse werden in einem 200-ccm-Kolben in Wasser gelöst und mit 30 ccm einer Bleinitratlösung (1000 g $Pb(NO_3)_2$ in 2000 ccm H_2O) und 20 ccm Natronlauge versetzt, gut durchgemischt und dann bis zur Marke aufgefüllt. Es wird nochmals durchgeschüttelt.

Darauf filtriert man das Ganze durch ein trockenes Faltenfilter und polarisiert das Filtrat sofort. Es dient das Resultat ausschließlich zur späteren Berechnung des Zuckergehaltes nach CLERGET und darf nicht als direkte Polarisation angesehen werden.

Zur Ermittelung der Inversionspolarisation wird nun ein Teil des Filtrates in folgender Weise behandelt:

50 ccm Filtrat werden in einem 100-ccm-Kolben mit 5 ccm konzentrierter Salzsäure und 25 ccm Wasser versetzt und gut durchgeschüttelt. Darauf wird der Kolben mit einem Thermometer versehen in ein Wasserbad gesetzt, welches die Temperatur von 73° C hat, und dort 2—3 Minuten auf eine Temperatur von 69—70° C gebracht. Nach 5 Minuten wird der Kolben rasch auf 20° C abgekühlt und nach Abspülen des Thermometers auf 100 ccm aufgefüllt und durchgeschüttelt.

Darauf wird filtriert und das Filtrat 20 Minuten nach Erreichen der konstanten Temperatur von 20° C genau polarisiert. Um das Filtrat zu entfärben, wird mit 1 g Knochenkohle 1 Minute lang durchgeschüttelt.

Der Zuckergehalt nach CLERGET berechnet sich dann wie folgt:

P erste Polarisation, I zweite oder Inversions-Polarisation,

dann gilt die Summe $S = P - I$, wobei I als positiver Wert genommen wird.

Der bei 20° C ermittelte Prozentgehalt an vergärbarem Zucker ist dann

$$\frac{100 \cdot S}{133,5}$$ z. B. $P = 50$ und $I = 13$ (6,5 · 2),

dann ergibt sich 6300 : 133,5 = 47,1% Z.

Die benutzte Knochenkohle muß sogenannte Reinigungskohle sein, also durch Behandlung mit Salzsäure und durch Auswaschen von löslichen Salzen befreit sein.

f) Raffinose in Melasse.

10 g neutralisierte Melasse werden in 100 ccm Wasser gelöst und mit wenig Emulsin vermischt, 24 Stunden lang bei 38° C gehalten. Sofern die Melasse Raffinose enthält, bildet sich schon nach einigen Stunden Galaktose, die durch Reduktion mit Fehlingscher Lösung festgestellt werden kann. Sowohl die Melasse wie das Emulsin müssen vor der Untersuchung auf reduzierende Wirkung geprüft werden.

g) Alkalität der Melasse.

50 g Melasse werden in einem 500 ccm fassenden Erlenmeyerkolben mit 150 ccm destilliertem Wasser gelöst und mit n-Schwefelsäure gegen Lackmuspapier durch Tüpfeln titriert.

Melasse. 547

Berechnung: Alkalität = % **CaO** = verbrauchte ccm n-$H_2SO_4 \cdot 0{,}056$.

Wenn man die gleiche Melasselösung durch Tüpfeln bis zur Methylorange-Neutralität weiter titriert, ist der Gehalt an organisch-sauren Salzen festzustellen.

h) Schweflige Säure in Melasse.

Qualitative Bestimmung: 50 g Melasse werden in einem 500 ccm fassenden Erlenmeyerkolben mit 150 ccm destilliertem Wasser gelöst und mit reiner Salzsäure angesäuert. Dann werden 0,4—0,5 g Magnesiumdraht zugegeben und mittels eines lose aufgesetzten Korkens ein Streifen angefeuchtetes Bleipapier so im Kolben eingehängt, daß er von der Flüssigkeit nicht berührt wird.

Sofern schweflige Säure vorhanden ist, wird das Bleipapier mehr oder weniger durch entstehenden Schwefelwasserstoff gebräunt. Die Reaktion ist sehr empfindlich.

In anderer Weise läßt sich die Bestimmung durchführen, wenn man die Entfärbung von Jodstärkepapier beobachtet. Hierzu werden 10 g Melasse in 20 ccm Wasser gelöst und 2—3 Stückchen Marmor sowie zur Bindung von störendem H_2S noch 1 ccm **$CuSO_4$**-Lösung (5%ig) zugegeben. Dann wird mit 10 ccm 2 n-**HCl** angesäuert. Die Öffnung des Erlenmeyers wird mit Jodstärkepapier bedeckt, das trotz öfterem Umschwenken des Kolbens nicht vor 15 Minuten entfärbt sein darf. Vorzeitige Entfärbung zeigt, daß der SO_2-Gehalt die normale Grenze von etwa 0,01% übersteigt und eine quantitative Bestimmung angebracht ist.

Zur Herstellung von Jodstärkepapier wird Filtrierpapier mit 1%iger Stärkelösung getränkt und getrocknet. Bei der Verwendung zur Bestimmung wird 1 Tropfen 1%ige Jodlösung aufgetropft, wodurch die blaue Jodstärkefärbung auftritt.

Quantitative Bestimmung: Die schweflige Säure wird aus der angesäuerten Melasselösung abdestilliert und in einer Jodlösung aufgefangen. Man kann dann das nicht verbrauchte Jod zurücktitrieren und auf SO_2 umrechnen.

Als Apparatur dient ein 1-Liter-Destillierkolben, der durch einen doppelt durchbohrten Gummistopfen verschlossen wird. Durch die eine Bohrung führt ein Tropftrichter, durch die andere ein Destillieraufsatz nach KJELDAHL mit anschließenden Liebigkühler von 50—60 cm Mantellänge und Vorstoß. Als Vorlage dient ein 500-ccm-Erlenmeyerkolben.

50 g Melasse werden auf 500 ccm verdünnt. Nach Zugabe von Glasperlen wird der Kolben an den Kühler angeschlossen. In die Vorlage kommen 25 ccm n/10 Jodlösung. Der Vorlagekolben ist so angeordnet, daß das Rohr des Vorstoßes in die Jodlösung eintaucht. Dann gibt man durch den Tropftrichter 15 ccm Schwefelsäure zur Melasselösung und destilliert nun etwa 200 ccm Flüssigkeit ab. Das Destillat wird mit n/10 Thiosulfatlösung zurücktitriert.

Berechnung: 1 ccm n/10 Jodlösung entsprechen 0,0032 g SO_2. Bei Anwendung von 50 g Melasse sind: Vorgelegte Kubikzentimeter Jod — verbrauchte Kubikzentimeter Thiosulfat $\cdot 0{,}0032 \cdot 2 = \%$ SO_2.

i) Klärbarkeit der Melasse.

750 ccm Wasser werden mit 5 ccm konzentrierter Schwefelsäure (1,84) angesäuert, mit 15 g Superphosphat versetzt und aufgekocht. Dann werden 300 g Melasse zugegeben und $^1/_4$ Stunde im Sieden erhalten. Alsdann ist die Absetzdauer und die Klärbarkeit zu beobachten.

k) Magnesiumbestimmung in Melasse.

Die Melasse wird nicht einem sauren Aufschluß unterworfen. Es werden 10 g Melasse mit 2 ccm konzentrierter Schwefelsäure in einer Porzellanschale gut verrieben. Dieses Gemenge wird dann im Trockenschrank bei 120° C 5—6 Stunden lang erhitzt. Dabei verkohlen die organischen Substanzen vollständig. Die poröse Masse wird hierauf mehrmals mit heißem Wasser ausgezogen und von der Kohle filtriert. Schließlich wird alle Kohle aufs Filter gebracht und dieses in einer Quarzschale verascht. Langsames Erhitzen ist dabei von Vorteil; es verbrennt so die Kohle restlos.

Dann gibt man allmählich das Filtrat in die Quarzschale hinzu und verdampft auf dem Wasserbad zur Trockne. Sollte hierbei doch noch eine Verkohlung durch nicht zerstörte organische Substanz eintreten, so glüht man schwach und wiederholt dann den eben geschilderten Vorgang des Ausziehens der Kohle samt Filtration und nachheriger Verbrennung des Kohlerückstandes. Man kommt so zu einer fast weißen Asche.

Diese löst man in wenig Salzsäure auf und dampft auf dem Wasserbad zur Trockne zwecks Abscheidung der Kieselsäure.

Man nimmt dann mit etwas wenig verdünnter Salzsäure auf und filtriert heiß von der Kieselsäure ab. Das Filtrat wird nun mit **NaOH** fast neutralisiert und auf 50 ccm aufgefüllt. Die weitere Behandlung ist nun wie bei der Hefe mit folgendem Unterschied:

Die Melasse enthält viel Calcium. Calcium beeinflußt die Reaktion des **Mg** mit dem Titangelb, und zwar so, daß es die Lösung gegen rot verschiebt, also verstärkt. Man nimmt daher bei Melasse zum Ansetzen der Vergleichslösung nicht reines Wasser, sondern solches, welches je Liter etwa 80 bis 100 mg **Ca** enthält. Dies erreicht man einfach durch Zusatz der entsprechenden Menge an trockenem **CaCl$_2$**.

Sollte eine Melasse sehr viel Eisen enthalten, so daß die Lösung von diesem sehr stark gelb gefärbt ist, so muß vor dem Colorimetrieren das Eisen entfernt werden. Dies geschieht wegen der Anwesenheit von **PO$_4$** durch Versetzen der Lösung mit Ammoncarbonat bis zur Bildung eines ganz schwachen Niederschlages, Entfernen dieses Niederschlages durch tropfenweisen Zusatz von verdünnter Salzsäure, Zusatz von festem Ammonacetat und Erhitzen. Es fällt dann alles Eisen als Ferriacetat bzw. Ferriphosphat aus. Im Filtrat kann nun das **Mg** nach Wegnahme des Essigsäure-Überschusses mittels **NaOH** und Auffüllen auf bestimmtes Volumen wie bei Hefe colorimetriert werden.

Im übrigen siehe die Vorschrift über die Magnesiumbestimmung in Hefe.

1) Eisenbestimmung in Melasse.

Das Prinzip ist dasselbe wie bei der Eisenbestimmung der Hefe. Da die Melasse aber mehr Eisen enthält als die Hefe, sind beim Kolorimetrieren stärkere Vergleichslösungen anzuwenden: 1 ccm = 0,2 — 0,5 mg Fe. Wegen des starken Schäumens der Melasse beim Aufschließen hält man die Einwaage in der Größenordnung von 10 g.

Stickstoffbestimmung in Melasse vgl. unter Hefe S. 562.

B. Hefe.

a) Trockensubstanzbestimmung in Hefe.

Da die Hefe beim Trocknen leicht verkrustet und Wasser einschließt, muß hierauf sorgfältig Rücksicht genommen werden.

1. Makromethode.

2 g zerkrümelte Hefe werden in einem flachen, verschließbaren Wägegläschen eingewogen. Dann wird die Hefe mit 1 ccm reinem 94%igem Alkohol aus einer Pipette gleichmäßig befeuchtet. Anschließend wird 2 Stunden lang im Trockenschrank bei 120° C getrocknet. Es ist darauf zu achten, daß der Trockenschrank bereits zu Beginn der Trocknung die Temperatur von 120° C hat und daß diese Temperatur auch tatsächlich in der Zone des Schrankes vorhanden ist, in welcher die Wägegläser stehen. Nach der Trocknung wird im Exsiccator erkalten gelassen und ausgewogen.

$$\frac{\text{Auswage} \cdot 100}{\text{Einwaage}} = \% \text{ Trockensubstanz.}$$

Die leeren Wägegläser sind vor jeder Benutzung auf Gewichtsveränderungen hin zu kontrollieren.

2. Mikroschnellmethode zur Trockensubstanzbestimmung in Hefe.

E. ROHRER hat in der Schweizer Brauerei-Rundschau 1948 Nr. 12 eine Mikromethode zur Trockensubstanzbestimmung in Hefe angegeben, um schnell zu Ergebnissen zu gelangen. Das Prinzip dieser Methode beruht auf der Entwicklung von Acetylen aus Carbid mit dem zu bestimmenden Wasser der Hefe und volumetrischer Messung des gebildeten Gases. Verwendet wird dazu eine Apparatur von G. GORBACH. Sie besteht aus einem zur Aufnahme der Substanz bestehenden abnehmbaren, mit Schliff versehenen Spitzröhrchen, einer kalibrierten Bürette nebst quecksilbergefülltem Niveaugefäß, einem Carbidvorratsgefäß und einem kleinen Elektroheizblock.

3. Bestimmung der Plastizität.

Um die Menge des Extrazellularwassers zu messen, haben die *Vereinigte Mautner-Markhof'schen Preßhefefabriken*, Wien, eine Methode zur Bestimmung der Plastizität der Hefe entwickelt. Unter „Extrazellularwasser" wird jenes Wasser (oder auch wäßrige Würze) verstanden, welche sich bei einem

Ausgewählte Analysenvorschriften: Hefe.

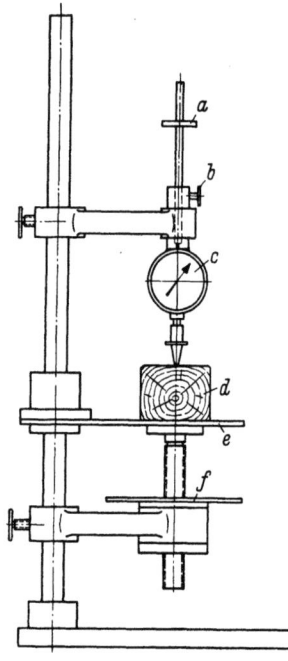

Abb. 161. Plastizitätsmesser. Bauart: S. I. Aktiebolaget, Stockholm. Hierbei sind: *a* das Prüfgewicht; – *b* die Auslöseschraube; – *c* die Meßuhr; – *d* das Hefepfund; – *e* der Auflagetisch; – *f* die Nullpunkteinstellvorrichtung.

Hefepfund innerhalb der von den Zellen freigelassenen Kapillarräume befindet. Von seiner Menge ist der Griff und der Feuchtigkeitsgrad der abgepreßten Hefe abhängig. Die Menge und die Art des Extrazellularwassers bestimmt demnach, ob sich ein Hefepfund feucht, klebrig, trocken, glatt oder samtig anfühlt. Sie wird durch die Einsinktiefe eines Probekörpers, von bestimmter Form und bestimmten Gewicht in einer bestimmten Zeit gemessen. Hierzu wird das Hefepfund auf eine in der Höhe verstellbare Platte gelegt und bis zum Anschlag an die Spitze des Probekörpers gehoben. Nun wird die Auslöseschraube geöffnet, welche bisher das Prüfgewicht festhielt. Der Probekörper sinkt infolge Belastung durch das Prüfgewicht in das Pfund ein. Die Einsinktiefe, die innerhalb von zwei Minuten erreicht wird, kann an der Meßuhr in $1/100$ mm abgelesen werden, vgl. Abb. 161.

Schrifttum.

KÜSTLER, E., u. K. ROKITANSKY in: Mitt. der Versuchsstation für das Gärungsgewerbe in Wien **1954**, Nr. 11/12.

b) Aschebestimmung in Hefe.

1. Die Glühverbrennung.

Die Hefe ist erst, wie vorhergehend beschrieben, zu trocknen. Zur Veraschung dienen 4—5 g trockene Hefe. Sie wird in einem gewogenen Porzellantiegel langsam und allmählich steigend über freier Flamme erhitzt, so daß die Hefemasse verkohlt aber nicht verbrennt. Wenn man nach Aufhören der Rauchentwicklung merkt, daß durch weitere Steigerung der Temperatur eine Änderung der Kohlemasse nicht mehr erfolgt, so hört man mit dem Erhitzen auf. Man würde durch sehr starkes Glühen nur eine Verflüchtigung bestimmter Substanzen, nicht aber die Verbrennung der Kohle erreichen, denn die mit der Kohle vermischten Mineralsubstanzen schützen jene vor der Verbrennung.

Nach Abkühlung der Kohlemasse wird diese mit destilliertem Wasser bedeckt und unter Umrühren auf dem Wasserbad behandelt. Man zieht so die Mineralsubstanzen aus der Kohle heraus. Der wäßrige Auszug wird noch heiß über ein quantitatives Filter filtriert. Bei Anwesenheit von viel Mineralsubstanz wird das Verfahren noch ein- oder zweimal wiederholt. Die Filtrate werden vereinigt. Sie müssen vollständig blank und farblos sein. Sind sie dies nicht, so ist das ein Zeichen dafür, daß zu wenig stark verkohlt wurde

Filter und Kohle werden nun in dem vorerwähnten Porzellantiegel verkohlt und durch starkes Erhitzen restlos verbrannt, was nunmehr auch leicht gelingt.

Nach Abkühlung des Tiegels wird der wäßrige Auszug portionsweise in diesem auf dem Wasserbad oder auch vorsichtig über kleiner Flamme abgedampft und so die Mineralsubstanzen in den Tiegel zurückgebracht. Nach Verdampfen zur Trockne glüht man mäßig und wägt aus.

Ist die Asche nicht rein weiß, so befeuchtet man sie mit etwas Ammonnitratlösung, verdampft zur Trockne und glüht hierauf. Dadurch verbrennen die letzten Reste von Kohle. Dann wird ausgewogen.

2. Die Veraschung durch Oxydation.

Man bringt 4—5 g Trockenhefe in einen Kjeldahlkolben von 250 ccm und versetzt mit 50 ccm konzentrierter Salpetersäure (spezifisches Gewicht 1,4). Nun erhitzt man sehr vorsichtig unter dem Abzug wegen der Entwicklung starker nitroser Gase und unterbricht das Erwärmen am besten nach eingetretener Reaktion. Ist diese beendet, so erhitzt man den Kolben so, daß der Inhalt sich in leichtem Sieden befindet. Die Salpetersäure verdampft allmählich und wird immer wieder ersetzt, bis man im ganzen etwa 200—250 ccm davon verbraucht hat. Man setzt den Kolben immer wieder von der Flamme ab, läßt ihn zum Schluß etwas erkalten und gibt dann zum Inhalt 5—10 ccm Perhydrol hinzu. Bei starkem Aufschäumen tritt dadurch lebhafte Oxydation ein.

Schließlich treibt man das Einengen des Kolbeninhaltes so weit, daß man erkennen kann, ob noch eine Verkohlung stattfindet. Ist dies der Fall, so muß das Verfahren mit Salpetersäure und Perhydrol weiter fortgesetzt werden. Tritt keine Verkohlung mehr ein, so spült man den Kolbeninhalt in einen gewogenen Tiegel, raucht die Salpetersäure restlos ab und glüht dann mäßig, jedenfalls so lange, bis keine nitrosen Gase mehr entweichen.

Ist die Asche nicht rein weiß, so kann durch Befeuchten mit Ammonnitratlösung, durch Abdampfen und Glühen der letzte Rest Kohle weggebracht werden. Dann wird ausgewogen.

Dieses Naßverfahren muß angewendet werden, wenn in der Asche Phosphor oder Schwefel oder Erdalkalien bestimmt werden sollen, sonst ist das Verfahren nach 1 angebracht.

c) Phosphorsäurebestimmung in Hefe.

1. Molybdänmethode.

Prinzip. Die Phosphorsäure wird in salpetersaurer Lösung mit Ammon-Molybdat gefällt. Der Niederschlag wird abgenutscht und dann in einer bekannten überschüssigen Menge n/5 **NaOH** gelöst. Der dabei nicht verbrauchte **NaOH**-Überschuß wird durch Rücktitration mit n/5 H_2SO_4 bestimmt und daraus der P_2O_5-Gehalt errechnet.

$$(NH_4)_3PO_4 \cdot 12\,MoO_3 + 23\,NaOH = 11\,Na_2MoO_4 + (NH_4)_2MoO_4 + Na(NH_4)HPO_4 + 11\,H_2O.$$

Chemikalien. *1. Konz. Natronlauge*, p. a.; z. B. Kjeldahllauge (d = 1,35; etwa 32 Gew.-%; etwa 43 g **NaOH** in 100 ccm).

Zweckmäßig in einer 2- bis 3-Liter-Flasche mit Tubus nahe dem Boden, durch dessen Gummistopfen ein etwa 8 cm langes, etwas abwärts gebogenes Glasrohr geht, das wie bei einer Bürette mit einem Stückchen Gummischlauch, Federquetschhahn und Titrierspitze verschlossen ist. Die Flasche wird etwas erhöht aufgestellt.

2. *Salpetersäure,* p. a.; d + 1,15; etwa 25 Gew.-% = etwa 29 g HNO_3 in 100 ccm Herstellung; 310 ccm konzentrierter HNO_3 (d = 1,4) auf 1 l verdünnen. Auch diese Salpetersäure zweckmäßig in einer 2- bis 3-Liter-Flasche mit Titrierspitze.

3. *Ammonnitrat-Salpetersäure;* 105 g Ammonnitrat p. a. + 47 ccm konzentrierter Salpetersäure (d = 1,4) auf 1 l lösen. Zweckmäßig in einer 2- bis 3-Liter-Flasche, durch deren Stopfen eine 100-ccm-Pipette mit recht weitem Auslauf geht.

4. *Ammon-Molybdat-Lösung;* 30 g Ammon-Molybdat p. a. auf 1 l lösen. Zweckmäßig in einer Literflasche mit 30-ccm-Pipette.

5. *Etwa n/5 Natronlauge.* Der Faktor ist nach der unten beschriebenen Methode zu bestimmen. Zweckmäßig in einer Literflasche mit einer genauen 25-ccm-Pipette.

6. *n/5 Schwefelsäure.*

7. *Phenolphthalein:* 1%ige Lösung in Primasprit.

8. *Waschflüssigkeit:* 5 g KNO_3 p. a. zu 1 l lösen.

Folgendes ist zu beachten:

1. Temperatur. Höhere Temperatur beschleunigt die Fällung. Andererseits darf man 70° nicht viel überschreiten, sonst kann Molybdänsäure ausfallen. Besonders muß eine Überhitzung der Glaswände oberhalb der Flüssigkeit vermieden werden. Es gibt aber auch Vorschriften, nach denen gekocht wird (KURZWEIL: Chemiker-Ztg. **62**, 74, 22. 1. 38, NEUMANN: Z. analyt. Chem. **42**, 792 (1903)).

2. Rühren oder Schütteln nach Erscheinen des Niederschlages ist nötig zur völligen Ausfällung.

3. Auswaschen des Niederschlages geschieht in etwas umständlicher Weise mit zwei hintereinander zu benutzenden Waschflüssigkeiten, deren Zusammensetzung verschieden angegeben wird, z. B.: 1. Waschflüssigkeit: 50 g Ammonnitrat + 40 ccm konzentrierte Salpetersäure zu 1 l lösen. 2. Waschflüssigkeit: 5 g Kaliumnitrat zu 1 l lösen. Verwendung von nur einer (neutralen) Waschflüssigkeit ergab bei der unten folgenden Vorschrift keinen Unterschied.

4. Titration. Es erfolgt kein scharfer Umschlag von rot nach farblos; das Verschwinden des letzten blassen Rot ist deshalb schwer zu erkennen. Ursache ist das Ammon-Ion; das p_H sinkt bei der Schwefelsäurezugabe nur langsamgleitend, indem sich komplexe Molybdat-Ionen bilden und das Verhältnis Phosphor- zu Molybdänoxyd sich verschiebt.

Da ein Wechsel von farblos nach rosa besser zu erkennen ist, hat man vorgeschlagen, mit 1—2 Tropfen der n/5 H_2SO_4 überzutitrieren und dann mit n/10 NaOH zurückzutitrieren. Es hat sich jedoch gezeigt, daß man nach kurzer Übung auch bei direkter Titration auf farblos eine Genauigkeit von etwa 1 Tropfen n/5 H_2SO_4 erreicht.

5. *Störende Substanzen.* 1. Größere Mengen Schwefelsäure oder ihrer Salze. Deshalb muß man zum Aufschluß die geringst mögliche Menge Schwefelsäure anwenden. 2. Größere Mengen Salzsäure oder ihrer Salze; Salzsäure bewirkt besonders leicht Molybdänsäurefällungen. 3. Flußsäure und ihre Salze. 4. Arsenverbindungen. 5. Siliziumverbindungen. 6. Einige Schwermetalle. 7. Organische Substanzen; besonders organische Säuren, die leicht Molybdatkomplexe geben.

Ausführung der Analyse. 2—3 g Hefe mit 10 ccm Schwefelsäure und 1 g Selen-Reaktionsgemisch im 250-ccm-Kjeldahlkolben in üblicher Weise aufschließen. Den Rückstand in einem 200-ccm-Meßkolben überspülen, auf Zimmertemperatur abkühlen und auffüllen.

100 ccm dieser Lösung in ein 600-Becherglas (niedrige Form) pipettieren, 3 Tropfen der Phenolphthaleinlösung hinzugeben und mit der konzentrierten **NaOH** bis zur Rotfärbung versetzen, wobei keine große Genauigkeit nötig ist. Dann — ebenfalls ohne große Genauigkeit — mit der 25%igen Salpetersäure das Rot wieder zum Verschwinden bringen und noch einen kleinen Überschuß (10—15 Tropfen) der Salpetersäure hinzugeben.

Dann — grob abgemessen — 100 ccm der Ammonnitrat-Salpetersäure hinzupipettieren, ein Thermometer hineinstellen und auf dem Drahtnetz bis etwa 70° erhitzen. Dann die Flamme entfernen, um 2—3° abkühlen lassen (um eine evtl. Überhitzung der Glaswand rückgängig zu machen) und nun 30 ccm der Ammon-Molybdat-Lösung (grob abgemessen) aus einer Pipette mitten in die Flüssigkeit hineinlaufen lassen, ohne die Glaswand mit dem Flüssigkeitsstrahl zu treffen.

Der gelbe Niederschlag erscheint meist nicht sofort, aber beim Rühren innerhalb 1 Minute. *Nach Erscheinen des Niederschlags rührt man noch 10 Minuten weiter und läßt dann 60 Minuten stehen.* Zum Rühren benutzt man zweckmäßig das schon in der Flüssigkeit befindliche Thermometer, ein Reiben an der Glaswand ist nicht nötig und zu vermeiden.

Nach Ablauf der 60 Minuten den Niederschlag auf einer Jenaer Glasfritten-Nutsche „11 G 4" absaugen und das Becherglas und Thermometer mit der Waschflüssigkeit ausspritzen. Dabei ist es nicht nötig, die fest an der Glaswand haftenden Reste des Niederschlages auf das Filter zu bringen, wohl aber muß die Lösung selbst restlos ausgespritzt werden. Den Niederschlag auf dem Filter 3- bis 4mal mit mäßigen (und bei jeder Analyse möglichst gleichen) Mengen der Waschflüssigkeit auswaschen und dann die Nutsche auf eine zweite, saubere Saugflasche (etwa 250 ccm Inhalt) setzen. Man kann nun nach zwei etwas verschiedenen Methoden weiterarbeiten:

a) Mittels Pipette 25,0 ccm der etwa n/5 **NaOH** in das Becherglas geben, durch Umschwenken die Niederschlagsreste von Wand und Thermometer lösen und dann die Lauge auf die Nutsche gießen. Hier löst man die auf der Fritte befindliche Hauptmenge des Niederschlags durch Rühren mit einem kleinen Glasstab oder besser mit einem Spatel aus Vinidur oder einem ähnlichen weicheren, nicht kratzenden Material. Dann die Lösung durchsaugen, die **NaOH**-Reste aus dem Becherglas und vom Thermometer hinzuspritzen und 3—4mal nachwaschen. Dann 3 Tropfen Phenolphthaleinlösung in die Saugflasche geben und mit n/5 **H$_2$SO$_4$** auf farblos titrieren (vgl. unter „Prinzip").

b) Die Lösung des Niederschlages in der Natronlauge läßt sich oft nur langsam durchsaugen, besonders nach längerem Gebrauch der Nutsche. Zur Beschleunigung kann man deshalb das Verfahren folgendermaßen abändern:

Die 25,0 ccm **NaOH** *auf die Nutsche* pipettieren, den Niederschlag unter Rühren lösen, dann die Lösung in das Becherglas gießen und hier die Niederschlagsreste von Glaswand und Thermometer lösen.

Nur die beim Ausgießen auf der Nutsche zurückgebliebenen **NaOH**-Reste durchsaugen und 3—4mal nachwaschen und dann den Inhalt der Saugflasche zur Hauptmenge in das Becherglas gießen (Nachwaschen ist bei der geringen Konzentration nicht nötig).

Dann (im Becherglas) titrieren wie unter a).

Faktor der Natronlauge. Da die ziemlich weitläufigen Hantierungen mit der etwa n/5 **NaOH** Einfluß auf ihre Stärke haben können, so darf ihr Faktor nicht durch eine einfache Einstellung mit der n/5 H_2SO_4 bestimmt werden, sondern unter Blinddurchführung aller Hantierungen der Hauptbestimmung.

Bei Methode a) gibt man als die 25,0 ccm **NaOH** in das Becherglas, schwenkt mehrmals um, gießt auf die Nutsche und rührt dort so lange, wie man zur Lösung eines Niederschlages brauchen würde. Dann nutscht man die Lauge durch, spült die Reste aus Becherglas und vom Thermometer hinterher, wäscht 3—4mal nach und titriert. *Die verbrauchten Kubikzentimeter n/5 H_2SO_4 sind der Faktor der* **NaOH**.

Bei Methode b) gibt man die 25,0 ccm **NaOH** auf die Nutsche und führt die entsprechenden Hantierungen durch.

Berechnung. Aus der obengegebenen Reaktionsgleichung ergibt sich:

1 ccm n/5 **NaOH** zeigt an: 0,0006177 g P_2O_5.

Daraus ergibt sich unter Einhaltung der obigen Mengen und Verdünnungen:

Vorgelegte n/5 **NaOH**: ... ccm (= Faktor der **NaOH**)
minus verbrauchte n/5 H_2SO_4: ... ccm
vom Niederschlag verbrauchte n/5 **NaOH**: ... ccm; $= a$.

$$\frac{a \cdot 0{,}0006177 \cdot 2 \cdot 100}{\text{Einwaage}} = \frac{a \cdot 0{,}1235}{\text{Einwaage}} = \% \; P_2O_5 \text{ in Substanz},$$

$$\frac{a \cdot 12{,}35}{\text{Einwaage} \cdot \% \text{ Trockensubst.}} = \% \; P_2O_5 \text{ in Trockensubst.}$$

Fehlergrenze (bei 2,5 g Einwaage und 27% Trockensubstanz):

0,1 ccm n/5 H_2SO_4 entspr. rund 0,005% P_2O_5 in Substanz
entspr. rund 0,02 % P_2O_5 in Trockensubstanz.

2. Citratmethode.

Etwa 5 g Frischhefe oder eine entsprechende Menge Trockenhefe werden in einem verschließbaren Wägegläschen genau abgewogen und in einem 750-ccm-Kjeldahlkolben mit etwa 5 g Selenreaktionsgemisch (siehe unten) und 20 ccm konzentrierter Schwefelsäure aufgeschlossen. Man läßt den Kolben bei mittlerer Flamme noch 1 Stunde nach dem Grünwerden stehen.

Die Aufschlußlösung wird dann in ein breites 600-ccm-Becherglas übergespült und mit 25%iger Ammoniaklösung (die kohlensäurefrei sein muß) alkalisch gemacht, was am Farbumschlag der Lösung zu erkennen ist.

Die alkalische Lösung wird hierauf mit 50 ccm Magnesiamischung (siehe unten) versetzt und mit einem Rührapparat $^1/_2$ Stunde lang gerührt. Dabei ist darauf zu achten, daß die Temperatur der Lösung etwa 20° C beträgt und das Rühren nicht in einer kohlensäurehaltigen Atmosphäre geschieht.

Man läßt dann den Niederschlag absetzen und filtriert. Läßt man mehrere Stunden oder über Nacht stehen, dann muß man dafür Sorge tragen, daß die Luftkohlensäure keinen Zutritt hat. Zum Filtrieren benutzt man einen gut saugenden Porzellanfiltertiegel oder einen Goochtiegel. Der Niederschlag wird dann 10mal mit einer möglichst kleinen Menge kalter 2,5%iger Ammoniaklösung ausgewaschen.

Der Tiegel wird mit dem Niederschlag nun in einem Trockenschrank bei 110° C $^1/_2$ Stunde lang getrocknet und anschließend entweder über einer kleinen Flamme oder in einem Tiegelofen auf Rotglut erhitzt, wobei der Tiegel bedeckt gehalten werden muß. Man hält so lange auf Rotglut, bis der Niederschlag rein weiß geworden ist. Das ist etwa nach 20 Minuten der Fall. Dann wird auf Weißglut erhitzt, im Exsiccator abgekühlt und gewogen.

Die Berechnung erfolgt:

$$\frac{\text{Gramm Niederschlag} \cdot 0{,}6377}{\text{Einwaage - Trockensubstanz}} = \% \, P_2O_5 \, .$$

Verwendet werden:

1. Selenreaktionsgemisch nach WIENINGER oder Kupfersulfat-Kaliumsulfat-Gemisch ohne Hg-Zusatz.
2. Magnesiamischung.

Lösung 1: 860 g citronensaures Ammonium, gelöst mit destilliertem Wasser, 2910 ccm 25%iger Ammoniaklösung auf 4 l aufgefüllt.

Lösung 2: 420 g Ammoniumchlorid in 1500 ccm destilliertem Wasser, 1400 ccm 25%iger Ammoniaklösung und 440 ccm 50%iger Magnesiumchloridlösung auf 4 l mit destilliertem Wasser aufgefüllt.

Lösung 1 und 2 werden zu gleichen Volumteilen gemischt. Dieses Gemisch ist nicht längere Zeit haltbar.

Bei Anwendung dieser Citratmethode können Fehler entstehen. Führt man die Fällung und das Rühren bei einer Temperatur von 15° C und darunter durch, dann wird basisches Ammonium-Magnesiumchlorid gebildet und der Phosphorwert ungenau. Ist das Ammoniak nicht kohlensäurefrei oder tritt Luftkohlensäure hinzu, dann wird Ammonium-Magnesiumcarbonat gebildet und der Analysenwert ungenau.

Die Umsetzung geschieht wie folgt richtig:

$$MgCl_2 + (NH_4)_3PO_4 = MgNH_4PO_4 + 2\,NH_4Cl,$$
$$2\,MgNH_4PO_4 = Mg_2P_2O_7 + 2\,NH_3 + 2\,H_2O.$$

$M_2P_2O_7$ wird umgerechnet auf P_2O_5 und die Citronensäure hält die übrigen Teile in Lösung und verhindert ihre Ausfällung.

Die Citratmethode wird in verschiedenen Modifikationen ausgeführt.

Wenn neben der Phosphorsäure eine parallele Bestimmung von Stickstoff vorgesehen ist, empfiehlt sich folgender Aufschluß.

10 g Hefe werden nach KJELDAHL wie bekannt aufgeschlossen; der Hefemenge entsprechend sind dazu 30—40 ccm konzentrierte H_2SO_4 erforderlich.

Der abgekühlte Aufschluß wird mit destilliertem Wasser quantitativ in ein 250-ccm-Maßkölbchen gebracht. Jeweils 50 ccm dieser Lösung (= 2 g Hefe) dienen zur Stickstoffdestillation bzw. zur P_2O_5-Bestimmung. Letztere kann wie folgt ausgeführt werden:

Zu 50 ccm der Aufschlußlösung werden unter Umschwenken des Becherglases 50 ccm Citratlösung langsam einpipettiert. Nach Abkühlung läßt man 30 ccm Magnesiamischung in die Mitte der Flüssigkeit unter weiterem Umschwenken des Glases eintropfen. Es wird mittels Glasstab, der eine Gummifahne trägt, oder mit Magnetrührer kräftig umgerührt. Nach 15 Minuten langem Rühren läßt man 2 Stunden oder über Nacht absitzen, filtriert durch ein quantitatives Filter, spült das Becherglas mit $2^1/_2$%igem Ammoniak nach und wäscht gleichfalls das Filter damit dreimal aus. Das Filter wird getrocknet (etwa 1 Stunde im Trockenschrank bei 105° C) mit kleiner Flamme verbrannt, danach verascht und der weiße Rückstand 30 Minuten im Muffelofen oder elektrischem Ofen vorgenommen. Der Rückstand (Magnesiumpyrophosphat) wird durch Multiplikation mit 0,6377 auf P_2O_5-Gehalt der Einwaage bzw. auf den Prozentgehalt in der Hefetrockensubstanz umgerechnet.

Verwendete Lösungen: *1. Ammoniumcitratlösung.* Von einer Lösung, die 80 g kristallisierter Citronensäure in 100 ccm enthält, werden 125 ccm mit etwa 400 ccm destilliertem Wasser vermischt und unter Kühlung portionsweise 330 ccm Ammoniak (spezifisches Gewicht 0,91) zugefügt, zum Liter aufgefüllt und bei bedecktem Trichter rasch filtriert. Ammoniakverluste sind möglichst zu vermeiden.

2. Magnesiamischung. 55 g $MgCl_2$ und 105 g NH_4Cl werden in Wasser gelöst, mit 350 ccm Ammoniak (spezifisches Gewicht 0,91) versetzt, zum Liter aufgefüllt und filtriert.

Reaktionen.

$$Ca(H_2PO_4)_2 + 4NH_4OH \rightarrow 2(NH_4)_2HPO_4 + CaOH_2 + 2H_2O$$
$$(NH_4)_2HPO_4 + NH_4OH \rightarrow (NH_4)_3PO_4 + H_2O$$
$$(NH_4)_3PO_4 + MgCl_2 \rightarrow (MgNH_4)PO_4 + 2NH_4Cl \ .$$

Die Lösung muß alkalisch sein, damit unlösliches Magnesiumammoniumphosphat, das sich im sauren Bereich löst, vollständig ausfällt.

Die kristalline Abscheidung des Niederschlages wird durch das zugesetzte Ammoniumchlorid gefördert. Beim Trocknen und Glühen entsteht das Magnesiumpyrophosphat:

$$2(MgNH_4)PO_4 \rightarrow Mg_2P_2O_7 + 2NH_3 + H_2O \ .$$

Die Citronensäure hält außer ihrer dispergierenden Aufgabe die Kieselsäure, ferner **Al**- und **Fe**-Verbindungen in Lösung.

Die Citratmethode kann auch zur titrimetrischen P_2O_5-Bestimmung herangezogen werden. 50 ccm des vorerwähnten Aufschlusses werden mit einigen Tropfen Bromphenolblau versetzt und mit konzentrierter Ammoniaklösung schwach alkalisch gemacht (deutliche Blaufärbung), darauf mit einigen Tropfen konzentrierter **HCl** neutralisiert (schwache Gelbfärbung bis farblos) und filtriert. Das Filter ist gut auszuwaschen.

Das Filtrat wird mit 50 ccm Ammoniumcitratlösung und 30 ccm Magnesiamixtur versetzt, 30 Minuten gerührt und über Nacht stehengelassen. Den Niederschlag saugt man auf einem genau eingepaßtem Filter in einem Glasfiltertiegel (Schott 1 G 3) auf, und zwar möglichst in einem Guß. Den Tiegel samt Niederschlag (der unbedingt neutral sein muß), legt man in das Becherglas zurück und läßt aus einer Bürette 15 ccm n/2 H_2SO_4 einlaufen, setzt einige Tropfen Bromphenolblau hinzu und löst den Niederschlag von Tiegel und Wandungen durch Abspülen mit etwas destilliertem Wasser. Die Verwendung eines Glasstabes erleichtert die Arbeit.

Nun wird mit n/2 NaOH zurücktitriert bis zur beginnenden Blaufärbung.

P_2O_5-*Gehalt in der Trockensubstanz*:

$$\frac{\text{Verbrauchte ccm n/2 } H_2SO_4 \cdot 1{,}7755 \cdot 100}{\text{Hefe-Einwaage} \cdot \% \text{ Trockensubstanz}}.$$

Verwendete Lösungen: *1. Ammoniumcitratlösung.* 2 l 50%ige Citronensäurelösung (= 1000 g Citronensäure) werden mit etwa 4 l Wasser verdünnt und 3,5 l 25%iger Ammoniak (spezifisches Gewicht 0,91) hinzugefügt. Durch Abkühlen müssen Ammoniakverluste vermieden werden. Eine sorgfältig hergestellte Citratlösung enthält in 1 l:

100 g kristallisierte Citronensäure,
7,5 g Ammoniak (entsprechend 6,55 g N, davon sind 5,53 g freies Ammoniak entsprechend 4,5 g N).

Zur Prüfung der Ammoniumcitratlösung werden 25 ccm auf 1 l verdünnt und davon 50 ccm (= 1,25 ccm Originallösung) der üblichen Stickstoffdestillation unterzogen.

2. Magnesiamixtur. 25 g $MgCl_2 \cdot 6H_2O$ + 105 g $NH_3 \cdot$ aq. werden in 1000 destilliertem Wasser gelöst und 1 ccm konzentrierte HCl zugesetzt.

3. Bromphenolblau. 0,1 g Bromphenolblau werden in 100 ccm 25%igem Alkohol gelöst.

3. Uranylacetatmethode.

Wenn eine schwach essigsaure Phosphatlösung in Gegenwart von Ammonsalzen mit einer Uranylacetatlösung bekannten Gehaltes versetzt wird, dann fällt die Phosphorsäure als Uranylammoniumphosphat aus:

$$Ca(H_2PO_4)_2 + 2 UO_2(C_2H_3O_2)_2 + 2 NH_4C_2H_3O_2$$
$$= Ca(C_2H_3O_2)_2 + 4 CH_3 \cdot COOH + \underline{2 UO_2NH_4PO_4}.$$

Da Uranylacetatlösung, auf pulverisiertes Ferrocyankalium gebracht, eine rotbraune Färbung erzeugt, kann man das Ende der Reaktion, also die vollständige Ausfällung der Phosphorsäure, durch Tüpfeln erkennen. Da nun einerseits dieser Vorgang an Siedehitze gebunden ist, andererseits aber die Calciumphosphatlösungen sich beim Kochen unter Abscheidung von sekundärem Calciumphosphat trüben, so fällt man den größten Teil der Phosphorsäure in der Kälte, erhitzt dann gerade bis zum Kochen und titriert in der Hitze zu Ende.

Folgende Lösungen sind erforderlich:

1. *Uranylacetatlösung.* 17,5 g kristallisiertes Uranylacetat werden im Liter mit destilliertem Wasser aufgefüllt. Nach zweitägigem Stehen, wobei öfter umgeschüttelt wird, kann filtriert werden.

2. **Ammoniumacetatlösung.** 100 g reines, kristallisiertes Ammoniumacetat und 100 ccm einer 29%igen Essigsäure (spezifisches Gewicht 1,04) werden in destilliertem Wasser zu 1 l gelöst.

3. **Calciumphosphatlösung.** 0,355 g primäres Calciumphosphat entsprechend 0,2 g P_2O_5 werden mit destilliertem Wasser zu 1 l aufgefüllt. Die Lösung wird durch Fällen der Phosphorsäure nach SCHMITZ als Magnesiumpyrophosphat geprüft.

4. **Ferrocyankalium** (gelbes Blutlaugensalz) wird in Pulverform in möglichst kleiner, immer gleicher Menge in die Vertiefung der Tüpfelplatte gebracht.

Der Farbton des Indicators muß festgelegt werden. Da die erste Dunkelfärbung zu schwach ist, wird bis zum Auftreten eines deutlichen Tones titriert. Man prüft mit einer Vergleichslösung. Diese besteht aus einer Mischung von 50 ccm destilliertem Wasser mit 10 ccm Ammoniumacetatlösung und 1 ccm der Uranyllösung, was bei allen Titrationen von der verbrauchten Menge Uranyllösung abzuziehen ist.

Die Titerstellung der Uranyllösung, vollzieht sich wie folgt:

50 ccm der Monocalciumphosphatlösung, die nach der gewichtsanalytischen Kontrolle im Mittel 0,01016 g P_2O_5 in 50 ccm enthalten, versetzt man mit 10 ccm der Ammoniumacetatlösung und läßt die Uranyllösung aus einer Bürette, die noch $^1/_{100}$ ccm abzulesen gestattet, in der Kälte zufließen, bis ein herausgenommener Tropfen mit dem auf der Tüpfelplatte befindlichen Ferrocyankalium eine braune Färbung zeigt.

Dann erhitzt man gerade bis zum Sieden. Ein nunmehr herausgenommener Tropfen reagiert nicht mehr mit Ferrocyankalium. Deshalb läßt man erneut Uranyllösung zufließen, bis die braune Färbung wieder auftritt und der in einer anderen Probe festgelegte Vergleichston erreicht ist. Aus drei Bestimmungen ergibt sich z. B. als Mittel ein Verbrauch von 4,28 ccm Uranyllösung, abzüglich des 1 ccm, mithin also 3,28 ccm.

Der Titer der Uranyllösung ergibt sich wie folgt:

$$\frac{0,01016}{3,28} = 0,00311.$$

Bei der praktischen Anwendung der Methode ist es wichtig, zu wissen, daß Phosphatlösungen verschiedener Konzentration verschiedene Resultate beim Titrieren ergeben. Deshalb gibt man der zu analysierenden Lösung etwa dieselbe Stärke an P_2O_5 wie der zur Titerstellung verwendeten Calciumphosphatlösung, d. h. 0,01 g P_2O_5 in 50 ccm.

15 g Hefe werden mit 25 ccm Salpetersäure und 10 ccm Schwefelsäure erst leicht, dann kräftig erhitzt und nach dem Erkalten neutralisiert und mit destilliertem Wasser zu 1 l aufgefüllt. Zur Analyse pipettiert man 50 ccm ab, versetzt sie mit 10 ccm Ammonacetatlösung und titriert, wie oben beschrieben, mit der eingestellten Uranyllösung, bis ein herausgenommener Tropfen mit dem auf der Tüpfelplatte befindlichen Ferrocyankalium gerade schwach braun gefärbt wird. Dann erhitzt man bis zum Sieden auf einem Drahtnetz mit Asbesteinlage.

Da jetzt ein herausgenommener Tropfen nicht mehr mit Ferrocyankalium reagiert, läßt man in der Hitze von neuem tropfenweise Uranyllösung zufließen, bis die Braunfärbung mit dem Cyansalz wieder auftritt und die Stärke des hervorgebrachten Tones dem in einer weiteren Probe der Tüpfelplatte mit 3 Tropfen der Vergleichslösung erzielten Ton entspricht. Hat man nun den gleichen Farbton erreicht, so ist die Titration beendet. Man braucht jetzt nur die verbrauchten Kubikzentimeter Uranyllösung, abzüglich des 1 ccm, mit dem Titer der Uranyllösung zu multiplizieren, um den Gehalt der zu analysierenden Lösung an Phosphorsäure in Gramm zu erhalten.

Die Methode verlangt zwar zur Erzielung richtiger Werte sehr exaktes Arbeiten, nimmt aber nach Einübung nur wenig Zeit in Anspruch.

d) Gär- und Triebkraftbestimmung in Hefe.

Um die Gär- und Triebkraft der Hefe zu bestimmen, haben verschiedene Methoden Anwendung gefunden.

1. Die Gärkraftprobe.

Es werden 5 g Hefe mit einem kleinen Teil von 400 ccm einer 10%igen Zuckerlösung (40 g Rohrzucker in destilliertem Wasser gelöst und auf 400 ccm aufgefüllt) in einer Porzellanschale verrieben und mit der Hauptmenge der Zuckerlösung in eine Flasche gebracht, die in einem Thermostaten während der Versuchsdauer auf genau 30° C gehalten wird. Die sich entwickelnde Kohlensäure entweicht durch einen aufgesetzten Schwefelsäureverschluß. Nach 24 Stunden wird der Gewichtsverlust bestimmt. Einwandfreie Hefe entwickelt dabei in dieser Zeit etwa 6—7 g Kohlensäure.

Die früher geübte Gärkraftbestimmung nach HAYDUCK und KUSSEROW unterscheidet sich von dieser Bestimmung dadurch, daß unter sonst gleichen Verhältnissen 10 g Hefe verwendet wurden und nach einstündiger Angärung in halbstündigen Abständen die entweichende Kohlensäure indirekt gemessen wurde. Das geschah dadurch, daß aus einem zu $^3/_4$ mit Wasser befülltem Aufsatz ein der CO_2-Menge entsprechendes Wasservolumen verdrängt und in einem Meßzylinder aufgefangen wurde.

2. Die Triebkraftbestimmung oder Backprobe.

(Verbandsmethode, s. a. Abb. 159, Kontrollapparate.)

Es wird zur Bestimmung der Gärzeit der Hefe die Triebdauer im Mehlteig gemessen und das Verhalten des Teiges im Backofen beurteilt.

Hierzu dient die sogenannte Verbandsmethode.

Zum Kneten des Teiges wird die Knetmaschine der Maschinenfabrik von Dierks & Söhne in Osnabrück benutzt (Abb. 162).

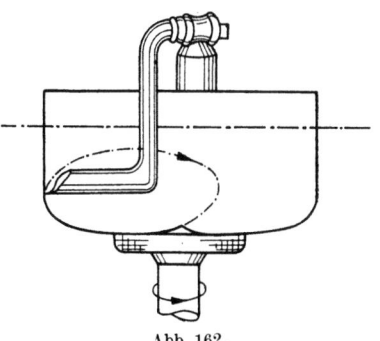

Abb. 162.

Tabelle 45.

Backformen	Lichte Maße in mm				
	a	b	c	d	e
Verbandsvorschrift	150	100	140	90	70
Beim Gärschreiber SJA. Schweden . . .	145	100	130	85	65

Obere Maße: a) Länge   b) Breite
Untere Maße: c) Länge   d) Breite
Höhe (lotrecht vom Boden bis Unterkante des senkrecht eingehängten Reiters bzw. des Gärschreiberkontaktes): e.

Die verwendeten Backformen weichen in den Maßen verschiedentlich voneinander ab (Tab. 45). Der aufgesetzte Reiter ragt dabei 1 cm in die Form hinein.

Zur Bestimmung verwendet man 160 ccm Salzwasser. Dasselbe wird durch Lösen von 25 g chemisch reinem Kochsalz in 1 l destilliertem Wasser hergestellt; es wird auf 42—45° C angewärmt. Beim Ausgießen in die Knetschale findet eine Abkühlung auf etwa 37° C statt, die zu messen ist. Hierin werden dann genau 5 g Hefe aufgelöst. Nun werden 280 g Mehl hinzugegeben, die bei 35° C vom Tag vorher vorgewärmt worden sind. Gleichzeitig wird die Knetmaschine in Gang gesetzt und genau 5 Minuten der Teig sorgfältig durchgeknetet.

Darauf wird der fertige Teig in möglichst glatter Form in die gefettete, vorgewärmte Backform eingelegt und der Reiter aufgesetzt. Die Backform wird in einem Thermostaten bei einer Temperatur von 35° C so lange belassen, bis der aufgetriebene Teig den Reiter berührt. Die Zeit vom Beginn des Knetens bis zum Erreichen des Reiters wird dann als Antriebzeit bezeichnet.

Um die sogenannten ‚Nachtriebe' zu messen, wird der Teig erneut zusammengeschlagen und nochmals beobachtet, wie lange er braucht, um den Reiter wiederum zu berühren. Das kann mehrfach wiederholt werden. Dann läßt man den Teig ohne Reiter noch etwas über den Rand der Backform treiben, und bäckt ihn anschließend im Backofen bei 260—290° C in gleichmäßiger Hitze aus.

Die normalen Antriebszeiten liegen bei 60—80 Minuten, die sich in der Regel mit jedem Nachtrieb bis zum Endtrieb beschleunigen. Bei einer Gesamttriebszeit von 195 Minuten betragen die einzelnen Teile beispielsweise: 62 Minuten Antrieb; - 43 Minuten 1. Trieb; - 35 Minuten 2. Trieb; - 33 Minuten 3. Trieb; - 22 Minuten Endtrieb. Sogenannte Schnelltriebhefen haben noch kürzere Triebzeiten.

3. Die Triebkraftbestimmung nach Meißl.

Es werden 4,5 g eines Gemisches von 400 g Rohrzucker, 25 g saurem phosphorsaurem Ammonium und 25 g saurem phosphorsaurem Kalium in einen 150 ccm fassenden Erlenmeyerkolben gebracht und mit 50 ccm gipshaltigem Wasser gelöst, welches durch Mischen von 30 Raumteilen einer gesättigten Gipslösung mit 70 Raumteilen destilliertem, luftgesättigtem

Wasser bereitet worden ist. In die Lösung wird 1 g Hefe klumpenfrei eingebracht.

Hierauf wird der Erlenmeyerkolben mit einem doppelt durchbohrten Gummistopfen verschlossen, durch dessen eine Bohrung ein bis auf den Boden des Kolbens reichendes Glasrohr geführt ist, welches an seinem oberen Ende mit Gummischlauch und Glasstab verschlossen wird, während in der zweiten Bohrung ein Chlorcalciumrohr befestigt wird.

Nach der Befüllung wird der Kolben gewogen, in einen Thermostaten gebracht und hierin genau 6 Stunden bei einer Temperatur von 30° C gehalten. Dann wird der Kolben schnell auf Zimmertemperatur abgekühlt und die in ihm enthaltene bzw. in der Zuckerlösung gelöste Kohlensäure durch Durchsaugen von Luft entfernt, nachdem der Verschluß des Glasrohres abgenommen wurde.

Der beim Wägen des Kolbens festgestellte Gewichtsverlust ist ein Maßstab für die Triebkraft der Hefe. Die Hefe soll unter den angegebenen Versuchsbedingungen 1,75 g Kohlensäure entwickeln. Beträgt der Gewichtsverlust z. B. nur 1,47 g, so ist die Triebkraft nach MEISSL:

$$\frac{1,47 \cdot 100}{1,75} = 84\%.$$

Gute Hefe soll nach MEISSL eine Triebkraft von 75—85% haben.

e) Gärkraftbestimmung von Trockenhefe.

1 g Trockenhefe (z. B. Florylin) wird in einem Gärkölbchen mit 25 ccm destilliertem Wasser gelöst und $^1/_2$ Stunde auf den Thermostaten gestellt. Dann gibt man zur gut gelösten Hefe 25 ccm einer 2%igen Traubenzuckerlösung hinzu und verschließt mit einem Schwefelsäureaufsatz. Dann wägt man das Ganze. Die Wägung wird stündlich wiederholt, die letzte Wägung findet nach 24 Stunden statt. Der Versuch muß stets doppelt angesetzt werden.

f) Bestimmung der Selbstgärung der Hefe.

30 g Hefe werden mit 3 g Kochsalz verflüssigt und $^1/_2$ Stunde bei Zimmertemperatur stehengelassen. Inzwischen stellt man einen Thermostaten auf 48° C ein und wärmt für den Versuch darin Gärröhrchen von 25 ccm Inhalt nach EYKMANN vor. Nach $^1/_2$ Stunde wird zu der verflüssigten Hefe eine Menge von 30 ccm auf 48° C erwärmtes Wasser hinzugegeben. Diese Mischung wird dann sofort in das Gärröhrchen übergeführt, in dem sich etwas Gärfett befindet. Die Entwicklung der Gärung im Thermostaten wird dann $^1/_2$ Stunde in Abständen von 10 Minuten überwacht. Dabei wird mit Rotstift das Gasvolumen markiert. Nach $^1/_2$ Stunde ist der Versuch beendet. Es wird die gesamte Kohlensäuremenge notiert. Von jeder Hefe ist ein Doppelversuch anzusetzen.

Nach der Erfahrung ergeben eiweißarme Hefen viel Kohlensäure und eiweißreiche Hefen wenig Kohlensäure. Eine frische Hefe ergibt z. B. etwa 20—25 ccm Gas, dagegen eine 10—12 Tage alte Hefe nur ungefähr 3 bis 5 ccm Gas.

g) Jodzahlbestimmung in Hefe.

1 g Hefe wird mit 10 ccm destilliertem Wasser aufgeschlämmt und mit 1 ccm n/10 Jod-Jodkaliumlösung (ohne Schwefelsäure hergestellt) versetzt. Der entstandene Farbton wird an Hand einer Farbtabelle verglichen.

h) Eiweiß- bzw. Stickstoffbestimmung in Hefe bzw. Melasse.

Die bekannte KJELDAHL-Methode zur Bestimmung des Rohproteingehaltes beruht darauf, daß der Stickstoff der organischen Verbindungen in Gegenwart von sauerstoffübertragenden Substanzen mit konzentrierter Schwefelsäure in Ammonsulfat übergeführt wird und durch Destillation mit überschüssiger Alkalilauge in Form von Ammoniak übergetrieben und dann in vorgelegter Säure aufgefangen und gemessen werden kann. Der gefundene Stickstoffwert wird dann mit dem Faktor 6,25 multipliziert, weil angenommen wird, daß in den Eiweißstoffen etwa 16% Stickstoff (100 : 16) enthalten sind.

Diese Methode bedarf bei der Stickstoffbestimmung von Hefe verschiedener Vorsichtsmaßnahmen, damit sie genaue Werte liefert. Das gilt auch für die Stickstoffbestimmung von Melasse.

2—2,5 g Hefe werden in einem verschließbaren Wägegläschen eingewogen. Dann wird sie in einem 750 ccm Kjeldahlkolben mit 20 ccm konzentrierter reiner Schwefelsäure (spezifisches Gewicht 1,84) und entweder mit einem Gemisch von 5 g Kupfersulfat-Kaliumsulfat (1 : 4) und 0,5 g Mercurisulfat oder mit 6 g Selenreaktionsgemisch nach WIENINGER etwa $2^1/_2$ Stunden lang von Grünwerden an gerechnet über freier Flamme so aufgeschlossen, daß sich die Schwefelsäure im leichten Sieden befindet. Zweckmäßig wird der Kolben in eine kreisrund ausgeschnittene Asbestplatte eingesetzt, wobei der Ausschnitt so zu bemessen ist, daß die Flamme die von Säure unbespülten Teile des Kolbens nicht berührt. Sonst besteht die Gefahr des Verdampfens und einer fehlerhaften Analyse.

Neben der üblichen Kjeldahldestillation ist folgende Arbeitsweise erwähnenswert.

Nach vollzogenem Aufschluß wird der Inhalt nach Abkühlung mit 300 ccm destilliertem Wasser verdünnt und mit 100 ccm einer Natriumsulfidlösung (siehe unten) versetzt und unter Verwendung von REITMAIR-Destillationsaufsätzen in eine Vorlage von 10 ccm n/2 Schwefelsäure 10 Minuten lang, vom Kochen an gerechnet, überdestilliert.

Zur Vermeidung des Stoßens werden entweder geraspelte Zinkspäne oder Glasperlen zugegeben.

Nach beendeter Destillation wird die Vorlage mit n/4 Natronlauge zurücktitriert.

Als Indicator dienen Methylrot (rot nach gelb), Alizarin (gelb nach rot) oder Tashirolösung (violett nach grün).

Die Berechnung ergibt:

$$\% \text{ N} = \frac{(2 \cdot \text{ccm Säure} - \text{ccm Lauge}) \cdot 35}{\text{Einwaage} \cdot \text{Trockensubstanz}}.$$

Der gefundene N-Wert, multipliziert mit 6,25, ergibt den Rohproteingehalt der Hefe.

Die obengenannte Natriumsulfidlösung wird wie folgt hergestellt: 14 g kristallisiertes Natriumsulfid werden in 100 ccm destilliertem Wasser gelöst und mit 33%iger Natronlauge zur KJELDAHL-Bestimmung (spezifisches Gewicht 1,35) auf 1000 ccm aufgefüllt.

Die Methylrotlösung wird wie folgt hergestellt:
0,1 g Methylrot wird in einer Reibschale mit 300 ccm Alkohol verrieben und dann 200 ccm destilliertes Wasser zugegeben.

Die Tashirolösung besteht aus 0,125 g Methylrot und 0,0825 g Methylenblau, die in 100 ccm Alkohol unter Verreiben gelöst werden.

Die gleiche Methode dient zur Stickstoffbestimmung der Melasse mit dem Unterschied, daß dann nur die Einwaage zu berücksichtigen ist und die Trockensubstanzermittlung fortfällt. Es muß so viel Indicatorlösung zugesetzt werden, daß eine kräftige Anfärbung erfolgt.

Neben der Makro-KJELDAHL-Bestimmung ist von PREGL und BERMANN eine Mikromethode eingeführt worden, die in bezug auf Leistungsfähigkeit sowie auf Zeit- und Materialersparnis gewisse Vorteile bietet.

Nachfolgend werden Beispiele für Melasse und Hefe angegeben, um darzulegen, daß diese Mikromethode für alle zu untersuchenden Materialien brauchbar ist.

Das abgewogene Analysenmaterial wird in einen Mikro-Kjeldahlkolben gebracht, mit wenig Kupfersulfat und Kaliumsulfat bzw. Selenreaktionsgemisch, und mit 2—3 ccm konzentrierter Schwefelsäure versetzt und aufgeschlossen. Der Aufschluß kann durch Zugabe von 1—2 Tropfen Perhydrol beschleunigt werden. Ohne diesen Zusatz dauert der Aufschluß etwa 20 Minuten, bei Gegenwart von Perhydrol nur etwa 5 Minuten. Die Destillation des Ammoniaks wird am besten in dem kleinen Destillationsapparat von PARNAS und WAGNER vorgenommen (vgl. Abb. 163). Das hat den Vorteil, daß eine Destillation nach der anderen vor sich gehen kann, ohne daß der Apparat auseinandergenommen zu werden braucht. Wichtig ist, daß die Apparatur vor der Benutzung ausgedämpft wird, um sie anzuwärmen. Die Destillation dauert etwa 10 Minuten. Die Titration erfolgt mit n/100 Natronlauge und Methylrot als Indicator.

Melasse.

Da Melasse dickflüssig ist, eignet sie sich nicht zur Mikrowägung. Man wägt daher am besten auf einer Makrowaage ein, verdünnt auf ein bestimmtes Volumen und entnimmt zur Mikrobestimmung einen aliquoten Teil.

Folgende Werte wurden unter Berücksichtigung des Blindwertes gefunden:

Nach der Makromethode.
Einwaage: 1,345 g,
25 ccm n/10 H_2SO_4 vorgelegt,
8,9 cm n/10 NaOH zurücktitriert,
Wirkungswert 1,012
N = *1,50* %.

Nach der Mikromethode.
Einwaage: 1,500 g auf 1 l verdünnt,
davon 2 ccm = 30 mg,
10 ccm n/100 H_2SO_4 vorgelegt,
6,732 ccm n/100 NaOH zurücktitriert,
Wirkungswert 1,012
N = *1,53*%.

Differenz 0,03%.

Hefe.

Die Hefe wird entweder in abgepreßtem Zustand oder lufttrocken gewogen. Wenn sie in Wasser oder Gärflüssigkeit aufgeschwemmt ist, muß sie zunächst filtriert, gewaschen und getrocknet werden.

Folgende Werte wurden gefunden (lufttrocken):

Nach der Makromethode.	Nach der Mikromethode.
Einwaage: 1,231 g,	Einwaage: 30,032 mg,
25 ccm n/10 H_2SO_4 vorgelegt,	10 ccm n/100 H_2SO_4 vorgelegt,
9,30 ccm n/10 NaOH zurücktitriert,	6,043 ccm n/100 NaOH zurücktitriert,
Wirkungswert 1,012	Wirkungswert 1,012
N = *1,82* %.	N = *1,86*%.

Differenz 0,04%.

Es kann auch mit dem TASHIRO-Indicator gearbeitet werden. Er besteht aus einem Gemisch von 100 ccm 0,03%iger alkoholischer Methylrotlösung mit 15 ccm 0,1%iger alkoholischer Methylenblaulösung. Der Indicator ist in saurem Medium violett, dagegen in alkalischem Medium grün.

Die Brauchbarkeit der Apparatur (Abb. 163) ist von FRESENIUS bestätigt worden.

Durch das verschließbare Zuleitungsrohr a wird das doppelwandige, im Mantel evakuierte Destillationsgefäß b beschickt und in der Vorlage c die mit Indicatorlösung versehene Vorlagelösung so eingebracht, daß das Kühlerrohr gut eintaucht. Der im Gefäß d nach Luftverdrängung entwickelte Wasserdampf bringt die Analysenlösung in b in kurzer Zeit zum Sieden und treibt das Ammoniak schnell in die Vorlage c.

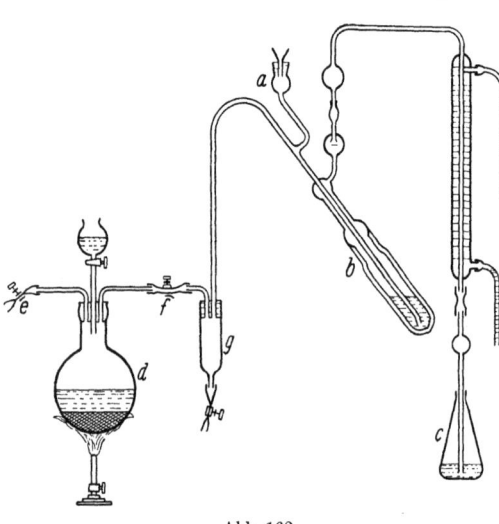

Abb. 163.

Wenn nach beendeter Destillation der Hahn e geöffnet und der Hahn f geschlossen wird, gelangt der übrige Inhalt des Gefäßes b durch Unterdruck in das Gefäß g und kann abgelassen werden. So ist die Apparatur sofort wieder gebrauchsfähig.

Schrifttum.

BERMANN u. POLLAK: Sammlung neuerer Arbeiten auf dem Gebiete der Preßhefe-Fabrikation. Leipzig: K. André 1927.

FRESENIUS: Z. analyt. Chem. **1938**, 275.

PREGL, F.: Quantitative organische Mikroanalyse. 6. Aufl. Wien: Springer 1949.

Stickstoffbestimmung nach Van Slyke.

In verschiedenen Hefelaboratorien wird die VAN-SLYKE-Methode zur Bestimmung des in der Melasse vorhandenen assimilierbaren Stickstoffs herangezogen und dazu ein besonderer Melasseaufschluß benutzt.

Die Bestimmung von Aminostickstoff geht davon aus, daß primäre aliphatische Aminogruppen mit salpetriger Säure nach der folgenden Gleichung reagieren:

$$R\text{-}NH_2 + HONO \longrightarrow R\text{-}OH + H_2O + N_2.$$

Bei der Reaktion wird also doppelt soviel Stickstoff frei, als in den Aminogruppen vorhanden ist. Der Stickstoff wird von den aus der salpetrigen Säure entwickelten Stickoxyden mittels alkalischer Permanganatlösung befreit und in einer Gasbürette gemessen. Vor der Bestimmung wird die Luft durch Stickstoffmonoxyd, welches aus Nitrit und Eisessig entwickelt wird, vollständig aus der Bestimmungsapparatur verdrängt.

α-ständige Aminogruppen reagieren in 5 Minuten bei Zimmertemperatur quantitativ mit salpetriger Säure. Steht eine Aminogruppe nicht in dieser Stellung, wie z. B. beim Lysin, so ist die Reaktion erst nach etwa 20 bis 30 Minuten beendet. Liegt Lysin in einem Hydrolysat in normalen Mengen vor, so wird auf diese Verzögerung keine Rücksicht genommen, denn bei einer Temperatur von 24° C ist es nach 5 Minuten zu 95% umgesetzt.

Die Hexonbasen reagieren bei Temperaturen von 14—17° C sehr verschieden schnell mit salpetriger Säure, z. T. nach 15 Minuten, z. T. erst nach 1 Stunde. Hierbei ist die Reaktionsgeschwindigkeit von der Temperatur stark abhängig. Für Histidin und Arginin wird der theoretische Endwert nach etwa 20 Minuten bei 14—17° C erreicht. Bei längerer Einwirkung der salpetrigen Säure wird dem Arginin etwas mehr als ein Viertel des Gesamtstickstoffs entzogen. Der Mehrbetrag bedingt aber keinen großen Fehler.

In einem Hexonbasengemisch ist die Einwirkung bei einer Temperatur von 14—17° C zweckmäßig auf 1 Stunde auszudehnen.

Nicht in Freiheit gesetzt werden Pyrrolydin-, Indol-, Imidazol-, Guanidin- und Amidstickstoff, daher geben Prolin und Oxyprolin keine Werte. Asparagin, Glutamin und Tryptophan geben die Hälfte, Histidin ein Drittel und Arginin ein Viertel des Gesamtstickstoffs ab.

Etwas mehr als die berechnete Menge von VAN-SLYKE-Stickstoff liefern Glykokoll mit 103% und Zystin mit 107%, denn diese beiden Aminosäuren werden unter Bildung von Gasen, die durch alkalische Permanganatlösung nicht adsorbiert werden, weitergehend zersetzt.

Proteine liefern nur spurenweise Stickstoff. Ihre primären und sekundären Abbauprodukte geben entsprechend ihrem Gehalt an freien Aminogruppen mehr oder weniger VAN-SLYKE-Stickstoff.

Edestin reagiert nur mit 2,5% seines Gesamtstickstoffs, Albumosen mit 6—14%.

Ammoniak und Methylamin benötigen 2 Stunden, Harnstoff bis 8 Stunden zur vollständigen Zersetzung.

Hat man sehr stärke- und eiweißhaltiges Material zu untersuchen, so ist eine Entfernung der Stärke und des Eiweißes erforderlich, um brauchbare Zahlen zu erhalten.

Da Prolin und Oxyprolin nicht erfaßt werden, so kann deren Gehalt in einem Gemisch, wie es z. B. durch Extraktion mit Butylalkohol gewonnen wird, durch Differenzbestimmung ermittelt werden. Gesamtstickstoff abzüglich Aminostickstoff liefert dann den Prolin- und Oxyprolinstickstoff.

Alkohol, Aceton usw. dürfen in der Analysenflüssigkeit nicht enthalten sein, da deren Anwesenheit Fehler bedingt.

Zur Untersuchung dienen folgende *Reagenzien*:
1. *Eisessig.*
2. *Natriumnitritlösung*, etwa 30%ig.
3. *Alkalische Permanganatlösung*, bestehend aus 50 g Kaliumpermanganat und 28 g **KOH** auf 1 l Wasser.

Das Stickoxyd wird durch diese Lösung rasch oxydiert, der sich bildende Braunstein stört die Reaktion nicht. Um ein Verstopfen der Kapillare zu vermeiden, ist die Permanganatlösung nach Gebrauch sofort aus dem Apparat zu entfernen und durch Wasser zu ersetzen.

4. *Essigsäure* zur Lösung in Wasser unlöslicher Aminoverbindungen kann in einer Konzentration bis zu 50% verwendet werden. Zur Lösung von Lysinpikrat verwendet man zweckmäßig einen Tropfen Natronlauge.
5. *Hahnfett*, bestehend aus 1 Teil Paragummi, 1 Teil Paraffin und 2 Teilen Vaseline, die zusammengeschmolzen werden.
6. *Schaumverhinderer* Oktylalkohol oder Phenyläther.

Die erforderliche Apparatur ist aus der Abb. 164 ersichtlich.

Sie besteht aus folgenden Einzelteilen:

Desamidierungsgefäß D mit Einfülltrichter A für Eisessig und Nitritlösung. Dieses Gefäß muß mit einem straffen Draht von oben her so fest aufgehängt sein, daß die Drahtschlinge um das Kapillarrohr herum wie ein festes Zentrum wirkt. Das Gefäß A ist so angebracht, daß sich sein Schwerpunkt diesem Zentrum möglichst nähert;

der Bürette B mit Skalenteilung für die Untersuchungslösung und Hahn b mit Winkelbohrung (L). Der Hahn d dient zum Ablassen der Reaktionsflüssigkeit durch das Kreuzstück k. Der Dreiweghahn c ($\perp$) dient zur Verbindung von D, F und k;

dem Azotometer F mit Hahn f, welcher zur Verbindung mit D und G über das Kapillarrohr g eine parallele Doppelbohrung besitzt;

der Hempelpipette G zur Adsorption der Stickoxyde mit Permanganatlösung bis zur Hälfte der oberen Kugel gefüllt;

der Triebwelle, welche so angebracht ist, daß man abwechselnd sowohl das Gefäß D als auch die Hempelpipette G schütteln kann. Die Klammer am Ende der Treibstange und der Haken, an dem G aufgehängt ist, sind mit Gummischlauch überzogen, um ein geräuschloses Arbeiten zu ermöglichen;

einen kleinen Elektromotor mit Regulierwiderstand, um 300—500 Touren je Minute zu erreichen.

Die Ausführung der Bestimmung erfolgt, nachdem das Gefäß D vor dem Versuch gründlich gereinigt worden ist. Durch Senken der mit Wasser gefüllten Birne wird die in G vorhandene Luft nach F gesaugt. Übergeflossene

Permanganatlösung wird nach Drehen der Hähne f und c durch Heben der Birne mit Wasser durch das Kreuzstück k ausgespült. Dann wird durch den Hahn c das Gefäß D mit k verbunden. Nach Schließen der Hähne a und d wird Eisessig durch den Einfülltrichter A bis zum Teilstrich eingefüllt und durch Öffnen von a in D eingebracht. Dabei bleibt der Hahn c geöffnet, so daß die Luft aus D entweichen kann. Dann wird durch A so viel Nitritlösung in D eingebracht, daß in A und D eine Niveaugleichheit besteht. Dann wird bei geöffnetem Hahn a und geschlossenem Hahn c geschüttelt, bis sich so viel Stickoxyd entwickelt hat, daß es die Flüssigkeit in D bis zur Marke verdrängt hat. Dann wird der Hahn a geschlossen und c geöffnet, um durch Schütteln von 2 Minuten die Luft vollständig zu vertreiben. Hierauf wird bei geöffnetem Hahn a und geschlossenem Hahn c das Gefäß so lange geschüttelt, bis nur noch 20 cm³ Lösung in D zurückbleibt, d. h., bis das Gas in D den Raum bis zur Marke anfüllt, wobei die Flüssigkeit nach A zurückgedrängt wird. Schließlich werden der Hahn a geschlossen und c und f so gestellt, daß die Verbindung zwischen D und F entsteht. Dies muß in etwa 2 Min. durchgeführt werden.

Zur Bestimmung der Stickstoffmenge, welche von Verunreinigungen des verwendeten Natriumnitrits herrühren kann, wird zuerst ein Blindversuch gemacht. Die dabei ermittelte Gasmenge ist vom Hauptversuch abzuziehen.

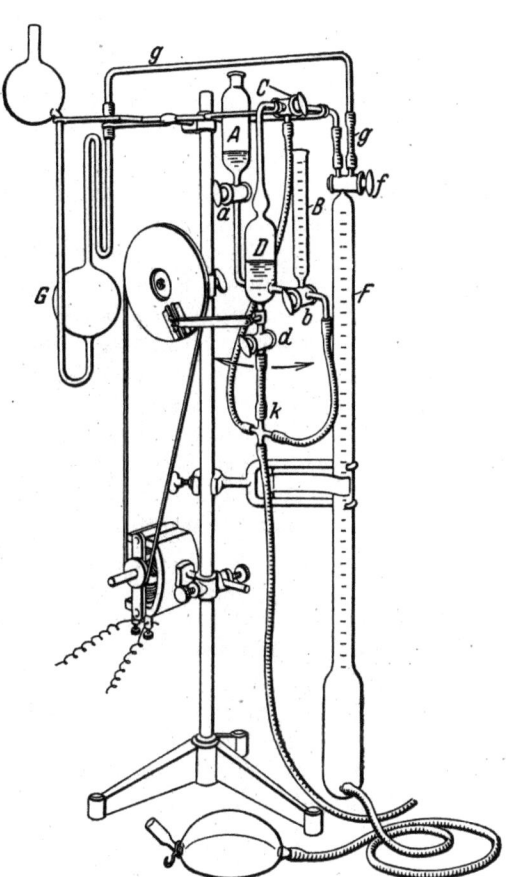

Abb. 164. Apparat zur Stickstoffbestimmung (nach VAN SLYKE).

Bei geschlossenem Hahn a und bestehender Verbindung zwischen D und F wird aus B die der Analysenflüssigkeit entsprechende Wassermenge durch Senken der Birne nach D eingesaugt. Im Blindversuch wird ebenso lang geschüttelt wie im Hauptversuch. Durch Senken der Birne wird dann der entwickelte Stickstoff nach F geführt. Nach beendeter Reaktion kann man den Rest des Gases in D durch Öffnen von Hahn a und Hinzutritt von Flüssigkeit aus A vollständig nach F überführen.

Zur Absorption wird der Hahn f um 180° gedreht, damit man das Gas durch Heben der Birne bis in die Kugel der Hempelpipette treiben kann. Dann wird die Pipette 1 Minute lang geschüttelt. Das Restgas wird langsam durch Senken der Birne nach F gesaugt und bei Niveaugleichheit gemessen. Hierbei sind die Temperatur und der Atmosphärendruck zu berücksichtigen. Während dieser Operation bleibt der Hahn a offen, damit bei der Bildung von Stickoxyden etwaige Flüssigkeit aus D nach A zurücktreten kann.

Zweckmäßig wird eine größere Menge Natriumnitritlösung durch mehrere Blindversuche geprüft und aus diesen das Mittel genommen.

Hauptversuch: In gleicher Weise wie beim Blindversuch läßt man die Untersuchungsflüssigkeit aus der Bürette B zufließen und schüttelt die erforderliche Zeit. Etwaiges Schäumen kann durch Zusatz von Phenyläther oder Oktylalkohol behoben werden.

Um eine vollständige Zersetzung, insbesondere bei Hexonbasen zu erreichen, läßt man den Stickstoff aus F durch c austreiben, schließt a und verbindet D mit F, um dann wie beim Blindversuch zu verfahren. Das hierbei entwickelte Gasvolumen soll nicht größer sein als beim Blindversuch.

Wenn das Gas vollständig von D nach F übergetrieben ist, läßt man die salpetrige Säurelösung aus D durch den Hahn d austreten. B wird ausgespült, mit Alkohol und Äther nachgewaschen und getrocknet.

Berechnungsbeispiel: 2 cbm Lösung mit 2 mg Gesamtstickstoff ergaben 1,884 cbm N (17°, 745 mm). Die Korrektur nach der Mitte aus Blindversuchen betrug 0,2 ccm Volumen für Aminostickstoff. Es gilt dann

$$\frac{1{,}884 - 0{,}2}{2} = 0{,}842 \text{ ccm N.}$$

Die VAN-SLYKE-Apparatur ist von W. OTTING verbessert worden. Die wesentlichen Vorteile des neuen Gerätes sind folgende:

1. Hahnlose Meßbürette.
2. Reaktionsgefäß in Sonderausführung, mit Spezialhähnen für Makro-, Mikro- und Halbmikrobestimmungen.
3. Absorptionspipette mit eingeschliffenem Verschlußstopfen.
4. Niveaubirne mit Hahn.
5. Antriebsmotor mit direkt eingebautem Regelwiderstand, verstellbarem Hub sowie vibrationsloser Schüttelung des Reaktionsgefäßes und der Absorptionspipetten.

Die neue Apparatur nach W. OTTING ist zu beziehen von der Firma *Ludwig Hormuth* — *Inh. W. E. Vetter*, Heidelberg, Bluntschlistr. 4.

Schrifttum.

KLEIN, G.: Handbuch der Pflanzenanalyse Bd. IV/1, S. 104ff. Wien: Springer 1933.

OTTING, W.: Chemie-Ing.Technik **1953**, Nr. S. 4, 210/11.

i) Fettgehaltbestimmung in Hefe.

Die Preßhefe wird zunächst in einer möglichst großen Schale bei 100 bis 105° C getrocknet, dann in einer Reibschale fein zerrieben und zuletzt durch ein Haarsieb gesiebt. Da die Hefe durch das Trocknen hart und für den Ätheraufschluß undurchdringlich geworden ist, muß sie durch Behandlung mit Salzsäure gelöst bzw. in eine flüssige Masse übergeführt werden.

Zu diesem Zwecke werden 5 g gesiebte Trockenhefe mit 10 ccm rauchender Salzsäure und 10 ccm Wasser in einem Becherglas unter ständigem Umrühren über kleiner Flamme erhitzt, bis eine homogene, schokoladenbraun gefärbte, flüssige Masse entstanden ist, die keine Hefeklümpchen mehr enthält. Darauf wird die Flüssigkeit noch 5 Minuten in schwachem Sieden erhalten. Dann werden Schnitzel von aufgeschlämmtem Zellstoff zugesetzt und die Flüssigkeit mit kaltem Wasser auf das 25—30fache des Volumens verdünnt.

Nach dem Erkalten wird durch ein angefeuchtetes, möglichst dichtes Faltenfilter filtriert und die im Becherglas haftenden Reste mit Zellstoff aufgenommen. Nach mehrmaligem Waschen mit kaltem Wasser, wobei darauf zu achten ist, daß auch vom nicht mit hydrolysierter Hefe bedeckten Rand des Filters die Salzsäure gründlich ausgewaschen wird, erfolgt die Trocknung des Filters im Trockenschrank in der üblichen Weise. Sodann kann die Extraktion der durch die Behandlung mit Salzsäure erhaltenen Fettsäuren mit Petroläther (Siedegrenzen 35—50° C) im SOXHLET-Apparat vorgenommen werden.

Für die Berechnung gilt folgendes:

Enthält z. B. eine Probe von 5 g wasserfreier Substanz 0,02 g Rohfett, dann enthalten 100 g:

$$\frac{0{,}02 \cdot 100}{5} = 0{,}4 \text{ g Rohfett.}$$

k) Chlorbestimmung in Hefe.

0,2—0,3 g Hefe werden mit 10 g feingepulvertem **KOH** und 5 g **Na₂O** im Nickeltiegel zuerst bei 75° C, dann bis höchstens 85° C im Trockenschrank getrocknet. Dann wird über kleiner Flamme langsam bis zum Schmelzen erhitzt.

Hierauf wird die Schmelze in Wasser gelöst, sorgfältig mit Salpetersäure angesäuert und das Halogen als Silbersalz abgeschieden. Es wird durch einen Goochtiegel filtriert, bei 130—160° C im Trockenschrank getrocknet und dann gewogen.

l) Glykogenbestimmung in Hefe.

Die nachfolgende Methode beruht auf einer Differenzbestimmung und auf der Tatsache, daß bestimmte Kohlenhydrate der Hefezelle mit FEHLINGscher Lösung fällbar sind, das Glykogen aber nicht.

Zur Ausführung dienen zweimal je 10 g Hefe, von der gleichzeitig Trockensubstanzbestimmungen anzusetzen sind. Die Hefe wird in zwei 150-ccm-Erlenmeyerkölbchen mit je 30 ccm einer 65%igen **KOH-Lösung** übergossen. Auf die Kölbchen werden Rückflußkühler aufgesetzt und die Hefe wird nun 3 Stunden lang bei mäßigem Sieden in der **KOH**-Lösung aufgeschlossen. Die Erhitzung wird am besten auf einem Drahtnetz ohne Asbest vorgenommen, und zwar zuerst sehr vorsichtig, da der Aufschluß stark schäumt. Hat das Schäumen nach etwa $^1/_2$ Stunde nachgelassen, wird allmählich stärker erhitzt bis zum schwachen Sieden und dabei gehalten, bis der Aufschluß beendet ist. Dann wird abgekühlt und jeder Aufschluß mit Wasser auf 100 ccm aufgefüllt. Nun wird 15 Minuten lang bei 3000 Umdrehungen zentrifugiert und hierauf das mehr oder weniger blanke Zentrifugat durch Falterfilter (Schleicher & Schüll Nr. 588, 18,5 cm Durchmesser) gegossen. Das anfangs trübe Filtrat wird zurückgenommen. Es gelingt in den meisten Fällen, ein ganz blankes Filtrat zu erhalten. Leichte Trübungen schaden der Bestimmung aber nichts.

Von den Filtraten werden je 30 ccm im Zentrifugenglas mit 90 ccm absolutem Alkohol versetzt. Es scheidet sich eine weißliche Fällung aus. Nach 1 stündigem Stehen wird 15 Minuten lang zentrifugiert und das Zentrifugat verworfen, während der Bodensatz mit je 50 bzw. 75 ccm Wasser unter starkem Umrühren wieder gelöst wird.

Die Lösung mit 75 ccm Wasser gilt nachfolgend als A-Lösung, die Lösung mit 50 ccm Wasser als B-Lösung.

Die A-Lösung. Sie wird in ein 100-ccm-Meßkölbchen gefüllt, mit 4,5 ccm konzentrierter Salzsäure (1,19) versetzt und 3 Stunden lang im siedenden Wasserbad hydrolysiert. Nach dem Abkühlen wird mit Kjeldahllauge auf 100 ccm aufgefüllt und in 20 ccm davon die vorhandene Glucose nach irgendeiner Methode, z. B. nach BERTRAND, bestimmt. Die erhaltene Glucose gibt die Menge der gesamtfällbaren Kohlehydrate der Hefe an. Sie sind auf Trockensubstanz zu berechnen.

Die *B-Lösung.* Sie wird im Zentrifugenglas mit 10 ccm Fehlingscher Lösung versetzt. Es fällt ein flockiger Niederschlag aus, welcher alle Kohlehydrate ohne Glykogen enthält, vor allem den Hefegummi. Nach 15 Minuten Stehen wird 5—7 Minuten zentrifugiert und das blanke, tiefblaue Zentrifugat verworfen. Der Bodensatz wird mit etwa 100 ccm 2%iger **NaOH**-Lösung gründlich durchgerührt und nochmals etwa 15 Minuten zentrifugiert. Die überstehendee **NaOH**-Lösung wird abgegossen und der Bodensatz in 40 ccm etwa 2 n-Salzsäure (170 ccm konzentrierter Salzsäure in 1000 ccm Wasser) gelöst.

Nun wird der Hefegummi neuerlich mit 80 ccm absolutem Alkohol gefällt. Nach 1 stündigem Stehen wird 15 Minuten lang zentrifugiert, die überstehende, völlig blanke Flüssigkeit wird abgegossen und der Bodensatz nun in 75 ccm Wasser gelöst.

Diese Lösung macht zuweilen Schwierigkeiten, es muß gründlich und lange gerührt werden, bis sich alles gelöst hat. Die Lösung wird in einem 100-ccm-Meßkolben mit 4,5 ccm konzentrierter Salzsäure versetzt, und dann 3 Stunden lang im siedenden Wasserbad hydrolysiert. Nach dem Abkühlen wird mit *Kjeldahllauge* auf 100 ccm aufgefüllt und anschließend sofort wieder die Glucose nach irgendeiner Methode bestimmt.

Die erhaltene Glucose gibt nach Umrechnung auf Trockensubstanz den Gehalt der Hefe an Hefegummi an.

Die Differenz zwischen den gesamtfällbaren Kohlehydraten und Hefegummi ist der Gehalt der Hefe an Glykogen, ausgedrückt in Milligramm Glucose, bezogen auf Trockensubstanz.

Es gilt dann z. B. für den Befund von A in 20 ccm Glucose $= a$ mg und von B in 20 ccm Glucose $= b$ mg

A. $\dfrac{a \cdot 5 \cdot 100}{30 \cdot \% \text{ Trockensubstanz}} = \%$ gesamtfällbare Kohlehydrate,

B. $\dfrac{b \cdot 5 \cdot 100}{30 \cdot \% \text{ Trockensubstanz}} = \%$ Hefegummi.

Dann ist $A - B = \%$ Glykogen.

Man kann diese Methode mit Hilfe eines reinen Glykogenpräparates von MERCK nachkontrollieren, indem man der Hefe eine bestimmte Menge davon zusetzt, die wiedergefunden wird.

Bei der Glucosebestimmung nach BERTRAND muß man darauf achten, daß eine klare Cu_2O-Abscheidung erfolgt und nicht ein undefinierbarer blau-weißer Niederschlag.

m) Magnesiumbestimmung in Hefe.

Da der Magnesiumgehalt der Preßhefe nur etwa 0,1% beträgt, ist eine colorimetrische Bestimmung vorteilhaft.

Das Prinzip besteht darin, daß die Hefe mit konzentrierter Salpetersäure und konzentrierter Schwefelsäure aufgeschlossen und mit Natronlauge fast neutralisiert und auf ein bestimmtes Volumen aufgefüllt wird. Es färbt sich dann Titangelb bei Anwesenheit von Magnesium rot bis rot-orange.

10—15 g Hefe werden im Kjeldahlkolben mit 60 ccm konzentrierter Salpetersäure und 5 ccm konzentrierter Schwefelsäure so lange aufgeschlossen, bis die Lösung hellgelb oder farblos ist. Man erhitzt zunächst langsam, da die erste Reaktion stürmisch verläuft, dann etwas stärker, bis alle Salpetersäure verdampft ist. Nur die Schwefelsäure bleibt zurück. Sollte die Flüssigkeit nun durch Verkohlung noch nicht zerstörter organischer Substanzen braun werden, dann setzt man nach Abkühlen etwas Perhydrol zu und erhitzt erneut. Dies wiederholt man so lange, bis die dunkle Färbung verschwunden ist.

Die Lösung wird dann mit möglichst wenig Wasser in ein Becherglas gespült und dort mit so viel Kjeldahllauge versetzt, bis sie fast neutralisiert ist.

Nach Abkühlung der nunmehr ganz schwach sauren Probelösung füllt man diese auf 50 ccm im Meßkolben auf. Sie kann nun colorimetriert werden.

Die Vergleichslösung mit bekanntem Mg-Gehalt wird in folgender Weise hergestellt: Man wägt eine kleine Menge von $MgSO_4 \cdot 7H_2O$ ab und bestimmt darin gewichtsanalytisch durch Fällung als Magnesium-Ammoniumphosphat den genauen Gehalt an Magnesium. Da der Kristallwassergehalt schwankt, ist das Abwägen einer Menge des trockenen Salzes nicht zu empfehlen. Nach der analytisch ermittelten Mg-Menge stellt man dann die Lösung auf genau 1 mg/1 ccm ein. Das dazu verwendete destillierte Wasser muß selbstverständlich ganz frei von Mg sein.

Ferner braucht man eine n/1 NaOH-Lösung, hergestellt aus 40 g NaOH in 1 l und eine 0,2%ige Lösung von Titangelb (MERCK Nr. 1307).

Man stellt nun durch Vorproben den ungefähren Gehalt an **Mg** fest. Es dürfen nicht mehr als 4 mg **Mg** in der zu colorimetrierenden Lösung vorhanden sein, weil sonst der Farbstoff ausflockt. Weniger als 0,1 mg **Mg** dürfen auch nicht vorhanden sein, weil sonst keine Verfärbung in orangerot stattfindet.

Durch steigende Mengen (0,1, 0,25, 0,5, 0,75, 1, 1,5, 2,0 ccm) von Vergleichs- und Probelösung wird eine Vergleichsreihe in Reagensröhrchen hergestellt. Jede dieser Mengen bringt man durch Zusatz von Wasser auf das gleiche Volumen von 10 ccm. Dann setzt man zu jedem Reagensröhrchen 2 ccm der **NaOH**-Lösung und anschließend je 0,2 ccm der Titangelblösung zu. Man schüttelt gut durch und beobachtet die Färbungen. Man sieht sofort, welche Röhrchen von Vergleichs- und Probelösung ungefähr übereinstimmen. Diese beiden setzt man nun nochmals an, und zwar so, daß man die etwas stärkere Vergleichslösung wählt. Die neuerliche Probe macht man zweckmäßig im Hehnerzylinder. Man läßt von der stärker gefärbten Vergleichslösung so lange ausfließen, bis beim Durchblick gegen einen mattweisen Untergrund die gleiche Farbhelligkeit vorhanden ist. Der Farbvergleich muß innerhalb 15 Minuten erfolgen.

Versuchsbeispiel. *Hefeeinwaage:* 12,595 g. Der Aufschluß wurde auf 50 ccm aufgefüllt.

Vorprobe. Vergleichsreihe, angesetzt mit einer Lösung von 1 mg/1 ccm.

0,1 ccm + 9,9 ccm H$_2$O + 2 ccm Lauge + 0,2 ccm Ti = 0,1 mg
0,25 ccm + 9,75 ccm H$_2$O + 2 ccm Lauge + 0,2 ccm Ti = 0,25 mg
0,50 ccm + 9,5 ccm H$_2$O + 2 ccm Lauge + 0,2 ccm Ti = 0,50 mg
0,75 ccm + 9,25 ccm H$_2$O + 2 ccm Lauge + 0,2 ccm Ti = 0,75 mg
1,00 ccm + 9,0 ccm H$_2$O + 2 ccm Lauge + 0,2 ccm Ti = 1,00 mg
1,5 ccm + 8,5 ccm H$_2$O + 2 ccm Lauge + 0,2 ccm Ti = 1,5 mg.

Reihe der zu untersuchenden Lösung. 0,1 ccm 9,9 ccm H$_2$O + 2 ccm Lauge + 0,2 ccm Ti usw. in der gleichen Abstufung wie oben.

Beim Farbenvergleich ergibt sich, daß das Röhrchen mit 1,0 ccm der Probelösung in der Farbe zwischen den Röhrchen mit 0,50 und 0,25 mg **Mg** der Vergleichsreihe liegt.

Weiterer Vergleich im Hehnerzylinder. Da für den Hehnerzylinder ein Gesamtvolumen der zu vergleichenden Lösungen von etwa 12 ccm zu wenig ist, so arbeitet man unter Beibehaltung der Konzentrationen mit etwa 5mal so großem Volumen.

Hehnervergleichszylinder:

2,5 ccm **Mg**-Lsg. + 36,5 ccm H$_2$O + 10 ccm Lauge + 1 ccm Ti = 50 ccm = 2,5 mg.

Probelösung:

5,0 ccm Lsg. + 34 ccm H$_2$O + 10 ccm Lauge + 1 ccm Ti = 50 ccm.

Von den beiden Lösungen ist die Vergleichslösung die dunklere; man läßt also von ihr abfließen, bis die gleiche Farbhelligkeit erreicht ist. Dies wurde bei 23 ccm der Vergleichslösung erreicht:

$$23 \text{ ccm} = \frac{2{,}5 \cdot 23}{50} = 1{,}15 \text{ mg.}$$

Diese 1,15 mg **Mg** sind in 5 ccm der Probelösung enthalten, in der ganzen Lösung sind daher bei 50 ccm 11,5 mg **Mg** enthalten. Somit ergibt sich für die Einwaage von 12,595 g Hefe, berechnet auf 100 g Hefe:

$$\frac{11{,}5 \cdot 100}{12{,}595} = 91{,}3 \text{ mg} = 0{,}091\% \text{ \textbf{Mg}}.$$

n) Eisenbestimmung in Hefe.

Wegen des kleinen Eisengehaltes in normaler Hefe und der Notwendigkeit, bei einer gravimetrischen Bestimmung des Eisens eine **Fe-PO₄**-Trennung durchführen zu müssen, ist die colorimetrische Bestimmung vorzuziehen. Die Hefe wird mit Schwefelsäure in Gegenwart von Kalium-Kupfersulfat aufgeschlossen. Der Aufschluß wird mit Ammoniak im Überschuß versetzt, und das Eisen als Phosphat gefällt. Der Niederschlag wird abfiltriert, gewaschen und mit verdünnter Salzsäure gelöst. Die Lösung wird auf ein bestimmtes Volumen aufgefüllt. Dann wird in einem aliquoten Teil das Eisen gegen eine Lösung bekannten Gehaltes mit **KCNS** colorimetriert.

Etwa 20 g Hefe werden mit 40 ccm konzentrierter Schwefelsäure und etwa 5 g Kaliumsulfat-Kupfersulfat-Gemisch (4:1) im Kjeldahlkolben aufgeschlossen. Der Aufschluß wird in ein Becherglas übergespült und mit der doppelten Menge destillierten Wassers verdünnt. Nun wird erhitzt und so lange vorsichtig **NH₃** in der Hitze zugesetzt, bis das anfangs ausfallende Kupferhydroxyd sich im Überschuß des Ammoniaks wieder vollständig gelöst hat. Dabei fällt gleichzeitig das Eisen als Phosphat aus. Diese Fällung löst sich in einem mäßigen Ammoniak-Überschuß nicht wieder auf, denn das Eisen fällt hier wegen der Anwesenheit von Phosphorsäure nicht als Hydroxyd. Außerdem fallen als Ammonphosphate noch Calcium und Magnesium aus. Das stört jedoch die weitere Analyse nicht.

Man läßt die Fällung etwa ½ Stunde über kleiner Flamme stehen, damit sich der Niederschlag der Phosphate gut ballt. Dann wird über ein Faltenfilter von 9 cm Durchmesser in der Hitze filtriert. Man füllt dabei das Faltenfilter nie mehr als zur Hälfte an. Filter samt Niederschlag werden dann mit heißem Wasser, dem etwas **NH₃** und etwas **NH₄Cl** zugesetzt ist, so lange ausgewaschen, bis die vom Kupfer herrührende blaue Farbe vollständig verschwunden ist.

Es werden nun 50 ccm einer 2%igen Salzsäurelösung bis fast zum Sieden erhitzt und damit der Niederschlag vom Filter gelöst. Diese salzsaure Flüssigkeit wird so oft wieder über das Filter gegossen, bis die völlige Auflösung des Niederschlages eingetreten ist. Dann wird noch mit 40 ccm heißem Wasser, welches eine Spur Salzsäure enthält, nachgewaschen. Die vereinigten Abläufe werden nun auf 100 ccm aufgefüllt. Die Salzsäurekonzentration ist bei diesem Lösungsvorgang unbedingt einzuhalten, da sonst beim nachfolgenden Colorimetrieren die Farbtiefe beeinflußt wird.

Als Vergleichslösung nimmt man zweckmäßig eine **FeCl₃**-Lösung. Ein Zusatz von Salzsäure zu dieser ist nicht notwendig, da sie an sich sauer reagiert. Man stellt eine etwa 1%ige Lösung von Ferrichlorid her. Darin bestimmt man gravimetrisch durch Fällung mit **NH₃**, Filtrieren, Veraschen, Glühen und Auswägen den Eisengehalt als **Fe₂O₃**. Danach stellt man eine solche Lösung her, die genau 0,1 mg **Fe** je ccm enthält. Diese Lösung reicht in den meist vorkommenden Fällen aus. Je nach dem Eisengehalt der Probe nimmt man diese Lösung als Vergleichslösung oder man verdünnt sie weiter entsprechend.

Das Colorimetrieren erfolgt in zwei Hehnerzylindern, in dem einen mit dem aliquoten Teil der zu untersuchenden Probe, in dem anderen mit der gemessenen Menge der bekannten Vergleichslösung.

In jeden Zylinder gibt man 5 ccm einer 1%igen **KCNS**-Lösung zu und mischt gut durch. Man vergleicht nun die in den beiden Zylindern entstandene Rotfärbung, indem man von oben durch die Zylinder hindurch gegen eine weiße, nicht glänzende Unterlage blickt. Dieser Vergleich ist innerhalb einer Viertelstunde durchzuführen.

Man wählt die bekannte Vergleichslösung so, daß sie etwas stärker ist als die Lösung der zu untersuchenden Probe. Nun läßt man aus dem Hehnerzylinder so viel von der bekannten Vergleichslösung auslaufen, bis beim Durchblicken beide Lösungen gleiche Helligkeit haben. Dann liest man am Hehnerzylinder die Kubikzentimeter-Vergleichslösung ab. Da man deren Gehalt kennt, ergibt sich nun, daß die im Probezylinder befindliche Lösung den gleichen Gehalt in Milligramm Eisen enthalten muß. Durch Rückrechnung ist schließlich der Eisengehalt der eingewogenen Hefemenge zu ermitteln.

Versuchsbeispiel. *Einwaage:* 20 g Hefe.

Vergleichslösung: 1 ccm = 0,1 mg **Fe**. 50 ccm davon werden im Hehnerzylinder mit 5 ccm **KCNS**-Lösung versetzt und auf 100 ccm mit Wasser aufgefüllt.

Probelösung: 50 ccm im anderen Hehnerzylinder werden mit 5 ccm der **KCNS**-Lösung versetzt.

Die Vergleichslösung ist dunkler. Sie wird aus dem Hehnerzylinder ausfließen gelassen, und bei 42 ccm wird gleiche Farbhelligkeit ermittelt.

Da nun in 100 ccm = 5,0 mg **Fe** enthalten sind, sind es

bei 42 ccm = 2,1 mg **Fe**.

Daher sind in 100 ccm im Probezylinder 2,1 mg **Fe**, die 50 ccm der Probelösung entsprechen. Folglich enthalten 100 ccm Probelösung 4,2 mg **Fe**, die in 20 g Hefe gefunden wurden.

Eine andere colorimetrische Eisenbestimmung wird von J. NECKEL beschrieben. Etwa 1—2 g abgepreßte Hefe (bei geringem Fe-Gehalt 5—10 g) wurden mit 5—8 ccm reiner H_2SO_4 unter Zugabe von etwas Fe-freiem K_2SO_4 und einer Spur $CuSO_4$ im Kjeldahlkolben verascht. Nach Verdünnung der Lösung, die meist $Fe_2(SO_4)_3$ als unlöslichen Rückstand enthielt, wurde dieser entweder durch wiederholtes Erhitzen des Kolbeninhaltes mit Fe-freiem Na_2SO_3 oder nach Abgießen der Lösung mit verdünnter **HCl** gelöst und die Gesamtlösung in einem Meßkolben je nach der erwarteten Fe-Menge auf 100—500 ccm aufgefüllt.

Reagens: Dipyridyl-Lösung + n-Acetatpuffer: 750 mg — 3,75 g a, a'-Dipyridyl (dargestellt nach HEIN und RETTER[1]) + 136 g (durch H_2S von Fe befreites) **Na**-Acetat + 60 g destillierter Essigsäure in 2 l Lösung.

---

[1] Siehe Chem. Berichte **61**, 1790 (1928).

Je 5 ccm Reagens wurden mit 1—10 ccm der zu messenden Lösung versetzt, die Mischung notfalls mit NH_3 abgestumpft und auf 15 ccm aufgefüllt. Nach Hinzufügung von einigen Kriställchen Na_2SO_3 oder $NaHSO_3$ wurde die Lösung über Nacht stehengelassen und die Intensität der roten Färbung im LANGE-Colorimeter mit einer 6-V-/15-Watt-Lampe mittels Grünfilter lichtelektrisch gemessen. Der Meßbereich lag zwischen 25γ und 125γ $Fe^{\cdot\cdot}$ in der Lösung. Als Standard diente eine Lösung von 351 mg Mohrschem Salz = 50 mg $Fe^{\cdot\cdot}$ in 100 ccm, die dem Meßbereich entsprechend verdünnt wurde. In Nährlösungen wurden der $Fe^{\cdot\cdot}$-Gehalt ohne Reduktion und der Gesamt-Fe-Gehalt nach Hinzufügung des Reduktionsmittels einzeln bestimmt. Fehlergrenze der Bestimmung: $\pm 5\%$.

o) Bleibestimmung in Hefe.

Für die Bestimmung von Blei, wie auch die folgende von Kupfer, muß die zu untersuchende Probe entsprechend vorbereitet werden. Die Hefe wird zunächst nach der Kjeldahlmethode (siehe Stickstoffbestimmung) aufgeschlossen. Dieser Aufschluß muß aber unter Verwendung reinster Schwefelsäure und mit Perhydrol (MERCK) durchgeführt werden. Es sind große Mengen von Perhydrol notwendig. Die Aufschlußerhitzung muß so lange ausgedehnt werden, bis farblose oder höchstens schwach gelbliche Flüssigkeiten vorliegen, die sich bei weiterem Erhitzen nicht mehr braun färben. Der Überschuß an Perhydrol ist sorgfältig abzudampfen.

Als Reagenzien dienen etwa 6 mg Dithizon auf 100 ccm CCl_4. Man bereitet zweckmäßig zunächst eine stärkere Lösung, z. B. 20 mg auf 100 ccm CCl_4, da die Lösung noch von einem darin enthaltenen, gelbgefärbten Oxydationsprodukt gereinigt werden muß. Dies geschieht durch Schütteln mit einer sehr verdünnten NH_3-Lösung (1 Teil konzentrierte NH_3 auf 200 Teile H_2O), wobei alles Dithizon in die wäßrige Phase übergeht, während das gelbe Oxydationsprodukt im CCl_4 zurückbleibt. Die wäßrige Lösung wird nach dem Abtrennen vom CCl_4 im Scheidetrichter erneut mit reinem CCl_4 unterschichtet, angesäuert und sogleich geschüttelt. Die mehrfach mit destilliertem Wasser gewaschene Dithizonlösung ist nunmehr rein und kann unter einer Schicht schwefliger Säure in einer braunen Vorratsflasche im Dunkeln aufbewahrt werden. Vor Gebrauch wird ein zur Analyse notwendiges Quantum nach Abtrennung von der schwefligen Säure und Waschen mit destilliertem Wasser auf das etwa dreifache Volumen mit CCl_4 verdünnt. Oxydierende Stoffe, auch in Spuren, sind zu vermeiden, denn sie geben beim Ausschütteln in Gegenwart von KCN eine störende gelbe bis braune Färbung des CCl_4. Sind Spuren unvermeidlich, dann kann die Bestimmung in Gegenwart von Hydroxylaminchlorid (etwa 0,1—0,2 g festes Salz) ohne Beeinträchtigung ausgeführt werden.

Die bleihaltige Lösung wird mit verdünnter NH_3-Lösung versetzt. Sofern bei der vorhandenen geringen Alkalität bereits Hydroxyde der Begleitmetalle ausfallen, so wird dies durch den Zusatz einer ausreichenden Menge Seignettesalz verhindert.

Die Lösung wird im Scheidetrichter mit etwa 5 ccm der grünen Reagenslösung versetzt und gut durchgeschüttelt. Die in Gegenwart von Blei rot gefärbte Dithizonlösung wird in einem Zylinder mit Glasschliffstopfen verschlossen. Die wäßrige Lösung wird dann wiederholt mit kleinen Mengen Reagenslösung behandelt, bis der Tetrachlorkohlenstoff nicht mehr rot gefärbt ist. Die Dithizonlösungen werden sämtlich im Glaszylinder vereinigt. Die letzten Reste Dithizon werden von der wäßrigen Lösung durch Waschen mit reinem CCl_4 abgetrennt.

Zur Entfernung des noch vorhandenen geringen Dithizonüberschusses wird die Bleidithizonlösung im Scheidetrichter 1—2mal mit etwa 5 ccm einer 1%igen KCN-Lösung gewaschen, wobei das freie Dithizon mit gelber Färbung in die wäßrige Phase übergeht. Bei vollständiger Reinigung muß die wäßrige Lösung nach dem Waschen farblos sein. Anschließend wird noch einmal mit destilliertem Wasser gewaschen.

Nach dem Abtrennen vom Waschwasser (restlose Entfernung durch Nachspülen mit reinem CCl_4) wird die Blei-Dithizon-Lösung auf z. B. 10 oder 20 ccm aufgefüllt und im Glaszylinder mit verdünnter Salzsäure 1 : 1 durchgeschüttelt, wobei die Rotfärbung in Grün umschlägt. Die Intensität der grünen, zur Befreiung von der Säure zweckmäßig durch ein trockenes Filter filtrierten Lösung wird colorimetrisch gegen eine Vergleichslösung gemessen.

Die Vergleichslösung kann aus einer vorrätig gehaltenen bekannten Bleilösung in genau der gleichen Weise hergestellt werden wie die zu untersuchende Lösung.

Die Bleiuntersuchung ist möglich in Gegenwart solcher Elemente die mit Dithizon keine Komplexverbindungen ergeben (Alkalien, Erdalkalien, Aluminium, Beryllium, Arsen, Antimon usw.). Sie ist aber mit gleicher Genauigkeit und ohne Abänderung der Methode neben außerordentlich großen Mengen jener Metalle möglich, die zwar an sich mit Dithizon reagieren würden, jedoch unter Komplexbildung mit KCN daran gehindert werden (Zink, Nickel, Eisen, Kupfer, Silber, Gold, Quecksilber).

p) Kupferbestimmung in Hefe.

Die wie bei der Bleibestimmung durch Kjeldahlaufschluß vorbereitete Hefe, die annähernd neutral ist, wird auf je 10 ccm mit etwa 2 ccm einer 10%igen Schwefelsäurelösung versetzt. Wie bei der Bleibestimmung wird mehrmals extrahiert, und zwar so lange, bis statt der violetten Farbe die Grünfärbung eintritt. Die Dithizonlösungen werden sämtlich in einem Glaszylinder vereinigt. Das Abtrennen der letzten Reste Dithizonlösung von der wäßrigen Lösung geschieht durch Nachwaschen mit reinem CCl_4. Die vereinigten Extrakte werden 2—3mal mit etwa 5 ccm einer sehr verdünnten wäßrigen NH_3-Lösung (1 Teil konzentrierte NH_3 auf 200 Teile H_2O) durchgeschüttelt und vom Waschwasser im Scheidetrichter getrennt.

Nachdem die violette Dithizonlösung anschließend einmal mit 1%iger Schwefelsäure nachgewaschen und durch ein trockenes Filter filtriert wurde, ist sie zum Colorimetrieren fertig. Sie wird zu diesem Zweck auf ein bestimmtes Volumen aufgefüllt, z. B. 10 oder 20 ccm.

Für die Vergleichslösung gilt dasselbe wie bei der Bleianalyse. Die Kupferbestimmung kann ohne vorherige Trennung neben allen Elementen, außer Quecksilber, Silber und Gold, durchgeführt werden.

q) Arsenbestimmung in Hefe.

Die folgende Arsenbestimmung ist eine abgeänderte GUTZEIT-Methode. Sie beruht darauf, daß die Arsenverbindungen in Arsenwasserstoff umgewandelt werden und in einem mit Silbernitrat getränkten Filterpapier einen Niederschlag von metallischem Silber ergeben, dessen Farbstärke von braun bis schwarz mit Proben bekannter Arsengehaltslösung vergleichbar ist.

Es sind folgende Chemikalien erforderlich:

1. Die Arsenlösung: 0,2 g As_2O_3 p. a. werden genau abgewogen und mit 50 ccm n/4 NaOH gelöst und auf 2 l aufgefüllt. Davon werden 20 ccm (= 0,002 g As_2O_3) auf 200 ccm aufgefüllt und 50 ccm (= 0,0005 g As_2O_3) auf 1000 ccm aufgefüllt.

Letztere Lösung dient als Vergleichslösung, von ihr enthalten 2 ccm = 0,000001 g = 1 Gamma As_2O_3.

2. Eine Kupferchloridlösung: 1 g Kupferchlorid, arsenfrei p. a. wird auf 100 ccm gelöst; — 3. Zink, reinst granuliert p. a.; — 4. konzentrierte Schwefelsäure; — 5. etwa 10—15%iges Bleiacetat; — 6. 5%iges Silbernitrat; — 7. 1%ige Ammoniaklösung.

Alle Reagenzien sind im Blindversuch auf Arsenfreiheit zu prüfen. Zum Versuch dient die in Abb. 165 dargestellte Apparatur.

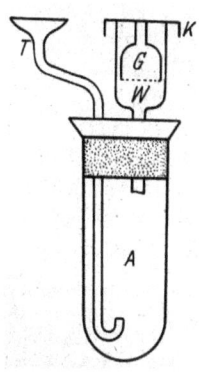

Abb. 165.
Apparatur zur Arsenbestimmung.

Man tränkt einen Wattebausch mit Bleiacetatlösung, drückt gut aus und bringt ihn in das Watterohr W und die Glocke G. Das Bleiacetat hat den Zweck, etwa mitentwickelten Schwefelwasserstoff zurückzuhalten. Dann tränkt man eine kleine Filterpapierscheibe, die gerade in das Glasschälchen K hineinpaßt, mit Silbernitratlösung und deckt die Schale K mit dem angefeuchteten Filterpapier auf die Glocke G. Dabei soll die Spitze von G mit dem Rand von W in der gleichen Höhe liegen und die Filterscheibe fast oder gerade eben berühren.

Nun gibt man in das Entwicklungsrohr A zwei Stückchen Zink und verschließt mit einem Gummistopfen. Durch das Trichterrohr T gibt man dann nacheinander 0,5 ccm Kupferlösung, 1 bzw. mehr ccm Arsenlösung, 1 ccm Schwefelsäure und so viel destilliertes Wasser, daß insgesamt 10 ccm Flüssigkeit entstehen. Die nun einsetzende Gasentwicklung läßt man genau 1 Stunde einwirken. Dann wird die Filterscheibe entnommen. Sie wird nun in einem zweckmäßig hohen 1-l-Auswaschzylinder auf einen oben eingehängten kleinen Rost aus Glasstäbchen eingebracht und 1 Stunde lang mit verdünnter Ammoniaklösung ausgewaschen und sodann in einem zweiten Zylinder 3 Stunden lang mit destilliertem Wasser behandelt, dann zum Trocknen ausgelegt und schließlich unter Angabe der zugehörigen As_2O_3-Menge als Probe auf einen weißen Bogen aufgeklebt.

Unter 0,5 Gamma As_2O_3 ist der Farbton zu schwach,
     0,5 ,, As_2O_3 ergibt schwach braunen Ton,
     1,0 ,, As_2O_3 ergibt schwarzbraunen Ton,
     2,0 ,, As_2O_3 ergibt schwarzen bis metallischglänzenden Ton.

Größere Mengen ergeben so starken Metallglanz, daß die Unterschiede nicht mehr zu erkennen sind. Man muß also immer solche Verdünnungen wählen, die sich in den vorstehend genannten Grenzen halten. Von jedem Versuch sind drei Proben anzusetzen.

Nach Fertigstellung der Farbskala werden 5 g Hefe genau eingewogen und in einem 750-ccm-Kjeldahlkolben mit 15 ccm konzentrierter Schwefelsäure und mehreren nach und nach zuzugebenden Portionen Perhydrol unter vorsichtigem Erhitzen bis zur Farblosigkeit aufgeschlossen.

Dann wird in einen 50-ccm-Meßkolben übergespült und aufgefüllt. Von dieser Flüssigkeit entnimmt man 1 oder mehrere Kubikzentimeter zur Bestimmung. Dabei ist zu berücksichtigen, daß jeweils die im Vergleichsversuch angewendete Menge konzentrierter Schwefelsäure auch zum Probeversuch angewendet wird. Wenn z. B. in der Vergleichslösung 1 ccm Schwefelsäure enthalten ist und in der Probelösung nur 0,25 ccm dann sind 0,75 ccm Schwefelsäure zu ergänzen. 100 g Frischhefe enthalten z. B. 300 Gamma = 0,3 mg As_2O_3 oder 0,0003% As_2O_3.

r) Kobaltbestimmung in Hefe.

B. DREWS und Mitarbeiter haben die von E. B. SANDELL angegebene Methode wie folgt modifiziert:

Der Aufschluß geschieht in ähnlicher Weise wie bei der Bleibestimmung (S. 575). Zu jeweils 20 ccm Analysenflüssigkeit werden folgende Reagenzien in nachstehender Reihenfolge zugegeben:

5,0 ccm 3-molarer Ammoniumcitrat-Puffer,
5,0 ccm 3-molare Ammoniaklösung,
3,0 ccm α-Nitroso-β-Naphthollösung (0,2 g ad 200 ccm aq. dest. unter Zusatz von 1 ccm n-NaOH, filtriert und im Dunkeln aufbewahrt).

Nach Einwirkungsdauer von 20 Minuten wird der Ansatz mit 25 ccm Chloroform so lange gründlich geschüttelt, bis die wäßrige Schicht, deren p_H bei 9,6—9,8 liegen soll, farblos ist. Bei Analysenlösungen, die mit Schwefelsäure naß verascht werden, ist sorgfältig darauf zu achten, daß der Puffer nicht nach dem Sauren hin durchschlagen wird. Aus der abgetrennten Chloroformschicht wird durch dreimaliges Ausschütteln mit je 10 ccm 4-n-NaOH das überschüssige Reagens entfernt. Sollte beim letzten Male die Natronlauge nicht farblos sein, muß das Ausschütteln wiederholt werden. Die gefärbte Chloroformschicht wurde nach Filtration durch ein trockenes Faltenfilter im LANGE-Colorimeter bei Vorschaltung des Blaufilters BG 12 colorimetriert. Man wählt am besten die Einwaagen bzw. die Verdünnungen so, daß in der 20-ccm-Analysenlösung 10—25 Gamma Co^{++} enthalten sind. Die in diesem Bereich lineare Eichkurve wird zweckmäßigerweise öfters, besonders nach Wechsel der Reagenzien, kontrolliert.

s) Manganbestimmung in Hefe.

Die Manganbestimmung erfolgt ebenfalls — nach Überführung des Mn^{++} in Permanganat — colorimetrisch.

Zu 20 ccm Analysenlösung, die 50—100 Gamma Mn^{++} enthielt, wurden 2 ccm n/10 Silbernitratlösung und 10 ccm 10%ige Ammoniumpersulfatlösung zugefügt. Nach kurzem Aufkochen wurde auf 50 ccm aufgefüllt und in üblicher Weise nach Aufstellung einer Eichkurve im LANGE-Colorimeter die Extinktion bestimmt. Vgl. Abschn. ,,Anreicherung von Hefen mit Schwermetallen", S. 379 ff.

C. Schwefelsäure.

a) H_2SO_4-Gehalt, nach Dehnicke-Kreipe.

5 g Schwefelsäure werden mit destilliertem Wasser auf 1 l aufgefüllt und nach guter Durchmischung davon 20 ccm mit n/10 Natronlauge und Methylorange als Indicator titriert.

$$1 \text{ ccm n}/10 \text{ NaOH} = 0{,}0049 \text{ g } H_2SO_4.$$

Werden z. B. 20,1 ccm n/10 NaOH verbraucht, dann ergeben sich

$$20{,}1 \cdot 0{,}0049 = 0{,}09849 \text{ g } H_2SO_4,$$
$$5 \text{ g } H_2SO_4 = 1 \text{ l Lösung} = 0{,}09849 \cdot 50 = 4{,}925 \text{ g } H_2SO_4$$

oder

$$\frac{4{,}925 \cdot 100}{5} = 98{,}5\% \ H_2SO_4.$$

b) Arsenbestimmung.

Qualitativ nach Gutzeit-Bettendorf. Man gibt in ein Reagensglas verdünnte Säure und ein Körnchen arsenfreies Zink, gibt ferner in den oberen Teil des Glases einen Wattebausch als Filter und bedeckt die Mündung mit feuchtem Filtrierpapier und einem Kristall Silbernitrat. Ist die Säure arsenhaltig, dann entsteht um das Silbernitrat eine gelbe bis schwarze Zone.

Da aber Phosphor- und Antimonwasserstoff ganz ähnliche Reaktionen geben, verfährt man wie folgt:

Man gibt zu der konzentrierten Schwefelsäure $^1/_2$ ccm konzentrierte Salzsäure, die mit Zinnchlorür gesättigt ist. Ein Arsengehalt der Säure ruft Braunfärbung und nach einigem Stehen eine Abscheidung von schwarzem metallischem Arsen hervor. Erhitzen beschleunigt die Reaktion:

$$2\,AsCl_3 + 3\,SnCl_2 = 2\,As + 3\,SnCl_4.$$

Quantitativ. 25 ccm der zu untersuchenden Schwefelsäure werden auf 200 ccm verdünnt und mit 5 ccm Kaliumjodidlösung (50 g je Liter) bis zur Braunfärbung gekocht. Dann werden 5 ccm Natriumsulfitlösung (25 g Na_2SO_3 in 1 l Wasser) hinzugefügt und weitere 5 Minuten gekocht. Nach der Abkühlung wird die Lösung quantitativ in ein 1-l-Becherglas gespült und auf ungefähr 700 ccm Wasser verdünnt. Dann wird mit konzentrierter NaOH in Gegenwart von Methylorange nahezu neutralisiert, etwas Natriumbicarbonat zugegeben und mit n/10 Jodlösung titriert.

1 ccm n/10 Jodlösung entspricht dann 0,00494 g As_2O_3 = 0,003748 g As.

Die Methode setzt voraus, daß nur geringe Mengen Salpetersäure in der Schwefelsäure vorhanden sind.

D. Superphosphat.

a) Phosphorsäurebestimmung.

Superphosphate werden nach ihrem Gehalt an wasserlöslicher Phosphorsäure (P_2O_5) bewertet.

10 g Substanz in einem Liter-Meßkolben mit destilliertem Wasser auffüllen. Den Kolben verstöpseln und 30 Minuten schütteln oder auch in Stohmannscher Flasche auf der Drehschüttelmaschine. Durch ein trockenes Faltenfilter geben. Vom Filtrat 50 ccm in einem Liter-Meßkolben pipettieren und auffüllen.

Von dieser Verdünnung 100 ccm in ein 600-Becherglas pipettieren. Dann weiter arbeiten wie bei der P_2O_5-Bestimmung in Hefe. Zu beachten ist, daß man bei den höherprozentigen Tripple-Superphosphaten die doppelten Mengen an Ammon-Molybdat und n/5 NaOH anwenden muß.

Berechnung.

Vorgelegte n/5 NaOH: ... ccm (= Faktor der NaOH)
minus verbrauchte n/5 H_2SO_4: ... ccm
vom Niederschlag verbrauchte NaOH: ... ccm; = a.

$$a \times 0{,}0006177 \times 2000 = a \times 1{,}235 = \% \; P_2O_5 \text{ in Sbst.}$$

Fehlergrenze:

0,1 ccm n/5 H_2SO_4 entspr. 0,124% P_2O_5.

Das entspricht der Fehlergrenze bei der Citrat-Magnesia-Methode. Dort gilt:

Ein Wägeunterschied von 1 mg $Mg_2P_2O_7$ entspricht 0,13% P_2O_5 in Substanz.

b) Arsenbestimmung.

10 g Superphosphat werden in einem 500-ccm-Meßkolben mit destilliertem Wasser aufgefüllt und $1/2$ Stunde geschüttelt und dann filtriert. Vom klaren Filtrat werden 100 ccm wiederum auf 500 ccm aufgefüllt und davon ein oder mehrere Kubikzentimeter zur Bestimmung entnommen.

Es folgt nun die Arsenbestimmung wie bei Hefe, indem man jeweils 1 ccm Schwefelsäure für eine Bestimmung verwendet.

Der Arsengehalt beträgt z. B. 0,0016% As_2O_3.

Eine quantitative Methode ist folgende:

100 g Superphosphat werden mit 400 ccm konzentrierter Salzsäure über Nacht stehengelassen und unter Zusatz von 40 g Pyrosulfat in eine Vorlage destilliert, die gekühltes Wasser enthält. Das Destillat wird filtriert, das Filter gewaschen und dann 1 Stunde lang gereinigter Schwefelwasserstoff eingeleitet.

Die Flüssigkeit läßt man mehrere Stunden verschlossen stehen und filtriert dann das abgeschiedene As_2S_3 durch einen gewogenen Glasfiltertiegel unter Auswaschen mit Wasser. Man trocknet dann bei 100° C und wägt das As_2S_3.

Will man sich davon überzeugen, daß kein freier Schwefel darin enthalten ist, dann gießt man durch den gewogenen Niederschlag einige Male Schwefelkohlenstoff, trocknet wieder und wägt zurück.

E. Ammonverbindungen.

a) Ammonsulfat.

7,50 bis höchstens 8,00 g Substanz werden mit einer Genauigkeit von ungefähr 0,02 g abgewogen und in einem Meßkolben auf 500 ml gelöst. Davon werden 20 ml in einem 500 ccm-Destillierkolben pipettiert, mit rund 200 ml Wasser verdünnt und mit rund 10 ml Kjeldahl-Natronlauge (etwa 43%ig) versetzt. Die Natronlauge wird am besten bei schon verschlossenem Kolben durch einen Tropftrichter zugesetzt.

Dann destilliert man 50—100 ml in eine Vorlage von 30 ml n/5 Schwefelsäure in einen 300 ml Erlenmeyerkolben. Die nicht verbrauchte Schwefelsäure wird mit n/10 Natronlauge gegen Tashiro-Indikator zurücktitriert.

Berechnung (statt der vorgelegten 30 ml n/5 Schwefelsäure werden 60 ml n/10 in die Rechnung eingesetzt).

Wenn a ml n/10 Natronlauge beim Titrieren verbraucht wurden, dann gilt:

$$\frac{(60-a) \cdot 0{,}0014 \cdot 500 \cdot 100}{20 \cdot \text{Einwaage}} = \frac{(60-a) \cdot 3{,}5}{\text{Einwaage}} = \% \text{ N}.$$

Sofern eine Mikrokjeldahl-Destillieranlage zur Verfügung steht, so kann man auch wie folgt verfahren:

Von der wie vorstehend hergestellten Lösung von 7,50—8,00 g Substanz in 500 ml verdünnt man 25 ml weiter auf 500 ml. Von dieser verdünnten Lösung pipettiert man 25 ml in den Mikroapparat und gibt rund 10 ml Kjeldahllauge hinzu. Dann destilliert man in üblicher Weise mit Wasserdampf 5—10 Minuten lang in eine Vorlage von 30 ml n/70 Schwefelsäure und titriert mit n/70 Natronlauge gegen Methylrot zurück.

Berechnung: Wenn a ml n/70 Natronlauge beim Titrieren verbraucht wurden, dann gilt:

$$\frac{(30-a) \cdot 0{,}0002 \cdot 500 \cdot 500 \cdot 100}{25 \cdot 25 \cdot \text{Einwaage}} = \frac{(30-a) \cdot 8}{\text{Einwaage}} = \% \text{ N}.$$

b) Ammoniakwasser.

Der Ammoniakgehalt wird durch Feststellen des spezifischen Gewichtes unter genauer Temperaturbeobachtung geprüft.

c) Diammonphosphat.

Siehe Vorschrift unter Ammonsulfat.

F. Kalk.

Der zum Abstumpfen benutzte gebrannte Kalk kann maßanalytisch auf folgende Weise geprüft werden.

2,80 g Kalkpulver werden ohne Verlust in eine geräumige Porzellanschale gebracht. Dazu gibt man 150 ccm Wasser und mit einer Pipette 100 ccm Normalsäure (entsprechend 2,80 g **CaO**).

Man erhitzt zum lebhaften Kochen. Nach dem Erkalten titriert man mit n/1 **NaOH** zurück. Als Indicator wird Phenolphthalein benutzt.

Berechnung; 2,80 g Kalkpulver, wie vorstehend behandelt, verbrauchen zur Neutralisation beispielsweise 13,5 ccm n/1 Natronlauge, dann sind

$$100 - 13,5 = 86,5\% \text{ „CaO“},$$

Mit dieser Methode wird allerdings evtl. vorhandener **CaCO$_3$**-Gehalt miterfaßt.

Man kann den **CaO**-Gehalt auch in folgender Weise ermitteln:

100 g des Kalkpulvers werden mit destilliertem Wasser auf 500 ccm aufgefüllt. Von diesem dickflüssigen Brei pipettiert man unter Schütteln 100 ccm ab, die man abermals auf 500 ccm auffüllt. Von dieser Lösung titriert man 25 ccm mit n/1-Salzsäure mit Phenolphthalein als Indicator und berechnet den **CaO**-Gehalt. 1 ccm n-**HCl** = 0,02804 g **CaO**. Man muß langsam und unter gutem Durchschütteln titrieren.

G. Gärfett.

a) Verseifungszahl.

Das Gärfett ist vor der Probenahme gut durchzumischen und bei der Einwaage auf Zimmertemperatur zu halten.

0,9—1 g Gärfett werden in einem 150-ccm-Kölbchen genau eingewogen und mit 30 ccm n/10 alkoholischer Kalilauge versetzt (6 g **KOH** in 1 l 95%igem Alkohol). Das Kölbchen wird mit einem durchbohrten Gummistopfen, durch dessen Öffnung ein etwa 75 cm langes Kühlrohr führt, verschlossen und auf einem Wasserbad unter öfterem Umschütteln ungefähr 20 Minuten lang leicht siedend gehalten, bis die Flüssigkeit vollkommen klar und das Fett restlos gelöst ist.

Man versetzt dann die vom Wasserbad genommene Lösung mit einigen Tropfen Phenolphthalein und titriert sie noch heiß sofort mit n/10 Salzsäure zurück (a ccm). Der Umschlagpunkt ist scharf erkennbar.

Bei jeder Versuchsreihe sind mehrere blinde Versuche in gleicher Weise, aber ohne Fett, auszuführen, um den Wirkungswert der alkoholischen Kalilauge gegenüber der n/10-Salzsäure festzustellen (b ccm).

Aus den Versuchsergebnissen berechnet man, wieviel Milligramm Kalilauge erforderlich sind, um in 1 g des Fettes die etwa vorhandenen freien Säuren zu binden und die Ester zu zerlegen.

Berechnung: Verseifungszahl $= \dfrac{(b-a) \text{ ccm} \cdot 5{,}61}{\text{g Einwaage}}$.

b) Säurezahl.

1—1,5 g Gärfett werden in einem 150-ccm-Kölbchen genau eingewogen und mit einer Menge gleicher Raumteile Alkohol und Äther unter vorsichtigem Erwärmen auf dem Wasserbade bis zur restlosen Lösung des Fettes behandelt.

Die vorhandene Säure wird mit n/10 **KOH** mit Phenolphthalein als Indicator titriert. Sollte sich während der Titration ein Niederschlag ausscheiden, so fügt man noch etwas Alkoholäthergemisch hinzu.

$$Berechnung: \text{Säurezahl} = \frac{\text{verbr. ccm n/10 \textbf{KOH}} \cdot 5{,}61}{\text{Einwaage}}.$$

Es haben sehr verschiedenartige Gärfette Verwendung gefunden, wie die Beispiele in Tab. 46 zeigen.

Tabelle 46.

Muster	Verseifungszahl	Säurezahl
1	99,20	52,30
2	99,25	38,65
3	87,84	57,25
4	88,94	32,64
5	54,00	13,09
6	39,25	11,60

Für die praktische Güteberteilung von Gärfetten bieten die vorgenannten Analysenmethoden keine zuverlässigen Anhaltspunkte. Verschiedene Betriebe prüfen Gärfettangebote deshalb nur im praktischen Gebrauch.

H. Bestimmung der Pentosen.

Die Pentosen bzw. die bei der Salzsäuredestillation furfurolliefernden Stoffe werden nach der *Barbitursäuremethode* bestimmt und als Xylose berechnet. Die Bestimmung ist in folgende vier Abschnitte eingeteilt:

1. Zersetzung der Pentosen zu Furfurol durch Erhitzen mit Salzsäure von bestimmter Konzentration und Abdestillieren des gebildeten Furfurols.
2. Quantitative Bestimmung des Furfurols durch Fällung mit Barbitursäure.
3. Berechnung des Furfurols aus dem gefundenen Niederschlag.
4. Berechnung der Pentose aus dem gefundenen Furfurol.

Apparatur. Ein 500-ccm-Rundkolben, ein Destillationsaufsatz mit Zulauftrichter für 180 ccm Flüssigkeit und ein schwach absteigendes Rohr, welches die Verbindung zum Kühler herstellt, schließlich einen Kugelkühler. Sämtliche Verbindungen sind durch Normalschliffe herzustellen. Der Destillationskolben wird in einem Babotrichter erhitzt. Das Destillat wird in einem Meßzylinder aufgefangen.

Zur Bestimmung sind nach Möglichkeit 100—200 mg Pentose anzuwenden.

Zunächst wird die pentosehaltige Substanz im Destillierkolben mit 120 ccm 14%iger Salzsäure vom spezifischen Gewicht 1,070 (erhalten durch Mischen von 1 Volumenteil konzentrierter Salzsäure vom spezifischen Gewicht 1,19 mit 2 Volumenteilen Wasser) versetzt. Bei pentosehaltigen Flüssigkeiten wird das Volumen mit destilliertem Wasser zunächst auf 80 ccm gebracht und dann 40 ccm konzentrierte Salzsäure zugefügt, so daß insgesamt auch 120 ccm Flüssigkeit mit einem Salzsäuregehalt von 14% vorliegen; bei Flüssigkeiten können also höchstens 80 ccm zur Analyse verwendet werden. Nach Zugabe von Siedesteinen wird die Apparatur zusammengesetzt. Innerhalb von etwa 10 Minuten vom Beginn des Siedens an werden 30 ccm abdestilliert; dann werden vom Zulauftrichter 30 ccm 14%ige Salzsäure in den Destillationskolben nachgegeben und wiederum 30 ccm innerhalb von 10 Minuten abdestilliert usw., bis insgesamt 200 ccm Destillat übergegangen sind. Letzteres wird, falls trübe, durch einen Papierfilter filtriert und in einem Becherglas mit 30 ccm 14%iger Salzsäure vermischt.

Zum Destillat wird dann eine klare, durch leichtes Erwärmen von 0,5 g Barbitursäure in 60 ccm 14%iger Salzsäure hergestellte filtrierte Lösung hinzugefügt und nach Umrühren mindestens 18 Stunden stehengelassen. Darauf wird durch einen Glasfiltertiegel 1 G 4 filtriert, mit wenig 14%iger Salzsäure nachgewaschen und der Niederschlag bei 130° C bis zur Gewichtskonstanz getrocknet.

Die Berechnung des Furfurols erfolgt nach einer Formel von W. GIERISCH:

$$\text{g Furfurol} = (N + L \cdot 0{,}0000122) \cdot 0{,}4659 \,.$$

Dabei bedeutet N = Menge des Niederschlages in g, L = Gesamtflüssigkeitsvolumen bei der Fällung (210 ccm Destillat, 30 ccm Spülflüssigkeit und 60 ccm Barbitursäurelösung, also insgesamt 300 ccm). Der Faktor 0,4659 ergibt sich aus dem Molekulargewicht des Furfurols und der Furfurolbarbitursäure.

Setzt man in die Formel den Wert für L ein, so lautet die Formel:

$$\text{g Furfurol} = (N + 0{,}0037) \cdot 0{,}4659 \,.$$

Aus 100 Teilen Xylose oder Arabinose sollen 64 Teile Furfurol entstehen und der Umrechnungsfaktor Furfurol–Pentose sollte 1,56 betragen.

Die praktische Ausbeute ist jedoch niedriger, sie hängt von der Arbeitsweise der Analyse, von der angewandten Pentosemenge und bei Pentose-Hexosemischungen auch von der Art und Menge der anwesenden Hexosen ab.

Für die Pentosebestimmung in Zuckergemischen ist die Kenntnis der Zusammensetzung und der ungefähren Mengenverhältnisse der einzelnen Zucker erforderlich.

Für Lösungen, die ausschließlich Pentosen enthalten, sind folgende Umrechnungsfaktoren zu benutzen:

Angewendete Pentosen-(Xylose-)menge in mg	Umrechnungsfaktor Furfurol–Xylose
200—50	1,83
50—25	1,92
unter 25	2,14

In Pentose-Hexosemischungen kann bei Anwendung von 100—200 mg Xylose, bei Anwesenheit der fünffachen Menge Glucose und der halben Menge Mannose und Galaktose, — und zwar jeder Zucker für sich oder im Gemisch — der normale Umrechnungsfaktor (1,83) benutzt werden.

Schrifttum.

FINK, H., u. R. LECHNER: Z. Spiritusind. **1939**, Nr. 31ff.

J. Alkoholuntersuchung.

Die bei der früheren Reichsmonopolverwaltung für Branntwein in Berlin nach K. R. DIETRICH verwendeten Analysenvorschriften sind die folgenden:

a) Wasserbestimmung.

Die Wasserbestimmung wird mit Magnesiumnitrid durchgeführt. Sie beruht auf der Zersetzung des Magnesiumnitrides durch Wasser entsprechend der folgenden Gleichung:

$$Mg_3N_2 + 3\,H_2O = 2\,NH_3 + 3\,MgO$$

und auf der Bestimmung des gebildeten Ammoniaks.

Ungefähr 1 g der zu untersuchenden Probe wird auf der analytischen Waage in ein Wägegläschen eingewogen. Nach Einwaage von etwa 5—7 g Magnesiumnitrid in einen Erlenmeyerkolben auf einer technischen Waage wird dieser mit einem doppelt durchbohrten Gummistopfen verschlossen. Durch die eine Durchbohrung führt ein Tropftrichter, durch die andere ein mit Raschigringen gefüllter Destillationsaufsatz nach REITMEYER, der in einen vertikal stehenden Kühler übergeht. Die Verlängerung des Kühlers reicht bis zum Boden einer Saugflasche, die mit einer zur Bildung des Ammoniaks ausreichenden Menge n/5-Schwefelsäure gefüllt ist und mit einer Wasserstrahlpumpe in Verbindung steht, um ein Übersteigen der Schwefelsäure bei der Ausführung der Destillation zu verhindern.

Die Bestimmung wird in folgender Weise ausgeführt:

Die im Wägegläschen eingewogene Probe wird mit einer bestimmten Menge absoluten Alkohols, dessen Wassergehalt vorher ermittelt worden ist, verdünnt und in den Tropftrichter eingefüllt. Dann werden mit über Chlorcalcium getrocknetem Benzin die letzten Reste herausgespült. Der Tropftrichter wird mit einem mit Chlorcalcium gefüllten Trockenturm verbunden und ein langsamer Luftstrom mittels der Wasserstrahlpumpe durch die ganze Apparatur gesaugt.

Es ist darauf zu achten, daß die Destillation so langsam durchgeführt wird, daß möglichst wenig Magnesiumnitrid mitgerissen wird. Die Destillation ist beendet, wenn ein Stoßen und Spritzen des Magnesiumnitrides erfolgt. Nach Unterbrechung der Destillation wird die Saugflasche abgenommen, ihr Inhalt in einen großen Erlenmeyerkolben übergespült, mit destilliertem Wasser verdünnt und der Überschuß an Säure mit n/10 Natronlauge zurücktitriert. Von der so gefundenen Säuremenge muß die Menge abgezogen werden, die für den absoluten Alkohol zum Verdünnen der Substanz gebraucht wurde.

Berechnung: 1000 ccm Säure entsprechen 5,405 g Wasser.

b) Methylalkoholbestimmung.

Erforderliche Lösungen:

1. Kaliumpermanganat. 1 g fein gepulvertes Kaliumpermanganat und 10 g Phosphorsäure (Dichte 1,70) werden in etwa 50 ccm Wasser gelöst und auf 100 ccm aufgefüllt.

2. Oxalschwefelsäure. 5 g kristalline Oxalsäure werden in 50 ccm Wasser gelöst und zu der Lösung unter Kühlung vorsichtig 50 ccm Schwefelsäure (Dichte 1,84) zugegeben.

3. Schiffsches Reagens. 0,1 g Rosanilinhydrochlorid wird in 50 ccm Wasser gelöst. Nach dem Erkalten wird eine Lösung von 1 g wasserfreiem Natriumsulfid in 10 ccm Wasser und 1 ccm Salzsäure (Dichte 1,126) hinzugefügt, dann wird mit Wasser auf 100 ccm aufgefüllt.

4. Testlösungen. Mit 0,1—0,5% Methylalkohol.

Hat die zu untersuchende Probe einen größeren Methylalkoholgehalt als die Vergleichsproben, so müssen verschiedene Verdünnungen der Probe hergestellt werden, z. B. $1+4$; $1+9$; $1+29$ usw. Die Verdünnungen werden hergestellt mit absolutem Alkohol oder mit Melassesprit, die beide keinen Methylalkohol enthalten dürfen.

0,2 ccm jeder Lösung werden in einem Reagensglas mit 5 ccm Kaliumpermanganatlösung versetzt. Man läßt $1/4$ Stunde unter mehrmaligem Umschütteln stehen. Durch Zugabe von 2 ccm der Oxalschwefelsäurelösung wird das überschüssige Permanganat entfernt. Nach Zugabe von 5 ccm Schiffschem Reagens werden die Lösungen unter öfterem Umschütteln dann 2 Stunden lang stehengelassen.

Die je nach der Verdünnung der Probe verschieden stark auftretende violette Färbung wird mit den Vergleichslösungen verglichen, welche die gleiche Behandlung erfahren haben. Hat z. B. die Verdünnung $1+4$ die gleiche Färbung wie die Testprobe 0,3, so ist 0,3 mit 5 zu multiplizieren, um den Prozentgehalt an Methylalkohol zu erhalten. Stimmt der Farbton der Verdünnung $1+29$ mit dem der Testprobe 0,4 überein, so muß entsprechend 0,4 mit 30 multipliziert werden, um wiederum den Prozentgehalt an Methylalkohol zu errechnen.

c) Trichloräthylenbestimmung.

1. Qualitativ.

1. In ein 200 ccm fassendes Becherglas wird 1 ccm Wasser gegeben und durch Drehung des Glases die Wandung möglichst vollständig benetzt. Auf ein horizontal in ein Stativ eingeklammertes Glasrohr setzt man an die Spitze einen Asbestpfropfen, der mit 0,5 ccm der mit Alkohol 1:1 verdünnten Probe getränkt ist. Nach Anzünden des Asbestpfropfens wird das Becherglas horizontal darübergehalten, bis unter ständigem Drehen des Glases die Flamme abgebrannt ist. Das Wasser wird dann in ein Reagensgläschen gefüllt und mit Silbernitrat auf Salzsäure geprüft.

Es ergeben dann:

0,02 % Trichloräthylen deutliche Cl-Reaktion,
0,01 % Trichloräthylen noch sichtbare Cl-Reaktion,
0,005% Trichloräthylen gerade nicht sichtbare Cl-Reaktion (Schleier).

2. 200 ccm absoluter Alkohol werden in einem Literkolben mit 500 ccm Wasser versetzt und nach Zufügen einiger Siedesteinchen auf einer elektrischen Platte vorsichtig unter Verwendung eines Destillationsaufsatzes (z. B. Vigreux) abdestilliert. Wenn der Alkohol siedet und die Dämpfe den

Aufsatz bis oben hin erhitzt haben, wird die Heizung abgestellt, damit das Kondensat nur tropfenweise den Kühler verläßt. Inzwischen werden 5 Gläschen von etwa 10 ccm Inhalt bereitgestellt und von dem übergehenden Destillat die ersten 10 Tropfen in Glas *1*, die nächsten in Glas *2* usw. aufgefangen.

Ist in dem absoluten Alkohol Trichloräthylen vorhanden, so zeigt sich bei vorsichtigem Zusatz von einigen Tropfen Wasser zu den Destillaten eine milchige Trübung. Je nach dem Trichloräthylengehalt des Alkohols tritt die Trübung nur in den ersten Vorlagen auf.

Der auf diese Weise empirisch ermittelte Trichloräthylengehalt ergibt sich aus Tab. 47.

Tabelle 47.

Absoluter Alkohol + Trichloräthylen (Raum-%)	Trübung des Destillates auf Zusatz von Wasser			Herabsetzung der Weingeiststärke
	1. Vorlage	2. Vorlage	3. Vorlage	
0,0075	neg.	neg.	neg.	0,07
0,01	pos.	neg.	neg.	0,1
0,025	pos.	pos.	neg.	0,1
0,05	pos.	pos.	pos.	0,2
0,075	pos.	pos.	pos.	0,3

2. Quantitativ.

Die Bestimmung des Trichloräthylens beruht auf der Reduktion des Trichloräthylens zu Salzsäure durch Wasserstoff in alkalischem Medium (**NaOH + Zn**) und Bestimmung der Salzsäure durch Titration nach VOLHARD.

100—200 g der Probe werden in einen 500 ccm fassenden Kolben gefüllt, dazu 50 ccm 20%ige Natronlauge und 5 g Zinkstaub, beides von bekanntem Chlorgehalt, hinzugegeben. Diese Mischung wird 2 Stunden lang am Rückflußkühler erhitzt.

Nach Ausspülen des Kühlers mit destilliertem Wasser wird die über dem Zink stehende Flüssigkeit in einen großen Erlenmeyerkolben abgegossen und das zurückbleibende Zink mehrmals mit heißem Wasser ausgewaschen. Dann wird die Lösung salpetersauer gemacht und ein abgemessener Überschuß n/10 Silbernitratlösung hinzugefügt. Nach Zusetzen von Eisen-Ammoniak-Alaun-Lösung als Indicator wird mit n/10 Ammoniumrhodanid-Lösung der Überschuß an Silbernitrat zurücktitriert.

Berechnung: 1000 ccm n/10 **AgNO$_3$** entsprechen 3,540 g Cl. Von der gefundenen Chlormenge werden die für die Natronlauge und den Zinkstaub gefundenen Chlorwerte abgezogen. Der Umrechnungsfaktor auf Trichloräthylen ist 1,235.

Die obige Methode wird undurchführbar, wenn der Alkohol Aldehyde enthält. Es tritt dann durch die Einwirkung des Natriumhydroxydes auf die Aldehyde eine mehr oder weniger starke Braunfärbung ein, und zwar auch dann, wenn sich der Aldehydgehalt in den nach den üblichen Bestimmungen noch zulässigen Grenzen bewegt. Diese Braunfärbung verhindert das Erkennen des Endpunktes der Titration, da sie die rote Färbung des Ferrirhodanids überdeckt.

In solchen Fällen gelingt die einwandfreie Ermittelung des Chlorgehaltes, wenn man die im Alkohol vorhandenen Aldehyde zuvor mit m-Phenylendiamin bindet und in dem davon abdestillierten Alkohol die Chlorbestimmung nach VOLHARD vornimmt. Das Trichloräthylen geht bei der Destillation zusammen mit dem Alkohol als azeotrop siedendes Gemisch restlos über und ist infolgedessen im Rückstand nicht mehr vorhanden.

Die Bestimmung wird wie folgt durchgeführt:

150—200 g der Probe werden in einen 500 ccm fassenden Kolben gefüllt und dazu 2—3 g m-Phenylendiamin hinzugegeben. Diese Mischung wird $^1/_2$ Stunde lang am Rückflußkühler erhitzt. Alsdann wird abdestilliert bis auf eine im Kolben verbleibende Rückstandsmenge von etwa 30—40 ccm. Das Destillat wird nunmehr in gleicher Weise wie bisher behandelt, d. h. es werden 50 ccm 20%ige Natronlauge und 5 g Zinkstaub, beides von bekanntem Chlorgehalt, zugesetzt und die Mischung dann 2 Stunden lang am Rückflußkühler erhitzt.

Darauf folgt die Titration nach VOLHARD in bekannter Weise. Der gefundene Chlorgehalt bezieht sich auf den Chlorgehalt der ursprünglich angewandten Probemenge, d. h. auf 150—200 g.

Bei diesem Verfahren ist zu beachten, daß nur das organisch gebundene Chlor bestimmt wird. Etwa vorhandene freie Salzsäure wird durch das m-Phenylendiamin gebunden und bleibt zusammen mit etwa vorhandenen Chloriden im Kolbenrückstand, auf den sich die Bestimmung nach VOLHARD nicht erstreckt. Bei dem üblichen Bestimmungsverfahren ohne m-Phenylendiamin dagegen werden auch die Salzsäure und die Chloride erfaßt.

d) Benzin-Benzolbestimmung.

Für die *qualitative Bestimmung* von Benzin-Benzol im absoluten Alkohol kann die bei Trichloräthylen unter c2 genannte Methode angewendet werden. Es werden dann in die Gläser, die zum Auffangen des Destillates bestimmt sind, je 5 ccm einer Formalinschwefelsäurelösung gegeben, die bei Gegenwart von Benzol eine dunkelbraune Färbung annimmt.

Die *Bestimmung des Benzols in Gemischen mit Benzin* geschieht durch eine Lösung von Phosphorpentoxyd in konzentrierter Schwefelsäure.

In eine 100 ccm fassende lange Röhre, die mit einem Schliffstopfen verschließbar ist, werden 10 ccm der Probe, die in einer Pipette abgemessen werden, eingefüllt. Dazu gibt man etwa 70 ccm der Phosphorpentoxyd-Schwefelsäure und schüttelt diese Mischung 5 Minuten lang gut durch. Nach etwa 3stündigem Stehen teilt sich diese Mischung in zwei Schichten. Die untere enthält die Phosphorpentoxyd-Schwefelsäure, die mit dem Benzol reagiert hat und dadurch braun bis schwarz gefärbt worden ist, die obere enthält das unveränderte Benzin.

Bei Anwendung von 10 ccm der zu untersuchenden Probe ergeben sich nun die abgelesenen Kubikzentimeter Benzin, mit **10** multipliziert, direkt den Prozentgehalt an Benzin. Der Rest zu 100 ist Benzol.

e) Säure- und Esterzahl.

50 ccm der Probe werden auf dem Wasserbad am Rückflußkühler einige Minuten zum Sieden erhitzt, um die Kohlensäure auszutreiben. Die im Kühler befindliche Flüssigkeit tropft dann zurück. Dann wird die Probe mit 5 Tropfen Phenolphthaleinlösung versetzt und die Säure durch Titration mit n/10 Natronlauge bestimmt.

Der Säuregehalt wird auf Essigsäure in 100 ccm Probe berechnet. 1 ccm n/10 Natronlauge entsprechen 6 mg Essigsäure.

Nach Bestimmung der Säurezahl wird die gleiche Probe mit so viel n/10 Natronlauge versetzt, daß im ganzen 15 ccm in ihr enthalten sind. Dann wird zur Verseifung des Esters $^1/_2$ Stunde lang auf dem Wasserbad am Rückflußkühler erhitzt. Nach Abtropfen der Probe wird die überschüssige Natronlauge mit n/10 Schwefelsäure zurücktitriert.

Der Estergehalt wird als Essigester in 100 ccm Probe berechnet. Es entspricht 1 ccm n/10 Natronlauge 8,8 mg Essigester.

Die Säurezahl kann auch nach K. R. DIETRICH und H. GRASSMANN wie folgt ermittelt werden:

50 ccm des zu untersuchenden Alkohols werden mit 1—2 Tropfen 0,1%iger alkoholischer Methylrotlösung (Dimethylaminoazobenzolcarbonsäure) versetzt und sofort ohne vorheriges Kochen mit n/10 **NaOH**, am besten in einer in $^1/_{50}$ ccm eingeteilten, 10 ccm fassenden Bürette mit Kugelverschluß bis zum Auftreten der Gelbfärbung titriert. Zur deutlichen Erkennung des Farbumschlages wird eine Vergleichslösung (50 ccm Alkohol + 0,2 ccm n/10 **NaOH** + 2 Tropfen Methylrotlösung) verwendet.

1 ccm n/10 **NaOH** entspricht 0,006 g Essigsäure.

Steht eine größere Probemenge zur Verfügung, so werden zur Untersuchung zweckmäßig 100 ccm Alkohol verwendet.

f) Aldehydbestimmung.

1. Qualitativ.

10 ccm Alkohol werden mit 1 ccm einer wäßrigen 10%igen Lösung von Phenylendiaminchlorhydrat versetzt. Nach Ablauf von 10 Minuten darf keine Verfärbung eingetreten sein.

2. Quantitativ.

In einem mit Schliffstopfen versehenen 300-ccm-Erlenmeyerkolben werden genau 25 g Alkohol eingewogen. Nach Hinzufügen von 10 ccm einer annähernd normalen Hydroxylaminsalzlösung und 150 ccm destilliertem Wasser wird gut durchgeschüttelt und das Gemisch etwa $^1/_2$ Stunde lang bei Zimmertemperatur stehengelassen.

Dann wird die bei der Umsetzung nach der Formel

$$NH_2OH \cdot HCl + CH_3CHO = CH_3 \cdot CHNOH + H_2O + HCl$$

frei gewordene Salzsäure unter Zufügung von einigen Tropfen wäßriger Methylorangelösung mit n/10 Natronlauge bis zur bleibenden Gelbfärbung titriert.

Bei der Berechnung ist zu beachten, daß die Hydroxylaminsalzlösung meistens sauer reagiert. Infolgedessen ist durch einen Vorversuch festzustellen, wieviel Kubikzentimeter n/10 Natronlauge 10 ccm der Hydroxylaminlösung verbrauchen. Diese Menge ist von der beim Versuch verbrauchten Menge Lauge abzuziehen. Ferner muß darauf geachtet werden, daß bei jeder Bestimmung bis zum gleichen Farbumschlag — deutliche schwache Gelbfärbung — titriert wird.

Berechnung: 1 ccm n/10 Natronlauge entspricht 0,0044 g Acetaldehyd.

3. Colorimetrisch.

Nach BARBET ist der Aldehydgehalt colorimetrisch in folgender Weise festzustellen:

50 ccm Sprit werden in eine Vergleichsflasche gefüllt und diese in ein Wasserbad gestellt, dessen Temperatur genau auf 18° C gehalten wird. Nach Temperierung der abgemessenen Spritprobe in der Flasche auf die vorerwähnte Höhe werden 2 ccm einer Kaliumpermanganatlösung hinzugefügt, welche 100 mg Kaliumpermanganat in 500 ccm destilliertem Wasser enthält. Die Probe wird durchgeschüttelt, die Flasche wieder in das Wasserbad gestellt und der Entfärbungsverlauf beobachtet.

Nach dem Zusatz der Lösung färbt sich die Probe rotviolett. Je nach Güte des Primasprits tritt eine mehr oder weniger schnelle Aufhellung der Probe ein. Bei Eintreten des Farbtones hell-lachsfarben ist die Reaktion als beendet anzusehen. Es wird die Zeitdauer der Entfärbung vom Zufügen des Permanganats an bis zum Auftreten der Lachsfarbe festgestellt. Die Verwendung einer Vergleichslösung des Farbtones „lachsfarben" erleichtert die Beurteilung des Zeitpunktes des Farbumschlages. Sowohl die Spezialflaschen wie die Vergleichslösung können vom Institut für Gärungsgewerbe, Berlin, bezogen werden.

Wesentlich genauer ist die colorimetrische Methode nach K. GROLLA. Sie setzt aber die Verwendung eines lichtelektrischen Colorimeters nach LANGE voraus, welches den speziellen Erfordernissen der Spritanalyse genügt (vgl. Fuselöl — Colorimetrisch).

Tabelle 48.

Farbwert	Aldehyd mg/l	Toleranz mg/l	Farbwert	Aldehyd mg/l	Toleranz mg/l	Farbwert	Aldehyd mg/l	Toleranz mg/l
0,5	0,5		9,0	9,0		30	26	
1,0	1,0		10,0	10,0	±1,0	35	30	±2,0
1,5	1,5		11,0	10,5		40	35	
2,0	2,0		12,0	11,5		45	40,5	
2,5	2,5	±0,5	13,0	12,5		50	47,5	±3,0
3,0	3,0		14,0	13,5		55	56	
3,5	3,5		15,0	14,5		60	67	
4,0	4,0		16	15		65	80,5	±5,0
4,5	4,5		17	16		70	101	±20
5,0	5,0		18	17	±1,0	75	140	±50
6,0	6,0		19	17,5		80	310	
7,0	7,0		20	18		82	500	±200
8,0	8,0		25	22		84	1000	

Nach GROLLA werden 10 ccm eines auf 40 Vol.-% mit destilliertem Wasser verdünnten Sprits mit 4 ccm SCHIFFschem Reagens (zur Aldehydbestimmung von MERCK) versetzt und nach dem Umschütteln in einem Wasserbad von 25° C etwa 18 Minuten lang temperiert. Danach wird in das Reagensglas des Colorimeters bis zur 10-ccm-Marke umgefüllt, dieses in das Colorimeter eingesetzt und der Farbwert an der Skala 20 Minuten nach dem Ansetzen abgelesen. Der Gehalt an Aldehyd im mg im Liter kann dann aus Tab. 48 entnommen werden.

g) Fuselölbestimmung.

1. Qualitativ.

10 ccm Alkohol werden in einem Schüttelstandglas mit 1 ccm Salicylaldehydlösung (1 g in 100 g feinfiltriertem Sprit) versetzt. Dann überschichtet man mit 20 ccm konzentrierter Schwefelsäure und schüttelt unter Wasser um.

Die Anwesenheit von Fuselöl wird durch eine rotbraune Färbung angezeigt. Für die Untersuchung von medizinischem Alkohol bzw. Primasprit gilt die Bestimmung, daß nach dreistündigem Stehen keine Rotfärbung der Probe eintreten darf.

2. Quantitativ.

In ein 50 ccm fassendes Schüttelstandglas werden 30 ccm einer Chlorcalciumlösung (Dichte 1,2—1,3) und 10 ccm der auf Fuselöl zu untersuchenden Probe gefüllt. Das Gemisch wird 1 Minute lang kräftig durchgeschüttelt und dann stehengelassen, bis eine Trennung in zwei Schichten eingetreten ist.

Die obere Schicht ergibt bei Anwendung von 10 ccm Probe, mit 10 multipliziert, direkt den Prozentgehalt an Fuselöl.

3. Colorimetrisch.

Nach GROLLA kann in ähnlicher Weise wie bei der Aldehydbestimmung auch das Fuselöl colorimetrisch festgestellt werden. Dies setzt ebenfalls die Verwendung eines lichtelektrischen Colorimeters nach LANGE voraus.

Dieses Colorimeter wurde von GROLLA dafür besonders justiert, so daß jeder Skalenteil am Anzeigegerät im Primaspritbereich 1 mg Fuselöl im Liter entspricht. Die Skalenteilung des Colorimeters ist mit dem Gehalt an Begleitstoffen des Sprits in Beziehung gebracht worden, indem der den verschiedenen Skalenteilen zugehörige Gehalt des jeweiligen Stoffes experimentell ermittelt und in mg/l in Tabellen niedergelegt wurde. Die Bestimmung der Farbtiefe erfolgt durch Messen der Absorption, die ein von der Lichtquelle des Colorimeters erzeugter Lichtstrahl in der zu untersuchenden, vorher der chemischen Reaktion unterworfenen Spritprobe erfährt. Je dunkler der Farbton der Probe ist, desto stärker wird der Lichtstrahl geschwächt. Diese Lichtschwächung bewirkt eine Änderung des Photostromes von Selenzellen und kann als Meßwert an der Skala des Colorimeters abgelesen werden. Vgl. Nachtrag: Das lichtelektrische Colorimeter.

Die Methode ist folgende:

5 ccm Sprit und 0,5 ccm Salicylaldehydlösung werden in einem Schüttelstandglas mit Schliffstopfen von etwa 40 ccm Inhalt mit 10 ccm Schwefelsäure p. a. spezifisches Gewicht 1,84 versetzt. Nach dem Verschließen des Glases wird der Inhalt durch dreimaliges langsames Umkippen des Glases innig vermischt. Nach etwa 1 Stunde wird die Mischung in das Reagensglas des lichtelektrischen Colorimeters mindestens bis zur 10-ccm-Marke eingefüllt, diese in das Colorimeter eingesetzt und die Intensität des Farbtones (Extinktion) an der Skala 1 Stunde nach dem Ansetzen der Probe abgelesen.

Von dem Farbwert der Spritprobe wird der Farbwert der Chemikalien in Abzug gebracht und der der Differenz zugeordnete Fuselölgehalt aus der Tab. 49 abgelesen.

Der *Chemikalienwert* wird wie folgt ermittelt:

0,5 ccm Salicylaldehydlösung und 10 ccm Schwefelsäure werden miteinander ohne Zugabe von Sprit im Schüttelstandglas vermischt und die Intensität des Farbtones nach 1 Stunde im Colorimeter festgestellt. Der Eigenfarbton liegt bei reinen Chemikalien in der Regel zwischen 6,0 und 7,0° und sollte nicht wesentlich über den letzteren Wert hinausgehen.

Der *Reinheitsgrad der Schwefelsäure* läßt sich wie folgt ermitteln:

1,5 ccm Salicylaldehyd werden mit 10 ccm der zu prüfenden Säure vermischt und nach 1 Stunde dann der Farbton im Colorimeter festgestellt.

Tabelle 49.

Feststellung des Fuselölgehaltes, bezogen auf Iso-Amylalkohol, aus der Differenz zwischen dem Farbwert der jeweiligen Spritprobe und dem Chemikalien-Farbwert (Null-Punkt).

Farbwert-differenz	Iso-Amyl-alkohol mg/l	Toleranz mg/l	Farbwert-differenz	Iso-Amyl-alkohol mg/l	Toleranz mg/l
0,5	0,5		15	21,5	
1,0	1,0		16	23	
1,5	1,5	± 0,5	17	25	± 2
2,0	2,0		18	27	
2,5	2,5		19	29	
3,0	3,0		20	31	
3,5	3,5		25	41	
4,0	4,0		30	52	± 5
4,5	4,5		35	64	
5,0	5,0		40	79	
5,5	5,5		45	95	
6,0	6,5		50	115	± 10
6,5	7,0		55	140	± 20
7,0	8,0	± 0,5	60	170	
7,5	8,5		65	220	
8,0	9,0		70	360	± 50
8,5	9,5		73	450	
9,0	10,5		75	650	
9,5	11,5		79	1000	± 200
10,0	12,5	± 1,0			
11,0	14,0				
12,0	16,0				
13,0	17,5				
14,0	19,5				

Er darf nicht wesentlich höher als 5° über dem zulässigen Chemikalienwert liegen, andernfalls ist die Schwefelsäure für die Fuselölreaktion nicht brauchbar.

Die *Salicylaldehydlösung* wird aus 99 g Sprit und 1 g Salicylaldehyd hergestellt. Der zur Verwendung kommende Sprit darf nicht mehr als 3 mg/l Fuselöl enthalten.

Beispiel.

Farbwert der Spritprobe . . . 14,0
Farbwert der Chemikalien . . 7,0
Differenz 7,0 = 8 mg Fuselöl (vgl. Tab. 49).

h) Kupferbestimmung.

1. Bestimmung mit Ammoniak.

Der Kupfergehalt kann colorimetrisch ermittelt werden, da die Kupfersalze mit Ammoniaklösung eine tiefblaue Färbung ergeben.

α) *Herstellung der Testlösungen.*

2,6824 g $CuCl_2 \cdot 2H_2O$ werden in 1000 ccm Wasser aufgelöst. Die entstehende Lösung enthält genau 0,1% Kupfer. Dann werden 10 Reagensgläser mit der Bezeichnung 1—10 bei je 5 ccm Inhalt mit einer Marke versehen. Man gibt von der 0,1%igen Kupferlösung in Glas

Testlösung 1 = 0,1 ccm   Testlösung 6 = 1,25 ccm
          2 = 0,25 ccm   7 = 1,5 ccm
          3 = 0,5 ccm   8 = 1,75 ccm
          4 = 0,75 ccm   9 = 2,0 ccm
          5 = 1,0 ccm   10 = 2,5 ccm,

füllt dann alle Reagensgläser mit 10%iger Ammoniaklösung bis zur 5-ccm-Marke auf und schmilzt sie zu.

β) *Versuchsausführung.*

5 ccm Alkohol bzw. ein Vielfaches oder ein Teil davon werden in einer nicht zu kleinen Porzellanschale auf dem Wasserbade zur Trockne eingedampft. Der Rückstand wird mit etwa 3 ccm rauchender Salpetersäure übergossen, die entstehende Lösung wieder zur Trockne eingedampft und der Rückstand dann bis zur schwachen Rotglut langsam geglüht. Man übergießt nochmals mit 3 ccm rauchender Salpetersäure, dampft vorsichtig auf dem Wasserbade ein, übergießt den Rückstand portionsweise mit 10%iger Ammoniaklösung und filtriert notfalls in einen Meßzylinder.

Die Lösung wird genau auf 5 ccm aufgefüllt, in ein Reagensglas (wie oben) überführt und mit den Testlösungen verglichen.

Es entspricht:

Testlösung 1 = 20 ⎫   Testlösung 6 = 250 ⎫
          2 = 50 ⎪ mg Kupfer   7 = 300 ⎪ mg Kupfer
          3 = 100 ⎬ im Liter.   8 = 350 ⎬ im Liter.
          4 = 150 ⎪   9 = 400 ⎪
          5 = 200 ⎭   10 = 500 ⎭

Hat man ursprünglich statt 5 ccm Alkohol z. B. 15 ccm eingedampft, so ist sinngemäß das entsprechende Ergebnis durch 3 zu teilen; hat man z. B. nur 1 ccm angewendet, so ist das Ergebnis mit 5 zu multiplizieren.

Die Untersuchungen können natürlich auch im Colorimeter ausgeführt werden. Man stellt sich zu diesem Zweck am besten eine Standardkurve mit den Testlösungen her.

γ) Betriebsvorschrift.

Im Betriebe wird die Kupferbestimmung mit Ammoniak wie folgt vereinfacht durchgeführt:

300 ccm des zu untersuchenden absoluten Alkohols werden in einer Porzellanschale auf dem Wasserbade eingedampft. Der in der Schale verbliebene Rückstand wird mit 1—2 ccm 10%iger Ammoniaklösung übergossen. Der absolute Alkohol gilt als einwandfrei, wenn sich nicht die geringste bläuliche Färbung zeigt.

2. Bestimmung mit Ursol.

Für die colorimetrische Methode mit Ursol werden folgende Lösungen benötigt:

1. Konzentrierte Ursol-Stammlösung.

    2 g Ursol
    96 g absoluter Alkohol,
    2 g Wasserstoffsuperoxyd (30%ig).

2. Reagenslösung.

    10 ccm Stammlösung von 1,
    40 ccm reinster absoluter Alkohol.

3. Testlösungen. a) Kupferchlorid-Stammlösung. 2,6824 g $CuCl_2 \cdot 2H_2O$ (= 1 g Kupfer) werden in einem 1-l-Meßkolben mit reinem absolutem Alkohol bis zur Marke aufgefüllt.

b) Testproben.

$$\left.\begin{array}{l}1 = 0{,}5 \\ 2 = 1{,}0 \\ 3 = 2{,}0 \\ 4 = 3{,}0 \\ 5 = 4{,}0 \\ 6 = 5{,}0\end{array}\right\}$$ ccm Lösung a auf 100 ccm mit absolutem Alkoholgehalt aufgefüllt.

In ein Reagensglas sind 10 ccm des zu prüfenden Alkohols zu geben, in sechs andere Reagensgläser gibt man zum Vergleich je 1 ccm der Testlösungen 1—6 und je 9 ccm reinen absoluten Alkohol. Zu jedem Reagensglas wird 1 ccm Reagenslösung hinzugefügt und nach einigem Schütteln dann nach 1 Stunde Stehenlassen der Farbton in den einzelnen Gläsern verglichen.

Es bedeuten:

$$\left.\begin{array}{l}\text{Testlösung } 1 = 0{,}5 \\ 2 = 1{,}0 \\ 3 = 2{,}0\end{array}\right\} \text{mg Kupfer im Liter} \qquad \left.\begin{array}{l}\text{Testlösung } 4 = 3{,}0 \\ 5 = 4{,}0 \\ 6 = 5{,}0\end{array}\right\} \text{mg Kupfer im Liter.}$$

α) Betriebsvorschrift.

Benötigt werden:
1. *Ursol-Reagenslösung* wie oben unter 2.
2. *Sechs Testproben* wie oben unter 3b.
3. *Vollkommen kupferfreier absoluter Alkohol.*

Etwa 1 l absoluter Alkohol aus der Betriebsvorlage wird in einem $1^{1}/_{2}$ l Glaskolben über den Destillieraufsatz bis auf 50 ccm Rückstand, der zu verwerfen ist, abdestilliert. Die zur Aufbewahrung des kupferfreien absoluten Alkohols dienende Flasche wird vorher gut mit kleinen Mengen davon ausgespült.

β) Versuchsausführung.

Der zu untersuchende Alkohol ist, falls er nicht vollkommen klar ist, durch ein Faltenfilter zu filtrieren. Die folgenden angegebenen Mengen sind jeweils genau mit einer entsprechenden Pipette zu entnehmen.

In 6 farblose Reagensgläser (möglichst gleich groß und gleich weit) füllt man je 1 ccm der Testlösungen 1—6 und fügt in jedes Reagensglas 9 ccm kupferfreien Alkohol hinzu. In ein siebentes Reagensglas werden 10 ccm kupferfreier Alkohol gegeben (Blindprobe). 10 ccm des zu untersuchenden Alkohols werden in ein achtes Reagensglas gefüllt. In alle Reagensgläser wird hierauf je 1 ccm der Ursol-Reagenslösung gegeben, gut umgeschüttelt und nach etwa 1 Stunde der orangegelbe bis orangerote Farbton der Lösung der zu untersuchenden Probe mit dem der Testlösungen verglichen.

Der Farbton ist etwa 4 Stunden lang beständig. Nach noch längerem Stehen sind Ungenauigkeiten zu erwarten.

Sollte der Farbton der Alkoholprobe dunkler als die Testlösung 6 sein, dann ist eine neue Probe anzusetzen und hierzu der zu untersuchende Alkohol zu verdünnen. Die Verdünnung ist so zu wählen, daß die neue Probe nun wieder mit einer der Testlösungen 1—6 vergleichbar ist. Statt der bisherigen 10 ccm des zu untersuchenden Alkohols gibt man jetzt in je ein Reagensglas zur Erzielung der notwendigen Verdünnung

a) 5 ccm Alkohol und 5 ccm kupferfreien Alkohol: Verdünnungsfaktor 2,

b) 2 ccm Alkohol und 8 ccm kupferfreien Alkohol: Verdünnungsfaktor 3,

c) 1 ccm Alkohol und 9 ccm kupferfreien Alkohol: Verdünnungsfaktor 10,

d) 0,5 ccm Alkohol und 9,5 ccm kupferfreien Alkohol: Verdünnungsfaktor 50,

e) 0,2 ccm Alkohol und 9,8 ccm kupferfreien Alkohol: Verdünnungsfaktor 20,

f) 0,1 ccm Alkohol und 9,9 ccm kupferfreien Alkohol: Verdünnungsfaktor 100,

und versetzt jedes Reagensglas wie bei der normalen Untersuchung mit 1 ccm Ursol-Reagenslösung. Gleichzeitig müssen auch die Vergleichsproben frisch angesetzt werden, da die Farbtöne nicht über 4 Stunden hinaus beständig sind. Die gefundenen Werte sind je nach der gewählten Verdünnung mit dem entsprechenden Verdünnungsfaktor zu multiplizieren.

Beispiel. Der Farbton der Lösung b mit dem Verdünnungsfaktor 5 entspricht der Testlösung 5; die bedeutet, daß 4 mg Kupfer im Liter sind. Dann enthält der zu untersuchende Alkohol $5 \cdot 4 = 20$ mg Kupfer im Liter.

i) Aminbestimmung.

Die Methode beruht darauf, daß die freien Amine durch Schwefelsäure zunächst gebunden werden und die Hauptmenge des Branntweins abdestilliert wird. Die im Destillationsrückstand verbliebenen schwefelsauren Amine werden dann durch Zugabe von Natronlauge freigemacht und in einer abgemessenen überschüssigen Menge n/100 Salzsäure aufgefangen. Der Überschuß der Säure wird mit n/100 Natronlauge zurücktitriert.

Sofern nicht fertige Normallösungen benutzt werden, ist es notwendig, bei der Herstellung der Lösungen das destillierte Wasser auszukochen und unter Natronkalkverschluß abzukühlen und aufzubewahren. Soweit es zum Verdünnen der n/100 Lösungen in der Vorlage bzw. zum Ausspülen des Kühlers dient, muß es unter Zusatz von Methylrot mit n/100 Säure bzw. Lauge neutralisiert werden. Nur wenn der Zutritt von Kohlensäure sorgfältig vermieden wird, ist der Umschlagspunkt der Titration deutlich zu erkennen. Zur Herstellung der n/100 Lösungen empfiehlt es sich, zunächst n/10 Lösungen anzufertigen und diese dann weiter zu verdünnen. Alle Lösungen sind unter Natronkalkverschluß zu halten. Zum Abmessen aller Flüssigkeiten werden Präzisionspipetten (mit Wartezeit), zur Titration eine 10 ccm fassende Mikropürette mit Kugelverschluß benutzt.

Im einzelnen wird wie folgt verfahren:

250 ccm des zu untersuchenden Branntweins werden mit 20 ccm einer 10%igen Schwefelsäure in einem 500-ccm-Kjeldahlkolben versetzt und destilliert. Als Siedestein dient mit destilliertem Wasser ausgekochter Bimsstein. Sobald der Rückstand sich gelb bis bräunlich zu färben beginnt, wird die Destillation unterbrochen. Nach dem Abkühlen wird mit destilliertem Wasser verdünnt, welches in obenerwähnter Weise besonders vorbereitet wurde. Der Kolben wird mit einem doppelt durchbohrten Gummistopfen verschlossen, durch dessen eine Bohrung ein Tropftrichter mit 33%iger Natronlauge (zur Kjeldahlbestimmung) aufgesetzt wird. In die andere Bohrung wird ein Destillieraufsatz eingeführt, an welchen sich ein kurzer Kugelkühler anschließt. Zur Vorlage verwendet man einen 300-ccm-Erlenmeyerkolben. Dieser wird mit einer abpipettierten Menge n/100 Salzsäure unter Zusatz einiger Tropfen Methylrot gefüllt und mit so viel destilliertem Wasser aufgefüllt, daß das Ende des Kühlrohres in die Flüssigkeit eintauchen kann. Sollte während der Destillation der Farbton der Flüssigkeit in der Vorlage in Gelb umschlagen, so ist eine weitere abgemessene Menge n/100 Salzsäure in die Vorlage zu geben. Man läßt die Lauge aus dem Tropftrichter langsam zufließen, bis ein in der Kolbenflüssigkeit schwimmendes rotes Lackmuspapier blau gefärbt wird. Die Destillation der etwa 100 ccm Flüssigkeit in die Vorlage muß vorsichtig vorgenommen werden. Um sich davon zu überzeugen, daß die Amine restlos erfaßt sind, prüft man einen Tropfen des Destillates am Ende des Kühlrohres mit rotem Lackmuspapier. Sofern noch eine Blaufärbung eintritt, ist mit der Destillation so lange fortzufahren, bis das Lackmuspapier rot bleibt.

Nach beendeter Destillation wird das Kühlrohr mit destilliertem Wasser, welches zur Vorlage zu geben ist, durchgespült und dann das Destillat mit n/100 Natronlauge titriert. Als Indikator dient Methylrot. Man zieht von der in die Vorlage gegebenen Säuremenge die Anzahl ccm n/100 Natronlauge ab, die man zum Zurücktitrieren gebraucht hat, und ermittelt so die Anzahl ccm n/100 Salzsäure, die zur Bindung der im Branntwein enthaltenen Amine notwendig waren. 1 ccm n/100 Salzsäure entspricht 0,3106 mg Methylamin. Man rechnet auf den Gehalt an mg Methylamin im Liter Branntwein um.

Bei dieser Bestimmung wird auch der Ammoniakgehalt des Branntweins miterfaßt.

Schrifttum.

Dietrich, K. R.: Z. f. Spiritusindustrie **1933**, S. 220.

k) Alkoholbestimmung in Lösungen.
(Alkoholbestimmung im Blut vgl. S. 628.)

E. Martin und K. R. Dietrich haben den Alkoholgehalt in Lösungen, Maischen und Würzen mit einer neuartigen Methode bestimmt. Sie beruht darauf, daß der Alkohol durch Oxydation mit Kaliumbichromat in Gegenwart von Schwefelsäure vollständig in Essigsäure umgewandelt wird. Es geschieht dies nach folgenden Formeln:

$$2 K_2Cr_2O_7 + 3 C_2H_5OH + 8 H_2SO_4$$
$$= K_2SO_4 + 2 Cr_2(SO_4)_3 + 3 CH_3COOH + 11 H_2O \quad (1)$$

$$K_2Cr_2O_7 + 6 KJ + 7 H_2SO_4 = 4 K_2SO_4 + Cr_2(SO_4)_3 + 3 J_2 + 7 H_2O \quad (2)$$

$$2 Na_2S_2O_3 + J_2 = 2 NaJ + Na_2S_4O_6. \quad (3)$$

Diese Umwandlung verläuft quantitativ, wenn man sich an die vorgeschriebenen Bedingungen hält. Die Oxydation geht im übrigen nicht weiter, da das Essigsäuremolekül unter den angewandten Bedingungen stabil ist.

Es werden folgende *Lösungen* benötigt:

1. Etwa n/20 Bichromat-Schwefelsäure: 2,45 g Kal.-Bichromat werden in 500 ccm Wasser gelöst und mit konzentrierter Schwefelsäure auf 1 l aufgefüllt. Steht keine reine Schwefelsäure zur Verfügung, so müssen die evtl. darin enthaltenen oxydablen Bestandteile zunächst oxydiert werden: Man löst dann das Bichromat in wenig Wasser (20—30 ccm), gibt 500 ccm Schwefelsäure hinzu und hält nun etwa 1 Stunde bei etwa 100°. Dann kühlt man ab und füllt nun mit der nötigen Vorsicht (starke Erhitzung!) mit Wasser auf 1 l auf. Man stellt dann im Blindversuch (siehe unten!) den Faktor der Lösung fest und gibt bei zu geringer Stärke evtl. noch die fehlende Menge Bichromat nach.

2. n/10 Natr.-Thiosulfat.

3. Jodkalium-Lösung, rund 100%ig.

4. Stärkelösung, rund 2%ig; wegen der Haltbarkeit zweckmäßig in annähernd gesättigter Kochsalzlösung.

5. Alkalisches Wasser: 1,5 ccm n/1 **NaOH** auf rund 100 Wasser.

Die Bestimmung wird in der *Apparatur* ausgeführt, die in Abb. 166 wiedergegeben ist.

Der Alkohol wird ebenso wie die flüchtigen Bestandteile durch Wasserdampf ausgetrieben. Dies ist der Destillation durch direkte Heizung vorzuziehen. Es wird nun wie folgt verfahren:

1. *Blindversuch (Einstellung der Bichromat-Lösung);* 20 ccm Bichromat-Lösung werden in die Kugelvorlage pipettiert. Dann pipettiert man (ohne große Genauigkeit) 10 ccm des alkalischen Wassers in das Einsatzrohr *B* und setzt den Apparat zusammen, so daß das Überleitungsrohr *D* bis fast auf den Boden der Vorlage in die vorgelegte Bichromat-Lösung eintaucht. Im Erlenmeyerkolben befinden sich etwa 400 ccm Wasser und gut wirkende Siedesteinchen. Man erhitzt nun, bei geöffnetem Hahn, zum Sieden, läßt einige Augenblicke Dampf ausströmen und schließt dann den Hahn. Der Dampf geht nun durch das eingeschmolzene Rohr *C*, durch die in das Einsatzrohr *B* einpipettierte alkalische Flüssigkeit und durch das Überleitungsrohr *D* in die Vorlage, wo er zunächst kondensiert wird und dann durch die Vorlageflüssigkeit hindurchkocht. Man destilliert rund 10 Minuten und richtet die Heizung so ein, daß nach etwa 5 Minuten das Hindurchkochen durch die Vorlageflüssigkeit beginnt. Nach den 10 Minuten senkt man die Vorlage so weit, daß das Überleitungsrohr nur noch etwa 1 cm in den Hals der Vorlage hineinragt, spült das Rohrende ab und läßt zum inneren Nachspülen noch etwa 2 Minuten weiterdestillieren. Danach kühlt man die Vorlage unter der Wasserleitung und spült in einen etwa 200-Erlenmeyer quantitativ über, so daß mit Kondens- und Spülwasser etwa 100 ccm Flüssigkeit entstehen. Nun gibt man rund 2 ccm der Jodkali-Lösung und etwa 1 ccm der Stärke-Lösung hinzu und titriert *sofort* das ausgeschiedene Jod mit der n/10 Thiosulfat-Lösung. Die dabei verbrauchten Kubikzentimeter n/10 Thiosulfat sind der Faktor der Bichromat-Lösung.

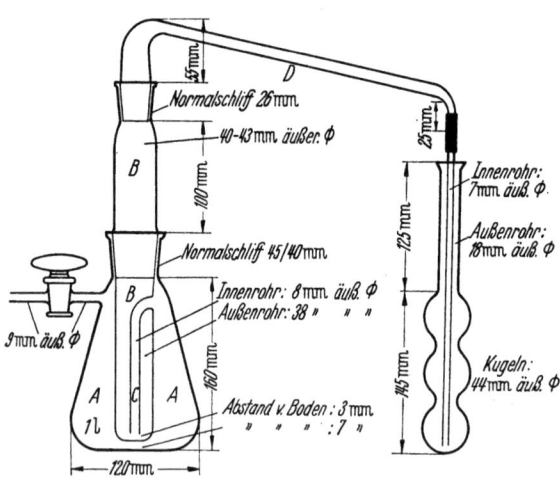

Abb. 166. Bauart: *Ehrhardt & Metzger Nachf.*, Darmstadt.

2. *Ausführung der Alkoholbestimmung.* Alles wie beim Blindversuch, nur daß vor dem Hineingeben des alkalischen Wassers die alkoholhaltige Probe in das Einsatzrohr pipettiert wird. Die Menge der Alkoholprobe richtet sich nach dem Alkoholgehalt: Bis etwa 1 Vol.-% kann man 1 ccm anwenden, bis 2 Vol.-% 0,5 ccm; darüber hinaus muß man die Untersuchungsflüssigkeit entsprechend verdünnen.

Bei Serienbestimmungen, wenn dann also das Wasser im Erlenmeyerkolben von der vorhergehenden Bestimmung noch heiß ist, muß man darauf achten, daß das fertig beschickte Einsatzrohr vor dem Einsetzen in den Erlenmeyerkolben mit dem Überleitungsrohr verschlossen und sofort nach dem Einsetzen mit der schon vorbereiteten Vorlage verbunden wird, da sonst Alkoholverluste entstehen.

Um ein Festsetzen der Schliffe zu verhüten, müssen diese beim Zusammensetzen gut mit der Spritzflasche angefeuchtet werden.

Berechnung. Das Äquivalentgewicht des Alkohols bei der Oxydation mit Bichromat ergibt sich nach den oben gegebenen Gleichungen zu $^1/_4$ des Molekulargewichtes, das ist 11,5 g = 14,6 ccm.

Daraus ergibt sich:

1 ccm n/10 Bichromat zeigt an: 0,00115 g (= 0,00146 ccm) Alkohol. Der Alkoholgehalt der Untersuchungsflüssigkeit errechnet sich dann nach der Formel:

$$\frac{(\text{ccm Thios. im Blindv.} - \text{ccm Thios.} - \text{im Hauptv.}) \cdot 0{,}00146 \cdot 100}{\text{angewendete ccm der Untersuchungsflüssigkeit}} = \text{Vol.-\% Alk.}$$

Die Brauchbarkeit der vorstehenden Methode ist von F. HEIMANN, Wandsbek, bestätigt worden.

1) Destillationsaufsatz nach Burow.

Die bisher benutzten Destillationsaufsätze haben eine verschiedenartige Wirkung. Die Glasperlen und Raschig-Ring-Destillationsaufsätze wirken im wesentlichen als Rektifikatoren, die Kugelaufsätze mit und ohne Tropfröhren und Kühlschlangen als Dephlegmatoren, sie sind daher jeder für sich von einseitiger Wirkungsweise. BUROW hat in einem Destillationsaufsatz (Abb. 167) beide Wirkungen kombiniert.

Der Apparat besteht aus folgenden Teilen:

1. Einem unteren Ansatz mit Normalschliff von 100 mm Länge,
2. einer Rektifizierkolonne mit Raschig-Ring-Füllung, Länge 550 mm, Durchmesser 35 mm,
3. einem darüberliegenden, in einem Stück angeblasenen Dephlegmator, bestehend aus einem Dampfraum, einer außenliegenden luftgekühlten Spirale von 7 Windungen, die über ein flaches U-Röhrchen in den parallel liegenden Lutterraum mit Thermometerstutzen und Geistrohr führt. Die Einmündung des Spiralauslaufes liegt 50 mm über dem Boden des Lutterraumes,

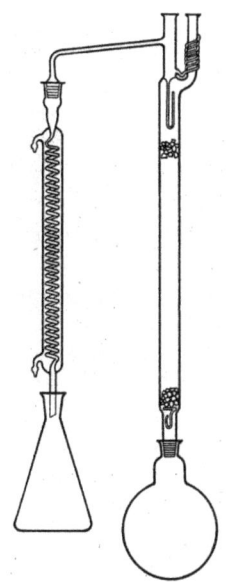

Abb. 167. Destillationsaufsatz nach BUROW. Hersteller: Laboratoriumsbedarf *Erich Tschacher*, Bielefeld, Sudbrackstr. 18.

4. einem U-förmigen Syphon von insgesamt 100 mm Länge, bei einer Länge des kürzeren Auslaufschenkels von 70 mm. Dieser Syphon ist am Boden des Lutterraumes angebracht und bewirkt den erforderlichen Druckausgleich im Innern des Apparates.

Die Wirkungsweise ist die folgende: In der Rektifizierkolonne wird eine derartige Verstärkung des in üblicher Weise 40—45 vol.-%igem Rohsprits erreicht, daß durch die nachfolgende Dephlegmation neben weiterer Verstärkung die Abtrennung unerwünschter Verunreinigungen zu erreichen ist, wobei dem unter 3. erwähnten Dampfraum eine große Bedeutung zukommt. Das durch den Syphon zurückgeführte Phlegma wird in der Rektifizierkolonne fortlaufend vollständig entgeistet. Die Verunreinigungen gehen bei diesem kombinierten Prozeß entweder als Vorlauf über, wobei sie gesondert aufgefangen werden, oder sie bleiben nach vollständigem Abtreiben des Alkohols als Nachlauf in der Blase zurück. Dieser Nachlauf kann zum Schluß besonders abgetrieben oder in der Blase belassen werden.

Die Apparatur eignet sich nicht nur zur Rektifikation, sondern auch zur Trennung von flüchtigen und nicht- oder schwer flüchtigen organischen Säuren sowie zur Rektifikation von Kohlenwasserstoffgemischen.

m) Die Beschaffenheitsbedingungen für Sprite.

Für die deutsche Bundesmonopolverwaltung gelten heute folgende Beschaffenheitsbedingungen:

1. Primasprit.

1. Geruch und Geschmack. Frei von jedem Nebengeruch und -geschmack (neutral).

Zur Geruchsprüfung werden mit Deckel versehene Gläser verwendet. Zur Geschmacksprüfung wird die zu prüfende Spritprobe auf Trinkstärke von 35 Raumhundertteilen herabgesetzt.

2. Aussehen. Klar und farblos, mit Wasser klar mischbar.

Die Farbe des Sprits ist in einer Schichthöhe von etwa 40 cm in der Aufsicht zu beurteilen. Der farblose Zylinder steht auf weißer Unterlage.

3. Weingeiststärke. Mindestens 94,4 Gew.-%.

Die Weingeiststärke wird mit der amtlichen Weingeistspindel, umfassend die Weingeiststärken von 90—100 Gewichtshundertteilen, und den dazugehörigen Tafeln bestimmt (vgl. hierzu § 43, I, 1d der Technischen Bestimmungen zu den Ausführungsbestimmungen zum Gesetz über das Branntweinmonopol vom 8. April 1922).

4. Aldehyd. Höchstens 4 mg je Liter, bezogen auf Acetaldehyd.
Vgl. Unterabschnitt f.

5. Fuselöl. Höchstens 5 mg je Liter, bezogen auf iso-Amylalkohol.
Vgl. Unterabschnitt g.

6. Säure. Höchstens 7 mg je Liter, bezogen auf Essigsäure.
Vgl. Unterabschnitt e.

7. Furfurol. Frei.

10 ccm Sprit werden mit 1 ccm frisch destilliertem Anilin und 2 bis 3 Tropfen konzentrierter Salzsäure (37%ig) versetzt. Nach 5 Minuten darf keine rötliche Färbung eintreten.

8. Flüchtige Basen. Praktisch frei.
Vgl. Unterabschnitt e.

9. Methylalkohol. Höchstens 0,3 Vol.-%.
Vgl. Unterabschnitt b.

2. Sekundasprit (Sprit zu technischen Zwecken).

1. Aussehen. Klar und farblos, mit Wasser klar mischbar.
Wie bei Primasprit.

2. Weingeiststärke. Mindestens 94,4 Gew.-%.
Wie bei Primasprit.

3. Aldehyd. Höchstens 1 g je Liter, bezogen auf Acetaldehyd.
Vgl. Unterabschnitt f.

4. Fuselöl. Höchstens 1 g je Liter, bezogen auf Isoamylalkohol.
Wie bei Primasprit, nur mit dem Unterschied, statt daß 10 ccm Probe nur 1 ccm und 9 ccm einwandfreier Primasprit genommen werden, und daß die bei der Vermischung eintretende Färbung nach Verlauf von 5 Minuten (vom Zeitpunkt der Vermischung an gerechnet) nur einen hellbraunen Ton haben darf; ist die Färbung nach 5 Minuten bereits weinrot, so ist der Fuselgehalt zu hoch.

5. Säure. Höchstens 15 mg je Liter, bezogen auf Essigsäure.
Vgl. Unterabschnitt e.

6. Furfurol. Frei.
Wie bei Primasprit.

7. Flüchtige Basen. Höchstens 2 mg je Liter, bezogen auf Methylamin.
Vgl. Unterabschnitt e.

8. Methylalkohol. Höchstens 0,3 Vol.-%.
Vgl. Unterabschnitt b.

Nach den von K. GROLLA verbesserten Sprituntersuchungsmethoden ist die Qualität des Primasprits schärfer als bisher erkennbar. Sehr gute Primasprite weisen folgende Kennwerte auf:

Fuselöl	3 mg/l und darunter
Aldehyd	1 mg/l und darunter
$KMnO_4$-Zahl	25 min und darüber
Ester	etwa 30 mg/l und darunter.

Schrifttum.

GROLLA, K.: Branntweinwirtschaft **1953**, Nr. 14, 16, 17 u. 19.
KRÜMMEL: Branntweinwirtschaft, Nr. 14, Juli 1951.
Technische Bestimmungen zu den Ausführungsbestimmungen zum Gesetz über das Branntweinmonopol vom 8. April 1922.
Bundesmonopol-Vorschriften siehe Nachtrag S. 624.

n) Geruchs- und Geschmacksbestimmung.

Es wird schon lange angestrebt, die geruchlichen und geschmacklichen Eigenschaften von Spriten systematisch zu prüfen. Es ist heute üblich, die Sinnesprüfung von Primasprit als Blindprobe und in einer Verdünnung 1:2 (= etwa 32 Vol.-%) in Degustiergläsern mit eingeschliffenem Deckel durchzuführen. Wird dabei gleichzeitig ein Testsprit angesetzt, dessen Geruch und Geschmack frei von allen Nebenerscheinungen ist, so hat man die Möglichkeit, eine Abweichung als positiv oder negativ festzustellen. Hierzu hat K. WAGNER gewisse Vorschläge gemacht, aber auch der Zwang, die Beurteilung eines Sprits nach Geruch und Geschmack sprachlich festzulegen, läßt einen objektiven Befund nicht zu.

Um die Reinheit eines Sprites zu ermitteln, wurde neuerdings mit Hilfe des *Beckman-Spektrometers* eine spezialanalytische Untersuchungsmethode angewendet. Es besteht aber die Schwierigkeit, daß auch chemisch und optisch einwandfreie Sprite noch einen Nebengeruch oder Nebengeschmack aufweisen können, weil der Geruchssinn bereits auf ganz geringe Konzentrationen anspricht, die chemisch und optisch nicht mehr zu erfassen sind. Allerdings spricht der BECKMAN-Apparat z. B. bei Feinspriten auf feine Unterschiede noch an, so daß eine Kontrolle der gleichbleibenden Qualität von bezogenem Feinsprit möglich wird. Zwei analytisch einwandfreie Primaspritproben, die von H. SPECHT, Berlin, untersucht wurden, hatten z. B. einen gewissen, voneinander sich unterscheidenden Geschmackseindruck. Die organoleptisch als neutraler angesprochene Probe lag auch als Spektralkurve beim chemisch reineren Äthylalkohol. Es ist also zu bemerken, daß die subjektiv festgestellte, d. h. von geübten Zungen noch empfundene Geschmacksdifferenz eindeutig im Vergleich der beiden Proben objektiv an der Kurvenabweichung bestätigt werden konnte.

Sekundasprit und technischer Sprit geben natürlich stark von Primasprit abweichende, typische Kurvenbilder.

Immerhin ist nicht zu erwarten, daß irgendeine Indikation, und sei es die der UV-Spektroskopie, die des Geruchssinnes übertrifft. Infolgedessen muß man sich damit abfinden, die organoleptische Prüfung von Spriten neben der chemischen und optischen Prüfung bestehen zu lassen.

Schrifttum.

THIERFELDER, K.: Branntweinwirtschaft **1950**, Nr. 14, S. 211—214 und S. 246.
WAGNER, K.: Z. Lebensmitteluntersuchung und Forschung **90**, H. 1, 36—46 (1950).

o) Kraftstoffzusammensetzung.

Zur Überwachung der richtigen Zusammensetzung von Alkoholkraftstoffen empfiehlt K. R. DIETRICH die Ermittelung gewisser Konstanten, die leicht und schnell zu bestimmen sind und darüber Aufschluß geben, ob das hergestellte Gemisch der gewünschten Zusammensetzung entspricht. Voraussetzung dafür ist, daß die Kennzahlen für das betreffende Gemisch vorher feststehen.

Als solche Konstanten sind zu nennen:

1. Das spezifische Gewicht, welches entweder mit der Waage von MOHR oder WESTPHAL oder mit amtlich geeichter Spindel bestimmt wird.

2. Die Refraktionszahl, die mit dem Eintauchrefraktometer von Zeiss unter Verwendung einer Durchflußküvette bei 17,5° C ermittelt wird[1].

3. Der Wasserwert, unter dem man die Anzahl Kubikzentimeter versteht, welche 10 ccm Kraftstoff bei Zimmertemperatur zuzusetzen sind, um gerade eine Trübung nach gutem Durchschütteln zu erzielen. Das Verfahren wird am besten so durchgeführt, daß man aus einer Mikrobürette destillier-

---

[1] Chemiker-Ztg. **1927**, 509.

tes Wasser zu 10 ccm Kraftstoff zulaufen läßt. Der Wasserwert soll möglichst hoch liegen.

4. *Die Kältebeständigkeit*, unter welcher man die Temperatur versteht, bei der die Entmischung des Kraftstoffs einzutreten beginnt. Sie wird in dem Apparat von *Carl Stelling*, Hamburg, zur Bestimmung des Stockpunktes der Mineralöle ausgeführt. Die Kältebeständigkeit eines Alkoholkraftstoffes soll bei mindestens —25° C liegen[1].

5. *Die Aluminiumäthylatprobe*[2]. Die Reaktion gestattet den Nachweis von geringen Mengen Wasser in dem Gemisch.

Schrifttum.

Löwe, F.: Optische Messungen. Dresden: Steinkopff 1949.

Wagner, B.: Tabellenwerk. Sondershausen 1928 (Sonderdruck Carl Zeiss, Jena).

K. Vitamine.

a) Allgemeines.

Zur Bestimmung von Vitaminen werden drei Verfahrensarten unterschieden: Die biologischen Methoden, chemische Verfahren sowie mikrobiologische Bestimmungen.

Die biologischen Verfahren sind die ersten gewesen, die nicht nur gute Erkenntnisse über das Krankheitsbild einer Avitaminose brachten, sondern auch erkennen ließen, welche Menge des fehlenden Vitamins notwendig ist, um die Avitaminose zu beseitigen. Die Vitaminmenge wurde in Tiereinheiten festgelegt.

Was die chemischen Verfahren anbetrifft, so stehen heute noch nicht für alle Vitamine geeignete Methoden zur Verfügung. Es kommt hinzu, daß die zu bestimmende Vitaminmenge oft weit unter der Grenze der chemischen Erfaßbarkeit liegt.

Die mikrobiologische Methode beruht auf der Tatsache, daß auch Mikroorganismen für ihr Wachstum Vitamine benötigen; die Wachstumsgröße steht im direkten Verhältnis zur Menge der vorhandenen Vitamine. Aus der großen Zahl von anwendbaren Kulturen seien beispielsweise die folgenden genannt:

Bakterien: Lactobazillus arabinosus
Lactobazillus casei
Lactobazillus fermenti
Acetobacter suboxydans
Proteus morganii
Proteus vulgaris
Staphylococcus aureus

Pilze: Neurospora crassa
Neurospora sitophila
Phycomyces blakesleanus
Hefen: Saccharomyces carlsbergensis
Saccharomyces cerevisiae
Torula cremoris

Der Vorteil der Vitaminbestimmung mittels Mikroorganismen liegt darin, daß sie einfacher als die früheren biologischen Methoden zu handhaben sind, daß sie gute Werte erzielen lassen und daß die Bestimmungsgrenze weit unter der chemischen Erfaßbarkeit liegt.

---

[1] Z. angew. Chem. **39**, 538.

[2] Henle, F.: Ber. dtsch. chem. Ges. **53**, 722 (1920).

Allerdings können nur die wasserlöslichen Vitamine, mit Ausnahme von Vitamin C, bestimmt werden. Bisher konnten die Verfahren für folgende Stoffe angewendet werden:

p-Aminobenzoesäure	Pantothensäure
Biotin	Lactoflavin
Cholin	Thiamin
Folsäure	Vitamin B_6
Inosit	Vitamin B_{12}
Nicotinsäure	

Die Bestimmung wird in der Weise durchgeführt, daß das zu untersuchende Material in Wasser gelöst oder extrahiert und in entsprechenden Konzentrationen verdünnt wird. Diese Lösung wird in steigenden Mengen in Untersuchungsröhrchen gegeben, auf ein Gesamtvolumen mit destilliertem Wasser aufgefüllt und mit doppelt konzentrierter, frisch bereiteter Nährlösung versetzt. Eine gleiche Reihe mit bekannter Vitaminmenge in steigender Konzentration wird als Parallelversuch angesetzt. Nach Beimpfung und einer Wachstumsdauer von z. B. 48 Stunden wird die Wachstumszunahme titrimetrisch oder nephelometrisch bei Bakterien und gravimetrisch bei Pilzen bestimmt und die Werte dann graphisch ermittelt. Die gefundenen Werte zeigen auch in kleinen Konzentrationen noch eine gute Genauigkeit, etwa 10% Streuung.

In Ergänzung des im Kapitel „Vitamine" über die mikrobiologischen Vitaminbestimmungen Gesagten werden nachfolgend noch zwei Beispiele — einer chemischen und einer mikrobiologischen — Bestimmungsmethode gebracht, da eine erschöpfende Darstellung im Rahmen dieses Buches nicht möglich ist.

b) Chemische Bestimmung von Vitamin D.

Eine neue Methode zur Bestimmung von Vitamin D (1 Internationale Einheit = 0,025 Gamma kristallisiertes Vitamin D) ist von E. E. BRUCHMANN mit Erfolg angewendet worden; sie ist vor allem auf UV-bestrahlte Hefen anwendbar (sowie z. B. auch auf Lebertran).

Das Vitamin D_2 der bestrahlten Hefe (Ergocalciferol) sowie das Vitamin D_3 des Lebertrans (Cholecalciferol) geben gleiche Farbreaktionen. Hierzu diente die alte Reaktion von BROCKMANN und CHEN in der Modifikation von NIELD, RUSSEL und ZIMMERLI. Nach diesem Verfahren können Vitamin-D-Mengen bis 50 Gamma gemessen werden, siehe F. GSTIRNER.

Um die störenden Begleitstoffe zu beseitigen — also in bestrahlter Hefe vor allem Sterine, in Lebertran besonders Fette, Sterine und Vitamin A —. wird wie folgt verfahren:

1. Sterine (außer Tachysterin).

Nach GREEN erfolgt die Abtrennung eines Teiles der Sterine durch deren Unlöslichkeit in 72%igem Alkohol. Weitere Sterine können nach A. WINDAUS mit Digitonin entfernt werden. Bis auf das in bestrahlter Hefe auftretende Tachysterin werden durch Kombination dieser beiden Verfahren alle Sterine entfernt. Vitamin D wird nach Durchführung der Behandlung des Substanzgemisches mit 72%igem Alkohol und nach der Digitoninfällung fast quantitativ wiedergefunden.

2. Tachysterin und Vitamin A.

Vitamin A gibt bei Lebertran eine tiefblaue Farbe (Carr-Price-Reaktion), welche die gelb-orange Vitamin-D-Reaktion völlig überdeckt. Das in bestrahlter Hefe vorkommende Tachysterin gibt mit dem Antimontrichloridreagens eine der Vitamin-D-Färbung sehr ähnliche Reaktion.

Es wurden folgende Methoden zur Entfernung des Vitamin A aus Vitamin-D-Lösungen mit Erfolg angewendet.

Chromatographie über Floridinerden.

Es wurden benutzt: die natürliche Floridinerde (SG 60/90 meshes) sowie die aktivierte Floridinerde „Superfiltrol" der Firma H. BENSMANN, Bremen.

Für *Superfiltrol* wurde wie folgt gearbeitet:

Die Apparatur besteht aus einem Glasrohr von 17 cm Länge, das am unteren Ende eine Glasfilterplatte G 3 eingeschmolzen enthält. Unterhalb der Filterplatte läuft das Rohr in einer 5 cm langen und 0,5 cm breiten Verengung aus. Am oberen Ende ist es trichterartig erweitert. Das Rohr wird mittels Gummistopfen auf eine Saugflasche von 100 ml Inhalt montiert.

20 g Superfiltrol werden mit 50 ml konzentrierter Salzsäure (1,19) bis zum Sieden erhitzt. Die Mischung wird sofort durch eine Glasfritte G 3 abgesaugt. Die Oberfläche darf nicht trocken werden. Dann wird mit 50 ml Alkohol in kleinen Portionen nachgewaschen. Danach wird mit fünfmal 50 ml Benzol behandelt. Nach der 3. Benzolzugabe wird mit einem Glasstab umgerührt. Das Superfiltrol wird dann in 50 ml Benzol suspendiert und in dieser Form aufbewahrt.

5—10 ml der Suspension werden in das Rohr gegeben, mit Benzol nachgewaschen und schwach angesaugt. Die Säule darf nicht trocken werden. Danach werden die zu untersuchenden Lösungen mit etwa 5 ml Benzol auf die Säule gegeben. Die Elution erfolgt mit 5×5 ml Benzol.

Zu den Versuchen können Mengen von je 500 Gamma Vitamin D_2 durch die Säule chromatographiert werden, sie folgende Ergebnisse:

Aus der Tabelle geht hervor, daß durch Verwendung von 5 ml Suspension über 80% des angewendeten Vitamins zurückzuerhalten sind. Dieser Wert liegt innerhalb der zulässigen Fehlergrenze. Vitamin A wird von dem Superfiltrol unter intensiver Blau-

Suspension in ml	Alkoholkonzentration in %	Vitamin D_2 in % der angewandten Menge
10	100	38,5
10	95	57,5
10	90	74,5
5	90	84,0

färbung des Adsorptionsmittels zurückgehalten. Bei bestrahlter Hefe wurde stets die reine Vitamin-D-Färbung erhalten. Die Extinktion blieb zwischen 30 und 60 Sekunden konstant.

Für *natürliche Floridinerde* ist folgende Ausführung zweckmäßig: Die Apparatur besteht aus einem Glasrohr von 17 cm Länge und 1,3 cm Durchmesser, welches in eine 6 cm lange Capillare von 1 mm lichter Weite mündet. Das Rohr wird oberhalb der Capillare mit etwas Glaswolle gefüllt und mittels Gummistopfen auf eine Saugflasche von 200 ml Inhalt montiert.

Nach Angaben von WODSAK werden 20 g Floridin mit 52 g konzentrierter Salzsäure (1,19) und 8 g Wasser 30 Minuten am Rückflußkühler gekocht. Danach wird mehrmals mit Wasser gewaschen und schließlich auf einer Glasfilternutsche so lange mit Wasser nachgespült, bis keine Chlorionen mehr nachzuweisen sind. Dann wird das Material in dünner Schicht bei 40° C zwei Tage im Trockenschrank getrocknet. Die so präparierte Floridinerde ist haltbar.

Es wird Floridinerde 7—8 cm hoch in das Rohr eingefüllt. Dann werden 20 ml Alkohol von 90 bzw. 96% eingegossen und ohne Ansaugen durchtropfen gelassen. Hierbei wird die Oberfläche der Säule mit einer Filtrierpapierscheibe bedeckt und mit einem passenden Glasstab 0,5—1 cm zusammengedrückt. Dann wird nach Ablauf fast des gesamten Alkohols fünfmal mit je 6 ml Petroläther (30—50°) gewaschen. Nach Ablauf des Petroläthers kann die zu reinigende Vitamin-D-Lösung auf die Säule gebracht werden. Nach Eindringen wird mit 25 ml Petroläther nachgewaschen. Hierbei wird das gesamte Vitamin D zurückgehalten. Dann wird die Saugflasche ausgewechselt und die Elution des Vitamin D erfolgt nunmehr mit 100 ml Tetrachlorkohlenstoff.

Bei einer Konzentration des Alkohols von 96% kann 11,3% und bei einer Konzentration von 90% etwa 86% des Vitamins wiedergefunden werden. Hieraus geht hervor, wie stark der Vitaminverlust von der Konzentration des Alkohols abhängt.

Unter Berücksichtigung der vorstehenden Arbeitsmethoden ist E. E. BRUCHMANN zu folgender *Vitamin-D-Bestimmung* in bestrahlten Hefen gekommen:

Die Lösungsmittel werden nach GSTIRNER und GREEN gereinigt. Der unverseifbare Extrakt aus Hefe, dessen Gewicht 50 mg nicht überschreiten soll, wird in 20,0 ml 96%igem Alkohol gelöst. 6,6 ml Wasser werden langsam unter Umschütteln zugegeben. Dabei erfolgt die Ausfällung der in 72%igem Alkohol nicht löslichen Sterine. Nach 5 Minuten langem Absitzen wird die Fällung zentrifugiert und mit wenig 72%igem Alkohol nachgewaschen. Bei auftretender Trübung wird die trübe Lösung direkt mit Digitonin gefällt. Nun wird ein geringer Überschuß an Digitonin (100 mg in 5,0 ml 72%igem Alkohol) zugefügt. Die Mischung wird umgerührt, eine Stunde stehengelassen, der Niederschlag abzentrifugiert und die klare Flüssigkeit zweimal mit 10 ml Tetrachlorkohlenstoff ausgeschüttelt. Die Extrakte werden filtriert und im Vakuum in Stickstoffatmosphäre eingedampft. Der Rückstand wird nun in 5 ml Benzol gelöst und durch 5 ml Superfiltrolsuspension chromatographiert. Die Elution erfolgt durch fünfmal 5 ml Benzol. Die Eluate werden im Vakuum unter Stickstoff eingedampft und in kleinen Meßkolben mit Chloroform auf 10,0 ml gebracht. 1,0 ml dieser Lösung wird in der Küvette von 1 cm Schichtdicke mit 4,0 ml des Antimontrichloridreagenzes (im Wasserbad auf 30° erwärmt) versetzt und die Ablesung nach 30 Sekunden im PULFRICH-Photometer (Filter S 50) vorgenommen.

Die Extraktion der Hefe wird mit verdünnter alkoholischer Kalilauge durch 25 Minuten langes Kochen am Wasserbad unter Rückfluß und in Stickstoffatmosphäre vorgenommen. Vorher ist die Hefe mit Sand in einer Reibschale fein zu verreiben.

Es sind z. B. folgende Ergebnisse zu erzielen:

Konzentration		Vitamin-D-Gehalt	
Reiner 90%iger Alkohol		3600	
mit 1%		5360	
mit 2,5%	KOH	5860	I.E./1 g Hefe
mit 5,0%		6000	
mit 10,0%		6400	

Aus der Tabelle geht hervor, daß nach dieser Arbeitsweise mit einer Kalilaugekonzentration von 2,5% an praktisch gleiche Ergebnisse zu erzielen sind.

Schrifttum.

BRUCHMANN, E. E.: Branntweinwirtschaft **1953**, H. 23, S. 458ff., H. 24, S. 481ff.; **1954**, H. 9.
GREEN, J.: Biochemic. J. **49**, 36, 45, 54, 232, 243 (1951); **51**, 144 (1952).
WODSAK, W.: Fette und Seifen **55**, 118 (1953).

c) Vitamin-B_{12}-Bestimmung.

Die Vitamin-B_{12}-Bestimmung wird zweckmäßig mit einem Spezialpräparat der Firma *Digestive Ferments Companie*, Detroit, durchgeführt, deren sämtliche Präparate unter der Bezeichnung DIFCO in den Handel kommen. Benutzt wird „Bacto-B_{12} Assay Medium USPh", wie es entsprechend der Formel, die in der USPh beschrieben ist, hergestellt ist. Es ist frei von Vitamin B_{12}, enthält jedoch alle anderen Faktoren, die für die Züchtung von Lactobacillus leichmannii ATCC 7830 erforderlich sind. Durch Hinzugabe von Vitamin B_{12} zu diesem Medium in genauen, allmählich zunehmenden Konzentrationen wird ein Wachstumserfolg im Testpräparat hervorgerufen, welcher meßbar ist.

Hierzu dient die folgende Anwendungsweise: Kulturen von L. leichmannii 7830 werden mittels Stich-Inoculation von drei oder mehr Röhrchen Bacto-Micro-Assay-Culture Agar vorbereitet. Dann werden halbmonatlich Abimpfungen vorgenommen. Vor dem Gebrauch der Kultur im Testmedium werden zweckmäßig in einem Zeitraum von 14 Tagen etwa 10 Überimpfungen vorgenommen. Bei 35—37° C beträgt die Inkubationszeit 24—48 Stunden. Man präpariert frische Stichkulturen jeden zweiten Tag, aber benutzt diese nicht mehr, wenn sie älter als 4 Tage sind. Das Impfmaterial für den Test wird mittels Subkultur von einem 24—48 Stunden alten Stamm auf 10 ml Bacto-Micro-Inoculum Broth bereitet. Nach 16—24 Stunden Bebrütung bei der genannten Temperatur werden die Zellen unter sterilen Bedingungen zentrifugiert, die überstehende Flüssigkeit wird dekantiert. Man nimmt die abzentrifugierte Kultur in 10 ml sterilem Medium (4,75 g Medium in 100 ml destilliertem Wasser) auf. Man zentrifugiert und dekantiert die Flüssigkeit. Die in nochmals 10 ccm aufgenommenen Zellen dienen schließlich als Impflösung. Man beimpft jedes Röhrchen steril mit einem Tropfen.

Es ist zweckmäßig, für jeden Versuch eine Standardkurve anzulegen, da die Bedingungen der Arbeitsweise, welche diese Standardkurven beeinflussen, nicht immer konstant sind. Diese Kurve wird so angelegt, daß steigende Gaben des Mediums von 0,01—0,25 γ Vitamin B_{12} je Röhrchen von 10 ml für die Bestimmungen verwendet werden. Die Beobachtungen werden dann aufgezeichnet. Als wirksamste Zugabe hat sich eine Gabe zwischen 0,01 und 0,1 γ erwiesen.

Deshalb stellt man sich eine Lösung von Vitamin B_{12} her, die in 1 ccm 0,05 γ Vitamin B_{12} enthält. Die Standarddosen sind dann 0,01, 0,02, 0,03, 0,04, 0,05 usw. bis 0,1 γ Vitamin B_{12} je Röhrchen.

Die titrimetrische Bestimmung wird nach 72 Stunden Bebrütung bei 35—37° C durchgeführt (Titration der gebildeten Milchsäure mit n/10 **NaOH** gegen Bromthymolblau als Indicator).

Die turbidimetrische Bestimmung (Trübungsmessung) wird nach 20- bis 24 stündiger Bebrütung vorgenommen. Man erhält die Standardkurve durch Eintragung der Werte in ein Koordinatensystem, und zwar werden auf der Abszisse die Vitamin-B_{12}-Konzentrationen und auf der Ordinate die Titrations- bzw. Trübungswerte eingetragen.

Zur Herstellung des gebrauchsfertigen Mediums löst man 95 g des Trockenmediums in 1000 ml destilliertem Wasser auf, erhitzt bis zum Kochen und läßt 2—3 Minuten sieden. Kleine Niederschläge, die sich hierbei bilden, müssen durch Schütteln verteilt werden. In jedes Röhrchen werden 5 ccm dieses Mediums gegeben und mit der Standardlösung bzw. mit den zu untersuchenden Extrakten versetzt und darauf auf 10 ccm, gegebenenfalls mit destilliertem Wasser, aufgefüllt. Die Röhrchen werden 5 Minuten bei 121° C im Autoklaven sterilisiert. Eine Überhitzung ist zu vermeiden.

100 g des Bacto-B_{12}-Assay USPh ergeben 2,1 l Endmedium.

DIFCO-Präparate werden von dem Laboratorium für Fermente und Organsubstanzen *Otto Nordwald*, Hamburg-Altona, Eimsbütteler Str. 58, geliefert.

Schrifttum.

Wiss, O.: Mitt. Gebiete Lebensmittelunters. Hyg. Eidg. Gesundheitsamt Bern **41**, 225-258 (1950).

DIFCO-Manual, 9. Aufl. Difco Laboratories Detroit 1, Michigan Associati.

The Association of Vitamin Chemists, Inc., 2. Aufl., New York, Interscience Publishers 1951: Methods of Vitamin Assay.

Barton-Wright, E. C.: The Microbiological Assay of the Vitamin B-Complex and Amino Acids. London: Sir Isaac Pitman & Sons, Ltd. 1952.

György, Paul: Vitamin Methods, New York: Academic Press Inc., Publishers, Bd. I und II, 1950/51.

Juschka, H. G.: Dtsch. Lebensmittel-Rdsch. **1954**, H. 12, S. 317.

XXII. Das Betriebswasser.

Während in Brauereien seit jeher das Betriebswasser einer sorgfältigen Kontrolle unterzogen wird, ist dies in vielen anderen Gärungsbetrieben bis heute nicht bzw. nicht genügend der Fall. Leitungswässer werden zwar als klar und häufig auch als farblos bezeichnet, doch besteht ein großer Unterschied zwischen einem klaren Wasser im üblichen Sinne und einem physikalisch reinen Wasser. Jedes Wasser sollte daher, auch wenn es noch so klar und rein erscheinen mag, nach L. W. HAASE gefiltert werden, denn selbst reinste Talsperrenwässer zeigen bei der Filterung über Feinkies oder alkaliabgebende Filtermassen, daß sie große Mengen filterbarer Stoffe enthalten. Es ist nachgewiesen worden, daß durch solche Feinfilterung vor allem die Korrosionsgefahr durch kaltes und warmes Wasser nahezu beseitigt wird. Man kann die Menge und die Zusammensetzung des Rückstandes ermitteln und in Beziehung zur Korrosion setzen.

Man bedient sich hierzu der sogenannten Rückspülwässer und des Rückspülgutes, das man durch langsame Filterung (Filtergeschwindigkeit 5 m/Std.) einer bestimmten Menge (2,0 cbm) Roh-, Rein- oder Leitungswasser über ein in Abb. 168 gezeigtes Versuchsfilter aus synthetischer Magnomasse oder Feinkies bei der Rückspülung gewinnt. Die Menge des Rückspülgutes bewegt sich bei Rein- und Leitungswässern zwischen 20 und 500 mg/ccm je nach der Güte der Aufbereitung. Wässer mit weniger als

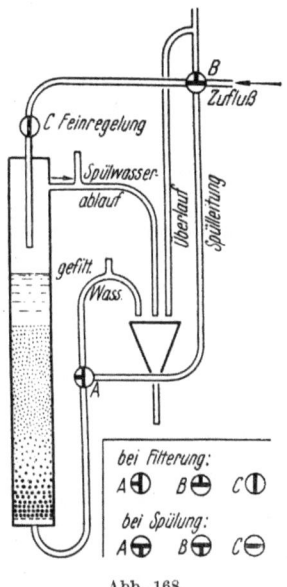

Abb. 168.

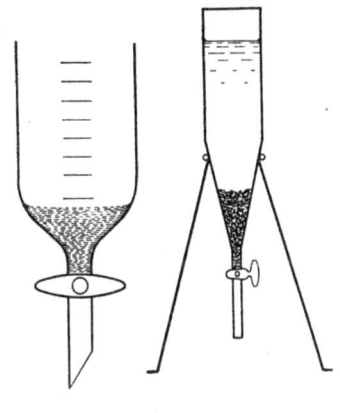

Abb. 169.

50 mg/ccm verursachen keine oder nur sehr geringe Korrosionen, und zwar ziemlich unabhängig von der sonstigen chemischen Zusammensetzung.

Die Filter sind so bemessen, daß man in 2 l des Rückspülwassers praktisch das gesamte Rückspülgut aufschwemmt und nach 24stündigem Absetzen in Absetzgläsern (vgl. Abb. 169) gewinnen kann. Zunächst handelt es sich hierbei um eine volumenmäßige Bestimmung, dann um eine gravimetrische, wobei die letztere am besten durch Abfiltern in einem gewogenen Papierfilter und Trocknen bei 150° C vorgenommen wird. Die chemische Untersuchung des Rückspülgutes ergibt bei der Feinfilterung ebenso wie bei der Wasserwerksfilterung sehr wichtige Aufschlüsse über Art und Weise der Wasseraufbereitung sowie über Mängel der Wasserbehandlung. Erwähnt sei hier nur, daß die in jüngster Zeit vorgenommenen Versuche der Filterung von Wasser mit Hilfe von Membranfiltern verschiedener Porendichte zu den nämlichen Zwecken nutzbar gemacht werden können, wie die hier besprochenen Versuche zur Feinfilterung von Wasser.

Feinfilter zeigen bei der Mehrzahl der zentralen Wasservorsorgungen, daß die Wasseraufbereitung im Sinne der Werkstofferhaltung und des Korrosionsschutzes nicht ausreicht; sie zeigen aber auch, daß durch Feinfilterung die Restmengen an störenden Stoffen beseitigt werden können. Sie beweisen, daß in vielen Fällen die übliche Wasseraufbereitung mit Fehlern grundsätzlicher Art behaftet ist, daß Enteisenung oder Entmanganung zu wünschen übrigläßt, von der Entsäuerung ganz zu schweigen, daß aber die Beseitigung der kolloidgelösten anorganischen und organischen Stoffe oft gar nicht versucht worden ist; dabei rühren die Korrosionen im kalten und warmen Wasser von der Ablagerung von Fremdstoffen her. Kolloide Stoffe werden häufig durch Erwärmung ausgeschieden, wodurch auch organisch gebundenes Eisen zur werkstoffschädlichen Auswirkung kommt.

Wasserwerke sind heute durchaus in der Lage, das anorganisch gebundene Eisen und Mangan restlos zur Ausscheidung zu bringen und abzufiltern, wenn Filterkorngröße, Filterschichthöhe und Filtergeschwindigkeit sowie vor allem die Vorbehandlung zweckentsprechend gewählt sind; ebenso kann jedes Angriffsvermögen durch Entsäuerung beseitigt und durch Regelung des Säuregrades ein Gleichgewichtswasser erzielt werden. Die Beseitigung der kolloidgelösten anorganischen und organischen Stoffe erfordert Verbesserung der physikalischen Filterung und Steigerung der Adsorptionswirkung. Durch Zusatz von nur 0,5 g/ccm Fällungsmittel, z. B. von Natriumaluminat, können bis zu 80% der organischen, verbrennlichen Stoffe mehr als ohne Zusatz eines Fällungsmittels vom Filter zurückgehalten werden. — Es wurde hier der Ausdruck ,,Fällungsmittel" beibehalten, obgleich es sich bei einer derartigen Wasserbehandlung um keine Fällung handelt, sondern lediglich um die Schaffung einer adsorptiven Schicht auf den Filterkörnern, die den Vorteil besitzt, durch Rückspülung wieder restlos entfernbar zu sein. Sie besitzt weiter den technischen Vorteil, daß durch so geringe chemische Zusätze der Filterwiderstand nicht nennenswert erhöht und die Filterlaufzeit nur unwesentlich verkürzt wird.

Rein äußerlich zeigt sich die Wirkung solcher ,,Schönung" in Erhöhung der Durchsichtigkeit und Verminderung der Farbe. Für die Beurteilung und den Vergleich muß man sich empfindlicher, photoelektrischer Hilfsmittel oder großer Schichtstärken, etwa 2 m, bedienen. Hierbei zeigt sich dann auch, daß selbst klare Wässer keineswegs in dem exakten Sinne als klar zu bezeichnen sind, ebensowenig sie etwa farblos sind. Bei einer Schichtstärke von etwa 2 m kommt bei reinstem, doppelt destilliertem Wasser die blaue Wasserfarbe zum Vorschein. Irgendwie verunreinigte Wässer zeigen eine grünliche, gelbliche bis gelblich-braune Färbung; wenn auch diese Wässer bei der üblichen Betrachtungsart als klar und farblos bezeichnet werden müssen. Für die Feinreinigung ist als Maß zu betrachten, daß das feingefilterte Wasser stets blau oder nur grünlich-blau gefärbt sein darf, im anderen Falle ist die Menge der Verunreinigungen noch zu groß, um mit Sicherheit Korrosionen durch Lokalelementbildung auszuschließen.

Eine solche Wasserreinigung erhält erhöhte Bedeutung, wenn *Warmwasser* oder *Heißwasser* zur Anwendung kommt. So weisen Warmwasserversorgungsanlagen, die mit feingefiltertem Wasser betrieben werden, keine Korrosionen auf, und es bilden sich mit der Zeit natürliche Schutzschichten. Es empfiehlt sich also, zum Schutz der Warmwasserversorgung Filter einzubauen. Bei neuen Rohrnetzen genügt eine Filterung des Kaltwassers, bei bereits angegriffenen Rohrnetzen muß das Filter in den Umlauf eingebaut werden, um dort losgelöste Rostbestandteile zu erfassen und die Lokalelementbildung zu verhindern. Die Untersuchung des Rückspülgutes solcher Wässer zeigt, daß in erster Linie gealtertes Eisenhydroxyd neben anderen anorganischen Verunreinigungen, dagegen nur in sehr geringem Umfange, Erdalkaliverbindungen abfiltriert werden. Dies überrascht insofern nicht, da ein unter Leitungsdruck stehendes Gleichgewichtswasser unterhalb 100° C praktisch keine Karbonathärte verliert, sofern eine Härteabnahme stattfindet, so ist sie auf örtlich begrenzte Überhitzung oder auf einen Metallangriff zurückzuführen. Eine örtliche Überhitzung tritt in der Regel nur dann ein, wenn an Stelle von Heißwasser Niederdruckdampf zur Aufheizung des kalten Wassers angewendet wird. Auch wenn die Wassertemperatur in dampfbeheizten Anlagen 80° C praktisch nicht übersteigt, so werden doch gewisse Anteile des Wassers von den Dampfschlangen auf Siedetemperatur und darüber erwärmt. Die Überhitzung eines solchen noch so kleinen Wasseranteiles genügt, um das Gleichgewicht zu stören, also die chemische Beschaffenheit des Wassers zu ändern.

Um die Korrosionen in Heißwasserheizungen durch unlösliche Verbindungen der angegriffenen Metalle infolge Lokalelementwirkung zu verhüten, kann man chemische Maßnahmen treffen und zusätzlich eine Teilfilterung des Heißwassers vornehmen. Es genügt dazu ein rückspülbares Sandfilter, welches etwa $1/10$ der stündlich umlaufenden Wassermenge mit einer Geschwindigkeit von nicht mehr als 5 m/Std. filtert.

Ähnlich liegen die Dinge bei *Kühlanlagen*, insbesondere Rückkühlanlagen. Eingebaute Filteranlagen können ausgeschiedene Härtebildner und Metallverbindungen zurückhalten, sie sollen vor allem organische Verunreinigungen, wie Mikroorganismen und Algen, beseitigen und die bei der Rückkühlung unvermeidbaren Verunreinigungen des Wassers durch anorganische Feststoffe aus der Luft verhindern. Auch hier kann man sich mit einer Teilfilterung begnügen, wobei $1/10$ bis $1/20$ der Gesamtmenge stündlich filtriert wird. Die Hauptsache ist, daß eine wirksame Filtermasse gewählt wird, wie Magno-Dol, Magno-Syn, Magnesit usw.

Bei *Kälteanlagen* zur Eisbereitung und zur Kühlung von Luft werden meist indirekte Kühlanlagen betrieben, bei denen eine starke Salzlösung durch Ammoniak oder schweflige Säure durch Verdunstung tief gekühlt und an anderer Stelle zur Kühlung von Wasser oder Luft benutzt wird. Die Solemittel, wie Calciumchlorid oder Magnesiumchlorid, gegebenenfalls in Mischung, können werkstoffschädigend sein. Die Solen enthalten durch den Sauerstoff Metallhydroxyde, die von Angriffen auf die metallischen Rohrleitungen herrühren. Es sind Sauerstoffgehalte von 6 und mehr mg/l gemessen worden. Bei Ablagerung der Metallverbindungen kommt es leicht an anderer Stelle zum Lokalelementangriff. Um diese Störungen zu vermeiden, filtert man einen Teil der Kühlsole über ein rückspülbares Feinkiesfilter. Der Metallangriff ist auch durch Zugabe von Natronlauge oder

Chromaten zu hemmen, doch können letztere nur bei bestimmten Metallen benutzt werden, während Natronlauge durch Kohlensäureaufnahme aus der Luft Calciumcarbonat bilden kann. Sofern in den Anlagen die Soleeindicker aus Kupfer bestehen, ist die Fernhaltung des Sauerstoffs unerläßlich, weil die Kühlsole sonst das Kupfer in echt gelöster Form wegführt und es auf weniger positiven Metallen niederschlägt und dort Lokalelemente bildet, die durch die Salzkonzentration und den Sauerstoffgehalt sehr gefördert werden.

Nach alledem ist es das Ziel der heutigen Wasseraufbereitung, durch entsprechende Behandlung der Wässer diese korrosionsfest zu machen bzw. sie mit Fähigkeiten zu versehen, die geeignete Schutzschichten von selbst zu bilden gestatten.

Zum *Wasserbedarf* ist kurz folgendes zu sagen: Unter den Verhältnissen der Backhefefabrikation ohne Alkoholgewinnung betragen die benötigten Wassermengen etwa das 3fache des maximalen Würzevolumens, bzw. ungefähr das 80fache der Einmaischung. Auf die t erzeugte Hefe werden rund 100 m³ Wasser benötigt; davon dient ein Drittel zur Würzebereitung, ein Drittel zur Hefewaschung, Reinigung und Dampferzeugung sowie ein Drittel zu Kühlzwecken. Bei Miterzeugung von Alkohol ist die zur Dampferzeugung benötigte Wassermenge größer, jedoch werden die auf Produktionseinheiten von Hefe und Spiritus bezogenen Mengen unter den Verhältnissen des einzelnen Betriebes sehr unterschiedlich sein.

Für den Wasserbedarf der Brennerei gibt es keine einheitlichen oder annähernd allgemeingültigen Faustzahlen, da durch Betriebsweise und Betriebskapazität sowie durch die Art des verarbeiteten Rohstoffes große Unterschiede gegeben sind. Für die landwirtschaftliche Brennerei haben etwa die in Tab. 50 zusammengefaßten Werte Geltung.

Tabelle 50. *Wasserbedarf in der landwirtschaftlichen Brennerei.*

Sprit hl/Tag	Wasserbedarf in cbm von 10° C						Gesamtbedarf nach G. FOTH
	Gesamtbedarf		Kühlwasser			Destillation	Spülung und Reinigung	
	max	min	Ausblasen	Maische	Hefe			
1	9,55	8,55	1,8	3,0	1,1	0,9	0,4	9
2	14,65	12,75	3,6	6,0	1,9	1,9	0,4	14
3	21,45	18,55	5,4	9,0	2,4	2,9	0,5	20
4	27,9	24,1	7,2	12,0	2,9	3,8	0,6	26
5	34,35	29,55	9,0	15,0	3,2	4,8	0,6	32
6	41,15	35,35	10,8	18,0	3,6	5,8	0,6	38
7	47,4	40,6	12,6	21,0	4,0	6,7	0,7	44
8	54,2	46,5	14,4	24,0	4,3	7,7	0 8	50
9	60,2	51,5	16,2	27,0	4,6	8,6	0,9	56
10	66,1	50,4	18,0	30,0	4,8	9,5	1,0	61

Für den auf Maische bezogenen Wasserbedarf mag als Faustregel gelten, daß je Hektoliter Maische vom Ausblasen bis zur Verzuckerung etwa 130 l Wasser von 10° C und vom Abmaischen bis zum Anstellen ungefähr 250 l Wasser benötigt werden, so daß insgesamt 330—380 l Wasser für den Hektoliter Maische erforderlich sind. Wichtig ist für den Wasserverbrauch die

Art des vorhandenen Brennapparates und die angestrebte Gradstärke im Destillat. In Betrieben, die ihren Rohsprit rektifizieren, sind die Wassermengen zu berücksichtigen, die als Verdünnungswasser und zur Dephlegmation notwendig sind, z. B. insgesamt 3—4 cbm/hl Weingeist.

Schrifttum.

HAASE, L. W.: Werkstoffzerstörung und Schutzschichtbildung im Wasserfach, 2. Aufl. Verlag Chemie 1951.

XXIII. Das Abwasser.
A. Die Reinigung.

W. KIBY hat im Jahre 1934 die Abwasserfrage der Hefefabriken einer kritischen Würdigung unterzogen und auf ein Reinigungsverfahren hingewiesen, welches bei der *A. S. Dansk Gaerings-Industri*, Kopenhagen, entwickelt worden ist. Die von der Hefe befreite Würze enthält noch geringe Mengen von organischen Nichtzuckerstoffen und die nichtverwerteten Salze der Melasse, die etwa 30% des ursprünglichen Extraktes betragen. Wenn keine ausreichenden Vorfluter vorhanden sind, die diese unter Umständen großen Mengen Abwässer aufnehmen, hinreichend verdünnen und unschäd-

Tabelle 51.

	Unbehandeltes Abwasser	Abteilung 1 Kammern			Abteilung 2 Becken			Reinigungswirkung %
		2	5	8	1	2	3	
O-Verbrauch mit KMnO$_4$, mg/l . . .	5200	3120	1136	945	808	792	856	84
In 5 Tagen biochemischer O-Verbrauch, mg/l	8600	5100	3420	915	256	300	326	96
Trockensubstanz mg/l	16450	9580	8120	7170	7080	6960	6280	59
Glühverlust. mg/l . .	10850	4300	2800	1690	2120	2120	1940	82
Gesamtstickstoff, mg/l	832	733	760	778	802	805	815	—
Ammoniakstickstoff, mg/l	1	368	603	667	687	708	707	—
Flüchtige Säuren, ccm n/10 je l	30	500	368	85	30,7	28,6	16,4	—
pH	4,0	5,6	6,9	7,3	7,5	7,7	7,7	—
Nitrit-N, mg/l							0,0	
Nitrat-N, mg/l . . .							0,0	

	Abteilung 3 Becken 3	Filterablauf
O-Verbrauch mit KMnO$_4$, mg/l	960	864
In 5 Tagen biochemischer O-Verbrauch, mg/l . .	330	98
Ammoniak-Stickstoff, mg/l	788	375
Nitrit-Stickstoff, mg/l	0	70
Nitrat-Stickstoff, mg/l	0	200
pH	7,7	7,8

lich machen können, sind Schwierigkeiten unausbleiblich, auch wenn man das benutzte Kühlwasser mit den Abwässern vereinigt. Bei dem vorgenannten Verfahren findet diese Vereinigung nicht statt, damit die eigentlichen Abwässer einer intensiven Reinigung unterzogen werden können.

Die Anlage besteht aus 3 Teilen. In der ersten Abteilung wird das Abwasser mit Hilfe besonders gezüchteter Bakterien einer anaeroben Spaltung unterworfen. Bei diesem Zersetzungsprozeß, der sich äußerst lebhaft abspielt, bilden sich reichliche Mengen Methan. Dieses hat einen Brennwert, der über dem des üblichen Leucht- und Heizgases liegt. Der vorhandene organische Stickstoff wird fast ganz in Ammoniakstickstoff übergeführt. Ein großer Teil des Kohlenstoffs geht mit dem Methan als Kohlensäure gasförmig weg; sie macht etwa $1/5$ der gesamten entbundenen Gasmenge aus, teilweise wird sie als Carbonat zurückerhalten. In der zweiten Abteilung werden die anaeroben Vorgänge in aerobe übergeführt. In der dritten Abteilung verläuft der biologische Arbeitsgang aerob, wobei der Rest der organischen Stoffe oxydiert und der Ammoniakstickstoff fast restlos nitrifiziert wird. Nach dieser durchgreifenden Behandlung ist das Abwasser gereinigt und kann beliebig abgeleitet werden, da es keinerlei Schaden mehr anrichtet. Ein besonderer Vorteil dieser Arbeitsweise liegt in der entstehenden geringen Schlammenge; daher braucht der Schlamm nur selten beseitigt zu werden.

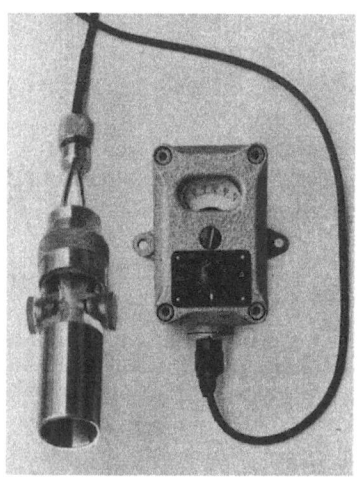

Abb. 170. Meßgerät nach TÖDT. Bauart: *Hartmann & Braun, A.G.,* Frankfurt am Main.

Aus Tab. 51 ist zu ersehen, daß die Bakterien schnell aus den organischen Stoffen Ammoniak und organische Säuren bilden. Diese werden weiter abgebaut und der p_H-Wert steigt gleichmäßig an.

Um den unangenehmen Geruch des Abwassers zu beseitigen, der bei der Verwendung von Schwefelsäure und Ammonsulfat im Gärungsprozeß entsteht, hat man mit Salzsäure und Ammoniumchlorid gearbeitet. In diesem Falle wird die Bildung der übelriechenden schwefelhaltigen Verbindungen weitgehend eingeschränkt.

In neuerer Zeit ist die Überwachung des Abwassers dadurch sehr vereinfacht worden, daß es möglich ist, mit Hilfe der elektrochemischen Bestimmung des Sauerstoffgehaltes die Beschaffenheit des Wassers zu prüfen. Es wurde schon im Abschn. „Die Hefeatmung", S. 62 ff., die Meßmethode von F. TÖDT beschrieben, wie sie auch zur Kontrolle des Kesselspeisewassers angewendet wird. Man kann nun auch Flußläufe und Gewässer ziemlich exakt auf den Sauerstoffgehalt prüfen. F. TÖDT und W. OHLE haben genaue elektrochemische Bestimmungen des molekulargelösten Sauerstoffs der

Binnengewässer mit Hilfe eines Sauerstofflotes durchgeführt. Als Elektroden dienten in diesem Falle die Metalle Zink–Gold, und neuerdings Zink-Amalgam.
Die neueste Ausführungsform zeigt die Abb. 170. Der besondere Vorteil besteht darin, daß die Meßwerte sofort nach dem Eintauchen unmittelbar abgelesen werden können.
Das Meßgefäß besteht aus Plexiglas. Die Elektroden (Gold–Zink) stehen sich waagerecht gegenüber, während das Wasser senkrecht dazu durch eine enge Bohrung strömt. Dadurch wird eine möglichst starke Wasserbewegung an den Elektroden erreicht.

Schrifttum.

TÖDT, F., u. H. G. TODT: Die elektrochemische Bestimmung des Sauerstoffgehaltes von Oberflächengewässern. Jahrb. „Vom Wasser", XX. Band, 1953, S. 72—126.

TÖDT, F.: Grundlagen und Anwendung der elektrochemischen Bestimmung des im Wasser gelösten Sauerstoffs. Gesundheitsing. 1942, 65, 76ff.

OHLE, W.: Prüfung und Anwendung der elektrochemischen Sauerstoffbestimmung für Gewässeruntersuchungen. „Vom Wasser", XIX. Band, S. 99—123. Weinheim/Bergstr.: Verlag Chemie 1953.

OHLE, W.: Die chemische und elektrochemische Bestimmung des molekular gelösten Sauerstoffs der Binnengewässer. Mitt. Intern. Vereinigung für Limnologie **3**, 1—144.

B. Die Abwasserverwertung.

Da die Abwässer aus der Hefeerzeugung noch ungenutzte Nährstoffe enthalten, strebt man ihre Verwertung an. So kann man die Hefeabwässer aus den Separatoren zum Verdünnen der für die Vorhydrolyse von cellulosehaltigen Rohstoffen erforderlichen Säurelösungen benutzen. Auf diese Weise wird das Abwasser nicht mit Hefesuspensionen verunreinigt und gleichzeitig durch die Rückführung etwa noch unausgenutzte Nährstoffe nochmals verwertet.

Die Verwendung der Hefeabwässer zum Verdünnen der Vorhydrolysesäure ist möglich, weil im Kochprozeß bei der Vorhydrolyse etwaige Hefezellen des zugeführten Hefeabwassers zerstört und das Hefeeiweiß bis zu den Aminosäuren abgebaut wird. Man erzielt dadurch den Vorteil, daß man in den unter Verwendung der Hefeabwässer hergestellten Hydrolysaten außer den anorganischen Stickstoffsalzen noch Stickstoff in organischer Bindung besitzt, der auf die Hefeausbeute fördern wirkt und den in geringer Menge vorhandenen organischen Stickstoff aus dem cellulosehaltigen Rohstoff, beispielsweise aus dem zur Hydrolyse eingesetzten Stroh, noch vermehrt. Es ist also möglich, die Hefeausbeuten durch das Verfahren zu steigern.

Der zurückgeführte Separatorablauf entspricht ungefähr dem Bedarf an Verdünnungswasser, so daß ein Anfall an Abwasser nicht oder nur in geringem Maße eintritt. Die Wiederverwendung der Hefeabwässer ist nur möglich, weil diese der Hydrolyse unterworfen werden. Die anorganischen Salze im Hefeabwasser, wie Ammoniumsulfat, Phosphate, Kalium- und Magnesiumsulfat, werden ebenfalls ausgenützt. Dies ist insbesondere im Hinblick auf die teueren Phosphate von Bedeutung.

Sollte durch die Rückführung der Hefeabwässer im Vorhydrolysat eine Anreicherung von gärungshemmenden Stoffen eintreten, so können diese durch geeignete Behandlung aus der Zuckerlösung entfernt werden. An und für sich ist aber eine Entfernung gärungshemmender Stoffe, die ja im allgemeinen Eiweißkörper sind, durch eine besondere Vorbehandlung nicht erforderlich, weil diese wie die Hefezellen als Eiweißstoffe zum größten Teil hyrolytisch aufgespalten werden. Dadurch werden natürlich auch die eiweißhaltigen gärungshemmenden Stoffe weitgehend hydrolysiert und entgiftet. Sollte eine Reinigung erforderlich sein, so kann sie beispielsweise in der Weise durchgeführt werden, daß die Hydrolysate mittels Kalkmilch stark alkalisch gemacht werden und der nach längerem Stehen sich abscheidende Niederschlag abfiltriert wird. Das Filtrat wird dann mit Schwefelsäure schwach angesäuert (bis zu p_H 4—5). Durch den hierbei fein verteilt ausfallenden Gips werden wiederum organische Kolloidstoffe mitgerissen, so daß eine zweite Reinigung stattfindet. Von dem abgeschiedenen Gips wird dann nochmals abfiltriert.

Das Verfahren kann für alle Vorhydrolysate von cellulosehaltigen Rohstoffen Verwendung finden. Als cellulosehaltige Rohstoffe kommen beispielsweise in Betracht: Buchenholz, Fichtenholz, Stroh, Kartoffelkraut oder Gräser. Beispielsweise kann die Vorhydrolyse durch Druckkochung von Stroh mit 0,5%iger Schwefelsäure bei 130° und bei einem Druck von 1,5 atü durchgeführt werden. Nach 4 Stunden Einwirkungsdauer wird die Vorhydrolyse abgebrochen und die saure Flüssigkeit abgelassen und auf Hefe verarbeitet, während der Rückstand auf Zellstoff verarbeitet wird.

Über die verschiedenen Abwässersorten aus Brennereien, Hefefabriken und Sulfitzellstoffabriken usw. siehe auch F. SIERP: Die gewerblichen und industriellen Abwässer. Berlin/Göttingen/Heidelberg: Springer 1953.

XXIV. Nachtrag.

Während des Druckes erschien es notwendig, die folgenden Ergänzungen noch zu berücksichtigen:

a) Die Verbesserung der Hefeentwässerung.

Auf die Bedeutung der Hefeentwässerung mit Hilfe von Drehfiltern ist bereits auf S. 148 hingewiesen worden. In der Zwischenzeit wurden weitere Ergebnisse bekannt, über die E. KÜSTLER, K. ROKITANSKY und die *Vereinigten Mautner-Markhof'schen Preßhefefabriken*, Wien, Ende 1954 berichtet haben.

Rückblickend ist zunächst festzustellen, daß in der Hefeindustrie die ersten Versuche zur Einführung von Drehfiltern schon im Jahre 1926 von der *Standard Yeast Co.*, Ltd., England, gemacht wurden. Später haben sich DRECHSLER, VOGELBUSCH und die *Maschinenfabrik R. Wolf* in Buckau mit dem gleichen Problem beschäftigt. Erst im Jahre 1938 ist es S. O. ROSENQVIST in der *Svenska Jästfabrikatiebolaget*, Stockholm, gelungen, ein den besonderen Verhältnissen entsprechendes Drehfilter für die Hefeentwässerung zu schaffen, wie es nach mehrfachen Verbesserungen in Abb. 59 auf S. 150 gezeigt ist. Trotzdem konnte der erzielbare Entwässerungsgrad nicht allen gewünschten Verhältnissen angepaßt werden, denn er ist aus den von E. KÜSTLER und K. ROKITANSKY gefundenen Gründen mit der üblichen Arbeitsweise nicht zu verbessern. Hierzu wird auf den diesbezüglichen Bericht verwiesen. Dort sind auch Ausführungen zur Frage des Cellularwassers der Hefe gemacht worden, vgl. außerdem F. JUST, später dann WHITE und MONTGOMERY, sowie VOGEL und HAEHN, schließlich auch die neue Methode zur Bestimmung der Plastizität der Hefe S. 549.

E. KÜSTLER, K. ROKITANSKY und den *Vereinigten Mautner-Markhof'schen Preßhefefabriken*, Wien, ist es auf Grund der gewonnenen Erkenntnisse nunmehr gelungen, eine Erniedrigung, bzw. die vollständige Entfernung des Extracellularwassers zu erreichen. Außerdem kann auch das Intracellularwasser entsprechend vermindert werden. Zu diesem Zweck wird die Hefemilch mit einer osmotisch wirksamen Substanz, z. B. Kochsalz, versetzt. Durch diesen Zusatz wird der osmotische Druck des Extracellularwassers größer als der des Zellsaftes. Als Folge dieser Druckerhöhung tritt Flüssigkeit aus den Hefezellen aus, womit gleichzeitig eine Verminderung des Intracellularwassergehaltes verbunden ist. Die so vorbehandelte Hefemilch wird nunmehr auf ein Vakuumdrehfilter gebracht, welches schematisch in Abb. 171 gezeigt ist.

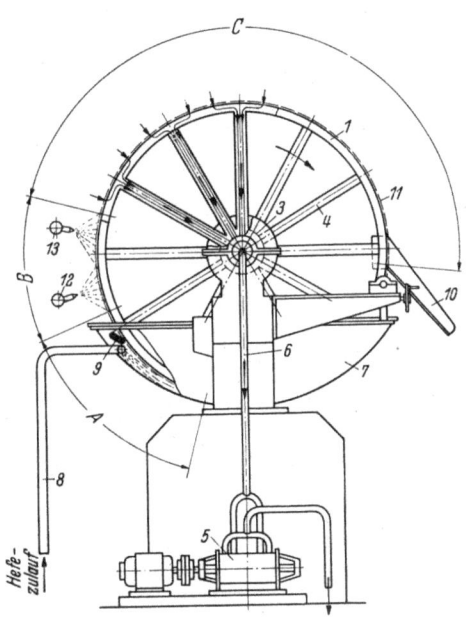

Abb. 171. Vakuumdrehfilter.
Bauart: *S. J. Aktiebolaget*, Stockholm, Schweden.

Hierbei sind: *1* Trommel; — (*2*, nicht gezeichnet, Filtertuch und zu filtrierende Flüssigkeit); — *3* Hohlwelle; — *4* Hohlspeichen; — *5* Vakuumpumpe; — *6* Saugleitung; — *7* Eintauchwannne; — *8* und *9* Hefezulauf; — *10* Schaber; — *11* festgesaugter Filterkuchen; — *12* und *13* Aufspritzdüsen; — *A*, *B* und *C* Behandlungszonen.

In der Zone *A* kommt es zur Bildung einer aus sogenannten ,,cytorrhysierten" Zellen bestehenden Hefeschicht, die eine der am Filter gegebenen Druckdifferenz entsprechende Menge an osmotisch wirksamen Extracellularwasser enthält. Es handelt sich hierbei um eine ,,Cytorrhyse" der Hefezellen, weil mit dem Wasseraustritt nur eine Verkleinerung ihres Gesamtvolumens aber keine Ablösung des Protoplasmas von der Membran verbunden ist. So hat eine dieser Zone entnommene Hefeprobe trotz ihres erhöhten Trockensubstanzgehaltes eine hohe Plastizität und fühlt sich entsprechend feucht an.

In der Zone B wird die Hefeschicht dann mit Wasser oder einer anderen Flüssigkeit besprüht, deren osmotischer Druck kleiner ist als der des Zellsaftes der Hefe. Hierdurch wird die in den Capillaren der Schicht befindliche osmotisch wirksame Extracellularflüssigkeit verdrängt. Sofort beginnt ein Aufsaugen des nunmehr weniger osmotisch wirksamen Extracellularwassers von den nach Druckausgleich strebenden Zellen. Dieser Eintritt des Extracellularwassers in die Zellen dauert so lange, bis sich der dem osmotischen Druck des Auswaschwassers entsprechenden Intracellularwassergehalt der Hefezellen eingestellt hat. Der Verdrängungsvorgang in der Zone B ist deshalb so zu steuern, daß er noch vor der vollständigen Wiederaufnahme des Wassers durch die Hefezellen beendet ist, die sogleich bei Berührung mit dem Waschwasser in dieser Zone vor sich geht.

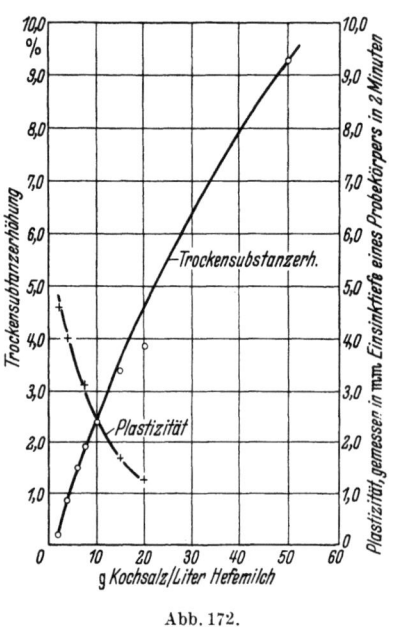

Abb. 172.

In der Zone C wird dann das Extracellularwasser zum einen Teil durch die vakuumbedingte Druckdifferenz abgesaugt und zum anderen Teil von den Hefezellen aufgenommen. Dadurch wird die Menge des Extracellularwassers unter den der wirksamen Druckdifferenz entsprechenden Wert erniedrigt, falls hier die Cytorrhyse noch andauert. Würde noch während des Verdrängungsvorganges — also während des Auswaschens der Hefeschicht — die Wiederaufnahme des Wassers durch die Cytorrhyse beendet sein, so würden die Zellen nachfolgend kein Extracellularwasser mehr unter Erhöhung des Intracellularwassergehaltes aufsaugen können. Das Endprodukt würde in diesem Falle wieder nur die der Druckdifferenz am Filter entsprechende Menge am Extracellularwasser aufweisen wie in Zone A. Das angestrebte Ziel würde so also nicht erreicht werden.

Mit der neuen Arbeitsweise ist es möglich, durch die Bemessung der Höhe der Konzentration der osmotisch wirksamen Substanz in der Hefemilch nunmehr die Höhe der Hefetrockensubstanz zu regeln. Dies wird durch die Kurven in Abb. 172 verdeutlicht.

Die Erhöhung des Gehaltes der Hefe an Trockensubstanz ist eine Vergleichszahl. Man erhält sie, wenn man dieselbe Hefemilch einmal ohne und ein zweites Mal mit Zusatz von Kochsalz unter sonst gleichen Bedingungen am Drehfilter absaugt. Die Trockensubstanzzunahme in Abhängigkeit von der zugesetzten Kochsalzmenge ist in der *vollausgezogenen Kurve* dargestellt.

Von der Menge an Extracellularwasser hängt weiterhin die Plastizität der Hefe ab. Die *kurz ausgezogene Kurve* zeigt die Abhängigkeit der Plastizität einer gepfundeten Hefe vom Kochsalzzusatz zur Hefemilch an. Die für die Plastizität angegebenen Werte wurden mit dem Plastizitätsmesser, vgl. Abb. 161, erhalten. Da Hefe von einem gewissen minimalen Extracellularwassergehalt an nicht mehr gepfundet werden kann, so bricht die Plastizitätskurve bei höheren Kochsalzgaben plötzlich ab. Man kann also das Aufsaugen des Extracellularwassers durch die Zellen mit Hilfe der Plastizitätsmessung ermitteln. Eine hohe Plastizität, z. B. über 7,00 mm Einsinktiefe, entspricht einem hohen Extracellularwassergehalt.

Beide Kurven zeigen, daß es möglich ist, jede gewünschte Trockensubstanzerhöhung bis 40% HTS und darüber, also jeden Trockengrad von Hefe in einfacher Weise auf Drehfiltern zu erreichen. Es wurde festgestellt, daß die Qualität der Hefe durch den Salzzusatz in keiner Weise beeinträchtigt wird. Mithin besteht nunmehr die Möglichkeit, neben den bisher üblichen Filterpressen für die Zwecke der Hefeentwässerung *Vakuum-Drehfilter* anzuwenden.

Schrifttum.

KÜSTLER, E., u. K. ROKITANSKY: Mitt. Versuchsstation für das Gärungsgewerbe in Wien, Nr. 11/12, 1954.

WHITE: Yeast Technology 1954. New York: John Wiley & Sons Inc.

WHITE u. MONTGOMERY: J. Inst. Brewing 41, 279—284 (1945).

JUST, F.: Biochem. Z. 306, 1. H., S. 3ff. (1940).

Svenska Jästfabriksaktiebolaget Stockholm, Verfahren und Vorrichtung zum Abscheiden von Hefe usw. vom 25. 7. 1938, bzw. 21. 2. 1941.

Vereinigte Mautner-Markhof'schen Preßhefefabriken, Wien, Patent angemeldet am 3. Februar 1954.

VOGEL: Die Bierhefe und ihre Verwertung. Basel: Wepf & Co.-Verlag 1949.

b) Der Luwesta-Extraktor.

Der auf S. 311 genannte Luwesta-Extraktor, der bei der Herstellung der Antibiotika verwendet wird und nach einem neuartigen Prinzip arbeitet, ist aus Abb. 173 im Schnitt ersichtlich.

Er arbeitet in folgender Weise:

1. Beschreibung der Trommel.

Die nach innen verlaufenden Linien zeigen den Weg der leichten Flüssigkeitskomponente (Extraktionsmittel), während die zum Trommelaußendurchmesser verlaufenden mit Pfeilen versehenen Linien den Weg der schweren Flüssigkeit anzeigen. Letztere strömt von Stufe I über II nach III, während das Extraktionsmittel im Gegenstrom von Stufe III über II nach I geführt wird. Vor dem Eintritt in die Verteilerräume werden die Flüssigkeiten in innige Berührung miteinander gebracht, so daß sich im Bruchteil einer Sekunde jeweils das Extraktionsgleichgewicht einstellt. Durch die im Ablaugkanal der schweren Flüssigkeit angeordneten Kolben, die durch eine Kolbenstange bewegt werden können, lassen sich Abführungskanäle der Schälscheiben drosseln. Dadurch wird die Eintauchtiefe der Schälscheiben und damit die Schichtdicke der schweren Flüssigkeit bestimmt.

2. Vorgang in den Stufen.

Stufe I. Die zu extrahierende Flüssigkeit fließt der Trommel durch einen besonderen Kanal zu. Aus der Stufe II führt die dort angeordnete

Schälscheibe das abgetrennte Extraktionsmittel durch einen Kanal in die Stufe I. Beim Aufprall auf die rotierende Trommelnabe werden die Flüssigkeiten in innige Berührung gebracht und das Gleichgewicht stellt sich ein. Die Mischung strömt sodann durch den Verteilerraum in die Scheidekammer I, in welcher die Trennung erfolgt. Das abgetrennte Extraktionsmittel ist jetzt mit Extrakten angereichert. Die Schälscheibe fördert das extrakthaltige Extraktionsmittel durch den entsprechenden Kanal aus der Trommel heraus.

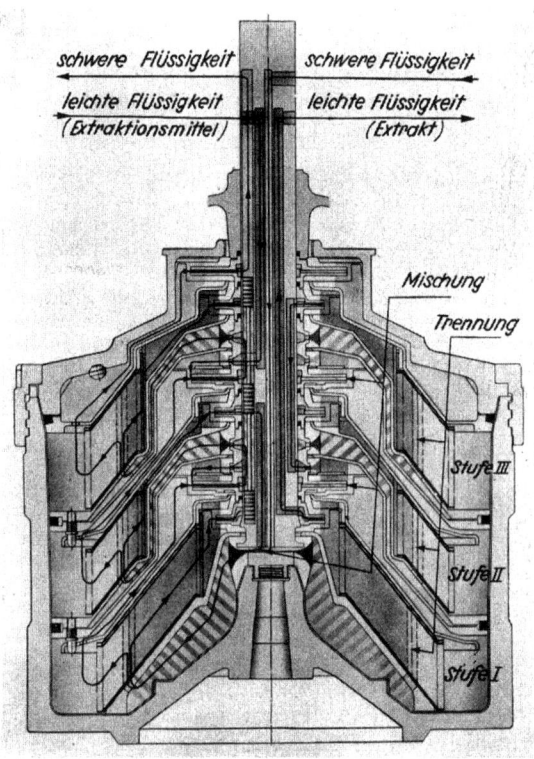

Abb. 173. Die Bezeichnung „Luwesta-Extraktor" ist gewählt worden, weil dieses Spezialgerät in Zusammenarbeit der *Lurgi-Gesellschaft für Wärmetechnik* in Frankfurt/Main und der *Westfalia-Separator AG.* in Oelde/Westf. entwickelt worden ist.

Stufe II. Die in Stufe I abgetrennte schwere Flüssigkeit wandert über den Scheideteller zur Schälscheibe. Aus der Stufe III führt die dort angeordnete Schälscheibe das abgetrennte Extraktionsmittel durch den zugehörigen Kanal zur Schälscheibe der Stufe II. Beim Eintritt der Flüssigkeiten in die Schälscheibe erfolgt die zweite Mischung. Das Gemisch wird dann durch Bohrungen in den Trennraum II geleitet, wo sich die Flüssigkeiten voneinander scheiden. Das Extraktionsmittel wird durch die kleinere Schälscheibe zur Stufe I gedrückt.

Stufe III. Die schwere Flüssigkeit strömt über den Scheideteller zur großen Schälscheibe. Durch einen besonderen Kanal wird gleichzeitig frisches Extraktionsmittel der gleichen Scheibe zugeführt. Das Gemisch wird dann wieder über entsprechende Bohrungen in die Scheidekammer III geführt, wo die Trennung erfolgt. Die kleine Schälscheibe drückt das Extraktionsmittel zur Stufe II. Die schwere Flüssigkeit gelangt über den Scheideteller und die große Schälscheibe dann nach außen.

Mit einer derartigen dreistufigen Behandlung ist die schwere Flüssigkeit von dem zu gewinnenden Extrakt vollständig zu befreien, während das leichte Lösungsmittel nunmehr mit Extrakt völlig angereichert ist, so daß dessen Aufarbeitung sich unmittelbar anschließen kann.

c) Das lichtelektrische Colorimeter.

Das lichtelektrische Colorimeter nach LANGE arbeitet mit zwei in Differenzschaltung liegenden Selenphotoelementen von je 10 qcm wirksamer Fläche. Die spektrale Empfindlichkeit der Photoelemente ist im gelben Be-

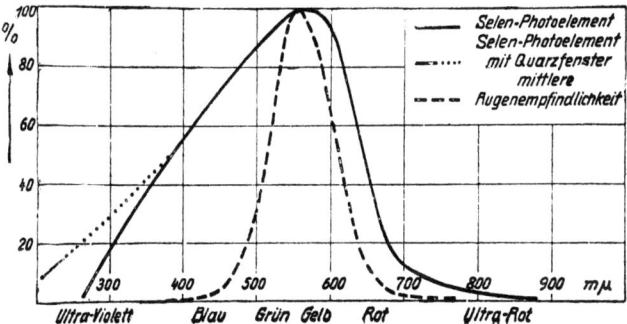

Abb. 174. Spektrale Empfindlichkeit der Selen-Photoelemente.

reich des Spektrums am größten und fällt nach beiden Seiten ab. Sie ähnelt der spektralen Empfindlichkeit des menschlichen Auges (Abb. 174). Deshalb ist die Meßempfindlichkeit für blaue Lösungen, die vorwiegend im Gelben absorbieren, so groß, daß bereits schwach gefärbte Lösungen große Ausschläge ergeben, während bei gelben Lösungen für den gleichen Ausschlag ein weit kräftigerer Farbton notwendig ist.

Durch die Anwendung von in der Masse gefärbten, 1 mm starken Schottschen Glasfiltern läßt sich die Empfindlichkeit steigern und eine große Absorptionsfeinheit erreichen. Die Filter sind beständig, verhältnismäßig spektralrein und genügend lichtdurchlässig für eine ausreichende Empfindlichkeit.

Wenn beispielsweise bei einer gelb bis rötlich oder orange gefärbten Lösung im wesentlichen die gelben Strahlen ohne Filter nicht absorbiert werden, kann man eine Filtration mittels komplementär gefärbter Filtergläser erreichen. Die Durchlässigkeitswerte für drei Filterglastypen sind in Tab. 52 gegenübergestellt.

Während beim Blaufilter das Maximum um 400 mμ liegt, befindet sich der Schwerpunkt beim Grünfilter zwischen 500 und 550 mμ. Das rote Flankenfilter besitzt eine definierte Absorption in der vollständigen Sperrung unterhalb von 625 mμ.

Zum lichtelektrischen Colorimeter ist folgendes zu sagen:

Die Strahlung der Lichtquelle wird durch zwei Linsen parallel gerichtet, trifft durch die eingesetzten Farbglasfilter auf die Cuvetten und fällt durch die negative lichtdurchlässige Vorderelektrode auf die Selenschicht des Photoelements, die sich auf einer zum positiven Pol ausgebildeten metallischen Grundplatte befindet (Abb. 175).

Tabelle 52. *Filterdurchlässigkeitswerte.*

mμ	Schottsche Glasfiltertypen		
	Rot (RG 2)'	Grün (VG 9)	Blau (BG 12)
405	—	0,01	0,86
436	—	0,03	0,84
480	—	0,40	0,45
509	—	0,65	0,08
546	—	0,64	0,01
578	—	0,38	—
644	0,97	0,11	—
700	0,99	0,07	0,04

Wie aus dem Schaltplan (Abb. 176) ersichtlich ist, befinden sich beide Selenzellen in Differenzschaltung. So ist der Pluspol der einen Zelle mit dem Minuspol der anderen Zelle verbunden. Bei gleichmäßiger Beleuchtung der Photoelemente besteht kein Stromfluß, jedoch fließen Elektronen bei unterschiedlicher Beleuchtungsstärke beider Zellen und bewirken einen Ausschlag des Meßinstrumentes.

Die Einstellung des Colorimeters geschieht optisch mit Hilfe der Irisblenden, indem die einfallende Lichtstärke auf den Nullpunkt der Skala reguliert wird.

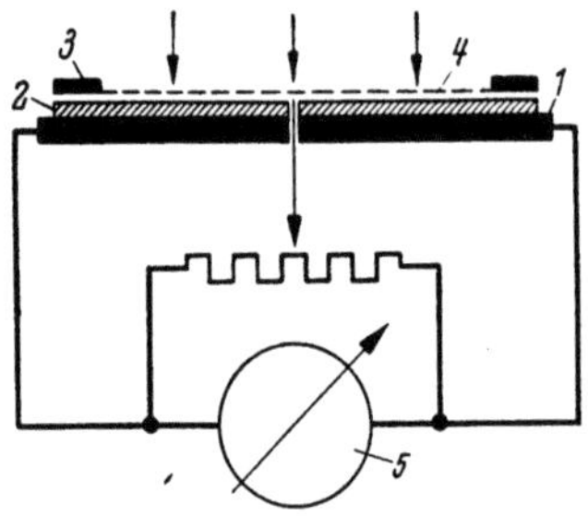

Letzteres wird mit einem Spannbandsystem rasch eingestellt und gestattet ohne Nivellierung eine parallaxenfreie Ablesung der Zeigermarke, die von dem mit der Drehspule verbundenen Spiegel nach mehrfacher Reflexion auf der Skala des Instruments entworfen wird.

Abb. 175. Selenphotoelement (Schema).
1 Grundplatte; — *2* Halbleiter (Selen); — *3* Metallring zur Stromabnahme; — *4* Vorderelektrode; — *5* Meßinstrument.

Die Empfindlichkeit je Skalenteil beträgt z. B. im Meßbereich 1 bei einem Eingangswiderstand von 50 Ohm $0,8 \times 10^{-8}$ Amp/mm. Um vergleichbare Meßwerte zu erhalten, wird bei eingesetzter Cuvette, die mit dem reinen Lösungsmittel gefüllt ist, der Zeiger auf Null eingestellt und dann die rechte Zelle mit der Verschlußklappe verdunkelt, so daß eine 100%ige Absorption erreicht wird. Reguliert man nun mit Hilfe der Drehwiderstände den Zeiger auf „100" und wechselt die Nullcuvette gegen eine mit der Untersuchungsflüssigkeit gefüllte Cuvette aus, so entspricht ein Skalenteil der 100teiligen Skala der Grundempfindlichkeit von 1% Absorption.

Der mit dem Galvanometer gemessene photoelektrische Strom ist nicht nur ein Maß für die von der Meßsubstanz absorbierte Lichtintensität, sondern der Ausschlag des Meßinstrumentes gibt zugleich einen direkten Maßstab an für die Konzentration der zu untersuchenden Flüssigkeit.

Der prozentualen Absorption A entsprechen die Extinktionswerte E:

$$E = \frac{1}{\log 1 - \dfrac{A}{100}}.$$

Neuerdings werden zum Universalcolorimeter nach LANGE auch monochromatische Interferrenzfilter geliefert. Das neue Modell VI besitzt einen eingebauten Spannungsgleichhalter und eine Siebblende mit 50% Absorp-

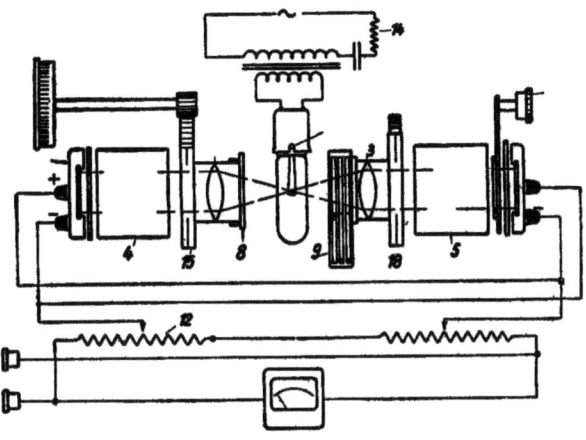

Abb. 176. Schaltung des Colorimeters.

Hierbei sind: *1* Glühlampe; — *2* und *3* zwei Linsen; — *4* und *5* zwei Cuvettenkästen; — *6* und *7* zwei Photoelemente; — *8* Aufsteckring mit Mattglasscheibe; — *9* Filterkassette; — *10* Betätigungsknopf für die Filterklappe; — *11* Meßinstrument; — *12* und *13* zwei Drehwiderstände „fein" und „grob". — Die linke Irisblende *15* wird mit der Meßtrommel *17* über das Getriebe *16* betätigt; — die rechte Irisblende *18* mit einem Riffelgriff; — *14* magnetischer Spannungsgleichhalter.

tion. Regelt man den Zeigerausschlag bei eingeschalteter Siebblende auf 100 Skalenteile, so entspricht 1 Skalenteil = 0,5% Absorption. Hierdurch kann man in bequemer Weise die doppelte Empfindlichkeit einstellen.

Schrifttum.

LANGE, B.: Kolorimetrische Analyse. Verlag Chemie 1952.
KORTÜM, G.: Kolorimetrie, Photometrie und Spektrometrie. 3. Aufl. Berlin/Göttingen/Heidelberg: Springer 1955.

d) Werkstofftabelle.

E. RABALD und H. BRETSCHNEIDER haben im Rahmen eines Erfahrungsaustausches in der Deutschen Gesellschaft für Chemisches Apparatewesen, Frankfurt/M., eine sogenannte Werkstofftabelle herausgegeben, die auch für das gesamte Gärungsgebiet von besonderer Bedeutung ist und bereits in einer dritten Bearbeitung vorliegt. Es ist das Ziel dieser Tabelle, die mannigfachen Erfahrungen und Kenntnisse über die Brauchbarkeit von Werkstoffen in möglichst knapper und übersichtlicher Form darzustellen. Für jeden Werkstoff und für jedes angreifende Mittel wurde ein besonderes

Blatt angelegt, so daß neue Erfahrungen und Fortschritte leicht in Form von Ergänzungsblättern eingefügt werden können.

Das gesamte Werk gliedert sich in zwei Hauptteile:
a) Die Blätter ,,Physikalische Eigenschaften". Sie betreffen etwa 100 Werkstoffe.
b) Die Blätter ,,Chemische Beständigkeit". Hier wird über die Einwirkung von 850 angreifenden Mitteln auf die etwa 100 Werkstoffe berichtet. Jedes angreifende Mittel wird auf einem Blatt behandelt.

Die Ordnung der Blätter ist sowohl alphabetisch als auch mit einer Ordnungszahl durchgeführt, deren Ableitung aus den Köpfen der Blätter ersichtlich ist.

In Tab. 53 werden eine Anzahl der angreifenden Mittel aufgeführt, soweit diese für den Bereich des vorliegenden Buches bedeutsam erscheinen.

Tabelle 53.

Abwässer	Butylalkohol	Kalk, gelöschter	Propionsäure
Aceton	Butylamin	Kalkmilch	Pyridin
Acetylaldehyd	Citronensäure	Kartoffelmaische	Rübenzuckersaft
Äthylalkohol	Cyan	Melasse	Schwefelsäure
Alkohol	Diammoniumphosphat	Melasseschlempe	Spiritus
Aminosäuren	Eiweißlösungen	Methan	Stärke
Ammoniumsulfat	Essigsäure	Methanol	Streptomycin
Antibiotica	Fruchtsäuren	Methylalkohol	Sulfitlauge
Bakterien	Gluconsäure	Milchsäure	Trichloräthylen
Benzin	Glutaminsäure	Natriumacetat	Vitamine
Benzol	Hefe	Penicillin	Weinessig
Butanol	Holzzuckerlösungen	Phosphorsäure	Zucker
Buttersäure	Kaliumacetat	Pottasche	Zuckersäfte

Schrifttum.

RABALD, E., u. H. BRETSCHNEIDER: DECHEMA-Werkstofftabelle, 3. Bearbeitung. Weinheim: Verlag Chemie 1953; zu beziehen DECHEMA, Frankfurt/M. 13, Postfach.

e) Vorschriften der Bundesmonopolverwaltung für Branntwein zur Untersuchung von Spriten:

von Prima-, Sekunda- (Sprit für technische Zwecke), Tertiaspriten, Alkohol absolutus für medizinische und technische Zwecke und Rohbranntweinen.

Aussehen.

Für alle Spritarten. Die Farbe des Sprits ist in einer Schichthöhe von etwa 40 cm in der Aufsicht zu beurteilen. Der farblose Zylinder steht auf weißer Unterlage.

Geruch und Geschmack.

Für Primasprite. Zur Geruchsprüfung werden mit Deckel versehene Kostgläser verwendet. Zur Geschmacksprüfung wird die zu prüfende Spritprobe auf Trinkstärke von 30 Raumhundertteilen herabgesetzt.

Permanganattest.

Für alle Spritarten, außer Rohbranntwein und Tertiasprit. 10 ml Sprit werden in ein farbloses Reagensglas (Fiolax-Glas 180×20) gefüllt und mit 1 ml n/100 Kaliumpermanganatlösung versetzt (die Kaliumpermanganatlösung muß stets frisch aus n/10 bereitet werden). Man stellt nun die Zeit fest, in welcher der Farbton von violett in lachsfarben umschlägt. Als Vergleichslösung wird eine von den *Chemischen Werken Hüls* nach der amerikanischen Pharmakopoe hergestellte Farbtonmischung verwendet. Die Farblösung wird in einem zugeschmolzenen Reagensglas geliefert. Bei der Bestimmung des Permanganattestes sind dann Reagensgläser von gleichem Durchmesser zu verwenden.

Aldehyd.

Für alle Spritarten, außer Primasprit und Alkohol absolutus für medizinische Zwecke. In einem Jodzahlkolben von 300 ml Inhalt (Erlenmeyerkolben mit Schliffstopfen und Kragen) werden 150 ml destilliertes Wasser, 10 ml einer 7%igen Hydroxylaminhydrochloridlösung (*Merck* Nr. 4616), 3 Tropfen einer 0,1%igen wäßrigen Methylorangelösung und 25 ml des zu untersuchenden Sprits eingefüllt. In einen zweiten Kolben gibt man an Stelle der Probe 25 ml eff-Sprit. Beide Kolben bleiben eine halbe Stunde bei Zimmertemperatur stehen. Dann wird zunächst die Blindwertprobe mit n/10 Natronlauge auf Zwiebelfarbe titriert. Der zu untersuchende Sprit wird nun auf den Farbton der Blindwertprobe eingestellt.

Der Verbrauch an n/10 Normallauge abzüglich des Blindversuches ergibt mit 176 multipliziert mg/l Acetaldehyd.

1 ml n/10 **NaOH** entspricht 4,4 mg Acetaldehyd.

Reagenzien: 69 g Hydroxylaminchlorhydrat zu 1000 ml gelöst.

Für Primasprit und Alkohol absolutus für medizinische Zwecke. In einen Spezialmischzylinder mit Fuß, Schliff und Sechskantstopfen (Gesamthöhe 112 mm, äußerer Durchmesser 19 mm) und Ringmarken bei 4,4, 10 und 14 ml gibt man bis zur Marke 4,4 ml die Spritprobe und füllt bis zur Marke 10 ml mit Wasser auf. Hierauf wird Reagens nach SCHIFF auf Aldehyde nach *Merck* bis zur Marke 14 ml zugesetzt und umgeschüttelt. Nach 20 Minuten Stehen im Wasserbad bei 20° C wird das Reaktionsgemisch in eine Cuvette mit 10 mm Schichtdicke eingefüllt und die Extinktion der gefärbten Mischung im LANGE-Colorimeter nach der Ausschlagsmethode für normale Empfindlichkeit, Type V, bestimmt. Hierbei wird das Grünfilter VG 9 verwendet.

Die Extinktion der zu untersuchenden Probe wird gegen einen aldehydfreien Sprit gemessen, der unter den gleichen Bedingungen angesetzt wurde.

Die notwendige Eichkurve für Acetaldehyd wird mit Testlösungen hergestellt, die in 1 Liter fuselöl- und aldehydfreiem Sprit (zu beziehen beim Referat Chemie des Bundesmonopolamts) 1—10 mg Acetaldehyd enthalten.

Fuselöl.

Für Sekundasprit (Sprit für technische Zwecke), Tertiasprit und Alkohol absolutus für technische Zwecke. In einem Schüttelzylinder mit Glasstopfen von 50 ml Inhalt werden 10 ml des zu untersuchenden Sprites gegeben und mit 1 ml einer Salicylaldehydlösung [1 g Salicylaldehyd (*Merck* 642) + 99 g fuselölfreier eff-Sprit] versetzt. Hierzu läßt man aus einem Meßzylinder 20 ml konzentrierte Schwefelsäure ($D = 1,84$, *Merck* Nr. 731; 1-kg-Flaschen mit Kunststoffverschluß) zulaufen, mischt den Inhalt durch dreimaliges Kippen gut durch und beläßt ihn 10 Minuten bei Zimmertemperatur. Darauf wird er in ein Wasserbad von 20° C gestellt. Nach 20 Minuten wird das Reaktionsgemisch in eine Cuvette mit 10 mm Schichtdicke eingefüllt. Genau $1/2$ Stunde nach Zusatz der Schwefelsäure wird die Extinktion der gefärbten Mischung im LANGE-Colorimeter (Type IV) nach der Ausschlagsmethode für normale Empfindlichkeit bestimmt. Hierbei wird das Grünfilterpaar VG 9 des Farbfiltersatzes verwendet.

Die 0- und 100-Stellung des Colorimeters wird bei eingesetzten Cuvetten vorgenommen, die mit Wasser gefüllt sind. Die Extinktion der zu untersuchenden Spritprobe wird gegen die gelbe Färbung eines Ansatzes gemessen, der — wie oben beschrieben — mit eff-Sprit erhalten wurde und sich in der linken Cuvette des Colorimeters befindet. Von dieser für die Spritprobe festgestellten Extinktion (Gesamtextinktion Eg) muß als Korrektur für die durch den Aldehydgehalt hervorgerufene Färbung der diesem entsprechende Exktionswert (Ea) in Abzug gebracht werden.

Zur Auswertung der Extinktion wird ein Diagramm mit einem künstlichen Fuselölgemisch angefertigt, das in seiner Zusammensetzung für Sulfitsprite aus 55 Gew.-% Isoamylalkohol (*Merck* p. a. Nr. 979), 35 Gew.-% Isobutylalkohol (*Merck* Nr. 985) und 10 Gew.-% Borneol der Firma *Werag*, Böblingen bei Stuttgart, und für Melasse- und Hefesprite sowie Sprite der Reinigung aus 90 Vol.-% Isoamyl und 10 Vol.-% Isobutyl besteht. Dieses künstliche Fuselölgemisch wird nun in zunehmenden Mengen (10, 20, 40, 60, 80, 100 mg/l usw.) angesetzt, die Exktinktionswerte bestimmt und in einem Diagramm festgehalten. In ähnlicher Weise wird ein Diagramm ermittelt, in welches die Extinktionswerte eingetragen werden, die durch Acetaldehyd hervorgerufen werden. Zu diesem Zwecke wird Acetaldehyd (*Merck* Nr. 4) in entsprechenden Mengen (10, 20, 40 mg/l usw.) in eff-Sprit gelöst und die Extinktionswerte bestimmt.

Von dem Extinktionswert Eg der Probe muß der Extinktionswert Ea abgezogen werden, der durch das vorhandene Acetaldehyd hervorgerufen wird. Aus dem Diagramm für Acetaldehyd wird der Extinktionswert gesucht, der dem Aldehydgehalt entspricht, wie er durch die Hydroxylaminhydrochloridmethode ermittelt wurde. Die Extinktion des Fuselöles ist dann = Gesamtextinktion Eg abzüglich Extinktion Ea des Aldehydes.

Die Extinktion ergibt aus dem Diagramm den absoluten Fuselölgehalt.

Rohbranntwein. Bei Rohbranntweinen, die einen Hochgrädigkeitszuschlag in Anspruch nehmen, wird in einem Schüttelzylinder 1 ml Probe mit 9 ml eff-Sprit verdünnt und die Probe wie vorstehend beschrieben weiterbehandelt. Aus dem Diagramm für Acetaldehyd wird der Extinktionswert Ea abgelesen, der dem zehnten Teil des durch Titration festgestellten Acetaldehydgehaltes entspricht. Von der abgelesenen Gesamtextinktion Eg wird die Aldehydextinktion Ea abgezogen.

Der der Fuselölextinktion entsprechende Fuselölwert mal 10 ergibt den absoluten Fuselölgehalt.

Für Primasprit, Alkohol absolutus für medizinische Zwecke. Die Extinktion der zu untersuchenden Spritprobe wird gegen Wasser gemessen, das sich in der linken Cuvette des Colorimeters befindet.

Für Primasprite sind Vergleichslösungen mit 2, 4, 6 und 10 mg/l des Fuselölgemisches anzusetzen. Der hierfür zu verwendende fuselölfreie Sprit ist vom Referat Chemie des Bundesmonopolamtes zu beziehen.

Bei Primaspriten, die bis 4 mg/l Acetaldehyd enthalten, kann dieser direkt von dem ermittelten Fuselölwert abgezogen werden, da die KOMAROWSKI-Reaktion bei Mengen bis 10 mg bei Fuselöl und Aldehyd praktisch gleich ist. Acetaldehyd ergibt eine geringfügige stärkere Verfärbung.

Wichtig ist, daß bei der Bestimmung die gleichen Chemikalien der gleichen Lieferfirma benützt werden. Die Versuchsbedingungen können abgeändert werden, da jeder Betrieb entsprechend seinen Versuchsbedingungen ein eigenes Diagramm anfertigt.

Zum Beispiel bei Verwendung des LANGE-Colorimeters, Type V, ist es zweckmäßig, mit der Siebblende die Absorption auf 50% herabzusetzen, da man sonst einen höheren Fuselölgehalt nicht mehr ablesen kann, bzw. können bei Type V die Versuchsbedingungen so geregelt werden, daß man nach dem Umkippen 5 Minuten in fließendem Wasser kühlt und 1 Stunde bei 20° C stehenläßt.

Säure für alle Spritarten. 100 ml des zu untersuchenden Sprits werden mit 1—2 Tropfen 0,1%iger alkoholischer Methylrotlösung (Dimethylaminoazobenzolcarbonsäure) versetzt und sofort ohne vorhergehendes Kochen mit n/100 **NaOH**, am besten in einer in 1/100 ml eingeteilten, 10 ml fassenden Bürette, bis zum Auftreten der Gelbfärbung titriert. Zur deutlichen Erkennung des Umschlages wird eine Vergleichslösung (100 ml Sprit + 0,2 ml n/100 NaOH + 1—2 Tropfen der vorgeschriebenen Methylrotlösung) verwendet.

1 ml n/100 Natronlauge entspricht 0,0006 g Essigsäure.

Methanol für alle Spritarten. 0,2 ml der Probe werden in ein reines, trockenes Reagensglas gefüllt und mit 5 ml Permanganat-Phosphorsäure (1) versetzt, und genau 15 Minuten bei Zimmertemperatur (20° C) stehengelassen. Nach dieser Zeit werden 2 ml Oxalschwefelsäure (2) zugesetzt. Sobald vollkommene Entfärbung eingetreten ist, werden 5 ml SCHIFFsches Reagens (3) zugesetzt. Mit einem Glasstab wird durchgemischt und genau 2 Stunden stehengelassen. Gleichzeitig werden Vergleichsproben mit 1, 1,5 und 2 g/l Methylalkohol angesetzt. Durch Farbenvergleich nach Ablauf der 2 Stunden wird der in der Probe enthaltene Methylalkoholgehalt ermittelt. Genauere Werte erhält man, wenn man mit dem LANGE-Colorimeter die Extinktion bestimmt.

Vergleichsproben mit 0,5 1, 1,5, 2, 2,5 und 3 g/l Methylalkohol werden nach vorstehender Vorschrift angesetzt und nach 2 Stunden der Extinktionswert ermittelt.

Als Vergleichsprobe benützt man einen methylalkoholfreien Testsprit, der unter den gleichen Bedingungen angesetzt wurde, wie die methylalkoholhaltigen Proben. Die Extinktionswerte ergeben ein Diagramm und bei unbekannten Proben kann entsprechend der festgestellten Extinktion aus dem Diagramm der Methylalkoholgehalt entnommen werden.

Reagenzien: (1) 1 g fein gepulvertes Kaliumpermanganat und 10 g Phosphorsäure, Dichte 1,7, werden in etwa 50 ml Wasser gelöst und auf 100 ml aufgefüllt.

(2) 5 g kristallisierte Oxalsäure werden mit Wasser zu 50 ml aufgelöst, zu der Lösung werden vorsichtig 50 ml Schwefelsäure, Dichte 1,84, hinzugegeben.

(3) 0,1 g Rosanilinhydrochlorid werden in 50 ml heißem Wasser gelöst. Nach dem Erkalten wird eine Lösung von 1 g wasserfreiem Natriumsulfit in 10 ml Wasser und 1 ml Salzsäure, Dichte 1,126, hinzugefügt. Dann wird mit Wasser auf 100 ml aufgefüllt.

Furfurol für alle Spritarten. 10 ml Sprit werden mit 1 ml frisch destilliertem Anilin und 2—3 Tropfen konzentrierter Salzsäure (37%ig) versetzt. Nach 5 Minuten darf keine rötliche Färbung eintreten.

Flüchtige Basen für alle Spritarten. 100 ml Probe werden mit 10 ml n-Schwefelsäure versetzt und so weit auf dem Wasserbad abgedampft, bis der Rückstand nicht mehr als 2 ml beträgt. Er wird in einen Meßkolben von 100 ml übergespült und mit Wasser bis zur Marke aufgefüllt. Davon werden 10 ml mit 1 ml NESSLERS Reagens versetzt und mit einer Testlösung verglichen, die 1 bzw. 2 mg Methylamin im Liter entspricht.

Zur Herstellung der Testlösung werden 3,464 mg Ammoniumchlorid in 1 Liter destilliertem Wasser gelöst; 10 ml dieser Testlösung entsprechen 2 mg/l flüchtige Basen, berechnet auf Methylamin.

Quantitative Bestimmung. Sie wird nur dann ausgeführt, wenn die vorstehende Probe einen Gehalt an flüchtigen Basen über 2 mg im Liter ergeben hat.

250 ml Probe werden mit 20 ml n-Schwefelsäure und 50 ml Wasser bis auf etwa 20 ml in einer Kjeldahlapparatur abdestilliert. Nach dem Abkühlen werden 12,5 ml 15%ige Natronlauge und 50 ml Wasser hinzugefügt und in eine Vorlage von 10 ml n/100-Schwefelsäure überdestilliert. Man titriert die überschüssige Schwefelsäure mit n/100-Natronlauge zurück.

1 ml n/100-Schwefelsäure entspricht 0,31 mg Amin.

Als Indicator für die Titration wird die Indicatorlösung nach TASHIRO verwendet:

Lösung I 0,2 g Methylrot in 100 ml Alkohol.
Lösung II 0,125 g Methylenblau in 100 ml Alkohol.
Man mischt 100 ml von Lösung I mit 50 ml von Lösung II.

Abdampfrückstand für alle Spritarten. 250 ml Sprit werden durch einen Glasfilter oder Gooch-Tiegel filtriert und in einer Platinschale auf dem Wasserbad abgedampft. Das festgestellte Gewicht mal 4 ergibt den Abdampfrückstand n mg/l.

Glührückstand für alle Spritarten. Der Abdampfrückstand wird geglüht und gewogen.

Kupfer.

Für absolute Alkohole, die nach dem Drawinol-Verfahren entwässert wurden. 300 ml des zu untersuchenden Sprits werden in einer Porzellanschale auf dem Wasserbad eingedampft. Der in der Porzellanschale verbliebene Rückstand wird mit 1—2 ml 10%iger Ammoniaklösung übergossen. Der Sprit gilt als einwandfrei, wenn sich nicht die geringste bläuliche Färbung zeigt.

Chlor.

Für absolute Alkohole, die nach dem Drawinol-Verfahren entwässert wurden. In ein Reagensglas füllt man mit der Pipette 10 ml des zu untersuchenden Sprits. In ein zweites Reagensglas werden 10 ml einer Vergleichslösung gefüllt, die durch Auflösen von 1,65 mg chemisch reinem Natriumchlorid in 1000 ml Wasser hergestellt wird. In beide Reagensgläser füllt man alsdann mit der Pipette 0,5 ml Salpetersäure ($D = 1,400$) und 1 ml n/10 Silbernitratlösung ein. Nach $^1/_2$ stündigem Stehen werden die Reagensgläser gegen einen schwarzen Hintergrund gestellt und die im Reagensglas 1 entstandene Trübung mit der Trübung der Testlösung verglichen. Die Trübung darf nicht stärker sein als die der Testlösung. (Es empfiehlt sich, in Zweifelsfällen den *Zeiß*schen Trübungsmesser zu verwenden.)

Drawinol.

Für absolute Alkohole, die nach dem Drawinol-Verfahren entwässert wurden. Die Bestimmung des Drawinols beruht auf der Reduktion des Drawinols zu Salzsäure durch Wasserstoff in alkalischem Medium ($NaOH + Zn$) und Bestimmung der Salzsäure durch Titration nach VOLLHARD. 100—200 g der Probe werden in einen 500 ml fassenden Kolben gefüllt, dazu 50 ml 20%ige Natronlauge und 5 g Zinkstaub, beides von bekanntem Chlorgehalt, gegeben. Diese Mischung wird 2 Stunden am Rückflußkühler erhitzt. Nach Ausspülen des Kühlers mit destilliertem Wasser wird die über dem Zink stehende Flüssigkeit in einen großen Erlenmeyer abgegossen und das zurückbleibende Zink mehrmals mit heißem Wasser ausgewaschen. Dann wird die Lösung salpetersauer gemacht und ein abgemessener Überschuß n/10-Silbernitrat-Lösung hinzugefügt und nach Zusetzen von Eisen-Ammoniak-Lösung als Indicator mit n/10-Ammoniumrhodanid-Lösung der Überschuß an Silbernitrat zurücktitriert.

Berechnung: 1000 ml n/10 $AgNO_3$ entsprechen 3,540 g Cl.

Von den gefundenen Chlorwerten werden die für die Natronlauge und den Zinkstaub gefundenen Chlorwerte abgezogen.

Der Umrechnungsfaktor auf Drawinol ist 1,235.

f) Alkoholbestimmung im Blut.

Zur Bestimmung der Blutalkoholkonzentration dient die Mikromethode von E. M. P. WIDMARK. Sie arbeitet nach folgendem Prinzip:

Das mittels Venüle oder für Laboratoriums-Reihenversuche mittels Schnepper entnommene Blut wird in eine Capillare gesaugt, durch Differenzwägung die Einwaage (rund 100 mg) bestimmt und in das Einsatzbecherchen des WIDMARK-Kölbchens gegeben. Am Boden des Schliffkölbchens befindet sich Bichromat-Schwefelsäure von bekanntem Titer. Die so beschickten Kolben — zu jeder Bestimmung gehören jeweils drei Meß- und drei Blindansätze — werden mehrere Stunden bei 60—70° C gehalten; dabei verdunsten die *flüchtigen* Bestandteile des

Blutes und werden durch die Schwefelsäure quantitativ aufgefangen. Der Alkohol wird oxydiert, das hierbei nicht verbrauchte Bichromat zurücktitriert.

Die Bestimmung ist nicht für den Äthylalkohol spezifisch, da grundsätzlich alle flüchtig reduzierenden Blutinhaltsstoffe miterfaßt werden.

Schrifttum.

WIDMARK, E. M. P.: Die theoretischen Grundlagen und die praktische Verwendbarkeit der gerichtlich-medizinischen Alkoholbestimmung. Berlin u. Wien: Urban & Schwarzenberg 1932.

JUST, F.: Zur Physiologie des Alkoholgenusses. Sonderdruck. Berlin: Institut f. Gärungsgewerbe 1955.

PFEIL, E.: Quantitative Bestimmung des Äthylalkohols im Blut und in der Atemluft. Labor f. Chemie und Betrieb **6**, 4, 204—210 (1955).

Berichtigungen.

S. 271, Z. 20 v. u. statt Saccachromyceten **lies:** Saccharomyceten.

S. 299, Z. 9 v. u. statt Staphyloccus **lies:** Staphylococcus.

S. 369, Z. 18 v. o. statt lyphiles **lies:** lyophiles.

S. 417, Z. 25 v. o. statt acetobutilicum **lies:** acetobutylicum.

S. 423, Z. 1 v. u. statt 1592 **lies:** 1952.

S. 444, Z. 7 v. u. statt PETZOLD **lies:** PETZOLDT.

S. 445, Abb. 125, Unterschrift, statt *Gebr. Herrmann* **lies:** PETZOLDT und *Gebr. Herrmann.*

S. 535, Abb. 155, Unterschrift, **ergänze:** Bauart *W. Rank*, Werl, Neheimer S'r. 19.

S. 552, Z. 10 v. u. statt farbols **lies:** farblos.

S. 616, Z. 1 v. u. statt Jästfabrikatiebolaget **lies:** Jästfabrikaktiebolaget.

Patentklassenverzeichnis
des Deutschen Patentamtes.

Klasse 6 a. Hefe sowie Gärungserreger allgemein und andere technisch verwendbare Mikroorganismen.

Gruppe 1. Waschen, Weichen und Quellen der Gerste,
2. Mälzereiverfahren, Malzdarrverfahren, Kontrollvorrichtungen,
   01 Spezialmalz, gesäuertes Malz usw.,
3. Keimapparate-Tennenmälzerei,
4. Trommelmälzerei,
5. Kastenmälzerei,
6. Malzdarren, nicht beweglich,
7. Malzdarren, beweglich,
8. Malzwender,
9. Malzreinigung,
10. Keimgefäße, Beschickung,
14. Reinzucht und Kulturen von Gärungserregern und Mikroorganismen,
15. 01 Reinzuchtapparate und Hefeaufziehvorrichtungen,
    02 Gärbottiche und Abräumvorrichtungen,
    03 Belüftungsverfahren und -vorrichtungen, Ventile und Verteiler,
16. Stellhefe, saurer Ansatz,
17. 01 Hefe aus Getreide, Kartoffeln usw.,
    02   aus Melasse, Zucker und Schlempe,
    03   Celluloseverzuckerungsprodukten,
18. Gärschaumbeseitigung,
19. Separieren-Kühlen-Waschen-Sieben-Pressen-Schneiden,
20. Hefenachbehandlung, Bierhefeentbitterung und -umgärung,
    01 Verfahren und Mittel zur Förderung oder Hemmung der Gärung,
21. Trocknung, Konservierung und Aufbewahrung von Hefe,
22. Enzyme und -präparate, Malz- und Hefeextrakte bzw. -präparate,
    01 aus Pflanzen allgemein
    02   Malz,
    03   Malzextrakt bzw. -präparaten,
    04   Mikroorganismen allgemein,
    05   Hefe,
    06   Hefeextrakt,
    07   Tierkörperteilen und Flüssigkeiten,
    10 Sonstiges.

Klasse 6 b. Bereitung von Maische und Würze, Gärverfahren, Destillieren und Rektifizieren von alkoholischen und vergorenen Flüssigkeiten

Gruppe 1. 01 Schroten und Mälzen,
    02 Vorbereitung von Zuckerrüben und Melasse,
    03 Wasserbehandlung,
2. Dämpfer und Zerkleinerungsvorrichtungen für Mais, Kartoffeln usw.,

Klasse 6b.
- 3. Malzverzuckerung,
  - 01 Verzuckerung mit Hilfe von Enzymen und anderen Mikroorganismen,
- 4. Maischapparate mit waagerechter Rührwelle,
- 5. Maischapparate mit senkrechter Rührwelle,
- 6. Maischereiniger,
- 7. Entschalapparate,

Gruppe 16. Spiritusgärung usw.,
- 01 Spiritus,
- 02 Aceton, Acetaldehyd, Citronensäure usw.,
- 03 Biologische Fett- und Eiweißgewinnung,
- 17. 01 Gärbottiche,
  - 02 Ventile, Verteiler, Abräumvorrichtungen,
- 18. Bottichkühler,
- 19. Kohlensäuregewinnung,
- 22. Destillieren in Blasen,
- 23. Destillieren in stetigem Betrieb,
- 24. Rektifizieren nicht stetig,
- 25. Rektifizieren stetig, Vor- und Nachlaufabscheidung,
- 26. Destillieren und Rektifizieren,
  - 01 Azeotrope Destillation,
- 27. Dephlegmatoren, Böden, Plattenkühler,
- 28. Nebenapparate,
- 29. Vergällungsmittel,
- 30. Entfernung von Verunreinigungen aus Alkohol usw. außer durch Destillation.

Klasse 6e. Essigbereitung.

Klasse 2c. Teigbereitung.

Gruppe 1. Teigbereitung und Brotherstellung.
- 2. 01 Bleichen und Verbessern der Backfähigkeit von Mehl oder Teig, Mehlkonservierung,
  - 02 Backhilfsmittel, auch Fettsparmassen,
- 3. 01 Vollkornbrot, Schrot- und Kleiegebäck,
  - 02 Aus Mehl von Hülsen- und Knollenfrüchten, mit Zusatz von Eiweiß, Fleisch usw., Diät- und Heilgebäck,
  - 03 Feingebäck, Kuchen, Blätterteig,
- 4. Teiglockerungsmittel, Backpulver,
- 5. Streu- und Streichmittel für Backzwecke.

Klasse 30h.

Gruppe 2/20 Vitamine.

Gruppe 6. Bakterienpräparate, Kulturpräparate, Reinpräparate usw.

Gruppe 14. Hilfsmittel wie Nährböden, Gewebekulturen, Kulturgefäße, Brutschränke.

Klasse 53g. Futtermittel

Gruppe 3/03 und 04 Futterhefe.

Literaturverzeichnis.

BERGANDER, E.: in O. DAMMER: Chemische Technologie der Neuzeit, Bd. 4. Stuttgart: Ferdinand Enke 1933.
BERNHAUER, K.: Gärungschemisches Praktikum, 2. Aufl. Berlin: Springer 1939.
BERSIN, TH.: Kurzes Lehrbuch der Enzymologie, 3. Aufl. Leipzig: Akademische Verlagsgesellschaft 1951.
BUCHNER, E., H. BUCHNER u. M. HAHN: Die Zymasegärung. München u. Berlin: R. Oldenbourg 1903.
DAMME, CH. VAN (übersetzt von M. TITZE): Die moderne Lufthefefabrikation. Pilsen: Selbstverlag bei J. Hanak 1936.
DEHNICKE, J., u. H. KREIPE: Laboratoriumsbuch für die Brennerei- und Hefeindustrie, 2. Aufl. 1952.
DELBRÜCK, M.: Illustriertes Brennereilexikon. Berlin: Paul Parey 1915.
FOTH, G.: Handbuch der Spiritusfabrikation. Berlin: Paul Parey 1929.
— u. B. DREWS: Die Praxis des Brennereibetriebes, 2. Aufl. 1951.
GLAUBITZ, M.: Atlas der Gärungsorganismen. Berlin: Paul Parey 1932.
HAEHN, H.: Biochemie der Gärungen. Berlin: W. de Gruyter & Co. 1952.
HALLMANN, L.: Bakterielle Nährböden. Stuttgart: Thieme 1953.
HENNEBERG, W.: Handbuch der Gärungsbakteriologie, 2. Aufl. Berlin: Paul Parey 1926.
KIBY, W.: Preßhefefabrikation. Braunschweig: Fr. Vieweg & Sohn 1912.
— in Enzyklopädie der technischen Chemie (Ullmann), 2. Aufl., Bd. 8. Berlin u. Wien: Urban & Schwarzenberg 1931.
KIRSCHBAUM, E.: Destillier- und Rektifiziertechnik, 2. Aufl. Berlin/Göttingen/Heidelberg: Springer 1950.
KLAR, M.: Fabrikation von absolutem Alkohol zwecks Verwendung als Zusatzmittel zu Motortreibstoffen, 2. Aufl. Halle: Wilhelm Knapp 1937.
LAFAR, F.: Handbuch der Technischen Mykologie. Jena: G. Fischer 1905—1907.
LEHNARTZ, E.: Einführung in die Chemische Physiologie, 10. Aufl. Berlin/Göttingen/Heidelberg: Springer 1952.
LINDNER, P.: Atlas der mikroskopischen Grundlagen der Gärungskunde, 2 Bände, 3. Aufl. Berlin: Paul Parey 1927/28.
— Mikroskopische und biologische Betriebskontrolle in den Gärungsgewerben, 6. Aufl. Berlin: Paul Parey 1930.
LÜERS, H.: Die Hefe. Nürnberg: Verlag Carl 1949.
MACHER, L.: Biologische Brennereibetriebskontrolle. Nürnberg: Hans Carl 1950,
— Leitfaden der Kornbrennerei-Praxis. Minden/Westf.: Wilhelm Strothmann 1950.
MAERCKER-DELBRÜCK: Handbuch der Spiritusfabrikation. Berlin: Paul Parey 1908.
MARILLER, CH.: Distillerie agricole et industrielle, Levurerie, Sous-Produits. Paris: J.-B. Baillière et Fils, 1951.
OLBRICH, H.: Die Schleudertechnik in der Hefe- u. Spiritusindustrie. Berlin: Institut für Gärungsgewerbe 1954.
OST-RASSOW: Lehrbuch der Chem. Technologie, 24. Aufl. Leipzig: J. A. Barth Verlag 1952.

PRESCOTT, S. C., u. C. G. DUNN: Industrial Microbiology. 2. Aufl. New York, Toronto, London: McGraw-Hill Book Co., Inc. 1949.
RIECHE, A.: Über die mikrobiologisch-technische Eiweiß- und Fettsynthese auf Basis von Zellstoffablaugen. Wiss. Ann. **3**, H. 12, S. 705—728 (1954).
RIPPEL-BALDES: Grundriß der Mikrobiologie, 2. Aufl. Berlin/Göttingen/Heidelberg: Springer 1952.
RUDOLPH, W.: Die Vitamine der Hefe, 4. Aufl. Stuttgart: Wissenschaftliche Verlagsges. m.b.H. 1948.
RÜDIGER, M.: Der Landwirtschaftliche Brennereibetrieb, 6. Aufl. Stuttgart: Ferd. Enke 1952.
— Die Obstbrennerei, 2. Aufl. Stuttgart: E. Ulmer 1952.
SCHNEGG, H.: Die Hefereinzucht, 2. Aufl. Nürnberg: Verlag Carl 1947.
SCHOLLER, H.: Die Holzverzuckerung, Chem. Technol. Winnacker-Weingärtner, Bd. 3. München: Carl Hanser Verlag 1951.
THORMANN, K.: Destillieren und Rektifizieren. Leipzig: O. Spamer 1928.
UNDERKOFLER, L. A., u. R. J. HICKEY: Industrial Fermentations. Bd. I u. Bd. II New York, N. Y.: Chemical publishing Co., Inc. 1954.
VERLINDEN, H., u. R. BAETSLE: Guide pratique de fabrication de levure pressée et de distillerie. Gent: Selbstverlag 1945.
VOGEL, H.: Die Rohstoffe der Gärungsindustrie. Basel: Wepf & Co. 1949.
— Die Bierhefe und ihre Verwertung. Basel: Wepf & Co. 1949.
— Sulfitzellstoffablaugen. Basel 1948.
VOGEL u. KNOBLOCH: Chemie und Technik der Vitamine. Stuttgart 1950.
WAGNER, F.: Preßhefe- und Gärungsalkohole, 2. Aufl. Selbstverlag 1936.
WALTER, F. G.: The manufacture of compressed yeast, 2. Aufl. London: Chapman & Hall Ltd. 1953.
WEITZEL, W., u. M. WINCKEL: Die Hefe und ihre Bedeutung als Nahrungs- und Heilmittel. Berlin: Rothgiesser & Diesing 1932.
WHITE, J.: Yeast technology. London: Chapman & Hall 1954.
YOUNG, S., u. W. PRAHL: Theorie und Praxis der Destillation. Berlin: Springer 1932.

Sachverzeichnis.

Abbaugeschwindigkeit, organische Säuren 12.
Abdampfausnutzung 530.
Abietinsäure 127.
Absaugen des Schaumes 129.
Abscheider 450.
Abschöpfverfahren 21.
absoluter Alkohol 460 ff.
Absorptionstürme 123, 200.
Abwasser 613.
—, Reinigung 613.
—, Verwertung 615.
Abwasserschlamm 422.
Acetaldehyd 9, 13, 57, 276.
Acetator 284.
Acetobacter melanogenum 265.
— suboxydans 257, 337.
Aceton 237, 265 ff.
Acetopep, Frings 277.
Acetyl 213.
Acetylen 426.
Acetylmethylcarbinol 254 ff.
Acetyltrimethylaminoäthylalkohol 320.
Achroodextrine 347.
Aciditätskurve 11.
Acidophiluskultur 360.
Acitidion 301.
Actinochrysin 308.
Actinomyces 306.
— fradii 299.
— griseus 333.
Actinomycetales 250.
Actinomycin 308.
Adenin 14, 61, 249.
Adenosin 250 ff.
Adenosindiphosphat 19.
Adenosintriphosphat 19.
Adenylsäure 14.
Adermin 324.
Adipinsäure 371.
adsorbierter Alkohol 101.
Agar-Kultur 78.
Agrumenkalk 262.
aktive Kohle 474.
Aktivkohle 122, 125, 500.
Alanin 9, 60.
Aldehydabscheidung 435.
Aldehyde 16.

Aldolase 14.
Alkalisalze organischer Säuren 11.
alkalische Klärung 47.
Alkalisilicat 42.
Alkalisulfat 11.
Alkalizusatz 502.
Alkohol aus Backschwaden 452.
Alkoholausbeute 528.
Alkohol aus Holz 426.
Alkoholerzeugung 427.
Alkoholgäranlage mit Heferückführung 285.
Alkoholgärverfahren 168 ff.
Alkoholgewinnung 21 ff., 37 ff., 425 ff., 447.
Alkohol aus Sulfitablauge 426.
Alkoholschwund 463.
Alkohol, synthetisch 426.
Alkoholuntersuchung 585, 597.
—, Aldehyd 589.
—, Amin 596.
—, Benzin-Benzol 588.
—, Fuselöl 591.
—, Kupfer 593.
—, Methylalkohol 585.
—, Säure- und Esterzahl 589.
—, Trichloräthylen 586.
—, Wasserbestimmung 585.
Alkoholverluste 122, 125.
Alkoholverwendung als Kraftstoff 499.
Alkylverbindung 505.
Allantoin 61.
Allothreonin 370.
Alloxazin-dinucleotid 16.
Amide 57.
p-Aminobenzoesäure 211, 324, 337, 507.
α-Aminobuttersäure 16, 60.
Aminosäure 10, 13, 57, 60, 335, 512.
—-oxyhydrase 16.
Ammoniakwasser 581.
— für Nährzwecke 6, 42, 58.
Ammoniumtartrat 389.
Ammonsalze 10, 581.
Ammonstickstoff 56.
Ammonsulfat 6, 11, 41, 58, 581.
Amygdalase 7.
Amylalkohol 16.
Amylase 7, 356.

amylolytische Enzyme 349.
Amyloverfahren 169, 350.
Analysenvorschriften 543 ff.
Aneurin 18, 211, 324, 325, 337, 370.
Aneurinhydrochlorid 324, 383.
animalischer Proteinfaktor, Animal protein factor (APF) 324, 332.
Anpreßplatte 147.
Anschwemmfilter 47.
Anstellhefe 76.
Anstelltemperatur 35.
antirachitische Vitamine 324.
antianämisches Vitamin 324.
Antibiotica 298, 308.
Antibioticum C und D 308.
Antigraue-Haare-Faktor 324.
antihämorrhagische Vitamine 324.
antixerophthalmisches Vitamin 324.
Antiklopfmittel 247, 499.
Antimonlactat 241.
antineuritischer Faktor 323.
antineuritische Vitamine 324.
antiparalytischer Faktor 324.
antiskorbutische Vitamine 324.
Antisterilitätsvitamine 324.
Apiculatushefe 69.
Appreturmittel 414.
Aquameter 540.
Arabinose 12, 416.
Arginin 18, 507.
Aromastoffe 410.
Arsen 210.
Arsenbestimmung 577, 579, 580.
Asche 7.
Aschebestimmung 550.
Ascorbinsäure 324.
Askosporen 181.
Askomyceten 272.
Asparagin 57.
— für Nährzwecke 6.
Asparaginsäure 58, 60.
Aspergillus 271, 315, 323, 344.
— awamori 351.
— niger 259, 263, 351, 356, 370, 412.
— oryzae 351, 352, 355, 380, 413.
— terreus 262.
— wentii 261.
Assimilation des Alkohols 100.
Assimilationseigenschaften der Hefen 73.
Assimilationsfaktor 32.
Assimilationswert 9, 160.
Assimilierung, Hefenährstoffe 54 ff.
Astra-Plattenapparat 145.
Äthylacetat 468.
Äthylalkohol 9, 13.
—, Klopffestigkeit 499.
Äthylbutyrat 247.
Äthylen 426.
Atmung 7.

Atmung und Gärkraft 67.
— und Wachstum 66.
Atmungsintensität 67.
Atmungszeit 67.
Aufbewahrungsgefäß 146.
Aureomycin 299, 307.
Ausbeute 34, 524 ff.
Auslaugung 147.
Auspreßmaschine 151.
Ausreifeapparatur 98.
Ausreifen der Hefe 37.
Autoklaven 462.
Autolysator 397.
Auxin 18.
Avidin 336.
Axerophthol 324.
azeotrope Verfahren 463 ff.
azeotropische Destillation, Essig 285.
Azeotropismus 478.

Bacillus amylobacter 247.
— — Bredemann 266.
— brevis 299.
— cereus 368.
— macerans 265.
— mesentericus 350.
— polymyxa 299.
— prodigiosus 289.
— putrificus 248.
— subtilis 299, 330, 350.
Bacitracin 299.
Backformen 560.
Backmalz 341.
Backofenabgase 452.
Backofendämpfe 410.
Backprobe 559.
Backverfahren 407.
Backversuch 68.
Bacterium bulgaricum 319.
— cucumeris 320.
— industrium 264.
— oxydans 264.
— xylinum 257.
Bajonettverschluß 106.
Bakterienamylase 350.
Balling-Tabelle 138.
Barbitursäuremethode 415.
Basen 16, 627.
Baumwollsaatfettsäuren 126.
Baumwollsaatmehl 166.
Baumwollsamenschalen 413.
BECKMANN-Spektrometer 602.
Belüftungsgefäß mit Rühreinrichtung 117.
Belüftungskörper 86, 113.
Belüftungsproblem 36.
Belüftungs-Schleuderrad 298.
Belüftungsvorrichtung 292.
— von Mikroorganismen 292.
Benzaldehyd 270.

Benzin 468.
Benzoesäure 409.
Benzol 464.
Benzylpenicillin 301.
Benzoylperoxyd 371.
Bernsteinsäure 13, 15, 263.
Beschaffenheitsbedingungen für Sprite 600.
Bestrahlung 330.
Bestrahlungsküvette 377.
Betain 11, 57, 60.
Betriebsvorschriften 532 ff.
Betriebswasser 6, 608.
Beurteilung von Hefe 532.
Bienenwachs 408.
Bierhefe 339.
— als Backhefe 386.
—, Verwertung 386.
Bildungsgeschwindigkeit, organische Säuren 12.
biologische Oxydation 275.
Bios 324.
— -Komplex 18.
Biotin 18, 211, 324, 336, 337, 507.
Blasenapparat 433.
Blei 210.
Bleibestimmung 575.
Bleicherdepräparate 363.
Blutalkoholbestimmung 628.
Blutplasmaersatz 309.
Blutserum, Gewinnung 78.
Bohrungen 115.
Botrytis cinerea 367.
— verrucosa 367.
Bottichraum 532.
Branntweinwirtschaft 429.
Bremsplatten 107.
Bremsscheiben 107.
Brennereimaischen 170.
Brennereischlempe, Eiweißgehalt 511.
Brennrecht 26, 532.
Brenztraubensäure 9.
Brenztraubensäurealdehydhydrat 9.
Brettanomyces 73.
Brotgeschmack, chemische Physiologie 410.
Buchenholz 213.
Buchenholzsulfitlauge 113, 322, 414.
Buchenholzsulfitschlempe 322.
Buchweizen 4.
Bukettstoffe 457.
Bullera 74.
Bundesmonopol-Vorschriften für Sprite 624.
Butadien 251.
Butandiol-(2,3) 251 ff.
Butanol 16, 245.
Butanolon-(2,3) 251 ff.
Buttersäure 237, 247 ff.
Butylalkohol 237, 265 ff.

Butylalkohol-Aceton-Gärung 321.
Butylbacillus 269.
Butylchlorid 474.
Butylenglykol 253.
Butyro-lacton 370.

Calciferol 324.
Calcium 210.
Calciumacetat 247.
Calciumbutyrat 248.
Calciumcarbid 426.
Calciumcitrat 260.
Calcium, gluconsaures 264.
Calciumlactat 60, 240.
Calcium-l-idonat 265.
Calcium-2-keto-l-idonat 265.
Calciumphytat 245.
Candida arborea 69, 413, 523.
— Guilliermondi 413.
— melibiosi 71.
— pelliculosa 413.
— pseudotropicalis 69.
— pulcherrima 413.
— Reukauffii 272.
— tropicalis 69, 380, 413, 523.
— utilis 69.
Carbamid für Nährzwecke 6.
Carbidbrennereien 427.
Carboligase 18.
Carbonsäuren 11, 283.
Carboxylase 15, 18.
Carlsbergkolben 76.
Carnin 61.
Carotin 324.
Cellulase 367.
Cellulose 13, 213.
Cellulosebegleitstoffe 422.
Cellulose-Methylester 79.
Celluloseverzuckerung, Kinetik 217 ff.
Cerevisin 7.
Chlamydosporen 273.
Chlorbestimmung 569, 628.
Chlor in Gasform 194.
Chloroform 328.
Chloromycetin 299.
Cholin 19, 211, 337, 587.
Chromatographieren 334.
Cideressig 275.
Citrin 324.
Citromyces 323.
Citronen 390.
Citronensäure 237, 258 ff., 360.
Clarit 364.
Clostridium acetobutylicum 268, 321, 417.
— butyricum 247.
— polymaxa 253.
— Saccharobutylopropylacetonicum 270.
Cobalamin 324, 379.

Co-Carboxylase 324, 363.
Collinomycin 309.
Colorimeter 621.
Co-Zymase 14, 324, 361.
Cryptococcus 74.
Cyan 512.
Cyankalium 65.
Cynococcus chromospirans 265.
Cyclohexan 474.
Cystein 18.
Cytochrom 19.
Cytorrhyse 618.

Dampfdruckregulator 434 ff.
Dämpfschlangen 448.
Dampfverbrauch 430, 485.
Darrmalz 4, 28.
Datteln 161.
Dauerkulturen in Flockenform 313.
Debaryomyces 69.
Deckenbildung 22.
Dekanteur 444.
Dekantierspindeln 159.
Dekantierung 467.
DELOFFRE-Verfahren 100 ff.
Denaturierungsmittel 505.
Dephlegmator 435 ff., 457.
Deshydratol 493.
Destillation 432 ff.
Destillationsaufsatz nach BUROW 599.
Destillationsverfahren, azeotrope 461.
Destillierapparat 434 ff.
—, kontinuierliche 436.
Dextran 309.
Dextransucrase 310.
Dextrine 8, 13.
Dextrose 70.
Diacetyl 254, 488.
Diäthylendioxyd 519.
Dialyse 341.
Diammonphosphat 6.
Diaphragmenkörper 105.
Diastase 18, 341.
Diastatische Kraft 24.
Diatomeenerde 314.
Diffuseure 219.
Diffusionsbatterie 186.
Digitonin 329.
Dihydro-Co-Zymase 14.
α-Dihydropyridinnucleotid 406.
Diisopropyläther 305.
Dill 275.
Dimethylbenzylphenylammoniumchlorid 259.
Dioleolecithin 210.
Diolgemische 127.
Dioxan 519.
Dioxyaceton 9, 13, 15.
Dioxyacetonphosphat 14.
Diphosphorsäureester 9, 14.

Diphosphorsäurepyridinnucleotid 14.
Diphosphorydinnucleotid = DPN 362.
Disaccharide 13, 71.
Dosierung 89.
Drawinol 628.
Drawinol-Verfahren 480, 482.
Drehautoklaven 215.
Drehfilter 616.
Drehkolbengebläse 121.
Druckperkolation 216.
Druckwellenbehandlung von Hefe 377.
Dünnsäfte 53.
Dünnschlempe 95.
Durchlaufküvette 376.
Düsenerhitzer 451.

Einschlagteil 155.
Eisen 381.
Eisenbestimmung 573.
Eisenlactat 241.
Eisenoxydhydrat 501.
Eisessig 283.
Eiweiß 402, 411.
Eiweißbestimmung 562.
Eiweißfutter 511.
Eiweißstoffe, genuine 353.
Eiweißsynthese 412.
Elementaranalyse 7.
Emulgatoren 372.
Emulsin 180.
Endomyces vernalis 272.
Endomycin 308.
Endotryptase 371.
Energieversorgung 530.
Euglena gracilis 337.
Entbitterung von Bierhefe 388.
Entfärbungskohlen 41.
enthefte Würze 95.
Entsalzung von Melasse 53.
Entschäumungsmittel 128, 582.
—, Verbrauch 128.
—, Zerstörung durch mechanische Vorrichtungen 128.
Entschlichtungsmittel 350.
Entspannungsgefäß 226.
Entspannungskammer 449.
Enzymatische Spezialverfahren 353 ff.
Enzyme 341 ff.
—, diastatische 347.
—, pektinzerstörende 354.
—, proteolytische 360.
Enzymmalz 349.
Enzymsystem 20.
Epithelschutzvitamin 324.
Erdaufschlemmung 423.
Erdgase, methanhaltige 427.
Erdnußkuchenmehl 164.
Erdnußöl 165.
Eremothetium ashbyii 327.
Ergosterin 19, 329, 384.

Essigbakterien 181.
Essiggenerator 282.
Essighaut 276.
Essigsäure 13, 15, 109, 229, 143 ff., 275 ff., 360, 405.
Essigsäureäthylester 472, 519.
Essigsäuregärung 276.
Ester 16.
Estragon 275.
Exiguushefe 69.
Extraktor 442.
Extraktionsstufen 312.
Extraktionsverhältnis 312.
Extraktstoffe 229.
„Extraprimasprit" 492.

Fallbottiche 186.
Z-Faktoren 324.
Fehler im Brot 404, Tafel I u. II.
Feigen 161.
Feinbrandblase 456.
Feinsprit 491.
— aus Maische 442.
—, Sulfitablauge 504.
Feinstbelüftung 103.
— nach VOGELBUSCH 113.
Feinstbelüftungseffekt 115.
Fermentolverfahren 255.
Fermentor 209.
FERNBACH-Flaschen 78.
Fesselgärung 276.
Fett 271 ff.
Fettgefäße 128.
Fettgehaltbestimmung 568.
Fettsäuren, flüssige 126, 159.
Fettsynthese 192.
Fichtenholz 213.
Fichtenholzablauge 421.
Filterdruck 147.
Filterkerzen 86, 105.
Filtermasse 609, 611.
Filterpresse 2, 147.
Filtervorgang 147.
Filtrat-Faktor 324.
Filtrationsenzyme 354.
Filtrieren 47.
Filtriermaschine 148.
Fischextrakt 332.
Fischmehl 306, 332.
Flavine 18.
Flavinenzyme 364.
Flockenbildung der Hefe 62 ff.
Flockungstemperatur 141.
Fluor 379.
Fluornatrium 510.
Fluvomycin 309.
Folsäure 211, 324, 337, 507.
Förderschnecke 154.
Förderung der Gärung 369.
Fördervolumen 105.

Formiate 409.
Formteil 155.
Frankonit 364.
freie Säuren 16.
Freudenreichkölbchen 77.
Frings-Verfahren, Acetopep 278.
Frischhaltung des Gebäckes 407.
„Froschlaich" 309.
Fruchtätherhefe 69.
Früchte-Aufbereitung 163.
Fruchtsäfte, Klärung 354.
Fructosane 344.
Fructose 9, 12, 14.
Fructoseester 14.
β-h-Fructosidase 358.
Führungsflächen 129.
Füllkörpersäule 491.
Füllverfahren 87 ff.
Fumarsäure 371.
Furfurol 172, 229, 415, 627.
Fusarium 269, 271.
— lactis 273.
— oxysporum 367.
— scirpi 367.
— solani 367.
Fuselölabscheidung 435.
Fuselölabzug, kontinuierlicher 502.
Fuselöle 13, 15, 429.
Futtergetreideschrot 419.
Futterhefe 411, 419.
—, Fichtenholz-Sulfitablauge 210.
Futtermittel aus Hefe und Melasse 419.
—, hefehaltige 418.
Futtermittelkonservierung 423.
Futterzucker 230.

Galaktose 9, 12.
Gäranlage, Zuckerrohrmelasse auf Alkohol 159.
Gärautomat von SCHOLLER 129.
Gärbottich, geschlossener 83.
Gäreigenschaft der Hefe 70.
Gärfett 582.
—, Einsparung 6, 116.
Gärfutterschädlinge 423.
Gärgeschwindigkeit 102.
Gärhefen 68, 69.
—, Brennerei 69.
—, Brauerei 69.
—, Weinbereitung 69.
Gärkammer 541.
Gärkraft 74.
— und Atmung 67.
— von Trockenhefe 561.
Gärkraftprobe 559.
Gärleistung 281.
Gärung 6 ff.
Gärungsaktivatoren 324.
Gärungsessig 276.
Gärungsgummi 309.

Sachverzeichnis. 639

Gärungskohlensäure 460.
Gärungsquotient 407.
Gärungsregeln von KLUYVER 71.
Gärungsschreiber 541.
Gärverfahren auf Alkohol 171 ff.
GAY LUSSAC-Grade 440.
Gefrierprozeß 389.
Gefriertrocknungsanlage 80.
Gegenstromschleuderverfahren 344.
Gegenstromverfahren 96, 219.
Gelatine 343.
Generationszeit 84.
Geomycin 309.
Gerste 4, 28.
Gerstenmalzanalyse 8.
Geruchsbestimmung 601.
Gesamtfett 210.
Gesamtkonzentration 280.
Gesamtstickstoff, Melasse 60.
Gesamttriebzeit 68.
Geschmacksbestimmung 601.
Gestehungspreis 427.
Getreideessig 275.
Getreide, kombinierte Verarbeitung 39 ff.
Getreideverarbeitung 32 ff.
Gewinnung von Anstellhefe 82.
— von Hefe und Alkohol 87 ff.
Gifteinflüsse 65.
Gips 532.
Gluconsäure 237, 263.
Glucose 12, 14, 70.
Glucosemutterlauge 224.
Glutaminodehydrase 17.
Glutaminsäure 15, 17, 18, 60, 507, 520.
Glutathion 18, 403.
Glycerin 13, 237, 254 ff., 518, 520.
—, Entwässerungsmittel 492.
—, Umwandlung 257 ff.
Glycerinaldehyd 13.
Glycerinaldehydphosphat 14.
Glyceringärung 384.
Glycerinmonostearat 372.
Glycerinsäure 13.
Glycin 18.
Glykogen 7, 13, 14.
Glykogenbestimmung 569.
Glykokoll 60, 355.
Glykosidofructose 18.
Glykosidoglykose 18.
Glyptalharze 237.
Gramicidin 299.
Granulobacter butylicum 247.
Gras 320.
Graveolen 264.
Grisein 332.
Grundteig 408.
Grünfutter, Einsäuerung 424.
Grünmalz 4, 28, 457.
Guanase 7.

Guanidin 61.
Guanin 61, 249.
Guanosin 250 ff.
GUINOT-Verfahren 470.
Gummi arabicum 369.

Häcksel 419.
Hafer 4.
Halogenphenole 505.
Haltbarkeit, Hefe 101, 372.
Hämin 19.
Hansenula 69, 72.
Harnstoff 11, 57, 58.
Hauptluftrohr 106.
Hauptmaische, Herstellung 23 ff.
—, Vergärung 23 ff.
Hautvitamin 324.
Hebelpresse 1.
Hefe, obergärige 68.
—, untergärige 68.
Hefeanwendung 369 ff.
Hefearten 68.
Hefeatmung 62 ff.
Hefeausbeute 528.
Hefeausbeuteberechnung 17.
Hefebehandlung 369 ff.
Hefebrei, Nachwaschen 38.
Hefebrot 323.
Hefedüsen 135.
Hefeeiweiß 16.
Hefeentnahme 171 ff.
Hefeentwässerung 148, 616.
Hefe, enzymreiche 382.
Hefeextrakt 395 ff.
Hefeextraktgewinnung 377.
Hefefett 329.
Hefeflocken 210, 391.
Hefe, fluorhaltige 378.
Hefegewinnung 21 ff., 37 ff.
Hefegummi 7.
Hefehybrid 181.
Hefe im Sauerteig 405.
—, jodhaltige 378.
Hefekonzentrate 139.
Hefekühlgefäß 146.
Hefekultur, halbflüssige 313.
Hefe-Leberpräparate, vitaminhaltige 335.
Hefe, magnesiumhaltige 378.
Hefemenge im Teig 403.
Hefemilch, Konzentration 137.
—, Spindelung 137.
Hefemischmaschine 150.
Hefe mit Vitamin B_1 383.
Hefenachbehandlung 372.
Hefenährpräparate 400 ff.
Hefenährstoffe, Assimilierung 54 ff.
Hefenahrung 7.
Hefen mit Schwermetallspuren 379.
—, Umwandlung von Alkoholhefe 385 ff.

Hefenucleinsäure 19.
Hefe ohne Alkoholgewinnung 99.
Hefepfundmaschine 2, 151.
Hefereinzucht 75ff., 81.
—, lyophile Trockunng 78.
—, Methode von Hansen 76.
—, Methode von Kretzschmar 77.
—, Methode von Lindner 76.
Hefereizstoffe 409.
Heferückführung 173.
Hefesättigung 179.
Hefesatz 22.
Hefeseparator 47.
Hefesiebmaschine 2.
Hefestück 404.
Hefe, thyroxinhaltige 379.
Hefeverbesserung 369ff.
Hefeverpackung 155.
Hefevitamine 58.
Hefe, Vitamin-D-reiche 384.
Hefewachstum 105.
Heißlufttrockner 391.
Hemicellulose 13, 213, 367, 422.
Herstellung von Hefe in mehreren Bottichen bzw. Kammern 91.
Hertzsche Kurzwellen 375.
Heteroauxin 18.
Hexamethylentetramin 370.
Hexonbasen 11.
Hexosane 213.
Hexosen 9, 12.
Hexosidase 367.
Hexylalkohol 16.
Hiag-Verfahren 495.
Hilfskolonne 475.
Hilfsverteilerrohr 106.
Hirse 347.
Histamin 19.
Histidin 18, 61, 507.
Hochdruckgebläse 454.
Hochdruck-Dämpf-Verfahren 351.
Hochdrucksynthese 427.
Hodgkinsche Krankheit 308.
Höhere Alkohole 16.
Hohlsteine 103.
Holz, Bestandteile 213.
Holzglucose, kristallisierte 236.
Holzverkohlungsabwässer 421.
Holzverzuckerung 212ff.
—, Wirtschaftlichkeit 238.
Holzzuckerlösungen 6, 417.
Holzzuckerschlempe 522.
Holzzuckersirup 230, 236.
Holzzuckerwürze 205.
Hopfenmehl 408.
Hormonzusätze 370.
Hybridenwein 283.
Hydrolyse 214.
Hypervitaminose 388.
Hypoxanthin 61.

Ichthyolschiefer 505.
Imprägnierungsmittel 414.
Infektionen, Unterdrückung 174.
Infrarotwärmelampe 540.
Injektorkocher 449.
Inkubationszeit 302.
Inosit 337.
Inulase 166.
Inulin 166, 251.
Inversionspolarisation 545.
Invertase 18, 182, 358.
Invertin 18, 180.
Invertzucker 18.
Ionenaustauscher 53.
Isobutylalkohol 16.
Isoleucin 16, 60, 507.
Isomerase 14.
Isopropylalkohol 16, 270.
Itaconsäure 258ff., 262.

Jod 378.
Jodzahlbestimmung 562.
Johannisbrot 161.
Johannisbrotkernmehl 389.

Kahmhefe 69.
Kalium 54.
Kaliumacetat 474, 495.
Kaliumäthylat 502.
Kaliumbitartrat 371.
Kaliumcarbonat 492, 516.
Kaliumnitrat 58.
Kaliumsulfid 515.
Kalk 581.
Kalkschlamm 462.
Kalkverfahren 461.
Kalkwasser 141.
Kalk zum Abstumpfen 6.
Kammerbottich 91.
Karobbohnen 161.
Karsch-Verfahren 174ff.
Kartoffelflocken 511.
Kartoffelmaische 401, 511.
Kartoffeln 4, 29, 30ff., 168.
Kartoffelpülpe 164, 266, 314.
Kartoffelreibsel 511.
Kartoffelschlempe 510.
Kastanienschlempe 524.
Kastanienvergärung 183.
Kationenaustauscher 424.
Kefir 181.
Kefirhefen 13.
Kerzenbelüftung 109.
2-Ketogluconsäure 264.
2-Keto-1-idonsäure 265.
Ketoglutarsäure 17.
Ketol 247.
Ketone 16.
Klären von Melasse 46.
Klärmethoden 45.

Sachverzeichnis.

Klärschleuderverfahren 47, 50, 135.
Klärung schwer klärbarer Melasse 51.
Klebemittel 414.
Kleie 316.
Kleinspiralgebläse 118.
Knäckebrot 452.
Knetarme 150.
Knetmaschine 559.
Kobalt 379.
Kobaltbestimmung 578.
Kochdampf 530.
Kochen von Melasse 46.
Kochsalz 257.
Kochsalzgehalt 397.
Kochverfahren 351.
Kohlefilter 402.
Kohlendioxyd 429.
Kohlensäure 9, 13.
—, Waschkolonne 460.
Kohlensäureatmosphäre 199.
Kohlenstoff 11, 57.
Kokosfettsäuren 126.
Kok-Sagys-Pflanzenwurzeln 167.
Kolbendruckgebläse 120.
Kombucha 263.
Komm-Milchsäureverfahren 240.
Kompaktkühler 144.
Kompletine 58, 323.
Kondensatoren 434 ff.
Kondensator-Kühler 457.
Kondenswasser 495.
kontinuierliche Gärverfahren 174 ff.
Kontrollapparate 534 ff.
Konzentrationsanlage 285.
Konzentrationsorgane 434.
Koproporphyrin 19.
Korinthen 161.
Kornbrennerei, Anlage 457.
Kornschlempe 505, 507.
—, lösliche Bestandteile 507.
Korrosion 63, 609, 611.
Kostengestaltung 427.
Kraftalkohol 447.
Kraftspiritus 500.
Kraftstoffzusammensetzung 602.
Kraftverbrauch 530.
Kräuteressig 275.
Kreide zum Abstumpfen 6.
Kreislaufzerschäumung 288.
Kreislaufzüchtung nach Stich 296.
Kresolalkyläther 505.
Krustenbildung 410.
Kühlen der Hefemilch 144 ff.
— von Melasse 53.
— der Preßhefe 156.
Kühler 441.
Kühlmantel 156.
Kühlschiff 2, 37.
Kühlsysteme 3.
Kulturgefäß 289.

Kulturhefe 69.
Kulturmilchsäurebakterien 6, 77.
Kunstsauer 405.
Kupfer 210, 628.
Kupferbestimmung 576.
Kupfersulfat 492.
Kurzmalz 23.

Lactase 13, 182.
Lactid 241.
lactis Dorner 337.
Lactobacillus 337.
— arabinosus 337.
— acidophilus B 243.
— bulgaricus-Faktor 508.
— casei ε 337.
— fermentum 337.
— Lactis Dorner 334.
Lactoflavin 16, 211, 324, 337.
Lact. leichmannii 337.
Lactose 13, 70.
Lactyllactat 241.
Lange-Colorimeter 621.
Langmalz 23, 169.
Läuterung 33.
Lävulose 70.
LBF 508.
Lebedewsaft 18, 364.
Leberextrakt 331.
Lebermehl 332.
Lecithin 372.
Leinkuchenmehl 164.
Lentinus lepideus 274.
Leucin 15, 60, 507.
Leuconostoc dextranicum 309.
— mesenteroides 309.
Lichenase 367.
Lignin 191, 213, 228.
Ligninsulfosäure 191, 193.
Lindenholzkohle 501.
Lipase 7.
Lipoide 398.
Lipoidgehalt 19.
Lipoidsubstanzen 274.
Lipomyces 74.
LLD-Einheiten 332.
Lochdurchmesser 115.
Lochkränze 117.
Luftbedarf 531.
Luftbläschen 103.
Lufteinsparung 116.
Luftemulsionsverfahren von Claus 110.
Luftfangscheibe 132.
Luft-Flüssigkeits-Emulsion 131.
Luftgebläse 118 ff.
Lufteinfluß auf Hefeausbeute 123.
Luftinhalt und Bläschenzahl 104.
Luftmesser 534.

Lüftung der Gärflüssigkeit, allgemeine Entwicklung 103 ff.
Lüftungsverfahren 2, 26 ff.
Luftverdichter 121.
Luftverteiler 106.
Luftverteilungsscheibe 132.
Luftzuführrohre 106.
Lupinen 32.
Lutter 439.
Luwesta-Extraktor 311, 619.
Lyophilröhrchen 78.
lyophile Trocknung 78.
Lysin 61, 507.

Macrodex 311.
Madison-Verfahren 226.
Magnesiumbestimmung 571.
Magnesiumcarbonat 257.
Magnesiumhydroxyd 200.
Magnesiumsulfitkochlauge 200.
Magnesiumverbindungen 371.
Mais 4, 29 ff., 169, 245.
Maische-Destillierkolonne 435 ff.
Maischen, ruhende 276.
Maische-Vorwärmer 435 ff.
Maiskocher 24.
Maismalz 347.
Maismehl 389.
Maisnachmehl 347.
Maisöl 429.
Maischsätze, Tabelle 32.
Maisschlempe 352.
Majoran 275.
Maltase 18, 182.
Maltose 13, 70.
Malzdiastase 389.
Malzeinweicher 450.
Malzessig 275.
Malzextrakt 341.
Malzkeime 4, 29 ff., 56, 59.
Malzkeimextrakt 205.
Malzkleie 341.
Malzmehl, diastatisches 349.
Malzmilch 169.
Malzpräparate, vitaminreiche 359.
Malzschrot 22.
Malztrockenpräparate 342.
Malzwürze, Nährboden 77.
Mammutpumpe 107, 130.
Mangan 381.
Manganbestimmung 578.
Maniokawurzel 5, 29, 164.
Mannit 251 ff., 310.
Mannose 9, 12, 70.
Mariller-Verfahren 492.
Maschinendampf 530.
Mehl, Backfähigkeit 408.
Mehlqualität 403.
Mehl, unbehandeltes 408.
—, ungebleichtes 408.

Mehrkörperverdampfer 237.
Melanoidine 410.
Melasse 5, 30, 30 ff., 39, 41, 41 ff., 45 ff., 53, 543 ff.
—, Alkalität 546.
—, Clerget-Zucker 545.
—, Eisenbestimmung 549.
—, Invertzucker 545.
—, Klärbarkeit 548.
—, Magnesiumbestimmung 548.
—, Raffinose 546.
—, schweflige Säure 547.
—, spezifisches Gewicht 544.
—, Stickstoffbestimmung 549.
—, vergärbarer Zucker 544.
Melassebrennerei, Anlage 457.
Melassedickschlempe 512.
Melasseentsalzung 423.
Melasseentzuckerungsschlempe 523.
Melasseschlempe, Vergärung auf Hefe 511.
Melibiase 13, 180.
Melibiose 13, 71, 180.
Melitriose 13.
Merck-von Keussler-Verfahren 178, 197.
Merck-Verfahren 480.
Merulius 274.
Mesentericus-Bakterien 252, 347.
meso-Inosit 18.
Meßprinzip von Tödt 64.
Metallsalze 371.
Methanol (s. Methylalkohol)
Metaphosphorsäure 42.
Methionin 507.
Methylalkohol 401, 471, 482, 489, 627.
Methylamin 61, 355.
2-Methylchiniliniummethylsulfat 259.
Methylglyoxal 15.
Methylvinylketon 252.
Micrococcus sphaeroides 380.
Microspira desulfuricans 211.
mikrobiologische Prozesse 286.
Milch-Malz-Präparate 360.
Milchsäure 13, 15, 237, 239 ff., 143 ff., 310, 405.
— aus Molke 241 ff.
Milchsäureanhydrit 241.
Milchsäurebakterien 413.
Milchsäuredauerkultur 318.
Milchsäure-Essigsäurebildung 407.
Milchsäuregärung entsalzter Melasse 423.
Milchsäureverfahren nach E. Komm 240.
Milchstreptokokken 319.
Milchzucker 348.
Milchzuckerhefen 181.
Mineralöle 127.
Minimumsiedepunkt 467.
Mittellauf 456.
Möhrensaft 371.

Molke 269, 315, 369.
Molkegärverfahren 181 ff.
Molkenessig 275.
Monoaminosäuren 11.
Monopol (s. Bundesmonopol)
Monosaccharide 12, 13.
Moniliaarten 413, 416, 523.
Mucor Boulard 169.
— Delemar 169.
— Rouxii 169.
Mutterhefe 93.
Mycelsubstanz 417.

Nachgärung 382.
Nachhydrolyse 220.
Nachlaufkolonne 439.
Nachtrieb 560.
Nachtrocknung 81.
Nährboden für Mikroorganismen 314.
Nährhefe 387.
Nährstoffe, anorganische 3.
Naphthensulfonsäuren 127.
β-Naphthylamin 15.
Natriumacetat 474, 495.
Natriumäthylat 502.
Natriumcarbonat 492.
Natriumriboflavin 327.
Natriumsulfit 254, 257.
Nebenteig 409.
Neomycin 299.
Neurospora crassa 337.
— sitophila 337.
Niacin(amid) 324, 507.
Nickel 381.
Nicotinsäure(amid) 14, 211, 324, 337, 370.
Nucleinsäure 248 ff., 397, 401.
Nucleoproteide 7, 19.
Nucleotide 19, 362.

Oberflächenspannung 123.
Oberflächenträger 272.
Obstessig 275.
Obstwein 283.
Oidium 271.
— aurianticum 367.
— lactis (s. Oospora lactis)
Oktanzahl 489.
Öle 126.
Olefine 127.
Oliver-Filter 311.
Ölkuchen 167.
Ölreinigungsschleuder 346.
Oospora lactis 322, 380, 521.
Orangen 390.
Organische Säuren 11.
Ornithin 61.
Ovarialhormone 370.
Oxalsäure 42, 263.
Oxford-Einheit 302.

Oxyarylacetylcarbinol 270.
Oxybenzaldehyde, acylierte 270.
Oxydationsferment, gelbes 364.
Oxysäure 11.

Pankreatin 353.
Pantothensäure 211, 324, 337, 370, 507.
Papain 343, 353.
Papierscheiben-Plattenmethode 307.
Pasteurkolben 76.
PASTEUR-ORLÉANS-Verfahren 276.
Patentklassenverzeichnis 630.
Pektin 389.
Pektinstoffe 355.
Pellagrasschutzstoff 324.
Penicillinase 368.
Penicillin G 301.
Penicillin V 305.
Penicillium 271, 298, 323, 344.
—. chrysogenum 299.
— glaucum 370.
— notatum 298.
Pentamenthylendiamin 19.
Pentosane 213, 414.
Pentosebestimmung 583.
Pentosen 12, 14, 194, 214, 269, 523.
Pentoseverwertung 414.
Pepsin 353.
Peptide 18, 335.
Peptone 7, 310.
Perkolator 224.
Peroxydase 366.
Persalze 259.
Phenolalkyläther 505.
Phenole 16.
N-(2-Oxyäthyl)-Phenoxyacetamid 305.
Phenoxyäthanol 305.
Phenoxyessigsäure 305.
Phenoxyessigsäureäthylester 305.
Phenoxymethyl-Penicillin 305.
1-Phenylacetylcarbinol 270.
Phenylalamin 61, 507.
Phenylessigsäure 301.
Phlegma 441.
Phosphatase 7.
Phosphobrenztraubensäure 14.
Phosphoglycerinaldehyd 14.
Phosphoglycerinsäure 14.
Phosphorsäure 9, 210.
Phosphorsäurebestimmung 551, 580.
—, Citratmethode 554.
—, Molybdänmethode 511.
—, Uranylacetatmethode 557.
Phosphorsäureester 14, 127, 370.
Phosphorsäurestoffwechsel der Hefe 10, 56.
Phosphorwolframsäure 363.
Phosphorylase 14.
PHRIX-Verfahren 132.
Phycomyces blakesleanus 337.

Phycomycestest 340.
Phykomyceten 272.
Phyllochinon 324.
Phytinsalze 245.
Phytinsäure 245.
Pichia 69, 72.
Pigmentstoffe 161.
Pikrinsäure 364.
Pikrolonsäure 364.
Pilzamylase 509.
Pilzdecke 260.
Pilzgärungen, submerse 295.
Pilzkulturturm 304.
Pilzmalz 350, 457.
Pilzmycel für Nährzwecke 417.
Pilzmycelsubstanz 322.
Plasma-Ersatzmittel 311.
Plasmolyseur 209.
Plastizität 549.
Plattenkühler 144, 145.
Polarisation 543.
Polyglycerole 493.
Polymyxin 299.
Polyose 7.
Polypeptide 9.
Polysaccharide 13.
Porphyrin 19.
Porung 404.
PP-Faktor 324.
Prallbleche 175.
Precursor 305.
Pressen von Hefe 146ff.
Preßhefe 1.
— aus Sulfitablauge 197.
Preßschnecke 154.
Preßvorgang 38.
Primasprit 437, 487, 626.
Proactinomyces ruber sp. 250.
Probierkühler 435ff.
Programmscheibe 121.
Propionsäure 405.
Propylalkohol 16.
Proteasen 7.
Protein 7.
Proteinasen 410.
proteolytische Enzyme 349.
Protolschlempe 255.
Protolverfahren 255.
Provitamin D 325, 384.
Pseudomonas 264.
— pyocyanea 301.
Pteroylglutaminsäure 324 (vgl. Folsäure).
Pufferstoffe 373.
Puffersubstanzen 242, 267.
Pufferung 59.
Pufferwirkung 12.
Purine 249.
Purinhydrochloride 250.
Purpurogallinzahl 366.

Pyridin 328, 355, 520.
Pyridinkern 14.
Pyridinnucleotid 17.
Pyridoxal 310.
Pyridoxin 324, 337, 507.
Pyrrolidoncarbonsäure 61, 520.

Quarzzylinder 331.
Quecksilberbogenlampe 330.
Quecksilberdampflampe 375.
Quellstück 409.
Quetschung 27.

Raffinade 184.
Raffinose 13, 70, 546.
Raffinosevergärung 180.
Rauhbrandblase 456.
Reaktionsgeschwindigkeit 101.
Regelmanometer 121.
Reibselmaischen 168.
Reindiastase 510.
Reingärverfahren 169.
Reinigungsgefäß 142.
Reinigungskohle 500.
Reinigung von Alkohol 500.
Reinkultur-Trockenpräparat 314.
Reinzuchtapparate 76.
Reis 5, 29, 347.
Reiskleie 369.
Reisschalen 317.
Rektifikation 432ff.
Rektifizierapparat 436ff.
Rektifizierkolonne 438.
Rekuperator 440.
Rheinau-Verfahren 219.
Rhizopus oligosporus 273.
— oryzae 352.
Riboflavin 211, 324, 507.
Ribonucleinsäure 248.
Roggen 4, 28ff.
Roggenbrot 408.
Roggenmalz 344.
Roggenschrot 409.
Rohprotein 211.
Rohrbogenumwälzpumpen 176.
Rohrmelasse, analytische Zusammensetzung 157.
Röhrenverzuckerungsapparat 450.
Rohrstern 112.
Rohrsystem 106.
— mit Brausen 123.
Rohspiritus 483, 494, 495.
Rohstoffpreise 427.
Rohstoffsynthese, biologische 415.
Rohstoff-Tabelle 31.
Rohstoffe, andere schon vorbehandelte Stoffe 3.
—, stärkehaltige 3ff.
—, zuckerhaltige 3.
Rohzucker 5.
Rohzuckervergärung 184.

Röntgenstrahlen 375.
Rota-Apparate 536.
Rotamesser 284.
Rotwein 283.
Rübensaftvergärung 184 ff.
Rübenschlempe 520.
Rübenschnitzel 5, 184.
Rubromycin 309.
Rückzugskolben 148.
Rührvorrichtung 103.
Rumgärung 247.

Saccharomyceten 271.
Saccharase 7, 13.
Sacch. carlsbergensis 337.
Saccharomyces cerevisiae 7, 72, 337.
Saccharose 13, 71.
Salbei 275.
Salicylsäure 409.
Salpetersäure 57.
Salzsäure 6, 42.
Salzschmelze 497.
Saponin 184, 524.
Sättigungsgrad 172, 460.
Satzmaische 22.
Satzreife 23.
Sauermaische 405.
Sauerstoffabgabe 63.
Sauerstoffmessung 63.
Sauerstoffumsatz 6.
Sauerstoffverbrauch 63.
Sauerteigbakterien 406.
Sauerteiggärung 405.
Säuerung 33.
Säuerungsmittel 405.
Säureamide 11.
Säuregrad 23.
Säureklärung 46.
Säurerückgewinnung 214.
Säurewaschung 373.
SEIDEL-System 234.
Seitz-EK-Filter 78.
Selbstgärung der Hefe 561.
Selen-Photoelemente 621.
Separatoren 3, 38, 136.
—, de Laval 135.
—, Westfalia 135.
Separieren 47, 134 ff.
Serin 60, 507.
Sicherheitsvorschriften für Brennereien 533.
Siebplatte aus Metall 86.
Siebvorrichtung 142.
Siede-Isobare 478.
Sistomycin 309.
Skrubber 202.
Sojabohnenmehl 164, 507.
Sojafettsäuren 126.
Sojamehl 369.
Sorbit 237.

Sorghum 245.
Sorptionskammer 501.
Sorptionsstoff 501.
Spalthefe 69.
Speiseessig 283.
Speisefette 126.
Spezialbackverfahren 407.
Spezialgärverfahren 239 ff.
Spezialhefen 377 ff.
Spezialheferassen 235.
Spezialrührwerk 132.
Spindelöl 126.
Spirituskontingentierung 26.
Spirituskühler 434 ff.
Spiritusvorlage 434 ff.
Sporobolomyces 74.
Sublimationsprozeß 81.
submerse Gäranlage 285.
— Gärung 261.
— — von Essig 280 ff.
— Züchtung amylolytischer Schimmelpilze 352.
Sulfitablauge 5, 192 ff., 268.
—, Bestandteile 192.
—, Vorbereitung 192.
Sulfitablaugehefe 340.
Sulfitablaugenschlempe 290, 521.
Sulfite 409.
Sulfitlaugegärverfahren auf Preßhefe 191 ff., 195.
—, Alkohol mit Heferückführung 197.
—, Alkohol und Rückgewinnung der Chemikalien 200.
—, Futterhefe 204.
—, Schwefelwasserstoff 211.
Sulfitspiritus, Reinigung 490, 501.
Super-Clastase 347.
Superphosphat 6, 41, 580.
Suppenwürze 399, 402.
Synanthrin 251.

Schall 143.
Schälschleudern 141.
Schaltplan, Alkohol 42 ff.
—, Futterhefefabrikation 421.
—, Hefe 42 ff.
—, kontinuierliche Melasseklärung 49.
Schälzentrifugen 311.
Schaumbekämpfung 124 ff.
—, Systematik 125.
—, Ursachen 124.
—, Verhinderung der Schaumentstehung 125.
—, Zerstörung 126.
Schaumbeseitigung 37.
Schaumdecke 25.
Schaumgärverfahren 106.
Schaumzüchtung 296.
Schaumzüchtungsverfahren nach CLAUS 131.

Scheidegefäß 487.
Scheideschlamm 194.
Scheidetrichter 481.
Schema der Verarbeitung 427.
Schimmelpilzdiastase 350.
Schimmelpilze 293.
Schizosaccharomyces octosporus 69.
— melaceï 69.
— Pombé 69.
Schlämmkreide 47.
Schleimstoffe 344.
Schlempe 5, 24, 202, 414, 429.
Schlempeeindampfung 512.
Schlempen, pentosehaltige 522.
Schlempe, Vergärung 508.
Schlempeverwertung 431, 505 ff.
—, kontinuierliche 509.
Schleudern 141.
Schleuderrad 112.
Schleudervorgang 137.
Schlußkolonne 438.
Schneidevorrichtung 151, 155.
Schneidmesser 152.
Schnelltriebhefe 560.
Schnellverzuckerer 451.
Scholler-Verfahren 206, 224.
Schubgefäß 225.
Schüzenbach-Verfahren 277.
Schwankungsbreite 74.
Schwanniomyces occidentalis 73.
Schwefelige Säure 547.
— — in Melasse 41.
Schwefelsäure 6, 11, 41, 579.
Schwefelsäureäthylester 427.
Schwefelsäurezugabe 37.
Schwefelwasserstoff 500.
— aus Sulfitlauge 211.
Schwelgasleichtöl 505.
Schwellenwert 74.
Schwund 525.

Standardapparatur 85, 123.
Staphylococcus aureus 299, 315.
— candidans 250.
Stärke 13.
Stärkemehl 25, 532.
Stärke, Verzuckerung 18.
Staurandmesser 536.
Steigrohr 107.
Stellhefe 36.
Stellhefegewinnung 82 ff.
Stellhefemenge 100.
Stellhefezusatz, besondere Art 84.
Sterigmatocytis 323.
Sterine 211, 329.
Stich-Verfahren 176.
Stickstoffaufnahme 10.
Stickstoffbestimmung 562.
— nach Van Slyke 565.
stickstofffreie Substanz 7.

Stickstoffgehalt 56.
stickstoffhaltige Stoffe 60.
Stickstoffverbindungen 7, 11.
Stoffklassen 7.
Stoffwechselprodukt 10.
Strahleneinfluß auf Hefe 374.
Strahlen, ultraviolette 374.
Strahlrohrbelüftung 114.
Strahlrohre 106.
Streptococcus 249.
— cremoris 378.
— faecalis 337.
— lactis 181, 337.
— al varius 337.
Streptomyces C 1730 308.
— aureofaciens 299.
— chrysomallus 309.
— collinus 309.
— endus 308.
— griseus 299, 306, 332, 379.
— puniceus var. Floridae 299.
— rimosus 299.
— venezuelae 299.
— viridosporus 309.
— xanthophaens 309.
Streptomycin 299, 306, 332.
Strömungsgeschwindigkeit 448.
Stückgare 404.
Stufengäranlage 176.
Stufengärverfahren 88.

Talkumpulver 47.
Tallöl 127.
Tannin 356.
Tanninlösung 369.
Tashiro-Indicator 564.
Tau-Isobare 478.
Teigbeschaffenheit 404.
Teigführung 403, 404.
—, direkte 404.
—, indirekte 404.
Teilapparate, Hefe 151.
Telekinin 19.
Telosäure 241.
Temperaturstabilisierung, Amylase 357.
Terpene und Terpenalkohole 16.
Terramycin 299.
Therapeutica 298.
thermischer Rückfluß 493.
Thermobacterium bulgaricum 242.
— helveticum 242.
— mobile 292, 319.
Thiamin 324, 507.
Thioschiefern 505.
Threonin 370, 507.
Thymian 211, 275.
Thyroxin 379.
Tocopherol 324.
Tomlinson-Verfahren 200.
Topinamburknollen 166, 251.

Sachverzeichnis. 647

Torfverzuckerung 238ff.
Torula 380.
— utilis 208, 273, 315, 416, 422, 423.
Torulahefe 249, 421.
Torulopsis utilis 69, 72.
Traubenzucker 9, 236.
Treber 170.
Trehalase 7.
Trennmethoden 311.
Trennsäule 445.
Trennschleuder 311.
Trichloräthylen 477, 482.
Trichosporon 73.
Triebkraft 27.
Triebkraftbestimmung 559.
— nach Meissl 560.
Triebkraft der Hefe 370.
Trigonopsis 74.
Trimethylamin 61.
Triplexpumpe 449.
Trisaccharide 13.
Trockenfrüchte 161ff.
Trockenhefe für Triebzwecke 388ff.
Trockenkartoffeln 30.
Trockensauer 405.
Trockensubstanzbestimmung in Hefe 549.
— — —, Makromethode 549.
— — —, Mikroschnellmethode 549.
Trockenwalzen 392.
Tröpfchen- bzw. Federstrichmethode von Lindner 76.
Trübungslinie 467.
Tryptophan 507.
Turbogebläse 118ff.
TVA-Verfahren 228.
Tyrosin 60, 507.
Tyrothricin 299.

Überbrand 26, 533.
Überlaufvorrichtung 108.
Übernahmepreise 429.
Ulminsäure 173.
Ultrakurzwellen 375.
Ultraschallgeber 367.
ultraviolettes Licht 330.
Umlaufsprühvorrichtung 291.
Umlaufverfahren 96.
Umwälzgefäß 290.
Unterkühlung 374.
Uronsäure 415.
Ursol in Lösungen 594, 597.

Vakuumeindampfstation 514.
Vakuumkolonne 441.
Vakuum-Rektifizieranlage 439.
Valin 60, 507.
Vanillin 274.
Verarbeitungskosten 428.
Verarbeitungsschema 427, Tafel III.

Verbandsmethode 559.
Verbrennungskammer 200.
Verdampfanlage 457, 513.
Verdampferstation 220.
Vererbungsuntersuchung 72.
Veresterung 10.
Vergällungsmittel 505.
Vergärbarkeit 70.
vergorene Maischen, Abtrennung 170, 497.
— Würze 485, 497.
Verhefung 415.
Vernin 61.
Verpackungsautomaten 151.
Verpackungsmaschine 151.
Verstärkungskolonne 434ff.
Verteilerrohre 105.
Verteilungsfaktor 312.
Verteilungswert 312.
Verzuckerung 33.
Vibrator 377.
Vicin 61.
Viomycin 299.
Vitamin A 324.
— B_1 18, 211, 324, 337, 359, 370, 403.
— B_2 16, 211, 324, 326, 337, 403.
— B_4 324, 328.
— B_6 211, 324, 329, 337.
— B_{12} 324, 331, 337, 379, 508, 509, 607.
— C 324.
— D 324.
— E 19, 324.
— H 324, 336, 337.
— K 324.
— P 324.
Vitaminbestimmung 603ff.
Vitaminbestimmungen, mikrobiologische 337ff.
Vitamin-D-Präparate 330.
Vitamine 323ff.
Vitamin-Einheiten 324.
Vitaminisierungseffekte 387.
Vollmantelschleuder 140.
Volumenausbeute 404.
Vorfermenter 300.
Vorgärbottich 76.
Vorhydrolyse 219.
Vorkocher 449.
Vorlaufkolonne 438.
Vormaischbottich 24.
Vorteig 404.
Vorwärmer 487.
Vorwärmerkondensator 442.
Vorzucker 224.

Wachstumsfaktor 328.
Wachstum und Atmung 66.
Wachstumvitamin B_2 18.
Waldhof-Bütte 110.

Waldhof-Prozeß 209.
WARBURG, Apparatur 339.
Wärmeaustauscher 53, 144.
Waschflaschenbatterie 86.
Waschgefäß 475.
Waschkolonne 444.
Waschen von Hefe 142ff.
Waschwasser 140.
wasserentziehende Eigenschaft 469.
Wasserentziehungsmittel, Verbesserung 466, 474.
Wasserreinigung 608, 610.
Wassereinschleppung 223.
Wasserstoff 9.
Wasserstoffionen 12.
Wasserstoffsuperoxyd 52.
Wasserverbrauch 485, 612.
Wasserzusatz für das Auspfunden 150.
Weichparaffinabfall 422.
Weinbrand 456.
Weinbrennerei, Anlage 456.
Weinessig 275.
Weingeist aus Zellstoffablaugen 429.
— — Getreide 429.
— — Holz 429.
— — Kartoffeln 429.
— — Melasse 429.
— — Obst 429.
Weinhefe 317.
Weißkohl 320.
Weißwein 280.
Weizen 4.
Weizenkleie 351.
Werkstofftabelle 623.
pH-Werte, Regelung 538.
WIDMARK, Blutalkoholbestimmung 628.
Wiener Schüttung 24.
— Verfahren 2, 21ff.
Wilde Hefe 69.
Wirkstoffe 7.
Wirkungsgrad 529.
Wofatit 424.
Wollfett 126.
Wruken 185.
Wuchshefen 68.
Wuchsstoff 18, 336.
Wuchsstoffgehalt 157.
Wuchsstoffpräparat 336.

Würze-Destillierkolonne 434ff.
Würze-Herstellung 33ff.
— -Vergärung 34ff.
Wurzelbacillen 257.

Xanthin 61.
Xylenolalkyläther 505.
Xylose 12, 415.

Zellenkonzentration 190.
Zellkern 19.
Zellstreckung 18.
Zellsubstanz-Hypothese 17.
Zellsynthese 8.
Zellteilung 18.
Zellvermehrung, Kontrolle 67.
Zellwand, Schädigung 11.
Zementstein 501.
Zentrifugalpumpen 108.
Zerschäumungsapparat 288.
Zerstäuberdüsen 128.
Zinkchlorid 492.
Zubringervorrichtung für Hefestrangpressen 154.
Züchtungsapparatur 85.
Zuckerarten 72.
Zuckerausbeute 223.
Zuckerfutterrüben 185.
Zuckerrohrmelasse 270.
— auf Hefe und Alkohol 5, 156ff.
Zuckerrüben 5, 32.
Zuckerrübenessig 275.
Zuckerrübensaft 184.
Zuckerschnitzel 418.
Zuckerstoffwechsel 6.
Zuckerzerfall 13.
Zufuhrapparat für Würze 537.
Zulaufverfahren 88ff.
—, besondere Variationen 93.
Zusatzstoffe 4ff.
Zweiwalzensumpftrockner 393.
Zweiwalzentrockner 392.
Zylinderkammer 112.
Zymase 6, 7, 18.
Zymocasein 7.
Zymohexase 14.
Zymosaccharide 13.
Zymosterin 329.

Brotfehlertabelle für **Roggen- und Mischbrot** *der*

				In der äußeren Gestalt						an oder in der Kruste															
● = Hauptfehler, Hauptursache + = Nebenfehler, Nebenursache										Aussehen											Beschaffenheit				
Ursache				zu flach	zu rund	keil- und wulstförmig	dachförmig	zu klein	zu groß	zu hell	zu dunkel	fleckig	rissig am Boden	rissig an der Oberfläche	rissig an den Seiten	Süß- und Brandblasen	zu dünn	zu dick	ungleichmäßig	abgebackene Kruste	schimmlig	zu weich	zu hart	zu zähe
				1	2	3	4	5	6	7	8	9	10	11	12	13	14	15	16	17	18	19	20	21
Rohstoffe	Mehl	zu kalt	1	+												+				+				
		zu warm	2				+				+													
		zu frisch	3							+														
		zu alt	4																					
		zu feucht	5																					
		falsch gelagert	6																					
		totgemahlen	7				+																	
		sandhaltig	8																					
		zu maltosearm	9				+			+						+								
		zu maltosereich (Auswuchs)	10	+			+				+	+		+		+			+					
		zu schlecht quellfähig	11		+		●							+											
	Wasser	zu kalt	12	+																				+
		zu warm	13		+									+	+							+		
		zu weich	14					+																
		zu hart	15																					
Sauerführung		Anstellsauer: verdorben	16									+												
		Grundsauer: zu wenig	17				+																	
		Vollsauer: zu wenig	18				+																	
		Sauer: unreif	19								+					●			+					
	Führung	zu kalt	20			+										●			+					
		zu warm	21	+										+										
		Grundsauer: zu viel	22																					
		Vollsauer: zu viel	23																					
Teigbereitung		ungesiebtes Mehl	24				+																	
		ungeeignete Mehlmischung	25				+			+				●										
		ungenüg. Teigrestverarbeitg.	26							+	+	+		+	+									
	Salz	zu wenig	27	+																				
		zu viel	28																					
		zu viel Backhilfsmittel	29	+			+			+	+		+		+			+						
		zu kalt	30				+							+										

Tafel I

...sanstalt *für Getreideverwertung, Berlin N 65.*

	in der Krume												Beschaffenheit						im Geschmack										
	Aussehen																												
Wasserstreifen am Boden	Wasserstreifen unter der Kruste	Porung zu dicht und zu klein	zu große Poren	zu große Löcher	ungleichmäßig	senkrechter Riß	Diagonalriß	Mehlklumpen, Fremdkörper	abgebackene Oberkrume	abgebackene Unterkrume	vollkommen abgelöste Krume	zu weich	zu fest	wenig elastisch	zu feucht	klitschig	zu krümlig, zu trocken	zu fade	zu stark	alt, altbacken	sauer, zu sauer	dumpfig, muffig	bitter	strohig	karbolartig	fremdartig	balkt beim Kauen	knirscht beim Kauen	
25	26	27	28	29	30	31	32	33	34	35	36	37	38	39	40	41	42	43	44	45	46	47	48	49	50	51	52	53	
					●										+														1
					+															+									2
								+																					3
																					+	●							4
								+							+														5
																								+		+		+	6
					+																								7
																												+	8
					+											+							+						9
+	+							●	●							+													10
+	+															+													11
			+	+																									12
		+												+		+													13
			+																										14
			+																										15
				+																+									16
	+							+																					17
+	+														●			+											18
			●	●	+	+									+	+	+												19
			+	+																									20
																				+									21
+																				+									22
		+																		+									23
								●																					24
						+											+	+					+						25
				+		+																							26
																		●											27
			+															●											28
	+							●	●							+											+		29
+			+	+	+											+													30

Kategorie	Merkmal		Nr.	1	2	3	4	5	6	7	8	9	10	11	12	13	14	15	16	17	18	19	20	21
	zu warm		31												+									
	zu weich		32	+													+							
	zu fest		33			+			+				+							+				
	zu wenig geknetet		34	+			+						+											
	zu viel geknetet		35	+				+																+
Telggare	zu kalt		36						+															
	zu warm		37										+											
	zu trocken		38										+		+									
	zu kurz		39						+									+						
	zu lang		40	+							+													
Telgaufarbeitung	zu schwach gewirkt		41				+		+															
	zu stark gewirkt		42					+								+	+							
	nachlässig aufgearbeitet		43				●								●	+								
	zu viel Wirkmehl		44											+										
	ungeeignetes Trennmittel		45				+																	
	unsauberer Kasten		46											+										
Stückgare (Endgare)	zu kalt oder zugig		47	+																				
	zu warm		48												+									
	zu trocken		49												+									
	zu feucht		50	+																				
	zu kurz		51			●		+							+		+				+			
	zu lang		52	●											+									
Backprozeß	zu dicht geschoben		53														●			●				
	Ofen	zu kalt	54	+								●			+				●	+				
		zu heiß	55			+			+			●	+				+		+					
	Unterhitze	zu wenig	56									+		+										
		zu viel	57								+													
	Oberhitze	zu wenig	58								+			+										
		zu viel	59										+				+			+	+			
	Wrasen	zu wenig	60								+	●		+										
		zu viel	61	+									+	+										
	Backdauer	zu kurz	62								+							●						●
		zu lang	63										+						●					
	zu früh umgesetzt		64																					
	beim Umsetzen ausgekühlt		65																					
	unverbrannte Feuerungsgase		66																					
	Abstreichen vor und nach dem Backen	zu wenig	67									+												
		zu stark	68													+							+	+
		ungleichmäßig	69										+											
Brotlagerung	zu dicht		70				+														+			+
	zu warm		71																		+			
	zu feucht		72																		+	+		+
	zu wenig luftig		73																		+	+		+
	ungeeigneter Raum		74																					

Kretzschmar, Hefe.

Springer-Verlag, Berlin/Göttingen/Heidelberg

Brotfehlertabelle für **Weizenbrot** *der Versuchsans[talt]*

				in der äußeren Gestalt					an oder in der Kruste											
									Aussehen											Bo fe
● = Hauptfehler, Hauptursache				zu flach	zu rund	keil- und wulstförmig	zu klein	zu groß	zu hell	zu dunkel	fleckig	zu stumpf	rissig	am Boden geplatzt	schlechter Ausbund	zu dünn	zu dick	schimmlig	zu weich
+ = Nebenfehler, Nebenursache																			
Ursache				1	2	3	4	5	6	7	8	9	10	11	12	13	14	15	16
Rohstoffe		Mehl	zu kalt	1	+			+					+							
			zu warm	2									+							
			zu frisch	3				+		+		+								
			zu alt	4		+	+													
			zu feucht	5	+															
			falsch gelagert	6																
			totgemahlen	7	+			+							+					
			sandhaltig	8																
			zu schwach	9	+				+											
			zu stark	10		+			+											
			zu maltosearm	11				+		+							+			
			zu maltosereich (Auswuchs)	12	+			+			+				+	+				
			zu schlecht quellfähig	13	+	+		●					+							
		Wasser	zu kalt	14	+															
			zu warm	15		+							+							
			zu weich	16				+												
			zu hart	17																
		Hefe	nicht einwandfrei	18		+		+												
Teig-		ungesiebtes Mehl		19				+												
		ungeeignete Mehlmischung		20	+	+		+	+	+	+		+	+		+	+	+		
		ungenügende Teigrestverarbeitung		21						+	+	+		+	+	+				
		Hefe	zu wenig	22		+		+							+	+				
			zu viel	23	+				+				+							
		Salz	zu wenig	24	+										+					
			zu viel	25	+			+		+						+				

Tafel II

Getreideverwertung, Berlin N 65.

	in der Krume													im Geschmack											
	Aussehen											Beschaffenheit													
	Schattenbildung	Wasserkern und Wasserring	Porung zu dicht und zu klein	zu grobe Poren	große Löcher	ungleichmäßig	gerissen	Mehlklumpen	zu weich	zu fest	wenig elastisch	zu klebrig, klitschig (zu feucht)	zu krümlig (zu trocken)	zu fade	zu stark	alt und altbacken	dumpfig, muffig	bitter	strohig	karbolartig	süßlich, fruchtartig (Fadenzieher)	fremdartig	batk beim Kauen	knirscht beim Kauen	
0	21	22	23	24	25	26	27	28	29	30	31	32	33	34	35	36	37	38	39	40	41	42	43	44	
			+	+		+																	+		1
+	+																								2
																									3
														+	+	+	●	+	+			+			4
					+			+								+	+				+				5
																+	+				+		+	6
					+									+											7
																								+	8
					+																				9
			+														+								10
					+						+						+								11
+		●						●	●												+		●		12
		+																+							13
			+	+																					14
	+							+	+																15
		+																							16
	+																								17
	+	+	+	+																		+			18
				+	●																				19
	+	+		+	+			+	+	+		+	+	+	+	+	+			+	+	+	20
+							+																		21
																									22
		+	+	+										+								+			23
								+		●					+				+			24
															●										25
	+																					●	26

Gruppe	Ursache	Nr.	1	2	3	4	5	6	7	8	9	10	11	12	13	14	15	16
	zu kalt	27	+	+		+												
	zu warm	28				+							+					
	zu weich	29	+								+	+	+					
	zu fest	30			+		●		+	+		+	+	+				
	zu wenig geknetet	31	+		+					+								
	zu viel geknetet	32	+			+												
Teiggare	zu kalt	33				+												
	zu warm	34								+								
	zu trocken	35								+								
	zu kurz	36		+		+								+	+	+		
	zu lang	37				+									●			
Teigauf-arbeitung	zu schwach gewirkt	38			+		+											
	zu stark gewirkt	39										+						
	nachlässig aufgearbeitet	40		●								+	+	+				
	zu viel Wirkmehl	41									+		+	+				
	ungeeignetes Trennmittel	42			+													
	unsauberer Kasten	43							+									
Stückgare (Endgare)	zu kalt oder zugig	44				+			+	+								
	zu warm	45							+	+								
	zu trocken	46							+	+					+			
	zu feucht	47	+												+			
	zu kurz	48		●		●						+	+	●				
	zu lang	49	+											●				
Backprozeß	zu dicht geschoben	50			+			+			+			●				
	Ofen zu kalt	51	+					+		+	+	+		●		●		
	Ofen zu heiß	52		+		+			●				+	●	+			+
	zu wenig Wrasen	53		+	+						●	+		+				
	Backdauer zu kurz	54													+			+
	Backdauer zu lang	55				+			+						+			
	unverbrannte Feuerungsgase	56																
	unsauberer Herd	57							+									
	Abstreichen zu wenig	58							+	+								
	Abstreichen zu stark	59									+							+
	Abstreichen ungleich	60							+									
Brot-lagerung	zu dicht	61			+											+		
	zu warm	62																
	zu feucht	63														+	+	
	zu wenig luftig	64														+	+	
	ungeeigneter Raum	65																

Kretzschmar, Hefe.

Springer-Verlag, Berlin/Göttingen/Heidelberg

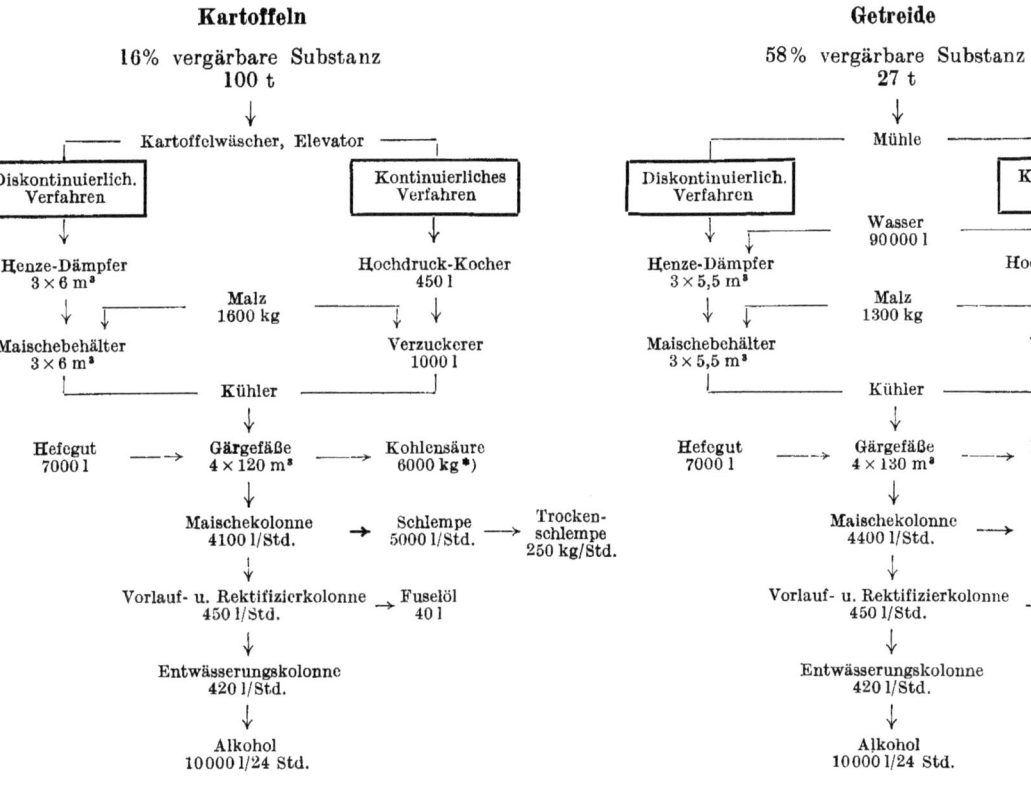

*) Wirtschaftlich gewinnbarer Anteil.

Kretzschmar, Hefe.

Tabelle 32. *Verarbeitungsschema nach* K. R. Dietrich.

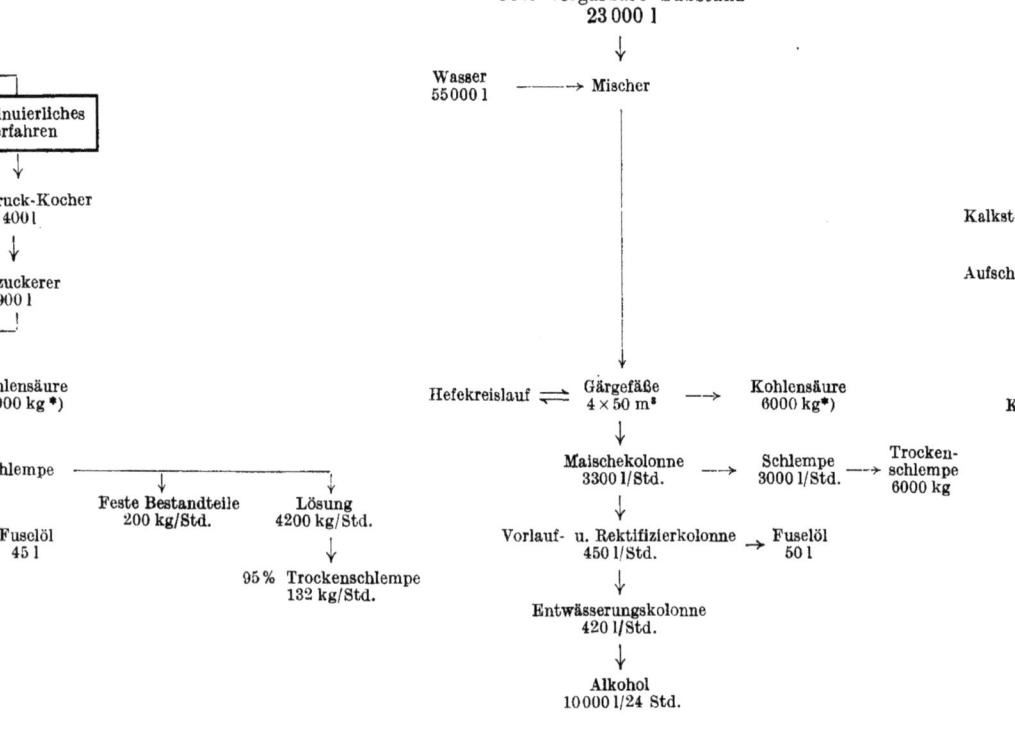

Tafel III.

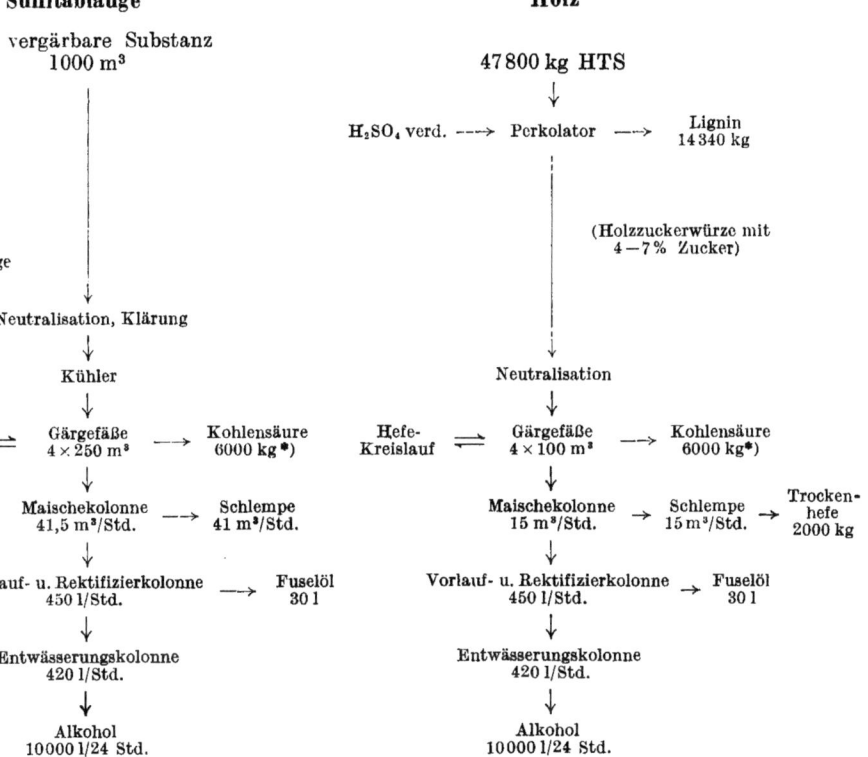

Springer-Verlag, Berlin/Göttingen/Heidelberg.

MIX
Papier aus verantwortungsvollen Quellen
Paper from responsible sources
FSC® C105338

If you have any concerns about our products,
you can contact us on
ProductSafety@springernature.com

In case Publisher is established outside the EU,
the EU authorized representative is:
**Springer Nature Customer Service Center GmbH
Europaplatz 3, 69115 Heidelberg, Germany**

Printed by Libri Plureos GmbH
in Hamburg, Germany